21世纪经济管理新形态教材·管理科学与工程系列

复杂系统仿真的 AnyLogic实践

（第2版）

Complex System Simulation with AnyLogic

刘　亮 ◎ 主　编
陈永刚 ◎ 副主编

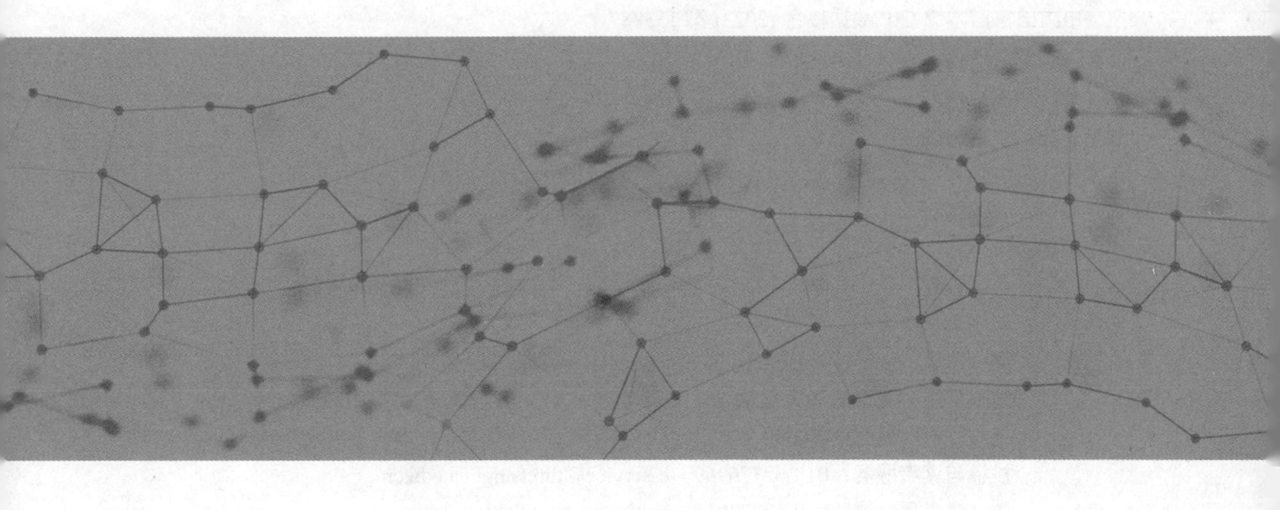

清華大學出版社
北　京

内容简介

随着科学技术的不断进步，多学科融合发展的时代已悄然来临。推进实践基础上的理论创新，必须坚持系统观念。计算机仿真作为研究复杂系统的一种有效有段，呈现出越来越深远广泛的应用前景。

本书采用 AnyLogic 仿真软件作为复杂系统建模仿真工具，从理论到实践，从 AnyLogic 软件基础操作到 AnyLogic 进阶应用，详细讲解了多智能体、离散事件系统、系统动力学等建模仿真方法，并结合行人系统、交通系统、生产系统、物流系统等复杂系统建模仿真实践案例，全面介绍了应用 AnyLogic 进行复杂系统建模仿真的系统知识和具体操作步骤，以及 AnyLogic 特有的多建模方法集成仿真技术。

本书既可作为多方法复杂系统建模仿真的入门教材，也可作为 AnyLogic 仿真软件的学习教程，谨供高校相关专业师生和系统仿真爱好者参考之用。

图书在版编目 (CIP) 数据

复杂系统仿真的 Anylogic 实践 / 刘亮主编 . —2 版 . —北京：清华大学出版社，2023.8
21 世纪经济管理新形态教材 . 管理科学与工程系列
ISBN 978-7-302-64480-4

Ⅰ . ①复…　Ⅱ . ①刘…　Ⅲ . ①系统仿真－软件工具－高等学校－教材　Ⅳ . ① TP391.9

中国国家版本馆 CIP 数据核字 (2023) 第 153787 号

责任编辑： 高晓蔚
封面设计： 汉风唐韵
版式设计： 方加青
责任校对： 宋玉莲
责任印制： 宋　林

出版发行： 清华大学出版社
网　　址：http://www.tup.com.cn，http://www.wqbook.com
地　　址：北京清华大学学研大厦 A 座　　邮　　编：100084
社 总 机：010-83470000　　邮　　购：010-62786544
投稿与读者服务：010-62776969，c-service@tup.tsinghua.edu.cn
质 量 反 馈：010-62772015，zhiliang@tup.tsinghua.edu.cn
印 装 者：小森印刷霸州有限公司
经　　销：全国新华书店
开　　本：185mm×260mm　　印　　张：32.25　　字　　数：744 千字
版　　次：2019 年 9 月第 1 版　　2023 年 9 月第 2 版　　印　　次：2023 年 9 月第 1 次印刷
定　　价：98.00 元

产品编号：098502-01

序

亲爱的读者：

我很荣幸向您介绍刘亮博士主编的《复杂系统仿真的 AnyLogic 实践》。

在当今世界，企业和政府组织所面临问题的规模和复杂性不断增大，为此我们需要配备完善的设计、优化和风险管理工具。AnyLogic 作为复杂系统仿真工具之一，可以用来创建虚拟环境，安全地试验复杂系统的仿真模型，构建和测试决策逻辑。该书涵盖了动态仿真的基础知识，讲授了当前存在的三种建模方法，并使用精心挑选的一组示例详细说明了如何构建制造业、物流业、道路交通和经济系统的仿真模型。该书也可作为 AnyLogic 软件的使用指南，包括产品安装、用户操作界面和建模语言等内容。

请享受阅读！欢迎进入令人激动的仿真世界！

Andrei Borshchev 博士
AnyLogic 公司首席执行官

Dear reader,

It is my pleasure to introduce Dr. Liu Liang's book *Complex System Simulation with AnyLogic*.

In today's world, the scale and complexity of problems faced by business and government organizations will only grow, and we need to be well equipped with design, optimization, and risk management tools. AnyLogic is one of them. It enables you to create virtual environments where you can safely experiment with simulation models of complex systems, train and test decision-making logic. This book covers fundamentals of dynamic simulation, teaches the three modeling methodologies that exist today, and then thoroughly explains how to build models of manufacturing, logistics, road traffic, and economic systems using well-chosen set of examples. The book is also a practical guide to AnyLogic software: it covers the product installation, UI, and modeling languages.

So, enjoy reading and welcome to the exciting world of simulation!

DR. ANDREI BORSHCHEV
CEO THE ANYLOGIC COMPANY

第2版前言

习近平总书记指出：“系统观念是具有基础性的思想和工作方法。”在党的二十大报告中强调“必须坚持系统观念”“把握好全局和局部、当前和长远、宏观和微观、主要矛盾和次要矛盾、特殊和一般的关系”“不断提高战略思维、历史思维、辩证思维、系统思维、创新思维、法治思维、底线思维能力，为前瞻性思考、全局性谋划、整体性推进党和国家各项事业提供科学思想方法”。

随着全面建成小康社会的胜利完成，我国正式进入全面建设社会主义现代化国家、全面推进中华民族伟大复兴进程的新发展阶段。新时代新征程上，我们需要发挥系统观念的重要方法论作用，从多因素、多层次、多角度，系统分析和解决遇到的各种复杂问题。坚持系统观念，从实际问题出发，利用计算机对复杂系统进行建模仿真，是分析和解决复杂系统问题的一种有效手段。目前，计算机仿真已经应用到经济社会的各个领域，呈现出越来越广泛的应用前景。

本书自 2019 年 9 月首次出版以来，发行了 5000 多册，被多所高校建模仿真相关课程选做教材，也成为各行业众多 AnyLogic 建模仿真爱好者的参考用书。为了更好地服务建模仿真领域的师生及相关从业人员，帮助更多的人用系统仿真解决复杂问题，结合本书出版以来收到的意见和建议，我们在保持本书原有特色的基础上进行了大幅度修订。

第一，调整了本书的结构，增删了部分内容。在第 1 章中增加了更多有关复杂系统建模仿真的知识内容；在第 4 章中增加了更多有关排队论的知识内容和仿真示例模型；在第 6 章中增加了更多有关 AnyLogic 自定义分布的操作内容；将第 1 版 6.3 节“AnyLogic 的 Java 语句”和 6.6 节“AnyLogic 模型运行相关技术”的内容移到了第 2 章；将第 1 版第 8 章“AnyLogic 生产系统仿真实践”、第 9 章“AnyLogic 物流系统仿真实践”和第 10 章“AnyLogic 交通系统仿真实践”的顺序进行调整并编写了全新内容；删除了第 1 版第 11 章的内容。

第二，梳理完成了 AnyLogic 面板各项元件和模块的详细功能介绍，安排在对应章节，使初学者能快速了解 AnyLogic 的全部软件功能，为读者进行 AnyLogic 复杂系统建模仿真提供了参考工具。

第三，基于 AnyLogic8.7.12 版本软件重新制作了全书仿真示例模型，并且为第 2 版第 8 章“AnyLogic 交通系统仿真实践”、第 9 章“AnyLogic 生产系统仿真实践”和第 10 章“AnyLogic 物流系统仿真实践”编写了几乎全新的仿真示例模型，方便读者深入了解 AnyLogic 建模仿真的系统思维。

另外，第 2 版对第 1 版中发现的各类问题进行了修正，对全书文字进行了重新梳理，尤其是建模仿真过程的讲解，使读者阅读起来更加清晰、流畅。

本次修订历时近一年。感谢天津工业大学经济与管理学院研究生马翔宇、祁思远、王霄、路雅君、姚春琦、王铮汉、路东升、佘亚如、兰雅雯、贺禹铭、梁钰婧、白皓、黄喆、许家伟做的烦琐而细致的工作；感谢 AnyLogic 软件公司及其中国总代理一直以来的大力支持；再次感谢 AnyLogic 联合创始人 Andrei Borshchev 博士提供的相关资料，并为本书作序。

虽然第 2 版较第 1 版已经做了大幅修订，但由于作者水平有限，书中难免仍存在一些错误和不足之处，欢迎广大读者批评指正。

编者

2023 年 5 月

第1版前言

系统仿真一般指使用计算机建立和运行系统模型，模拟真实系统的各种活动。它从建立仿真模型的目的出发，通过计算机程序语言，对真实系统进行一种抽象的、本质的描述。作为一门新兴的技术，系统仿真已经被广泛地应用于各行各业，成为战略研究、系统分析、运筹规划、预测决策、宏观及微观管理等领域的有效工具，成为研究各类真实系统的一种十分有效的手段，是对真实系统分析实验和评价的简单而经济的方法。

复杂系统仿真是近年来国际仿真领域的热点之一，涉及的领域包括制造、物流、医疗、自然生态、工程、社会等诸多方面，给相关研究工作带来极大挑战。因此，对于复杂系统的研究需要利用现代化手段，深入了解各个领域的相关内容，将数据信息统一收集，再通过计算机仿真技术做到对其系统复杂性的研究了解，从而实现复杂系统建模仿真的有效应用。

本书采用 AnyLogic 软件工具来讲解复杂系统建模仿真的实践应用。AnyLogic 是一个创始于俄罗斯的独特仿真软件工具，它能够提供多智能体、离散事件系统和系统动力学三种仿真建模方法，并支持多方法的集成应用，为用户创造多方法集成应用模型提供了便利，可以帮助人们在复杂系统建模仿真实践中取得更好的效果。

本书共 11 章。第 1 章介绍了复杂系统仿真的基础知识，包括相关概念、特征、发展历史、常见仿真软件对比等。第 2 章介绍了 AnyLogic 软件入门知识，包括基本功能模块及其使用方法等。第 3 章具体介绍了 AnyLogic 多智能体仿真方法。第 4 章具体介绍了 AnyLogic 离散事件系统仿真方法。第 5 章主要介绍了 AnyLogic 系统动力学仿真方法。第 6 章、第 7 章深入介绍了 AnyLogic 软件的各种进阶应用和行人库仿真等。最后，第 8 至 11 章分别介绍了 AnyLogic 软件在各类复杂系统仿真实践中的具体应用，包括生产系统仿真实践、物流系统仿真实践、交通系统仿真实践和经济系统仿真实践等。

本书旨在帮助读者掌握复杂系统建模仿真技术的基本理论和 AnyLogic 软件使用技巧，并能在实际案例中加以应用，是一本很好的学习运用 AnyLogic 进行复杂系统仿真的入门指南。相信读者通过阅读书中的大量复杂系统仿真案例，将对复杂系统仿真有更为直观的认识。

在此，感谢在本书写作过程中给予帮助的霍艳芳、张雪花、程铁信、杨鹏老师，感谢参与实践案例编写和内容文字整理的冯聪、仝丽兵、马培、谭禹辰、赵建彬、孟祥臣、王志强、谢根、陈麒铭、徐黎明、刘子凡、赵启胜等同学，也感谢 AnyLogic 软件公司及其中国总代理一直以来的大力支持。特别感谢 AnyLogic 联合创始人 Andrei Borshchev 博士提供的相关资料，并为本书作序。

由于作者水平有限，书中难免有错误和不足之处，欢迎广大读者批评指正。

编者

2019 年 5 月

目 录

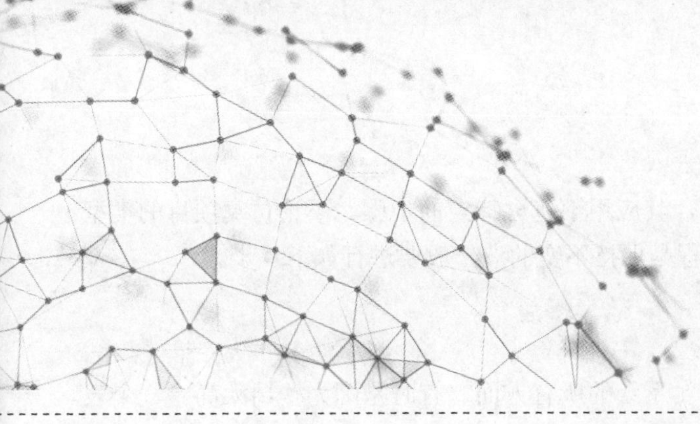

第1章 复杂系统仿真导论

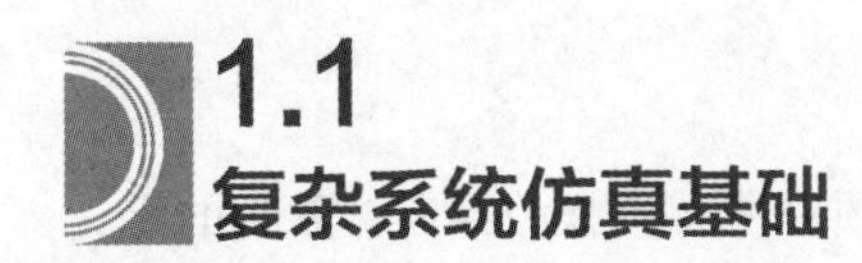

1.1 复杂系统仿真基础

1.1.1 系统仿真及其分类

系统仿真是20世纪40年代末以来伴随着计算机技术的发展而逐步形成的一门新兴学科。仿真（Simulation）就是通过建立实际系统模型并利用所见模型对实际系统进行实验研究的过程。最初，仿真技术主要用于航空、航天、原子反应堆等价格昂贵、周期长、危险性大、实际系统试验难以实现的少数领域，后来逐步发展到电力、石油、化工、冶金、机械等一些主要工业部门，并进一步扩大到社会系统、经济系统、交通系统、生态系统等一些非工程系统领域。可以说，现代系统仿真技术和综合性仿真系统已经成为复杂系统特别是高技术产业不可缺少的分析、研究、设计、评价、决策和训练的重要手段，其应用范围在不断扩大，应用效益也日益显著。

系统仿真是建立在控制理论、相似理论、信息处理技术和计算机理论基础之上的，以计算机和其他专用物理效应设备为工具，利用系统模型对真实或假设的系统进行试验，并借助于专家的经验知识、统计数据和信息资料对实验结果进行分析研究，进而做出决策的一门综合的实验性学科。从广义而言，系统仿真的方法适用于任何领域，无论是工程系统（机械、化工、电力、电子等）还是非工程系统（交通、管理、经济、政治等）。

系统仿真根据模型不同，可以分为物理仿真、数学仿真和物理—数学仿真（半实物仿真）；根据所用计算机的类型，可以分为模拟仿真、数字仿真和混合仿真；根据系统的特性，可以分为连续系统仿真、离散时间系统（采样系统）仿真和离散事件系统仿真；根据仿真钟与实际时间的关系，可以分为实时仿真、欠实时仿真和超实时仿真等。

1.1.2 系统仿真的一般步骤

对于每一个成功的仿真研究项目，其应用都包含特定的步骤。不论仿真项目的类型和研究目的有何不同，仿真的基本过程是保持不变的，一般要进行如下9步。

（一）问题的定义

一个模型不可能呈现被模拟的现实系统的所有方面，有时是因为费用太高。一个表现真实系统所有细节的模型，常常是非常差的模型，因为它会过于复杂和难以理解。因此，明智的做法是：先定义问题，再制定目标，再构建一个能够完全解决问题的模型。在问题定义阶段，对于假设要小心谨慎，不要做出错误的假设。例如，假设叉车等待时间较长，比假设没有足够的接收码头要好。仿真的原则是，定义问题的陈述越通用越好，要详细考虑引起问题的所有可能原因。

（二）制定目标和定义系统性能测度

没有目标的仿真研究是毫无用途的。目标是仿真项目所有步骤的导向。系统的定义也是基于系统目标的。目标决定了应该做出怎样的假设、应该收集哪些信息和数据；模型的建立和确认要考虑到能否达到研究的目标。目标需要清楚、明确和切实可行。目标经常被描述成诸如这样的问题："通过添置机器或延长工时，能够获得更多的利润吗？"在定义目标时，详细说明那些用来决定目标是否实现的性能测度是非常必要的。例如，产出率、工人利用率、平均排队时间、最大队列长度，都是最常见的系统性能测度。

最后，列出仿真结果的先决条件。如：必须通过利用现有设备来实现目标，或最高投资额要在一定限度内，或产品订货提前期不能延长等。

（三）描述系统和列出假设

简单地说，仿真模型可以减少完成工作的时间。不论模型是一个物流系统、制造工厂还是服务机构，清楚明了地定义如下建模要素都是非常必要的：资源、流动项目（产品、顾客或信息）、路径、项目运输、流程控制、加工时间、资源故障时间、运输时间、排队时间，等等。

以一个制造系统仿真为例，它可以将现实系统资源分成四类：处理器、队列、运输和共享资源。流动项目的到达和预载的必要条件必须定义，如：到达时间、到达模式和该项目的类型等属性。在定义流动路径时，合并和转移需要详细描述。项目的转变包括属性变化、装配操作（项目合并）、拆卸操作（项目分离）。在系统中，通常需要控制项目的流动。如：一个项目只有在某种条件或某一时刻到来时才能移动。所有的处理时间都要被定义，并且要清楚表明哪些操作是机器自动完成，哪些操作是人工独立完成，哪些操作需要人机协同完成。资源可能有计划故障时间和意外故障时间。计划故障时间通常指午餐时间、中场休息和预防性维护等。意外故障时间是随机发生的故障所需的时间，包括失效平均间隔时间和维修平均间隔时间。

在这些工作完成之后，需要将现实系统进行模型描述，这远比模型描述向计算机模型转化困难。现实向模型的转化意味着你已经对现实有了非常彻底的理解，并且能将其完美地描述出来。这一阶段，将此转换过程中所做的所有假设进行详细说明非常有必要。事实上，在整个仿真研究过程中，最好使所有假设列表保持在可获得状态，因为这个假设列表随着仿真的递进还要逐步增长。如果描述系统这一步做得非常好，建立计算机模型这一阶段将更加容易。

注意

获得足够的、能够体现特定仿真目的的系统一手材料是必要的，但是不需要获得与真实系统一一对应的模型的描述。

（四）列举可能的替代方案

在仿真研究中，确定模型早期运行的可替代方案是很重要的，它将影响着模型的建立。在初期阶段考虑到替代方案，模型可能被设计成易于转换为替换方案的系统。

（五）收集数据和信息

收集数据和信息，除了为模型参数输入数据外，还可以在验证模型阶段提供实际数据与模型的性能测度数据进行比较。数据可以通过历史记录、经验和计算得到。这些粗糙的数据将为模型输入参数提供基础，同时将有助于一些较精确参数数据的收集。

有些数据可能没有现成的记录，而通过测量来收集数据费时、费钱。除了在模型分析中，模型参数需要极为精确的输入数据的情况以外，同对系统的每个参数数据进行调查、测量的收集方式相比，采用估计方法来产生输入数据更为高效。估计值可以通过少数快速测量或者通过咨询熟悉系统的系统专家来得到。即使是使用较为粗糙的数据，根据最小值、最大值和最可能取值定义一个三角分布，要比仅仅采用平均值仿真效果好得多。有时采用估计值也能够满足仿真研究的目的。例如，仿真可能被简单地用来指导相关人员了解系统中特定的因果关系。在这种情况下，估计值就可以满足要求。

当需要可靠数据时，花费较多时间收集和统计大量数据，以定义出能够准确反映现实的概率分布函数，就是非常必要的，所需数据量的大小取决于变量的不确定程度。假如要获得随机停机时间的输入参数，就必须要在一个较长时间段内捕获足够多的数据。

（六）建立计算机模型

建立计算机模型，首先要构建小的测试模型来证明复杂部件的建模是否合适。一般建模过程是呈阶段性的，在进行下一阶段建模之前，验证本阶段的模型是否工作正常，并在建模过程中运行和调试每一阶段的模型。小模型有助于定义系统的重要部分，并可以引导为后续模型的详细化而进行的数据收集活动。我们有时会对同一现实系统构建多个计算机模型，每个模型的抽象程度都不相同。

（七）验证和确认模型

验证是确认模型的功能是否同设想的系统功能相符合，模型是否同我们想构建的模型相吻合，产品的处理时间、流向是否正确等。还包括更广泛的确认范围：确认模型是否能够正确反映现实系统，评估模型仿真结果的可信度有多大等。

（1）验证

有很多技术可以用来验证模型。最重要的是在仿真低速运行时，观看动画和仿真钟是否同步运行，它可以发现物料流程及其处理时间方面的差异。

另一种验证技术是在模型运行过程中，通过交互命令窗口、显示动态图表来询问资源和流动项目的属性和状态。

通过"步进"方式运行模型和动态查看轨迹文件可以帮助人们调试模型。运行仿真时，通过输入多组仿真输入参数值，来验证仿真结果是否合理，也是一种很好的方法。在某些情况下，对系统性能的一些简单测量可以通过手工或使用对比来获得。对模型中特定区域要素的使用率和产出率通常是非常容易计算出来的。

（2）确认

模型确认可以建立模型的可信度。但是，现在还没有哪一种确认技术可以对模型的结果进行 100% 的确定。我们永远不可能证明模型的行为就是现实的真实行为。如果我们能够做到这一步，可能就不需要进行仿真研究的第一步（问题的定义）了。我们尽力去做的，最多只能是保证模型的行为同现实不会相互抵触罢了。

通过确认，试着判断模型的有效程度。假如一个模型在得到我们提供的相关正确数据之后，其输出满足我们的目标，那么它就是好的。模型只要在必要范围内有效就可以了，而不需要尽可能地有效。在模型结果的正确性同获得这些结果所需要的费用之间总存在着权衡。

判断模型的有效性需要从如下几方面着手：

- 模型性能测度是否同真实系统性能测度匹配？
- 如果没有现实系统来对比，可以将仿真结果同相近现实系统的仿真模型的相关运行结果作对比。
- 利用系统专家的经验来分析复杂系统特定部分模型的运行状况。
- 对每一主要任务，在确认模型的输入和假设都是正确的、模型的性能测度都是可以测量的之前，需要对模型各部分进行随机测试。
- 模型的行为是否同理论相一致？确定结果的理论最大值和最小值，然后验证模型结果是否落入两值之间。
- 为了了解模型在改变输入值后，其输出性能测度的变化方向，可以通过逐渐增大或减小其输入参数，来验证模型的一致性。
- 是否有其他仿真模拟器实现了这个模型？要是有的话那就再好不过了，可以将已有模型的运行结果同现在设计的模型的运行结果进行对比。

（八）运行

当系统具有随机性时，就需要对实验做多次运行。因为，随机输入导致随机输出。如果可能，在第二步中应当计算出已经定义的每一性能测度的置信区间。

有些仿真软件特别提供了"优化（Optimizer）"模块来执行优化操作，通过选择目标函数的最大化或最小化，定义需要实验的许多决策变量、需要达到的条件变量、需要满足的约束等，然后让优化模块负责搜索变量的可替换数字，最终得出决策变量集的优化解决方案，和最大化或最小化的模型目标函数。“优化（Optimizer）”模块会设置一套优化方法，包括遗传算法、禁忌搜索、分散搜索和其他的混合方法，来得出模型的优化配置方案。

在选择仿真运行长度时，考虑启动时间、资源失效可能间隔时间、处理时间或到达时间的时间或季节性差异，或其他需要系统运行足够长时间才能出现效果的系统特征变量，是非常重要的。

（九）输出分析

报表、图形和表格常常被用于进行输出结果分析。同时需要利用统计技术来分析不同方案的模拟结果。一旦通过分析结果并得出结论，要能够根据仿真的目标来解释这些结果，并提出实施或优化方案。使用结果和方案的矩阵图进行比较分析也是非常有帮助的。

需要注意的是，仿真研究不能简单机械地照搬以上9个环节，有些项目在获得系统的内在细节之后，可能要返回到先前的步骤中去做大量补充工作。同时，验证和确认需要贯穿于仿真工作的每一个环节当中。

1.1.3 复杂系统仿真及其作用意义

随着计算机性能的不断提高，建模与仿真技术愈发成熟，开始能够解决现实生活与生产中的复杂问题，复杂系统建模仿真逐渐成为一个热点领域。

自20世纪80年代中期，复杂性科学的概念首次被提出以来，得到了飞速发展，究其本质，复杂性科学可以说是非线性科学和系统科学的进一步演进与深化。如果说，系统科学是建立在系统的整体性、组织性、目的性研究基础上的，非线性科学是建立在系统的非线性、不确定性、随机性研究基础上的，那么复杂性科学则是聚焦对系统复杂性、智能性和适应性的研究。但是，对于“复杂系统”一词，始终没有形成统一的定义。一般认为，复杂系统区别于一般简单系统的本质特征在于它的复杂性，它是由多个因素构成的、要素之间具有复杂非线性关系的系统，可以理解为由大量单元或子系统非线性耦合在一起的空间组织或时空过程。自然界和人类社会广泛存在着由无数个体组合而成的无限多样性和复杂性的复杂系统，与复杂系统相关的理论包括非线性系统动力学、耗散结构论、协同理论、混沌理论、分形理论、复杂适应系统（Complexity Adaptive Systems，CAS）理论等。

虽然“复杂系统”至今没有明确的严格定义，从系统建模仿真的角度可以认为，复杂系统是由相当多具有智能性、自适应性主体构成的大系统，系统中没有中央控制，内部存在着许多复杂性，并具有巨大变化性，从而决定了系统主体间及与环境间的复杂相互作用，使得复杂系统涌现出所有单独主体或部分主体不具有的整体行为特性。

有些专家将“涌现”视为复杂系统的最主要特征，系统中简单的因素之间的相互作用和相互影响会产生更高水平或更复杂的组成成分，体现了整体大于部分之和的思想，其结果是系统作为具有更大的生产力、更强的稳定性或适应性的整体被人所瞩目。涌现性描述了一种系统从低层次到高层次、从局部到整体、从微观到宏观的变化，它强调个体之间的相互作用，正是这种相互作用才导致具有一定功能特征和目的性行为的整体特性的出现，使系统的宏观特性不同于系统组成因素或子系统本身的性质，即系统具有不同于各个子系统部分特征的整体宏观行为。

由于复杂系统的整体行为特征不等价于系统组成因素或子系统个体行为特征线性迭加之和，所以在系统仿真时无法用传统的数量方程或回归统计进行线性累加。随着计算机计算和存储能力的不断提高，人们发现可以把复杂系统中各个因素之间的非线性关系转化为计算机仿真模型，以模型仿真程序自动运行的方式推演系统，从而能在较短的时间内对那些现实世界中需要很长时间演化的系统进行动态仿真。计算机建模仿真方法逐渐成为研究动态复杂系统的有效手段，应用领域越来越广泛。复杂系统仿真的一般框架如图 1-1-1 所示。

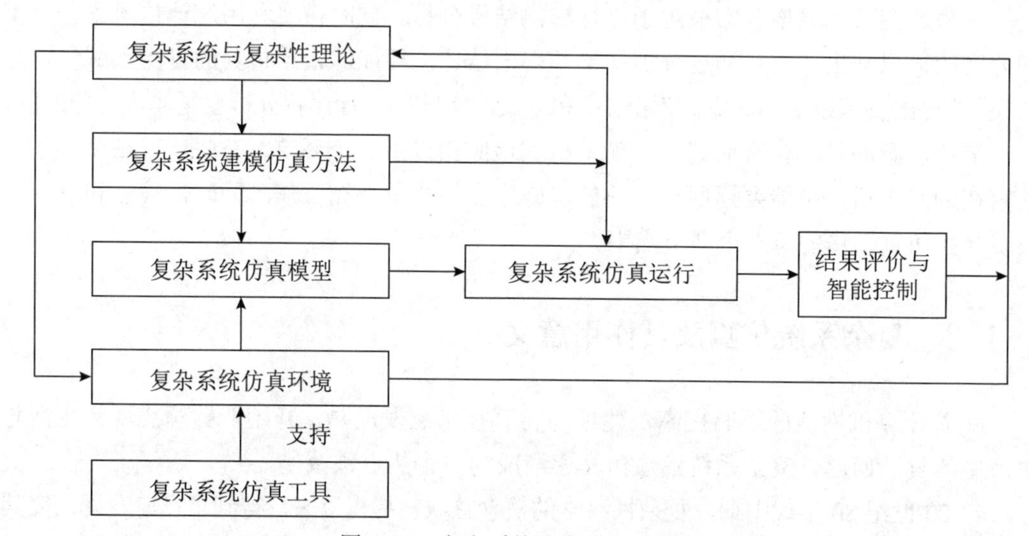

图 1-1-1　复杂系统仿真的一般框架

复杂系统仿真技术用途非常广泛，已经渗透到经济社会的各个领域，正不断促进各行各业的发展，为各行各业注入一股新的活力。因为人对复杂问题的理解能力是有限的，项目越复杂，就越有可能失败或做错事情。复杂系统仿真可以提高人的智力，帮助人们更好地对系统方案和计划进行可视化，使人们在一个较高的抽象层次上工作。这有助于正确地实施工作，并使工作进展得更快。有一个自然趋势：随着时间的推移，人们关注的实际系统都变得越来越复杂。虽然你今天可能认为不需要系统仿真，但随着系统的演化，当你决定开始使用复杂系统仿真技术时，可能为时已晚。

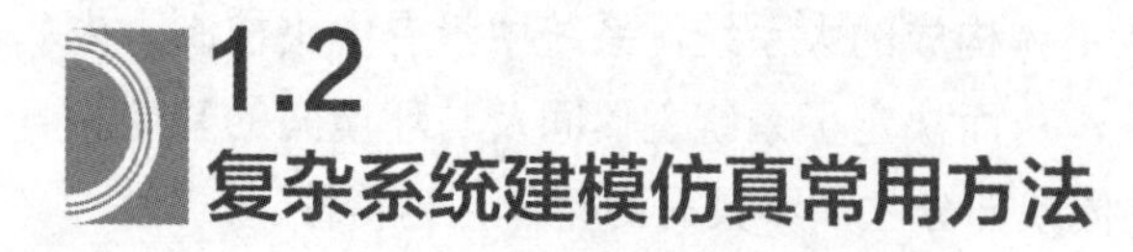

1.2 复杂系统建模仿真常用方法

1.2.1　离散事件系统建模仿真

在系统仿真中，将状态的瞬间变化称为事件。如果事件发生时间是一些非均匀离散的点，这样的事件称为离散事件，相应的系统称为离散事件系统，也称离散系统。在实际工作中有许多这样的系统，例如：物流配送系统、排队系统、库存系统、通信系统、交通系统等。离散事件系统中，事件的发生可以看作在一个时间点上瞬间完成，这些时间点是离散的、不确定的，使得系统状态的变化具有随机性。

（一）离散事件系统基本要素

离散事件系统由相互关联或相互作用的要素组成，包括以下基本要素。

（1）实体（Entity）

实体是系统中有意义的个体，可分为：①永久实体，在系统仿真期间始终停留在系统中的实体，代表系统中的资源；②临时实体，在系统仿真期间流经系统，在仿真结束时已经离开系统的实体，代表系统中的加工或者服务对象。

（2）属性（Attribute）

实体所具有的特性称为实体的属性。属性是实体特征的描述，也称为描述变量，一般是实体所拥有的全部特征的一个子集，用特征参数或变量表示。

（3）状态（State）

状态指任意时刻系统中所有实体的属性的集合，描述系统在任何时间所必需的所有信息。

（4）事件（Event）

事件是使系统状态发生变化的、实体的瞬间行为，是系统状态变化的驱动力。系统的动态过程是由事件来驱动的，事件有时还会触发新的事件。事件一般分为必然事件和条件事件。

（5）活动（Activity）

活动是指实体在两个相邻发生事件之间的持续过程，它标志着系统状态的转移。活动持续一定时间，其开始和结束是由事件引起的。

（6）进程（Process）

进程由与某类实体相关的若干有序事件及活动组成，它描述了相关事件及活动之间的逻辑和时序关系。

（7）规则（Rule）

规则就是用于描述实体之间的逻辑关系和系统运行策略的逻辑语句和约定。

（8）仿真钟（Simulation Clock）

仿真钟是用于表示仿真模型内时间变化的时间标识，是仿真模型运行时序的控制机构。

（二）离散事件系统建模方法

离散事件系统建模的方法有实体流程图、活动循环图、Petri 网、Euler 网等，前两种最常用。

（1）实体流程图（Entity Flow Chart，EFC）

实体流程图方法采用与计算机程序流程图相类似的图示符号和原理，建立表示临时实体产生、在系统中流动、接受永久实体“服务”以及消失等过程的流程图。借助实体流程图，可以表示事件、状态变化及实体间相互作用的逻辑关系。由于计算机程序框图的思想和编制方法已广为人们所接受，加上实体流程图编制方法虽然简单，但对离散事件系统的描述却比较全面等特点，使得实体流程图法的应用比较普遍。

图 1-2-1 给出了一个小型理发店服务系统的实体流程图。理发店有一个理发师，采取先到先服务的原则，在理发师忙时其余顾客需等待。

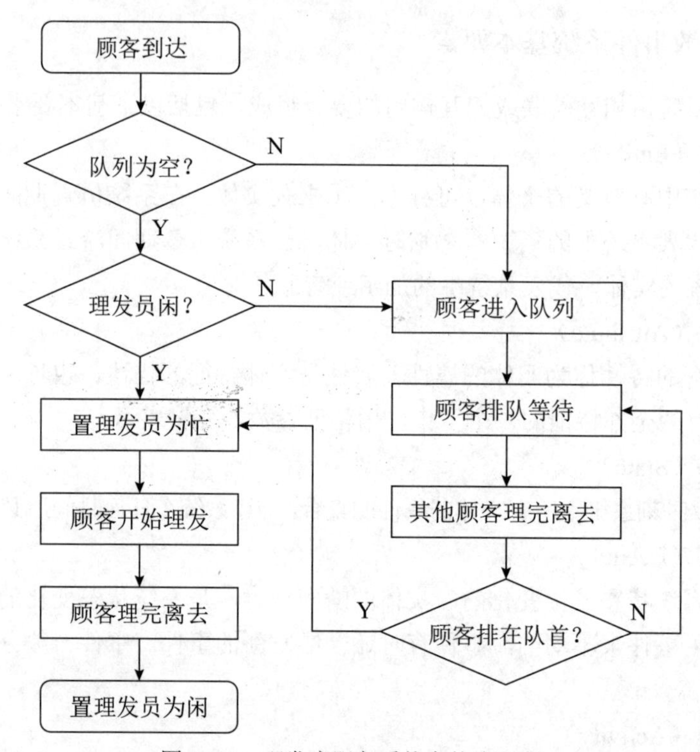

图 1-2-1　理发店服务系统实体流程图

（2）活动循环图（Activity Cycle Diagram，ACD）

活动循环图，也称活动周期图，它以直观的方式显示实体的状态变化历程和各实体之间的交互作用关系，是用于表示系统内各实体间逻辑关系的一种方法。活动循环图可以充分反映各类实体的行为模式，并将系统的状态变化以“个体”状态变化的集合方式表示出来，因此可以更好地表达众多实体的并发活动和实体之间的协同。它与实体类中的实体数量无关，只要系统的行为模式相同，即使它们的实体类型和活动周期不同，也可以用同一个活动循环图来描述。

实体活动循环图的绘制要以实际过程为依据，队列作为排队等待状态来处理，实体流程图中作为事件看待的某些操作或行为要拓展为活动来处理。图 1-2-2 给出了一个自动机床加工系统的活动循环图。自动机床由一名工人负责操作：如果机床的刀具完好，则为机床安装工件、然后按下运行按钮；如果机床的刀具损坏，则先要安装刀具；工人等待机床完成一次自动加工过程并停止运行后才能再次操作。实线部分是工人的活动循环图，虚线部分是自动机床的活动循环图。

（三）离散事件系统仿真策略

离散事件系统仿真通过对真实系统中关键要素的抽象和组合，模拟一段时间内真实系统的运行过程，在仿真运行过程中离散事件系统的状态会因事件的发生而改变，而这些事件发生在离散的时间点上。离散事件系统仿真的核心就是对事件和时间的合理处理，即用何种策略推进仿真钟，并建立起各类实体、事件、活动之间的逻辑关系。

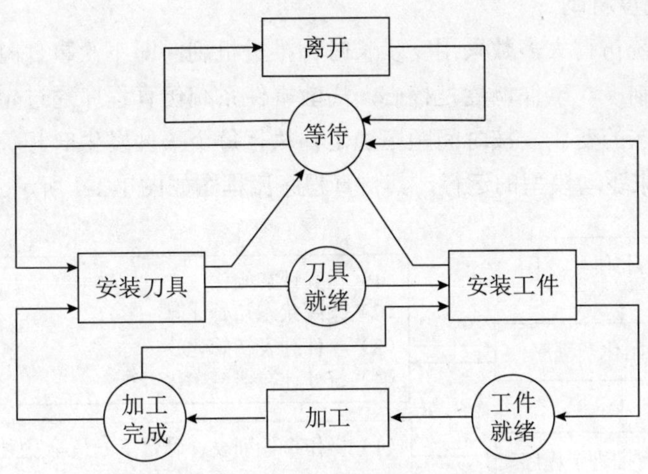

图 1-2-2　自动机床加工系统活动循环图

（1）时间推进机制

在离散事件系统仿真过程中，仿真钟从 0 逐步增大到仿真结束时间，仿真钟的时间推进机制有两种：固定时间间隔推进机制，也称等步长推进；下次事件时间推进机制，也称变步长推进。两种机制的推进方式如图 1-2-3 所示。

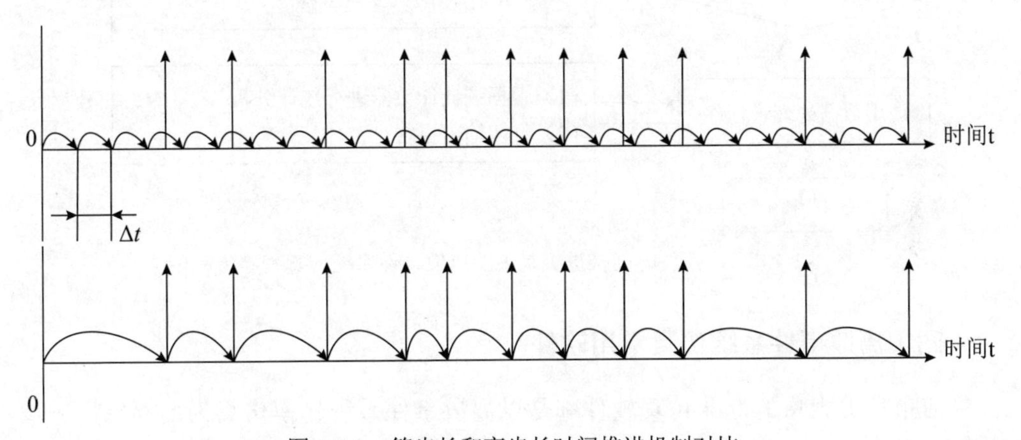

图 1-2-3　等步长和变步长时间推进机制对比

固定时间间隔推进机制首先要确定某一时间间隔作为仿真钟推进的固定时间增量，仿真钟按固定时间间隔等距推进。每次推进都需要扫描所有的活动，检查该时间区间内是否有事件发生。若无，则仿真钟继续等距推进。若有事件同时发生，除了记录该事件的时间参数外，还需要确定处理事件的先后顺序并依次执行这些事件。固定时间间隔的仿真钟推进机制存在一个难点，即如何合理确定时间增量，如果过大，则有可能丢失事件，产生误差；如果过小，则由于每步都要检查是否有事件发生，会大大增加仿真运行时间。

下次事件时间推进机制则是按下一个最早发生事件的发生时间来推进仿真钟。采用这种方法，当有一个事件发生，则将仿真钟推进到该事件发生时刻，在处理完事件所引起的系统变化之后，从将要发生的各事件中挑选最早发生的下一个事件，将仿真钟推进到此事件发生时刻，然后继续重复以上步骤。这种机制下，仿真钟以不等距的时间间隔跳跃式推进，直到仿真运行满足终止条件为止。

（2）事件调度机制

离散事件系统仿真大多数采用变步长时钟推进机制，即下次事件时间推进机制。在这种时间推进机制下，事件调度是核心，离散事件系统仿真程序通过定义事件及每个事件发生对系统状态的变化，按时间顺序确定并执行每个事件发生时相关的逻辑关系，同时策划新的事件来驱动模型的运行，其仿真程序流程图如图 1-2-4 所示。

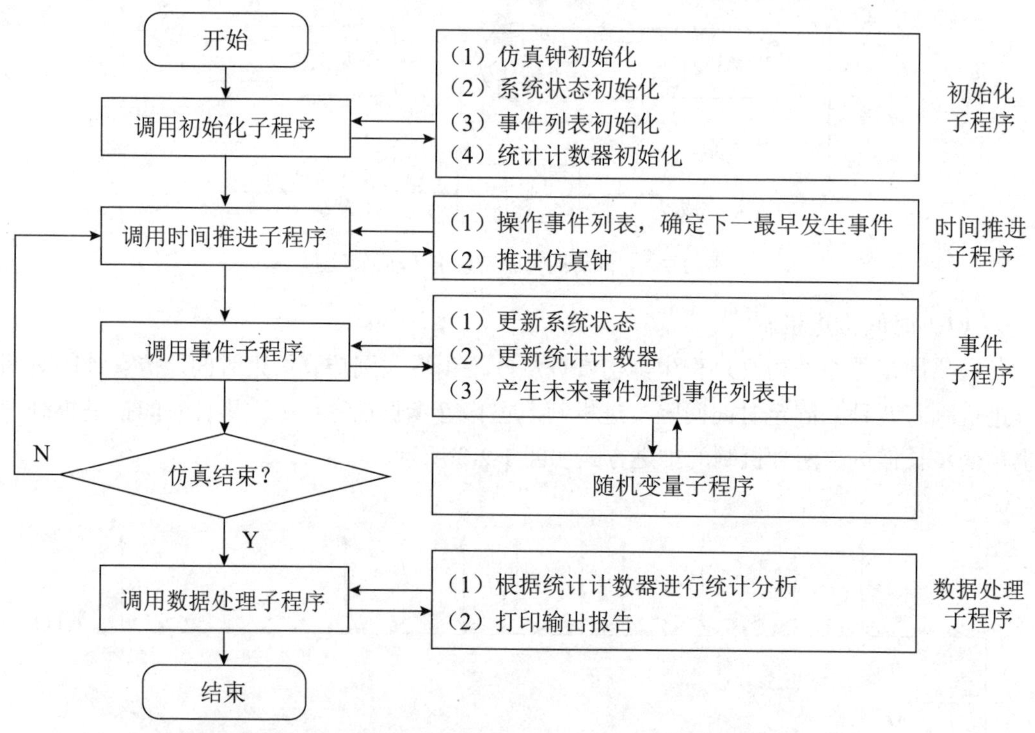

图 1-2-4　下次事件时间推进机制下的离散事件系统仿真程序流程图

（四）离散事件系统仿真常用软件

目前市场上大量的专业仿真软件都是以离散事件系统建模仿真为主要应用领域，图 1-2-5 至图 1-2-14 列出了最常见的十种典型离散事件系统仿真软件，相关详细信息可以在相应软件产品网站查看。

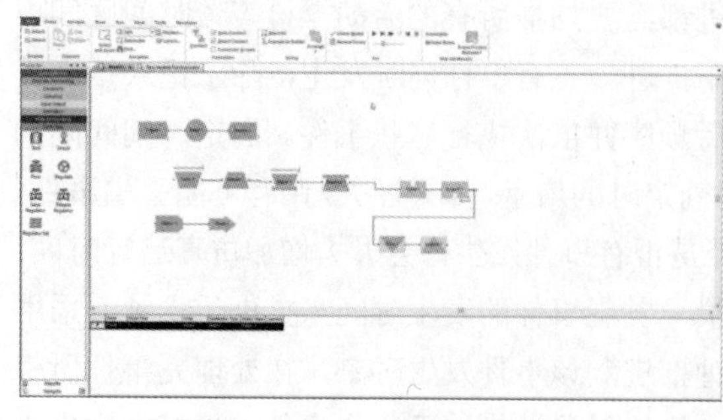

图 1-2-5　Arena 仿真软件界面

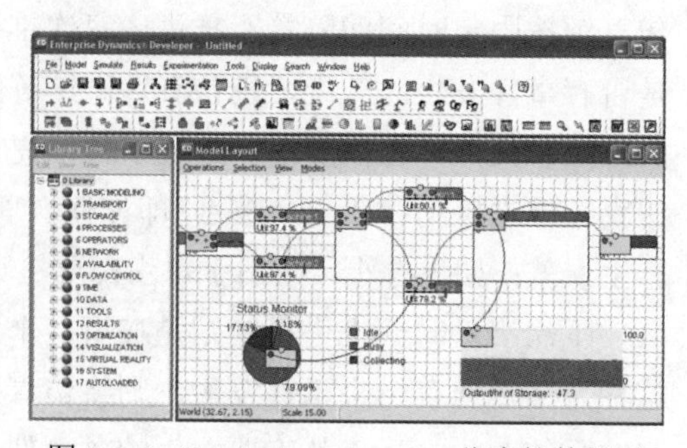

图 1-2-6　Enterprise Dynamics 仿真软件界面

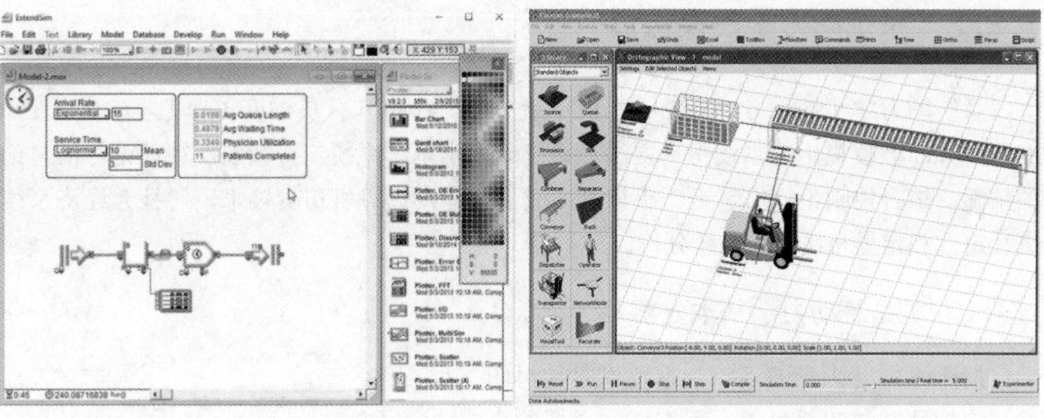

图 1-2-7　ExtendSim 仿真软件界面　　　　图 1-2-8　Flexsim 仿真软件界面

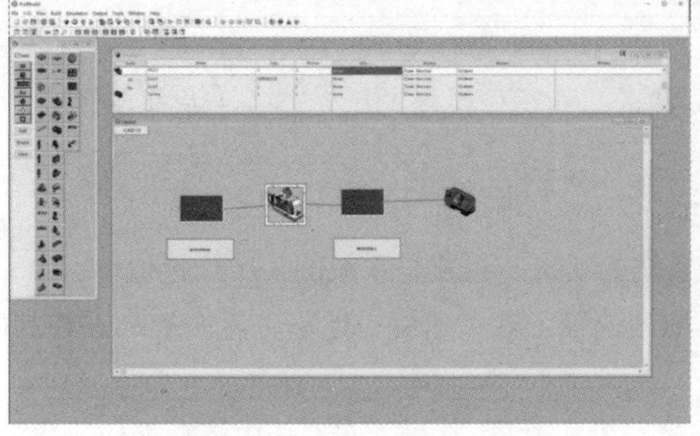

图 1-2-9　ProModel 仿真软件界面

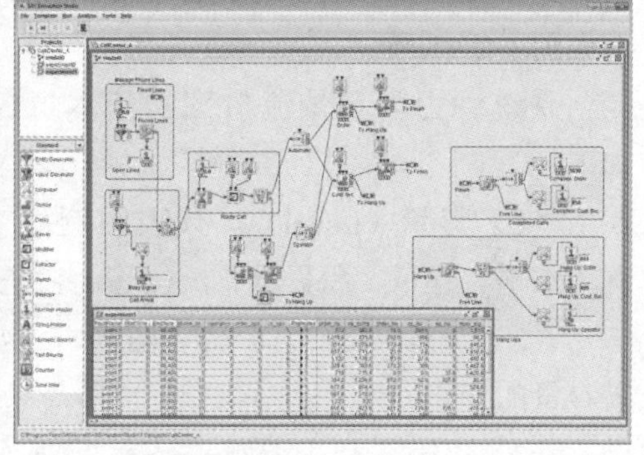

图 1-2-10　SAS Simulation Studio 仿真软件界面

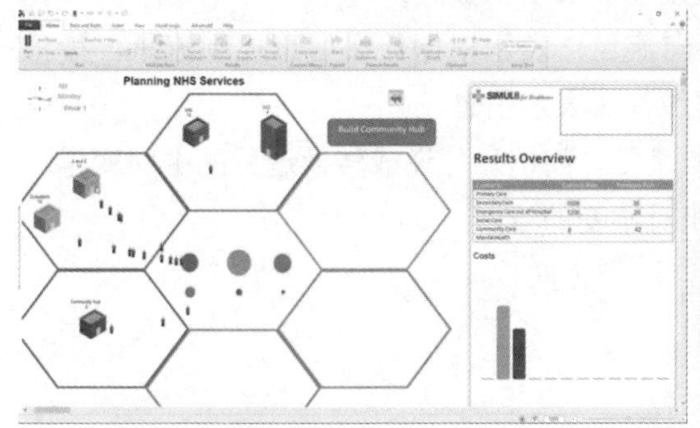

图 1-2-11　Simul8 仿真软件界面

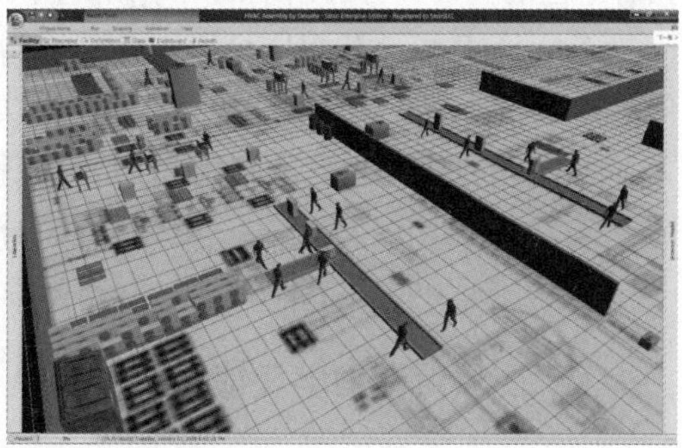

图 1-2-12　Simio 仿真软件界面

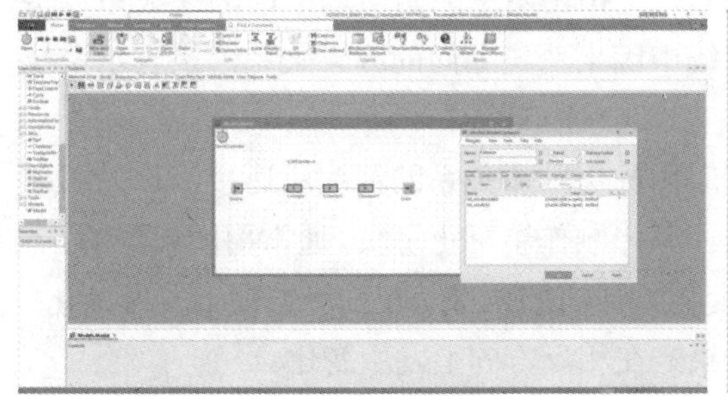

图 1-2-13　Plant Simulation 仿真软件界面

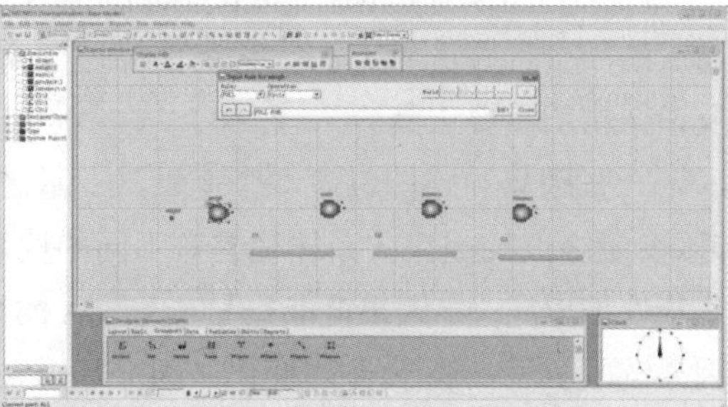

图 1-2-14　Witness 仿真软件界面

1.2.2 系统动力学建模仿真

系统动力学（System Dynamics，SD）是20世纪50年代美国麻省理工学院（MIT）的Forrester教授提出的系统仿真方法。系统动力学基于系统论，吸取反馈理论与信息论的精髓，综合控制论、信息论、决策论的成果，借助计算机仿真技术，对社会经济系统进行定性和定量相结合的系统分析。

（一）系统动力学基本要素

按照系统动力学的观点，系统界限是封闭的，应把那些与建模目的关系密切、重要的变量都划入边界内。一个最简单的系统动力学模型如图1-2-15所示。

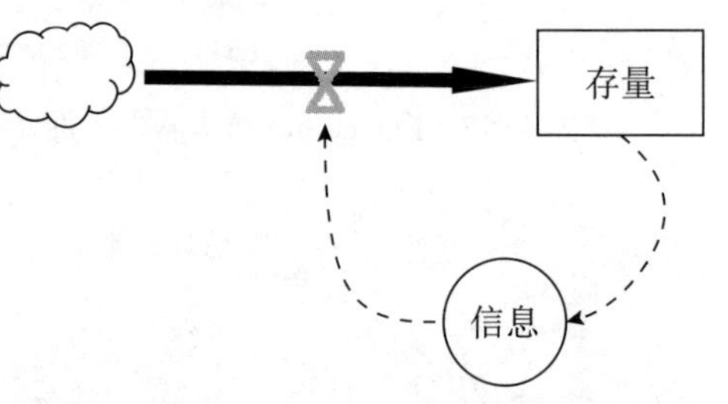

图1-2-15 系统动力学存量流量图

系统动力学存量流量图的基本组成要素如下。

（1）存量（Level），代表图例▭，也称为水平、存量、积累量、流位等，它是系统的状态，也就是系统的某个指标值。

（2）流量（Rate），代表图例⧖，也称为决策函数、速度、速率、流率等，它控制着存量的变化。

（3）实物流，代表图例⟶，用来连接存量和流量，它表示在系统中流动着的物质，具有守恒的性质。有的系统动力学软件用双线箭头表示物质流。

（4）信息流，代表图例⇢，它指向流量，表示根据什么信息控制流量，模拟信息传递的过程。有的系统动力学软件用实线箭头表示信息流。

（5）辅助变量，代表图例○，是存量和流量之间信息传递或转换过程的中间变量。

（6）常量，代表图例⊘，它是系统中相对不变的量。

（7）源或汇，代表图例☁，源指来源，汇指去向。

（二）系统动力学反馈回路和方程

（1）因果回路图

因果回路图（Causal Loop Diagram，CLD）是指由两个或两个以上的因果关系连接而成的闭合回路图示方法，它定性描述了系统中因果变量之间的因果关系，是表示系统反馈结构的重要工具。

一张因果回路图包含多个变量，变量之间由标出因果关系的箭头所连接，称为因果链。变量之间的因果关系往往具有不同的性质，其影响作用可正可负，通常用因果链的正、负极性加以定义：因果链取正号，表示A的变化（因）使B（果）在同一方向上发生变化；因果链取负号，表示A的变化（因）使B（果）在相反方向上发生变化。

反馈回路就是由一系列的因果与相互作用链组成的闭合回路，其极性取决于回路中因果链符号的乘积。为了确定回路的极性，可沿着反馈回路绕行一周，看一看回路中全部因果链的累积效应：若反馈回路包含偶数个负的因果链，则其极性为正；若反馈回路包含奇数个负的因果链，则其极性为负。正反馈回路的作用是使回路中变量的偏离增强，而负反馈回路则力图控制回路的变量趋于稳定。如图 1-2-16 举例所示，正反馈回路也称做增强回路，用“+”或“R”标识；负反馈回路也称做平衡回路，用“-”或“B”所标识。

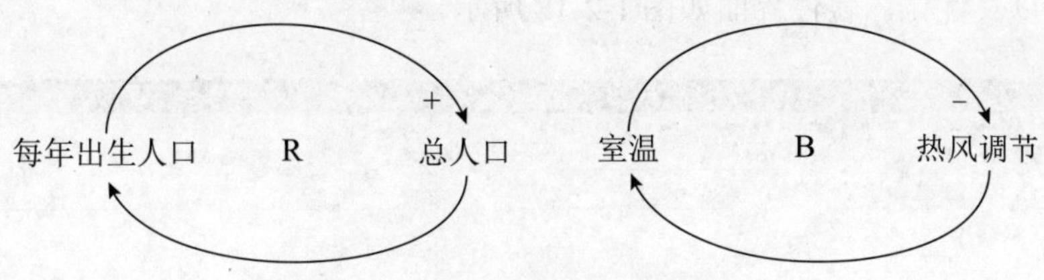

图 1-2-16　正反馈回路和负反馈回路

（2）系统动力学方程

如图 1-2-17 所示，以一个商店进销存的系统动力学存量流量图为例。顾客订货后，由店员处理这些订单，并按照订货单到商店的仓库取货，再将货发送给顾客。为了保持商店的仓库总有货，商店就必须按一定规则订货来补充仓库中的库存。从中可以发现，存量流量图（含有因果回路图）只能定性描述出系统各要素间的逻辑关系与系统构造。

要定量分析系统动态行为，必须使用系统动力学方程。系统动力学方程确定的过程，就是把存量流量图转换成描述变量间函数关系的数学方程的公式化过程。把非正规的、概念的构思转换成正式的、定量的数学方程式，其目的在于利用计算机程序一步一步算出变量随时间的变化，以研究模型假设中隐含的动力学特性，并确定解决问题的方法与对策。

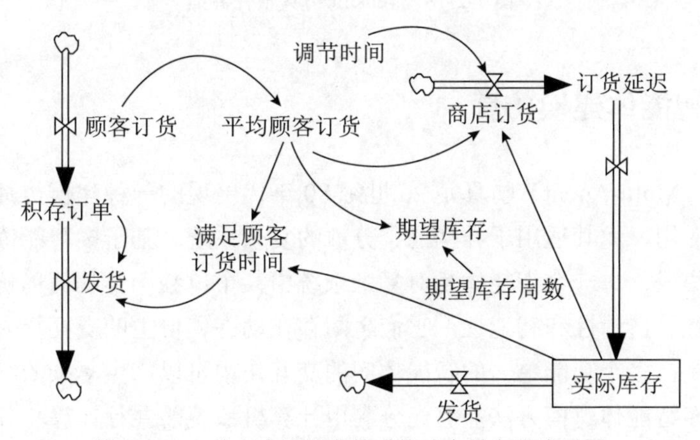

图 1-2-17　某商店进销存的系统动力学存量流量图

（三）传统系统动力学仿真软件

20 世纪 50 年代，系统动力学发展初期，仿真软件系统采用的是 SIMPLE（Simulation of Industrial Management Problems with Lots of Equation）。SIMPLE 后来发展成为 DYNAMO，DYNAMO 名称来自“动态（Dynamics）”和“模型（Model）”的混合缩写。DYNAMO 只是提供了建模语言和编译环境，缺乏图形化界面操作支持，第三方开发的图形 DYNAMO 建模仿真扩展工具也一直没有得到大规模广泛应用。

进入 20 世纪 90 年代后，陆续出现了一大批系统动力学仿真软件，如：STELLA（Structural Thinking，Experiential Learning Laboratory with Animation）、iThink、Vensim、

Powersim、NDTRAN、DYSMAP（Dynamic Simulation Modeling Analysis and Program）等。

现在，在我国应用较为广泛的系统动力学专用仿真软件是Vensim。Vensim最早由Ventana公司在1988年开发，是一个可视化的建模工具，可以实现系统动力学模型的建模、仿真、分析以及优化，软件界面如图1-2-18所示。

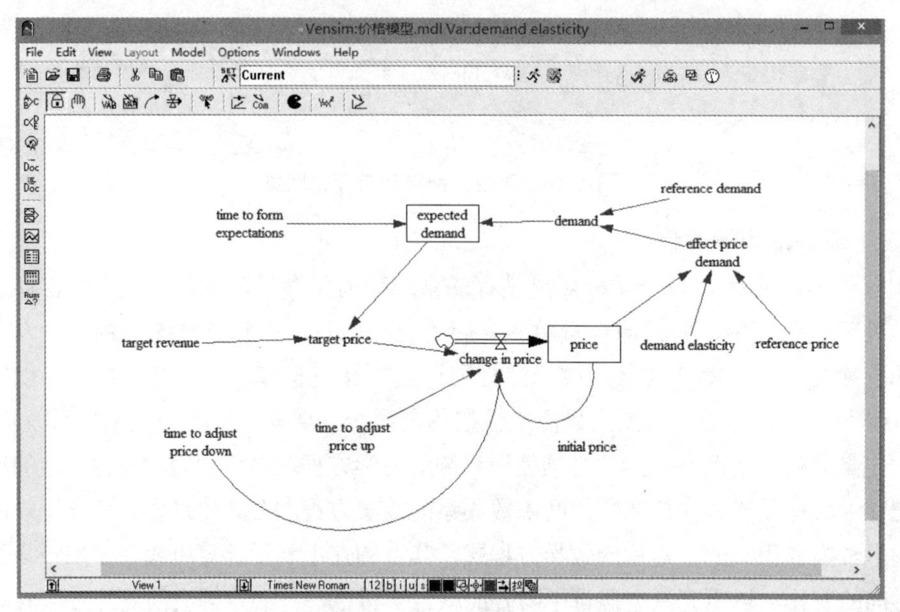

图1-2-18　Vensim仿真软件界面

1.2.3　多智能体建模仿真

多智能体（Multi-Agent）仿真是20世纪80年代出现的一种建模仿真方法，在许多领域得到广泛应用，尤其适用于异构的、分散的复杂系统。基于多智能体的仿真注重的是分散而不是集成，每一个智能体是对复杂系统中某个单独个体的简单仿真。智能体具有更高的主动性、自治性和智能性，它们之间存在动态、自主的交互行为。通过交互、合作与协调机制，多个功能单一的智能体间的交互作用可以产生复杂的行为，涌现一系列复杂现象。多智能体建模方法能够充分利用计算机系统的并行计算和分布式计算的能力，实现传统方法难以完成的复杂系统仿真。

（一）智能体和多智能体

（1）智能体（Agent）

Agent（智能体，也译为主体、代理等）最初来源于分布式人工智能领域的研究。人工智能专家Minsky在他1986年出版的著作《思维的社会》（*The Society of Mind*）中提出了Agent，认为社会中的某些个体经过协商之后求得问题的解，这些个体就是Agent。一般认为，智能体的特性包括：自治性（智能性）、社会（交互）性、反应性、合作性、移动性、理性、诚实性、友好性等。

事实上，智能体的特性常常因为应用的领域不同而有所不同，这也就形成对智能体理解的不同。至今还没有一个普遍接受的关于智能体（Agent）的定义，但人们普遍形成共识：智能体是所研究系统的某种抽象（可以是系统物理实体的抽象，也可以是系统功能逻辑的抽象），它能够在一定的环境中为了满足其设定目标，而采取一定的自主行为；智能体总是能够感知其所处的环境，适应环境的变化，并且具有可以影响环境的行为能力。

（2）多智能体系统（Multi-Agent System，MAS）

传统人工智能的目的是构造出具有一定智能的单一个体对问题进行求解，单一智能体范式取得了一定的成功，但是随着应用的深入，人们发现受有限理性的限制，单一智能体很难对存在于动态开放环境之中的大规模复杂问题进行求解。

Durfee 和 Lesser 在 1989 年提出了多智能体系统（Multi-Agent System，MAS）的概念。多智能体系统是由多个可以相互交互的智能体（Agent）所组成的系统，系统中每个智能体都是自主的行为实体，封装了状态和行为，因而相对独立；同时，不同的智能体通过通信进行交互，智能体之间可能存在复杂的关系。可以看出，多智能体系统实际上是对社会智能的一个抽象，许多现实世界中的群体都具有这些特征。

多智能体系统的特点主要有：有限视角，即每个 Agent 都面临不完全信息或只具备有限能力；没有系统全局控制；数据分散；异步计算。

（二）多智能体仿真策略

从某种意义上讲，多智能体是最简单的建模仿真方法，它为用户提供了一种独特观察视角，从下到上来构建模型。用户使用多智能体仿真，可以不用知道系统整体行为，可以不识别系统关键变量及其动态变化，可以不用确定整体业务逻辑，也不需要像用系统动力学仿真那样练习抽象能力，或者像用离散事件系统仿真那样总是强迫自己从流程方面思考问题。

多智能体建模仿真时，用户只需了解系统中的个体是如何单独运行的，通过创建智能体并定义其行为，然后连接创建的各个智能体使其互动，或将其放置在具有动态特性的特定环境中，使系统的全局行为从大量（数十个、数百个、数千个、数万个、数十万个、数百万个，乃至更多）智能体并发的独立行为中涌现出来。

多智能体仿真需要重点关注以下关键内容：

①识别在实际系统中的那些至关重要的对象，确定为模型中的智能体。

②识别智能体间的具有持续性（或部分持续性）的关系，建立相应连接。

③识别智能体在实际空间的变化规律，包括智能体的速度、行进路线等。

④识别智能体生命周期中的重要事件，这些事件可能由外部驱动，也有可能是由智能体自身原因导致的内部事件。

⑤识别定义智能体的行为，包括智能体对外界事件的反应、智能体的状态及变化、智能体内部事件处理、智能体的内部流程等。

⑥识别确定智能体之间的通信模式及其规则。

⑦识别智能体需要记录的各类信息，确定存储方式和信息内容。

⑧识别存在于全部智能体外并被全部智能体分享的信息或动态，定义其为模型全局变量。

（三）传统多智能体仿真软件

传统多智能体仿真软件有：美国西北大学网络学习和计算机建模中心的 NetLogo，芝加哥大学社会科学计算实验室的 Repast，美国爱荷华州立大学 McFadzean、Stewart 和 Tesfatsion 开发的 TNG Lab，意大利都灵大学 PietroTerna 开发的 JES，美国布鲁金斯研究所 Parker 开发的 Ascape，美国桑塔费研究所的 Swarm 等。其中，Swarm 在我国应用较多。

Swarm 提供了基于脚本语言的非图形界面的多智能体仿真环境，是一种多时间线程运行机制，使得其中构建的大量智能体能并行运行和互相作用。Windows 系统中，Swarm 仿真运行环境可以在 Java 开发包（JDK）基础上构建。Swarm 仿真模型源文件编译后运行界面如图 1-2-19 所示。

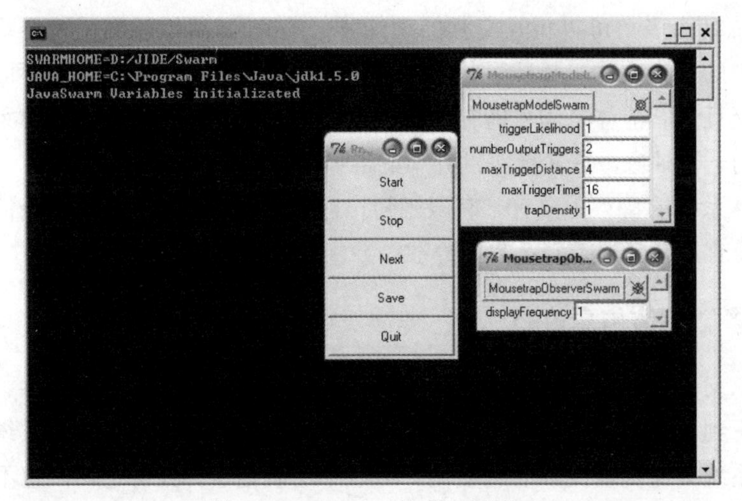

图 1-2-19　Swarm 仿真运行界面

1.2.4　多方法集成建模仿真

前述三种建模仿真方法事实上可视为三种不同的映射真实世界系统的观点：离散事件系统建模把真实系统的动态视为一系列基于实体的事件，是过程导向的建模仿真方法；系统动力学建模以连续变化视角，从真实系统抽象出存量、流量、反馈回路和方程；多智能体建模则将系统从个体的角度加以描绘，进而实现智能体之间以及智能体和环境之间的互动。

但是在工作实践中，往往用户研究的对象系统并不能用单一方法来建模仿真，或者说用单一的建模仿真方法并不能很好地对其进行模拟。因为，只使用一个方法工具，用户不可避免地要使用变通措施（非自然的、烦琐的语言结构），或者将一部分问题隔离在建模范围之外（将其视为外生），这种做法会带来一些问题。这种情况下，多方法集成建模仿真变得尤为重要。通过无缝集成和组合不同的仿真建模方法，构建起高效且可管理的仿真模型，可以克服单一建模仿真方法的局限性，并在每个方法中获得最大收益。

为实现多方法集成仿真，人们往往会运用高级程序语言来编写和运行仿真程序，如 C++ 语言或者 Java 语言，或采用专门的计算机仿真语言来进行，如 SLAM（Simulation

Language for Alternation Modeling）、SIMSCRIPT、GASP 等。近年来，一些最新的专业仿真软件也开始全面支持多方法集成仿真，如完全基于标准 Java 开发的仿真软件 AnyLogic。

AnyLogic 支持在一个仿真模型中使用前述三种建模仿真方法，并在仿真运行过程中保证各部分同步和交互。一个 AnyLogic 的传染病和诊所的多方法集成仿真运行结果，如图 1-2-20 所示。

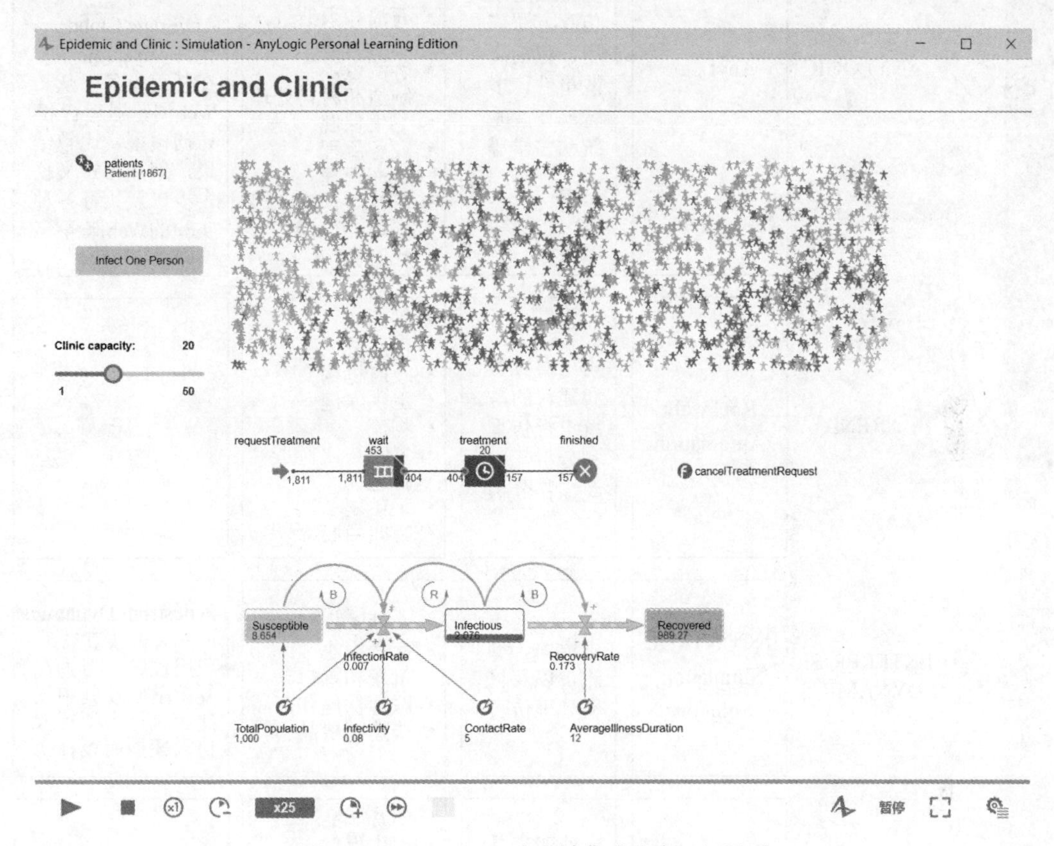

图 1-2-20　AnyLogic 多方法集成仿真运行界面

扫码看彩图

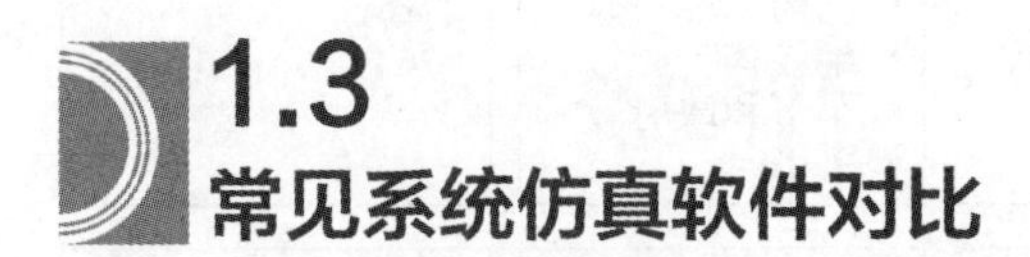

1.3 常见系统仿真软件对比

计算机系统仿真被应用于大多数业务领域，在物理世界和数字世界之间架起一座桥梁，包括制造和材料处理、运输、仓库操作、资产管理和业务流程等。在模拟复杂业务系统时，需要一个多功能的计算机仿真软件工具。它有助于将各种对象系统和功能逻辑合并到一个模型中，更好地表示它们之间的相互联系，并以透明的方式优化它们。

下面对 1.2 中提到的 11 种常用仿真软件的主要参数进行对比，如图 1-3-1 至图 1-3-7 所示（来源：www.anylogic.com）。

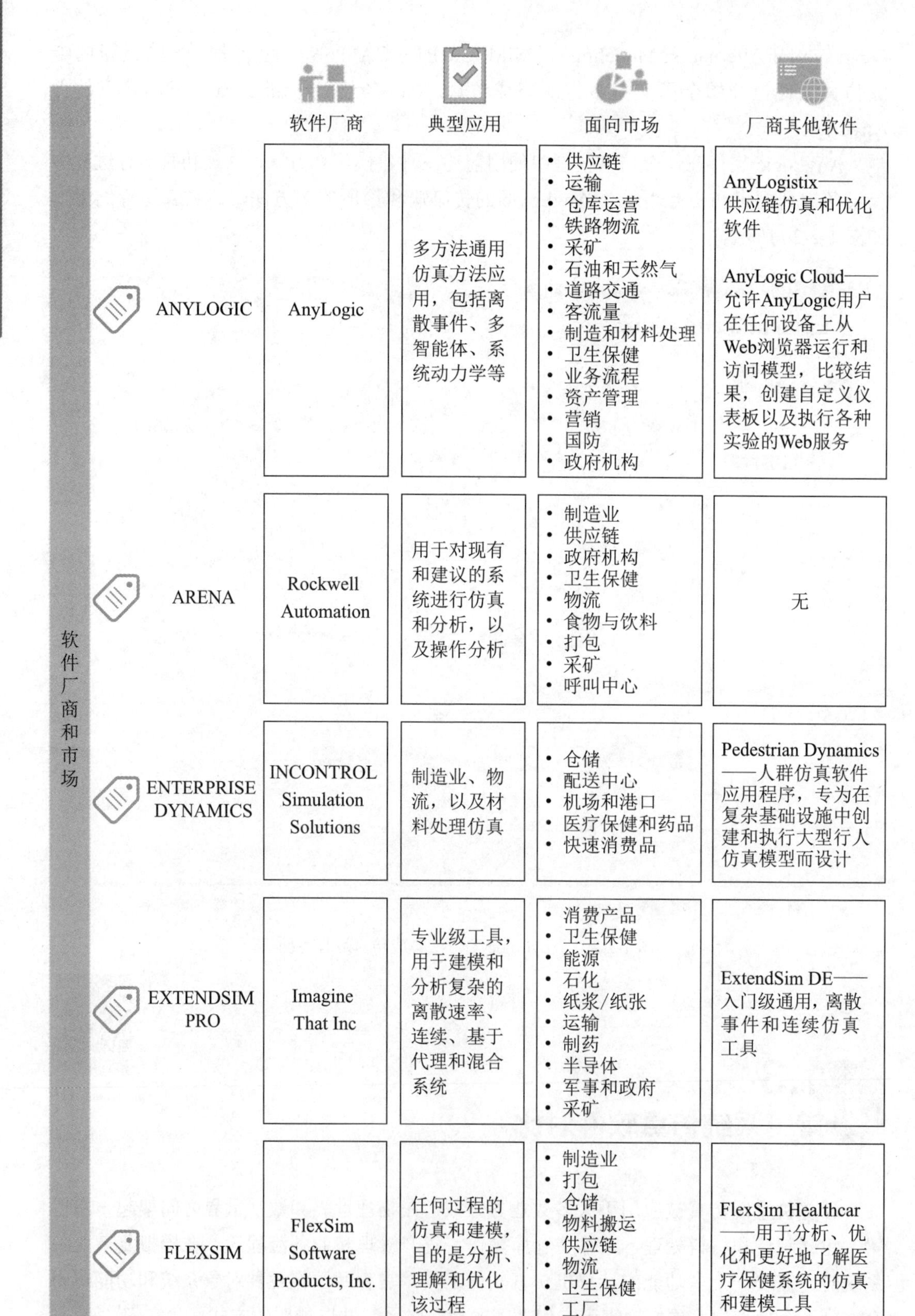

软件厂商和市场

	软件厂商	典型应用	面向市场	厂商其他软件
ANYLOGIC	AnyLogic	多方法通用仿真方法应用，包括离散事件、多智能体、系统动力学等	• 供应链 • 运输 • 仓库运营 • 铁路物流 • 采矿 • 石油和天然气 • 道路交通 • 客流量 • 制造和材料处理 • 卫生保健 • 业务流程 • 资产管理 • 营销 • 国防 • 政府机构	AnyLogistix——供应链仿真和优化软件 AnyLogic Cloud——允许AnyLogic用户在任何设备上从Web浏览器运行和访问模型，比较结果，创建自定义仪表板以及执行各种实验的Web服务
ARENA	Rockwell Automation	用于对现有和建议的系统进行仿真和分析，以及操作分析	• 制造业 • 供应链 • 政府机构 • 卫生保健 • 物流 • 食物与饮料 • 打包 • 采矿 • 呼叫中心	无
ENTERPRISE DYNAMICS	INCONTROL Simulation Solutions	制造业、物流，以及材料处理仿真	• 仓储 • 配送中心 • 机场和港口 • 医疗保健和药品 • 快速消费品	Pedestrian Dynamics——人群仿真软件应用程序，专为在复杂基础设施中创建和执行大型行人仿真模型而设计
EXTENDSIM PRO	Imagine That Inc	专业级工具，用于建模和分析复杂的离散速率、连续、基于代理和混合系统	• 消费产品 • 卫生保健 • 能源 • 石化 • 纸浆/纸张 • 运输 • 制药 • 半导体 • 军事和政府 • 采矿	ExtendSim DE——入门级通用，离散事件和连续仿真工具
FLEXSIM	FlexSim Software Products, Inc.	任何过程的仿真和建模，目的是分析、理解和优化该过程	• 制造业 • 打包 • 仓储 • 物料搬运 • 供应链 • 物流 • 卫生保健 • 工厂 • 航空航天 • 采矿	FlexSim Healthcar——用于分析、优化和更好地了解医疗保健系统的仿真和建模工具

图 1-3-1　仿真软件供应商和市场对比（一）

软件厂商和市场

软件	软件厂商	典型应用	面向市场	厂商其他软件
PROMODEL OPTIMIZATION SUITE	ProModel Corporation	流程优化和改进，资源利用、系统容量、吞吐量等约束分析	• 国防 • 政府机构 • 制造业 • 制药 • 物流 • 仓库和配送中心	Enterprise Portfolio Simulator——基于Web的多个同步项目计划的仿真分析 FutureFlow Rx——ADT决策，患者流程和床位管理 MedModel——临床环境的计算机仿真 Process Simulator——过程仿真
SAS SIMULATION STUDIO	SAS	离散事件仿真：供应链、资源管理、容量规划、工作流分析和成本分析	• 制造业 • 银行 • 制药和医疗保健 • 能源 • 政府机构 • 零售 • 教育 • 运输	无
SIMUL8 PROFESSIONAL	SIMUL8 Corporation	装配线、生产线平衡战略规划、运营、医疗保健系统、精益、共享服务、容量计划	• 制造业 • 卫生保健 • 教育 • 工程 • 供应链 • 物流 • 政府机构 • 精益 • 汽车 • 呼叫中心	无
SIMIO ENTERPRISE EDITION	Simio LLC	适合专业建模师和研究人员，强大的面向对象建模和集成的3D动画，用于快速模型	• 航空航天和国防 • 机场 • 卫生保健 • 制造业 • 采矿 • 石油和天然气 • 供应链 • 运输	无
PLANT SIMULATION	Siemens Product Lifecycle Management Software Inc.	离散事件仿真、可视化、生产吞吐量、物流的分析和优化	• 汽车制造和物流 • 航空航天和国防 • 消费产品 • 物流 • 电子产品 • 机械 • 卫生保健 • 咨询	无
WITNESS	Lanner	专业建模和应用开发的快速、生产性预测仿真软件	• 商业计划 • 流程优化 • 决策	无

图 1-3-2　仿真软件供应商和市场对比（二）

技术兼容性

软件	支持的操作系统	可兼容软件执行专门功能	可被外部程序控制或运行	是否支持多CPU
ANYLOGIC	Windows、Mac、Linux	• Excel、Access等数据库 • OptQuest • Stat::Fit • 任何Java/DLL库	AnyLogic模型可以作为独立的Java应用程序导出，这些应用程序可以从任何其他应用程序或由其他应用程序运行。它们也可以通过AnyLogic Cloud Web服务在线运行	是
ARENA	Windows	OptQuest	Visual Studio	是
ENTERPRISE DYNAMICS	Windows	否	否	是
EXTENDSIM PRO	Windows、Mac	• Excel、Oracle、Access、SQL Server、MySQL • Stat::Fit • JMP • Minitab • 任何DLL库	任何可配置为自动化控制器（如Excel或Access）的Windows应用程序都可以与ExtendSim进行控制和通信	是
FLEXSIM	Windows	• Excel 等数据库 • C++ 程序	OLE以及ActiveX	是
PROMODEL OPTIMIZATION SUITE	Windows	• Excel和Access • Stat::Fit • MiniTab	• Excel和Access • C# • VB和VBA	是
SAS SIMULATION STUDIO	Windows、Linux	SAS和JMP软件，可以通过外部运行，也可以通过SAS程序块嵌入	任何可以启动Java应用程序的程序	是
SIMUL8 PROFESSIONAL	Windows	• Excel • Stat::Fit • OptQuest • SQL数据库	Excel和任何可以启动COM的IDE	是
SIMIO ENTERPRISE EDITION	Windows	• Microsoft Azure • Wonderware • OptQuest • .Net应用程序 • Excel、Access、SQL Server、MySQL	• Wonderware • OptQuest • .Net应用程序	是
PLANT SIMULATION	Windows	• Matlab • Excel • Simatic IT • Teamcenter • Autocad • Microstation	• Excel • Siemens PLCSIM高级版 • OPC、OPC UA • ODBC • ERP（SAP或Oracle）	是
WITNESS	Windows	否	否	是

图 1-3-3　仿真软件技术兼容性对比

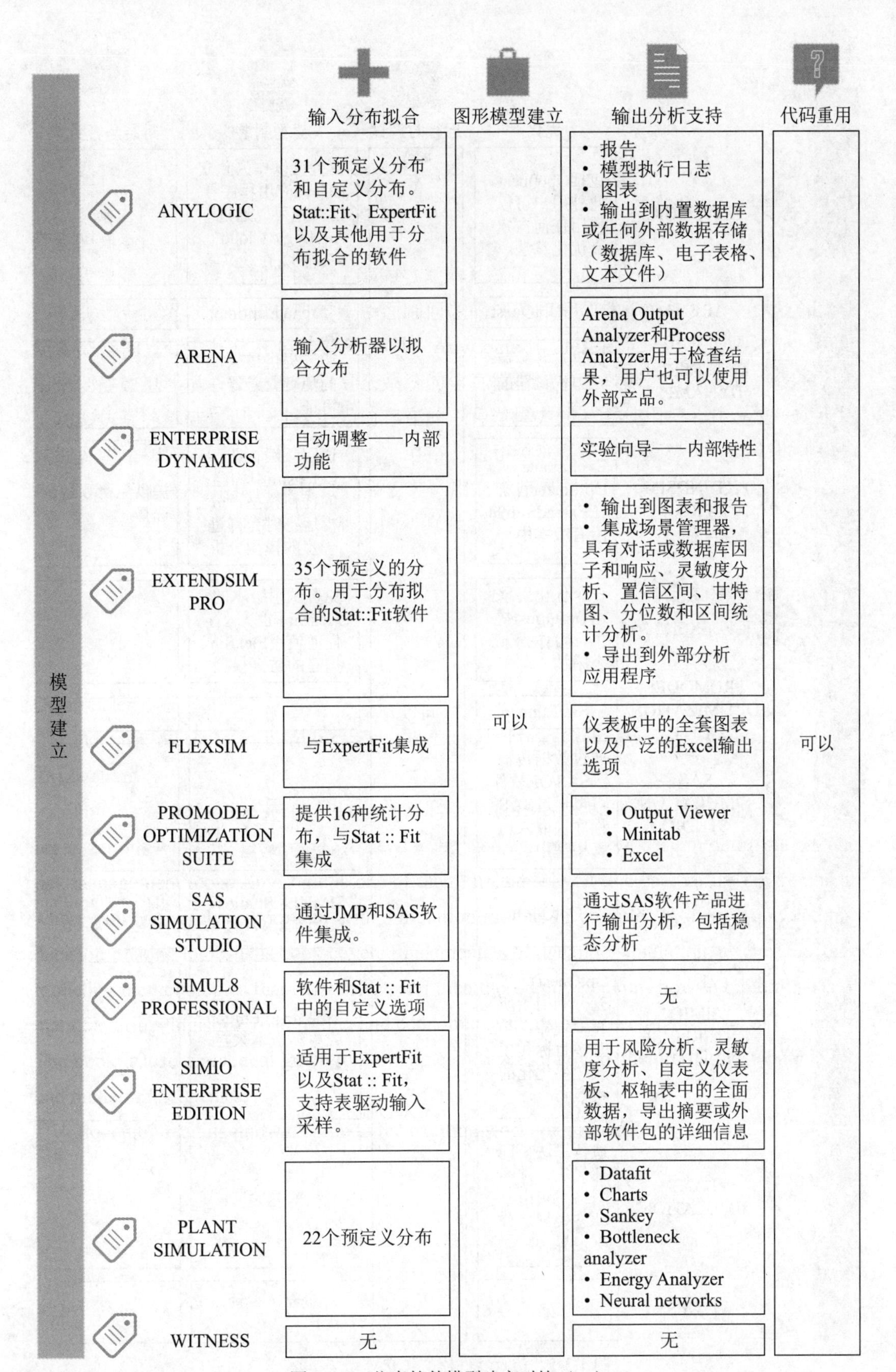

<table>
<tr><th rowspan="11">模型建立</th><th></th><th>输入分布拟合</th><th>图形模型建立</th><th>输出分析支持</th><th>代码重用</th></tr>
<tr><td>ANYLOGIC</td><td>31个预定义分布和自定义分布。Stat::Fit、ExpertFit以及其他用于分布拟合的软件</td><td rowspan="10">可以</td><td>• 报告
• 模型执行日志
• 图表
• 输出到内置数据库或任何外部数据存储（数据库、电子表格、文本文件）</td><td rowspan="10">可以</td></tr>
<tr><td>ARENA</td><td>输入分析器以拟合分布</td><td>Arena Output Analyzer和Process Analyzer用于检查结果，用户也可以使用外部产品。</td></tr>
<tr><td>ENTERPRISE DYNAMICS</td><td>自动调整——内部功能</td><td>实验向导——内部特性</td></tr>
<tr><td>EXTENDSIM PRO</td><td>35个预定义的分布。用于分布拟合的Stat::Fit软件</td><td>• 输出到图表和报告
• 集成场景管理器，具有对话或数据库因子和响应、灵敏度分析、置信区间、甘特图、分位数和区间统计分析。
• 导出到外部分析应用程序</td></tr>
<tr><td>FLEXSIM</td><td>与ExpertFit集成</td><td>仪表板中的全套图表以及广泛的Excel输出选项</td></tr>
<tr><td>PROMODEL OPTIMIZATION SUITE</td><td>提供16种统计分布，与Stat :: Fit集成</td><td>• Output Viewer
• Minitab
• Excel</td></tr>
<tr><td>SAS SIMULATION STUDIO</td><td>通过JMP和SAS软件集成。</td><td>通过SAS软件产品进行输出分析，包括稳态分析</td></tr>
<tr><td>SIMUL8 PROFESSIONAL</td><td>软件和Stat :: Fit中的自定义选项</td><td>无</td></tr>
<tr><td>SIMIO ENTERPRISE EDITION</td><td>适用于ExpertFit以及Stat :: Fit，支持表驱动输入采样。</td><td>用于风险分析、灵敏度分析、自定义仪表板、枢轴表中的全面数据，导出摘要或外部软件包的详细信息</td></tr>
<tr><td>PLANT SIMULATION</td><td>22个预定义分布</td><td>• Datafit
• Charts
• Sankey
• Bottleneck analyzer
• Energy Analyzer
• Neural networks</td></tr>
<tr><td></td><td>WITNESS</td><td>无</td><td></td><td>无</td><td></td></tr>
</table>

图 1-3-4　仿真软件模型建立对比（一）

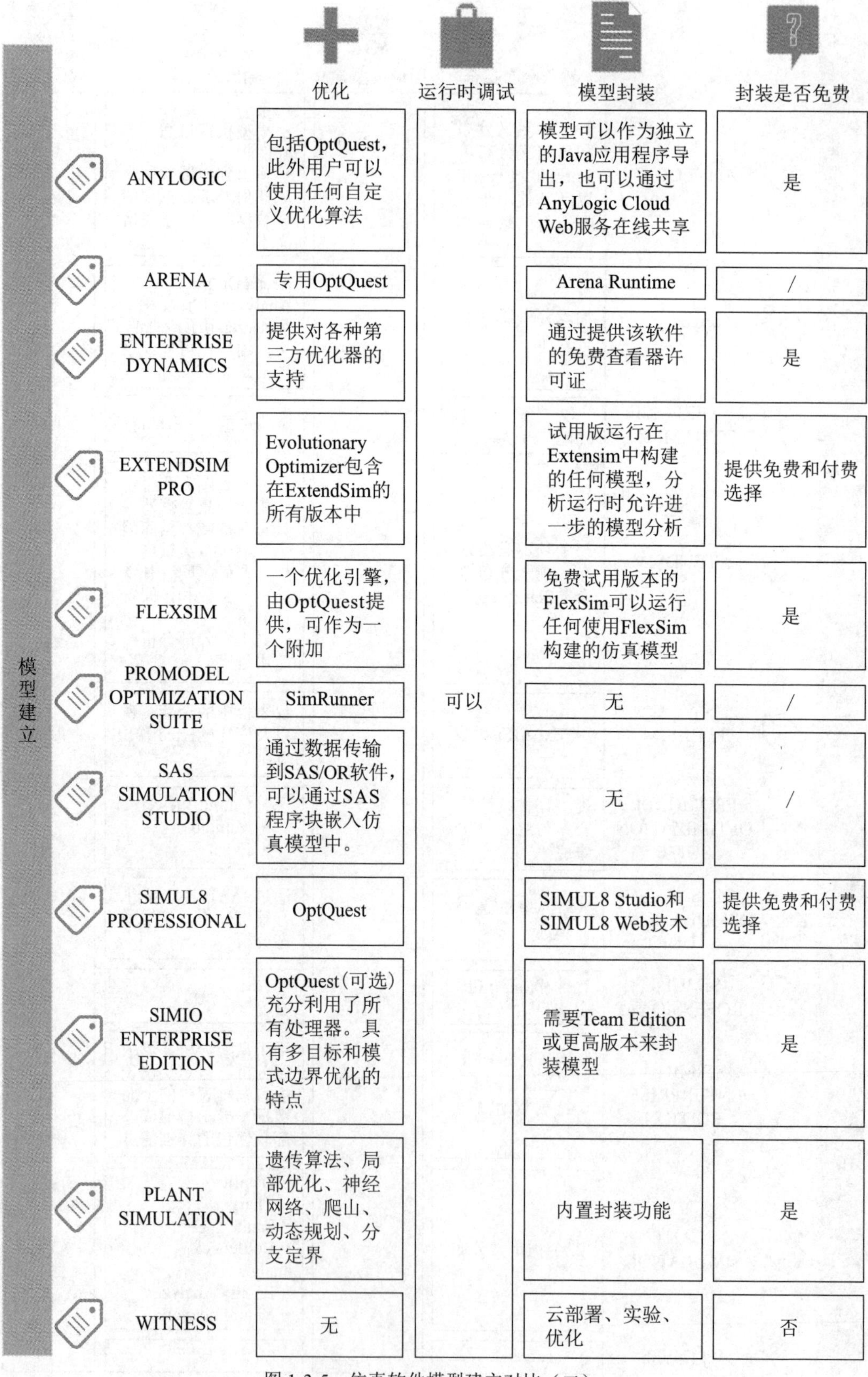

模型建立

	优化	运行时调试	模型封装	封装是否免费
ANYLOGIC	包括OptQuest，此外用户可以使用任何自定义优化算法	可以	模型可以作为独立的Java应用程序导出，也可以通过AnyLogic Cloud Web服务在线共享	是
ARENA	专用OptQuest		Arena Runtime	/
ENTERPRISE DYNAMICS	提供对各种第三方优化器的支持		通过提供该软件的免费查看器许可证	是
EXTENDSIM PRO	Evolutionary Optimizer包含在ExtendSim的所有版本中		试用版运行在Extensim中构建的任何模型，分析运行时允许进一步的模型分析	提供免费和付费选择
FLEXSIM	一个优化引擎，由OptQuest提供，可作为一个附加		免费试用版本的FlexSim可以运行任何使用FlexSim构建的仿真模型	是
PROMODEL OPTIMIZATION SUITE	SimRunner		无	/
SAS SIMULATION STUDIO	通过数据传输到SAS/OR软件，可以通过SAS程序块嵌入仿真模型中。		无	/
SIMUL8 PROFESSIONAL	OptQuest		SIMUL8 Studio和SIMUL8 Web技术	提供免费和付费选择
SIMIO ENTERPRISE EDITION	OptQuest(可选)充分利用了所有处理器。具有多目标和模式边界优化的特点		需要Team Edition或更高版本来封装模型	是
PLANT SIMULATION	遗传算法、局部优化、神经网络、爬山、动态规划、分支定界		内置封装功能	是
WITNESS	无		云部署、实验、优化	否

图 1-3-5　仿真软件模型建立对比（二）

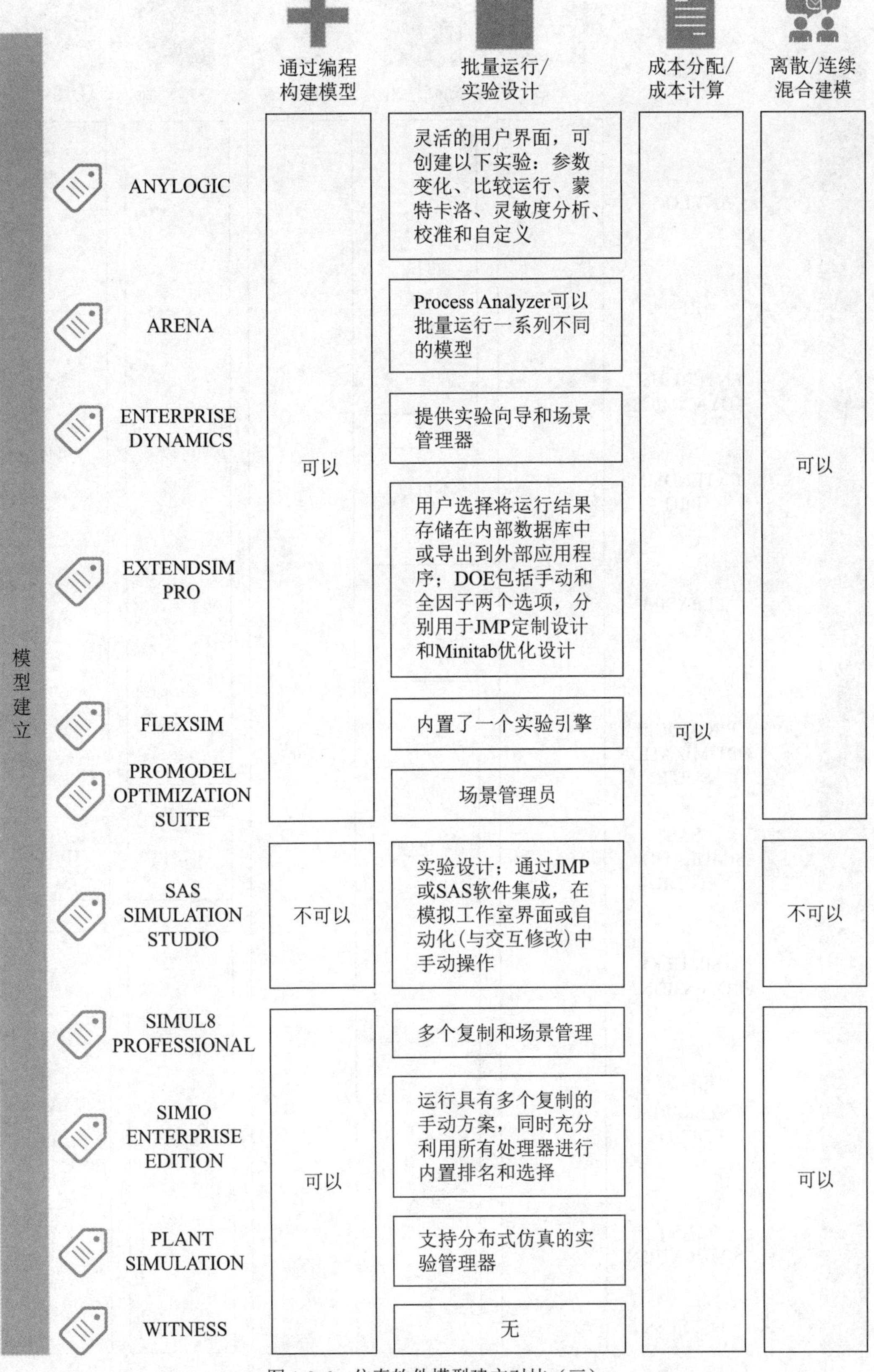

模型建立
通过编程构建模型
批量运行/实验设计
成本分配/成本计算
离散/连续混合建模
ANYLOGIC
灵活的用户界面，可创建以下实验：参数变化、比较运行、蒙特卡洛、灵敏度分析、校准和自定义
ARENA
Process Analyzer可以批量运行一系列不同的模型
ENTERPRISE DYNAMICS
提供实验向导和场景管理器
EXTENDSIM PRO
用户选择将运行结果存储在内部数据库中或导出到外部应用程序；DOE包括手动和全因子两个选项，分别用于JMP定制设计和Minitab优化设计
FLEXSIM
内置了一个实验引擎
PROMODEL OPTIMIZATION SUITE
场景管理员
可以
可以
可以
SAS SIMULATION STUDIO
不可以
实验设计；通过JMP或SAS软件集成，在模拟工作室界面或自动化(与交互修改)中手动操作
不可以
SIMUL8 PROFESSIONAL
多个复制和场景管理
SIMIO ENTERPRISE EDITION
运行具有多个复制的手动方案，同时充分利用所有处理器进行内置排名和选择
PLANT SIMULATION
支持分布式仿真的实验管理器
WITNESS
无
可以
可以

图 1-3-6　仿真软件模型建立对比（三）

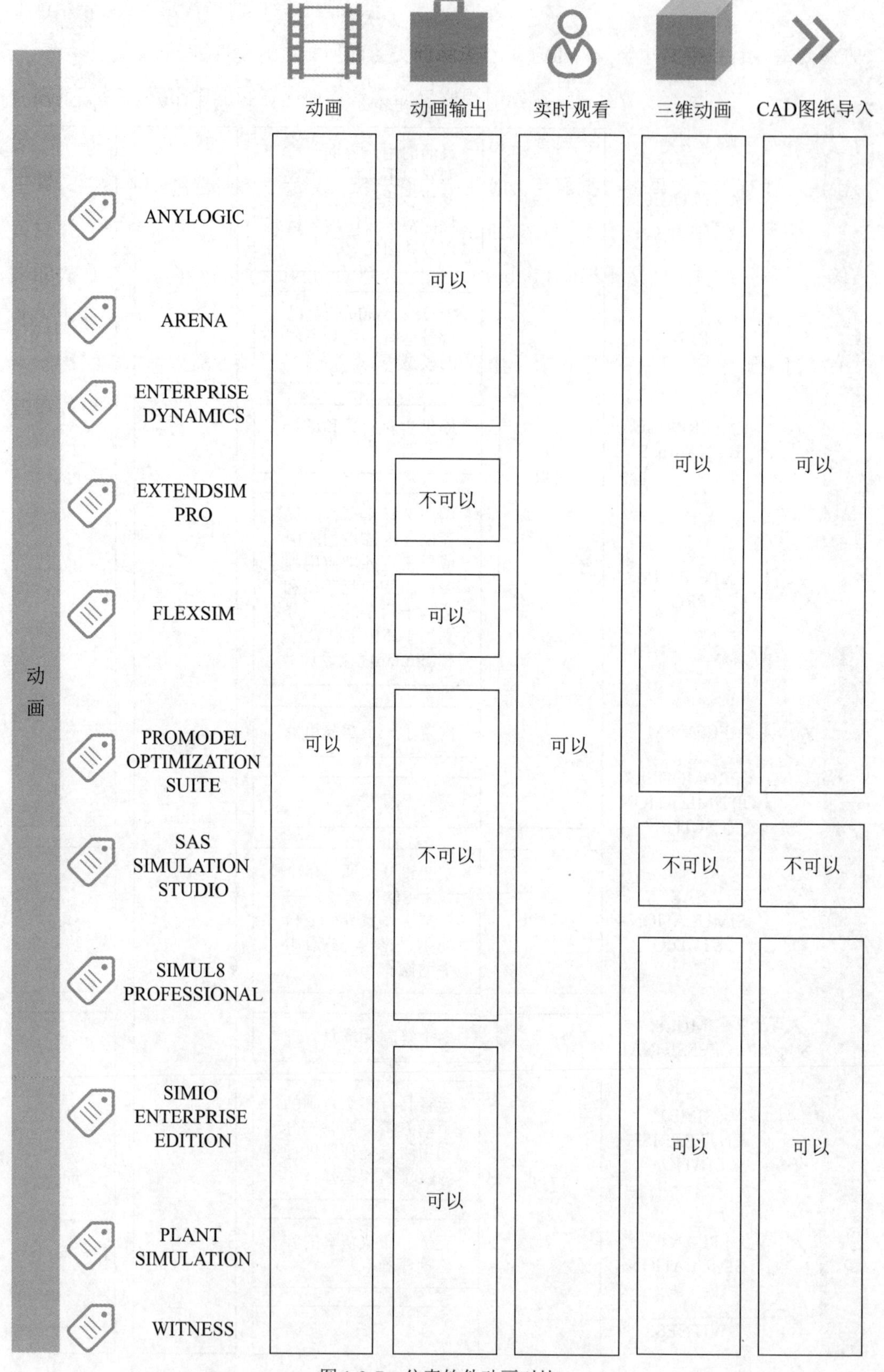

图 1-3-7　仿真软件动画对比

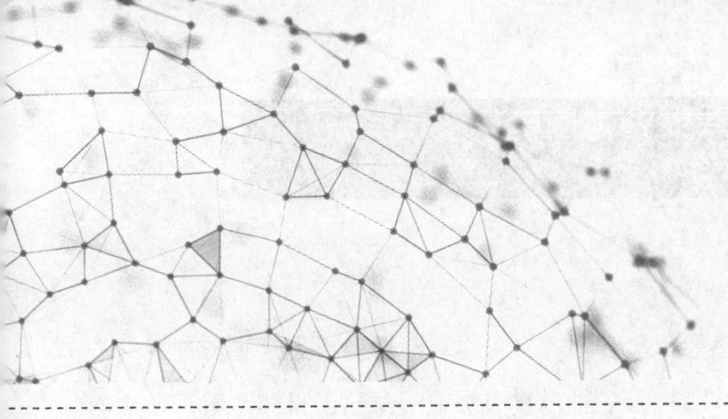

第2章

AnyLogic 仿真软件入门

2.1 AnyLogic 简介

AnyLogic 是一款应用广泛的支持离散事件系统、系统动力学、多智能体及其多方法集成建模仿真的软件工具。它的应用领域包含物流、供应链、制造业、交通、行人疏散、城市发展、生态环境、区域经济、业务流程、服务系统、应急管理、公共政策、港口机场、疾病扩散等多方面。

AnyLogic 所有的建模逻辑和代码都是以标准 Java 为基础的，并且提供了一系列针对不同领域的专业库，用户可以用"所见即所得"的拖拉方式建立仿真模型。

2.1.1 AnyLogic下载安装

（一）软件下载

AnyLogic 仿真软件在官网 https://www.anylogic.cn 下载，下载页面如图 2-1-1 所示。

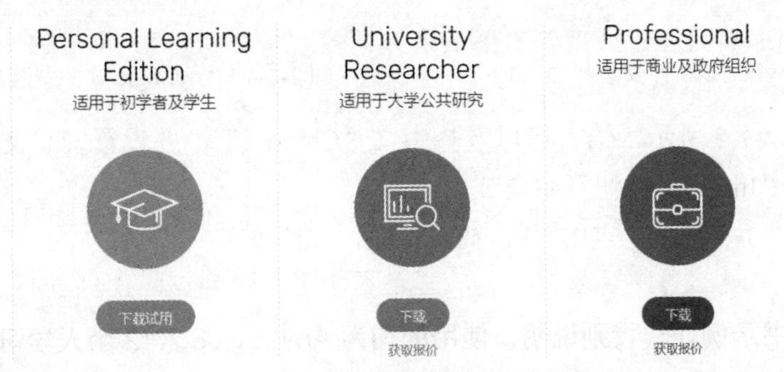

图 2-1-1　AnyLogic 软件下载页面

如果下载个人学习版（Personal Learning Edition，PLE），需要先填写个人信息，如图 2-1-2 所示。

下载AnyLogic PLE
填写如下表格，试用AnyLogic PLE版本
名*
电话*
姓*
选区域*
China
组织*
选择州/省*
专业领域*
选择操作系统*
部门
您在什么领域使用仿真？*
商务邮件*
您是如何知道AnyLogic？*
注册获取每月快讯、学习材料及产品资讯
下载

图 2-1-2　AnyLogic 软件个人学习版（PLE）下载页面

（二）AnyLogic 软件的安装过程简单方便，以 Windows 平台个人学习版（PLE）为例，具体介绍其安装方法。

（1）双击下载完成的 AnyLogic 安装文件启动安装。如图 2-1-3 所示，点击“I Agree”按钮。

（2）如图 2-1-4 所示，点击“Customize”按钮。

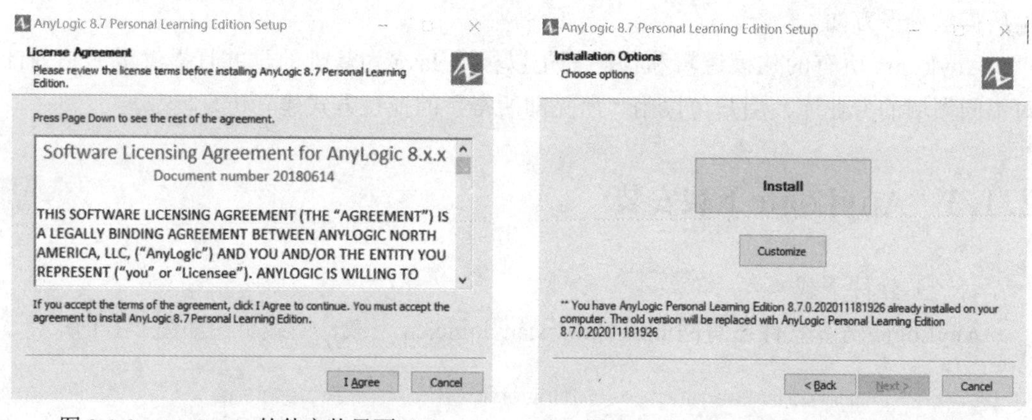

图 2-1-3　AnyLogic 软件安装界面（1）　　图 2-1-4　AnyLogic 软件安装界面（2）

（3）如图 2-1-5 所示，语言可以选择中文“Chinese”，并设置安装文件夹“Install Folder”，点击“Install”按钮开始安装。

（4）如图 2-1-6 所示，点击“Finish”按钮，完成安装。

注意

本书示例如非特别说明，使用的均为 AnyLogic8.7.12 个人学习版（PLE），需要使用 AnyLogic8.7.12 专业（Professional）版的示例书中都已说明。

AnyLogic8.7.12 是其 8.7 系列中的最后一个版本。本书付印时，AnyLogic8.8.0 已于 2022 年 8 月 11 日发行。

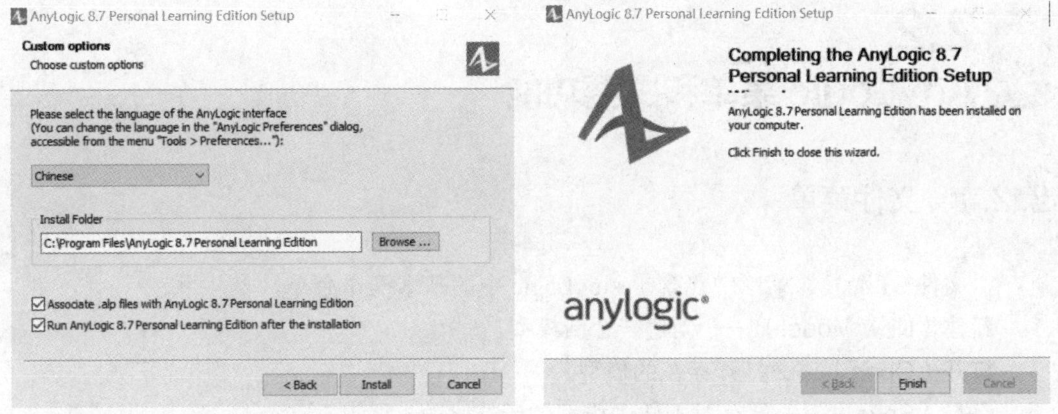

图 2-1-5　AnyLogic 软件安装界面（3）　　图 2-1-6　AnyLogic 软件安装界面（4）

2.1.2　AnyLogic软件界面

打开 AnyLogic 软件，欢迎界面如图 2-1-7 所示。

图 2-1-7　AnyLogic 软件欢迎页面

AnyLogic 软件用户界面如图 2-1-8 所示。

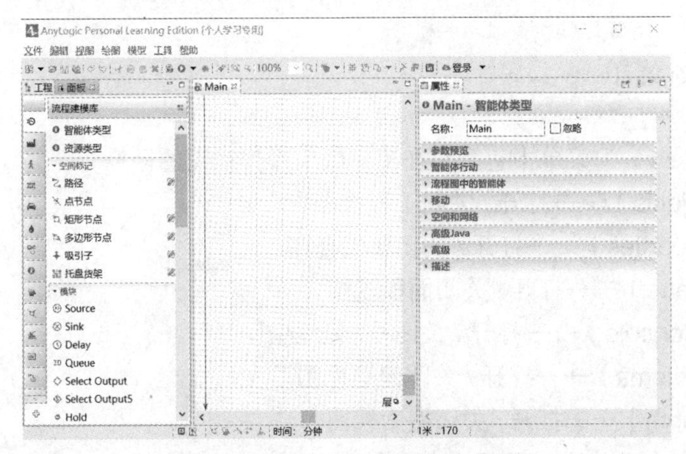

图 2-1-8　AnyLogic 软件用户界面

2.2 AnyLogic 菜单和主要功能

2.2.1 文件菜单

“文件（File）”菜单中包含了 AnyLogic 中的基本操作命令。

新建（New Model）——创建一个新模型。

打开（Open）——打开存在的模型。

保存（Save）——保存对于选中模型的所有修改。

另存为（Save As）——将当前选中的模型另存为其他名称。

保存所有（Save All）——保存当前工程视图中的所有模型。

关闭（Close）——关闭当前选中的模型。

关闭所有（Close All）——关闭当前工程视图中的所有模型。

退出（Exit）——退出 AnyLogic。

2.2.2 编辑菜单

“编辑（Edit）”菜单中包含了编辑模型时常用的命令。

撤销（Undo）——撤销上一步操作。

重做（Redo）——重复上一步操作。

剪切（Cut）——剪切当前选中的元素。

复制（Copy）——复制当前选中的元素。

粘贴（Paste）——粘贴剪切板中的内容。

删除（Delete）——删除当前选中的元素。

全部选中（Select All）——选中当前图形编辑器中的所有元素。

查找 / 替换（Find/Replace）——在指定范围内查找包含指定字符串的元素，也可以将其替换成其他字符串。

2.2.3 视图菜单

“视图（View）”菜单中包含了在工作区中操作视图的命令。

工程（Projects）——打开 / 关闭工程视图。

属性（Properties）——打开 / 关闭属性视图。

面板（Palette）——打开 / 关闭面板视图。

控制台（Console）——打开 / 关闭控制台视图。

问题（Problems）——打开 / 关闭问题视图。

搜索（Search）——打开 / 关闭搜索视图。

日志（Log）——打开 / 关闭日志视图。

2.2.4 模型菜单

“模型（Model）”菜单中包含了操作模型时需要用到的命令。

构建（Build）——构建当前选中的模型。

运行（Run）——运行下拉列表中选中的模型仿真实验。

停止（Stop）——停止当前正在运行的模型仿真实验。

2.2.5 帮助菜单

“帮助（Help）”菜单包含了打开帮助信息等相关命令。

AnyLogic 帮助（AnyLogic Help）——打开 AnyLogic 的帮助窗口。

欢迎（Welcome）——打开 AnyLogic 的欢迎页面。

示例模型（Example Models）——打开 AnyLogic 自带的模型示例。

关于 AnyLogic（About AnyLogic）——查看 AnyLogic 的信息，如版本号等。

2.2.6 代码提示功能

AnyLogic 支持代码提示功能，可以使用代码提示向导辅助填写智能体类型、函数、变量或者参数的全名，从而大大减轻了代码编写的工作量。具体操作如下。

（1）把光标移动到需要填写智能体类型、函数、变量或者参数等的全名的位置。

（2）填写前几个字母，按下组合键 Ctrl+Space（也可以自定义该功能组合键），代码提示向导将会弹出一个下拉列表，如图 2-2-1 所示，列出了模型中以这几个字母打头的所有对象。

（3）移动滑块，找到想插入的全名，或者继续填写名称的前几个字母，直到该名称位于代码提示向导列表中的最顶部。

（4）点击其中某一行，代码提示向导将会在弹出的文本框中显示该行对应对象的细节描述。

（5）鼠标双击该行或者回车，即可完成插入。

2.2.7 文本搜索功能

AnyLogic 支持在软件内进行文本搜索。具体操作如下。

（1）点击工具栏中的“查找 / 替换（Search/Replace）”按钮，打开如图 2-2-2 所示的搜索窗口，在框中填写想要搜索的字符串。还可以在下拉菜单中选择最近执行过的搜索，或者对其进行调整。

（2）在搜索窗口中填写字符串表达式时，还可以使用以下通配符：

■ “*”——代替任意长度的字符串，包括空字符串。

■ “?”——代替一个字符。

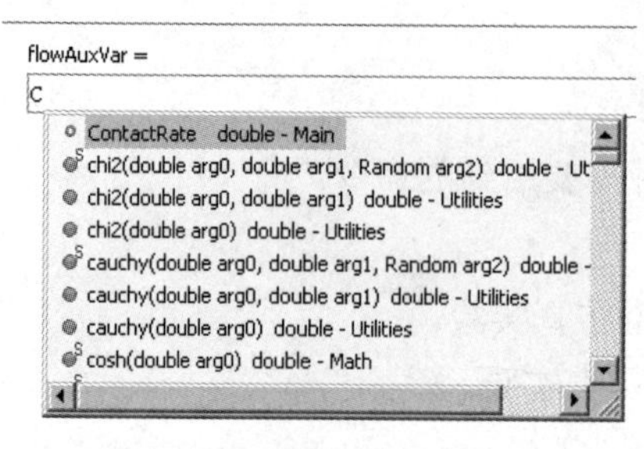

图 2-2-1　代码提示向导

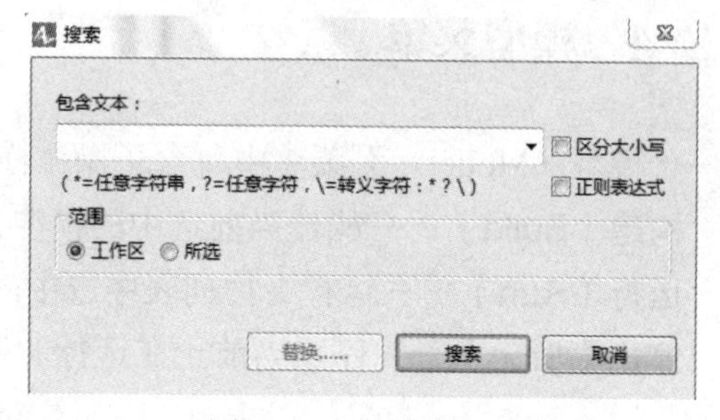

图 2-2-2　搜索窗口

■ “\”——转义字符，如果在搜索表达式中本身包含了星号、问号或者反斜线，需要在这些字符前填写一个转义字符，以表示这些字符不作为通配符使用。

（3）如果在搜索时需要区分大小写，可以勾选“区分大小写（Case Sensitive）”选项。

（4）如果在搜索时需要指定匹配规则，可以勾选“正则表达式（Regular expression）”选项。

（5）可以在“范围（Scope）”选择指定搜索范围。这个范围可以是整个工作区，也可以是当前所选的模型。

（6）点击“搜索（Search）”按钮，搜索完成后，搜索结果将会出现在搜索视图中。

2.2.8　快捷键功能

AnyLogic 提供了功能快捷键，在工作区中可用以下组合快捷键激活相应功能。

菜单快捷键：

Ctrl + N	创建新模型
Ctrl + O	打开现有模型
Ctrl + S	保存当前选中的模型
Ctrl + Shift + S	保存所有打开的模型
Alt + F4	退出 AnyLogic
F1	打开 AnyLogic 帮助

模型快捷键：

F7	构建所有模型
F5	运行上一次运行的模型仿真实验

编辑快捷键：

Ctrl + X	剪切当前选中的元素
Ctrl + C	复制当前选中的元素
Ctrl + V	粘贴剪切板中的内容
Delete	删除当前选中的元素
Ctrl + A	选择图形编辑器中的所有元素
Ctrl + Z	撤销上一步操作
Ctrl + Y	重复执行上一步操作
Ctrl + F	查找与替换

2.3 AnyLogic 视图和图形编辑器

2.3.1 工程视图

在 AnyLogic 主菜单中选择“视图（View）”|“工程（Projects）”，工程视图打开后将显示在工作区的最左侧，如图 2-3-1 所示。

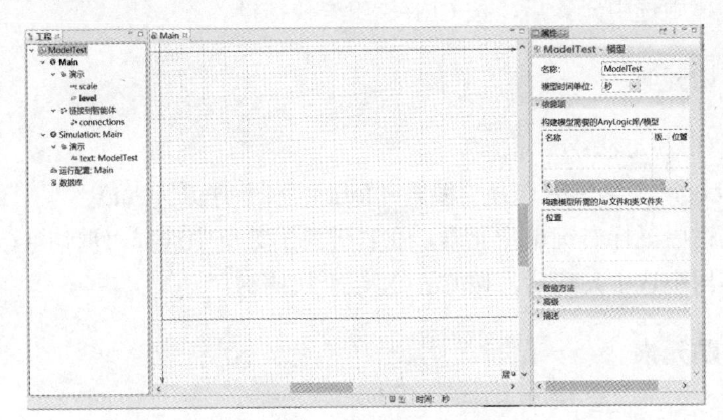

图 2-3-1 工作区左侧的工程视图

在工程视图中，可以访问当前工作区中所有打开的 AnyLogic 模型（Model），各个模型在工程视图中是以工程树的形式分层次呈现的：模型本身为根，即最高层；智能体类型（Agent Type）Main、仿真实验（Simulation Experiment）Simulation 在第二层；各智能体类型的演示（Presentation）在第三层；等等。利用工程树能够方便地在多个模型之间切换浏览。

（一）显示 / 关闭工程视图

在主菜单中选择“视图（View）”|“工程（Projects）”。

模型中的所有元素将显示在工程树中，而且对于模型的修改将会即时地在这里得到体现。新建一个模型时，新模型的所有元素将会出现在工程树中，缺省情况下只包含一个智能体类型 Main 和一个仿真实验 Simulation。在构建模型的过程中将不断创建新的模型组成元素，这些元素将会根据其层次关系添加到工程树中模型的相应位置。

点击“⌄”和“›”图标可以展开和折叠工程树的分支。

（二）选中元素

在工程视图中有一些常用的基本操作，可以借助这些操作复制、移动和删除模型中的元素，从而更好地管理模型。在复制和删除元素之前，首先需要点击选中相应的元素。点击选中元素，属性视图中将显示所选元素的相应属性设置页面。

（三）删除元素

删除元素有三种方法：

（1）工程树中选中元素后，AnyLogic 主菜单中选择“编辑（Edit）”|“删除（Delete）”。
（2）工程树中鼠标右键单击元素，在右键弹出菜单中选择“删除（Delete）”。
（3）工程树中选中元素后，按 Delete 键。

（四）复制元素

复制元素有三种方法：
（1）AnyLogic 主菜单中选择“编辑（Edit）”|“复制（Copy）”。
（2）工程树中鼠标右键单击元素，在右键弹出菜单中选择“复制（Copy）”。
（3）工程树中选中元素后，按 Ctrl+C 组合快捷键。

（五）剪切元素

剪切元素有三种方法：
（1）AnyLogic 主菜单中选择“编辑（Edit）”|“剪切（Cut）”。
（2）工程树中鼠标右键单击元素，在右键弹出菜单中选择“剪切（Cut）”。
（3）工程树中选中元素后，按 Ctrl+X 组合快捷键。

（六）粘贴元素

粘贴的时候有三种方法：
（1）AnyLogic 主菜单中选择“编辑（Edit）”|“粘贴（Paste）”。
（2）鼠标右键单击想要元素复制到的位置，在右键弹出菜单中选择“粘贴（Paste）”。
（3）鼠标左键单击想要元素复制到的位置，按 Shift+Ins 或 Ctrl+V 组合快捷键。

2.3.2 图形编辑器

工程树中的每个智能体类型都有自己相对应的图形编辑器。要打开某一智能体类型的图形编辑器，在工程树中鼠标右键单击其名称并在右键弹出菜单中选择“打开通过（Open with）”|“图形编辑器（Graphical Editor）”，也可以在工程树中直接双击智能体类型的名称。图 2-3-2 所示工作区中间视图就是智能体类型 Main 的图形编辑器。

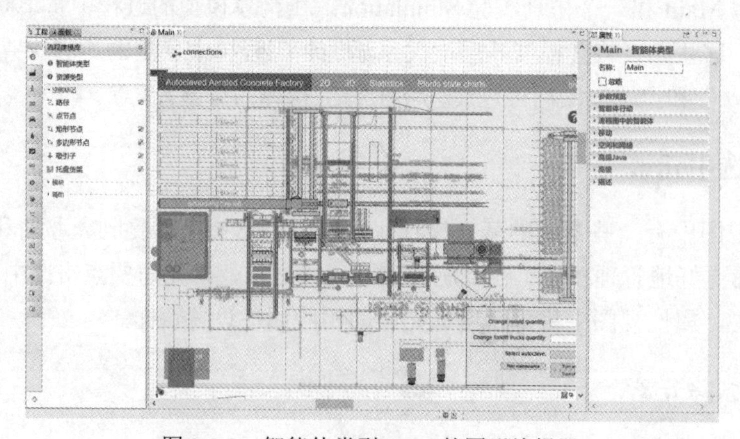

图 2-3-2　智能体类型 Main 的图形编辑器

（一）移动和缩放图形编辑器

为了更好地在图形编辑器可见范围内看到某一部分内容，可以移动、缩放图形编辑器，以使所关心的内容居中显示。

要移动图形编辑器中的可见范围，可以拖动图形编辑器右侧和下方的滚动条，也可以在图形编辑器中按下鼠标右键不放拖动鼠标。

要对图形编辑器中的可见范围进行缩放，可以在如图 2-3-3 所示 AnyLogic 的缩放工具栏中设置缩放比例，也可以按住 Ctrl 键的同时滚动鼠标滚轮调整缩放比例。

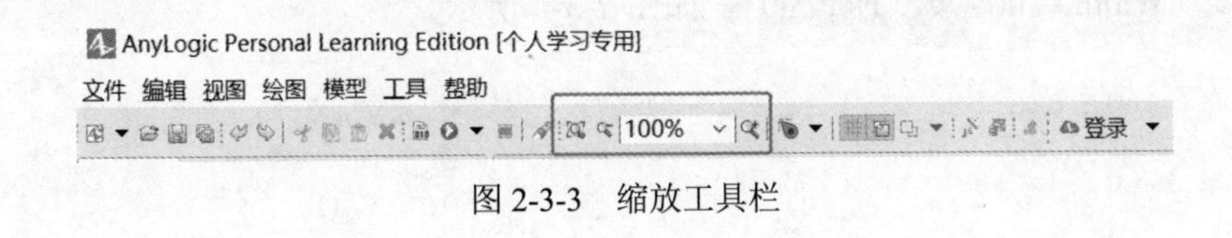

图 2-3-3 缩放工具栏

（二）图形编辑器的坐标

图形编辑器提供了一个具有无限空间的二维编辑器，X 轴是水平向右的，Y 轴是竖直向下的（注意与传统数学坐标系不同，不是竖直向上的！），Z 轴指向用户方向。Z 轴和 Y 轴使用深灰色的线表示，当用户打开图形编辑器的时候，坐标原点（0，0）默认位于图形编辑器的左上方。模型的元素可以在二维编辑器的任意一个象限，坐标可以是正也可以是负。工作时，当前鼠标指针在图形编辑器中的坐标会显示在 AnyLogic 状态栏中。

（三）图形编辑器中的网格

图形编辑器中具有网格。网格的作用是使得所建立的模型元素更易布局和对齐，整体看起来更加美观。缺省情况下，图形编辑器网格（Grid）是启用且可见的，在 100% 缩放下每个网格的大小为 10×10 个像素，指引线的间距是 50 个像素。

启用网格后，在移动或者调整图形的大小时，图形的相应属性（如坐标、宽度、高度等）只能为某些离散的数值，即单元网格大小的整数倍。这个特性十分有用，可以帮助绘制多个尺寸完全一样的图形，或者把两个图形放置在精确相对的位置上。如果不需要将绘制的图形对齐到网格，也可以禁用此功能，只需点击工具栏上的“启用 / 禁用网格（Enable / Disable Grid）”按钮。如果启用了网格功能，该按钮将处于按下的状态。

如果图形编辑器中显示网格给其他操作带来不便，可以随时隐藏网格。隐藏网格点击工具栏上的“展示 / 隐藏网格（Show / Hide Grid）”按钮。如果显示网格，该按钮将处于按下的状态。

隐藏网格后，并不影响对齐到网格的功能。也就是说，只要启用了网格功能，即使不显示网格，所有图形仍然能够自动对齐到网格。

（四）图形编辑器中的帧

图形编辑器没有任何边界，相当于为用户提供了无限的“画布”。但是，当模型运行时，图形编辑器坐标轴右下方象限的帧（Frame）是演示窗口默认显示的区域。因此，帧（Frame）定义了模型运行时演示窗口的大小，以及在模型运行时哪些元件和模块显示在初始演示窗口中。

在图形编辑器中帧显示为蓝色边界的线。用户可以鼠标左键选中并拖动帧下部边界正中间、右部边界正中间或右下角出现的控制柄来更改帧的大小，也可以在帧的属性中设置宽度（Width）和高度（Height），如图 2-3-4 所示。

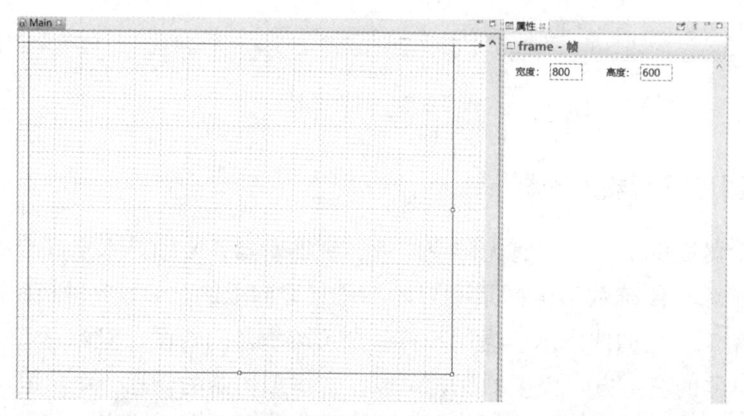

图 2-3-4　图形编辑器中更改变帧（Frame）的大小

（五）排除或隐藏元素

临时将元素从模型中排除在对模型进行调试的时候十分有用，因此，在设计模型时可以通过排除某个元素来调整模型的结构。排除后的元素仍然会在图形化编辑器中显示，并且如果需要的话可以随时添加回模型中。

要排除或添加某个元素，在图形化编辑器中选中该元素，在属性视图的元素属性中勾选或取消勾选“忽略（Ignore）”选项。排除后，该元素在图形编辑器显示为灰色。

如果需要的话，可以将模型中的某些元素从演示窗口中移除，而不影响这些元素在模型中发挥作用。要在演示窗口中显示或者隐藏模型中的某个元素，只需在该元素属性中将“可见（Visible）”开关设置为“是（yes）”或“否（no）”。隐藏后，该元素在图形编辑器显示没有变化。

2.3.3　面板视图

在 AnyLogic 主菜单中选择“视图（View）”|“面板（Palette）”，面板视图打开后将显示在工作区的最左侧，与工程视图重叠，如图 2-3-5 所示。面板视图由与特定任务相关的各种建模元件

图 2-3-5　面板视图

或模块组成。

在面板视图左侧选择相应标签即可打开对应面板。可以自行定制面板中元件的显示方式。缺省情况下，它们以小图标的方式显示，如果需要的话，可以设置它们以大图标或者列表的形式显示。

AnyLogic8.7.12的面板视图中包含17个面板，分别是：流程建模库（Process Modeling Library）、物料搬运库（Material Handing Library）、行人库（Pedestrian Library）、轨道库（Rail Library）、道路交通库（Road Traffic Library）、流体库（Fluid Library）、系统动力学（System Dynamics）、智能体（Agent）、演示（Presentation）、空间标记（Space Markup）、分析（Analysis）、控件（Controls）、状态图（Statechart）、行动图（Actionchart）、连接（Connectivity）、图片（Pictures）、三维物体（3D Objects）。

注意

AnyLogic8.7.12个人学习版（PLE）在仿真建模的规模和仿真运行时间上有一定的限制：

①一个模型中的智能体类型数不超过10；

②一个智能体中可嵌入的智能体和模块数不超过200；

③一个智能体中的系统动力学变量数不超过200；

④模型仿真运行动态创建的智能体数不超过50000；

⑤使用了行人库、道路交通库、轨道库、流体库、物料搬运库等AnyLogic行业专业库面板的模型，其仿真运行时间不能超过1小时（3600秒）。

2.3.4 属性视图

属性（Properties）视图用于查看和修改当前选中的模型元素的属性，如图2-3-6所示。当在工程树中或者图形编辑器中点击选中某个元素时，属性视图中将显示该元素的属性页面。属性视图中元素属性页面的内容，随着所选中元素的不同而不同。

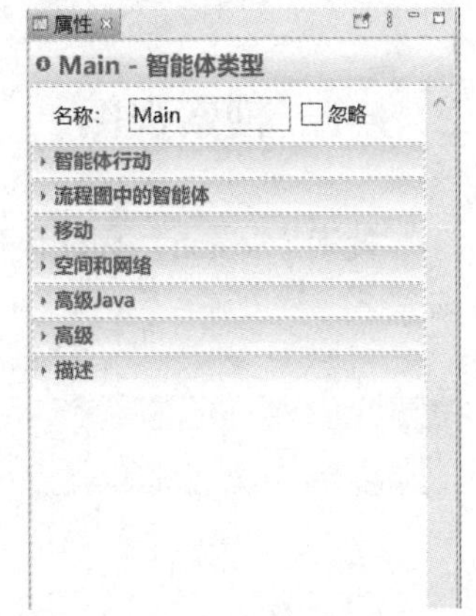

图2-3-6 属性视图

2.3.5 控制台视图

控制台（Console）视图中显示了模型运行的输出结果，也允许输入必要的控制参数。

（一）标准输出

如图2-3-7所示。

（二）标准错误

如图2-3-8所示。

```
控制台
anylogic config [Java 应用程序]
顾客1 - 到达时间: 12.230242434476605分, 年龄: 28, 性别: FEMALE
顾客2 - 到达时间: 20.15765202852302分, 年龄: 103, 性别: MALE
顾客3 - 到达时间: 29.039823124535133分, 年龄: 11, 性别: MALE
顾客4 - 到达时间: 38.1744292604983分, 年龄: 61, 性别: MALE
顾客5 - 到达时间: 51.40638271921025分, 年龄: 32, 性别: FEMALE
顾客6 - 到达时间: 63.02112335648593分, 年龄: 21, 性别: MALE
顾客7 - 到达时间: 72.64231455083731分, 年龄: 26, 性别: MALE
顾客8 - 到达时间: 83.31204080580345分, 年龄: 8, 性别: FEMALE
顾客9 - 到达时间: 93.26947092649131分, 年龄: 29, 性别: MALE
顾客10 - 到达时间: 102.59910827744312分, 年龄: 64, 性别: FEMALE
顾客11 - 到达时间: 118.12208802565297分, 年龄: 28, 性别: FEMALE
顾客12 - 到达时间: 135.75056622604367分, 年龄: 56, 性别: FEMALE
```

图 2-3-7　标准输出控制台视图

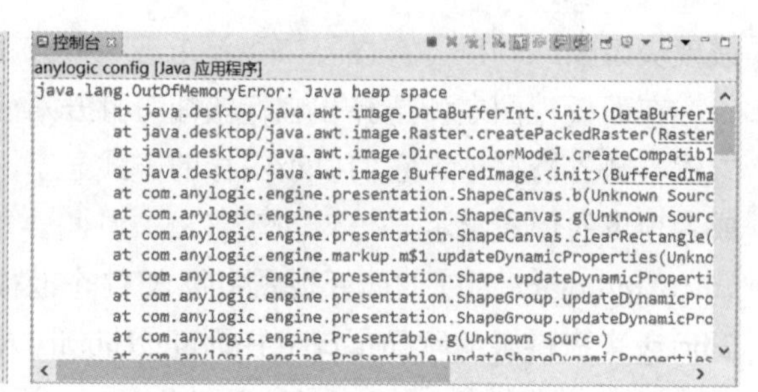

图 2-3-8　标准错误控制台视图

（三）标准输入

控制台视图也提供在模型运行过程中输入必要控制参数的功能，即标准输入。标准输入同样在图 2-3-7 所示控制台视图区域中操作。

2.3.6　问题视图

当在 AnyLogic 中构建（Build）或运行（Run）模型时，在代码生成与编译过程中发现的错误将显示在 AnyLogic 的问题（Problems）视图中，如图 2-3-9 所示。

对于每一项错误，问题视图中会用一个图标表示该项条目的错误类型，并给出相应的描述和其所在位置。点击错误条目能够在其他视窗和图形编辑器中显示相应的部分，并且出现错误的元素或者代码行会被高亮显示。

AnyLogic 并不能对每个错误进行准确的定位。例如，如果你使用了一个 Java 无法识别的标识符，它可能是一个未声明的变量、参数等，在这种情况下，AnyLogic 将打开一个 java 类型文件，并将光标定位到错误出现的位置，该文件是以只读方式打开，用户需要自己找出错误出现的真正位置。

AnyLogic 允许在问题视图中创建过滤器，从而只显示用户感兴趣的警告和错误。

2.3.7　搜索视图

搜索（Search）视图用于显示“查找 / 替换（Search/Replace）”的查询结果，如图 2-3-10 所示。

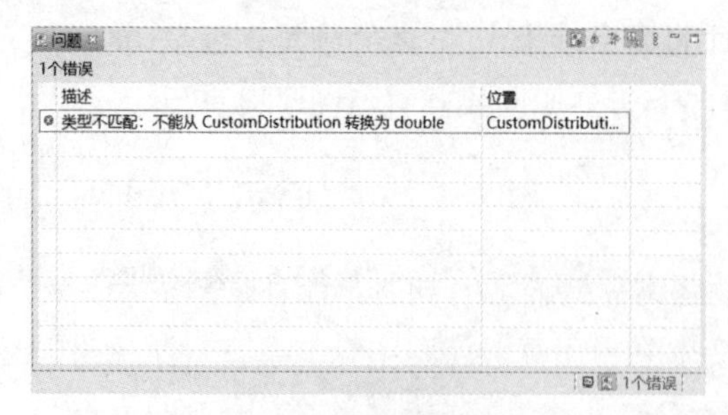

图 2-3-9　问题视图

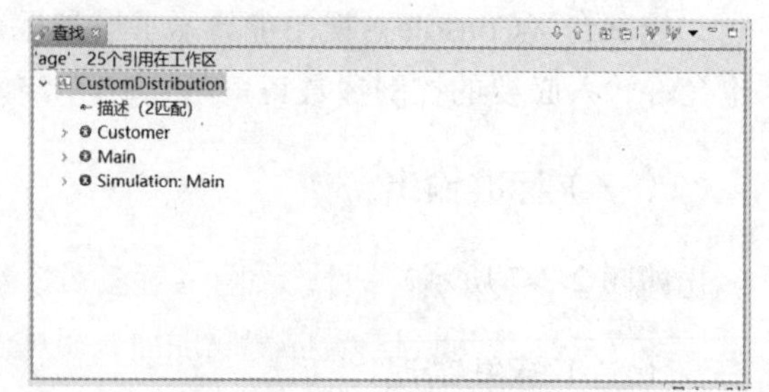

图 2-3-10　搜索视图

搜索结果以树形结构自顶向下组织，搜索树结构中包含了所有搜索到的与搜索表达式相匹配的模型元素。在搜索树双击某个元素，包含与搜索表达式相匹配的字符串的元素将在工作区中被选中，并且该字符串将在被打开的视图窗口中高亮显示。

2.3.8 日志视图

日志（Log）视图显示将 Vensim 模型导入 AnyLogic 时发现的所有问题，以问题表的形式列出所有警告和错误，如图 2-3-11 所示。

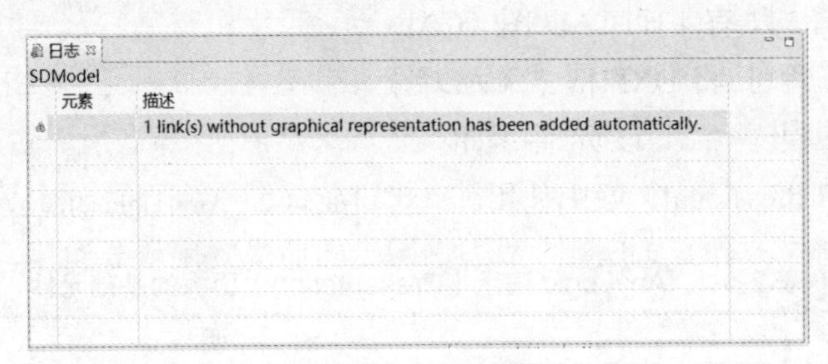

图 2-3-11 日志视图

表的第一列显示一个图标，表示问题的类型；第二列显示与问题相关的元素名称；第三列给出问题的详细描述，以及推荐解决方法。如果描述太长，没有显示完整，可以将鼠标悬停在其上并等待一秒钟，将出现一个包含完整描述的提示。

在日志视图中双击问题表的某一行，造成这个问题的元素将在工作区中被选中。

2.4 AnyLogic 图形设计

AnyLogic 是一个动态的仿真工具软件，它提供了大量丰富的元件来使模型可视化。这些元件包括图形元件（如矩形、折线、文字、图片），控制元件（如按钮、滑块、文本框），三维元件（如三维窗口、摄像机、光、三维物体），以及可以使数据可视化的元件（如条形图、折线图、堆叠图、直方图）等。本节将重点介绍 AnyLogic 图形设计。

在 AnyLogic 图形编辑器中绘制的图形，可以在模型运行期间改变，以反映该模型的动态变化。图形不仅仅可以装饰模型和使模型动态可视化，它还可以用来定义模型的物理或逻辑结构。如图 2-4-1 所示，仿真模型和图像是互相作用可以交互的，用户创建的图形可以访问模型对象，模型对象能根据图形结构来配置行为。可以理解为模型对象和图形存在于相同的空间，并且可以互相访问和控制。

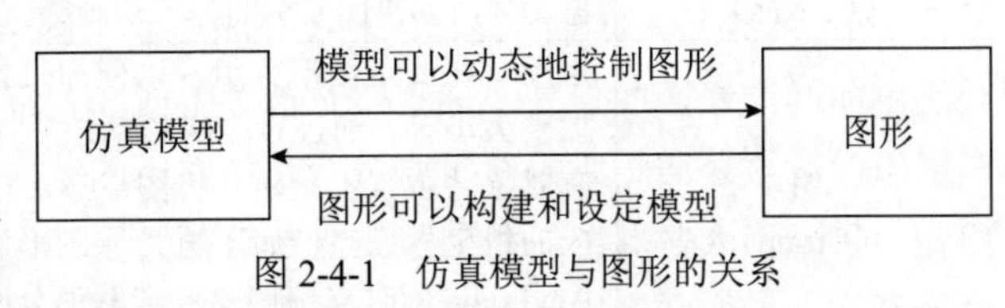

图 2-4-1 仿真模型与图形的关系

2.4.1 AnyLogic的演示面板

打开AnyLogic软件工作区左侧面板视图，点击选择演示（Presentation），如图2-4-2所示。演示（Presentation）面板分为三个部分：第一部分是12个基础元件，详见表2-4-1；第二部分是三维（3D），包括4个元件，将在本书第6章6.2.1节详细介绍；第三部分是专业（Professional），只有1个CAD图（CAD Drawing）元件，用于将DXF格式CAD图纸导入AnyLogic模型中，该元件只能在AnyLogic专业（Professional）版中使用。

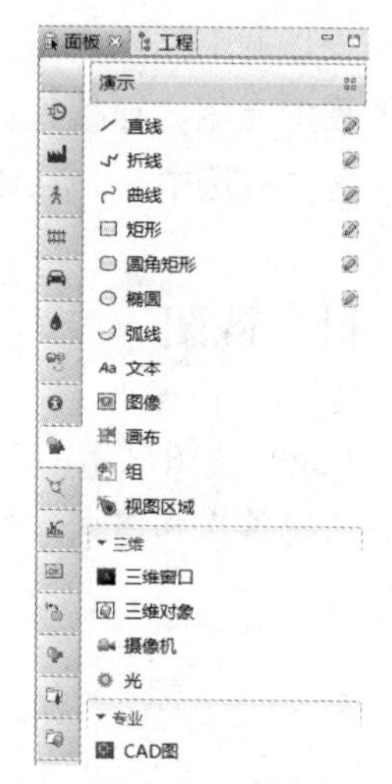

图2-4-2 AnyLogic的演示（Presentation）面板

表2-4-1 AnyLogic演示（Presentation）面板的基础元件

元件名称	说明
直线（Line）	直线用来绘制直线图形。直线可以显示在二维或三维动画中。
折线（Polyline）	折线用来绘制折线图形。使用折线可以绘制三角形等多边形，只需将要绘制多边形的各顶点作为折线点绘制折线图形，然后勾选折线属性中的闭合（Closed）选项。折线可以显示在二维或三维动画中。
曲线（Curve）	曲线用来绘制曲线图形。曲线是以与折线相同的方式绘制的自由线状图形，即一组按顺序连接的顶点。不同的是，曲线顶点不是连接到直线，而是连接到曲线分段的。曲线仅在二维动画中显示。
矩形（Rectangle）	矩形用来绘制矩形图形。默认情况下，模型运行时矩形在二维动画中显示为矩形，在三维动画中显示为平行六面体。
圆角矩形（Rounded Rectangle）	圆角矩形用来绘制圆角矩形图形。圆角矩形是带倒角的矩形。圆角矩形只能显示在二维动画中。
椭圆（Oval）	椭圆用来绘制椭圆图形。椭圆可以显示在二维或三维动画中。
弧线（Arc）	弧线用来绘制弧线图形。弧线可以显示在二维或三维动画中。
文本（Text）	文本用来放置带有一些注释或描述的标签。文本可以显示在二维或三维动画中。
图像（Image）	图像用来向模型中添加任何格式的图像文件（.png、.jpg、.gif、.bmp等）。图像可以显示在二维或三维动画中。
画布（Canvas）	画布是一个矩形区域，用户可以通过代码在画布上绘制图形，形成静态或动态图片，如热图或空间分布动画等。画布仅在二维动画中显示。
组（Group）	组用于将演示图形分组，以便通过控制组统一控制它们，如移动、旋转、调整大小等。通过设定组的动态属性（X、Y、旋转等），可以移动组内所有对象并围绕轴旋转。将图形添加到组中时，组内有一个相对坐标系及对应的组坐标原点，而不再是原图形编辑器的坐标系及坐标原点（0，0）。AnyLogic同时支持创建二维图形分组和三维对象分组，并在二维动画或三维动画显示。

续表

元件名称	说　明
视图区域 （View Area）	AnyLogic 默认将一个模型中的所有元素放置在图形编辑器中的一个演示图上。使得在模型运行时能在同一窗口中查看模型的所有元素，从而一目了然地分析模型的整个状态和行为。然而，在大型复杂系统仿真建模时，可能无法所有元素都放在图形编辑器中默认的演示区域内。视图区域就是 AnyLogic 为解决这个问题提供的一个特殊元件。用户可以在图形编辑器中创建若干视图区域，每个视图区域包含模型中关系更密切的一部分元素。可以使用特殊的导航工具在模型运行时轻松地在这些视图区域之间切换，也可以快速导航到模型的某些特定位置。

2.4.2 图形设计

（一）绘制图形

如图 2-4-3 所示，基本图形最简单的绘制方法是从演示（Presentation）面板中拖曳一个图形元件到图形编辑器上。也可以通过双击右侧带铅笔符号的元件进入绘制模式来绘制图形。

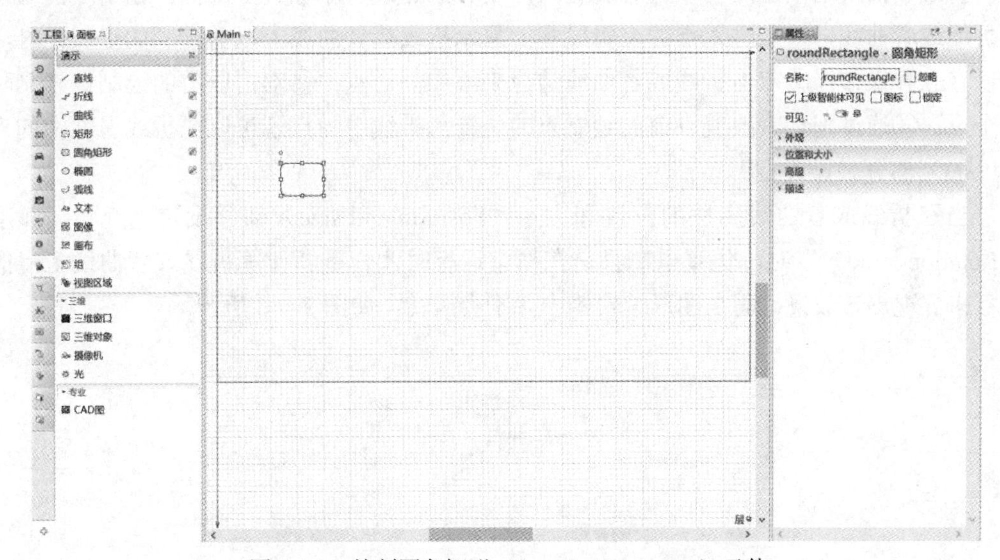

图 2-4-3　绘制圆角矩形（Rounded Rectangle）元件

（1）绘制直线、矩形、圆角矩形和椭圆

双击演示（Presentation）面板中的直线（Line）元件或者直线（Line）元件右侧的铅笔图标进入绘制模式，在图形编辑器中鼠标左键单击确定图形起点，且单击后按住鼠标左键不松开，拖动光标直到显示图形达到要求再松开鼠标。矩形（Rectangle）元件、圆角矩形（Rounded Rectangle）元件和椭圆（Oval）元件的绘制过程是一样的，如图 2-4-4 所示。

（2）绘制折线和曲线

双击演示（Presentation）面板中的折线（Polyline）元件或者折线（Polyline）元件右侧的铅笔图标进入绘制模式，在图形编辑器中单击折线或曲线的第一点，除了最后一点都用单击的方法，双击得到最后一点完成绘制。曲线（Curve）元件的绘制过程是一样的。

要想得到一个闭合图形，不是把折线（或曲线）的第一个点和最后一个点重合来得到的，而是如图 2-4-5 所示在图形的属性中勾选闭合（Closed）选项，勾选后最后一个点会自动画一条直线（或曲线）与图形第一个点相连，从而得到闭合图形。

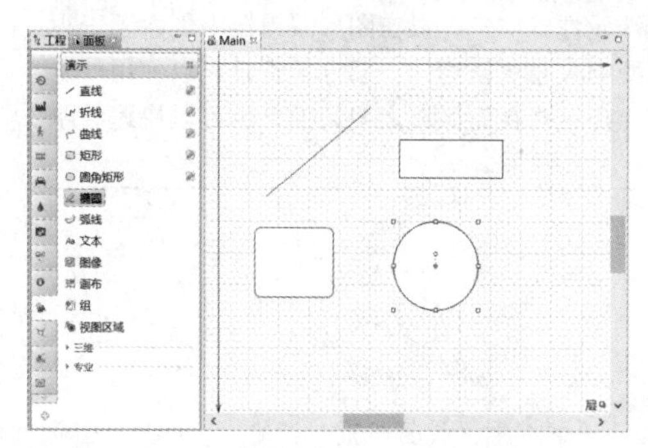

图 2-4-4 用绘制模式绘制图形

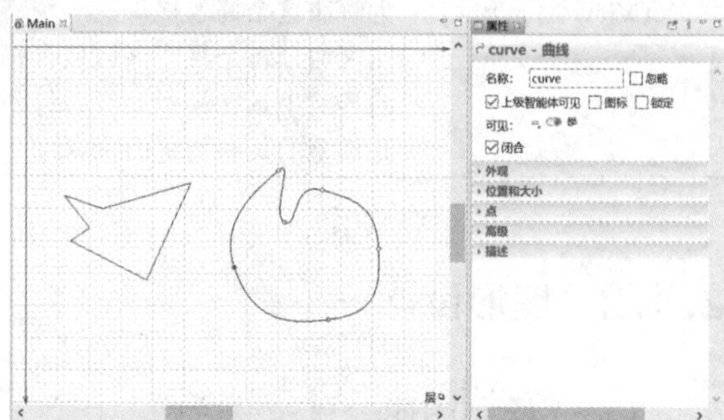

图 2-4-5 绘制闭合的折线（Polyline）元件或曲线（Curve）元件

（3）编辑折线或者曲线中的点

折线和曲线绘制之后可以进行编辑，移动、添加或者删除其上的点。选中之前绘制的折线或者曲线，双击进入点的编辑模式，显示折线或者曲线上以前绘制的点。此时，可以有三种操作：①双击折线或者曲线边缘来添加一个点；②双击以前的绘制点来删除这个点；③通过拖动来改变以前的绘制点的位置。折线中的点还可以在折线属性中的点（Point）部分来设置。

当在折线或者曲线属性的位置和大小（Position and size）部分设定“旋转，弧度（Rotation，rad）”时，仿真引擎只是在模型运行时才会重新计算折线或者曲线上点的坐标来展现旋转效果，而在图形编辑器中并不会旋转，如图 2-4-6 所示。

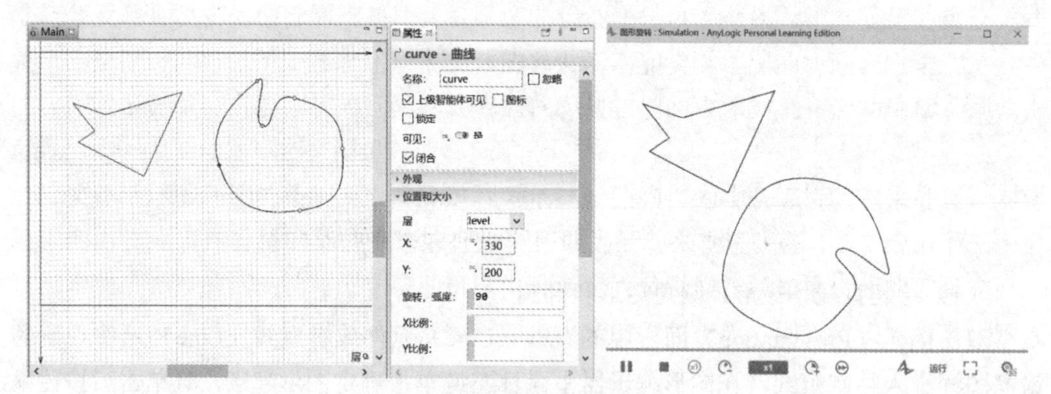

图 2-4-6 图形的旋转

（二）添加图像

从演示（Presentation）面板中拖曳一个图像（Image）元件到图形编辑器上，这样就为图像提供了一个占位符，如图 2-4-7 所示。通常每个占位符可以包含多个图像，并可以在模型运行的时候进行切换，但在图形编辑器中只能看到最上面的一个图像。当用两个或者更多的图像表示对象的不同状态时，这种表示方法很有效。

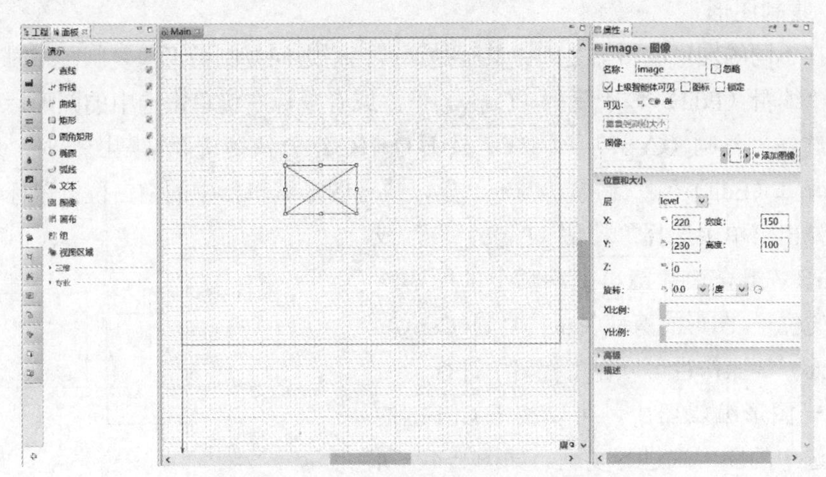

图 2-4-7　空的图像（Image）元件

如图 2-4-8 所示，在图像属性中点击“添加图像（Add image）”按钮，打开文件的对话框，选择需要的图像文件打开，图像就会出现在图像集里和图形编辑器上，对应图像文件会复制到模型文件下，显示在模型工程树中。如果需要的话，可以调整图像的大小，或点击“重置到原始大小（Reset to original size）”按钮重置图像到源文件原始大小。点击“添加图像（Add image）”按钮并再次重复之前的步骤，可以添加多个图像文件。但在一个图像（Image）元件中，只能对第一张图像设置原始大小，其他的图像文件会按第一张图像的大小显示。

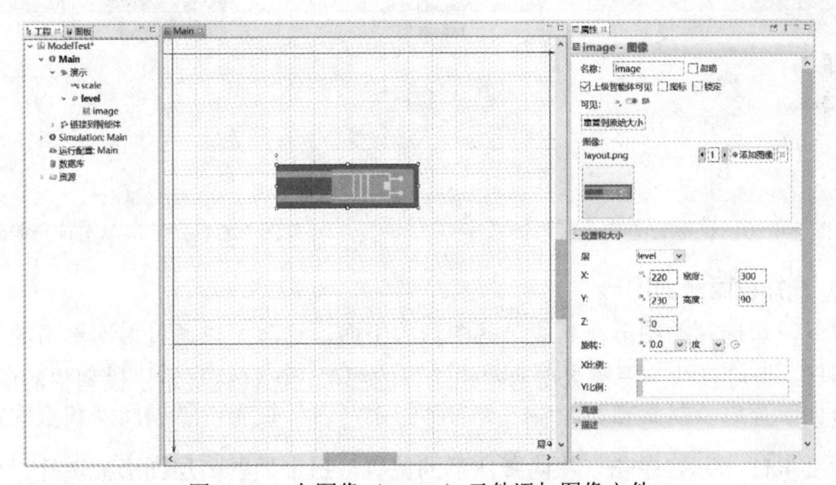

图 2-4-8　在图像（Image）元件添加图像文件

可以用图像（Image）元件属性中“添加图像（Add image）”按钮左侧的左右方向按钮改变图像文件的顺序。

（三）在图形编辑器中操作图形

AnyLogic 的图形编辑器和其他编辑器一样，支持剪切（Cut）、复制（Copy）、粘贴（Paste）等操作。操作图形时，先选择图形，然后再用快捷菜单、工具栏或者主菜单的命令。

（1）复制图形

可以在不同的图形编辑器之间，甚至是不同模型之间复制图形。复制图形时，选择主菜单中的“编辑（Edit）”|“复制（Copy）”，或者鼠标右键单击选中的图形后在右键弹出菜单中选择“复制（Copy）”，或者按下 Ctrl+C 组合快捷键。粘贴图形时，选择主菜单中的“编辑（Edit）”|“粘贴（Paste）”，或者图形编辑器中的空白位置鼠标右键单击后在右键弹出菜单中选择“粘贴（Paste）”，或者按下 Ctrl+V 组合快捷键再把粘贴上的图形移动到合适的位置。图形的剪切(Cut)、复制(Copy)、粘贴（Paste）等操作也可以在工程树中进行。

在同一图形编辑器中，可以按下 Ctrl 键的同时拖动选中的图形来进行复制。如图 2-4-9 所示，选择图形，按住 Ctrl 键同时拖动图形到一个新的位置，完成一次复制。

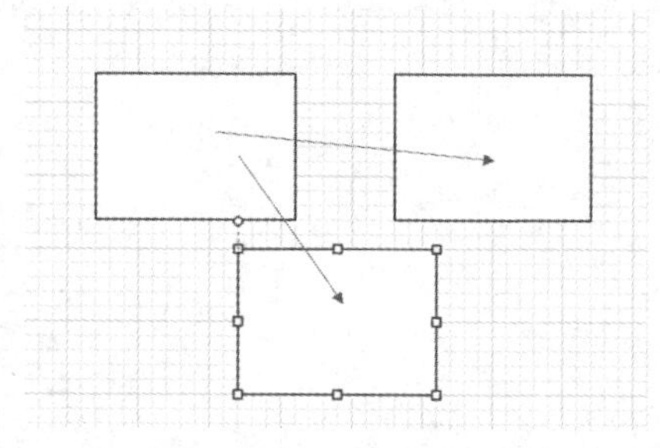

图 2-4-9　按住 Ctrl 键同时拖动图形进行复制

（2）调整图形 Z 方向的顺序

尽管本节讲的图形都是二维的，但是它们在垂直方向上是一层一层排列的，有 Z 方向的顺序。如图 2-4-10 所示，可以通过操作改变图形 Z 方向的顺序。

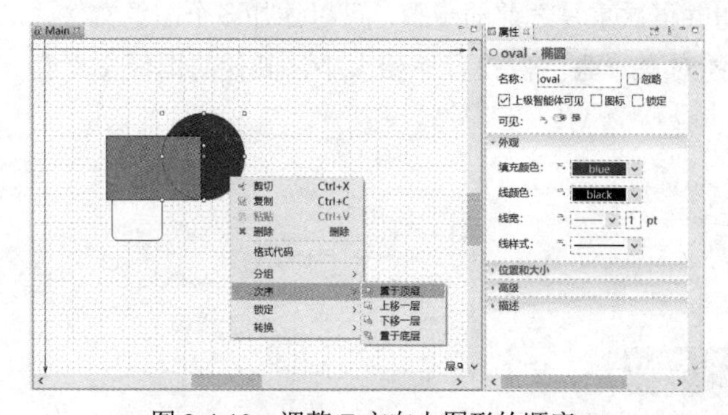

图 2-4-10　调整 Z 方向上图形的顺序

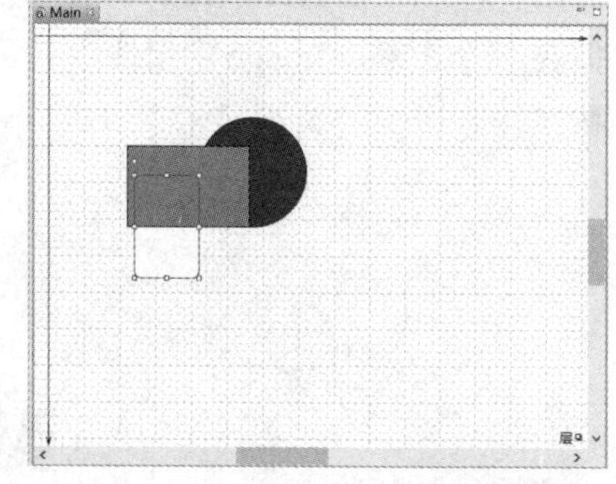

图 2-4-11　多次单击选择隐藏的图形

（3）选择被隐藏的图形

有时候，想选择的图形在其他一些图形的下面，这时可以通过多次单击的方法选中需要的图形。也可以在工程树点击选中想选择的图形，工程树显示了模型中的所有对象，包括图形。

如图 2-4-11 所示，单击一次隐藏图形的位置，最上面的一层图形被选择。在相同的位置继续单击，直到需要的图形被选中。可以通过属性视图来观察哪个图形正被选中。如果无法在图形编辑器中找到某个图形，可以在工程树中双击该图形来找到它在图形编辑器中的位置。

（4）锁定图形

锁定图形可以通过图形对鼠标选择不敏感，这样可以避免选错图形，使图形编辑器的工作更加便捷。举个例子，当有一张很大的背景图像，想要在上面构建模型的时候，可以暂时地锁定那张大图来实现这个目的。

如图 2-4-12 所示，在图形编辑器中点击选中图形，鼠标右键单击图形，在右键弹出菜单中选择“锁定（Locking）”｜“锁定图形（Lock Shape）”。一旦图形被锁定，鼠标在图形编辑器中对它所有操作就会无效，但是仍然可以在工程树来选择该图形。同样操作，选择“解锁图形（Unlock Shape）”可以解锁该图形，还可以选择“解锁所有图形（Unlock All Shapes）”解锁该图形编辑器中的所有图形。该操作在工程树中同样适用。

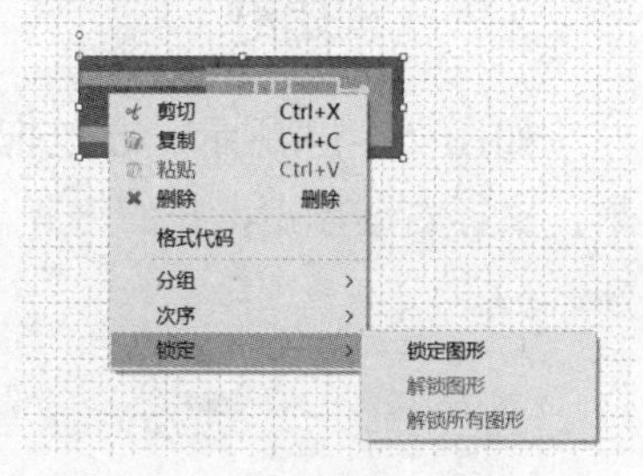

图 2-4-12　锁定图形和解锁图形

（四）图形的属性设置

可以在属性视图里设置图形的属性。如图 2-4-13 所示，最常用的一些属性包括：填充颜色（Fill color）、线颜色（Line color）、线宽（Line width）、线样式（Line style）、位置和大小（Position and size）等。属性中，可以设置图形的名称，图形的名称通常不会出现在图形编辑器和模型运行时的演示窗口中。

如果一个图形是持续性的，AnyLogic 将会为它创建一个 Java 对象，名称实际上就是对应的 Java 对象。不持续的图形不产生 Java 对象，它们不占用空间，当然也就无法通过 Java 代码控制这些图形。

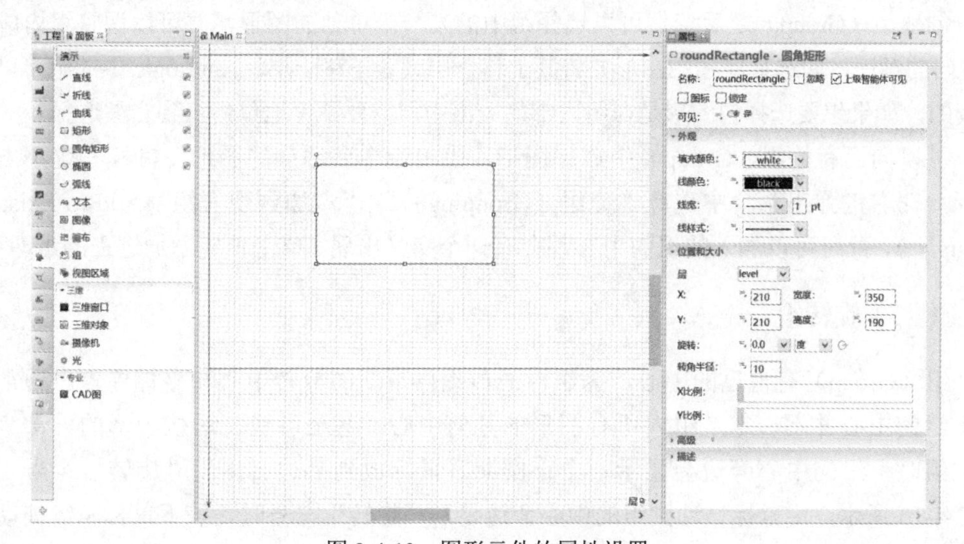

图 2-4-13　图形元件的属性设置

2.4.3　图形分组

AnyLogic 中的若干个图形可以创建一个组（Group），组内图形可以像一个整体一样被操作，如选择、移动、改变大小、旋转等。当一个图形是组的一部分时，它仍然可以被单独地选择和编辑。通过设置组的属性，可以动态地表现、隐藏、旋转、移动组内的所有图形。AnyLogic 中的变量、函数、智能体、状态图等模型元素不能进行分组。

（一）创建组

如图 2-4-14 所示，通过拖动矩形区域或者是按 Ctrl 键逐一添加的方法选择多个图形，鼠标右键单击，在右键弹出菜单中选择“分组（Grouping）”｜“创建组（Create a Group）”。

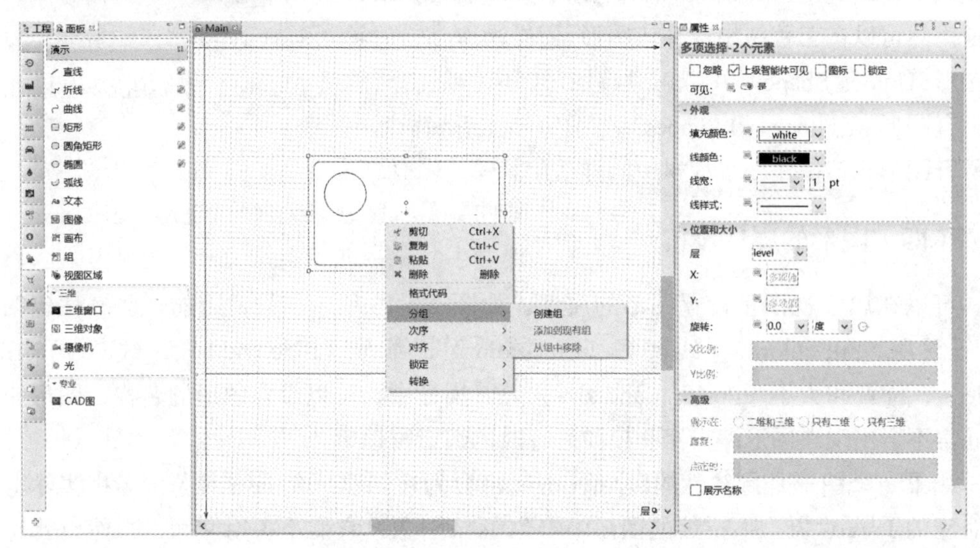

图 2-4-14　创建一个组（Group）

创建组（Group）之后依然可以选择组中的某一个单独的图形，并可以调整组内成员 Z 方向的顺序，即选择单独的图形并将其上移一层或者下移一层。AnyLogic 中的组可以是嵌套的，如果想要选择的图形是在组内部的一组中，需要不停地单击直到它被选择。

可以向已有的组（Group）中添加图形。点击选中要添加的图形，鼠标右键单击该图形，在右键弹出菜单中选择“分组（Grouping）”|“添加到现有组（Add to Existing Group）”，此时可以加入的组的中心都会有一个交叉出现，单击希望添加进去的组即可。

（二）旋转组

组（Group）有自己的中心，为组内成员提供了新的旋转中心和坐标原点。通常情况下组的中心并不一定是组内所有图形的几何中心，甚至可能在这些图形的外部。当选中组时，组的中心旁边会显示一个小圆圈，鼠标放到上边会出现“旋转”符号。如图 2-4-15 所示，用鼠标移动到组的中心旁边显示“旋转”符号时，按下鼠标左键拖动可以旋转组。

注意

控件（Controls），图表（Charts）和三维窗口（3D Window）不能旋转，如果旋转的组中包括了这些元素，它们只会改变位置，它们的定位不会改变。

（三）改变组的中心位置

点击选中要改变中心位置的组（Group），鼠标右键单击它，在右键弹出菜单中选择“选择组内容（Select Group Contents）”，此时组的中心（即组的坐标原点）会显示出来。当鼠标左键按下不松开拖动组内图形时，组的中心并不随组内图形移动，而是保持相对图形编辑器不动，这样组的中心就实现了其在组内位置的改变。继续按住鼠标左键不松开拖动组内图形，当组的中心处于组内图形的合适位置时，单击图形编辑器中组旁边的任一空白处，设置完成。

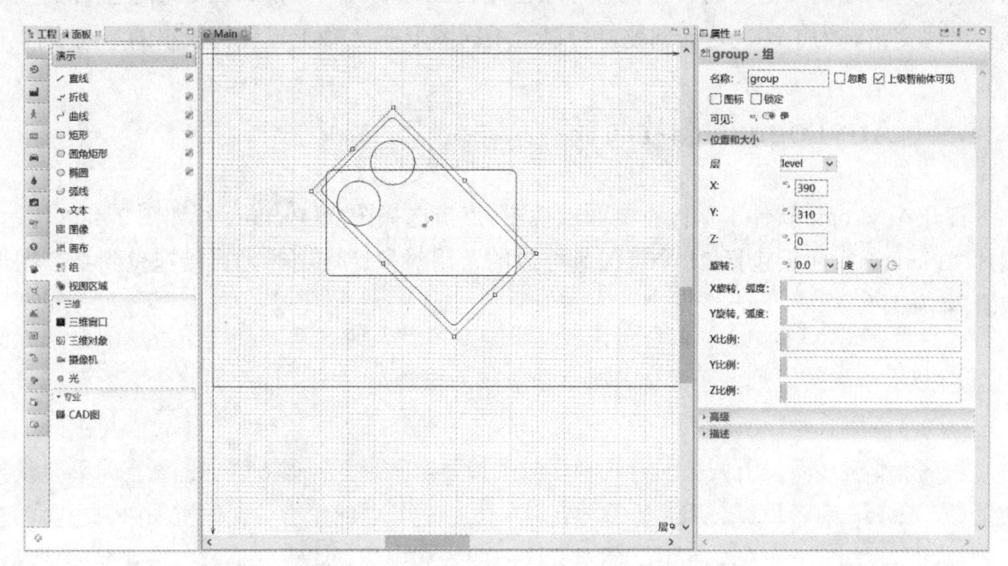

图 2-4-15　组的旋转

（四）创建一个空的组

AnyLogic 中组（Group）的内容可以是空的，不包含任何图形。在运行期间，这些空的组可以用来动态地添加和移动图形，或者仅仅用来引用特殊的位置。

如图 2-4-16 所示，从演示（Presentation）面板中拖曳一个组（Group）元件到图形编辑器中，创建一个空组。空组在图形编辑器中显示的是一个里面有交叉的圆圈，一旦向这个空组里面添加了图形，这个图标就不见了。

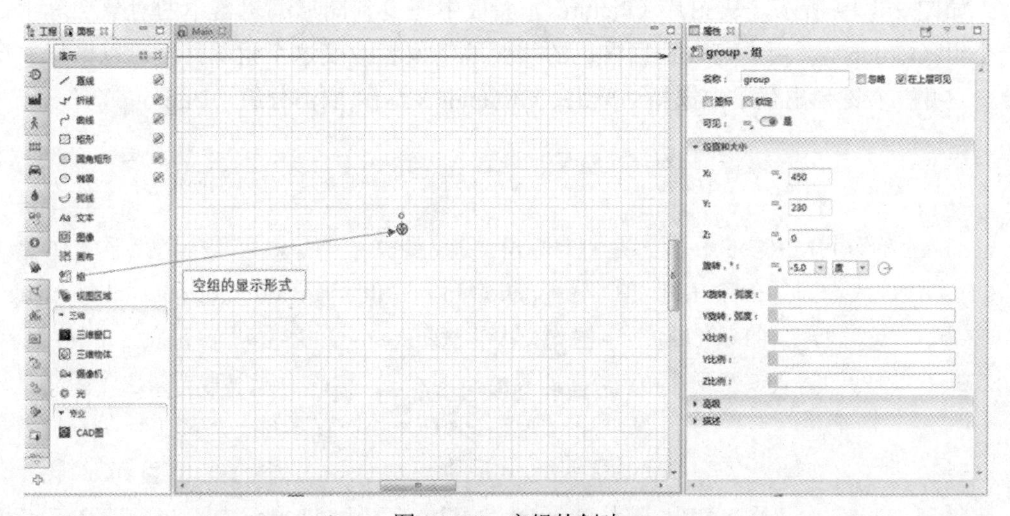

图 2-4-16　空组的创建

（五）三维分组

如果想要组（Group）也在显示模型三维动画中，如图 2-4-17 所示，需要在组属性高级（Advanced）部分的展示在（Show in）选择“二维和三维（2D and 3D）”。

如果图形是以组（Group）的形式存在，那么在三维动画中将以整组作为 Z 方向上的一层。为二维动画定义的 Z 方向顺序不能用在三维动画中，那么在 Z 轴上坐标的图形就会出现交错。为了解决这一问题，可以给不同图形在 Z 轴上设置比较小的不同坐标。

2.4.4 AnyLogic的图片面板

打开 AnyLogic 软件工作区左侧面板视图，点击选择图片（Pictures），如图 2-4-18 所示。图片（Pictures）面板包括 21 个可矢量缩放的常用对象。使用时，直接拖曳到某个图形编辑器中即可。

图 2-4-17　组（Group）元件属性设置

图 2-4-18　AnyLogic 的图片（Pictures）面板

如图 2-4-19 所示，从图片（Pictures）面板中拖曳到图形编辑器中的对象实际上是一个组（Group），用户可以根据自己的需要编辑或者改变这个组，甚至可以鼠标右键单击它并在右键弹出菜单中选择“分组（Grouping）”|“取消分组（Ungroup）”。

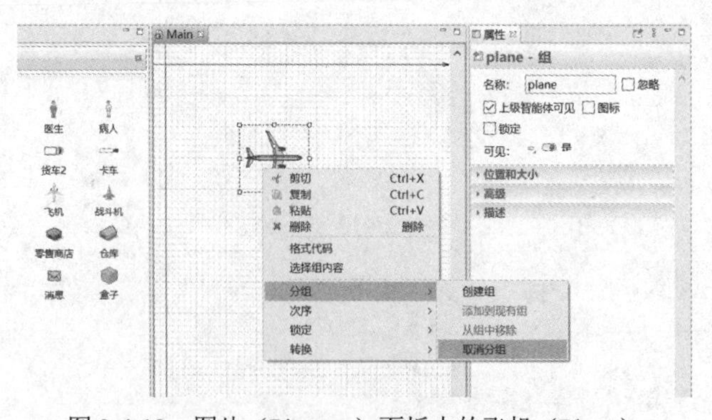

图 2-4-19　图片（Pictures）面板中的飞机（Plane）

2.5 AnyLogic 中的 Java 代码

并不是任何一个仿真模型都可以用所见即所得的方式创建，相对复杂的模型不可避免地需要使用概率分布，评估包含不同对象属性的表达式和测试条件，定义用户数据结构并设计相应的算法，这些都需要用编程语言写的代码来建模。

AnyLogic 的建模语言源于 Java，模型 Java 类结构主干由 AnyLogic 自动生成。本节将初步介绍 AnyLogic 中的 Java 语言规则，以及在 AnyLogic 中如何用 Java 代码来建模。

2.5.1 数据类型

Java 里有十种基本数据类型，在 AnyLogic 中主要用到表 2-5-1 中的四种。

表 2-5-1 数据类型

名称	意义	示例
int	整数型	12 10000 -15 0
double	双精度浮点型	877.13 12.0 12. 0.153 .153 -11.7 3.6e-5
boolean	布尔型	true false
String	字符串	"AnyLogic" "X=" "Line\nNew line" ""

在 AnyLogic 中，所有实际值（时间、坐标、长度、速度和随机数等）都具有双精度。String 类型实际上是一个基本类而非基本类型，注意它的名称以大写字母开头。

数值常量中，任何带小数分隔符“.”的数字则被视作实数，即便其分数部分缺失或只是 0，所以“.153”等同于“0.153”，“12.”等同于“12.0”。

布尔（boolean）型中，只有 true 和 false 两个值，必须全部小写字母且不可以用 0 或 1 表示。

字符串常量中，可以有空字符串 ""。

2.5.2 类

在 Java 中，每个类都有相应的类对象。编写一个类，编译完成后，生成的 .class 文件中会产生一个类对象用于表示这个类的类型信息。类的存在是为了尽量减少全局变量的使用并提供用户自定义类型的功能。比如地图上两点之间的距离，虽然可以定义 x 和 y 两个变量，并且通过 distance(x1,y1,x2,y2) 计算距离，但是如果可以新定义一个类，那么事情会变得更加简洁。Java 类定义如下所示：

```
class Location{
    //构造函数使用给定坐标创建Location对象
    Location(double xcoord, double ycoord){
        x=xcoord;
        y=ycoord;
```

```
    }
    //两个类型为double的字段
    double x;//位置的x坐标
    double y;//位置的y坐标

    //计算从这个位置到另一个位置的距离
    double distanceTo(Location other){
        double dx=other.x-x;
        double dy=other.y-y;
        return sqrt(dx*dx+dy*dy);
    }
}
```

在类 Location 中，定义了函数 distanceTo() 来计算两个 Location 实例对象间的距离，在模型构建过程中 Location 实例对象可以直接调用。

可以扩展一个类成为一个新的类，如图 2-5-1 所示，扩展 Location 这个类使之包括新的变量 name 和 population，新类命名为 City，其 Java 代码如下：

```
class City extends Location{
    //构造City类，用名称和给定坐标作为参数
    City(String n,double x,double y){
        super(x,y);//调用超类构造函数
        name=n;     //字段没有初始化，后面接着定义
    }
    //City类构造函数
    String name;
    int population;
}
```

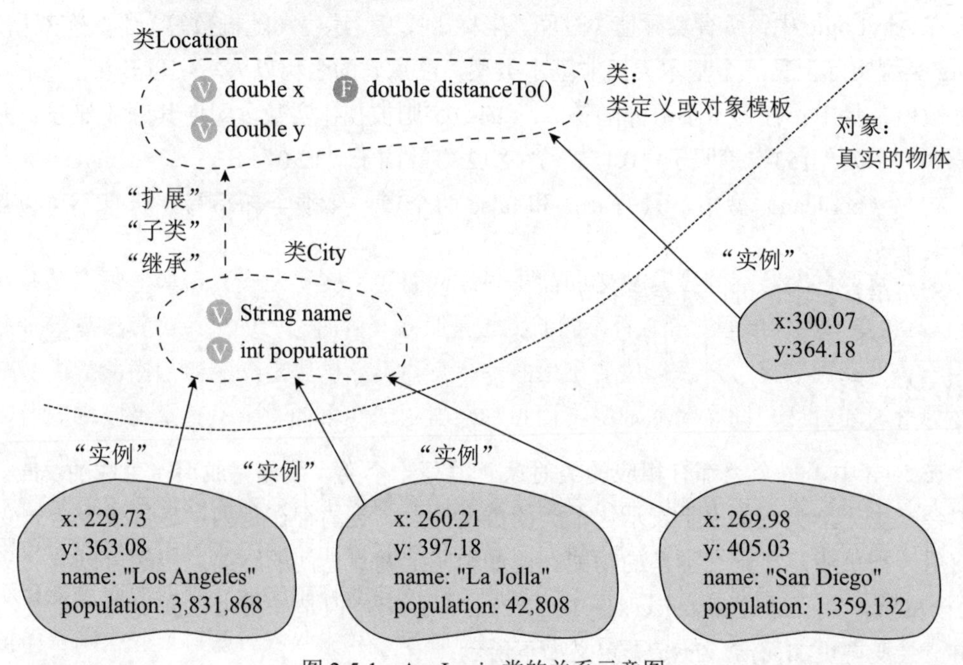

图 2-5-1　AnyLogic 类的关系示意图

City 是 Location 的子类，Location 是 City 的超类。City 继承了 Location 的所有属性并增加了新属性。这样，寻找到距离特定位置 100 公里范围内最大的城市，其 Java 代码如下：

```
int pop=0;
City biggestcity=null;
for(City city:cities){
    if(point.distanceTo(city)<100 && city.population>pop){
        biggestcity=city;
        pop=city.population;
    }
}
traceln("100公里范围内最大的城市是: "+city.name);
```

虽然 city 是类 City 的对象，比类 Location 属性多，但是在需要的时候依然可以被看作 Location，特别是调用类 Location 的函数 distanceTo() 时。也就是说，子类的对象始终可以视为其超类的对象。

反言之，可以声明类 Location 的变量，并为其指定 City 类的对象（Location 的子类）：

```
Location place=laJolla;
```

然而，当试图得到 place 的 population 时，Java 会报错：

```
int p=place.population;      //报错："无法解析或不是字段"
```

这是因为 Java 不知道 place 实际上是类 City 的成员，因此需要：

- 通过<object>instanceof<class>测试某个类的对象是否实际上是其特定子类的对象
- 通过在对象之前的括号中写入子类的名称，将对象从超类“强制转换”为子类：（<class>）<object>

Java 代码示例如下：

```
if(place instanceof City){
    City city=(City)place;
    int p=city.population;
    …
}
```

2.5.3 变量

这里只讨论两种常见的 Java 变量：

- 局部变量——临时变量，仅在执行特定函数或语句块时存在
- 类变量——同实体存续时间一样长

（一）局部变量（临时变量）

局部变量的定义包括变量类型、名称和初始化，例如：

```
double sum=0;                    //双精度浮点sum，初始值为0
int k;                           //整数变量k，未初始化
string msg=ok?"OK":"Not OK";//用表达式初始化的字符串变量msg
```

可以在 AnyLogic 代码段中声明和使用局部变量，如：智能体类型的启动代码、事件或变迁的操作字段、状态的进入行动和退出行动，等等。这些局部变量仅在执行此部分代码时存在。

（二）类变量

活动对象类中的变量是其活动对象“内存”或“状态”的一部分，可以通过图形编辑器或代码定义。

以在智能体类型 Person 图形编辑器中定义一个变量为例，操作如下。

（1）从智能体（Agent）面板中拖曳一个变量（Variable）元件到智能体类型 Person 的图形编辑器中，并在变量（Variable）元件属性中设置名称（Name）、类型（Type）、初始值（Initial value）等。如果变量类型不是基本类型，则需要选择“其他（Other）...”并且填入类型名称。如果未设置初始值，则默认为 false（布尔型），或 0（数值型），或 null（其他类，包括字符串型）。

（2）在智能体类型 Person 属性高级（Advanced）部分设置访问（Access），默认选择公开（public），变量在当前模型中可见，若选择私有（private）则限制仅在该类智能体自身内部可被访问。

如图 2-5-2 所示，还可以在智能体类型 Person 属性高级 Java（Advanced Java）部分附加类代码（Additional class code）中填入以下代码来定义变量：

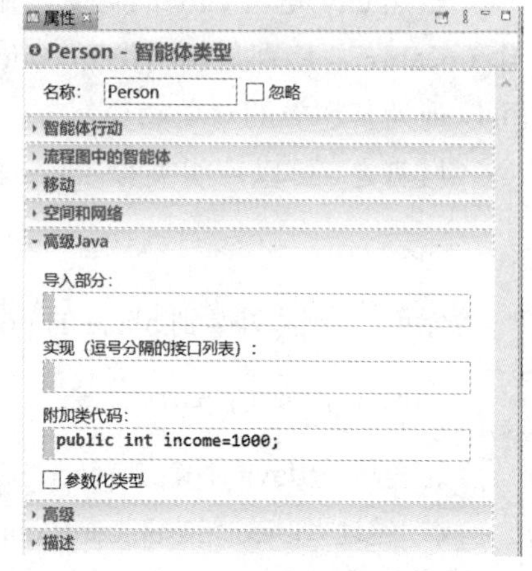

图 2-5-2　类变量赋值示意图

```
public int income=1000;
```

2.5.4　函数

在 Java 中，函数可以有参数值，例如三角形的概率分布为：

```
triangular( 2 , 14 , 5 )//三个参数分别为最小值，最大值，最可能值
```

输出一个对象带时间标记的日志的代码为：

```
traceln( time() + ":X=" + getX() + "Y=" + getY() );
```

函数不一定会返回一个值，比如调用 time() 返回 double 型的模型当前时间，调用 traceln() 就不返回值。函数名称前的类型名称表示函数返回值的类型，如果函数并不返回值则类型用 void 表示。如果一个函数返回一个值，它肯定是一个表达式。如果函数没有返回值，则只能将其作为语句调用，每个语句以分号结束。

（一）标准函数和系统函数

AnyLogic 提供的常用 Java 标准函数和系统函数包括：

（1）数学函数，如：

- double min(a, b)——返回a和b的最小者
- double log(a)——返回a的自然对数值
- double pow(a, b)——返回a的b次幂的值

- double sqrt(a)——返回a的平方根

（2）与模型时间、日期相关的函数，如：

- double time()——返回模型当前时间
- Date date()——返回当前模型日期，其中Date是标准的Java类
- int getMinute()——返回当前模型日期某个小时的分钟数
- double minute()——返回模型时间单位一分钟对应的时间间隔的值

（3）概率分布函数，如：

- double uniform(min, max)——返回均匀分布的随机数
- double exponential(rate)——返回指数分布的随机数

（4）模型日志的输出，如：

- traceln(Object o)——以字符串形式输出对象到模型日志，并在最后加行分隔符
- String format(value)——将一个值格式化为字符串

（5）模型运行控制，如：

- boolean finishSimulation()——终止模型运行
- boolean pauseSimulation()——暂停模型运行
- error(String msg)——标记错误信息。用一个给定的信息终止模型运行

（6）运行环境和模型结构的指引函数，如：

- ActiveObject getOwner()——返回当前活动对象的上一层活动对象
- int getIndex()——返回这个活动对象在活动对象集合中的索引
- Experiment getExperiment()——返回控制模型运行的实验
- Engine getEngine()——返回仿真引擎

（7）智能体网络和通信函数，如：

- connectTo(agent)——建立同另一个智能体的连接
- send(msg, agent)——向指定智能体发送信息

（8）空间和移动相关函数，如：

- double getX()——返回连续空间中智能体的X轴坐标
- moveTo(x, y, z)——在三维空间中将智能体移动至坐标点(x,y,z)

（二）模型元素 API 函数

AnyLogic 模型中的所有元素都有映射的 Java 对象，并向用户公开 Java API（应用程序编程接口），可以检索各 Java 对象的信息并且通过调用它们提供的 API 函数对其加以控制。

要调用同一活动对象类中其他模型元素的 API 函数，必须在被调用函数之前加上模型元素的名称和“.”，具体形式为：

```
<模型元素名称>.<被调用函数>
```

以下是一些调用模型元素 API 函数的示例，具体使用时可以参考 AnyLogic 软件“帮助（Help）”。

（1）计划和重置事件，如：

- event.restart(15 * minute())——调度事件在15分钟后重启
- event.reset()——重置事件

（2）向状态图发送信息和获得当前状态，如：

- statechart.receiveMessage(“Go!”)——向状态图送达“Go”的消息
- statechart.isStateActive(going)——测试going状态在状态图中是否为当前活动状态

（3）向直方图增加一个样本数据点，如：

- histData.add(x)——向histData这个直方图数据对象增加x的值

（4）显示视图区域，如：

- viewArea.navigateTo()——显示名称为viewArea的视图区域

（5）改变一个图形的颜色，如：

- rectangle.setFillColor(red)——将rectangle图形的填充颜色设置为红色

（6）获得复选框的当前值，如：

- boolean checkbox.isSelected()——返回复选框的当前值
- rectangle.setVisible(checkbox.isSelected())——用复选框的当前值设置图形可见性

（7）改变活动对象类中的某些参数或状态，如：

- source.set_rate(100)——设置source的参数rate为100
- hold.setBlocked(true)——设置hold为阻塞（blocked）状态

（三）自定义函数

以在智能体类型Customer中定义函数（Function）为例，从智能体（Agent）面板并拖曳一个函数（Function）元件到Customer的图形编辑器中，如图2-5-3所示设置其属性：

①名称（Name）为“timeTo”

②可以选择“只有行动（Just action）”不返回值，即Java语言中的void返回类型；也可以选择“返回值（Return value）”并选择类型（Type），如果返回值不是基本类型，也可以选择“其他（Other）...”再填入返回值类型。

③如果函数有参数，将它们添加至参数（Arguments）部分的表中，必须明确每个参数的名称（Name）和类型（Type），下方按钮可以用来对参数行进行添加、删除、排序、复制和粘贴。

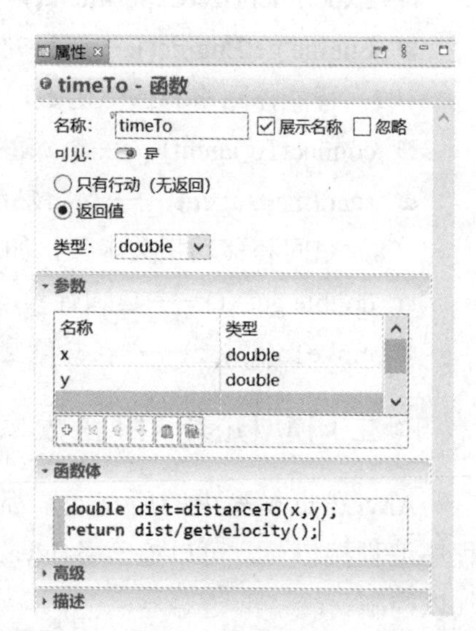

图2-5-3　函数（Function）元件属性设置

④可以在函数体（Function Body）部分填入Java代码，其中可能预先有一些自动生成的代码，例如，选择“返回值（Return value）”时“return 0;”就会自动出现用于返回值。

如图2-5-3所示，函数timeTo()定义在智能体类型Customer中，它计算并返回二维空间中智能体移至一个给定的坐标点(x，y)所需要的时间。返回值类型为double，两个参数 x 和 y 也是 double 类型的值。在函数中，声明一个局部变量 dist 并且初始化为到点的距离，用距离除以智能体的速度并且返回计算结果。

当 AnyLogic 构建（Build）模型并生成智能体类型 Customer 的 Java 代码时，该函数将映射到 Java 代码文件中，可以通过将光标置于函数体中并按下“Ctrl+J”组合快捷键查看代码文件 Customer.java，如图 2-5-4 所示。

图 2-5-4　函数（Function）元件在 Java 类代码中的显示

另一种定义函数的方式是在智能体类型 Customer 属性高级 Java（Advanced Java）部分的附加类代码（Additional class code）中填入代码来定义函数，如图 2-5-5 所示。

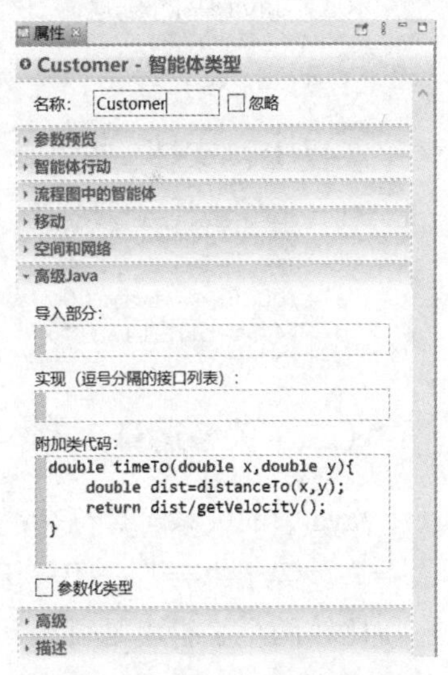

图 2-5-5　在智能体类型 Customer 属性的附加类代码中定义函数

在上述各个部分填入 Java 代码时，可以使用 AnyLogic 代码提示功能。尽量通过填写的前几个字母减少提示项的数量，比如，可以填写对象名称加“.set”，则提示的函数列表会限制在以 set 开头的可用函数。

2.5.5　表达式

（一）算术表达式

Java 中的算术表达式由加“+”、减“−”、乘“*”、除“/”、余“%”连接组成。乘除法运算比加减法运算有更高的优先级，具有相同优先级的操作从左到右执行。如下所示（“≡”为“恒等于”）：

```
a+b/c ≡ a+(b/c)
a*b-c ≡ (a*b)-c
a/b/c ≡ (a/b)/c
```

为了便于定义运算顺序，建议使用圆括号来控制运算执行的顺序，以省去记忆运算优先顺序的麻烦。

（1）Java 中的除法结果取决于运算对象的类型。如果运算对象都是整数，则结果必为整数。无意识的整数运算会带来精确度损失。希望得到实数结果，则至少有一个运算对象需要为实数。如下所示：

整数（int 型）运算

```
3/2 = 1
2/3 = 0
```

实数（double 型）运算

```
3/2.0 = 1.5
2.0/3 = 0.6666666…
```

如果希望 Java 强制对整数进行实数运算则需要借助强制类型转换，在希望转换的变量前用圆括号写明类型名称，例如“(double)k / n”将会是实数除法，结果为 double 类型。

（2）整数除法经常和余数运算一同出现，以用于确认序列数的行列值。假设剧院有 600 个座椅，共有 20 行，每行 30 个，那么关于每行的座椅号和座椅行数的表达式是：

```
座椅号：seats%30（除以30的余数）
行数：seats/30+1（除以30的整数除法再加1）
```

这里 seats 在 0 ～ 599 取值，例如 247 个座位在第 9 行第 7 号。

（3）Java 中的幂运算不含运算对象，不能写作 a^b，而是需要调用 pow()：

$$pow(a, b) \equiv a^b$$

（4）Java 支持一些快捷运算符有：

```
i++ ≡ i=i+1
i-- ≡ i=i-1
a+=100.0 ≡ a=a+100.0
b-=14 ≡ b=b-14
```

（二）关系运算

Java 中的关系运算符有：大于“>”、大于或等于“>=”、小于“<”、小于或等于“<=”、等于“==”、不等于“!=”。

比较两个字符串是否相同，需要调用 equals() 函数。例如，要检测字符串 msg 是否是“Wake up!”，可以用：

```
msg.equals( "Wake up!" )
```

注意

“==”和“=”并不相同，前者是关系运算符，后者是赋值运算符。“a=5”表示将值 5 赋予变量 a；而“a==5”表示 a 为 5 时为 true，否则为 false。

（三）逻辑表达式

Java 中的逻辑运算符有：逻辑和“&&”、逻辑或“||”、逻辑非“！”。

逻辑和“&&”运算比逻辑或“||”运算优先级要高，所以有：

```
a||b&&c ≡ a||(b&&c)
```

同样地，使用圆括号可以使优先顺序更为清晰。

注意

Java 中的逻辑运算是短回路行为，第二个运算对象只在需要时被评估。如果表达式中有任何一部分不为真，表达式都不会被执行。

假设 dest 是模型中智能体必须访问的位置的集合，为了检测第一个地点是否是天津可以用逻辑表达式：

```
dest!=null && dest.size()>0 && dest.get(0).equals("天津")
```

这里首先检测目的地集合是否为空，证明不为空之后，再检查它是否至少有一个目的地（size 大于 0），最后将其与字符串 "天津" 对比。

（四）字符串表达式

Java 中的字符串可以用加号“+”进行组合，例如："Any"+"Logic" 的结果就是 "AnyLogic"。并且加号“+”可以将不同类的字符串组合到一起，即可以将非字符串型转化为字符串型，然后所有的字符串连接成为一个。

这在 AnyLogic 中的应用十分广泛。例如，在文本（Text）元件属性的文本（Text）部分中填入“"x="+x”，当 x 值为 14.387 时，模型运行窗口内会显示文字“x=14.387”。类似地，空字符串加其他类型 x，即“""+x”，会将 x 转化为字符串型。例如，有如下表达式：

```
"目的地数量：" +dest.size()+"；第一个目的地是：" +dest.get(0)
```

其在模型运行窗口内的显示可能会是“目的地数量：18；第一个目的地是：天津”。

（五）条件运算

Java 条件运算是三元运算，有三个运算对象，根据判断条件是否为真从后面两个值二选一。条件运算语句格式为：<condition> ? < 条件为真的值 > : < 条件为假的值 >。

下述表达式如果 backlog 为空将返回 0，否则返回 backlog 队列的第一次序数量：

```
backlog.isEmpty() ? 0 : backlog.getFirst().amout
```

条件运算可以嵌套，如下代码依据变量 income 的值输出一个人的收入水平是（高、中或低）：

```
traceln("Income:"+(income>10000?"High":(income<1500?"Low":"Medium")));
```

上述这行代码和如下 if 条件语句等同：

```
trace("Income:");
if(income>10000){
    traceln("High");
}else if(income<1500){
    traceln("Low");
}else{
    traceln("Medium");
}
```

2.5.6 数组和集合

（一）数组（Arrays）

Java 中，数组是在程序设计中为了处理方便把具有相同类型的若干变量有序组织起来的一种形式，是固定大小线性存储的。组成数组的各个变量称为数组的分量，也称为数组的元素。数组类型表示为：int[]，double[]，String[]，Agent[]。

如下代码定义数组类型并且初始化为新数组：

```
int[] intarray = new int[100];
```

访问第 i 个元素的数组应该用 intarray[i]。

数组的大小是由括号的表达式来定义的，但数组的大小不是类型的一部分，存储空间的分配通过 new int[100] 实现，同时也定义了数组的大小。注意除非用分配的存储空间初始化数组，否则将无法访问元素。

所有用这种方法初始化的数组中的元素都将设置为 0（若数值型）、false（若布尔型）、null（其他所有类，包括字符串型）。也可以直接为所有数组元素提供初始值：

```
int[] intarray = new int[]{ 13 , x-3,-15, 0 , max( a , 100 ) };
```

获取数组的大小应该用“< 数组名称 >.length”，例如：

```
intarray.length
```

数组元素的迭代通过指针实现，如下代码循环数组的每个元素，使每个元素加 1：

```
for( int i=0 ; I < intarray.length ; i++ ){
    intarray[i] ++;
}
```

如下代码计算数组中所有元素之和：

```
int sum=0;
for(int element:intarray){
    sum += element;
}
```

数组可以是多维的。如下代码创建了一个 double 型二维数组并在循环中初始化：

```
double[][] doubleArray = new double[10][20];
```

```
for( int i=0; i<doubleArray.length; i++ ) {
    for( int j=0; j<doubleArray[i].length ; j++ ) {
    doubleArray[i][j] = i * j;
    }
}
```

可以将多维数组视为“数组的数组”。数组初始化 new double[10][20]，每一个都是 10 个数组，20 个 double 型数值。也就是，doubleArray.length 为 10，double.Array[i].length 为 20。

（二）集合（Collections）

集合是为有效存储特定类型的多个元素而开发的 Java 类。不同于数组的是，集合可以存储任意数量的元素。

最简单的集合类型是 ArrayList，可视作大小可变的数组。如下代码创建了 Person 类对象的 ArrayList：

```
ArrayList<Person> friends = new ArrayList<Person>();
```

ArrayList<Person> 提供如下 API 函数：

- int size()——返回列表中的元素数量
- boolean isEmpty()——检验列表中是否没有元素
- Person get(int index)——返回列表中特定位置的元素
- boolean add(Person p)——附加特定元素在列表末尾
- Person remove(int index)——移除列表中特定位置的元素
- boolean contains(Person p)——检验列表中是否包含某个特定元素
- void clear()——移除列表中的所有元素

注意

在 Java 中列表的序列号 index 是从 0 开始的，而不是从 1 开始。

如下代码用于检验 friends 列表是否包含 victor，如果不包含则添加 victor：

```
if( ! friends.contains( victor ) )
    friends.add( victor );
```

所有的集合类型支持元素之上的迭代，最简单的迭代是 for 循环。假设类 Person 有 income 字段。下面的 for 循环语句将收入大于 100000 的所有人输出到模型日志中：

```
for( Person p : friends ) {
    if( p.income > 100000 )
        traceln( p );
}
```

另一个常见的集合类型是 LinkedList，用于为先进先出（FIFO）的堆栈（Stack）或队列（Queue）进行数据建模。以一个分销商处积累的未完成零售商订单为例，假设订单为 Order 类，包含字段 amount，如下代码创建未完成订单列表：

```
LinkedList<Order> backlog = new LinkedList<Order>();
```

LinkedList 支持所有集合的 API 函数，如 size()、isEmpty() 等，并提供其他一些 API 函数：

- Order getFirst()——返回列表中的第一个元素
- Order getLast()——返回列表中的最后一个元素
- addFirst(Order o)——在列表开头插入给定元素
- addLast(Order o)——在列表末尾添加给定元素
- Order removeFirst()——移除并且返回列表的第一个元素
- Order removeLast()——移除并返回列表的最后元素

当分销商收到一个新 order 时，它会被安置在订单列表的末尾：

```
backlog.addLast( order );
```

每当库存得到补充时，分销商都试图从最早到来的未完成订单开始发货，如果订单需求量大于剩余库存，发货暂时停止，相应代码如下：

```
while( ! backlog.isEmpty() ) {              //重复执行直至未完成订单列表为空
    Order order = backlog.getFirst();       //选择未完成订单列表中的第一个订单
    if( order.amount <= inventory ) {       //如果库存能满足该订单需求量
        ship( order );                      //发货
        inventory -= order.amount;          //库存量减去发货量
        backlog.removeFirst();              //从未完成订单列表中删去此订单
    } else {                                //没有足够的库存满足订单需求量
        break;                              //停止处理
    }
}
```

除此以外，AnyLogic 的集合类型还有：LinkedHashSet、TreeSet、TreeMap、LinkedHashMap。

（三）AnyLogic 智能体群的集合类型

AnyLogic中的智能体群就是作为Java集合实现的，并且有 ArrayList 和 LinkedHashSet 两种集合类型可选。如图 2-5-6 所示，AnyLogic 允许在智能体群属性高级（Advanced）部分的优化（Optimize for）中选择集合类型，以实现针对不同用途的性能优化。

- ArrayList——适合“通过索引访问（Access by index）”，在访问和迭代遍历集合中的智能体时提供了更好的性能，并减小了Java对象的规模。
- LinkedHashSet——适合“添加/移除操作（Add/Remove operations）”，在添加和删除集合中的智能体时提供了更好的性能。

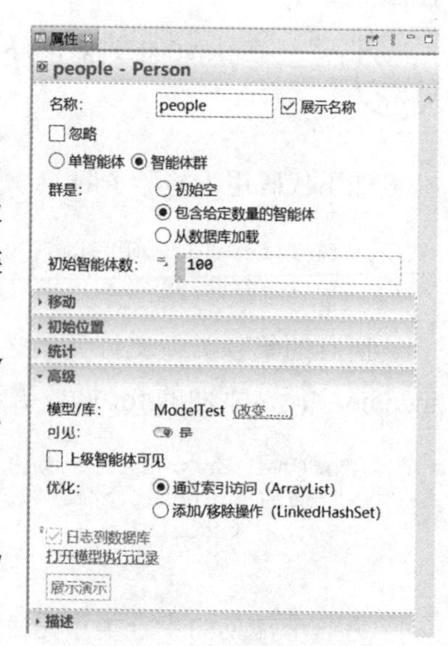

图 2-5-6　智能体群的属性设置

2.5.7 命名规则

一个好的名称体系将使建模工作更便捷高效。可以用字母组合进行命名，尽量表明其作用，可以一眼看出其意义所在。要保持统一的命名体系，名称结构一致。注意，除了 Java 常量不要用下划线。

AnyLogic 中各元素的命名首先要遵循 Java 编程语言规则，Java 是一种区分字母大小写的编程语言，例如：Anylogic 和 AnyLogic 是不同的名称。另外，Java 名称中不允许使用空格。AnyLogic 常见命名惯例见表 2-5-2。

表 2-5-2 AnyLogic 命名惯例

对　象	命名原则	举　例
• 量 • 参数 • 集合 • 表函数 • 统计数据 • 连接对象	• 首字母不限大小写，但是内部专有词汇首字母大写； • 必须是名词； • 集合必须是复数； • 可以增加一个前缀或后缀以帮助理解并避免冲突。	rate Income DevelopmentCost inventory AgeDistribution AgeDistributionTable friends
• 函数	• 首字母必须小写，但是内部专有词汇首字母大写； • 必须是动词； • 如果函数返回对象的一个属性，其名称必须以 get 或 is（如果是布尔型）开头； • 有一些例外以使代码简洁，如：time()，date()，size()。	resetStatistics getAnnualProfit goHome speedup getEstimatedROI setTarget isStateActive isVisible isEnabled
• 函数列表 • 代码中的局部变量	• 尽可能简短、小写，如果由多个单词组成，内部专有词汇首字母必须大写； • 常用的临时整型变量名称有 i, j, k, m, n。	cost sum total baseValue i n
• Java 常量	• 所有字母大写且用下划线连接。	TIME_UNIT_MONTH
类： • 活动对象类 • 实体类 • 用户定义 Java 类 • 动态事件	• 首字母必须大写，内部专有词汇首字母必须大写； • 必须是名词，除非是有行动意义的过程模型部件，后者可以为动词。	Consumer Project UseNurse RegistrationProcess HousingSector PhoneCall Order Arrival

续表

对　象	命名原则	举　例
• 智能体群（包括专业库里的对象）	• 首字母必须小写，内部专有词汇的首字母必须大写； • 可复制对象使用复数形式。	project consumers people doTriage registrationProcess stuffAndMailBill
系统动力学变量： • 存量 • 流量 • 辅助变量	• 长的多词变量名称在系统动力学模型中很常见； • 可以将单词首字母大写，尽量不要用下划线。	BirthRate Population DrugsUnderConsideration TimeToImplementStrategies
• 事件 • 状态图 • 状态 • 变迁	• 首字母不限大小写，内部专有词汇的首字母必须大写。	overflow at8AMeveryDay purchaseBehavior InWorkForce discard

2.5.8　语句

AnyLogic 中与事件、变迁、过程流图、智能体、控制等相关的行动都是用 Java 代码实现的。Java 代码由语句构成，每条语句是一个代码单元，是提供给计算机的指令。语句一般按自上而下的顺序执行。如下语句定义了一个变量，从均匀分布中随机选择数值赋值给它，并且输出到模型日志：

```
double x;
x = uniform();
traceln( "x=" + x );
```

注意

除了以 {...} 标准的代码语句块，其他 Java 语句结尾需由分号结束。

（一）变量命名

Java 中有两种变量命名的语句格式：

```
<type> <variable name> ;
<type> <variable name> = <initial value>;
```

示例代码：

```
double x;
String s;
Person customer = null;
ArrayList<Person> colleagues = new ArrayList<Person>();
double x = getX();
```

Java 中有全局变量和局部变量之分。局部变量必须在首次使用前被命名；定义在块 {...} 或函数体内的变量只在这部分被执行时存在；如果块或函数体中的变量与上一层级重名则低层级的变量在使用时即被默认为较低级别的变量。图 2-5-7 说明了存在并可以使用局部变量的代码区域。当然应该尽量避免重名的情况。

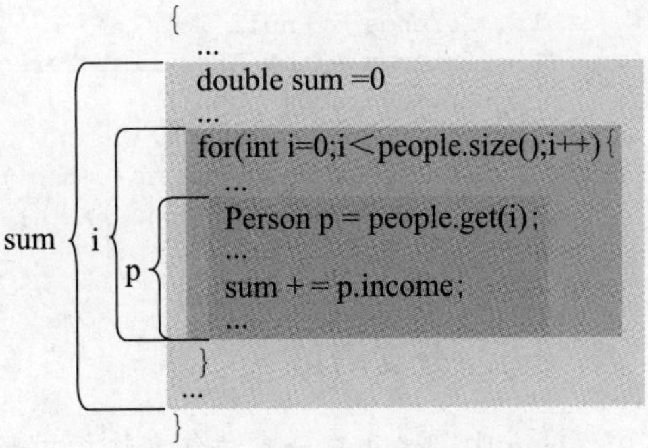

```
{
  ...
  double sum =0
  ...
  for(int i=0;i<people.size();i++){
    ...
    Person p = people.get(i);
    ...
    sum + = p.income;
    ...
  }
  ...
}
```


图 2-5-7　局部变量适用范围示意图

（二）函数调用

一般函数调用会返回一个值，如果不获取返回值，它仍可以作为语句调用。例如，如下代码从 friends 列表移除一个人：

```
friends.remove( victor );
```

如果被移除的对象在列表中，则函数 remove() 返回 true。如果确定它在那里（或者不关心它是否存在），可以丢弃返回值。

（三）赋值

Java 中为变量赋值的语句格式为：

```
<variable name> = <expression>;
```

示例代码：

```
distance = sqrt( dx*dx + dy*dy );
k = uniform_discr( 0, 10 );
customer = null;
shipTo = client.address;
```

有些赋值语句也可简写为：

```
k++;      //将k增加1
k--;      //将k减少1
b *= 2;   //b = b*2
```

（四）控制语句

Java 中，最基本的"if-then-else"控制语句格式为：

```
if( <condition> )
    <条件为真时执行的代码块>
```

或者：

```
if( <condition> )
    <条件为真时执行的代码块>
else
    <条件为假时执行的代码块>
```

多条语句组成的代码块需要用 {} 加以区隔，示例代码：

```
if( friends == null ) {
    friends = new ArrayList<Person>();
    friends.add( john );
} else {
    if( !friends.contains( john ) )
        friends.add( john );
}
```

（五）分支语句

Java 中，switch 分支语句允许根据整数表达式的值执行代码块，语句格式为：

```
switch( <integer expression> ) {
case <integer constant 1>:
     <等于第1个整数值时执行的分支代码块>
     break;
case <integer constant 2>:
     <等于第2个整数值时执行的分支代码块>
     break;
…
default:
     <不等于前面任何一个整数值时执行的代码块>
     break;
}
```

每个 case 后面的 break 表示 switch 语句该分支已执行完毕。如果缺失了 break 则会持续执行到下一分支部分，造成混乱。当整数表达式与任何情况都不匹配时，将执行默认（default）部分。

对应于 switch 的不同情况的整数值通常预先定义为整数常量。如下代码是起重机对命令响应的 switch 语句示例：

```
switch( command ) {
case MOVE_RIGHT:
    velocity = 10;
    break;
case MOVE_LEFT:
    velocity = .10;
    break;
case STOP:
    velocity = 0;
    break;
case RAISE:
…
default:
    error( "无效命令： " + command );
}
```

（六）for 循环

基于数组或集合的一种 for 循环语句格式为：

```
for( <element type> <name> : <collection> ) {
    <每次循环执行的代码块>
}
```

这种形式可用于迭代数组和集合。当需要用一个集合中的元素时，推荐这种形式，简洁且易于理解。与基于索引的迭代不同，它支持所有集合类型。

假设一家公司的各种产品建模为一个智能体群 products。如下代码浏览该公司所有产品并去除投资回报率 ROI 低于设定最小阈值的产品：

```
for( Product p : products ) {
    if( p.getEstimatedROI() < minROI )
        p.kill();
}
```

假设把影院的所有座位建模为布尔型的数组 seats，true 代表售出，如下代码计算影院中售出的座位数：

```
boolean[] seats = new boolean[600];
…
int nsold = 0;
for( boolean sold : seats )
    if( sold )
        nsold++;
```

注意

如果循环部分只包含一个语句，那么 {...} 就可以省去了。

实际工作中，for 循环更多的用于基于索引的迭代，其语句格式为：

```
for( <条件变量初始化>; <continue condition>; <条件变量迭代步进> ) {
    <每次循环执行的代码块>
}
```

在循环的一开始可以放置初始化代码，多为索引变量的声明，决定循环是否需要继续的条件检验，以及每次迭代后条件变量的步进代码，如索引变量加 1。

如下代码查找一组图形中的所有圆，并将其填充颜色设置为红色：

```
for( int i=0; i<group.size(); i++ ) {
    Object obj = group.get( i );
    if( obj instanceof ShapeOval ) {
        ShapeOval ov = (ShapeOval)obj;
        ov.setFillColor( red );
    }
}
```

如下代码从后向前检索队列中的所有实体并且移除第一个不含任何资源单位的实体：

```
for( int i=queue.size()-1; i>=0; i-- ) {
    Entity e = queue.get(i);
    if( e.resourceUnits == null || e.resourceUnits.isEmpty() ) {
        queue.remove( e );
        break; //退出循环
    }
}
```

在这段代码的循环中，索引在每次迭代后递减，相应地，continue 条件测试是否已达到0。一旦找到满足条件的实体，就将其移除且执行break语句立即退出循环，不再继续。如果没有找到那个实体，则循环会在指针迭代至 -1 时终止。

（七）while 循环

while 循环用于在某特定条件被判定为真时重复执行某些代码，常见语句格式为：

```
while( <continue condition> ) {
    <每次循环执行的代码块>
}
```

假设需要检验一个图形是否都在一个给定的组里，不管直接包含在这个组还是包含在它的子组里。Shape 类的 getGroup() 函数返回这个图形收集器的组。对于一个顶层的图形，它不在任何组中，将返回空值。这个循环从 shape 组的容器开始，在每次迭代中升高一级直到找到那个组或抵达最高层。代码如下：

```
ShapeGroup container = shape.getGroup()
while( container != null ) {
    if( container == group )
        return true;
    container = container.getGroup();
}
return false;
```

可以发现，前一种 while 循环语句格式中的条件在每次迭代前都要进行检验，如果一开始就是假的，则不会执行。还有另外一种 while 循环语句格式：

```
do {
    <每次循环执行的代码块>
} while( <continue condition> );
```

和 while 循环的区别是，do...while 循环在迭代后评估条件，所以 do...while 循环体里的代码至少会被执行一次。

（八）块

Java 语言惯于用 {} 括起语句，并用缩进来使得块结构清晰易辨。语句格式如下：

```
{
    <代码段1>
    <代码段2>
    …
}
```

包含在 {} 中的一系列语句称为块，块内可以有一个、几个甚至没有语句。块意味着 Java 需要将其作为一个整体看待。如果块是判断或循环语句的一部分，{} 可以和 if，else，for，while 放在同一行：

```
if( … ) {
    <条件为真时执行的代码块>
} else {
```

```
        <条件为假时执行的代码块>
    }
    while( … ) {
        <每次循环执行的代码块>
    }
```

在 switch 语句中，一般不缩排 case 的行：

```
switch( … ) {
case …:
    <分支…执行的代码段>
    break;
case …:
    <分支…执行的代码段>
    break;
…
}
```

（九）返回

返回语句在函数主体中使用。根据函数是否返回值，return 语句格式如下所示：

```
return <value>; //在一个返回值的函数中
return; //在一个不返回值的函数中
```

下面的函数是返回在订单集合中某个客户的第一个订单：

```
Order getOrderFrom( Person client ) {
    if( orders == null )
        return null;
    for( Order o : orders ) {
        if( o.client == client )
            return o;
    }
    return null;
}
```

如果 return 语句位于一个或多个嵌套循环或 if 语句内，执行它将会立刻中止执行这些循环或条件语句结构。

如果一个函数不返回一个值，可以忽略不写结尾的 return 语句，示例代码如下：

```
void addFriend( Person p ) {
    if( friends.contains( p ) )
        return;
    friends.add( p );
}
```

（十）注释

Java 中的注释用作为代码提供附加信息以说明代码的用处。即便不是为了他人查看，也需要为了自己调试而写注释。注释可以帮助用户更好地维护代码并加以重复利用。

下面这一行是一个无效注释的例子，因为它仅仅复述了语句的字面意思：

```
client = null; //将client设置为null
```

更应该解释赋值的实际意义：

```
client = null; //将client设置为null，所有操作都已完成
```

在 Java 中有两种类型的注释：行尾注释和块注释。

（1）行尾注释

行尾注释以“//”开头，以向 Java 表明从此处开始直至行末都是注释。示例代码如下：

```
//创建一个新工厂
Plant plant = add_mills();
//将它放在选定区域的某个位置
double[] loc = region.findLocation();
plant.setXY( loc[0], loc[1] );
//设置工厂参数
plant.set_region( region );
plant.set_company( this ); //当前智能体是拥有者
```

AnyLogic 中的 Java 编辑器将注释显示为绿色，所以可以很轻易地同代码区分开。

（2）块注释

块注释用“/*”和“*/”成对使用进行标注。与行末的注释不同的是，块注释可以放在一行的中间，甚至在表达式中间，还可以跨越多行代码。示例代码如下：

```
/* 对于销售人员，工资也包括佣金部分
* 佣金部分基于季度销售额
*/
amount = employee.baseSalary + commissionRate * employee.sales + bonus;
if( amount> 200000 )
    doAudit( employee ); /* 执行非常高的付款审计 */
employee.pay( amount );
```

在建模的时候，可能需要暂时排除部分代码，这也可以通过使用注释完成。如下代码中，工资的佣金部分暂时从表达式中排除：

```
amount = employee.baseSalary/* + commissionRate * employee.sales */ + bonus;
```

如果想要排除一行代码，就将行尾注释“//”放在要排除的行的开头。如果想要排除很多行需要隔离，那么使用块注释是一个很好的选择。

2.5.9 访问

在 AnyLogic 中，不需要从头到尾编写 Java 类的完整代码，而是在各种模型元素的属性中填入代码和表达式即可。因此，明确到底是在哪里编写代码以及如何从那里访问其他模型元素是很重要的。以图 2-5-8 为例，适用的访问规则如下：

- 同一个智能体类型中的模型元素可以互相直接通过名称访问。比如在智能体类型Company中，在事件endOfFY属性的行动（Action）部分，访问Company包含的对象queue只需用“queue”，增加变量revenue的值可以用“revenue+=100”。
- 要访问嵌入到某对象的元素，需要在对象名称之后写“.”和元素名称。例如，要获取queue对象的大小可用“queue.size()”。如果嵌入到的对象是重复的，则

应该准确指定要访问的对象。例如，要在公司员工智能体群employees中调用编号247员工的函数performance()，可以用“employees.get(246).peformance()”。

- 要访问与当前模型元素同被包含在一个模型中的其他模型元素时，建议从模型最高层智能体Main开始逐层向下访问，访问代码中以main（全部为小写字母）作为智能体类型Main的前缀名称。如图 2-5-8所示，调用Main里的函数announceSale()可以用“main.announceSale()”，访问Main里客户智能体群customers中某一个客户的参数loyalty，可以用“main.customers.get(i).loyalty”。

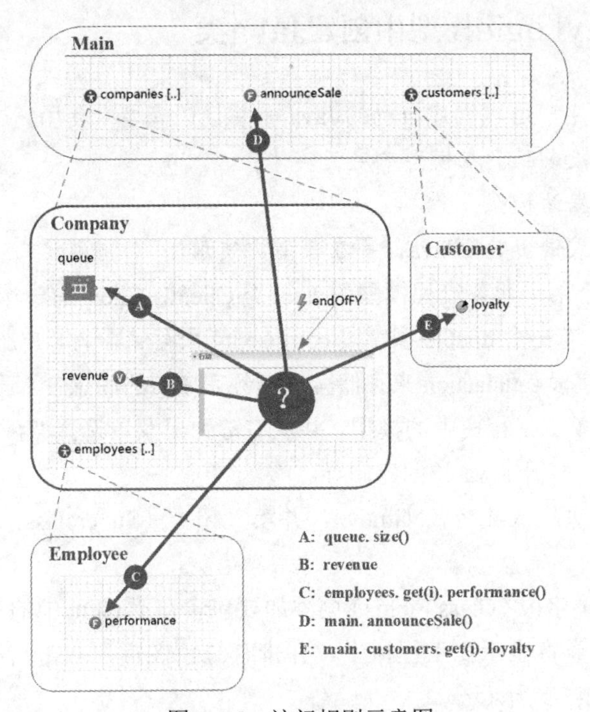

图 2-5-8　访问规则示意图

注意

AnyLogic8 中还有一个未公开推荐的函数 get_Main()，调用它也可以获得智能体类型 Main 的智能体实例。相应的，图 2-5-8 中的 D 和 E 也可以用“get_Main().announceSale()”和“get_Main().customers.get(i).loyalty”。

2.5.10　查看AnyLogic生成的Java代码

查看 AnyLogic 生成的完整 Java 代码可以帮助用户更好地理解现有代码所处的上下文。比如，模型编译可能会提示出现错误，仅通过查看问题（Problem）视图可能并不容易找到错误消息指向的代码字段。

为了能够查看生成的 Java 代码，首先需要构建（Build）模型，然后打开智能体类型属性中含有 Java 代码的部分，按下“Ctrl+J”组合快捷键，该智能体类型的完整 Java 代码（.java 文件）在 Java 编辑器中以只读模式打开，当前代码部分高亮显示。

也可以在构建（Build）模型后，然后在工程树中鼠标右键单击该智能体类型的名称，并在右键弹出菜单选择“打开通过（Open with）”|“Java 编辑器（Java Editor）”。

注意

生成和打开的智能体类型 Java 文件是只读的，一切修改只能在模型中进行。

2.5.11 在AnyLogic模型中创建Java类

在 AnyLogic 中用户可以创建自己的 Java 类并且在模型中使用，这将满足多种需求：

- 使用其他字段或函数在模型中定义实体；
- 创建辅助数据结构；
- 以源代码形式借用其他Java，并在模型中使用。

假设要创建一个用于业务流程模型的 Java 类 Client，Client 有一个 boolean 型字段 vip 来存储它的重要性，有一个 double 型字段 complexity 来存储影响客户服务时间的业务复杂度，还有一个 int 型字段 satisfaction 来存储客户服务完成后的满意度水平。具体操作如下。

（1）鼠标右键单击工程树中的模型，并从右键弹出菜单选择“新建（New）”|“Java 类（Java Class）”，打开 Java 类创建向导。

（2）在向导首页填入类名（Name），并填入超类（Superclass）或者在下拉列表中选择超类。

（3）在向导的类字段（Class Fields）页添加要包含在类 Clint 中的三个字段，点击“完成（Finish）”。该类将显示在工程树中，并带有绿色图标。双击它可以在 Java 编辑器中打开编辑，如图 2-5-9 所示。

```java
/**
 * Client
 */
public class Client implements Serializable {

    boolean vip;

    double complexity;

    int satisfaction;

    /**
     * 默认构造器
     */
    public Client() {
    }

    /**
     * 构造器初始化字段
     */
    public Client(boolean vip, double complexity, int satisfaction) {
        this.vip = vip;
        this.complexity = complexity;
        this.satisfaction = satisfaction;
    }

    @Override
    public String toString() {
        return
            "vip = " + vip +" " +
            "complexity = " + complexity +" " +
            "satisfaction = " + satisfaction +" ";
    }

    /**
     * 这个数字在这里是出于模型快照存储的目的<br>
     * 当这个类改变时需要改变它
     */
    private static final long serialVersionUID = 1L;

}
```

扫码看彩图

图 2-5-9 在 AnyLogic 模型中创建的 Java 类

如图 2-5-10 所示，以智能体类型 CarSource 为例，还可以通过在智能体类型属性高级 Java 部分的附加类代码（Additional class code）中填入 Java 代码的方式，在智能体类型 CarSource 内创建类 BufferedCar，它用于存储每辆车的一些附加信息。在 AnyLogic 中，这样定义在其他类中的类称为内部类。如果需要在该智能体类型之外使用，要写明其嵌入的智能体类型名称，这里用“CarSource.BufferedCar”。

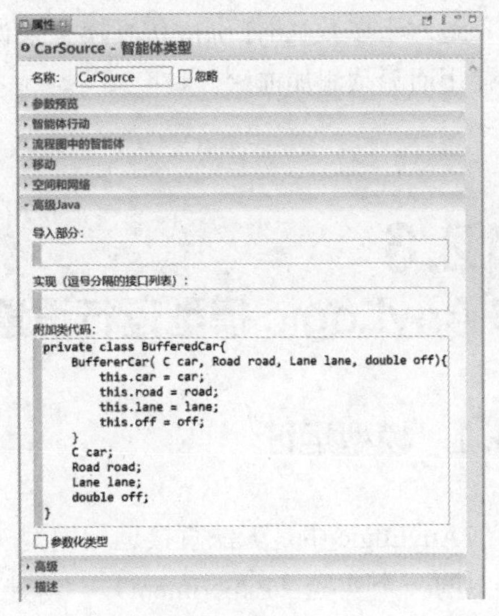

图 2-5-10　在智能体类型 CarSource 中定义一个内部类

2.5.12　AnyLogic模型链接外部Java扩展包

外部 Java 扩展包可以通过编译形式链接至 AnyLogic 模型。编译前需要准备好构建模型所需的 Jar 文件或 Java 类文件夹，并将其添加到如图 2-5-11 所示模型属性依赖项（Dependencies）部分的“构建模型所需的 Jar 文件和类文件夹（Jar files and class folders required to build the model）”列表中。

一旦添加了某个 JAR 文件，就可以在模型中使用其中的类，但使用时必须加上程序包名称的前缀。例如，当使用一个 Jama 包中的 Matrix 类定义变量时，必须用“Jama. Matrix”。如果要不想使用前缀，以在 Main 中为例，则必须如图 2-5-12 所示在 Main 属性高级 Java（Advanced Java）部分的导入部分（Imports section）填入：

```
import Jama.*;
```

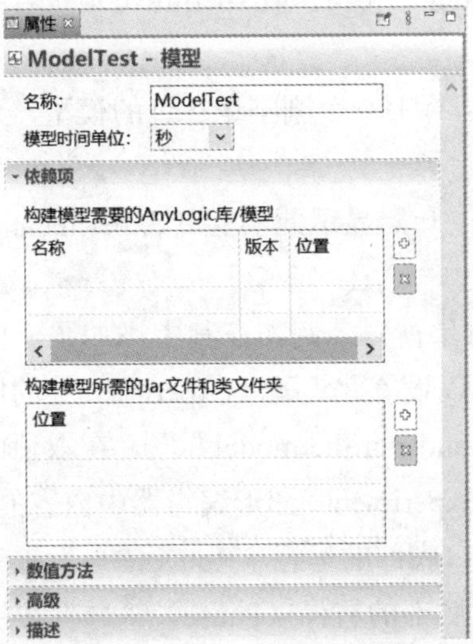

图 2-5-11　模型属性设置

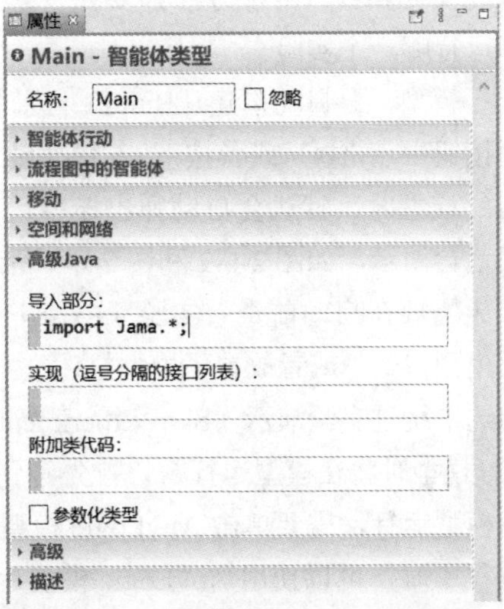

图 2-5-12　智能体类型 Main 属性中导入

不过对于多数 AnyLogic 仿真模型来说，在 Main 属性中导入，就可以在模型中所有地方使用而无须添加前缀。

2.6 AnyLogic 模型运行设置

2.6.1 模型运行

在 AnyLogic 中是无法直接运行模型（Model）的，运行一个模型实际上是运行这个模型中的一个实验（Experiment）。新建一个模型时，工程树中默认包含一个名称为 Simulation 最高层智能体为 Main 的仿真（Simulation）实验，如图 2-6-1 所示。仿真（Simulation）是 AnyLogic 中的一种实验类型，它能够为模型创建动画并进行可视化运行。AnyLogic 还支持建立其他类型的实验，将在 5.3 节详细介绍。

图 2-6-1　新建模型的工程树示意图

运行模型（Model），也就是运行模型中的实验（Experiment），有以下三种方式：

（1）在工程树中，鼠标右键单击想要运行的模型（Model），在右键弹出菜单中选择“运行（Run）”。如果该模型包含多个实验（Experiment），需要在右键弹出的菜单中选择要运行哪一个实验。

（2）在工程树中，鼠标右键单击想要运行的实验（Experiment），在右键弹出菜单中选择“运行（Run）”。

（3）在 AnyLogic 主菜单中选择“模型（Model）” | “运行（Run）”，或者在工具栏按钮中点击▶。两种方法都要在“模型（Model）/ 实验（Experiment）”名称列表中选择运行哪一个实验。

运行模型，会自动构建（Build）当前模型。运行上一个刚刚运行过的模型，可以在工具栏按钮中点击▶，或者按下 F5 快捷键。

运行模型时，默认会自动弹出模型运行窗口，开始显示此实验（Experiment）设置的仿真运行演示，如图 2-6-2 和图 2-6-3 所示。

如果需要在启动前查看实验（Experiment）对象窗口（例如在其中添加了一些控件来设置模型参数，或者放置了模型描述文字），可以设置此实验（Experiment）的属性，取消勾选“绕过实验演示（Skip experiment screen and run the model）”。在取消此选项后，运行模型时将在模型运行窗口首先看到实验（Experiment）图形编辑器中内容的演示，要启动模型运行，需要单击 AnyLogic 模型运行窗口底部的运行（Run）“►”按钮。在运行过程中时，可以使用 AnyLogic 模型运行窗口底部的暂停（Pause）“❚❚”按钮和停止（Stop）“■”按钮来控制模型的运行。

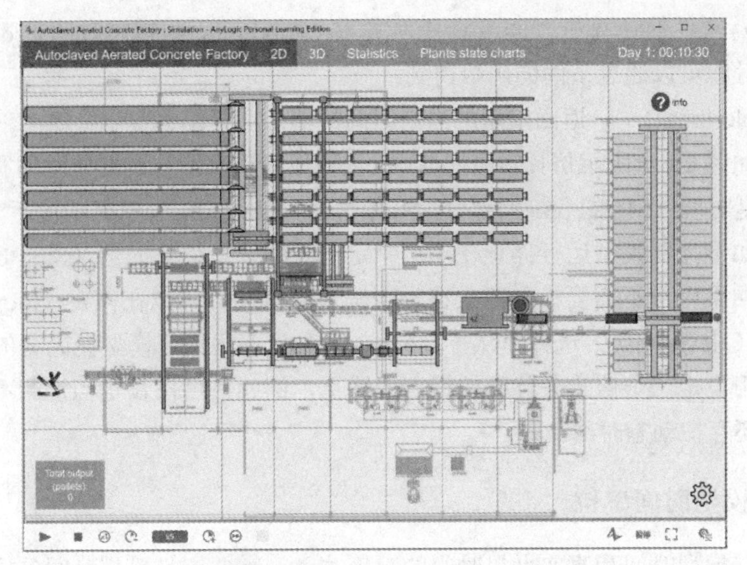

图 2-6-2　模型运行窗口显示（二维）

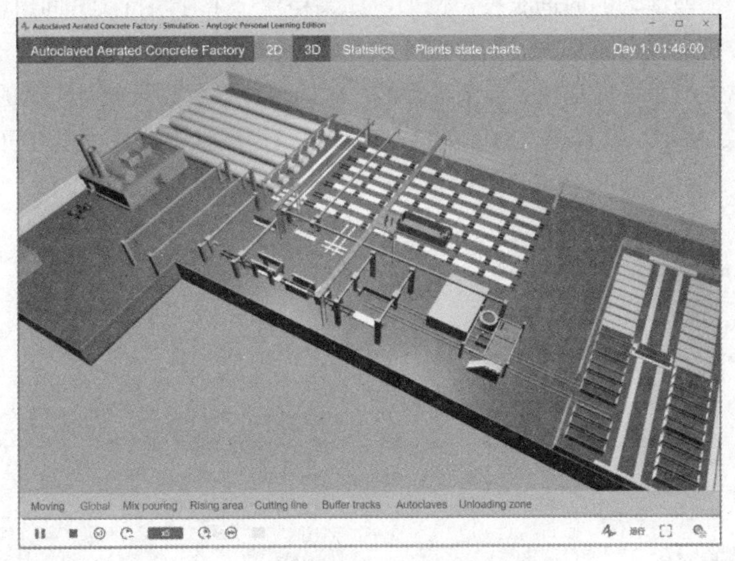

图 2-6-3　模型运行窗口显示（三维）

用户也可以使用 Java 代码来控制模型的运行。AnyLogic 提供了丰富的系统函数，能够支持与控制模型运行有关的所有任务。例如，在模型中的任何位置调用仿真引擎函数 getEngine().finish()，或者在任何智能体的活动中调用类似 finishSimulation() 的系统函数。

默认情况下，模型运行窗口将在 AnyLogic 软件自带的 Chromium 浏览器软件中打开，也可以在 AnyLogic 主菜单“工具（Tools）”|“偏好（Preferences）”中设置为其他浏览器软件。

2.6.2　模型时间

模型时间是 AnyLogic 仿真引擎保持的虚拟时间。模型时间与对象系统的真实时间以及运行仿真软件的计算机时间没有任何关系。AnyLogic 的模型时间是 double 型值，其当前模型时间可以通过下面的函数得到：

- **double time()——返回模型的当前时间的值**

可以在如图 2-6-4 所示仿真实验属性中，设置模型仿真运行的开始时间和结束时间。在属性的模型时间（Model time）部分，开始时间（Start time）默认情况下为 0，通常不需要改变。如果需要模型运行停止在一个确定的时间，在停止时间（Stop time）填入确定的时间。如果用户不需要模型停止在一个确定的时间，可以在停止（Stop）下拉框中选择“从不（Never）”。选择“从不（Never）”并不意味着模型会无穷的运行下去，用户还可以用设定一个停止条件的编程方式终止，例如，可以设定当检测不到模型仿真实验运行中还存在动态时终止。

（一）模型时间单位

为了建立模型时间和真实世界时间的对应关系，需要定义模型时间单位。时间单位的类型取决于模型活动的时间长度。例如，如果构建一个呼叫持续时间用秒或者分钟计量的呼叫中心仿真模型，那么时间单位可以设置为秒或者分钟。如果构建一个供应链仿真模型，其中生产和运输是按照天来进行的，时间单位设置为天就是正确的选择。

如图 2-6-5 所示，设置模型时间单位，可以在模型属性中选择模型时间单位（Model time units）。AnyLogic 中新建模型的模型时间单位默认为秒（seconds）。

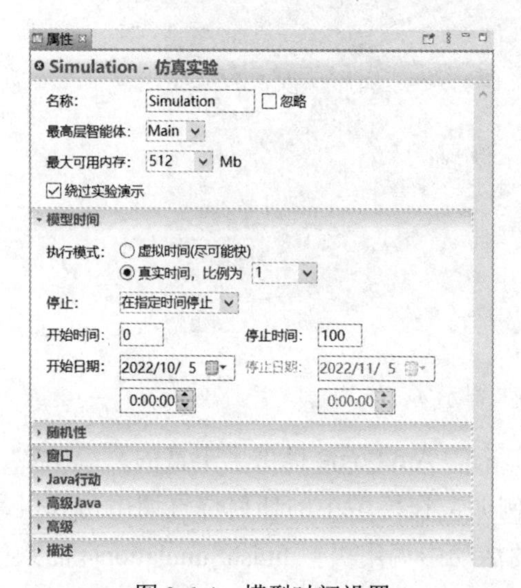

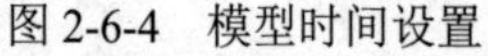
图 2-6-4　模型时间设置

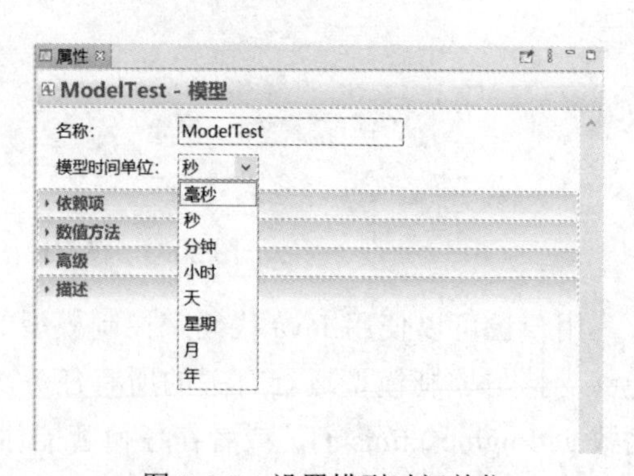

图 2-6-5　设置模型时间单位

AnyLogic 提供了下面函数来获取模型时间单位。

- **TimeUnits getTimeUnit()——返回当前模型的时间单位**

表 2-6-1 列出了所有可用的模型时间单位。从表中可以发现，超过一周的模型时间单位都不是常量：一个月可能有 28、29、30 或 31 天，一年可能有 365 或 366 天。如果选择月（months）作为模型时间单位，那么模型中的一个月始终是 30 天，在这种情况下，实际日历月份与基于模型时间单位的月份明显略有不同，周期越长，误差越大。如果选择年（years）作为模型时间单位，也会发生同样的情况，模型中的一年始终是 365 天。

表 2-6-1 模型时间单位汇总

模型时间单位	TimeUnits 枚举常量	值
毫秒（milliseconds）	MILLISECOND	1
秒（seconds）	SECOND	1000
分（minutes）	MINUTE	60*1000
时（hours）	HOUR	60*60*1000
天（days）	DAY	24*60*60*1000
周（weeks）	WEEK	7*24*60*60*1000
月（months）	MONTH	30*24*60*60*1000
年（years）	YEAR	365*24*60*60*1000

（二）模型独立时间单位设置

假设模型中时间单位是小时，当需要安排的事情发生在 2 天的时间内，该怎么做呢？或者怎么定义 5 分钟的时间？用下列函数可以返回一个相对于当前时间单位设置的给定时间间隔的值。

- double millisecond()——返回1毫秒时间间隔的值
- double second()——返回1秒时间间隔的值
- double minute()——返回1分钟时间间隔的值
- double hour()——返回1小时时间间隔的值
- double day()——返回1天时间间隔的值
- double week()——返回1周时间间隔的值

因此，不需要记住当前的时间单位或者是写 48，5/60，只需要写 2*day()，5*minute()。也可以在一个表达式中用不同的模型时间单位 2*day()+5*minute()。

这些使用函数的表达式与时间单位的设置是完全独立的。表达式总是计算正确的时间间隔。因此，在大多数代表时间间隔的表达式中，推荐使用 minute()，hour()，day()。用这种方法，可以自由的改变时间单位而不需要改变模型。

2.6.3 模型日期

如图 2-6-6 所示，设置模型的开始日期是在模型的 Simulation 属性中的模型时间（Model time）部分。

很多模型对象需要时间作为参数：事件和转换的时间，延迟时间和时间间隔，等等。因此，高效控制日期需要将日期转化为值，或者将值转化为日期。AnyLogic 提供了丰富的函数来实现这个转换功能。

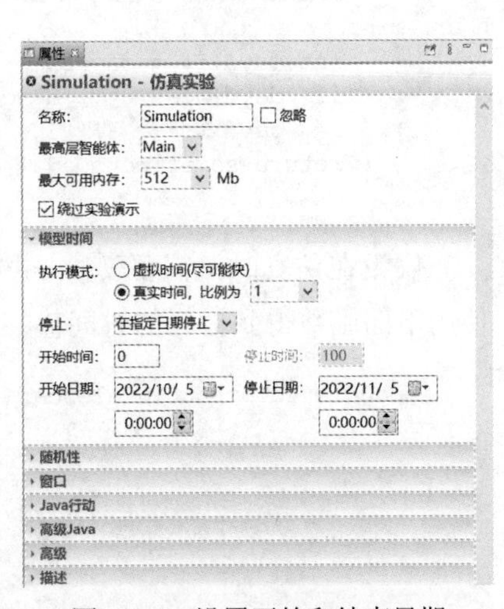

图 2-6-6 设置开始和结束日期

AnyLogic 的日期存储在 Java 类 Date 中。Date 由年、月、天、小时、分钟、秒、毫秒组成。为了得到当前的日期，需要引用：

● **Date date()——返回模型的当前时间**

下列函数返回当前日期的特定部分：

- int getYear()——返回当前日期的年份
- int getMonth()——返回当前日期的月份
- int getDayOfMonth()——返回当前日期的天数
- int getDayOfWeek()——返回当前日期的周几
- int getHourOfDay()——返回当前日期的时间（24小时制）

假设一个加工中心在周一到周五的上午九点到下午六点工作。如果该中心工作，下面的函数返回值为true（真），否则返回值为false（假）。

```
boolean isOpen() {
    int dayofweek = getDayOfWeek();
    if( dayofweek == SUNDAY || dayofweek == SATURDAY )
        return false;
    int hourofday = getHourOfDay(); //24小时制
    return hourofday >= 9 && hourofday < 18;
}
```

转化为日期对象可以使用以下函数：

- Date toDate(int year, int month, int day, int hourOfDay, int minute, int second)——根据参数返回默认时区的日期

在给定的模型时间和日期之间进行转化，可以使用下列函数：

- Date timeToDate(double t)——将给定的模型时间转化为某个开始日期为标准的模型日期
- double dateToTime(Date d)——将给定的模型日期转化为模型时间

例如，用如下代码可以得到两个日期的时间间隔：

```
dateToTime(date1)-dateToTime(date0)
```

假设需要找到未来距离周一上午九点钟最近的模型时间，可以自定义函数：

```
double timeOnNearestDayOfWeek( int dayofweek, int hour, int minute, int second ) {
    double sametimetody = dateToTime( toDate( getYear(), getMonth(), getDayOfMonth(),
hour, minute, second ) );
    int daydiff = dayofweek .getDayOfWeek();
    if( daydiff < 0 || daydiff == 0 && time() > sametimetody )
        daydiff += 7;
    return sametimetoday + daydiff * day();
}
```

假设在仿真时，需要安排一些事情发生在下个月或者两年后的某个时间。这时可以使用下面函数得到对应的时间值：

```
double toTimeoutInCalendar( TimeUnits units, double amount )
```

2.6.4 执行模式

AnyLogic 可以用虚拟时间（Virtual time）和真实时间（Real time）两种模式来执行模型仿真实验的运行。

虚拟时间是自然的执行模式，机器执行这个模型越快越好。模型时间进展不均匀，与真实时间不相干。在离散事件系统模型中，模型时间可能忽然跳跃到下一个事件，或者当几个同时的事件一起执行的时候停在一个点上。事件的计算复杂性和方程明显影响模型的执行速度。

真实时间模式下，计算机尽量保持给定的规模，比如实际时间每 1 秒代表 10 模型的时间单位（例如，10 周）。如果模型的计算复杂度不太高时，计算机将定期把自己“休眠”，等待正确的实际时间来执行下一个事件。但是，有时计算机是无法跟上给定的规模的，不管是因为程序太复杂，还是因为时间步长太小，或者由于出现过于频繁和复杂的事件。那么计算机将尽可能快地工作，直到找到下一个机会来保持真实时间。因此，真实时间模式下模型运行肯定不会比要求的更快。

（一）设置执行模式

（1）在工程树中选择 Simulation，在其属性的模型时间（Model time）部分设置执行模式（Execution mode）。

（2）如图 2-6-7 所示，执行模式（Execution mode）可以选择虚拟时间（Virtual time）或者真实时间（Real time）。虚拟时间会使仿真执行尽可能快（as fast as possible）。真实时间模式可用的比例范围从 1/500 到 500。

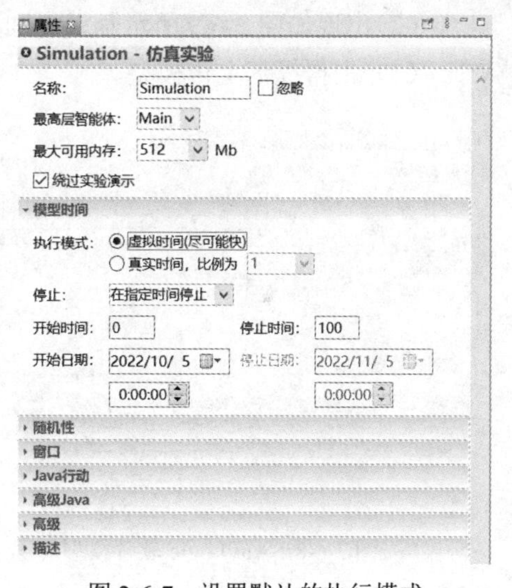

图 2-6-7　设置默认的执行模式

（二）模型运行时改变执行模式

（1）查看模型运行窗口的时间比例（Time scale）区域，如果不显示这个区域，在工具栏的自定义菜单中选择时间比例（Time scale）。

（2）按⊗来设置比例为 1 的真实时间模式，按⊕和⊖来加快或者减慢模型运行的速度。

（3）按⊛来转变为虚拟时间模式，尽可能快地运行。

（三）执行模式相关函数

关于执行模式，AnyLogic 提供了下列函数：

- setRealTimeMode(boolean on)——设置模型执行是虚拟时间模式，还是真实时间模式（true是真实时间模式，false是虚拟时间模式）
- boolean getRealTimeMode()——返回当前的时间模式（true是真实时间模式，

false是虚拟时间模式）

- setRealTimeScale(double scale)——设置虚拟时间和真实时间的比例（比例是每秒多少模型时间）
- double getRealTimeScale()——返回当前虚拟时间和真实时间的比例

2.6.5 模型导出与网络发布

AnyLogic 软件支持将仿真模型导出上传到云端，或者导出为独立运行的 Java 应用程序。

（一）导出上传到云端

如图 2-6-8 所示，可以在 AnyLogic 菜单栏选择“到 AnyLogic 云（To AnyLogic Cloud）”将模型导出上传到网站 cloud.anylogic.com。

也可以在打开的模型中如下操作：

（1）在工程树中鼠标右键单击模型项，从快捷菜单中选择“导出（Export）...”|“到 AnyLogic 云（To AnyLogic Cloud）”。

（2）出现如图 2-6-9 所示登录界面。如果没有账号，可以使用界面中的链接注册账号。

（3）根据提示上传模型。

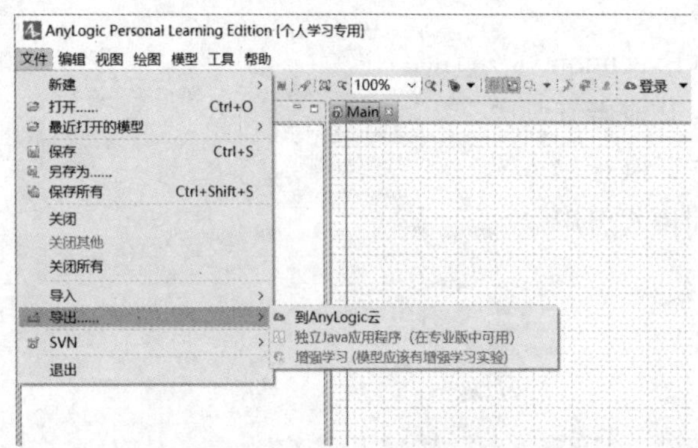

图 2-6-8 AnyLogic 软件模型导出菜单

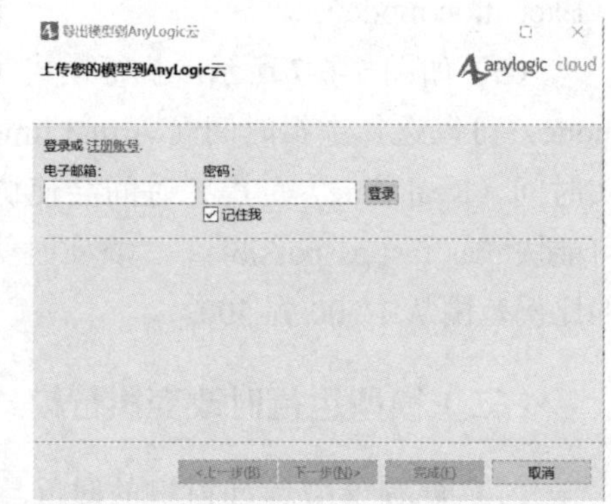

图 2-6-9 导出上传模型到 AnyLogic 云

（二）导出为独立的 Java 应用程序

AnyLogic 模型 100% 使用 Java 语言。仿真引擎、数值方法、优化器、动画、用户界面以及模型本身，所有这些作为 Java 语言程序都可以单独从模型环境中分离出来，并在任何平台上运行，当然也可以在网络上发布。

仿真模型导出为独立 Java 应用程序的功能只能在 AnyLogic 专业（Professional）版中使用。仿真模型成功导出后成为 *.jar 文件，AnyLogic 会同时给出在各个平台（Windows、Mac 或 Linux）运行的对应批处理文件。

第3章

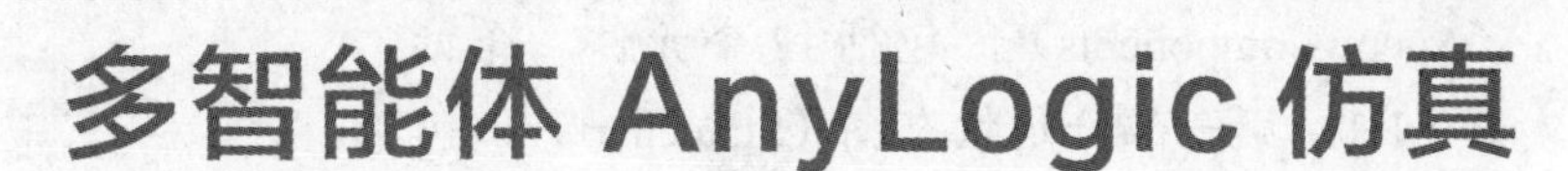

多智能体 AnyLogic 仿真

相对于离散事件系统和系统动力学两种仿真建模方法，多智能体系统（Multi-Agent System，MAS）是一个比较新的建模方法。近年来，伴随着电子计算机 CPU 速度和内存容量的快速提升，多智能体仿真开始走入实际应用，并快速发展。AnyLogic 基于 Java 构建，完全支持面向对象建模和层次化建模，能很好实现多智能体建模仿真。本章将重点讲解 AnyLogic 中的多智能体建模仿真技术。

3.1 AnyLogic 多智能体仿真基础

多智能体建模本质上是分散的、以个体为中心的建模方法。从某种意义上讲，多智能体仿真是最简单的建模方法，为用户提供了一种独特观察视角，从下到上构建模型。用户进行多智能体仿真，可以不用知道系统整体行为，可以不识别系统关键变量及其动态变化，可以不用确定整体业务逻辑，也不需要像用系统动力学仿真那样练习抽象能力，或者像用离散事件系统仿真那样总是强迫自己从流程方面思考问题。

多智能体建模仿真时，用户只需了解系统中的个体是如何单独运行的，通过创建智能体并定义其行为，然后连接创建的各个智能体使其互动，或将其放置在具有动态特性的特定环境中，使系统的全局行为从大量（数十个、数百个、数千个，甚至数百万个）智能体并发的独立行为中涌现出来。

在 AnyLogic 仿真模型中，智能体（Agent）可以代表多样化的事物，如车辆、设备、项目、产品、组织、土地和不同角色的人等。利用智能体（Agent）能定义模型运行时的事件、函数、时间等，智能体还能通过状态图定义自身的运行逻辑。

3.1.1 AnyLogic的智能体面板

打开 AnyLogic 软件工作区左侧面板视图，点击选择智能体（Agent），如图 3-1-1 所示。智能体（Agent）面板分为三个部分：第一部分是一个单独的智能体（Agent）元件，可以完成智能体的创建等活动；第二部分是智能体组件（Agent Components），包括 12 个元件，详见表 3-1-1；第三部分是状态图（Statechart），包括 7 个元件，详见表 3-2-1，利用这些元件可以构建智能体的运行逻辑，进而定义智能体的运行方式，状态图建模将在 3.2 中详细介绍。

图 3-1-1　AnyLogic 的智能体（Agent）面板

应用 AnyLogic 智能体（Agent）面板进行多智能体建模仿真，其关键工作内容包括：

- 识别实际系统中的关键对象，将其建模为智能体（Agent）。
- 识别智能体（Agent）间的持续性或者部分持续性的关系，建立相应链接。
- 识别智能体（Agent）在实际空间的变化规律并恰当选择智能体存在的空间模型。
- 识别智能体（Agent）全生命周期中的重要事件，这些事件可能是外部事件，也可能是智能体自身的内部事件。
- 识别定义智能体（Agent）的行为，包括：智能体对外界事件的反应、智能体的状态及变化、智能体内部事件处理、智能体的内部流程，等等。
- 识别确定智能体（Agent）之间的通信模式及其规律。
- 识别智能体（Agent）需要记录的各类相关信息，确定存储方式和信息内容。
- 识别实际系统中存在于全部智能体（Agent）外又被全部智能体分享的信息或动态，将其定义为模型全局变量。
- 识别模型运行输出，定义各类数据统计结构。

表 3-1-1　智能体（Agent）面板的智能体组件（Agent Components）部分

元件名称	说　明
参数 （Parameter）	参数通常用于表示建模对象的某些特征，用于静态地描述对象，模型执行过程中参数都是可见且能更改的。当对象实例具有智能体类型中描述的相同行为但在某些参数值上有所不同时，参数就发挥了其作用。
事件 （Event）	事件是在模型中计划某些行动的最简单方法，触发事件的条件有三种：到时（Timeout）触发意味着某个特定时刻触发事件行动；条件（Condition）触发意味着模型某个条件为真时便会触发事件行动；速率（Rate）触发用于对独立事件进行建模，事件按到达的速率被触发。
动态事件 （Dynamic Event）	动态事件用于计划任意数量的并发和独立事件。动态事件在执行后会自行删除。

续表

元件名称	说　明
变量（Variable）	变量通常用于存储模型仿真的结果或对某些数据单元或对象特征进行建模，变量的数值会随仿真运行过程而变化。
集合（Collection）	集合表示一组对象，每个对象叫做一个元素。集合用于定义将多个元素归纳到一组中的数据对象，利用集合可以进行存储、检索和聚合。有些集合允许重复元素，有些集合则不允许重复；有些是有序的，有些是无序的。
函数（Function）	函数可以自定义，每次调用函数时会返回函数中表达式的值。模型中可以在多个位置多次调用同一函数，这使得仿真运行效率得到了显著提升。
表函数（Table Function）	表函数是一种特殊类型的函数，是利用观测数据自定义函数。表函数一般用于反映两个变量之间的非线性特殊关系，它可以增强建模的灵活性。
自定义分布（Custom Distribution）	AnyLogic 提供了大量概率分布供建模使用，但如果这些分布都不满足建模的要求，可以使用自定义分布。
时间表（Schedule）	模型中建模对象在不同时间可能有不同的行为，时间表用于定义某些值和行为随时间的变化情况。
端口（Port）	在流程图中端口是智能体流动机制的接口，智能体通过端口发送和接收。AnyLogic 各面板模块都已经预定义了端口。创建自定义库或自定义模块时，可以在其中添加新的端口。
连接器（Connector）	连接器是用来连接两个端口或两个变量的。
链接到智能体（Link to agents）	位于环境中的每个智能体都具有可视的不可移动元素链接，这些链接定义了由环境确定的此智能体的接触网络。

3.1.2 AnyLogic中智能体的创建

在 AnyLogic 中，智能体的创建只需通过拖曳即可完成，具体操作如下。

（1）在 AnyLogic 主菜单中依次选择“文件（File）”|“新建（New）”|“模型（Model）”，或使用快捷键 Ctrl+N，打开“新建模型（New Model）”向导对话框来创建一个新的模型。如图 3-1-2 所示，输入模型名及保存位置，点击完成（Finish）按钮。完成新建一个模型。

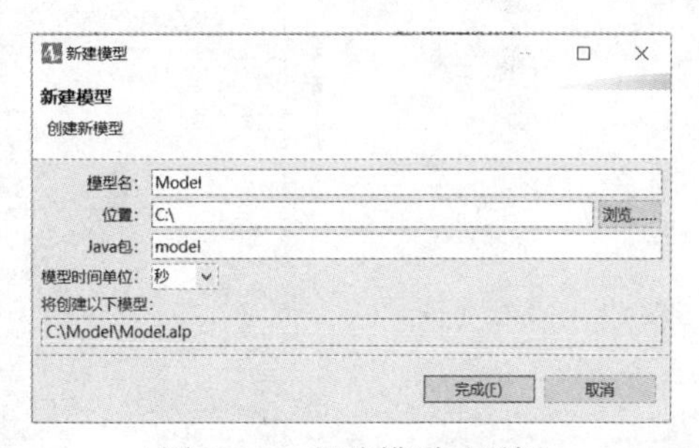

图 3-1-2　新建模型对话框

（2）从智能体（Agent）面板拖曳一个智能体（Agent）元件到 Main 的图形编辑器中，如图 3-1-3 所示，将自动弹出“新建智能体（New agent）”向导页面“第 1 步（Step 1）”。一般模型需要创建多个同类型的智能体，即智能体群。本小节以创建新智能体类型“人（Person）”及相应智能体群“人群（people）”为例，在“第 1 步（Step 1）. 选择您想创建什么（Choose what you want to create）”页面，选择“智能体群（Population of agents）”并点击“下一步（Next）”按钮。

（3）如图 3-1-4 所示，在“第 2 步（Step 2）. 创建新智能体类型（Creating new agent

type）”页面中，“新类型名（Agent type name）”文本框输入 Person，“智能体群名（Agent population name）”文本框中的信息自动变成 people，其他参数保持默认值，点击“下一步（Next）”按钮。

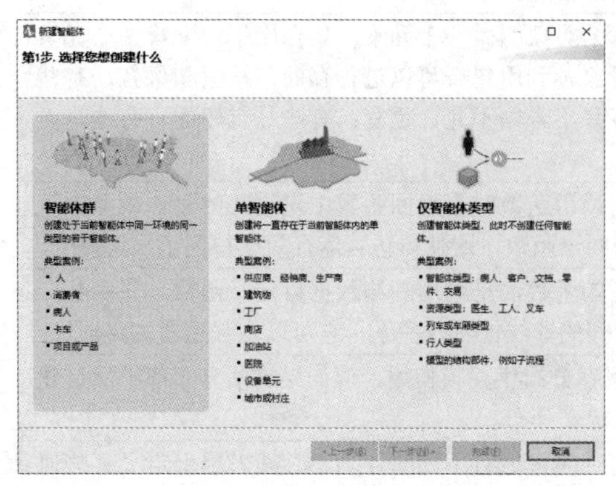

图 3-1-3　新建智能体向导“第 1 步”页面

图 3-1-4　新建智能体向导“第 2 步”页面

（4）如图 3-1-5 所示，在“第 3 步（Step 3）. 智能体动画（Agent animation）”页面中，选择动画（Choose animation）选择“二维（2D）”，并在列表中选择常规（General）部分的“人（Person）”，点击“下一步（Next）”按钮。

（5）如图 3-1-6 所示，在“第 4 步（Step 4）. 智能体参数（Agent parameters）”页面中，在左侧“参数（Parameters）”列表中添加新参数，并在右侧设置新添加参数的属性，点击“下一步（Next）”按钮。

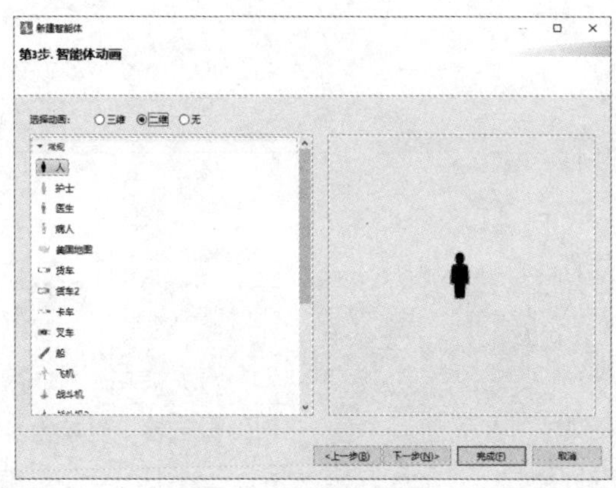

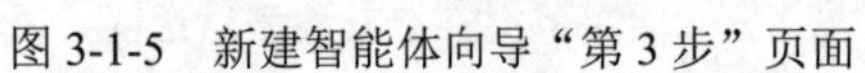

图 3-1-5　新建智能体向导“第 3 步”页面

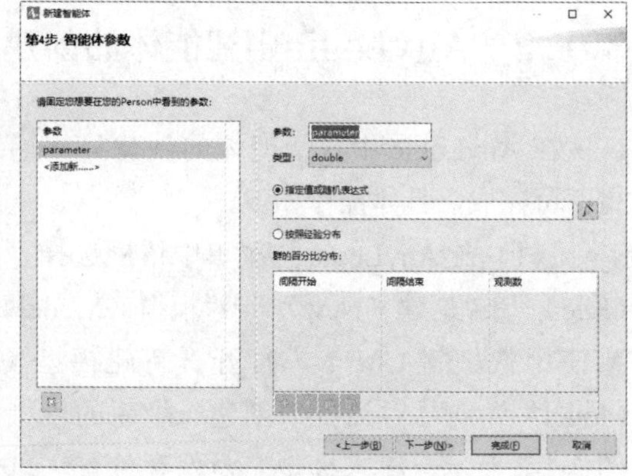

图 3-1-6　新建智能体向导“第 4 步”页面

（6）如图 3-1-7 所示，在“第 5 步（Step 5）. 群大小（Population size）”页面中，填入 300，设置创建群具有 300 个智能体（Create population with 300 agents），点击“下一步（Next）”按钮。也可以选择“创建初始为空的群，待模型运行时添加智能体（Create initially empty population , I will add agents at the model runtime）”

（7）如图 3-1-8 所示，在“第 6 步（Step 6）. 配置新环境（Configure new environment）”页面中，设置空间类型（Space type）和网络类型（Network type），点击完成（Finish）按钮。

（8）按照以上步骤完成新智能体类型 Person 及智能体群 people 的创建后，如图 3-1-9 所示，智能体类型 Person 位于工程树中和 Main 并列位置，智能体群 people[..] 位于 Main 的图形编辑器中。

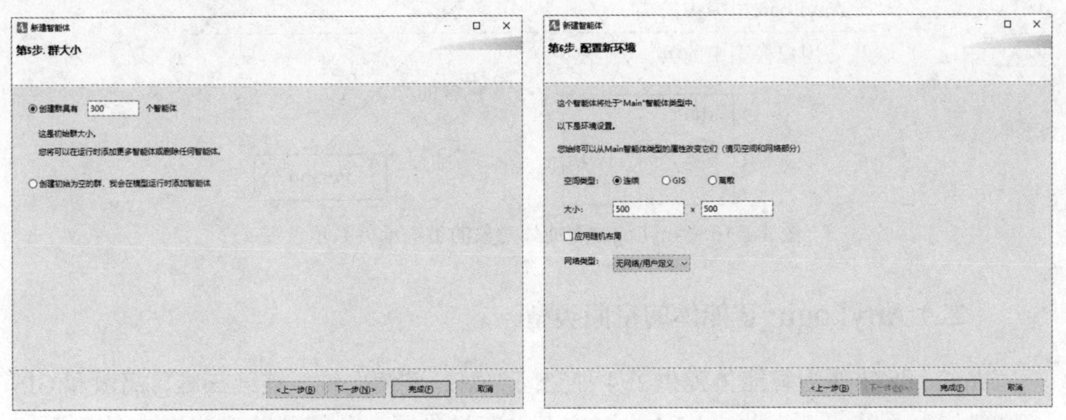

图 3-1-7　新建智能体向导“第 5 步”页面　　图 3-1-8　新建智能体向导“第 6 步”页面

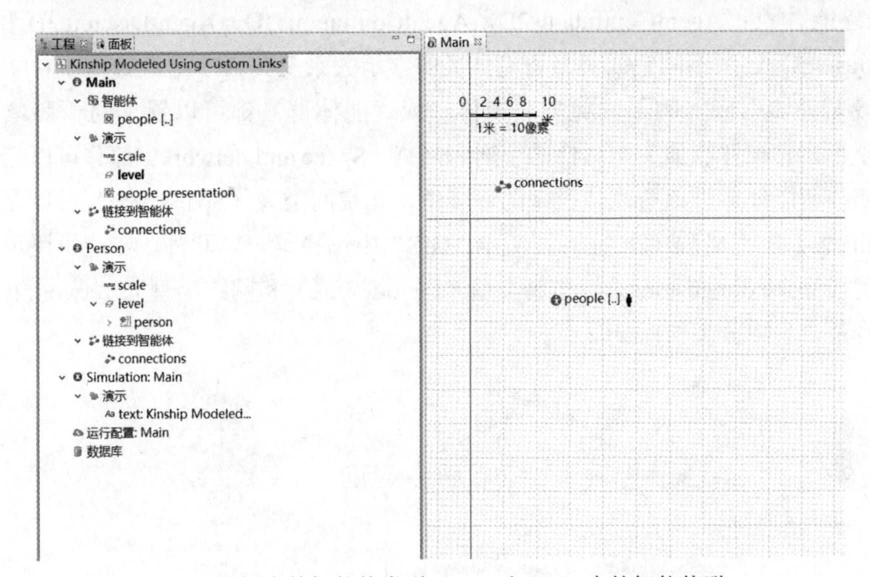

图 3-1-9　工程树中的智能体类型 Person 和 Main 中的智能体群 people

3.1.3　AnyLogic多智能体仿真机制

（一）AnyLogic 智能体的类继承关系

如图 3-1-10 所示，ActiveObject 是在 AnyLogic 引擎中定义的模型中所有活动对象类的基础类。AnyLogic 中，任何模型都由从 ActiveObject 继承来的类组成的。AnyLogic 多智能体模型中至少存在两类智能体：一类是最高层智能体，只有一个，一般默认为智能体类型 Main；一类是其他智能体类型的实例，如 3.1.2 节创建的 Main 中的智能体群 people。用户自定义的智能体类型 Person 是 AnyLogic 引擎中 Agent 类的子类，而 Agent 类则继承自 ActiveObject，定义了 AnyLogic 中智能体（Agent）的一般特性。

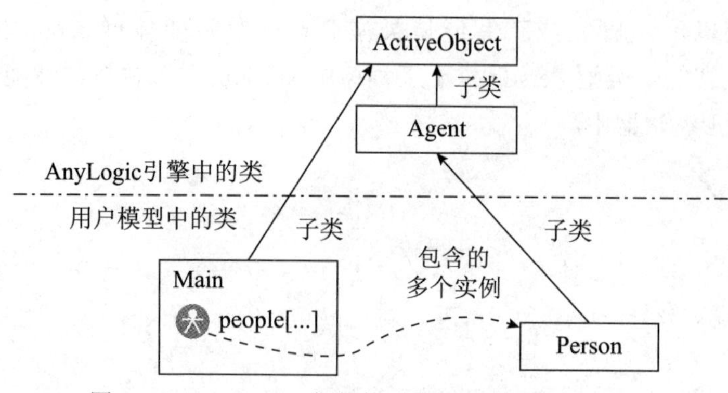

图 3-1-10　AnyLogic 智能体对象的类继承关系示意图

（二）AnyLogic 智能体的空间类型

AnyLogic 软件为智能体提供了 4 种空间类型：连续二维、连续三维、离散和 GIS（地理信息系统）。为此，AnyLogic 仿真引擎提供了 4 种智能体类来对应处于不同空间的智能体类：AgentContinuous2D，AgentContinuous3D，AgentDiscrete2D 和 AgentContinuousGIS。这些不同空间类型智能体类的继承关系及其 API 函数如图 3-1-11 所示。

同一智能体内嵌入的不同类型智能体（或智能体群）都可以置于同一环境中。如图 3-1-12 所示，在智能体类型属性的空间和网络（Space and network）部分可以指定将其所属的哪些智能体置于该智能体类型的环境中，其空间类型（Space type）可以在“连续（Continuous）”“离散（Discrete）”和“GIS”中选择其一。此外，在这里还可以设置空间维度（Space dimensions）、布局类型（Layout type）和网络类型（Network type），并可选择是否启用分步（Enable steps）。

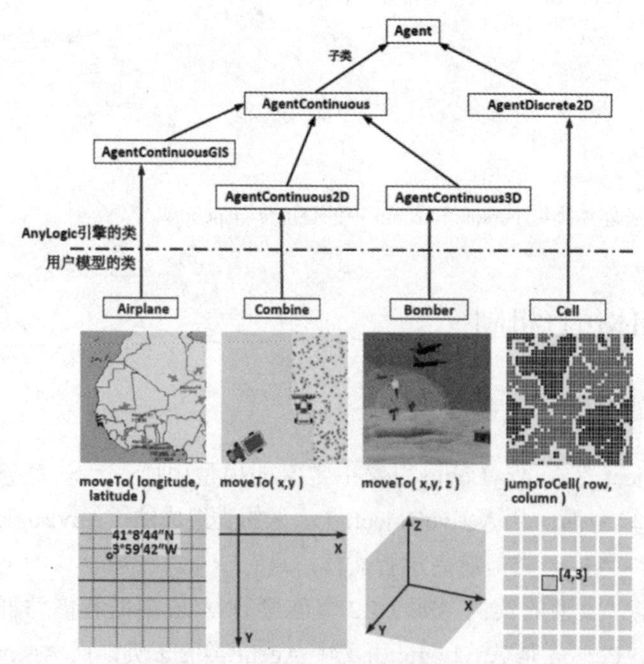

图 3-1-11　AnyLogic 中不同空间类型智能体类的继承关系示意图

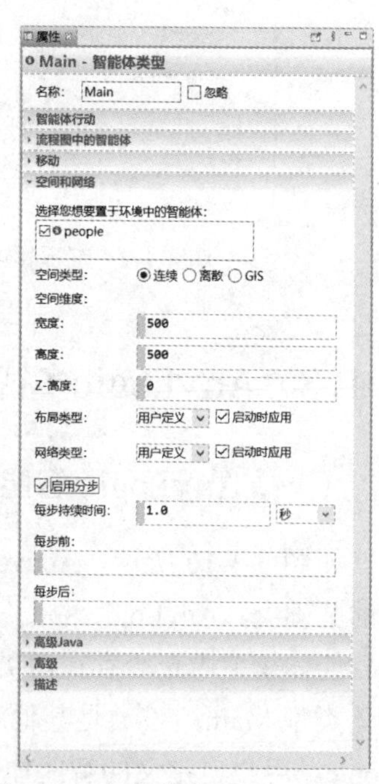

图 3-1-12　智能体类型 Main 属性的空间和网络（Space and network）部分

当 AnyLogic 多智能体仿真模型只关注逻辑和行为，并不涉及空间问题时，任意选择一种空间类型即可。此类模型即便设置空间类型，也只是为了实现动画以展示仿真过程，与对应真实世界的实际空间无关。

（三）AnyLogic 智能体间的网络连接

在多智能体模型中，智能体之间可能存在各种各样的联系。AnyLogic 支持多种智能体间的统一双向联系的标准网络类型，并且还支持建立用户自定义的网络类型。AnyLogic 允许在模型运行时：修改智能体之间的关系、添加新智能体并建立连接、销毁智能体、恢复标准网络类型，等等。

网络类型（Network type）可以在新建智能体向导中设置，也可以在智能体类型属性的空间和网络（Space and network）部分设置，如图 3-1-13 所示，可以选择“无网络 / 用户定义（Nonetwork/User-defined）”“随机（Random）”“基于距离（Distance-based）”“环状格子（Ring lattice）”“小世界（Small world）”或“不限范围（Scale-free）”。

图 3-1-14 给出了五种标准网络类型和一个自定义网络类型的示意图。

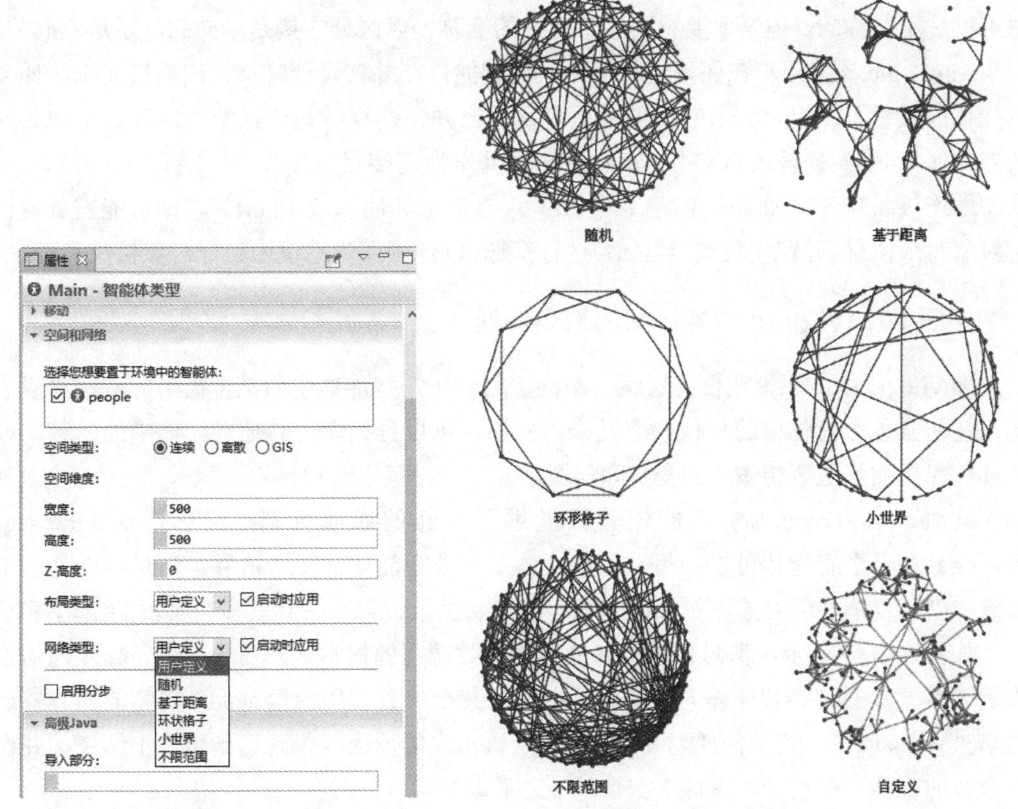

图 3-1-13 智能体类型 Main 属性中的网络类型（Network type）设置

图 3-1-14 网络类型（Network type）示意图

- 随机（Random）：机会均等原则下一个智能体和一系列随机选择出的其他智能体相连接。
- 基于距离（Distance-based）：若两个智能体之间的距离在一个给定范围内，那么它们相连接。这种网络连接模式只适用于在连续空间下的智能体。

- 环状格子（Ring lattice）：不考虑空间及布局的形式，智能体被认为均匀地分布在虚拟的环形上，每一个智能体与落在环形上离它最近的给定数量的智能体相连接。
- 小世界（Smallworld）：依然假定智能体被均匀地分布在虚拟的环形上。每一个智能体与给定数量的智能体相连接，这其中大部分都是临近它的智能体，但也有一定数量的智能体距离较远。社交网络和万维网就是类似这样的网络类型。
- 不限范围（Scale-free）：形式上网络中智能体连接数量的分布服从幂律定律，即：有k个连接关系的智能体数是$k^{-\lambda}$，其中λ是网络参数。在这样的网络类型中，一些智能体是许多其他智能体的“中心站”，也有一些智能体则几乎不与其他智能体连接。

图 3-1-14 中最后还给出了一个自定义网络类型。自定义连接是一个创建特殊网络的非常灵活的方法，但是用户需要自己编写相应机制来持续维护网络，例如，当一个智能体消失，或者从模型中销毁时，所有模型中的对该智能体的引用都需要用户编写清除，不然将出现构建（Build）或运行（Run）错误。自定义连接不一定总是统一双向连接，也可以是不对称的。但是，要特别注意连接的名称，以区分连接是单向的，还是双向的。

AnyLogic 支持用户在图形编辑器中布局智能体，并在设计时将它们连接起来。如果智能体的数量不太多，并且它们的关系稳定且已知，这样做是可行的。这时，AnyLogic 智能体（Agent）面板的端口（Port）元件可以作为连接点发挥作用，端口（Port）可以动态地连接和断开。如果一个端口（Port）连接多个其他端口（Port），则可能需要将目标对象写入消息，并在接收端口(Port)进行筛选，以便确保消息仅由目标对象接收和处理。

（四）AnyLogic 智能体间的消息传递

AnyLogic 中，无论在模型层级中距离多远，一个智能体中的某个模型元素都可以去访问任何其他智能体中的任何模型元素，例如，可以直接调用其他智能体中的函数，或者读取和更改其他智能体中的变量和参数。

此外，AnyLogic 为多智能体建模提供了特殊的通信机制：消息传递（message passing）。一个智能体可以向另一个智能体或一个智能体群发送消息。消息可以是一个任意类型和复杂性的对象，例如：文本字符串、整数、对象、具有多个字段的结构等。

如图 3-1-15 所示，消息传递和智能体间函数调用的根本区别在于前者是异步通信，而后者是同步通信。智能体 a 在事件 1 中间的某个位置调用函数 send() 向智能体 b 发送消息“Message”。消息传递到 b，但是对于该消息的反应执行延迟到事件 1 结束，并在一个新的事件 2 中执行，事件 2 在事件 1 之后即刻执行。

当智能体 a 调用智能体 b 的函数时，该函数在事件 1 中立刻开始执行，智能体 a 代码的执行推迟，只有在函数执行完毕返回控制权时才恢复。当使用消息函数 deliver() 和 receive() 时，与调用另一个智能体的函数是类似的，如图 3-1-15 所示。

建议优先使用异步消息传递，因为它会带来更加清晰的事件顺序，也更加容易理解和调试。直接调用其他智能体的函数有时可能引起不可预测的复杂逻辑和死循环。

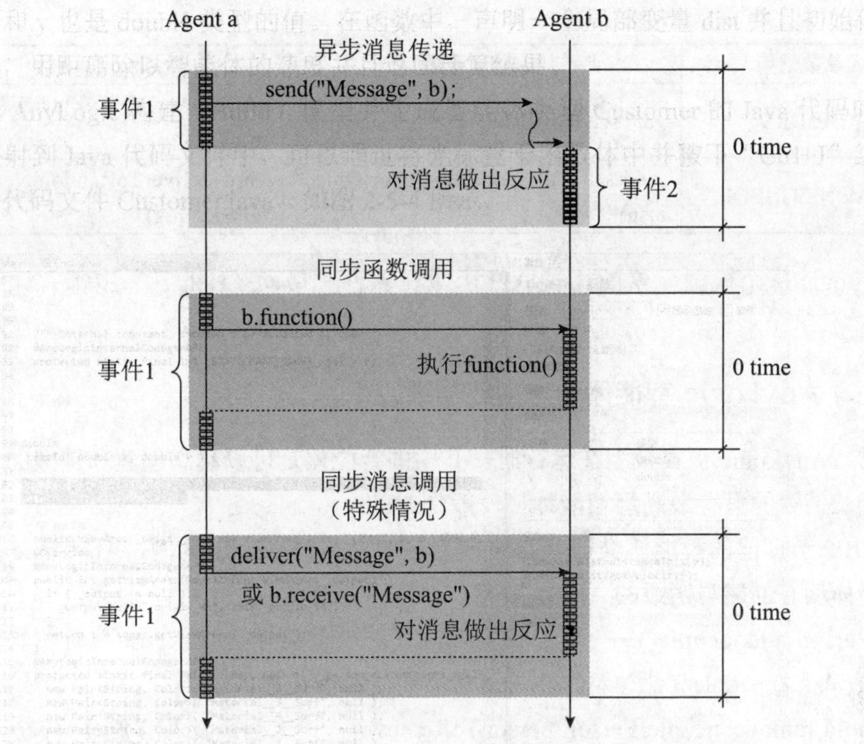

图 3-1-15　智能体间的异步通信与同步通信示意图

AnyLogic 提供的常用智能体间的消息传递 API 函数有：

- void send(Object msg, Agent dest)——将消息发送给指定的智能体。
- void send(Object msg, int mode)——按模式参数将消息发送给接收者。
- void deliver(Object msg, Agent dest)——将消息立即送达指定的智能体。
- void deliver(Object msg, int mode)——按模式参数将消息立即送达接收者。
- void receive(Object msg)——该智能体收到消息，通常由发送消息的智能体调用。

其中，send() 和 deliver() 的模式参数是六个预定义整数常量：ALL，ALL_CONNECTED，RANDOM，RANDOM_CONNECTED，ALL_NEIGHBORS，RANDOM_NEIGHBOR。最后两个常量 ALL_NEIGHBORS 和 RANDOM_NEIGHBOR 只适用于离散空间智能体通信。

除了通用的 API 函数，AnyLogic 还会提供特定用途的 API 函数，以 send() 和 deliver() 两个函数为例，对应不同模式参数常量，AnyLogic 提供了特定函数如表 3-1-2 所示。

表 3-1-2　send() 函数和 deliver() 函数的特殊形式

模式参数常量	send() 函数	deliver() 函数
ALL	void sendToAll(Object msg)	void deliverToAllAgentsInside (Object msg)
ALL_CONNECTED	void sendToRandom(Object msg)	void deliverToRandomAgentInside (Object msg)
RANDOM	void sendToAllConnected(Object msg)	void deliverToAllConnected (Object msg)
RANDOM_CONNECTED	void sendToRandomConnected(Object msg)	void deliverToRandomConnected (Object msg)

续表

模式参数常量	send() 函数	deliver() 函数
ALL_NEIGHBORS	void sendToAllNeighbors(Object msg)	void deliverToAllNeighbors(Object msg)
RANDOM_NEIGHBOR	void sendToRandomNeighbor(Object msg)	void deliverToRandomNeighbor (Object msg)

AnyLogic 每个模型元素的相关 API 函数在软件“帮助（Help）”中都有详细说明供参考。

（五）AnyLogic 智能体动态创建与销毁

通常，AnyLogic 仿真模型在运行时，其中的智能体是可以动态创建和销毁的。必须保留且无法销毁的只有最高层智能体（一般是 Main）。

以 3.1.2 节创建的智能体类型 Person 及对应智能体群 people 为例，AnyLogic 提供的常用智能体动态创建与销毁的 API 函数有：

- Person add_people()——这个函数创建了一个智能体类型Person的新智能体，将它放置在people智能体群中，并返回新创建的智能体。
- void remove_people(Person personToRemove)——这个函数在智能体群people中去除智能体personToRemove。

以下代码将当前智能体自我引用（this）作为参数，在 Main 中调用函数 remove_people() 在模型中去除当前智能体自身：

```
main.remove_people(this);
```

以下代码在 Main 中调用函数 add_people() 在模型中创建一个新智能体：

```
main.add_people();
```

以下代码则在 Main 中调用函数 add_people() 在模型中创建一个新智能体的同时，将其赋值给变量 newborn 中，以方便后续操作：

```
Person newborn = main.add_people();
```

（六）AnyLogic 多智能体仿真的时间推进机制

如图 3-1-12 所示，若勾选启用分步（Enable steps），可以填入每步持续时间（Step duration）和选择时间单位，还可以填入每步前（On before step）和每步后（On after step）需要执行的 Java 代码。勾选该项后，此智能体类型内部的智能体时间推进变为异步时间机制。

按照时间推进机制不同，AnyLogic 多智能体模型可以分为同步时间模型和异步时间模型，如图 3-1-16 所示：同步时间模型中，时间轴上有固定时间步（step）刻度，事件处理必须在这些时刻进行，即每步后（On after step）才能统一处理步（step）内这段时间发生的所有事件；异步时间模型中，时间轴上没有固定时间步（step）刻度，事件在具备了发生条件的任何时刻发生并即时处理。

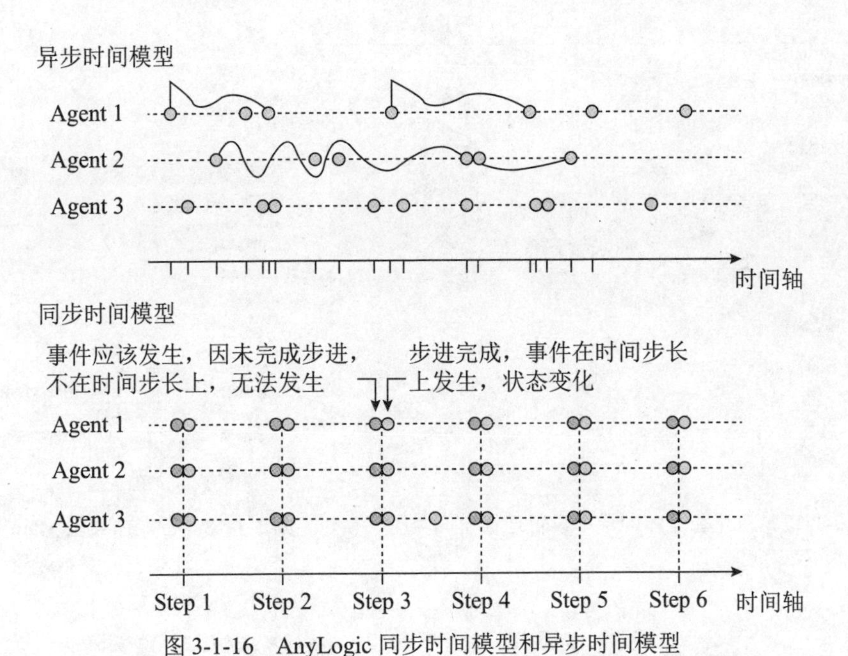

图 3-1-16 AnyLogic 同步时间模型和异步时间模型

在同步时间模型中，AnyLogic 只能在时间步（step）刻度上检查是否有事件发生需要处理，而不能在事件发生条件满足时立刻进行处理，这不可避免地造成一定程度的误差。另外，同步时间模型通常也比异步时间模型效率低，因为即使智能体不需要做任何事，AnyLogic 也要在每步后（On after step）进行检查。

实际上，AnyLogic 仿真模型基本上都是异步时间推进机制。像图 3-1-12 这样在异步时间模型启用分步（Enable steps）有其特定应用场景，例如，在一个传染病仿真模型中，为了得到感染人群（智能体群）的数量，可以在每步后（On after step）进行计算统计，这也与实际工作流程相符。

3.1.4 连续空间中的多智能体仿真

（一）AnyLogic 智能体连续空间类型设置

实际空间多是连续空间，不管是 GIS 地图，还是设施平面图。AnyLogic 中的连续空间（二维连续空间、三维连续空间、GIS 空间），都是无限的实数坐标空间，即连续空间中的点坐标值是 double 型。以设置二维连续空间为例，如图 3-1-17 所示，在新建智能体向导的“第 6 步（Step 6）. 配置新环境（Configure new environment）”中设置连续空间类型的空间大小时，用像素为单位填入宽度（Width）和高度（Height）。

新智能体类型和智能体群创建完成之后，可以在所嵌入智能体类型（这里是 Main）属性的空间和网络（Space and network）部分修改所有相关设置，如图 3-1-18 所示。

连续（Continuous）空间智能体的布局类型（Layout type）如图 3-1-18 所示有“用户定义（User-defined）”“随机（Random）”“排列（Arranged）”“环（Ring）”和“弹簧质点（Spring mass）”五个选项可选，其中四种连续空间标准布局类型的结构如图 3-1-19 所示：

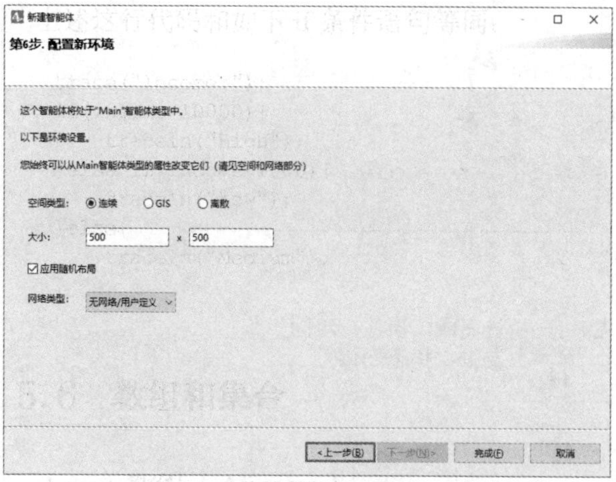

图 3-1-17　新建智能体向导中设置连续空间类型

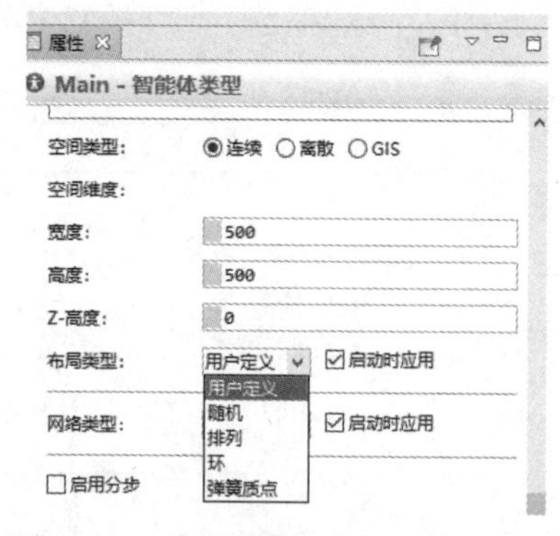

图 3-1-18　智能体类型 Main 属性中的连续空间参数设置

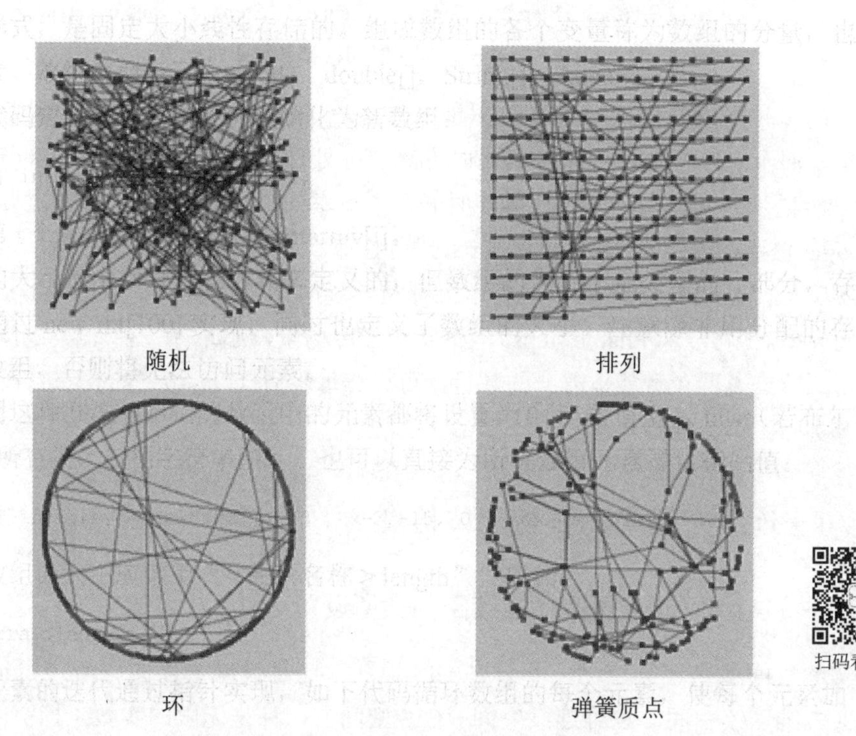

扫码看彩图

图 3-1-19　连续空间的布局类型示意图

- 随机（Random）：智能体在空间维度内随机且均匀地选择摆放位置。
- 排列（Arranged）：智能体被整齐排列在空间维度内。
- 环（Ring）：智能体均匀地分布在直径小于最小空间直径的环上。
- 弹簧质点（Spring mass）：智能体被定位为弹簧质点系统，其中智能体是质点而连接它们的是弹簧。

图 3-1-17 中勾选“应用随机布局（Apply random layout）”，或者图 3-1-18 中布局类型（Layout type）选择随机（Random），运行模型，如图 3-1-20 所示。智能体群 people 的 300 个智能体被随机放置在 500 像素 ×500 像素的矩形框内显示。

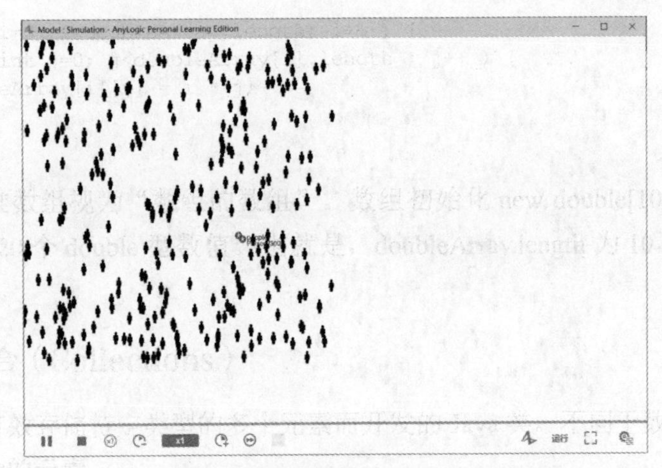

图 3-1-20　模型运行结果显示

当创建一个智能体群，或将单个智能体嵌入某个智能体类型（这里是 Main）中时，它对应的智能体演示图形也会被放置在该智能体类型的图形编辑器中。在 Main 的图形编辑器中点击选中智能体演示 people_presentation 并如图 3-1-21 所示设置其属性，高级（Advanced）部分，勾选“以这个位置为偏移量画智能体（Draw agent with offset to this position）”，则智能体演示 people_presentation 在图形编辑器中的坐标就成为 500 像素 ×500 像素矩形框显示区域的左上角，即显示区域坐标原点。

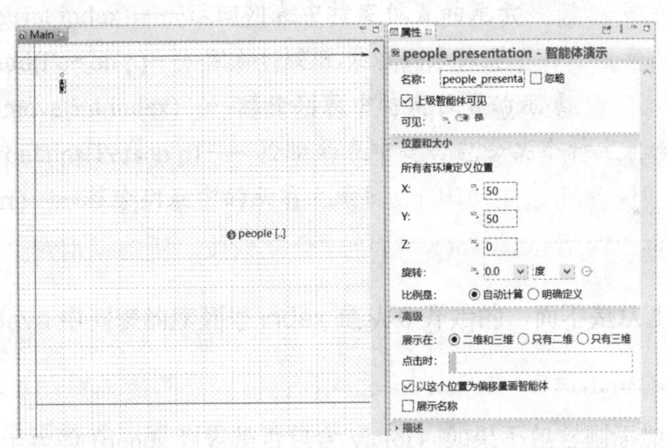

图 3-1-21　智能体演示 people_presentation 属性设置

如图 3-1-21 所示改变智能体演示 people_presentation 在 Main 图形编辑器中的位置，运行模型，如图 3-1-22 所示。与图 3-1-20 对比可发现，整个显示区域随 Main 图形编辑器中智能体演示 people_presentation 坐标的移动发生了整体移动。

注意

如果同一图形编辑器中有多个智能体（或智能体群），则对应的有多个放置在图形编辑器中的智能体演示图形。建议在设计时将所有的智能体演示图形放置在同一坐标位置，并且在属性设置时都勾选“以这个位置为偏移量画智能体（Draw agent with offset to this position）”。这样可以确保模型运行时各智能体演示动画的区域一致。

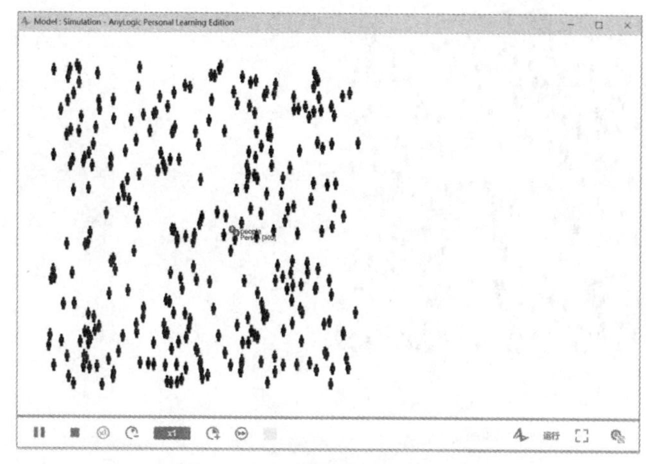

图 3-1-22　模型运行结果显示

（二）AnyLogic 智能体在连续空间中的移动

在连续空间中，智能体移动是分段线性的，即在每个分段内智能体以恒定速度沿着直线段移动。连续二维空间中为了发起从当前位置到坐标（Xb，Yb）的直线移动，如图 3-1-23 所示需要调用函数 moveTo(Xb,Yb)，三维连续空间中对应函数是 moveTo(Xb,Yb,Zb)。

该函数的另一个参数形式是 moveTo(x,y,polyline)，如图 3-1-23 所示，这里 polyline 是空间中的一个折线，其作用是使智能体在移动中部分使用折线作为移动轨迹：智能体首先会从它的当前位置沿最短距离的直线移动到折线上最近的点，然后沿着折线移动到折线上离目标位置坐标点直线距离最近的点，最后直线移动到目标位置。当智能体到达目标位置，或者移动期间调用了函数 stop() 或 jumpTo()，智能体停止移动。当智能体正在移动时再次调用 moveTo()，智能体会立刻按照新的调用参数执行，改变移动方向。

如图 3-1-24 所示，可以在智能体群 people 属性的移动（Dimensions and movement）部分设置智能体的初始速度（Initial speed）。也可以在智能体移动过程中，随时调用函数 setVelocity() 类改变其移动速度。当对某一智能体的加速或减速移动过程建模时，可以将移动分解为一连串细小的片段，在每个片段逐渐小幅增加或降低智能体的移动速度。

以智能体群 people 为例，当其中一个智能体到达目标位置时，它所属智能体类型 Main 属性智能体行动（Agent actions）部分到达目标位置时（On arrival to target location）中的代码会被触发执行，与此同时，Main 的状态图（Statechart）中等待智能体到达的变迁（Transition）会被触发。关于智能体的状态图（Statechart）将在 3.2 节详细介绍。

AnyLogic 还提供了计算智能体到连续空间某个坐标点（x, y）距离的系统函数 distanceTo(x,y)，相应三维空间距离函数为 distanceTo(x,y,z)，而使用另一个智能体作为参数调用函数 distanceTo(agent) 可直接返回智能体到另一个智能体的距离。

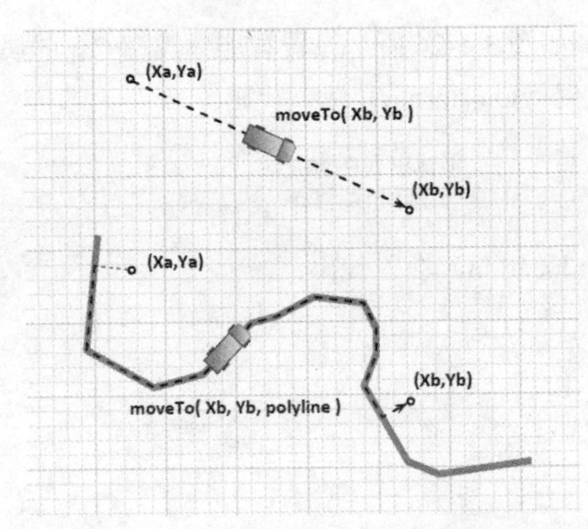

图 3-1-23 在连续二维空间中调用函数 moveTo()

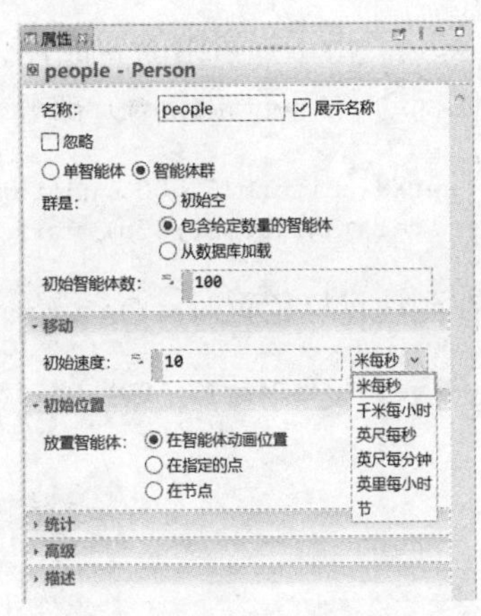

图 3-1-24 智能体初始速度设置

（三）AnyLogic 连续空间多智能体仿真举例

以仿真显示智能体的连续空间移动轨迹并计算移动轨迹长度为例，具体操作如下。

（1）新建一个模型。

（2）从智能体（Agent）面板拖曳一个智能体（Agent）元件到 Main 中，在弹出的新建智能体向导第 1 步，点击“智能体群（Population of agents）”；第 2 步，新类型名（Agent type name）设为“Car”，智能体群名（Agent population name）设为“cars”，选择“我正在从头创建智能体类型（Create the agent type from scratch）”；第 3 步，智能体动画（Agent animation）选择“三维（3D）”，并选择道路运输（Road Transport）部分的轿车（Car）；第 4 步，不添加智能体参数（Agent parameters）；第 5 步，设置创建群具有 3 个智能体（Create population with 3 agents）；第 6 步，空间类型（Space type）选择“连续（Continuous）”，大小（Size）设为 500×500，不勾选“应用随机布局（Apply random layout）”，网络类型（Network type）选择“无网络 / 用户定义（No network / User-defined）”，点击完成（Finish）按钮。如图 3-1-25 所示，智能体类型 Car 创建完成并显示在工程树中，智能体群 cars 及其智能体演示 car_presentation 显示在 Main 的图形编辑器中。

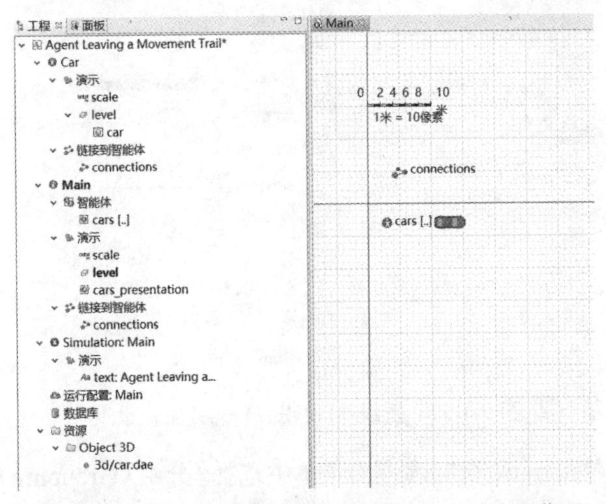

图 3-1-25 智能体类型创建完成时的 AnyLogic 工作区

（3）点击工程树中的智能体类型 Car，如图 3-1-26 所示设置智能体类型 Car 的属性，智能体行动（Agent actions）部分，在启动时（On startup）填入代码：

```
setXY(uniform(0,500),uniform(0,500));   //智能体出现在随机点
moveTo(uniform(0,500),uniform(0,500)); //向一个随机点移动
```

在到达目标位置时（On arrival to target location）填入代码：

```
moveTo(uniform(0,500),uniform(0,500)); //向一个随机点移动
```

图 3-1-26　智能体类型 Car 属性设置

（4）双击工程树中的智能体类型 Car 打开其图形编辑器，如图 3-1-27 所示，从演示（Presentation）面板拖曳一个折线（Polyline）元件到 Car 的图形编辑器的坐标原点处，并设置其属性，名称（Name）为“trail”，位置和大小（Position and size）部分，X 设为动态值（Dynamic value）并填入“-getX()”，Y 设为动态值（Dynamic value）并填入“-getY()”。

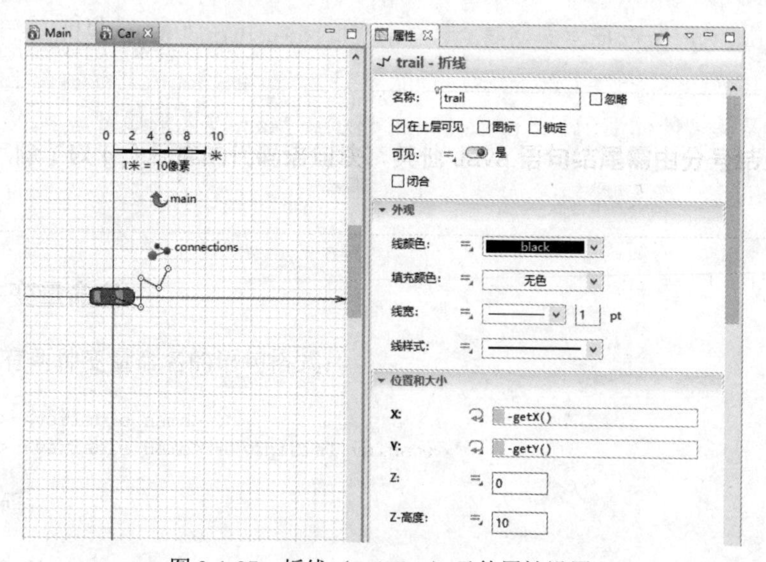

图 3-1-27　折线（Polyline）元件属性设置

（5）鼠标右键单击 trail，在右键弹出菜单中选择“分组（Grouping）”|“创建组（Create a Group）”，如图 3-1-28 所示设置组（Group）的属性，位置和大小（Position and size）部分旋转，弧度（Rotation，rad）设为动态值（Dynamic value）并填入“-getRotation()”；高级（Advanced）部分，在绘图时（On draw）填入代码：

```
trail.setPoint(trail.getNPoints()-1, getX(), getY());
```

（6）点击工程树中的智能体类型 Car，如图 3-1-29 所示设置智能体类型 Car 的属性，智能体行动（Agent actions）部分，在启动时（On startup）增加代码：

```
//折线初始化
trail.setNPoints(2);
trail.setPoint(0, getX(), getY());
trail.setPoint(1, getX(), getY());
```

在到达目标位置时（On arrival to target location）增加代码：

```
//折线更新
int n=trail.getNPoints();
trail.setPoint(n-1, getX(), getY());
trail.setNPoints(n+1);
trail.setPoint(n, getX(), getY());
```

图 3-1-28 组（Group）属性设置

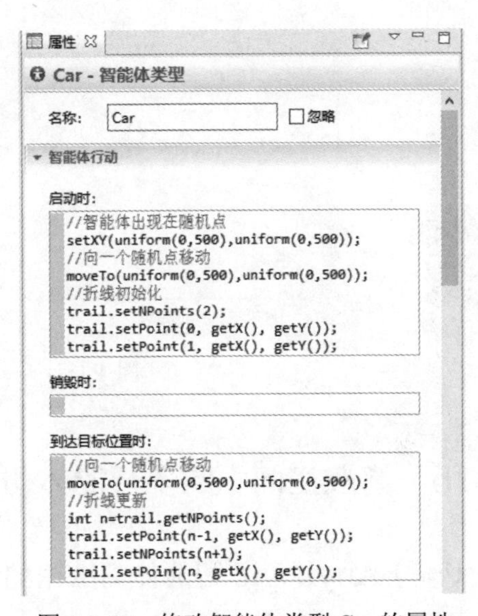

图 3-1-29 修改智能体类型 Car 的属性

（7）如图 3-1-30 所示，从演示（Presentation）面板拖曳一个文本（Text）元件到 Car 中三维对象 car 的右侧，并设置其属性，文本（Text）部分设为动态值（Dynamic value）并填入“trail.length()”。鼠标右键单击文本（Text）元件 text，在右键弹出菜单中选择“分组（Grouping）”|“添加到现有组（Add to Existing Group）”|“group”。

（8）运行模型，如图 3-1-31 所示。

折线在智能体类型 Car 的图形编辑器中，它会随着智能体 cars 移动。为了抵消这种移动，设置折线的坐标与智能体的坐标相反。同理，为了抵消智能体旋转的影响，将折线与文本创建组，并设置组与智能体旋转方向和角度恰好相反。为了连续地绘制轨迹的最后一部分至智能体当前的位置，无论包含折线的组何时绘制，设置轨迹的最后一点的坐标为智能体 cars 当前位置坐标。

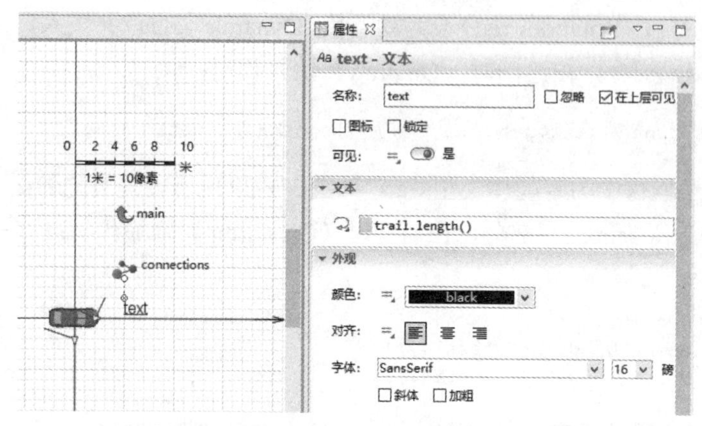

图 3-1-30　创建文本（Text）元件并设置其属性

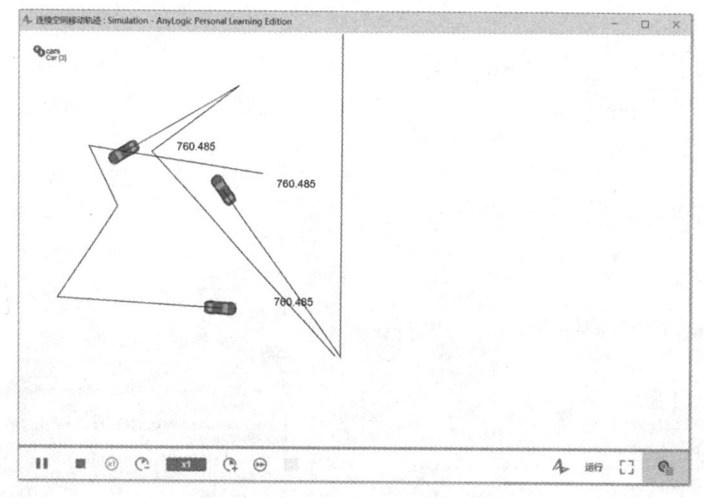

模型文件下载

图 3-1-31　模型运行结果显示

3.1.5　离散空间中的多智能体仿真

（一）AnyLogic 智能体离散空间类型设置

实际应用中，离散空间也非常重要，很多现实存在的网格系统适合用离散空间去建模，例如：植被动态、水资源、野火、地理空间中的人口密度等。在这样的模型中，土地被划分成正方形的单元，每个单元都是一个具有变量和行为的智能体。单元之间，以及和其他类型的智能体间都可以交互，甚至智能体可以在与离散空间重叠的二维连续空间中自由移动。

设置智能体的离散空间类型时，如图 3-1-32 所示，在新建智能体向导的“第 6 步 . 配置新环境”中，空间类型（Space type）选择“离散（Discrete）”，大小（Size）中以像素为单位填入宽度和高度，单元格（Cells）中填入数和行数，初始位置（Initial location）在“随机（Random）”“排列（Arranged）”和“用户定义（User-defined）”中选择其一，邻域类型（Neighborhood type）在“摩尔（8 邻居）（Moore- 8 neighbors）”和“欧几里得（4 邻居）（Euclidean- 4 neighbors）”中选择其一。

新智能体类型和智能体群创建完成之后，如图 3-1-33 所示，可以在所嵌入智能体类型（这里是 Main）属性的空间和网络（Space and network）部分修改所有空间和网络设置。图 3-1-33 中的布局类型（Layout type）和图 3-1-32 中的初始位置（Initial location）是同一个参数设置。

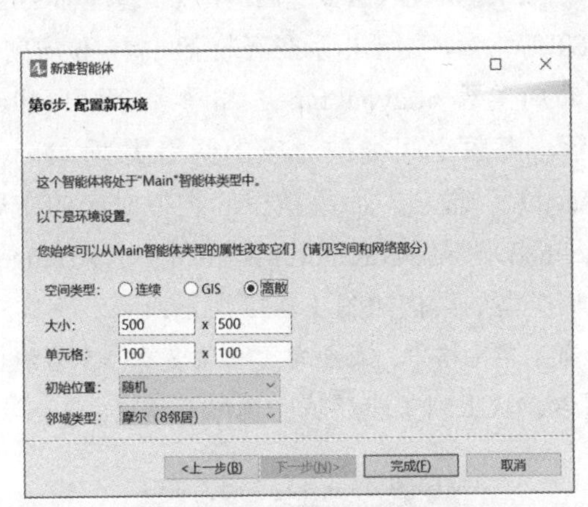

图 3-1-32 新建智能体向导中设置离散空间类型

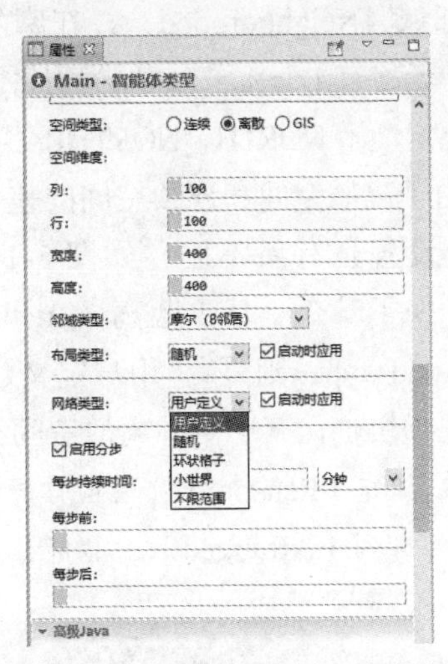

图 3-1-33 Main 属性中的离散空间相关参数设置

（二）AnyLogic 智能体离散空间的邻域类型

智能体的离散二维空间实质是一组单元格组成的矩形网格。如图 3-1-34 所示，单元格通常是一个矩形，其宽度等于空间宽度除以列数，高度等于空间高度除以行数。AnyLogic 没有为单元格提供任何网格线或矩形显示。与连续二维空间类似，离散二维空间中智能体演示图形在图形编辑器中的位置定义了离散二维空间可视区域的左上角。如果在一个离散空间环境中有多个智能体（或智能体群），它们的智能体演示图形应该在图形编辑器中位于同一个坐标位置，以确保模型运行时各智能体演示动画的区域一致。

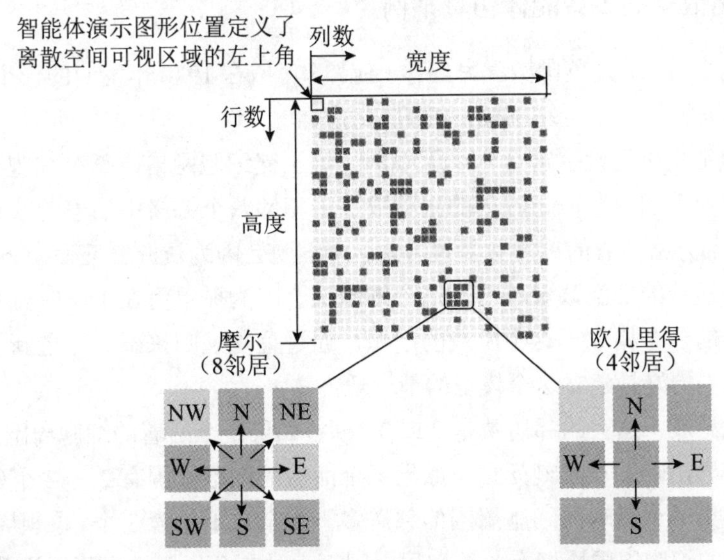

图 3-1-34 离散空间的维度和邻居类型示意图

离散二维空间中，一个单元格至多可以被一个智能体占据。在有的模型中，每个单元格内要求有一个智能体，此时一个单元格本身就是一个不能移动的智能体。而在其他模型中，智能体的数量少于单元格总数，那么智能体就能够从一个单元格移动到另一个单元格。

如图3-1-34所示，AnyLogic智能体离散空间中存在摩尔和欧几里得（又称冯诺依曼）两种邻域（Neighborhood），在摩尔邻域中一个单元格有8个邻居，而在欧几里得邻域中一个单元格有4个邻居。邻域类型将影响函数getNeighbors()函数返回的结果。智能体（Agent）类中还定义了NORTH、NORTHEAST、EAST等常量，用于指示在离散空间中定位方向。

由于离散空间和连续空间的差异，其布局类型（Layout type）和网络类型（Network type）设置也有所不同。如图3-1-33所示，离散空间类型对应的网络类型（Network type）少了一个“基于距离（Distance-based）”选项。而离散空间类型对应的布局类型（Layout type）则只有“用户定义（User-defined）”“随机（Random）”和“排列（Arranged）”三个选项可选，其中两种离散空间标准布局类型的结构如图3-1-35所示：

- 随机（Random）：智能体随机地分布于单元格中，每个单元格至多有一个智能体。
- 排列（Arranged）：智能体从左到右、从上到下顺序填充到单元格中。

随机

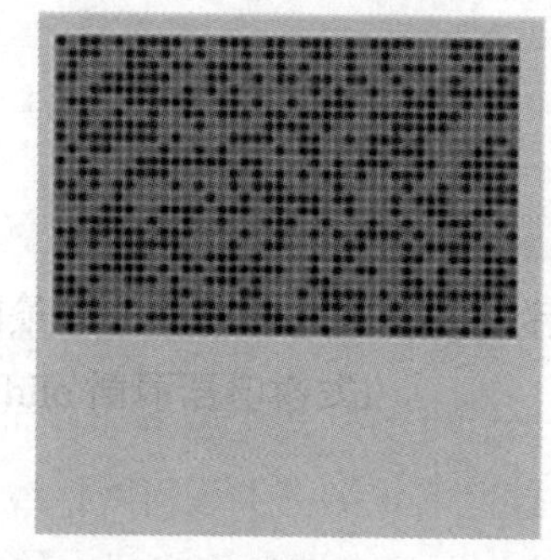
排列

扫码看彩图

图3-1-35　离散空间的布局类型示意图

（三）离散空间多智能体仿真举例

康威细胞生命棋，是英国数学家约翰·何顿·康威在1970年发明的一个零玩家游戏，它开启了数学研究的一个全新领域：细胞自动机。

康威细胞生命棋假设宇宙是一个无限的二维正交细胞网格，每个细胞有两种状态：活着和死亡。一个细胞在下一时刻的生死取决于相邻八个方格中活着的或死亡的细胞的数量：如果相邻方格活着的细胞数量过多，这个细胞会因为资源匮乏而在下一时刻死亡；如果相邻方格活着的细胞数量过少，这个细胞又会因为孤单而在下一时刻死亡。最初的细胞在网格上的分布构成了这个游戏的起源，通过重复规则来不断创造新一代。离散空间多智能体仿真恰好是建立这个模型的最合适方法。

假设细胞游戏中适宜的邻居数是2或3，即：如果一个活着的细胞周围少于2个（不包含2个）邻居，则下一时刻死亡；如果一个活着的细胞周围有2～3个邻居，则下一时刻存活；如果一个活着的细胞周围的邻居多于3个（不包含3个），则下一时刻亡；如果一个死亡的细胞周围恰好有3个邻居，则下一时刻会复活，也可视为繁衍。

实现康威细胞生命棋仿真，具体操作如下。

（1）新建一个模型。在Main的图形编辑器中，设置帧（Frame）的属性，宽度（Width）为600，高度（Height）为500。

（2）从智能体（Agent）面板拖曳一个智能体（Agent）元件到Main中，在弹出的新建智能体向导第1步，点击“智能体群（Population of agents）”；第2步，新类型名（Agent type name）设为“Cell”，智能体群名（Agent population name）设为“cells”，选择“我正在从头创建智能体类型（Create the agent type from scratch）”；第3步，智能体动画（Agent animation）选择“二维（2D）”，并选择常规（General）部分的盒子（Box）；第4步，不添加智能体参数（Agent parameters）；第5步，设置创建群具有10000个智能体（Create population with 10000 agents）；第6步，空间类型（Space type）选择“离散（Discrete）”，大小（Size）设为400×400，单元格（Cells）设为100×100，初始位置（Initial Location）选择随机（Random），邻域类型（Neighborhood type）选择摩尔（8邻居）（Moore – 8 neighbors），点击完成（Finish）按钮。智能体类型Cell创建完成，并显示在工程树中。智能体群cells显示在Main中。

（3）双击工程树中的智能体类型Cell打开其图形编辑器，从智能体（Agent）面板拖曳一个变量（Variable）元件到Cell中，并如图3-1-36所示设置其属性，名称（Name）为“alive”，类型（Type）选择“boolean”，初始值（Initial value）填入“randomTrue（0.2）”。即初始状态随机选择20%的单元格为true（活着）。

（4）从演示（Presentation）面板拖曳一个矩形（Rectangle）元件到Cell中，如图3-1-37所示设置其属性，外观（Appearance）部分，填充颜色（Fill Color）设为动态值（Dynamic value）并填入“alive?mediumBlue:lavender”，线颜色（Line color）选择“无色（No color）”；位置与大小（Position and size）部分，X为0，Y为0，宽度（Width）为4，高度（Height）为4。

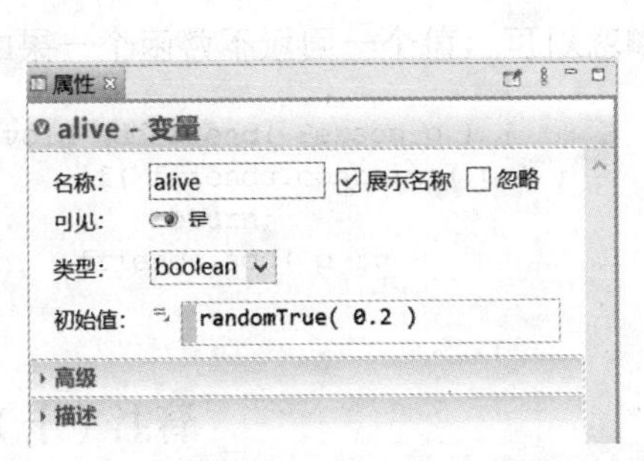

图3-1-36 变量（Variable）元件属性设置

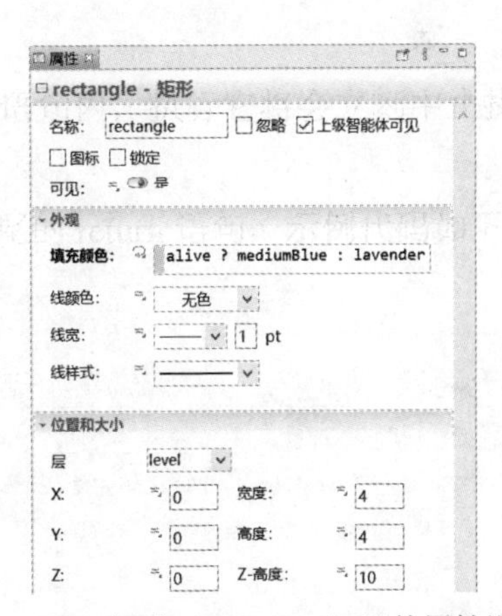

图3-1-37 矩形（Rectangle）元件属性设置

（5）在Main的图形编辑器中，点击选中cells设置其属性，高级（Advanced）部分，点击“展示演示（Show presentation）”按钮。

（6）运行模型，如图3-1-38所示。

（7）点击工程树中的智能体类型Main，如图3-1-39所示设置智能体类型Main的属性，空间和网络（Space and network）部分，勾选“启用分步（Enable steps）”，每步持续时间（Step duration）为 1 秒（seconds）。只有启用分步后，才能在智能体群属性里设置智能体每步行为，添加生存规则。

模型文件下载

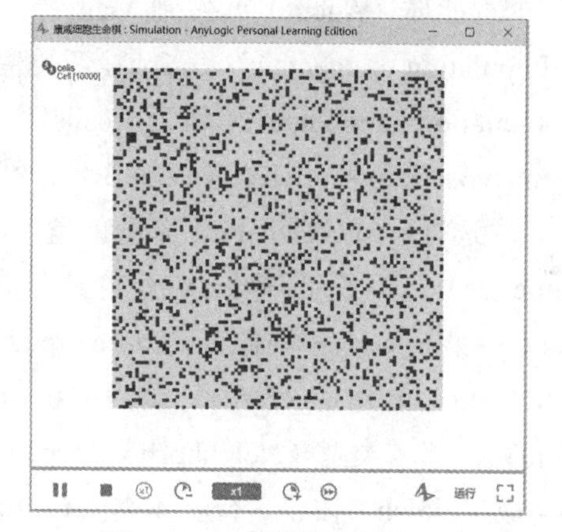

图 3-1-38　模型运行结果显示

图 3-1-39　勾选“启用分步（Enable steps）”示意图

（8）从智能体（Agent）面板拖曳一个变量（Variable）元件到 Cell 中，如图 3-1-40 所示，设置其属性，名称（Name）为“naliveneighbors”，类型（Type）选择“int”。

（9）点击工程树中的智能体类型 Cell，如图 3-1-41 所示设置智能体类型 Cell 的属性，智能体行动（Agent actions）部分，在每步前（On before step）填入代码：

```
naliveneighbors = 0;                    //重置计数器
for( Agent a:getNeighbors())            //统计活着的邻居数
    if(((Cell)a).alive )                //将一般智能体强制转换为智能体类型Cell
        naliveneighbors++;
```

图 3-1-40　变量（Variable）元件属性设置

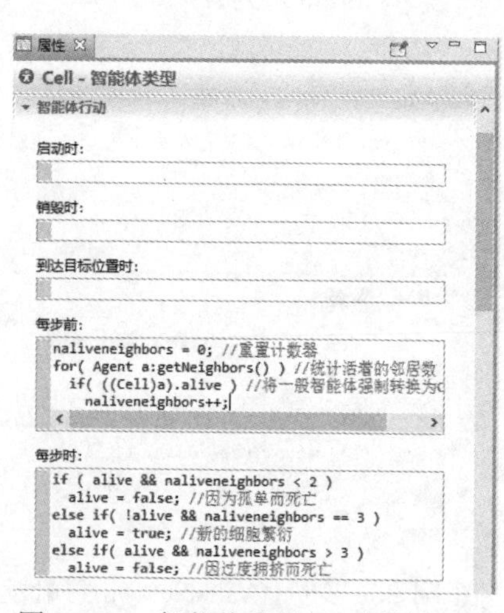

图 3-1-41　智能体类型 Cell 属性设置

在每步时（On step）填入代码：

```
if( alive && naliveneighbors < 2 )
    alive = false;                              //因为孤单而死亡
else if( !alive && naliveneighbors == 3 )
```

```
    alive = true;                      //新的细胞繁衍
else if( alive && naliveneighbors > 3 )
    alive = false;                     //因过度拥挤而死亡
```

（10）运行模型。如图 3-1-42 所示，随着时间推移，各细胞网格的生命在发生变化。

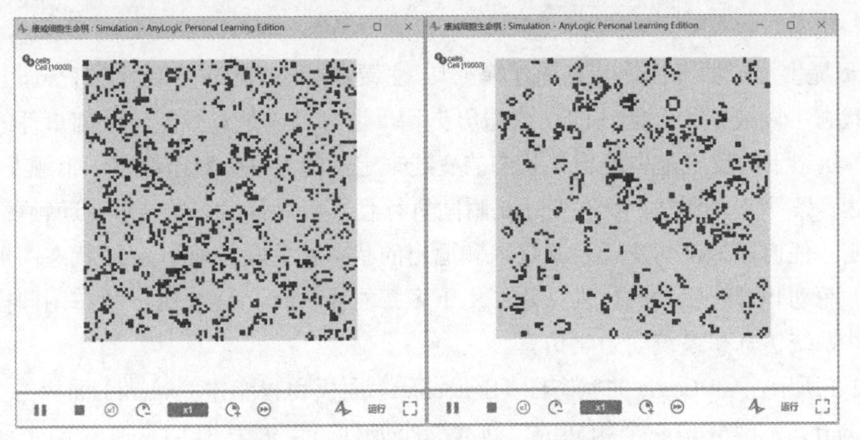

模型文件下载

图 3-1-42　细胞网格生命变化示意图

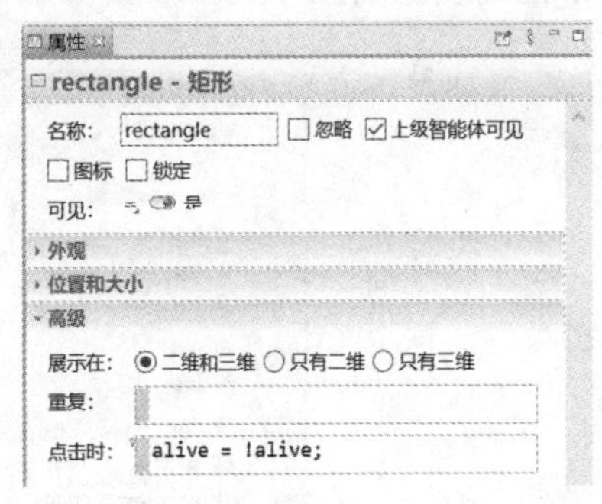

图 3-1-43　矩形 rectangle 属性设置

尽管康威细胞生命棋是一个“零玩家”游戏，游戏的演变完全取决于其初始的状态。但在仿真模型中，也可以加入玩家的操作，比如可以实现鼠标点击细胞网格来反转细胞生命状态。具体操作是：如图 3-1-43 所示设置 Cell 的图形编辑器中矩形 rectangle 的属性，在高级（Advanced）部分的点击时（On click）填入代码：

```
alive=! alive;
```

再次运行模型。在运行过程中鼠标点击到的活着的细胞网格会死亡，点击到的死亡的细胞网格会复活（繁衍）。

3.2 AnyLogic 状态图建模

3.2.1　AnyLogic的状态图面板

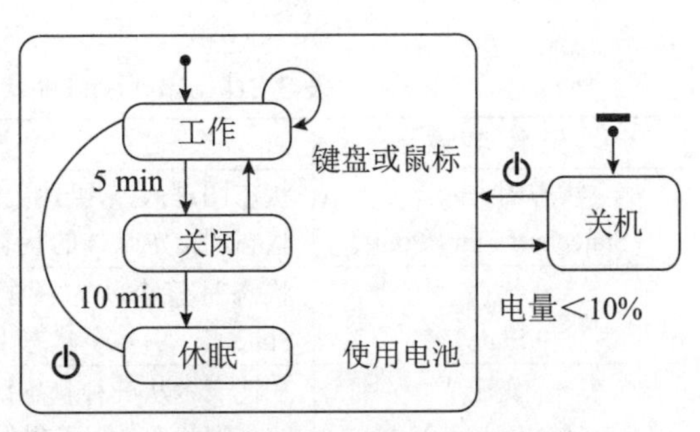

图 3-2-1　笔记本电脑状态转换过程

由于智能体的行为和反应与其状态密切相关，通过状态图定义行为是最常见的智能体建模方法。如图 3-2-1 所示，以一个正以电池供电的笔记本电脑的状态转换为例：按下电源开关笔记本电脑开始工作，此时电脑处于“使用”状态；如果 4 分钟没有操作，电脑就会关闭屏幕以节省电量；屏幕关闭的时候，键盘或鼠标操作会使屏幕从“关闭”回到“使用”状态；如果10分钟没有操作，电脑会自动进入“休眠”状态；在“休眠”状态，电脑不再对鼠标或键盘操作起反应，即状态不会改变，只有按下电源开关，电脑才会被唤醒回到“使用”状态；当电池电量低至10%时，电脑会强制关机，进入“关机”状态。

AnyLogic提供了一种可视化状态图建模工具，主要由状态（State）和变迁（Transition）组成。一个状态可以被视为智能体的“浓缩历史”，也可以说是对智能体外部事件的一系列反应，各状态下的反应是由退出该状态的变迁来定义的。每个变迁都有一个触发器，比如消息到达、条件或者到时。状态变迁是瞬间执行且不可再分的，当一个变迁触发后，状态就会改变。任何行为都与变迁及其进入和退出的状态相关联，AnyLogic状态图可以定义各种事件驱动和时间驱动的行为。除了用于多智能体仿真，AnyLogic状态图同样适用于离散事件系统仿真和系统动力学仿真。

如图3-2-2所示，AnyLogic的状态图（Statechart）面板和智能体（Agent）面板的“状态图（Statechart）”部分是完全相同的，包含7个元件，详见表3-2-1。从这两个面板中拖曳状态图元件到图形编辑器中来绘制状态图，效果是一样的。

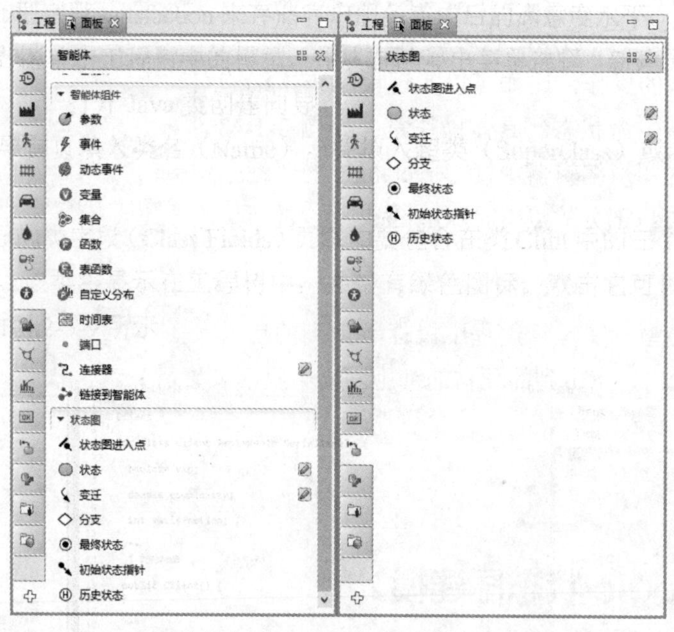

图3-2-2　AnyLogic的状态图（Statechart）面板与智能体（Agent）面板

表3-2-1　AnyLogic的状态图（Statechart）面板

元件名称	说　明
状态图进入点（Statechart Entry Point）	状态图进入点用于指定状态图的初始状态（Initial State）。应该为每个状态图指定唯一的状态图进入点。
状态（State）	状态是整个状态图的控制位置，单个的状态称为简单状态（Simple State），由多个状态组合而成的称为复合状态（Composite State）。
变迁（Transition）	变迁表示从一种状态切换到另一种状态，可以在其属性中设置变迁触发的类型和条件以及触发时的行动等。

续表

元件名称	说明
分支 （Branch）	分支相当于一个判断结构，使用具有分支的变迁可以实现由一个状态到多种状态的转换。
最终状态 （Final State）	最终状态是状态图的终结点。进入最终状态时，状态图将停用所有活跃的变迁并终止。
初始状态指针 （Initial State Pointer）	初始状态指针指向复合状态中的初始状态。进入复合状态，初始状态指针会在其中沿着状态层次结构向下找到一个简单状态，并将其置为当前状态。在复合状态的每个级别上，应该只有一个初始状态。
历史状态 （History State）	历史状态用于复合状态的逻辑完善，存储的是过去某个时间点的状态图状态。复合状态包括深（Deep）、浅（Shallow）两个类型：浅历史状态是对复合状态中同一层级上最近访问的状态的引用；深历史状态是对复合状态中最近访问的简单状态的引用（不受层级限制）。

（一）简单状态

状态（State）最简单的创建方法，是从状态图（Statechart）面板中拖曳一个状态（State）元件到图形编辑器中。如图 3-2-3 所示，也可以通过双击状态（State）元件右侧的铅笔符号进入绘制模式来绘制状态。创建一个状态之后，可以在其属性中设置其名称（Name）、填充颜色（Fill color）、进入行动（Entry action）、离开行动（Exit action）等。不包含其他任何状态的状态是简单状态（Simple State）。

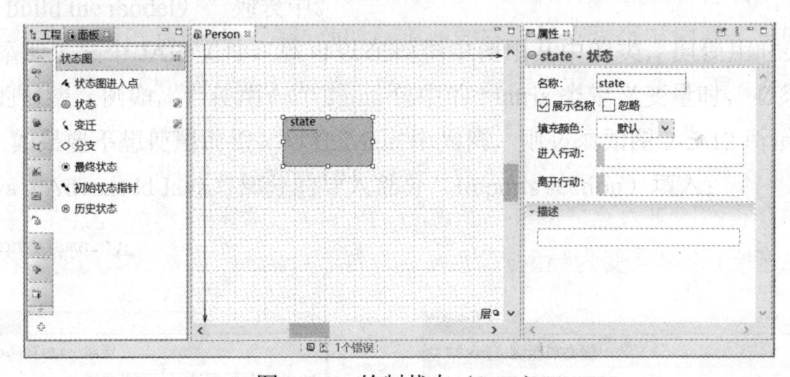

图 3-2-3 绘制状态（State）

在图形编辑器中双击状态（State）图形的状态名，状态名会出现在可编辑文本框中，也可以在此处修改状态名称。

（二）变迁

如图 3-2-4 所示，创建变迁（Transition），可以从状态图（Statechart）面板中拖曳一个变迁（Transition）元件到图形编辑器中，并连接到关联状态。也可以通过双击变迁（Transition）元件右侧的铅笔符号进入绘制模式来绘制变迁，绘制时在图形编辑器上适合的位置单击一下，并连续单击，直到双击最后一个点完成。变迁创建之后，在图形编辑器中选中它，则该变迁会高亮显示其上的所有点，可以在其上双击某处添加一个新点，也可以双击一个已有的点来删除此点。

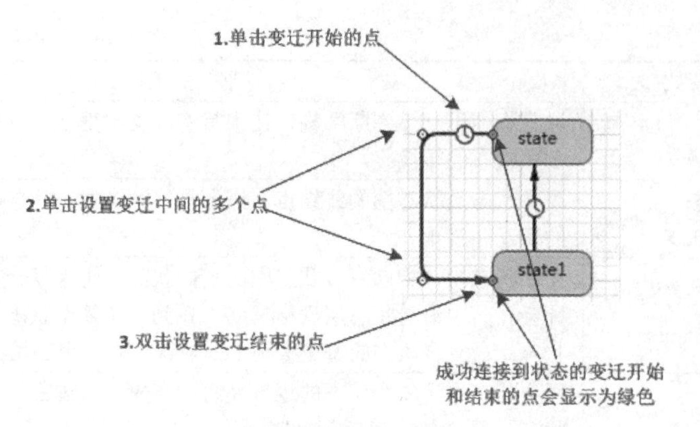

图 3-2-4　逐点绘制变迁（Transition）示意图

在状态的边界上，一个变迁（Transition）的端点可以自动和状态（State）连接。可以通过检查变迁端点的颜色判断其是否已经和状态连接，连接成功的点为绿色。如果有一个变迁有端点没有和状态相连，问题（Problems）视图将提示该变迁为悬空的变迁，点击这个错误信息时，与错误信息对应的变迁会被选中。

变迁（Transition）的名称（Name）默认不会在图形化编辑器和模型运行时显示，如果要显示变迁名称，主要在其属性中勾选展示名称（Show name）。

（三）状态图进入点

每个状态图（Statechart）都必须有一个明确的状态图进入点（Statechart Entry Point），即一个指向初始最高层状态的箭头，初始最高层状态是指这个状态不被其他复合状态所包含。如果不添加状态图进入点（Statechart Entry Point），状态图中每个组成部分都被提示“元素无法到达（Element is not reachable）”错误。

如图 3-2-5 所示，创建状态图进入点（Statechart Entry Point）时，从状态图（Statechart）面板拖曳一个状态图进入点（Statechart Entry Point）元件到图形编辑器中，并使其末端和初始状态连接（连接点变为绿色）。进入点的名称（Name）就是状态图的名称（Name）。

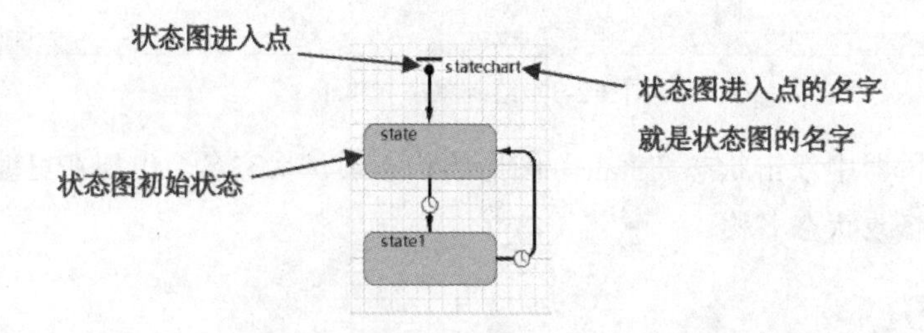

图 3-2-5　状态图进入点（Statechart Entry Point）示意图

不要混淆状态图进入点（Statechart Entry Point）和初始状态指针（Initial State Pointer），后者用来指定复合状态中的默认初始状态。

（四）复合状态

复合状态（Composite State）是指嵌套了其他状态的状态，可以通过调整状态的大小使之包含其他状态，或者在绘制的时候围绕其他状态绘制。由于 AnyLogic 图形化编辑器中不允许绘制相交的线，因此状态结构始终是严格的层次结构。如图 3-2-6 所示，当一个状态成为复合状态时，可以通过设置填充颜色（Fill color）为透明色。初始状态指针（Initial State Pointer）元件在复合状态中指向复合状态的默认初始状态，即复合状态的默认入口。每当有一个变迁（Transition）或一个指针指向复合状态的时候，实际上就是指向了复合状态中的默认初始状态，是状态层级的下一级。变迁可以跨越复合状态边界，直接指向复合状态的某个内部状态，而非初始状态指针指定的默认初始状态，如图 3-2-6 所示。

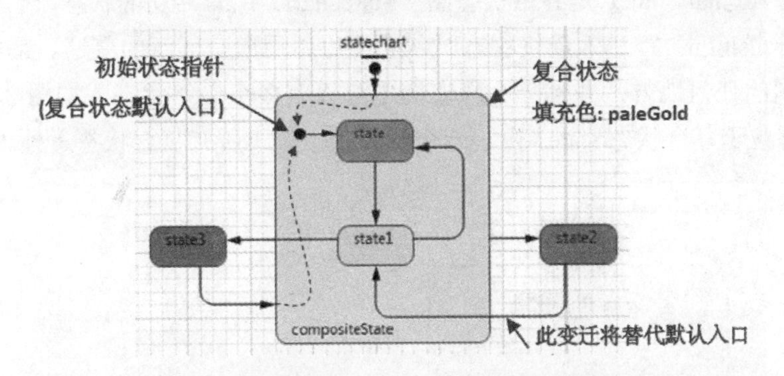

图 3-2-6 复合状态（Composite State）示意图

（五）历史状态

历史状态（History State）是一个伪状态，它只能出现在一个复合状态里，是复合状态中最后被访问的状态的引用，一般用于返回到这个状态。历史状态有两种历史类型（History type）：深（deep）和浅（shallow）。浅历史状态标记同一层级的最后被访问的状态（可以是简单状态，也可以是复合状态），深历史状态标记所有层级的最后被访问的简单状态。

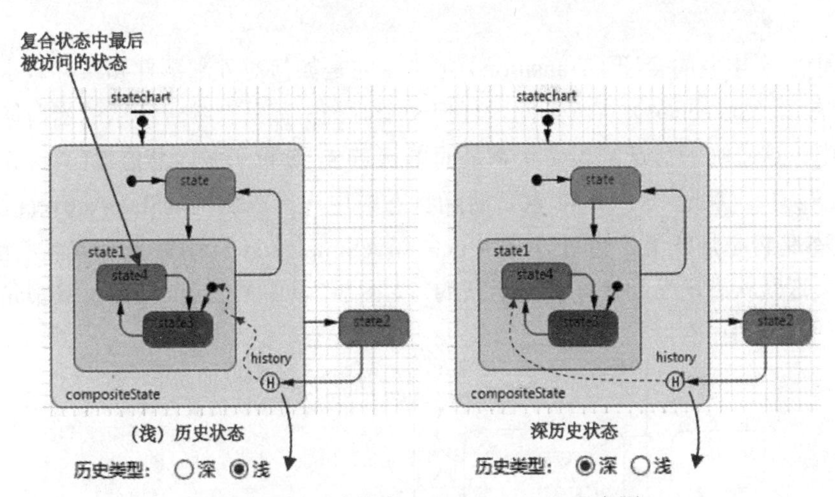

图 3-2-7 历史状态（History State）示意图

如图 3-2-7 所示，假定变迁（Transition）从复合状态 compositeState 指向简单状态 state2 时，状态 compositeState 处于简单状态 state4，当变迁从简单状态 state2 指向历史状态 history 时：如果历史状态 history 是浅历史类型，它只能指向和自己同级的复合状态 state1，结果是返回到复合状态 state1 中初始状态指针（Initial State Pointer）指定的默认初始简单状态 state3；如果历史状态 history 是深历史类型，它会指向和自己并不同级的简单状态 state4，结果是返回到简单状态 state4。可见，只有深历史状态才能真正准确返回到多层复合状态内最后被访问的简单状态。

（六）最终状态

最终状态（Final State）是终止状态图（Statechart）所有活动的状态，它没有任何向外的变迁（Transition），进入最终状态时状态图将停用所有活跃的变迁。最终状态可以出现在状态图的任何地方，并且一个状态图中可以有多个最终状态。如图 3-2-8 所示，一个最终状态位于复合状态 state1 内，一个最终状态位于所有复合状态之外。

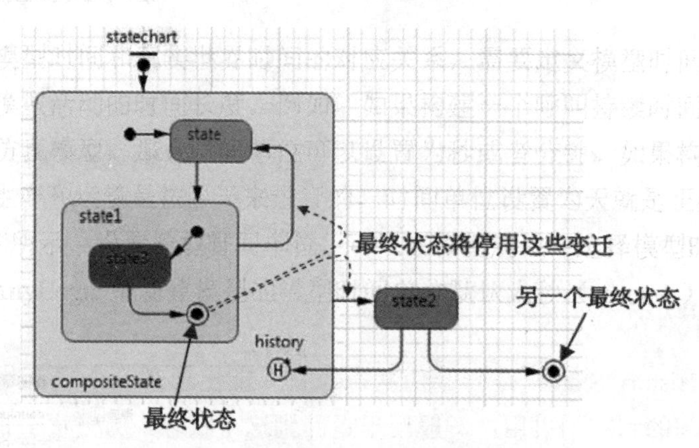

图 3-2-8　最终状态（Final State）示意图

3.2.2　变迁的触发与控制

从当前状态出发的变迁（Transition）定义了它是如何对外部事件和条件做出反应的。在一个状态图（Statechart）存续期间，任何一个时刻，都只有唯一活跃的当前简单状态。图 3-2-9 中，这个唯一活跃的当前状态是简单状态 S，S 位于复合状态 S1 中，S1 又位于复合状态 S2 中，因此，S1 和 S2 也是活跃状态。用户可以调用 isStateActive() 函数来检查一个状态是否是活跃的，也可以调用 getActiveSimpleState() 函数来查找当前活跃的简单状态。从活跃状态出发的变迁都是活跃的，如图 3-2-9 中的变迁 a、b、c、d 都是活跃的。

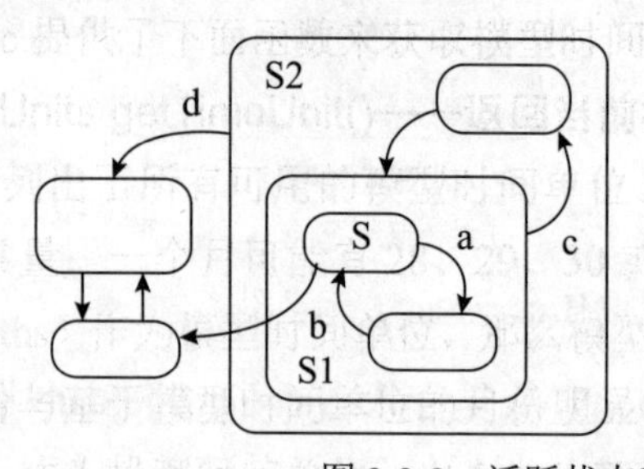

图 3-2-9　活跃状态和变迁示意图

（一）变迁触发

某一时刻状态图（Statechart）中可能有多个活跃的变迁（Transition），但是最终哪个变迁被激活起作用，需要由设定的前提条件决定。一旦某个关联条件为真时，对应的变迁就会被触发，进而转入下一个活跃状态。AnyLogic 中触发通过（Triggered by）五种形式被激活，表 3-2-2 列出了变迁触发的五种类型。

表 3-2-2　变迁（Transition）触发类型

触发类型	主要用途
到时（Timeout）	若其他等待的事件在指定的时间间隔内没有发生则更改状态。 可以是智能体在一个状态中停留指定的时间后更改状态。
速率（Rate）	用于已知平均时间的状态改变。可以用于表示智能体在特定或可变影响下做出的零星决策。
条件（Condition）	用于监测一个条件并在其为 true（真）时做出反应。
消息（Message）	用于对状态图或智能体从外部收到的消息做出反应。
智能体到达（Agent arrival）	用于对智能体在连续空间或 GIS 空间内的移动到达做出反应。

变迁（Transition）触发通过（Triggered by）消息（Message）时，AnyLogic 中的状态图（Statechart）或智能体（Agent）检验从外部接收的消息的类型和内容后做出反应。消息（Message）内容可以是标准类型，如整数、字符串、布尔型等；也可以是自定义类型，如 Object。图 3-2-10 列出了一些通过消息触发变迁的例子，消息内容类型检测通过后，变迁在给定条件下由消息触发。

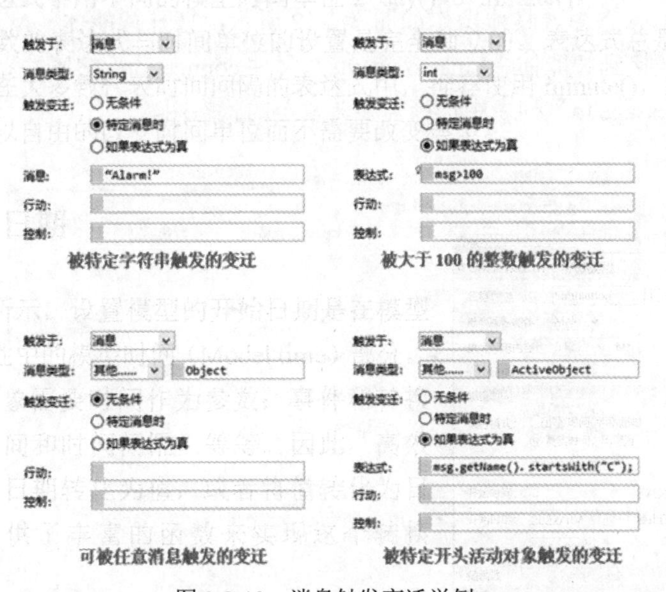

图 3-2-10　消息触发变迁举例

消息可以通过调用 fireEvent() 或 receiveMessage() 函数发送给一个状态图（Statechart）。调用对象不同，状态图后续处理方式也不同。

（1）调用 receiveMessage() 函数时，状态图会浏览当前活跃的变迁，如果这条消息和一个变迁触发条件匹配，这个变迁就被触发。如果这条消息和多个变迁触发条件匹配，那么所有匹配的变迁就会被调度以确定哪个变迁被触发，剩余的变迁会被取消。如果这条消息不和任何触发条件匹配，它将被无视。

（2）调用 fireEvent() 函数时，消息被加入消息队列，与此同时，状态图（Statechart）尝试让所有当前活跃的变迁和队列中的每一条消息匹配。如果发现匹配则这条消息触发变迁，在这条消息之前的全部消息被丢弃。如果仿真钟 time 向前推进，那么所有未被处理的消息都将丢弃。图 3-2-11 展示了消息队列是如何被处理的。一开始，所有消息在同一个仿真钟 t 时刻进入状态图。消息 x 和消息 y 因为未与任何变迁匹配而被抛弃，消息 c 因为仿真钟 time 从 t 推进了一个到时 Timeout 而被抛弃。

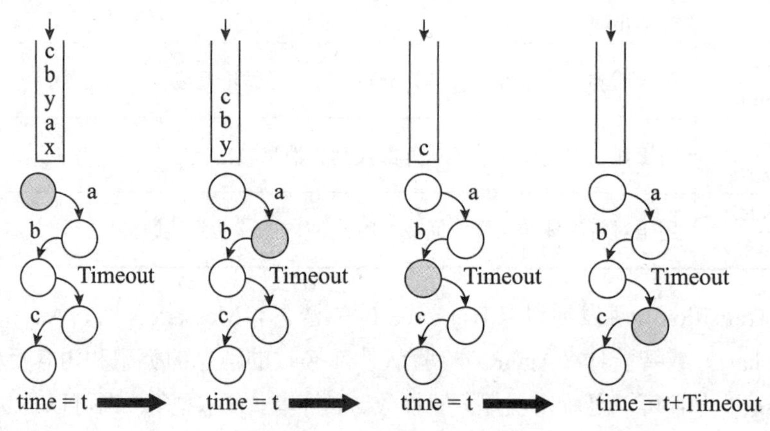

图 3-2-11　消息处理示意图

如果状态图（Statechart）在智能体（Agent）内，那些被智能体（Agent）接收的消息也可以转发给状态图。具体操作如图 3-2-12 所示，打开智能体（Agent）对应智能体类型中包含的链接到智能体（Link to agents）元件 connections 的属性界面，在转发消息到（Forward message to）列表中选择需要转发至的状态图。

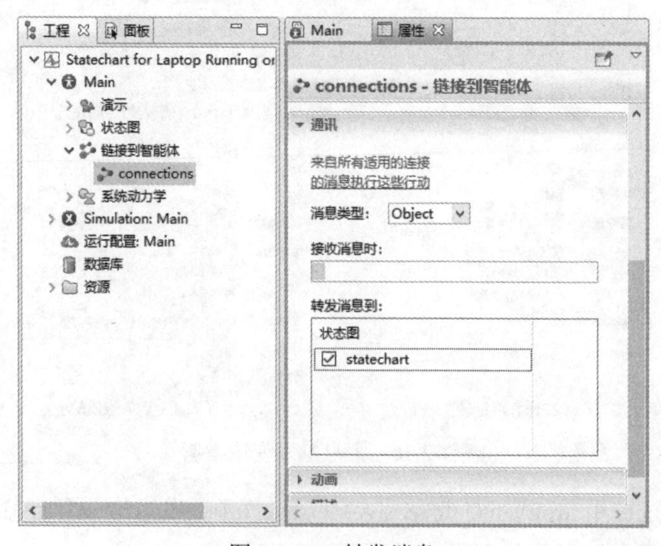

图 3-2-12　转发消息

（二）变迁控制

变迁（Transition）触发前需要检查控制（Guard）表达式是否为true（真）。如果控制（Guard）表达式检查为false（假），则该变迁不会被触发。控制（Guard）可以视为变迁触发的附加条件，它可以是任意的布尔运算式，并可以访问模型中的任何对象。

如图3-2-13所示汽车模型中的引擎状态图和变速箱状态图。在引擎相关状态图engine中的变迁start属性的控制（Guard）中填入“inState（Parked）”，其意义是：只有变速箱状态图处于状态Parked（P档）时，收到的消息“Start/Stop”才能发动引擎；如果状态图没有处于状态Parked，引擎收到消息“Start/Stop”也不会发动。

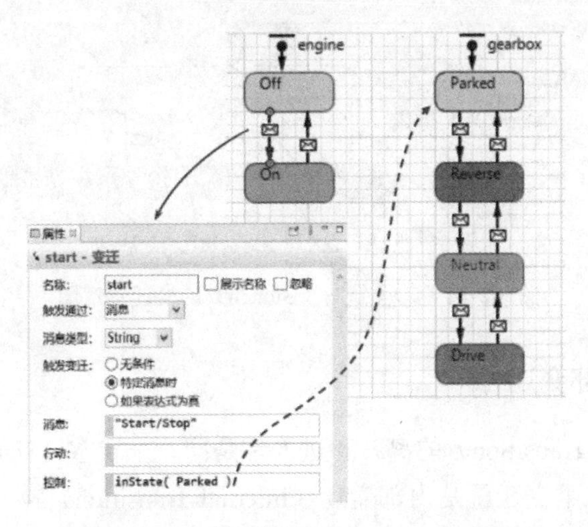

图3-2-13 变迁的控制（Guard）示意图

注意

不要混淆变迁（Transition）控制（Guard）和变迁（Transition）触发通过（Triggered by）条件（Condition）。只要变迁是活跃状态，触发变迁的条件检测便持续进行；而控制（Guard）只是在变迁触发条件具备即将被触发时才进行检查。

（三）具有分支的变迁

一个变迁（Transition）可能存在分支，依据不同条件将状态图转换为不同的状态。决策点和决策分支的数量及配置可以是任意的，每一个决策点通过状态图（Statechart）面板的分支（Branch）元件创建，决策点之后分支的创建和编辑与普通变迁是一样的，每个分支都有自己单独的属性。每个决策点必须有一个默认（Default）分支，默认（Default）分支用虚线绘制，如果所有其他条件都为false（假），则触发它；决策点的其他分支应设置为条件（Conditional）。条件（Conditional）分支的条件（Condition）应该是完整且明确的，如果在转换期间触发两个或多个条件评估为true（真），则无法确定选择哪个分支。如果没有一个条件（Conditional）分支的条件（Condition）为true（真），则采用默认（Default）分支。

如图 3-2-14 所示的状态图用来测试一个数字，从状态 WaitNumber 出来的变迁通过 int 型消息触发，这个变迁有三个分支（Branch）：两个条件（Conditional）分支分别指向状态 Negative（负数）和状态 Zero（零），一个默认（Default）分支。显然，如果消息是一个正整数，则第一个决策点会选择默认（Default）分支。这个默认（Default）分支后边又有两个分支：条件（Conditional）分支指向状态 PosEven（正偶数）；默认（Default）分支指向状态 PosOdd（正奇数）。各条件（Conditional）分支的条件（Condition）如图 3-2-14 所示。

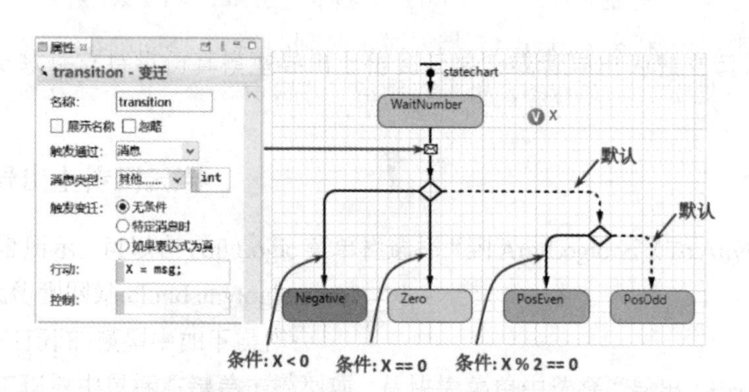

图 3-2-14　具有分支（Branch）的变迁示意图

（四）状态内部变迁

如果一个变迁（Transition）的离开和进入都是同一个状态（State）且所有的中间点都在这个状态里，这个变迁就是内部变迁（Internal Transition）。一个内部变迁的触发不会妨碍其他内部变迁或者状态间的变迁，即便是定义在同一个状态内。

如图 3-2-15 所示，通过内部变迁（Internal Transition）可以定义一些不必离开状态的活动。设想一个手机用户经常出国旅行，出国的时候电话处于国际漫游状态，打电话的频率平均每天 3 次，远低于在国内的时候。假设这个用户 2-4 周在国内，3-7 天在国外，创建两个状态 AtHome（在国内）和 Abroad（在国外），通过两个到时（Timeout）变迁 flyOut（出国）和 flyBack（回国）限制两个状态的持续时间。在国内的时候，平均每小时 1 个电话，这个行为可以通过一个速率为 1/hour() 的速率（Rate）变迁 call 来建模。变迁 call 就是状态 AtHome 的内部变迁，它的触发不会造成离开或重新进入状态 AtHome，到时变迁 flyOut 不会被内部变迁 call 重置。同样的，状态 Abroad 的内部变迁 callRoaming 也不会影响到时变迁 flyBack。

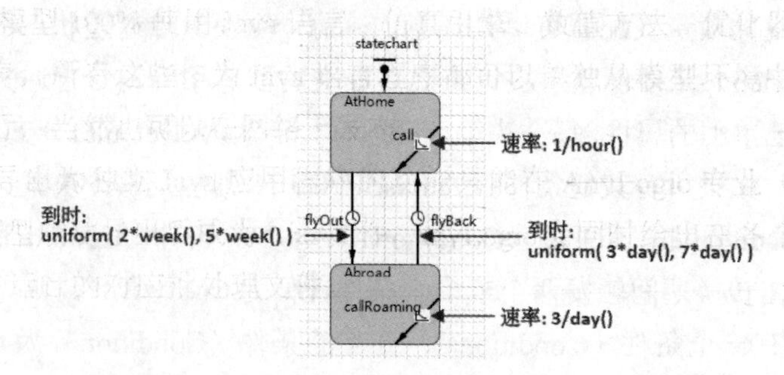

图 3-2-15　内部变迁（Internal Transition）示意图

3.2.3 AnyLogic状态图建模举例

AnyLogic 状态图广泛用于对智能体的状态和行为建模，本小节举几个简单的例子。

（1）运货卡车

假设一个运货卡车从仓库运货给客户，运货卡车状态图如图 3-2-16 所示。

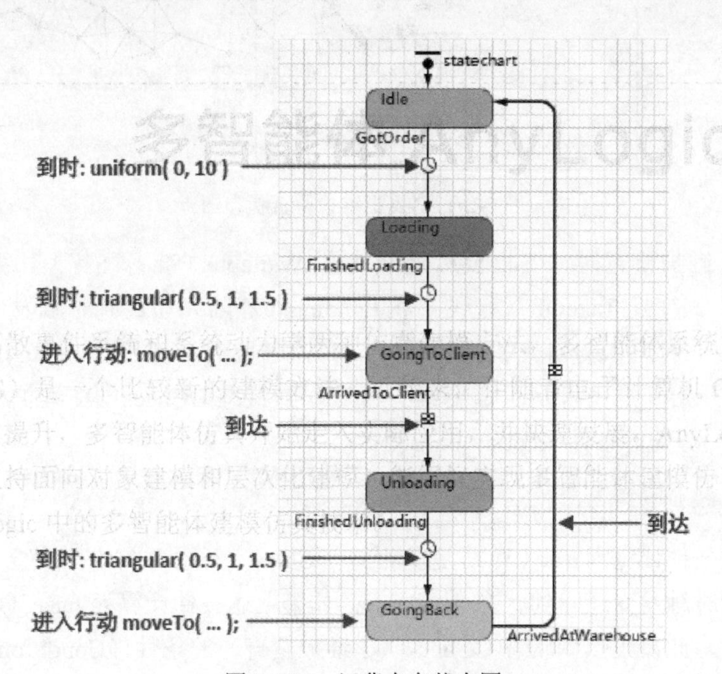

图 3-2-16　运货卡车状态图

初始状态，卡车停在仓库处于空闲的 Idle 状态并等待订单，订单到达时间间隔为（0，10）均匀随机分布；接到订单，到时触发变迁 GotOrder，进入状态 Loading（装货），装货平均需要 1 小时；装车完成，到时触发变迁 FinishedLoading，进入状态 GoingToClient（开往客户处），进入时执行进入行动（Entry action）调用函数 moveTo()；到达客户处，智能体到达触发变迁 ArrivedToClient，进入状态 Unloading（卸货），卸货平均需要 1 小时；卸车完成，到时触发变迁 FinishedUnloading，进入状态 GoingBack（返回仓库）；卡车回到仓库，智能体到达触发变迁 ArrivedAtWarehouse，返回状态 Idle 等待新订单到来。如此往复。

（2）飞机维护检查

状态图可以对设备或建筑的定期维护规则建模。假设一架飞机必须在一定时间或使用后进行定期维护检查，其中最常见的检查有：

- A维护检查——每月或每500飞行小时；在机场进行，耗时一夜。
- B维护检查——每3个月；在机场进行，耗时一夜。
- C维护检查——每18个月或每9000个飞行小时；在维修基地或机库进行，耗时大约2周。
- D维护检查——每5年；在维修基地进行，耗时2个月。

飞机维护检查状态图如图 3-2-17 所示。

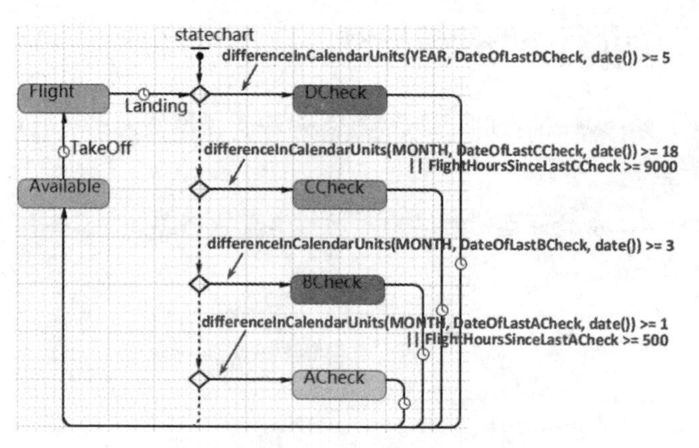

图 3-2-17　飞机维护检查状态图

当不进行维护检查时，飞机要么处于状态 Available（准备飞行），要么处于状态 Flight（飞行）。变迁 TakeOff（起飞）和 Landing（着陆）通过到时触发或命令消息触发，具体取决于用户如何对飞机操作建模。每次着陆时，变迁 Landing 的分支从最重大的 DCheck 开始确定飞机是否需要维护检查，到状态 DCheck（D 维护检查）的条件（Conditional）分支的条件（condition）是：

```
differenceInCalendarUnits( YEAR, DateOfLastDCheck, date() ) >= 5
```

如果上述条件计算为 true（真），进入状态 DCheck，开始 D 类维护检查，耗时 2 个月，维修完成，到时触发变迁回到状态 Available；如果上述条件计算为 false（假），则转到下一个决策点，此决策点到状态 CCheck（C 维护检查）的条件（Conditional）分支的条件（condition）是：

```
differenceInCalendarUnits( MONTH, DateOfLastCCheck, date() ) >= 18 ||
FlightHoursSinceLastCCheck >= 9000
```

如果上述条件计算为 true（真），进入状态 CCheck，开始 C 类维护检查，耗时 2 周，维修完成，到时触发变迁回到状态 Available；如果上述条件计算为 false（假），则转到下一个决策点，此决策点到状态 BCheck（B 维护检查）的条件（Conditional）分支的条件（condition）是：

```
differenceInCalendarUnits( MONTH, DateOfLastBCheck, date() ) >= 3
```

如果上述条件计算为 true（真），进入状态 BCheck，开始 B 类维护检查，耗时一夜，维修完成，到时触发变迁回到状态 Available；如果上述条件计算为 false（假），则转到下一个决策点，此决策点到状态 ACheck（A 维护检查）的条件（Conditional）分支的条件（condition）是：

```
differenceInCalendarUnits( MONTH, DateOfLastACheck, date() ) >= 1 ||
FlightHoursSinceLastACheck >= 500
```

如果上述条件计算为 true（真），进入状态 ACheck，开始 A 类维护检查，耗时一夜，维修完成，到时触发变迁回到状态 Available；如果上述条件计算为 false（假），则直接回到状态 Available。

其中，为了计算各分支的条件（condition），仿真模型需要记录上次进行各类维护检查的时间。

（3）两种产品的市场竞争

状态图可以对市场上的消费者品牌忠诚度和转换行为进行建模，图 3-2-18 是两种产品 A 和 B 的市场竞争状态图，产品的使用时间有限且顾客有重复购买需要，而且产品有潜在缺货风险。

一开始时，消费者处于状态 PotentialUser（潜在用户），没有决定购买哪种产品。通过广告或口碑效应，消费者被说服，并希望购买某个特定品牌的产品，进入状态 WantA 或状态 WantB。尽管不同品牌的广告效果可能不同，但其作用原理是一致的。如果相应品牌的产品可得，消费者便进入状态 UserA（品牌 A 用户）或状态 UserB（品牌 B 用户），否则会选择等待。假设消费者等待特定品牌产品的最大耐心为 2 天，两天之后消费者对该品牌忠诚度消失，放弃该品牌，进入愿意购买任何可用产品的 WantAnything 状态。产品的使用时间为 2 周，购买 2 周后产品用尽，消费者需要重新购买，将优先购买同一品牌的产品，即到时触发的变迁 DiscardA 或 DiscardB 使消费者回到状态 WantA 或状态 WantB。

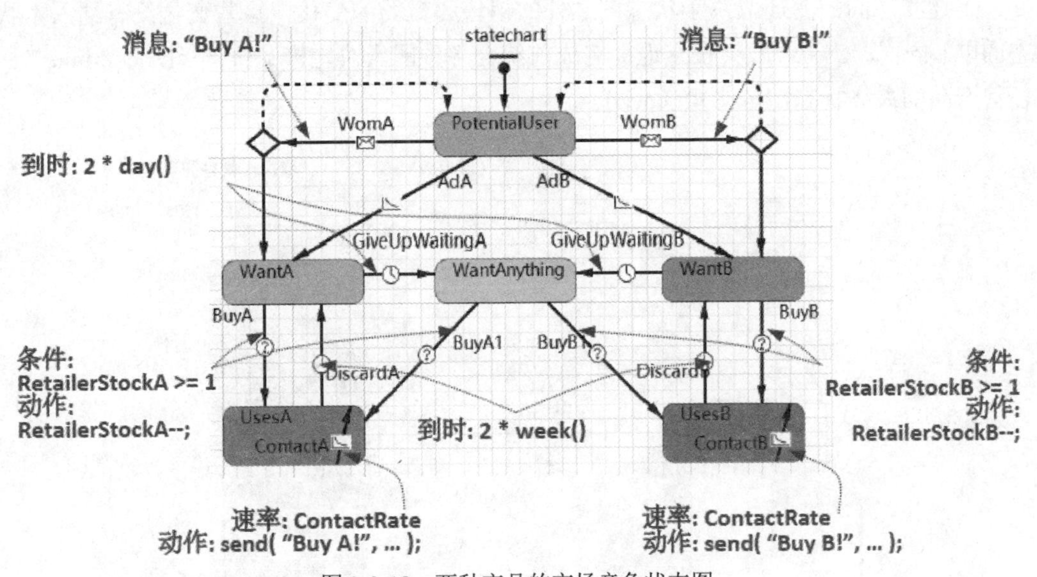

图 3-2-18　两种产品的市场竞争状态图

（4）产品生命周期

状态图可以对公司项目或产品的生命周期进行建模。图 3-2-19 中，产品生命周期状态图有两个复合状态（Composite State）：NewProductDevelopment（新产品开发）和 InMarket（产品销售）。

复合状态 NewProductDevelopment 包含 4 个简单状态（Simple State）：

- FrontEnd（前端）——机会识别，创意生成和筛选，商业分析。
- Prototyping（原型）——制作产品的物理原型。
- Testing（测试）——在典型使用情况下测试产品原型，进行调整。
- Development（开发）——规划和实施工程运营、质量管理、供应商协作等。

上述状态间的变迁意味着成功完成相应阶段并进入下一阶段。从技术上讲，这些变迁是随机到时触发的，当前阶段持续时间的随机分布依赖于专家知识，也可能会依赖于模型的其他部分，例如公司各类资源的可用性。在新产品研发阶段的任意时刻，新产品研发过程可能暂停（Suspend）或者终止（Kill），暂停（Suspend）后可能恢复（Resume）或直接终止（KillSuspended）。这些是公司的决策，可能取决于许多不同的因素。新产品开发（NewProductDevelopment）最后阶段开发（Development）顺利完成后，投入市场开始产品销售（InMarket）。

复合状态 InMarket 也包含 4 个简单状态：

- Introduction（引入期）——销量低，公司致力于树立产品知名度，广告成本高。
- Growth（成长期）——销售增长强劲，竞争少，公司正在建立市场份额，促销旨在扩大客户群。
- Maturity（成熟期）——销售的增长势头趋缓，同类竞争出现，主要任务变为保卫市场份额。
- Decline（衰退期）——市场饱和，销售下滑，产品的技术落后，市场份额降低。此时，企业需要再一次终止产品。

上述状态间的变迁取决于状态图之外的销售和市场的变化，这些变化没有纳入本状态图中。同样，公司一般会在衰退期完成前综合各种因素决定产品停产（Discontinue）。任何产品的最终状态都是终止（dead）。

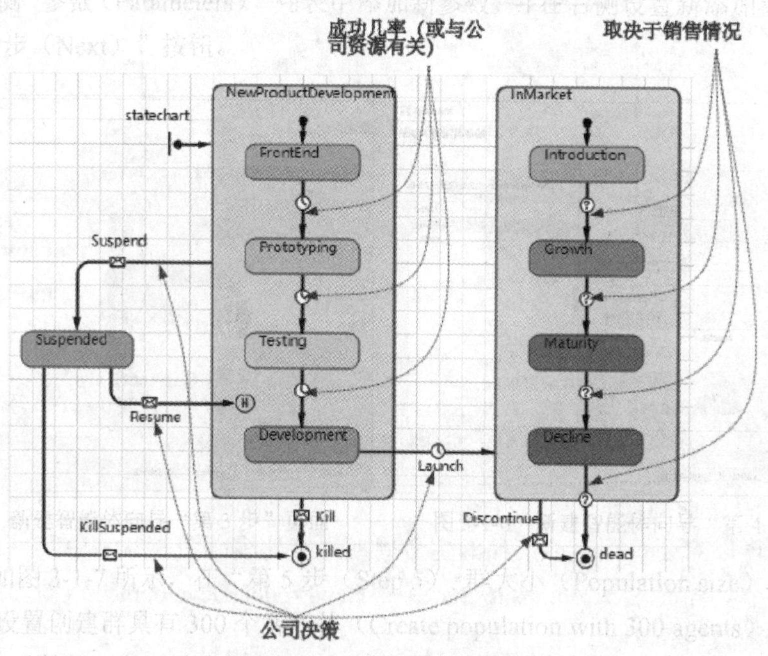

图 3-2-19　产品生命周期状态图

实际工作中，新产品开发（New Product Development，NPD）各阶段状态的转换并非图 3-2-19 所描述的随机到时触发变迁，而是一个如图 3-2-20 所示的基于瀑布模型的状态图，每个阶段持续时间受诸多因素影响很难预测和建模，并且都存在新产品开发在该阶段彻底失败的可能性。

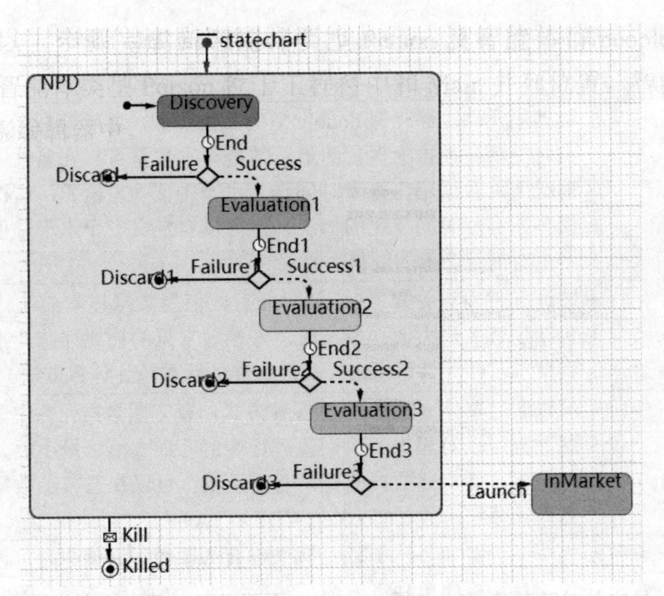

图 3-2-20 新产品开发瀑布模型状态图

3.3 AnyLogic 多智能体仿真举例——人口模型

在 AnyLogic 多智能体仿真中，最简单的统计方法是使用智能体类自带的统计属性字段。通过它们可以统计满足特定条件（例如，处于某个特定状态）的智能体数量，计算智能体群中某个属性的平均值、最小值、最大值和总值等。用户还可以在模型运行时收集任意复杂性的自定义统计信息。在本节中，将构建一个基于亲属关系的多智能体人口模型，实现多种模型仿真运行数据统计功能，并使用 AnyLogic 分析面板的元件实现数据可视化。

3.3.1 AnyLogic的分析面板

打开 AnyLogic 软件工作区左侧面板视图，点击选择分析（Analysis），如图 3-3-1 所示。AnyLogic 的分析（Analysis）面板分为两个部分：第一部分是数据（Data），包含 5 个元件，详见表 3-3-1；第二部分是图表（Charts），包括 9 个元件，详见表 3-3-2。利用这些元件可以完成模型仿真运行数据的储存、统计、分析和展示，提高了仿真模型的可解释性和可视化程度。

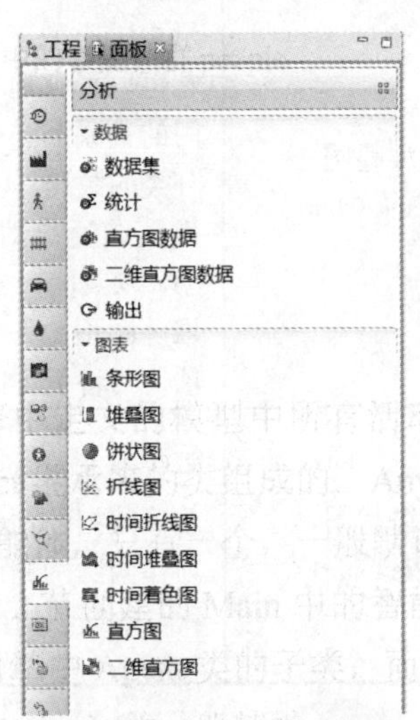

图 3-3-1 AnyLogic 的分析（Analysis）面板

表 3-3-1　分析（Analysis）面板的数据（Data）部分

元件名称	说　明
数据集 （Data Set）	数据集元件能够存储 double 型的二维数据，并随模型运行保持对数据项的实时更新。数据集保留的最新数据样本数量可以在属性中进行设置。一般情况下，数据集将模型时间作为水平轴值（X 值），这样就可以观察一些模型指标随时间变化的情况；也可以自定义一个水平轴值，以此来记录一个值对另一个值的依赖关系。
统计 （Statistics）	统计元件可以计算 AnyLogic 所有数值型数据样本的统计信息，计算项目包括均值、最大值、最小值、方差等常见的描述性统计指标。根据数据类型情况，该元件可以选择离散和连续两种统计计算方法。
直方图数据 （Histogram Data）	可以通过事件（Event）等各种方式向直方图数据元件中添加数据值。直方图数据可以对添加的数据值进行均值、最大值、最小值、方差等标准的统计分析，并构建数据的概率密度函数。可以在直方图数据属性中勾选“计算累计分布函数（Calculate CDF）”。
二维直方图数据 （Histogram2D Data）	当一个数据项（x,y）添加到二维直方图数据元件中时，首先根据 x 值找到该项目所属的单独直方图，然后将 y 值添加到该直方图，并为数组中的每个单独的直方图计算概率密度函数和累积分布函数。二维直方图数据还可以计算包络，即每个简单直方图中包含给定百分比数据的区域。
输出 （Output）	输出元件用于存储单个标量数据值，提供了一目了然的仿真结果视图，并在模型运行期间或完成后显示该值。

表 3-3-2　分析（Analysis）面板的图表（Charts）部分

元件名称	说　明	示　例
条形图 （Bar Chart）	条形图用一个单位长度表示一定的数量，根据数量的多少画成长短不同的直条，然后把这些直条按一定的顺序排列起来。从条形图中很容易看出各种数量的多少。	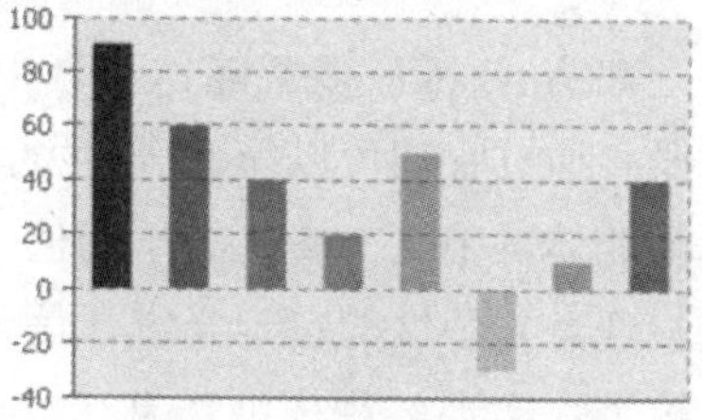
堆叠图 （Stack Chart）	堆叠图将每个直条进行横向分割以显示相同类型下各个数据的大小情况。它可以形象地显示单个项目与整体之间的关系：一个大分类包含的每个小分类的数据，以及各个小分类的占比。堆叠图适合对比不同分组的总量大小，以及同一分组内不同分类的大小。堆叠图不允许使用负值，提供负数据项值时将引发错误。	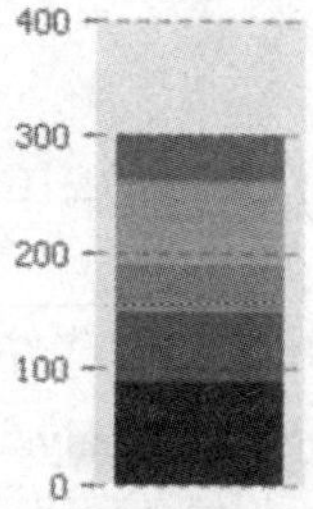
饼状图 （Pie Chart）	饼状图可以直观地反映出每项数据占总体数据的比例情况，它将多个数据项作为圆的扇区进行表示，扇区的面积与数据项的数量成正比。	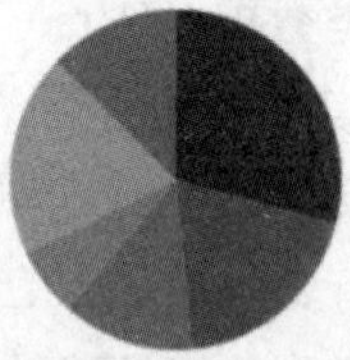

续表

元件名称	说　明	示　例
折线图（Plot）	折线图在自定义X轴值数据和Y轴值数据后，可以清晰地显示出y随x变化的趋势，并且支持同时显示多个数据集。	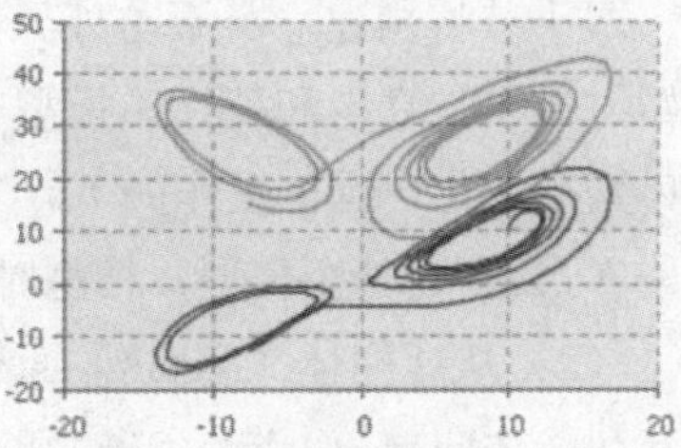
时间折线图（Time Plot）	时间折线图与折线图类似，只不过水平轴改为模型时间。它可以将最新时间范围内多个数据项的历史记录值显示为折线。	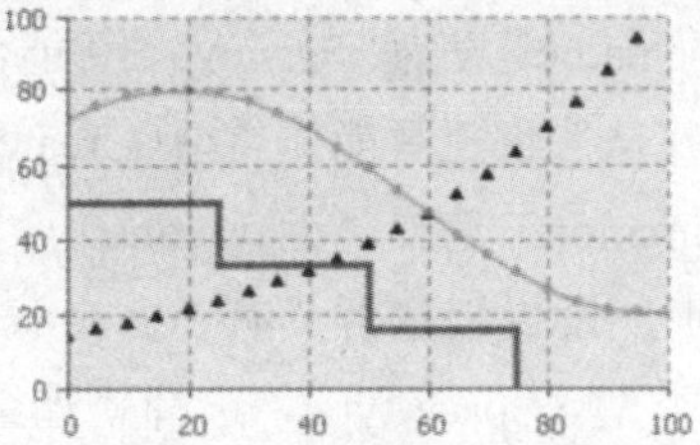
时间堆叠图（Time Stack Chart）	时间堆叠图将最新时间段内多个数据集的历史记录显示为堆叠区域。第一个添加的数据项位于堆叠图的最底部，随后添加的每一个数据显示在之前添加的数据之上。	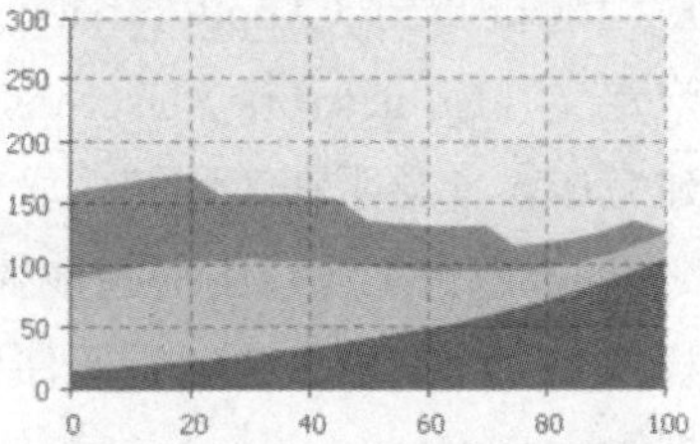
时间着色图（Time Color Chart）	时间着色图将最新时间段内多个数据集的趋势显示为由不同颜色的水平条纹组成的条形图，其中的颜色取决于数据值。典型的时间着色图应用场景就是绘制甘特图。	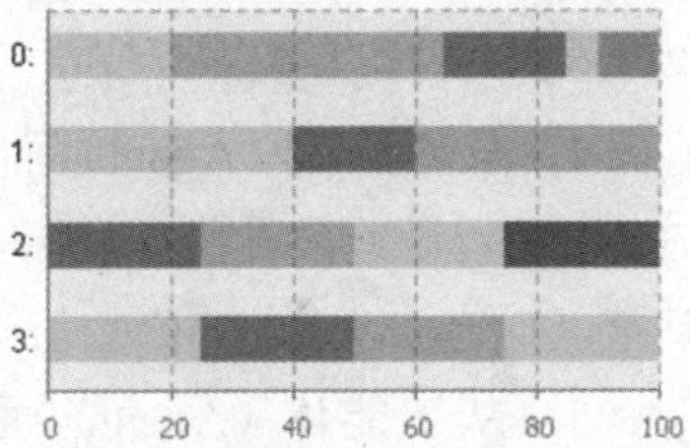
直方图（Histogram）	直方图由一系列高度不等的直条表示数据分布的情况。AnyLogic直方图的X、Y轴在模型运行过程中会进行自动缩放以适合当前产生的最新数据项的显示。可以自行设置直方图中的显示项，包括概率密度函数、累积分布函数和均值等，也可以通过添加直方图数据来绘制直方图。	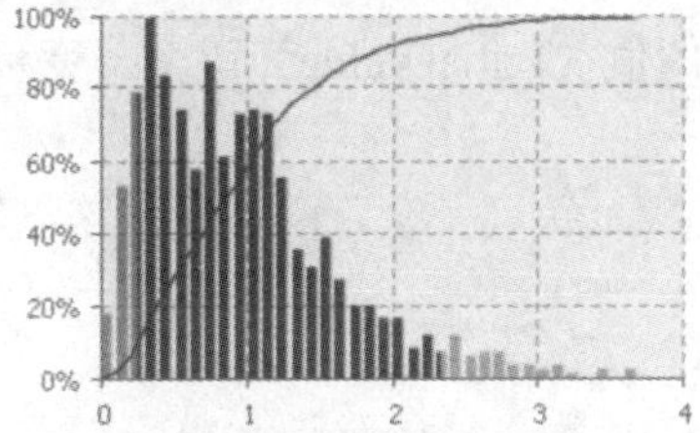
二维直方图（Histogram2D）	二维直方图就是一组两个维度直方图的集合。二维直方图元件中，每个维度的直方图都绘制为多个矩形色点，反映相应（x, y）点处的概率密度值或包络。二维直方图的X、Y轴在模型运行过程中会进行自动缩放以适合所有直方图显示。可以通过添加二维直方图数据来绘制二维直方图。	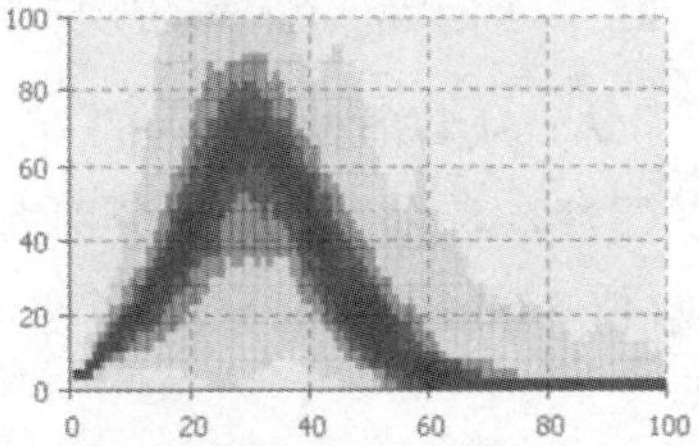

3.3.2 基于亲属关系的人口模型

本小节将构建一个不与外界交流的封闭人口多智能体模型，在其中人出生、成长、结婚、生子、衰老和死亡。模型初始状态是300个刚出生的人，通过模型仿真运行观察人口繁衍变化。具体操作如下。

（1）新建一个模型，模型时间单位（Model time units）选择年（years）。

（2）从智能体（Agent）面板拖曳一个智能体（Agent）元件到Main中，在弹出的新建智能体向导第1步，点击“智能体群（Population of agents）”；第2步，新类型名（Agent type name）设为“Person”，智能体群名（Agent population name）设为“people”，选择“我正在从头创建智能体类型（Create the agent type from scratch）”；第3步，智能体动画（Agent animation）选择“无（None）”；第4步，不添加智能体参数（Agent parameters）；第5步，设置创建群具有300个智能体（Create population with 300 agents）；第6步，空间类型（Space type）选择“连续（Continuous）”，大小（Size）设为400×400，勾选“应用随机布局（Apply random layout）”，网络类型（Network type）选择“无网络/用户定义（No network / User-defined）”，点击完成（Finish）按钮。智能体类型Person创建完成，并显示在工程树中。智能体群people显示在Main中。

（3）双击工程树中的智能体类型Person打开其图形编辑器，从演示（Presentation）面板拖曳一个椭圆（Oval）元件到Person中，设置其属性，名称（Name）为“circle”；位置和大小（Position and size）部分，类型（Type）选择“圆圈（Circle）”，半径（Radius）为2，X为0，Y为0。

（4）从智能体（Agent）面板拖曳一个参数（Parameter）元件到Person中，并如图3-3-2所示设置其属性，名称（Name）为“male”，类型（Type）选择“boolean”，默认值（Default value）填入“randomTrue（0.5）”。男女性别比例为1:1。

（5）从智能体（Agent）面板拖曳一个变量（Variable）元件到Person中，并如图3-3-3所示设置其属性，名称（Name）为“mother”，类型（Type）选择“Person”，初始值（Initial value）留空。变量mother记录该人母亲的引用。

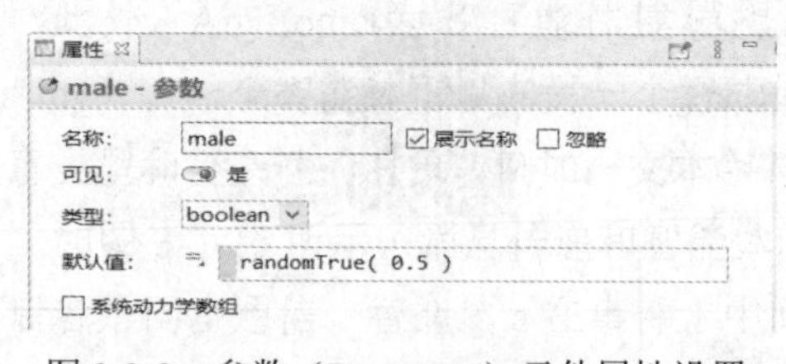

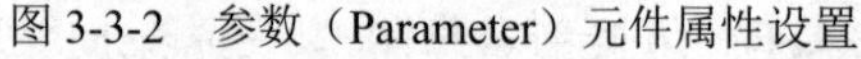

图3-3-2 参数（Parameter）元件属性设置

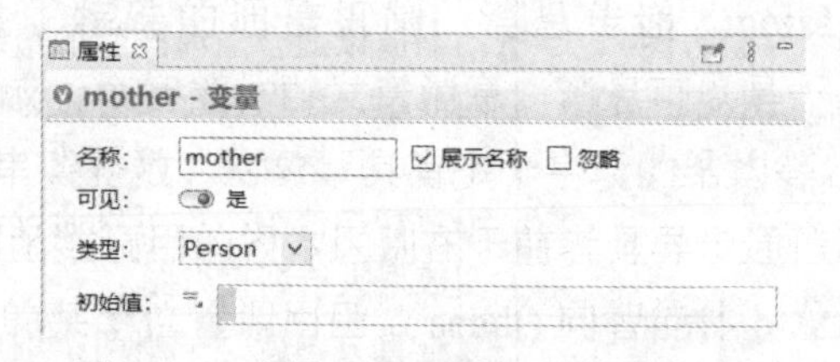

图3-3-3 变量（Variable）元件属性设置

（6）从智能体（Agent）面板再拖曳两个变量（Variable）元件到Person中，并设置其属性，名称（Name）分别为“father”“spouse”，类型（Type）均选择“Person”，初始值（Initial value）均为空。变量father和spouse分别记录该人父亲和配偶的引用。

（7）从智能体（Agent）面板拖曳一个集合（Collection）元件到Person中，并如图3-3-4所示设置其属性，名称（Name）为“kids”，集合类（Collection class）选择

“ArrayList”，元素类（Elements class）选择“Person”，初始内容（Initial contents）为空。集合 kids 记录该人所有孩子的引用。

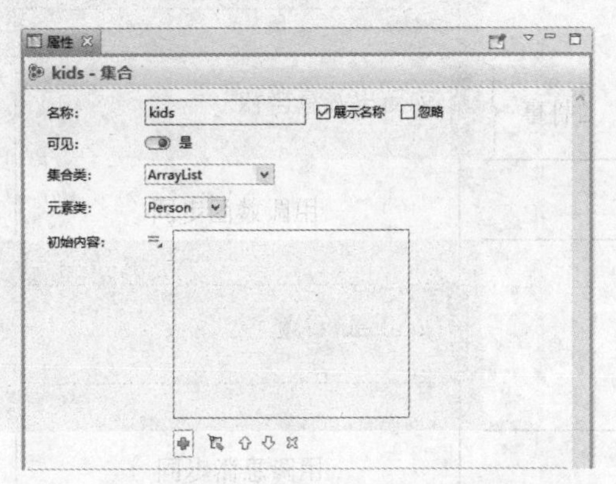

图 3-3-4　集合（Collection）元件属性设置

（8）如图 3-3-5 和图 3-3-6 所示，使用演示（Presentation）面板中的直线（Line）元件，在 Person 的图形编辑器中绘制两条起点在图形编辑器坐标原点的直线。

设置直线 line 的属性，可见（Visible）设为动态值（Dynamic value）并填入“male && spouse != null”；外观（Appearance）部分，线颜色（Line color）选择“darkGoldenRod”；位置和大小（Position and size）部分，dX 设为动态值（Dynamic value）并填入“spouse. getX() - getX()”，dY 设为动态值（Dynamic value）并填入“spouse.getY() - getY()”，旋转，弧度（Rotation，rad）填入“-getRotation()”；高级（Advanced）部分，展示在（Show in）选择“只有二维（2D only）”。

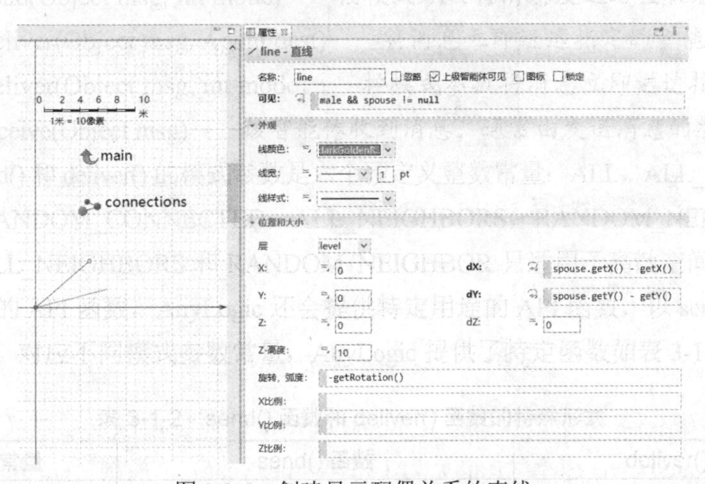

图 3-3-5　创建显示配偶关系的直线

设置直线 line1 的属性，外观（Appearance）部分，线颜色（Line color）选择“dodger Blue”；位置和大小（Position and size）部分，dX 设为动态值（Dynamic value）并填入“kids.get(index).getX() - getX()”，dY 设为动态值（Dynamic value）并填入“kids.get (index).getY() - getY()”，旋转，弧度（Rotation，rad）填入“-getRotation()”；高级（Advanced）部分，展示在（Show in）选择“只有二维（2D only）”，重复（Replication）填入“kids.size()”。这两条直线将显示该人与其妻子和孩子的亲属关系。

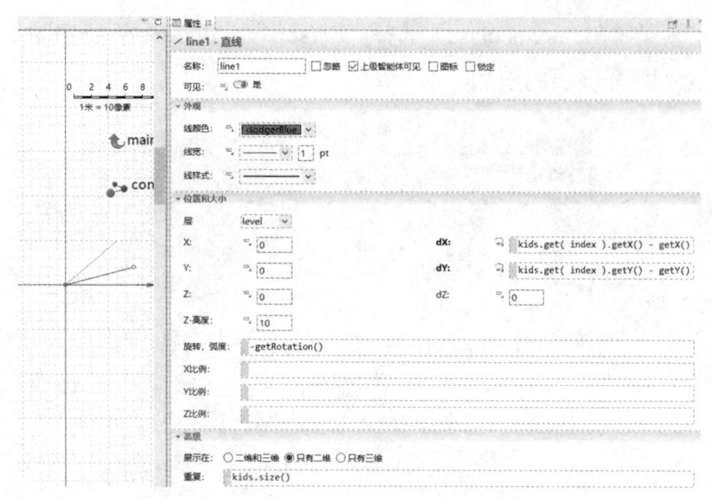

图 3-3-6　创建显示“父母—孩子”关系的直线

（9）如图 3-3-7 所示，在 Person 的图形编辑器中绘制状态图，状态图部分变迁和状态的属性设置图中已标出。

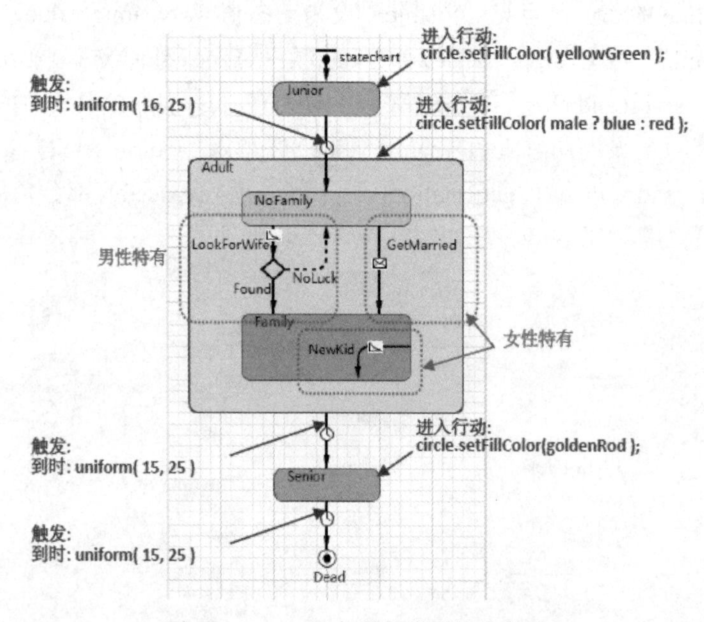

图 3-3-7　Person 智能体类型的状态图

（10）如图 3-3-8 所示，设置变迁 LookForWife 的属性，触发通过（Triggered by）选择“速率（Rate）”，速率（Rate）为 1 每年（per year），控制（Guard）为“male”，在行动（Action）填入代码：

```
for( Person p : main.people ) {                              //在所有人中遍历寻找
    if( ! p.male && p.inState( NoFamily )) {
        //寻找未婚女性与之结婚
        spouse = p;                                          //记录配偶的引用
        send(this, p );                                      //将结婚的信息发给配偶
        break;                                               //退出循环
    }
}
```

（11）如图 3-3-9 所示，设置变迁分支 Found 的属性，选择“条件（Conditional）”，条件（Condition）为“spouse != null”。分支 NoLuck 为默认（Default）分支。

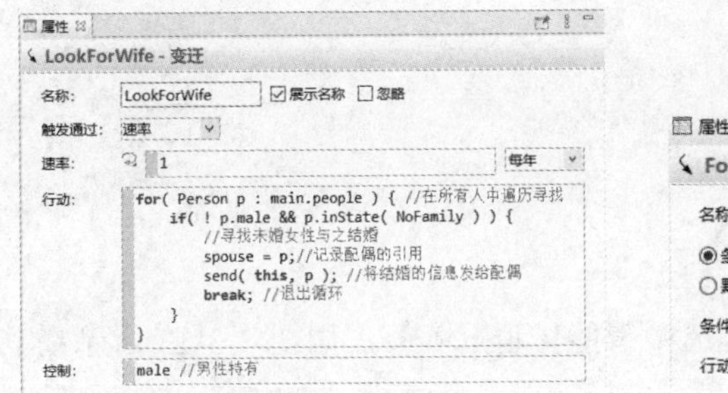

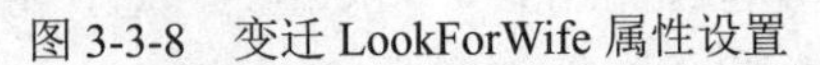

图 3-3-8　变迁 LookForWife 属性设置

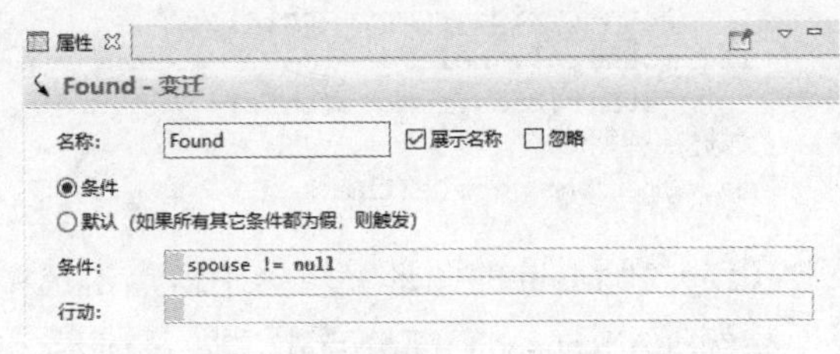

图 3-3-9　分支 Found 属性设置

（12）如图 3-3-10 所示，设置变迁 GetMarried 的属性，触发通过（Triggered by）选择“消息（Message）”，消息类型（Message type）选择“Person”，触发变迁（Fire transition）选择“无条件（Unconditionally）”，控制（Guard）为“!male”，在行动（Action）填入代码：

```
spouse = msg; //记录配偶的引用
moveTo( spouse.getX() + 10, spouse.getY());        //移动到配偶的位置
```

（13）如图 3-3-11 所示，设置内部变迁 NewKid 的属性，触发通过（Triggered by）选择“速率（Rate）”，速率（Rate）为 0.1 每年（per year），控制（Guard）为“! male && spouse != null”，在行动（Action）填入代码：

```
Person kid = main.add_people();           //一个孩子诞生
kids.add( kid );                          //把孩子引用增加到该人的孩子集合
spouse.kids.add( kid );                   //把孩子引用增加到该人丈夫的孩子集合
kid.mother = this;                        //在孩子那记录母亲的引用
kid.father = spouse;                      //在孩子那记录父亲的引用
//孩子出生后位置在父亲附近
kid.jumpTo(spouse.getX()+uniform(-10,10),spouse.getY()+uniform(-10,10));
```

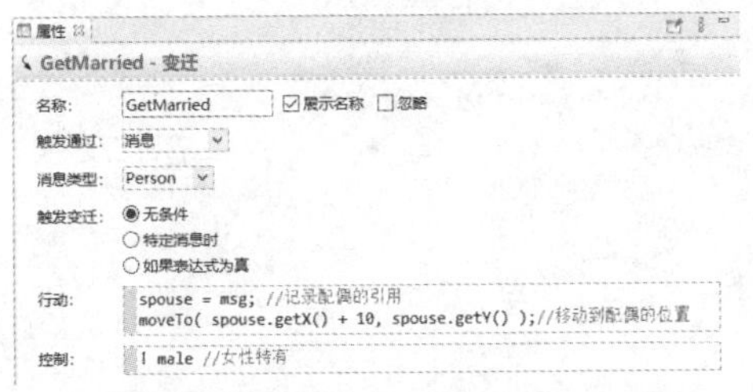

图 3-3-10　变迁 GetMarried 属性设置

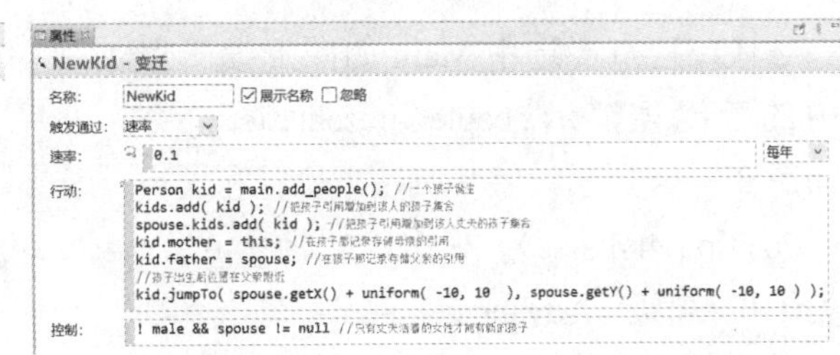

图 3-3-11　变迁 NewKid 属性设置

（14）如图 3-3-12 所示，设置最终状态 Dead 的属性，在行动（Action）填入代码：

```
//删除所有对我的引用
//删除孩子的
for( Person kid : kids ) {
    if( male )
        kid.father = null;
    else
        kid.mother = null;
```

```
    }
    //删除配偶的
    if( spouse != null)
        spouse.spouse = null;
    //删除父母的
    if( father != null)
        father.kids.remove(this);
    if( mother != null)
        mother.kids.remove(this);
    //删除智能体
    main.remove_people(this);
```

（15）在 Main 的图形编辑器中，点击选中智能体群 people，如图 3-3-13 所示在其属性高级（Advanced）部分点击“展示演示（Show presentation）”按钮。注意，智能体群 people 属性中，参数 male 默认按照步骤（4）的设定初始化。

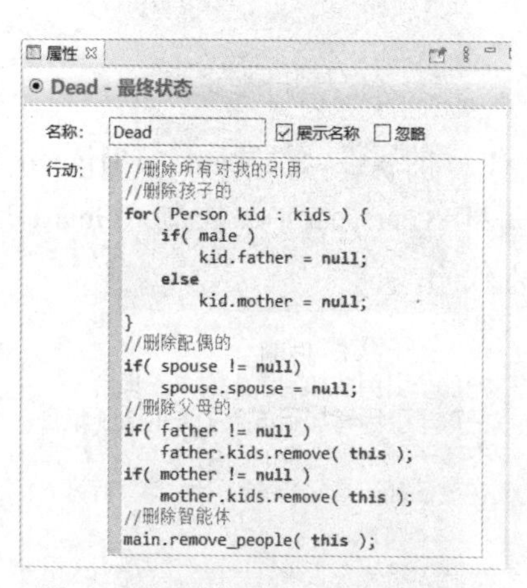

图 3-3-12　最终状态 Dead 属性设置

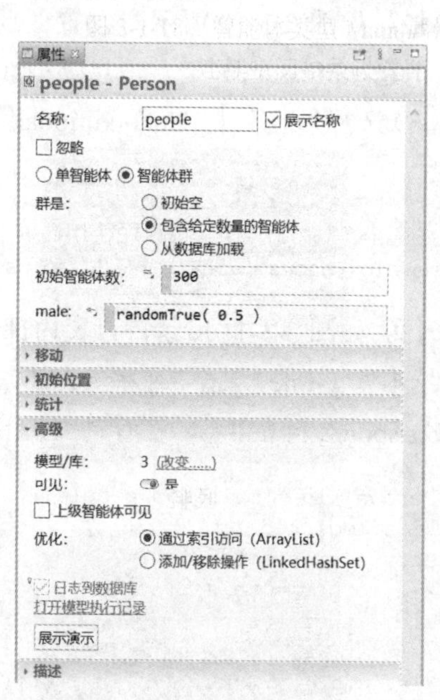

图 3-3-13　智能体群 people 属性设置

（16）点击选中 Main 的图形编辑器中的智能体演示 people_presentation，并如图 3-3-14 所示设置其属性，位置和大小（Position and size）部分，X 为 240，Y 为 110；高级（Advanced）部分，勾选“以这个位置为偏移量画智能体（Draw agent with offset to this position）”。

（17）如图 3-3-15 所示，在 Main 的图形编辑器中绘制一个矩形（Rectangle）元件作为动画底图，并设置其属性，外观（Appearance）部分，填充颜色（Fill color）下拉框选择“ghostWhite”，线颜色（Line

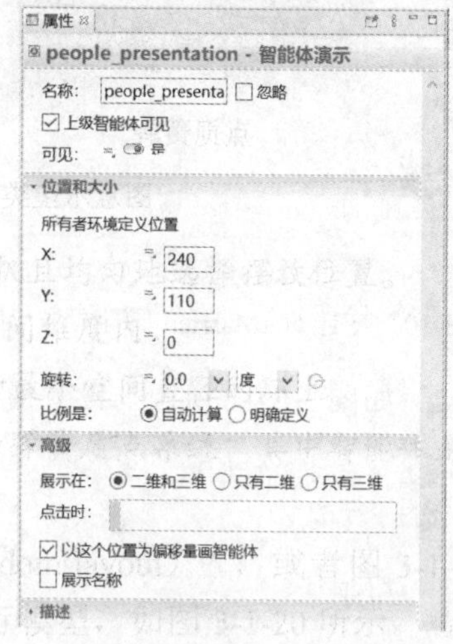

图 3-3-14　智能体演示 people_presentation 属性设置

color）选择“无色（No color）”；位置和大小（Position and size）部分，X 和 Y 与上面步骤（16）中智能体演示 people_presentation 的坐标一致，X 为 240，Y 为 110，宽度（Width）为 420，高度（Height）为 420，Z- 高度（Z-Height）为 10。

如图 3-3-15 所示，在矩形（Rectangle）元件左侧添加图例，再从演示（Presentation）面板中拖曳三个文本（Text）元件到 Main 中矩形（Rectangle）元件下方，中间文本（Text）元件属性的文本（Text）部分设为动态值（Dynamic value）并填入“time()”。

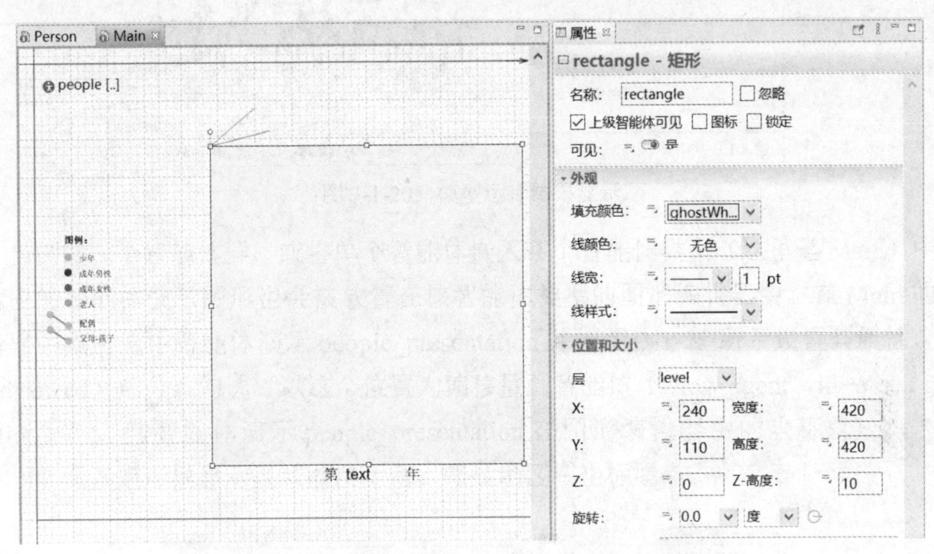

图 3-3-15 矩形（Rectangle）元件属性设置

（18）运行模型，如图 3-3-16 所示。

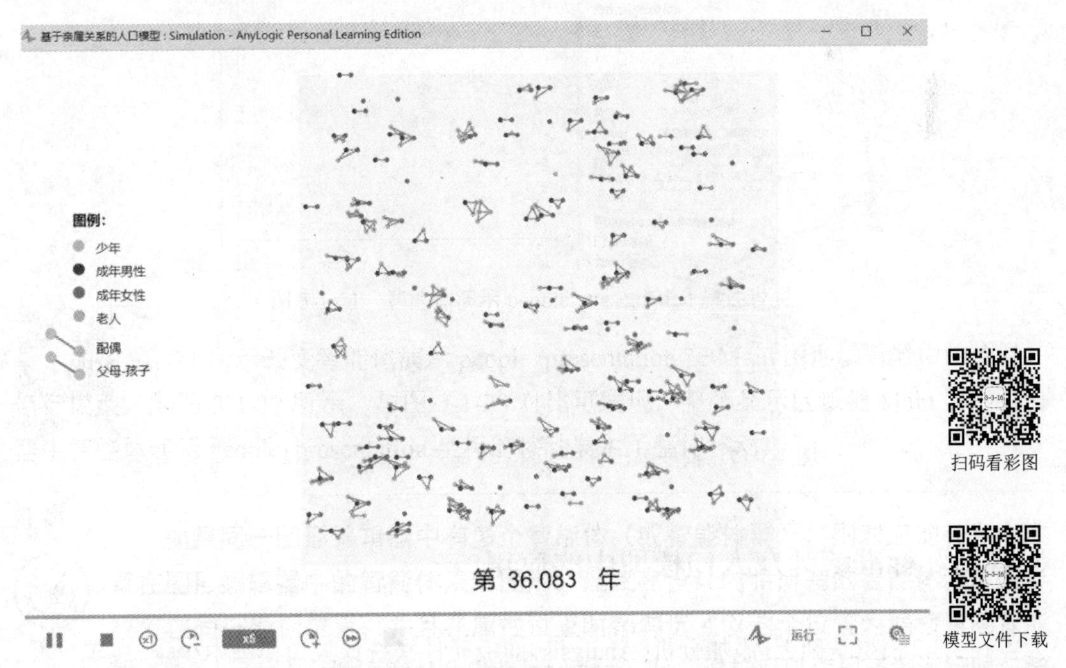

图 3-3-16 模型运行结果显示

（19）观察模型运行过程中，人口随时间的发展变化，如图 3-3-17 所示。

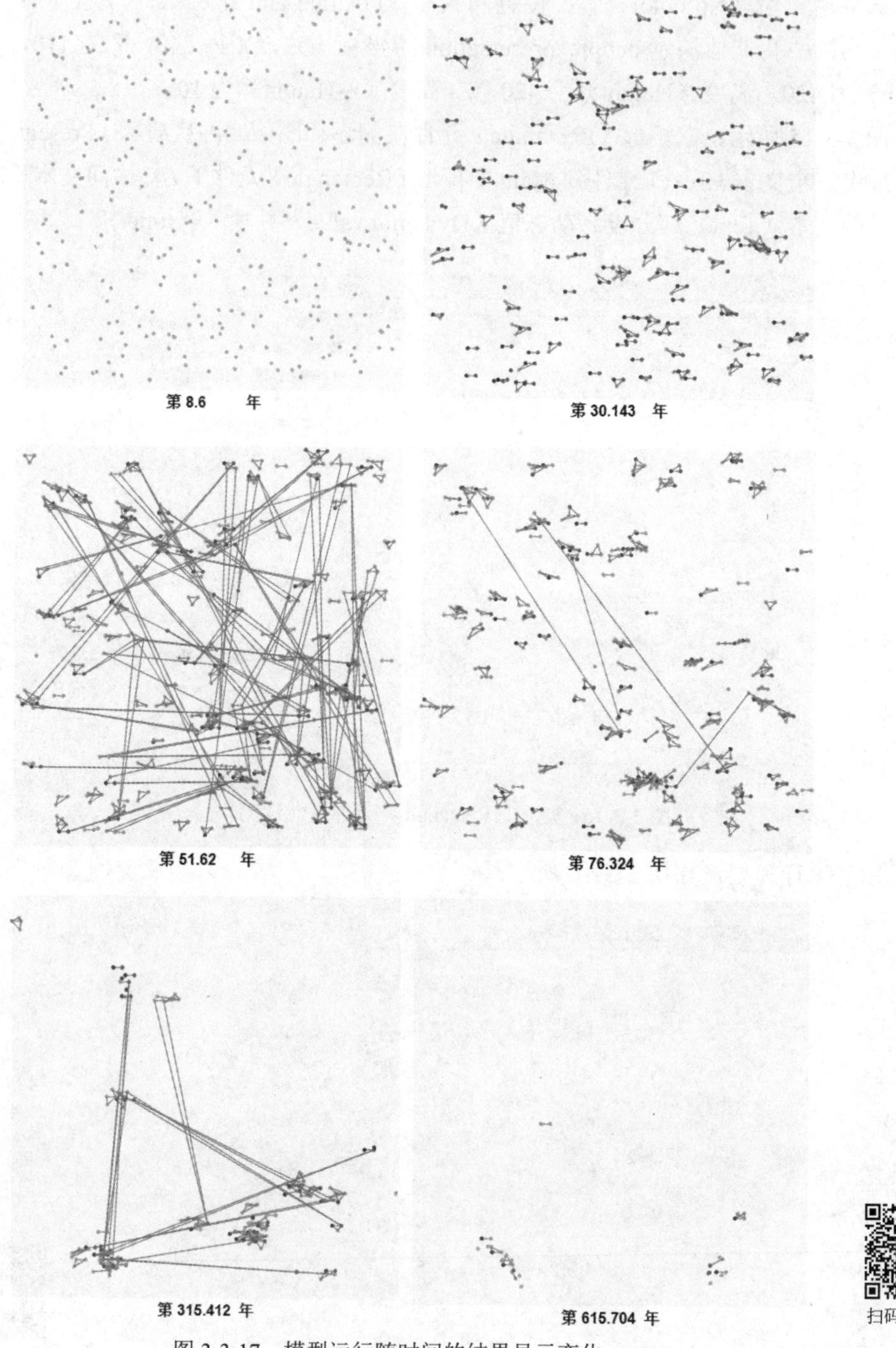

扫码看彩图

图 3-3-17　模型运行随时间的结果显示变化

3.3.3　标准统计在人口模型中的应用

在3.3.2模型基础上，添加分析（Analysis）面板元件来统计人口模型中少年、成年男人、成年女人和老人的数量，以及每个家庭孩子的平均数量，具体操作如下。

（1）双击工程树中的智能体类型 Main 打开其图形编辑器，设置 Main 中帧（Frame）

的属性，宽度（Width）为1000，高度（Height）为800。

（2）在Main的图形编辑器中点击选中智能体群people，如图3-3-18所示设置其属性。

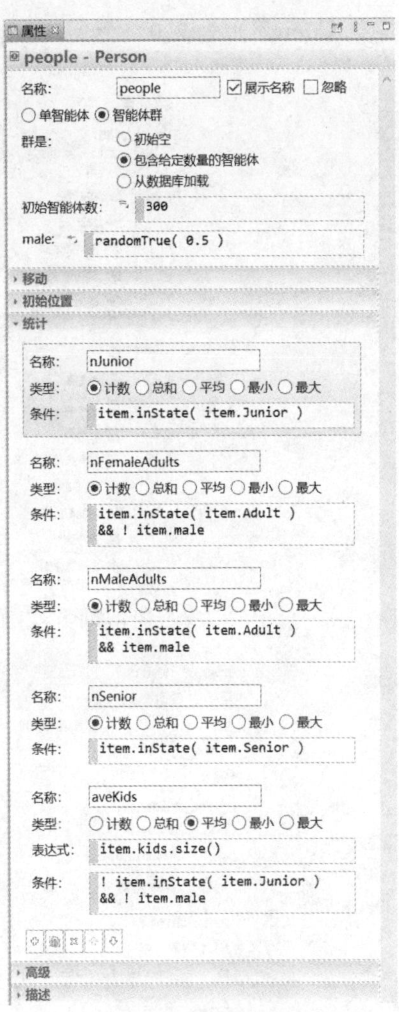

图3-3-18　智能体群people属性设置

先在智能体群people属性的统计（Statistics）部分添加4个项目，名称（Name）分别为“nJunior”“nFemaleAdults”“nMaleAdults”和“nSenior”，类型（Type）均选择“计数（Count）”，条件（Condition）分别为“item.inState(item.Junior)”“item.inState(item.Adult)&& !item.male”“item.inState(item.Adult) && item.male”和“item.inState(item.Senior)”。因为这是Main中的代码，而Junior等状态（State）在Person类中，所以需要加前缀“item.”，item表示当前智能体群people中的单个智能体。模型运行时，AnyLogic遍历智能体群people，对每个智能体计算条件并统计返回条件为true（真）的数。

在智能体群people属性的统计（Statistics）部分再添加1个项目，名称（Name）为“aveKids”，类型（Type）选择“平均（Average）”，表达式（Expression）为“item.kids.size()”，条件（Condition）为“! item.inState(item.Junior)&& ! item.male”。这个项目将统计所有成年女性的孩子数的平均值。

添加统计项目后，在AnyLogic模型中还可以通过调用函数的方式获取这些统计值，以上5个统计项目对应的函数分别是：

- people.nJunior()——返回目前少年的数量
- people.nFemaleAdults()——返回目前成年女性的数量
- people.nMaleAdults()——返回目前成年男性的数量
- people.nSenior()——返回目前老人的数量
- people.aveKids()——返回目前成年女性的平均孩子数量

（3）如图3-3-19所示，从分析（Analysis）面板拖曳一个时间堆叠图（Time Stack Chart）元件到Main中，并设置其属性。

如图3-3-20所示，名称（Name）为“chart”；数据（Data）部分，点击“+”按钮添加4个新项目，名称（Name）分别为“少年”“成年女性”“成年男性”“老人”，类型（Type）均选择“值（Value）”，值（Value）分别为“people.nJunior()”“people.nFemaleAdults()”“people.nMaleAdults()”和“people.nSenior()”，颜色（Color）分别选择“yellowGreen”“red”“blue”和“goldenRod”；数据更新（Data update）部分，复发时间（Recurrence time）为1年（years），显示至多100个最新的样本（Display up to 100 latest samples）；比例（Scale）部分，时间窗（Time window）为100模型时间单

位（model time units）；位置和大小（Position and size）部分，宽度（Width）为 810，高度（Height）为 220。

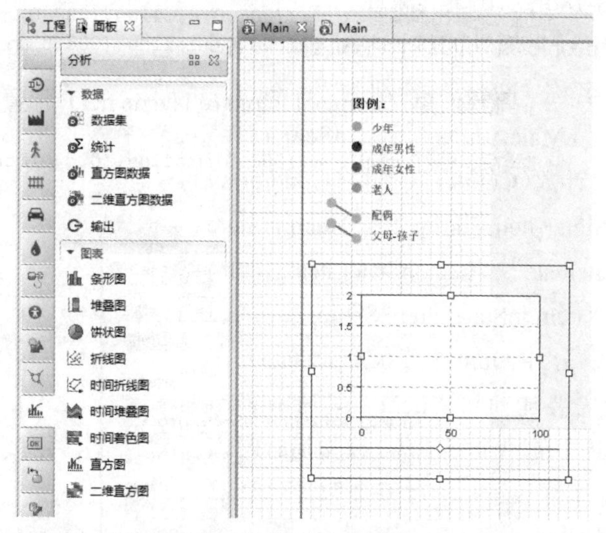

图 3-3-19　添加时间堆叠图（Time Stack Chart）元件

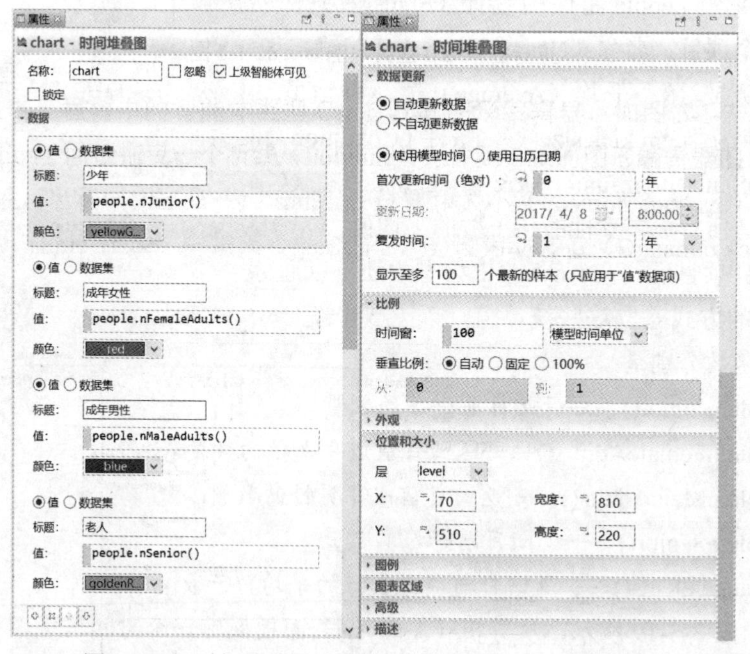

图 3-3-20　时间堆叠图（Time Stack Chart）元件属性设置

（4）如图 3-3-21 所示，从分析（Analysis）面板拖曳一个条形图（Bar Chart）元件到 Main 中，并设置其属性，名称（Name）为“chart1”；数据（Data）部分，点击“+”按钮添加 1 个新项目，名称（Name）为“每个家庭平均孩子数”，颜色（Color）选择“dodgerBlue”，值（Value）为“people.aveKids()”；图表区域（Chart area）部分，背景颜色（Background color）下拉框选择“其他颜色（Other Colors）...”并填入“new Color(234, 232, 209)”。

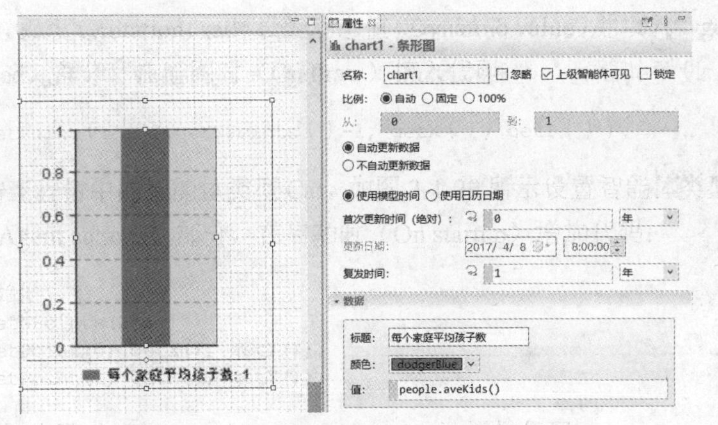

图 3-3-21　条形图（Bar Chart）元件属性设置

（5）运行模型，如图 3-3-22 所示。

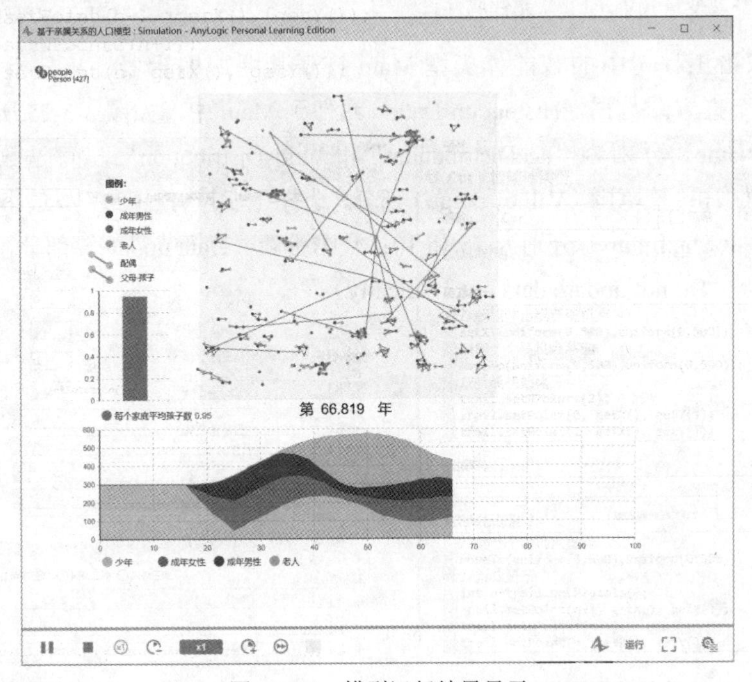

扫码看彩图

模型文件下载

图 3-3-22　模型运行结果显示

3.3.4　动态直方图在人口模型中的应用

随着基于亲属关系的人口模型研究的深入，可以得到更多分析数据，例如：年龄分布或每个家庭孩子数量的分布。在 3.3.3 模型基础上，添加分析（Analysis）面板中的直方图相关元件来统计和显示观测值的分布，具体操作如下。

（1）双击工程树中的智能体类型 Person 打开其图形编辑器，从智能体（Agent）面板拖曳一个变量（Variable）元件到 Person 中，并如图 3-3-23 所示设置其属性，名称（Name）为“birthdate”，类型（Type）选择“double”，初始值（Initial value）填入“time()”。变量 birthdate 用来记录一个新智能体创建时的模型时间。

（2）从智能体（Agent）面板拖曳一个函数（Function）元件到 Person 中，并如图 3-3-24 所示设置其属性，名称（Name）为“age”，在函数体（Function body）部分填入代码：

```
return time ( ) - birthdate;
```

图 3-3-23　变量（Variable）元件属性设置

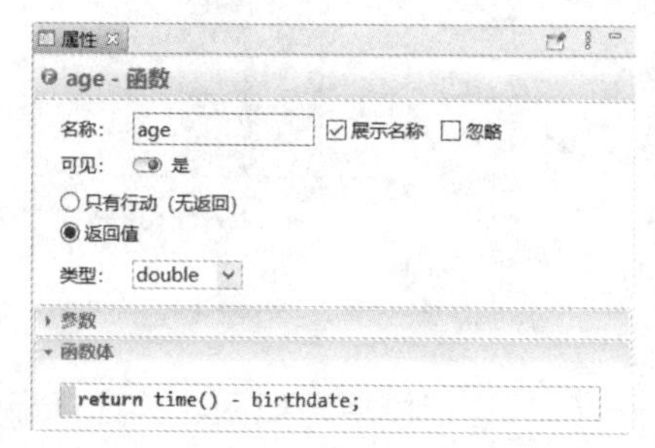

图 3-3-24　函数（Function）元件属性设置

（3）双击工程树中的智能体类型 Main 打开其图形编辑器，从分析（Analysis）面板拖曳两个直方图数据（Histogram Data）元件到 Main 中，如图 3-3-25 所示设置其属性，名称（Name）分别为“ageDistribution”和“kidsDistribution”，间隔数（Number of intervals）均为 20；值范围（Values range）部分，选择“固定（Fixed）”，最小（Minimum）均为 0，最大（Maximum）分别为 75 和 10；数据更新（Data update）部分，均选择“不自动更新数据（Do not update data automatically）”。

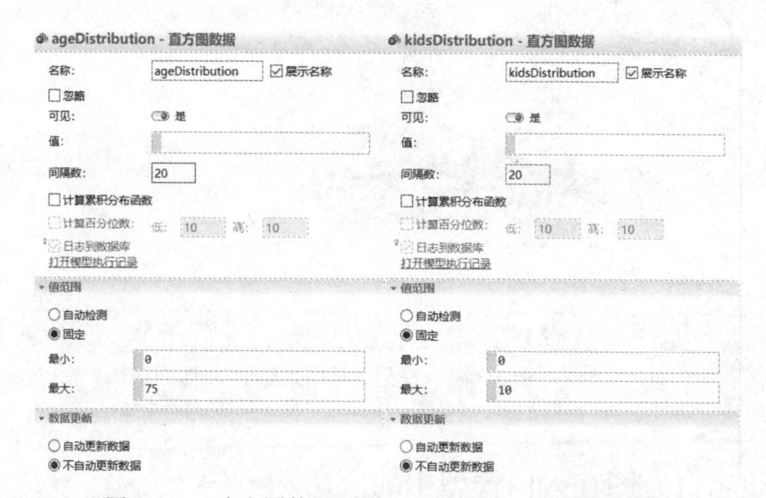

图 3-3-25　直方图数据（Histogram Data）元件属性设置

（4）从智能体（Agent）面板拖曳一个事件（Event）元件到 Main 中，并如图 3-3-26 所示设置其属性，名称（Name）为“updateDistributions”，触发类型（Trigger type）选择“到时（Timeout）”，模式（Mode）选择“循环（Cyclic）”，在行动（Action）部分填入代码：

```
//清除早先数据
ageDistribution.reset();
kidsDistribution.reset();
//更新直方图
```

```
for( Person p : people ) {                          //遍历智能体群people
    ageDistribution.add( p.age());                  //将年龄加入年龄直方图
    if( !p.inState( p.Junior )&& !p.male )          //只是非少年女性
        kidsDistribution.add( p.kids.size());       //将孩子数加入孩子数直方图
}
```

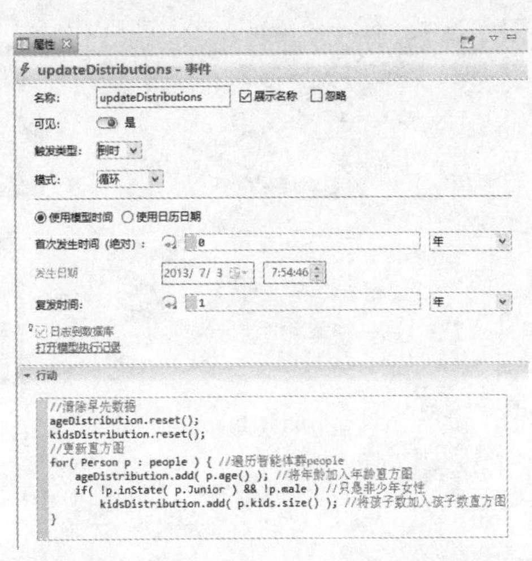

图 3-3-26 事件（Event）元件属性设置

（5）从分析（Analysis）面板拖曳两个直方图（Histogram）元件到 Main 中，并如图 3-3-27 所示设置其属性，名称（Name）分别为“chart2”和“chart3”；数据（Data）部分，标题（Title）分别为“年龄分布”和“每家孩子数分布”，直方图（Histogram）分别填入“ageDistribution”和“kidsDistribution”，概率密度函数颜色（PDF color）分别选择“goldenRod”和“mediumSlateBlue”；数据更新（Data update）部分，均选择“自动更新数据（Update data automatically）”；图例（Legend）部分，位置（Position）均选择图例在上；图表区域（Chart area）部分，背景颜色（Background color）均设为“new Color(234, 232, 209)”。

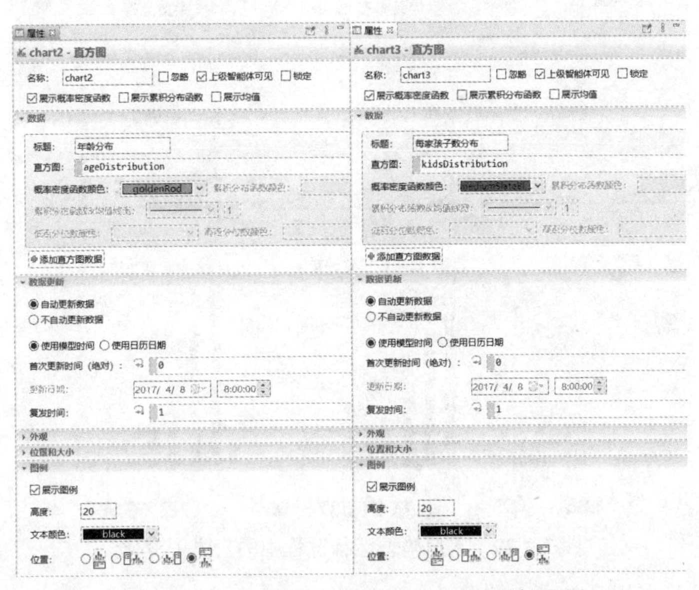

图 3-3-27 直方图（Histogram）元件属性设置

（6）运行模型，如图 3-3-28 所示。

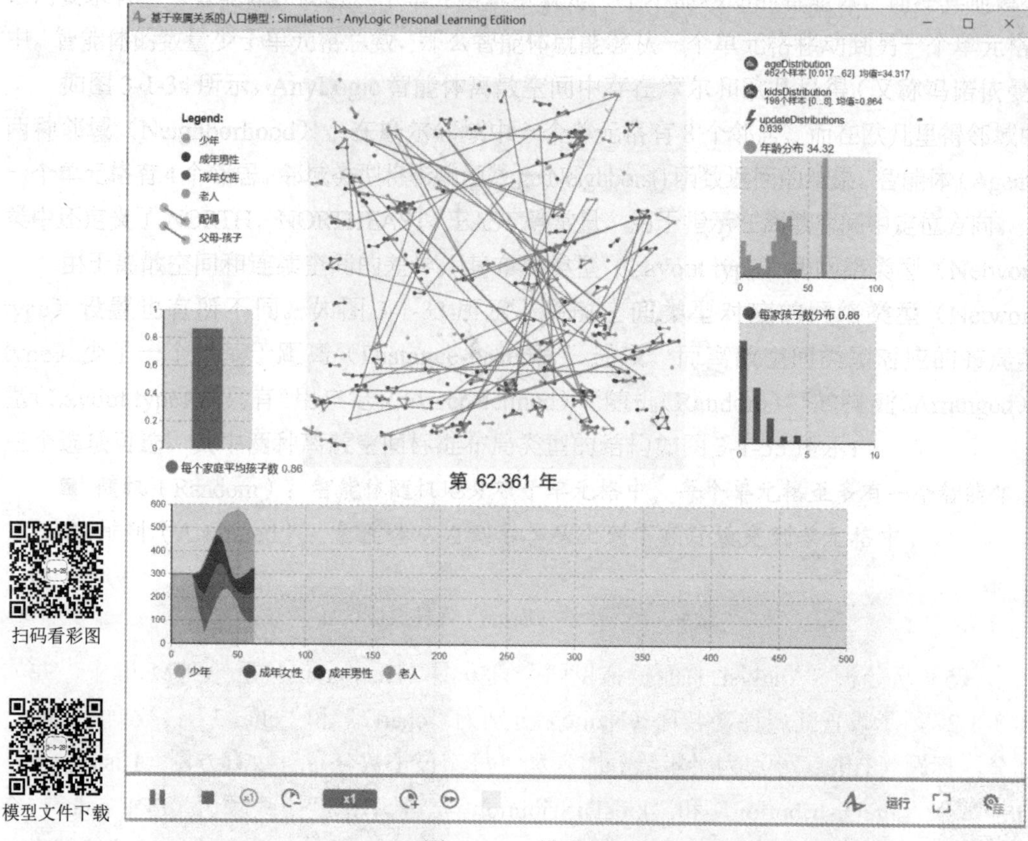

图 3-3-28　模型运行结果显示

（7）图 3-3-29 所示为模型运行过程中动态直方图随时间的变化。其中年龄分布动态直方图中，0 岁处每出现一个波峰就代表新的一代人出生。

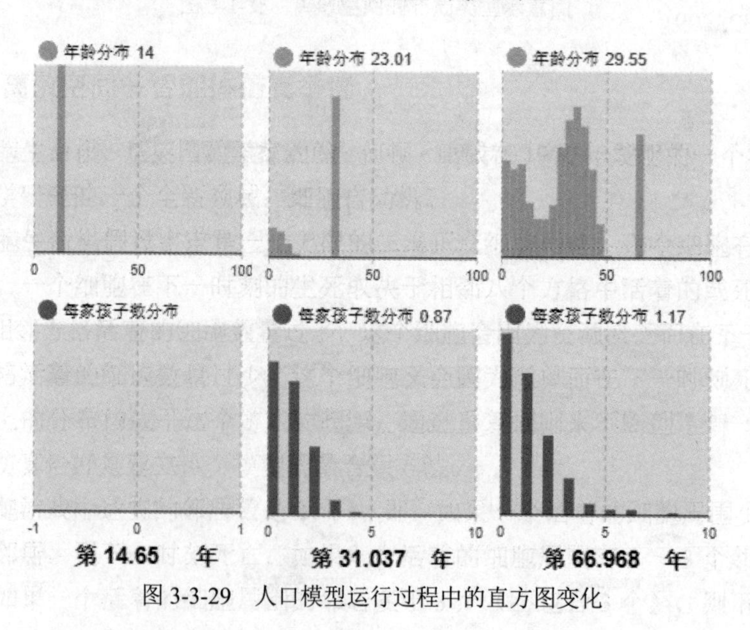

图 3-3-29　人口模型运行过程中的直方图变化

3.3.5 自定义统计在人口模型中的应用

在使用 AnyLogic 系统提供的智能体群的标准统计项目时，每次值的更新，都要对整个智能体群中所有的智能体进行遍历，这样处理的计算效率比较低，尤其是智能体群数量巨大的时候。AnyLogic 支持用户使用自定义统计来代替标准统计，例如在 3.3.3 模型基础上，用户可以自定义统计来替代原来的标准统计，具体操作如下。

（1）打开 3.3.3 节的模型，双击工程树中的智能体类型 Person 打开其图形编辑器，从智能体（Agent）面板拖曳一个参数（Parameter）元件到 Person 中，并设置其属性，名称（Name）为“IntervalBetweenKids”，类型（Type）选择“时间（Time）”，单位（Unit）选择“年（years）”，默认值（Default value）为 10。

（2）双击工程树中的智能体类型 Main 打开其图形编辑器，从智能体（Agent）面板拖曳一个参数（Parameter）元件到 Main 中，并设置其属性，名称（Name）为“IntervalBetweenKids”，类型（Type）选择“时间（Time）”，单位（Unit）选择“年（years）”，默认值（Default value）为 9。

（3）点击选中 Main 中的智能体群 people，并如图 3-3-30 所示修改其属性，参数 IntervalBetweenKids 中填入“IntervalBetweenKids”，单位为“年（years）”；统计（Statistics）部分，删除所有项目。

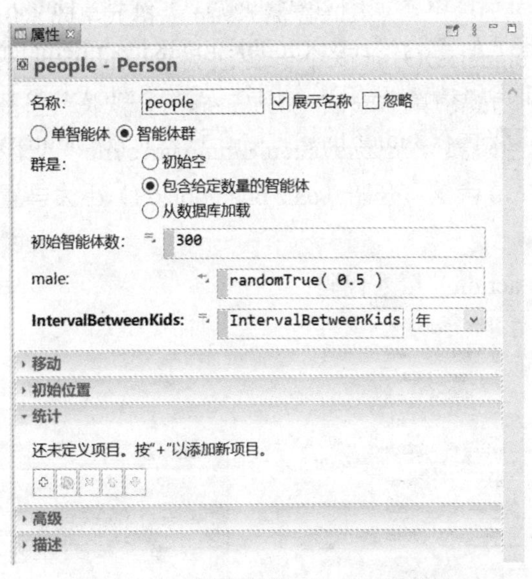

图 3-3-30 智能体群 people 属性设置

（4）从智能体（Agent）面板拖曳六个变量（Variable）元件到 Main 中，并设置其属性，名称（Name）分别为“nJunior”“nFemaleAdults”“nMaleAdults”“nSenior”“totalKids”和“nFemaleNonJunior”，类型（Type）均选择“int”。

（5）如图 3-3-31 所示修改 Main 中时间堆叠图 chart 的属性，数据（Data）部分，各项目的值（Value）分别为“nJunior”“nFemaleAdults”“nMaleAdults”和“nSenior”；数据更新（Data update）部分，显示至多 501 个最新的样本（Display up to 501 latest samples）；比例（Scale）部分，时间窗（Time window）为 500 模型时间单位（model time units）。

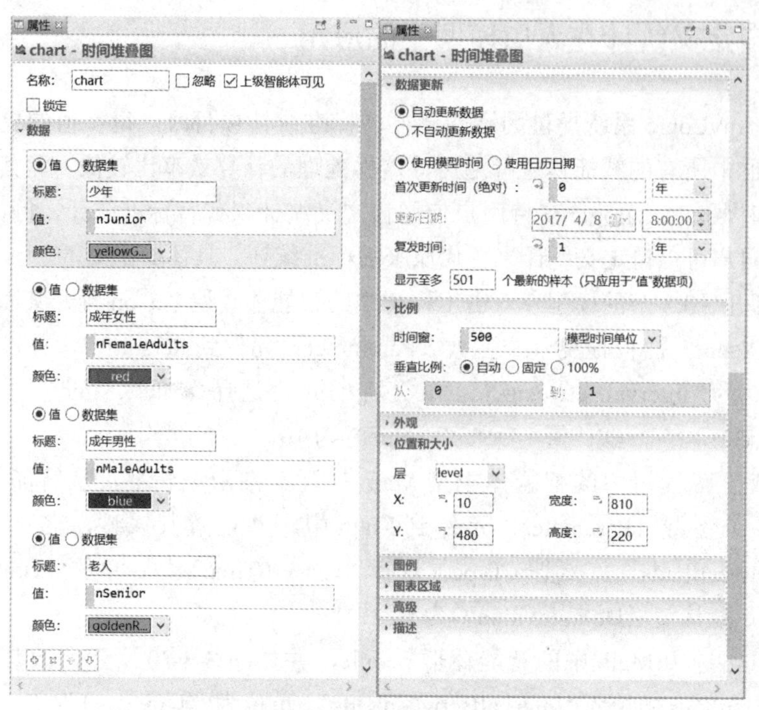

图 3-3-31　时间堆叠图 chart 属性设置

（6）如图 3-3-32 所示修改条形图 chart1 的属性，数据（Data）部分，标题修改为“每家孩子数”，值（Value）修改为“zidz((double)totalKids, nFemaleNonJunior)”。

（7）修改 Person 的图形编辑器中状态图各状态（State）和变迁（Transition）的属性。如图 3-3-33 所示修改状态 Junior 的属性，在进入行动（Entry action）增加代码：

```
//更新统计数据
main.nJunior++;
```

在离开行动（Exit action）填入代码：

```
//更新统计数据
main.nJunior--;
```

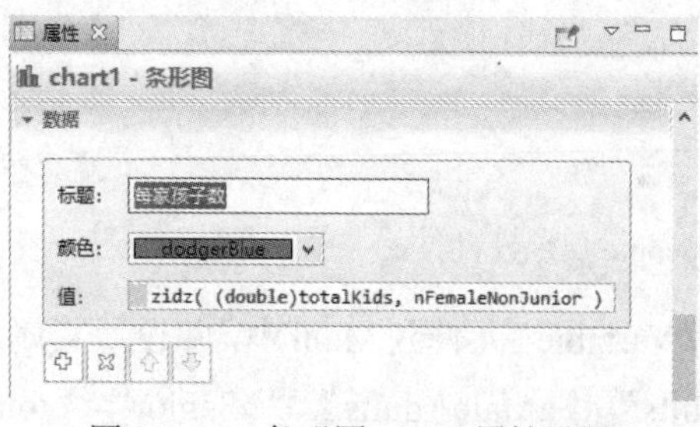

图 3-3-32　条形图 chart1 属性设置

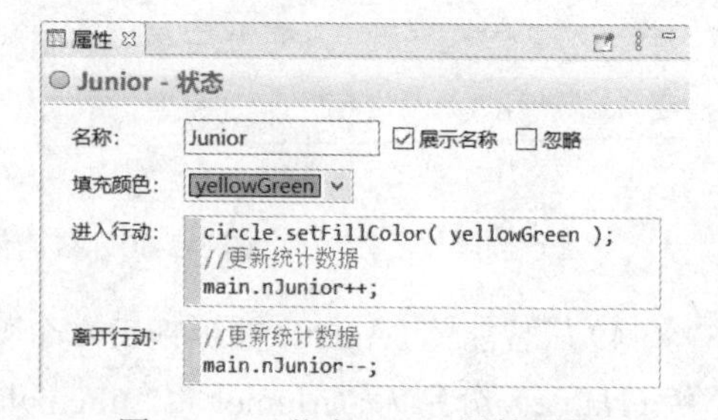

图 3-3-33　状态 Junior 属性设置

如图 3-3-34 所示修改状态 Adult 的属性，在进入行动（Entry action）增加代码：

```
//更新统计数据
if( male ) {
    main.nMaleAdults++;
}
```

```
else {
    main.nFemaleAdults++;
    main.nFemaleNonJunior++;
}
```

在离开行动（Exit action）填入代码：

```
//更新统计数据
if( male )
    main.nMaleAdults--;
else
    main.nFemaleAdults--;
```

如图 3-3-35 所示修改状态 Senior 的属性，在进入行动（Entry action）增加代码：

```
//更新统计数据
main.nSenior++;
```

在离开行动（Exit action）填入代码：

```
//更新统计数据
main.nSenior--;
if( !male )
    main.nFemaleNonJunior--;
```

图 3-3-34 状态 Adult 属性设置

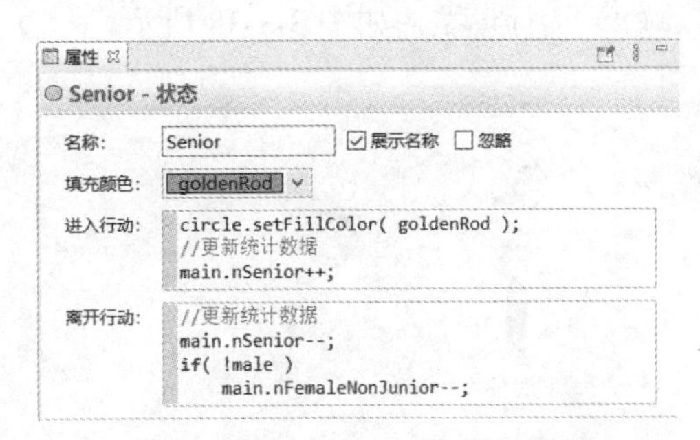

图 3-3-35 状态 Senior 属性设置

如图 3-3-36 所示修改变迁 Newkid 的属性，速率（Rate）修改为“1/IntervalBetween Kids”，单位为“每年（per year）”，在行动（Action）增加代码：

```
//更新统计图
main.totalKids++;
```

图 3-3-36 变迁 Newkid 属性设置

如图 3-3-37 所示修改最终状态 Dead 的属性，在行动（Action）填入代码：

```
//删除所有对我的引用
//删除孩子的
for( Person kid : kids ) {
    if( male ) {
        kid.father = null;
    } else {
        kid.mother = null;
        //更新统计数据 - 母亲先去世
        main.totalKids--;
    }
}
//删除配偶的
if( spouse != null)
    spouse.spouse = null;
//删除父母的
if( father != null)
    father.kids.remove(this);
if( mother != null) {
    mother.kids.remove(this);
    //更新统计数据 - 孩子先去世
    main.totalKids--;
}
//去除智能体
main.remove_people(this);
```

图 3-3-37　最终状态 Dead 属性设置

（8）运行模型，如图 3-3-38 所示。

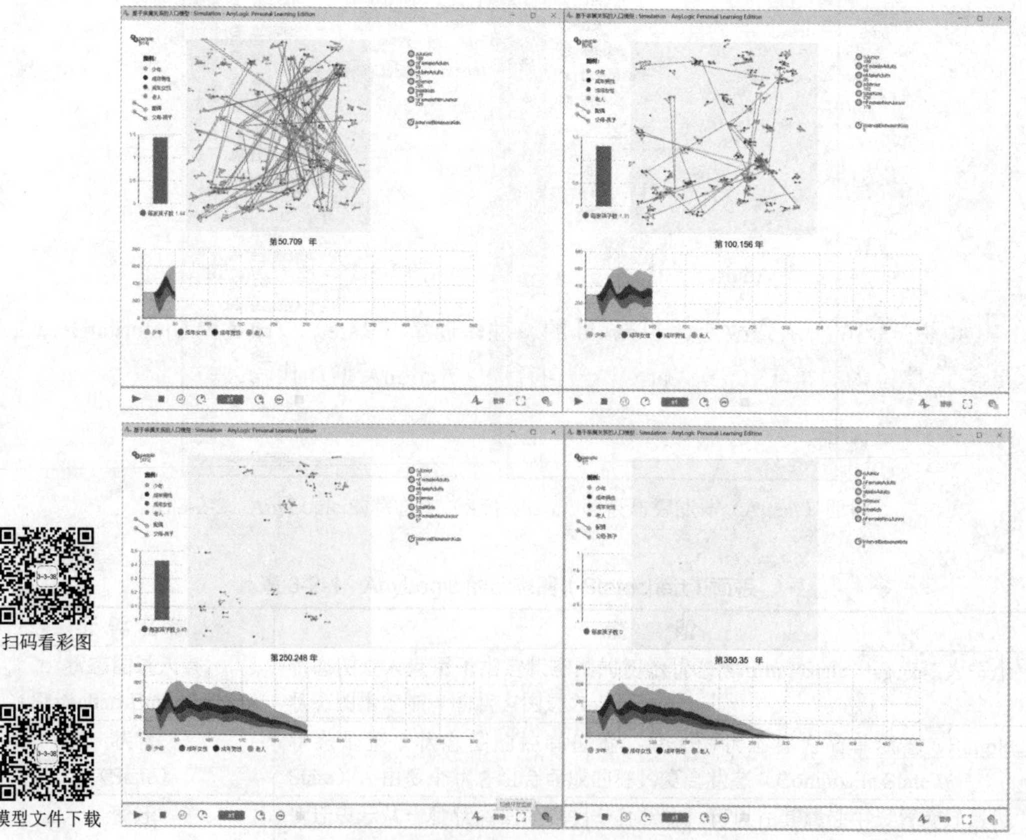

图 3-3-38　模型运行结果显示（第 50、100、250、350 年）

3.4 AnyLogic多智能体仿真举例——防空系统模型

本节将构建一个三维连续空间的防空系统多智能体模型。以时速600千米飞行的轰炸机，轰炸位于特定区域的地面建筑物，为了完成任务，轰炸机必须在飞行高度低于海拔2千米且距地面目标水平距离500米以内时投掷炸弹。完成任务后，轰炸机会抬升沿更高海拔的飞行路线返回基地。地面防空系统有两个扫描半径为6.5千米的对空制导雷达，一个雷达可以同时引导两枚地对空导弹。一旦轰炸机进入雷达扫描区域，防空系统就会发射导弹，导弹时速为900千米并会在距轰炸机300米处爆炸。如果导弹在击中轰炸机前飞出了雷达的扫描半径，会立刻启动自毁。

3.4.1 创建基础场景及建筑物

（一）创建模型基础场景

（1）新建一个模型。

（2）从演示（Presentation）面板拖曳一个矩形（Rectangle）元件到Main中，并如图3-4-1所示设置其属性，名称（Name）为“rectangle”，勾选“锁定（Lock）”；外观（Appearance）部分，填充颜色（Fill color）下拉框选择“纹理（Textures）”并在弹出窗口中选择“earth”，线颜色（Line color）选择“无色（No color）”；位置与大小（Position and size）部分，X为0，Y为0，宽度（Width）为800，高度（Height）为600，Z为-1，Z高度（Z-Height）为1。

（3）点击选中Main中的比例（Scale）元件，并如图3-4-2所示设置其属性，比例是（Scale is）选择“图形化定义（Defined graphically）”，标尺长度对应（Ruler length corresponds to）为10千米（kilometers），即10个像素刻度为1千米。

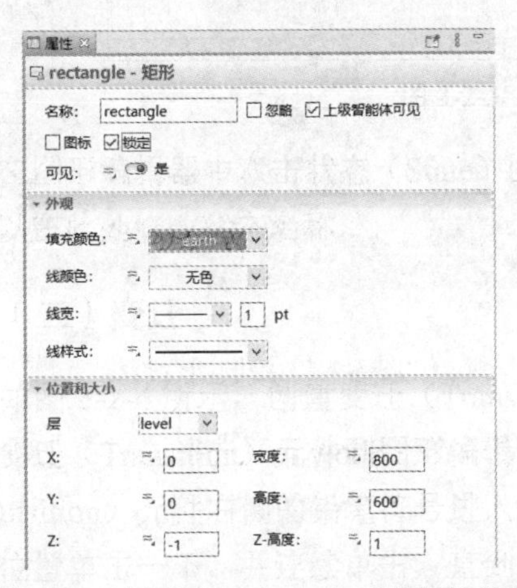

图3-4-1 矩形（Rectangle）元件属性设置

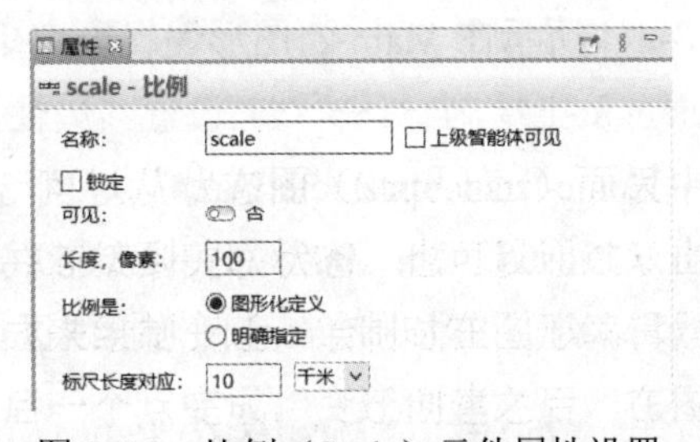

图3-4-2 比例（Scale）元件属性设置

（4）从演示（Presentation）面板拖曳一个三维窗口（3D Window）元件到Main中

如图 3-4-3 所示位置，并设置其属性，位置和大小（Position and size）部分，X 为 0，Y 为 850，宽度（Width）为 800，高度（Height）为 550。

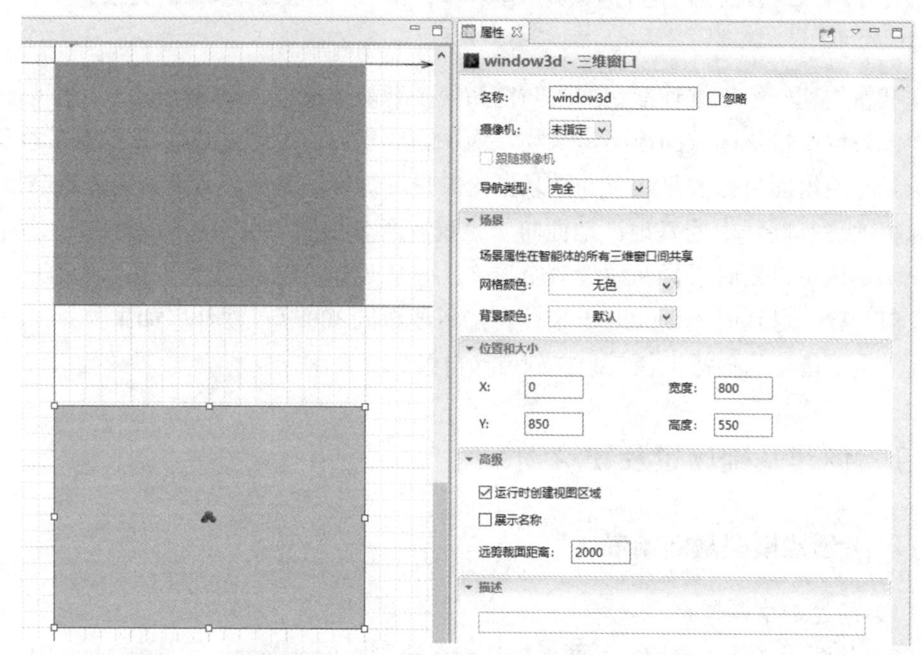

图 3-4-3　三维窗口（3D Window）元件属性设置

（5）从演示（Presentation）面板拖曳两个视图区域（View Area）元件到 Main 中，并设置其属性。第一个视图区域（View Area）元件和 Main 中的帧（Frame）重合，名称（Name）为“view2D”，标题（Title）为“2D”；位置和大小（Position and size）部分，X 为 0，Y 为 0，宽度（Width）为 1000，高度（Height）为 600。第二个视图区域（View Area）元件左下角与三维窗口 window3d 左下角重合，名称（Name）为“view3D”，标题（Title）为“3D”；位置和大小（Position and size）部分，X 为 0，Y 为 800，宽度（Width）为 1000，高度（Height）为 600。

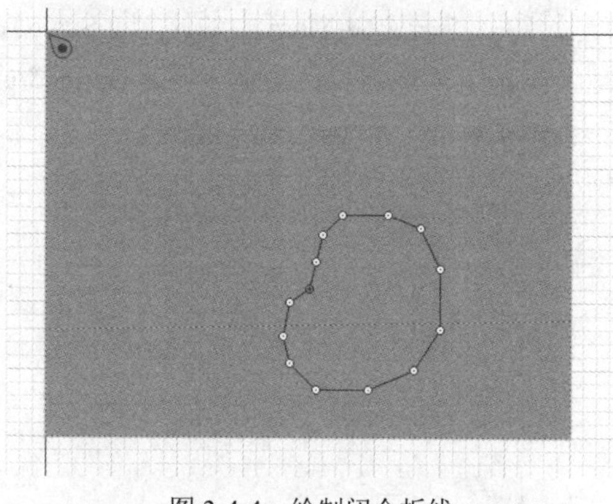

图 3-4-4　绘制闭合折线

（6）在演示（Presentation）面板中，双击折线（Polyline）元件进入绘制模式，如图 3-4-4 所示在 Main 的图形编辑器中矩形 rectangle 上绘制一条折线，设置其属性，名称（Name）为“protectedArea”，勾选“闭合（Closed）”；高级（Advanced）部分，展示在（Show in）选择“只有二维（2D only）”。建筑物将分布在该闭合折线区域内。

（二）创建建筑物智能体类型 Building

（1）从智能体（Agent）面板拖曳一个智能体（Agent）元件到 Main 中，在弹出的新建智能体向导第1步，点击“智能体群（Population of agents）”；第2步，新类型名（Agent type name）设为“Building”，智能体群名（Agent population name）设为“buildings”，选择“我正在从头创建智能体类型（Create the agent type from scratch）”；第3步，智能体动画（Agent animation）选择“三维（3D）”，并选择建筑物（Buildings）部分的房子（House）；第4步，不添加智能体参数（Agent parameters）；第5步，设置创建群具有10个智能体（Create population with 10 agents）；第6步，空间类型（Space type）选择“连续（Continuous）”，大小（Size）设为400×400，不勾选“应用随机布局（Apply random layout）”，网络类型（Network type）选择“无网络/用户定义（No network / User-defined）”，点击完成（Finish）按钮。智能体类型Building创建完成，并显示在工程树中。智能体群buildings显示在Main中。

（2）点击工程树中的智能体类型Building设置其属性，在智能体行动（Agent actions）部分的启动时（On startup）填入代码：

```
//房子放置位置限制在闭合折线内
Point pt = main.protectedArea.randomPointInside();
setXYZ( pt.x, pt.y, 0 );
```

（3）双击工程树中的智能体类型Building打开其图形编辑器，点击选中Building中的比例（Scale）元件并设置其属性，比例是（Scale is）选择“图形化定义（Defined graphically）”，标尺长度对应（Ruler length corresponds to）为10千米（kilometers）。点击选中Building图形编辑器中的三维对象house并设置其属性，附加比例（Additional scale）为“15000%”。因为模型比例尺过大，为了在场景中看到长度单位为“米”的三维对象，必须将其扩大100至1000倍不等，本节后面不再赘述。

（4）运行模型，如图3-4-5和图3-4-6所示，在右下角点击“切换开发面板（Toggle Developer panel）”，就可以在右侧切换2D视图区域和3D视图区域。注意，闭合折线在2D视图区域中是可以看到的，但在3D视图区域中无法看到，因为其属性高级（Advanced）部分展示在（Show in）选择了“只有二维（2D only）”。

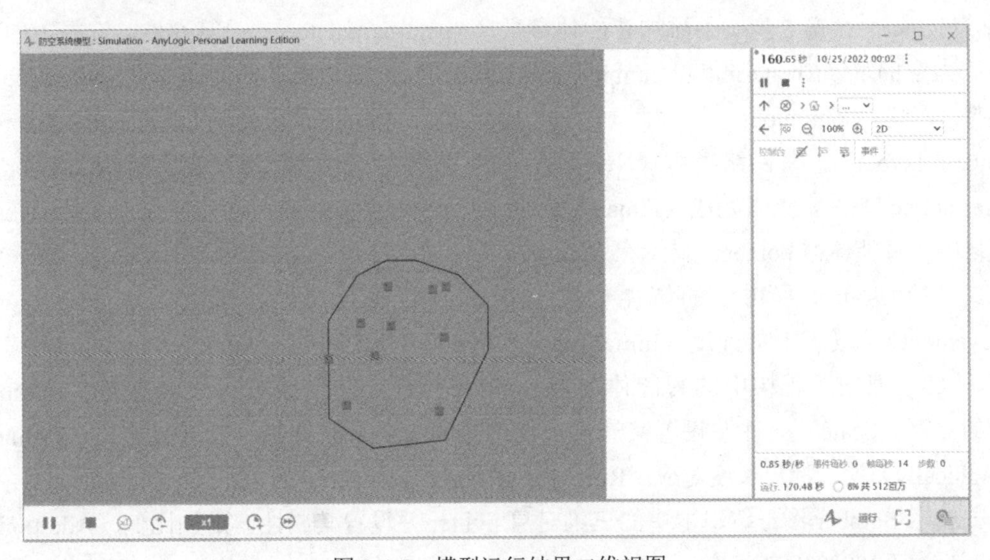

图3-4-5　模型运行结果二维视图

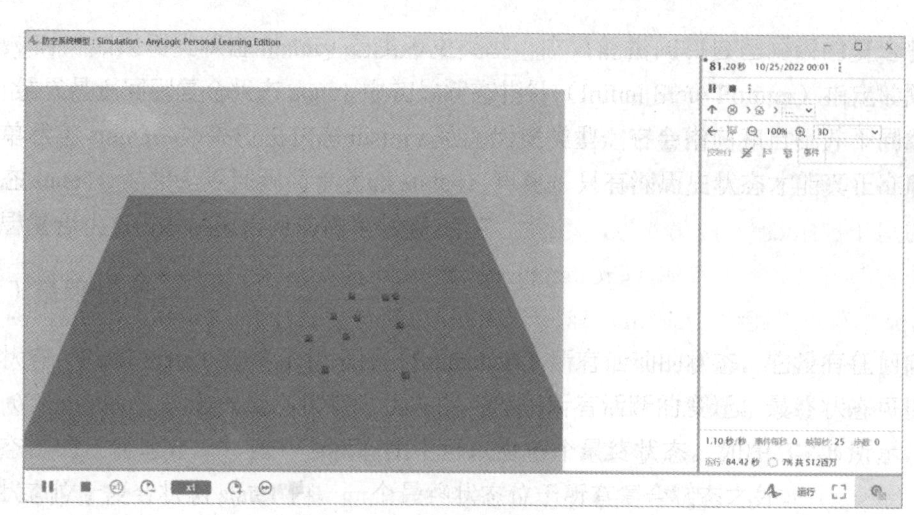

图 3-4-6　模型运行结果三维视图

3.4.2　创建轰炸机及其飞行路线

创建轰炸机，它们从区域外某基地起飞，从图形编辑器坐标原点高空处飞向建筑物再返回。

（一）创建轰炸机智能体类型 Bomber

（1）从智能体（Agent）面板拖曳一个智能体（Agent）元件到 Main 中，在弹出的新建智能体向导第 1 步，点击“智能体群（Population of agents）”；第 2 步，选择“我想创建新智能体类型（I want to create a new agent type）”；第 3 步，新类型名（Agent type name）设为“Bomber”，智能体群名（Agent population name）设为“bombers”，选择“我正在从头创建智能体类型（Create the agent type from scratch）”；第 4 步，智能体动画（Agent animation）选择“三维（3D）”，并选择军事（Military）部分的战斗机（Fighter）；第 5 步，不添加智能体参数（Agent parameters）；第 6 步，选择“创建初始为空的群（Create initially empty population）”；第 7 步，空间类型（Space type）选择“连续（Continuous）”，大小（Size）设为 400×400，不勾选“应用随机布局（Apply random layout）”，网络类型（Network type）选择“无网络 / 用户定义（No network / User-defined）”，点击完成（Finish）按钮。智能体类型 Bomber 创建完成，并显示在工程树中。智能体群 bombers 显示在 Main 中。

（2）点击工程树中的智能体类型 Bomber 设置其属性，移动（Dimensions and movement）部分，初始速度（Initial speed）为 600 千米每小时（kilometers per hour）。

（3）双击工程树中的智能体类型 Bomber 打开其图形编辑器，点击选中 Bomber 中的比例（Scale）元件并设置其属性，比例是（Scale is）选择“图形化定义（Defined graphically）”，标尺长度对应（Ruler length corresponds to）为 10 千米（kilometers）。点击选中 Bomber 图形编辑器中的三维对象 fighter 并设置其属性，附加比例（Additional scale）为“30000%”。

（4）在 Main 的图形编辑器中，如图 3-4-7 所示设置智能体演示 bombers_presentation 的属性，位置和大小（Position and size）部分，Z 为 50。按比例换算，此轰炸机以 5 千米的高度飞入模型空间。

（5）从智能体（Agent）面板拖曳一个参数（Parameter）元件到 Bomber 中，并设置其属性，名称（Name）为“target”，类型（Type）选择“Building”。

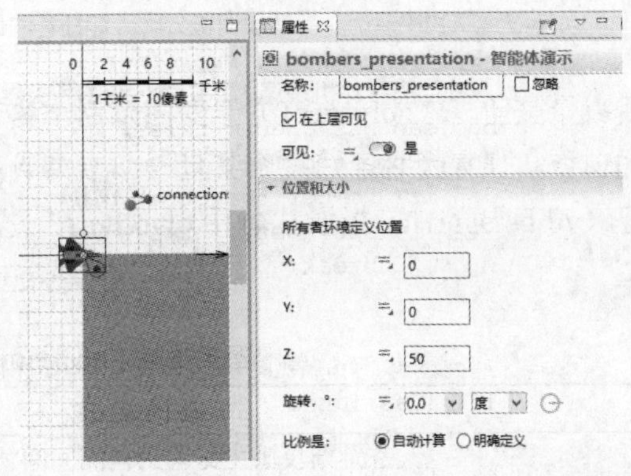

图 3-4-7　智能体演示 bombers_presentation 属性设置

（二）创建轰炸机智能体类型 Bomber 的状态图

（1）如图 3-4-8 所示创建智能体类型 Bomber 的状态图，并按图设置状态图内各状态（State）和变迁（Transition）的属性。

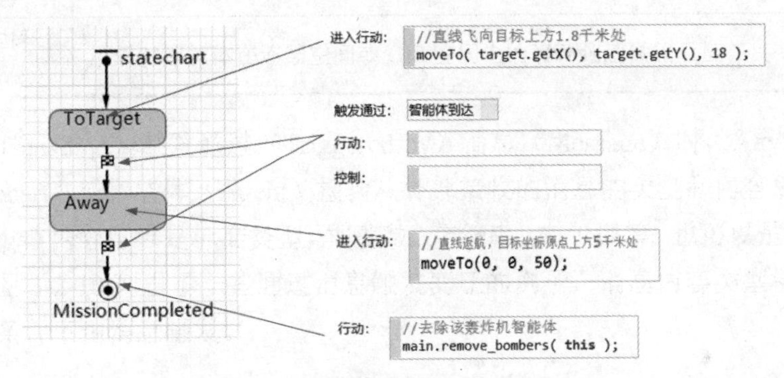

图 3-4-8　智能体类型 Bomber 的状态图

（2）设置状态 ToTarget 的属性，在进入行动（Entry action）填入代码：

```
//直线飞向目标上方1.8千米处
moveTo(target.getX(), target.getY(), 18 );
```

（3）设置状态 Away 的属性，在进入行动（Entry action）填入代码：

```
//直线返航,目标坐标原点上方5千米处
moveTo(0, 0, 50);
```

（4）设置最终状态 MissionCompleted 的属性，在行动（Action）填入代码：

```
//去除该轰炸机智能体
main.remove_bombers(this);
```

（三）设置轰炸机目标任务分配过程

从智能体（Agent）面板拖曳一个事件（Event）元件到 Main 中，并如图 3-4-9 所示设置其属性，名称（Name）为“assignMission”，触发类型（Trigger type）选择“到时（Timeout）”，模式（Mode）选择“循环（Cyclic）”；在行动（Action）部分填入代码：

```
//在建筑物中遍历，寻找没有被分配轰炸任务的目标建筑物
for( Building bldg : buildings ) {
    //在已有轰炸机中遍历，查看已有的任务里是否有这个建筑物
    boolean assigned = false;
    for( Bomber bomber : bombers ) {
        if( bomber.target == bldg ) {
            assigned = true;
            break;
        }
    }
    //创建一个新的轰炸机智能体，并将建筑物作为目标分配给轰炸机
    if( ! assigned ) {
        add_bombers( bldg );
        return;
    }
}
```

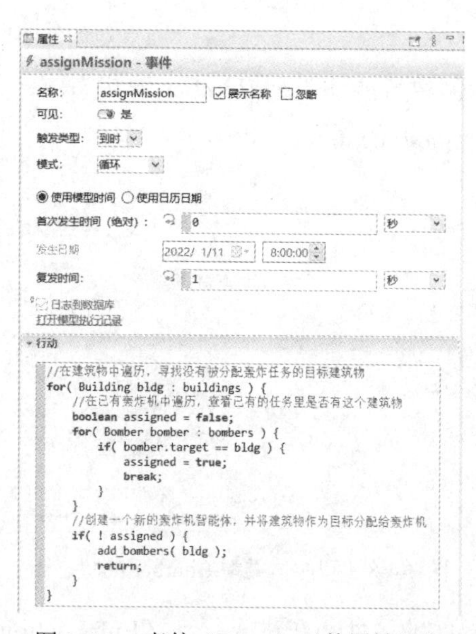

图 3-4-9　事件（Event）元件属性设置

（四）设置轰炸机返航路线

使用折线（Polyline）元件绘制一个“逃逸航线”，调用函数 moveTo（x, y, z, polyline），使轰炸机完成轰炸任务后沿着此航线返回。

（1）在演示（Presentation）面板中，双击折线（Polyline）元件进入绘制模式，如图 3-4-10 所示在 Main 中绘制一个折线，并设置其属性，名称（Name）为“escapeRoute”；外观（Appearance）部分，线颜色（Line color）选择“royalblue”，填充颜色（Fill color）选择“无色（No color）”，线宽（Line width）为 2pt；位置与大小（Position and size）部分，X 为 620，Y 为 510，Z 为 20，Z- 高度（Z-Height）为 2；高级（Advanced）部分，展示在（Show in）选择“二维和三维（2D and 3D）”。注意右侧折线 escapeRote 点列表第 10 行至第 17 行，Z 逐渐增大到相对高度坐标 70，最终绝对高度坐标为 90（20+70）。按比例换算的话就是，逃逸航线的起始端与轰炸机投弹的最高飞行高度 2 千米，然后逐渐提升到飞行高度 9 千米。

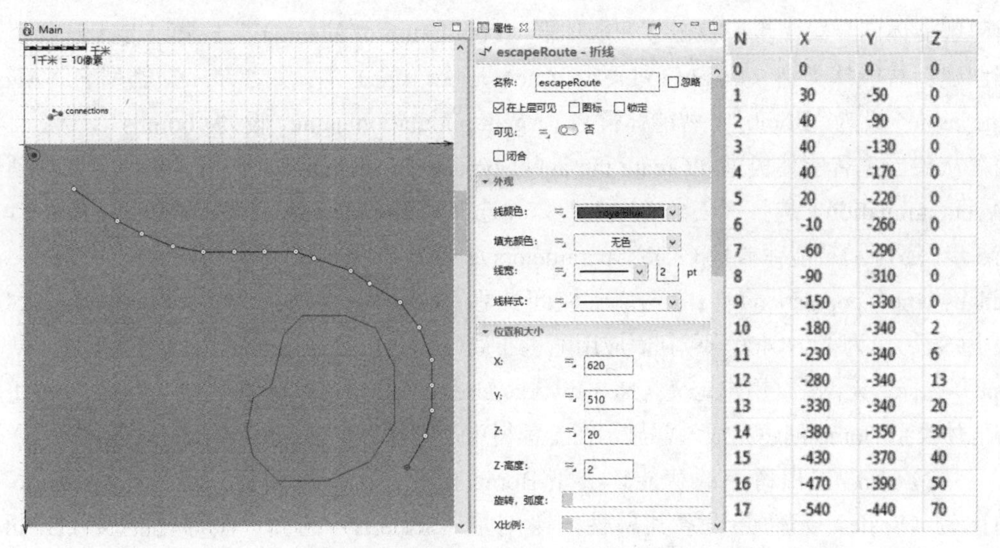

N	X	Y	Z
0	0	0	0
1	30	-50	0
2	40	-90	0
3	40	-130	0
4	40	-170	0
5	20	-220	0
6	-10	-260	0
7	-60	-290	0
8	-90	-310	0
9	-150	-330	0
10	-180	-340	2
11	-230	-340	6
12	-280	-340	13
13	-330	-340	20
14	-380	-350	30
15	-430	-370	40
16	-470	-390	50
17	-540	-440	70

图 3-4-10　折线 escapeRoute 属性设置

（2）修改智能体类型 Bomber 状态图中状态 Away 的属性，进入行动（Entry action）代码修改为：

```
//返航时沿预设航线返回坐标原点上方9千米处
moveTo(0, 0, 90, main.escapeRoute );
```

模型文件下载

（3）运行模型，如图 3-4-11 和图 3-4-12 所示。

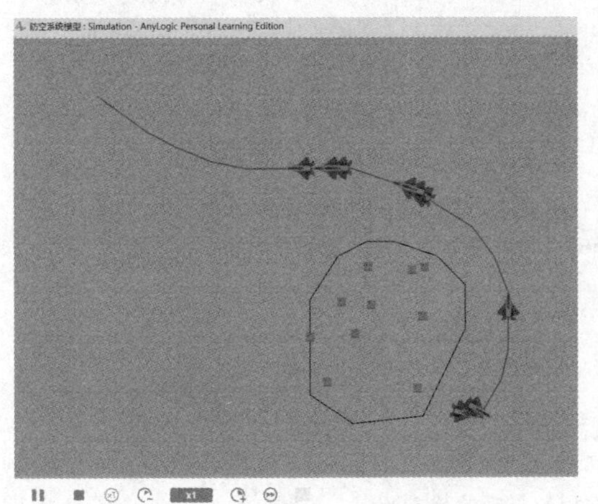

图 3-4-11　模型运行结果二维视图

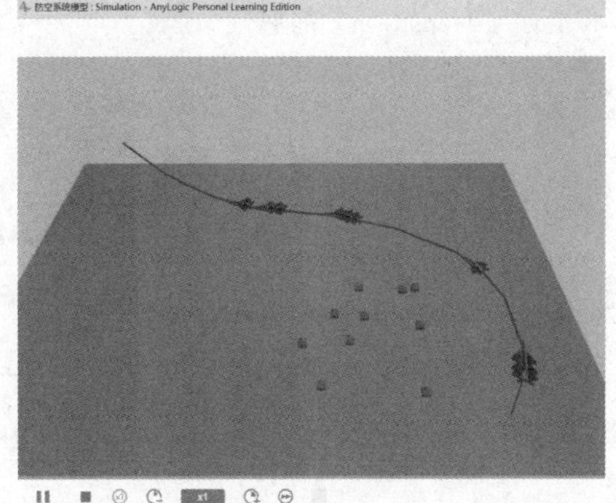

图 3-4-12　模型运行结果三维视图

3.4.3　轰炸机与建筑物的交互

模型需要实现轰炸机和目标建筑物之间的交互，当轰炸机到达攻击距离后对建筑物丢下炸弹；当炸弹到达建筑物时，建筑物被炸毁。

（一）创建炸弹智能体类型 Bomb 及其状态图

（1）从智能体（Agent）面板拖曳一个智能体（Agent）元件到 Main 中，在弹出的新建智能体向导第1步，点击“智能体群（Population of agents）”；第2步，选择“我想创建新智能体类型（I want to create a new agent type）”；第3步，新类型名（Agent type name）设为“Bomb”，智能体群名（Agent population name）设为“bombs”，选择“我正在从头创建智能体类型（Create the agent type from scratch）”；第4步，智能体动画（Agent animation）选择“三维（3D）”，并选择军事（Military）部分的炸弹（Bomb）；第5步，不添加智能体参数（Agent parameters）；第6步，选择“创建初始为空的群（Create initially empty population）”；第7步，空间类型（Space type）选择“连续（Continuous）”，大小（Size）设为400×400，不勾选“应用随机布局（Apply random layout）”，网络类型（Network type）选择“无网络 / 用户定义（No network / User-defined）”，点击完成（Finish）按钮。智能体类型Bomb创建完成，并显示在工程树中。智能体群bombs显示在Main中。

（2）双击工程树中的智能体类型Bomb打开其图形编辑器，点击选中Bomb中的比例（Scale）元件并设置其属性，比例是（Scale is）选择“图形化定义（Defined graphically）”，标尺长度对应（Ruler length corresponds to）为10千米（kilometers）。点击选中Bomber图形编辑器中的三维对象bomb设置其属性，附加比例（Additional scale）为“100000%”。

（3）从智能体（Agent）面板拖曳两个参数（Parameter）元件到Bomb中，并设置其属性，一个名称（Name）为“bomber”，类型（Type）选择“Bomber”；另一个名称（Name）为“target”，类型（Type）选择“Building”。

（4）如图3-4-13所示创建智能体类型Bomb的状态图，并按图设置各状态（State）和变迁（Transition）的属性。

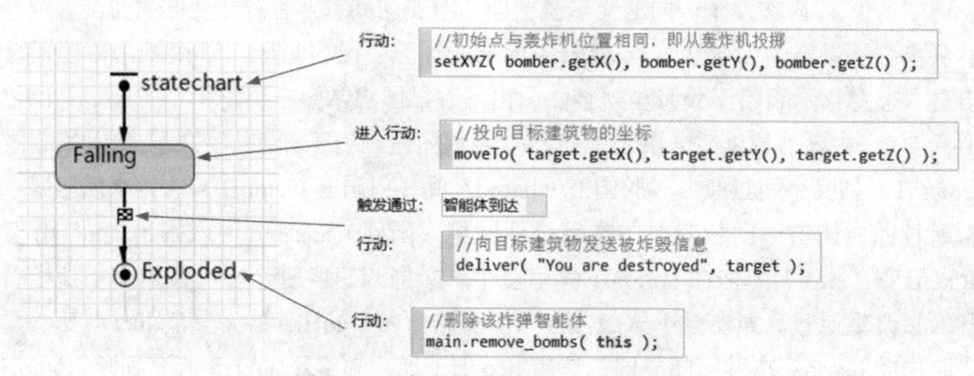

图3-4-13 智能体类型Bomb的状态图

（5）设置状态图进入点statechart的属性，在行动（Action）填入代码：

```
//初始点与轰炸机相同，即从轰炸机投掷
setXYZ( bomber.getX(), bomber.getY(), bomber.getZ() );
```

（6）设置状态Falling的属性，在进入行动（Entry action）填入代码：

```
//投向目标建筑物的坐标
moveTo( target.getX(), target.getY(), target.getZ() );
```

（7）设置变迁transition的属性，触发通过（Triggered by）选择“智能体到达（Agent arrival）”，在行动（Action）填入代码：

```
//向目标建筑物发送被炸毁信息
deliver( "You are destroyed", target );
```

（8）设置最终状态 Exploded 的属性，在行动（Action）填入代码：

```
//删除该炸弹智能体
main.remove_bombs(this);
```

（二）添加建筑物被炸毁的演示

（1）双击工程树中的智能体类型 Building 打开其图形编辑器，从智能体（Agent）面板拖曳一个变量（Variable）元件到 Building 中，设置其属性，名称（Name）为“destroyed”，类型（Type）选择“boolean”，初始值（Initial value）为“false”。

（2）点击选中 Building 中的 connections 元件并设置其属性，通讯（Communicate）部分，消息类型（Message type）选择“Object”，在接收消息时（On message received）填入代码：

```
destroyed = true;//标记自己已经被炸弹炸毁
```

（3）如图 3-4-14 所示，从演示（Presentation）面板拖曳一个矩形（Rectangle）元件到 Building 图形编辑器中的坐标原点处，并设置其属性，可见（Visible）设为动态值（Dynamic value）并填入“destroyed”；外观（Appearance）部分，填充颜色（Fill Color）下拉框选择“red”；位置和大小（Position and size）部分，X 为 -10，Y 为 -10，Z 为 0，宽度（Width）为 20，高度（Height）为 20，Z- 高度（Z-Height）为 10。当建筑物被炸毁时，会显示该红色立方块。

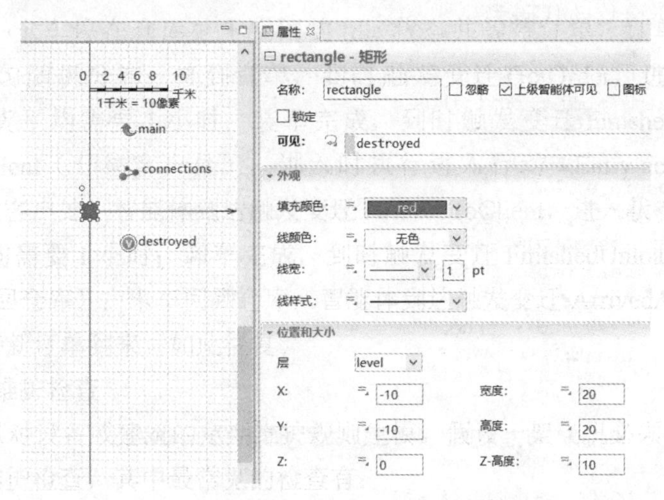

图 3-4-14　矩形（Rectangle）元件属性设置

（三）设置轰炸机投弹过程

根据问题假设，轰炸机一旦距离目标水平距离 500 米时就要投弹，且飞行高度不高于 2 千米。为了能及时检测到达到这个条件的最早时刻，在 Main 的属性中启用分步模式，使所有轰炸机每经过一个步长时间都会检测投弹条件是否满足。

（1）点击工程树中的智能体类型 Main 设置其属性，空间和网络（Space and network）部分，勾选“启用分步（Enable steps）”，并在每步持续时间（Step duration）为 1 秒（seconds）。启用分步后，Main 包含的各个智能体群对应智能体类型属性里，在智能体行动（Agent actions）部分就可以设置智能体的每步前（On before step）或每步时（On step）的行动。

（2）从智能体（Agent）面板拖曳一个事件（Event）元件到 Bomber 中，并设置其属性，名称（Name）为“attack”，触发类型（Trigger type）选择“条件（Condition）”，条件（Condition）为“distanceTo(target.getX(), target.getY(), getZ()) <= 5 && getZ() <= 20”，在行动（Action）部分填入代码：

```
//创建炸弹智能体，指定目标投掷炸弹
main.add_bombs( this, target );
```

（3）点击工程树中的智能体类型 Bomber，如图 3-4-15 所示设置智能体类型 Bomber 的属性，智能体行动（Agent actions）部分，在每步时（On step）填入代码：

```
onChange();
```

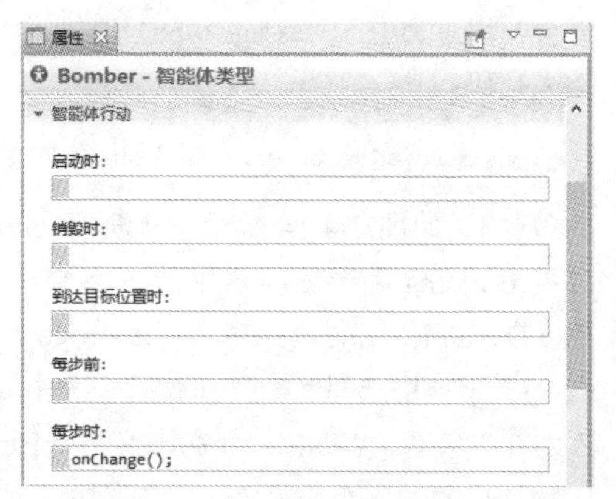

图 3-4-15　智能体类型 Bomber 属性设置

（4）此时运行模型，会发现所有被炸毁了的建筑物仍有轰炸机继续去投弹。这是因为在任务分配的时候没有考虑到建筑物是否被炸毁。修改 Main 中事件 assignMission 的属性，行动（Action）部分修改代码为：

```
//在建筑物中遍历，寻找没有被分配轰炸任务的目标建筑物
for( Building bldg : buildings ) {
    //忽略已经被炸毁的建筑物
    if( bldg.destroyed )
        continue;
    //在已有轰炸机中遍历，查看已有的任务里是否有这个建筑物
    boolean assigned = false;
    for( Bomber bomber : bombers ) {
        if( bomber.target == bldg ) {
            assigned = true;
            break;
        }
    }
    //创建一个新的轰炸机智能体，并将建筑物作为目标分配给轰炸机
    if( ! assigned ) {
        add_bombers( bldg);
        return;
    }
}
```

模型文件下载

（5）修改 Main 中折线 escapeRoute 的属性，高级（Advanced）部分，展示在（Show in）选择“只有二维（2D only）”。

（6）运行模型，如图 3-4-16 和图 3-4-17 所示。

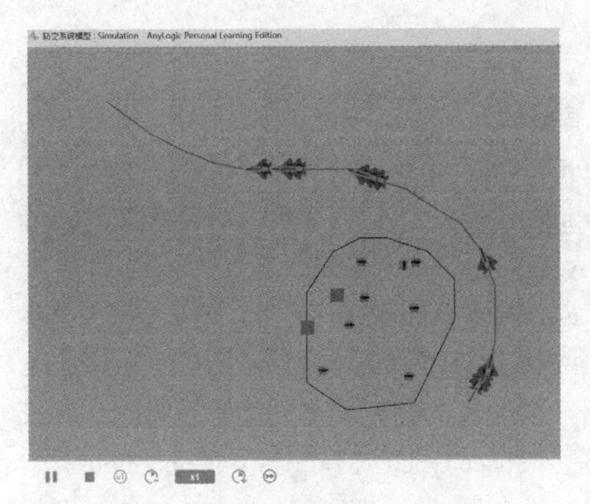

图 3-4-16 模型运行结果二维视图

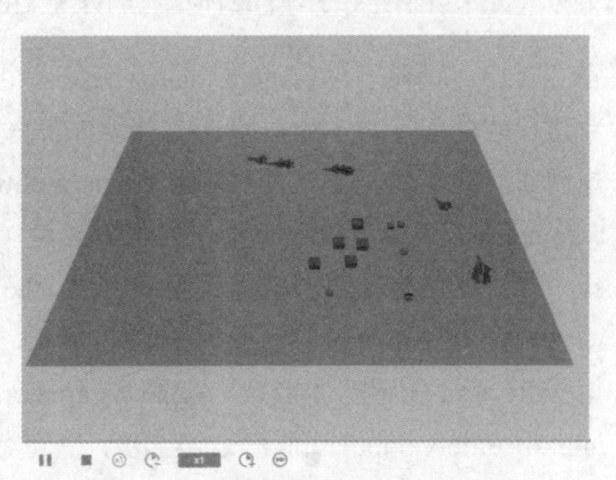

图 3-4-17 模型运行结果三维视图

3.4.4 创建雷达制导防空系统

雷达制导防空系统包括雷达和雷达引导控制的导弹，雷达在每步（持续时间 1 秒）都会扫描它所覆盖的空域，一旦发现一个轰炸机，它会发射一枚导弹并引导其攻击该轰炸机（一个雷达可以同时引导 2 枚导弹），导弹一旦到达距离轰炸机 300 米以内位置立即爆炸，炸毁轰炸机。

（一）创建雷达智能体类型 Radar

（1）从智能体（Agent）面板拖曳一个智能体（Agent）元件到 Main 中，在弹出的新建智能体向导第 1 步，点击“仅智能体类型（Agent type only）”；第 2 步，新类型名（Agent type name）设为“Radar”，选择“我正在从头创建智能体类型（Create the agent type from scratch）”；第 3 步，智能体动画（Choose animation）选择“三维（3D）”，并选择军事（Military）部分的爱国者导弹车（Patriot）；第 4 步，不添加智能体参数（Agent parameters），点击完成（Finish）按钮。智能体类型 Radar 创建完成，并显示在工程树中。

（2）双击工程树中的智能体类型 Radar 打开其图形编辑器，点击选中 Radar 中的比例（Scale）元件并设置其属性，比例是（Scale is）选择“图形化定义（Defined graphically）”，标尺长度对应（Ruler length corresponds to）为 10 千米（kilometers）。点击选中 Radar 图形编辑器中的三维对象 patriot 设置其属性，附加比例（Additional scale）为“30000%”。

（3）从工程树中将智能体类型 Radar 拖入 Main 中，并设置其属性，名称（Name）为“radar1”；初始位置（Initial location）部分，放置智能体（Place agent - s）选择“在指定的点（in the specified point）”，X 为 350，Y 为 200，Z 为 0。

（4）在 Main 的图形编辑器中，按住 Ctrl 同时拖动智能体 radar1 来复制创建一个智能体，并修改其属性，名称（Name）为“radar2”；初始位置（Initial location）部分，X 为 300，Y 为 400，Z 为 0；高级（Advanced）部分点击“展示演示（Show presentation）”按钮。

（二）创建导弹智能体类型 Missile

（1）从智能体（Agent）面板拖曳一个智能体（Agent）元件到 Main 中，在弹出的新建智能体向导第 1 步，点击“智能体群（Population of agents）”；第 2 步，选择“我想创建新智能体类型（I want to create a new agent type）”；第 3 步，新类型名（Agent type name）设为“Missile”，智能体群名（Agent population name）设为“missiles”，选择“我正在从头创建智能体类型（Create the agent type from scratch）”；第 4 步，智能体动画（Agent animation）选择“三维（3D）”，并选择军事（Military）部分的火箭（Rocket）；第 5 步，不添加智能体参数（Agent parameters）；第 6 步，选择“创建初始为空的群（Create initially empty population）”；第 7 步，空间类型（Space type）选择“连续（Continuous）”，大小（Size）设为 400×400，不勾选“应用随机布局（Apply random layout）”，网络类型（Network type）选择“无网络 / 用户定义（No network / User-defined）”，点击完成（Finish）按钮。智能体类型 Missile 创建完成，并显示在工程树中。智能体群 missiles 显示在 Main 中。

（2）双击工程树中的智能体类型 Missile 打开其图形编辑器，点击选中 Missile 中的比例（Scale）元件并设置其属性，比例是（Scale is）选择“图形化定义（Defined graphically）”，标尺长度对应（Ruler length corresponds to）为 10 千米（kilometers）。点击选中 Missile 图形编辑器中的三维对象 rocket 设置其属性，附加比例（Additional scale）为“100000%”。点击工程树中的智能体类型 Missile 设置其属性，移动（Dimensions and movement）部分，初始速度（Initial speed）为 900 千米每小时（kilometers per hour）。

（3）从智能体（Agent）面板拖曳两个参数（Parameter）元件到 Missile 中，并设置其属性，一个名称（Name）为“radar”，类型（Type）选择“Radar”；另一个名称（Name）为“target”，类型（Type）选择“Bomber”。

（三）设置雷达发射和引导导弹过程

（1）双击工程树中的智能体类型 Radar 打开其图形编辑器，从智能体（Agent）面板拖曳一个参数（Parameter）元件到 Radar 中，设置其属性，名称（Name）为“range”，类型（Type）选择“double”，默认值（Default value）为 65。即设定雷达覆盖区域的半径默认为 6.5 千米。

（2）从智能体（Agent）面板拖曳一个集合（Collection）元件到 Radar 中，设置其属性，名称（Name）为“guidedmissiles”，集合类（Collection class）选择“ArrayList”，元素类（Elements class）选择“Missile”，此集合将包含目前由该雷达引导的导弹。

（3）点击工程树中的智能体类型 Radar 设置其属性，智能体行动（Agent actions）部分，在每步时（On step）填入代码：

```
for( Bomber b : main.bombers ) {              //遍历空中的所有轰炸机
    if( guidedmissiles.size() >= 2 )          //检测雷达引导的导弹不多于2个
        break;
    if( distanceTo( b )< range ) {            //检测是否在雷达有效覆盖范围内
        //是否已经被其他导弹设为目标
        boolean engaged = false;
```

```
        for( Missile m : main.missiles ) {
            if( m.target == b ) {
                engaged = true;
                break;
            }
        }
        if( engaged )
            continue;                        //处理下一个轰炸机
        //生成新的导弹智能体，并指定它的引导雷达和攻击的目标轰炸机
        Missile m = main.add_missiles( this, b );
        guidedmissiles.add( m );             //将导弹放入该雷达正在引导的导弹列表
    }
}
```

每步（持续时间 1 秒）执行一次，遍历空中的所有导弹。如果在覆盖半径内发现一个没有被导弹攻击的轰炸机而且雷达还有引导导弹的能力，则发射一枚新的导弹瞄准该轰炸机。

（四）创建导弹智能体类型 Missile 的状态图

导弹会定期根据雷达传来的目标轰炸机坐标数据来调整它的轨迹以确保击中目标。如果在击中轰炸机前飞出了雷达的覆盖区域，导弹会立即自毁。

（1）如图 3-4-18 所示，在 Missile 的图形编辑器中创建状态图，并按图设置各状态（State）和变迁（Transition）的属性。

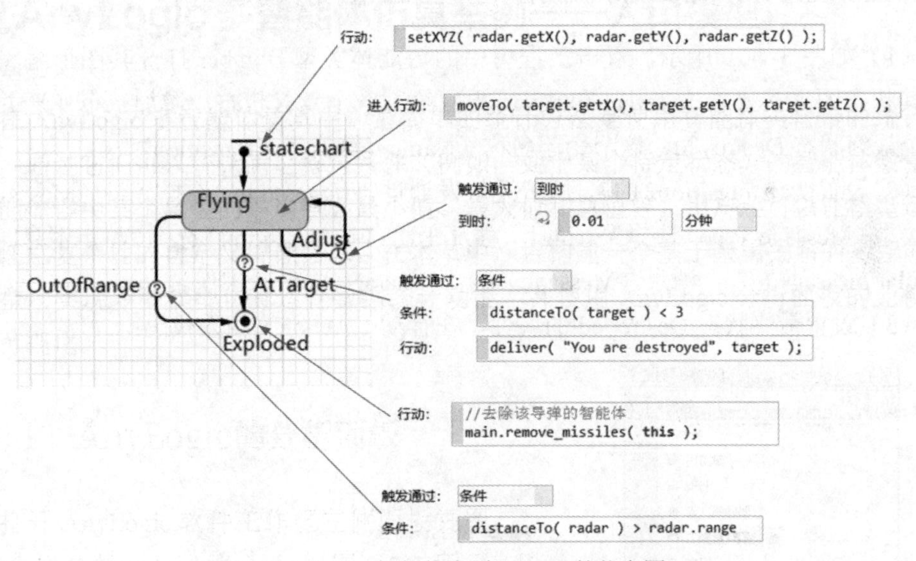

图 3-4-18　智能体类型 Missile 的状态图

（2）设置在状态进入点 statechart 的属性，在行动（Action）填入代码：

```
//创建智能体于当前雷达所在的点
setXYZ( radar.getX(), radar.getY(), radar.getZ() );
```

（3）设置状态 Flying 的属性，在进入行动（Entry action）填入代码：

```
//飞向目标轰炸机所在的点
moveTo( target.getX(), target.getY(), target.getZ() );
```

（4）设置变迁 Adjust 的属性，触发通过（Triggered by）选择“到时（Timeout）”，到时（Timeout）为 0.01 分钟（minutes）。

（5）设置变迁 AtTarget 的属性，触发通过（Triggered by）选择“条件（Condition）”，条件（Condition）为“distanceTo(target)< 3”，在行动（Action）填入代码：

```
//给目标轰炸机发送被炸毁消息
deliver("You are destroyed", target );
```

（6）设置变迁 OutOfRange 的属性，触发通过（Triggered by）选择“条件（Condition）”，条件（Condition）为“distanceTo(radar)> radar.range”。

（7）设置最终状态 Exploded 的属性，在行动（Action）填入代码：

```
//让雷达知道该导弹已经爆炸，雷达不用再引导此导弹
radar.guidedmissiles.remove(this);
//去除该导弹智能体
main.remove_missiles(this);
```

到时触发变迁 Adjust 使状态 Flying 的进入行动每 0.01 分钟执行一次，保证使导弹向轰炸机的当前位置飞行。AtTarget 和 OutOfRange 两个条件触发变迁也会随之每 0.01 分钟重新检测一次触发条件，即每飞行 150 米更新一次，最终会形成导弹的一个曲线飞行轨迹。

（五）设置导弹击毁轰炸机过程

（1）如图 3-4-19 所示，双击工程树中的智能体类型 Bomber 打开其图形编辑器，修改其状态图，在状态 ToTarget 和 Away 周围绘制一个复合状态，增加一个变迁并指向另一个最终状态 Destroyed，这个变迁名称（Name）默认为“transition2”。

（2）设置变迁 transition2 的属性，变迁触发通过（Triggered by）选择“消息（Message）”，消息类型（Message Type）选择“String”，触发变迁（Fire transition）选择“特定消息时（On particular message）”，消息（Message）为“"You are destroyed"”。

（3）设置最终状态 Destroyed 的属性，在行动（Action）填入代码：

```
//去除该导弹智能体
main.remove_bombers(this);
```

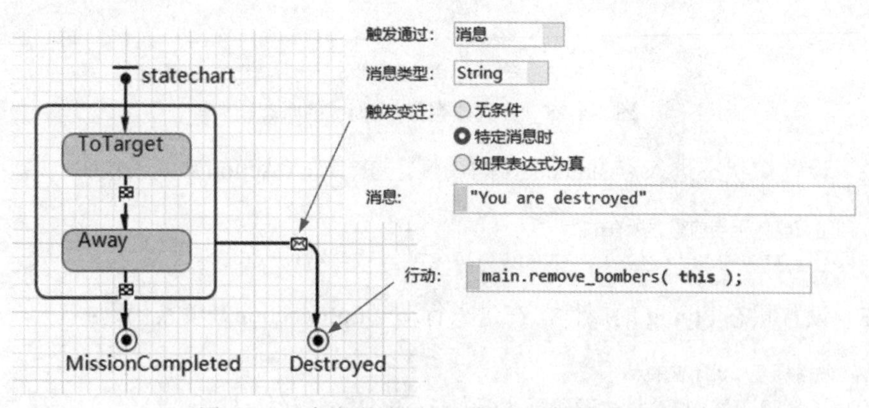

图 3-4-19　智能体类型 Bomber 更改后的状态图

（4）运行模型，如图 3-4-20 和图 3-4-21 所示。

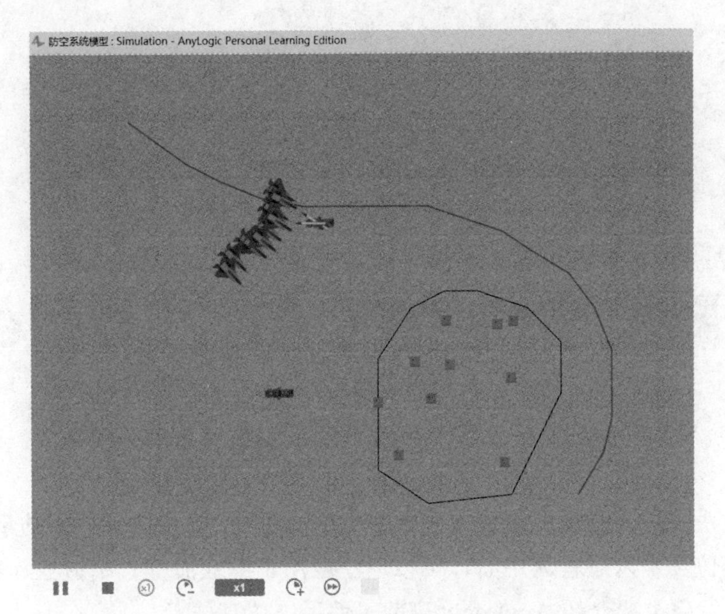

图 3-4-20 模型运行结果二维视图

模型文件下载

防空系统模型 : Simulation - AnyLogic Personal Learning Edition

图 3-4-21 模型运行结果三维视图

当前模型中，轰炸机飞行是从图形编辑器坐标原点到目标建筑物直线飞行而没有加入相关变化策略。在此基础上，用户可以根据实际情况将各部分逻辑细化，并可以通过仿真优化雷达布局、轰炸机动态飞行轨迹、轰炸机任务安排策略等诸多问题。

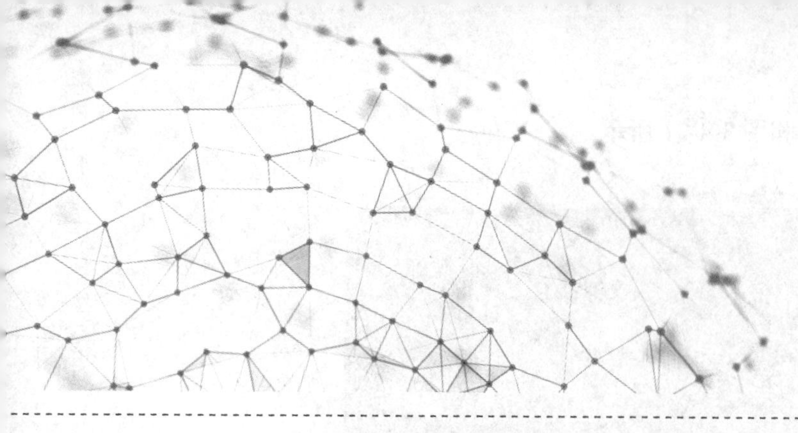

第4章 离散事件系统 AnyLogic 仿真

离散事件系统仿真可以简化现实世界中复杂的现象，对现实世界中的事件进行仿真。离散事件系统仿真是以过程为中心，可以广泛应用于商业流程、制造业、物流和医疗等诸多领域。本章将主要介绍 AnyLogic 离散事件系统仿真技术。

4.1 AnyLogic 离散事件系统仿真基础

AnyLogic 运行离散事件系统仿真模型，其仿真引擎要实现和管理事件队列，即管理所有事件的发生顺序。如图 4-1-1 所示的事件队列，事件 a 执行完毕后，仿真钟向前推进到事件集合 {b，c，d} 计划时刻；先执行 b 并确定之后执行 d，d 执行时取消了 c 和 f 并将它们从事件队列删除；仿真钟推进至 e，e 执行时产生了新事件 i，i 发生的时刻在事件队列中排在事件集合 {g，h} 之后；e 执行完毕后，仿真钟推进至 {g，h} 计划时刻。

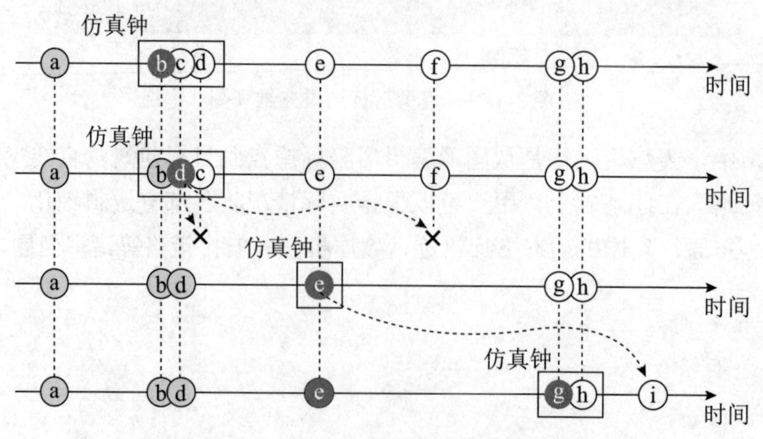

图 4-1-1　AnyLogic 中的事件队列及仿真钟推进

在 AnyLogic 中创建一个事件很简单，从智能体（Agent）面板向图形编辑器中拖入一个事件（Event）元件即可。作为最简单的低层模型组成要素，事件（Event）元件提供了直接在仿真事件序列安排一个离散事件或一系列离散事件的方法。每个事件都有一个触发类型和运行模式。在事件（Event）元件属性行动（Action）部分，可以填入 Java 代码定义该事件的所有行动。

4.1.1 AnyLogic的流程建模库面板

在 AnyLogic 中，不管是离散事件系统中的临时实体，如流经系统的事务、客户、产品、部件、车辆等，还是离散事件系统中的永久实体，如资源单元、工人等，都是以智能体（Agent）形式出现的。临时实体智能体（Agent）在 AnyLogic 仿真模型中产生、移动、消失，并与模型中的永久实体智能体（Agent）交互，引发各种离散事件并执行。这个过程的所有逻辑流程在 AnyLogic 软件中是以类似实体流程图的形式构建进而仿真运行的，AnyLogic 流程建模库为构建流程图提供了各种相关元件和模块。

打开 AnyLogic 软件工作区左侧面板视图，点击选择流程建模库（Process Modeling Library），如图 4-1-2 所示。流程建模库（Process Modeling Library）面板分为四个部分：第一部分是两个单独的新建智能体类型元件，智能体类型（Agent Type）和资源类型（Resource Type），可以分别生成临时实体智能体类型和资源单元永久实体智能体类型；第二部分是空间标记（Space Markup），包括 6 个元件，详见表 4-1-1；第三部分是模块（Blocks），包括 38 个模块，详见表 4-1-2；第四部分为辅助（Auxiliary），包括 4 个元件，详见表 4-1-3。

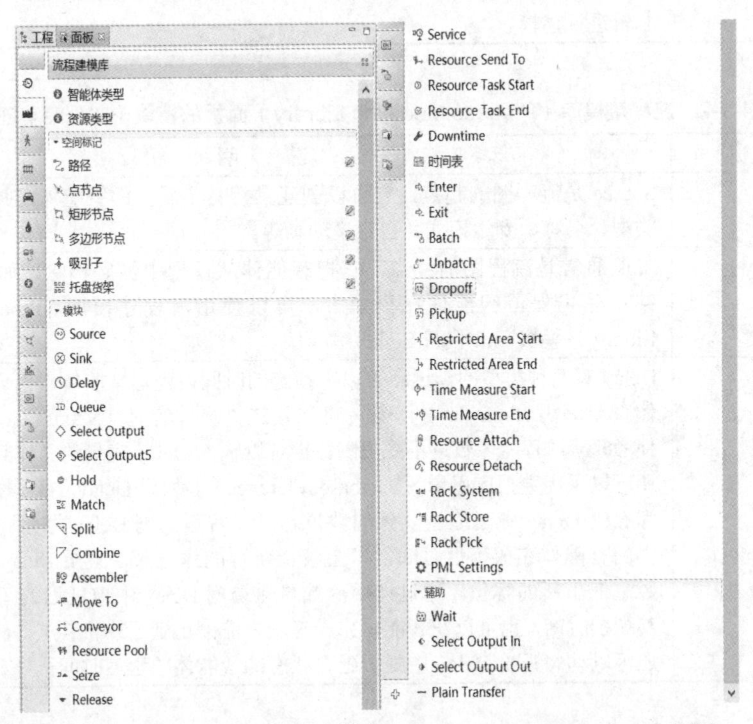

图 4-1-2 AnyLogic 的流程建模库（Process Modeling Library）面板

表 4-1-1　流程建模库（Process Modeling Library）面板的空间标记（Space Markup）部分

元件名称	说　明
路径（Path）	路径用于图形化定义智能体的移动路线。路径可以与节点相连，组成网络。可以通过将线段绘制成直线或曲线来编辑路径。智能体移动总是沿着起始点和目标节点之间的最短路径进行，它们可以有各自的速度，并且速度可以动态变化。
点节点（Point Node）	点节点用于图形化定义智能体可以驻留的地方。点节点通常是指网络中的中转运输节点，它是没有面积的一个点。处于默认状态的点节点一次只能承载一个智能体。
矩形节点（Rectangular Node）	节点也可以是多个智能体可以同时驻留的区域。矩形节点用于图形化定义矩形形状的节点，可以设置智能体访问节点和通过节点的移动速度，且速度限制和访问限制不相互依赖，可以单独指定，但每个节点只能启用一种类型的访问限制。具有不同限制的节点可以重叠。
多边形节点（Polygonal Node）	多边形节点用于图形化定义多边形形状的节点。其他与矩形节点相同。
吸引子（Attractor）	吸引子用于在矩形节点或多边形节点中定义智能体的移动目标位置或等待位置。如果节点定义了智能体移动的目标位置，则吸引子定义节点内确切的目标点，智能体将到达该点；如果节点定义了智能体等待的位置，则吸引子定义智能体节点内等待的确切位置，智能体将在吸引子的位置等待。当添加吸引子时，它们的创建顺序定义了智能体移动目标位置的顺序，智能体移动方向由吸引子箭头方向定义。
托盘货架（Pallet Rack）	托盘货架用于图形化定义仓库和存储区中使用的托盘货架。根据分类，托盘货架有三种配置：①一个通道，一个托盘货架；②两个通道，一个托盘货架；③一个通道，两个托盘货架。如果需要创建复杂的货架系统，需要使用多个托盘货架，然后添加流程建模库（Process Modeling Library）面板模块（Blocks）部分的 Rack System、Rack Store、Rack Pick 等模块对其逻辑进行建模。

表 4-1-2　流程建模库（Process Modeling Library）面板的模块（Blocks）部分

模块名称	说　明
Source	Source 是流程图的起点，它可以创建具有特定属性的智能体，并设置智能体类型、名称、到达模式、自定义动画等。
Sink	Sink 通常是流程图的终点，它把智能体从模型中彻底移除。如果需要过程结束后仍保留智能体在模型中，可以使用流程建模库（Process Modeling Library）模块 Exit 代替 Sink。
Delay	Delay 有两种类型的延迟：可以在指定的时间内延迟智能体，也可以延迟智能体直至调用 stopDelay() 函数。可以勾选“最大容量（Maximum capacity）”使 Delay 内智能体数量不受限制，也可以输入 Delay 容量的具体数量或代码，还可以采用数据库引用（Database reference）。如果 Delay 的容量是动态数值，那么当 Delay 中延迟智能体的数量超过了容量，则 Delay 将允许已经进入其中的智能体完成延迟时间，但会禁止新智能体进入，直至 Delay 中的智能体数量低于新的容量。通过调用函数可以访问 Delay 中被延迟的智能体并获取其剩余时间，也可以在智能体完成延迟之前停止延迟或将其从 Delay 中删除，还可以动态延长 Delay 中处于延迟状态的智能体的延迟时间。

续表

模块名称	说明
Queue	Queue 是等待被流程图中的下一个模块接受的智能体的队列（或缓冲）。Queue 的主要属性是容量和准则。容量指可以在其中累积的最大智能体数，容量可以动态改变。准则可以是先进先出（默认）、后进先出或基于优先级。如果 Queue 满，新到智能体就可能引发 Queue 中最后的智能体从 outPreempted 端口离开；或者如果新到智能体的优先级低于或等于 Queue 中最后的智能体优先级，它自己立刻从 outPreempted 端口离开。如果给智能体设置了最大等待时间，在 Queue 中等待超时的智能体将从 outTimeout 端口离开。
Select Output	Select Output 根据概率或确定性条件引导进入的智能体到两个输出端口之一，可以用来完成流程图分支建模，根据特定标准进行智能体排序，或者随机分割智能体流。Select Output 没有任何容量，智能体通过 Select Output 花费的模型时间为 0，如果 Select Output 的下游模块被阻塞，智能体将无法通过 Select Output，只能在其上游模块中等待。如果需要多于两个出口的条件分支模块，可以用具有五个出口的 Select Output5，或用流程建模库面板辅助部分的 Select Output In 和 Select Output Out 组成一个新模块来达到要求的出口数。
Select Output5	Select Output5 与 Select Output 非常相似，它根据概率或确定性条件引导进入的智能体到五个输出端口之一。如果需要多于五个出口的条件分支模块，可以用流程建模库面板辅助部分的 Select Output In 和 Select Output Out 组成一个新模块来达到要求的出口数。
Hold	Hold 基于逻辑规则阻断智能体的流动，不受资源或系统容量的限制。可以调用 setBlocked()、block()、unblock() 等函数设置或改变其状态。
Match	Match 通过依据给定标准配对同步两个各自存储在前面不同 Queue 中的智能体流。一旦新智能体到达入口之一，检查它与另一个流中的所有智能体是否匹配，如果匹配，两个智能体同时进入下一模块。Match 可以作为单纯的流同步器，它输出智能体对。
Split	Split 为每个进入的智能体创建一个或几个其他智能体并从 outCopy 端口输出它们。创建的新智能体可以是任意类型，也许会复制原智能体的某些属性，且新智能体数量可以动态改变。Split 操作花费的模型时间为 0。
Combine	Combine 等待两个智能体以任意次序到达端口 in1 和 in2 后，产生新智能体并输出它。新智能体可以是全新的，也可以是原始智能体之一，或者可能经过修改过。一旦两个智能体全部到达，Combine 操作花费的模型时间为 0。Combine 可以作为同步点让智能体之一仅在另一个到达之后继续前进，也可以用来使 Split 创建的副本或所谓同胞智能体重新加入。
Assembler	Assembler 将五个或五个以下来源的特定数量的智能体组装为一个新智能体。可以设定产生一个新智能体所需每个入口的智能体数量。一旦所有需要数量的智能体全部到达入口，Assembler 操作开始，这个操作花费的模型时间在其属性的延迟时间参数中设定。
Move To	Move To 将智能体从其当前位置移动到设置的目标位置。目标位置可以是节点、GIS 点、吸引子、指定智能体、获取的资源、指定坐标的点，等等。AnyLogic 会自动从智能体当前位置与目标位置间的网络路径中找到最短路径，并沿着该路径移动。如果任何资源单元附加到智能体，就会跟智能体一起移动，则该智能体成为控制对象，智能体速度就是它们的集体速度。

续表

模块名称	说　明
Conveyor	Conveyor 用于仿真输送带，以全程不变的给定速度用输送带在设定路径上移动智能体，并确保智能体之间的最小空间。Conveyor 有一个重要的可选属性累积（Accumulating）：如果不选择累积，则当智能体无法离开时输送带出口时，输送带完全停止；如果选择累积，当智能体在输送带出口不能离开时，输送带也不会停止，且会继续从入口移动智能体直到输送带充满智能体（智能体之间有最小空间）。
Resource Pool	Resource Pool 定义和存储某种类型的资源单元。资源是智能体执行某些任务所必需的。资源分为静态、移动和可携带三种类型：静态资源绑定到特定位置，如节点；移动资源自身可以移动，如人员、车辆等；可携带资源可以通过附加到智能体或移动资源单元上移动。可以自定义资源类型，设定其个体属性、动画，收集基于资源单元的统计，等等。Resource Pool 本身是被动的，它自己不做任何事情，只是初始化和存储资源单元，跟踪每个资源单元的当前状态并可更改资源单元的任务。智能体使用下面的 Seize、Release、Assembler、Service 等来访问 Resource Pool 以获取和释放资源单元。
Seize	Seize 从给定的 Resource Pool 获取给定数量的资源单元给通过的智能体。Seize 有一个内部 Queue 来保留智能体，直到它所需的资源变得可用。一旦获得相应资源，智能体立刻离开 Seize。然而，所需的资源单位并不总是可用的，因此需要资源的智能体必须在 Queue 中等待下一个可用的资源单元。如果不希望智能体在没有可用资源时进入 Seize，则应使用其他模块（如 Hold）阻止智能体进入。
Release	Release 释放先前智能体通过 Seize 占用的资源单元。移动资源被释放后可以返回到起始位置或停留在原地。Release 操作花费的模型时间为 0。
Service	Service 相当于 Seize、Delay、Release 的组合序列，用于需要资源并且需要一些时间才能完成的活动。智能体在 Seize 和 Release 之间除了执行 Delay 不需要做其他任何事。Service 中的内部 Delay 设置为具有最大容量，这意味着可以进入 Service 的最大智能体数由资源的可用性控制，而不是 Delay 的容量。
Resource Send To	Resource Send To 发送资源单元从当前位置到新位置。只有移动资源或附加到移动资源上的可携带资源可以发送。一旦最后一个资源单元到达目标位置，智能体将退出此模块，因此，智能体在此模块中花费的模型时间等于所发送资源单元的最长旅行时间。每组一起发送的资源单元的速度等于那组中最慢的移动资源的速度。
Resource Task Start	Resource Task Start 定义建模资源单元准备任务流程图的开始。准备任务流程图的最后模块应该连接到初始化这个任务的 Seize 对象的下方端口。Resource Task Start 允许选择被占用的资源单元，在其属性的从这里开始（Start here）中有两个选项：所有资源，指所有被征用的资源单元都必须经过准备任务；特定资源，即只有特定资源单元必须完成准备任务，选择此选项需要指定对应的特定资源池（Resource pool）。
Resource Task End	Resource Task End 定义建模资源单元预热任务流程图的结束。预热任务流程图的首个模块应该连接到完成资源单元主任务时初始化这个预热任务的 Release 模块的下方端口。
Downtime	Downtime 定义维护、维修或任何其他类型的活动，这些活动不同于 Resource Pool 定义的资源的常规活动。可以通过不同类型的触发器或借助下面的 Schedule 来安排周期性的停机活动，还可以自定义此活动第一次出现的时刻。
时间表（Schedule）	时间表（Schedule）允许定义一些值如何根据预设的模式随时间而变化。时间表（Schedule）通常用于定义：Resource Pool 的资源单元生成时间表；智能体生成时间，或者 Source 的智能体到达时间模式。

续表

模块名称	说　明
Enter	Enter 接收已经存在的智能体，如通过 Exit 从流程图中退出的智能体或者由状态图、事件等创建的智能体，并将它们插入到流程图的特定点。
Exit	Exit 从流程图中移除智能体，并让指定如何处理它们。可以搭配使用 Enter 和 Exit，在流程图模型中实现自定义路线。
Batch	Batch 将多个智能体转换为一个智能体（也可称为批）。可以是永久批，即放弃原始智能体并创建一个新的智能体，新的智能体属性可能取决于原始智能体；也可以是临时批，临时批仅把原始智能体添加到新智能体的内容中去。临时批可以在后续处理中用 Unbatch 解散。Batch 内嵌了一个 Queue 用于存储进入的智能体，一旦存储的智能体数量达到批大小要求，批就会被创建并立即离开 Batch。
Unbatch	Unbatch 提取进入的智能体（或批）包含的所有智能体并通过出口输出它们，同时放弃原始智能体（批）。由 Batch 创建的临时批，使用 Pickup 或者调用 addEntityToContents() 函数产生的智能体，都一样可以被 Unbatch 提取。Batch 创建的永久批不包含任何智能体，因此它只会被 Unbatch 消耗掉而没有任何输出。Unbatch 操作花费的模型时间为 0。
Dropoff	Dropoff 从经过它的“容器”智能体中移除其包含的智能体，并从 outDropoff 端口输出被移除的智能体。移除模式包括：全部移除；移除给定数量的；移除满足给定条件的。Dropoff 操作花费的模型时间为 0。
Pickup	Pickup 从给定 Queue 中移出智能体，并将其添加到经过 Pickup 的“容器”智能体中。Queue 可以连接到 Pickup 的 inPickup 端口，也可以在其属性参数中指定。当“容器”智能体到达 Pickup 的 in 端口时，Pickup 遍历 Queue 并根据给定的模式选择移出的智能体。给的模式可以是：全部智能体；给定数量的智能体（如果可用）；精确数量的智能体（等待直到达到指定的精确数量）；符合给定条件的智能体。Pickup 操作花费的模型时间为 0。
Restricted Area Start	Restricted Area Start 与 Restricted Area End 搭配使用，可以用来标记包含若干模块对象的流程图中的部分（或区域）。这样的部分（或区域）只能有一个入口（即 Restricted Area Start），但可以有任意数量的出口（即 Restricted Area End），每个出口都必须标记指向此区域的唯一入口 Restricted Area Start。一旦进入 Restricted Area Start 的智能体数减去退出 Restricted Area End 的智能体数达到限制，Restricted Area Start 将阻止智能体进入，直至此区域内有智能体离开。智能体通过 Restricted Area Start 花费的模型时间为 0。
Restricted Area End	Restricted Area End 标记限制智能体最大数量的流程图部分（或区域）的出口。必须提供对应的 Restricted Area Start 作为 Restricted Area End 的参数。智能体通过 Restricted Area End 花费的模型时间为 0。
Time Measure Start	Time Measure Start 为每一个通过它智能体添加一个时间戳。Time Measure Start 与 Time Measure End 搭配使用，可以测量智能体在它们之间花费的时间。智能体通过 Time Measure Start 花费的模型时间为 0。
Time Measure End	Time Measure End 以及 Time Measure Start 搭配使用，可以测量智能体在它们之间花费的时间。当被 Time Measure Start 添加了时间戳的智能体到达 Time Measure End 时，到达时刻与智能体时间戳之间的时间差就是智能体在两点之间花费的时间。仿真模型中，可以有多个 Time Measure End 对象指向多个 Time Measure Start 对象。收集的时间统计数据分布和数据集的形式提供。智能体通过 Time Measure End 花费的模型时间为 0。
Resource Attach	Resource Attach 将指定的占用资源附加到智能体，然后资源单元将与智能体位于同一节点上并陪同智能体一起移动，直到被分离或释放。显然，不能附加静态资源。Resource Attach 操作花费的模型时间为 0。

续表

模块名称	说　明
Resource Detach	Resource Detach 从智能体中分离以前占用并附加的资源。分离的资源单元仍将由智能体拥有，但不会随智能体一起移动。Resource Detach 操作花费的模型时间为0。如果资源被释放，它们将和智能体自动分离，无须使用 Resource Detach。
Rack System	Rack System 用于将类似行为多个存储单元表示为具有多行和通道的单个模块，并作为它们的集中访问和管理点。要创建 Rack System，首先需要用托盘货架（Pallet Rack）图形化定义每个单独的存储单元，并设定货架的单元格数和层数等，然后在 Rack System 的参数写明这些托盘货架（Pallet Rack）列表。这些托盘货架（Pallet Rack）不需要完全相同：它们可以具有不同的容量和单元大小；它们也不需要在图形方式下对齐。
Rack Store	Rack Store 放置智能体到给定托盘货架（Pallet Rack）或 Rack System 的单元格中。放入哪个单元格可以自定义，也可以由 Rack System 自动安排。智能体需要从网络中当前位置移动到单元格内，有时这一过程是在移动资源帮助下完成的，Rack Store 会获取移动资源单元，将其带到智能体位置，附加到智能体，移动智能体到单元格，执行延迟，然后释放资源。这个延迟时长与智能体放入哪个单元格、单元格的进深位置数和层数等很多因素有关。Rack Store 公开了许多扩展点，用于在这一过程的不同阶段插入自定义操作。
Rack Pick	Rack Pick 从指定的托盘货架（Pallet Rack）或 Rack System 的单元格中移出智能体，并移动智能体到指定的目标位置。有时这一过程是在移动资源帮助下完成的，如果资源用于移动智能体，Rack Pick 会获取它们，带其到智能体单元格位置，执行延迟，附加资源到智能体，移动智能体到目的地，然后释放资源。这个延迟时长与智能体在哪个单元格、单元格的进深位置数和层数等很多因素有关。Rack Pick 同样公开了许多扩展点，用于在这一过程的不同阶段插入自定义操作。
PML Settings	PML Settings 可以对与它放置在同一图形编辑器中的所有流程建模库（Process Modeling Library）模块进行特定设置，如：统一切换某些模块的统计数据收集方式，或者统一调整在节点中和路径上智能体动画间的偏移。一个图形编辑器中至多只能放置一个 PML Settings 模块。

表 4-1-3　流程建模库（Process Modeling Library）面板的辅助（Auxiliary）部分

元件名称	说　明
Wait	Wait 可以在内部存储智能体，并支持通过调用 free() 或 freeAll() 手动释放指定智能体或全部智能体并从 Wait 的 out 端口输出它们。也可以启用到时时离开（Enable exit on timeout）选项，或者启用抢占（Enable preemption）选项，使达到相应条件的智能体在 outTimeout 或 outPreempted 端口离开。
Select Output In	Select Output In 和 Select Output Out 搭配使用，可以创建一个具有特定出口数量的模块组 Select Output，其中包括一个 Select Output In 和所需数量的 Select Output Out。它们不应以图形方式连接在一起，Select Output Out 应该在它们的参数中指向 Select Output In，Select Output In 应该配置根据概率发送智能体到指向它的那些 Select Output Out。
Select Output Out	
Plain Transfer	Plain Transfer 可以针对可能通过它的智能体的状态定义一些操作。当智能体确定它最有可能通过 Plain Transfer，但仍然没有进入时，执行“在入口时（On at enter）”的代码；当智能体确定它取消通过 Plain Transfer 时，执行“取消进入时（On cancel enter）”的代码；当智能体确定它通过并进入 Plain Transfer 时，执行“进入时（On enter）”的代码。

AnyLogic流程建模库（Process Modeling Library）可以对物流、医疗、制造、服务等业务流程进行离散事件系统建模，并且仿真模型是分层的、可扩展和可伸缩的。它使用户能够以流程图方法分析业务流程行为，表示业务流程逻辑，并通过仿真揭示系统各部分之间隐藏的依赖关系。

4.1.2 AnyLogic事件建模

（一）模型 1——将单位时刻的事件写入模型日志

在这个例子中，将一个简单排队模型仿真运行时的各时刻状态写入日志。具体操作如下。

（1）新建一个模型。从流程建模库（Process Modeling Library）面板依次拖曳 Source、Queue、Delay、Sink 模块各一个到 Main 中，如图 4-1-3 所示进行连接。

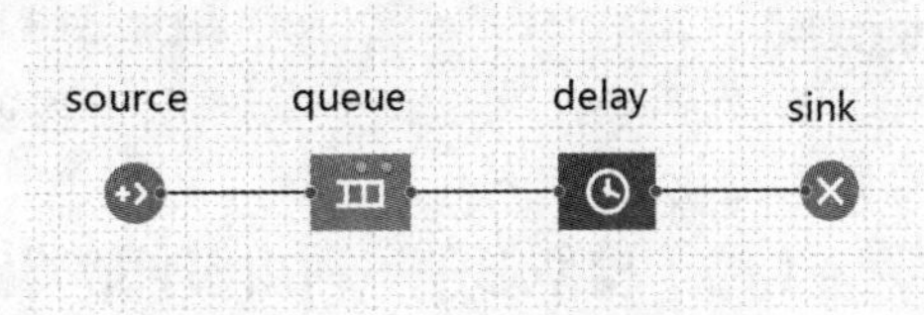

图 4-1-3　简单排队模型流程图

（2）从智能体（Agent）面板拖曳一个事件（Event）元件到 Main 中，并如图 4-1-4 所示设置其属性，名称（Name）为“trace”，触发类型（Trigger type）选择“到时（Timeout）”，模式（Mode）选择“循环（Cyclic）”，首次发生时间（First occurrence time）设为 0 秒（seconds），复发时间（Recurrence time）设为 1 秒（seconds），在行动（Action）部分填入代码：

```
traceln( time() + ": 正在排队人数: " + queue.size()
    + " 正接受服务人数: " + delay.size() );
```

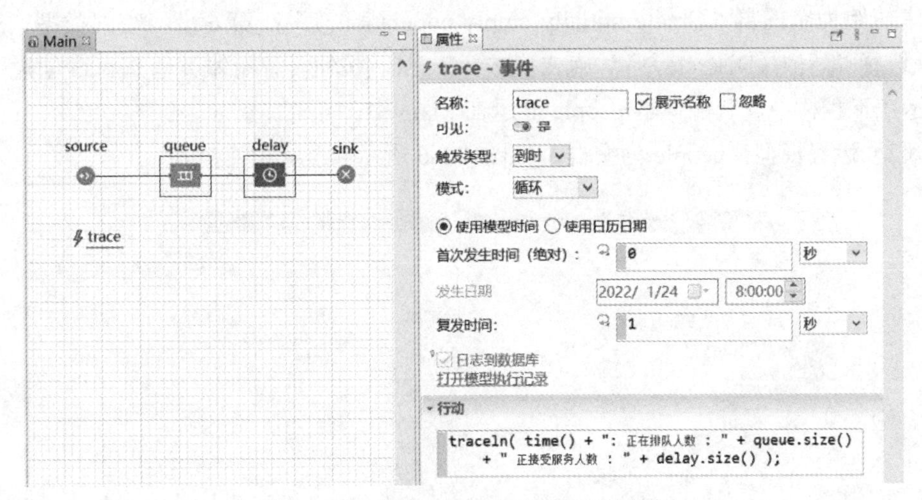

图 4-1-4　事件（Event）元件属性设置

（3）运行模型，如图 4-1-5 所示。

通过将事件属性中的模式设置为循环，可以使需要的某个事件不停复发，而且可以根据需要来设定复发时间。函数 traceln() 的功能是写入模型日志，从而可以在模型运行时在控制台中观察到需要的信息。

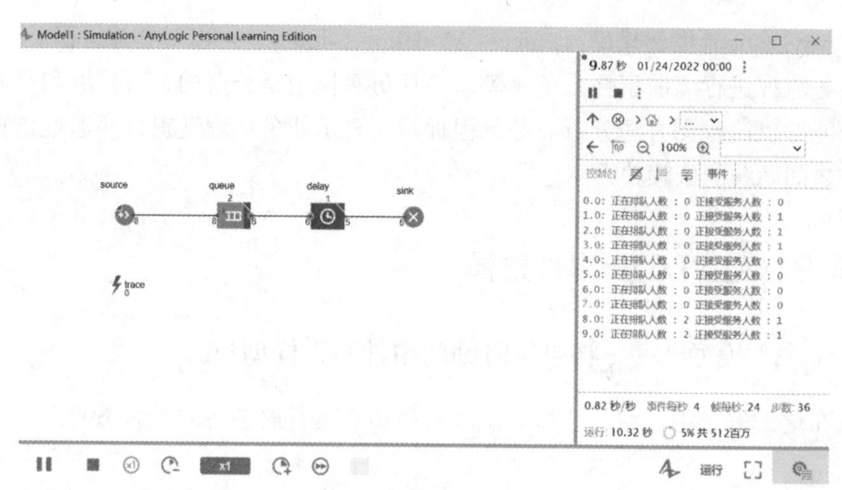

模型文件下载

图 4-1-5　模型运行结果显示

（二）模型 2——利用事件产生新智能体

在这个例子中，将演示通过事件产生新智能体，平均每单位时间产生一个智能体。具体操作如下。

（1）新建一个模型。从智能体（Agent）面板拖曳一个智能体（Agent）元件到 Main 中，在弹出的新建智能体向导第 1 步，点击“智能体群（Population of agents）”；第 2 步，新类型名（Agent type name）设为“Person”，智能体群名（Agent population name）设为“people”，选择“我正在从头创建智能体类型（Create the agent type from scratch）”；第 3 步，智能体动画（Agent animation）选择“二维（2D）”，并选择常规（General）部分的人（People）；第 4 步，不添加智能体参数（Agent parameters）；第 5 步，选择“创建初始为空的群（Create initially empty population）”；第 6 步，空间类型（Space type）选择“离散（Discrete）”，点击完成（Finish）按钮。智能体类型 Person 创建完成，并显示在工程树中。智能体群 people 显示在 Main 中。

（2）运行模型，people 为空群，如图 4-1-6 所示。

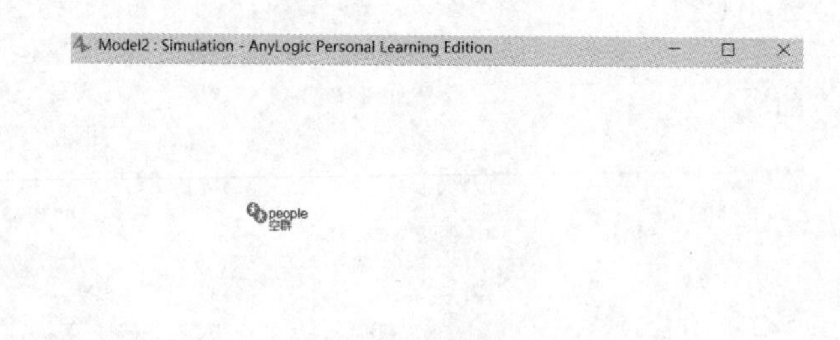

模型文件下载

图 4-1-6　模型运行结果显示

（3）从智能体（Agent）面板拖曳一个事件（Event）元件到Main中，并设置其属性，名称（Name）为“newAgent”，触发类型（Trigger type）选择“速率（Rate）”，速率（Rate）为1每秒（per second）；在行动（Action）部分填入代码：

```
add_people();
```

（4）为了使运行过程中不出现图像重叠现象，点击选中Main中的二维元件People，并如图4-1-7所示设置其属性，在高级（Advanced）部分勾选“以这个位置为偏移量画智能体（Draw agent with offset to this position）”。

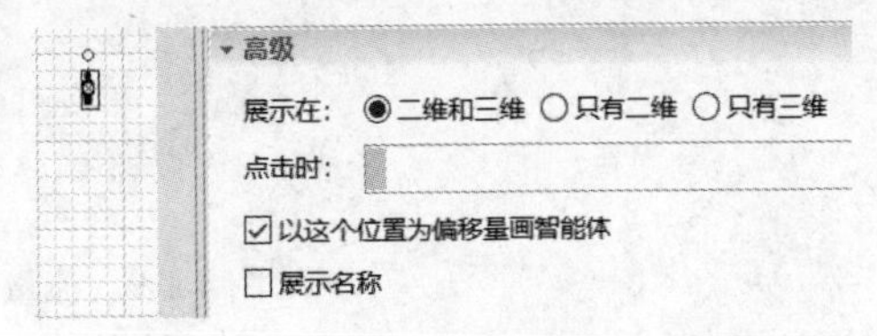

图 4-1-7　智能体演示图形属性设置

（5）运行模型，如图4-1-8所示。

可以看到智能体随着每次事件的发生而产生。将事件的触发速率设置为1，意味着事件平均每单位时间发生一次，两次事件的时间间隔呈指数分布。函数add_people()的作用是在智能体群people中产生新智能体。

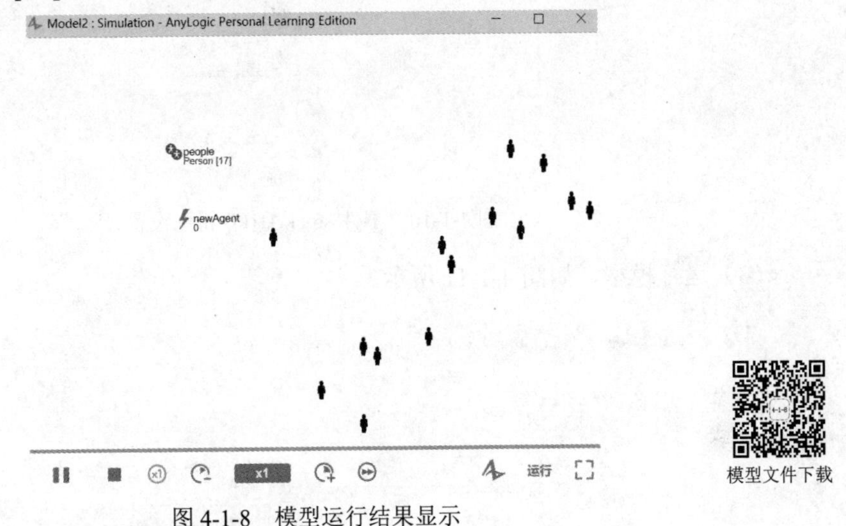

模型文件下载

图 4-1-8　模型运行结果显示

（三）模型3——条件触发的事件

AnyLogic仿真模型中，事件可以由条件触发，条件表达式中可以包含模型中任何实体的状态。本例子中，构建一个当存量达到一定值时触发事件的系统动力学模型。AnyLogic系统动力学仿真将在第5章详细介绍。具体操作如下。

（1）新建一个模型。从系统动力学（System Dynamics）面板拖曳一个流量（Flow）元件和一个存量（Stock）元件到Main中，如图4-1-9所示进行连接，并设置流量（Flow）元件的属性，勾选“常数（Constant）”，在“flow=”填入10。

（2）从智能体（Agent）面板拖曳一个事件（Event）元件到Main中，并如图4-1-10所示设置其属性，名称（Name）为“stockAt100”，触发类型（Trigger type）选择“条件（Condition）”，条件（Condition）填入“stock>=100”；在行动（Action）中填入代码：

```
flow=0;
```

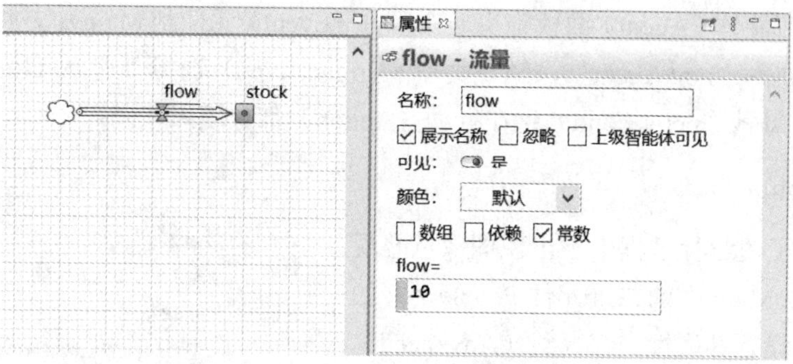

图 4-1-9　流量（Flow）元件属性设置

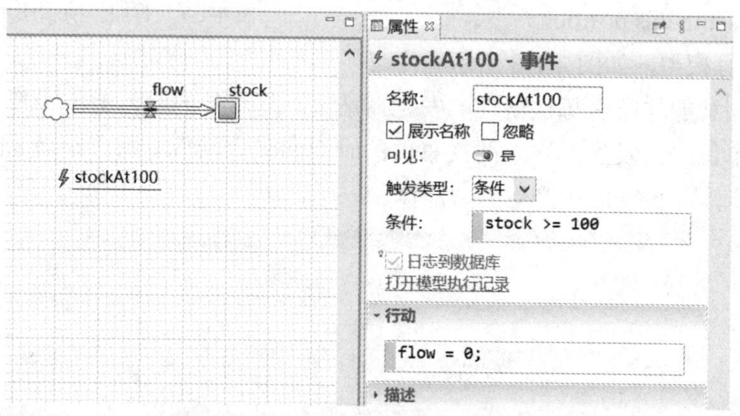

图 4-1-10　事件 stockAt100 属性设置

（3）运行模型，如图 4-1-11 所示。

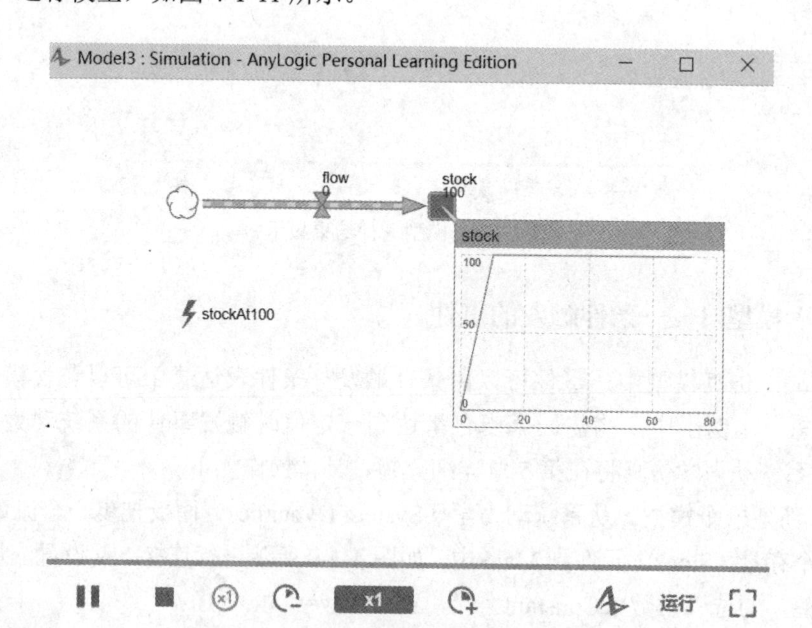

模型文件下载

图 4-1-11　模型运行结果显示

可以看到存量在达到 100 以后不再发生变化，流量变为 0。这个例子展示了一种可以用来连接系统动力学模型和离散事件模型的方法。当想要控制流量的时候，需要将其设定为常数，AnyLogic 就不会把流量当作一个方程进行持续检验。当条件“存量达到

100”成立时，事件“关闭流动通道”就会被触发。要注意是，事件条件要设为“stock>=100”，而不能设置为“stock == 100”，因为存量是以离散的步伐在增长，因此有可能永远不会恰好等于100这个值。在AnyLogic系统动力学仿真中，每一步都测试所有活动状态实体的条件，为避免遗漏条件为真（true）的确切时刻，需要使用函数onChange()以便在任意改变发生时更新条件表达式的值。

当事件触发之后，AnyLogic会停止对事件条件的监控，以免因无限的触发形成死循环。如果需要对事件条件持续监控，则需要调用函数restart()。

（四）模型4——自动关闭长时间不用的设备

本例子中，将建立一个自动关闭设备的模型，每次用户的操作会立刻唤醒设备，一段时间用户无操作则设备会自动关闭。模型将用两个事件来完成，一个速率事件表示使用者零散的使用情况，另一个到时事件来关闭设备，具体操作如下。

（1）新建一个模型，模型时间单位（Model time units）选择分钟（minutes）。

（2）从智能体（Agent）面板拖曳两个事件（Event）元件到Main中，名称（Name）分别设为“userAction”和“shutdown”。

（3）如图4-1-12所示设置事件userAction的属性，触发类型（Trigger type）选择“速率（Rate）”，速率（Rate）为0.1每分钟（per minute）；在行动（Action）部分填入代码：

```
shutdown.restart();
```

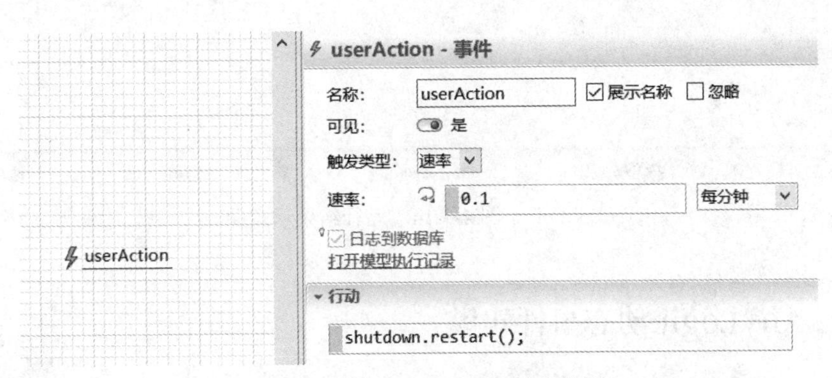

图4-1-12　事件userAction属性设置

（4）设置事件shutdown的属性，触发类型（Trigger type）选择“到时（Timeout）”，模式（Mode）选择“用户控制（User control）”，到时（Timeout）为10分钟（minutes）。

（5）从演示（Presentation）面板拖曳一个椭圆（Oval）元件到Main中，并如图4-1-13所示设置其属性，外观（Appearance）部分的填充颜色（Fill Color）设为动态值（Dynamic value）填入“shutdown.isActive()?limeGreen:gold”，线颜色（Line color）为“无色（No color）”。

（6）运行模型，观察事件的倒计时以及圆形颜色变化，如图4-1-14所示。

模型中，速率事件userAction以平均每10分钟一次的频率随机发生，每次事件userAction发生后会调用函数restart()激活到时事件shutdown，到时事件shutdown用来控制设备 10 分钟无操作就自动关闭。如果速率事件 userAction 在前一个到时事件 shutdown 结束前发生，那么前一个到时事件就会被取消，而一个新的到时事件会重新开始。因此，当接连两次用户操作时间间隔超过 10 分钟时，事件 shutdown 才会发生一次。条件式“shutdown.isActive()?limeGreen:gold”用来检查事件 shutdown 是否被激活，并将圆形填充成相应的颜色。

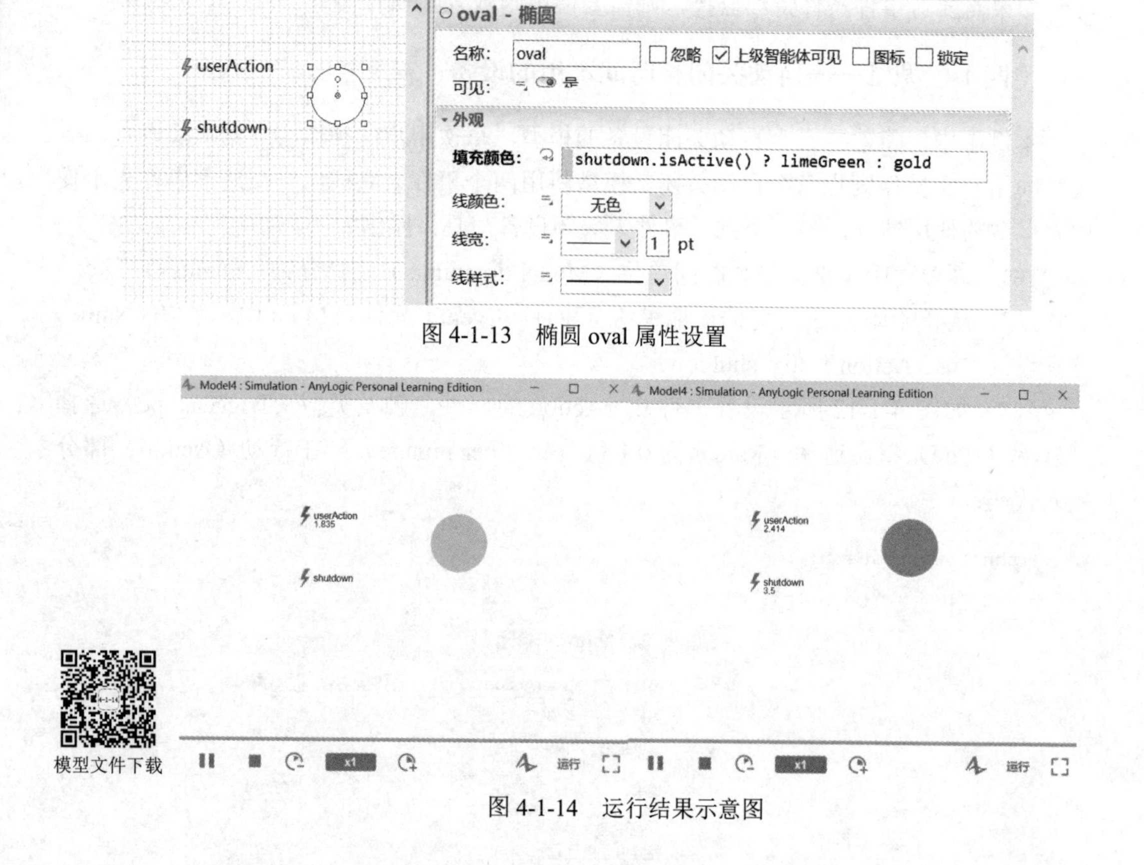

图 4-1-13　椭圆 oval 属性设置

图 4-1-14　运行结果示意图

4.1.3　AnyLogic动态事件建模

假设一个产品运输系统，产品发送后有 2 至 4 天的在途时间，由于每天有很多产品要运送，那么处于运输状态的产品多种多样，且处于不同的运输完成阶段，这就是动态事件。创建动态事件模型，使用 AnyLogic 智能体（Agent）面板的动态事件（Dynamic Event）元件即可。

本小节中，将建立一个动态事件模型仿真上述产品运输系统，模型中的产品用一个字符串来定义，用户通过点击按钮来控制出货，产品运输数据会被写进模型日志。具体操作如下。

（1）新建一个模型。如图 4-1-15 所示，从智能体（Agent）面板拖曳一个动态事件（Dynamic Event）元件到 Main 中，名称（Name）设为“Delivery”。

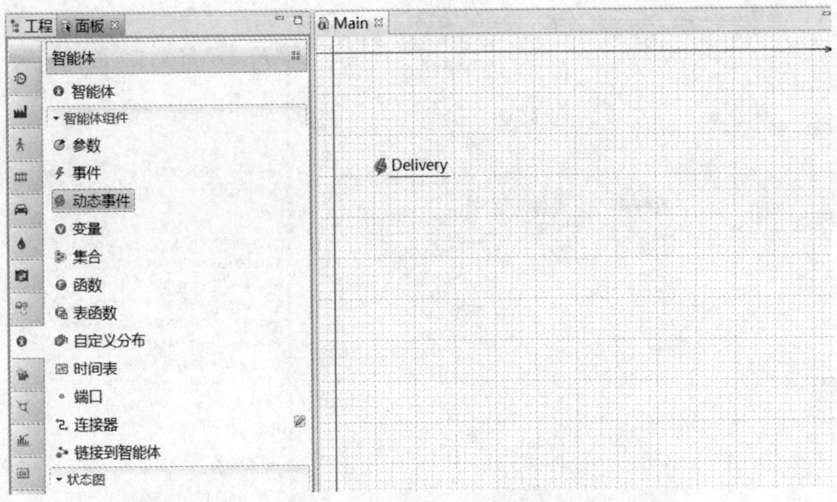

图 4-1-15 创建动态事件（Dynamic Event）元件

（2）如图 4-1-16 所示设置动态事件 Delivery 的属性，在参数（Arguments）部分添加一个参数，名称（Name）为“product”，类型（Type）选择“String”；在行动（Action）部分填入代码：

```
traceln( time() + " 交付产品 " + product + "!" );
```

图 4-1-16 动态事件 Delivery 属性设置

（3）从控件（Controls）面板拖曳一个按钮（Button）元件到 Main 中，并如图 4-1-17 所示设置其属性，标签（Label）为“发货”，在行动（Action）部分填入代码：

```
traceln( time() + " 发送产品 A... " );
create_Delivery( triangular(2,3,4) , "A" );
```

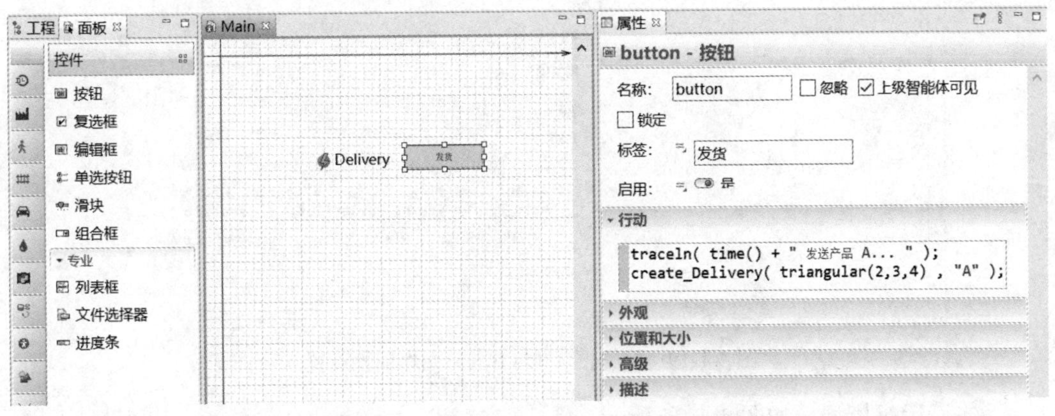

图 4-1-17 按钮（Button）元件属性设置

（4）运行模型，如图 4-1-18 所示。

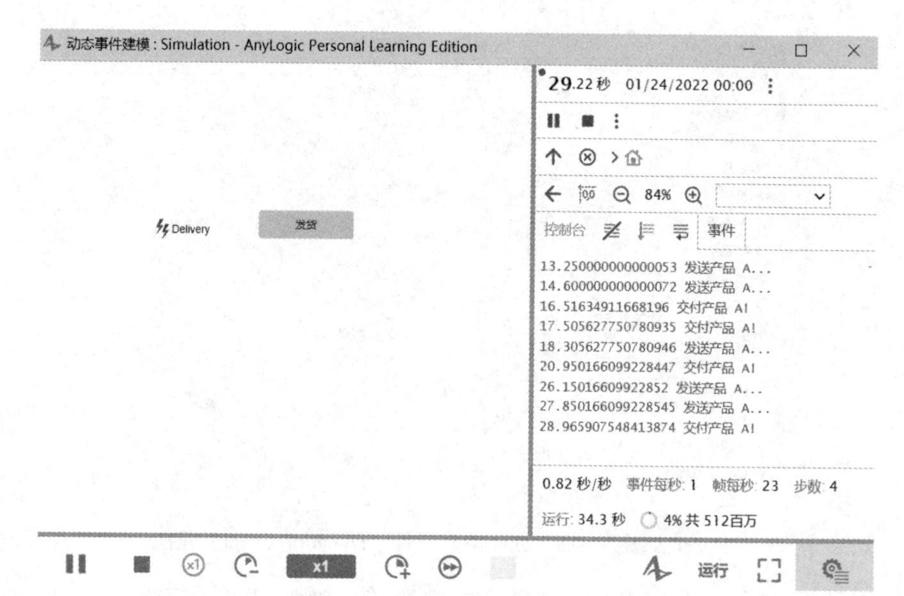

图 4-1-18　模型运行结果显示

多次按发货按钮，观察控制台中的模型日志。动态事件 Delivery 有一个字符串类型的参数，这意味着它每次发生都会连接一个字符串，当点击按钮时，一个新的动态事件就会被触发并连接字符串“A”。

（5）从控件（Controls）面板拖曳一个编辑框（Edit Box）元件到 Main 中，并如图 4-1-19 所示设置其属性，名称（Name）为“editbox”，在行动（Action）部分填入代码：

```
String product = editbox.getText();
traceln( time() + " 发送产品 " + product );
create_Delivery( triangular(2,3,4) , product );
```

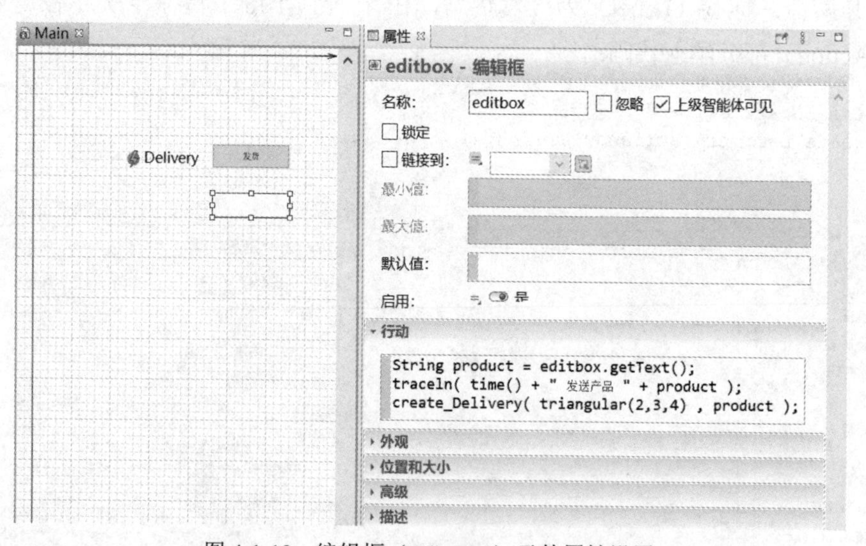

图 4-1-19　编辑框（Edit Box）元件属性设置

（6）运行模型，如图 4-1-20 所示。

在编辑框中输入内容并回车，观察控制台中的模型日志，会发现此时发送的产品类型是由编辑框中的内容确定的。函数 getText() 的作用是取得并返回编辑框中的字符串值。

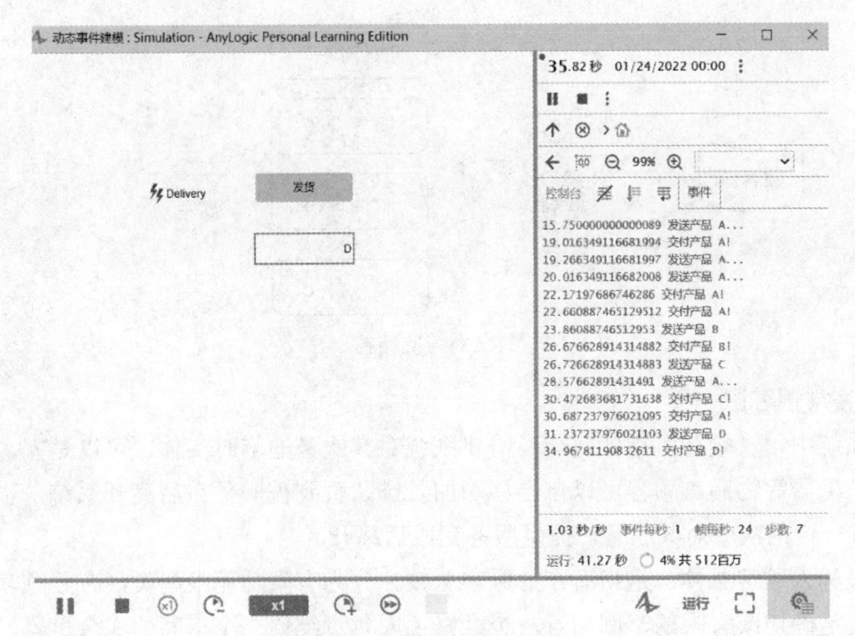

模型文件下载

图 4-1-20 模型运行结果显示

注意

AnyLogic 控件（Controls）面板介绍及元件应用详见本书 6.1 节。

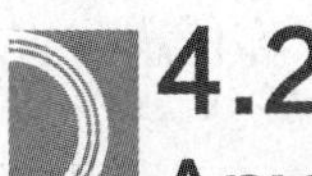

4.2 AnyLogic 离散事件系统仿真举例——排队系统模型

4.2.1 排队系统基础知识

排队系统作为经典的随机离散事件系统，是指人、物及信息等临时实体（统称为顾客）在流动过程中，由于服务台不足而不能及时为每个顾客服务，产生需要排队等待服务（或加工）的一类系统。

（一）排队系统的组成

排队系统典型结构如图 4-2-1 所示，系统本身包括了顾客、队列和服务台 3 部分。排队系统是一个顾客不断地到达、排队、服务、离去的动态过程。排队系统中顾客的到达时间、服务时间的长短以及系统中顾客的数量等往往不是一个确定值而是一个随机值。随机性是这类系统的固有属性，所以它也被称为随机服务系统。简单的排队系统可以用数学方法来求解，但复杂的排队系统用数学方法求解就很困难，而仿真可用于各种结构、各种类型的排队系统问题求解。

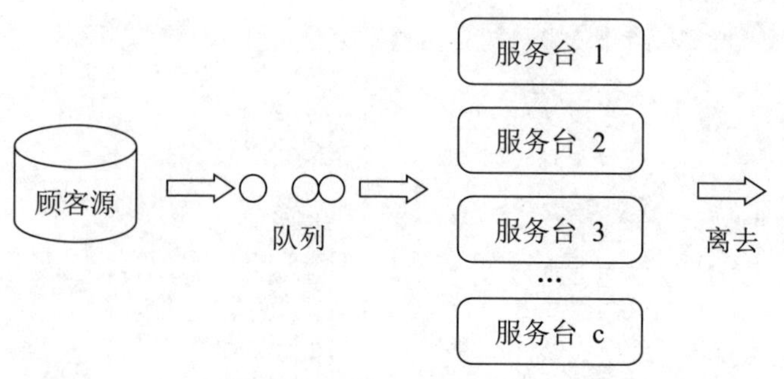

图 4-2-1　排队系统的结构

（1）顾客与顾客源

在排队系统中，“顾客”指任何一种需要系统对其服务的临时实体，可以是人，也可以是零件、机器等物品。顾客可以自己移动加入排队直到被服务完后离开系统，也可以由服务员按一定的次序对其服务，提供服务完成后离开。

顾客源又称为顾客总体，是指潜在的顾客总数。分为有限与无限两类，有限顾客源中的顾客个数是确切或有限的，例如若一个维修工人负责维修一个车间的 3 台机器，则这 3 台机器就是有限的总体。对于存在大量潜在顾客的排队系统，顾客源一般假定为无限的，例如进入超市的顾客或要求电信公司提供通话服务的顾客。

（2）顾客到达模式

到达模式是指顾客按照怎样的规律到达系统。它一般用顾客相继到达的间隔时间来描述。根据间隔时间的确定与否，到达模式可分为确定性到达与随机性到达。确定性到达模式指顾客有规则地按照一定的间隔时间到达。随机性到达模式指顾客相继到达的间隔时间是随机的、不确定的。它一般用概率分布来描述。常见的随机性到达模式有：泊松到达模式（又称 M 型到达）、爱尔郎到达模式、一般独立到达模式（也称任意分布的到达模式）、超指数到达模式、成批到达模式等。

（3）服务机构

服务机构是同一时刻有多少服务台可以提供服务，服务台之间的布置关系是什么样的。服务机构不同，排队系统的结构不同。根据服务机构与队列样式的不同，常见的典型结构有：单队列服务台结构，多队列服务台且共同拥有一个队列的结构，多个服务台并联且每个服务台前有一个队列的结构等。常见服务系统的结构一般可等价为由若干级串行组成，而每一级又可以由多个服务台并行组成。

服务机构中一个重要的属性就是服务台完成为一个顾客服务所需的时间，服务时间可以是确定的，也可以是随机的。服务时间的随机分布主要有：定长分布、指数分布、爱尔郎分布、超指数分布、一般服务分布、正态分布等。

服务机构另一个重要的属性就是排队规则。排队规则确定了服务台有空时，队列中顾客按什么样的次序与规则接受服务。常用的规则有：先到先服务（FCFS）、后到先服务（LCFS）、随机服务（SIRO）、按优先级服务（PR）、最短处理时间先服务（SPT）等。

（二）排队系统的性能指标

排队系统中服务质量与服务效率是系统的性能指标。服务质量是指顾客需等待的时间长短，可以用平均等待时间、平均队长来表示，有时也用最大等待时间与最长队长来表示。服务台效率则用忙闲期比来表示，服务机构中每个服务装置都有它的忙闲比。另外，系统中顾客平均逗留时间与服务台利用率也是系统性能指标。常见排队系统性能指标的计算公式如下：

（1）平均等待时间 W_q

$$W_q = \lim_{n\to\infty}\sum_{i=1}^{n}\frac{D_i}{n} \tag{公式 4-2-1}$$

式中，D_i 为第 i 个顾客的等待时间；n 为已接受服务的顾客数。

（2）服务台利用率

$$\rho = \frac{\lambda}{\mu} \tag{公式 4-2-2}$$

式中，λ 为平均利用率；μ 为平均服务速率。

通常情况下，$\rho < 1$。这表示单位时间内顾客的到达数大于能提供服务的顾客数，大部分顾客必须排队，当 ρ 等于或小于但接近 1 时，顾客可能不排队，直接接受服务，但也可能需要少量时间排队等待。

（3）平均逗留时间 W

$$W = \lim_{n\to\infty}\sum_{i=1}^{n}\frac{W_i}{n} = \lim_{n\to\infty}\sum_{i=1}^{n}\frac{D_i + S_i}{n} \tag{公式 4-2-3}$$

式中，W_i 为第 i 个顾客在系统中逗留的时间，它等于该顾客排队等待时间 D_i 和接受服务时间 S_i 之和。

（4）平均队长 L_q

$$L_q = \lim_{T\to\infty}\int_0^T\frac{L_q(t)\mathrm{d}t}{T} \tag{公式 4-2-4}$$

式中，$L_q(t)$ 为 t 时刻的队列长度；T 为系统运行时间。

（5）系统中平均顾客数 L

$$L = \lim_{T\to\infty}\int_0^T\frac{L(t)\mathrm{d}t}{T} = L_q = \lim_{T\to\infty}\int_0^T\frac{[L_q(t)+S(t)]\mathrm{d}t}{T} \tag{公式 4-2-5}$$

式中，$L_q(t)$ 为 t 时刻的系统中等待的顾客数；$S(t)$ 为 t 时刻系统中正在接受服务的顾客数。

$$L(t) = L_q(t) + S(t) \tag{公式 4-2-6}$$

（三）排队系统的表示方法

20 世纪 50 年代，Kendall 提出了一种排队论表示法，以紧凑、易于阅读的格式总结了排队系统的所有属性，使用 X/Y/Z/A/B/C 进行表示，每一个字母均代表不同的含义。具体如下。

X：顾客相继到达的时间间隔的分布

M——指数分布（泊松过程）

D——确定型分布（定长分布）

E_k——k 阶爱尔朗分布

G——一般服务时间随机分布

GI——一般相互独立的时间间隔分布

Y：服务时间的分布

M——指数分布（泊松过程）

D——确定型分布（定长分布）

E_k——k 阶爱尔朗分布

G——一般服务时间随机分布

GI——一般相互独立的时间间隔分布

Z：并列服务台的个数（*C* 表示多个服务台）

A：系统容量（若为∞可以省略不写）

B：顾客总体数量（若为∞可以省略不写）

C：排队规则（FCFS、LCFS、SIRO、PR 等，若为 FCFS 可以省略不写）

4.2.2 M/M/1基础模型

本书对 M/M/1 排队系统进行 AnyLogic 仿真。按前述规则，M/M/1（即 M/M/1/∞ / ∞ /FCFS）表示的是：到达模式与服务模式均为指数分布，单服务台，系统容量和顾客总量为无限，排队规则为先到先服务的排队系统。

M/M/1 排队系统相关参数假设如下：

- 系统平均每秒到达15个顾客；
- 服务台平均每秒完成20个顾客的服务。

通过仿真研究该系统以下性能指标：

- 顾客在系统中的平均逗留时间以及在队列中的平均等待时间；
- 顾客队列的平均长度。

本小节创建 M/M/1 基础模型，具体操作如下。

（1）新建一个模型。

（2）如图 4-2-2 所示，从流程建模库（Process Modeling Library）面板中拖曳一个 Source 模块到 Main 中，并设置其属性，定义到达通过（Arrivals defined by）选择“间隔时间（Interarrival time）”，间隔时间（Interarrival time）为“exponential(15,0)”，单位为“秒（seconds）”，即已知顾客平均每秒到达 15 个，则间隔时间设为均值 1/15 秒的指数分布。

注意

AnyLogic 提供的指数分布函数 exponential（λ,x）中形状参数 λ 的含义为指数分布均值的倒数。如果 x 为 0，也可写为 exponential（λ）。

（3）从流程建模库（Process Modeling Library）面板拖曳一个 Seize 模块到 Main 中模块 source 的右侧，如图 4-2-3 所示进行连接，并设置其属性，勾选“最大队列容量（Maximum queue capacity）”。

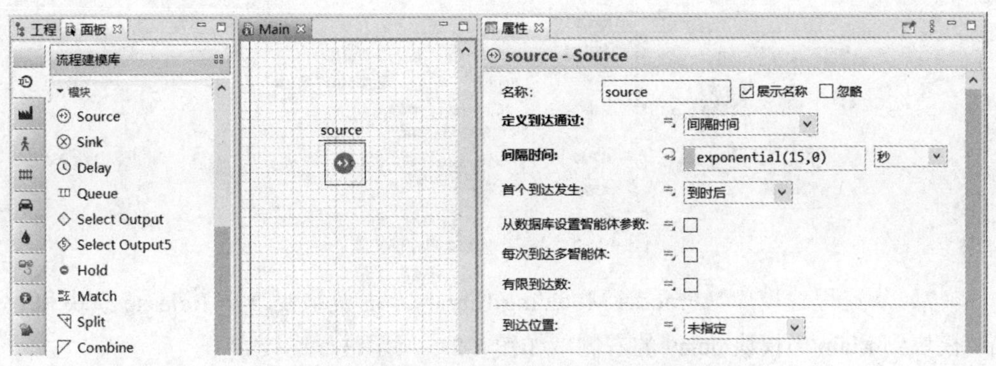

图 4-2-2　添加 Source 模块并设置其属性

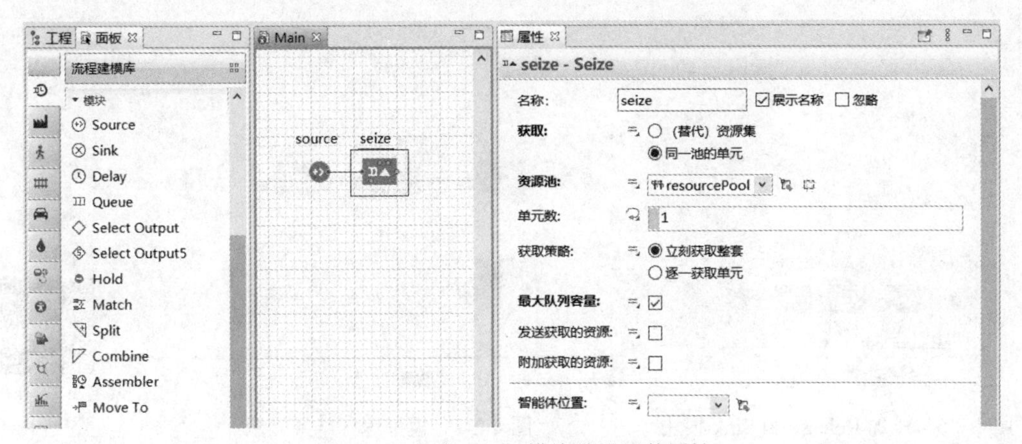

图 4-2-3　添加 Seize 模块并设置其属性

（4）从流程建模库（Process Modeling Library）面板拖曳一个 Delay 模块到 Main 中模块 seize 的右侧，如图 4-2-4 所示进行连接，并设置其属性，类型（Type）选择“指定的时间（Specified time）”，延迟时间（Delay time）为“exponential(20,0)”，单位为“秒（seconds）”，并勾选“最大容量（Maximum capacity）”。

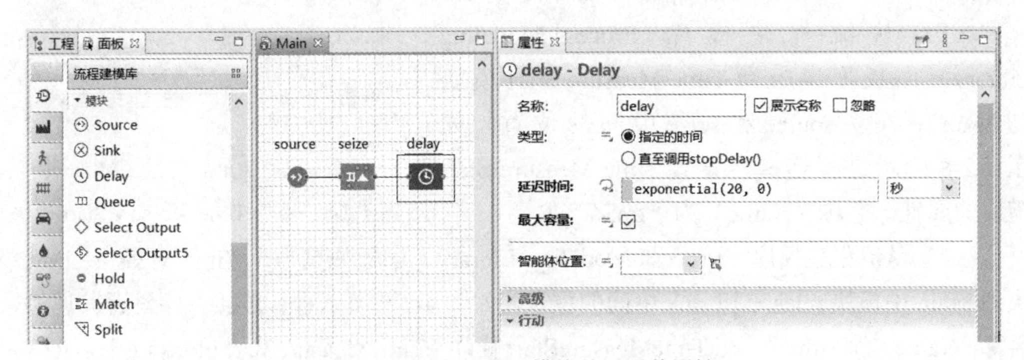

图 4-2-4　添加 Delay 模块并设置其属性

（5）从流程建模库（Process Modeling Library）面板拖曳一个 Resource Pool 模块到 Main 中，名称默认为“resourcePool”。

（6）如图 4-2-5 所示设置模块 seize 属性，获取（Seize）选择“同一池的单元（units of the same pool）”，并在“资源池（Resource pool）”下拉列表中选择刚才添加的模块 resourcePool。也可以使用下拉菜单右边的图形元素选择器从 Main 中选择模块 resourcePool。

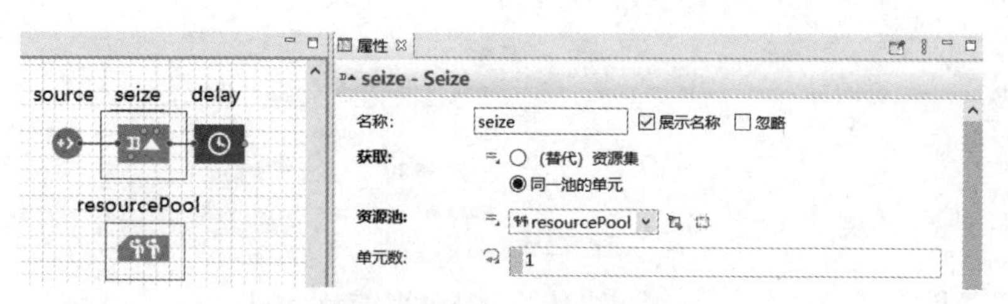

图 4-2-5 模块 seize 属性设置

（7）从流程建模库（Process Modeling Library）面板拖曳一个 Release 模块和一个 Sink 模块到 Main 中模块 delay 的右侧，如图 4-2-6 所示进行连接。

（8）运行模型，如图 4-2-7 所示。

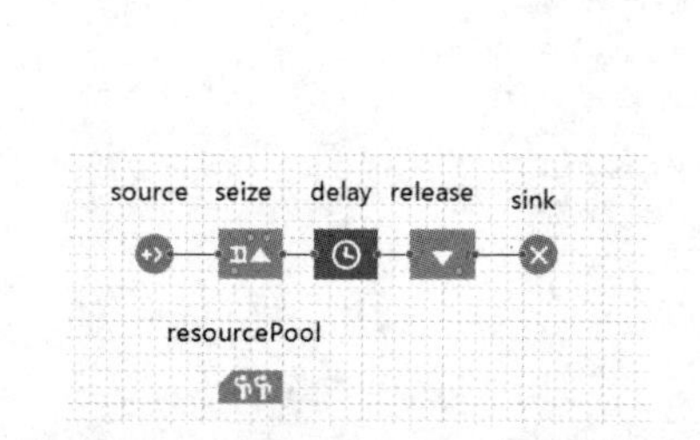

图 4-2-6 添加 Release 和 Sink 模块

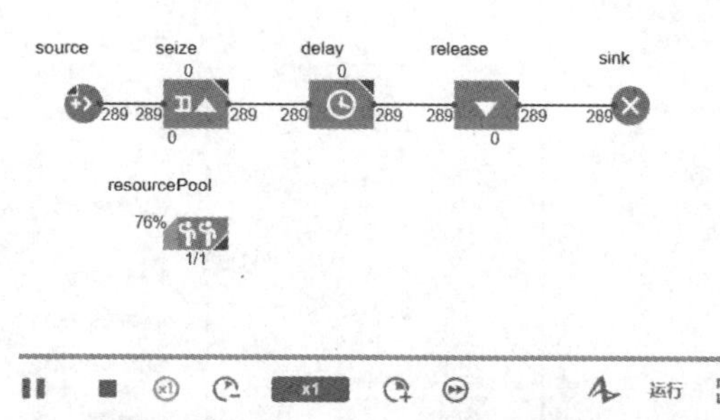

图 4-2-7 模型运行结果显示

模型文件下载

4.2.3 顾客排队时间测量

4.2.2 节构建了 M/M/1 排队系统的基础模型，本小节将通过在模型中添加模块测量顾客在整个系统的逗留时间及队列中的等待时间，具体操作如下。

（1）从流程建模库（Process Modeling Library）面板拖曳一个 Time Measure Start 模块到 Main 中模块 source 和 seize 中间的位置，如图 4-2-8 所示进行连接。设置 Time Measure Start 模块的属性，名称（Name）为“tmS”。

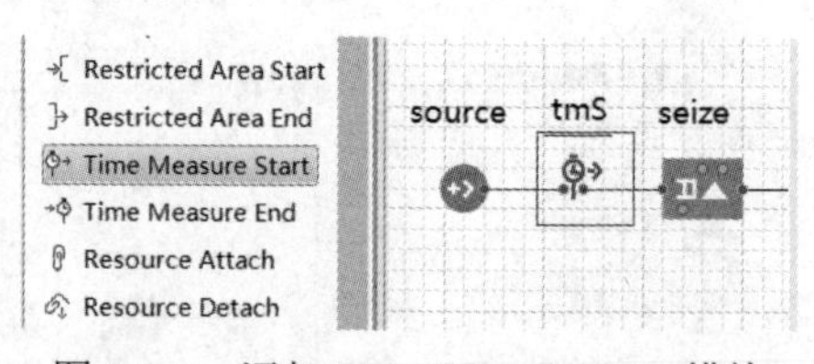

图 4-2-8 添加 Time Measure Start 模块

（2）从流程建模库（Process Modeling Library）面板拖曳一个 Time Measure End 模块到 Main 中模块 release 和 sink 中间的位置，如图 4-2-9 所示进行连接，并设置其属性，名称（Name）为“tmE”，在 TimeMeasureStart 模块（TimeMeasureStart blocks）中点击“+”号按钮选中“tmS”，“数据集容量（Dataset capacity）”为 1000000。这样，模块 tmS 和 tmE 搭配就可以测量顾客在系统中的逗留时间。

（3）此 M/M/1 模型中，队列内嵌在模块 seize 中。为了测量顾客在队列中的等待时间，如图 4-2-10 所示，在模块 seize 之前添加一个 Time Measure Start 模块，在 seize 模块之后添加一个 Time Measure End 模块，名称（Name）分别设为“tmS_Q”和“tmE_Q”。

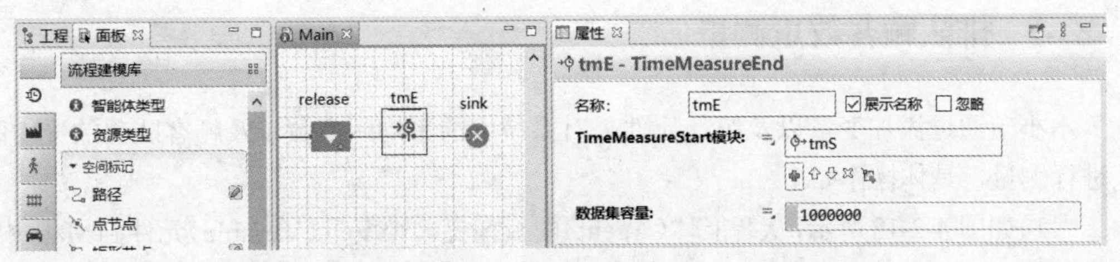

图 4-2-9　添加 Time Measure End 模块并设置其属性

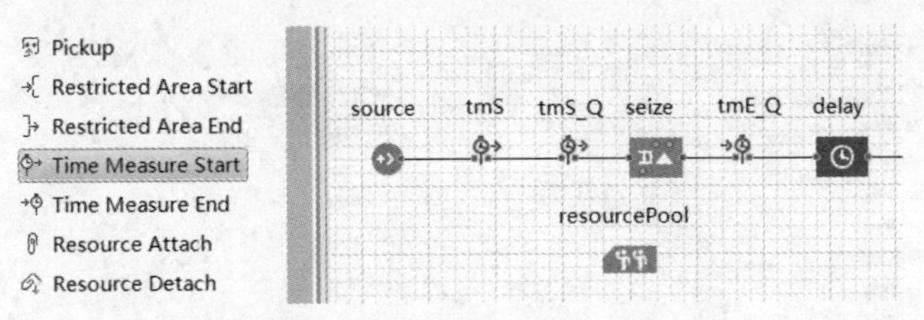

图 4-2-10　添加 Time Measure Start 和 Time Measure End 模块

（4）如图 4-2-11 所示设置模块 tmE_Q 的属性，在 TimeMeasureStart 模块（Time MeasureStart blocks）中选中“tmS_Q”，数据集容量（Dataset capacity）为 1000000。

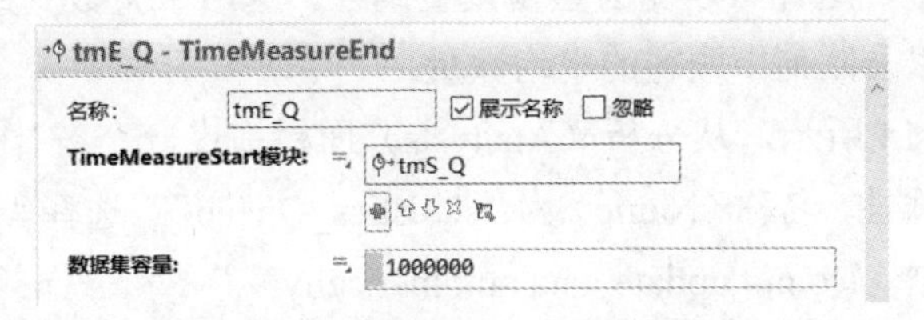

图 4-2-11　模块 tmE_Q 属性设置

（5）运行模型，点击模块 tmE 和 tmE_Q，打开各自的观察（Inspect）窗口，查看测量结果，如图 4-2-12 所示。从图中可以看到，顾客获得服务前在队列中的平均等待时间为 0.106 秒，顾客在系统中的平均逗留时间为 0.154 秒，这与公式 4-2-1 和公式 4-2-3 的计算结果是一致的。

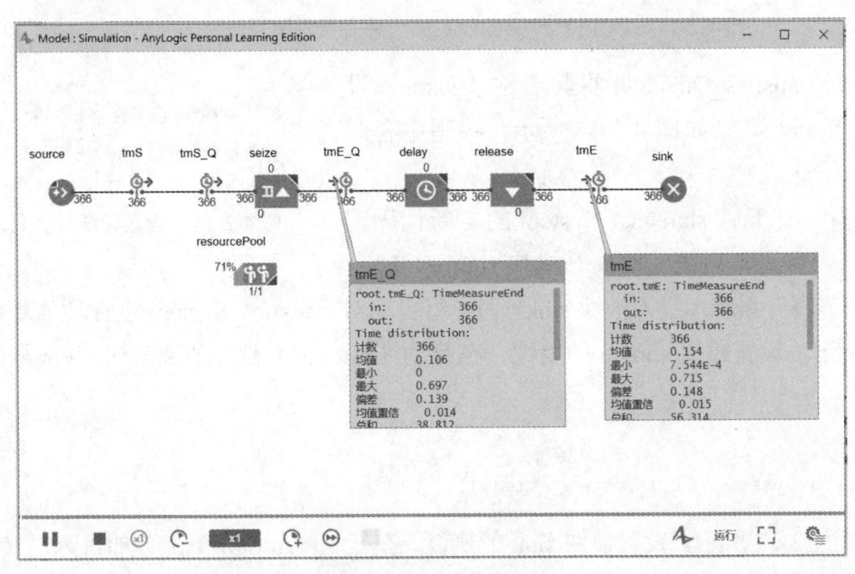

模型文件下载

图 4-2-12　模型运行结果显示

4.2.4 排队顾客数量测量

本小节通过添加变量以及统计元件，对系统中的平均顾客数以及顾客队列的平均队长进行测量，具体操作如下。

（1）如图 4-2-13 所示，从智能体（Agent）面板拖曳一个变量（Variable）元件到 Main 中，并设置其属性，名称（Name）为“N_Queue”，类型（Type）选择“int”。

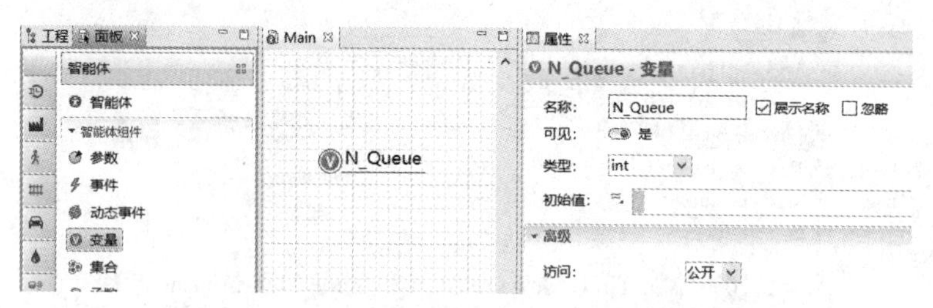

图 4-2-13　添加变量（Variable）元件并设置其属性

（2）复制 N_Queue 并将其名称（Name）设为“N_System”。复制一个元件的同时也复制了它的属性，这样可以免去重复设置属性。这两个整数变量将用来计算系统中顾客的平均数量，以及队列中顾客的平均数量。

（3）如图 4-2-14 所示，从分析（Analysis）面板拖曳一个统计（Statistics）元件到 Main 中，并设置其属性，名称（Name）为“statistics_Queue”，选择“连续（Continuous）”和“不自动更新数据（Do not update data automatically）”。

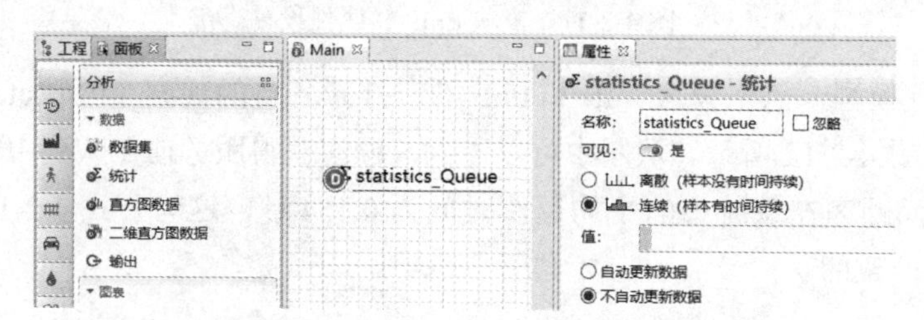

图 4-2-14　添加统计（Statistics）元件并设置其属性

（4）复制 statistics_Queue 并将其名称（Name）设为“statistics_System”。如图 4-2-15 所示，模型中有两个变量和两个统计。

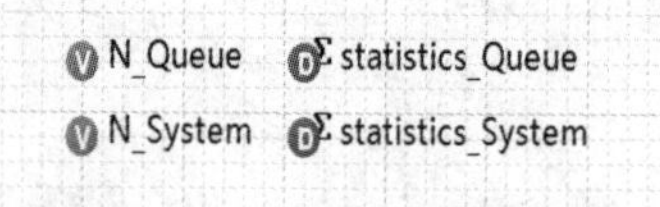

图 4-2-15　变量和统计元件

（5）设置统计元件 statistics_System 的更新代码，每当一个新的顾客进入系统（即离开模块 source）时，或每当一个顾客离开系统（进入模块 sink）时，将自动对 statistics_System 进行数值更新。如图 4-2-16 所示，设置模块 source 的属性，在行动（Actions）部分的离开时（On exit）填入代码：

```
N_System++;
statistics_System.add(N_System,time());
```

（6）如图 4-2-17 所示，设置模块 sink 的属性，在行动（Actions）部分的进入时（On enter）填入代码：

```
N_System--;
statistics_System.add(N_System,time());
```

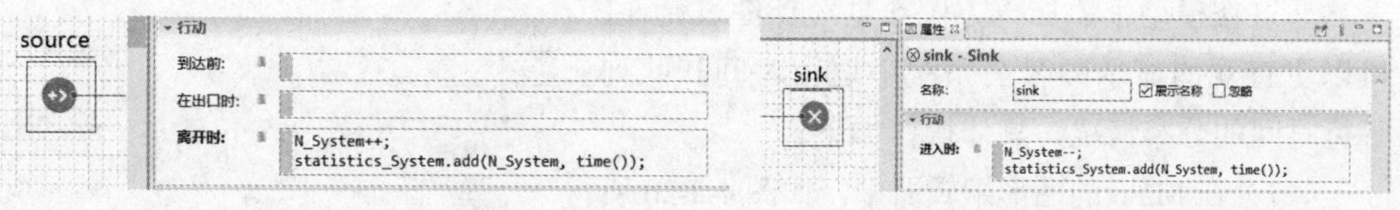

图 4-2-16　模块 source 属性设置　　　　图 4-2-17　模块 sink 属性设置

（7）同理，设置统计元件 statistics_Queue 的更新代码，当顾客进入或离开模块 seize 的内部队列时自动对 statistics_Queue 进行数值更新。如图 4-2-18 所示，设置模块 seize 的属性，行动（Actions）部分，在进入时（On enter）填入代码：

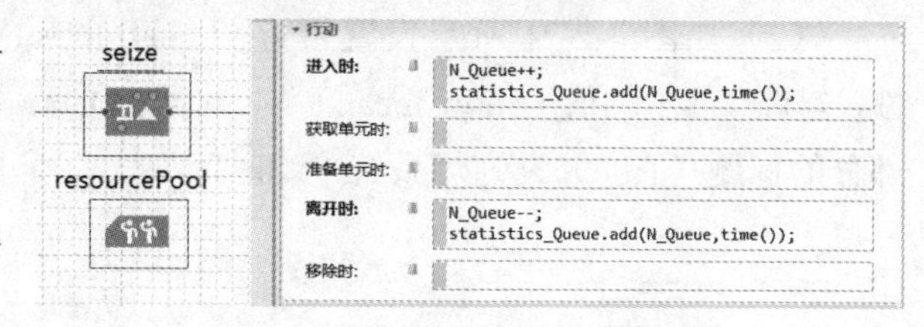

图 4-2-18　模块 seize 属性设置

```
N_Queue++;
statistics_Queue.add(N_Queue,time());
```

在离开时（On exit）填入代码：

```
N_Queue --;
statistics_Queue.add(N_Queue,time() );
```

（8）运行模型，点击元件 statistics_Queue 和 statistics_System，打开各自的观察（Inspect）窗口，查看测量结果，如图 4-2-19 所示。从图中可以看到，平均队长为 2.538，系统中平均顾客数为 3.294，这与公式 4-2-4 和公式 4-2-5 的计算结果是一致的。

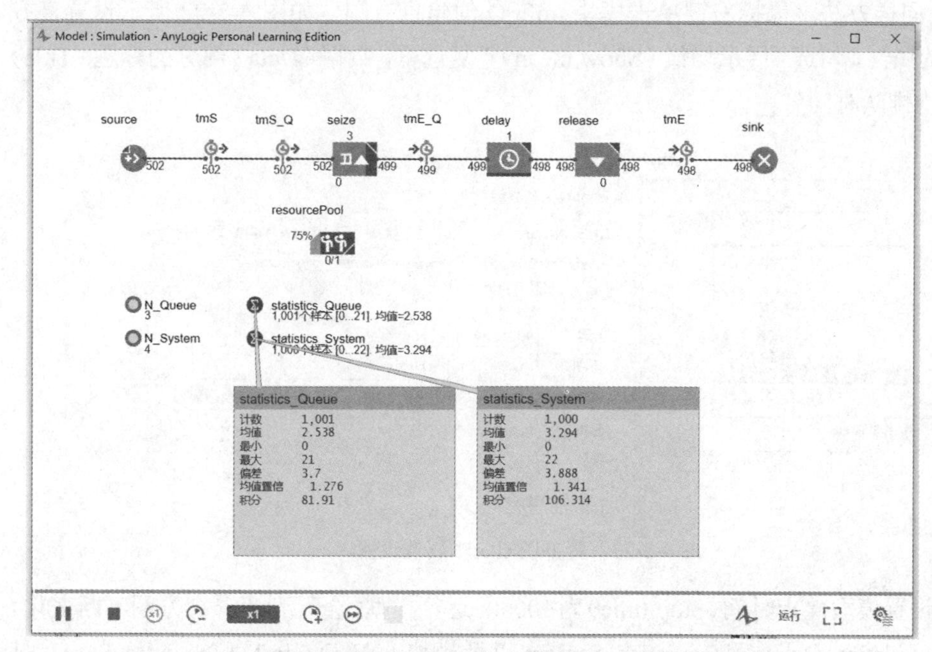

模型文件下载

图 4-2-19　模型运行结果显示

4.2.5 添加数据统计图表

通过在模型中添加直方图数据统计图表元件，可以更直观的显示顾客在系统中逗留时间和队列等待时间的分布情况，具体操作如下。

（1）在 Main 的图形编辑器中，如图 4-2-20 所示，鼠标右键单击模块 tmE，在右键弹出菜单中选择“创建图表（Create Chart）”|“distribution”。

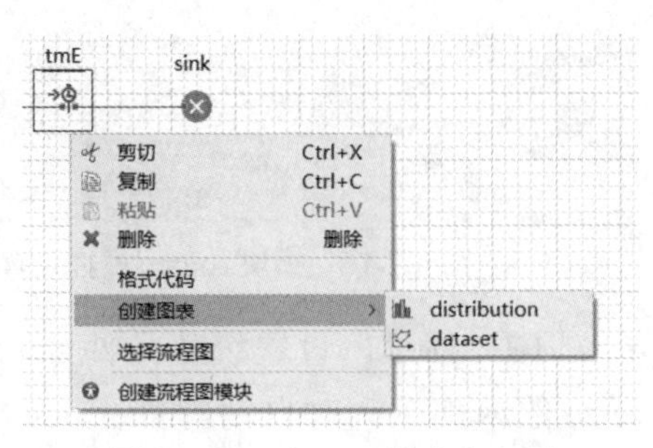

图 4-2-20 为 tmE 创建直方图

（2）如图 4-2-21 所示设置直方图 chart 的属性，勾选“展示均值（Show mean）”，数据（Data）部分的标题（Title）设为“系统平均时间”。

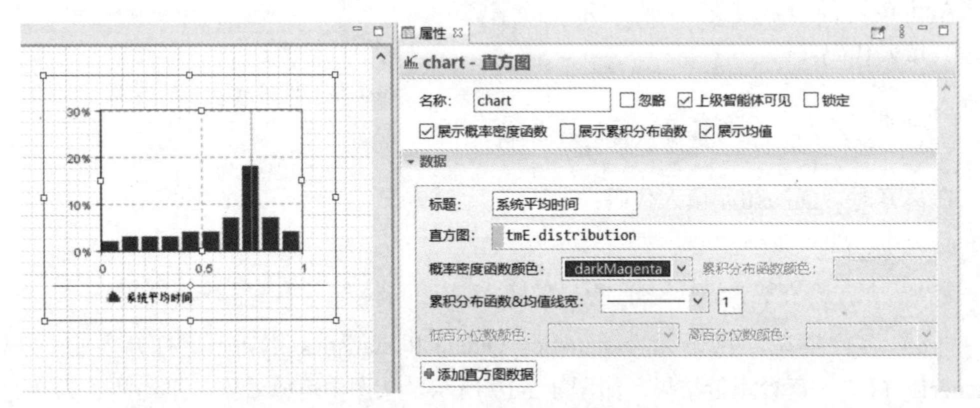

图 4-2-21 直方图 chart 属性设置

（3）同样方法，鼠标右键单击模块 tmE_Q 创建直方图。如图 4-2-22 所示设置直方图 chart1 的属性，勾选“展示均值（Show mean）”复选框，数据（Data）部分的标题（Title）设为“平均排队时间”。

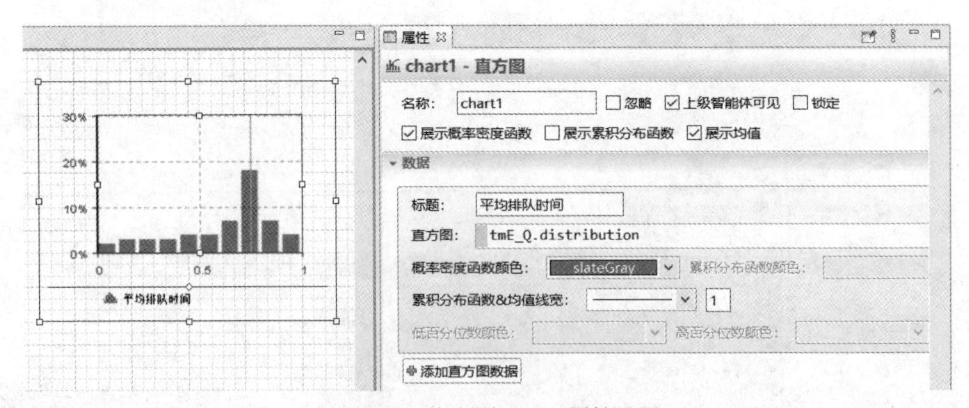

图 4-2-22 直方图 chart1 属性设置

（4）设置模型停止时间（Stop time）为 10000。运行模型，会看到两个直方图不断变化。点击元件 statistics_Queue 和 statistics_System 以及模块 tmE_Q、tmE 和 resourcePool，打开各自的观察（Inspect）窗口，可以查看模型运行数据，如图 4-2-23 所示。

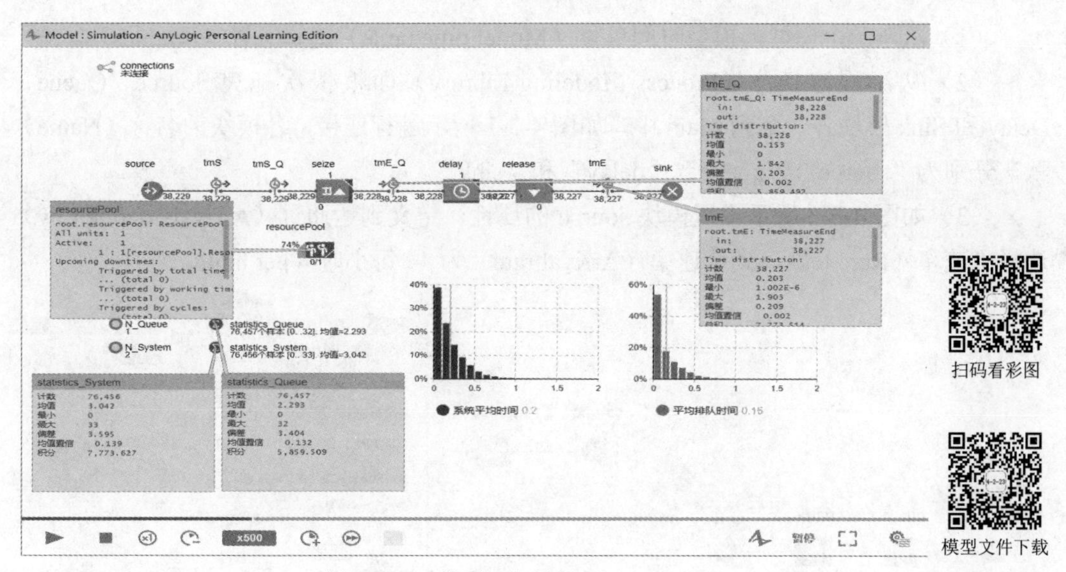

扫码看彩图

模型文件下载

图 4-2-23　模型运行结果显示

经过相当一段时间运行，可能会出现报错弹窗信息：“模型已经达到这个版本的 AnyLogic 动态创建智能体的最大数（The model has reached the maximum number of dynamically created agents (50000) for this edition of AnyLogic）”。这是由于 AnyLogic 个人学习版（PLE）对一个模型仿真运行动态产生的智能体总数有 50000 个的限制造成的。不过，对于本模型仿真研究来说，50000 个顾客样本已经足够有代表性了。

4.3 AnyLogic 离散事件系统仿真举例——银行网点服务模型

4.3.1　创建ATM服务流程

假设银行网点服务模型的相关参数如下：

- 银行网点有4个人工服务柜台和1台ATM机；
- 平均每小时有44位顾客到达银行网点；
- 进入银行网点后，一半顾客去ATM机办理业务，另一半去柜台办理业务；
- ATM机每位顾客服务时间最短1分钟，最长4分钟，最常见2分钟；
- 柜台业务每位顾客服务时间最短3分钟，最长20分钟，最常见4分钟；
- 有30%的顾客用完ATM服务后会继续到柜台办理业务，其余的则直接离开银行；
- 银行柜台共有4名柜员，所有等待办理业务的顾客统一排队；
- 顾客在柜台服务结束后直接离开银行。

本小节创建 ATM 机处顾客排队和接受服务的流程图，具体操作如下。

（1）新建一个模型，模型时间单位（Model time units）选择分钟（minutes）。

（2）从流程建模库（Process Modeling Library）面板依次拖曳 Source、Queue、Delay 和 Sink 模块各一个到 Main 中，如图 4-3-1 所示进行连接，各模块的名称（Name）默认分别为“source”“queue”“delay”和“sink”。

（3）如图 4-3-2 所示设置模块 source 的属性，定义到达通过（Arrivals defined by）选择“速率（Rare）”，到达速率（Arrival rate）为 44 每小时（per hour）。

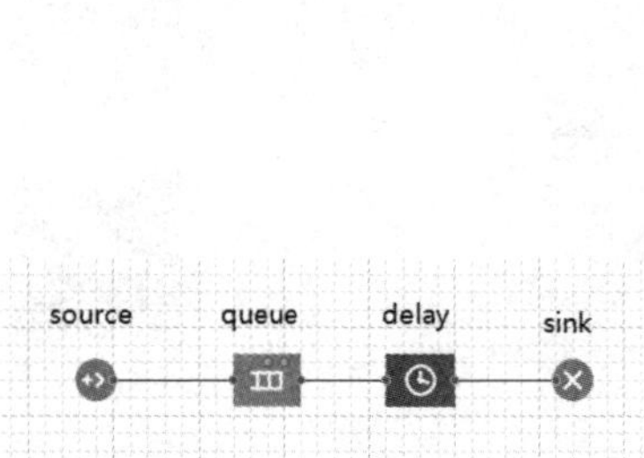
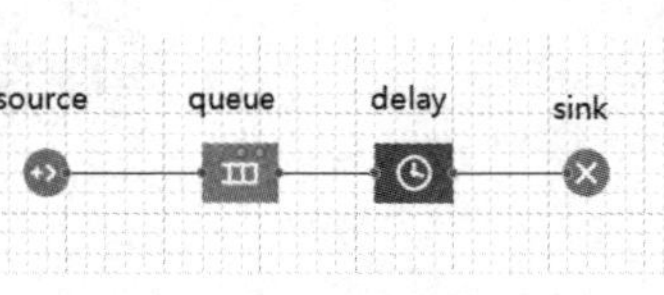

图 4-3-1　ATM 服务流程

图 4-3-2　模块 source 属性设置

（4）如图 4-3-3 所示设置模块 queue 的属性，容量（Capacity）为 14。

（5）如图 4-3-4 所示设置模块 delay 的属性，名称（Name）为“ATM”，类型（Type）选择“指定的时间（Specified time）”，延迟时间（Delay time）为“triangular(1,4,2)”，单位为“分钟（minutes）”，容量（Capacity）为 1。

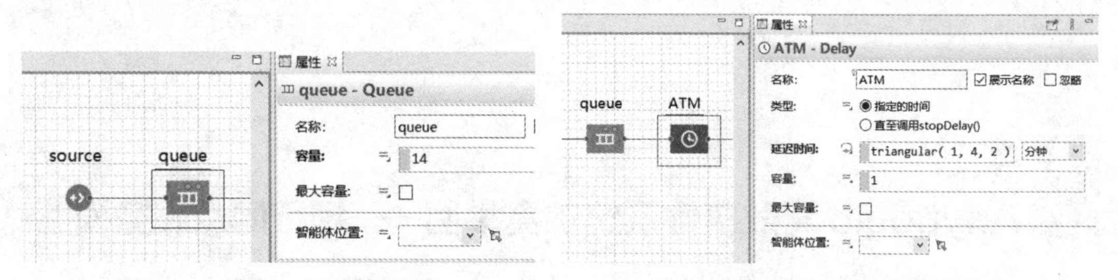

图 4-3-3　模块 queue 属性设置

图 4-3-4　模块 ATM 属性设置

4.3.2　添加顾客仿真动画

创建完成 ATM 服务流程后，如果想直观地看到银行网点里顾客接受服务的情况，还需要定义顾客仿真动画。具体操作如下。

（1）在流程建模库（Process Modeling Library）面板中，双击路径（Path）元件进入绘制模式，如图 4-3-5 所示在 Main 中绘制一条路径，元件名称（Name）默认为“path”。

（2）如图 4-3-6 所示设置模块 queue 的属性，智能体位置（Agent location）选择“path”。

（3）从流程建模库（Process Modeling Library）面板拖曳一个点节点（Point Node）元件到 Main 中，如图 4-3-7 所示将点节点（Point Node）元件连接到路径 path 的右端点，并设置其属性，名称（Name）为“node”，颜色（Color）设为动态值（Dynamic value）填入“ATM.size()>0?red:green”。

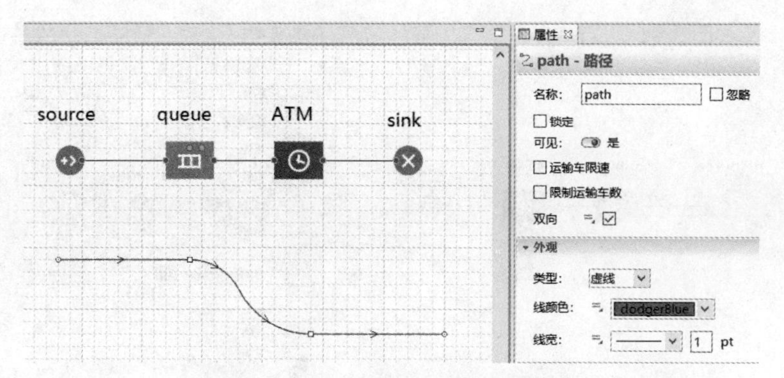

图 4-3-5　路径（Path）元件布局显示

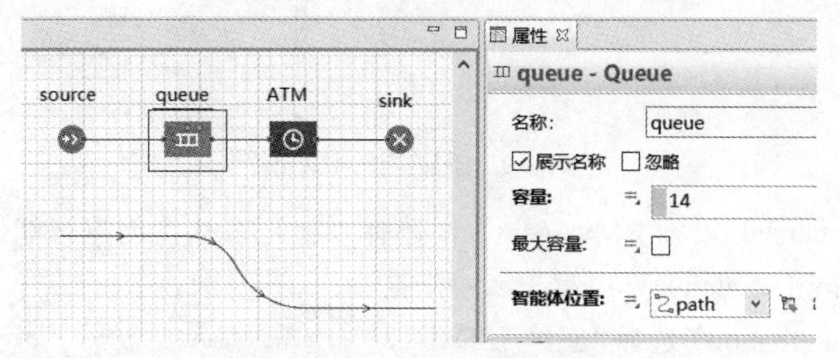

图 4-3-6　模块 queue 属性设置

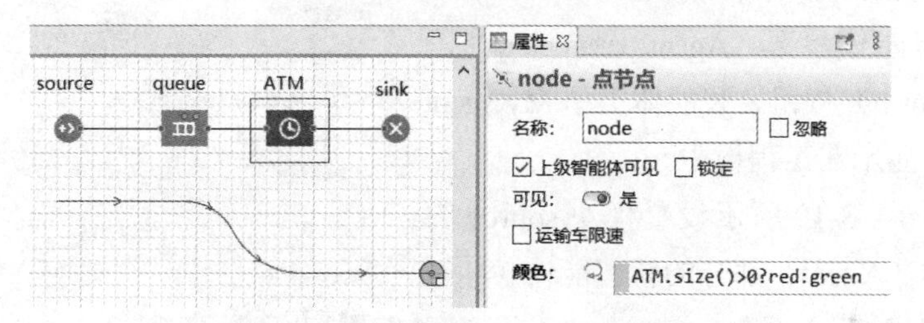

图 4-3-7　点节点 node 属性设置

（4）如图 4-3-8 所示设置模块 ATM 的属性，智能体位置（Agent location）选择“node”。

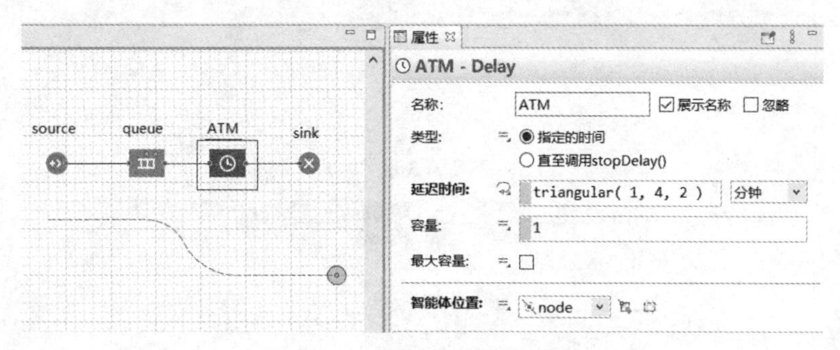

图 4-3-8　模块 ATM 属性设置

（5）如图 4-3-9 所示，从三维物体（3D Objects）面板超市（Supermarket）部分拖曳一个自动柜员机（ATM）到 Main 中点节点 node 的右侧，并设置其属性，名称（Name）为“atm”，位置（Position）部分的 Z 旋转（Rotation Z）为 0 度（degrees）。

（6）从智能体（Agent）面板拖曳一个智能体（Agent）元件到 Main 中，在弹出的新建智能体向导第 1 步，点击“仅智能体类型（Agent type only）”；第 2 步，新类型

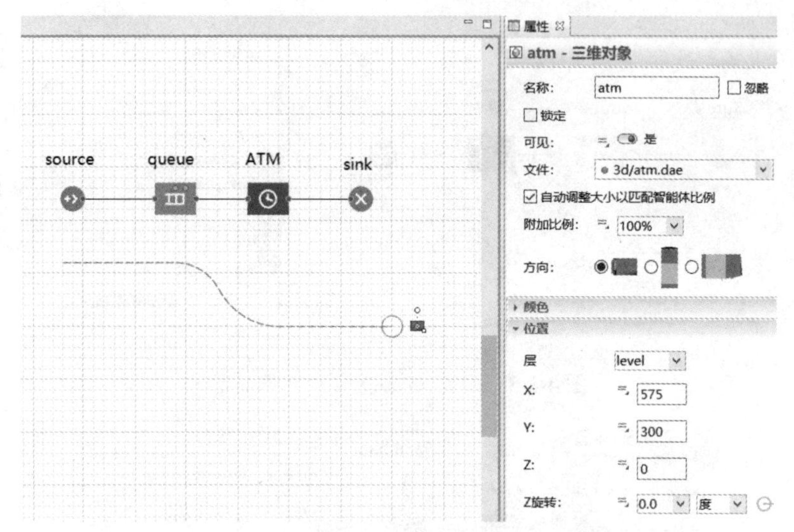

图 4-3-9　添加三维对象元件

名（Agent type name）设为“MyAgent”，选择“我正在从头创建智能体类型（Create the agent type from scratch）”；第 3 步，智能体动画（Agent animation）选择“三维（3D）”，并选择人（People）部分的人（Person）；第 4 步，不添加智能体参数（Agent parameters），点击完成（Finish）按钮。智能体类型 MyAgent 创建完成，并显示在工程树中。

（7）如图 4-3-10 所示设置模块 source 的属性，智能体（Agent）部分的新智能体（New agent）选择“MyAgent”。

图 4-3-10　模块 source 属性设置

（8）运行模型，如图 4-3-11 所示。

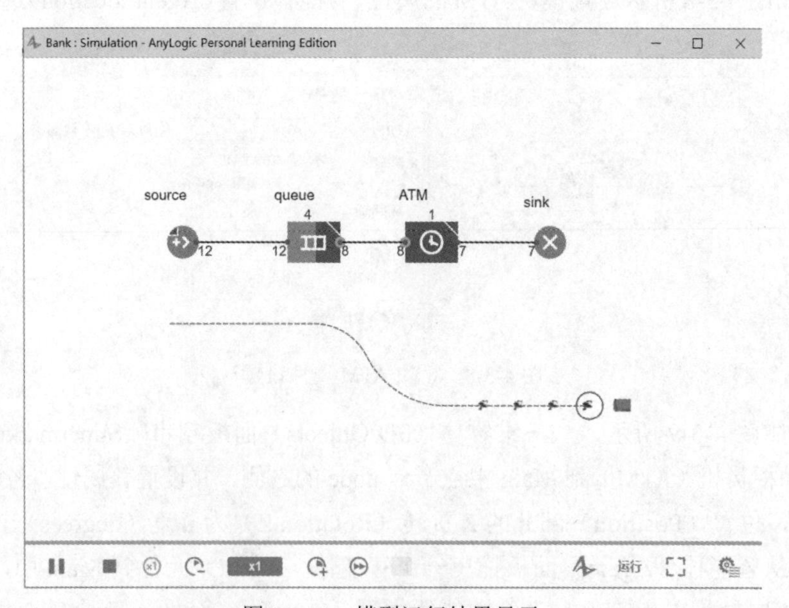

图 4-3-11　模型运行结果显示

模型文件下载

（9）如图 4-3-12 所示，从演示（Presentation）面板拖曳一个三维窗口（3D Window）元件到 Main 中。

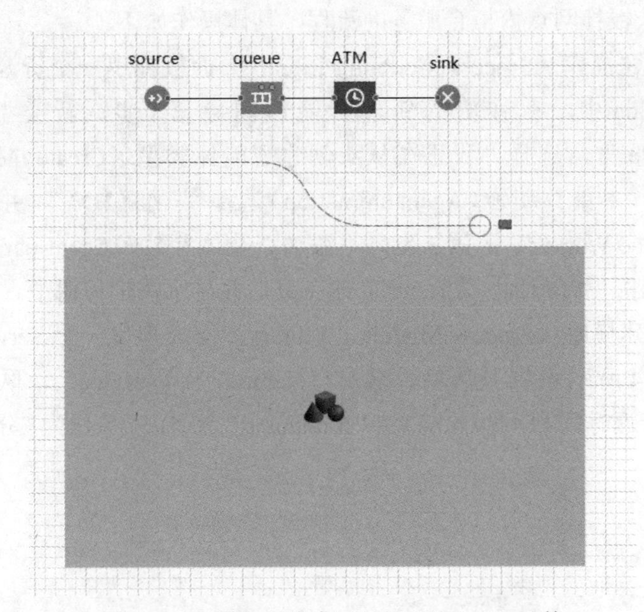

图 4-3-12　添加三维窗口（3D Window）元件

（10）运行模型，如图 4-3-13 所示。

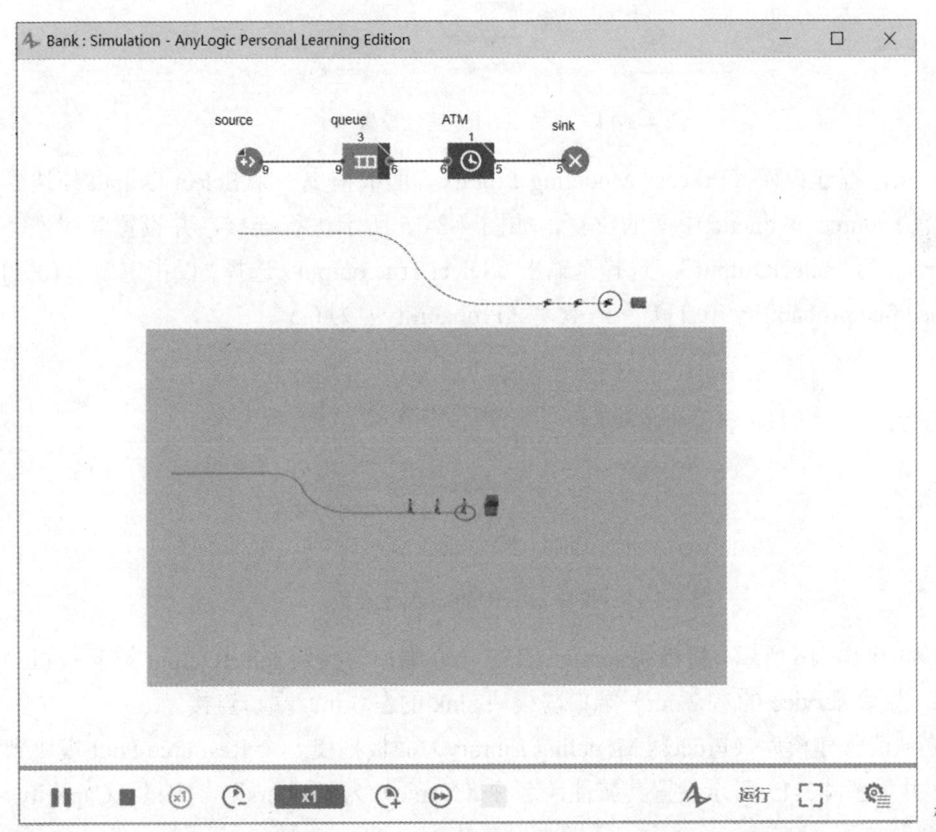

图 4-3-13　模型运行结果显示

4.3.3 添加柜台服务流程

本小节将加入银行网点内柜台服务的流程，具体操作如下。

（1）从流程建模库（Process Modeling Library）面板拖曳一个资源类型（Resource Type）元件到Main中，在弹出的新建智能体向导第1步，新类型名（Agent type name）设为“Teller”，选择“我正在从头创建智能体类型（Create the agent type from scratch）”；第2步，智能体动画（Agent animation）选择“三维（3D）”，并选择人（People）部分的职员（Office Worker）；第3步，不添加智能体参数（Agent parameters），点击完成（Finish）按钮。智能体类型Teller创建完成，并显示在工程树中。

（2）从流程建模库（Process Modeling Library）面板拖曳一个Service模块到Main中，并如图4-3-14所示设置其属性，名称（Name）为“service”，队列容量（Queue capacity）为20，延迟时间（Delay time）为“triangular(3,20,4)”，单位为“分钟（minutes）”。

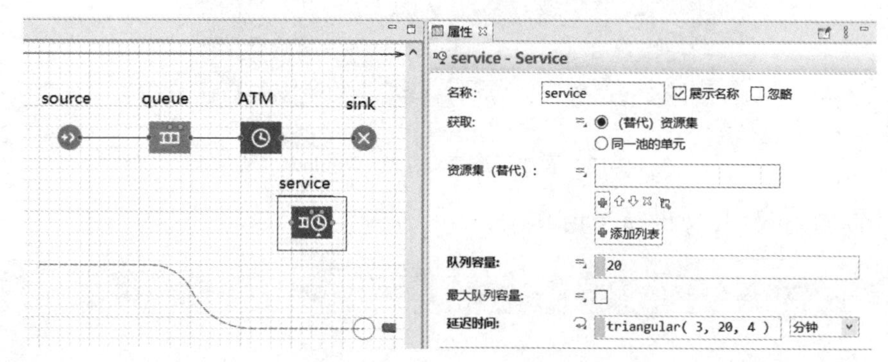

图4-3-14 模块service属性设置

（3）从流程建模库（Process Modeling Library）面板拖曳一个Select Output模块到Main中模块source和queue中间的位置，如图4-3-15所示进行连接，并设置其属性，名称（Name）为“selectOutput”，选择真输出（Select True output）选择“以指定概率[0..1]（With specified probability [0..1]）”，概率（Probability）为0.5。

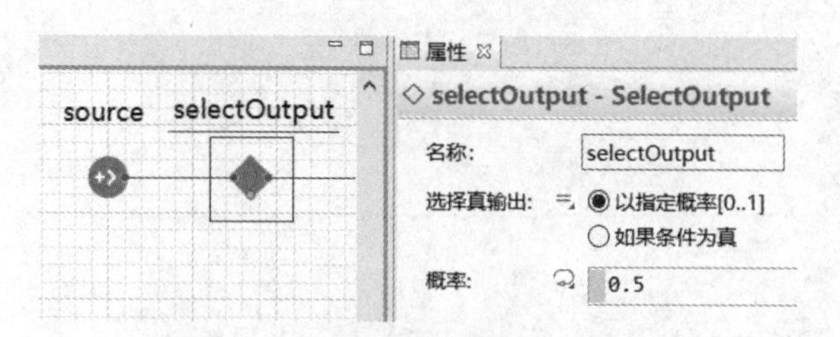

图4-3-15 模块selectOutput属性设置

（4）如图4-3-16所示，将模块service的左（in）端口与模块selectOutput的下（outF）端口连接，模块service的右（out）端口与模块sink的左（in）端口连接。

（5）从流程建模库（Process Modeling Library）面板拖曳一个Resource Pool模块到Main中，并如图4-3-17所示设置其属性，名称（Name）为“tellers”，容量（Capacity）为4，新资源单元（New resource unit）选择“Teller”。

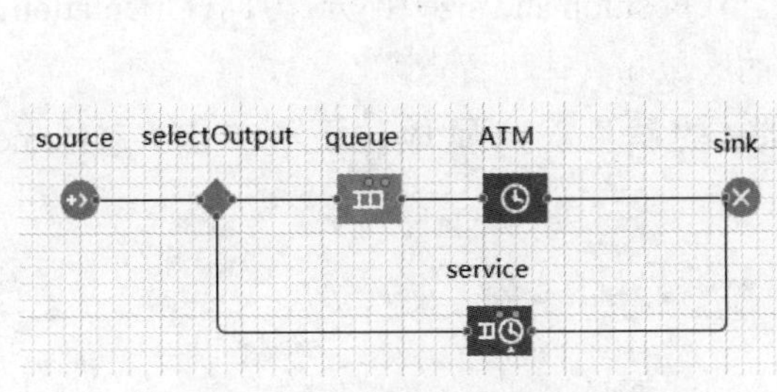

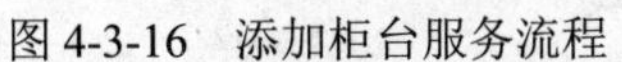
图 4-3-16 添加柜台服务流程

图 4-3-17 Resource Pool 模块属性设置

（6）在流程建模库（Process Modeling Library）面板中，双击矩形节点（Rectangular Node）元件进入绘制模式，如图 4-3-18 所示在 Main 中绘制一个矩形，名称（Name）设为“waitingArea”。这是顾客指定等待办理柜台业务时所处的区域。

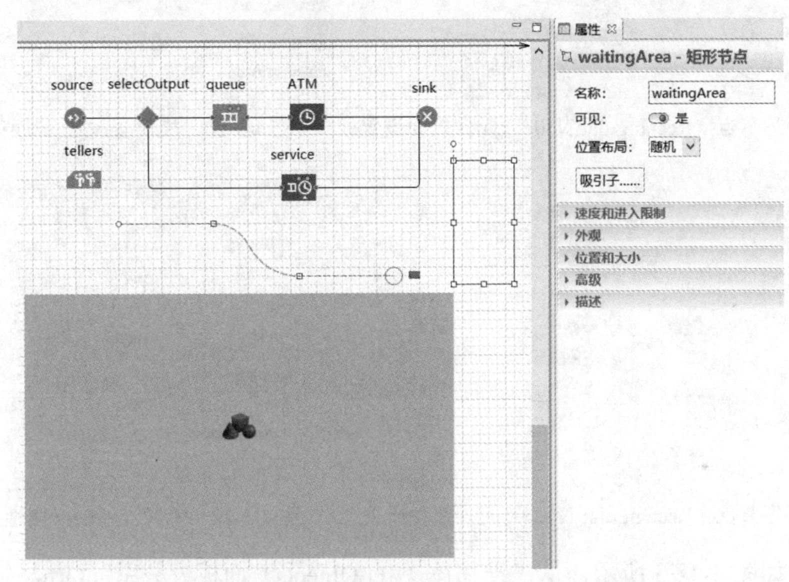

图 4-3-18 矩形节点（Rectangular Node）元件属性设置

（7）在流程建模库（Process Modeling Library）面板中，双击矩形节点（Rectangular Node）元件进入绘制模式，如图 4-3-19 所示在图形编辑器中矩形节点 waitingArea 右侧绘制一个矩形，并设置其属性，名称（Name）为“serviceArea”，点击“吸引子（Attractors）...”按钮，在弹出窗口中设置吸引子数（Number of attractors）为 4。这是顾客办理柜台业务时所处的区域和具体位置点。

（8）如图 4-3-20 所示设置模块 service 属性，获取（Seize）选择“同一池的单元（units of the same pool）”，并在“资源池（Resource pool）”下拉列表中选择“tellers”，智能体位置（队列）（Agent location - queue）选择“waitingArea”，智能体位置（延迟）（Agent location - delay）选择“serviceArea”。

（9）在流程建模库（Process Modeling Library）面板中，双击矩形节点（Rectangular Node）元件进入绘制模式，如图 4-3-21 所示在图形编辑器中矩形节点 serviceArea 右侧绘制一个矩形，并设置其属性，名称（Name）为“tellersArea”，在其属性窗口点击“吸引子（Attractors）...”按钮，在弹出窗口中设置吸引子数（Number of attractors）为 4。设置每个吸引子(Attractor)的属性，位置和大小(Position and size)部分，方向(Orientation)均选择“+180.0”。这是柜员及工作台所处的区域和具体位置点。

（10）如图 4-3-22 所示设置模块 tellers 的属性，归属地位置（节点）（Home location - nodes）选择“tellersArea”。

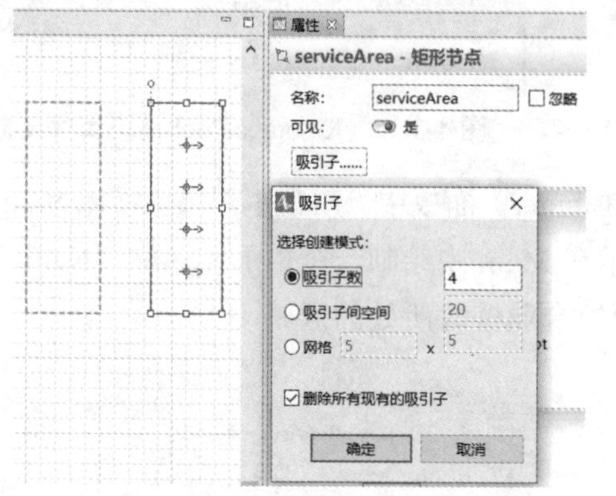

图 4-3-19　矩形节点（Rectangular Node）元件属性设置

图 4-3-20　模块 service 属性设置

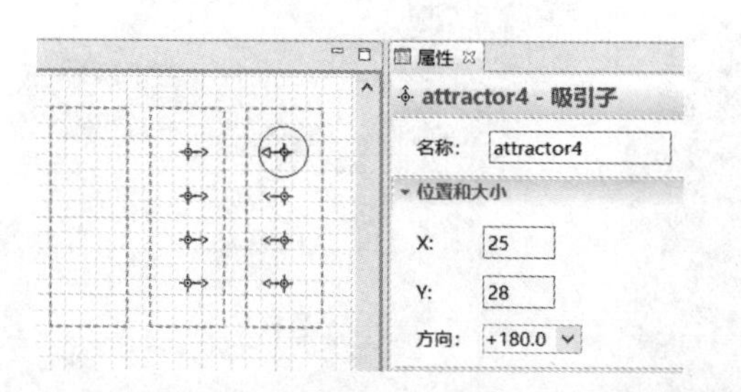

图 4-3-21　矩形节点（Rectangular Node）元件属性设置

图 4-3-22　资源池 tellers 属性设置

（11）如图 4-3-23 所示，从三维物体（3D Objects）面板办公室（Office）部分拖曳四个桌子（Table）到 Main 中矩形节点 tellersArea 的 4 个吸引子处，并设置其属性，位置（Position）部分 Z 旋转（Rotation Z）均为 90 度（degrees）。

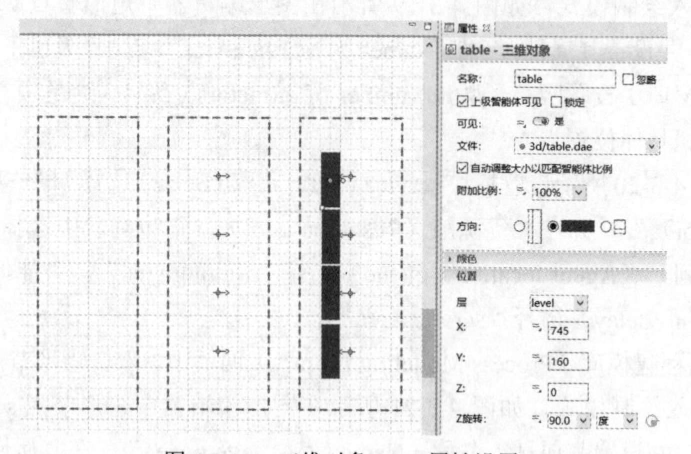

图 4-3-23　三维对象 table 属性设置

（12）从流程建模库（Process Modeling Library）面板拖曳一个 Select Output 模块到 Main 中模块 ATM 和 sink 中间的位置，如图 4-3-24 所示将模块 Select Output1 的下（outF）端口连接到模块 serviced 的左（in）端口，并设置其属性，名称（Name）为“selectOutput1”，选择真输出（Select True output）选择“以指定概率 [0..1]（With specified probability[0..1]）”，概率（Probability）填入 0.7。

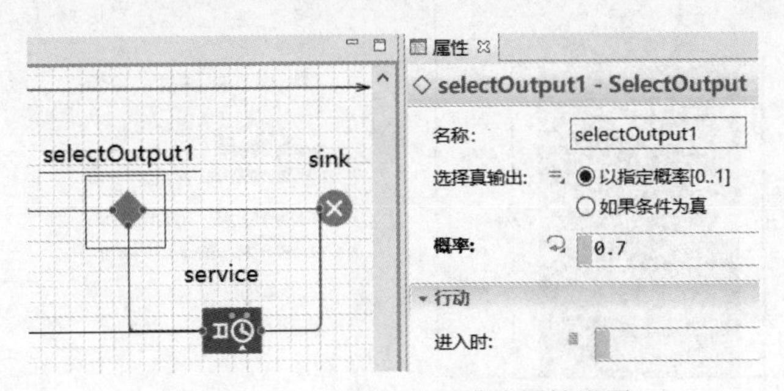

图 4-3-24 Select Output 模块属性设置

（13）运行模型，如图 4-3-25 所示。

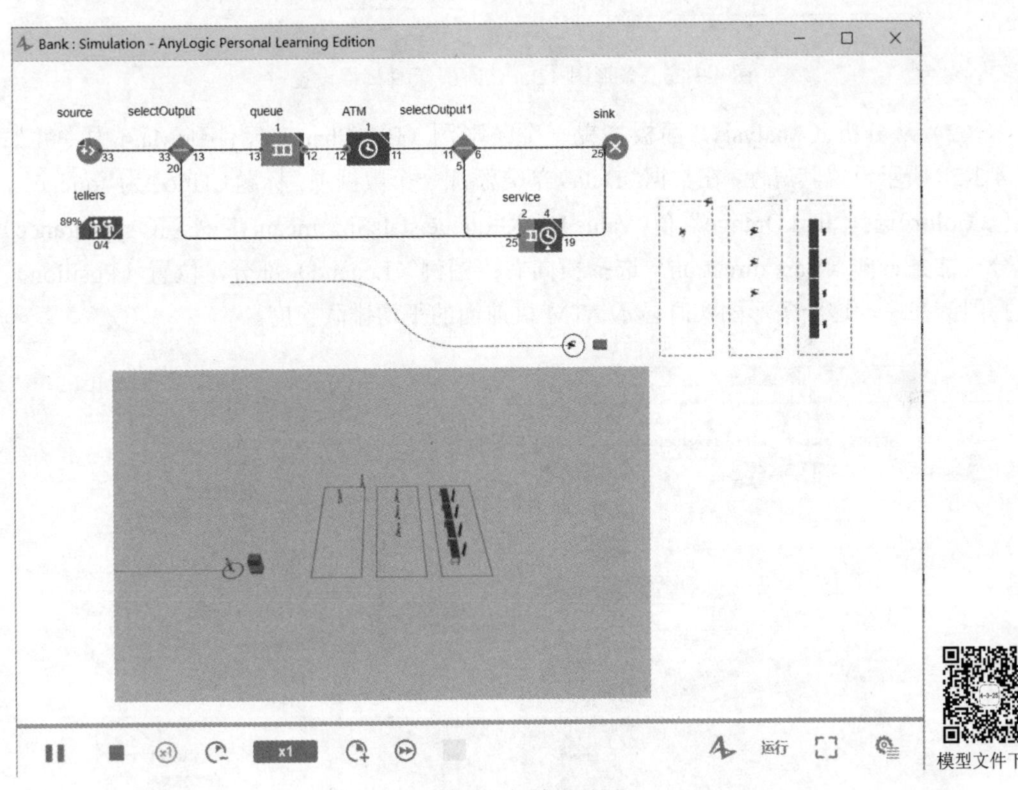

模型文件下载

图 4-3-25 模型运行结果显示

4.3.4 添加数据统计图表

本小节用条形图显示柜员的利用率和 ATM 机前面的平均排队长度，具体操作如下。

（1）从分析（Analysis）面板拖曳一个条形图（Bar Chart）元件到 Main 中，并如

图 4-3-26 所示设置其属性，在数据（Data）部分添加一个数据项，标题（Title）为“tellers”，颜色（Color）选择“limeGreen”，值（Value）填入“tellers.utilization()”。这个条形图实时显示柜员的利用率。

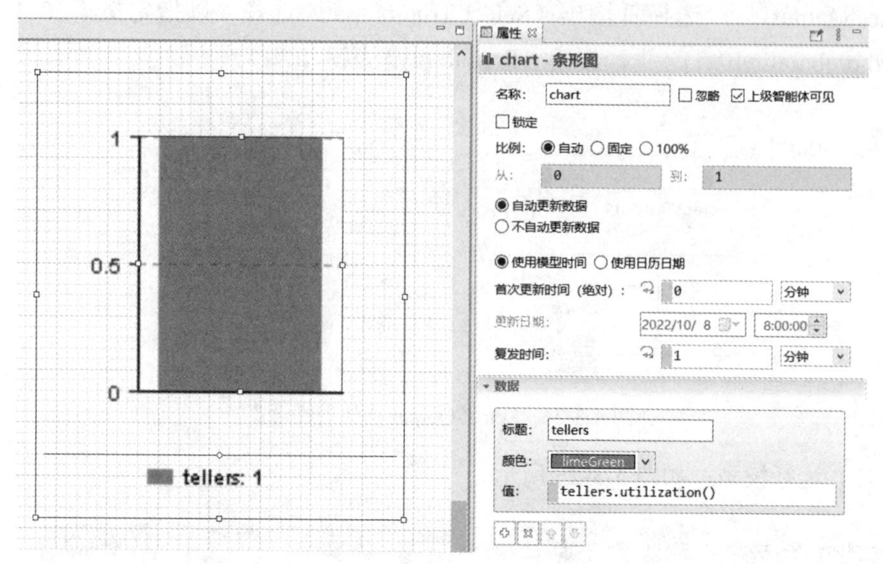

图 4-3-26　条形图（Bar Chart）元件属性设置

（2）从分析（Analysis）面板拖曳一个条形图（Bar Chart）元件到 Main 中，并如图 4-3-27 所示设置其属性，在数据（Data）部分添加一个数据项，标题（Title）为“queue”，颜色（Color）选择“darkOrange”，值（Value）填入“queue.statsSize.mean()”；外观（Appearance）部分，柱条方向（Bars direction）选择横向右；图例（Legend）部分，位置（Position）选择图例在左。这个条形图实时显示 ATM 机前面的平均排队长度。

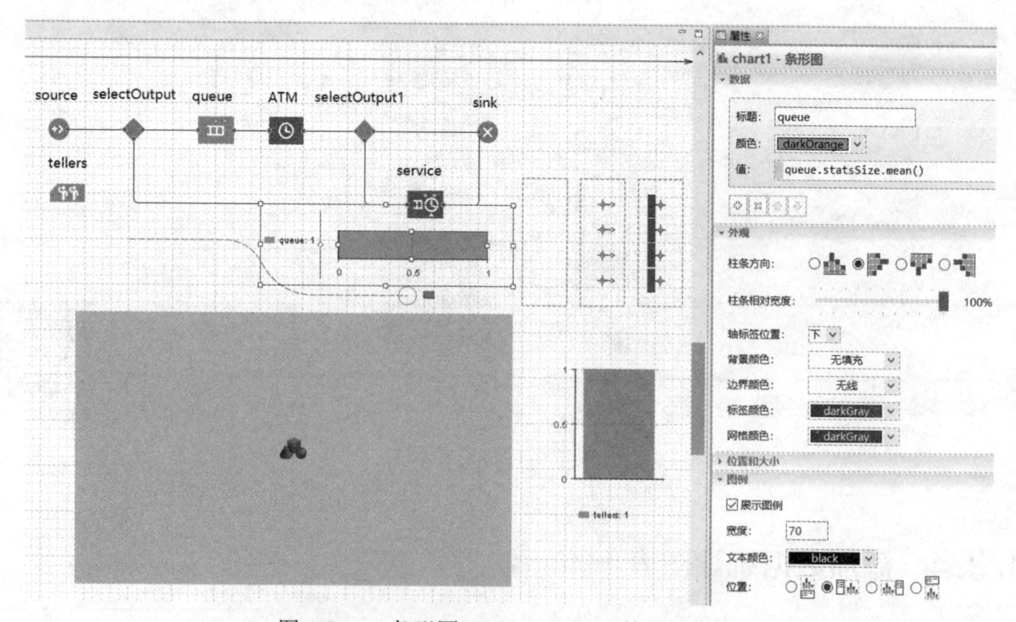

图 4-3-27　条形图（Bar Chart）元件属性设置

（3）运行模型，如图 4-3-28 所示。

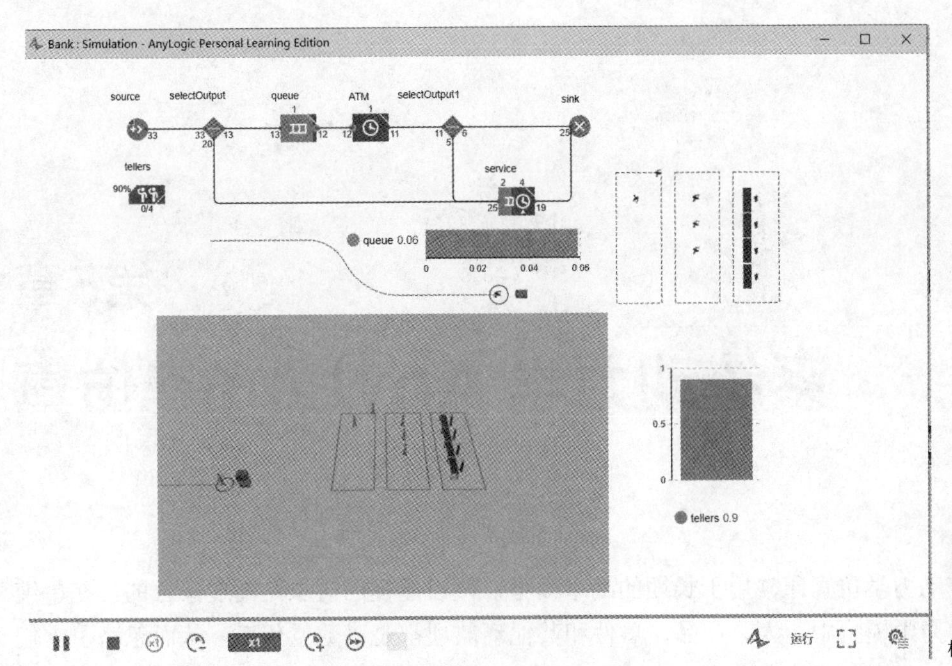

模型文件下载

图 4-3-28 模型运行结果显示

需要注意的是，由于队列模块 queue 以及服务模块 service 中的队列容量都是有限的，当模型长时间运行时，由于顾客过多积累会导致出现模型运行错误。为解决这个问题，需要分别在模块 queue 之前和模块 service 之前添加一个流程建模库（Process Modeling Library）面板中的 Select Output 模块，实现当前方队列满时顾客直接离开。

修改后运行模型，如图 4-3-29 所示。

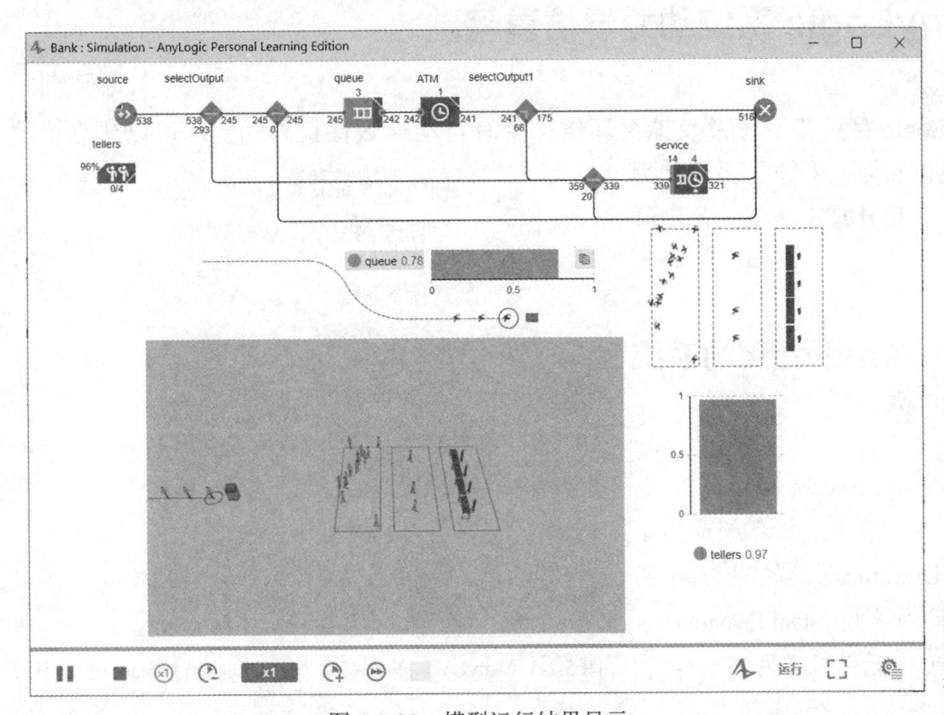

模型文件下载

图 4-3-29 模型运行结果显示

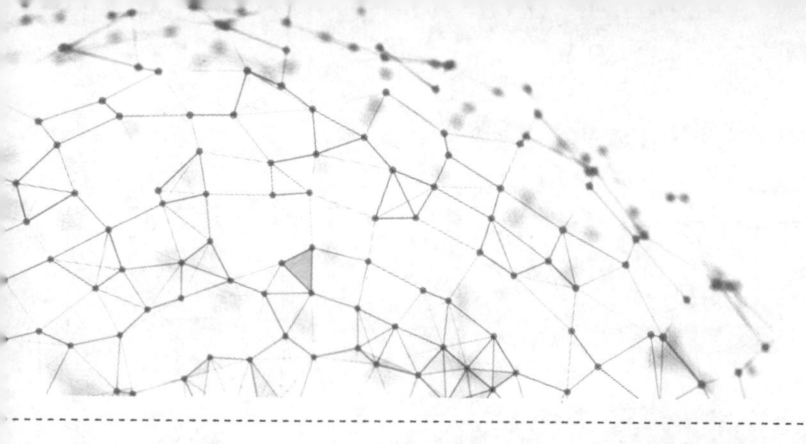

第5章 系统动力学 AnyLogic 仿真

系统动力学仿真通常用于长期的战略模型，假设建模的对象是高度聚合的。在单纯的系统动力学模型中，人、产品、事件和其他离散项都是以数量代表，从而忽略了它们个体的属性、历史或动态变化。AnyLogic 采用经典系统动力学存量流量图及反馈循环结构进行建模和仿真，本章将重点讲解如何在 AnyLogic 中建立和运行系统动力学模型，进而介绍如何在 AnyLogic 中实现多方法集成仿真。

5.1 AnyLogic 系统动力学仿真基础

AnyLogic 存量流量图及反馈循环结构带有自动一致性检查功能，可以建立模块化、层级化和面向对象的系统动力学模型，并且具有丰富强大的动画能力。

5.1.1 AnyLogic的系统动力学面板

打开 AnyLogic 软件工作区左侧面板视图，单击选择系统动力学（System Dynamics），如图 5-1-1 所示。系统动力学（System Dynamics）面板包括 9 个元件，详见表 5-1-1。

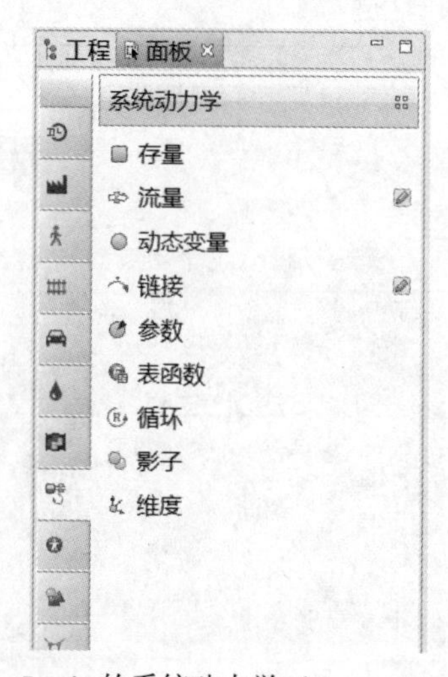

图 5-1-1　AnyLogic 的系统动力学（System Dynamics）面板

表 5-1-1 系统动力学（System Dynamics）面板

元件名称	说　明
存量（Stock）	存量用于表示系统的状态，也就是系统中的某个指标值。作为系统动力学存量流量图的基础元素之一，存量定义了系统的静态部分。
流量（Flow）	流量用于定义存量的变化率，即系统中存量的值如何随时间变化。作为系统动力学存量流量图的基础元素之一，流量定义了系统的动态。
动态变量（Dynamic Variable）	动态变量用于定义系统中的中间概念。动态变量的定义方程通常由存量以及常数（或外部输入值）组成。
链接（Link）	链接用于定义存量流量图中各元素（存量、流量、动态变量或参数）之间的依存关系，表示出因变量如何随自变量变化。链接有实线、虚线两种线型：在流量或动态变量的方程中提到了某些元素，此类链接用实线；存量的初始价值中提到了一些元素，此类链接用虚线。链接有正、负两种极性：正因果关系指两个元素的变化趋势相同，用“+”标识；负因果关系指两个元素的变化趋势相反，用“-”标识。AnyLogic 还提供了相同“s”、相反“o”、自定义三种链接极性标识。
参数（Parameter）	参数通常用于表示建模对象的某些特征，用于静态地描述对象，模型执行过程中参数都是可见且能更改的。当对象实例具有智能体类型中描述的相同行为但在某些参数值上有所不同时，参数就发挥了其作用。AnyLogic 系统动力学模型中，用参数来定义常量。
表函数（Table Function）	表函数是一种特殊类型的函数，是利用观测数据自定义函数。表函数一般用于反映两个变量之间的非线性特殊关系，它可以增强建模的灵活性。
循环（Loop）	循环只是一个图形标识符号，由一个带有简要描述循环含义的标签和一个显示循环方向的箭头组成。它不定义因果循环（或回路）本身，只描述存量流量图中现有因果依赖关系的信息。系统动力学系统中有增强和平衡两种类型：如果在循环之后最终得到与初始假设相同的结果，则是增强型，用“R”标识；如果最后结果与初始假设相矛盾，则是平衡型，用“B”标识。增强型循环含有偶数个负链接（包括零个），平衡型循环含有奇数个负链接。AnyLogic 也允许自定义循环类型标识。
影子（Shadow）	影子用于创建系统动力学中存量、流量或动态变量的副本。当存量流量图过于复杂而分成几个子图时，会有一些变量在多个子图中同时使用，可以只在一个子图上保留原始变量，而在其他子图中为这些变量创建影子，这样可以就近绘制链接，使存量流量图更加简洁。另外，创建 AnyLogic 系统动力学分层模型时，在子图中创建上层变量的影子，也是常见的做法。
维度（Dimension）	维度用于定义数组变量的维度。它有枚举（Enumerations）、范围（Ranges）、子维度（Sub-dimensions）三种类型：枚举是一个命名项列表，使用枚举定义数组时，可以使用枚举元素的自定义名称引用数组元素；范围是区间定义，使用数值范围定义数组时，可以通过索引号访问数组元素；子维度定义的是维度的子范围，当在模型的多个位置引用某一特定的子维度时，只需创建这样的子维度一次，然后在需要此子维度定义时按名称引用它即可。

5.1.2 AnyLogic存量流量图

（一）存量和流量

（1）绘制一个存量

从系统动力学（System Dynamics）面板将存量（Stock）元件拖入图形编辑器中，

并设置存量名称。存量的名称可以在图形编辑器中移动，也可以通过拖动存量右下角改变存量矩形框大小。

（2）从存量出发绘制一个流量

双击存量会出现一个以此存量为起点的流量（Flow），且流量箭头会随着鼠标移动，每次单击会给流量增加一个拐点，最后单击目标存量或双击创建一个开放终点（也称“云”）来结束流量。

（3）绘制一个不连接任何存量的流量

从系统动力学（System Dynamics）面板将流量（Flow）元件拖入图形编辑器中，可以创建一条直线的、开放端点的流量，即从“云”到“云”。

（4）将流量与存量连接起来

将流量一端的点拖到存量上，连接的点变成绿色，表示流量与存量连接成功。

（5）绘制一个多段折线流量

在系统动力学（System Dynamics）面板中，双击流量（Flow）元件进入绘制模式。然后可以在图形编辑器中通过单击创建起点和中间拐点来绘制流量，双击结束绘制，结果如图 5-1-2 所示。

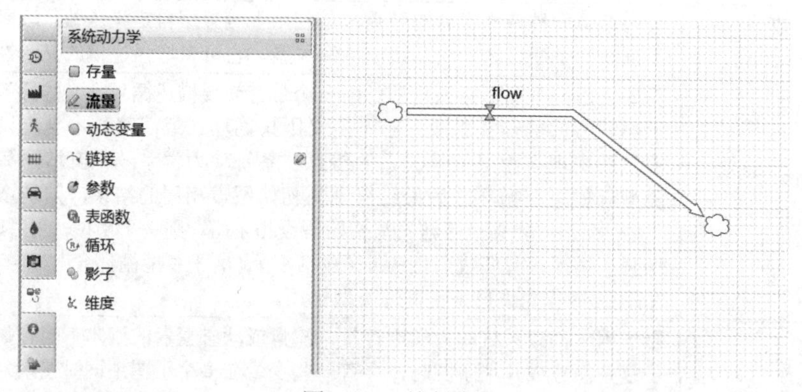

图 5-1-2　绘制流量

（6）在现有流量中新增一个拐点

在流量上想要增加拐点的位置双击，就可以新增一个拐点。

存量和流量可以显示不同的颜色，通过设置存量（Stock）和流量（Flow）元件属性中的颜色（Color）实现。

（二）动态变量、链接和循环

动态变量（Dynamic Variable），在有的系统动力学教材中也叫做辅助变量，它在 AnyLogic 反馈循环结构中充当输入。

（1）创建一个动态变量

从系统动力学（System Dynamics）面板将动态变量（Dynamic Variable）元件拖入图形编辑器中，并设置变量名称。动态变量的名称可以在图形编辑器中移动。

（2）从动态变量出发绘制一个依赖链接

双击动态变量，会出现一个以此动态变量为起始点的链接（Link），且链接箭头会随着鼠标移动，单击结束绘制。从存量、流量和参数出发的链接不能够通过双击进行绘制，必须首先创建链接，而后再连接到它们。

（3）绘制一个独立的链接

从系统动力学（System Dynamics）面板将链接（Link）元件拖入图形编辑器中。

（4）将链接连接到存量、流量、参数或动态变量

将链接的终点拖动到目标处，连接点变成绿色，表示连接成功。

注意

AnyLogic 系统动力学仿真中，表函数无法在图形编辑器中与变量通过链接（Link）元件链接。

（5）创建一个循环图标

从系统动力学（System Dynamics）面板将循环（Loop）元件拖入图形编辑器中。可以在 Loop 属性中设置循环的方向（Direction）和类型（Type）。如图 5-1-3 所示，AnyLogic 提供了链接极性标志和延迟符号的显示，以及循环符号的显示。链接和循环元件的颜色（Color）和线宽（Line width）都可以在它们的属性中进行设置。

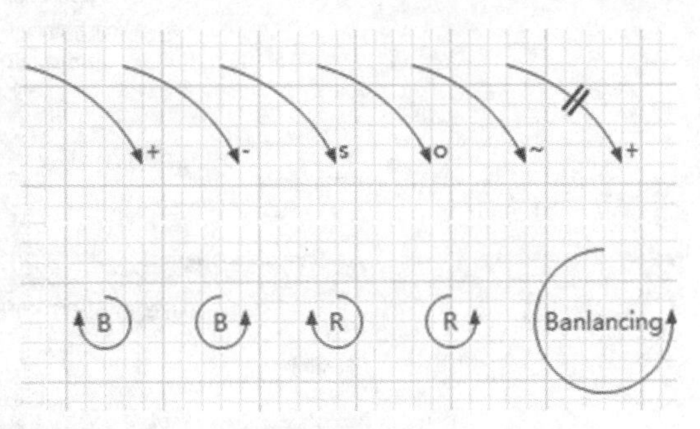

图 5-1-3　链接极性和循环符号显示

（三）系统动力学变量的命名规则

系统动力学变量应该遵守 AnyLogic 的命名规则，这些规则是源于 Java 语言的。因此与与其他系统动力学仿真工具有一些不同。变量名称不能用空格或直线隔开。但下划线可以在命名时使用。推荐使用大小写字母混合的命名方式，其中每一个单词的第一个字母大写。

（四）区域和影子

在 AnyLogic 中进行系统动力学大型模型布局时，可以将模型分割成许多块，每一块称为“区域（Sector）”，区域之间不存在图形化链接，建议每个区域集中关注一个方面。每个区域的存量流量图与其他区域分开绘制，对于一个被多个区域存量流量图使用的动态变量（存量或流量）来说，可以令某一个区域中的动态变量（存量或流量）为原始元件，而在其他区域中则是它的影子（Shadow）。

在 AnyLogic 中创建影子，可以从系统动力学（System Dynamics）面板将影子（Shadow）元件拖入图形编辑器中，并在弹出窗口的下拉表中选择新建影子对应的动态变量（存量或流量）；也可以在鼠标右键单击动态变量（存量或流量）弹出的菜单中选择“创建影子（Create Shadow）”。AnyLogic 通过名称（Name）中的角括号“<>”将影子与原变量（或存量）区分开。

AnyLogic 中，可以把系统动力学模型的区域（Sector）放置于不同的视图区域（View Area），并将动态变量作为这些区域（Sector）的输入或输出接口。图 5-1-4 所示的人口住房系统动力学模型，两视图区域里分别是系统动力学的住房区域和人口区域。

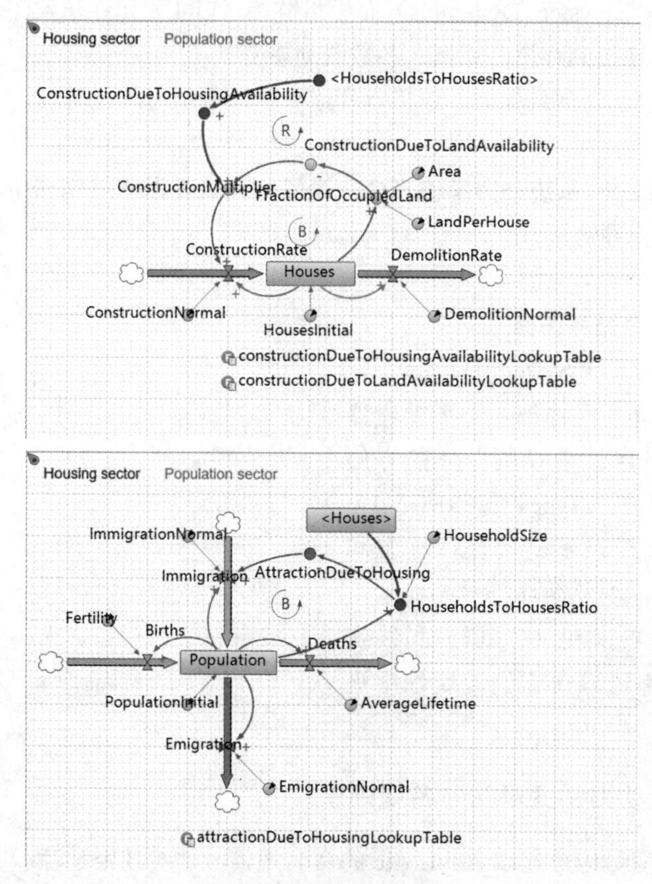

图 5-1-4　使用了区域和影子的系统动力学模型

住房区域中的存量 House 在人口区域有影子存量 <Houses>，人口区域中的动态变量 HouseholdsToHousesRatio 在住房区域中有影子动态变量 <HouseholdsToHousesRatio>。

5.1.3　AnyLogic系统动力学方程

如图 5-1-5 所示，在 AnyLogic 中，存量的方程可以由图形结构自动生成，也可以在其属性中设置。

存量的方程模式（Equation mode）有两种：经典（Classic）模式下，存量一阶微分方程是流量的线性组合，加上每个进入的流量，并减去每个流出的流量，该方程总是和存量流量图结构相一致，如图 5-1-5（a）所示；自定义（Custom）模式下，可以如图 5-1-5（b）所示输入含有任意算术表达式和函数的自定义方程。在自定义模式中输入的存量方程仍然要与存量流量图结构相一致，也就是说方程中的每个变量都需要有一个流入的链接从变量指向存量，或者有流入或者流出的流量，AnyLogic 会根据图结构和已经存在的依赖关系自动进行检查。

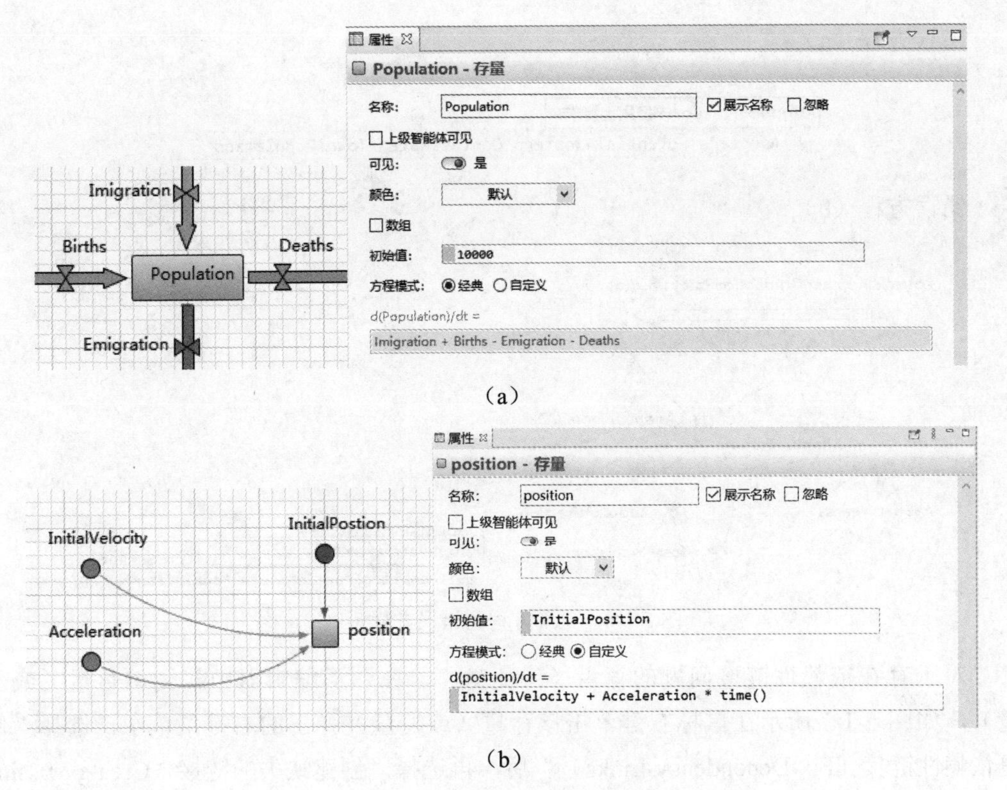

图 5-1-5　存量方程的定义模式

流量和其他变量的方程只能在其属性中设置，AnyLogic 同样会根据已经存在的依赖关系自动进行检查。如果方程与模型结构存在矛盾，AnyLogic 软件的问题（Problems）视图中就会有问题出现，方程左边则会出现一个小的红色错误标识。将鼠标移动到错误标识上，就可以看到问题的描述。如图 5-1-6 所示，错误（a）“未使用但要求有（is not used but expected）”是因为与动态变量 AdoptionFromWOM 有链接的变量未在方程中使用；错误（b）“使用了但不应该有（is used but not expected）”则是因为方程中使用了没有与动态变量 AdoptionFromWOM 链接的变量。

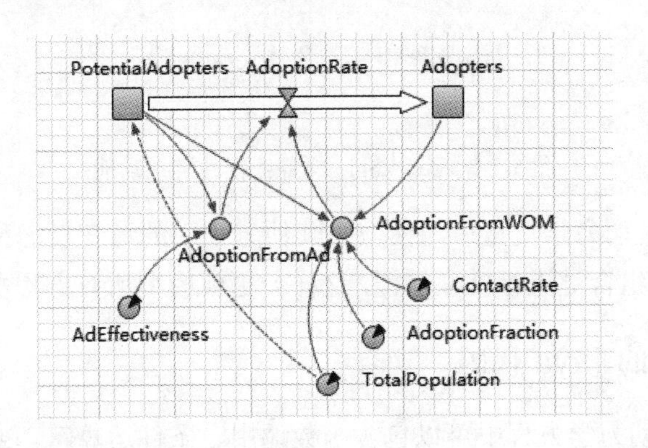

正确方程：

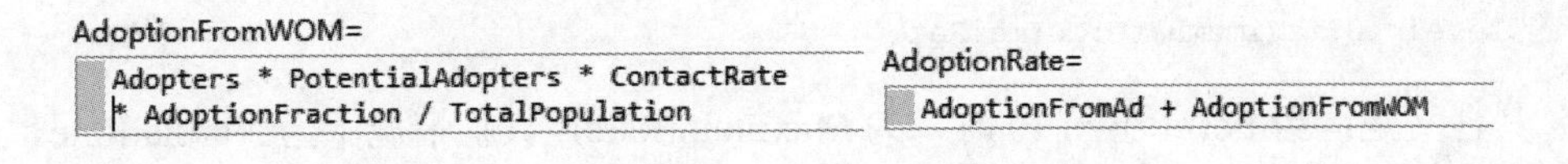

错误方程（a）：

AdoptionFraction未使用但要求有

Adopters*PotentialAdopters*ContactRate*/TotalPopulation

错误方程（b）：

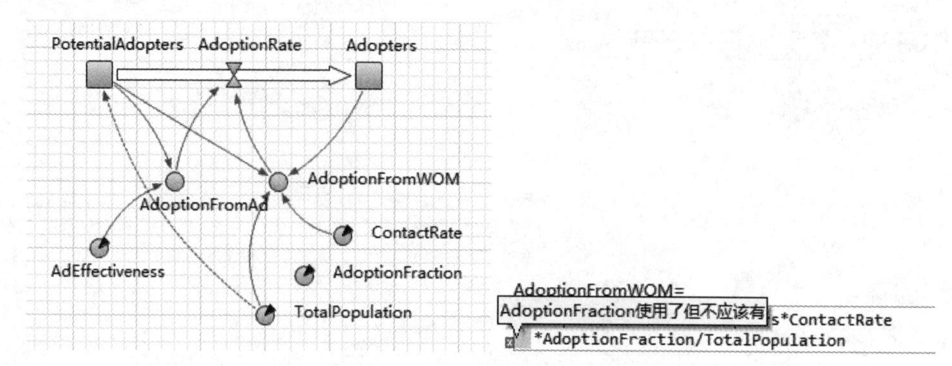

图 5-1-6 正确方程和错误方程示例

对于存在依赖性链接问题的存量（或变量），在图形编辑器中找到该存量（或变量），如图 5-1-7 所示在鼠标右键单击该存量（或变量）弹出的右键菜单中，选择“修复依赖性链接（Fix Dependency Links）”后，再选择“创建缺失的链接（Create Missing Links）”或“移除未使用的链接（Remove Unused Links ）”，相应的依赖性链接问题将被 AnyLogic 自动解决。

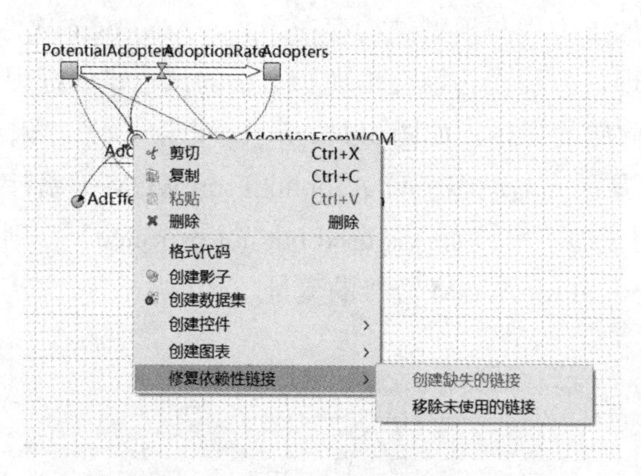

图 5-1-7 AnyLogic 修复依赖性链接功能

重命名一个系统动力学变量后，模型中其他方程中的该变量名称不会自动改名，但可以使用 Ctrl+Enter 组合键进行模型重构，这样会更新模型所有方程中的该变量的名称。

（一）方程中的 Java 代码

AnyLogic 系统动力学方程中可以包含函数调用、条件运算符，或者引用任意对象。下面代码和 Vensim 软件中的“IF THEN ELSE”函数是等价的：

```
Level<10?MaximumRate:NormalRate
```

其含义是：当 Level 小于 10 时，为 MaximumRate，其他情况下为 NormalRate。

可以预先定义 Java 函数实现通用分析算法或依赖关系，并在系统动力学方程中使用它们。函数返回值应该是 double 型。例如，在模型中许多地方都使用一个特定形式的依赖关系，则可以创建一个 Java 函数，如“SmoothReverseProportional()”，并在多个方程中使用它：

```
MaxBirthRate*SmoothReverseProportional( Crowding )
```

下面的方程引用了存量流量图中同一层级中的智能体 consumer 预定义的统计函数 NoWaiting()：

```
BaseRate+consumer.NoWaiting()*DemandCoefficient
```

假设存量流量图位于 Main 中的一个智能体中，同时还有另外一个智能体 manufacturing 也在 Main 中，manufacturing 中有一个名为 stock 的队列。则系统动力学方程可以如下使用 stock 中实体的总成本：

```
main.manufacturing.stock.size()*CostPerltem
```

可见，方程中 Java 代码的使用可以将系统动力学模型与其他 AnyLogic 模型对象方便地连接起来。

（二）常量变量

动态变量可以通过在其属性中设置为常数（Constant）来表现为常量，在值域中输入的表达式作为初始值。

如图 5-1-8 所示，动态变量 Acceleration 就被设置为常数（Constant），初始值（Initial value）为 1。事件 ChangeAcceleration 会在时间为 10 秒时出现，并将动态变量 Acceleration 的值变为 2。其实，这就是一种 AnyLogic 中将系统动力学仿真与离散事件系统仿真集成的方法。

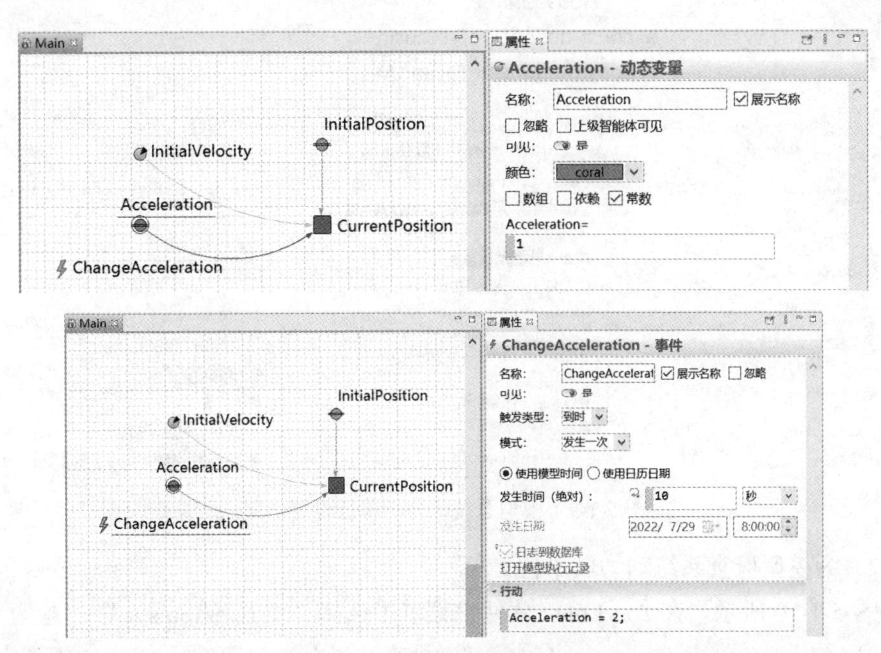

图 5-1-8　常数变量设置示意图

（三）单位和单位检查

在 AnyLogic 系统动力学模型中，可以为存量、变量、参数和方程指定单位，并检查单位是否与模型整体单位设置相一致。虽然单位设置和检查不是必须的，而且不设置单位并不影响仿真结果，但这对于保持模型中各个值的实际含义和验证确认模型具有非常重要的意义。

（1）为模型设置系统动力学单位

在存量、变量、动态变量等 AnyLogic 系统动力学元件属性的高级部分勾选系统动力学单位（System dynamics units），就可在其后输入单位的表达式。单位表达式可以包含模型中任意已经事先定义的单位，也可以是一个新的单位。表达式中还可以包含乘号（*）或者除号（/）。如果让表达式为空，该元件会被认为是没有单位的。

一个模型的系统动力学单位设置如图 5-1-9 所示。存量的单位一般是新定义的；存量初始化参数和存量单位一致；流量的单位一般会除以时间（time）；流量基础速率的单位一般是时间的倒数（1/time）。

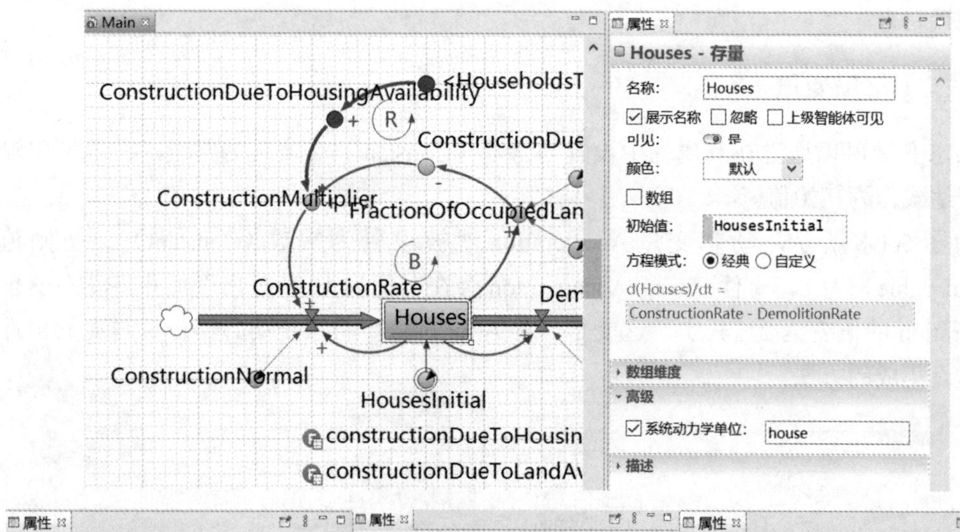

图 5-1-9　模型系统动力学单位设置示例

（2）为模型检查系统动力学单位

如图 5-1-10 所示，在 AnyLogic 软件主菜单中选择“工具（Tools）”|“检查系统动力学单位（Check System Dynamics Units）”，检查结果会在问题（Problems）视图中显示。

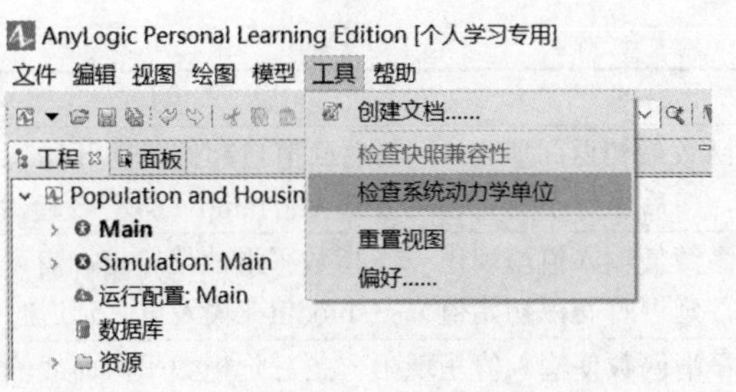

图 5-1-10 系统动力学单位检查菜单

5.1.4 AnyLogic的系统动力学函数

AnyLogic 提供了多种预定义的系统动力学函数，以便于系统动力学建模仿真时方便建立方程关系和调试模型，关于这些函数的说明详见表 5-1-2。

表 5-1-2 AnyLogic 预定义的系统动力学函数

函数名称	说明
delay	延迟函数，应用于需要一段时间才能做出决策或采取行动的情景。有两种调用方式：delay（流量，延迟时间，初始值）；delay（输入值，延迟时间）。
delay1	一阶延迟函数返回输入值的一阶指数延迟后的值。有两种调用方式：delay1（输入值，延迟时间，初始值）、delay1（输入值，延迟时间）。
delay3	三阶延迟函数返回输入值的三阶指数延迟后的值。有两种调用方式：delay3（输入值，延迟时间，初始值）、delay3（输入值，延迟时间）。
delayInformation	信息延迟函数返回被延迟时间延迟的输入值。信息延迟函数的初始值是模拟开始时方程左侧变量值，延迟时间可以是一个变量。若延迟时间缩短，则采用近期输入值代替原始输入值；若延迟时间增长，则保持现有输入值不变。调用方式为：delayInformation（输入值，延迟时间，初始值）。
delayMaterial	物质延迟函数返回被延迟时间延迟的输入值。物质延迟函数的初始值是模拟开始时方程左侧变量值，延迟时间可以是一个变量。若延迟时间缩短，输出结果会由较早的输入值和近期输入值共同形成；若延迟时间增长，在输出结果不可得的情况下，会采用缺失值来代替。调用方式为：delayMaterial（流量，延迟时间，初始值，缺失值）
forecast	预测函数返回输入值在平均时间范围内的预测值。调用方式为：forecast（输入值，平均时间，范围）。
npv	净现值函数返回利用贴现率计算出的流量值的现值。它的初始值通常为 0，因子通常为 1。调用方式为：npv（流量，贴现率，初始值，因子，时间间隔）。
npve	npve 函数返回利用贴现率计算出的流量值的现值。它所做的计算假设在该期间结束时对流量进行估值，并且贴现率意在作为离散期利率。调用方式为：npve（流量，贴现率，初始值，因子，时间间隔）。
pulse	脉冲函数在脉冲期间返回值为 1，其余时刻返回值为 0。调用方式为：pulse（起始时间，脉冲幅度）。
pulseTrain	周期性脉冲函数在脉冲期间返回值为 1，其余时刻返回值为 0，但每隔一个脉冲间隔重复一次，直至结束时间停止。如果脉冲间隔比脉冲幅度短，则从函数起始时间到结束时间，函数返回值始终为 1。调用方式为：pulseTrain（起始时间，脉冲幅度，脉冲间隔，结束时间）。

续表

函数名称	说　明
ramp	斜坡函数最初返回值为 0，其返回值自起始时间开始随时间递增，直至结束时间停止，随后保持不变。调用方式为：ramp（斜率，起始时间，结束时间）。
smooth	平滑函数使输入值呈现出一条指数平滑曲线输出。有两种调用方式：smooth（输入值，延迟时间，初始值）；smooth（输入值，延迟时间）。
smooth3	三阶平滑函数使输入值呈现出一条三阶指数平滑曲线输出，常用于信息延迟建模。有两种调用方式：smooth3（输入值，延迟时间，初始值）；smooth3（输入值，延迟时间）。
step	阶跃函数的最初返回值是 0，其返回值自阶跃时间上升至顶点值，随后保持不变。调用方式为：step（顶点值，阶跃时间）。
trend	趋势函数返回输入值的平均分数增长率，当返回负值时表示降低率。调用方式为：trend（输入值，平均时间，初始趋势）。

5.2 AnyLogic 系统动力学仿真举例——人口和承载能力模型

任意栖息地的人口承载能力是有限的，它能支持人口生存的总量，由环境中可用资源数量和人口的资源消耗情况决定。在本节的系统动力学模型中，假定即承载能力是有限的，为一个常数。

5.2.1　无限资源人口模型

在本小节中，先假设模型中环境资源是无限的，人口出生率一直保持在 4%，平均寿命一直保持在 70 岁。

（一）创建无限资源人口模型

先创建如图 5-2-1 所示人口模型存量流量图及无限资源反馈结构，具体操作如下。

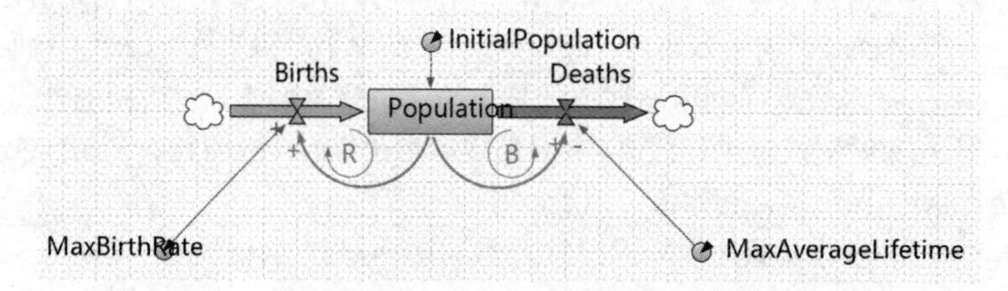

图 5-2-1　反馈结构：无限资源

（1）新建一个模型，模型时间单位（Model time units）选择年（years）。

（2）从系统动力学（System Dynamics）面板拖曳一个存量（Stock）元件到 Main 中，并将其名称（Name）设为“Population”。

（3）双击存量 Population，向右拖出流量（Flow），在合适的点双击结束，将其名称（Name）设为“Deaths”。

（4）从系统动力学（System Dynamics）面板拖曳一个流量（Flow）元件到 Main 中存量 Population 的左侧并与存量 Population 连接起来，将其名称（Name）设为“Births”。

（5）从系统动力学（System Dynamics）面板拖曳一个参数（Parameter）元件到 Main 中存量 Population 的上方，设置其属性，名称（Name）为“InitialPopulation”，默认值（Default value）为 2000。

（6）从系统动力学（System Dynamics）面板拖曳一个链接（Link）元件到 Main 中，使它的开始端连接到参数 InitialPopulation，结束端连接到存量 Population。

（7）设置存量 Population 的属性，初始值（Initial value）为 InitialPopulation。不必输入参数名称的所有字母，只需要输入前几个字母，并使用 Ctrl+Space 来打开代码完成弹窗，然后在下拉菜单中选择想要输入的名称。

（8）从系统动力学（System Dynamics）面板拖曳两个参数（Parameter）元件到 Main 中流量 Births 和 Deaths 的附近，并设置其属性，一个参数元件名称（Name）为“MaxBirthRate”，默认值（Default value）为 0.04；另一个参数元件名称（Name）为“MaxAverageLifetime”，默认值（Default value）为 70。

（9）设置流量 Births 方程为：Population*MaxBirthRate。当完成输入时，会出现错误提示：“Population，MaxBirthRate 使用了但不应该有（is used but not expected）”。这个错误信息提示存量流量图的链接和方程之间存在矛盾，也就是说应该创建两个链接（Link）元件分别从存量 Population 和参数 MaxBirthRate 出发到流量 Births。创建两个链接（Link）元件后，错误提示消失。

（10）设置流量 Deaths 方程为：Population/MaxAverageLifetime。并创建对应的链接（Link）元件。

流量 Births 方程的含义是：个体会以年均 0.04 个（即每 25 年一个）的速率生产一个新的个体，因此，每年会有 Population*0.04 的人口出生。流量 Deaths 方程的含义是：个体会以每 70 年一个（即年均 1/70）的速率脱离存量 Population，因此，每年会有 Population/70 的人口去世。

（二）仿真运行并观察模型

（1）运行模型。可以看到变量名字下方会显示当前变量的数值，并且数值随着仿真运行会不断变化。

（2）单击流量 Births、存量 Population 和流量 Deaths，打开它们的观察（Inspect）窗口，如图 5-2-2 所示。观察模型仿真运行至模型时间 100 年左右，然后点击暂停（Pause）按钮。

（3）打开参数 MaxAverageLifetime 的观察（Inspect）窗口，双击显示的数值可以输入修改。将数值修改为 12 年，并继续仿真。观察系统动力学中的变化，如图 5-2-3 所示。

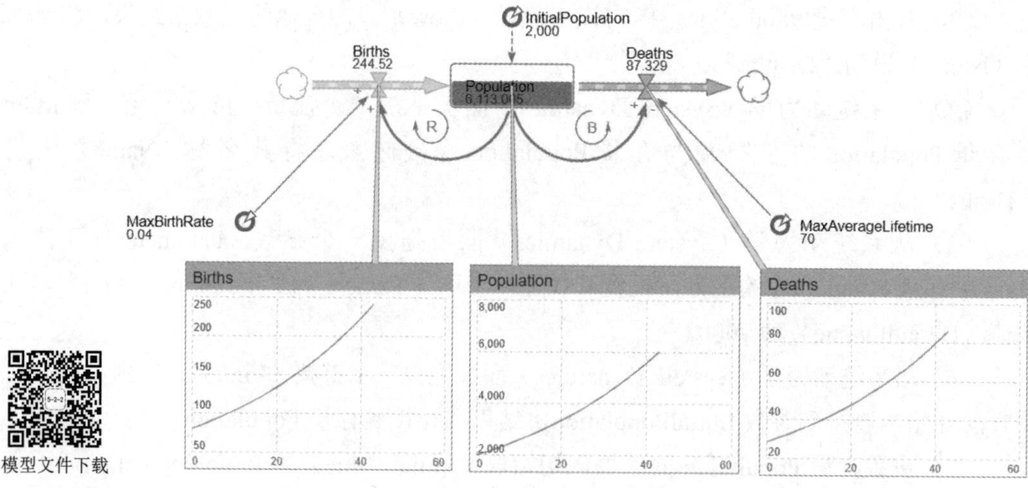

模型文件下载

图 5-2-2　观察窗口中的变化曲线图

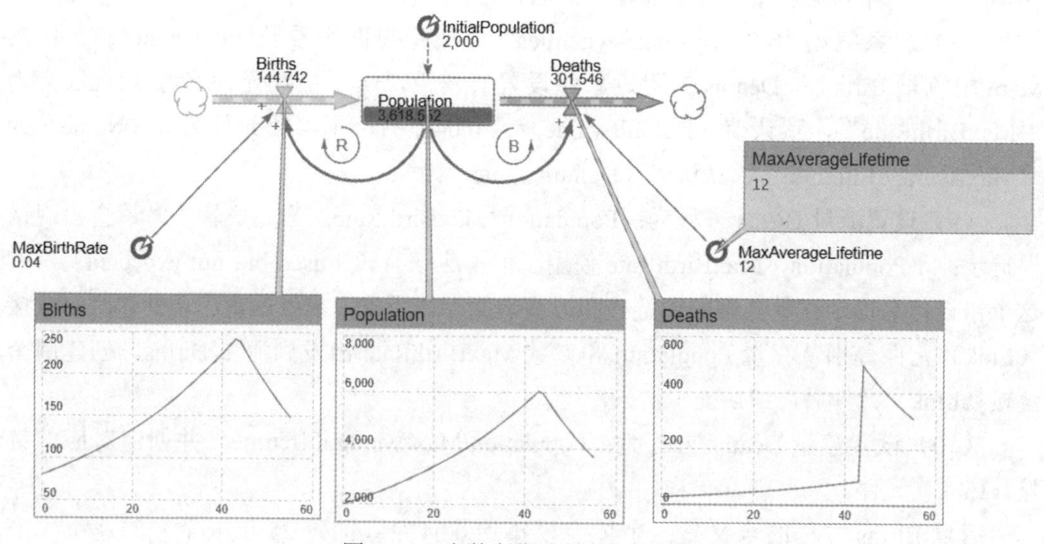

图 5-2-3　参数变化后平衡反馈占优

（三）设置仿真运行时间

点击工程树中的仿真实验 Simulation 设置其属性，模型时间（Model time）部分，执行模式（Execution mode）选择“虚拟时间（Virtual time）”，停止（Stop）选择“在指定时间停止（Stop at specified time）”，停止时间（Stop time）为 100。再次运行模型，会发现仿真运行几乎立刻完成，而且时间图表会实时生成。

（四）添加时间折线图

（1）关闭模型仿真运行窗口。从分析（Analysis）面板拖曳一个时间折线图（Time Plot）元件到 Main 中存量流量图的下方，并如图 5-2-4 所示设置其属性，在数据（Data）部分添加一个数据项，选择“值（Value）”，标题（Title）为“Population”，值（Value）填入“Population”，颜色（Color）为 Blue；外观（Appearance）部分，勾选“填充线下区域（Fill area under line）”；图例（Legend）部分，位置（Position）选择将图例放置在图的右侧。

（2）按住 Ctrl，并拖动时间折线图，以复制方式创建第二个时间折线图，并设置其属性，在数据（Data）部分删除原来的数据项并添加三个数据项，标题（Title）分别为“Births”“Deaths”和“New Birth Rate”，值（Value）分别填入“Births”“Deaths”和“Births-Deaths”，颜色（Color）分别为 cornflowerBlue、saddleBrown 和 deepSkyBlue。

（3）运行模型，如图 5-2-5 所示。

可以看到人口呈指数增长。这是由于正反馈（自强化）引起的，人口数量越多，出生的人口就越多，人口的规模增长的越快。当然，在模型中，这种正反馈与负反馈相互作用，人口越多，则越多人会去世。根据模型现有参数，净出生率是正的，意味着增强循环处于主导地位，从而导致了人口的指数增长。

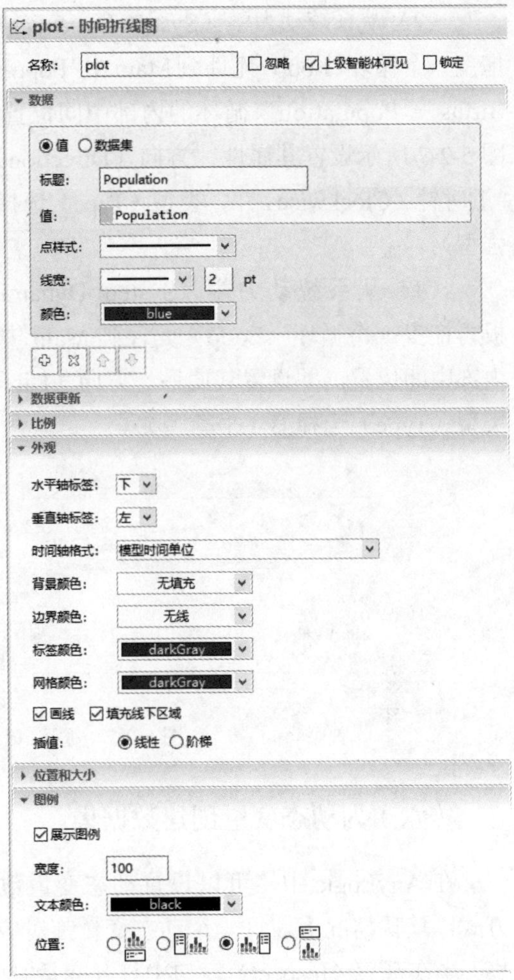

图 5-2-4　时间折线图（Time Plot）元件属性设置

（五）链接极性和循环类型

标出链接的极性和循环类型是一个系统动力学建模的好习惯。

（1）逐个选择链接，并如图 5-2-6 所示设置它们的属性，选择它们的极性（Polarity）。

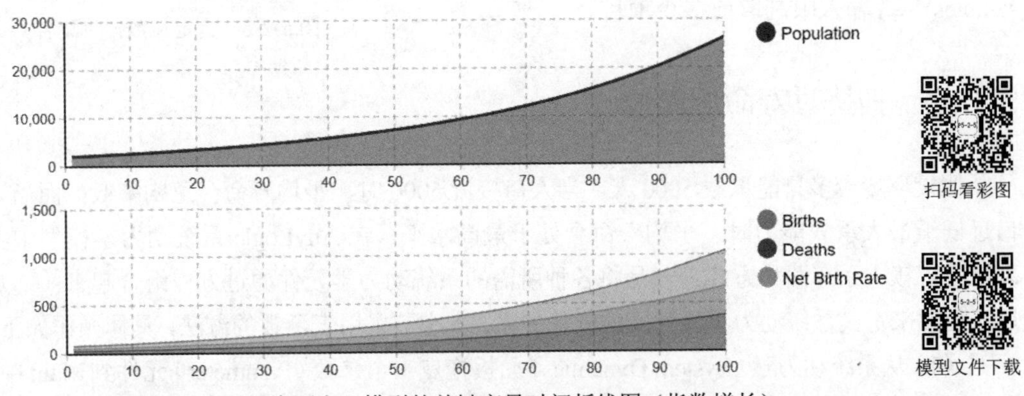

图 5-2-5　无限资源人口模型的关键变量时间折线图（指数增长）

（2）从系统动力学（System Dynamics）面板拖曳一个循环(Loop)元件到Main中“Population → Births → Population”循环的内部中间位置，并如图5-2-7所示设置其属性，方向（Direction）选择“顺时针（Clockwise）”，类型（Type）选择R（增强型）。

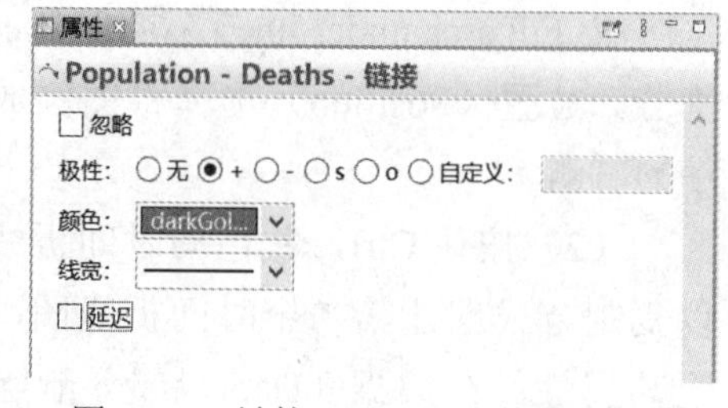

图5-2-6　链接（Link）元件属性设置

（3）从系统动力学（System Dynamics）面板再拖曳一个循环（Loop）元件到Main中“Population → Deaths → Population”循环的内部中间位置，并设置其属性，方向（Direction）选择“逆时针（Counterclockwise）”，类型（Type）选择B（平衡型）。

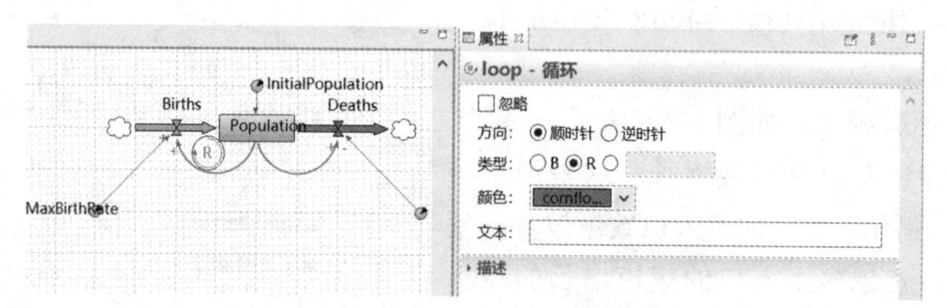

图5-2-7　循环（Loop）元件属性设置

（六）为动态变量创建数据集

在AnyLogic中，可以设置动态变量数据集收集方式，默认情况下，每一个动态变量都对应一个数据集。当在观察（Inspect）窗口中打开变量时间折线图，就会显示这些数据集。

如图5-2-8所示，在动态变量所在智能体类型属性的高级（Advanced）部分勾选“为动态变量创建数据集（Create datasets for dynamic variables)”，还可以勾选“限制数组元素数（Limit the number of data samples)”并输入限制取前多少项目。

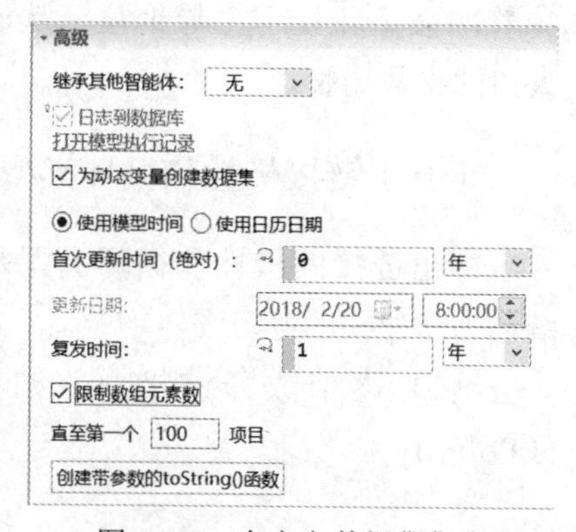

图5-2-8　自定义数据集集合

5.2.2　拥挤对寿命的影响

假设环境最多只能承载5000人，当人口接近5000时，平均寿命会急剧降低；而当人口远低于最大承载能力时，平均寿命会处于最高水平。在AnyLogic系统动力学模型中实现这种依赖关系有两种方式：一是将各种所需的系统动力学元件通过方程组合起来；二是用表函数来定义系统动力学元件间的依赖关系。本小节采用表函数的方法，具体操作如下。

（1）从系统动力学（System Dynamics）面板拖曳一个参数（Parameter）元件到Main中，并设置其属性，名称（Name）为“CarryingCapacity”，默认值（Default value）为5000。

（2）从系统动力学（System Dynamics）面板拖曳一个动态变量（Dynamic Variable）

元件到 Main 中，并设置其属性，名称（Name）为“Crowding”，方程为：Population/CarryingCapacity。

（3）创建两个链接（Link）元件分别从参数 CarryingCapacity 和存量 Population 出发到动态变量 Crowding，并设置两个链接（Link）元件的极性。

（4）从系统动力学（System Dynamics）面板中拖曳一个表函数（Table Function）元件到 Main 中，并如图 5-2-9 所示设置其属性，名称（Name）为“EffectOfCrowdingOnLifetime”，插值（Interpolation）选择“线性（Linear）”，超出范围（Out of range）选择“外推（Extrapolate）”；表数据（Table data）部分，填入图中参数（Argument）和值（Value）。可以在属性的预览（Preview）部分看到函数对应的曲线。

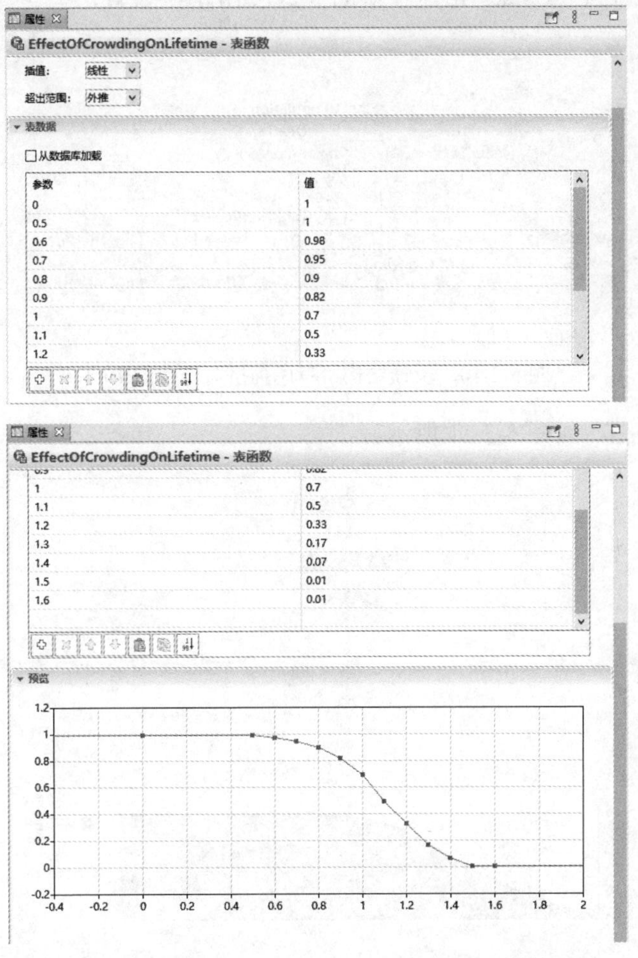

图 5-2-9　表函数 EffectOfCrowdingOnLifetime 属性设置

该表函数定义的是拥挤程度和对平均寿命影响系数的对应关系，函数的值域（即对平均寿命影响系数）在 0 和 1 之间。在人口总数达到环境最大承载人口数的一半之前，对平均寿命影响系数一直为 1；当到达临界点后，对平均寿命影响系数逐渐降低，并在拥挤程度到达 1.5 时，影响系数接近 0（但永远不会为 0）。

表函数中将超出范围（Out of range）设置为外推（Extrapolate）是必要的，因为拥挤程度可能存在超过表数据中最后的值（也是最大值）1.6 的可能，需要告诉表函数如何处理这种情况。预览（Preview）部分的曲线图形显示了当前在界限内的拟合曲线和超出界限的外推曲线。

（5）从系统动力学（System Dynamics）面板拖曳一个动态变量（Dynamic Variable）元件到 Main 中，并设置其属性，名称（Name）为“AverageLifetime”，方程为：MaxAverage Lifetime* EffectOfCrowdingOnLifetime（ Crowding）。

（6）修改流量 Deaths 的方程为：Population/AverageLifetime。

（7）使从参数 MaxAverageLifetime 出发到流量 Deaths 的链接（Link）元件不再到流量 Deaths，而是到动态变量 AverageLifetime。创建从动态变量 Crowding 出发到动态变量 AverageLifetime 的链接（Link）元件。再创建从动态变量 AverageLifetime 出发到流量 Deaths 的链接（Link）元件。如图 5-2-10 所示，设置所有链接（Link）元件的极性。

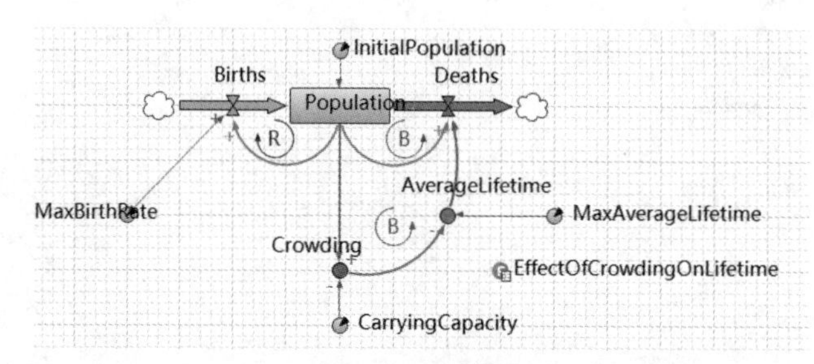

图 5-2-10　反馈结构：考虑拥挤对寿命的影响

（8）运行模型，如图 5-2-11 所示。

扫码看彩图

模型文件下载

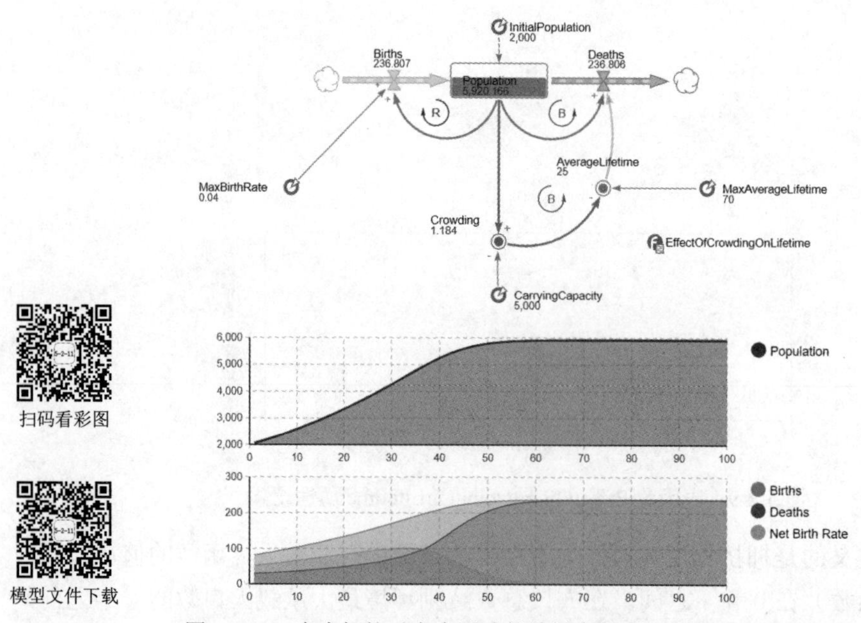

图 5-2-11　考虑拥挤对寿命影响的关键变量时间折线图（S 型增长）

可以看到，原来无限制的指数增长变为 S 型增长。这反映出一开始占优势的出生正反馈，逐渐被拥挤对寿命影响的负反馈所抵消。根据时间折线图显示，均衡并不是在承载能力恰好满负荷时达到的，而是在超过承载能力时达到的。

注意 在 AnyLogic 的存量流量图中，不能在函数和变量之间创建链接。因此，虽然动态变量 AverageLifetime 的方程中包含表函数 EffectOfCrowdingOnLifetime，但之间并没有链接（Link）元件相连。

5.2.3 拥挤对出生率的影响

假设拥挤程度对于出生率也有影响，且和拥挤程度对于寿命的影响方式类似。更新模型实现拥挤程度对出生率影响的反馈结构，具体操作如下。

（1）从系统动力学（System Dynamics）面板拖曳一个动态变量（Dynamic Variable）元件到 Main 中，并设置其属性，名称（Name）为“BirthRate”，方程为：MaxBirthRate * (1 - (1 / (1 + exp(-7 * (Crowding - 1)))))。

（2）修改流量 Births 的方程为：Population*BirthRate。

（3）创建相应的链接（Link）元件，如图 5-2-12 所示设置所有链接（Link）元件的极性。

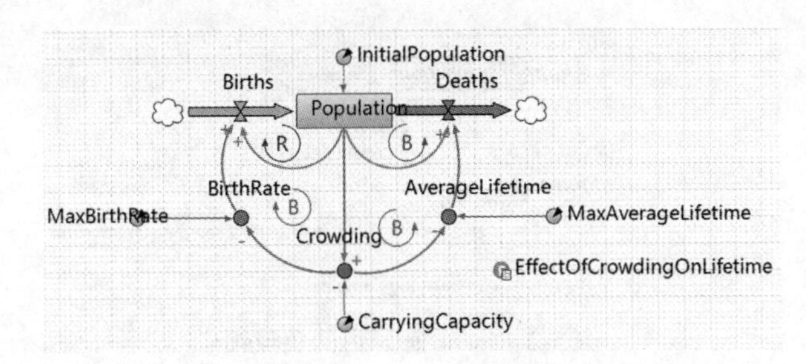

图 5-2-12 反馈结构：考虑拥挤对出生率的影响

（4）运行模型，如图 5-2-13 所示。

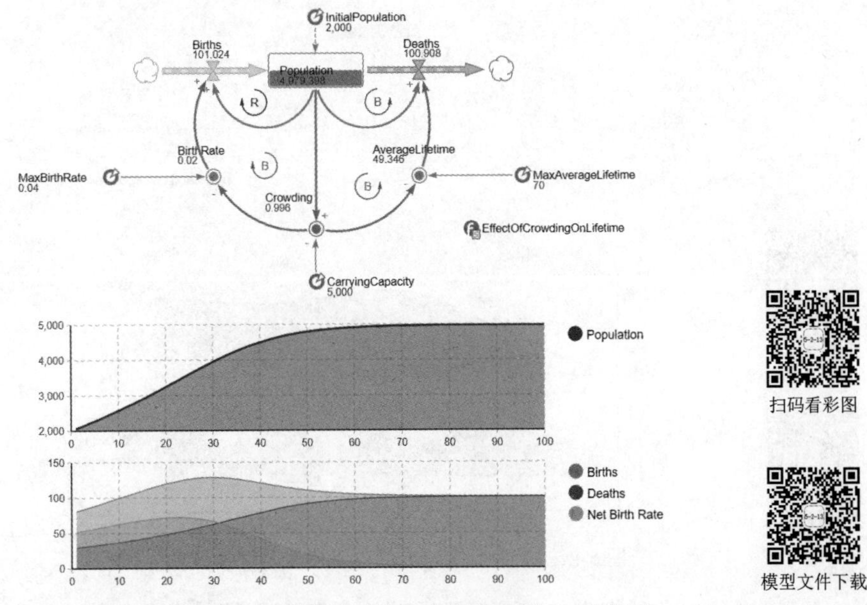

图 5-2-13 带有多重负反馈的关键变量时间折线图（S 型增长）

可以看到，时间折线图与 5.2.2 节的十分相似，但均衡在承载能力附近达到。人口 4980 时，出生和死亡人数稳定在每年 100 左右的水平，平均寿命大约 50 岁。

5.2.4 带有延迟的负反馈

实际上，资源短缺不会立即影响出生率，而是会在一定的时间延迟后再产生影响。可以用 AnyLogic 的 delay() 函数实现这一延迟效果，具体操作如下。

（1）从系统动力学（System Dynamics）面板拖曳一个参数（Parameter）元件到 Main 中，并设置其属性，名称（Name）为“MaturationDelay”，默认值（Default value）为 15。创建从参数 MaturationDelay 出发到动态变量 BirthRate 的链接（Link）元件。

（2）修改动态变量 BirthRate 方程为：MaxBirthRate * delay(1 - (1 / (1 + exp(-7 * (Crowding - 1)))), MaturationDelay, 1)。

（3）设置为从动态变量 Crowding 出发到动态变量 BirthRate 的链接（Link）元件的属性，勾选“延迟（Delay）”，如图 5-2-14 所示，图形编辑器中的链接会显示延迟标识。这样做可以使系统动力学模型更加直观清晰。

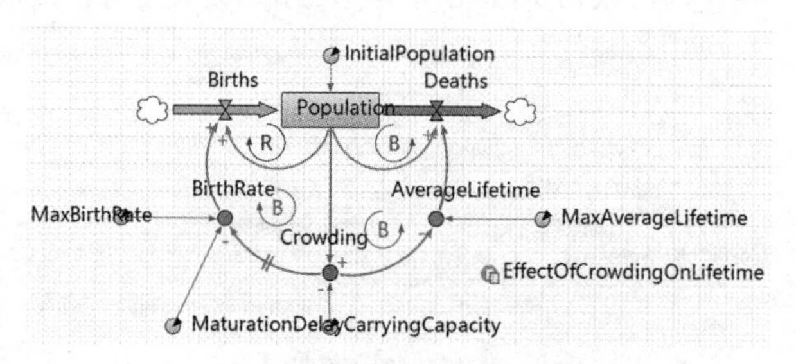

图 5-2-14 带有延迟的负反馈

（4）运行模型，如图 5-2-15 所示。

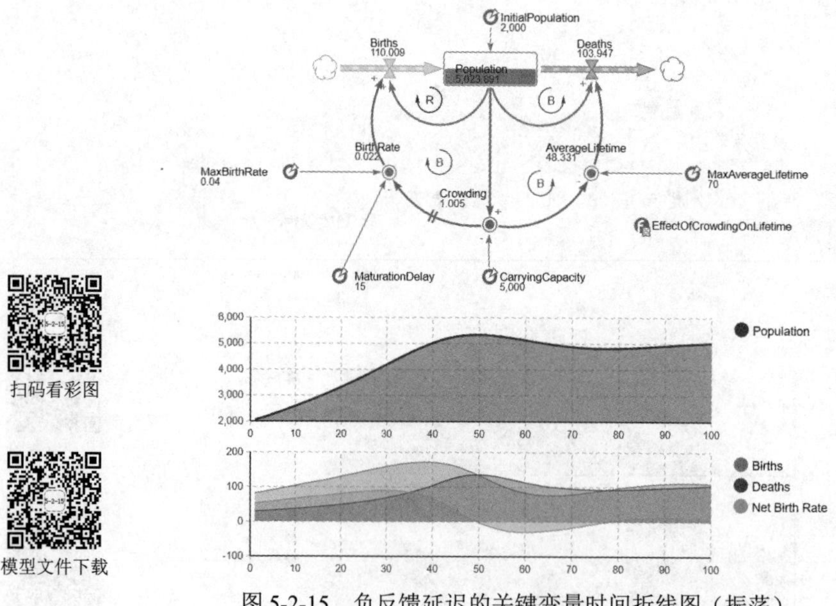

图 5-2-15 负反馈延迟的关键变量时间折线图（振荡）

可以看到，负反馈中的时间延迟会导致系统在系统最大承载能力附近振荡。

5.3 AnyLogic 系统动力学仿真实验举例

从本书前面的内容中可以知道，AnyLogic 在仿真模型运行时用指定的参数执行模型运行，支持虚拟和真实时间模式，支持动画演示仿真运行，支持模型步进调试。用户在仿真模型运行过程中，可以鼠标点击观察模型中任何层次的任何对象，可以在观察（Inspect）窗口中查看事件、变量、参数和状态图等的状态。

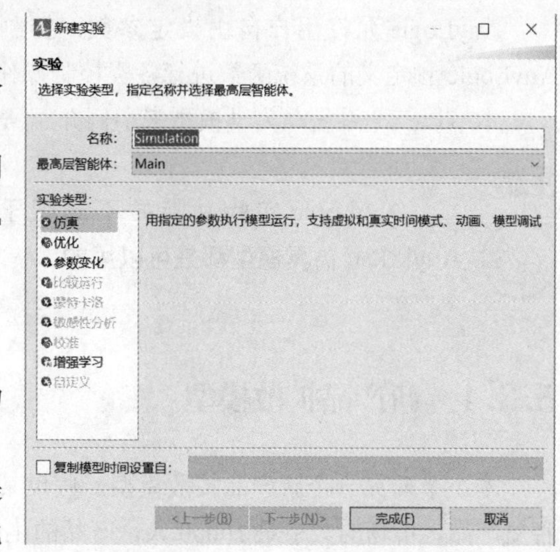

图 5-3-1 AnyLogic 提供的实验类型

AnyLogic 把仿真（Simulation）列为一种实验类型（Experiment Type）。除了仿真实验，如图 5-3-1 所示，AnyLogic 提供的实验类型还有：优化、参数变化、比较运行、蒙特卡洛、敏感性分析、校准、增强学习、自定义。图中显示灰色的实验类型只在 AnyLogic 专业（Professional）版中可用。

（1）优化（Optimization）实验

给定目标函数、约束和要求，AnyLogic 使用内置优化器寻求最佳解决方案，即最佳参数和决策变量组合。优化实验可以自动给出优化过程的动态图表。

（2）参数变化（Parameter Variation）实验

AnyLogic 根据用户预先规定的参数范围和变动幅度，对所有参数组合进行尝试。用户也可以植入自定义的优化算法，并指定每次迭代后选择下一组参数的规则。

（3）比较运行（Compare Runs）实验

比较运行实验是一种互动式实验。用户可以不断输入模型参数运行仿真模型，并将仿真结果与其他运行结果进行对比。历次仿真运行结果可以用不同颜色曲线显示在一个图表中。

（4）蒙特卡洛（Monte Carlo）实验

AnyLogic 允许用户多次运行一个仿真模型，获取输出信息的集合，并以一维或者二维柱状图显示。如果模型本身是随机的，那么即使用户不改变输入参数，每一次运行也会产生不同的输出结果。用户也可以为每次仿真运行生成一个随机参数值。

（5）敏感性分析（Sensitivity Analysis）实验

敏感性分析实验可以帮助用户检测仿真运行结果对于模型参数变化的敏感性。用户选择变动参数和感兴趣的输出值，AnyLogic 根据运行结果汇总显示输出值相对于参数变化的关系图表以方便用户比对。

（6）校准（Calibration）实验

校准实验帮助用户在仿真模型结构确定以后调整模型参数，使模型在特定条件下的行为能够符合预期要求，尽量缩小仿真模型输出值和目标系统数据之间的差距。

（7）增强学习（Reinforcement Learning）实验

增强学习实验帮助用户训练或者测试学习智能体。

（8）自定义（Custom）实验

AnyLogic 允许用户自由设定参数，控制仿真运行。用户可以自写 Java 代码调用 AnyLogic 预定义的系统函数进行各类控制操作，如 run()、stop() 等。

本节以三个系统动力学模型来举例介绍 AnyLogic 仿真实验设计及其运行。

注意

AnyLogic 实验功能并不局限于 AnyLogic 系统动力学仿真，所有类型 AnyLogic 仿真模型都是可以用的。

5.3.1 新产品扩散模型

本小节研究一个新产品扩散模型。假设某公司在一个规模确定已知的市场中推广一种新产品，市场的大小是 10000 人。产品的生命周期是无限的，并且不会产生重复购买，即每个消费者只需要一件产品。消费者对于广告和口碑效应是敏感的：在每个时间单元，有 1.5% 的潜在消费者由于广告效应购买该产品；在每个时间单元，每个消费者联系其他 100 个人，被联系人有 1.1% 的可能性购买该产品。

（一）创建基础模型

（1）新建一个模型。

（2）从系统动力学（System Dynamics）面板拖曳两个存量（Stock）元件到 Main 中，并设置其属性，名称（Name）分别为“PotentialClients”和“Clients”。

（3）从系统动力学（System Dynamics）面板拖曳一个流量（Flow）元件到 Main 中，如图 5-3-2 所示连接存量 PotentialClients 和 Clients，并设置其属性，名称（Name）为“Sales”。

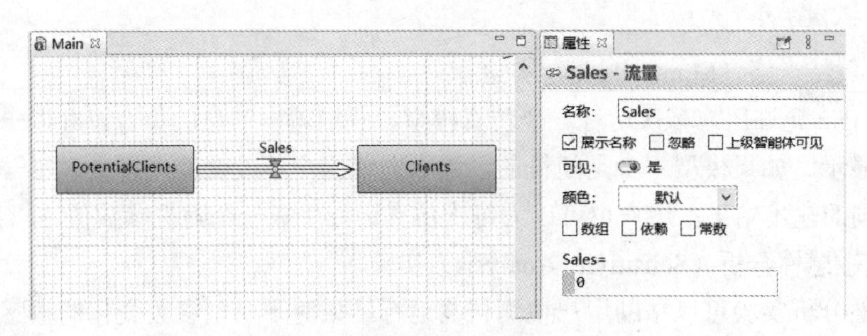

图 5-3-2 添加流量（Flow）元件

（4）从系统动力学（System Dynamics）面板拖曳两个参数（Parameter）元件到 Main 中，并设置其属性，名称（Name）分别为“AdEffectiveness”和“TotalPopulation”，默认值（Default value）分别为 0.015 和 10000。

（5）如图 5-3-3 所示，设置存量 PotentialClients 的属性，初始值（Initial value）为 TotalPopulation。创建从参数 TotalPopulation 出发到存量 PotentialClients 的链接（Link）元件。

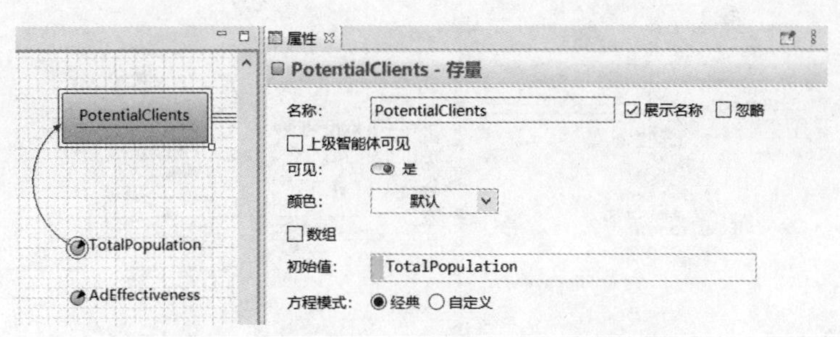

图 5-3-3　存量 PotentialClients 属性设置及创建链接（Link）元件

（6）从系统动力学（System Dynamics）面板拖曳一个动态变量（Dynamic Variable）元件到 Main 中，并如图 5-3-4 所示设置其属性，名称（Name）为“SalesFromAd”，方程为：PotentialClients * AdEffectiveness。创建从存量 PotentialClients 出发到动态变量 SalesFromAd 的链接（Link）元件，再创建从参数 AdEffectiveness 出发到动态变量 SalesFromAd 的链接（Link）元件。SalesFromAd 表示广告宣传造成的从潜在消费者转变成消费者的数量。

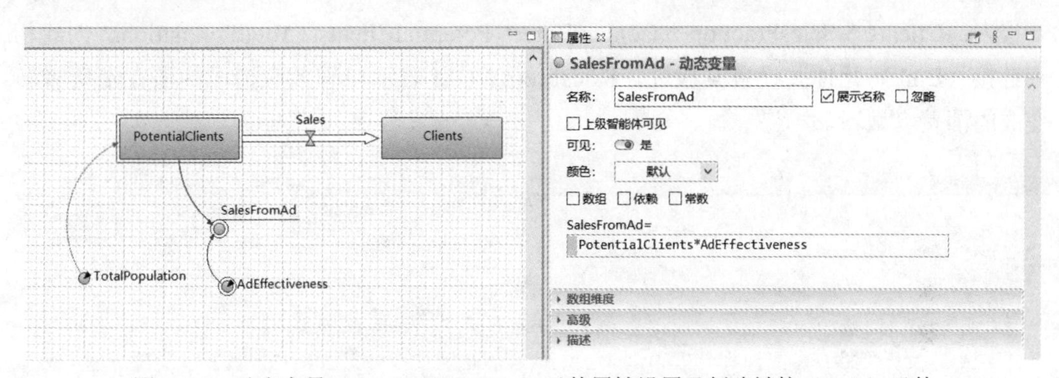

图 5-3-4　动态变量（Dynamic Variable）元件属性设置及创建链接（Link）元件

（7）如图 5-3-5 所示设置链接（Link）的属性，选择极性（Polarity），指向 SalesFromAd 的两个链接（Link）的极性（Polarity）均选择“+”。

图 5-3-5　链接（Link）元件属性设置

（8）如图 5-3-6 所示，创建从动态变量 SalesFromAd 出发到流量 Sales 的链接（Link）元件。再从系统动力学（System Dynamics）面板拖曳一个循环（Loop）元件到 Main 中的循环内，并设置其属性，方向（Direction）选择“逆时针（Counterclockwise）”，类型（Type）选择 B（平衡型），文本（Text）填入“Market Saturation”。这里是由市场饱和造成的平衡型回路。

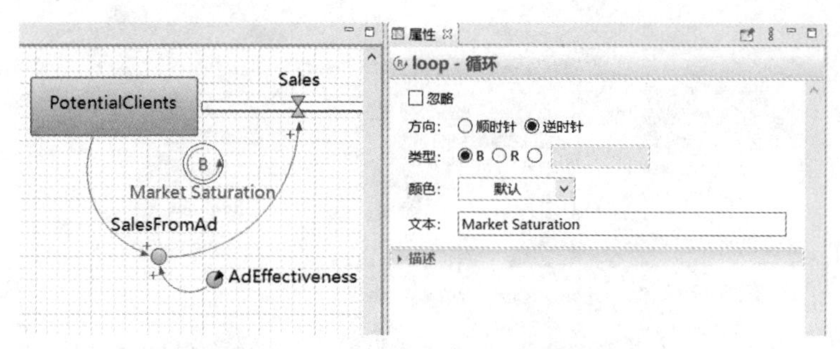

图 5-3-6 循环（Loop）元件属性设置

（9）从系统动力学（System Dynamics）面板拖曳两个参数（Parameter）元件到 Main 中，并设置其属性，名称（Name）分别为“ContactRate”和“SalesFraction”，默认值（Default value）分别为 100 和 0.011，值编辑器（Value editor）部分的控件类型（Control type）选择“文本（Text）”。

（10）如图 5-3-7 所示，从系统动力学（System Dynamics）面板拖曳一个动态变量（Dynamic Variable）元件到 Main 中，并设置其属性，名称（Name）为“SalesFromWOM”，方程为：Clients * SalesFraction * ContactRate * PotentialClients / TotalPopulation。创建相应链接（Link）元件并设置其极性。SalesFromWOM 表示口碑效应造成的潜在消费者转变成的消费者数量。

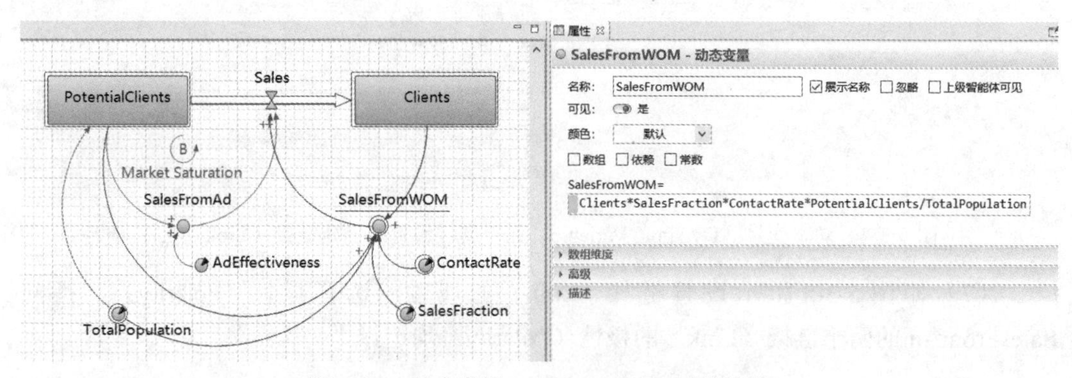

图 5-3-7 动态变量 SalesFromWOM 属性设置

（11）如图 5-3-8 所示，设置流量 Sales 的方程为：SalesFromAd + SalesFromWOM。

（12）如图 5-3-9 所示，从系统动力学（System Dynamics）面板拖曳一个循环（Loop）元件到 Main 中，并设置其属性，方向（Direction）选择“顺时针（Clockwise）”，类型（Type）选择 R（增强型），文本（Text）填入“Word of Mouth”。这里是由口碑效应造成的增强型回路。

（13）如图 5-3-10 所示，设置仿真实验 Simulation 的属性，模型时间（Model time）部分，停止（Stop）选择“在指定时间停止（Stop at specified time）”，停止时间（Stop time）为 10。

（14）在 Main 的图形编辑器中，如图 5-3-11 所示，鼠标右键单击存量 Clients，从弹出菜单中选择“创建数据集（Create Data Set）”，生成对应数据集 ClientsDS，并设置其属性，选择“自动更新数据（Update data automatically）”，复发时间（Recurrence time）为 0.1 秒（seconds）。这样在 10 秒仿真周期内，会采集 100 个数据样本。

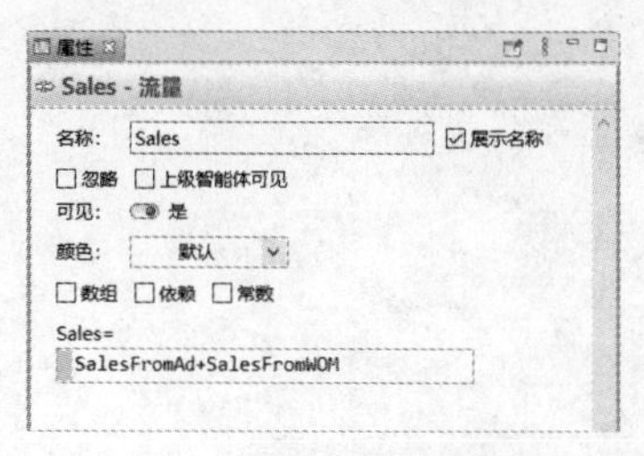

图 5-3-8　流量 Sales 属性设置

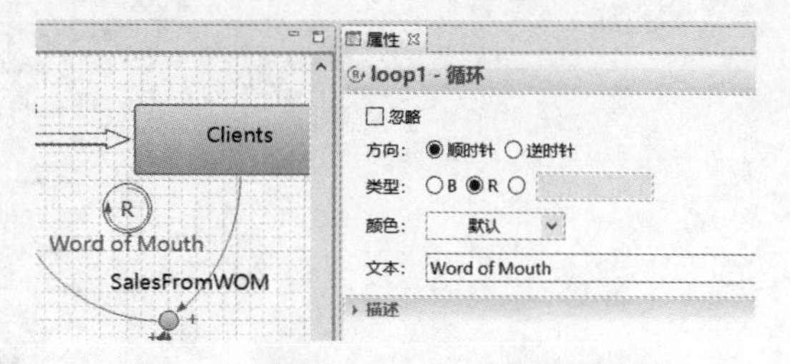

图 5-3-9　循环（Loop）元件属性设置

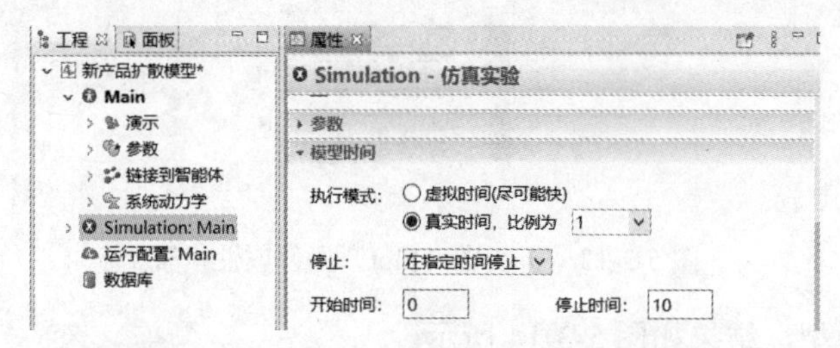

图 5-3-10　仿真实验 Simulation 属性设置

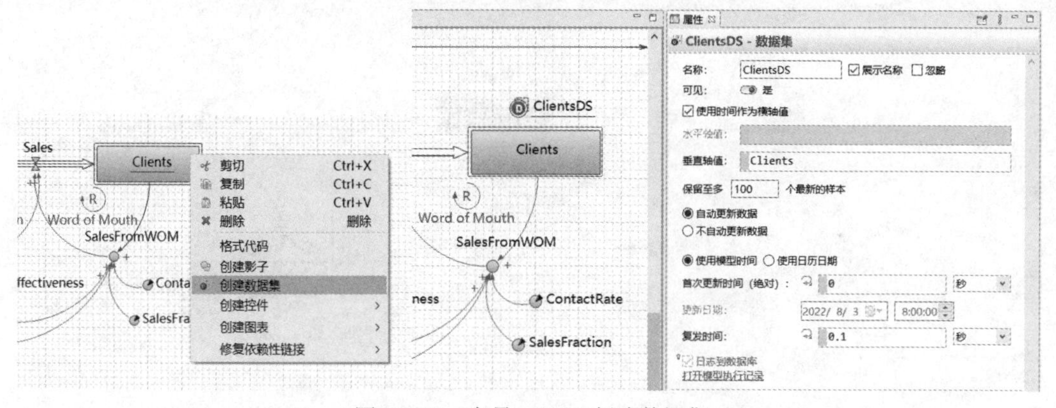

图 5-3-11　存量 Clients 创建数据集

（15）如图 5-3-12 所示，对于流量 Sales 进行同样的创建数据集操作并进行设置。这两个数据集是后边创建实验（Experiment）所必需的。

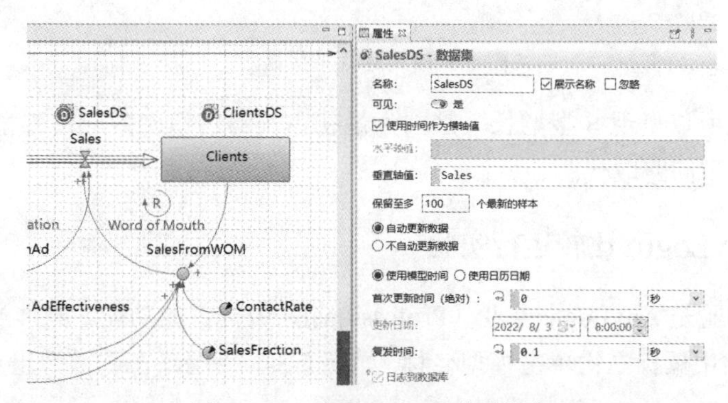

图 5-3-12　流量 Sales 创建数据集

（16）从分析（Analysis）面板拖曳一个折线图（Plot）元件到Main中，并如图5-3-13所示设置其属性，在数据（Data）部分添加两个数据项，均选择“数据集（Data set）”，数据集（Data set）分别为SalesDS和ClientsDS。

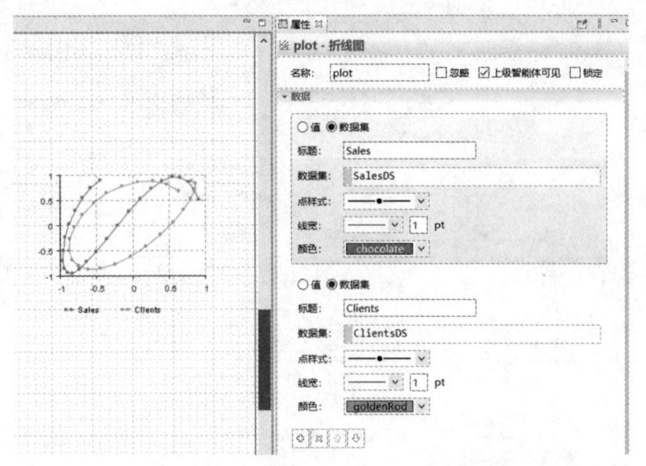

图5-3-13 折线图（Plot）元件属性设置

（17）运行模型，结果如图5-3-14所示。

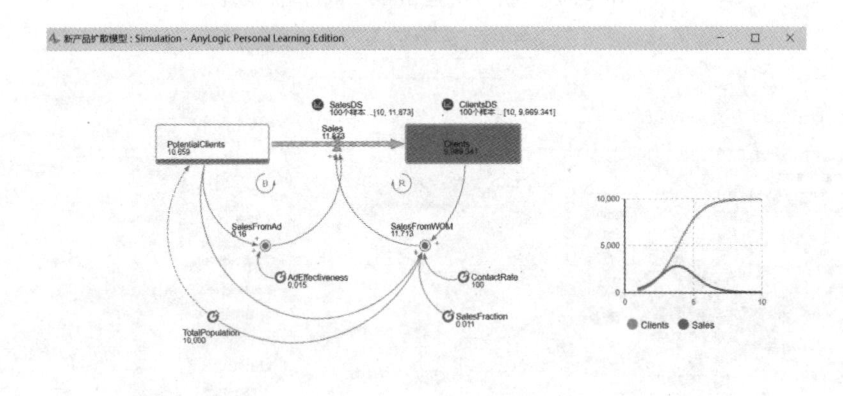

图5-3-14 运行结果显示

模型曲线之所以呈现S型增长，是因为最初占优势的口碑效应增强型回路，逐渐被市场饱和的平衡型回路取代。

（二）AnyLogic比较运行实验

比较运行实验是AnyLogic专业（Professional）版提供的功能。具体操作如下。

（1）工程树中鼠标右键单击模型名称，如图5-3-15所示，在右键弹出菜单中选择“新建”|“实验（Experiment）”。

（2）在新建实验向导的首页，如图 5-3-16 所示，实验类型（Experiment Type）选择“比较运行（Compare Runs）”，并点击下一步（Next）按钮。

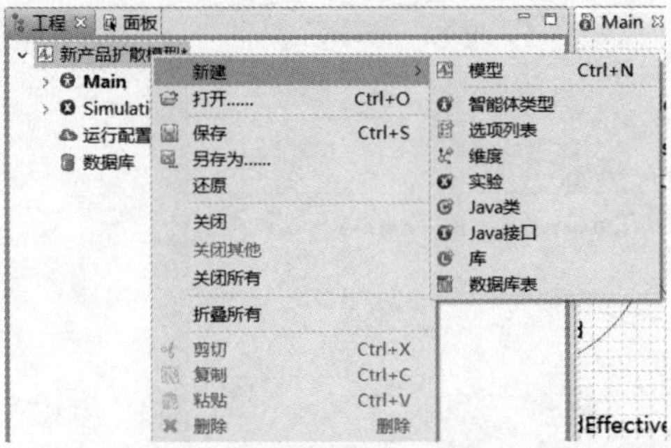

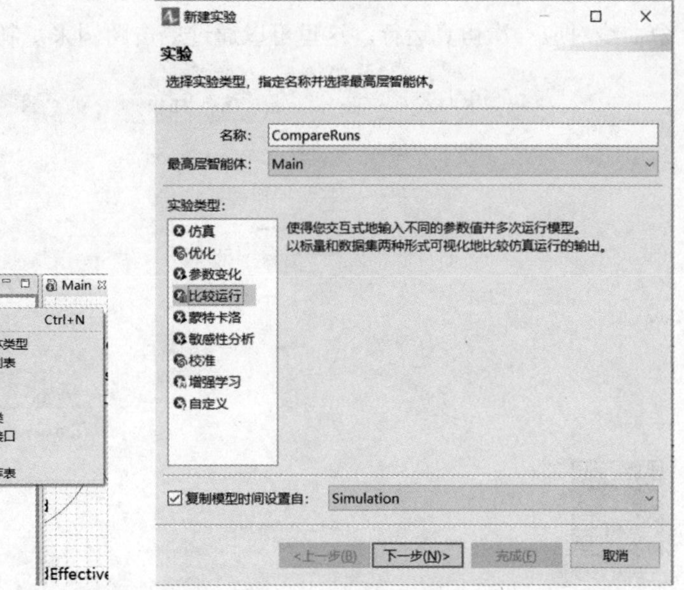

图 5-3-15　新建实验（Experiment）

图 5-3-16　选择实验类型（Experiment Type）

（3）在向导的参数（Parameters）页，如图 5-3-17 所示，从左侧的可用（Available）栏中选择参数 ContactRate，将其添加到右侧选择（Selection）栏中，并点击下一步（Next）按钮。

（4）在向导的图表（Charts）页，如图 5-3-18 所示，定义两个图表 Clients 和 Sales 以比较仿真输出，类型（Type）选择“数据集（dataset）”，表达式（Expression）分别为“root.ClientsDS”和“root.SalesDS”。ClientsDS 和 SalesDS 是已经在基础模型里创建好的数据集，root 指模型的最高层智能体，这个模型里是 Main。点击完成（Finish）按钮，就创建了一个新的比较运行实验。

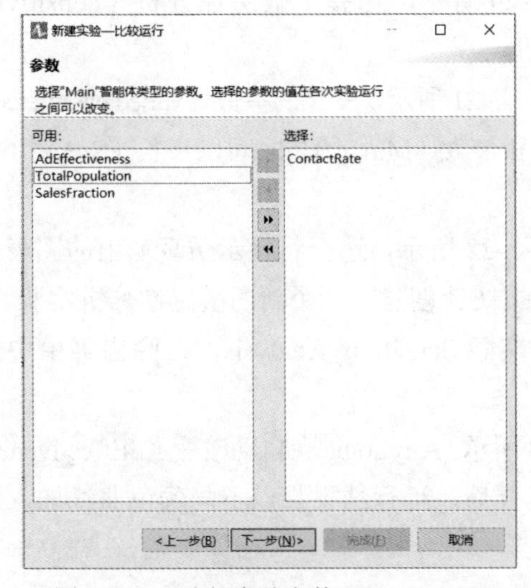

图 5-3-17　选择实验参数（Parameters）

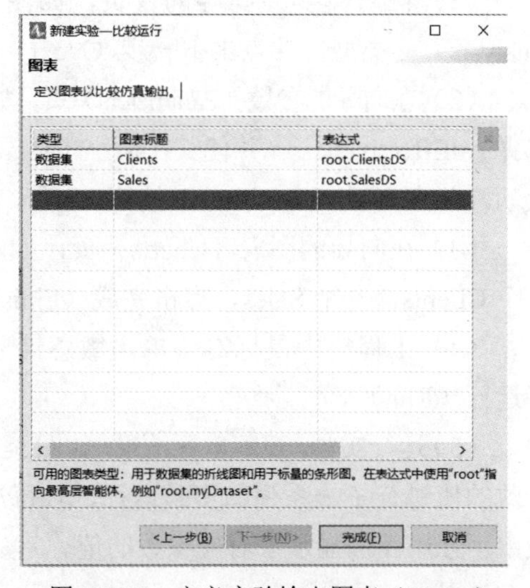

图 5-3-18　定义实验输出图表（Charts）

（5）工程树中鼠标右键单击比较运行实验 CompareRuns，在弹出菜单中选择运行（Run）。首先使用参数 ContactRate 的默认值，并点击运行按钮获得对应仿真运行结果。更改参数 ContactRate 的值，并多次运行，如图 5-3-19 所示，右侧图表中每一条不同颜色曲线对应一次仿真运行。这里可以通过单击图例来复制对应数据集。

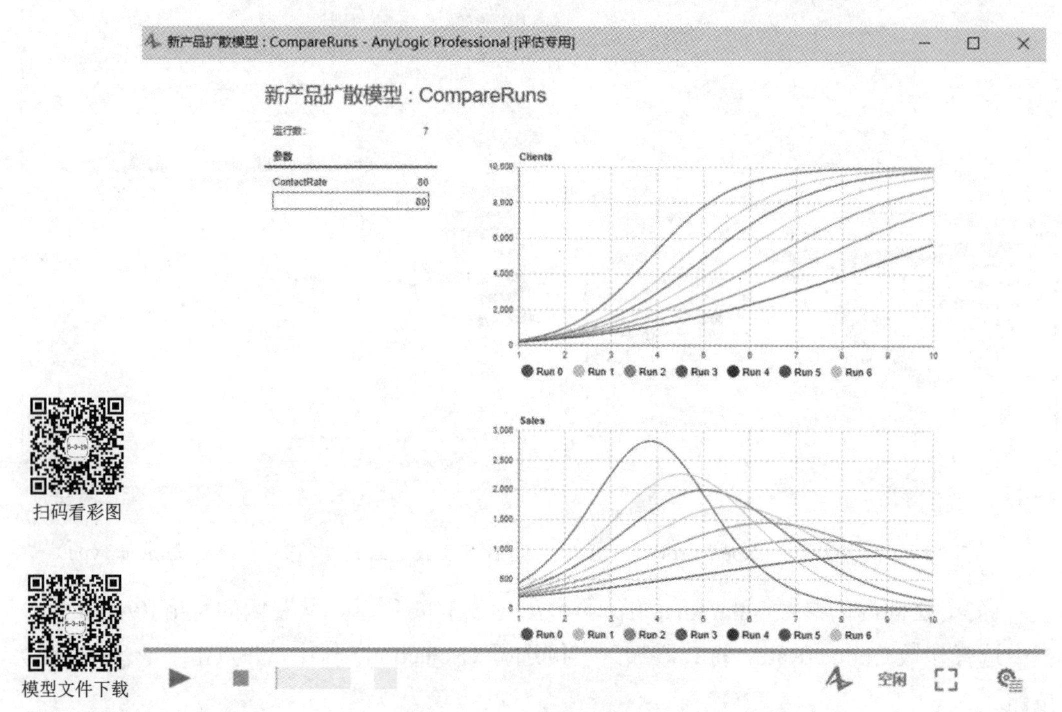

图 5-3-19　比较运行实验运行结果显示

（三）AnyLogic 敏感性分析实验

敏感性分析实验是 AnyLogic 专业（Professional）版提供的功能。这里用来分析模型对于广告效应的敏感性，具体操作如下。

（1）在新建实验向导的首页，如图 5-3-20 所示，选择“敏感性分析（Sensitivity Analysis）”类型，并点击下一步（Next）按钮。

（2）在向导的参数（Parameters）页，如图 5-3-21 所示，变化的参数（Varied parameters）选择 AdEffectiveness，并使其在最小（Min）0 和最大（Max）0.2 之间以步长（Step）0.01 变动，并点击下一步（Next）按钮。

（3）在向导的图表（Charts）页，如图 5-3-22 所示，选择将显示仿真输出的图表，一个 Clients，一个 Sales，点击完成（Finish）按钮就创建了一个新的敏感性分析实验。

（4）工程树中鼠标右键单击敏感性分析实验 SensitivityAnalysis，在弹出菜单中选择运行（Run）。

（5）运行实验，观察运行结果，如图 5-3-23 所示。AnyLogic 会自动改变 AdEffectiveness 参数的值进行了一系列的实验运行，且每次运行后，运行结果都以不同颜色曲线加入图表中，并用图例显示了对应参数的值。

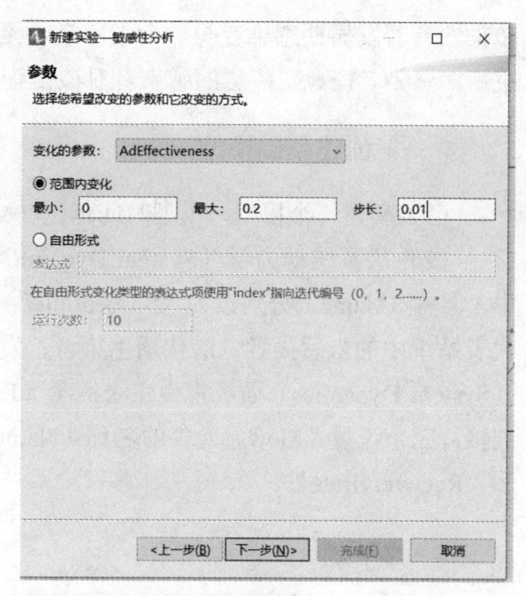

图 5-3-20　选择实验类型（Experiment Type）　　图 5-3-21　选择实验参数（Parameters）

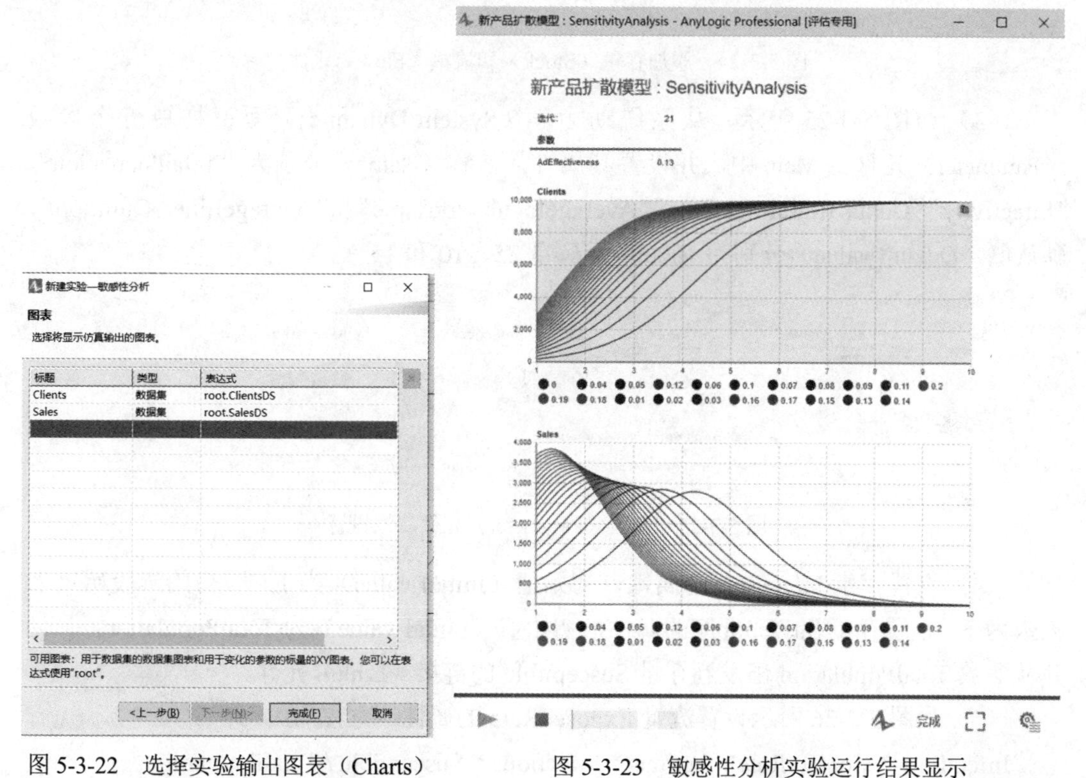

图 5-3-22　选择实验输出图表（Charts）　　图 5-3-23　敏感性分析实验运行结果显示

扫码看彩图

模型文件下载

5.3.2　传染病传播模型

本小节研究一个传染病在人群中传播的模型。群体总人数为 10000 人，每个人每天平均接触 1.25 人。初始阶段，人群中有 1 人被感染，感染者先是进入 10 天潜伏期，潜伏期感染者无传染性。潜伏期结束后，发病阶段开始，发病期 15 天。发病期感染者有传染性，若发病期感染者与一个未感染者接触，则此人被感染的概率为60%。发病期结束后，感染者痊愈，痊愈的感染者对该传染病具有免疫力。

（一）创建基础模型

（1）新建一个模型，模型时间单位（Model time units）选择天（days）。

（2）从系统动力学（System Dynamics）面板拖曳四个存量（Stock）元件到Main中，名称（Name）分别设为“Susceptible”“Exposed”“Infectious”和“Recovered”，代表系统中的未感染者、潜伏期感染者、发病期感染者和痊愈感染者。再从系统动力学（System Dynamics）面板拖曳三个流量（Flow）元件到Main中，如图5-3-24所示进行连接，三个流量（Flow）元件的名称（Name）分别设为“ExposedRate”“InfectionRate”和“RecoveryRate”。

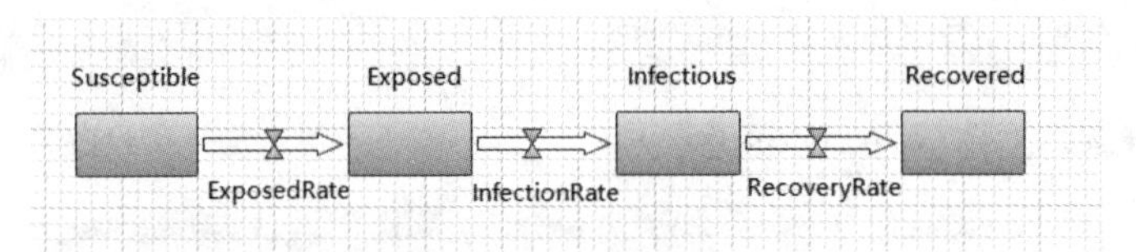

图5-3-24　添加存量（Stock）和流量（Flow）元件

（3）如图5-3-25所示，从系统动力学（System Dynamics）面板拖曳五个参数（Parameter）元件到Main中，并设置其属性，名称（Name）分别为“TotalPopulation”“Infectivity”“ContactRateInfectious”“AverageIncubationTime”和“AverageIllnessDuration”，默认值（Default value）分别为10000、0.6、1.25、10和15。

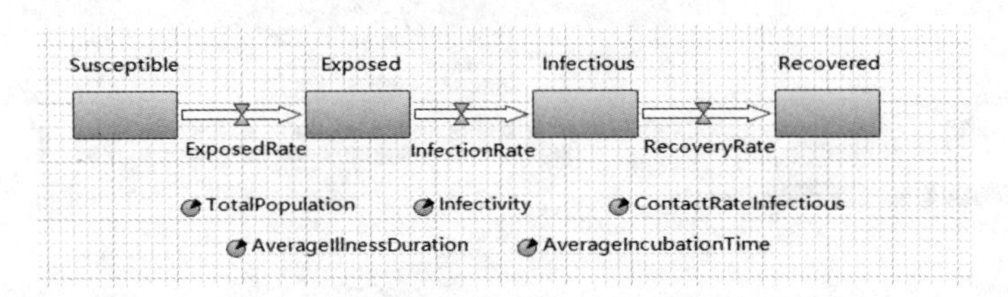

图5-3-25　参数（Parameter）元件属性设置

（4）设置存量Infectious的属性，初始值（Initial value）为1，即初始阶段感染者人数为1。设置存量Susceptible的属性，初始值（Initial value）为TotalPopulation-1。创建从参数TotalPopulation出发到存量Susceptible的链接（Link）元件。

（5）如图5-3-26所示设置流量ExposedRate的属性，方程为：

Infectivity * ContactRateInfectious * Infectious * Susceptible / TotalPopulation。

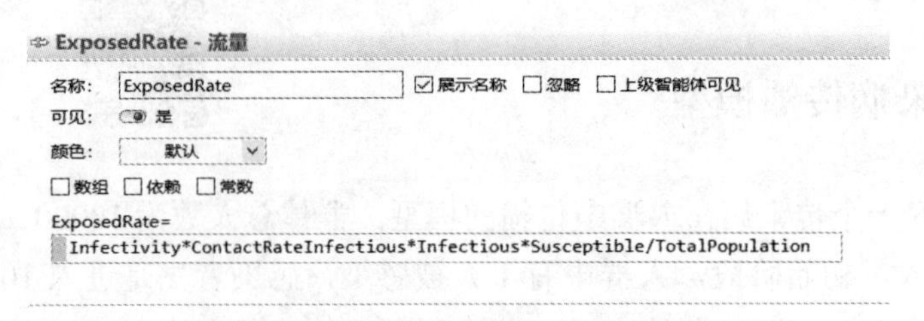

图5-3-26　流量ExposedRate属性设置

（6）在 Main 的图形编辑器中，如图 5-3-27 所示鼠标右键单击流量 ExposedRate，从右键弹出菜单中选择“修复依赖性链接（Fix Dependency Links）”|“创建缺失的链接（Create Missing Links）”。

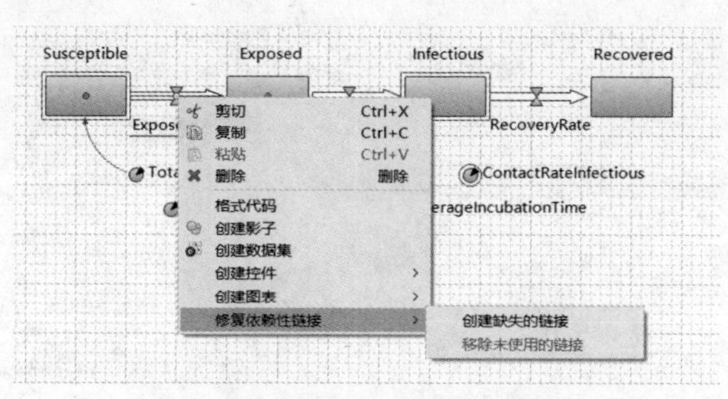

图 5-3-27　创建流量 ExposedRate 缺失的链接

（7）设置流量 InfectiousRate 的属性，方程为：Exposed / AverageIncubationTime。设置流量 RecoveredRate 的属性，方程为：Infectious / AverageIllnessDuration。按照步骤（6）的方法创建流量 InfectiousRate 与 RecoveredRate 缺失的链接。

至此，模型存量流量图创建完成，如图 5-3-28 所示。

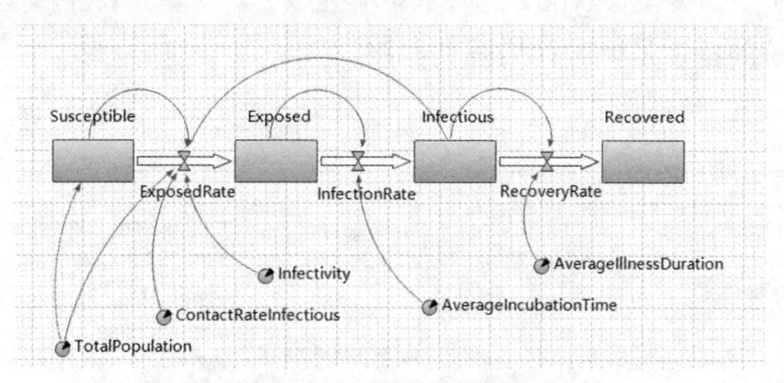

图 5-3-28　模型存量流量图

（8）运行模型并通过变量的观察（Inspect）窗口查看各自数值，如图 5-3-29 所示。

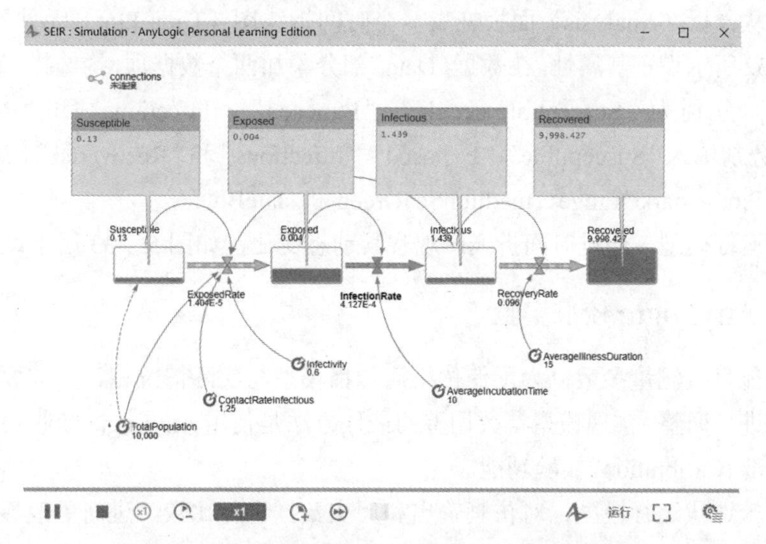

图 5-3-29　模型仿真运行中观察（Inspect）窗口

模型文件下载

（9）若要观察（Inspect）窗口显示时间折线图，点击其工具栏第二个按钮即可，如图 5-3-30 所示。

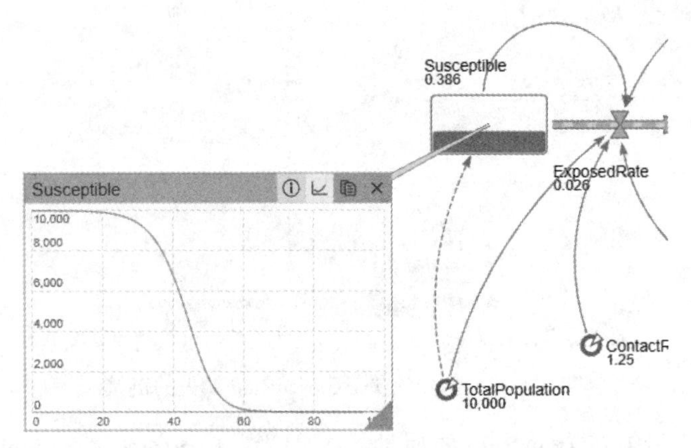

图 5-3-30　观察（Inspect）窗口的时间折线图

（10）关闭模型仿真运行窗口。从系统动力学（System Dynamics）面板拖曳一个循环（Loop）元件到 Main 中，并如图 5-3-31 所示设置其属性，方向（Direction）选择“顺时针（Clockwise）”，类型（Type）选择 R（增强型），文本（Text）填入“Contagion”。它标示了整个系统的特性是顺时针增强型回路。

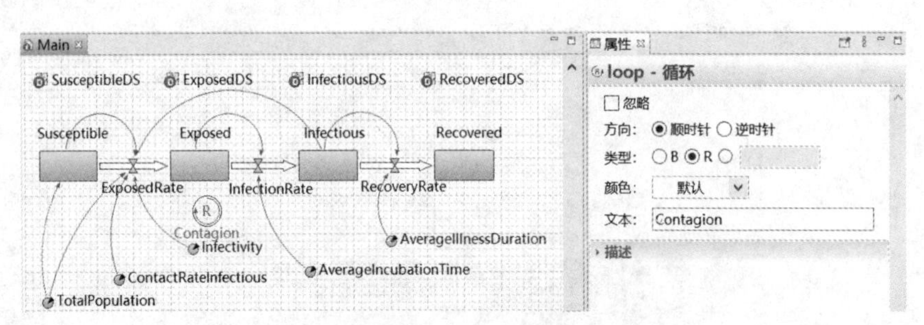

图 5-3-31　循环（Loop）元件属性设置

（11）从分析（Analysis）面板拖曳一个时间折线图（Time Plot）元件到 Main 中，并如图 5-3-32 所示设置其属性，在数据（Data）部分添加四个数据项，均选择“值（Value）”，标题（Title）分别为“Susceptible people”“Exposed”“Infectious”和“Recovere”，值（Value）分别填入“Susceptible”“Exposed”“Infectious”和“Recovered”，颜色（Color）分别为 deepPink、darkOrange、mediumSeaGreen 和 slateBlue。

（12）运行模型，通过时间折线图观察其动态变化，如图 5-3-33 所示。

（二）AnyLogic 校准实验

由于不能直接测量参数，为了使传染病传播模型与实际情况相符，需要对上述基础模型的参数进行调整。实现模型参数调整的最佳方法是使用 AnyLogic 专业（Professional）版提供的校准 (Calibration) 实验功能。

校准实验迭代运行模型，对仿真输出和历史数据进行比较，进而更改参数值。通过一系列运行，校准实验将确定哪个参数值产生的结果与历史数据最匹配。

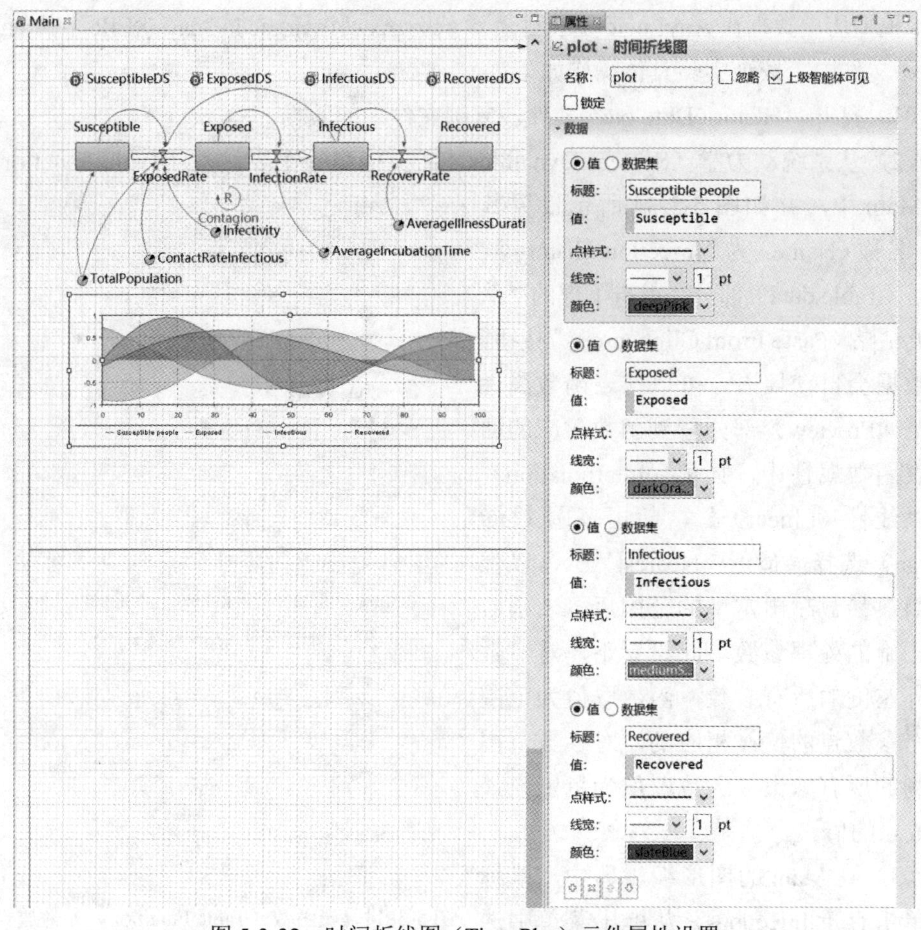

图 5-3-32 时间折线图（Time Plot）元件属性设置

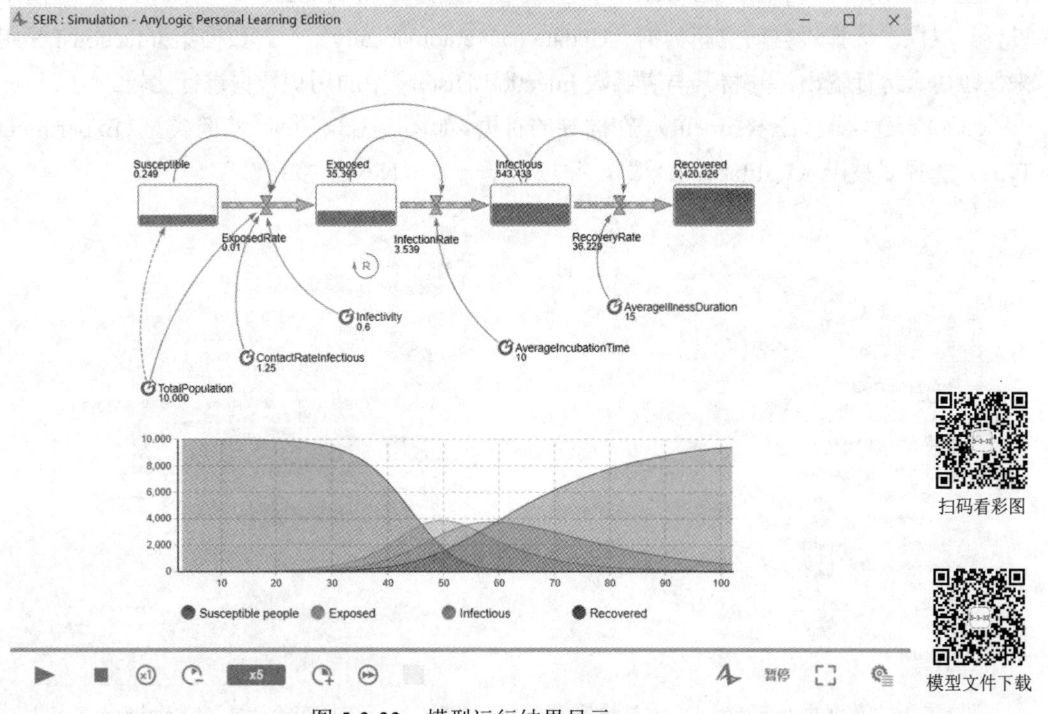

扫码看彩图

模型文件下载

图 5-3-33 模型运行结果显示

本模型历史数据在 AnyLogic 安装目录下 /resources/Anylogic in 3days/SEIR 中的 Historic Data.txt 文件中。校准实验具体操作如下。

（1）打开“HistoricData.txt”文件，复制文件中的数据。

（2）从系统动力学（System Dynamics）面板拖曳一个表函数（Table Function）元件到 Main 中，并如图 5-3-34 所示设置其属性，名称（Name）为“InfectiousHistory”，表数据（Table data）部分，点击下部的“从剪贴板粘贴（Paste From Clipboard）”按钮，历史数据会自动填入。可以在表函数属性的预览（Preview）部分看到函数对应的曲线。表函数属性中，插值（Interpolation）选择“线性（Linear）”，超出范围（Out of range）选择“最近（Nearest）”，以保证表函数参数超出定义的范围后，表函数能够正确的处理参数。此设置下，对参数范围外左侧的所有参数，函数取值为范围内最左参数点的值；相应的，对参数范围外右侧的所有参数，函数取值为范围内最右参数点的值。

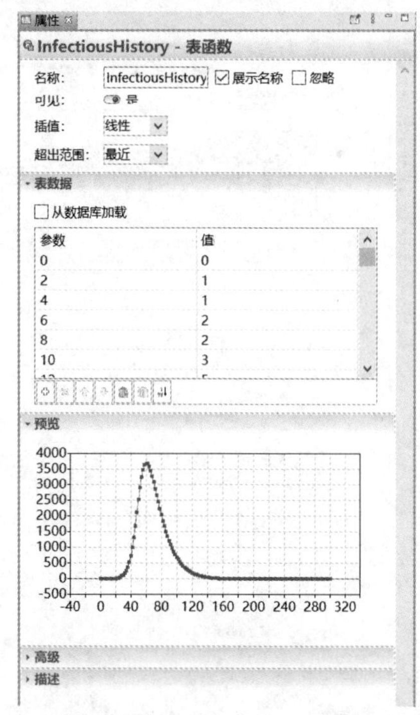

图 5-3-34　表函数（Table Function）元件属性设置

（3）在 Main 的图形编辑器中，鼠标右键单击存量 Infectious，从弹出菜单中选择“创建数据集（Create Data Set）”，生成对应数据集 InfectiousDS，并如图 5-3-35 所示设置其属性，选择“自动更新数据（Update data automatically）”。数据集 InfectiousDS 用来保留仿真运行输出，并将其与表函数 InfectiousHistory 中的历史数据进行比较。

（4）新建实验（Experiment），在向导的首页，如图 5-3-36 所示，实验类型（Experiment Type）选择“校准（Calibration）”，并点击下一步（Next）按钮。

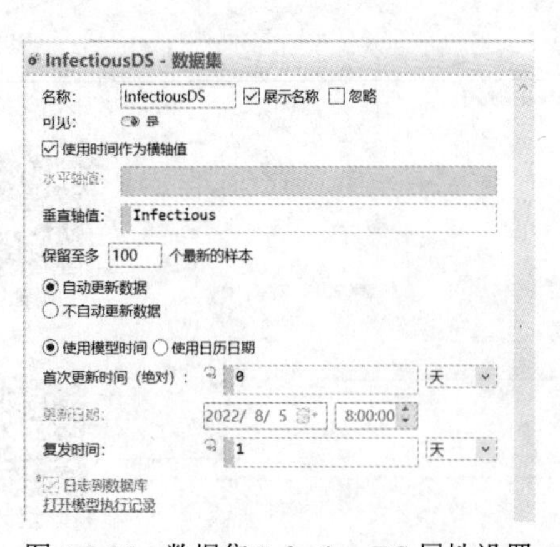

图 5-3-35　数据集 InfectiousDS 属性设置

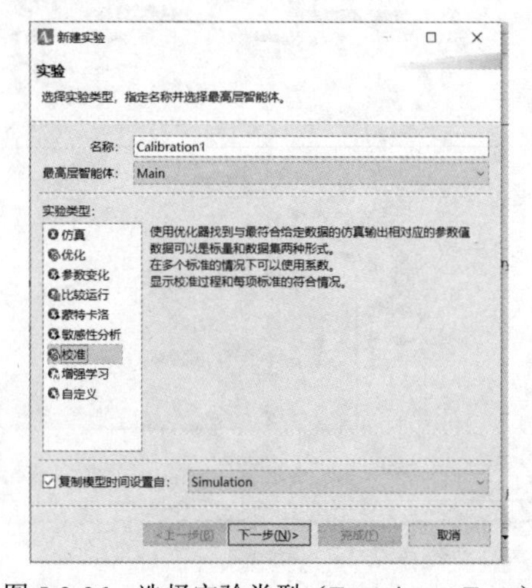

图 5-3-36　选择实验类型（Experiment Type）

（5）在向导的参数和标准（Parameters and Criteria）页，如图 5-3-37 所示，将参数（Parameter）Infectivity 和 ContactRateInfectious 的类型（Type）设为“连续（continuous）”，将参数 Infectivity 的最小（Min）设为 0.005，最大（Max）设为 1，将参数 ContactRateInfectious 的最小（Min）设为 0.01，最大（Max）设为 3。在该页标准（Criteria）部分，匹配（Match）选择“数据序列（data series）”，仿真输出（Simulation output）设为 root.InfectiousDS，观测的数据（Observed data）设为 root.InfectiousHistory。

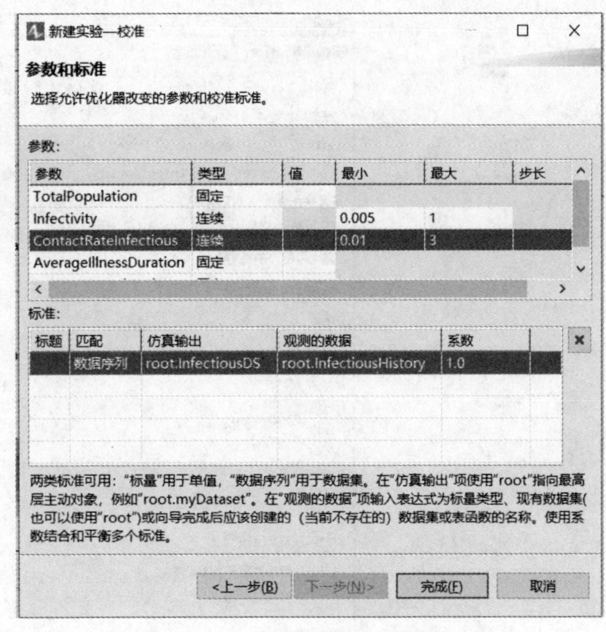

图 5-3-37　设置实验参数和标准

（6）点击完成（Finish）按钮，如图 5-3-38 所示，得到 Main 的校准实验 Calibration。

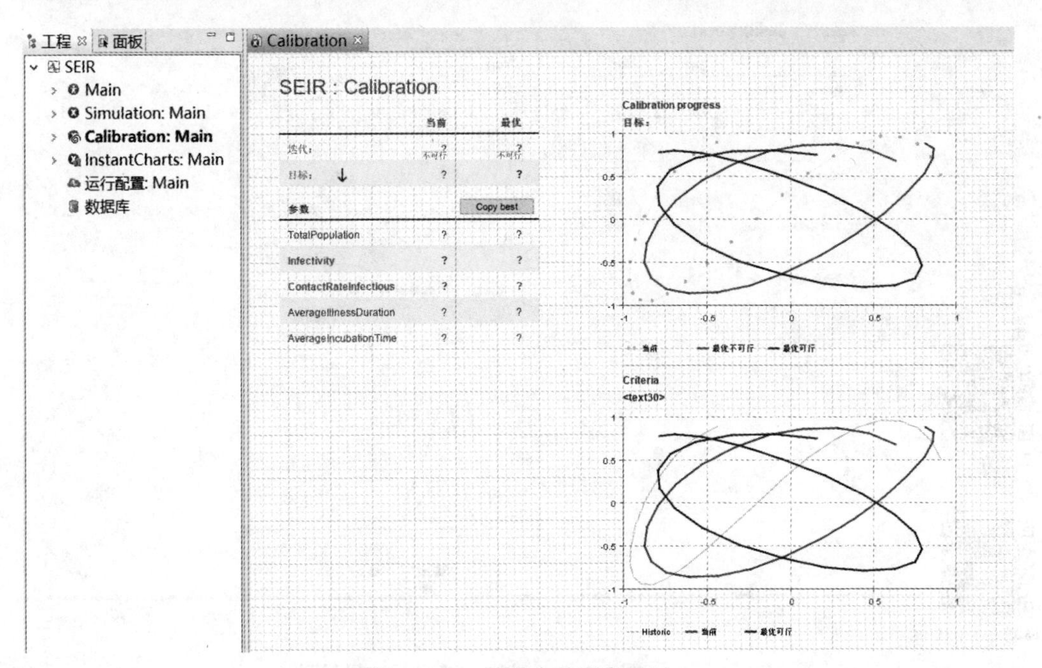

图 5-3-38　校准实验图表显示

（7）如图 5-3-39 所示，设置校准实验 Calibration 的属性，目标（Objective）为最小化（minimize）模型输出与历史数据间的差异，表达式为：difference(root.InfectiousDS, root.InfectiousHistory)；高级（Advanced）部分，取消勾选“允许并行评估（Allow parallel evaluations）”。

（8）运行校准实验 Calibration，如图 5-3-40 所示。可以通过点击“Copy best”按钮复制最优拟合参数值，并将这些参数值粘贴到原模型。

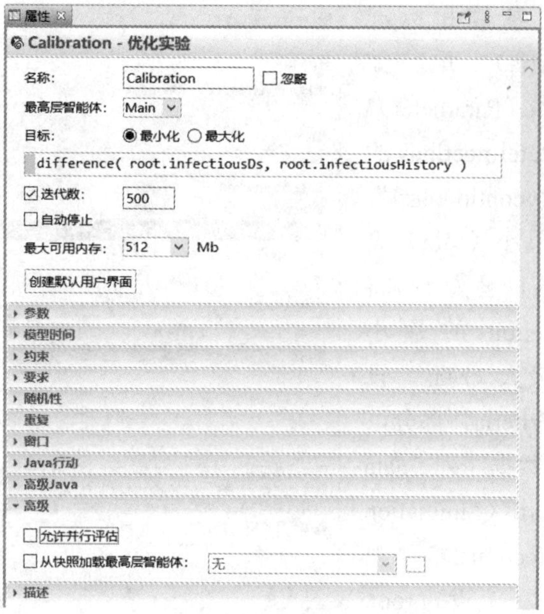

属性

Calibration - 优化实验

名称: Calibration ☐ 忽略

最高层智能体: Main

目标: ◉ 最小化 ○ 最大化

difference(root.infectiousDs, root.infectiousHistory)

☑ 迭代数: 500

☐ 自动停止

最大可用内存: 512 Mb

创建默认用户界面

› 参数

› 模型时间

› 约束

› 要求

› 随机性

重复

› 窗口

› Java行动

› 高级Java

˅ 高级

☐ 允许并行评估

☐ 从快照加载最高层智能体: 无

› 描述

图 5-3-39　校准实验 Calibration 属性设置

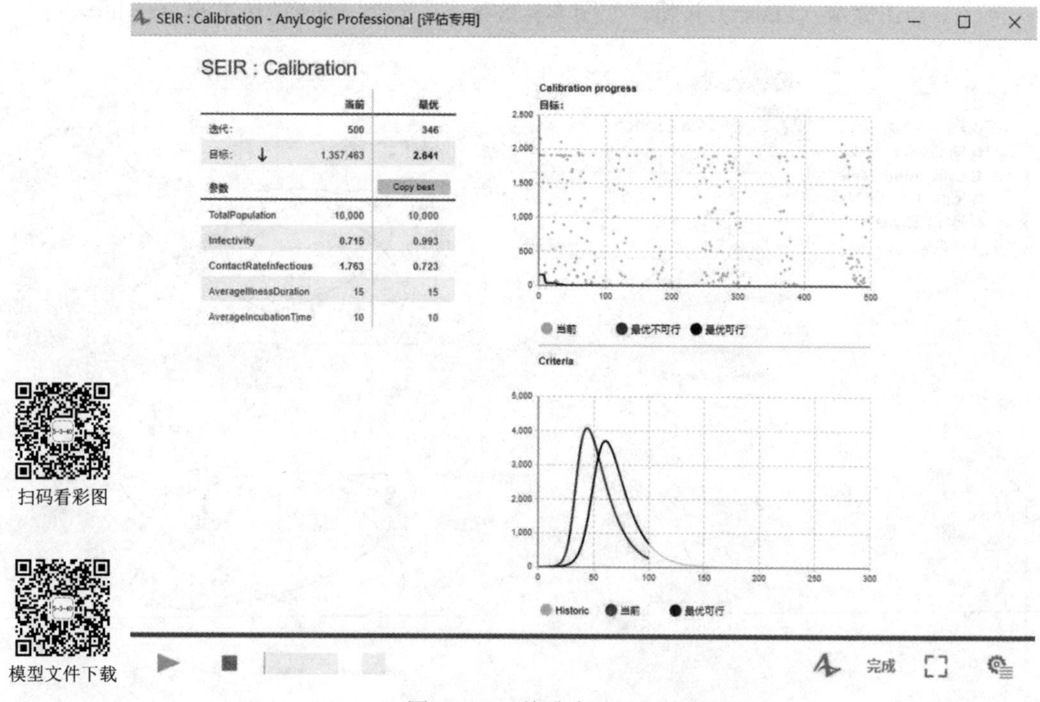

图 5-3-40　校准实验运行结果显示

（三）交互式 AnyLogic 比较运行实验

AnyLogic 支持交互式仿真实验，也就是仿真运行过程中，用户更改参数时，仿真运行窗口中的图表可以立即展示新参数下的仿真运行结果。这里以一个传染病传播模型的比较运行实验为例，具体操作如下。

（1）分别创建存量 Susceptible、Exposed、Recovered 的对应数据集 SusceptibleDS、

ExposedDS、RecoveredDS，并在其属性中均选择“自动更新数据（Update data automatically）”。

（2）如图 5-3-41 所示设置 Infectivity、ContactRateInfectious 和 AverageIllnessDuration 的属性，值编辑器（Value editor）部分，控件类型（Control type）选择“滑块（Slider）”，最小（Minnum）分别为 0.01、1、3，最大（Maxnum）分别为 0.20、20、30。

图 5-3-41 参数元件属性设置

（3）新建实验（Experiment），在向导的首页，如图 5-3-42 所示，实验类型（Experiment Type）选择“比较运行（Compare Runs）”，名称（Name）为“InstantCharts”，并点击下一步（Next）按钮。

（4）在向导的参数（Parameters）页，如图 5-3-43 所示，从左侧的可用（Available）栏中选择参数 Infectivity、ContactRateInfectious、AverageIllnessDuration，将其添加到右侧选择（Selection）栏中，并点击下一步（Next）按钮。

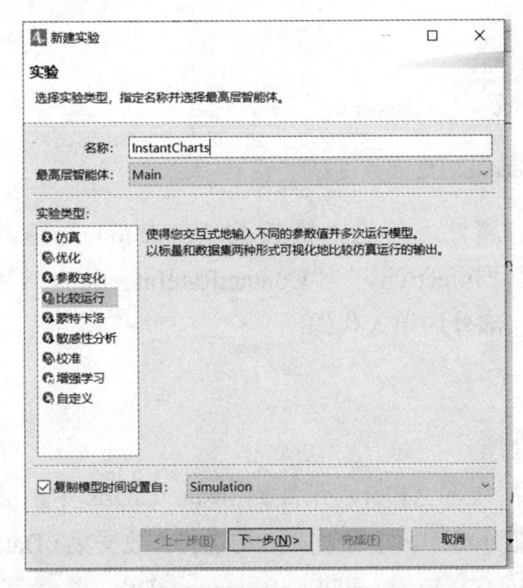

图 5-3-42 选择实验类型（Experiment Type）

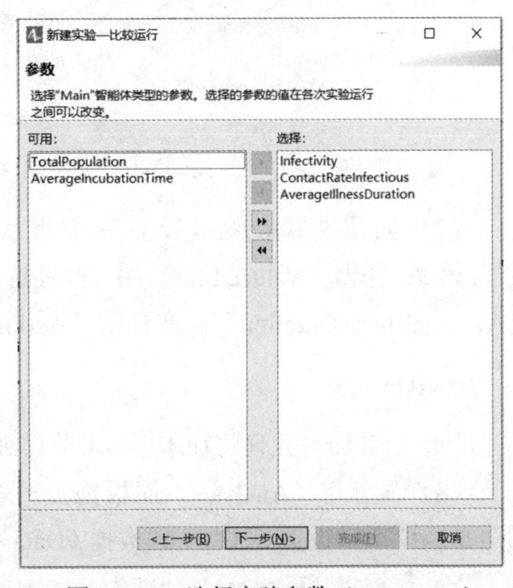

图 5-3-43 选择实验参数（Parameters）

（5）在向导的图表（Charts）页，如图 5-3-44 所示，直接点击完成（Finish）按钮，此时创建了一个有三个滑块（Slider）的比较运行实验。

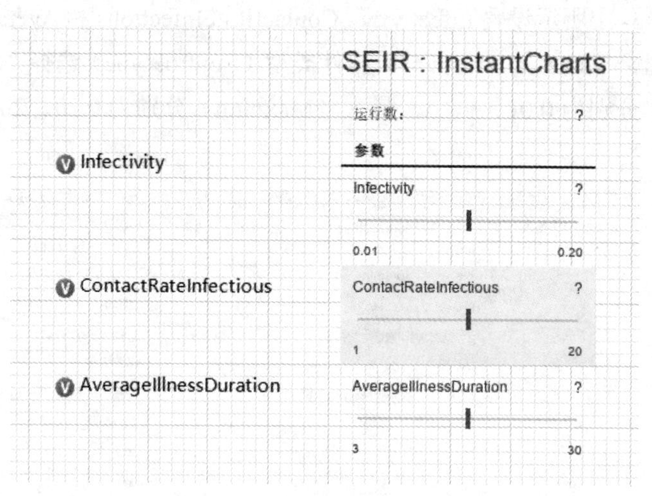

图 5-3-44　自动创建的实验界面

（6）双击工程树中的比较运行实验 InstantCharts 打开其图形编辑器，从分析（Analysis）面板拖曳三个数据集（Data Set）元件到 InstantCharts 中，并如图 5-3-45 所示设置其属性，名称（Name）分别为“SusceptibleDS”“InfectiousDS”和“RecoveredDS”，均不勾选“使用运行数作为横轴值（Use run number as horizontal axis value）”。这三个数据集（Data Set）元件将用于保存仿真运行输出的数据。

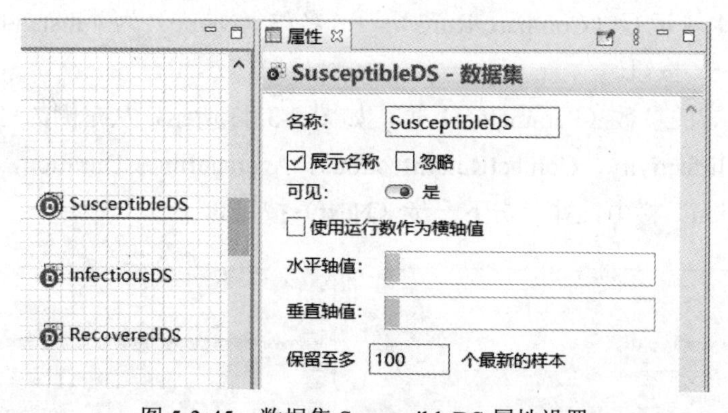

图 5-3-45　数据集 SusceptibleDS 属性设置

（7）如图 5-3-46 所示设置三个滑块的属性，勾选“链接到（Link to）”将其设为值编辑器（Valueeditor）并分别选择“Infectivity”“ContactRateInfectious”和“AverageIllnessDuration”，在行动（Action）部分均填入代码：

```
run();
```

滑块（Slider）元件将在本书 6.1 节详细介绍。

（8）从分析（Analysis）面板拖曳一个折线图（Plot）元件到 InstantCharts 中，并如图 5-3-47 所示设置其属性，在数据（Data）部分增加三个数据项，均选择“数据集（Data set）”，数据集（Data set）分别为 SusceptibleDS、ExposedDS、RecoveredDS。

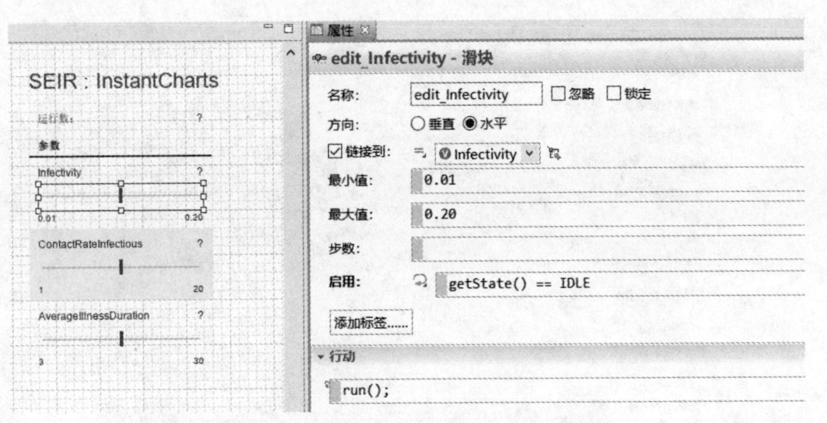

图 5-3-46 滑块 edit_Infectivity 属性设置

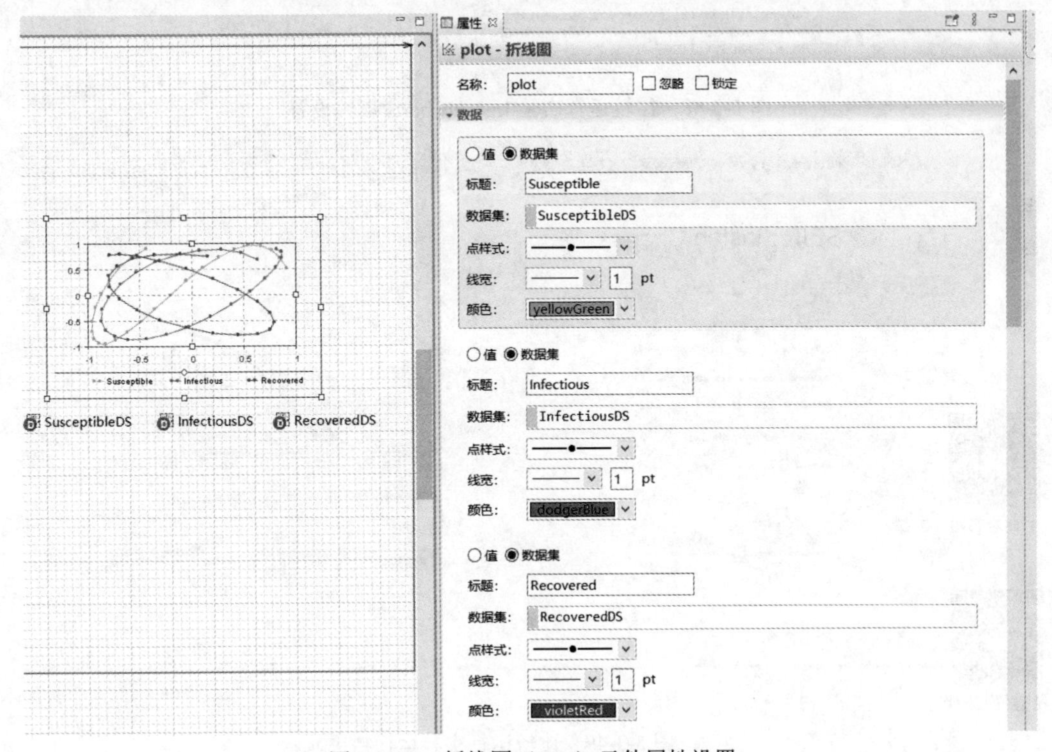

图 5-3-47 折线图（Plot）元件属性设置

（9）如图 5-3-48 所示设置比较运行实验 InstantCharts 的属性，在 Java 行动（Java actions）部分的仿真运行后（After simulation run）填入代码：

```
SusceptibleDS.fillFrom(root.SusceptibleDS);
InfectiousDS.fillFrom(root.InfectiousDS);
RecoveredDS.fillFrom(root.RecoveredDS);
```

以上代码在仿真运行后，清空 InstantCharts 的三个数据集的数据，把 root（root 指模型最高层智能体，这个模型里是 Main）运行输出的三个数据集的数据填写进 InstantCharts 的三个数据集中。

（10）运行比较运行实验 InstantCharts，如图 5-3-49 所示。运行过程中可以移动滑块，系统变化即时在图表上显示。

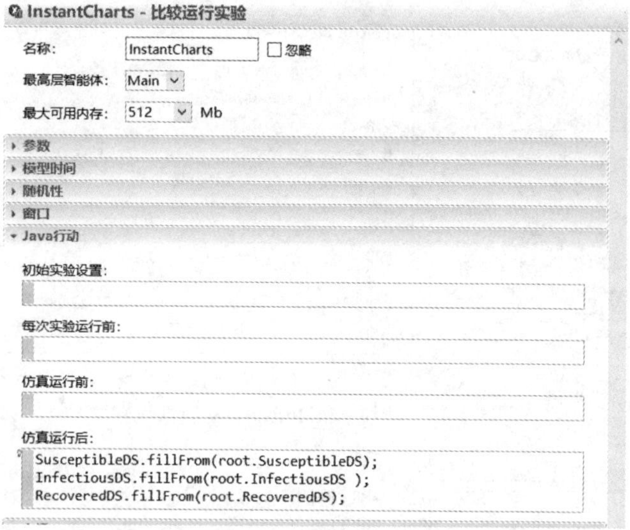

InstantCharts - 比较运行实验
名称:
InstantCharts
忽略
最高层智能体:
Main
最大可用内存:
512
Mb
参数
模型时间
随机性
窗口
Java行动
初始实验设置:
每次实验运行前:
仿真运行前:
仿真运行后:
SusceptibleDS.fillFrom(root.SusceptibleDS);
InfectiousDS.fillFrom(root.InfectiousDS);
RecoveredDS.fillFrom(root.RecoveredDS);

图 5-3-48　比较运行实验 InstantCharts 属性设置

SEIR : InstantCharts - AnyLogic Professional [评估专用]
SEIR : InstantCharts
运行数:
19
参数
Infectivity
0.155
0.01
0.20
ContactRateInfectious
5.35
1
20
AverageIllnessDuration
15.576
3
30
10,000
5,000
0
0
20
40
60
80
100
Susceptible
Infectious
Recovered
SusceptibleDS
100个样本 ...[100, 0.055]
InfectiousDS
100个样本 ...[100, 558.949]
RecoveredDS
100个样本 ...[100, 9,410.053]
空闲

扫码看彩图

模型文件下载

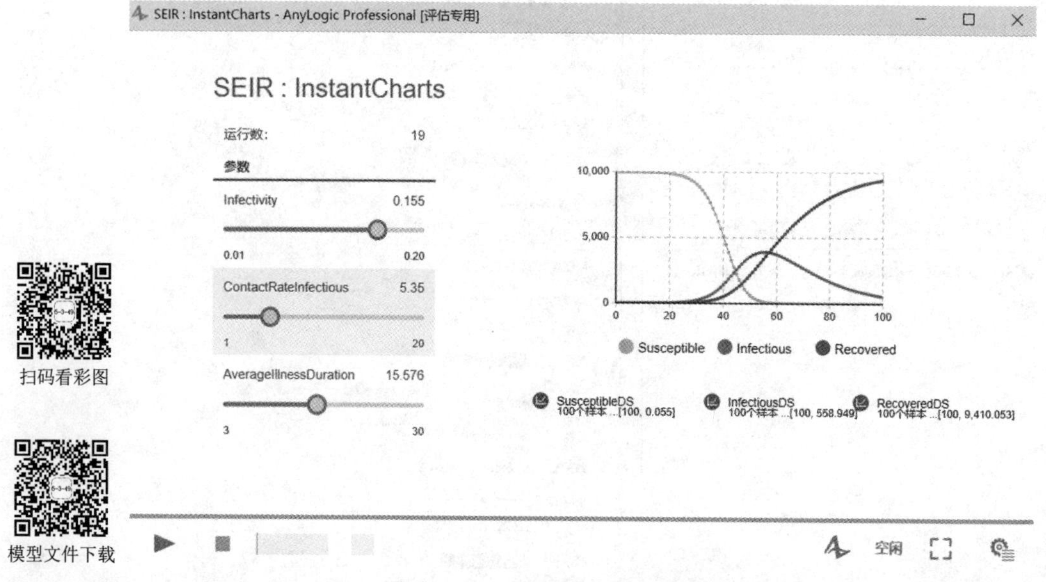

图 5-3-49　比较运行实验运行结果显示

5.3.3　库存管理模型

本小节将在库存管理模型基础上建立一个交互式仿真实验，在仿真实验运行过程中允许用户进行决策。即，在仿真模型运行过程中更改参数，新参数直接决定仿真模型后续运行。一般地，这种仿真实验以“步进 - 暂停”模式进行：模型运行一段时间后进入暂停状态，此时用户观察输出结果并进行决策，然后设定新参数并开始下一阶段仿真运行。

模型逻辑如图 5-3-50 所示，销售速率由外部参数（顾客需求）决定，用户观察当前库存水平来控制订货速率，供应商通过各条供应线交付后，库存随之发生变化。

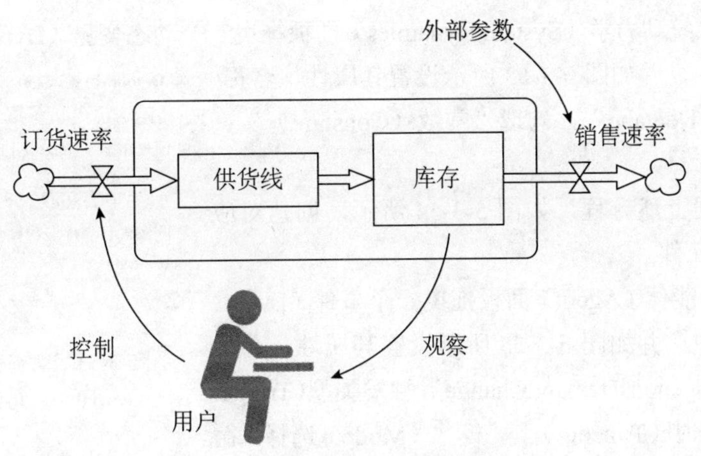

图 5-3-50 库存管理模型交互逻辑

（一）创建基础模型

（1）新建一个模型。

（2）从系统动力学（System Dynamics）面板拖曳两个存量（Stock）元件到 Main 中，名称（Name）分别设为“Supplyline”和“Stock”。再从系统动力学（System Dynamics）面板拖曳三个流量（Flow）元件到 Main 中，如图 5-3-51 所示进行连接，三个流量（Flow）元件的名称（Name）分别设为“OrderRate”“AcquisitionRate”和“SalesRate”。

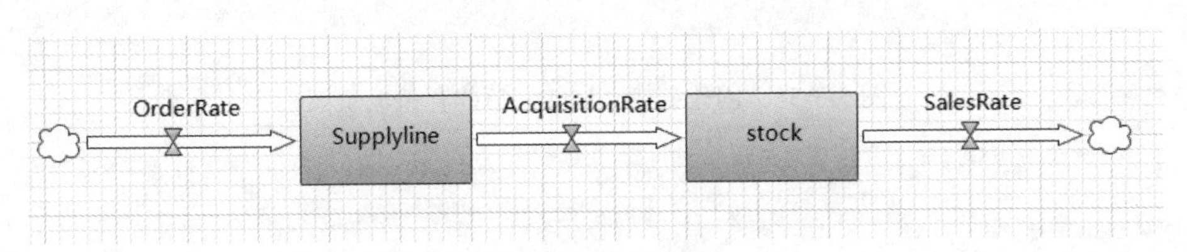

图 5-3-51 添加流量（Flow）元件

（3）如图 5-3-52 所示，设置流量 OrderRate 的属性，勾选“常数（Constant）”，方程为：10。设置流量 AcquisitionRate 的属性，方程为：Supplyline/AcquisitionLag。设置流量 SalesRate 的属性，方程为：stock>0? Demand:0。

图 5-3-52 流量（Flow）元件属性设置

（4）从系统动力学（System Dynamics）面板拖曳一个参数（Parameter）元件到 Main 中，并设置其属性，名称（Name）为“AcquisitionLag”，默认值（Default value）为 7。

（5）从系统动力学（System Dynamics）面板拖曳一个动态变量（Dynamic Variable）元件到 Main 中，并如图 5-3-53 所示设置其属性，名称（Name）为“Demand”，勾选“常数（Constant）”，方程为：10。

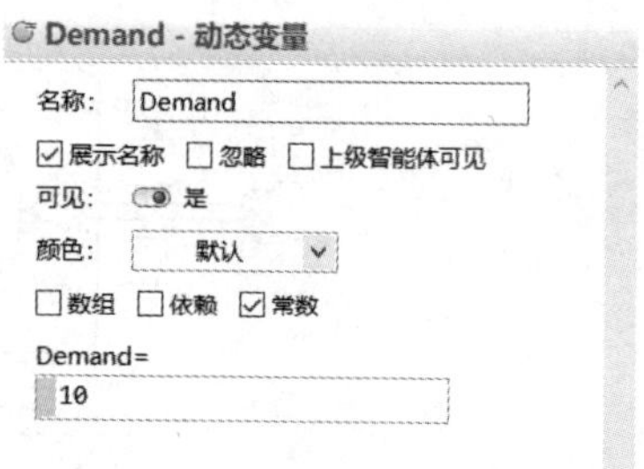

图 5-3-53　动态变量（Dynamic Variable）元件属性设置

（6）根据上述方程，如图 5-3-54 所示，创建对应链接（Link）元件。

（7）从智能体（Agent）面板拖曳一个事件（Event）元件到 Main 中，并如图 5-3-55 所示设置其属性，名称（Name）为“ExogenousDemandChange”，触发类型（Trigger type）选择“到时（Timeout）”，模式（Mode）选择“循环（Cyclic）”，复发时间（Recurrence time）为 1 秒（seconds），在行动（Action）部分填入代码：

```
Demand=max(0,Demand+uniform(-1,1));
```

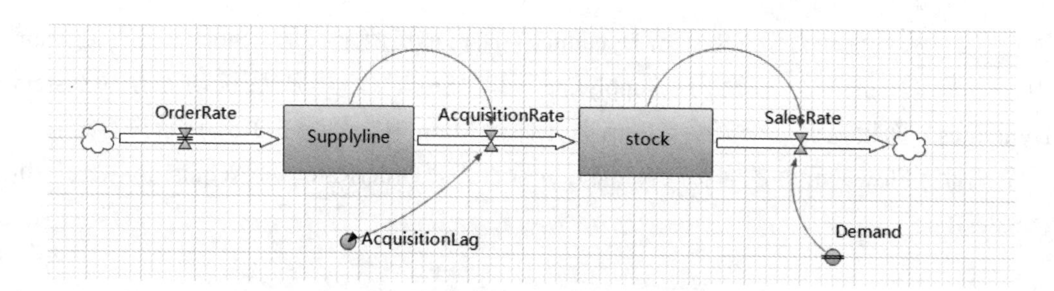

图 5-3-54　创建链接（Link）后的存量流量图

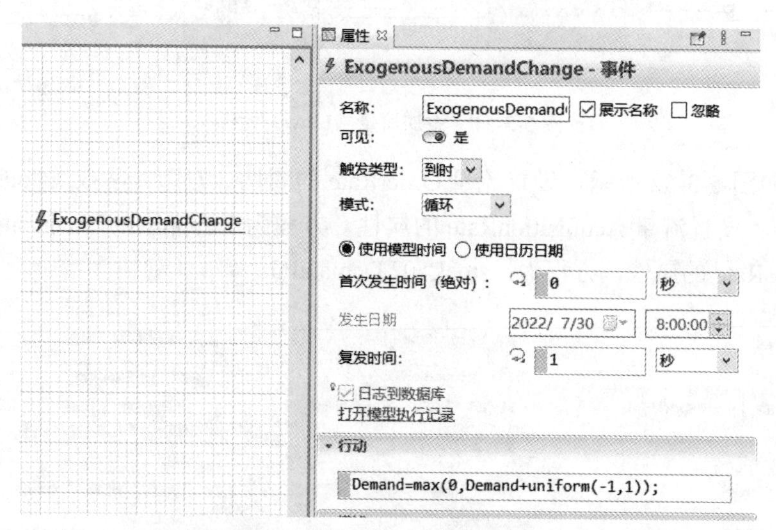

图 5-3-55　事件（Event）元件属性设置

（8）从分析（Analysis）面板拖曳一个时间堆叠图（Time Stack Chart）元件到 Main 中，并如图 5-3-56 所示设置其属性，在数据（Data）部分添加一个数据项，选择“值（Value）”，标题（Title）为“stock”，值（Value）为 max(0, Stock)；数据更新（Data update）部分，

设置显示至多1000个最新的样本（Display up to 1000 latest samples）；比例（Scale）部分，时间窗（Time window）为1000模型时间单位（model time units）。

（9）如图5-3-57所示设置仿真实验Simulation的属性，模型时间（Model time）部分，将“执行模式”设置为“真实时间（Real time）”，比例（Scale）选择25。

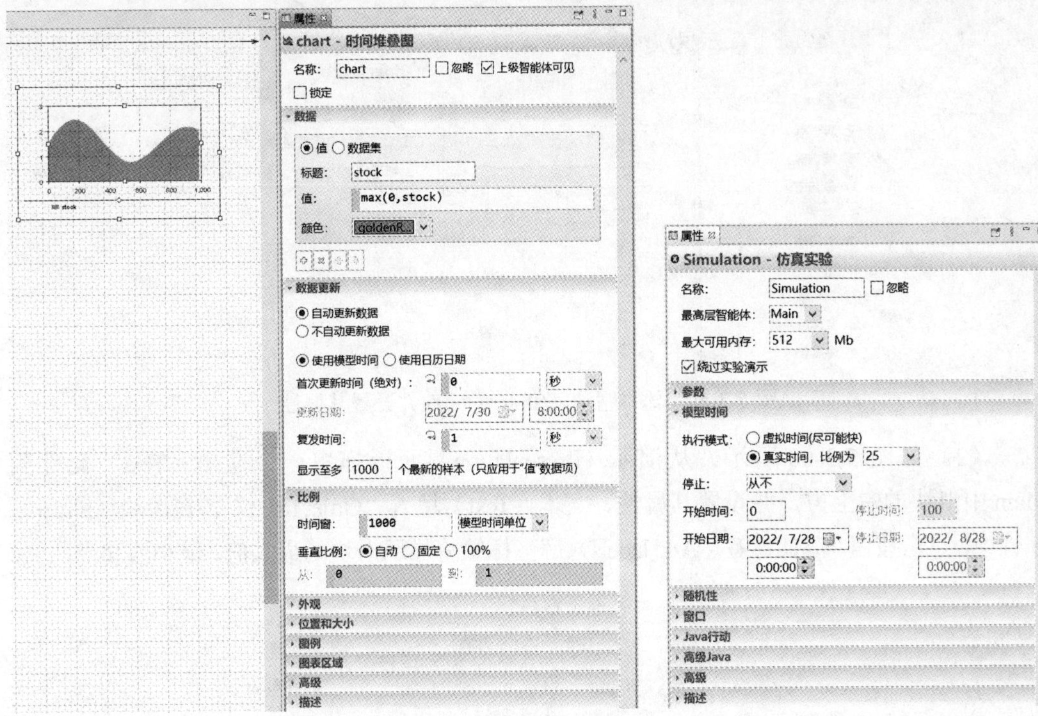

图5-3-56　时间堆叠图（Time Stack Chart）元件属性设置　　图5-3-57　仿真实验Simulation属性设置

（10）运行模型，如图5-3-58所示。在其中可以观察库存水平随时间的变化。

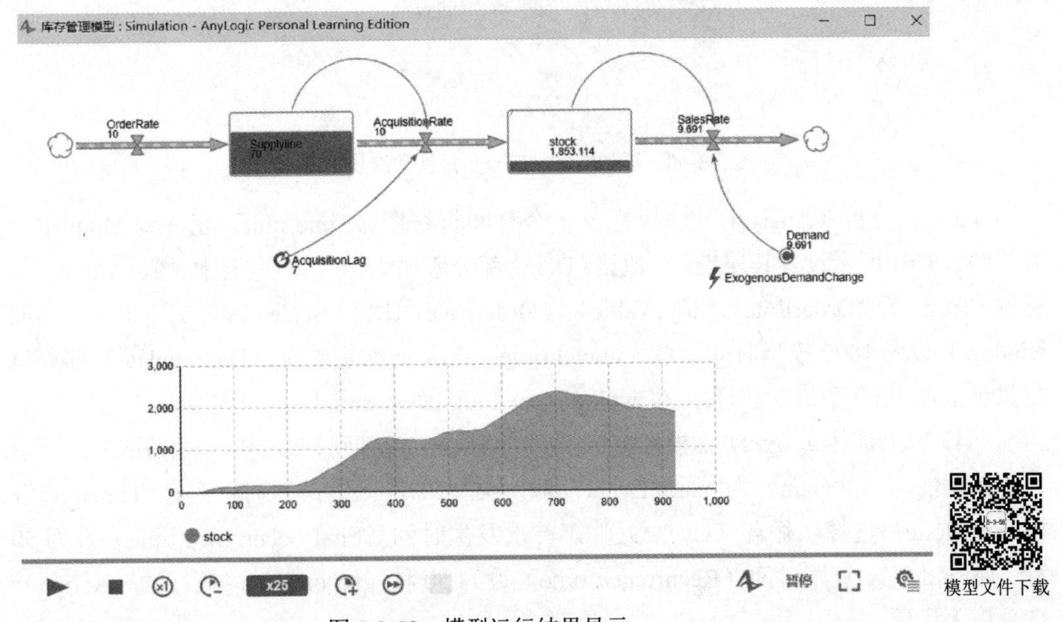

图5-3-58　模型运行结果显示

（二）以步进－暂停模式运行仿真实验

（1）如图 5-3-59 所示，从控件（Controls）面板拖曳一个滑块（Slider）元件到 Main 中，并设置其属性，勾选“链接到（Link to）”并将其后设为静态值（Static value）“OrderRate”，最小值（Minimum value）设为 0，最大值（Maximum value）设为 50。

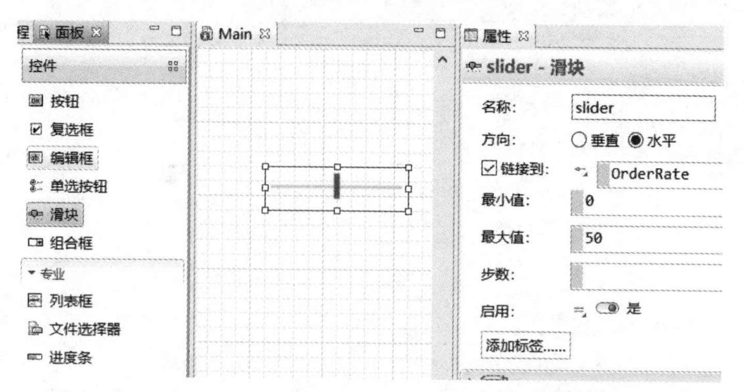

图 5-3-59　添加滑块（Slider）元件并设置其属性

（2）如图 5-3-60 所示，从演示（Presentation）面板拖曳一个文本（Text）元件到 Main 中滑块的左上方，并设置其属性，文本（Text）填入“Order rate :”。在滑块（Slider）属性中，点击按钮“添加标签（Add labels）...”，标签将显示滑块的最大值、最小值和当前值。

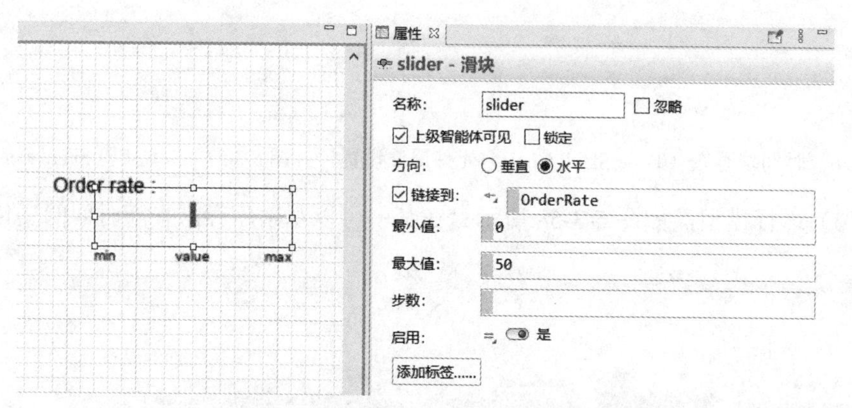

图 5-3-60　添加文本（Text）元件和滑块标签

（3）从分析（Analysis）面板拖曳一个时间折线图（Time plot）元件到 Main 中，并如图 5-3-61 所示设置其属性，在数据（Data）部分添加一个数据项，选择“值（Value）”，标题（Title）为“OrderRate”，值（Value）为 OrderRate，比例（Scale）部分的时间窗（Time window）设为 1000 模型时间单位（model time units），数据更新（Data update）部分设定显示至多 1000 个最新的样本（Display up to 1000 latest samples）。

（4）从智能体（Agent）面板拖曳一个事件（Event）元件到 Main 中，并如图 5-3-62 所示设置其属性，名称（Name）为“pauseEvent”，触发类型（Trigger type）选择“到时（Timeout）”，模式（Mode）选择“循环（Cyclic）”，首次发生时间（First occurrence time）设为 50 秒（seconds），复发时间（Recurrence time）设为 50 秒（seconds）；在行动（Action）部分填入代码：

```
pauseSimulation();
```

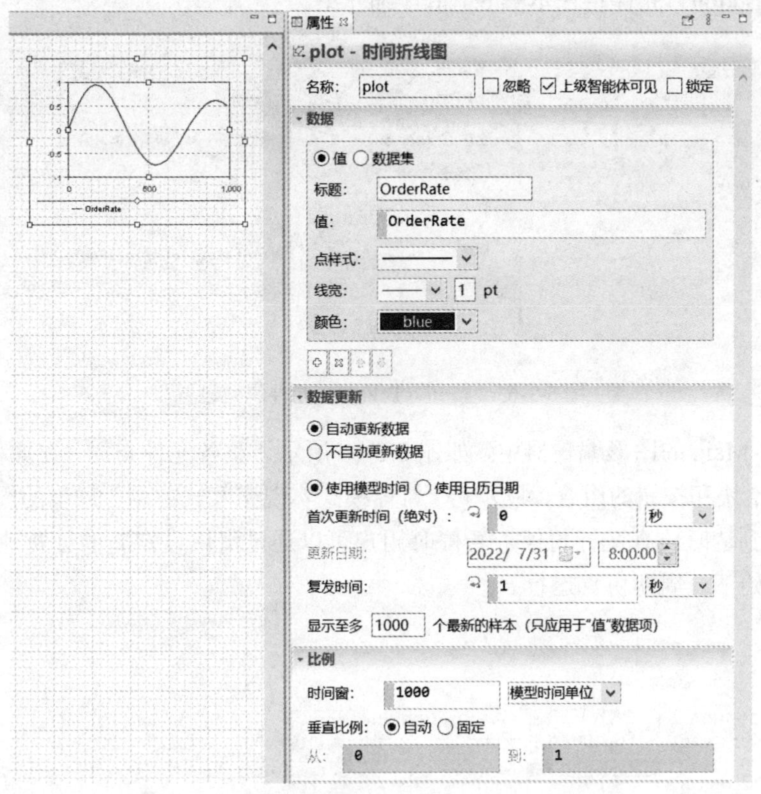

图 5-3-61　时间折线图（Time Plot）元件属性设置

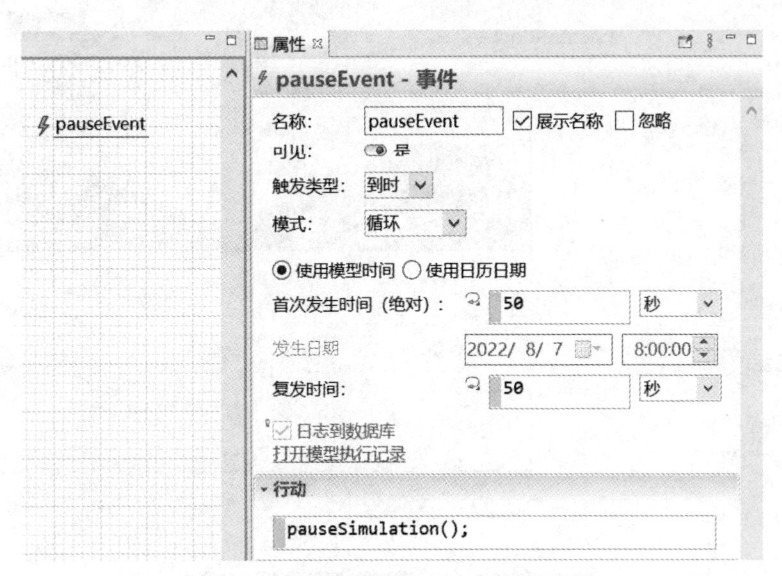

图 5-3-62　事件（Event）元件属性设置

（5）从控件（Controls）面板拖曳一个按钮（Button）元件到 Main 中，并如图 5-3-63 所示设置其属性，标签（Label）为“执行”，在启用（Enabled）填入“getEngine().getState()==Engine.PAUSED”；在行动（Action）部分填入代码：

```
runSimulation();
```

按钮（Button）元件将在本书 6.1 节详细介绍。

图 5-3-63　按钮（Button）元件属性设置

（6）在 Main 的图形编辑器中，如图 5-3-64 所示调整各元件布局。在原模型基础上，通过事件、滑块和按钮的组合，以步进 - 暂停模式实现交互式控制。每步的周期是 50 秒，在一个周期到达时仿真运行暂停，暂停时用户可以通过滑块设定新的订货速率，并点击执行按钮开始下一周期仿真运行。

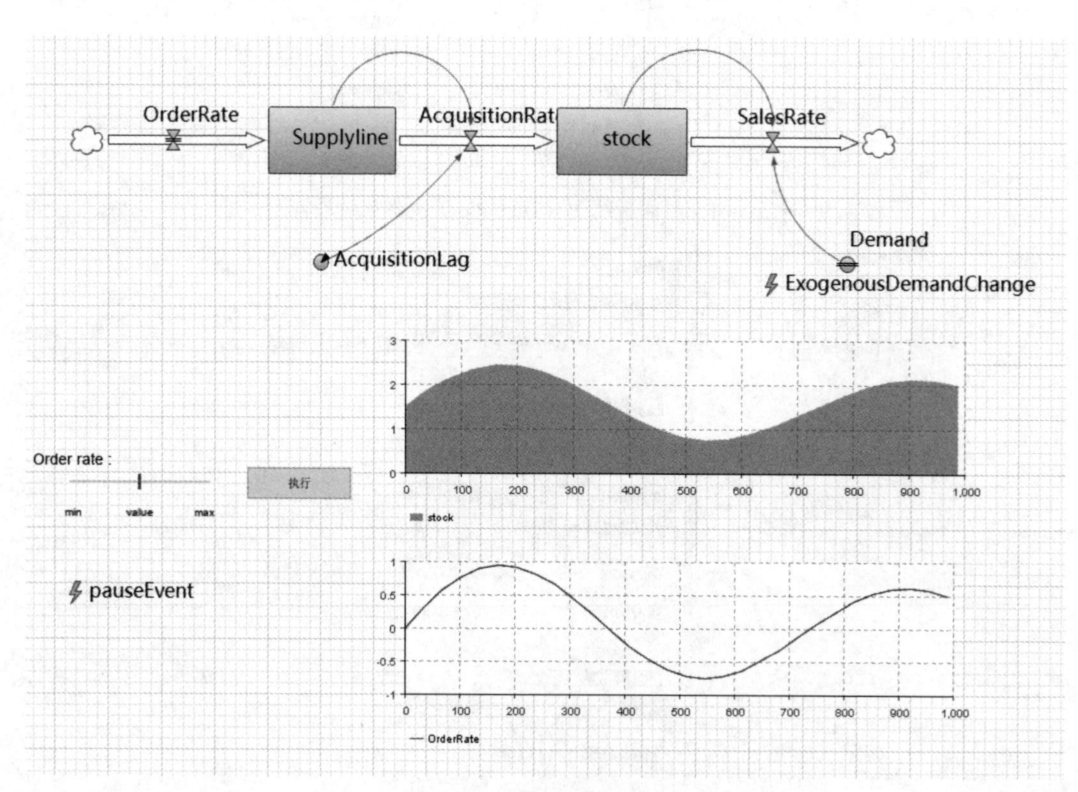

图 5-3-64　模型布局示意图

（7）运行模型，仿真实验以步进 - 暂停模式进行交互式运行的结果如图 5-3-65 所示。用户在仿真实验过程中可以每 50 秒更改一次订货速率。

为了让用户界面简洁，也可以用 AnyLogic 演示（Presentation）面板的视图区域（View Area）元件创建一个单独的界面，使其只包含模型输出和控制等部分，对应仿真实验运行结果如图 5-3-66 所示。视图区域（View Area）元件将在本书 6.1 节详细介绍。

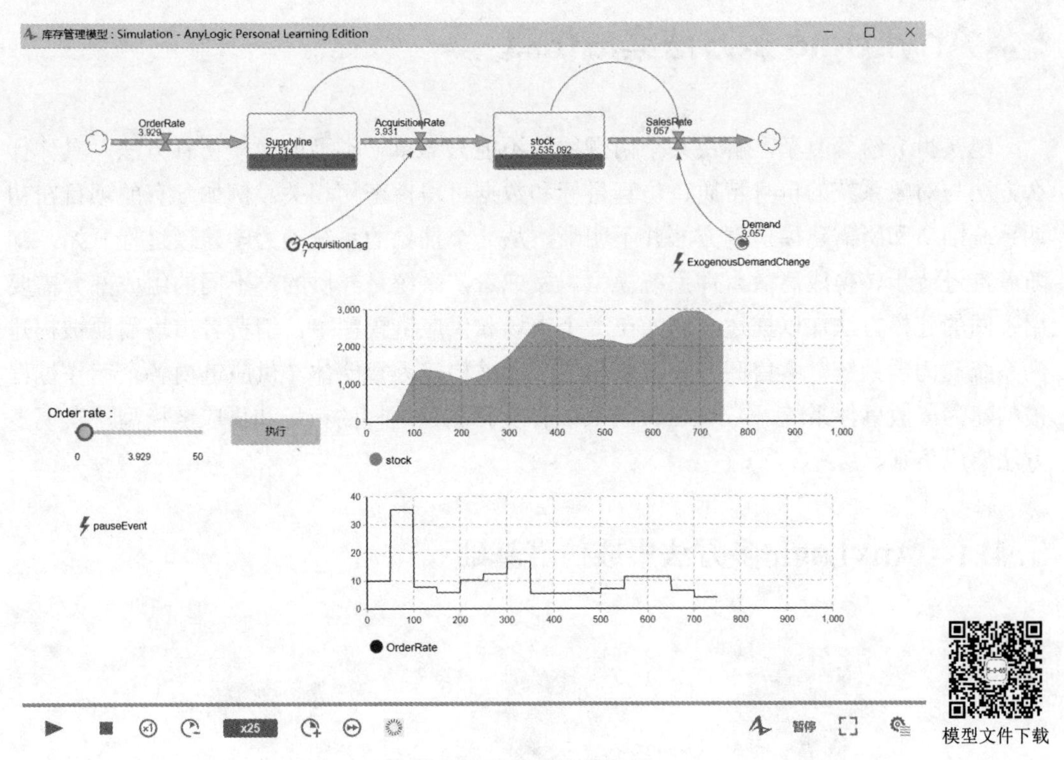

图 5-3-65　仿真实验运行结果显示

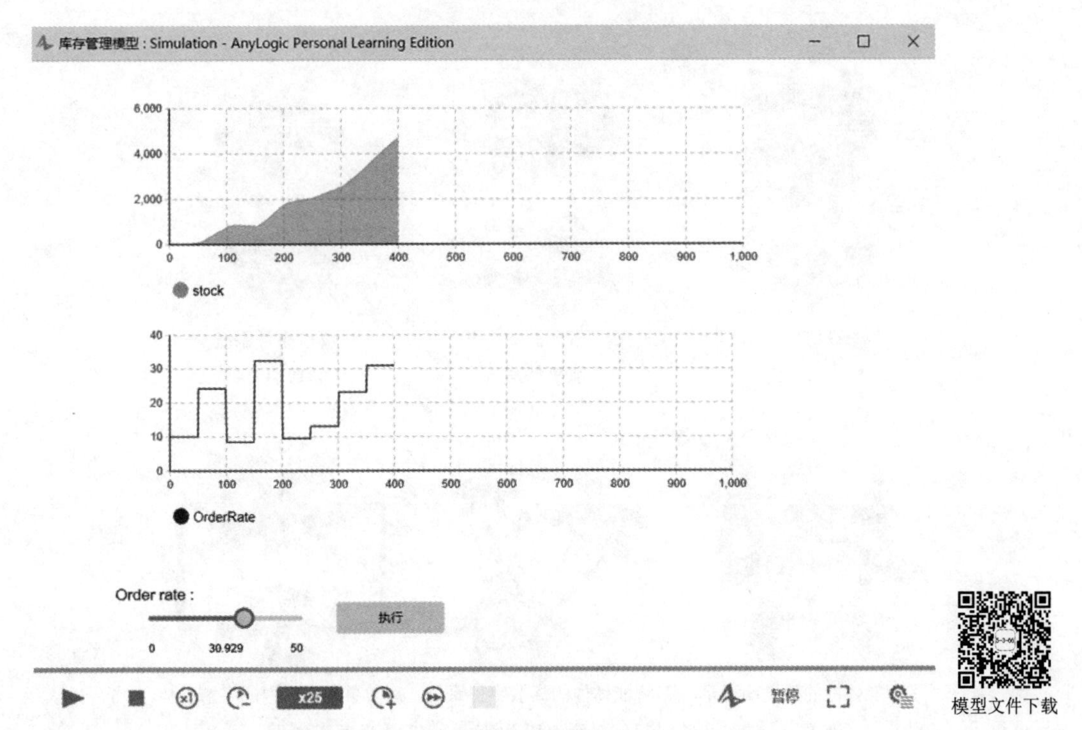

图 5-3-66　仿真实验运行结果显示

5.4 AnyLogic 多方法集成仿真

现实世界纷繁复杂，解决某个问题往往不能只靠单一类型的建模仿真方法，具体什么方法与对象系统的自身特质、仿真目标和数据可得性密切相关。例如，有的项目在初期系统细节和所需建模仿真方法并不明晰，从一个抽象的系统动力学建模过程开始，却随着推进逐步转换成离散事件系统模型。又或者，系统是异质的，不同的组成部分需要用不同的建模方法加以描述，例如在一个市场和供应链模型中，消费者市场需要被构建为系统动力学系统，零售商、分销商和生产商被构建为智能体，供应链内各个运作过程被构建为离散事件系统。AnyLogic 仿真软件支持构建这样的市场和供应链模型，实现多方法集成仿真。

5.4.1 AnyLogic多方法集成仿真基础

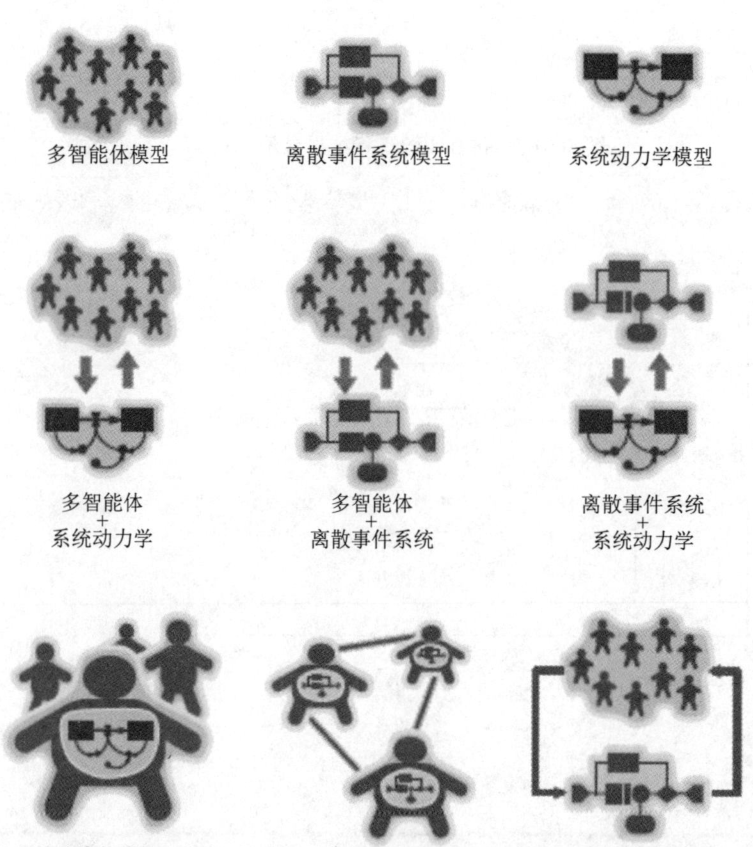

图 5-4-1　AnyLogic 三种建模仿真方法集成关系示意图

AnyLogic 仿真软件以标准 Java 为基础平台，支持多智能体、离散事件系统、系统动力学三种方法集成仿真来解决各种问题。用户可以使用 AnyLogic 在一个模型中使用不同的方法从多个层面（或部分）分别建模，并在AnyLogic仿真实验时同步运行。AnyLogic三种建模仿真方法的常见集成关系如图5-4-1所示。

（1）多智能体与系统动力学交互

以一个城市人口模型为例，人们上学、工作、租房子、组建家庭、买房子等，不同的社区有不同的舒适度，包括基础设施、生态环境、居住成本和工作便利性。这里，人们就是智能体。而城市社区的动态发展过程可以用系统动力学建模仿真，例如：房屋价格和社区的整体吸引力取决于拥挤程度等。在这样一个模型中，智能体的个体行为取决于系统动力学变量的值，反过来，智能体的行为又会影响系统动力学相关变量。这就是公共政策（系统动力学）和个人（智能体）的互动作用。

（2）多智能体与离散事件系统交互

以一个呼叫中心、一个网络服务器或者一个IT基础设施为例，拥有不同背景的客户以不同的方式使用系统，随着客户越来越多，系统负载增加，客户的未来行为取决于系统的使用感受。例如，低质量的服务可能会引起客户投诉，不满到一定程度的客户将改用别的系统。这个系统的服务过程，即对客户需求的处理过程，可以用离散事件系统建模仿真，出纳、专家或服务器作为系统资源。而这个系统中的客户是有着各自行为特征的智能体。

（3）离散事件系统与系统动力学交互

系统动力学可以用来对一个制造系统中的外部条件建模仿真，比如需求变化、原材料价格、工人技能水平等。而在同一系统中的某个部分，却要用离散事件系统对生产过程进行建模仿真。

（4）多智能体内的系统动力学

以一个消费者市场模型为例，消费者作为智能体来建模仿真，而消费者内部的行为决策过程可以用系统动力学来建模仿真，存量可以是消费者对于产品的消费感知、个人知识和经验等。如果把一个组织作为智能体来建模仿真，组织内部的动态过程也可以用系统动力学建模仿真。

（5）多智能体内的离散事件系统

以一个供应链模型为例，供应商、生产商、分销商和零售商作为供应链的节点可以建模为智能体，节点的经验、资金、决策行为乃至供应链网络结构的建模仿真也就用多智能体方法实现，而供应商、生产商、分销商和零售商内部的活动则适合用离散事件系统来建模仿真。

（6）离散事件系统内的多智能体

以一个需要阶段性就医的慢性疾病患者治疗模型为例，整个治疗过程用离散事件系统建模仿真，而患者作为临时实体在模型中就以智能体形式出现。患者智能体每次阶段性治疗完成从医院离开后，并不会从整个模型中消失，而是在达到一定条件（可能是间隔时间）后再次入院就医治疗。入院事件的发生和治疗的类型取决于患者智能体的状态和行为，当然治疗效果又反过来影响患者智能体。需要说明的是，智能体处于离散事件系统中时，依然具有动态自主行为，这个动态行为不属于离散事件系统的流程图逻辑，比如在刚刚这个模型中，患者智能体病情可能会突然急剧恶化。

注意

由于系统动力学实质上是一些相关变量（存量、动态变量、参数等）的因果反馈和控制关系。因此，AnyLogic 系统动力学模型中的元件是不可分解的，不会以智能体的形式出现，也不可能内嵌离散事件系统。系统动力学分层模型或划分区域，只是为了增加模型可视化程度，将原来一个智能体类型图形编辑器中的系统动力学模型分到了多个智能体类型图形编辑器中。

5.4.2 AnyLogic多方法集成仿真常见结构

本小节将介绍 AnyLogic 中不同建模方法集成仿真的几种常见结构，为实现多方法集成建模仿真提供参考。

（1）系统动力学存量用于触发事件

事件（Event）可以被一个布尔型表达式为真（True）时触发。如图 5-4-2，A 模型同时包含系统动力学和离散事件，AnyLogic 将使事件 GoOutOfBusiness 在触发条件“存量 Money 跌至 0 以下”为真（True）时发生。

图 5-4-2 A 模型图

（2）系统动力学变量用于触发状态图变迁

状态图变迁（Transition）也可以被一个布尔型表达式为真（True）时触发。如图 5-4-3，B 模型同时包含系统动力学和状态图，AnyLogic 将使变迁 PurchaseDecision 在条件“存量 Interest 大于 1000”为真（True）时触发。

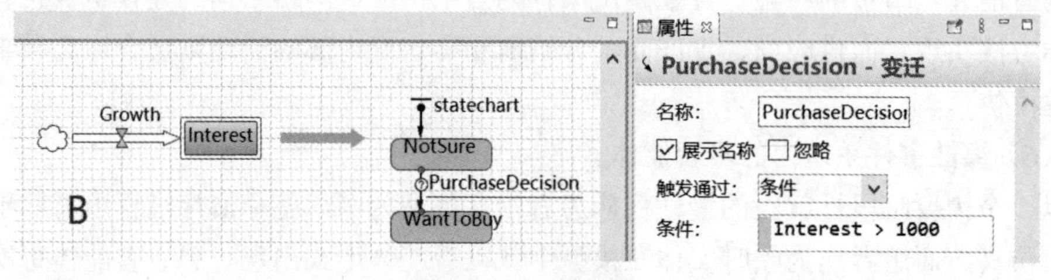

图 5-4-3 B 模型图

（3）系统动力学变量用于控制事件发生的速率

如图 5-4-4，C 模型同时包含系统动力学和离散事件，事件 NewPersonCreation 触发类型选择速率，值设置为动态变量 ImigrationRate，每一个未来事件的发生 AnyLogic 都根据 ImigrationRate 的值来计划。

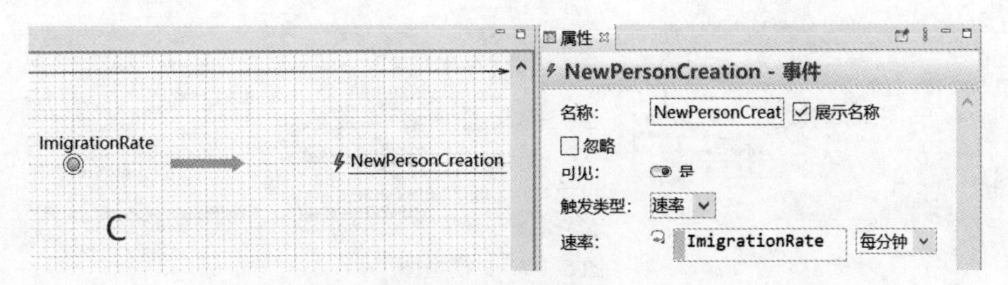

图 5-4-4 C 模型图

（4）系统动力学变量控制离散事件系统临时实体到达的速率

如图 5-4-5，D 模型同时包含系统动力学和离散事件系统，Source 模块 NewPatient Admissions 以动态变量 AdmissionsPerDay 为参数定义临时实体到达的间隔时间。

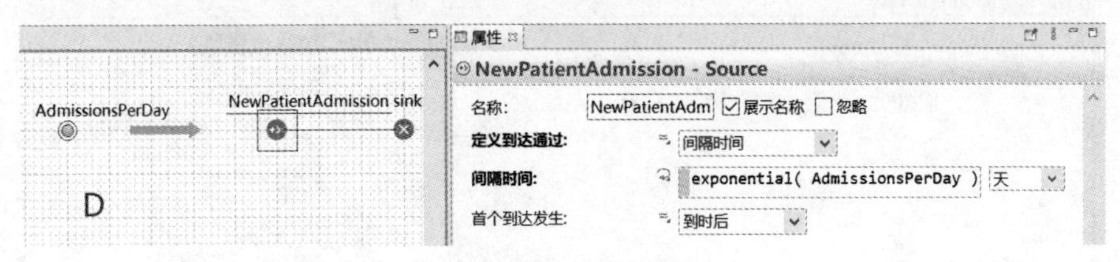

图 5-4-5 D 模型图

（5）系统动力学变量用于离散事件系统的决策

如图 5-4-6，E 模型同时含有系统动力学和离散事件系统，动态变量 ImpactOnError Generation 可以用在函数 DrugAdministration 的函数体代码中。

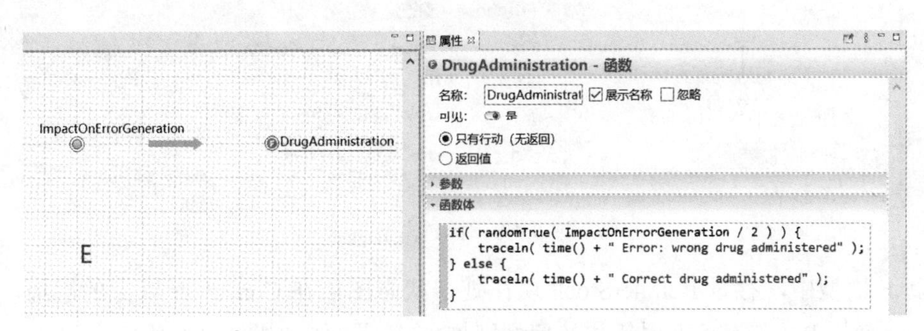

图 5-4-6 E 模型图

注意

（1）～（5）中，系统动力学作为一套相互关联连续改变的变量组合，其中的变量可以用于驱动离散事件系统（也可以是多智能体系统），既可以作为各元件参数，也可以用在各元件属性的代码段中。

（6）系统动力学存量用于触发状态图变迁，变迁同时改变存量

如图 5-4-7，F 模型同时包含系统动力学和状态图，系统动力学和状态图互相控制或操作。状态图中，在 WantToBuy 状态上检验是否零售商库存中有产品（存量 RetailerStock 大于等于 1），如果有就出发变迁 Purchase 卖出一个产品（存量 RetailerStock 减去 1），状态转至 User。从中看出，存量 RetailerStock 可以被系统动力学以外的模型元件操作更改。

图 5-4-7　F 模型图

为了使智能体构成简洁，可以新建一个包含原来 F 模型状态图的智能体类型 Consumer，而在 Main 中放置智能体类型 Consumer 的群 consumers 代替之前的状态图，如图 5-4-8 所示。

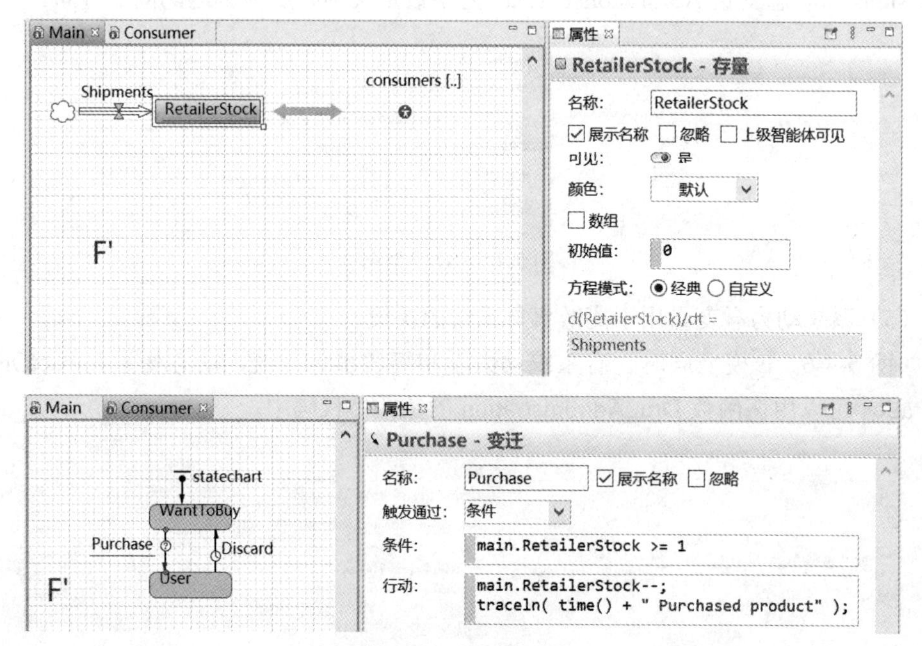

图 5-4-8　新 F 模型图

新 F 模型中，存量 RetailerStock 现在处于状态图所在 Consumer 以上的层级，变迁 Purchase 使用 RetailerStock 时需按访问规则加 main 前缀，如图 5-4-8 所示。

（7）智能体群大小用于系统动力学方程

如图 5-4-9，G 模型同时含有智能体群和系统动力学，系统动力学方程可以引用模型中的任意离散变量，流量 RunningCost 取决于商店月运营成本和当前商店的总数，即智能体群 shopChain 的智能体数，调用函数 shopChain.size() 返回该值。

图 5-4-9　G 模型图

（8）智能体群统计数据用于控制系统动力学变量

如图 5-4-10，H 模型同时含有智能体群和系统动力学，AnyLogic 统计智能体群 consumers 中处于特定状态 WantToBuy 的智能体的数量，并且将调用 NumberReadyToBuy() 函数返回的这个值提供给系统动力学动态变量 Demand。由于 H 模型中将 NumberReadyToBuy() 的调用直接写在 Demand 的方程中，那么仿真实验运行时系统动力学连续更新过程一直都要进行统计，这会耗费大量计算时间并拖慢仿真速度。

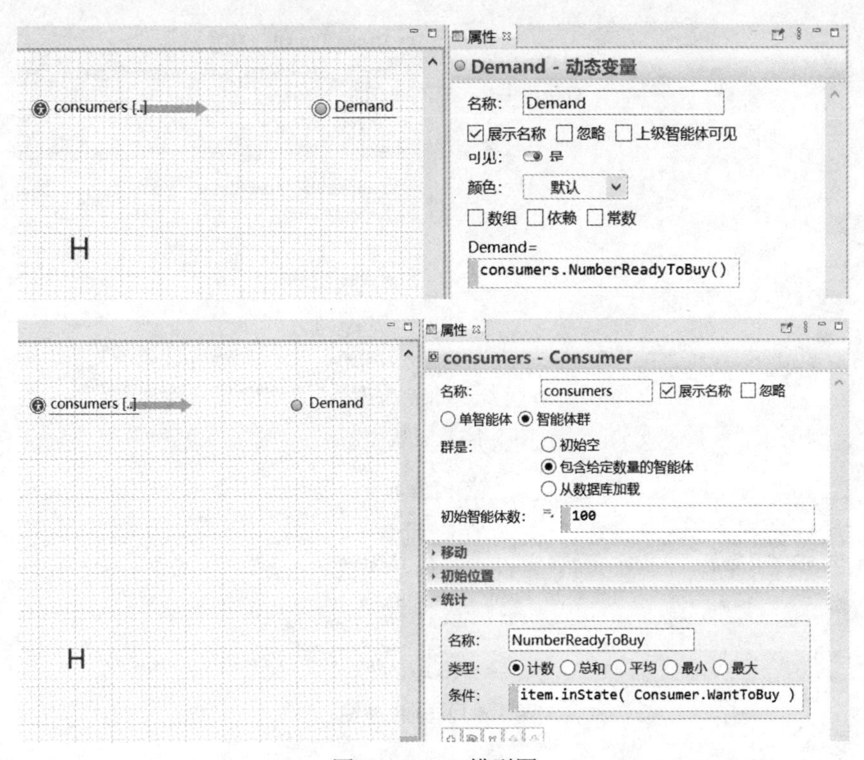

图 5-4-10　H 模型图

可以对模型 H 进行优化，得到模型 I，如图 5-4-11 所示。模型 I 中，动态变量 Demand 设置为常数，同时模型增加了一个循环到时触发事件 DemandUpdate 来实现定期统计，并将统计值赋给变量 Demand。显而易见，模型 I 中的智能体群统计频率明显低于模型 H。

（9）状态图状态用于控制系统动力学流量

如图 5-4-12，J 模型同时包含系统动力学和状态图，消费者对某个产品感兴趣，但消费者等待产品的过程中他的兴趣在逐渐降低。系统动力学流量 LossDueToUnavailability 的方程由消费者所处的状态决定，如果消费者在 Waiting 状态方程为 Interest*LossRate；否则为 0。

（10）模型收到消息时修改内部系统动力学存量

如图 5-4-13，K 模型同时包含系统动力学和按钮（Button）元件，链接到智能体（Link to agents）元件 connections 会接收到所有发给模型的消息，接收到消息时会给存量加上消息传来的值。K 模型中按钮（Button）的作用就是使 this 指向的智能体（这里是 Main）收到一个消息，消息含有一个 10 到 20 间的随机整数。

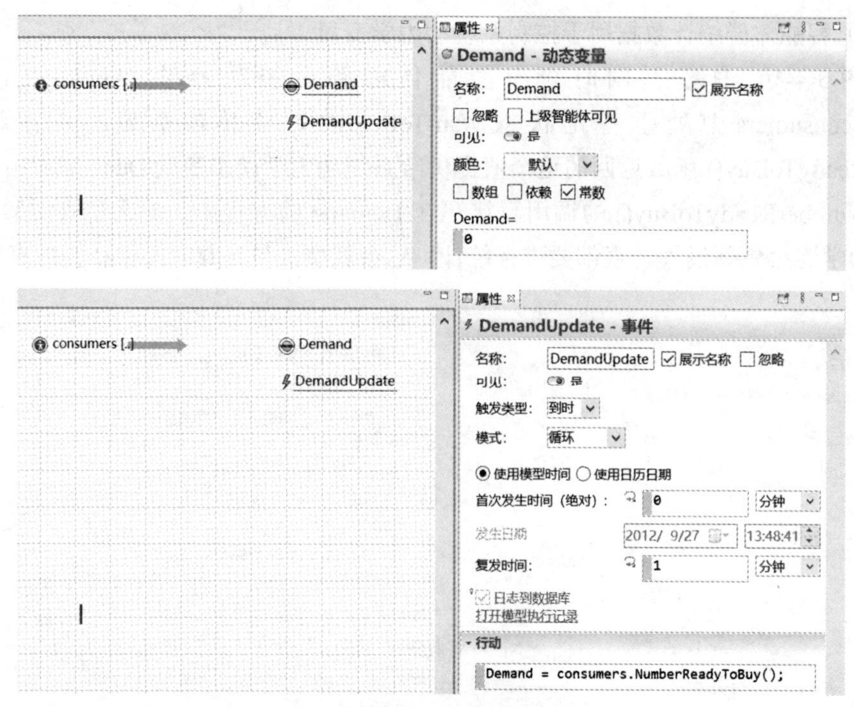

图 5-4-11　I 模型图

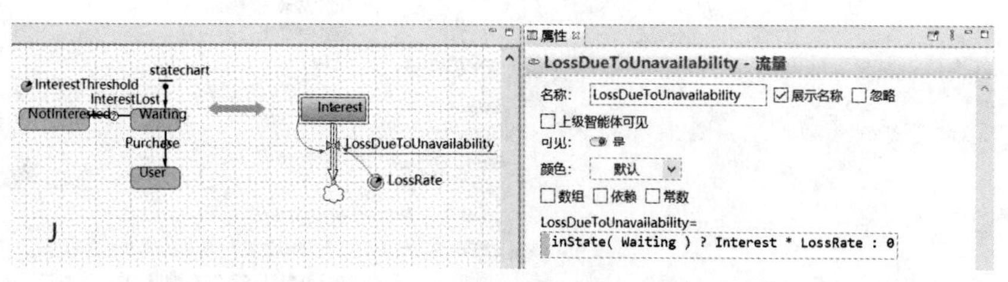

图 5-4-12　J 模型图

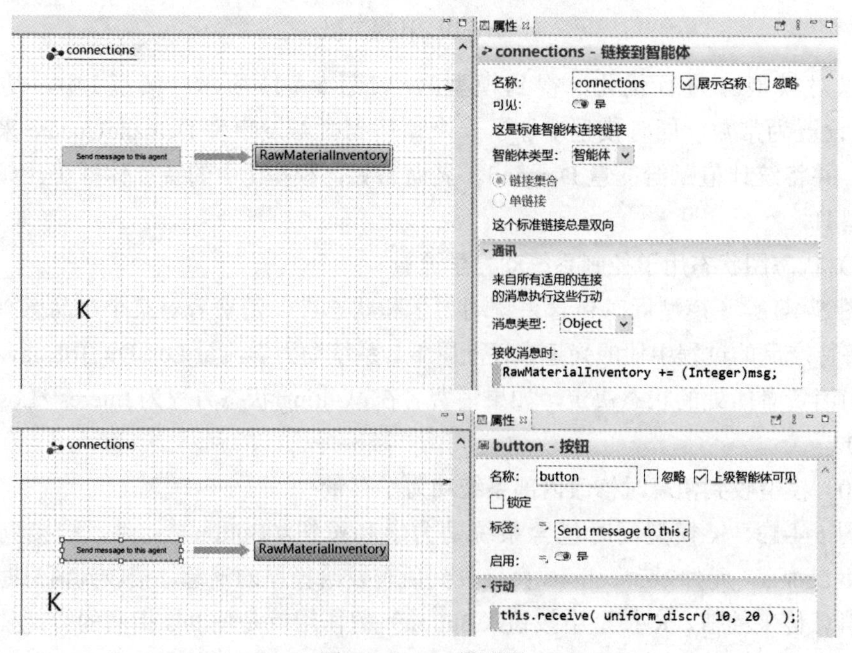

图 5-4-13　K 模型图

（11）在系统动力学之外修改存量

如图 5-4-14，L 模型同时包含系统动力学和状态图，两个存量以 {Midtown，Soho} 数组的形式记录了 Midtown、Soho 两个街区可供使用的和已使用的房源。住户（智能体）从 Midtown 搬至 Soho 时，减少 Midtown 已使用房源，增加 Midtown 可供使用房源，增加 Soho 已使用房源，减少 Soho 可供使用房源；反之亦然。

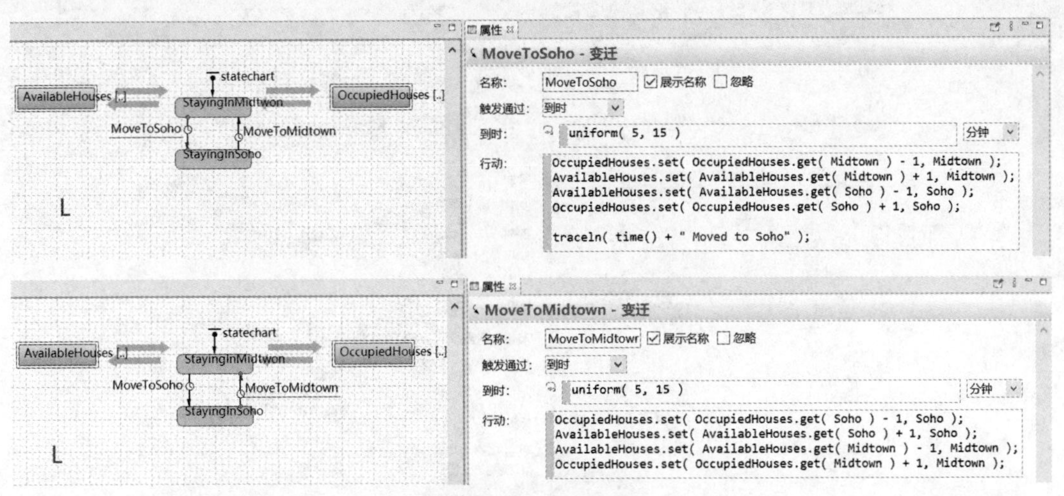

图 5-4-14　L 模型图

（12）系统动力学存量用于记录智能体动作数据

如图 5-4-15，M 模型同时包含系统动力学和多智能体，存量 TotalExposure 的值随着智能体 truck 在被辐射污染的区域移动而连续变化，流量 CurrentRadiationLevel 的方程为智能体 truck 坐标的辐射等级。

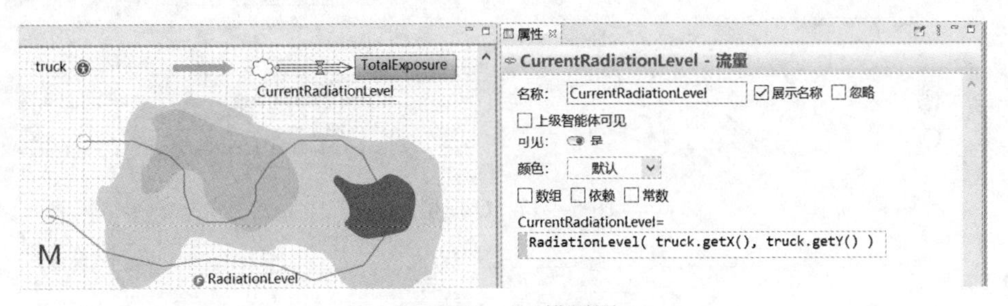

图 5-4-15　M 模型图

（13）测量离散事件发生速率并用于系统动力学方程

如图 5-4-16，N 模型同时包含系统动力学和离散事件，事件 Accident 按固定速率发生并且进行计数，循环到时触发事件 update 发生时计算在一个固定间隔内事件 Accident 发生的次数，并设流量 AccidentRate 的方程为次数除以间隔时长。事实上，这是一个粗略的导数计算。由于流量是一个变化率，因此无论何时，尽可能直接更新存量而非重新设置流量方程，仅以结果看，N 模型中在事件 Accident 每次发生时增加存量 Accidents 是一样的。

（14）离散事件系统中的函数用于系统动力学方程

如图 5-4-17，O 模型同时包含系统动力学和离散事件系统，流量 ProductionRate 的方程使它的值取决于调用函数 size() 返回的成品队列 FinishedGoods 的队长，队长大于 2 则为 0，否则为 1。实际上，流量 ProductionRate 在控制生产进程是否进行。

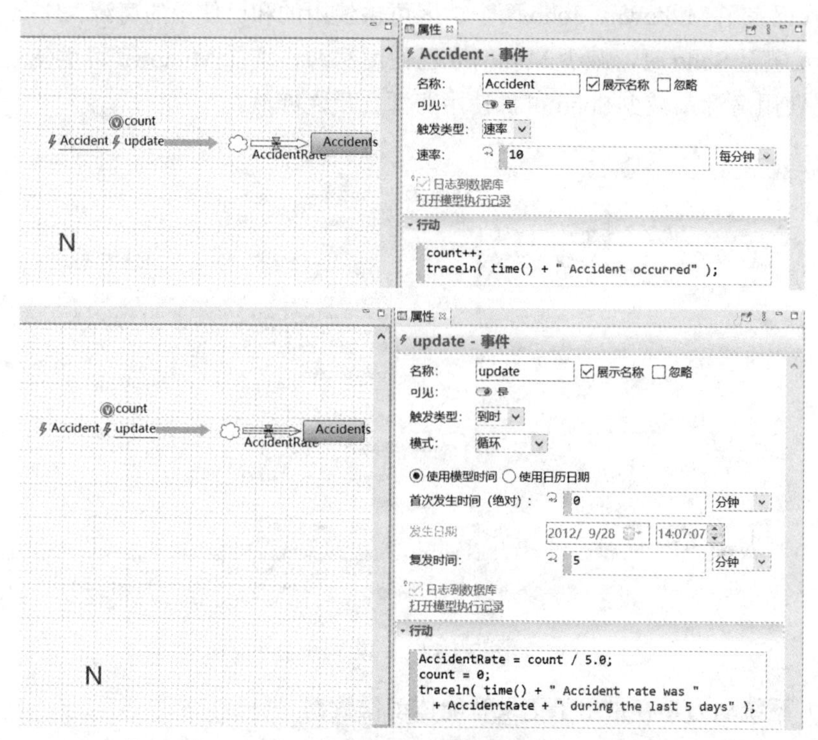

图 5-4-16　N 模型图

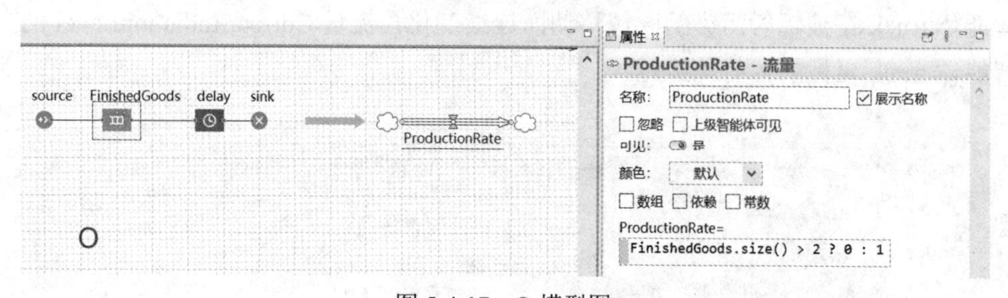

图 5-4-17　O 模型图

注意

(6)～(14)都是其他系统里的元件来驱动系统动力学里的变量或因果关系。

（15）离散事件系统的服务单元作为智能体构建状态逻辑

离散事件系统中经常存在复杂服务单元，如离散制造系统中的机器人、吊车等复杂设备。这类复杂服务单元的行为经常使用智能体建模，用状态图来表示它的运行逻辑。

如图 5-4-18，P 模型同时包含离散事件系统和状态图，其中状态图就是一个简化的加工设备运行逻辑模型。当加工设备在 Idle 状态，检查是否有加工对象在队列中，如果有则条件触发变迁 Start，加工设备变为 Working 状态；按照状态图逻辑，加工设备 0.9 分钟后到时触发变迁 Finished 完成加工，并打开 hold 允许加工对象经 hold 离开；同时

hold 在加工对象穿过后封闭。每一个新的加工对象进入队列时，会调用函数 onChange() 启动状态图状态变迁条件评估。

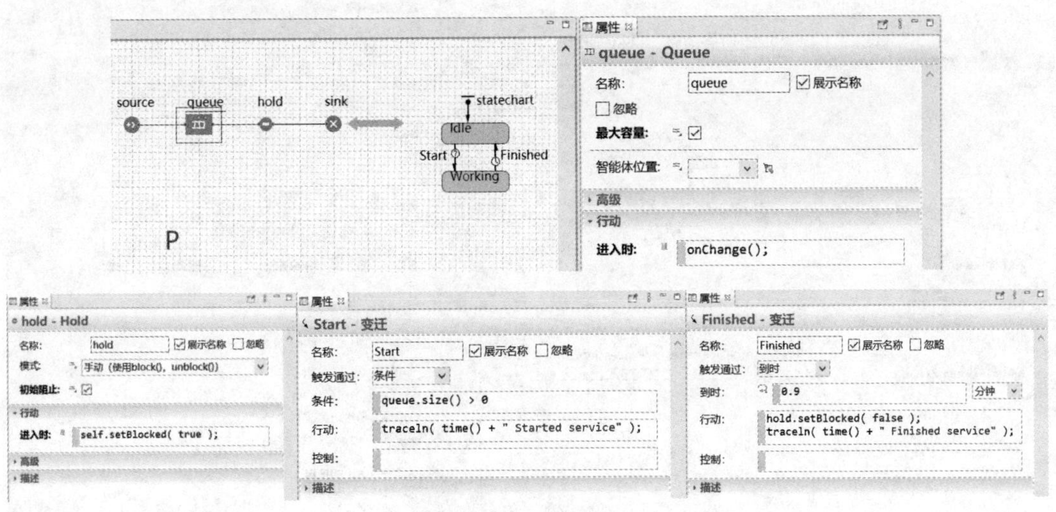

图 5-4-18　P 模型图

（16）智能体从离散事件系统队列中移除实体

如图 5-4-19，Q 模型同时包含离散事件系统和状态图，离散事件系统是一个供应链模型，零售商库存表示为队列 RetailerStock，而状态图表示消费者购买行为逻辑。当一位消费者处于 WantToBuy 状态，将检查零售商库存是够有货，如果有则条件触发变迁 Purchase，消费者变为 User 状态且从队列 RetailerStock 移出放在最上面的一个产品。

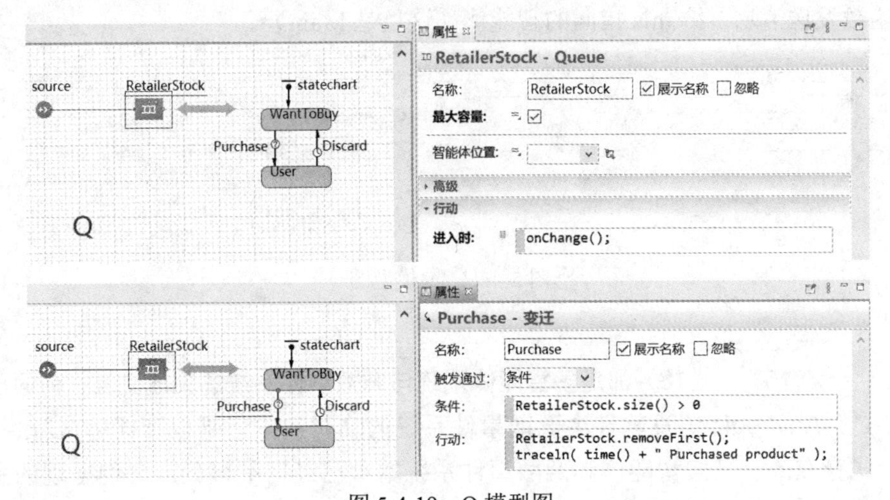

图 5-4-19　Q 模型图

（17）模型收到消息时将其中的内容插入离散事件系统

如图 5-4-20，R 模型为离散加工模型，Source 元件 RawMaterialDeliveries 设置为通过 inject() 函数调用定义到达。链接到智能体（Link to agents）元件 connections 接收到消息时，会按消息包含的值为参数调用 RawMaterialDeliveries.inject() 函数，离散事件系统 Source 按照消息包含的整数值产生相应数量的智能体。R 模型中按钮（Button）的作用与图 5-4-13 中 K 模型的一致。

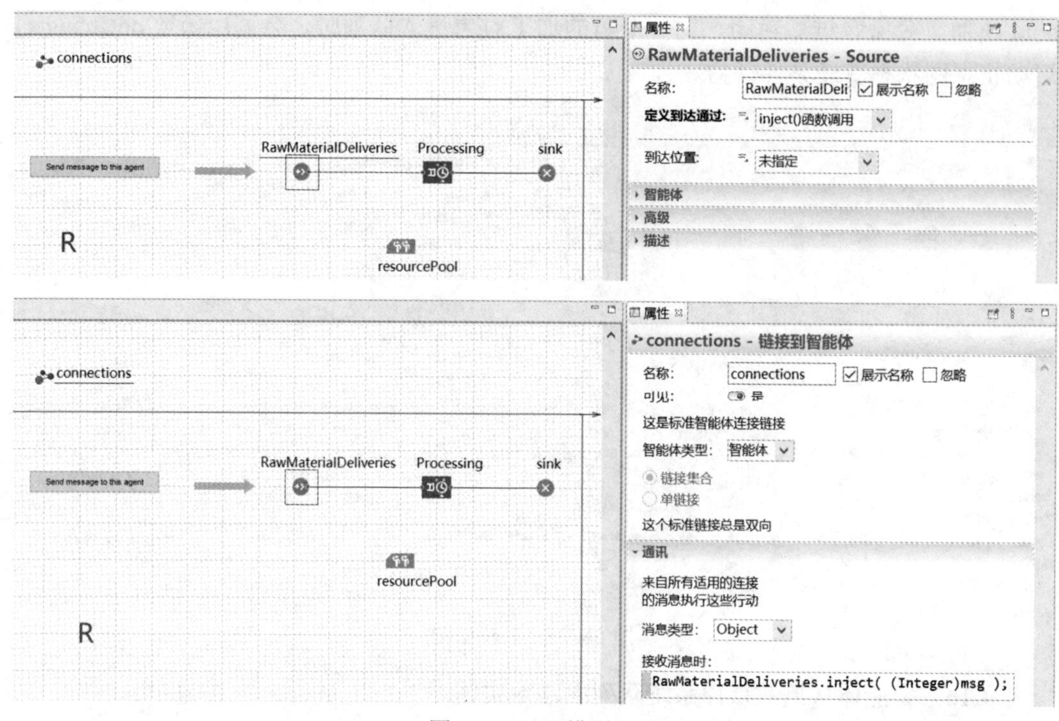

图 5-4-20　R 模型图

（18）离散事件系统发出消息

如图 5-4-21，S 模型为离散加工模型，加工过程最后以 Sink 元件 ShipToConsumer 结束，当一个加工完成的产品单元进入 ShipToConsumer 时，ShipToConsumer 调用 send() 函数发送消息 1 给 this 指向的智能体（这里是 Main）。

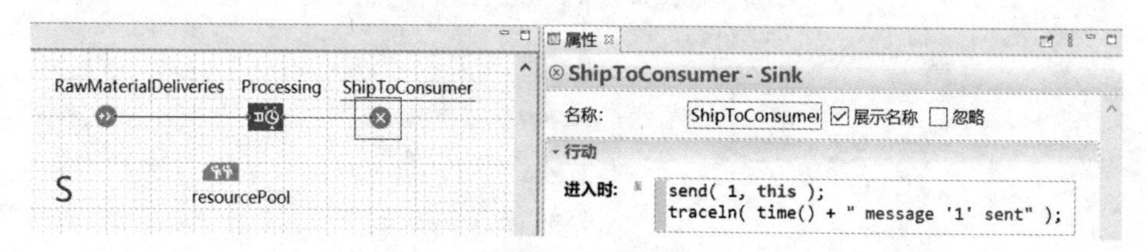

图 5-4-21　S 模型图

注意

（15）～（18）都是多智能体系统与离散事件系统的集成交互。前面已经说过，AnyLogic 仿真软件中离散事件系统的临时实体都是以智能体（Agent）形式存在的，其实智能体和离散事件系统本身已经密不可分，它们呈现的主要还是离散系统特征。

AnyLogic 仿真软件支持执行连续动态和离散事件的混合状态，使两个或三个建模方法可以共同作用在同一个仿真模型中。但用户在设计多方法集成仿真模型时仍要注意系统动力学仿真的特点，否则有可能减缓仿真进程或增加模型运行缓存。

- 系统动力学一般会比其他方法仿真速度慢得多，其数学规划求解的处理频率一般高于模型中离散事件的频率，而且数学步骤的频率是连续的，而离散事件之间的间隔是不固定的。在一个纯离散模型的案例中，仿真钟会跳向下一个未来事件，无论在时间轴上有多远。

- 每个系统动力学方程的时间复杂度对整体的仿真效果有很大影响，一般应该避免在系统动力学方程中包含特别复杂的计算。
- 系统动力学状态变迁的条件会在每一个步骤被评估，这是为了确保变迁在条件为真时被精确触发，这些条件的计算复杂度也应该保持在较低状态。
- 如果在一个智能体中嵌入一个系统动力学存量流量图，在运行的时候会复制出很多独立的存量流量图。假设原存量流量图包含100个动态变量，那么在一个1000个智能体的智能体群中，将产生一个涉及100000个动态变量的数学规划求解，必须慎重考虑这种情况对仿真性能的影响。

5.4.3 AnyLogic多方法集成仿真举例——传染病和诊所模型

本小节将建立一个传染病和诊所模型，其中含有一个基于多智能体的传染病患者，和一个基于离散事件系统的诊所流程。当患者发现有传染病症状时，会去诊所寻求治疗，但是诊所的容量是有限的。通过模型仿真可以研究诊所容量对疾病扩散过程所造成的影响。

（一）创建患者多智能体模型

创建一个含有 2000 个智能体的智能体群，智能体在其中随机分布，如果两个智能体之间距离小于 30 米，就会自动连接，进而形成网络。具体操作如下。

（1）新建一个模型，模型时间单位（Model time units）选择天（days）。

（2）从智能体（Agent）面板拖曳一个智能体（Agent）元件到 Main 中，在弹出的新建智能体向导第 1 步，点击“智能体群（Population of agents）”；第 2 步，新类型名（Agent type name）设为“Patient”，智能体群名（Agent population name）设为“patients”，选择“我正在从头创建智能体类型（Create the agent type from scratch）”；第 3 步，智能体动画（Agent animation）选择“无（None）”；第 4 步，不添加智能体参数（Agent parameters）；第 5 步，设置创建群具有 2000 个智能体（Create population with 2000 agents）；第 6 步，空间类型（Space type）选择“连续（Continuous）”，大小（Size）设为 650×200，勾选“应用随机布局（Apply random layout）”，网络类型（Network type）选择“基于距离（Distance-based）”，连接范围（Connection range）设为 30，点击完成（Finish）按钮。智能体类型 Patient 创建完成，并显示在工程树中。智能体群 patients 显示在 Main 中。

（3）在 Main 的图形编辑器中，如图 5-4-22 所示设置智能体群 patients 的属性，高级（Advanced）部分，点击“展示演示（Show presentation）”按钮。

（4）双击工程树中的智能体类型 Patient 打开其图形编辑器，从演示（Presentation）面板拖曳一个椭圆（Oval）元件到 Patient 中，并如图 5-4-23 所示设置其属性，位置和大小（Position and size）部分，X 设为 0，Y 设为 0，半径（Radius）设为 2。

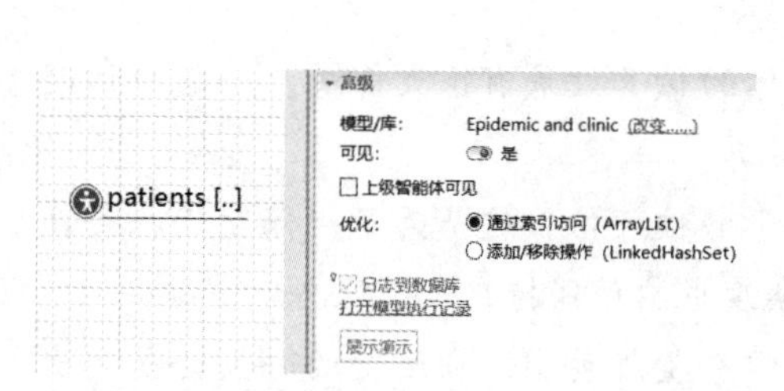

图 5-4-22　智能体 patients 属性设置

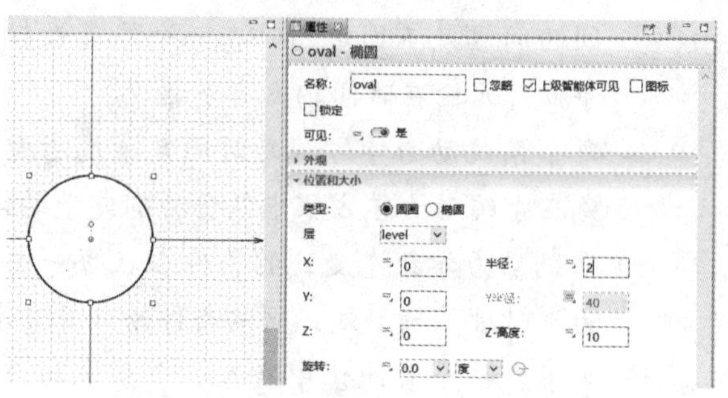

图 5-4-23　椭圆（Oval）元件属性设置

（5）运行模型，如图 5-4-24 所示。

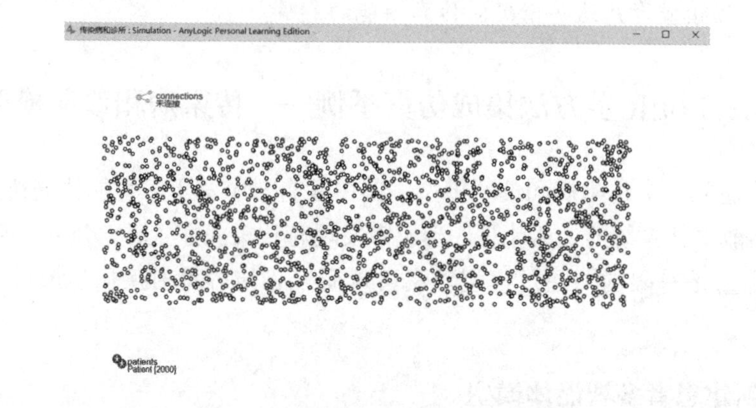

模型文件下载

图 5-4-24　模型运行结果显示

（二）创建状态图定义患者智能体行为

在完成构建初始状态下智能体群随机布局的基础上，为智能体群创建状态图，共包含 Susceptible（未感染）、Exposed（已感染潜伏期）、Infected（已感染发病期）和 Recoverd（痊愈）四种状态。疾病通过消息 Infection 传播，每一个 Patient 初始处于 Susceptible 状态，它接收到消息后，转换为 Exposed 状态，受到感染但是没有表现出症状；经过潜伏期（Incubation Period）3 天后，症状出现，进入 Infected 状态。智能体在 Exposed 和 Infected 状态下与其他智能体的接触率是不一样的：在 Exposed 状态下，每天接触 5 人；在 Infected 状态下，每天接触 1 人。被接触者有 7% 的概率被传染。Infected 状态下，患者可能去诊所寻求治疗，患者 100% 康复转入 Recoverd 状态；如果得不到诊所治疗，经过发病期（Illness Duration）20 天后，有 90% 的可能性康复转入 Recoverd 状态，有 10% 的可能性死亡，被从系统中移除。患者康复后得到 60 天的免疫期（Immunity Duration），免疫期结束后，从 Recoverd 状态转入 Susceptible 状态。具体操作如下。

（1）从智能体（Agent）面板拖曳 7 个参数（Parameter）元件到 Patient 中，并设置其属性，名称（Name）分别为“ContactRate”“ContactRateInfected”“Infectivity”“IncubationPeriod”“IllnessDuration”“SurvivalProbability”“ImmunityDuration”，默认值（Default value）分别为 5、1、0.07、3、20、0.9、60。

（2）打开状态图（Statechart）面板，如图 5-4-25 所示在 Patient 中建立状态图并定义每个变迁的触发方式。

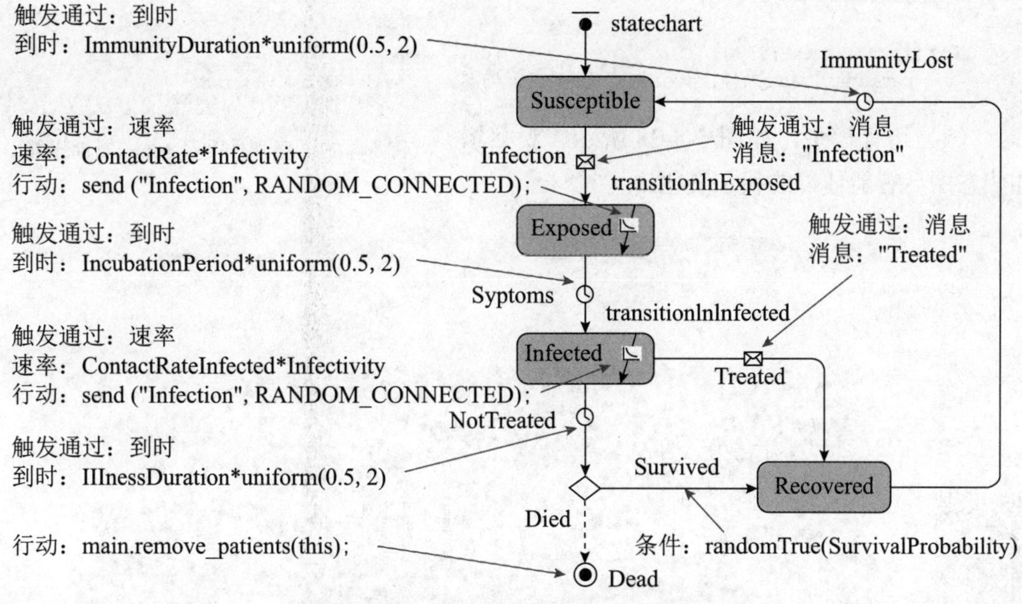

图 5-4-25　状态图及变迁和最终状态属性设置

（3）如图 5-4-26 所示，设置状态 Susceptible 的属性，在进入行动（Entry action）填入代码：

```
oval.setFillColor(yellow);
```

设置状态 Exposed 的属性，在进入行动（Entry action）填入代码：

```
oval.setFillColor(darkOrange);
```

设置状态 Infected 的属性，在进入行动（Entry action）填入代码：

```
oval.setFillColor(red);
```

设置状态 Recovered 的属性，在进入行动（Entry action）填入代码：

```
oval.setFillColor(green);
```

Susceptible - 状态
名称：Susceptible ☑展示名称 ☐忽略
填充颜色：默认
进入行动：oval.setFillColor(yellow);
离开行动：

Exposed - 状态
名称：Exposed ☑展示名称 ☐忽略
填充颜色：默认
进入行动：oval.setFillColor(darkOrange);
离开行动：

Infected - 状态
名称：Infected ☑展示名称 ☐忽略
填充颜色：默认
进入行动：oval.setFillColor(red);
离开行动：

Recovered - 状态
名称：Recovered ☑展示名称 ☐忽略
填充颜色：默认
进入行动：oval.setFillColor(green);
离开行动：

图 5-4-26　状态属性设置

（4）点击工程树中的智能体类型 Main，如图 5-4-27 所示设置智能体类型 Main 的属性，在智能体行动（Agent actions）部分的启动时（On startup）填入代码：

```
for(int i=0;i<5;i++)
    patients.random().receive("Infection");
```

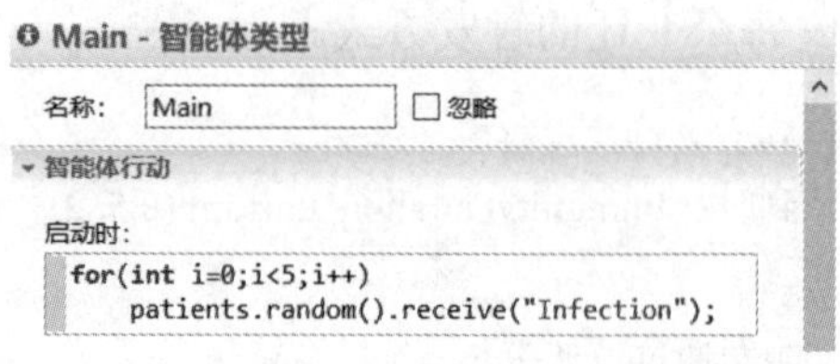

图 5-4-27　智能体类型 Main 属性设置

（5）运行模型，如图 5-4-28 所示。观察增加状态图后智能体群的状态变化。

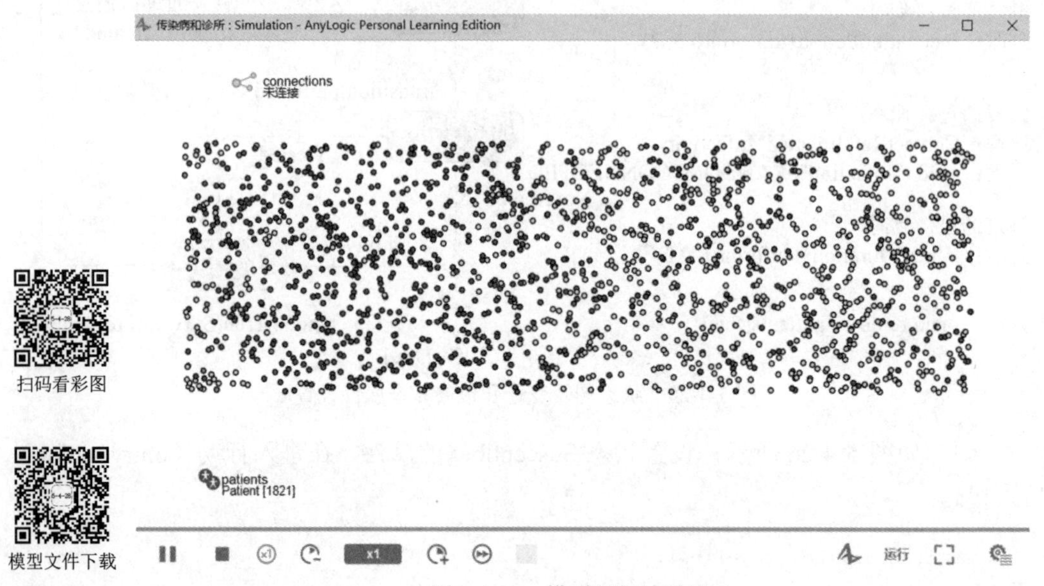

扫码看彩图

模型文件下载

图 5-4-28　模型运行结果显示

（三）添加数据统计图表

用时间堆叠图统计处于 Susceptible、Exposed、Infected 和 Recoverd 四种状态的智能体数量，具体操作如下。

（1）打开 Main 的图形编辑器，点击选中智能体群 patients，并如图 5-4-29 所示设置其属性，在统计 (Statistics) 部分添加四个统计项，名称（Name）分别为“Nsusceptible”“NExposed”“NInfected”和“NRecovered”的，条件（Condition）分别为“item.statechart.isStateActive(item.Susceptible)”“item.statechart.isStateActive(item.Exposed)”“item.statechart.isStateActive(item.Infected)”和“item.statechart.isStateActive(item.Recovered)”，类型（Type）均选择“计数（Count）”。

（2）从分析（Analysis）面板拖曳一个时间堆叠图（Time Stack Chart）元件到 Main 中，并如图 5-4-30 所示设置其属性，在数据（Data）部分添加四个数据项，均选择“值（Value）”，标题（Title）分别为“Infected”“Exposed”“Recovered”和“Susceptible”，值（Value）分别填入“patients.NInfected()”“patients.NExposed()”“patients.NRecovered()”和“patients.NSusceptible()”，颜色（Color）分别为 OrangeRed、darkOrange、gold 和 yellowGreen；数据更新（Data update）部分，设定显示至多 500 个最新的样本（Display up to 500 latest samples）；比例（Scale）部分，时间窗（Time window）设为 500 模型时间单位（model time units），垂直比例（Vertical scale）选择固定（Fixed），最大值设为 2000。

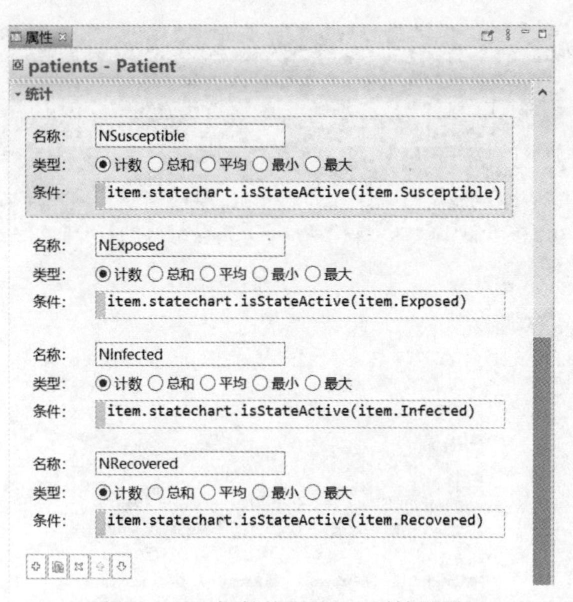

图 5-4-29 智能体 patients 属性设置

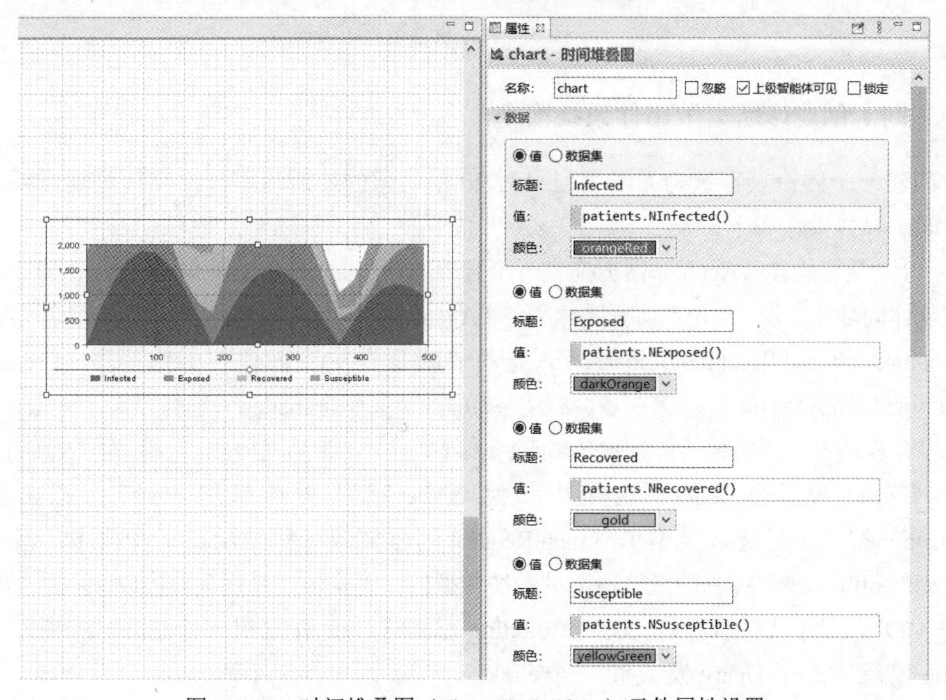

图 5-4-30 时间堆叠图（Time Stack Chart）元件属性设置

（3）设置仿真实验 Simulation 的属性，模型时间（Model time）部分，将“执行模式（Execution mode）”设置为“真实时间（Real time）”，比例（Scale）选择 25。

（4）运行模型，观察处于 Susceptible、Exposed、Infected 和 Recoverd 四种状态的智能体数量与智能体群状态的变化情况，如图 5-4-31 所示。

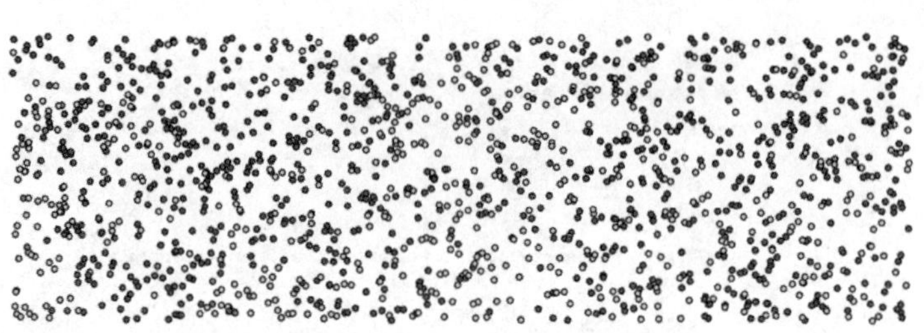

扫码看彩图

模型文件下载

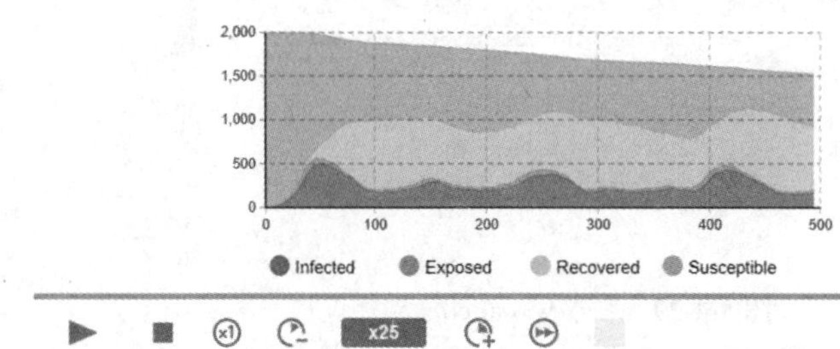

图 5-4-31 模型运行结果显示

（四）创建诊所离散事件系统模型

创建一个候诊室容量为无限大但只有20张病床的诊所流程，治疗传染病需要7天的时间。具体操作如下。

（1）从智能体（Agent）面板拖曳一个智能体（Agent）元件到Main中，在弹出的新建智能体向导第1步，点击"仅智能体类型（Agent type only）"；第2步，新类型名（Agent type name）设为"TreatmentRequest"，选择"我正在从头创建智能体类型（Create the agent type from scratch）"；第3步，智能体动画（Agent animation）选择"无（None）"；第4步，添加一个新的智能体参数（Agent parameters），参数（Parameter）为"patient"，类型（Type）从下拉菜单中选择" 其他（Other）..."再选择"Patient"，点击完成（Finish）按钮。智能体类型TreatmentRequest创建完成，并显示在工程树中。问诊者（TreatmentRequest）作为流经诊所离散系统模型的临时实体，是病人（Patient）的子集。

（2）从流程建模库（Process Modeling Library）面板拖曳一个Enter模块、一个Queue模块、一个Delay模块和一个Sink模块到Main中，如图5-4-32所示进行连接，各模块的名称（Name）设为"requestTreatment""wait""treatment"和"finished"。患者在wait中排队等待，在treatment中接受治疗。

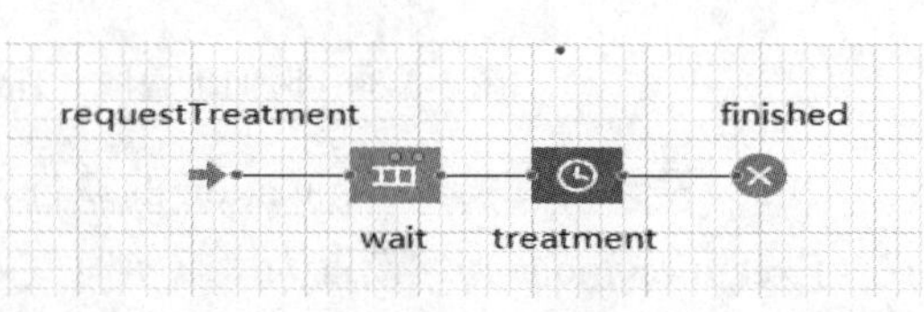

图 5-4-32 诊所治疗流程图

（3）如图5-4-33所示设置模块wait属性，勾选"最大容量（Maximum capacity）"；

高级（Advanced）部分，智能体类型（Agent type）选择“TreatmentRequest”。

（4）如图 5-4-34 所示设置模块 treatment 属性，延迟时间（Delay time）设为 7 天（days），容量（Capacity）设为 20；高级（Advanced）部分，智能体类型（Agent type）选择“TreatmentRequest”。

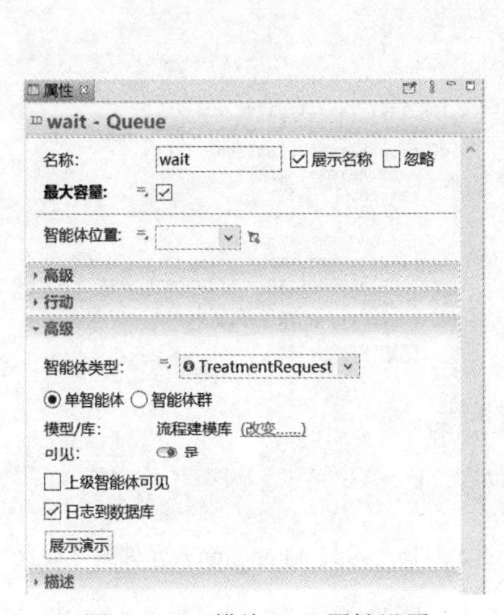

图 5-4-33　模块 wait 属性设置

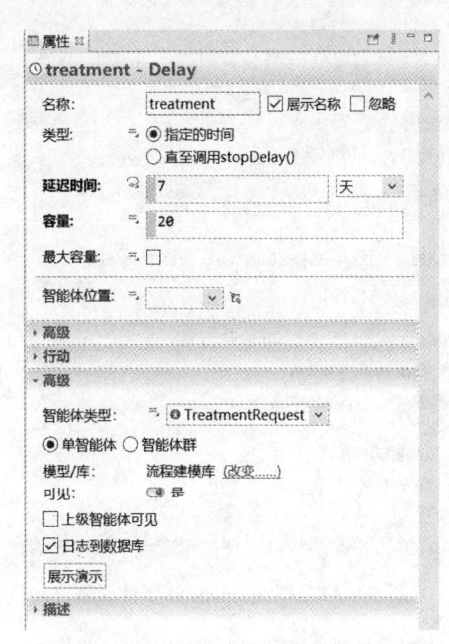

图 5-4-34　模块 treatment 属性设置

（5）如图 5-4-35 所示设置模块 finished 属性，高级（Advanced）部分，智能体类型（Agent type）选择“TreatmentRequest”；在行动（Action）部分的进入时（On enter）填入代码：

```
agent.patient.receive( "Treated" );
```

（6）从智能体（Agent）面板拖曳一个函数（Function）元件到 Main 中，并如图 5-4-36 所示设置其属性，名称（Name）为“cancelTreatmentRequest”；在参数（Arguments）部分添加一个参数，名称（Name）为 patient，类型（Type）选择 Patient；在函数体（Function body）部分填入代码：

```
for( int i=0; i<wait.size(); i++ ) {
    TreatmentRequest tr = wait.get( i );
    if( tr.patient == patient ) {
        wait.remove( tr );
        return;
    }
}
for( int i=0; i<treatment.size(); i++ ) {
    TreatmentRequest tr = treatment.get( i );
    if( tr.patient == patient ) {
        treatment.remove( tr );
        return;
    }
}
return;
```

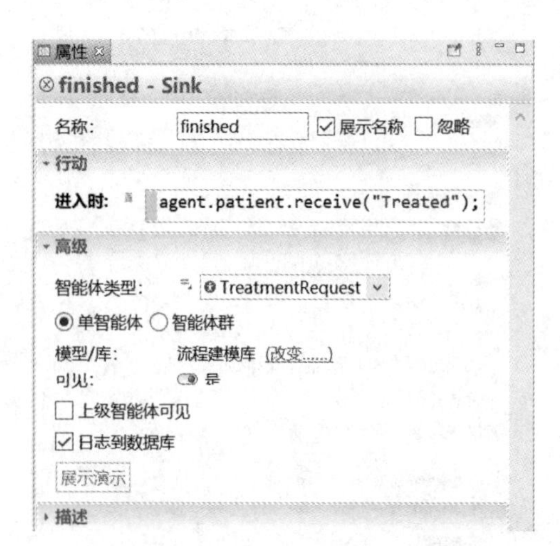

图 5-4-35　模块 finished 属性设置

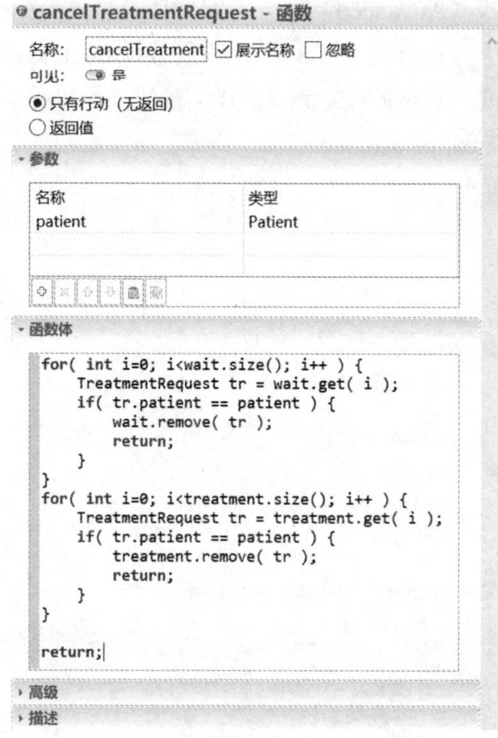

图 5-4-36　函数（Function）元件属性设置

（7）双击工程树中的智能体类型 Patient 打开其图形编辑器，如图 5-4-37 所示设置变迁 Syptoms 的属性，在行动（Action）填入代码：

```
main.requestTreatment.take( new TreatmentRequest( this ) );
```

设置变迁 NotTreated 的属性，在行动（Action）填入代码：

```
main.cancelTreatmentRequest( this );
```

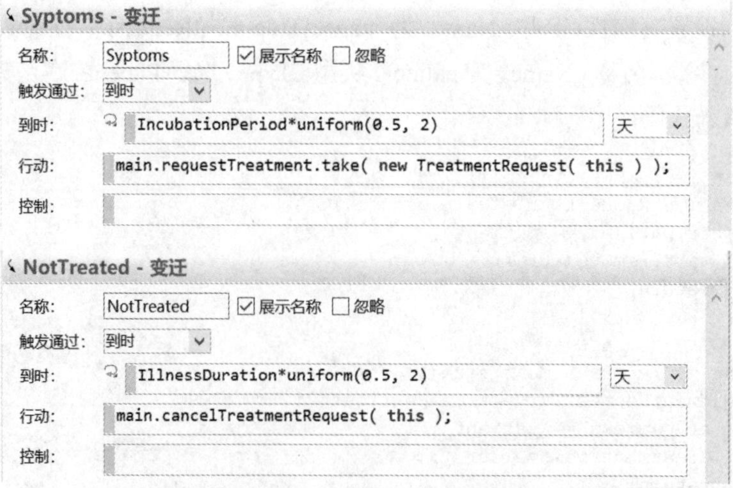

图 5-4-37　变迁属性设置

（8）运行模型，如图 5-4-38 所示。观察加入诊所后的变化情况。

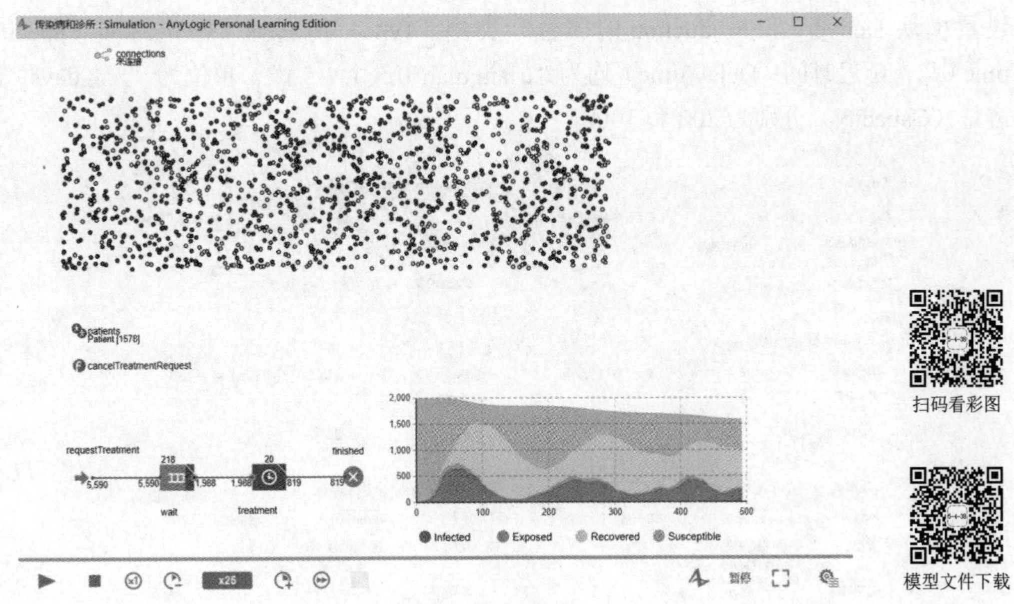

扫码看彩图

模型文件下载

图 5-4-38　模型运行结果显示

5.4.4　AnyLogic多方法集成仿真举例——新产品市场和供应链模型

本小节将创建一个面向某新产品的市场和供应链模型，包含一个基于离散事件系统的供应链流程，和一个消费者市场的系统动力学分析，两部分通过销售事件连接起来。

（一）创建供应链离散事件系统模型

使用 AnyLogic 流程建模库中的模块构建基于离散事件系统的新产品供应链模型，包括把原材料输送到工厂、生产产品、存储成品等各个阶段，每次工厂的订货量为 400，一次只能运送 200 件产品的原材料到车间，每次同时生产 100 件产品。具体操作如下。

（1）新建一个模型，模型时间单位（Model time units）选择“天（days）”。

（2）打开 Main 的图形编辑器，设置帧（Frame）的宽度（Width）为 1000，高度（Height）为 200。从流程建模库（Process Modeling Library）面板拖曳一个 Source 模块、三个 Queue 模块和两个 Delay 模块到 Main 中，如图 5-4-39 所示进行连接，各模块的名称（Name）按图设为“Supply”“SupplierStock”“Delivery”“RawMaterialStock”“Production”和“ProductStock”。

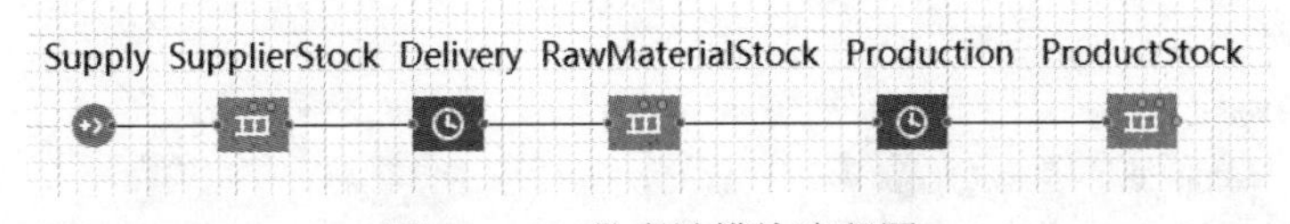

图 5-4-39　供应链模块流程图

（3）如图 5-4-40 所示，设置模块 Supply 的属性，定义到达通过（Arrivals defined by）选择“inject() 函数调用（Calls of inject() function）”。设置模块 SupplierStock、RawMaterialStock、ProductStock 的属性，均勾选“最大容量（Maximum capacity）”。

设置模块Delivery和Production的属性，类型（Type）均选择“指定时间（Specified time）”，延迟时间（Delay time）均为“triangular(0.5, 1, 1.5)”，单位为“天（days）”，容量（Capacity）分别为200和100。

图 5-4-40　模块属性设置

（4）从智能体（Agent）面板拖曳一个参数（Parameter）元件到Main中，并如图5-4-41所示设置其属性，名称（Name）为“OrderQuantity”，类型（Type）选择“int”，默认值（Default value）为400。

（5）点击工程树中的智能体类型Main，如图5-4-42所示设置智能体类型Main的属性，在智能体行动（Agent actions）部分的启动时（On startup）填入代码：

```
Supply.inject(OrderQuantity);
```

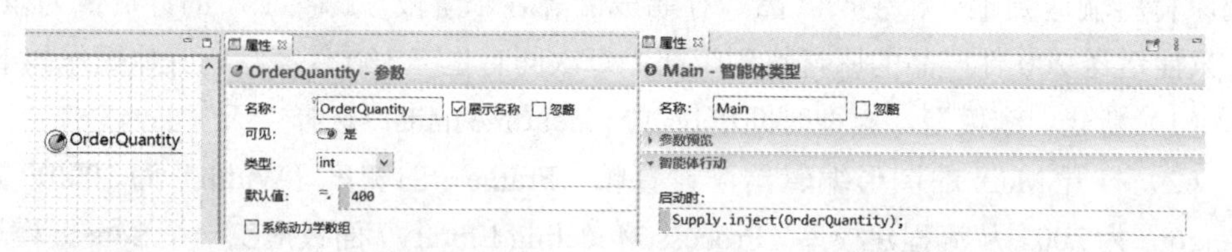

图 5-4-41　参数（Parameter）元件属性设置　　　　图 5-4-42　智能体类型Main属性设置

（6）运行模型，如图5-4-43所示。

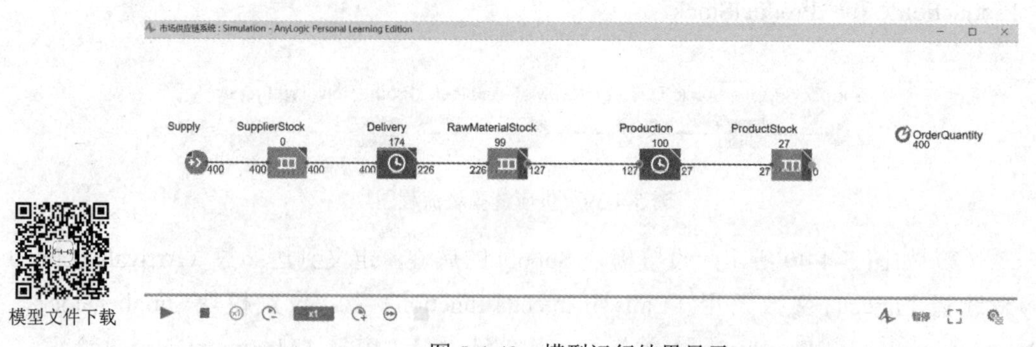

模型文件下载

图 5-4-43　模型运行结果显示

（二）创建新产品市场系统动力学模型

用系统动力学建立新产品市场模型，市场上初始有10000个潜在消费者，广告和口碑效应会影响消费者的购买决定，广告效应为0.5%，每个消费者每天推荐10人购买，被推荐的潜在消费者决定购买的概率为0.3%。产品的生命周期为600天，所有用户会购买同品牌新产品来替代失效的旧产品。市场模型通过事件Sales与前面的供应链流程连接起来，成品库中的产品在收到市场的需求订单之后流通至市场，在供应链中所有预计产成品的总量低于100时，会再订购一批原材料。

具体操作如下。

（1）打开Main的图形编辑器，更改帧（Frame）的宽度（Width）为1000，高度（Height）为500。如图5-4-44所示，从系统动力学（System Dynamics）面板拖曳三个存量（Stock）元件到Main中，名称（Name）分别为“PotentialUsers”“Demand”“Users”；再从系统动力学（System Dynamics）面板拖曳两个流量（Flow）元件到Main中，名称（Name）分别为“PurchaseDecisions”和“Discards”，用来连接存量PotentialUsers和Demand以及存量Users和Demand。

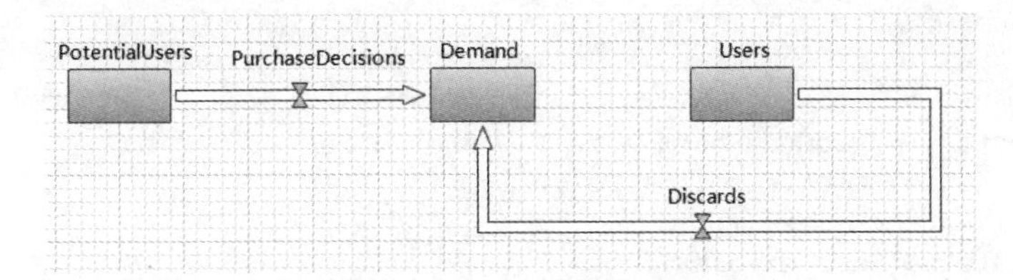

图5-4-44　创建存量流量图

（2）从系统动力学（System Dynamics）面板拖曳五个参数（Parameter）元件到Main中，并设置其属性，名称（Name）分别为“AdEffect”“TotalMarket”“ContactRate”“ContactEffect”“ProductLifetime”，默认值（Default value）分别为0.005、10000、10、0.003和600。

（3）从系统动力学（System Dynamics）面板拖曳两个动态变量（Dynamic Variable）元件到Main中，并如图5-4-45所示设置其属性，一个名称（Name）为“SalesFromAd”，方程为：PotentialUsers * AdEffect；另一个名称（Name）为“SalesFromWOM”，方程为：Users*ContactRate*PotentialUsers/TotalMarket*ContactEffect。

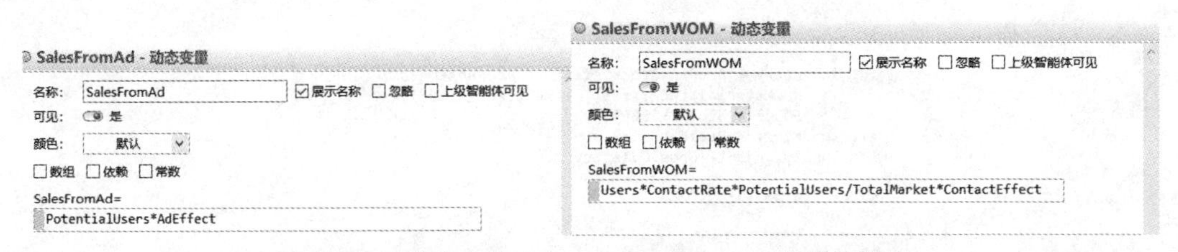

图5-4-45　动态变量（Dynamic Variable）元件属性设置

（4）设置存量PotentialUsers初始值（Initial value）为TotalMarket；存量Demand初始值（Initial value）为0；存量Users初始值（Initial value）为0；流量PurchaseDecisions方程为：SalesFromAd+SalesFromWOM；流量Discards方程为：Users/ProductLifetime。

（5）从系统动力学（System Dynamics）面板拖曳一个参数（Parameter）元件到Main中，并如图5-4-46所示设置其属性，名称（Name）为“ReorderPoint”，类型（Type）选择“int”，默认值（Default value）为100。

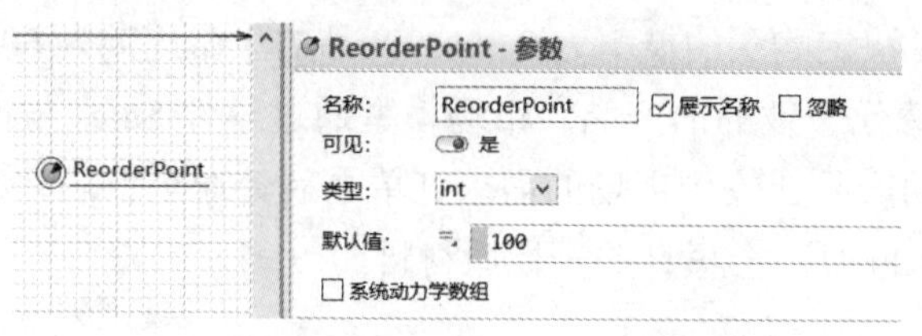

图5-4-46　参数（Parameter）元件属性设置

（6）从智能体（Agent）面板拖曳一个事件（Event）元件到Main中Demand和Users存量之间，并如图5-4-47所示设置其属性，名称（Name）为“Sales”，触发类型（Trigger type）选择“条件（Condition）”，条件（Condition）为“Demand >= 1 && ProductStock.size() >= 1”；在行动（Action）部分填入代码：

```
while( Demand>= 1 && ProductStock.size() >= 1 ) {
    ProductStock.removeFirst();
    Demand--;
    Users++;
}
int inventory = ProductStock.size() + Production.size() +
    RawMaterialStock.size() + Delivery.size() +
    SupplierStock.size();
if( inventory< ReorderPoint )
    Supply.inject( OrderQuantity );
Sales.restart();
```

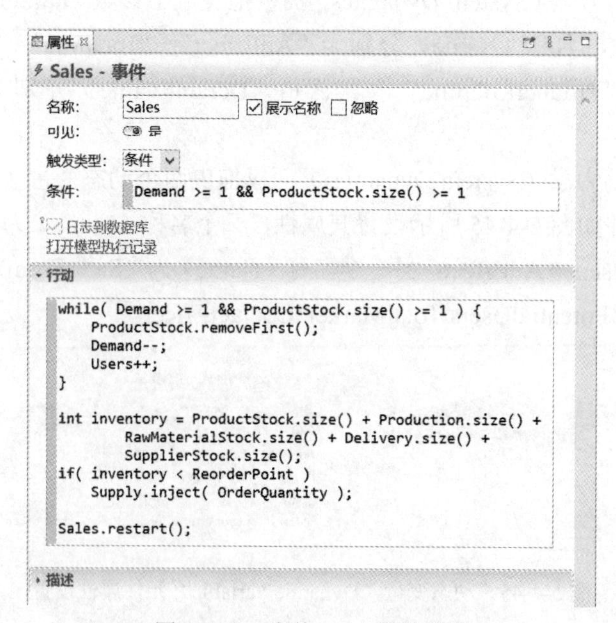

图5-4-47　事件Sales属性设置

（7）从系统动力学（System Dynamics）面板拖曳一个循环（Loop）元件到Main中如图5-4-48所示位置，并设置其属性，方向（Direction）选择“逆时针（Counterclockwise）”，类型（Type）选择 B（平衡型）。

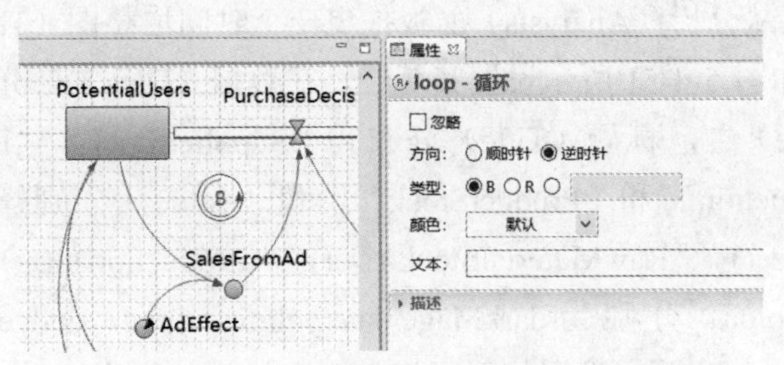

图 5-4-48　循环（Loop）元件属性设置

（8）创建缺失的链接及循环，得到新产品市场存量流量图，如图 5-4-49 所示。

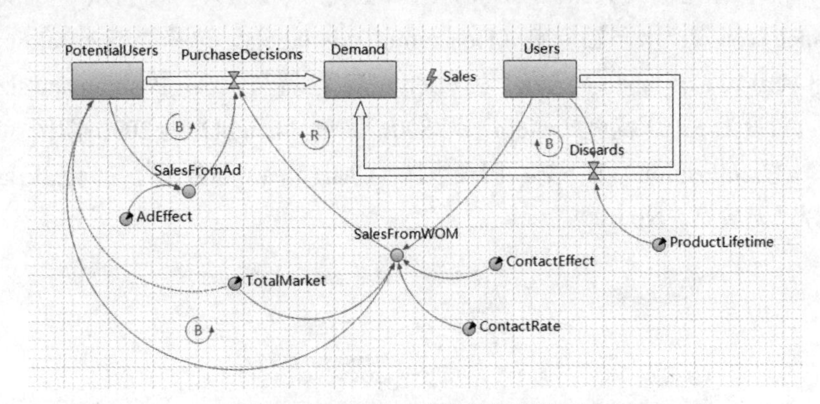

图 5-4-49　修正后的模型存量流量图

（9）运行模型，结果如图 5-4-50 所示。

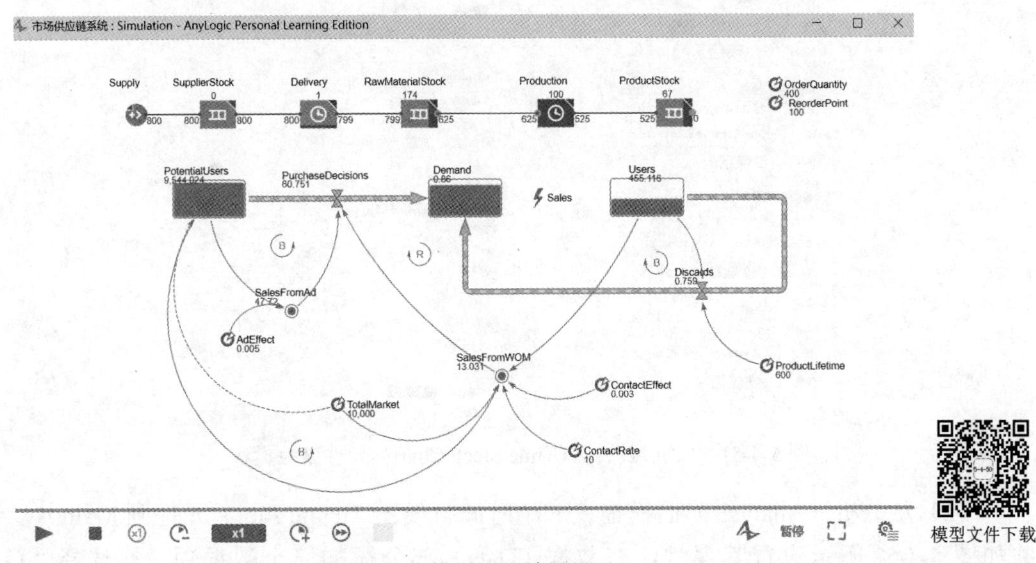

图 5-4-50　模型运行结果显示

（三）添加数据统计图表

添加时间堆叠图以及时间折线图查看供应链各节点和市场动态，具体操作如下。

（1）打开 Main 的图形编辑器，更改帧（Frame）的宽度（Width）为 1000，高度（Height）为 850。从分析（Analysis）面板拖曳一个时间堆叠图（Time Stack Chart）元件到 Main 中，并如图 5-4-51 所示设置其属性，在数据（Data）部分添加五个数据项，均选择“值（Value）”，标题（Title）分布为“SupplierStock”“Delivery”“RawMaterialStock”“Production”和“ProductStock”，值（Value）分别填入“SupplierStock.size()”“Delivery.size()”“RawMaterialStock.size()”“Production.size()”和“ProductStock.size()”，颜色（Color）分别为 darkMagenta、yellow、lime、dodgerBlue 和 silver；数据更新（Data update）部分，设置显示至多 200 个最新的样本（Display up to 200 latest samples）；比例（Scale）部分，时间窗（Time window）设为 200 模型时间单位（model time units），垂直比例（Vertical scale）选择固定（Fixed），设为从 0 到 800；外观（Appearance）部分，水平轴标签（Horizontal axis labels）选择“下（Below）”，垂直轴标签（Vertical axis labels）选择“左（Left）”；位置与大小（Position and size）部分，X 设为 90，Y 设为 530，宽度（width）为 800，高度（height）为 300；图例（Legend）部分，选择位置（Position）为下方；图表区域（Chart area）部分，背景颜色（Background color）选择“无填充（No fill）”。

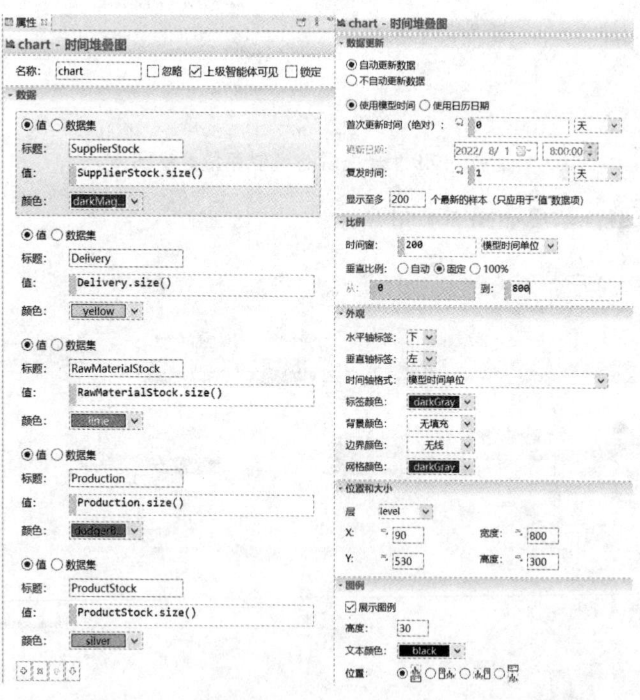

图 5-4-51　时间堆叠图（Time Stack Chart）元件属性设置

（2）从分析（Analysis）面板拖曳一个时间折线图（Time Plot）元件到 Main 中，并如图 5-4-52 所示设置其属性，在数据（Data）部分添加三个数据项，均选择“值（Value）”，标题（Title）分别为“PotentialUsers”“Demand”和“Users”，值（Value）分别填入“PotentialUsers”“Demand”和“Users”，颜色（Color）分别为 deepSkyBlue、mediumOrchid 和 crimson；比例（Scale）部分，垂直比例（Vertical scale）选择自动（Auto）；外观（Appearance）部分，垂直轴标签（Vertical axis labels）选择“右（Right）”，

取消勾选“填充线下区域（Fill area under line）”；位置与大小（position and size）部分，X 设为 90，Y 设为 500；图例（Legend）部分，选择位置（Position）为上方。其他属性设置与上面时间堆叠图的基本一致，这样可使两个图重叠显示，更方便观察各数据之间的变化关系。

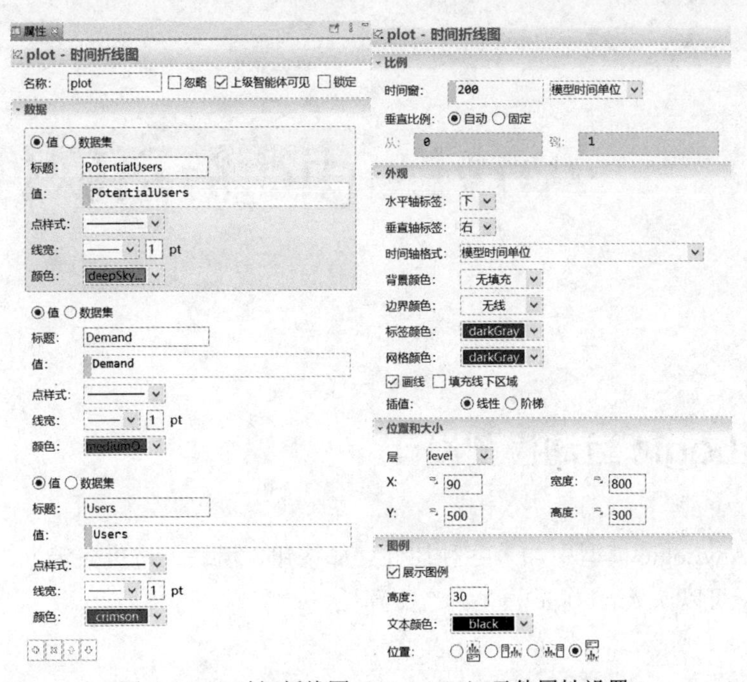

图 5-4-52　时间折线图（Time Plot）元件属性设置

（3）运行模型，如图 5-4-53 所示。

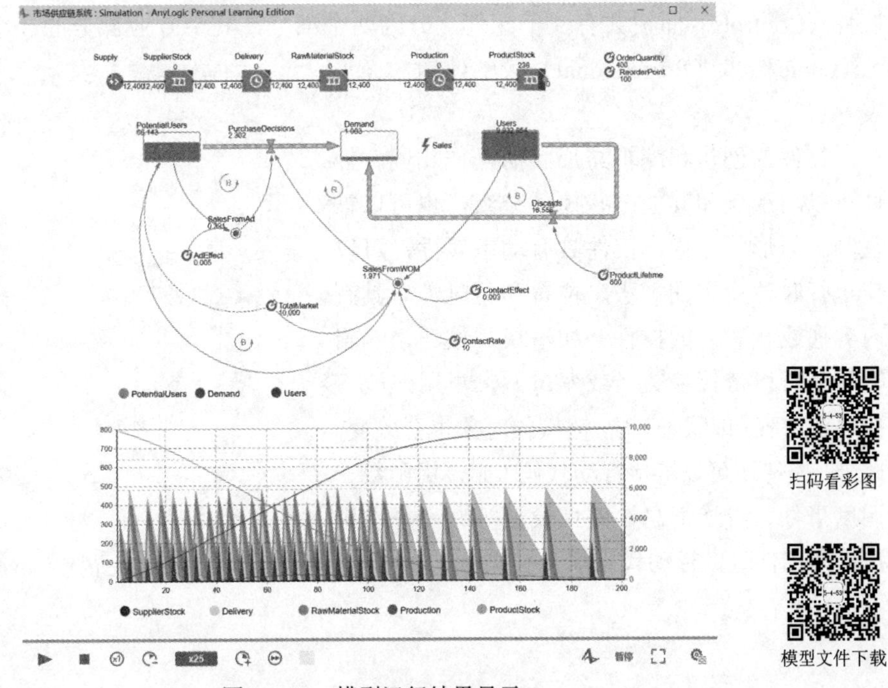

图 5-4-53　模型运行结果显示

扫码看彩图

模型文件下载

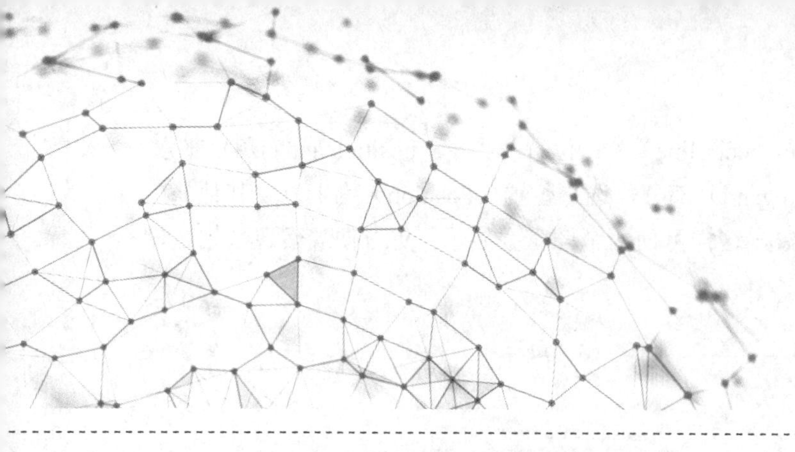

第6章

AnyLogic 仿真软件进阶

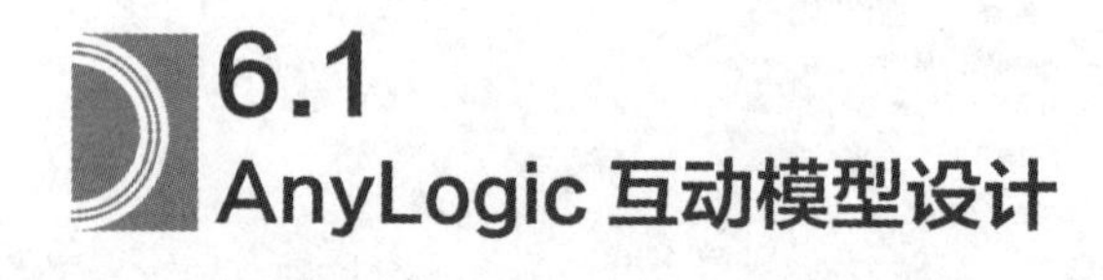

6.1 AnyLogic 互动模型设计

通过在 AnyLogic 模型中加入各种控件（如按钮、滑块、进度条等），或定义鼠标操作的反应，可以使 AnyLogic 模型具有交互性。

6.1.1 AnyLogic的控件面板

打开 AnyLogic 软件工作区左侧面板视图，点击选择控件（Controls），如图 6-1-1 所示。控件（Controls）面板共有 9 个元件，分为两个部分，其中专业部分的 3 个元件只能在 AnyLogic 专业（Professional）版中使用，详见表 6-1-1。

控件的创建和编辑与形状的操作相同。控件可以与形状和其他一些控件分组，也可以被复制。与形状一样，控件具有动态属性，可以在运行时改变它的大小，位置和可见性。具有内容（或状态）的控件（如滑块、按钮、编辑框等）可以链接参数（或变量），当用户改变控件的内容（或状态）时，链接的对象也会改变。此外，控件还可以链接行动代码（如调用函数、调度事件、发送消息、停止模型等），每次用户操作控件时，行动代码都会被执行。

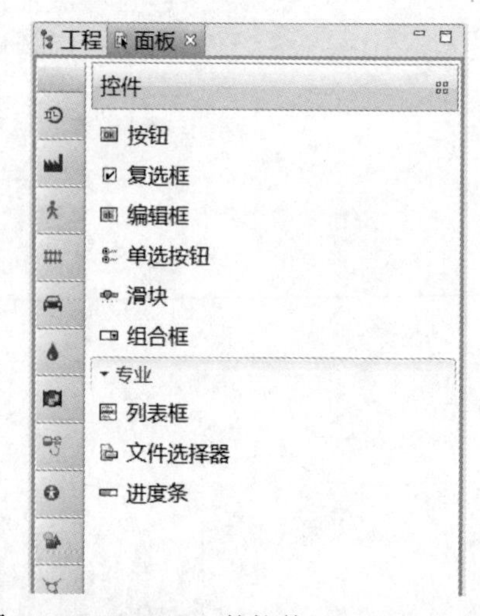

图 6-1-1　AnyLogic 的控件（Controls）面板

表 6-1-1 AnyLogic 的控件（Controls）面板

元件名称	值类型	链接类型	说明
按钮（Button）	/	/	可以在其属性的行动（Action）部分以定义特定的操作，模型运行时点击按钮都会执行该操作。
复选框（Check Box）	布尔型	布尔型	可以选择或取消选择，并直接显示其状态。通常用于在模型运行时修改布尔变量和参数的值。
编辑框（Edit Box）	字符串	字符串、双精度、整数	通常用于在模型运行时修改变量和参数的值。
单选按钮（Radio Buttons）	整数	整数	是一组按钮，一次只能选择一个按钮。链接到 int 类型的变量或参数时，选择一个按钮，链接的变量或参数将立即获取此选项的索引作为自身值。索引是从 0 开始的，第二个选项索引为 1，依此类推。
滑块（Slider）	双精度	双精度、整数	以图形方式在有限的间隔内选择数值。通常用于在模型运行时修改数值变量或参数的值。
组合框（Combo Box）	字符串	字符串、双精度、整数	用于从下拉列表中选择一个值。其属性勾选“可编辑（Editable）”时，能够键入默认情况下控件中不存在的新值。
列表框（List Box）	字符串	字符串	用于显示项目列表，并允许用户选择一个（或多个）项目。其属性勾选“多项选择（Multiple selection）”时，允许用户同时选择多个项目，但此时它不能直接与变量链接，需要调用函数 getValues() 返回一个字符串。
文件选择器（File Chooser）	字符串	/	用于浏览文件系统并选择文件。它有两种模式（Type）：上传（Upload）用于浏览文件系统并选择所需的文件，访问该文件或将文件将上传到模型中；下载（Download）用于在模型运行时，当指定文件（File）可用后，允许用户下载该文件。
进度条（Progress Bar）	双精度	双精度、整数	用于直观地显示处理任务的进度。其属性勾选“展示进度字符串（Show progress string）”时，可以用矩形显示任务的完成百分比，还可同时显示进度百分比的文本。

6.1.2 滑块改变参数数值

（1）新建一个模型。从智能体（Agent）面板拖曳一个参数（Parameter）元件到 Main 中，并设置其属性，名称（Name）为“parameter”，默认值（Default value）为 50。

（2）从控件（Controls）面板拖曳一个滑块（Slider）元件到 Main 中，并如图 6-1-2 所示设置其属性，名称（Name）为“slider”，勾选“链接到（Link to）”并在下拉框中选择“parameter”，最小值（Minimum value）为 0，最大值（Maximum value）为 100，点击“添加标签（Add labels）...”按钮使滑块（Slider）元件显示最小值、当前值和最大值的标签。

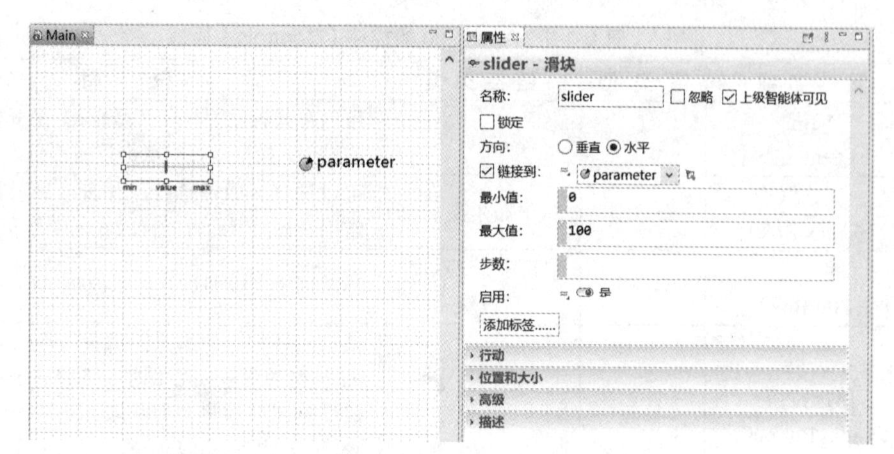

模型文件下载

图 6-1-2　滑块（Slider）元件属性设置

（3）运行模型。单击参数 parameter 打开其观察（Inspect）窗口，移动滑块，观察参数 parameter 值的变化。

注意

滑块的初始值为参数的初始值，如果参数的初始值超过滑块的范围，滑块将停在离初始值最近的边缘处。

6.1.3　按钮改变参数数值

（1）在 6.1.2 模型基础上，从控件（Controls）面板拖曳两个按钮（Button）元件到 Main 中。

（2）如图 6-1-3 所示，设置一个按钮（Button）元件的属性，名称（Name）为“button”，标签（Label）为“-1”，启用（Enabled）设为动态值（Dynamic value）并填入“parameter>=1”；在行动（Action）部分填入代码：

```
set_parameter( parameter - 1 );
```

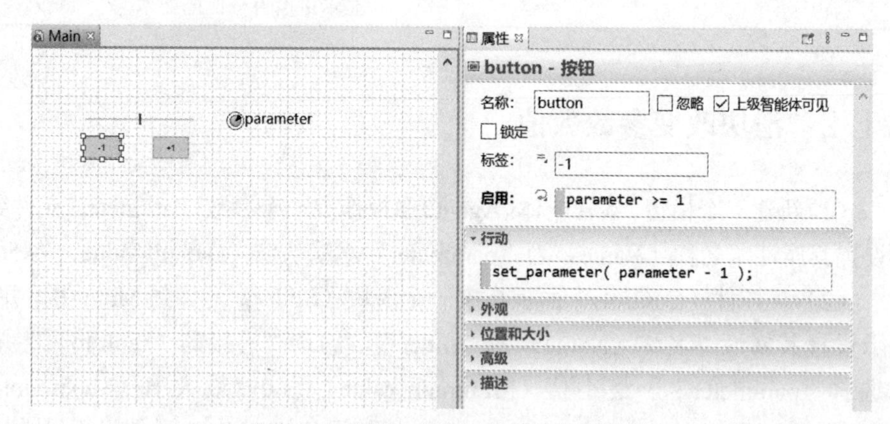

模型文件下载

图 6-1-3　按钮（Button）元件属性设置

（3）设置另一个按钮（Button）元件的属性，名称（Name）为“button1”，标签

（Label）为“+1”，启用（Enabled）设为动态值（Dynamic value）并填入“parameter<=99”；在行动（Action）部分填入代码：

```
set_parameter( parameter+ 1 );
```

（4）修改参数 parameter 的属性，在高级（Advanced）部分的改变时（On change）填入代码：

```
slider.setValue( parameter );
```

（5）运行模型。参数 parameter 保持在 0-100 之间，点击不同按钮会使参数 parameter 增加 1 或减少 1，滑块也随之变化。

注意

不要把控件的名字和它的标签混淆。名字是为控件创建的 Java 对象的名称，标签是显示在屏幕控件上的文本。标签可以在模型运行的过程中动态变化。

6.1.4 编辑框链接到流程模块的参数

（1）新建一个模型。从流程建模库（Process Modeling Library）面板拖曳一个 Source 模块和一个 Sink 模块到 Main 中，并进行连接。

（2）从控件（Controls）面板拖曳一个编辑框（Edit Box）元件到 Main 中，并如图 6-1-4 所示设置其属性，名称（Name）为“editbox”，勾选“链接到（Link to）”并在下拉框中选择“source”，参数（Parameter）选择“rate”，最小值（Minimum value）为 0，最大值（Maximum value）为 100。

（3）从演示（Presentation）面板拖曳一个文本（Text）元件到 Main 中编辑框 editbox 的左侧，设置其属性，文本（Text）部分填入“到达速率：”。

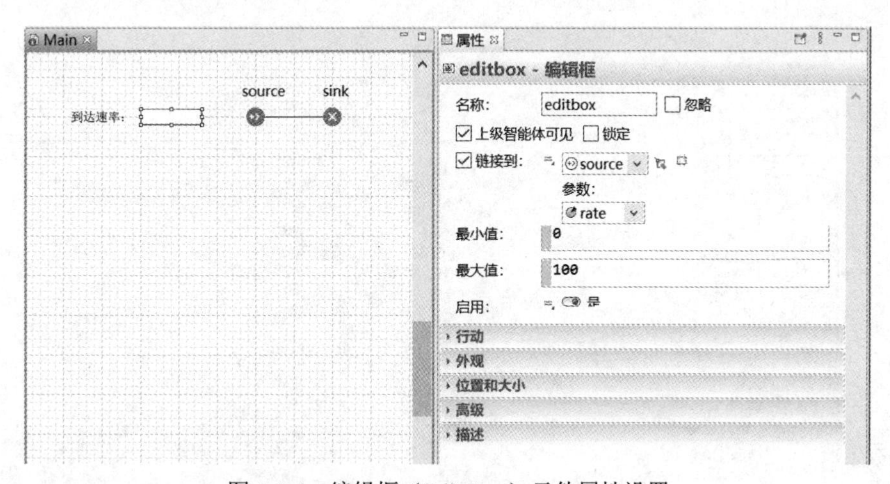

图 6-1-4 编辑框（Edit Box）元件属性设置

（4）运行模型。如图 6-1-5 所示，单击模块 source 打开观察（Inspect）窗口，在编辑框中填入不同的值，如 20、0、“abc”等，观察运行结果。

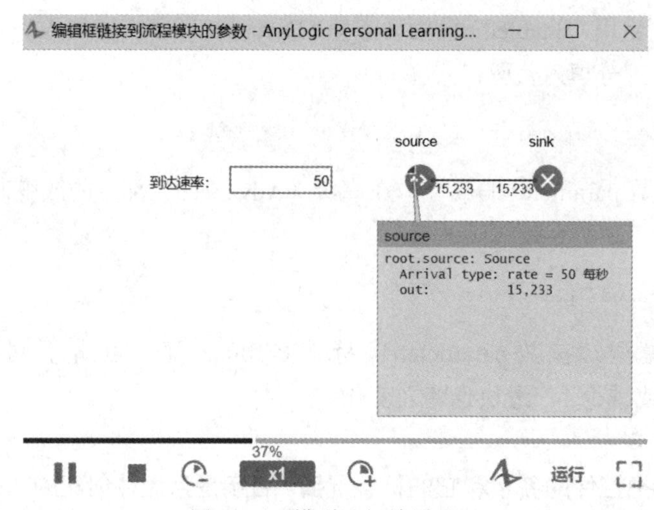

模型文件下载

图 6-1-5　模型运行结果显示

6.1.5　单选按钮控制视图

（1）新建一个模型。如图 6-1-6 所示，从图片（Pictures）面板常规（General）部分拖曳一个工厂（Factory）图片、两个仓库（Warehouse）图片和六个零售商店（Retail Store）图片到 Main 中。

（2）同时选中一个工厂（Factory）图片和两个仓库（Warehouse）图片，鼠标右键单击，在右键弹出菜单中选择“分组（Grouping）”|“创建组（Create a Group）”。同样的方法，将六个零售商店（Retail Store）图片创建为一个分组。

（3）从控件（Controls）面板拖曳一个单选按钮（Radio Buttons）元件到 Main 中，并如图 6-1-6 所示设置其属性，名称（Name）为“radio”，方向（Orientation）选择“垂直（Vertical）”，项目（Item）添加“全部显示”“只显示制造商”“只显示零售商”。

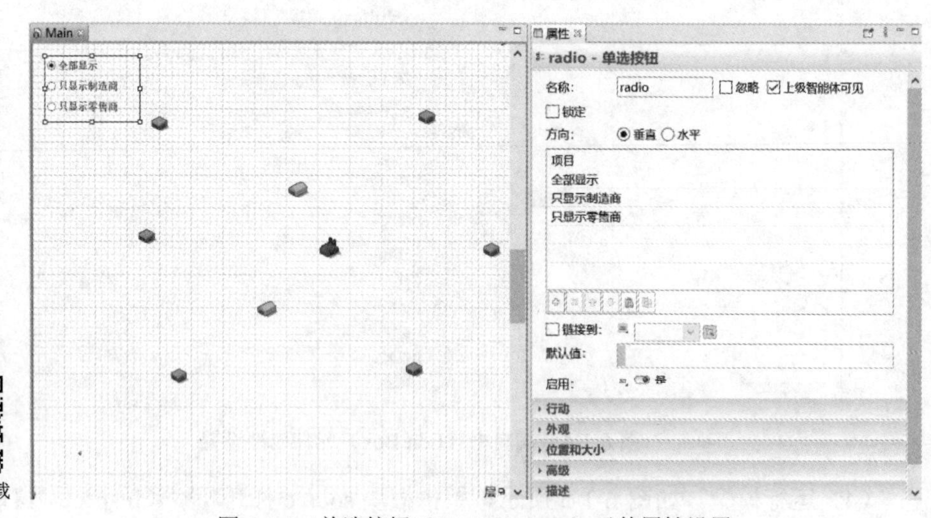

模型文件下载

图 6-1-6　单选按钮（Radio Buttons）元件属性设置

（4）单击选中工厂和两个仓库的分组，设置其属性，可见（Visible）设为动态值（Dynamic value）并填入“radio.getValue()!=2”。

（5）单击选中六个零售商的分组，设置其属性，可见（Visible）设为动态值（Dynamic value）并填入“radio.getValue()!=1”。

（6）运行模型。可以用单选按钮来改变模型的显示状态，最终出现三种显示结果：制造商和零售商全部显示；只显示制造商；只显示零售商。

6.1.6 组合框控制仿真速度

（1）新建一个模型。从流程建模库（Process Modeling Library）面板拖曳一个Source模块和一个Sink模块到Main中，并进行连接。

（2）从控件（Controls）面板拖曳一个组合框（Combo Box）元件到Main中，并如图6-1-7所示设置其属性，名称（Name）为“combobox”，项目（Item）添加“x1”“x10”“最快”；在行动（Action）部分填入代码：

```
if( value.equals( "最快" ) )
    getEngine().setRealTimeMode( false );
else {
    getEngine().setRealTimeMode( true );
    if( value.equals( "x1" ) )
        getEngine().setRealTimeScale( 1 );
    else if( value.equals( "x10" ) )
        getEngine().setRealTimeScale( 10 );
}
```

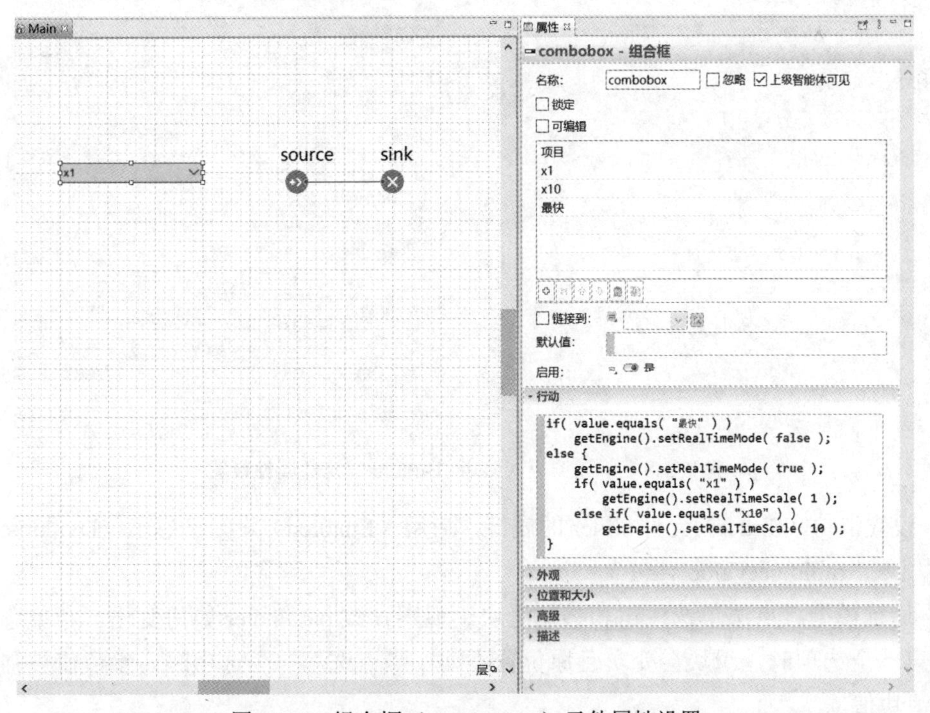

模型文件下载

图6-1-7 组合框（Combo Box）元件属性设置

（3）设置仿真实验 Simulation 的属性，模型时间（Model time）部分，停止（Stop）选择“从不（Never）”。

（4）运行模型。选择组合框中不同的项，观察流程图中临时实体产生速度的变化。

6.1.7 单选按钮控制其他控件

（1）新建一个模型。从智能体（Agent）面板拖曳一个参数（Parameter）元件到 Main 中，并设置其属性，名称（Name）为“parameter”，默认值（Default value）为 50。

（2）从控件（Controls）面板拖曳一个滑块（Slider）元件到 Main 中，并设置其属性，名称（Name）为“slider”，勾选“链接到（Link to）”并在下拉框中选择“parameter”。

（3）从控件（Controls）面板拖曳一个单选按钮（Radio Buttons）元件到 Main 中，并如图 6-1-8 所示设置其属性，名称（Name）为“radio”，方向（Orientation）选择“垂直（Vertical）”，项目（Item）添加“默认设置”“用户设置”；在行动（Action）部分填入代码：

```
if( value == 0 )
    set_parameter( 50 );
else
    set_parameter( slider.getValue() );
```

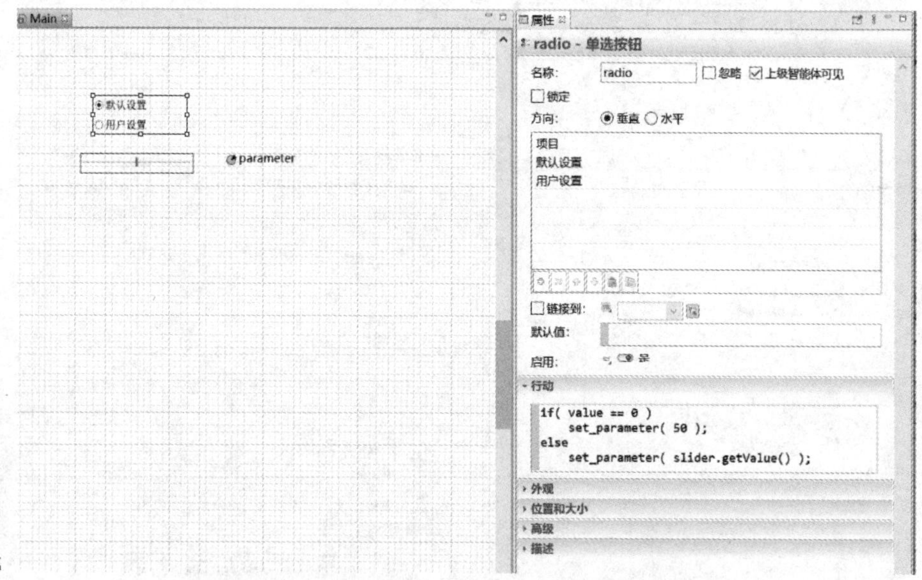

模型文件下载

图 6-1-8　单选按钮（Radio Buttons）元件属性设置

（4）设置滑块（Slider）元件 slider 的属性，启用（Enabled）设为动态值（Dynamic value）并填入“radio.getValue()==1”。

（5）运行模型。点选单选按钮和移动滑块，观察参数 parameter 如何变化。当单选按钮点选第一个选项时，滑块会变灰且原位置不动；当点选第二个选项时，参数值被强制转换为滑块值。

6.1.8 滑块控制复制按钮和图形

（1）新建一个模型。从智能体（Agent）面板拖曳一个变量（Variable）元件到 Main 中，并设置其属性，名称（Name）为“N”，类型（Type）选择“int”，初始值（lnitial value）为 3。

（2）从控件（Controls）面板拖曳一个滑块（Slider）元件到 Main 中，并设置其属性，名称（Name）为“slider”，勾选“链接到（Link to）”并在下拉框中选择“N”，最小值（Minimum value）为 1，最大值（Maximum value）为 9。

（3）从演示（Presentation）面板拖曳一个圆角矩形（Rounded Rectangle）元件到 Main 中，并设置其属性，位置与大小（Position and size）部分，X 为 200，Y 设为动态值（Dynamic value）并填入“100 + 50 * index”；高级（Advanced）部分，重复（Replication）填入“N”。

（4）从控件（Controls）面板拖曳一个按钮（Button）元件到 Main 中，并如图 6-1-9 所示设置其属性，名称（Name）为“button”，标签（Label）为“" 填充颜色 "+index”，位置与大小（Position and size）部分，X 为 50，Y 设为动态值（Dynamic value）并填入“100 + 50 * index”；高级（Advanced）部分，重复（Replication）填入“N”；在行动（Action）部分填入代码：

```
roundRectangle.get( index ).setFillColor( blueViolet );
```

（5）运行模型，如图 6-1-10 所示。移动滑块将会复制按钮和圆角矩形，复制的数量将由滑块动态控制。而点击按钮会改变其右侧圆角矩形的填充颜色。

图 6-1-9　按钮（Button）元件属性设置

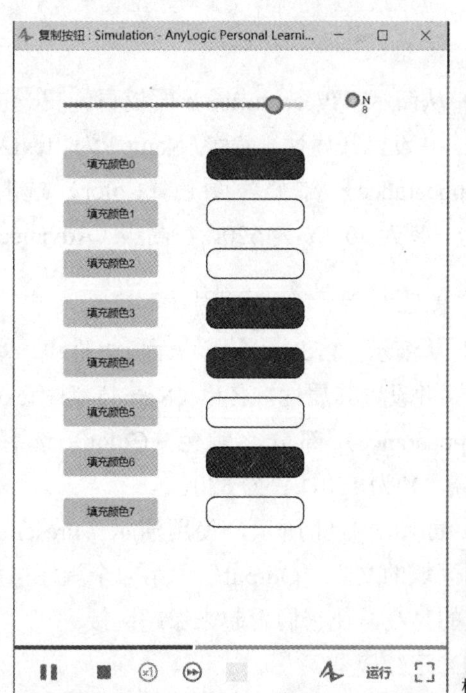

图 6-1-10　模型运行结果显示

模型文件下载

6.1.9 视图区域超链接导航

（1）新建一个模型。从演示（Presentation）面板拖曳一个视图区域（View Area）元件到 Main 中，并设置其属性，名称（Name）为“viewAnimation”，标题（Title）为“Animation”；位置和大小（Position and size）部分，X 为 0，Y 为 0。

（2）从演示（Presentation）面板再拖曳一个视图区域（View Area）元件到 Main 中，并设置其属性，名称（Name）为“viewOutput”，标题（Title）为“Output”；位置和大小（Position and size）部分，X 为 0，Y 为 600。

（3）从演示（Presentation）面板拖曳一个椭圆（Oval）元件到 Main 中第一个视图区域中，并设置其属性，名称（Name）为“oval”；外观（Appearance）部分，填充颜色（Fill Color）为“limeGreen”。

（4）从分析（Analysis）面板拖曳一个时间折线图（Time Plot）元件到 Main 中第二个视图区域中。

（5）从演示（Presentation）面板拖曳一个文本（Text）元件到 Main 中第一个视图区域中，并设置其属性，名称（Name）为“text”，文本（Text）部分填入“Animation”；位置和大小（Position and size）部分，X 为 50，Y 为 20。

（6）从演示（Presentation）面板再拖曳一个文本（Text）元件到 Main 中第一个视图区域中，并设置其属性，名称（Name）为“text1”，文本（Text）部分填入“Output”；外观（Appearance）部分，颜色（Color）选择“blue”；位置和大小（Position and size）部分，X 为 150，Y 为 20；在高级（Advanced）部分的点击时（On click）填入代码：

```
viewOutput.navigateTo();
```

（7）从演示（Presentation）面板再拖曳一个文本（Text）元件到 Main 中第二个视图区域中，并设置其属性，名称（Name）为“text2”，文本（Text）部分填入“Animation”；外观（Appearance）部分，颜色（Color）选择“blue”；位置和大小（Position and size）部分，X 为 50，Y 为 620；在高级（Advanced）部分的点击时（On click）填入代码：

```
viewAnimation.navigateTo();
```

（8）从演示（Presentation）面板再拖曳一个文本（Text）元件到 Main 中第二个视图区域中，并设置其属性，名称（Name）为“text3”，文本（Text）部分填入“Output”；外观（Appearance）部分，颜色（Color）选择“black”；位置和大小（Position and size）部分，X 为 150，Y 为 620。

（9）如图 6-1-11 所示，使用演示（Presentation）面板中的直线（Line）元件在第一个视图区域的文本“Output”和第二个视图区域的文本“Animation”的下面，各绘制一条蓝色的直线，使它们看起来像超链接。

（10）运行模型。

在这个例子中，蓝色文本是对鼠标点击是敏感的，点击相应的蓝色文字会调用视图区域（View Area）元件的 navigateTo() 函数实现两个视图区域的导航切换。

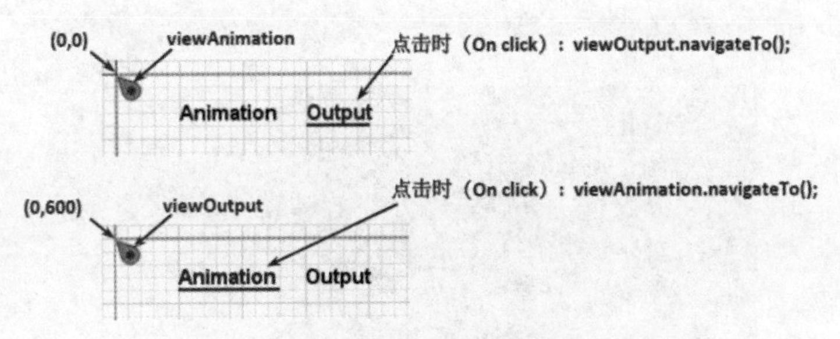

图 6-1-11　视图区域的超链接导航

6.1.10　鼠标左键单击处创建点

（1）新建一个模型。从演示（Presentation）面板拖曳一个矩形（Rectangle）元件到 Main 中，并如图 6-1-12 所示设置其属性，名称（Name）为“clickArea”；位置与大小（Position and size）部分，X 为 50，Y 为 50，宽度（Width）为 500，高度（Height）为 500；在高级（Advanced）部分的点击时（On click）填入代码：

```
ShapeOval dot = new ShapeOval();
dot.setRadius( 2 );
dot.setFillColor( blue );
dot.setLineColor( null );
dot.setPos( self.getX() + clickx, self.getY() + clicky );
presentation.add( dot );
```

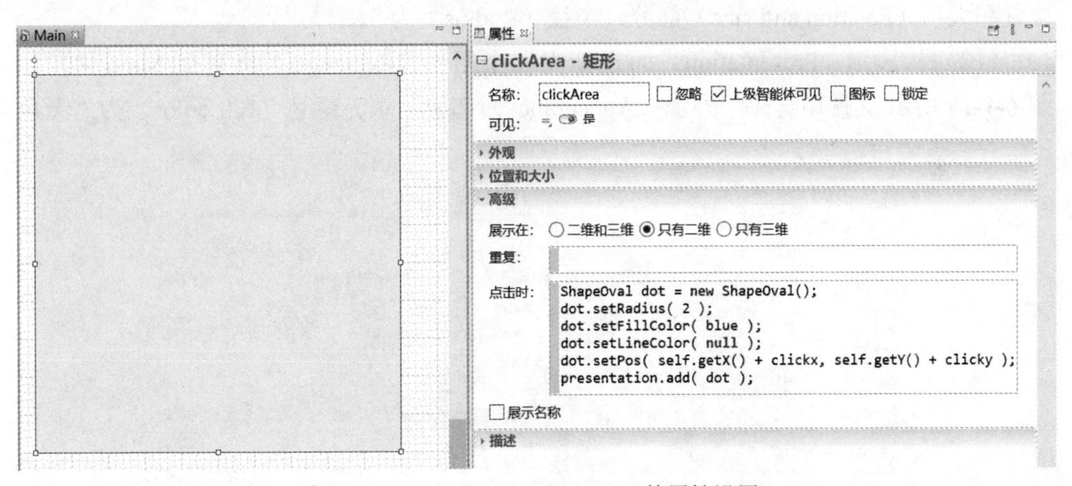

图 6-1-12　矩形（Rectangle）元件属性设置

（2）运行模型，如图 6-1-13。在矩形区域内部鼠标左键单击，每次单击后该点都会出现蓝色的小点。

注意

模型中获得的鼠标左键单击点的坐标值，是该点在矩形内相对于矩形位置的偏移值。为了将它们转化为图形编辑器中的坐标，需要加上矩形的坐标值。

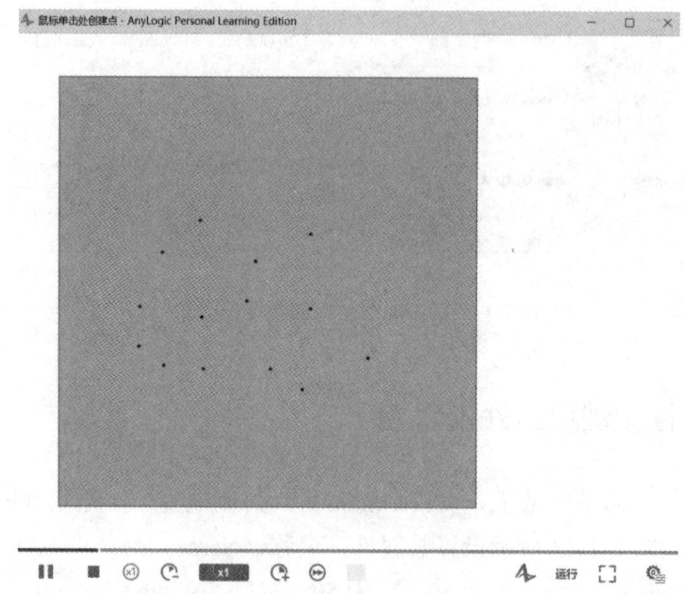

模型文件下载

图 6-1-13　模型运行结果显示

6.1.11　任意区域获取鼠标左键单击

（1）从演示（Presentation）面板拖曳一个椭圆（Oval）元件到Main中，并设置其属性，名称（Name）为“oval”；外观（Appearance）部分，线颜色（Line color）为“red”；位置和大小（Position and size）部分，半径（Radius）为5。

（2）从演示（Presentation）面板拖曳一个矩形（Rectangle）元件到Main中，如图6-1-14所示设置其属性，外观（Appearance）部分，填充颜色（Fill color）为“无色

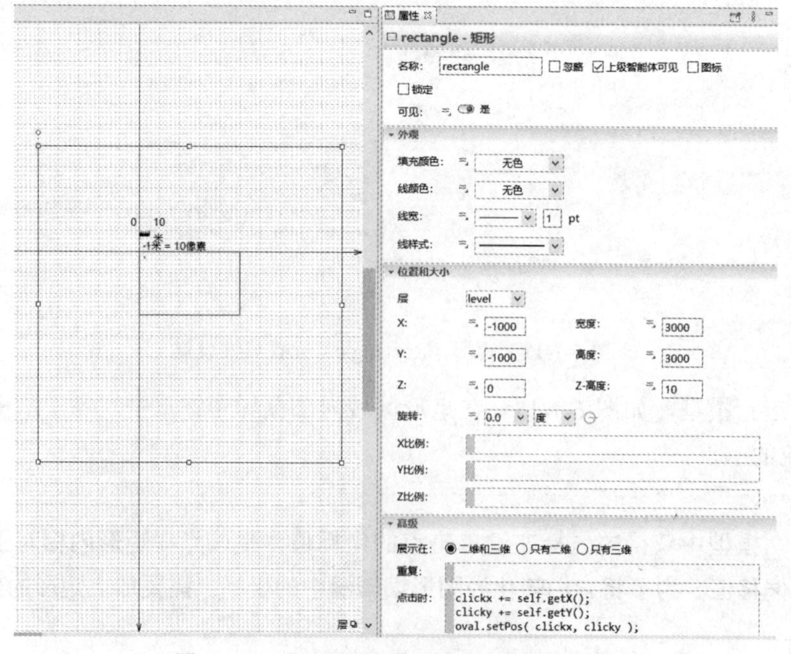

图 6-1-14　矩形（Rectangle）元件属性设置

（No color）”，线颜色（Line color）为“无色（No color）”；位置与大小（Position and size）部分，X 为 -1000，Y 为 -1000，Z 为 0，宽度（Width）为 3000，高度（Height）为 3000，Z 高度（Z-Height）为 10；在高级（Advanced）部分的点击时（On click）填入代码：

```
clickx += self.getX();
clicky += self.getY();
oval.setPos( clickx, clicky );
```

（3）点击工程树中的智能体类型 Main，如图 6-1-15 所示设置智能体类型 Main 的属性，在高级 Java（Advanced Java）部分的附加类代码（Additional class code）中填入代码：

```
class ClickDetector extends ShapeRectangle {
    ClickDetector() {
        super( true, -100000, -100000, 0, null, null, 200000, 200000,
               0, LINE_STYLE_SOLID );
    }
    @Override
    public boolean onClick( double clickx, double clicky ) {
        clickx += getX();
        clicky += getY();
        oval.setPos( clickx, clicky );
        return false;
    }
}
```

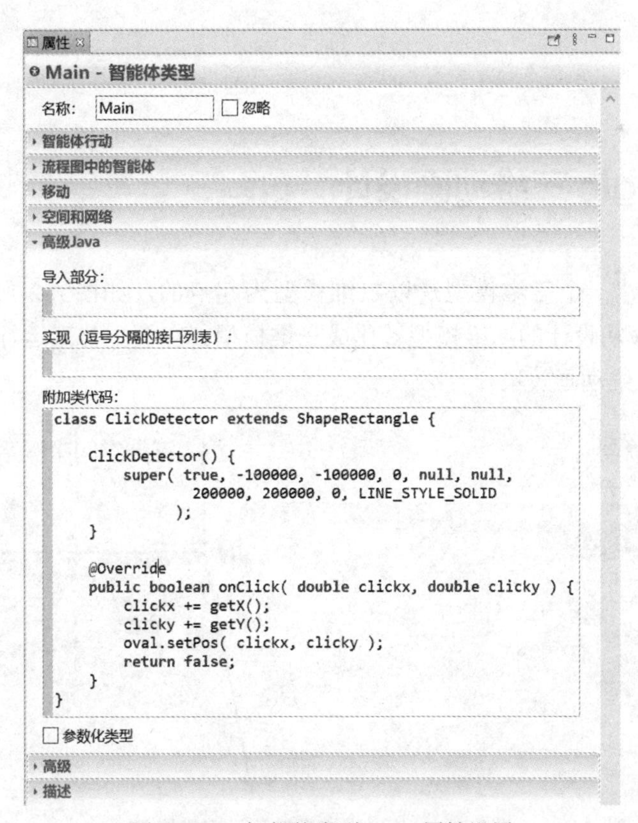

模型文件下载

图 6-1-15　智能体类型 Main 属性设置

（4）运行模型，如图 6-1-16 所示。在窗口内任意位置鼠标左键单击，圆圈则会出现在鼠标左键单击的点处。实际上，并不是真正任意区域都可以的，模型只是创建了一个非常大的不可见的图形来尽量覆盖到可能的区域。

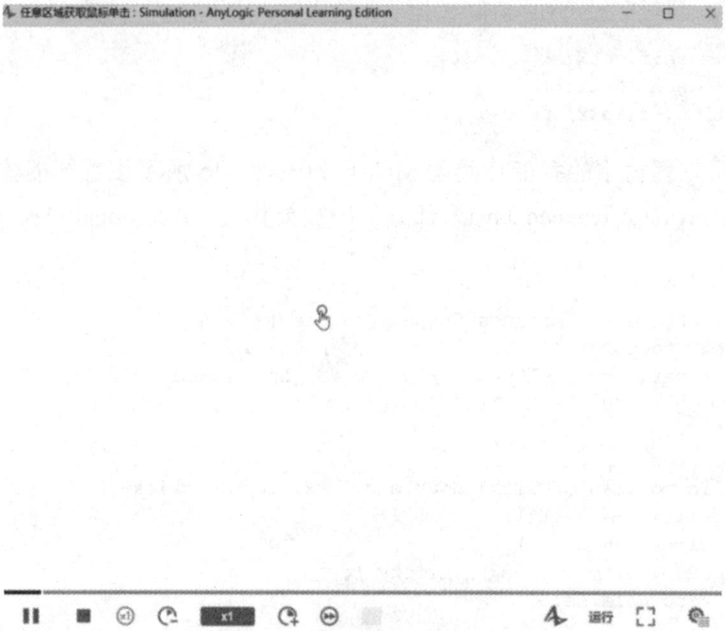

图 6-1-16　模型运行结果显示

6.2 AnyLogic 三维动画设计

AnyLogic 构建一个三维模型是以二维模型为起点的，如图 6-2-1 所示，通过定义 Z 坐标，可以将最初设计的二维模型转化成三维模型。在模型仿真运行时就可以得到如图 6-2-2 所示的三维动画效果。

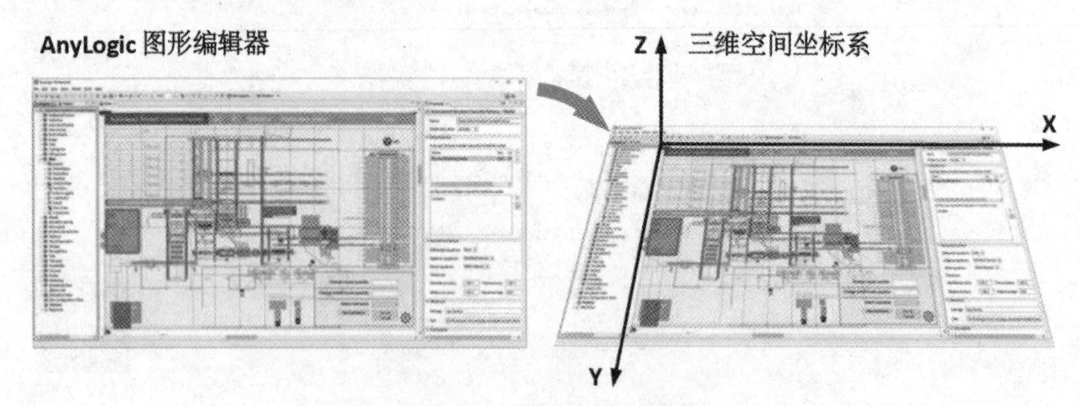

图 6-2-1　从二维模型转化为三维模型

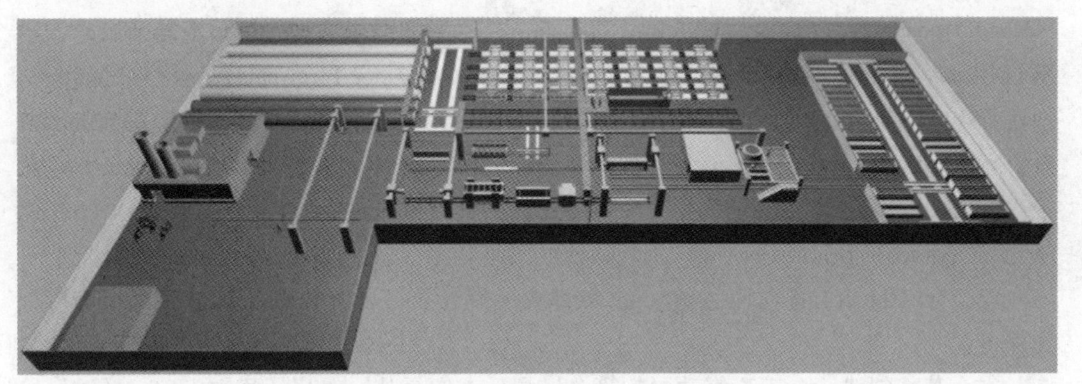

图 6-2-2　AnyLogic 交互式三维动画

6.2.1　AnyLogic的三维面板

AnyLogic 中与三维动画相关的面板有两个：演示（Presentation）面板和三维物体（3D Objects）面板，如图 6-2-3 所示。

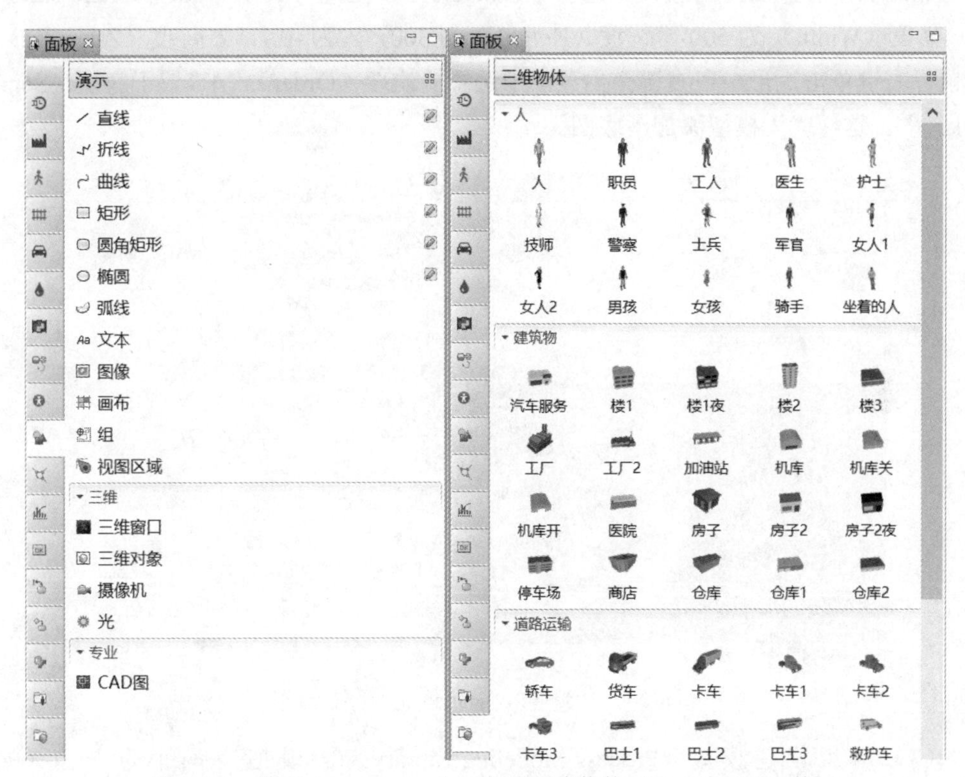

图 6-2-3　演示（Presentation）面板和三维物体（3D Objects）面板

演示（Presentation）面板的三维（3D）部分包含四个元件：三维窗口（3D Window）、三维对象（3D Object）、摄像机（Camera）和光（Light），而演示（Presentation）面板的基础元件除了曲线（Curve）、圆角矩形（Rounded Rectangle）、画布（Canvas）三个元件外，其他元件都可以在模型三维动画中显示。

三维物体（3D Objects）面板分为人（People）、建筑物（Buildings）、道路运输

（Road Transport）、轨道运输（Rail Transport）、海洋运输（Maritime Transport）、军事（Military）、仓库和集装箱码头（Warehouses and Container Terminals）、医疗（Health）、制造（Manufacturing）、数控机床（CNC Machines）、能源（Energy）、采矿（Mining）、办公室（Office）、超市（Supermarket）、机场（Airport）、其他（Miscellaneous）、盒子（Boxes）、瓶子（Bottles）、道路（Roads）、罐（Tanks）、管子（Pipes）、几何基元（Geometric primitives）等 22 个部分，三维物体（3D Objects）面板中的每一个三维对象（3D Object）都对应 AnyLogic 软件安装目录下的一个 Collada（DAE）三维模型文件。

本小节将创建一个带三维动画的简单模型，人们会从一个房子里面走出，经过一段路程走向另一个建筑物。具体操作如下。

（1）新建一个模型。在 Main 的图形编辑器中，点击选中比例（Scale）元件设置其属性，标尺长度对应（Ruler length corresponds to）为 100 米（meters）。

（2）从演示（Presentation）面板拖曳一个矩形（Rectangle）元件到 Main 中，并如图 6-2-4 所示设置其属性，外观（Appearance）部分，填充颜色（Fill color）下拉框选择“纹理（Textures）”并在弹出窗口中选择“concrete”；位置与大小（Position and size）部分，宽度（Width）为 500，高度（Height）为 300，Z 为 -0.1，Z 高度（Z-Height）为 0。鼠标右键单击矩形，在右键弹出菜单中选择“次序（Order）”|“置于底层（Send to Back）”。这样就为模型添加了底图。

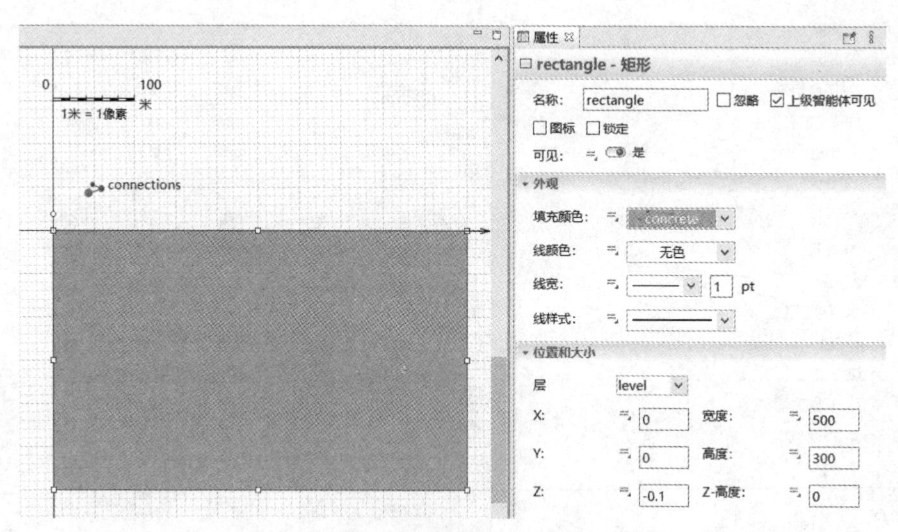

图 6-2-4　矩形（Rectangle）元件属性设置

（3）从流程建模库（Process Modeling Library）面板拖曳两个点节点（Point Node）元件到 Main 中如图 6-2-5 所示位置，并设置其属性，名称（Name）分别为“startPoint”“endPoint”；位置和大小（Position and size）部分，半径（Radius）均为 10。在流程建模库（Process Modeling Library）面板中，双击路径（Path）元件进入绘制模式，绘制一条如图 6-2-5 所示的路径，两端分别位于两个点节点（Point Node）元件位置。

（4）如图 6-2-6 所示，从三维物体（3D Objects）面板建筑物（Buildings）部分拖曳一个房子（House）到 Main 中点节点 startPoint 处，并设置其属性，位置（Position）部分的 Z 旋转（Rotation Z）为 90 度（degrees）；再从三维物体（3D Objects）面板建筑物（Buildings）部分拖曳一个商店（Store）到点节点 endPoint 处，并设置其属性，位置（Position）部分的 Z 旋转（Rotation Z）为 90 度（degrees）。

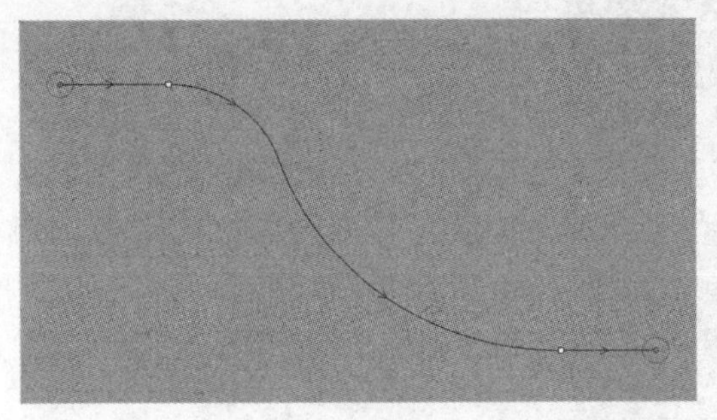

图 6-2-5 点节点（Point Node）元件及路径（Path）元件布局

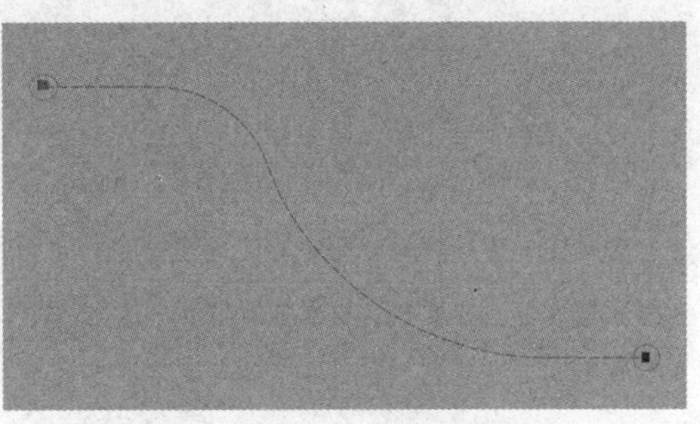

图 6-2-6 三维对象布局示意图

（5）从流程建模库（Process Modeling Library）面板依次拖曳一个 Source 模块、一个 MoveTo 模块和一个 Sink 模块到 Main 中，并如图 6-2-7 所示进行连接。

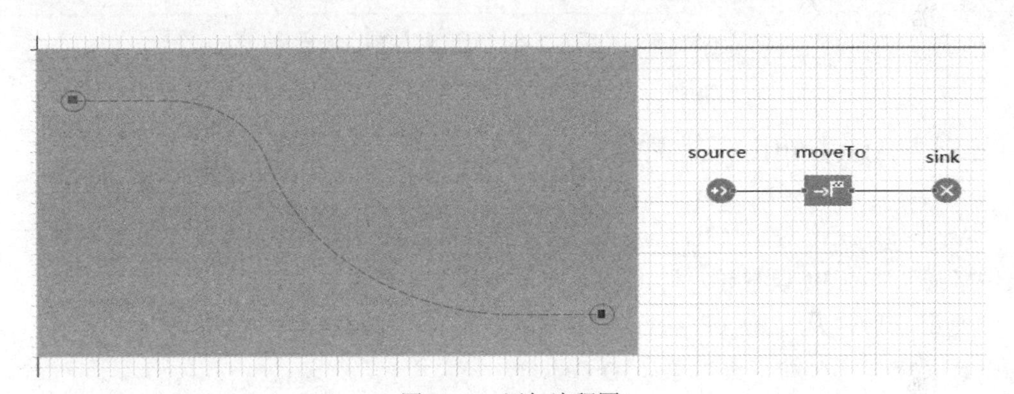

图 6-2-7 添加流程图

（6）设置模块 source 的属性，到达位置（Location of arrival）选择“网络 /GIS 节点（Network/GIS node）”，节点（Node）选择“startPoint”。点击智能体（Agent）部分的“创建自定义类型（create a custom type）”超链接，在弹出的新建智能体向导第 1 步，新类型名（Agent type name）设为“Person”，选择“我正在从头创建智能体类型（Create the agent type from scratch）”；第 2 步，智能体动画（Agent animation）选择“三维（3D）”，并选择人（People）部分的职员（Office Worker）；第 3 步，不添加智能体参数（Agent parameters），点击完成（Finish）按钮。智能体类型 Person 创建完成，并显示在工程树中。

（7）设置模块 moveTo 的属性，到达位置（Location of arrival）选择“网络 /GIS 节点（Network/GIS node）”，节点（Node）选择“endPoint”。

（8）从演示（Presentation）面板拖曳一个三维窗口（3D Window）元件到 Main 中，元件名称（Name）默认为“window3d”。

（9）运行模型，如图 6-2-8 所示。

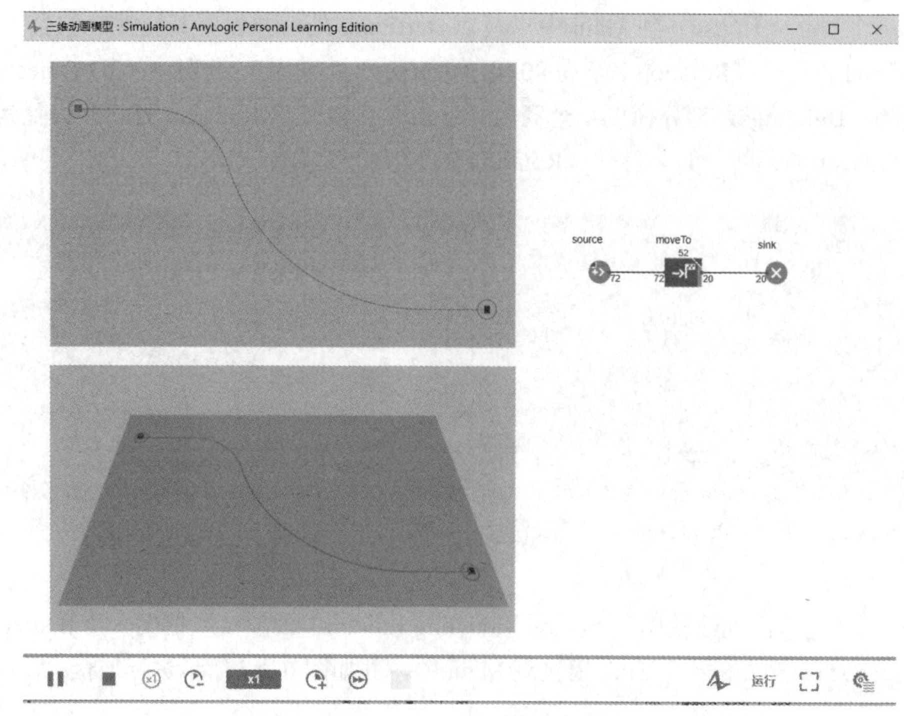

模型文件下载

图 6-2-8　模型运行结果显示

6.2.2　AnyLogic三维对象

AnyLogic 三维对象（3D Object）元件使 AnyLogic 用户能够将以 Collada（DAE）文件格式创建的 3D 模型导入到 AnyLogic 仿真模型中。

使用它时，从演示（Presentation）面板的三维（3D）部分将三维对象（3D Object）元件拖入到图形编辑器中，AnyLogic 会自动提示是否调整三维对象的大小以匹配智能体比例（resize the 3D Object to match the agent's scale），在大多数情况下建议选"是（Yes）"。三维对象（3D Object）元件的属性设置如图 6-2-9 所示。在将三维模型文件添加后，此文件将自动显示在工程树中的 Resource 文件夹中。也可以在附加比例（Additional scale）部分随时调整三维对象的大小。

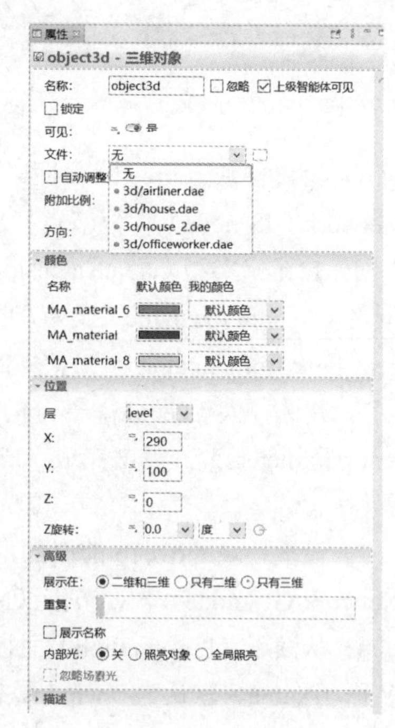

图 6-2-9　三维对象（3D Object）元件属性设置

三维对象（3D Object）元件同样可以进行分组，组属性高级（Advanced）部分的"展示在（Show in）"可以选择"二维和三维（2D and 3D）""只有二维（2D only）"或"只有三维（3D only）"。

在 6.2.1 节的模型基础上，添加一个水域和一个竖起的危险标志，在图形编辑器中该标志显示平放在（X，Y）平面上，而在仿真运行时该标志会垂直竖立，具体操作如下。

（1）在演示（Presentation）面板中，双击折线（Polyline）元件进入绘制模式，在 Main 中绘制如图 6-2-10 所示的形状，并设置其属性，名称（Name）为“marsh”，勾选“闭合（Closed）”；外观（Appearance）部分，线颜色（Line color）为“无色（No color）”，填充颜色（Fill color）下拉框选择“纹理（Textures）”，在弹出窗口中选择“tarmac”。

（2）使用演示（Presentation）面板中的文本（Text）、矩形（Rectangle）和直线（Line）元件绘制如图 6-2-11 所示的图形。设置矩形（Rectangle）元件和直线（Line）元件的属性，位置和大小（Position and size）部分，Z- 高度（Z-Height）均为 2。设置文本（Text）元件的属性，位置和大小（Position and size）部分，Z 为 2.1；高级（Advanced）部分，展示在（Show in）选择“二维和三维（2D and 3D）”。

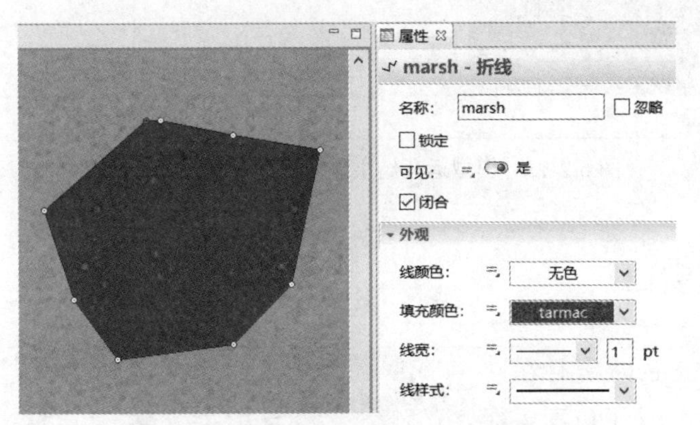

图 6-2-10 折线（Polyline）元件属性设置

图 6-2-11 绘制警示牌

（3）选中步骤（2）创建的所有图形，鼠标右键单击，在右键弹出菜单中选择“分组（Grouping）”|“创建组（Create a Group）”。选中刚刚创建的组，鼠标右键单击选择组内容（Select Group Contents），将整个组向上移动，使整个组的中心坐标位于标杆的底部。如图 6-2-12 所示设置该组的属性，位置与大小（Position and size）部分，“X 旋转，弧度（Rotation X，rad）”填入“-PI/2”。

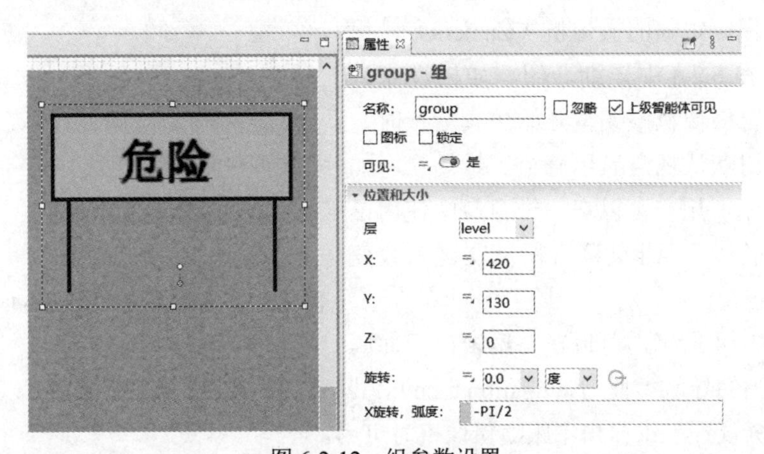

图 6-2-12 组参数设置

（4）运行模型，如图 6-2-13 所示。

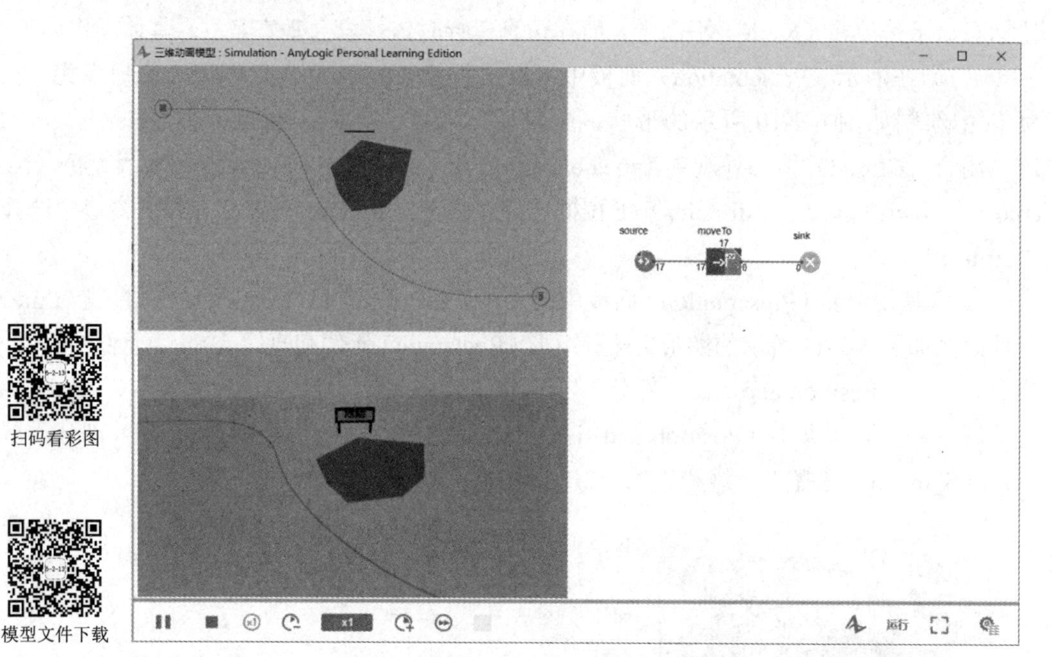

图 6-2-13　模型运行结果显示

6.2.3　AnyLogic三维窗口

AnyLogic 三维对象（3D Object）元件在三维动画中扮演占位符的角色，定义了仿真运行窗口中显示三维动画的区域。在本书前面已经有很多示例通过添加三维窗口（3D Window）元件实现了在仿真运行时观看仿真模型的同步三维动画。

三维窗口元件的属性设置如图 6-2-14 所示。

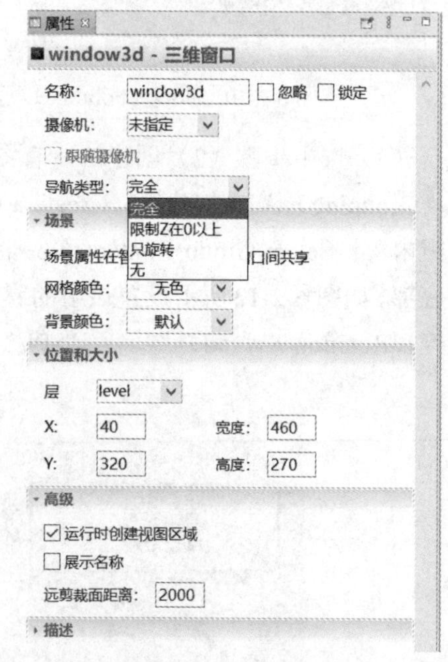

图 6-2-14　三维窗口（3D Window）元件属性

如图 6-2-14 所示，可以在三维窗口元件属性中为其指定跟随的摄像机（Camera），摄像机元件将在 6.2.4 中详细介绍。如果没有为三维窗口指定摄像机，模型开始仿真运行时，三维窗口使用默认视角显示整个三维场景。如图 6-2-15 所示，用户可以在三维窗口中使用鼠标左键、滚轮以及 Alt 键联合鼠标左键来改变三维窗口的视角。

如图 6-2-14 所示，可以在三维窗口元件属性中选择适当的导航类型（Navigation type），其中完全（Full）和限制 Z 在 0 以上（Limited to Z above 0）仅在三维窗口不跟随摄像机时可用。

如图 6-2-16 所示，可以在三维窗口元件属性的场景（Scene）部分设置背景颜色（Background color）和网格颜色（Grid color）。这里的网格绘制在（X，Y）平面上，步长为 100 像素。

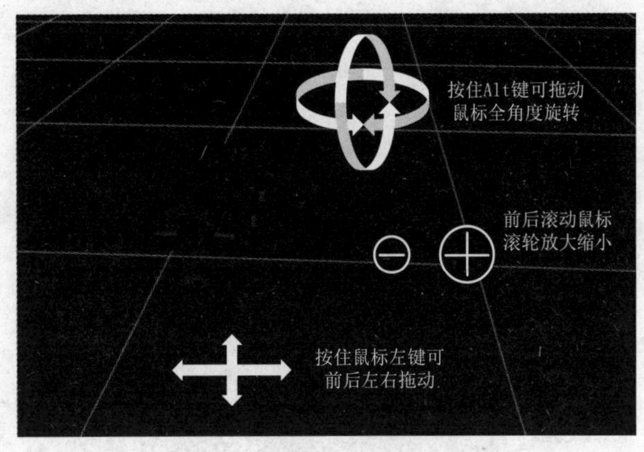

图 6-2-15　改变三维窗口视角

如图 6-2-17 所示，三维窗口（3D Window）元件中的三维场景以一定的可见深度进行渲染，该深度即三维窗口元件属性中高级（Advanced）部分的远剪裁面距离（Far clipping distance），位于远剪裁面距离之外的三维场景部分将不可见。远剪裁面距离实际是以像素为单位的与摄像机的距离，远剪裁面距离越大，三维场景越完整，但是可能会导致仿真运行效率变低。

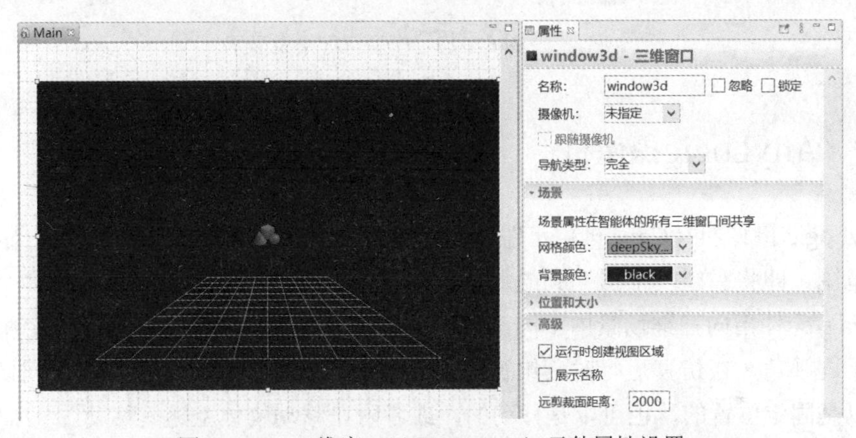

图 6-2-16　三维窗口（3D Window）元件属性设置

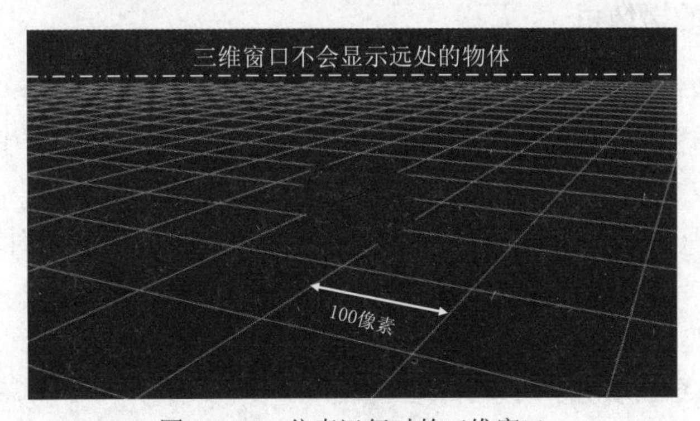

图 6-2-17　仿真运行时的三维窗口

可以在模型中添加多个三维窗口元件，以使模型同时拥有多个三维场景视图。打开 6.2.2 节的模型，如图 6-2-18 所示，从演示（Presentation）面板拖曳一个三维窗口（3D Window）元件到 Main 中原来三维窗口的右侧，并设置其属性，名称（Name）为“window3d1”。运行模型调整右边三维窗口的视角，使其恰好可以看到人们从房子里走出来。

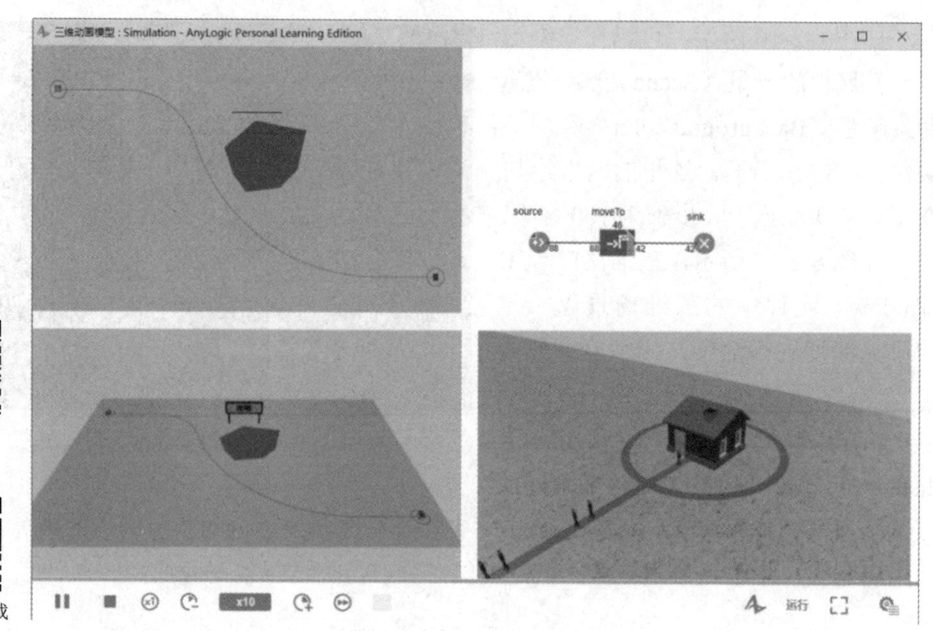

扫码看彩图

模型文件下载

图 6-2-18　模型运行结果显示

6.2.4　AnyLogic摄像机

AnyLogic 摄像机（Camera）元件可以定义在三维窗口（3D Window）中显示的演示场景范围，即将它能“拍摄”到的场景范围显示在三维窗口中。可以定义多个摄像机（Camera）元件指向三维场景中不同部分，或者每个摄像机（Camera）元件“拍摄”同一部分不同视角，在仿真运行时三维窗口的显示内容就可以在这些摄影机之间切换。摄像机可以是固定位置的，也可以是移动的，或者附在移动物体上随其移动。

（一）固定的摄像机

调整固定摄像机位置最简单的方法是运行模型将三维窗口调整至合适的视角后，复制当前三维窗口的视角位置，再将其粘贴到摄像机的属性中，具体操作如下。

（1）打开 6.2.3 节的模型。

（2）从演示（Presentation）面板拖曳一个摄像机（Camera）元件到 Main 中，名称（Name）默认为“camera”。

（3）运行模型，如图 6-2-19 所示，调整左边三维窗口至显示房子场景的合适位置，鼠标右键单击这个视角位置，点击弹出的“复制摄像机位置（Copy camera location）”。

（4）关闭仿真运行窗口，如图 6-2-20 所示设置摄像机 camera 的属性，点击“从剪贴板粘贴坐标（Paste

图 6-2-19　复制摄像机位置

coordinates from clipboard）”按钮，摄像机会移动到新的坐标，同时其角度等属性也将发生改变。

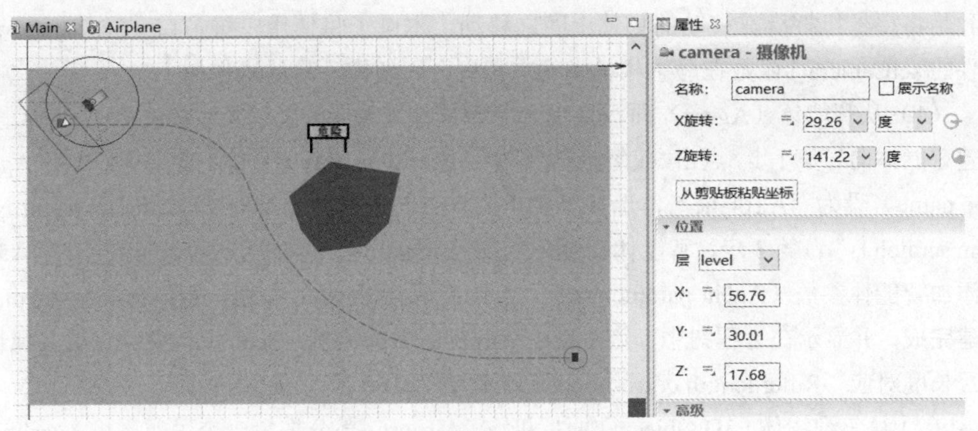

图 6-2-20　摄像机 camera 属性设置

（5）设置三维窗口 window3d 的属性，在摄像机（Camera）下拉框中选择“camera”，不勾选“跟随摄像机（Follow camera）”，导航类型（Navigate type）选择“只旋转（Rotation only）”。

（6）从演示（Presentation）面板再拖曳一个摄像机（Camera）元件到 Main 中，名称（Name）默认为“camera1”。以同样的方式调节固定摄像机的位置，使其能“拍摄”到仿真模型全景。

（7）设置三维窗口 window3d1 的属性，在摄像机（Camera）下拉框中选择“camera1”，勾选“跟随摄像机（Follow camera）”，导航类型（Navigate type）选择“无（none）”。

（8）运行模型，如图 6-2-21 所示。

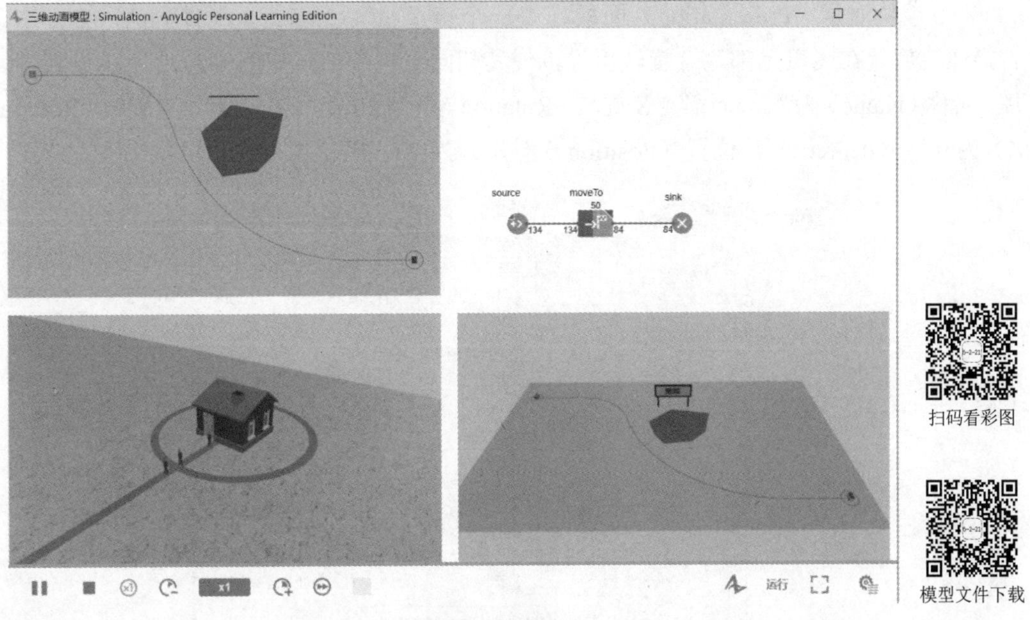

图 6-2-21　模型运行结果显示

（二）移动的摄像机

有两种方法移动摄像机（Camera）元件，一种是在摄像机属性中动态设置坐标和旋转，一种是将摄像机捆绑在移动的物体上随之移动。本例子将使用三维窗口（3D Window）元件的 setCamera() 函数在静态相机和动态相机之间切换，具体操作如下。

（1）从智能体（Agent）面板拖曳一个智能体（Agent）元件到 Main 中，在弹出的新建智能体向导第 1 步，点击“仅智能体类型（Agent type only）”；第 2 步，新类型名（Agent type name）设为“Airplane”，选择“我正在从头创建智能体类型（Create the agent type from scratch）”；第 3 步，智能体动画（Agent animation）选择“无（None）”；第 4 步，不添加智能体参数（Agent parameters），点击完成（Finish）按钮。智能体类型 Airplane 创建完成，并显示在工程树中。点击选中 Airplane 中的比例（Scale）元件并设置其属性，标尺长度对应（Ruler length corresponds to）设置为 100 米（meters）。

（2）从三维物体（3D Objects）面板机场（Airport）部分拖曳一个民航飞机（Airliner）到 Airplane 中，并设置其属性，名称为“airliner”，附加比例（Additional scale）为“100%”；位置（Position）部分，X 为 0，Y 为 0。

（3）设置智能体类型 Airplane 的属性，智能体行动（Agent actions）部分，在启动时（On startup）填入代码：

```
moveTo(uniform(450), uniform(300));
```

在到达目标位置时（On arrival to target location）填入代码：

```
moveTo(uniform(450), uniform(300));
```

（4）设置 Airplane 中三维对象 airliner 的属性，位置（Position）部分 Z 为 30，即飞机的飞行高度。

（5）从演示（Presentation）面板拖曳一个摄像机（Camera）元件到 Airplane 中，将摄像机放置在飞机尾部，并旋转摄像机使其朝向飞机头部。如图 6-2-22 所示设置其属性，名称（Name）为“camera”，X 旋转（Rotation X）为 20 度（degrees），Z 旋转（Rotation Z）为 0 度（degrees），位置（Position）部分 Z 为 20，即摄像机在飞机尾部上方俯视。

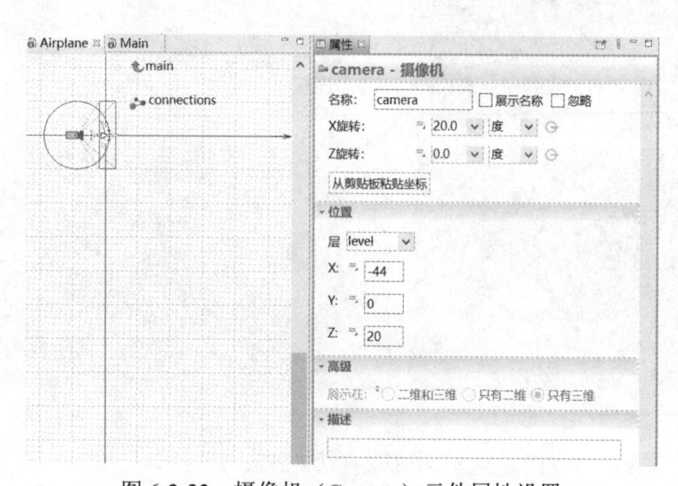

图 6-2-22　摄像机（Camera）元件属性设置

（6）从控件（Controls）面板拖曳一个按钮（Button）元件到 Main 中，并设置其属性，名称（Name）为“button”，标签（Label）为“飞机视角”；在行动（Action）部分填入代码：

```
window3d1.setCamera( airplane.camera, true );
```

（7）从控件（Controls）面板再拖曳一个按钮（Button）元件到 Main 中，并设置其属性，名称（Name）为“button1”，标签（Label）为“固定视角”，在行动（Action）部分填入代码：

```
window3d1.setCamera( camera1, false, 500 );
window3d1.setNavigationMode( WINDOW_3D_NAVIGATION_FULL );
```

（8）运行模型，如图 6-2-23 所示。点击“飞机视角”按钮，右侧三维窗口将以飞机上的移动视角显示俯视场景；点击“固定视角”按钮，将恢复固定视角显示模型全景。

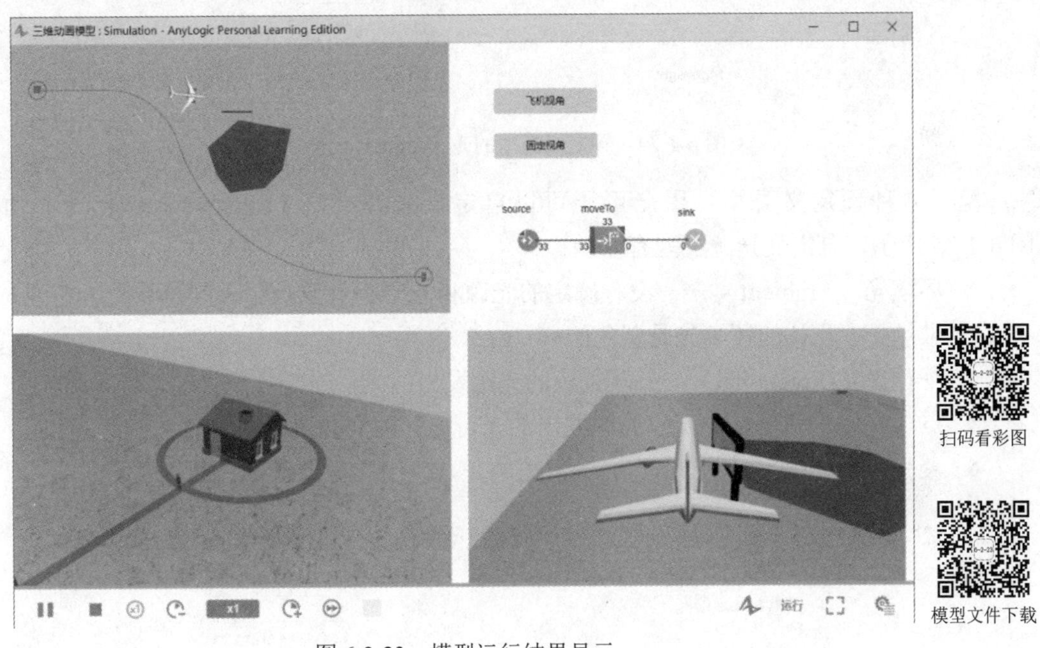

图 6-2-23　模型运行结果显示

6.2.5　AnyLogic的光

AnyLogic 光（Light）元件用于为其三维动画添加光源。默认情况下，AnyLogic 会自动为模型三维动画场景创建两个光源：环境光（Ambient）和平行光（Directional）。这两个光元件不可管理，既不显示在图形编辑器中，也不显示在工程树中。一般不建议用户在模型中添加自己的光源，否则，默认光源将被删除，整个场景照明交由用户自己管理。

三维对象（3D Object）元件可以有自己的内部光（Internal lights）。如果既有内部光，又暴露在其他光源下，这些三维对象可能会过度照明。因此，为了避免三维对象过度照明，三维对象（3D Object）元件属性的内部光（Internal lights）默认为“关（Off）”，也可选择设置为照亮对象（Illuminate the object）或全部照亮（Illuminate globally）。

在一个模型的三维场景中，包含三维对象的内部光（Internal lights），最多可以有6个光（Light）元件。

如图6-2-24所示，AnyLogic光（Light）元件的预定义类型（Predefined type）有4种：街灯（Street light）、车头灯（Car headlight）、日光（Daylight）、月光（Moonlight）。

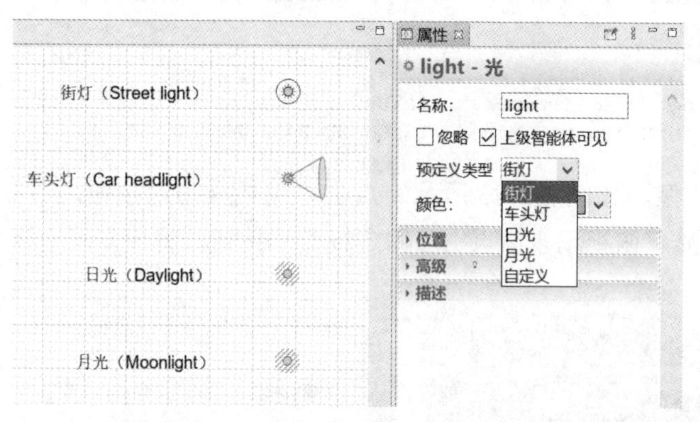

图6-2-24　预定义类型的光（Light）元件

除了4种预定义类型，用户可还可以自定义光源类型（Light source type），如图6-2-25所示，自定义光源类型有4种：

- 环境光（Ambient）——没有确定的光源和方向，就像是阴天的自然光。模型三维场景中默认的环境光是灰色的。
- 平行光（Directional）——从很远的光源发出的光，光线是平行的，像太阳光。
- 点（Point）——从一个点光源发出的光，均匀的向各个方向发射。
- 聚光（Spot）——从一个点光源发出的光，但仅在给定角度的锥体内发光。

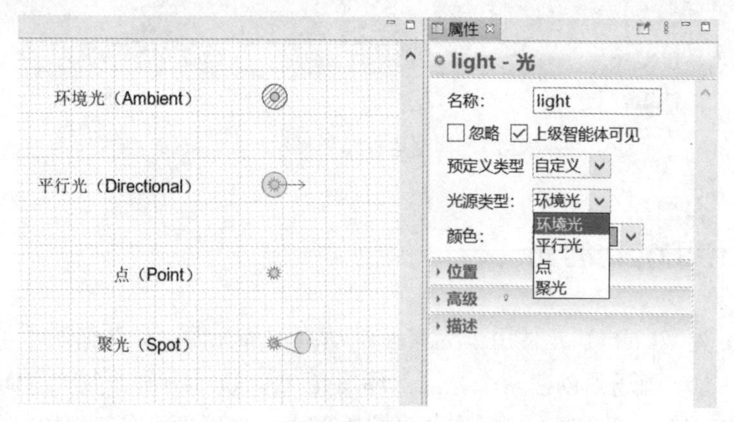

图6-2-25　自定义类型的光（Light）元件

本小节将创建一个简单的可自定义光源的三维场景，一个打开车头灯的汽车沿道路行驶到某个建筑物入口处。具体操作如下。

（1）新建一个模型。

（2）从演示（Presentation）面板拖曳一个矩形（Rectangle）元件到Main中，并如

图 6-2-26 所示设置其属性，名称（Name）为“ground”；外观（Appearance）部分，填充颜色（Fill color）下拉框选择“纹理（Textures）”，在弹出窗口中选择“grass”；位置与大小（Position and size）部分，宽度（Width）为 650，高度（Height）为 200，Z 为 -1，Z 高度（Z-Height）为 1。

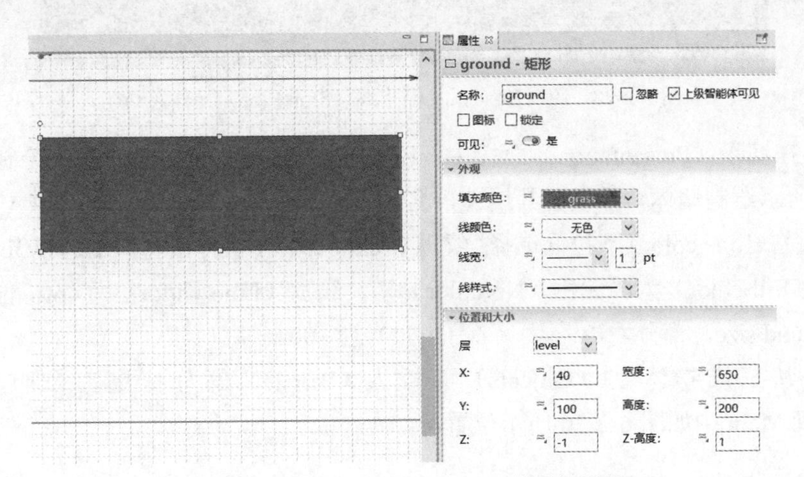

图 6-2-26　矩形（Rectangle）元件属性设置

（3）从演示（Presentation）面板再拖曳一个矩形（Rectangle）元件到 Main 中，如图 6-2-27 所示设置其属性，名称（Name）为“floor”；外观（Appearance）部分，填充颜色（Fill color）下拉框选择“纹理（Textures）”，在弹出窗口中选择“concrete”；位置与大小（Position and size）部分，宽度（Width）为 250，高度（Height）为 200，Z 为 0，Z 高度（Z-Height）为 0.2。

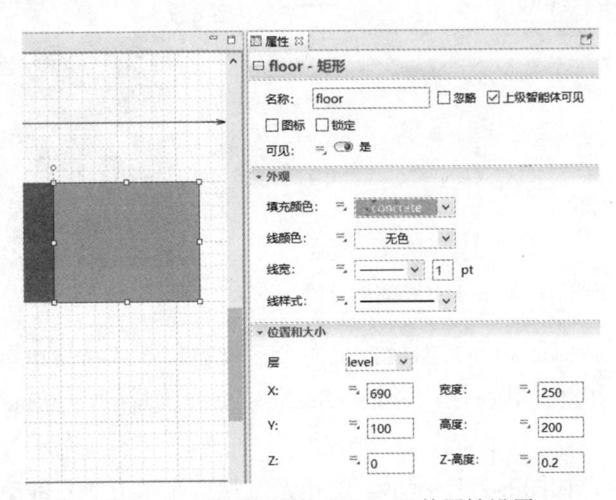

图 6-2-27　矩形（Rectangle）元件属性设置

（4）如图 6-2-28 所示，使用道路交通库（Road Traffic Library）面板中的路（Road）元件在 Main 中绘制一条路，并设置其属性，正向车道数量（Number of forward lanes）为 1，对向车道数量（Number of backward lanes）为 1。再从道路交通库（Road Traffic Library）面板拖曳一个停止线（Stop Line）元件到路的尽头，并设置其属性，名称（Name）为“destination”。道路交通库（Road Traffic Library）面板将在 8.1 节详细介绍。

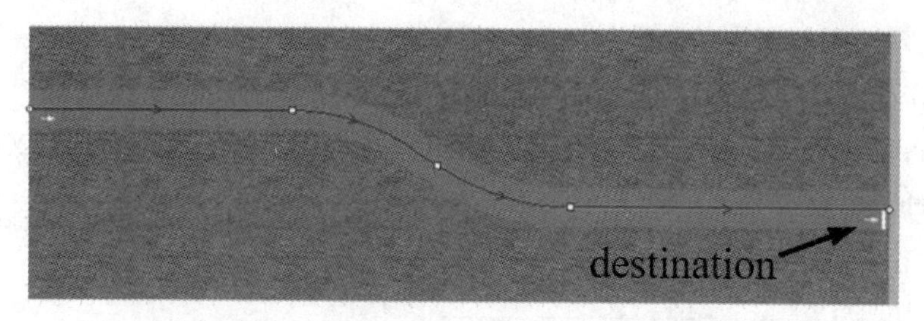

图 6-2-28　路（Road）及停止线（Stop Line）元件布局

（5）在演示（Presentation）面板中，双击折线（Polyline）元件进入绘制模式，如图 6-2-29 所示绘制墙体，并设置其属性，名称（Name）为“wall”；外观（Appearance）部分，线颜色（Line color）下拉框选择“纹理（Textures）”，在弹出窗口中选择“brickRed”，填充颜色（Fill color）为“无色（No color）”，线宽（Line width）为 4pt；位置与大小（Position and size）部分，Z- 高度（Z-Height）为 100。

（6）从三维物体（3D Objects）面板人（People）部分拖曳三个职员（Office Worker）到 Main 中如图 6-2-30 所示位置。

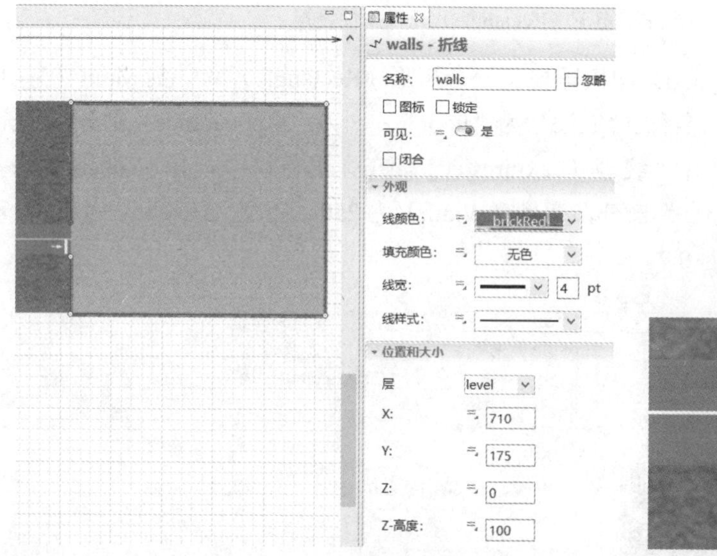

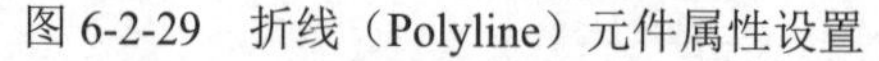
图 6-2-29　折线（Polyline）元件属性设置

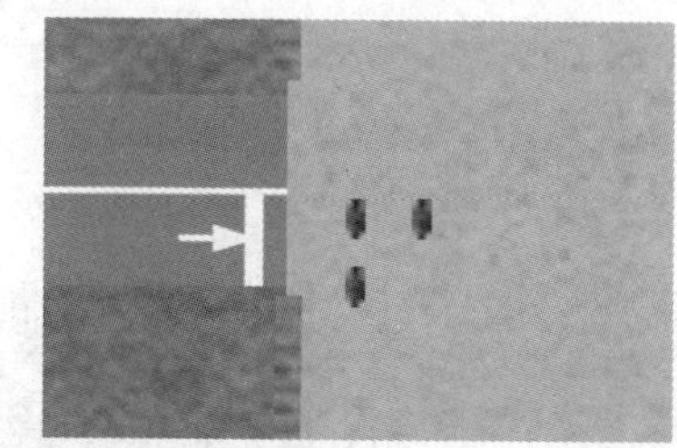

图 6-2-30　添加三维物体（3D Objects）

（7）从演示（Presentation）面板拖曳两个三维窗口（3D Window）元件到 Main 中矩形区域的下方，并设置其属性，场景（Scene）部分背景颜色（Background color）均选择“black”。

（8）运行模型，如图 6-2-31 所示。这是系统默认光源下的三维动画场景。

（9）从演示（Presentation）面板拖曳一个光（Light）元件到 Main 中，并如图 6-2-32 所示设置其属性，预定义类型（Predefined type）选择“月光（Moonlight）”，颜色（Color）选择“darkGray”。

（10）从演示（Presentation）面板再拖曳一个光（Light）元件到 Main 中的道路附近，并如图 6-2-33 所示设置其属性，预定义类型（Predefined type）选择“街灯（Street light）”，颜色（Color）选择“darkGoldenRod”；位置（Position）部分，Z 为 50。

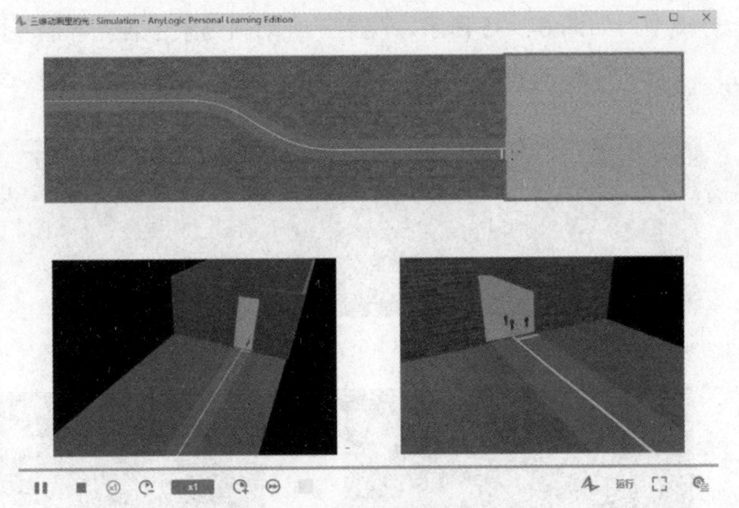

扫码看彩图

模型文件下载

图 6-2-31 模型运行结果显示

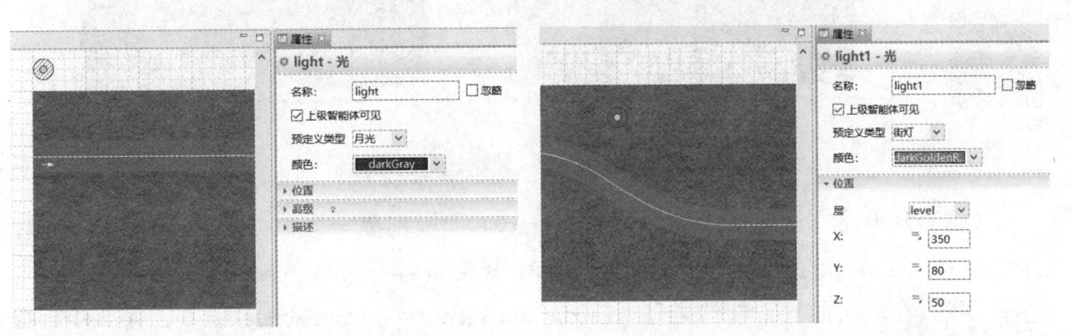

图 6-2-32 光（Light）元件属性设置

图 6-2-33 光（Light）元件属性设置

（11）从演示（Presentation）面板再拖曳一个光（Light）元件到 Main 中建筑物的左上角，并如图 6-2-34 所示设置其属性，预定义类型（Predefined type）选择“自定义（Custom）”，光源类型（Light source type）选择“聚光（Spot）”，颜色（Color）选择“slateGray”，截光角（Cut off angle）选择“+45”；位置（Position）部分，Z 为 50，X 角度（Angle X）填入“+55”，Z 角度（Angle Z）选择“+45”。

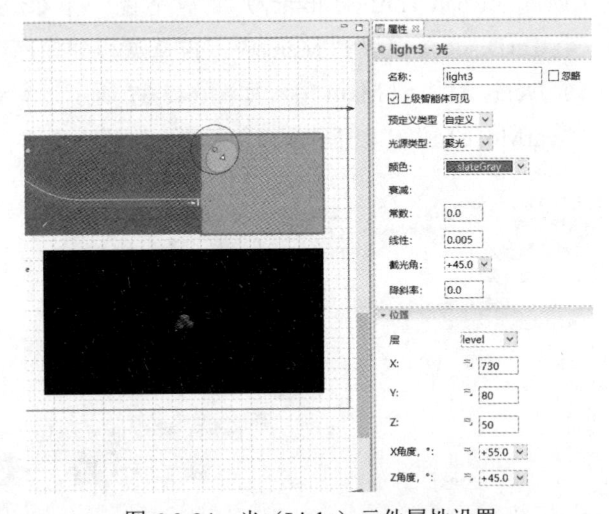

图 6-2-34 光（Light）元件属性设置

（12）运行模型，如图 6-2-35 所示。观察三维动画场景中各光源的不同效果。

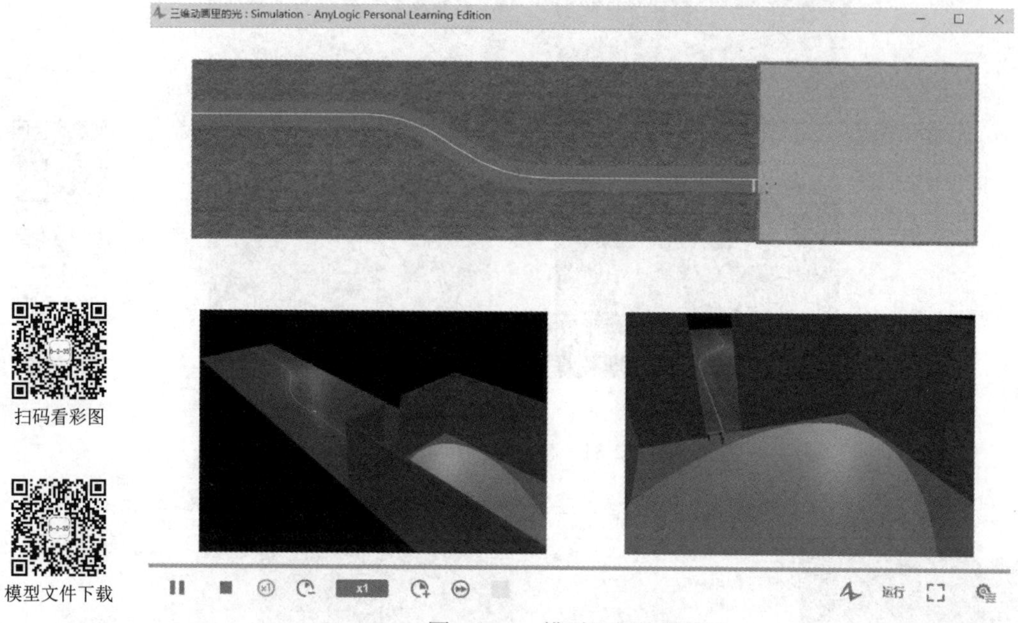

扫码看彩图

模型文件下载

图 6-2-35　模型运行结果显示

（13）从道路交通库（Road Traffic Library）面板拖曳一个车类型（Car Type）元件到 Main 中，在弹出的新建智能体向导第 1 步，新类型名（Agent type name）设为“Car”，选择“我正在从头创建智能体类型（Create the agent type from scratch）”；第 2 步，智能体动画（Agent animation）选择“三维（3D）”，并选择道路运输（Road Transport）部分的轿车（Car）；第 3 步，不添加智能体参数（Agent parameters），点击完成（Finish）按钮。智能体类型 Car 创建完成，并显示在工程树中

（14）如图 6-2-36 所示，从演示（Presentation）面板拖曳一个光（Light）元件到 Car 中轿车的前部，并设置其属性，预定义类型（Predefined type）选择“车头灯（Car headlight）”；位置（Position）部分，Z 为 10，X 角度（Angle X）填入“+5”。

（15）从道路交通库（Road Traffic Library）面板拖曳一个 CarSource 模块、一个 CarMoveTo 模块和一个 CarDispose 模块到 Main 中，再从流程建模库（Process Modeling Library）面板拖曳一个 Delay 模块到 Main 中，如图 6-2-37 所示进行连接，各模块名称默认为“carSource”“carMoveTo”“carDispose”和“delay”。

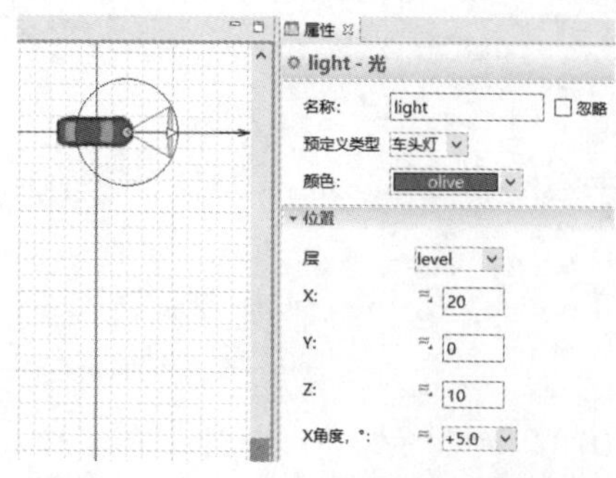

图 6-2-36　光（Light）元件属性设置

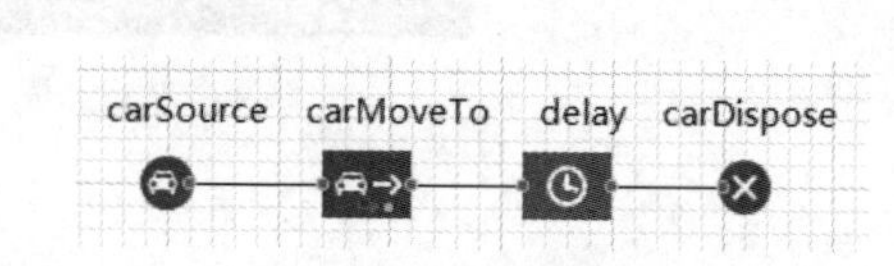

图 6-2-37　创建流程

设置模块 carSource 的属性，勾选“有限到达数（Limited number of arrivals）”，最大到达数（Maximum number of arrivals）为 1，路（Road）选择“road”；车（Car）部分，新车（New car）选择“Car”。

设置模块 carMoveTo 的属性，移动到（Moves to）选择“停止线（stop line）”，停止线（Stop line）选择“destination”，停止线行为（Behavior at stop line）选择“停止线前停止（Stop before stop line）”。

设置模块 delay 的属性，类型（Type）选择“直至调用 stopDelay（Until stopDelay() is called）”。

（16）运行模型，如图 6-2-38 所示。观察三维动画场景在多种光源作用下的状态。

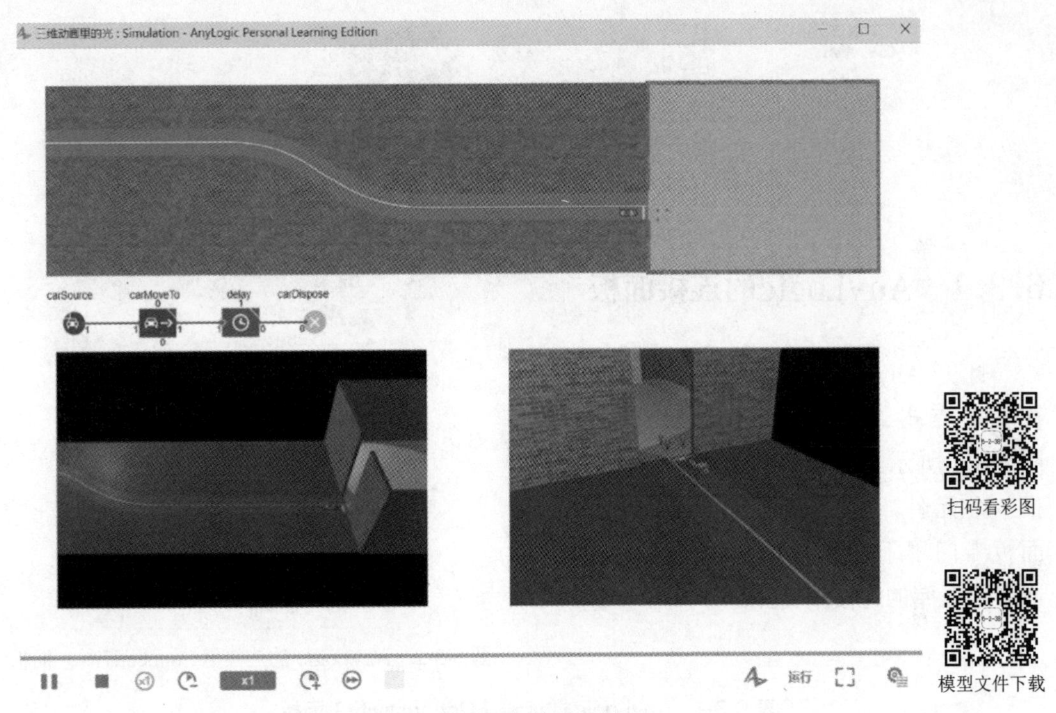

图 6-2-38　模型运行结果显示

6.3 AnyLogic 数据交互机制

如图 6-3-1 所示，仿真模型从来不是一个封闭的系统。它从外界获得许多数据，输出仿真的结果。比较简单的情况是，模型有图形用户界面，用户通过在编辑框中输入参数值或使用滑块改变它们的大小，或者在屏幕上查看输出图表和动画；比较复杂的是，在大多数工业应用中，模型直接读取或写入文本文件、Excel 电子表格文件或者数据库，甚至直接与其他应用程序交互。本节介绍 AnyLogic 与外部系统的数据交互机制。

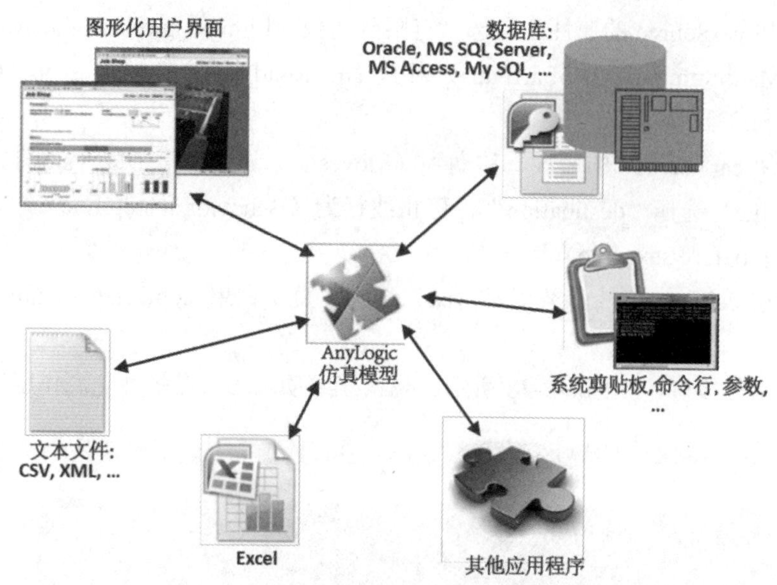

图 6-3-1 AnyLogic 仿真模型与外部系统的数据交换

6.3.1 AnyLogic的连接面板

打开 AnyLogic 软件工作区左侧面板视图，点击选择连接（Connectivity），如图 6-3-2 所示。连接（Connectivity）面板包括 7 个元件，详见表 6-3-1。AnyLogic 连接面板专门用于实现与 Excel 文件、文本文件或者数据库的连接和交互。

图 6-3-2 AnyLogic 的连接（Connectivity）面板

表 6-3-1 AnyLogic 的连接（Connectivity）面板

元件名称	说明
Excel 文件（Excel File）	Excel 文件元件用于方便的读取 Excel 文件。在仿真运行时，它读取指定的 Excel 文件并在仿真模型中创建其内部备份文件，然后可以通过调用函数访问 Excel 电子表格，读取和写入数据，创建单元格等。注意，所有的操作都是对内部备份文件的修改，并且在仿真运行终止之前，或者在调用 writeFile() 函数之前，不会保存到模型外部的实际文件中。
文本文件（Text File）	文本文件元件用于简化对文本文件的访问。可以在文本文件元件属性中设置文件名或网址，也可以在仿真运行时通过调用函数 setFile() 或 setURL() 实现关联。文本文件元件有三种模式（Mode）：读（Read）、写（Write）、写 / 附加（Write/Append）。
数据库（Database）	数据库元件用于建立一个指向真实数据库的连接，它提供了 JDBC 驱动程序并可自动存储用户名和密码。数据库元件提供了丰富的调用函数，可以在仿真模型中执行任何与数据库相关的工作。
查询（Query）	查询元件用于从数据库中提取数据并将其作为 Java 对象 ResultSet 返回。可以用查询结果来构建智能体群（Agent population）或集合（Collection）。

续表

元件名称	说明
Key-Value 表（Key-Value Table）	Key-Value 表元件用于从数据库表中建立一个两列的表：一列是关键字 key，另一列是值 value。建立后，只需调用函数 get（<key>）即可检索值。
插入（Insert）	插入元件用于在数据库表中插入一条记录。
更新（Update）	更新元件用于更新数据库表中的字段。

注意

AnyLogic 连接（Connectivity）面板专业部分的 4 个元件，在 AnyLogic 个人学习版（PLE）中并不支持，只能在 AnyLogic 专业（Professional）版中使用。

6.3.2 AnyLogic与文本文件

（一）使用文本文件作为模型运行日志

通过使用文本文件（Text File）元件，可以为模型创建 log 文件，使用 writeToLog (String info) 函数可以将字符串写入文本文件中。模型启动前会先检验是否在模型所在文件夹下有 log.txt 文件，如果存在将清除其中所有内容，如果没有将新建一个名为 log.txt 的文本文件。具体操作如下。

（1）新建一个模型。从连接（Connectivity）面板拖曳一个文本文件（Text File）元件到 Main 中，并如图 6-3-3 所示设置其属性，名称（Name）为“log”，资源（Resource）选择文件（File）并在下拉框中选择“log.txt”，模式（Mode）选择“写（Write）”，字符集（Character set）选择“系统默认（System Default）”。

图 6-3-3 文本文件（TXT File）元件属性设置

（2）从智能体（Agent）面板拖曳一个函数（Function）元件到 Main 中，并设置其属性，名称（Name）为“writeToLog”；在参数（Arguments）部分添加一个参数，名称（Name）为“info”，类型（Type）选择“String”；在函数体（Function body）部分填入代码：

```
log.println(info);
```

（3）点击工程树中的智能体类型Main设置其属性，在智能体行动（Agent actions）部分的启动时（On startup）填入代码：

```
writeToLog( "日志生成时间 " + ( new Date() ) );
```

（4）从智能体（Agent）面板拖曳一个事件（Event）元件到Main中，并设置其属性，名称（Name）为“event”，触发类型（Trigger type）选择“速率（Rate）”，在行动（Action）部分填入代码：

```
writeToLog( time() + " —— 事件发生; " );
```

（5）运行模型。点击停止键终止运行模型，单开模型所在文件夹的log.txt文件，如图6-3-4所示。

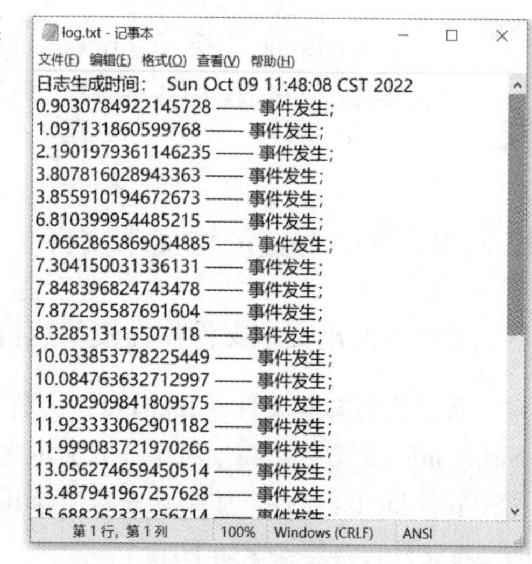

图6-3-4 日志文本文件

（二）将文本文件内容读入表函数

因为AnyLogic个人学习版（PLE）不支持文件选择器（File Chooser）元件，本例子需要在AnyLogic专业（Professional）版中完成，具体操作如下。

（1）新建一个模型。从连接（Connectivity）面板拖曳一个文本文件（Text File）元件到Main中，并保持其默认属性。在其属性的分隔符（Separators）处可以勾选或者自定义多种数据分隔符，要从文本文件中读取数值类型数据，文件所用的分隔符要与一致。

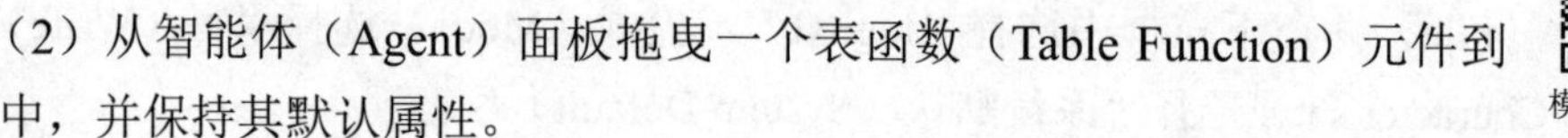

（2）从智能体（Agent）面板拖曳一个表函数（Table Function）元件到Main中，并保持其默认属性。

（3）从控件（Controls）面板拖曳一个文件选择器（File Chooser）元件到Main中，并设置其属性，在行动（Action）部分填入代码：

```
file.setFile( value, TextFile.READ );
ArrayList<Double> arguments = new ArrayList<Double>();
ArrayList<Double> values = new ArrayList<Double>();
while( file.canReadMore() ) {
    arguments.add( file.readDouble() );
    values.add( file.readDouble() );
}
int N = arguments.size();
double[] args = new double[ N ];
double[] vals = new double[ N ];
for( int i=0; i<N; i++ ) {
    args[i] = arguments.get(i);
    vals[i] = values.get(i);
}
tableFunction.setArgumentsAndValues( args, vals );
```

（4）新建一个文本文件，录入如下数值后保存为“data.txt”。

```
0       0
1       0.15
2       0.25
3       0.44
4       0.58
5       0.97
6       0.78
7       0.61
8       0.34
9       0
```

（5）运行模型，如图 6-3-5 所示。通过文件选择器选择 data.txt 文件并确认，文本里的数据被读入表函数中。

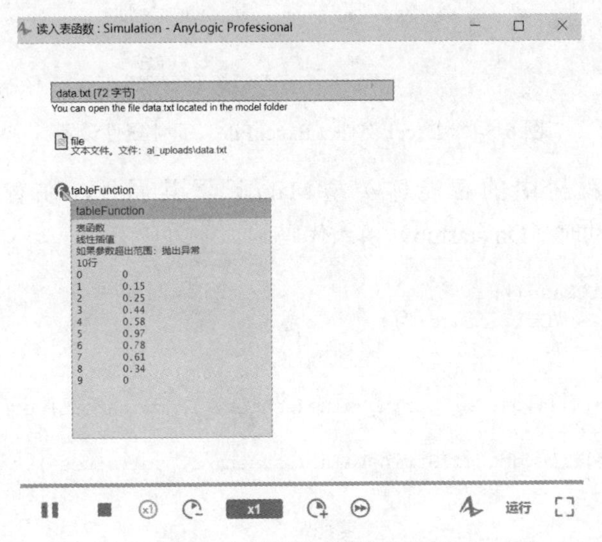

模型文件下载

图 6-3-5　模型运行结果显示

6.3.3　AnyLogic与Excel电子表格

（一）从 Excel 电子表格中读取模型参数

本例将读取 Excel 文件中的值，通过名称匹配给模型中的参数赋值。电子表格文件 parameters.xlsx 中的表单内容如图 6-3-6 所示，A 列是参数的简单描述，B 列是参数名称，C 列是参数的值。

	A	B	C
1	Description	Name	Value
2	Number of operators	NumberOfOperators	20
3	Minimum service time, minutes	ServiceTimeMin	0.4
4	Most likely service time, minutes	ServiceTimeMode	3
5	Maximum service time, minutes	ServiceTimeMax	15
6	Calls per minute	CallsPerMinute	6
7	Minimum abandon time, minutes	AbandonTimeMin	5
8	Maximum abandon time, minutes	AbandonTimeMax	10

图 6-3-6　Excel 电子表格内容

（1）新建一个模型，并将电子表格文件 parameters.xlsx 放于模型文件所在文件夹中。

（2）从连接（Connectivity）面板拖曳一个 Excel 文件（Excel File）元件到 Main 中，并

如图 6-3-7 所示设置其属性，名称为“excelFile”，文件（File）选择“parameters.xlsx”。

（3）从智能体（Agent）面板拖曳七个参数（Parameter）元件到 Main 中，并设置其属性，名称（Name）分别为“NumberOfOperators”“ServiceTimeMin”“ServiceTimeMode”“ServiecTimeMax”“CallsPerMinute”“AbandonTimeMin”“AbandonTimeMax”，参数 NumberOfOperators 的类型（Type）选择“int”，其他参数的类型（Type）均选择“double”。

图 6-3-7　Excel 文件（Excel File）元件属性设置

（4）点击工程树中的智能体类型 Main 设置其属性，在智能体行动（Agent actions）部分的启动时（On startup）填入代码：

```
Class c = getClass();
String sheet = "Call center";
int colnames = 1;
int colvalues = 1;
while( ! excelFile.getCellStringValue( sheet, 1, colnames ).equals( "Name" ) )
    colnames++;
while( ! excelFile.getCellStringValue( sheet, 1, colvalues ).equals( "Value" ) )
    colvalues++;
int row = 2;
while( excelFile.cellExists( sheet, row, colnames ) ) {
    String name = excelFile.getCellStringValue( sheet, row, colnames );
    try {
        java.lang.reflect.Field f = c.getField( name );
        java.lang.reflect.Method m;
        String methodname = "set_" + name;
        Class<?> fc = f.getType();
        if( fc.equals( int.class ) ) {
            m = c.getMethod( methodname, int.class );
            m.invoke( this, (int)excelFile.getCellNumericValue( sheet, row, colvalues ) );
        } else if( fc.equals( double.class ) ) {
            m = c.getMethod( methodname, double.class );
            m.invoke( this, excelFile.getCellNumericValue( sheet, row, colvalues ) );
        } else if( fc.equals( String.class ) ) {
            m = c.getMethod( methodname, String.class );
            m.invoke( this, excelFile.getCellStringValue( sheet, row, colvalues ) );
        } else if( fc.equals( boolean.class ) ) {
            m = c.getMethod( methodname, boolean.class );
            m.invoke( this, excelFile.getCellBooleanValue( sheet, row, colvalues ) );
        } else {
            error( "参数类型无法从电子表格中读取: " + fc );
        }
    } catch( Exception e ) {
        error( "无法建立参数: " + name + " ，原因是:\n" + e );
    }
    row++;
}
```

（5）从流程建模库（Process Modeling Library）面板拖曳一个 Source 模块、一个 Service 模块、两个 Sink 模块和一个 ResourcePool 模块到 Main 中，如图 6-3-8 所示进行连接，并按图设置各模块的名称（Name）。设置各模块的属性，模块 operators 的属性中，容量（Capacity）填入“NumberOfOperators”；模块 service 的属性中，获取（Seize）选择“同一池的单元（units of the same pool）”，资源池（Resource pool）选择“operators”，延 迟 时 间（Delay time） 填 入“triangular（ServiceTimeMin，ServiceTimeMax，ServiceTimeMode）”，单位为“秒（seconds）”，高级（Advanced）部分勾选“队列：到时时离开（Queue：exit on timeout）”，到时（Timeout）填入“uniform（AbandonTimeMin，AbandonTimeMax）”，单位为“秒（seconds）”。

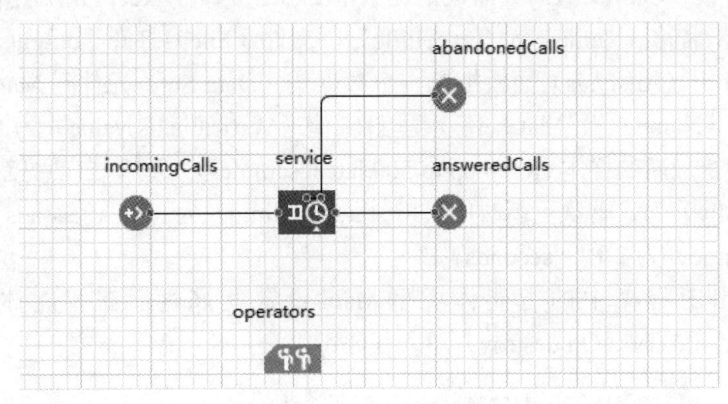

图 6-3-8　模型流程图

（6）运行模型，如图 6-3-9 所示。

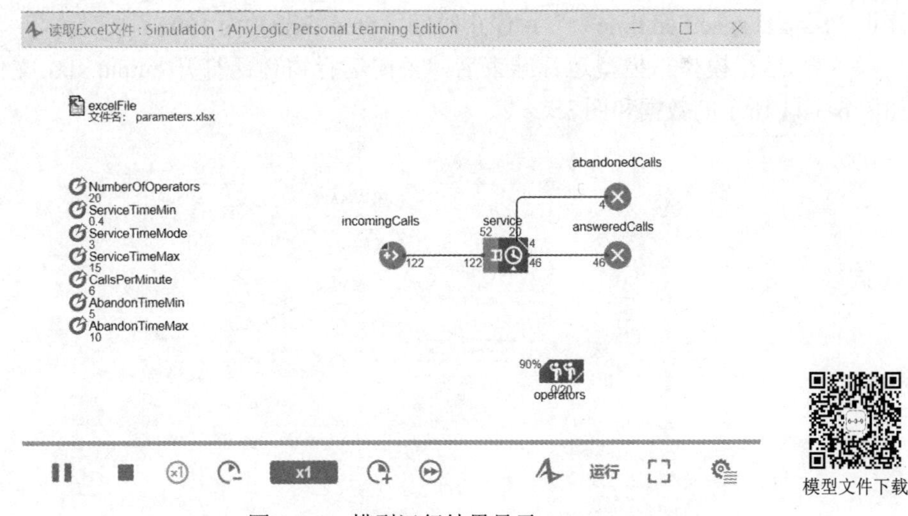

图 6-3-9　模型运行结果显示

（二）将模型的输出显示在 Excel 电子表格中

本例将把一个传染病传播系统动力学模型的仿真运行结果输出到 Excel 电子表格，并在其中以折线图显示，具体操作如下。

（1）新建一个 Excel 电子表格文件“output.xlsx”，选中 A1：B50 区域，创建一个折线图，修改标题为“传染性人群”，然后关闭 Excel 电子表格。

（2）使用系统动力学（System Dynamics）面板中的存量（Stock）、流量（Flow）和参数（Parameter）元件建立如图 6-3-10 所示系统动力学模型，存量 Susceptible 的初始值（lnitial value）设为“TotalPopulation-1”，存量 Infectious 的初始值（lnitial value）设为 1，流量 Infection 的方程为：Infectious * ContactRate * Susceptible / TotalPopulation * Infectivity，流量 Recovery 的方程为：Infectious / IllnessDuration。

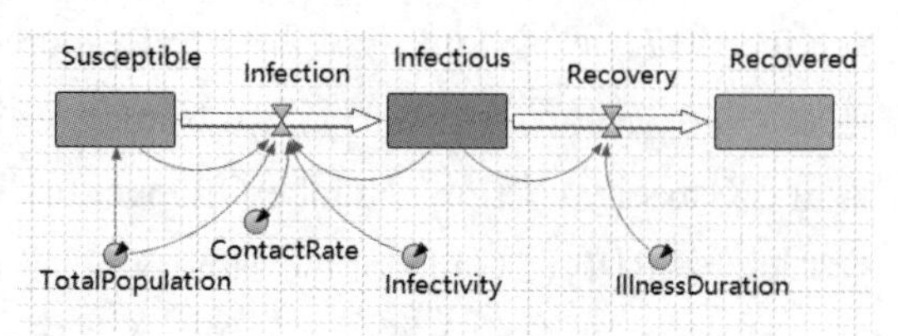

图 6-3-10　系统动力学模型

（3）从连接（Connectivity）面板拖曳一个 Excel 文件（Excel File）元件到 Main 中，并设置其属性，名称（Name）为“excelFile”，文件（File）打开“output.xlsx”。

（4）从分析（Analysis）面板拖曳一个数据集（Data Set）元件到 Main 中，并设置其属性，名称（Name）为“dataset”，垂直轴值（Vertical axis value）为 Infectious，设置保留至多 50 个最新的样本（Keep up to 500 latest samples），选择“自动更新数据（Update data automatically）”，首次更新时间（First update time）为 0 秒（seconds），复发时间（Recurrence time）为 2 秒（seconds）。

（5）点击工程树中的智能体类型 Main 设置其属性，在智能体行动（Agent actions）部分的销毁时（On destroy）填入代码：

```
excelFile.writeDataSet(dataset, 1, 1, 1);
```

（6）设置仿真实验 Simulation 的属性，模型时间（Model time）部分，执行模式（Execution mode）选择“虚拟时间（Virtual time）”，停止（Stop）选择“在指定时间停止（Stop at specified time）”，停止时间（Stop time）为 100。

（7）运行模型。模型运行结束后，关闭运行窗口，打开 output.xlsx 文件，会出现如图 6-3-11 所示的数据和图表。

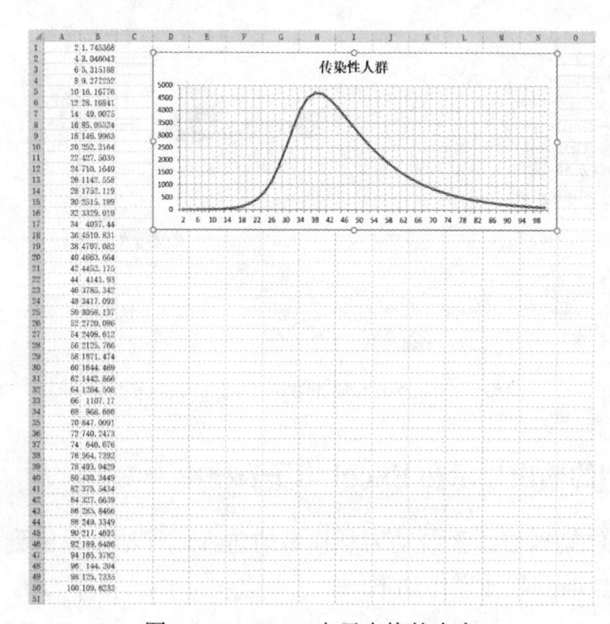

	A	B
1	2	1.745368
2	4	3.046043
3	6	5.315188
4	8	9.272252
5	10	16.16776
6	12	28.16841
7	14	49.0075
8	16	85.05524
9	18	146.9963
10	20	252.2164
11	22	427.5036
12	24	710.1649
13	26	1142.558
14	28	1752.119
15	30	2515.189
16	32	3329.019
17	34	4037.44
18	36	4510.831
19	38	4707.082
20	40	4663.664
21	42	4452.175
22	44	4141.93
23	46	3785.342
24	48	3417.093
25	50	3058.137
26	52	2720.086
27	54	2408.612
28	56	2125.766
29	58	1871.474
30	60	1644.469
31	62	1442.866
32	64	1264.506
33	66	1107.17
34	68	968.686
35	70	847.0091
36	72	740.2473
37	74	646.676
38	76	564.7392
39	78	493.0429
40	80	430.3449
41	82	375.5434
42	84	327.6639
43	86	285.8466
44	88	249.3349
45	90	217.4635
46	92	189.6486
47	94	165.3782
48	96	144.204
49	98	125.7335
50	100	109.6232
51		

图 6-3-11　Excel 电子表格的内容

模型文件下载

6.3.4 AnyLogic与数据库

与 Excel 电子表格相比，数据库的数据管理功能要强大得多，可以存储大量的数据，并支持灵活和高效的数据搜索和恢复。现在被最广泛使用的数据库是关系数据库，它们支持 SQL 结构化查询语言。可以将关系数据库视为一组表：每个表有很多列，每列有一个名称（在表中是唯一的）和数据类型（数字、文本、日期等）。数据存储在表的行称为记录，使用数据库时可以添加和删除记录。本小节的例子都在 AnyLogic 专业（Professional）版中实现。

（一）连接数据库

（1）建立一个 Access 数据库文件“Stores and Sales.accdb”，包含两张表“SalesByYear”和“StoreLocation”。新建一个模型，将数据库文件放于模型文件所在文件夹中。

（2）从连接（Connectivity）面板拖曳一个数据库（Database）元件到 Main 中，并设置其属性，名称（Name）为“StoreAndSales”，勾选“启动时连接（Connect on startup）”，类型（Type）选择“Excel/Access”，文件（File）打开“StoresandSales.accdb”。

（3）从控件（Controls）面板拖曳一个按钮（Button）元件到 Main 中，并设置其属性，名称（Name）为“button”，标签（Label）为“全部网点信息”，在行动（Action）部分填入代码：

```
ResultSet rs = StoresAndSales.getResultSet( "SELECT * FROM StoreLocation" );
while( rs.next() ) {
     traceln( rs.getString( "Store" ) + ": " + rs.getString( "City" ) + ", " + rs.getString
( "Province" ) );
   }
```

（4）运行模型，如图 6-3-12 所示。数据库名称下的信息字符串显示“已连接（Connected）”，控制台视图会显示全部网点信息。

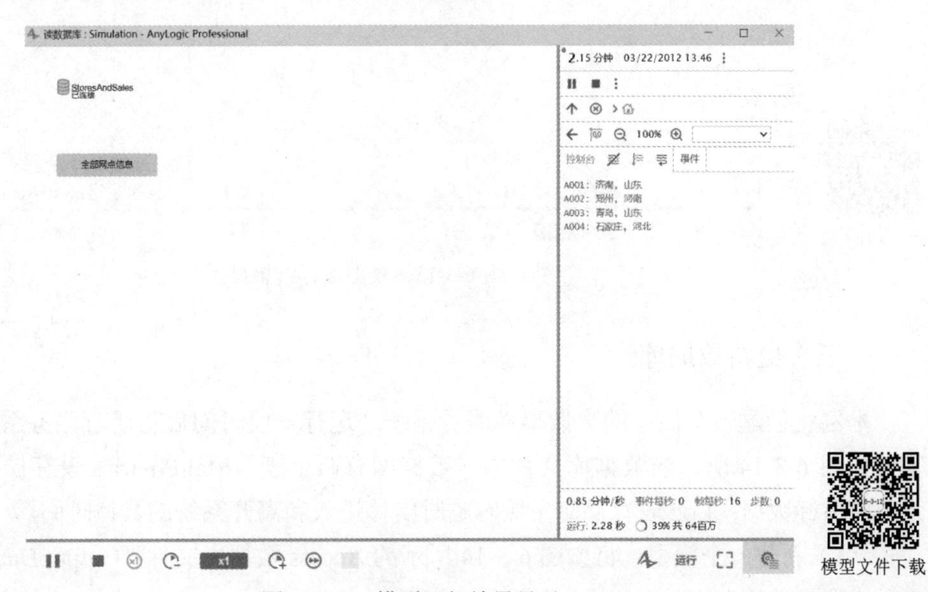

图 6-3-12 模型运行结果显示

（二）查询数据库

（1）在上个模型中，从连接（Connectivity）面板拖曳一个查询（Query）元件到Main中，并设置其属性，名称（Name）为“HighRevenuesIn2011InShD”，数据库（Database）选择“StoreAndSales”，查询（Query）选择“SQL”并填入代码：

```
SELECT SalesByYear.Store, Sales, City
    FROM SalesByYear INNER JOIN StoreLocation ON SalesByYear.Store = StoreLocation.Store
        WHERE Year = 2011 AND Sales > 100000 AND Province = '山东'
```

（2）从控件（Controls）面板拖曳一个按钮（Button）元件到Main中，并设置其属性，名称（Name）为“button”，标签（Label）为“2011年山东省销量超十万网点”，在行动（Action）部分填入代码：

```
ResultSet rs = HighRevenuesIn2011InTexas.execute();
while( rs.next() ) {
    traceln( rs.getString( "Store" ) + ": " + rs.getDouble( "Sales" ) + " —— "
+ rs.getString( "City" ) );
}
```

（3）运行模型，点击新建的按钮，控制台视图如图6-3-13所示。

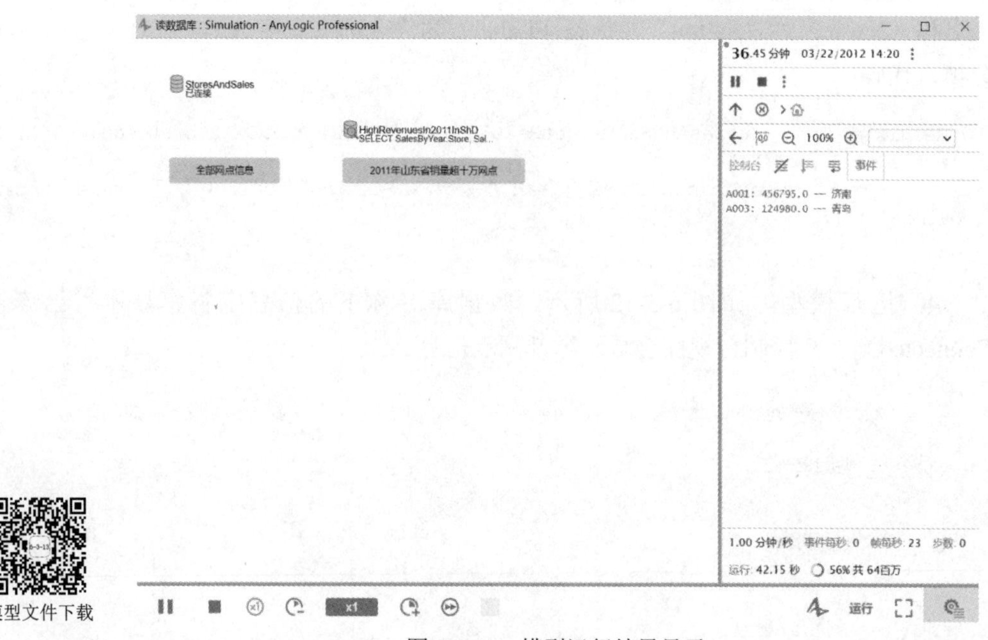

图6-3-13　模型运行结果显示

（三）更新数据库

本例将创建一个简单的离散事件服务系统，运行一段时间后将所有服务系统的数据写入如图6-3-14所示的数据库文件中。数据库有两个表：MainMetrics表存储整个服务系统的指标数据；Log表存储每个顾客临时实体进入和离开系统的具体时间。

（1）新建一个模型，将如图6-3-14所示的Access数据库文件“Output Data.accdb”放于模型文件所在文件夹中。

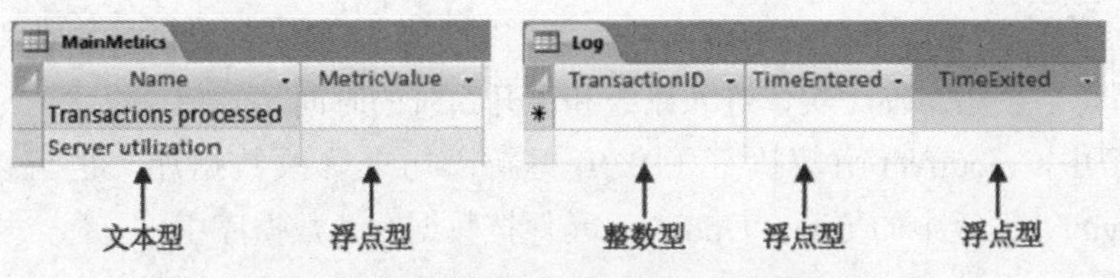

图 6-3-14 准备接收模型输出的数据库

（2）建立一个简单的服务模型。从流程建模库（Process Modeling Library）面板依次拖曳一个 Source 模块、一个 Service 模块和一个 Sink 模块到 Main 中，并如图 6-3-15 所示进行连接，保持所有模块默认属性。

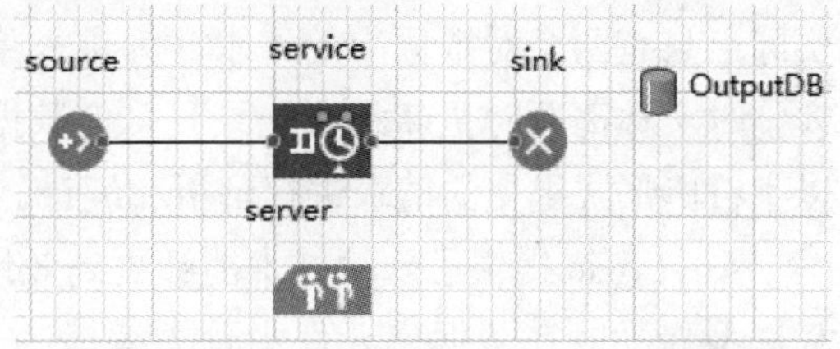

图 6-3-15 模型的流程图

（3）从流程建模库（Process Modeling Library）面板拖曳一个 Resource Pool 模块到 Main 中，并设置其属性，名称（Name）为“server”，容量（Capacity）为 2；高级（Advanced）部分勾选“强制统计收集（Force statistics collection）”。

模型文件下载

（4）设置仿真实验 Simulation 的属性，模型时间（Model time）部分，执行模式（Execution mode）选择“虚拟时间（Virtual time）”，停止（Stop）选择“在指定时间停止（Stop at specified time）”，停止时间（Stop time）为 1000。

（5）从连接（Connectivity）面板拖曳一个数据库（Database）元件到 Main 中，并设置其属性，名称（Name）为“OutputDB”，勾选“启动时连接（Connect on startup）”，类型（Type）选择“Excel/Access”，文件（File）打开“OutputData.accdb”。

（6）点击工程树中的智能体类型 Main 设置其属性，智能体行动（Agent actions）部分，在启动时（On startup）填入代码：

```
OutputDB.modify( "DELETE FROM Log" );
```

在销毁时（On destroy）填入代码：

```
    OutputDB.modify( "UPDATE MainMetrics SET MetricValue = " + sink.count() + "
WHERE Name = 'Transactions processed'" );
    OutputDB.modify( "UPDATE MainMetrics SET MetricValue = " + server.utilization() + "
WHERE Name = 'Server utilization'" );
```

（7）设置模块 source 的属性，在行动（Actions）部分的离开时（On exit）填入代码：

```
    OutputDB.modify( "INSERT INTO Log VALUES ( " + agent.hashCode() + ", " +
time() + ", 0 )" );
```

（8）设置模块 sink 的属性，在行动（Actions）部分的进入时（On enter）填入代码：

```
    OutputDB.modify( "UPDATE Log SET TimeExited = " + time() + " WHERE
TransactionID = " + agent.hashCode() );
```

（9）运行模型。因为是在虚拟时间模式下运行的，仿真运行会很快结束，但是直到点击停止键或者是关闭模型仿真运行窗口，上述更新 SQL 语句才会执行。打开数据库，

MainMetrics 表存储了流经离散事件服务系统的顾客临时实体总数和服务器利用率，Log 表中存储了每一个顾客临时实体进入系统和离开系统的时间。

本例子中，modify() 函数执行了 SQL 更新语句来修改数据库，也可以使用连接（Connectivity）面板中的更新（Update）元件把数据写入数据库中。

（四）使用预编译的 SQL 语句操作数据库

在上个仿真模型中，一旦添加了写数据库的操作，仿真运行开始花费大量的时间。这是因为它几乎在每个仿真步骤上执行一次 SQL 更新数据库语句。虽然在仿真运行期间，实际上只有两个对数据库的请求（为进入系统的顾客临时实体添加一条记录，然后在顾客临时实体离开时更新相应记录），但数据库将每个请求视为新请求，并且每次都要对以字符串形式提交的请求进行解析和编译。

AnyLogic 提供了一种技术能够更高效地进行频繁的相同数据库操作。用户可以在仿真模型启动时在数据库元件中预先编译 SQL 语句，然后在仿真运行过程中只需给定参数就可执行预编译的 SQL 语句操作数据，而不是每次提交字符串。

具体操作如下。

（1）从智能体（Agent）面板拖曳两个变量（Variable）元件到 Main 中，并设置其属性，名称（Name）分别为“insertRecord”“updateExitTime”，类型（Type）均选择“其他（Other）...”并填入“java.sql.PreparedStatement”。相当于在 Java 代码中声明了两个 java.sql.PreparedStatement 类型的变量。

（2）点击工程树中的智能体类型 Main 设置其属性，智能体行动（Agent actions）部分，在启动时（On startup）填入代码：

```
    //清除Log表
    OutputDB.modify( "DELETE FROM Log" );
    //异常处理
    try {
        Connection con = OutputDB.getConnection();
        //关闭自动提交
        con.setAutoCommit( false );
        //预编译写入Log表的两类SQL语句
        insertRecord = con.prepareStatement( "INSERT INTO Log VALUES ( ?, ?, 0 )" );
        updateExitTime = con.prepareStatement( "UPDATE Log SET TimeExited = ? WHERE
TransactionID = ?" );
    } catch( SQLException ex ) {
        error( ex.toString() );
    }
```

在销毁时（On destroy）填入代码：

```
    try {
        Connection con = OutputDB.getConnection();
        //更新数据库里的MainMetrics表
        OutputDB.modify( "UPDATE MainMetrics SET MetricValue = " + sink.count() +
" WHERE Name = 'Transactions processed'" );
        OutputDB.modify( "UPDATE MainMetrics SET MetricValue = " + server.utilization()
+ " WHERE Name = 'Server utilization'" );
        //提交所有以前的事务
        con.commit();
```

```
    //打开自动提交
    con.setAutoCommit( true );
} catch( SQLException ex ) {
    error( ex.toString() );
}
```

（3）设置模块 source 的属性，在行动（Actions）部分的离开时（On exit）填入代码：

```
try {
    //为预编译的SQL插入语句设置参数
    insertRecord.setInt( 1, agent.hashCode() );
    insertRecord.setDouble( 2, time() );
    //执行语句
    insertRecord.executeUpdate();
} catch( SQLException ex ) {
    error( ex.toString() );
}
```

（4）设置模块 sink 的属性，在行动（Actions）部分的进入时（On enter）填入代码：

```
try {
    //为预编译的SQL更新语句设置参数
    updateExitTime.setDouble( 1, time() );
    updateExitTime.setInt( 2, agent.hashCode() );
    //执行语句
    updateExitTime.executeUpdate();
} catch( SQLException ex ) {
    error( ex.toString() );
}
```

本例中，还在仿真运行开始时关闭了自动提交。这样仿真运行过程中，对数据库所做的所有修改都不会被视为最终修改，除非明确提交它们。如果模型仿真运行未成功完成，SQL 语句会回滚撤销期间的所有数据库操作，模型仿真输出不会写入数据库。

6.3.5 AnyLogic与操作系统

（一）系统剪贴板

AnyLogic 可以与系统剪贴板交互，复制或粘贴数据，具体操作如下。

（1）新建一个模型。点击工程树中的智能体类型 Main 设置其属性，在高级 Java（Advanced Java）部分的导入部分（Imports section）中填入代码：

```
import java.awt.datatransfer.*; //与剪贴板相关的Java类都包含在其中
```

（2）从演示（Presentation）面板中，双击折线（Polyline）元件进入绘制模式，绘制一条折线并设置其属性，名称（Name）为“polyline”；位置与大小（Position and size）部分，dX、dY 均设为动态值（Dynamic value）并填入“uniform（100）”。这样使折线随机地改变形状。

（3）从控件（Controls）面板拖曳一个按钮（Button）元件到 Main 中折线 polyline 左侧，并设置其属性，名称（Name）为“button”，标签（Label）为“复制”；在行动（Action）部分填入代码：

```
String s = "折线上的点:\n";
for( int i=0; i<polyline.getNPoints(); i++ )
    s += (int)polyline.getPointDx( i ) + ", " + (int)polyline.getPointDy( i ) + "\n";
copyToClipboard( s );
```

（4）从演示（Presentation）面板拖曳一个文本（Text）元件到Main中折线polyline下方，并设置其属性，名称（Name）为“pastedText”。

（5）从控件（Controls）面板拖曳一个按钮（Button）元件到Main中文本（Text）元件的左侧，并设置其属性，名称（Name）为“button1”，标签（Label）为“粘贴”；在行动（Action）部分填入代码：

```
pastedText.setText( "" );
Clipboard clipboard = java.awt.Toolkit.getDefaultToolkit().getSystemClipboard();
Transferable contents = clipboard.getContents(null);
if( contents == null ) {
    pastedText.setText( "系统剪贴板为空! " );
} else if( ! contents.isDataFlavorSupported( DataFlavor.stringFlavor ) ) {
    pastedText.setText( "系统剪贴板里没有文本数据! " );
} else {
    try { pastedText.setText( (String)contents.getTransferData( DataFlavor.stringFlavor ) );
    } catch( Exception ex ) {
        pastedText.setText( ex.toString() );
    }
}
```

（6）运行模型，如图6-3-16所示。本例中两个按钮，一个将复制当前折线的点坐标到系统剪贴板；另一个按钮将检查系统剪贴板中是否有内容以及内容是否是文本，如果是，该内容将被加载到模型该按钮右侧显示出来。

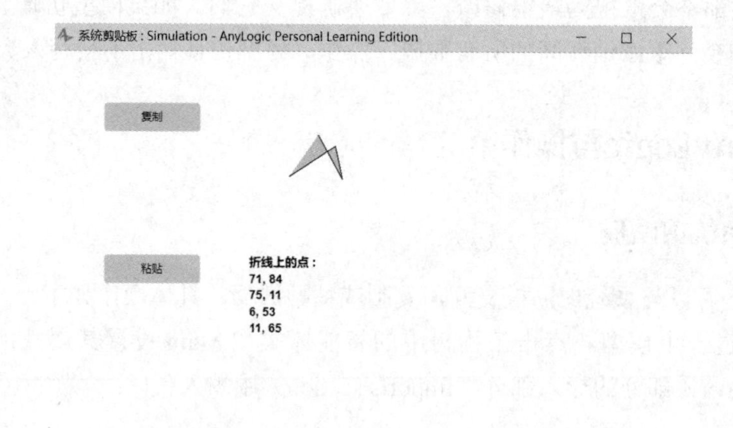

模型文件下载

图6-3-16 模型运行结果显示

（二）标准输出流

AnyLogic仿真模型具有Java标准输出流，也称为模型日志。可以通过调用以下函数输出模型日志：

- traceln(String text)——输出文本日志后回车
- trace(String text)——输出文本日志后不加回车
- traceln()——只是开始新的行

执行的操作与标准 Java 函数 System.out.println() 类似。AnyLogic 模型仿真运行时，则可以在 AnyLogic 软件的控制台（Console）视图中看到输出的日志，如图 6-3-17 和图 6-3-18 所示。

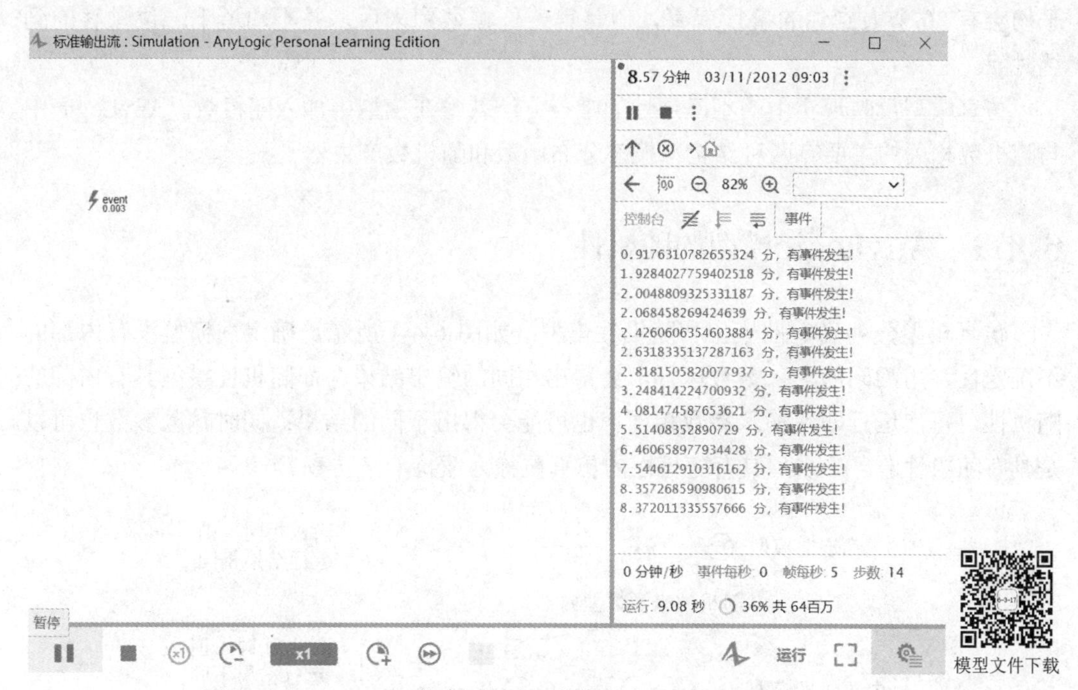

图 6-3-17 AnyLogic 仿真运行窗口的控制台（Console）

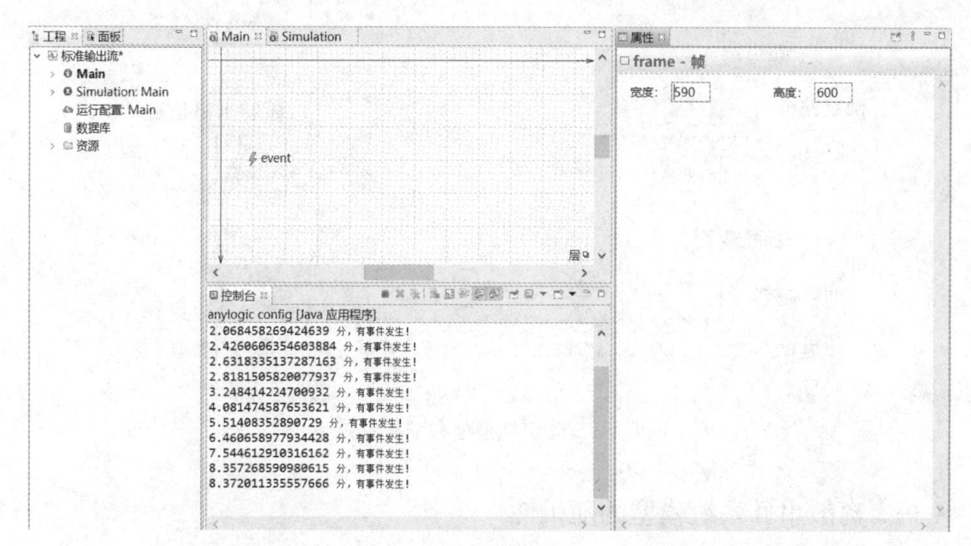

图 6-3-18 AnyLogic 软件的控制台（Console）视图

如果是已导出模型并在 Windows 操作系统命令提示符窗口运行，则日志将显示在 Windows 命令提示符窗口中。也可以编写批处理文件将标准输出流输出到文件。

6.4 AnyLogic 中的随机数

现实世界是充满不确定性的，假如今天你去上班花了 35 分钟，而明天你也许会需要一个小时。所以当你早上出发的时候，你不知道今天需要多久。你也许知道周五晚上平均会有 30 个人到你的餐厅就餐，但是第一位顾客到来后，并不知道下一位顾客的到达时间。

仿真模型反映现实中的不确定性的唯一方法就是在模型中加入随机数。AnyLogic 中与随机数相关的主要有两种结构：概率分布函数和随机数产生器。

6.4.1 AnyLogic模型的随机性

仿真模型分为确定性模型和随机性模型。如图 6-4-1 所示，确定性模型没有内部的不确定性，用相同的输入参数运行，会得出相同的输出结果；而随机性模型具有内部的随机性，每次运行即使输入参数相同，也可能会得出不同的结果；同时输入参数也可以是具有随机性的。一系列具有随机性的仿真被称为蒙特卡洛仿真。

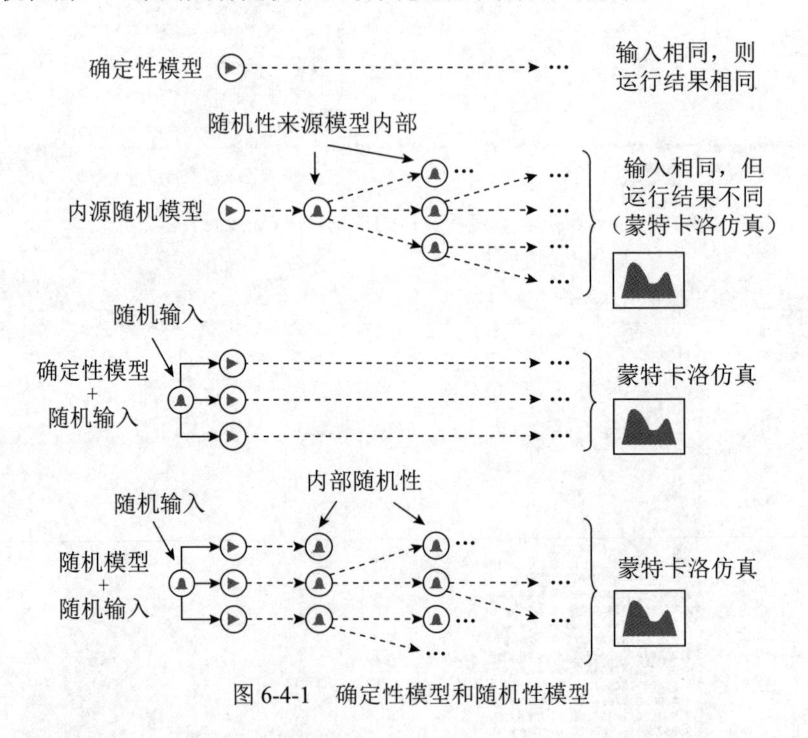

图 6-4-1　确定性模型和随机性模型

（一）离散事件系统模型的随机性

随机性是几乎所有的离散事件系统模型的必备特征，无论是生产基地、呼叫中心、仓库，还是医院、机场或银行，其中的操作持续时间，客户、订单或病人的到达，人的决策和错误，设备故障，交货时间等，这些参数都是随机的。因此，离散事件系统仿真模型通常会包含大量的概率分布函数。如图 6-4-2 所示，AnyLogic 流程建模库（Process Modeling library）元件属性中的很多参数都可以用随机分布函数来定义，其中：Source 模块用指数分布的间隔时间产生新的临时实体；Delay 模块的延迟时间是三角分布；Select Output 模块以一定的概率传送临时实体到某个输出端口。

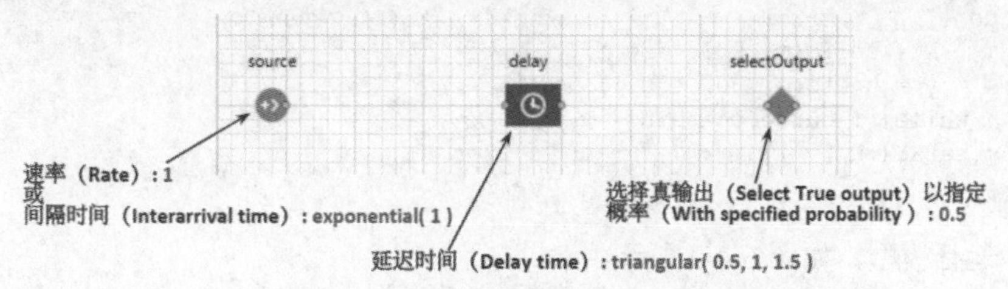

图 6-4-2　流程建模库中对象的随机性

离散事件系统仿真模型中另一个典型的随机性是服务分配的随机性和资源属性的随机性。例如，在一个呼叫中心的模型中，到达呼叫被随机分配给接线员，不同接线员可能有不同的技巧，因此呼叫应答时间就会随机变化。

（二）多智能体模型的随机性

多智能体模型的随机性表现在：智能体的初始位置可能是随机的；智能体连接的网络结构可能是随机的；智能体的属性参数值可能是随机的；智能体的行为特别是与其他智能体的通信可能是随机的；智能体状态图的转变可能在任何时间，并且结果是随机的。

以构建一个智能体被随机分布在闭合曲线限定区域内的仿真模型为例，具体操作如下。

（1）新建一个模型。

（2）从智能体（Agent）面板拖曳一个智能体（Agent）元件到 Main 中，在弹出的新建智能体向导第 1 步，点击“智能体群（Population of agents）”；第 2 步，新类型名（Agent type name）设为“Person”，智能体群名（Agent population name）设为“people”，选择“我正在从头创建智能体类型（Create the agent type from scratch）”；第 3 步，智能体动画（Agent animation）选择“二维（2D）”，并选择常规（General）部分的人（Person）；第 4 步，不添加智能体参数（Agent parameters）；第 5 步，设置创建群具有 200 个智能体（Create population with 200 agents）；第 6 步，空间类型（Space type）选择“连续（Continuous）”，大小（Size）设为 650×200，勾选“应用随机布局（Apply random layout）”，网络类型（Network type）选择“基于距离（Distance-based）”，连接范围（Connection range）设为 30，点击完成（Finish）按钮。智能体类型 Person 创建完成，并显示在工程树中。智能体群 people 显示在 Main 中。

（3）点击工程树中的智能体类型 Main 设置其属性，空间和网络（Space and network）部分，布局类型（Layout type）选择“用户定义（User-defined）”。

（4）在演示（Presentation）面板中，双击曲线（Curve）元件进入绘制模式，在 Main 的图形编辑器中坐标轴的右下方绘制如图 6-4-3 所示曲线，宽度（Width）范围在 200 至 750 之间，高度（Height）范围在 50 至 450 之间。设置曲线（Curve）元件的属性，名称（Name）为“curve”，勾选“闭合（Closed）”。

（5）点击工程树中的智能体类型 Main 设置其属性，在智能体行动（Agent actions）部分的启动时（On startup）填入代码：

```
for( Person p : people ) {
    double x, y;
    do {
        x = uniform( 200, 750 );
        y = uniform( 50, 450 );
    } while( ! curve.contains( x, y ) );
    p.setXY( x, y );
}
```

（6）运行模型，如图 6-4-3 所示。

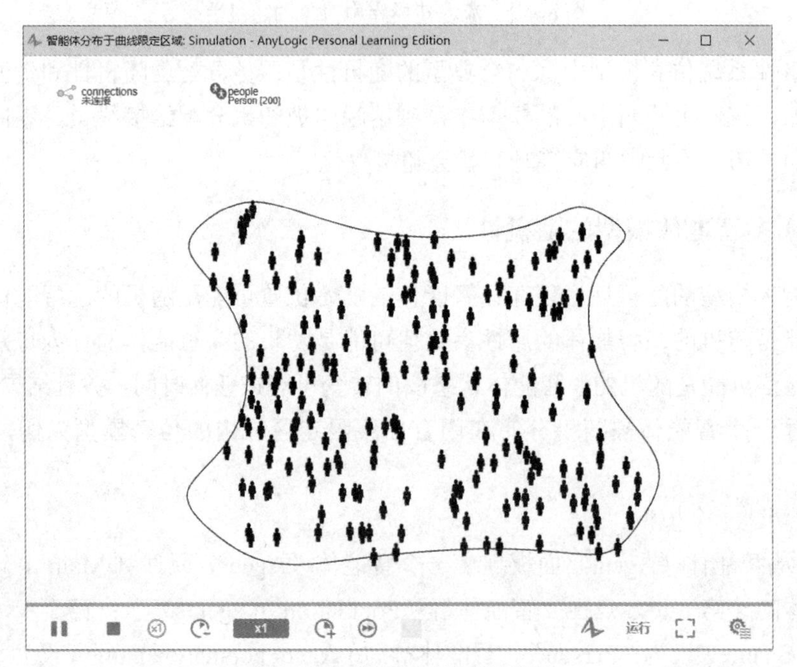

模型文件下载

图 6-4-3　模型运行结果显示

（三）系统动力学模型的随机性

由标准的存量和流量反馈组成的系统动力学模型没有内生随机性，除非明确地在模型中加入随机性。

假设在一个系统动力学模型中，股票价格每天随机变化且变化幅度不超过 2，具体操作如下。

（1）新建一个模型，模型时间单位（Model time units）选择天（days）。

（2）从系统动力学（System Dynamics）面板拖曳一个动态变量（Dynamic Variable）元件到 Main 中，并设置其属性，名称（Name）为“StockPrice”，勾选“常数（Constant）”，默认值（Default value）为 100。

（3）从智能体（Agent）面板拖曳一个事件（Event）元件到 Main 中，并设置其属性，名称（Name）为“everyDay”，触发类型（Trigger type）选择“到时（Timeout）”，

模式（Mode）选择“循环（Cyclic）”，首次发生时间（First occurrence time）为0天（days），复发时间（Recurrence time）为1天（days），在行动（Action）部分填入代码：

```
StockPrice += uniform(-2,2);
```

（4）运行模型，如图6-4-4所示。点击元件StockPrice打开观察（Inspect）窗口可以看到股票价格的波动情况。

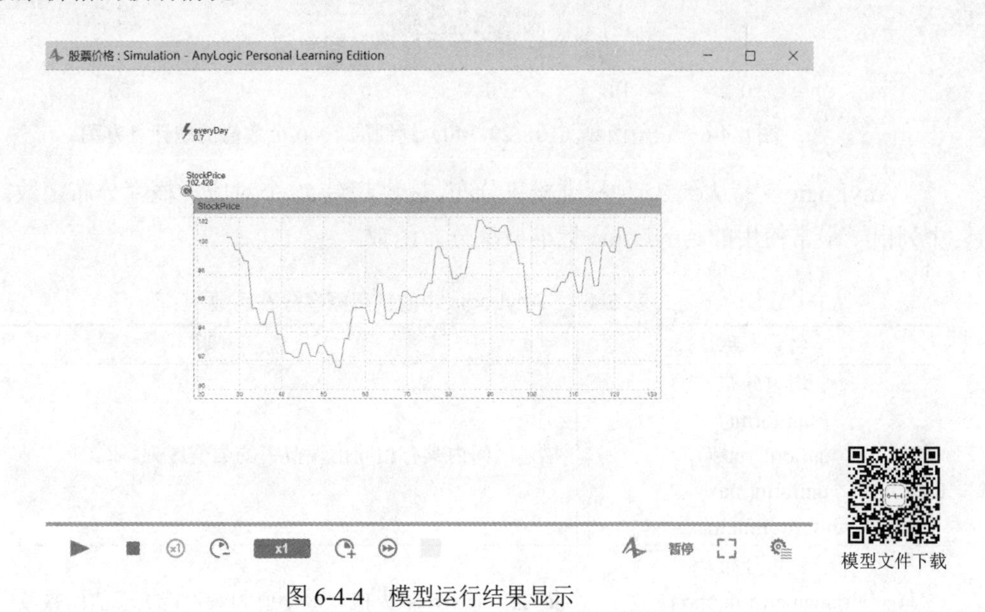

模型文件下载

图6-4-4　模型运行结果显示

6.4.2　AnyLogic概率分布函数

AnyLogic提供了一系列标准概率分布函数，可以返回不同规则的随机数序列。用户可以根据模型参数的现实意义来选择概率分布函数。例如，三角函数常被用于离散事件系统中Delay模块的延迟时间参数，或者多智能体仿真模型状态图中变迁触发的到时参数，如图6-4-5所示。

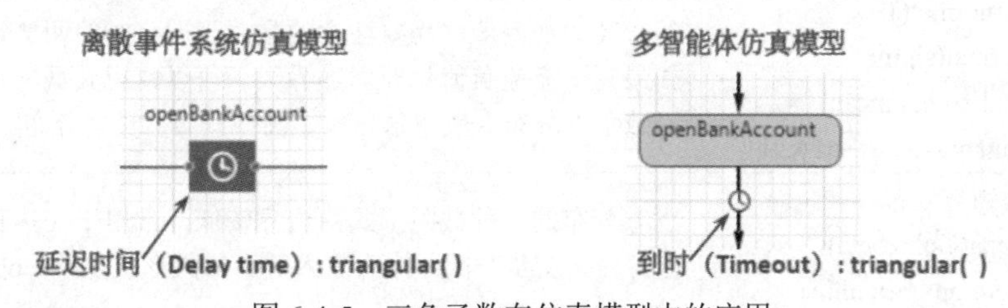

图6-4-5　三角函数在仿真模型中的应用

三角函数的三个参数分别为最小值、中值和最大值。例如，三角函数（10，20，40）会得到下面的数值序列：

11.555　18.592　30.945　24.867　21.346　31.423　22.741　28.350　...

图6-4-6是三角函数（10，20，40）返回的1000个数值的统计直方图，其中最小值是10，最大值是40，顶点值20是可能出现最多的值，也称为中值。

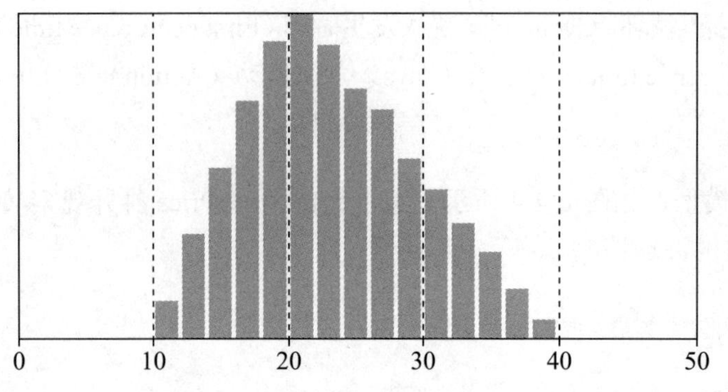

图 6-4-6　三角函数（10，20，40）返回的 1000 个数值的统计直方图

AnyLogic 支持大约 25 种标准概率分布，提供超过 50 个对应的概率分布函数。表 6-4-1 中列出了最常使用的 AnyLogic 标准概率分布函数。

表 6-4-1　AnyLogic 中的常用概率分布函数

名　称	说　明
均匀分布 uniform() uniform_pos() uniform(max) uniform(min,max)	描述区间内具有相同出现概率的数值序列。
三角分布 triangular(min,max) triangular(min,mode,max) triangular(min,max,mode) triangular(min,max,left,mode,right)	描述一个已知最大值、最小值和最可能出现值的数值序列，常用于在仿真模型中设定服务时间、旅行时间、操作持续时间等随机参数。
指数分布 exponential() exponential(lambda) exponential(lambda,min) exponential(min,max,shift,stretch)	描述事件以恒定速率独立发生的泊松过程中各相邻事件之间的时间间隔，常用于在离散事件系统仿真模型中设定客户、零件、订单、交易等临时实体的到达时间，也在多智能体仿真模型中设定以一定速率产生的独立事件的间隔时间。
正态分布 normal() normal(sigma) normal(sigma,mean) normal(min,max,shift,stretch)	描述围绕均值波动的一组良好数据。例如，一组正常成年男性的身高的观测值。需要注意的是，正态分布的两侧是无界的，如果为了避免负值想要添加界限，可以使用其截断形式，如：对数正态分布、威布尔分布、伽马分布、贝塔分布。
伽马分布 gamma(alpha,beta) gamma(alpha,beta,min) gamma(min,max,alpha,shift,stretch)	正态分布的一种截断形式，边界较低，常用于在仿真模型中设定寿命、交货时间、个人收入等。如果形状参数 alpha 是 1，等效为指数分布。
随机布尔分布 randomTure(p) randomFalse(p)	在给定的概率下，从两个可替代项中随机做选择。例如，在仿真模型中设定一个旅客是经济舱旅客还是商务舱旅客。
离散均匀分布 uniform_discr(max) uniform_discr(min,max)	描述区间内具有相同出现概率的整数序列。需要注意的是，最小值和最大值包含在这个整数值序列中，例如调用 uniform_discr(3,7) 可能返回：3、4、5、6 或者 7。

续表

名　称	说　明
泊松分布 poisson(lambda) poisson(min,max,mean,shift,stretch)	描述在固定时间段内以恒定速率发生的独立事件，常用于在仿真模型中设定产品上缺陷的个数，一小时内的电话数，等。

从表中可以发现，针对一个概率分布类型 AnyLogic 通常不止提供一个概率分布函数，不带参数的形式提前预设了默认的参数值，带参数的形式允许用户自定义参数值。以正态分布函数为例：

- normal()——均值为0，方差为1
- normal(sigma)——均值为0，方差sigma自定义
- normal(sigma,mean)——均值mean和方差sigma均自定义
- normal(min,max,shift,stretch)——函数返回最小值min、函数返回最大值max、均值shift和方差stretch均自定义

如果你观测到了仿真对象系统某个参数的一组数据，并且这组数据能很好地代表该参数的随机特性，可以通过对观测数据集进行分布拟合，并用拟合最佳的标准概率分布来设置参数值。

分布拟合是找到一个与数据集最符合的标准概率分布的过程，这个标准概率分布产生随机数序列与观测是数据集越接近越好。市场上有很多商用分布拟合软件，它们会对数据集进行全面统计，进行各种拟合检测（如柯尔莫哥洛夫 - 斯米尔诺夫测试等），并根据拟合优度的多次测试综合给出符合度排名。建议选择使用支持 AnyLogic 概率分布函数的分布拟合软件，这类软件的拟合结果可以直接复制到 AnyLogic 模型中。

6.4.3 AnyLogic自定义分布

在没有标准概率分布可以较好拟合观测数据时，AnyLogic 支持用户创建自定义分布（也称经验分布）来设置参数值。

AnyLogic 自定义分布的创建非常简单，从智能体（Agent）面板中将自定义分布（Custom Distribution）元件拖入图形编辑器中，如图 6-4-7 所示设置其属性，选择类型（Type）并选择定义使用（Define using）方式，再在数据（Data）部分填写数据或者从数据库加载，即可完成自定义分布建模。

自定义分布（Custom Distribution）的类型（Type）有三种：连续（Continuous）、离散（Discrete）和选项（Options）。这里的类型指明了所定义自定义分布返回值的特征，不同类型的自定义分布（Custom Distribution）其定义使用（Define using）方式也不同。

当定义使用（Define using）选择“范围（Ranges）”时，数据（Data）部分第一列为间隔开始（Interval start），第二列为间隔结束（Interval end），第三列为观测数（Number of observations）。间隔开始（Interval start）代表输入数据的每个子区间的起始数据，间隔结束（Interval end）为该区间的结束数据，上一行的间隔结束和下一行的间隔开始是

连续的（连续类型是同一个 double 型值，离散类型是紧挨着的两个 int 型值）。观测数（Number of observations）可以是该区间内观测数据的数量，也可以是该区间观测数据占总体观测数据的比例，还可以是各区间观测数据数量的等比例放缩，AnyLogic 会自动将填入的观测数进行一致性比率处理。具体例子如图 6-4-8 所示。

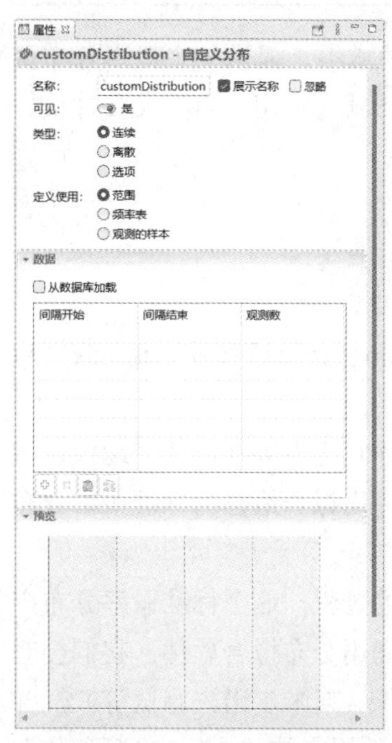

图 6-4-7　自定义分布（Custom Distribution）元件属性设置

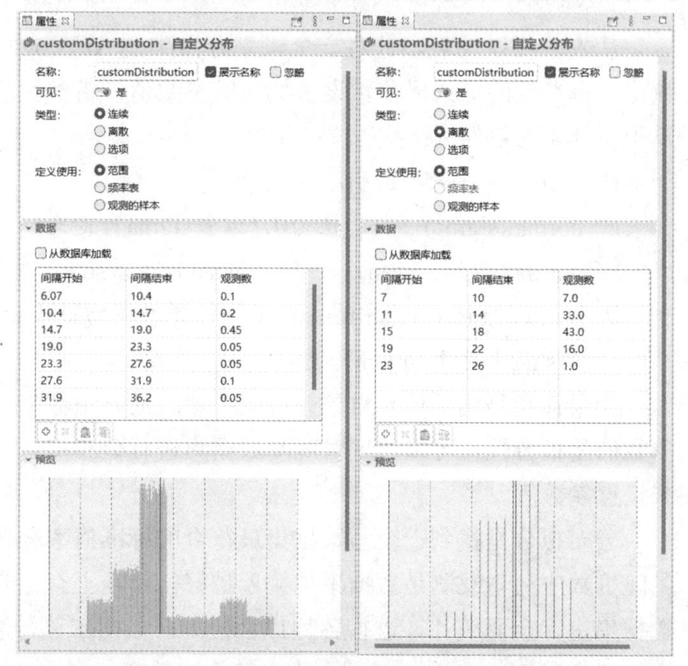

图 6-4-8　定义使用选择范围（Ranges）的自定义分布

只有连续类型自定义分布可以在定义使用（Define using）选择“频率表（Frequency table）”。此时，数据（Data）部分第一列为数据的值（Value），填入观测数据值；第二列为数据的重量（Weight），可以填入该行观测数据的数量或频率等。频率表（Frequency table）提供了两种插值（Interpolation）方法：“线性（Linear）”插值时，系统会将两个值之间进行线性平滑处理；“步（Step）”插值时，插值在下一个值出现前都会保持当前的数值不变，形成阶跃。具体例子如图 6-4-9 所示。

当定义使用（Define using）选择为观测的样本（Observed samples）时，直接将观测数据输入或粘贴到数据（Data）部分即可。具体例子如图 6-4-10 所示。

选项（Options）类型自定义分布比较特殊，定义时需要先在工程树中创建一个选项列表（Option List），然后设置自定义分布（Custom Distribution）属性，类型（Type）选择“选项（Options）”，选项列表（Option list）选择新创建的选项列表（Option List），再在数据（Data）部分填入各选项（Option）的观测数（Number of observations），也可以填入各选项（Option）占总体观测数据的比例。具体例子如图 6-4-11 所示。

以一个只有两名理发师的理发店仿真为例，根据观察采集顾客的年龄、性别、到达时间间隔数据，以自定义分布设置仿真模型中的对应参数，具体操作如下。

（1）新建一个模型，模型时间单位（Model time units）选择为分钟（minutes）。

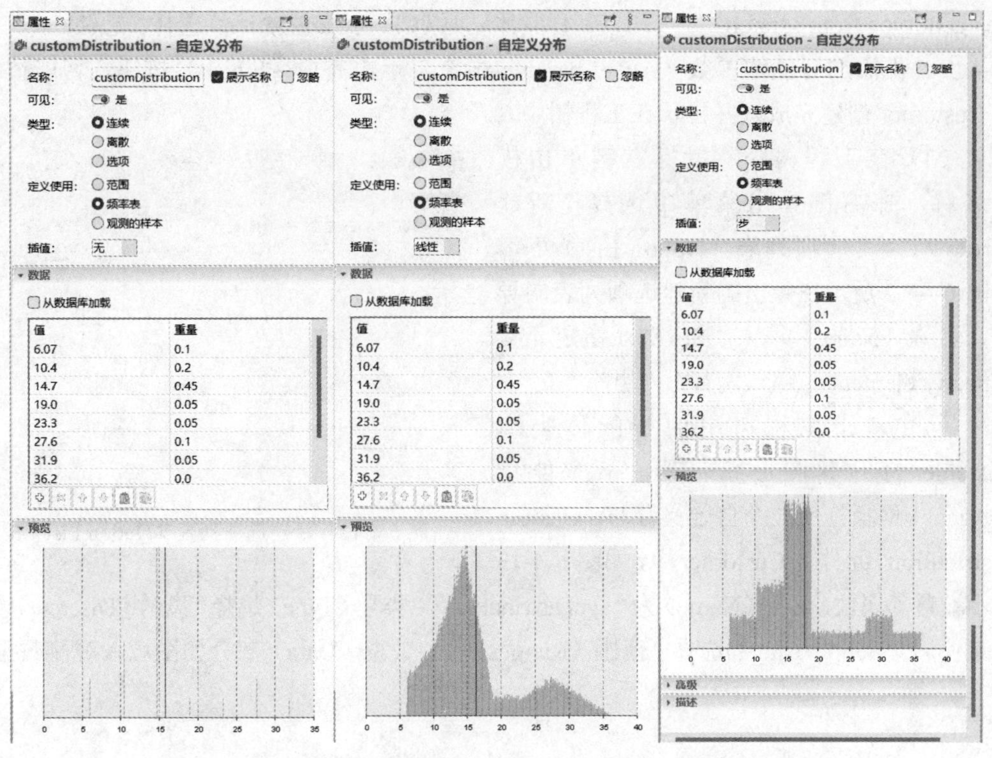

图 6-4-9　定义使用选择频率表（Frequency table）的自定义分布

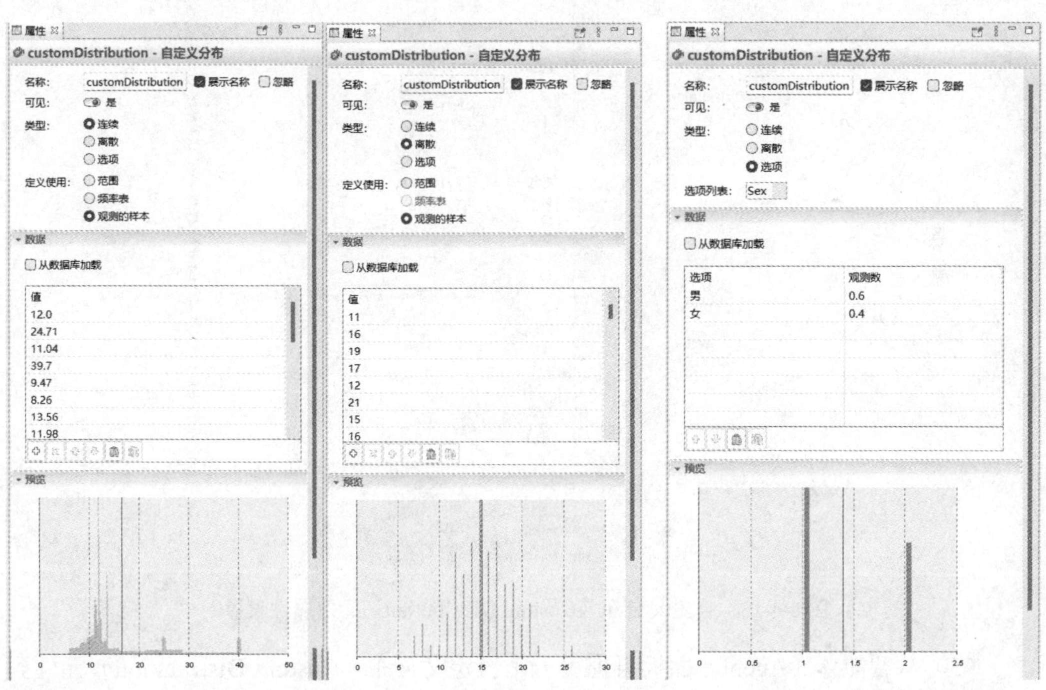

图 6-4-10　定义使用选择观测的样本（Observed samples）的自定义分布

图 6-4-11　选项（Options）类型自定义分布

（2）从智能体（Agent）面板拖曳一个智能体（Agent）元件到 Main 中，在弹出的新建智能体向导第 1 步，点击“仅智能体类型（Agent type only）”；第 2 步，新类型名（Agent type name）设为“Customer”，选择“我正在从头创建智能体类型（Create the agent type from scratch）”；第3步，智能体动画（Choose animation）选择“无（None）”；第4步，不添加智能体参数（Agent parameters），点击完成（Finish）按钮。智能体类型 Customer 创建完成，并显示在工程树中。

（3）在工程树中，鼠标右键单击模型名称，在右键弹出菜单中选择“新建（New）”|“选项列表（Option List）”，如图 6-4-12 所示在弹出的新建选项列表向导中，名称（Name）填入“Sex”，指定元素（Specify elements）填入两行：“男”“女”。

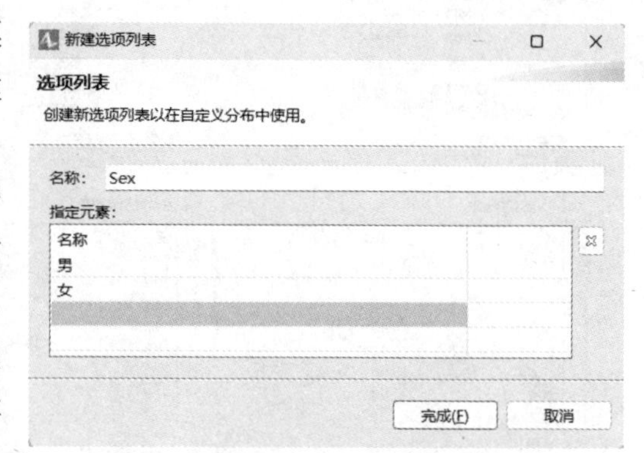

图 6-4-12　新建选项列表（Option List）

（4）双击工程树中的智能体类型 Customer 打开其图形编辑器，从智能体（Agent）面板拖曳一个自定义分布（Custom Distribution）元件到 Customer 中，如图 6-4-13 所示设置其属性，名称（Name）为“ageDistribution”，类型（Type）选择“离散（Discrete）”，定义使用（Define using）选择“范围（Ranges）”，数据（Data）部分如图填入观测数据。

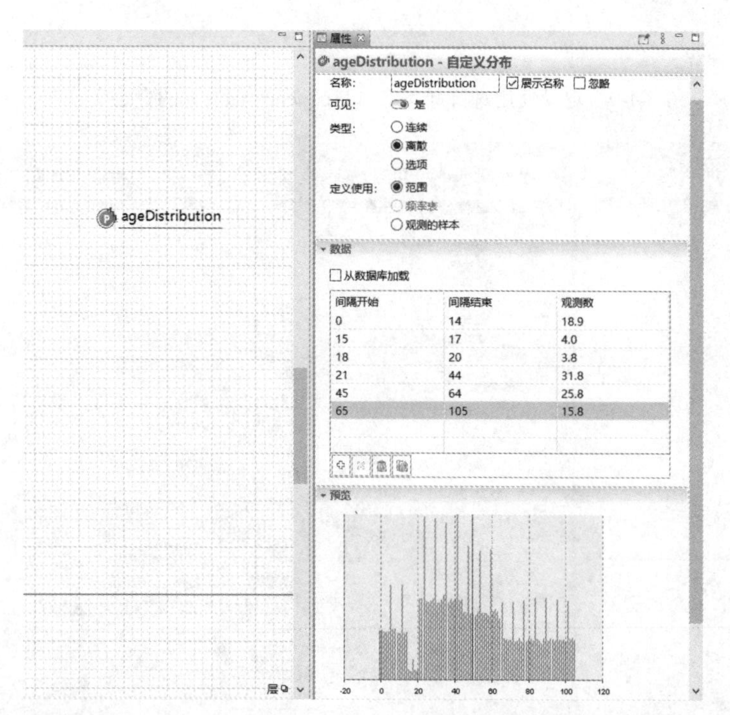

图 6-4-13　自定义分布（Custom Distribution）元件属性设置

（5）从智能体（Agent）面板再拖曳一个自定义分布（Custom Distribution）元件到 Customer 中，如图 6-4-14 所示设置其属性，名称（Name）为“sexDistribution”，类型（Type）选择“选项（Options）”，选项列表（Option list）选择“Sex”，数据（Data）部分如图填入观测数据。

（6）从智能体（Agent）面板拖曳两个参数（Parameter）元件到 Customer 中，并设置其属性。一个参数元件名称（Name）为“age”，类型（Type）选择“int”，默认值（Default value）填入“ageDistribution()”。另一个参数元名称（Name）为“sex”，类型（Type）选择“Sex”，默认值（Default value）填入“sexDistribution()”。

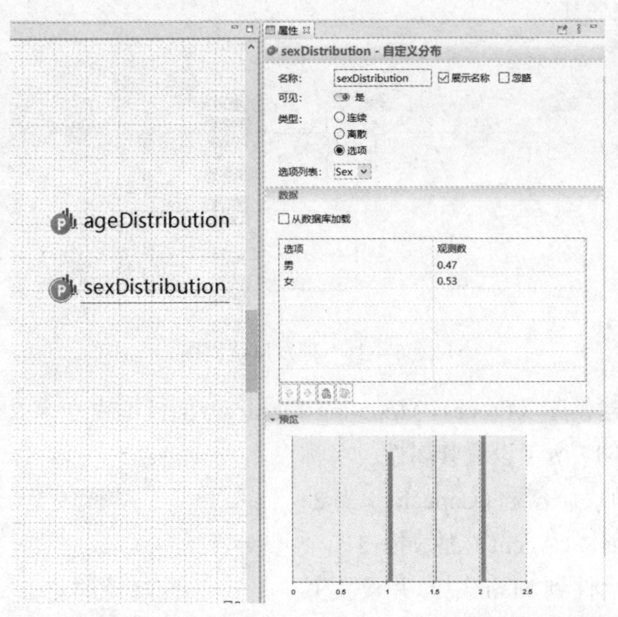

图 6-4-14　自定义分布（Custom Distribution）元件属性设置

（7）从智能体（Agent）面板拖曳一个自定义分布（Custom Distribution）元件到Main中，如图6-4-15所示设置其属性，名称（Name）为“arriveDistribution”，类型（Type）选择“连续（Continuous）”，定义使用（Define using）选择“范围（Ranges）”，数据（Data）部分如图填入观测数据。

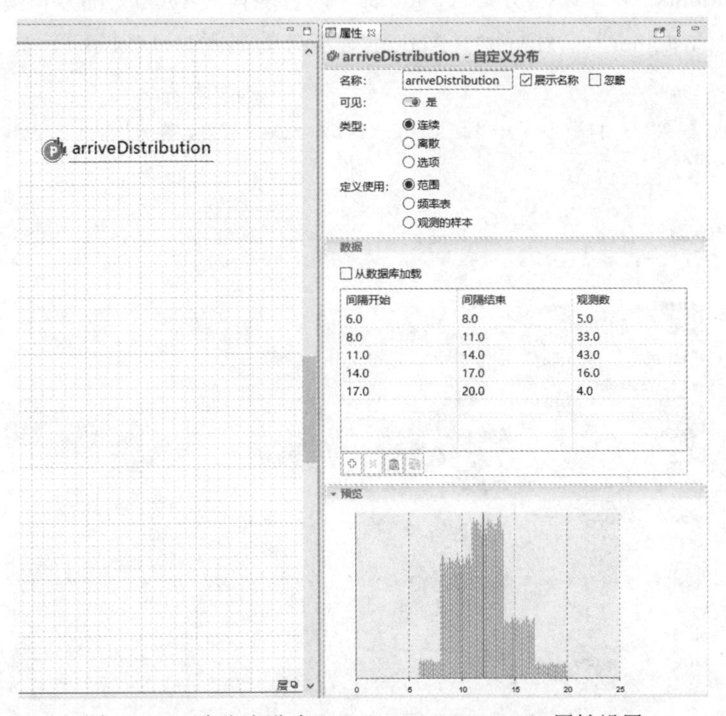

图 6-4-15　自定义分布（Custom Distribution）属性设置

（8）从流程建模库（Process Modeling Library）拖曳一个 Source 模块、Queue 模块、SelectOutput5 模块、三个 Service 模块和一个 Sink 模块到 Main 中，如图 6-4-16 所示进行连接并设置模块名称。

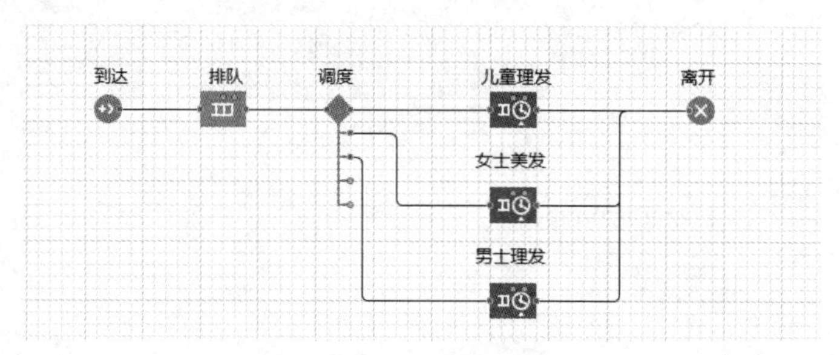

图 6-4-16　理发店流程图

（9）从流程建模库（Process Modeling Library）面板拖曳一个 ResourcePool 模块到 Main 中，如图 6-4-17 所示设置其属性，名称（Name）为“理发师”，容量（Capacity）为 2。

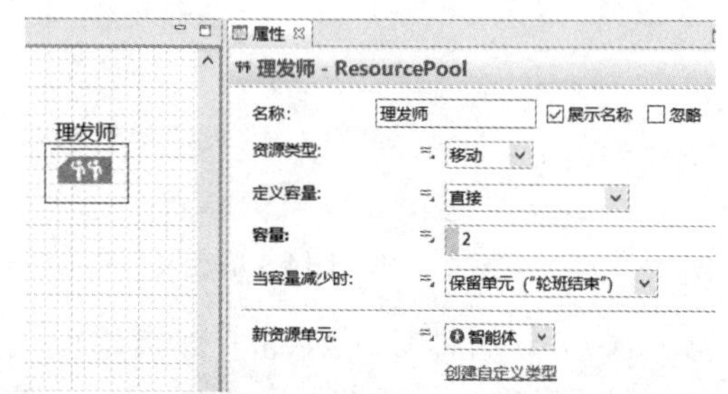

图 6-4-17　ResourcePool 模块属性设置

（10）从智能体（Agent）面板拖曳一个变量（Variable）元件到 Main 中，并设置其属性，名称（Name）为“计数”，类型（Type）选择“int”，初始值（lnitial value）为“0”。

（11）如图 6-4-18 所示设置模块“到达”的属性，定义到达通过（Arrivals defined by）选择“间隔时间（Interarrival time）”，间隔时间（Interarrival time）填入“arriveDistribution()”，单位为分钟（minutes）；智能体（Agent）部分，新智能体（New agent）选择“Customer”；在行动（Actions）部分的离开时（On exit）填入代码：

```
计数 ++;
traceln("顾客" + 计数 + "--到达时间: "+ time() + "分，年龄: " + agent.age + "，性别: " + agent.sex);
```

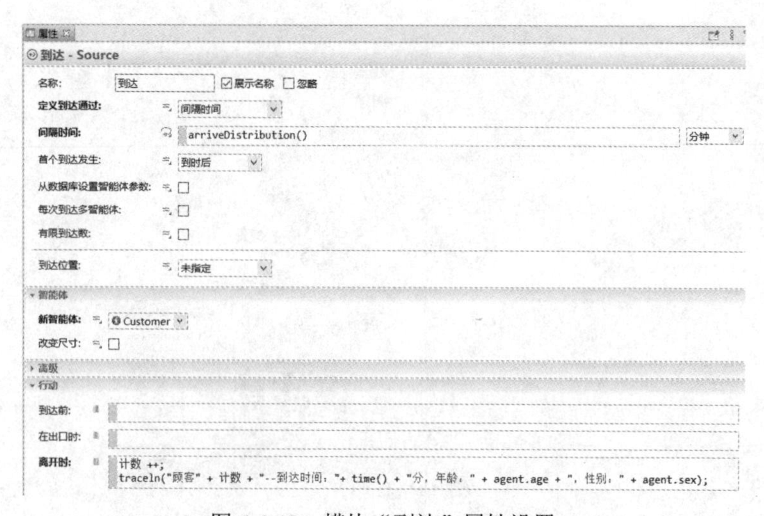

图 6-4-18　模块“到达”属性设置

（12）如图 6-4-19 所示设置模块“调度”的属性，使用（Use）选择“条件（Condition）”，概率 1（Probability 1）填入“agent.age < 12”，概率 2（Probability 2）填入“agent.sex == 女”，概率 3（Probability 3）填入“agent.sex == 男”，概率 4（Probability 4）填入“false”。

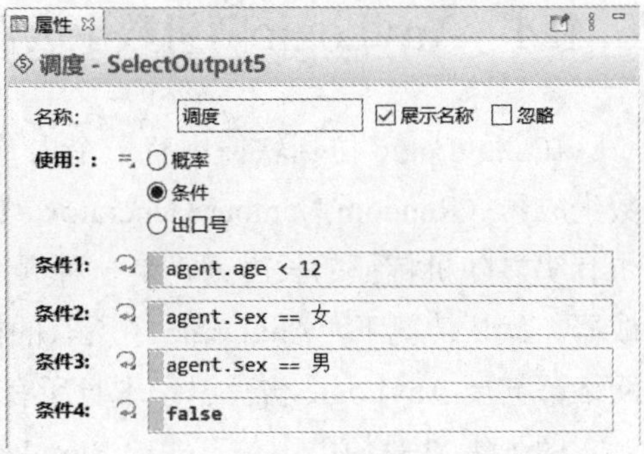

属性
调度 - SelectOutput5
名称: 调度 展示名称 忽略
使用: 概率 / 条件 / 出口号
条件1: agent.age < 12
条件2: agent.sex == 女
条件3: agent.sex == 男
条件4: false

图 6-4-19　模块“调度”属性设置

（13）如图 6-4-20 所示，设置模块“儿童理发”“女士美发”和“男士理发”的属性，获取（Seize）均选择“（代替）资源集（(alternative) resource sets）”，资源池（Resource pool）均选择“理发师”，单元数（Number of units）均为 1，队列容量（Queue capacity）均为 100，延迟时间（Delay time）单位均为分钟（minutes）：模块“儿童理发”填入“triangular(5,60,20)”，模块“女士美发”填入“triangular(10,70,35)”，模块“男士理发”填入“triangular(5,30,15)”。

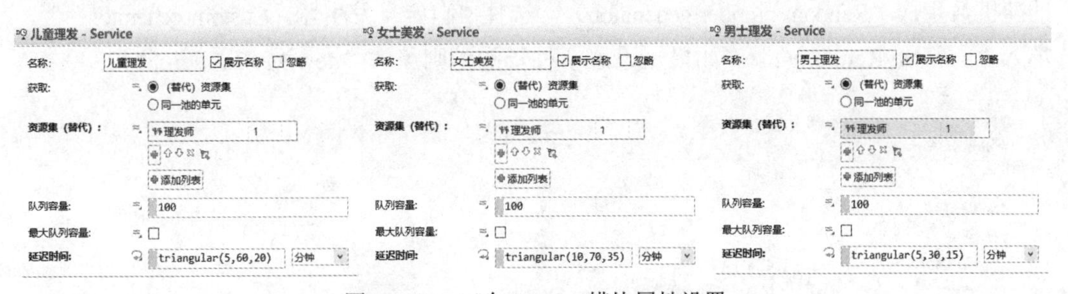

图 6-4-20　三个 Service 模块属性设置

（14）运行模型，如图 6-4-21 所示。

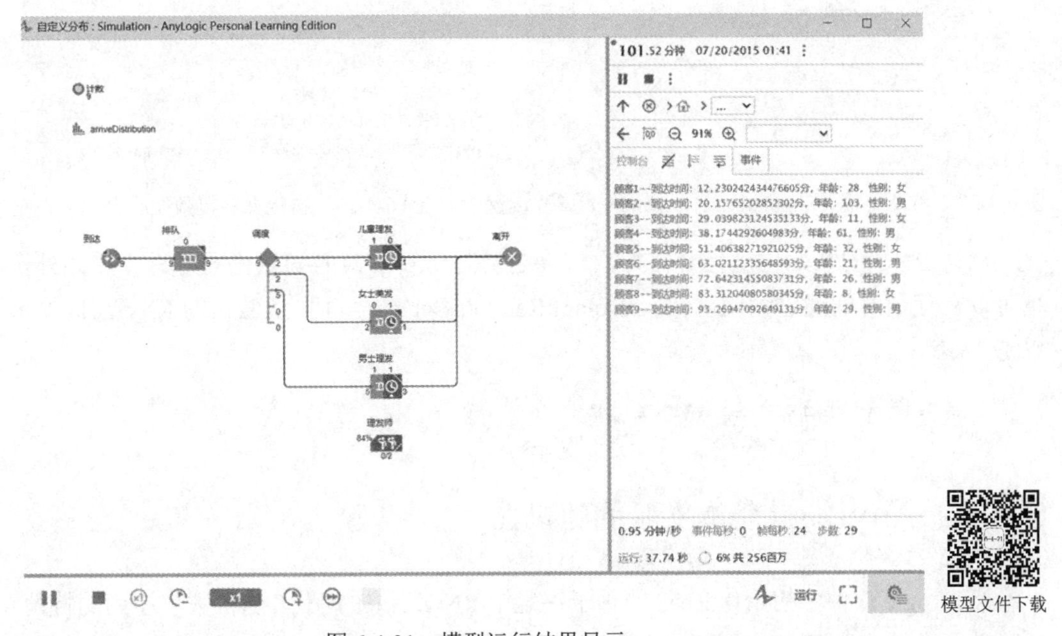

图 6-4-21　模型运行结果显示

模型文件下载

6.4.4 AnyLogic随机数生成器

在 AnyLogic 仿真软件中有一个内置的随机数生成器用于产生概率分布函数。随机数生成器（Random Number Generator，RNG）是由已知作为种子的较短的初始值产生的带有明显随机特征的长序列，是一种周期性确定性算法，其实质是一个“伪”随机数生成器。默认情况下，AnyLogic 中所有的概率分布函数，随机转换和事件，随机的布局和网络，甚至 AnyLogic 仿真引擎本身所有的随机性都是基于默认的随机数生成器。

图 6-4-22 是模型中仿真实验 Simulation 的属性视图，通过对随机性（Randomness）部分的随机数生成（Random number generation）进行设置，可以打开或者关闭仿真实验的随机性，也可以用自定义的随机数生成器（RNG）代替 AnyLogic 默认的随机数生成器（RNG）。

假设已经准备好自定义的随机数生成器（RNG）函数 MyRandom()，它是 Java 中 Random 的子类。如图 6-4-23 所示设置仿真实验 Simulation 的属性，在随机性（Randomness）部分的随机数生成（Random number generation），选择“自定义发生器（Custom generator）”，填入“new MyRandom()”。如果是设定了种子的，则填入“new MyRandom（1234）”。

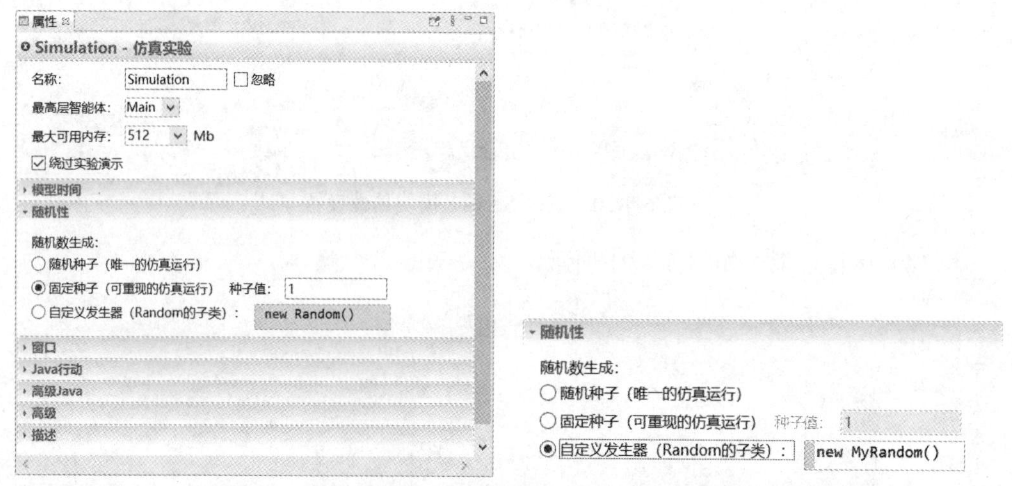

图 6-4-22　仿真实验（Simulation Experiment）属性设置　　图 6-4-23　自定义随机数发生器

默认 RNG 的初始化过程会在每次仿真之前与仿真实验的初始化同时进行。此外，也可以在任何时间通过调用函数 setDefaultRandomGenerator() 更换默认的 RNG，例如可以是：

```
setDefaultRandomGenerator(random R)
```

6.4.5 AnyLogic仿真实验的随机性

AnyLogic 软件中初始化 RNG 的种子决定了 RNG 生成的“伪”随机数字序列的特性，随机种子在仿真实验初始化期间设置，然后在每次仿真实验开始时驱动 RNG 生成随机数供模型仿真实验运行使用，即 AnyLogic 会在各次仿真实验启动时重新初始化 RNG。

如图 6-4-23 所示，可以选择用随机种子（Random seed）初始化 RNG 实现各自独立的具有唯一性的仿真运行（unique simulation runs），也可以选择固定种子（Fixed seed）初始化 RNG 运行可重复的仿真运行（reproducible simulation runs）。

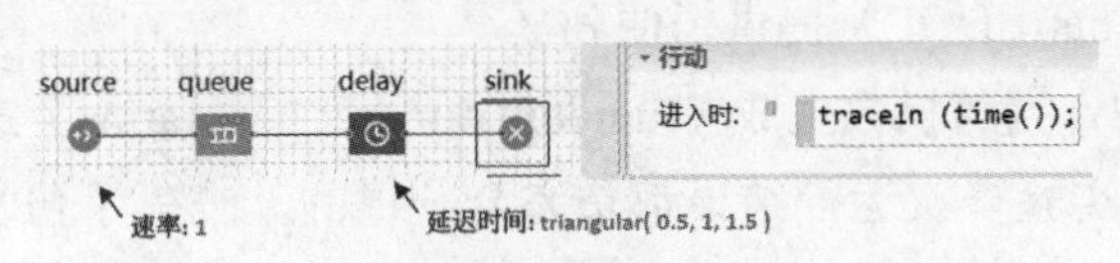

图 6-4-24 简单排队模型流程图及参数设置

本小节将创建一个如图 6-4-24 所示的简单排队模型来比较这两种情形。具体操作如下。

（1）新建一个模型。从流程建模库（Process Modeling Library）面板拖曳一个 Source 模块、一个 Queue 模块、一个 Delay 模块和一个 Sink 模块到 Main 中，并如图 6-4-24 所示进行连接，各模块属性保持默认不变。模块 source 到达间隔时间服从指数分布，模块 delay 延迟时间服从三角分布。

（2）设置模块 sink 的属性，在行动（Actions）部分的进入时（On enter）填入代码：

```
traceln( time() ); //输出临时实体退出时间到日志
```

（3）点击工程树中的仿真实验 Simulation 设置其属性，模型时间（Model time）部分，停止（Stop）选择“在指定时间停止（Stop at specified time）”，停止时间（Stop time）为 20；随机性（Randomness）部分的随机数生成（Random number generation），选择随机种子（Random seed）。运行模型两次。

（4）更改仿真实验 Simulation 属性的随机性（Randomness）部分设置，随机数生成（Random number generation）选择固定种子（Random seed），种子值保持默认 1。再运行模型两次。

AnyLogic 软件控制台视窗中的，步骤（3）和步骤（4）各自模型日志如图 6-4-25 所示。

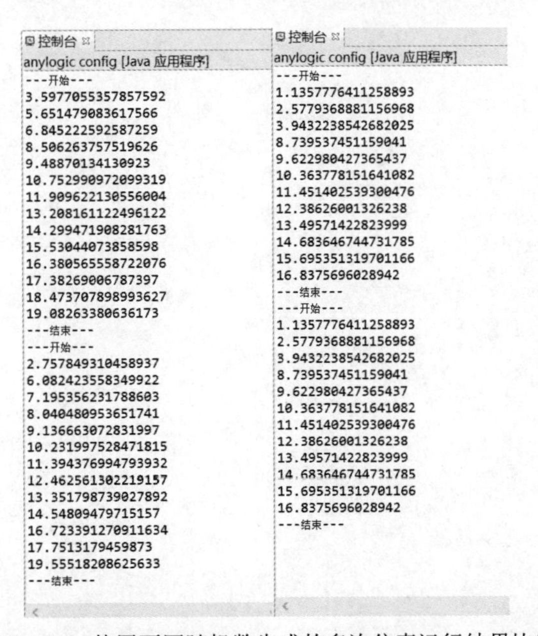

模型文件下载

图 6-4-25 使用不同随机数生成的多次仿真运行结果比较

图 6-4-25 左图中，当随机数生成（Random number generation）选择随机种子（Random seed）时，模型仿真实验每次运行结果都是不同的，临时实体退出时间与前次运行实验中的退出时间都不一样。模型仿真实验这种多次独立随机运行，为用户进行实验设计（Design of Experiments，DOE）提供了便利。

图 6-4-25 右图中，当随机数生成（Random number generation）选择固定种子（Fixed seed）时，模型仿真实验多次运行结果都是完全一样的，丧失了仿真的随机性。丧失随机性的可重复仿真实验每次都会沿着相同的状态变化轨迹运行，这在调试模型或演示特定场景时非常有用。

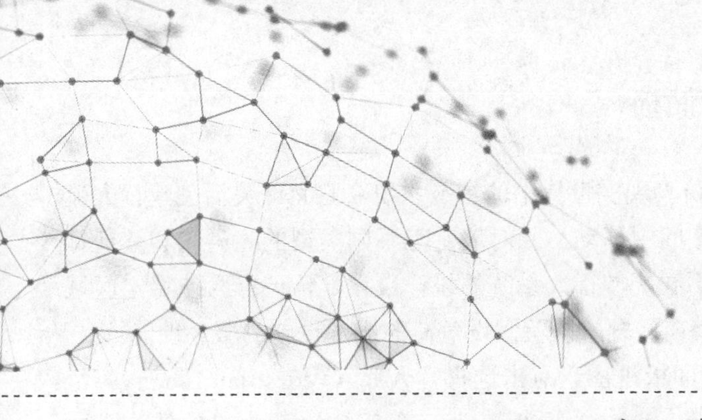

第7章

AnyLogic 行人系统仿真实践

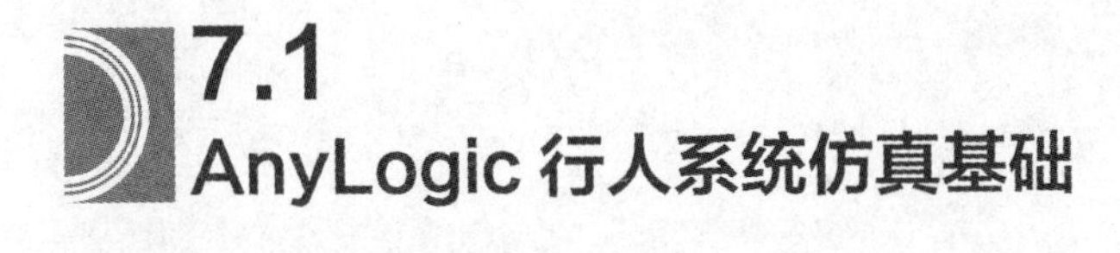

7.1 AnyLogic 行人系统仿真基础

7.1.1 行人系统仿真概述

行人系统仿真是一种微观仿真，在二维、三维计算机模型中仿真人的行走行为特征，用来评估服务设施的服务水平或监测人流密度。从试验角度看，行人系统仿真是再现行人流的时间和空间变化的仿真技术，可以动态地、逼真地仿真行人流，可以根据不同布局，建立动态模型，从任意角度、任意时间和时长重现行人流的时空变化，有效地进行服务设施布局规划、组织与运营管理等方面的研究。目前，行人系统仿真正在延伸到建筑设计、城市规划和城市设计等诸多领域的步行空间设计部分，成为测试和优化各种行人设施与布局的设计方案，描述复杂环境下行人行为的一种直观、方便、灵活、有效的分析工具。特定位置的拥堵情况、服务水平、安全隐患，以及出现紧急情况所采用的应急方案，都可以通过行人系统仿真进行经济、有效、无风险的模拟。

近年来，密集行人交通问题受到广泛的关注，以机场为例，处在系统中的行人较多，交通流量较大，大量行人在短时间积聚和消散，人流的时空不均衡性较突出。虽然航班安排是预先设定的，但由于不同行人的出行目的及方向不同，行人表现出的运行速度、方向、活动等行为不同，造成群体行为复杂的特性。一方面，机场中购票人群、安检人群、乘降人群的行为完全不同；另一方面，机场中的行人又受航班时刻表以及机场内各种设施布局、作业流程、人群流线的影响，群体行为又会呈现一定的规律性。

有必要针对大型公用建筑（体育赛场馆、大型购物中心、主题公园等）和交通枢纽（机场、火车站、地铁车站等）等人群密集的场地，从行人特性、需求时空预测、设施设计、行人组织、仿真与评价等方面开展系统深入、应变性较强的行人系统仿真研究，以确保行人的安全、舒适、快捷。

7.1.2 AnyLogic的行人库面板

AnyLogic 行人库面板专门用于仿真现实世界中的行人系统，它允许灵活创建行人流仿真模型，实现行人在连续的仿真空间中移动，并对墙壁等不同类型的障碍物和其他行人做出反应。通过仿真，可以收集不同区域行人系统的统计数据，估计行人在特定区域的停留时间，检测内部结构存在的潜在问题，检验假设负荷的服务设施的服务性能。

打开 AnyLogic 软件工作区左侧面板视图，点击选择行人库（Pedestrian Library），如图 7-1-1 所示。行人库（Pedestrian Library）面板分为三个部分：第一部分是一个单独的新建智能体类型元件，行人类型（Pedestrian Type）；第二部分是空间标记（Space Markup），包括 13 个元件，用于行人周边环境建模，详见表 7-1-1；第三部分是模块（Blocks），包括 14 个模块，用于行人行进逻辑流程建模，详见表 7-1-2。

图 7-1-1 AnyLogic 的行人库（Pedestrian Library）面板

表 7-1-1 行人库（Pedestrian Library）面板的空间标记（Space Markup）部分

元件名称	说　明
墙（Wall）	墙用于绘制仿真空间中存在的墙或障碍物，是在自由空间导航模式下移动的行人和运输工具无法穿过的物体。每个墙都位于一个层（Level），一个墙不能被多个层使用。一般使用墙（Wall）元件绘制复杂形状的墙，可以包含直线段和曲线段，也可以是开放的。利用线段绘制墙壁时，只需鼠标单击一下即可；利用曲线段绘制墙壁时，先按住鼠标左键不要松开的同时移动鼠标，当得到所需曲线段时释放鼠标左键。
矩形墙（Rectangular Wall）	矩形墙用于绘制行人无法进入或通过的矩形闭合区域，即仿真环境中的矩形障碍物。
环形墙（Circular Wall）	环形墙用于绘制仿真环境中的圆形障碍物，如：柱子、水池、喷泉等。
目标线（Target Line）	目标线用于以图形方式定义行人仿真模型中的位置，包括：行人出现的位置、行人移动的目标位置、行人等待的位置等。
线服务（Service With Lines）	线服务用于定义排队服务，行人需要先排队等待，直到服务可用并接受服务，如购票、购物、通过闸机等。线服务有两种类型的队列：普通队列和蛇形队列。

续表

元件名称	说明
区域服务（Service With Area）	区域服务用于定义有电子排队叫号系统的服务。行人不排队，而是在相邻区域等待叫号直至轮到自己接受服务，等待区域由多边形节点定义。
矩形节点（Rectangular Node）	（参见表 4-1-1）
多边形节点（Polygonal Node）	（参见表 4-1-1）
吸引子（Attractor）	（参见表 4-1-1）
扶梯组（Escalator Group）	扶梯组用于实现仿真模型中一组平行扶梯的动画形状。可以在图形编辑器中绘制扶梯组，并设置层（Level）、上层（Upper level）、扶梯数（Number of escalators）、速度（Speed）、步深（Step depth）、倾斜角度（Angle）等。实际上，扶梯组是由多个简单标记元素组成，其中核心元素是扶梯（Escalator），可以单独设置每个扶梯的移动方向（Direction）。扶梯组及其中的扶梯都有各自的可调用函数，实现限制行人进入、开关扶梯等功能。当扶梯的状态为限制（Blocked）时，禁止行人进入，如扶梯维修时；当扶梯被函数 turnOff() 关闭时，扶梯的踏板将不再移动，但是行人可以自由地在扶梯上行走。
路径（Pathway）	路径用于绘制行人在行走过程中一条假设的通道，引导行人前行。当行人在该通道中行走时，其会尽量维持在通道边界内前行。但通道中的边界并不是墙，当该通道过于拥挤时，行人将会在路径的周围继续前行。当某一通道或区域有两股较大而相反方向的行人流时，为了减少行人间的碰撞，可以通过绘制两条方向相反的路径来实现仿真。路径同样只位于一个层（Level），一个路径不能被多个层使用。
行人流统计（Ped Flow Statistics）	行人流统计用于收集穿过绘制的截面的行人流统计信息。可以统计某一方向的行人流量；也可以统计双向的行人流量。相关统计数据可通过调用函数返回，如：traffic() 返回行人流量值，intensity() 返回行人流量强度。
密度图（Density Map）	密度图用于收集仿真空间中移动单元密度的统计信息，并将此信息以不同颜色显示在仿真动画上，类型有两个：行人（Pedestrian）和运输车（Transporter）。随着行人或运输车在仿真空间中移动，布局逐渐以不同的颜色绘制，而且当某个点的密度发生变化时，该点颜色会随之动态变化。空间中每个点的颜色对应于该特定区域中的密度，密度图元件图标同时也是密度图的图例，显示了颜色与密度之间的关系，如红颜色表示该区域密度到达最大值，蓝颜色表示该区域附近的密度较小，而当区域密度为 0 时不显示颜色。可根据颜色的深浅辨别密度较大的地点，即系统的瓶颈。

表 7-1-2 行人库（Pedestrian Library）面板的模块（Blocks）部分

模块名称	说明
Ped Source	Ped Source 用于产生行人，通常用作行人流的起点。行人可以出现在直线（line）、给定坐标点或节点（node）区域。行人到达可以根据速率（Rate）、间隔时间（Interarrival time）、速率时间表（Rate schedule）、到达时间表（Arrival schedule），也可以根据 inject() 函数调用。要生成具有自定义动画或属性的行人，可以创建新的行人类型（Pedestrian），并在该模块属性行人（Pedestrian）部分的新行人（New pedestrian）中选定，此处可以设置行人的舒适速度（Comfortable speed）、初始速度（Initial speed）、直径（Diameter）。

续表

模块名称	说　明
Ped Source	该模块还可创建行人组（Create groups），并设置组大小（Group size）、组成员间隔时间（Interarrival time of group members）、组队形（Group formation）、组在服务中行为（Group behavior in services）等。
Ped Sink	Ped Sink 用于清除进入的行人，通常用作行人流的终点。
Ped Go To	Ped Go To 用于使行人前往指定的位置。该模块有到达目标（Reach target）和跟随路线（Follow route）两种模式。在到达目标模式下，目标可以是直线（line）、给定坐标点或节点（node）区域，系统自动为行人在其所在层内寻找到达指定点，或指定线上的任意点，或指定节点区域内的任意点的合适路径；在跟随路线模式下，需要事先绘制路径（Pathway）空间标记元件，并在该模块属性的路线（Route）中选定。
Ped Service	Ped Service 用于引导行人通过一个服务，这里的服务指行人模型中定义的类似现实服务的对象，如旋转门、自动售票机、安全检查站、值机柜台等。需要在该模块属性的服务（Services）中选择对应的线服务（Service With Lines）空间标记元件或区域服务（Service With Area）空间标记元件。
Ped Wait	Ped Wait 用于使行人前往指定位置并在该指定位置等待指定的时间。等待位置可以是节点（node）区域、直线（line）或给定坐标点。如果指定位置是节点区域，则可以使用吸引子（Attractor）指定节点区域内部的确切等待点。行人到达指定位置可以等待特定的时间量：时间量从不同的事件开始计算（例如到达等待点、进入区域等），也可以手动开始计算时间；有时行人会一直等待直到该模块的 free() 函数被调用。
Ped Select Output	Ped Select Output 根据指定的比率或条件将进入的行人引导到五个出口中的一个，该模块可以用三种引导模式：概率（Probabilities）、条件（Conditions）、出口号（Exit number）。行人在该模块中的时间为零。可以使用该模块以特定标准对行人进行分类，也可以用来随机分割行人流等。在概率和条件模式下，如果只想将行人引导到两个（或三个，或四个）出口中的一个，则只需要定义相应的参数，没有必要定义所有五个概率或所有四个条件。
Ped Enter	Ped Enter 在其 in 端口接受别处生成的行人，并在指定位置将这个行人注入仿真环境，指定位置可以是目标线（Target line）、给定坐标点或节点（Node）区域。该模块可以设置行人舒适速度（Comfortable speed）、初始速度（Initial speed）、直径（Diameter）。该模块还可以创建组（Create groups），并设置新组创建于（New group is created）何时、组大小（Group size）、组队形（Group formation）、组在服务中行为（Group behavior in services）等。
Ped Exit	Ped Exit 用于从仿真环境中移除模块 in 端口上接受的行人，并将其作为普通智能体通过模块 out 端口进一步发送。离开的智能体可以从空间移除（removed from the space）或者停留在原地（stay where they are）。使用 Ped Exit 和 Ped Enter 组合，可以在行人系统仿真中实现自定义流程。Ped Exit 模块可以让行人离开 AnyLogic 行人库仿真部分，同时作为普通智能体出现在其他类型的仿真部分，如流程建模库仿真部分。
Ped Escalator	Ped Escalator 用于仿真自动扶梯（或自动人行道）运送行人。需要在该模块属性的扶梯（Escalators）中选择对应扶梯组（Escalator Group）空间标记元件。
Ped Change Level	Ped Change Level 用于将行人从当前层移动到新层。为实现行人在不同层间的移动，需要绘制两个目标线（Target line）空间标记元件：一个是行人离开当前所在层的目标线，并在该模块属性的当前层离开线（Exit line on current level）中选定；另一个是行人进入新层的目标线，在该模块属性的新层进入线（Entry line on new level）中选定。

续表

模块名称	说　明
Ped Group Assemble	Ped Group Assemble 用于根据 in 端口上的行人创建组（creates groups）或者通过匹配集合组（assembles groups by matching）。创建组时，可以设置新组创建于（New group is created）何时、组大小（Group size）、队形（Formation）、服务中行为（Behavior in services）。通过匹配集合组，可以设置匹配条件（Matching condition）、集合是否完成（Is assembly finished）、队形（Formation）、服务中行为（Behavior in services）。
Ped Group Change Formation	Ped Group Change Formation 用于改变行人组的队形。当组领队（Group leader）通过该模块时，队形发生变化。队形（Formation）分三种：群（swarm）、链（chain）、前面（front）。
Ped Group Disassemble	Ped Group Disassemble 用于解散进入的行人组。当组领队（Group leader）进入该模块时，其所在行人组解散，解散后行人各自完全独立。
Ped Settings	Ped Settings 用于设定一个图形编辑器中与行人库所有模块的一般参数，并可以设置选择（或取消选择）行人时和行人组发生某些改变时仿真执行的行动。

7.1.3 AnyLogic的行动图面板

复杂系统仿真建模通常离不开执行一些数据处理或复杂逻辑的算法。AnyLogic提供了一种图形化结构框图——行动图，允许用户以图形方式定义算法，尤其对于不太熟悉 Java 编程语言的用户相当有帮助。

AnyLogic 中行动图面板默认不显示，需如图 7-1-2 所示点击 AnyLogic 主界面左侧软件面板（Palette）视图左下角的“＋”号，选中“行动图（Actionchart）”，然后再在面板视图左侧点击选择行动图（Actionchart）。行动图（Actionchart）面板包括 9 个元件，详见表 7-1-3。

图 7-1-2　AnyLogic 的行动图（Actionchart）面板

表 7-1-3　行动图（Actionchart）面板

元件名称	说　明
行动图（Action Chart）	行动图用来创建基本的行动图，将其拖入图形编辑器会自动生成一个与之连接的返回（Return）元件。可以在属性中设定行动图名称（Name），定义其是否有返回值（Returns value），以及各返回值的名称（Name）和数据类型（Type）。行动图的调用方式与 AnyLogic 中的函数调用相同：行动图名称后跟括号，如果行动图有一些参数，应该在括号内传递以逗号分隔的参数值（这些值应该按照它们在行动图中定义的顺序提供）。
代码（Code）	代码允许将执行某些行动的代码片段插入到行动图中。
决断（Decision）	决断根据条件进行分流，它有两个出口分支：true 和 false。当逻辑推进到该元件时，如果它定义的条件为真则采用 true 分支，否则采用 false 分支。

续表

元件名称	说　明
局部变量（Local Variable）	局部变量用于在行动图中声明局部变量，并在声明点下方的行动图中提供访问。
While 循环（While Loop）	在 While 循环中，使用其他行动图元件定义一些行动或一系列行动。如果为此循环定义的条件（Condition）值为真，则执行循环内的行动。条件在循环开始前被评估一次，并且会在每开始一次新的迭代之前再被评估一次。如果条件第一次评估为假，则该循环内的行动将永远不会执行。
Do While 循环（Do While Loop）	在 Do While 循环中，使用其他行动图元件定义一些行动或一系列行动。首先执行一次迭代，然后再评估此循环定义的条件（Condition），如果条件为真则开始一次新迭代，否则终止该循环。也就是说，Do While 循环内的行动至少会执行一次，即使条件第一次评估为假。
For 循环（For Loop）	For 循环有两种类型：通用型（Generic）和集合迭代型（Collection iterator）。集合迭代型 For 循环遍历集合（Collection）中的项目（Item），并且通过迭代对集合中的项目依次执行一组行动。通用型 For 循环则在第一次迭代前初始化（Initialization）一个计数器变量；然后评估循环定义的条件（Condition）表达式是否为真，如果为真则将执行该次迭代中所有行动；然后执行计数（Counting）代码，此代码通常使计数器变量递增或递减；然后再次评估条件（Condition）表达式以决定是否开始一次新的迭代；依此类推，直到条件（Condition）表达式不为真，终止该循环。
返回（Return）	返回起到两个作用：它指定行动图将返回的值 (返回类型是 void 的行动图无返回值)，并使该值立即返回。行动图的每个分支应以该元件结束。这也是为什么当开始绘制行动图时，一个返回元件会自动包含在行动图中。
中断（Break）	中断用于停止当前的循环迭代，它有两种形式可选：中断并退出循环（Break and exit loop）会停止当前迭代的后续行动，且不再执行循环的后续迭代；中断并继续循环（Break and continue loop）会停止当前迭代的后续行动，但允许继续执行循环的后续迭代。

注意

AnyLogic 行动图面板只是给出了一种简单分支结构和三种最基本的循环结构，而我们实际研究的对象系统的逻辑流程有时候要复杂的多，在这种情况下，熟练掌握和应用 Java 代码来定义复杂逻辑流程是必须具备的能力。

7.2 AnyLogic 顾客应急疏散系统仿真

本节将创建一个银行网点顾客应急疏散的行人系统仿真模型。在银行大厅办理业务的顾客，有的直接在 ATM 机排队办理业务，有的需要在柜台排队办理业务，办理完业务的顾客会选择最近的出口离开银行大厅。如果发生紧急事件，所有顾客立即停止办理业务，选择最近的出口疏散离开银行。

7.2.1 创建模型的空间布局

在本小节，用 AnyLogic 行人库（Pedestrian Library）创建银行大厅空间布局，即顾客行人流的行走环境。具体操作如下。

（1）新建一个模型。

（2）在行人库（Pedestrian Library）面板中双击墙（Wall）元件，进入绘制模式，如图 7-2-1 所示，在 Main 的图形编辑器中绘制银行大厅边界。

（3）如图 7-2-1 所示，从行人库（Pedestrian Library）面板拖曳三个目标线（Target Line）元件到 Main 中，并设置其属性，名称（Name）分别为“entryLine”“exitTellersLine”和“exitATMLine”。

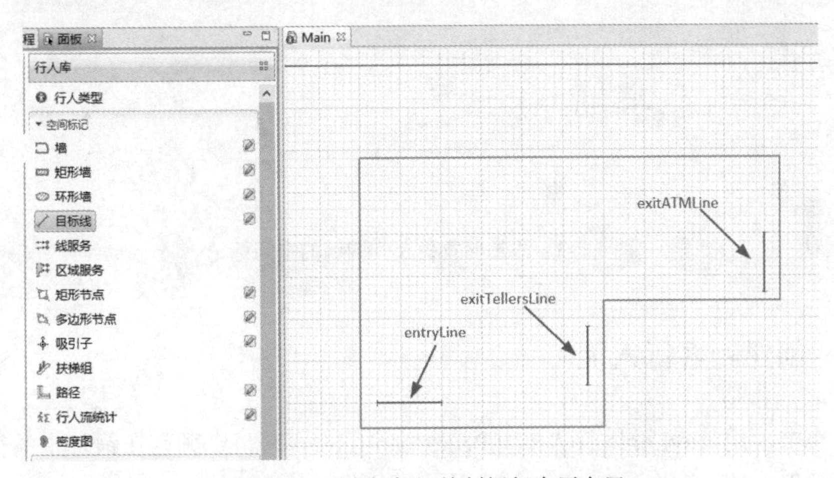

图 7-2-1　用空间标记绘制银行大厅布局

（4）为构建 ATM 服务，从行人库（Pedestrian Library）面板拖曳一个线服务（Service With Lines）元件到 Main 中，并设置其属性，名称（Name）为“servicesATM”，服务数（Number of services）为 1，队列数（N of queues）为 1。如图 7-2-2 所示，从三维物体（3D Objects）面板超市（Supermarket）部分拖曳一个自动柜员机（ATM）到 Main 中 ATM 机线服务处，并设置其属性，位置（Position）部分的 Z 旋转（Rotation Z）为 0 度（degrees）。

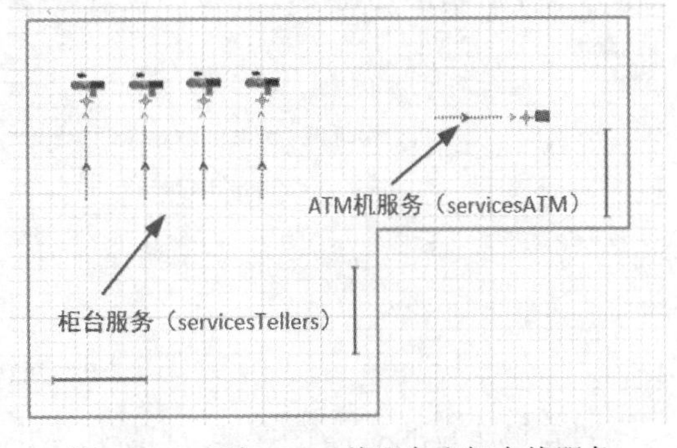

图 7-2-2　添加 ATM 线服务和柜台线服务

（5）为构建柜台服务，如图 7-2-2 所示，从行人库（Pedestrian Library）面板拖曳一个线服务（Service With Lines）元件到 Main 中，并设置其属性，名称（Name）为“servicesTellers”，服务数（Number of services）为 4，队列数（N of queues）为 4，并旋转线服务调整其方向。从三维物体（3D Objects）面板超市（Supermarket）部分拖曳四个职员（Office Worker）和四个收银台（Cash Desk）到 Main 中，并分成四组，放置在 Main 中的柜台线服务处。设置所有收银台（Cash Desk）三维对象属性的位置（Position）部分的 Z 旋转（Rotation Z）为 -90 度（degrees）。

设置所有职员（Office Worker）三维对象属性的位置（Position）部分的 Z 旋转（Rotation Z）为 90 度（degrees）。

（6）如图 7-2-3 所示，从三维物体（3D Objects）面板超市（Supermarket）部分拖曳一个储物柜（Locker）到 Main 中；从行人库（Pedestrian Library）面板拖曳一个矩形墙（Rectangular Wall）元件到 Main 中将储物柜围住，设置矩形墙属性的可见（Visible）为否（no）。

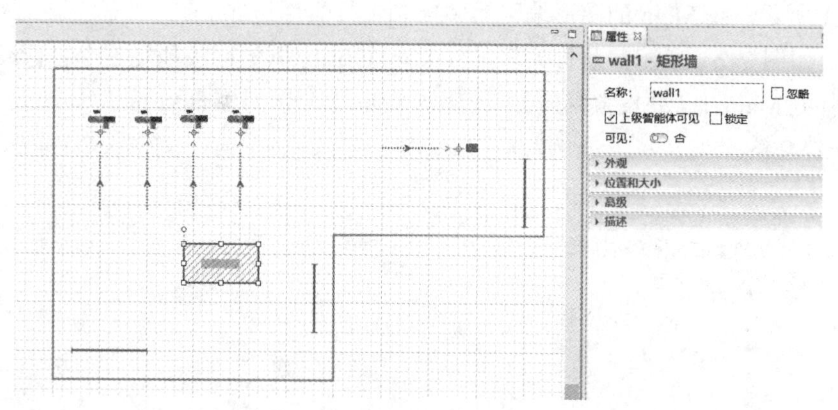

图 7-2-3　添加储物柜及其围墙的空间标记

7.2.2　创建顾客行人流

在本小节，用 AnyLogic 行人库（Pedestrian Library）仿真顾客在银行中的行走及接受服务的过程。具体操作如下。

（1）从行人库（Pedestrian Library）面板拖曳一个 Ped Source 模块、一个 Ped Select Output 模块、两个 Ped Service 模块、一个 Ped Go To 模块和一个 Ped Sink 模块到 Main 中，如图 7-2-4 所示进行连接，并按图设置各模块的名称（Name）。

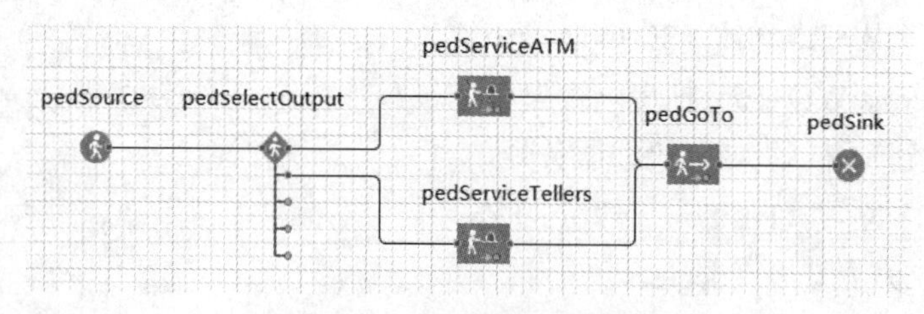

图 7-2-4　新建行人库流程图

设置模块 pedSource 的属性，目标线（Target line）选择“entryLine”，到达根据（Arrival according to）选择“速率（Rate）”，到达速率（Arrival rate）为 60 个每小时（per hour）。

设置模块 pedSelectOutput 的属性，概率 1（Probability 1）和概率 2（Probability 2）均为 0.5，概率 3（Probability 3），概率 4（Probability 4），概率 5（Probability 5）均为 0。

设置模块 pedServiceATM 的属性，服务（Services）选择“servicesATM”，延迟时间（Delay time）为 uniform(2.0, 3.0)*3 分钟（minutes）。

设置模块 pedServiceTellers 的属性，服务（Services）选择“servicesTellers”，延迟

时间（Delay time）为 uniform(2.0, 3.0)*10 分钟（minutes）。

（2）如图 7-2-5 所示，从智能体（Agent）面板中拖曳一个集合（Collection）元件到 Main 中，并设置其属性，名称（Name）为“collectionExit”，元素类（Elements class）选择“其他（Other）...”并填入“TargetLine”，初始内容（Initial contents）添加“exitTellersLine”和“exitATMLine”。

（3）从行人库（Pedestrian Library）面板拖曳一个行人类型（Pedestrian Type）元件到 Main 中，在弹出的新建智能体向导第 1 步，新类型名（Agent type name）设为“Pedestrian”，选择“我正在从头创建智能体类型（Create the agent type from scratch）”；第 2 步，智能体动画（Agent animation）选择“三维（3D）”，并选择人（People）部分的人（Person）；第 3 步不添加智能体参数（Agent parameters），点击完成（Finish）按钮。行人类型 Pedestrian 创建完成，并显示在工程树中。

（4）双击工程树中的智能体类型 Pedestrian 打开其图形编辑器，从智能体（Agent）面板拖曳一个函数（Function）元件到 Pedestrian 中，如图 7-2-6 所示设置其属性，名称（Name）为“findNearExit”，选择返回值（Returns value），类型（Type）选择“其他（Other）...”并填入“TargetLine”，在函数体（Function body）部分填入代码：

```
//顾客选择离自己最近的出口
double dis=infinity;
TargetLine tarl=new TargetLine();
for(TargetLine tl:main.collectionExit){
    if(dis>=this.distanceTo(tl.getX(),tl.getY())){
       dis=this.distanceTo(tl.getX(),tl.getY());
       tarl=tl;
    }
}
return tarl;
```

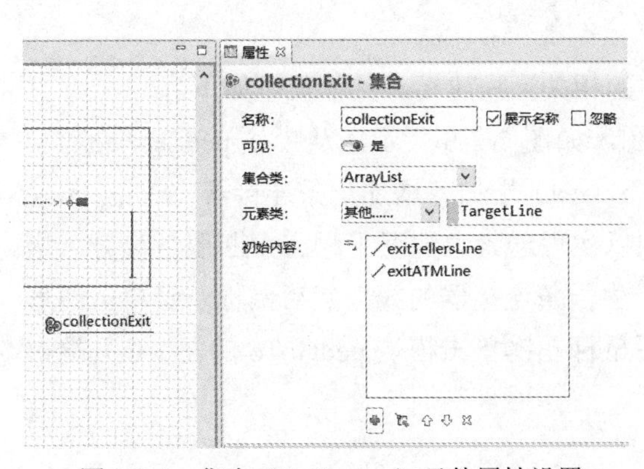

图 7-2-5　集合（Collection）元件属性设置

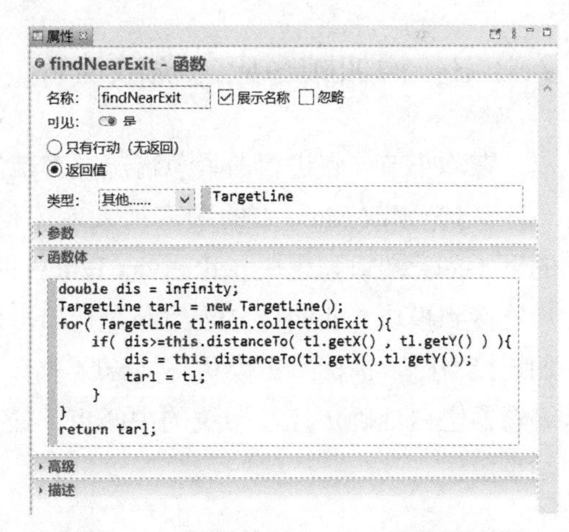

图 7-2-6　函数（Function）元件属性设置

（5）从工程树中拖曳智能体类型 Pedestrian 到 Main 中。

设置模块 pedSource 的属性，行人（Pedestrian）部分的新行人（New pedestrian）选择“Pedestrian”。

设置模块 pedGoTo 的属性，在其目标线（Target line）中填入“ped.findNearExit()”。

设置模块 pedServiceATM 和 pedServiceTellers 的属性，在行动（Actions）部分的取消时（On cancel）均填入代码：

```
ped.setComfortableSpeed(ped.getComfortableSpeed()*2);
```

（6）运行模型，如图 7-2-7 所示。顾客办理完业务后会选择最近的出口离开银行网点。

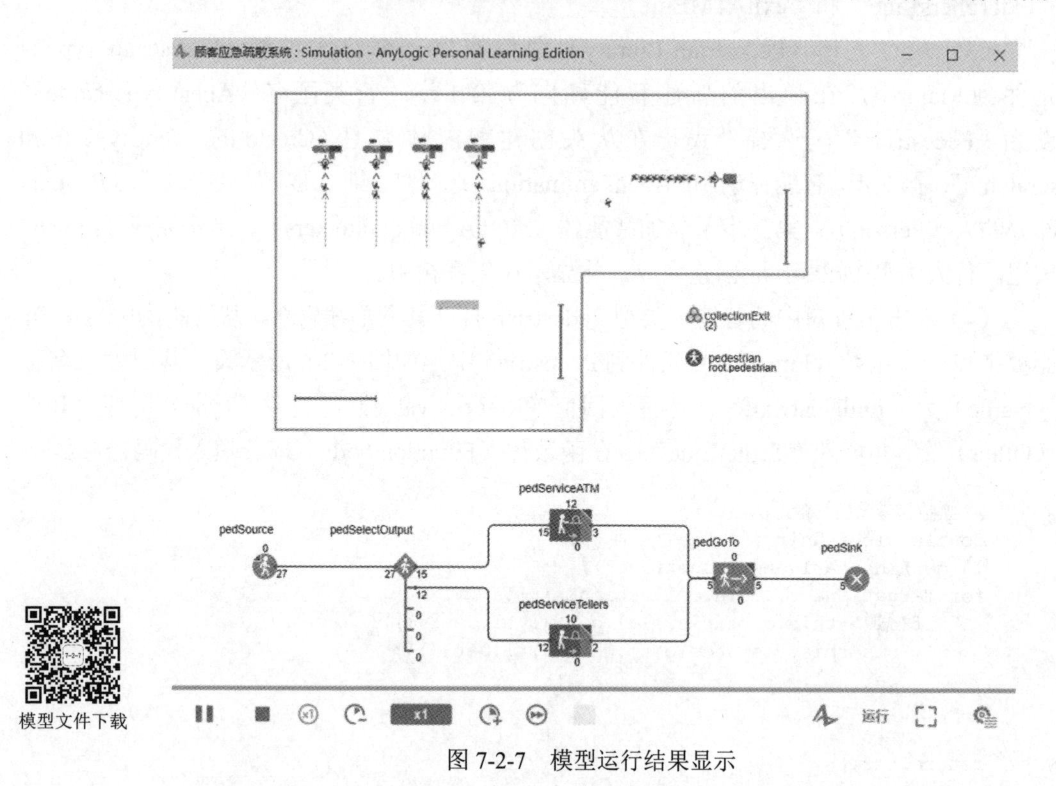

图 7-2-7　模型运行结果显示

7.2.3　添加顾客应急疏散流程

在本小节，将进行遇紧急情况顾客疏散的相关流程建模。具体操作如下。

（1）修改 Main 中的顾客行人库流程图，如图 7-2-8 所示，从模块 pedServiceATM 的下（ccl）端口和模块 pedServiceTellers 的下（ccl）端口各增加一条连接器（Connector）均连接到模块 pedGoTo 的左（in）端口，用以实现遇紧急情况下顾客中断服务离开。增加连接器时，鼠标双击模块下（ccl）端口产生一条连接器的线，然后鼠标左键单击图形编辑器空白处确定连接器线的中间点，最后鼠标左键单击模块 pedGoTo 的左（in）端口结束操作。

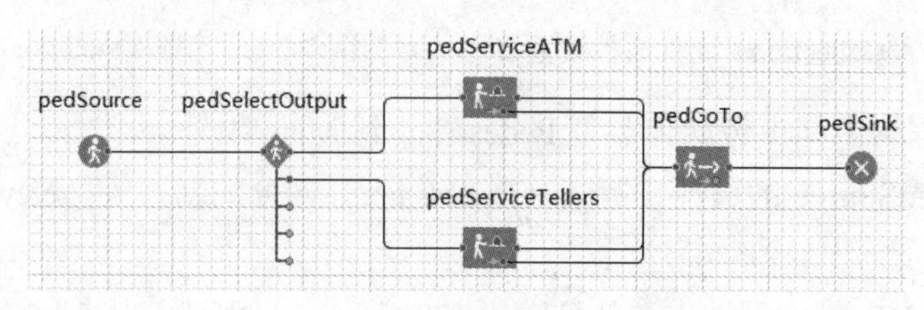

图 7-2-8　修改后的行人库流程图

（2）从控件（Controls）面板拖曳一个按钮（Button）元件到 Main 中，如图 7-2-9 所示设置其属性，标签（Label）为“fire”，在行动（Action）部分填入代码：

```
pedSource.set_rate(0);              //停止顾客进入
pedServiceATM.cancelAll();          //立即停止ATM服务
pedServiceTellers.cancelAll();      //立即停止柜台服务
```

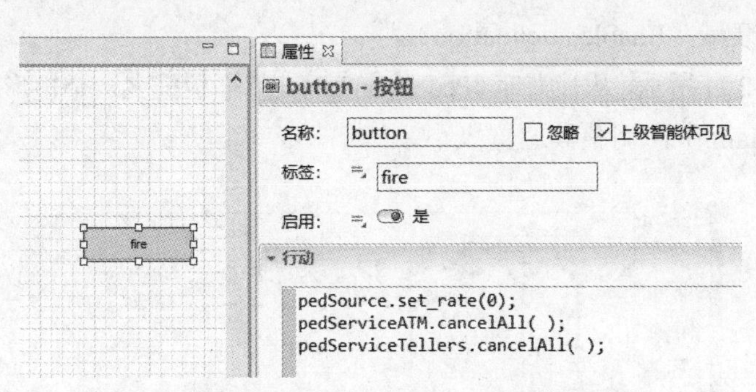

图 7-2-9 按钮（Button）元件属性设置

（3）运行模型，如图 7-2-10 所示。点击 fire 按钮触发紧急情况后，所有银行网点内正在等候或办理业务的客户立刻停止等待和接受服务，并选择离自己最近的出口离开银行。

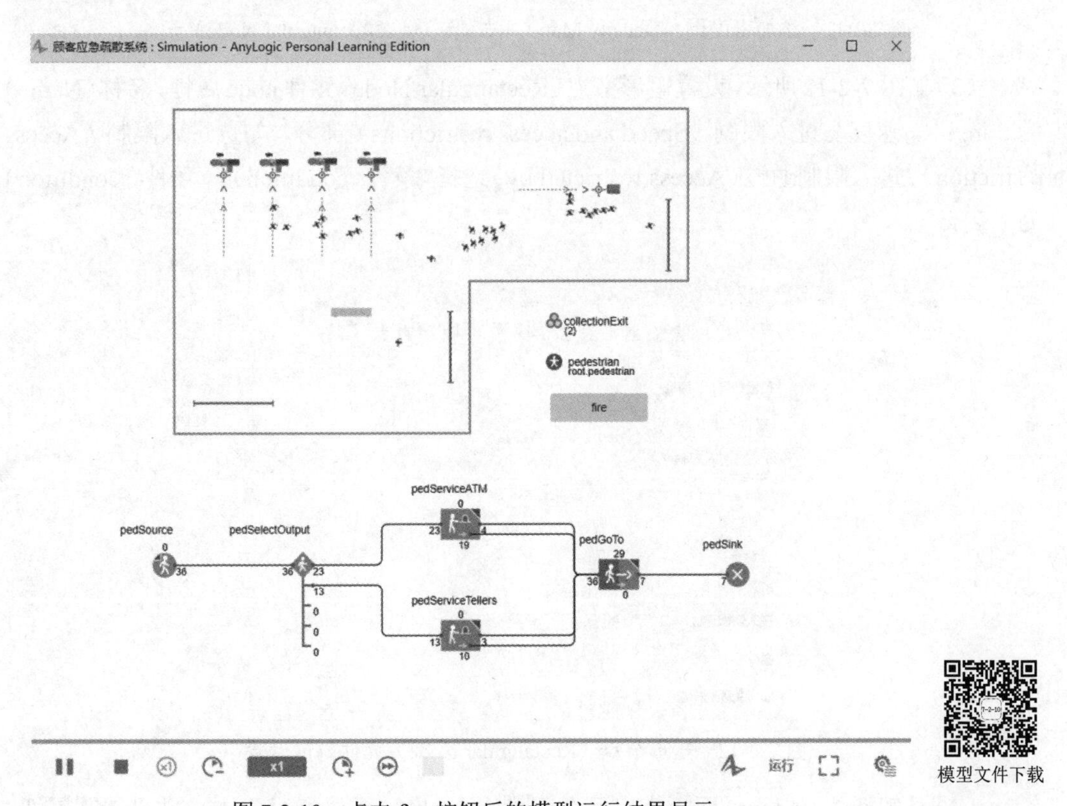

模型文件下载

图 7-2-10 点击 fire 按钮后的模型运行结果显示

7.2.4　添加密度图和行人流统计

为模型添加行人密度图和行人流统计。具体操作如下。

（1）如图 7-2-11 所示，从行人库（Pedestrian Library）面板拖曳一个密度图（Density Map）元件和一个行人流统计（Ped Flow Statistics）元件到 Main 中。设置密度图元件属性，取消勾选“启用衰减（Enable attenuation）”。

（2）如图 7-2-11 所示，从行人库（Pedestrian Library）面板拖曳一个矩形节点（Rectangular Node）元件到 Main 中，调整其位置大小。

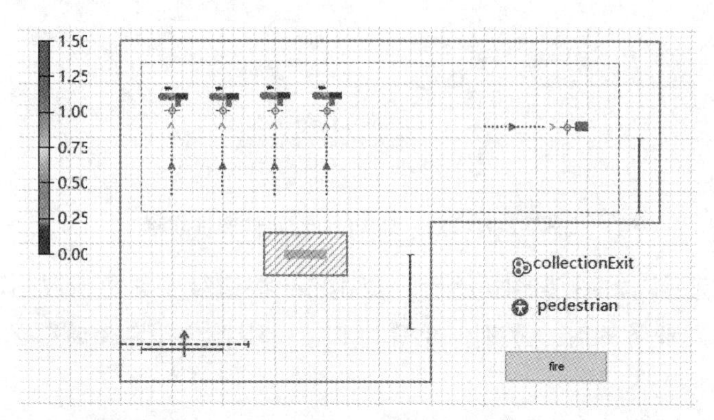

图 7-2-11　添加密度图（Density Map）和矩形节点（Rectangular Node）元件

（3）如图 7-2-12 所示，设置矩形节点（Rectangular Node）元件 node 属性，名称（Name）为“area”，速度与进入限制（Speed and access restrictions）部分，勾选进入限制（Access restriction），进入限制通过（Access restricted by）选择“条件（condition）”，条件（Condition）为“false”。

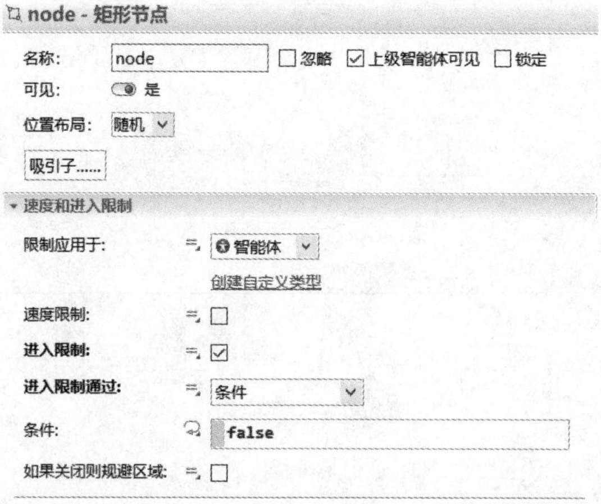

node - 矩形节点

名称：node　☐忽略　☑上级智能体可见　☐锁定

可见：是

位置布局：随机

吸引子……

速度和进入限制

限制应用于：智能体

创建自定义类型

速度限制：☐

进入限制：☑

进入限制通过：条件

条件：false

如果关闭则规避区域：☐

图 7-2-12　矩形节点（Rectangular Node）元件属性设置

（4）从智能体（Agent）面板拖曳两个变量（variable）元件到 Main 中，并设置其属性，名称（Name）分别为“当前截面单位时间通过人数”和“当前区域人数”。

（5）从智能体（Agent）面板拖曳一个事件（Event）元件到 Main 中，如图 7-2-13 所示设置其属性，触发类型（Trigger type）选择“到时（Timeout）”，模式（Mode）

选择“循环（Cyclic）”，首次发生时间（First occurrence time）设为 0 秒（seconds），复发时间（Recurrence time）设为 1 秒（seconds），在行动（Action）部分填入代码：

```
当前区域人数=area.agents().size();
当前截面单位时间通过人数=pedFlowStatistics.traffic();
```

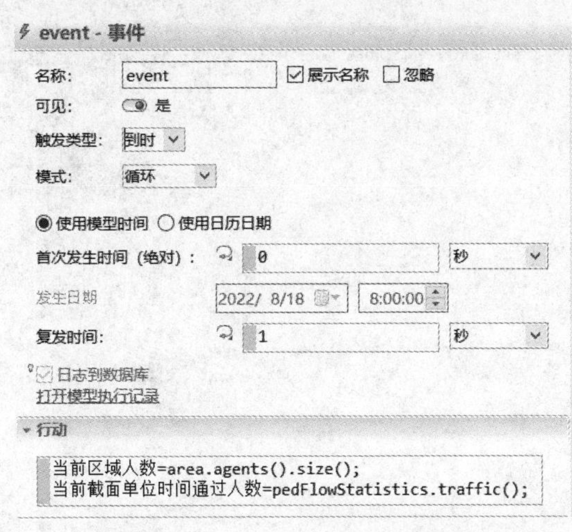

图 7-2-13　事件（Event）元件属性设置

（6）从演示（Presentation）面板拖曳一个三维窗口（3D Window）元件到 Main 中。

（7）运行模型，应急疏散前（点击 fire 按钮前）模型运行情况如图 7-2-14 和图 7-2-15 所示，应急疏散后（点击 fire 按钮后）模型运行情况如图 7-2-16 和图 7-2-17 所示。

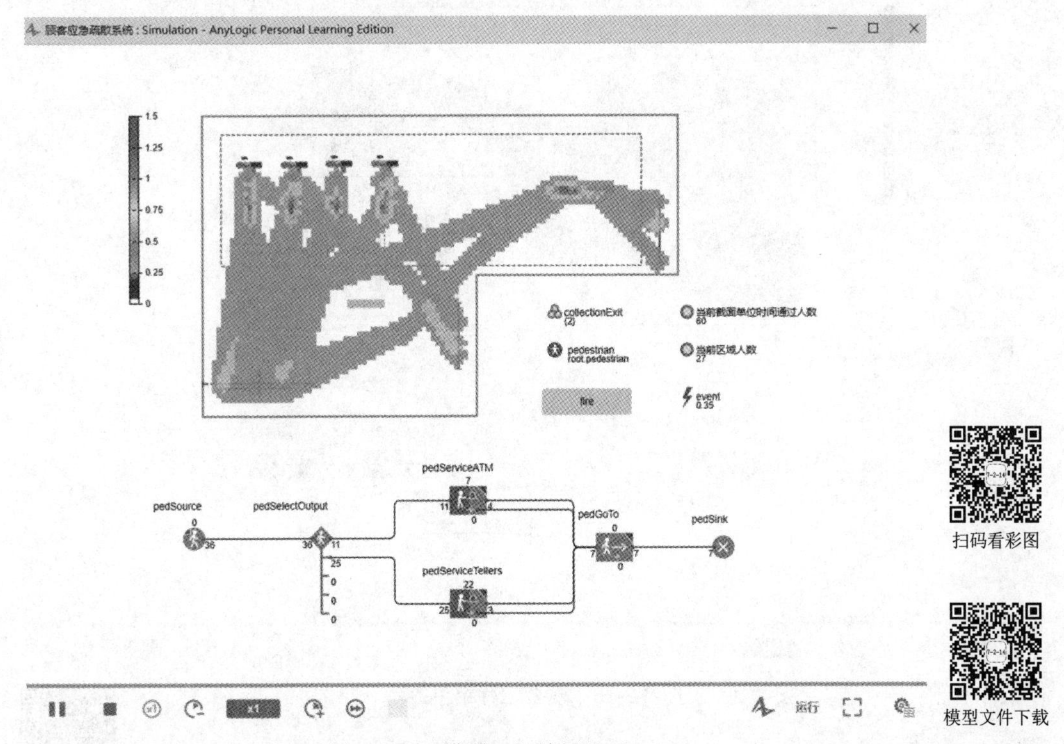

图 7-2-14　模型运行结果显示

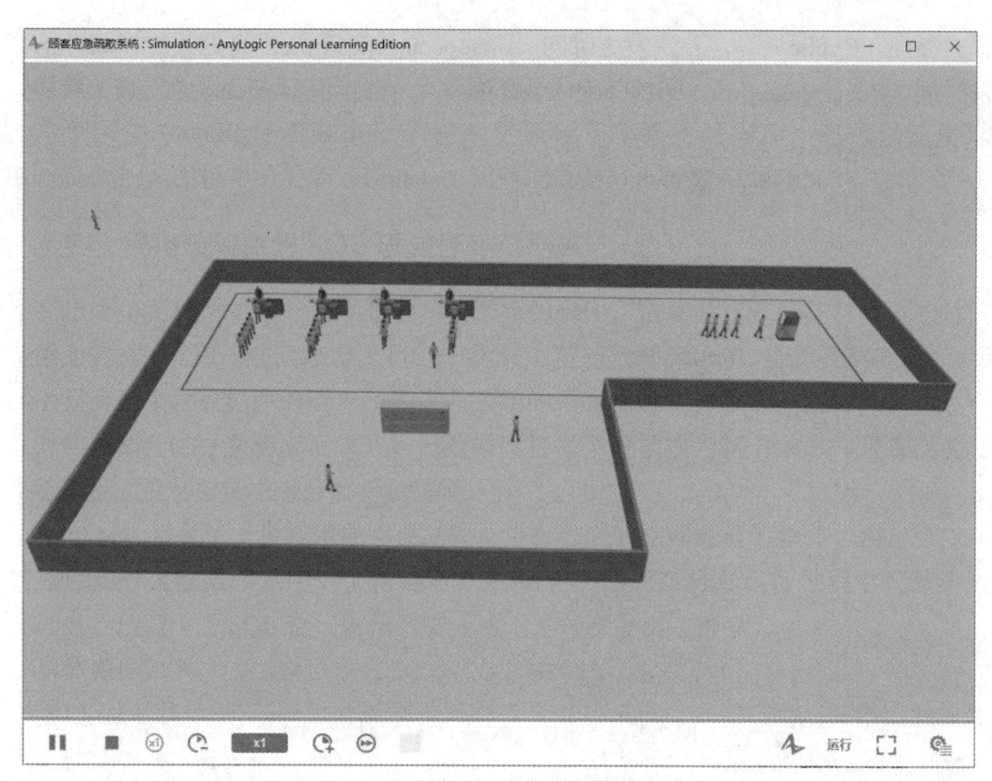

图 7-2-15 模型运行结果三维视图

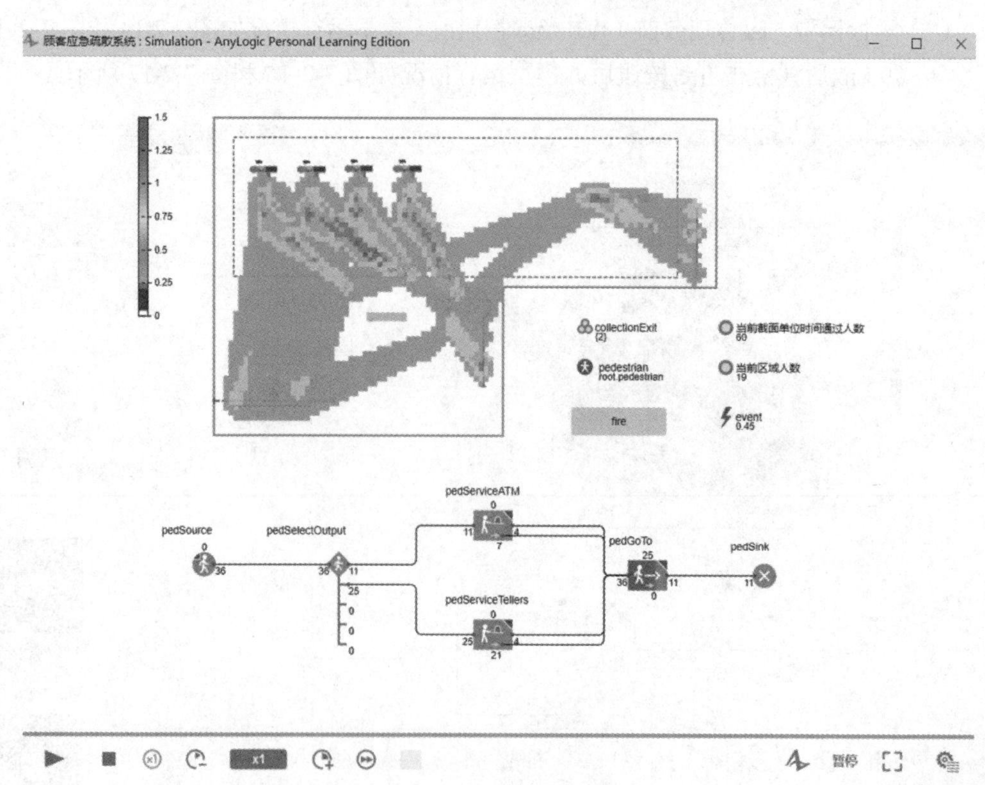

图 7-2-16 模型运行结果显示

扫码看彩图

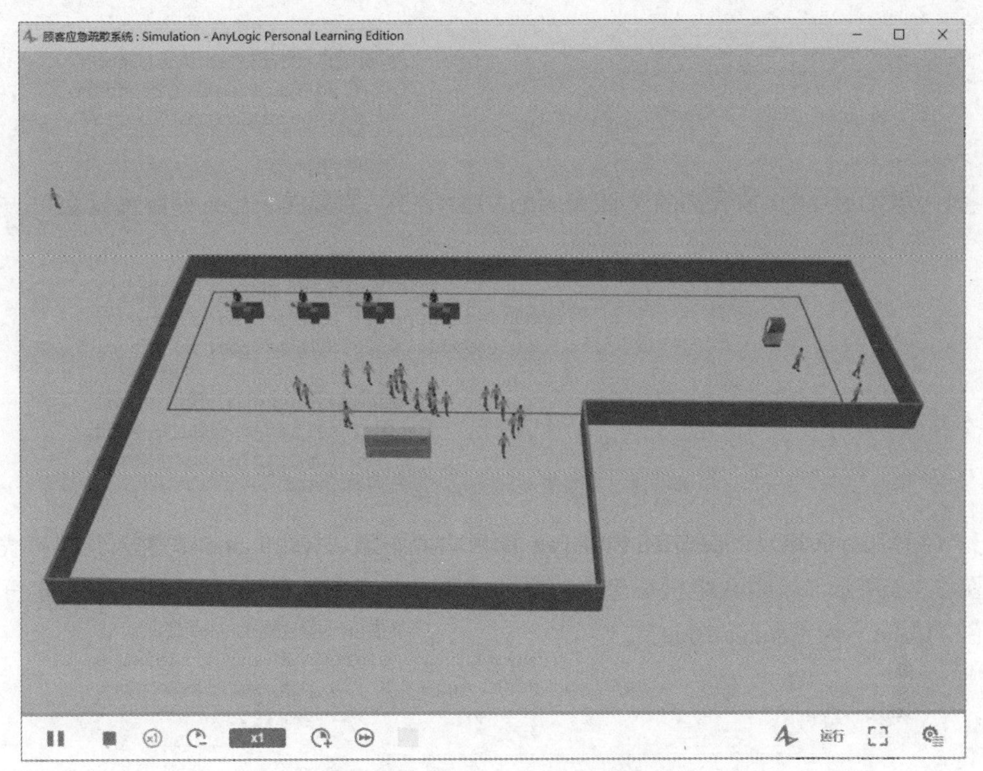

图 7-2-17 模型运行结果三维视图

7.3 AnyLogic 机场旅客登机系统仿真

本节要创建一个机场旅客登机的行人系统仿真模型。旅客到达机场，办理值机手续，通过安检，然后进入候机区。登机开始时，航空公司工作人员检查旅客的机票后安排旅客登机。

7.3.1 创建机场旅客行人流

在本小节，用 AnyLogic 行人库（Pedestrian Library）创建机场旅客行人流模型，机场布局图采用 AnyLogic 安装目录下 /resources/Anylogic in 3 days/Airport 中的 terminal.png 图片。具体操作如下。

（1）新建一个模型，模型时间单位（Model time units）选择分钟（minutes）。

（2）如图 7-3-1 所示，从演示（Presentation）面板拖曳一个图像（Image）元件到 Main 中，在弹出窗口选择 terminal.png 为要显示的图像文件。设置该图像元件的属性，点击“重置到原始大小（Reset to original size）”按钮，勾选“锁定（Lock）”以固定该图片。

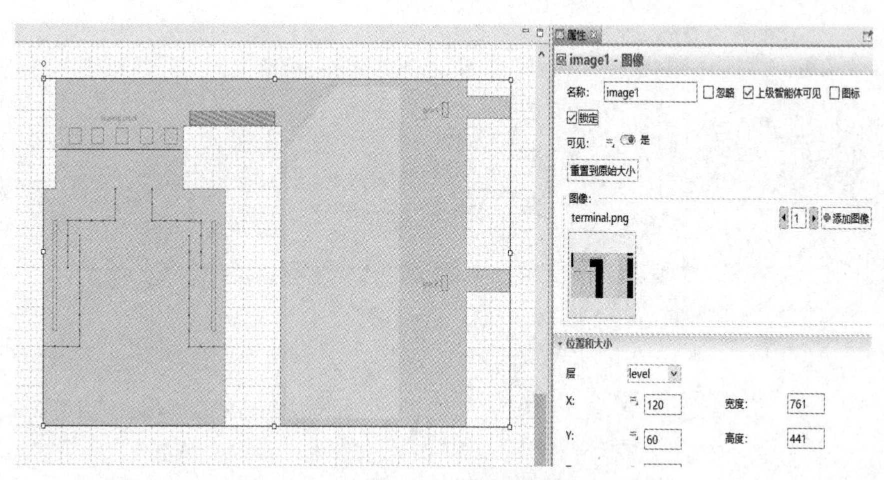

图 7-3-1　图像（Image）元件属性设置

（3）在行人库（Pedestrian Library）面板中双击墙（Wall）元件，进入绘制模式，如图 7-3-2 所示，绘制环绕机场建筑边界的墙，设置其属性外观（Appearance）部分的颜色（Color）为“dodgerBlue”。

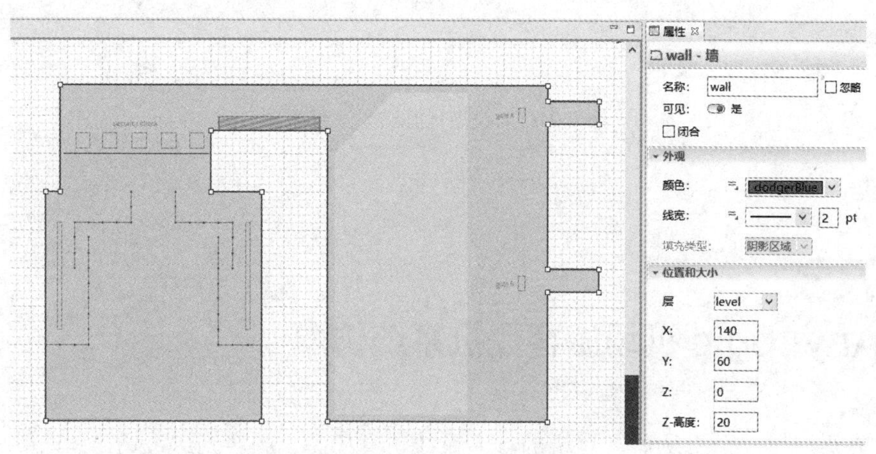

图 7-3-2　墙（Wall）元件属性设置

（4）如图 7-3-3 所示，从行人库（Pedestrian Library）面板拖曳两个目标线（Target Line）元件到 Main 中，并设置其属性，名称（Name）分别为“arrivalLine”和“gateLine1”。

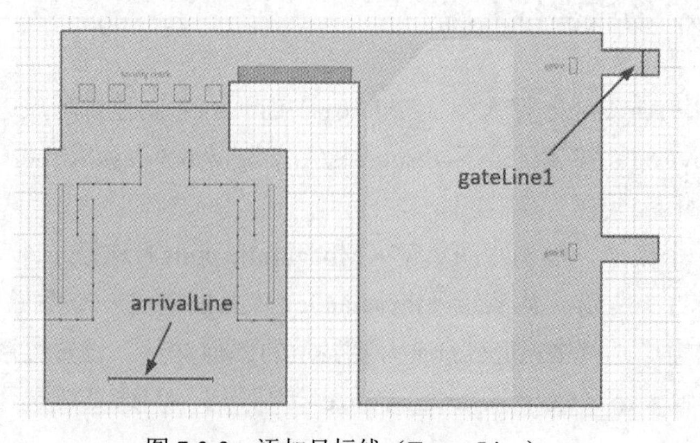

图 7-3-3　添加目标线（Target Line）

（5）从行人库（Pedestrian Library）面板拖曳一个 Ped Source 模块、一个 Ped Go To 模块和一个 Ped Sink 模块到 Main 中，如图 7-3-4 所示进行连接，并按图设置三个模块的名称（Name）分别为“pedSource”“goToGate1”和“pedSink”。

（6）设置模块 pedSource 的属性，在目标线（Target line）下拉框中选择“arrivalLine”，到达根据（Arrival according to）选择“速率（Rate）”，到达速率（Arrival rate）设为 100 个每小时（per hour）。

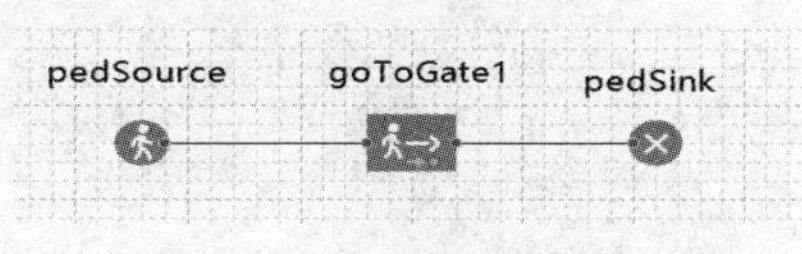

图 7-3-4　新建的行人库流程图

设置模块 goToGate1 的属性，在目标线（Target line）下拉框中选择“gateLine1”，指定旅客移动的目标位置。

（7）运行模型，如图 7-3-5 所示。

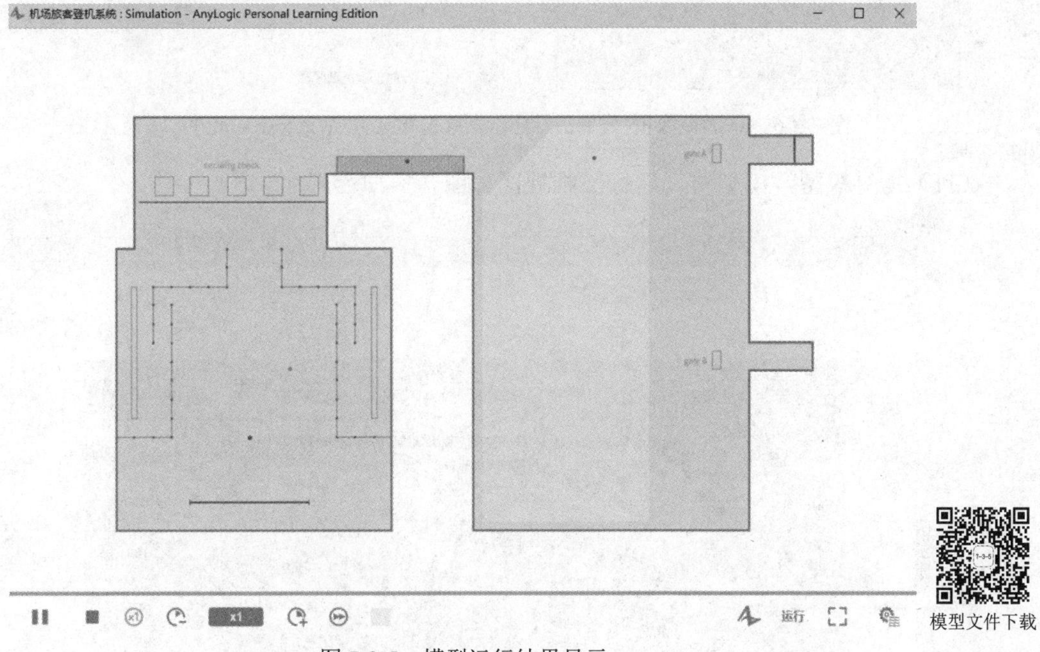

模型文件下载

图 7-3-5　模型运行结果显示

（8）从行人库（Pedestrian Library）面板拖曳一个行人类型（Pedestrian Type）元件到 Main 中，在弹出的新建智能体向导第 1 步，新类型名（Agent type name）设为“Passenger”，选择“我正在从头创建智能体类型（Create the agent type from scratch）”；第 2 步，智能体动画（Agent animation）选择“三维（3D）”，并选择人（People）部分的人（Person）；第 3 步，不添加智能体参数（Agent parameters），点击完成（Finish）按钮。行人类型 Passenger 创建完成，并显示在工程树中。从工程树中拖曳 Passenger 到 Main 中。

（9）设置模块 pedSource 的属性，行人（Pedestrian）部分的新行人（New pedestrian）选择“Passenger”。

（10）如图 7-3-6 所示，从演示（Presentation）面板拖曳一个摄像机（Camera）元件到 Main 中，将其放置在面向机场的位置。再从演示（Presentation）面板拖曳一个三维窗口（3D Window）元件到 Main 中机场布局图下方，设置其属性，在摄像机（Camera）的下拉列表框中选择“camera”。

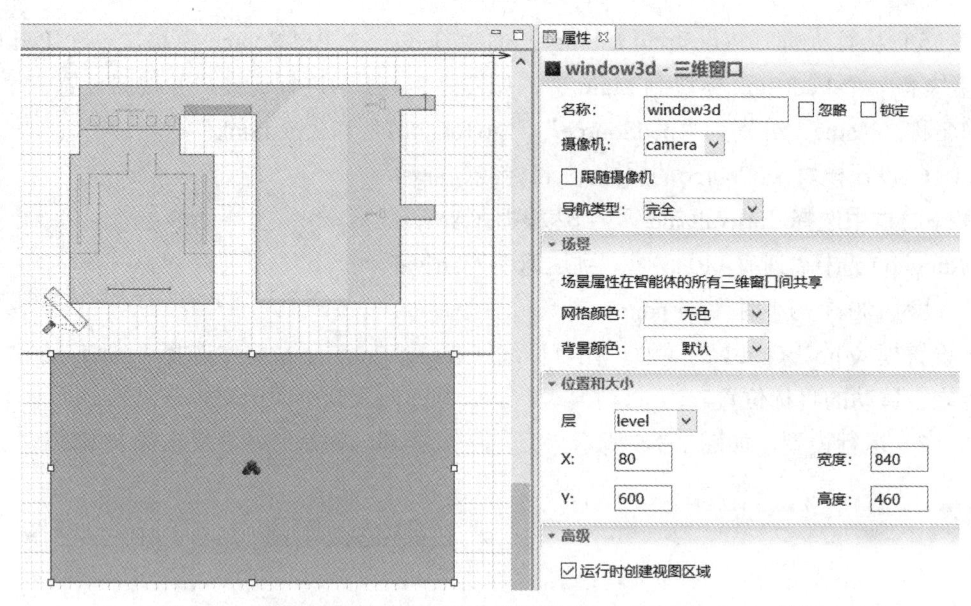

图 7-3-6　添加摄像机（Camera）和三维窗口（3D Window）元件

（11）运行模型，模型仿真运行三维视图如图 7-3-7 所示。

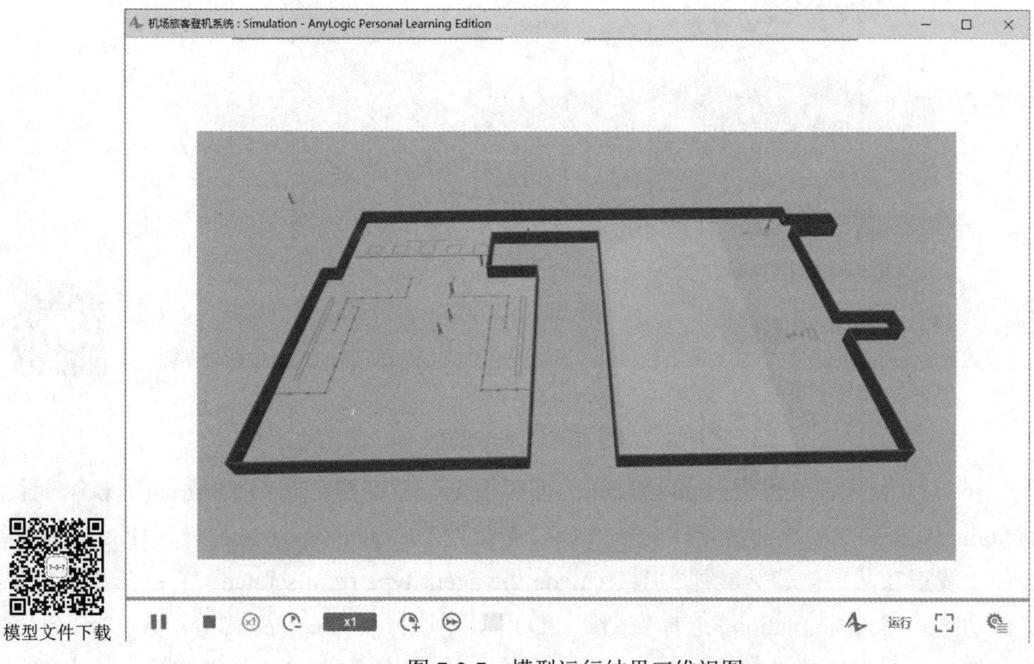

图 7-3-7　模型运行结果三维视图

7.3.2　添加机场安检门

（1）如图 7-3-8 所示，从行人库（Pedestrian Library）面板拖曳一个线服务（Service With Lines）元件到 Main 中，并设置其属性，名称（Name）为“scpServices”，服务数（Number of services）为 5，队列数（N of queues）为 5，“服务类型（Type of service）”选择“线

性（Linear）”，旋转线服务元件并进行移动，使线服务穿过金属探测器框的矩形。

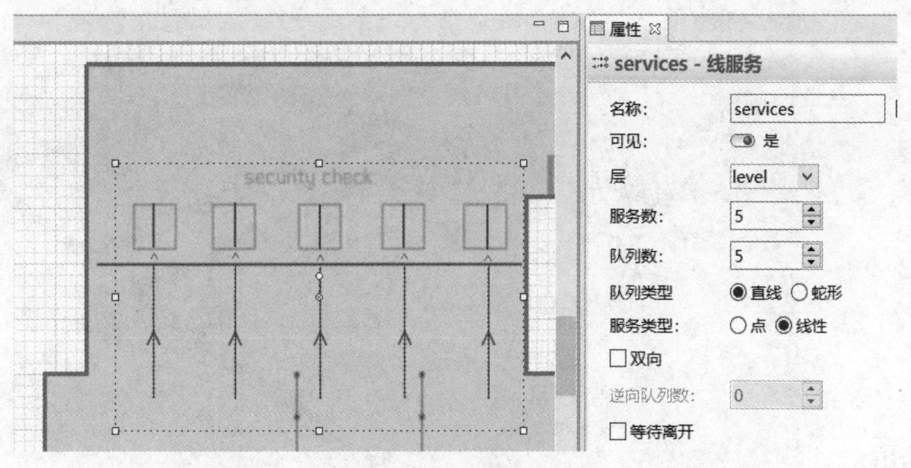

图 7-3-8　添加线服务（Service With Lines）元件

（2）从行人库（Pedestrian Library）面板拖曳一个 Ped Service 模块到 Main 中模块 pedSource 和 goToGate1 之间，如图 7-3-9 所示进行连接，并设置其属性，名称（Name）为“securityCheck”，服务（Services）选择“scpServices”，延迟时间（Delay time）为 uniform(1.0, 2.0) 分钟（minutes）。

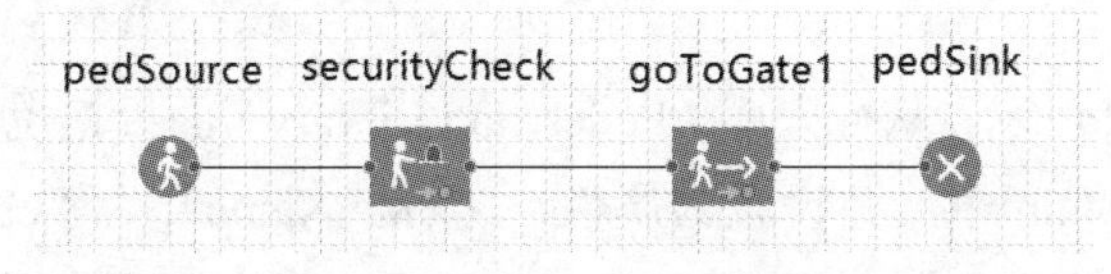

图 7-3-9　添加 pedService 模块

（3）如图 7-3-10 所示，从三维物体（3D Objects）面板机场（Airport）部分拖曳五个金属探测器（Metal Detector）和五个 X 射线扫描仪（XRayScanner）到 Main 中，分别组成五个安检站。设置所有 X 射线扫描仪（XRayScanner）三维对象属性的图形比例（Additional scale）为 75%。

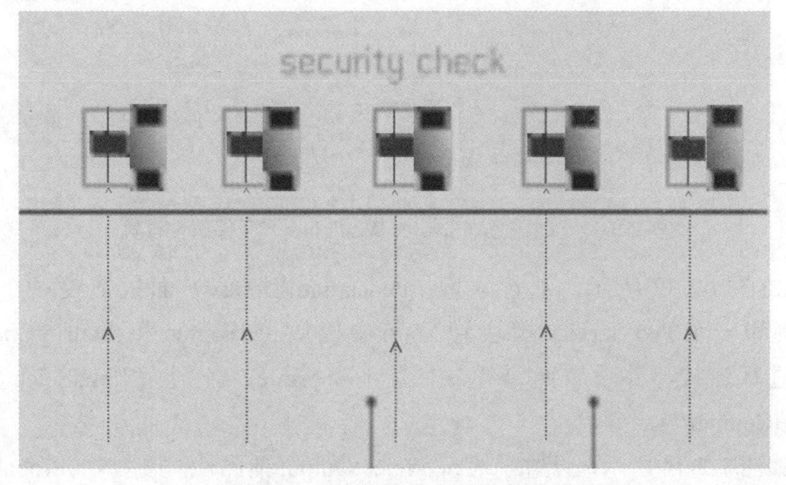

图 7-3-10　安检站布局示意图

（4）运行模型，如图 7-3-11 所示。

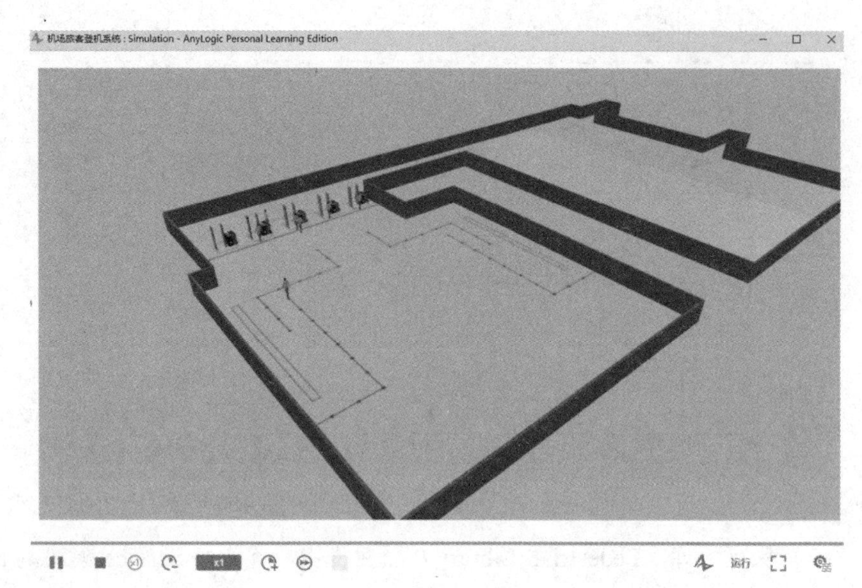

模型文件下载

图 7-3-11　模型运行结果三维视图

7.3.3　添加机场值机柜台

（1）如图 7-3-12 所示，从行人库（Pedestrian Library）面板拖曳一个线服务（Service With Lines）元件到 Main 中，并设置其属性，名称（Name）为“checkInServices”，服务数（Number of services）为 4，队列数（N of queues）为 1，旋转线服务元件并调整队列线形状。

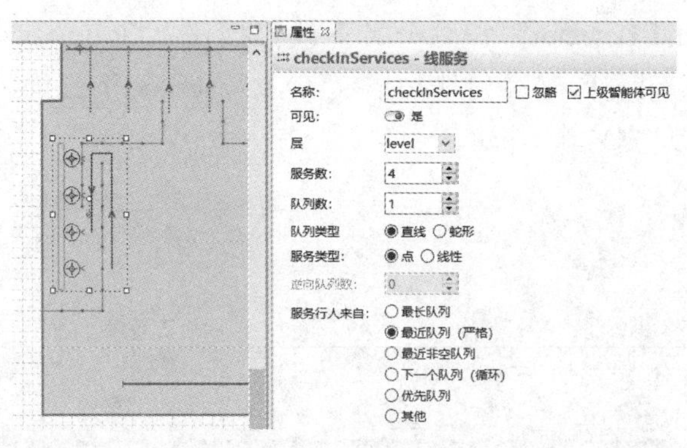

图 7-3-12　线服务（Service With Lines）元件属性设置

（2）如图 7-3-13 所示，从行人库（Pedestrian Library）面板拖曳一个 Ped Select Output 模块和一个 Ped Service 模块到 Main 中模块 pedSource 和 securityCheck 之间，如图所示进行连接，并设置两个模块的名称（Name）分别为“pedSelectOutput”和“checkInAtCounter”。

（3）如图 7-3-14 所示，设置模块 pedSelectOutput 的属性，概率 1（Probability 1）为 0.3，概率 2（Probability 2）为 0.7，概率 3（Probability 3）、概率 4（Probability 4）、

概率 5（Probability 5）的值均为 0。即：假设 30% 的旅客已经网上办理值机，而 70% 的旅客将在柜台办理值机。

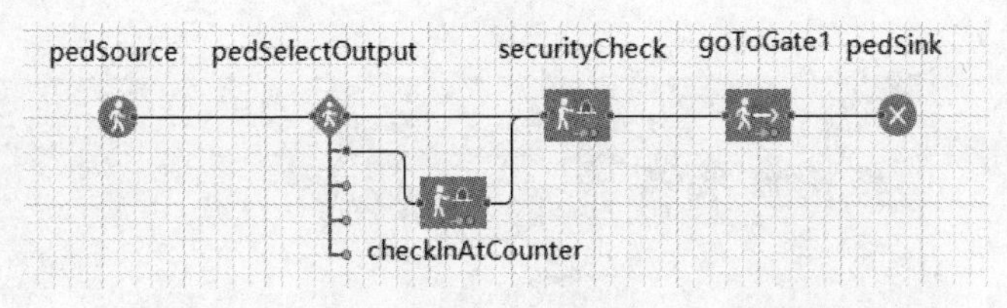

图 7-3-13　添加值机柜台后的行人库流程图

（4）如图 7-3-15 所示，设置模块 checkInAtCounter 的属性，服务（Services）选择“checkInServices”，延迟时间（Delay time）为 uniform(2.0, 4.0) 分钟（minutes）。

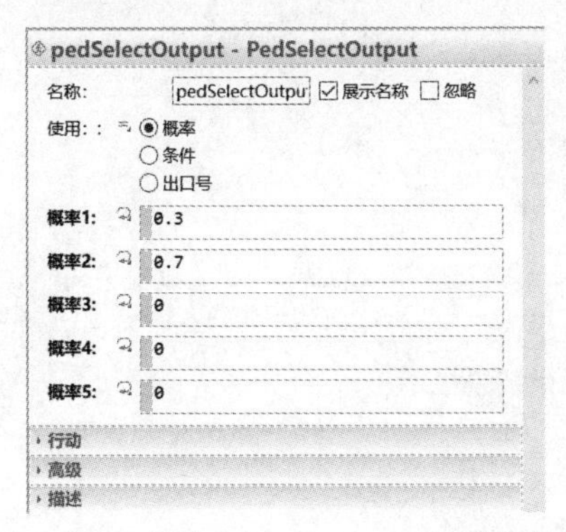

图 7-3-14　模块 pedSelectOutput 属性设置

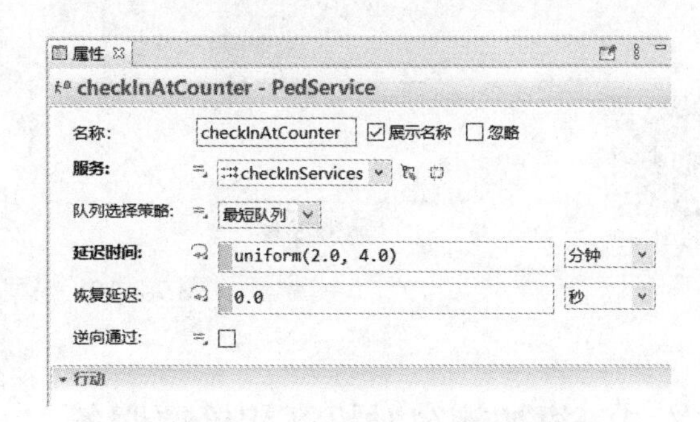

图 7-3-15　Ped Service 模块属性设置

（5）如图 7-3-16 所示，从三维物体（3D Objects）面板的人（People）部分拖曳四个女人 2（Woman 2）到 Main 中，再从办公室（Office）部分拖入四个桌子（Table）。设置所有桌子（Table）三维对象属性的位置（Position）部分的 Z 旋转（Rotation Z）为 90 度（degrees）。

（6）在行人库（Pedestrian Library）面板中双击墙（Wall）元件，进入绘制模式，如图 7-3-17 所示，在机场值机柜台外绘制两条障碍带。设置墙（Wall）的属性，外观（Appearance）部分的颜色（Color）为“dodgerBlue”，线宽（Line width）为 1pt；位置和大小（Position and size）部分的 Z 高度（Z-Height）为 5。

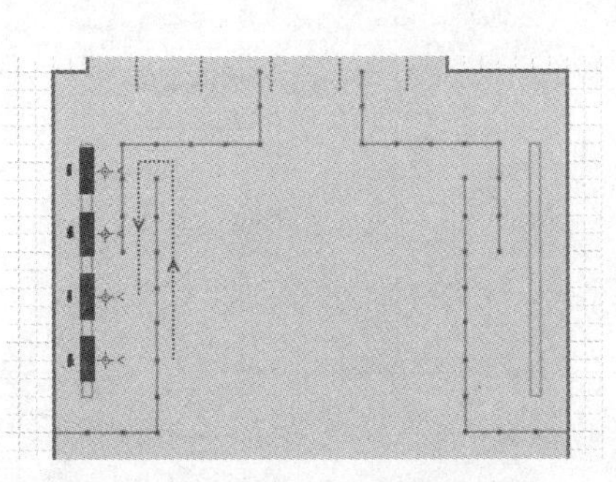

图 7-3-16　值机区三维模型设置

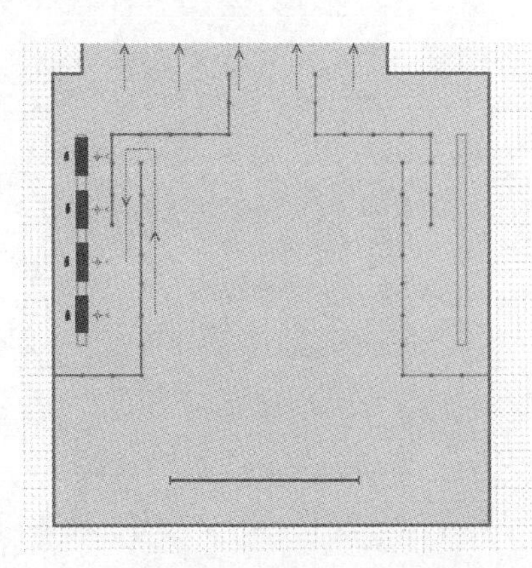

图 7-3-17　添加两条障碍带

（7）运行模型，如图 7-3-18 所示。

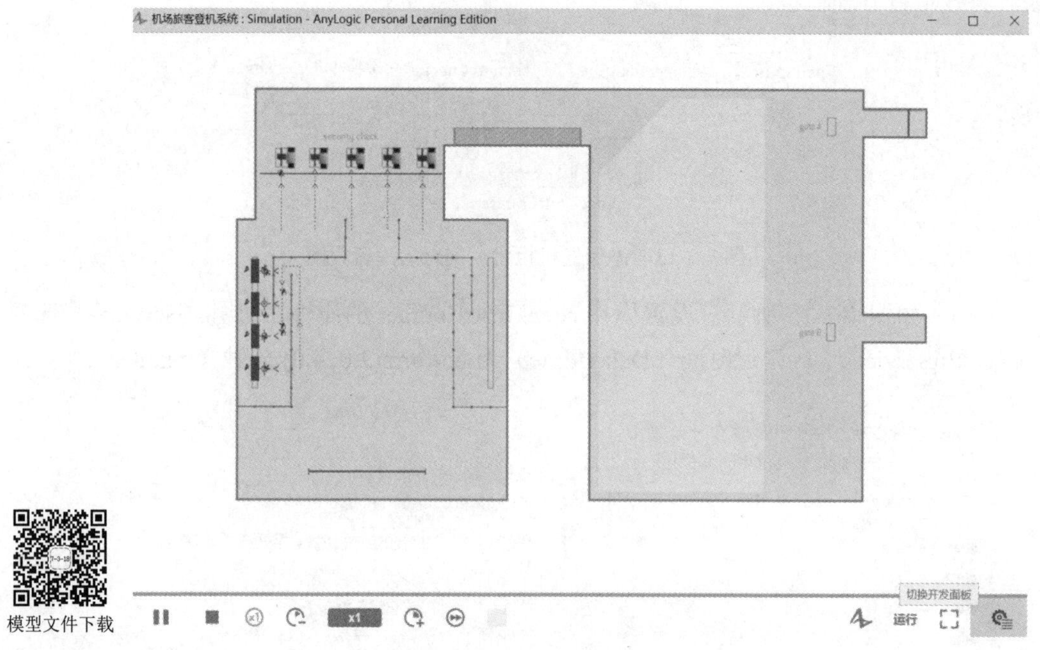

图 7-3-18　模型运行结果显示

7.3.4　添加旅客候机区和检票服务

旅客在登机之前，先在候机区等待。待允许登机，经检票后通过登机门。检票服务分为两类，一类是商务舱旅客，且优先接受服务；一类是经济舱旅客。本小节添加候机区和检票服务，具体操作如下。

（1）如图 7-3-19 所示，从行人库（Pedestrian Library）面板拖曳一个多边形节点（Polygonal Node）元件到 Main 中，并设置其属性，名称（Name）为“WaitingArea”。

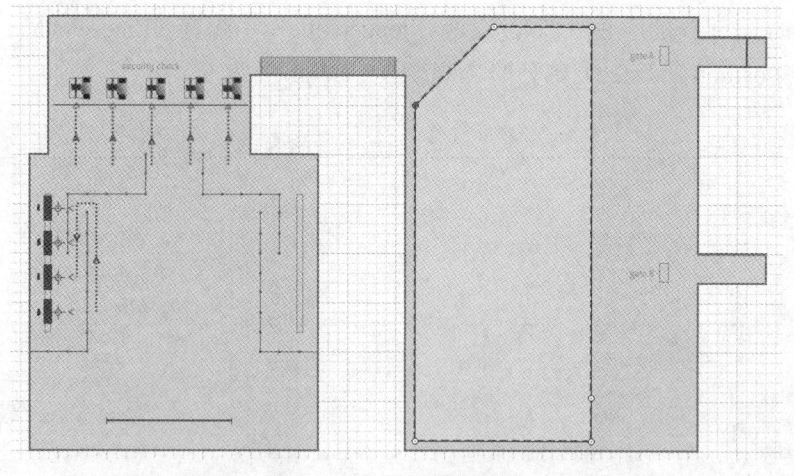

图 7-3-19　添加等待区域

（2）从行人库（Pedestrian Library）面板拖曳一个 Ped Wait 模块到 Main 中模块 securityCheck 和 goToGate1 之间，如图 7-3-20 所示进行连接，并设置其属性，区域（Area）选择“WaitingArea”，延迟时间（Delay time）为 uniform(15.0, 45.0) 分钟（minutes）。

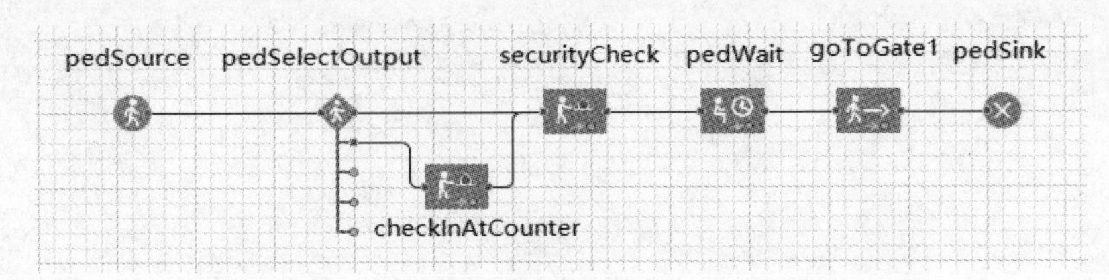

图 7-3-20　添加候机区后的行人库流程图

（3）运行模型，如图 7-3-21 所示。

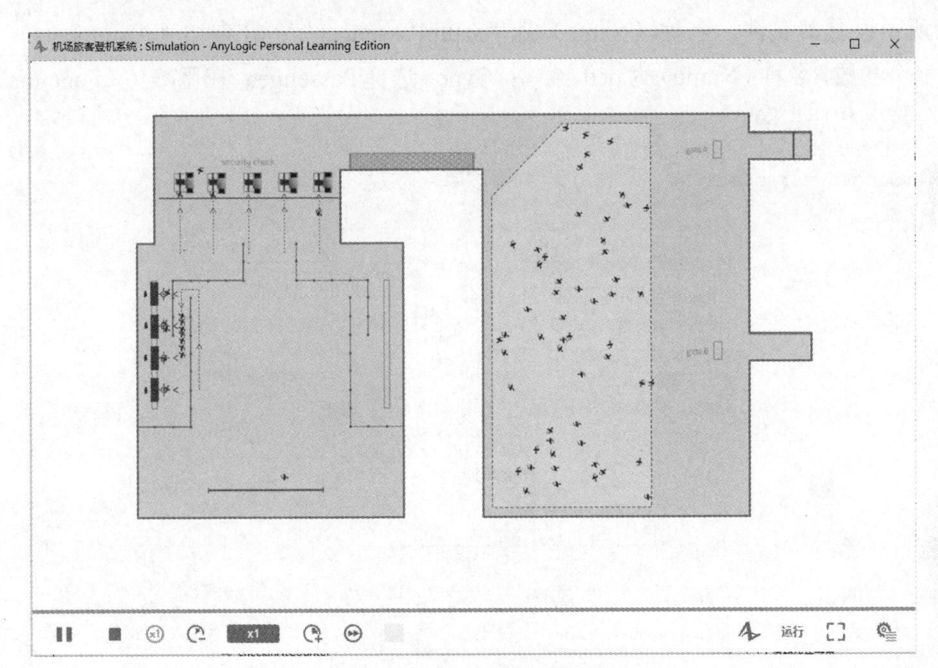

模型文件下载

图 7-3-21　模型运行结果显示

（4）双击工程树中的智能体类型 Passenger 打开其图形编辑器，从智能体（Agent）面板拖曳一个参数（Parameter）元件到 Passenger 中，并设置其属性，名称（Name）为“business”，类型（Type）选择“boolean”。设定参数 business 为 true 时旅客类型为商务舱旅客；参数 business 为 false 时旅客类型为经济舱旅客。

（5）从三维物体（3D Objects）面板的人（People）部分拖曳一个职员（Office Worker）到 Passenger 中，并设置其属性，位置（Position）部分 X 为 0，Y 为 0。在工程树中逐层打开“Passenger”|“演示（Presentation）”|“level”，选择三维对象 officeWorker，如图 7-3-22 所示设置其属性，在可见（Visible）部分输入代码“business”；选择三维对象 person，如图 7-3-22 所示设置其属性，在可见（Visible）部分输入代码“! business”。这样用不同的三维对象表示不同类型旅客。

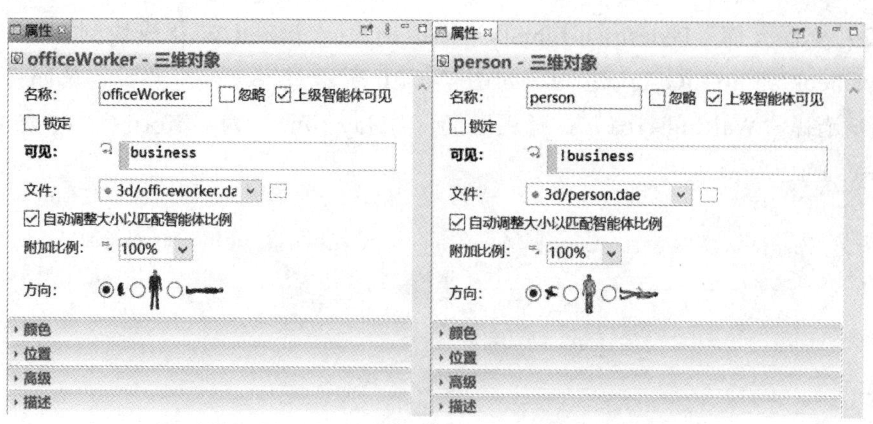

图 7-3-22　不同类型旅客的三维对象属性设置

（6）从智能体（Agent）面板中拖曳一个函数（Function）元件到 Main 中，如图 7-3-23 所示设置其属性，名称（Name）为“setupPassenger”；在参数（Arguments）部分添加一个参数，名称（Name）为 ped，类型（Type）选择 Passenger；在函数体（Function body）部分填入代码：

```
ped.business = randomTrue( 0.15 );        //商务舱旅客占比为15%
```

图 7-3-23　函数（Function）元件属性设置

（7）设置模块 pedSource 的属性，在行动（Action）部分的离开时（On exit）填入代码：

```
setupPassenger( ped );                          //为新到机场的旅客设置旅客类型
```

（8）如图 7-3-24 所示，从行人库（Pedestrian Library）面板拖曳两个线服务（Service With Lines）元件到 Main 中：一个是商务舱旅客检票线服务，名称（Name）设为“business1”，服务数（Number of services）为 1，队列数（N of queues）为 1；另一个是经济舱旅客检票线服务，名称（Name）设为“economy1”，服务数（Number of services）为 1，队列数（N of queues）为 1。

（9）如图 7-3-25 所示，从行人库（Pedestrian Library）面板拖曳一个矩形墙（Rectangular Wall）元件到 Main 中，调整其大小，设置其属性，在外观（Appearance）部分颜色（Color）

下拉菜单的其他颜色（Other Colors）里，设置透明度（Transparency）为 100，填充类型（Fill type）选择不填充（No fill）。从三维物体（3D Objects）面板的人（People）部分拖入两个女人 2（Woman 2），并设置其属性，位置（Position）部分的 Z 旋转（Rotation Z）均为 180 度（degrees）。从三维物体（3D Objects）面板的办公室（Office）部分拖入一个桌子（Table），并设置其属性，位置（Position）部分的 Z 旋转（Rotation Z）为 90 度（degrees）。

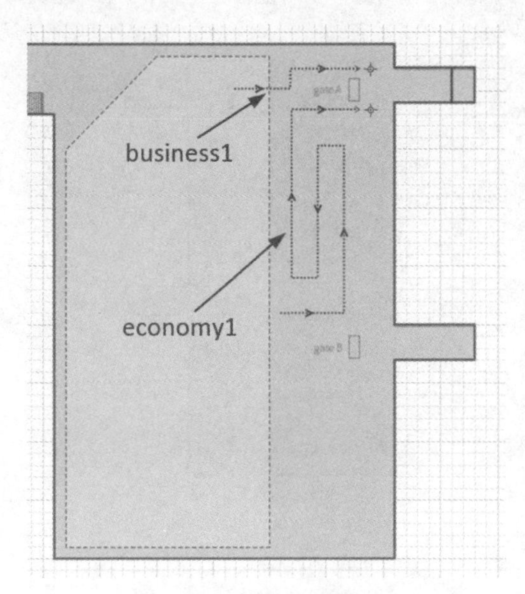

图 7-3-24　添加检票线服务

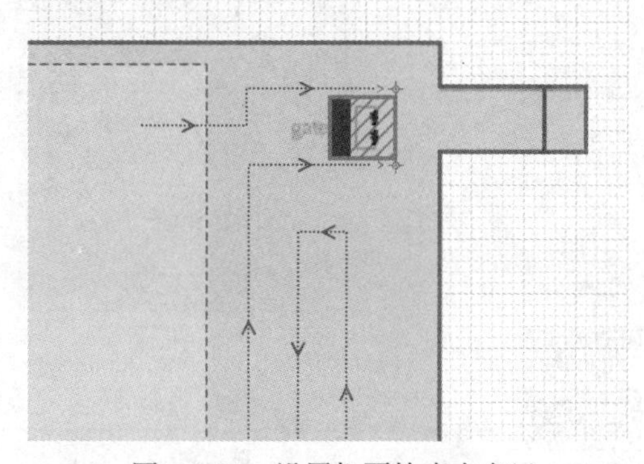

图 7-3-25　设置机票检查点布局

（10）添加登机门处的旅客检票流程，将商务舱旅客和经济舱旅客引导到不同的检票服务。从行人库（Pedestrian Library）面板拖曳一个 Ped Select Output 模块和两个 Ped Service 模块到 Main 中模块 pedWait 和 goToGate1 之间，如图 7-3-26 所示进行连接，并设置三个模块的名称（Name）分别为“pedSelectOutput1”“businessBoarding1”和“economyBoarding1”。

（11）如图 7-3-27 所示，设置模块 pedSelectOutput1 的属性，使用（Use）选择“条件（Conditions）”，条件 1（Condition 1）为“ped.business”，表示对返回 true 值的商务舱旅客，将引导他们进入模块 businessBoarding1；条件 2（Condition 2）为“true”，其他均为“false”，表示将引导剩余旅客进入模块 economyBoarding1。

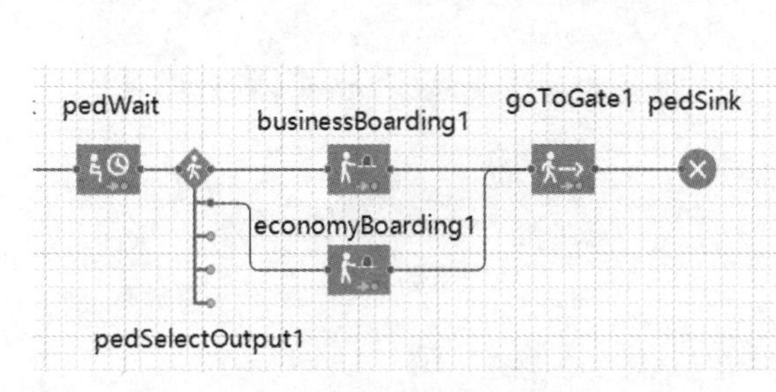

图 7-3-26　登机检票过程行人库流程图

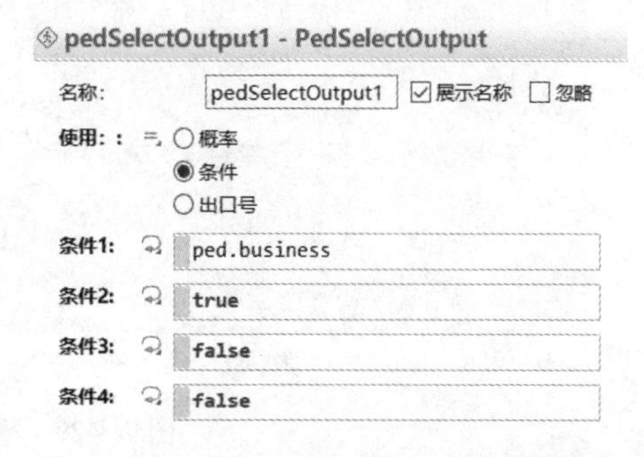

图 7-3-27　模块 pedSelectOutput1 属性设置

设置模块businessBoarding1的属性，服务（Services）选择“business1”，延迟时间（Delay time）为uniform(2.0, 5.0)秒（seconds）。

设置模块economyBoarding1的属性，服务（Services）选择“economy1”，延迟时间（Delay time）为uniform(2.0, 5.0)秒（seconds）。

（12）运行模型，如图7-3-28和图7-3-29所示。

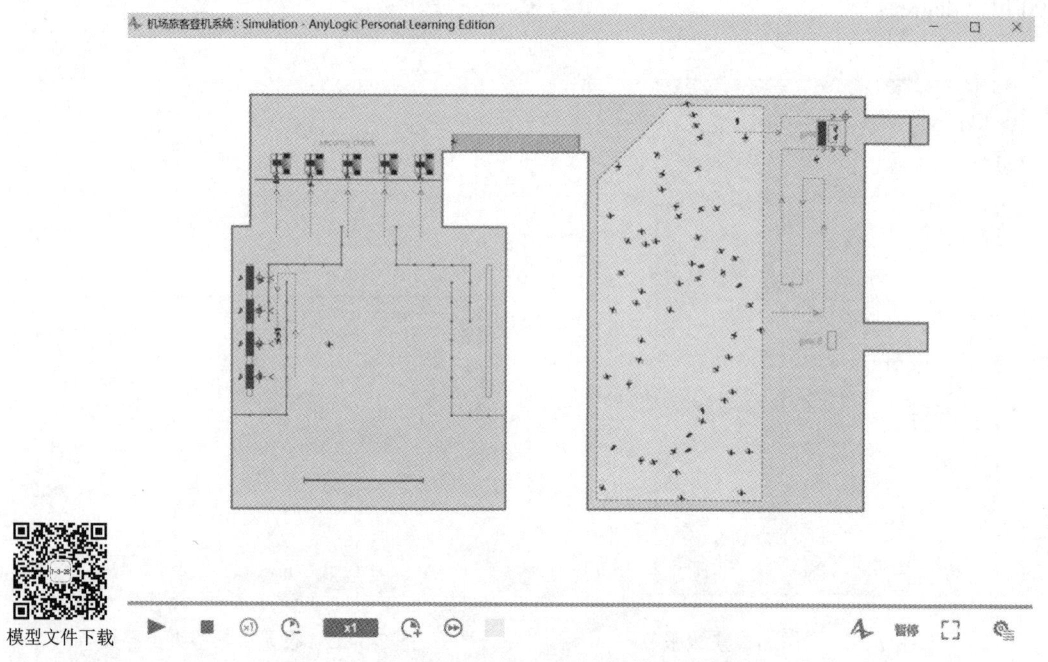

图7-3-28 模型运行结果显示

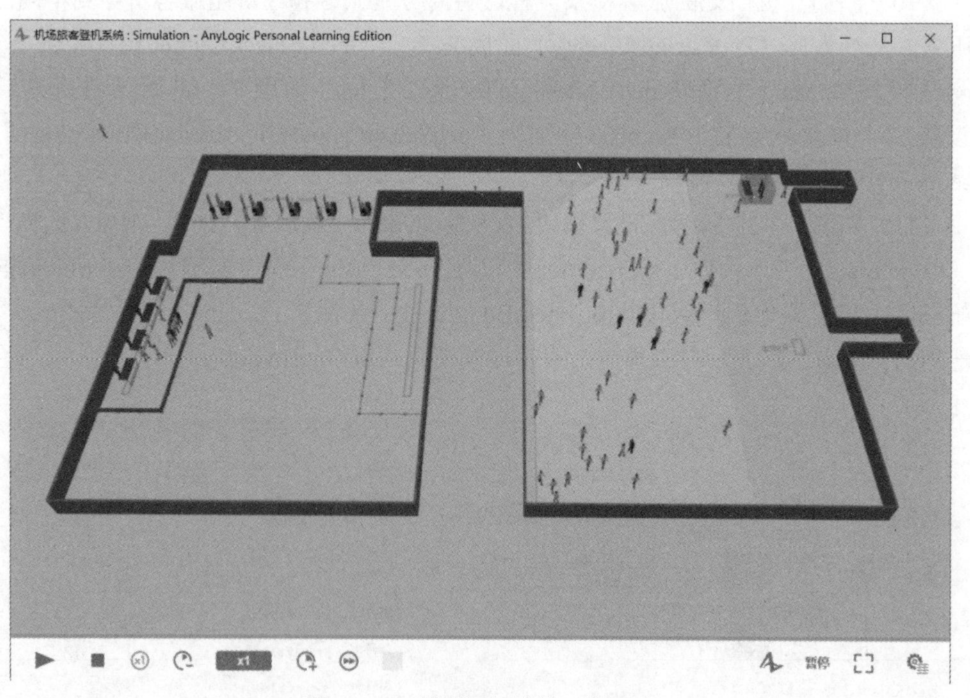

图7-3-29 模型运行结果三维视图

7.3.5 设置航班时刻表

本小节将以 AnyLogic 安装目录下 /resources/Anylogic in 3 days/Airport 中的 Flight.xlsx 文件数据作为模型航班时刻表，并据此安排对应航班旅客登机。这里介绍了两种不同的方法来设置航班时刻表。

（一）用行动图设置航班时刻表

（1）从智能体（Agent）面板拖曳一个智能体（Agent）元件到 Main 中，在弹出的新建智能体向导第 1 步，点击“智能体群（Population of agents）”；第 2 步，选择“我想创建新智能体类型（I want to create a new agent type）”；第 3 步，新类型名（Agent type name）设为“Flight”，智能体群名（Agent population name）设为“flights”，选择“我正在从头创建智能体类型(Create the agent type from scratch)”；第4步，智能体动画(Agent animation）选择“无（None）”；第 5 步，不添加智能体参数（Agent parameters）；第 6 步，选择“创建初始为空的群（Create initially empty population）”，点击完成（Finish）按钮。智能体类型 Flight 创建完成，并显示在工程树中。

（2）双击工程树中的智能体类型 Flight 打开其图形编辑器，从智能体（Agent）面板拖曳三个参数（Parameter）元件到 Flight 中，名称（Name）分别设为“departureTime”“destination”和“gate”，用以存储航班的起飞时间、目的地和登机门号。设置三个参数元件的属性，departureTime 的类型（Type）选择“其他（Other）...”并填入“Date”；destination 的类型（Type）选择“String”；gate 的类型（Type）选择“int”。

（3）如图 7-3-30 所示，从智能体（Agent）面板中拖曳一个集合（Collection）元件到 Flight 中，设置其属性，名称（Name）为“passengers”，集合类（Collection class）选择“LinkedList”，元素类（Elements class）选择“Passenger”。此集合将存储已经购买了机票的旅客列表。

图 7-3-30 集合（Collection）元件属性设置

（4）双击工程树中的智能体类型 Passenger 打开其图形编辑器，从智能体（Agent）面板拖曳一个参数（Parameter）元件到 Passenger 中，并设置其属性，名称（Name）为“flight”，类型（Type）选择“Flight”，此参数用于存储旅客的航班信息。

（5）如图 7-3-31 所示，从智能体（Agent）面板拖曳一个参数（Parameter）元件到 Main 中，并设置其属性，名称(Name)为“boardingTime”，类型(Type)选择“时间(Time)”，单位（Unit）选择“分钟（minutes）”，默认值（Default value）设为 40，此参数用于记录登机时间。

图 7-3-31 参数（Parameter）元件属性设置

（6）如图 7-3-32 所示设置 Main 中函数 setupPassenger 的属性，函数体（Function body）部分代码改为：

```
ped.business = randomTrue(0.15);
Flight f;
//从可用航班列表中选择旅客将要搭乘的航班
do{
    f = flights.random();
}while( dateToTime(f.departureTime) - boardingTime<time() );
ped.flight = f;          //将航班信息存储于旅客的flight参数中
f.passengers.add( ped ); //将搭乘同一航班的旅客添加到一个旅客的集合中
```

图 7-3-32 函数（Function）元件属性设置

（7）从连接（Connectivity）面板拖曳一个 Excel 文件（Excel File）元件到 Main 中，并设置其属性，点击文件（File）右侧的浏览按钮，添加 Flight.xlsx 文件。

（8）如图 7-3-33 所示，从行动图（Actionchart）面板拖曳一个行动图（Action Chart）元件到 Main 中，并设置其属性，名称（Name）为“setupFlights”。

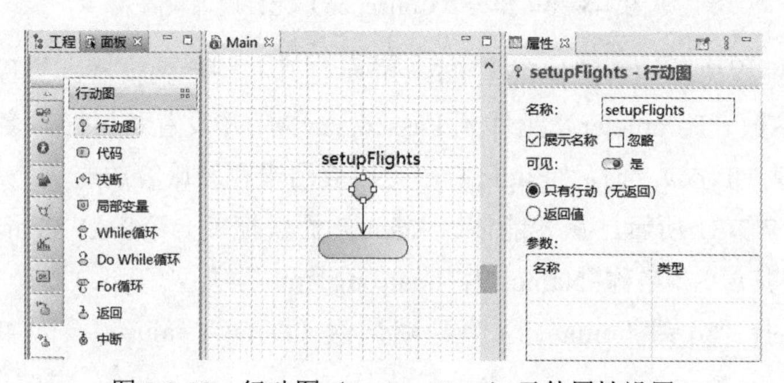

图 7-3-33 行动图（Action Chart）元件属性设置

（9）如图 7-3-34 所示，从行动图（Actionchart）面板拖曳一个局部变量（Local Variable）元件到 Main 中位置，并设置其属性，名称（Name）为“sheet”，类型（Type）选择“String”，初始值（Initial value）填入“"sheet1"”，用该局部变量存储 Excel 文件的工作表名称。

（10）如图 7-3-35 所示，从行动图（Actionchart）面板拖曳一个 For 循环（For Loop）元件到 Main 中位置，并设置其属性，条件（Condition）为“i < 12”，循环迭代 12 次读取电子数据表中的 12 条数据。

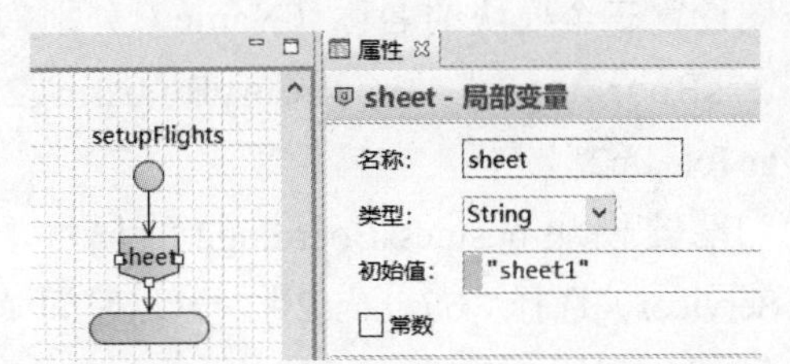

图 7-3-34 局部变量（Local Variable）元件属性设置

（11）如图 7-3-36 所示，从行动（Actionchart）面板拖曳一个局部变量（Local Variable）元件到 Main 中 For 循环内部，并设置其属性，名称（Name）为“f”，初始值（Initial value）填入“add_flights()”。

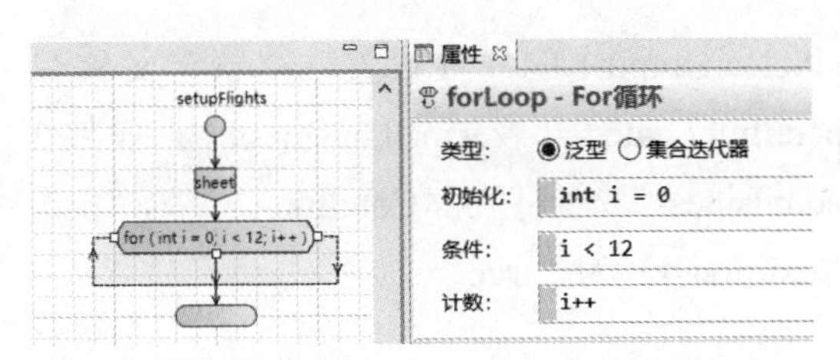

图 7-3-35 For 循环（For Loop）元件属性设置

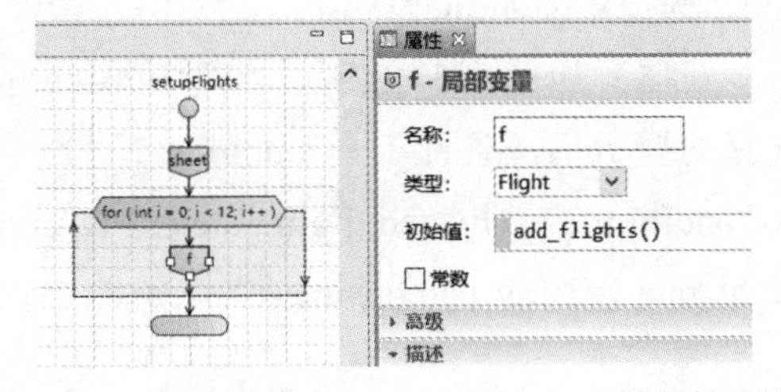

图 7-3-36 局部变量（Local Variable）元件属性设置

（12）如图 7-3-37 所示，从行动（Actionchart）面板拖曳一个代码（Code）元件到 Main 中 For 循环内部局部变量 f 下方，并设置其属性，填入代码：

```
//读取电子表格中的航班目的地、起飞时间、登机门号等数据
f.destination = excelFile.getCellStringValue( sheet, i+2, 1 );
f.departureTime = excelFile.getCellDateValue( sheet, i+2, 2 );
f.gate = ( int ) excelFile.getCellNumericValue( sheet, i+2, 3 );
```

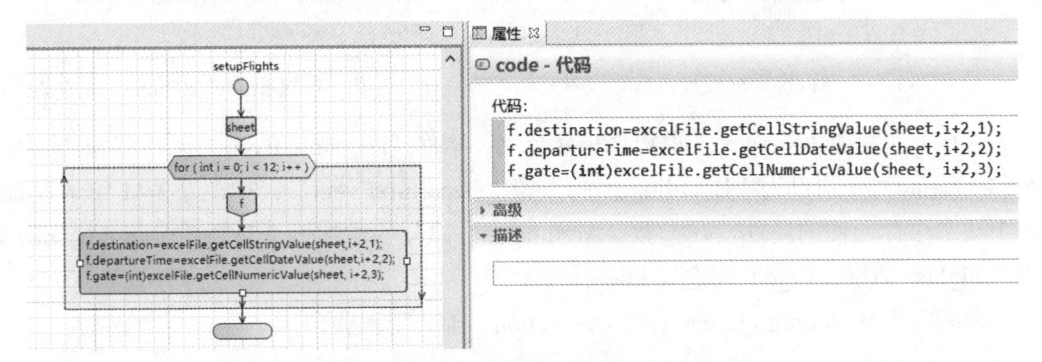

图 7-3-37 代码（Code）元件属性设置

（13）如图 7-3-38 所示，从行人库（Pedestrian Library）面板拖曳一个目标线（Target Line）元件到 Main 中，名称（Name）设为“gateLine2”，并根据 7.3.4 的步骤（8）和（9）完成 2 号登机门的设置。

（14）从行人库（Pedestrian Library）面板拖曳两个 Ped Service 模块和一个 Ped Go To 模块到 Main 中，如图 7-3-39 所示进行连接，并按图设置三个模块的名称（Name）分别为“businessBoarding2”“economyBoarding2”和“goToGate2”。

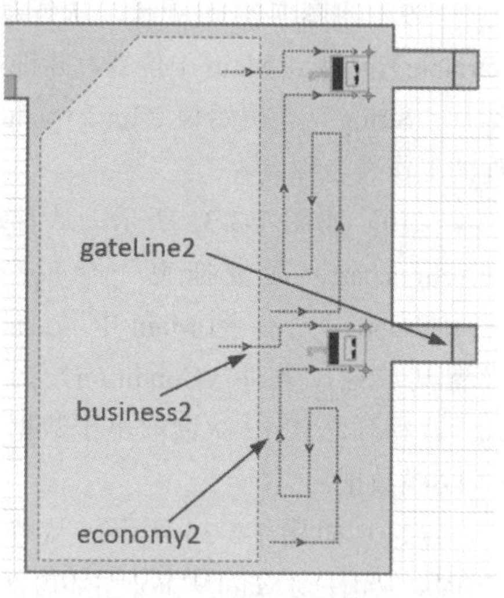

图 7-3-38　添加 2 号登机门

设置模块 businessBoarding2 的属性，服务（Services）选择“business2”，延迟时间（Delay time）为 uniform(2.0, 5.0) 秒（seconds）。

设置模块 economyBoarding2 的属性，服务（Services）选择“economy2”，延迟时间（Delay time）设为 uniform(2.0, 5.0) 秒（seconds）。

设置模块 goToGate2 的属性，目标线（Target line）选择“gateLine2”。

（15）如图 7-3-40 所示，更改模块 pedSelectOutput1 的属性设置，重新定义旅客选择的登机门，条件 1（Condition 1）为“ped.flight.gate==1 && ped.business”，条件 2（Condition 2）为“ped.flight.gate==1 && !ped.business”，条件 3（Condition 3）为“ped.flight.gate==2 && ped.business”，条件 4（Condition 4）为“true”。

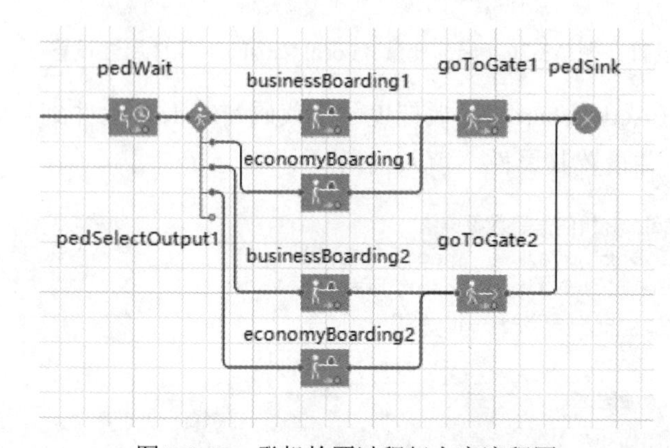

图 7-3-39　登机检票过程行人库流程图

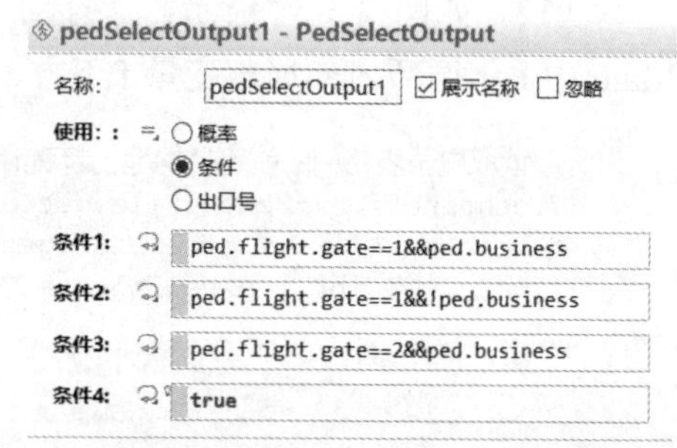

图 7-3-40　模块 pedSelectOutput1 属性设置

（16）从智能体（Agent）面板拖曳两个动态事件（Dynamic Event）元件到 Main 中，名称（Name）分别设为“BoardingEvent”和“DepartureEvent”。如图 7-3-41 所示设置两个动态事件元件的属性，在参数（Arguments）部分各添加一个参数，名称（Name）均为 flight，类型（Type）均选择 Flight。

在动态事件 BoardingEvent 的行动（Action）部分填入代码：

```
startBoarding( flight );                              //旅客开始登机
create_DepartureEvent( boardingTime , flight ); //创建飞机出港事件
```

在动态事件 DepartureEvent 的行动（Action）部分填入代码：

```
remove_flights(flight);                               //飞机出港
```

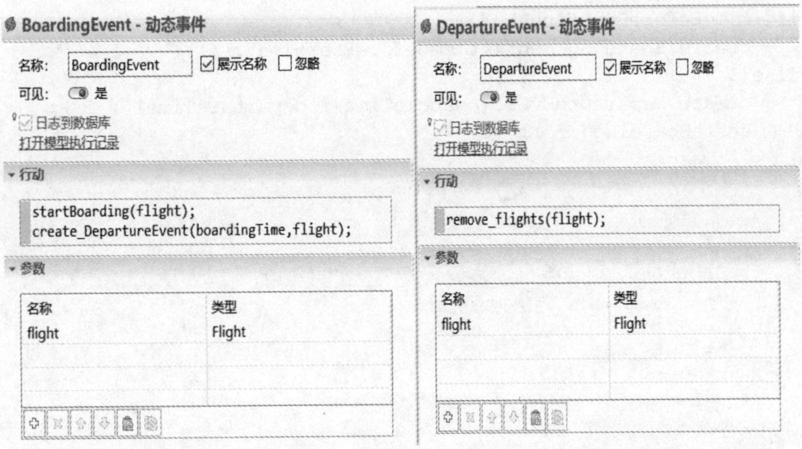

图 7-3-41　动态事件（Dynamic Event）元件属性设置

（17）从智能体（Agent）面板中拖曳一个函数（Function）元件到 Main 中，如图 7-3-42 所示设置其属性，名称（Name）为“startBoarding”；在参数（Arguments）部分添加一个参数，名称（Name）为 flight，类型（Type）选择 Flight；在函数体（Function body）部分填入代码：

```
//寻找所有给定航班的旅客，调用free()函数使其停止等待去检票登机
for(Passenger p:flight.passengers){
    pedWait.free(p);
}
```

图 7-3-42　函数（Function）元件属性设置

（18）更改模块 pedWait 的属性设置，延迟结束（Delay ends）更改为“free() 函数调用时（On free0 function call）”，以确保需要登机的旅客立刻赶往登机门检票。

（19）从智能体（Agent）面板中拖曳一个函数（Function）元件到 Main 中，如图 7-3-43 所示设置其属性，名称（Name）为“planBoardings”，在函数体（Function body）部分填入代码：

```
for( Flight f:flights ){
    double timeBeforeBoarding = dateToTime(f.departureTime)-boardingTime;
```

```
        if( timeBeforeBoarding>= 0 )
            create_BoardingEvent( timeBeforeBoarding , f );
        else{
            create_DepartureEvent( dateToTime(f.departureTime) , f );
            startBoarding( f );
        }
    }
```

planBoardings - 函数

名称：planBoardings ☑展示名称 □忽略

可见：是

◉只有行动（无返回）

○返回值

▸参数

▾函数体

```
for ( Flight f:flights ){
    double timeBeforeBoarding = dateToTime(f.departureTime)-boardingTime;
    if ( timeBeforeBoarding >= 0 )
        create_BoardingEvent( timeBeforeBoarding , f );
    else{
        create_DepartureEvent( dateToTime(f.departureTime) , f );
        startBoarding( f );
    }
}
```

▸高级

▸描述

图 7-3-43　函数（Function）元件属性设置

（20）点击工程树中的智能体类型 Main 设置其属性，在智能体行动（Agent actions）部分的启动时（On startup）填入代码：

```
setupFlights();
planBoardings();
```

（21）从图片（Pictures）面板拖曳一个时钟（Clock）元件到 Main 中，放于右上角位置来显示仿真时间。

（22）如图 7-3-44 所示，设置仿真实验 Simulation 的属性，模型时间（Model time）部分，将“执行模式（Execution mode）”设为“真实时间（Real time）”，比例（Scale）选择 1，停止（Stop）选择“在指定日期停止（Stop at specified date）”，开始时间（Start date）设为“2014/12/21 12:30:00”，停止时间（Stop date）设为“2014/12/21 23:00:00”。

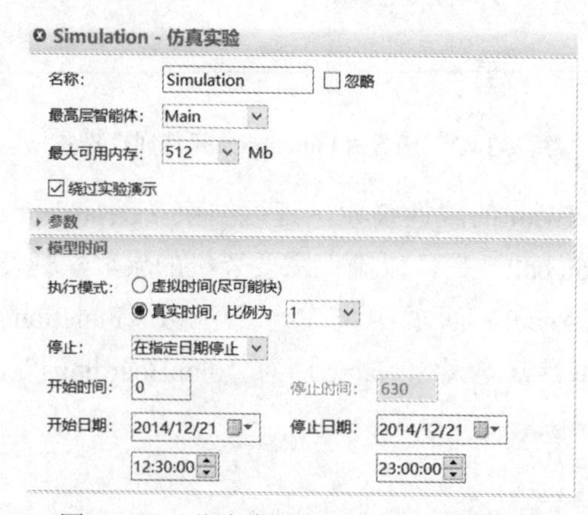

图 7-3-44　仿真实验 Simulation 属性设置

（23）运行模型，如图 7-3-45 所示。

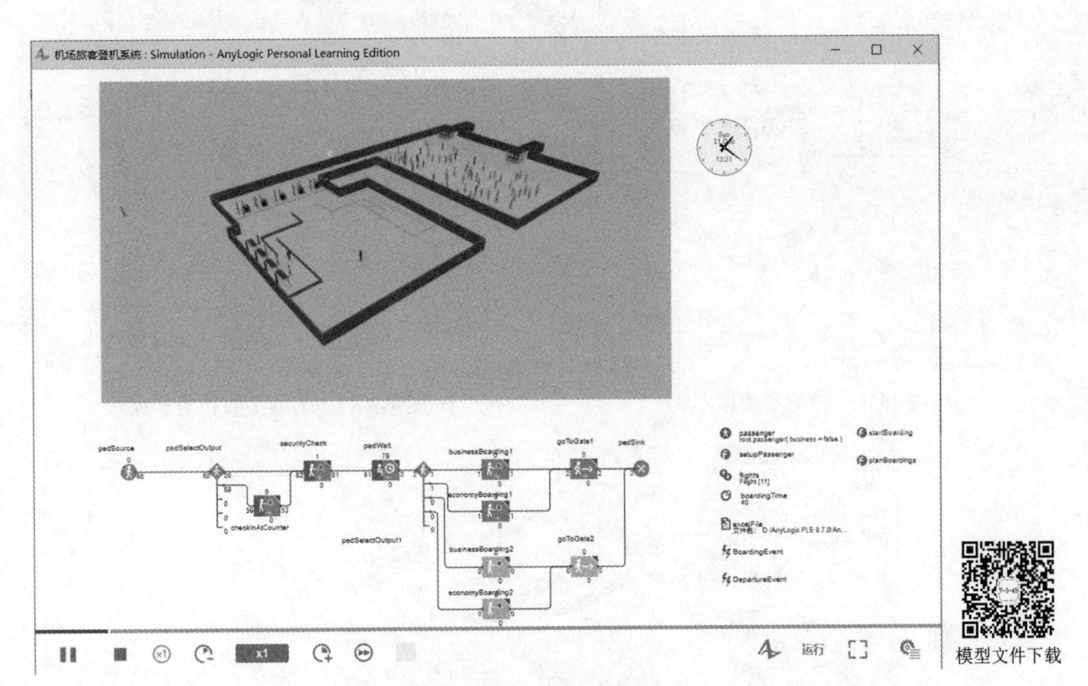

图 7-3-45　模型运行结果显示

（二）用智能体数据库表设置航班时刻表

方法（二）是在 7.3.4 完成模型的基础上，从智能体（Agent）面板拖曳一个智能体（Agent）元件到 Main 中，在弹出的新建智能体向导第 1 步，点击“智能体群（Population of agents）”；第 2 步，选择“我想创建新智能体类型（I want to create a new agent type）”；第 3 步，新类型名（Agent type name）设为“Flight”，智能体群名（Agent population name）设为“flights”，选择“使用数据库表（Use database table）”；第 4 步，选择基本数据库表（Choose the database tablethat contains data for this agent），如图 7-3-46 所示，点击文件（File）右侧浏览按钮添加 Flight.xlsx 文件，点击“获取表（Show list of tables）”按钮，并保持默认设置；第 5 步，为群参数指定表列（Setup the agent parameters），如图 7-3-47 所示，保持默认设置；第 6 步，智能体动画（Agent animation）选择“无（None）”，点击完成（Finish）按钮。智能体类型 Flight 创建完成，并显示在工程树中。

方法（二）接下来的具体操作和方法（一）的步骤（3）～（6），（13）～（22）是一致的。与方法（一）步骤（20）略有不同的是，方法（二）在智能体类型 Main 属性智能体行动（Agent actions）部分的启动时（On startup）填入代码：

```
planBoardings();
```

完成所有操作和设置后，运行模型，如图 7-3-48 所示。

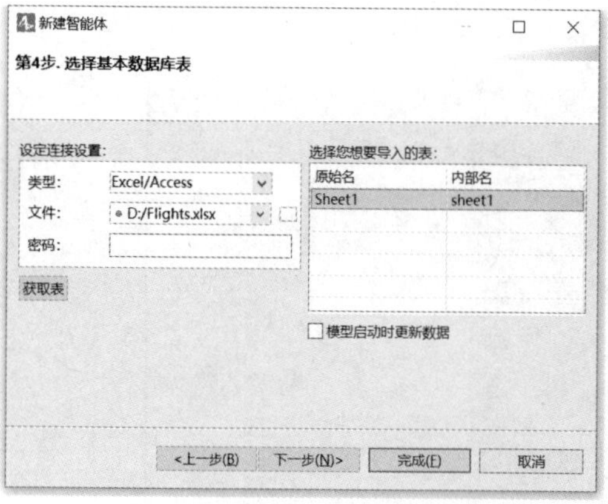

图 7-3-46　选择基本数据库表

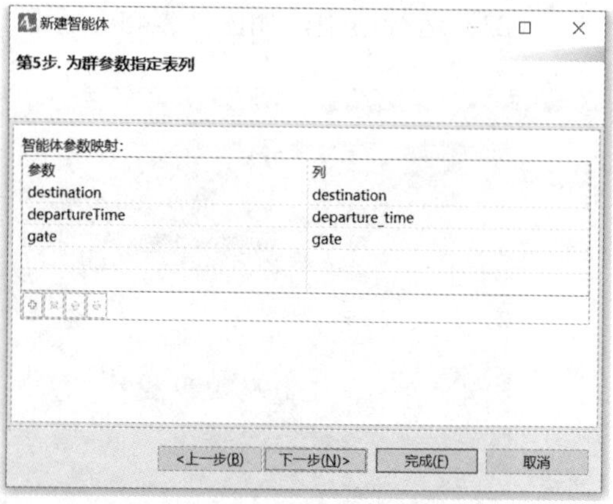

图 7-3-47　为群参数指定表列

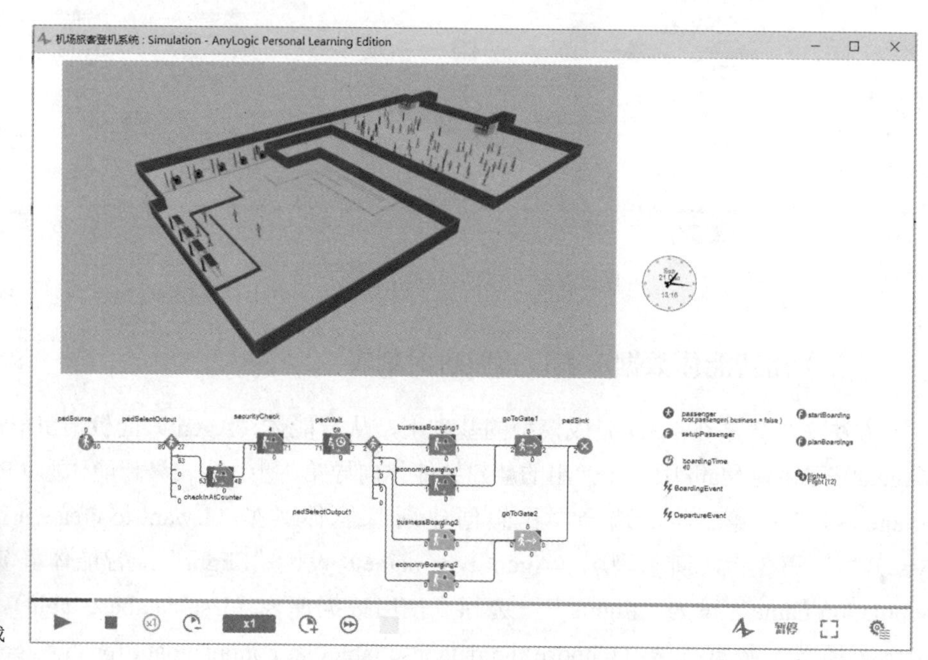

模型文件下载

图 7-3-48　模型运行结果显示

注意

由于在 AnyLogic 个人学习版（PLE）中，使用行人库的模型仿真时间最长限制为 1 小时，导致有的模型没有充分执行所有仿真情景。可以在 AnyLogic 专业版中打开保存好的模型文件来运行仿真实验，以得到更好的仿真效果。

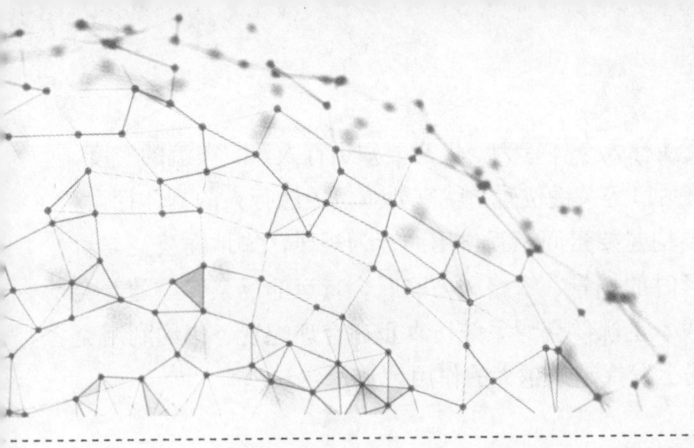

第8章

AnyLogic 交通系统仿真实践

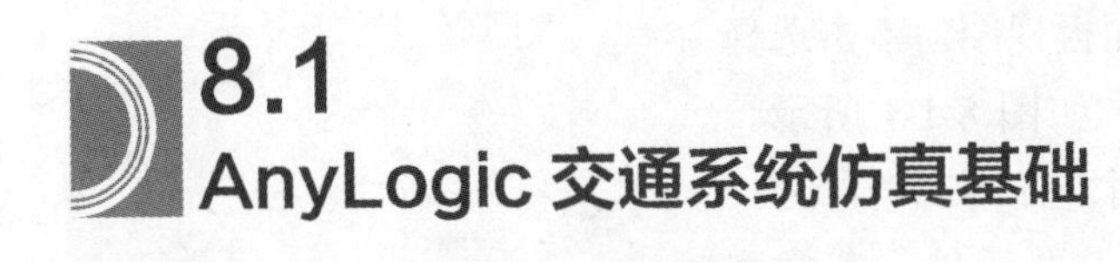

8.1 AnyLogic 交通系统仿真基础

8.1.1 交通系统仿真概述

交通系统仿真是指用建模仿真技术来研究交通行为，对交通运动随时间和空间的变化进行跟踪描述和分析优化。交通系统仿真含有随机特性，可以是微观的，也可以是宏观的，并且涉及描述交通运输系统在一定期间实时运动的数学模型。通过对交通系统的仿真研究，可以得到交通流状态变量随时间与空间的变化、分布规律及其与交通控制变量间的关系，将其与通行能力分析、交通流模型等其他交通分析技术结合在一起，可以用来对多种因素相互作用的交通设施或交通系统进行分析、预测、评估和优化。

在公路交通领域，这些交通设施或交通系统可以是单个信号灯控制或无信号灯控制的交叉口，也可以是居民区或城市中心区的密集道路网、线控或面控的交通信号系统、某条高速公路或高速公路网、双车道或多车道公路系统等，还可以是停车场、中转站、枢纽等交通集散地。公路交通系统仿真为指导道路交通规划、进行交通安全分析、制定交通管理控制措施提供了技术支持和依据。

当然，交通系统仿真除了在公路交通系统应用之外，在其他交通系统中也得到了广泛的应用，如轨道交通系统。轨道交通系统是一种有轨道的路面交通运输系统，包括一切传统铁路系统和新型轨道系统，由列车、路轨、车站等轨道交通基础设施和通讯信号系统、调度系统等列车运行组织及控制系统共同组成，具有运输能力强、准时、安全、快捷、绿色等特点。

实际上，真实的交通系统是由人、交通工具、公路、轨道、交通设施等及其所处环境组成的复杂混合系统，存在多种交通方式的交叉和衔接，并叠加大量人流的集散。对其进行建模仿真，要混合仿真公路、轨道、行人、交通工具和场站设施等多类要素，且仿真重点也会因研究目的不同而有所差异：研究城市交通系统中公路车流情况、地铁站内通道情况时，一般并不需要过多关注行人个体行为，仅需要知道行人流、车流的密度、流量等就可以；而研究闸机口、进出站口等关键位置，就需要重点关注行人的具体行为。此外，有些交通系统仿真场景还需要构建要素间相互作用的行为规律，如地面公交与轨道交通协同场景、行人乘坐交通工具时的场景、铁路和公路联合货运的场景等。随着交通运输竞争加剧、资源紧张、运行成本上涨，交通系统仿真正在合理配置、集约利用交通线路资源和优化交通设施空间布局上发挥越来越大的作用。

8.1.2 AnyLogic的道路交通库面板

AnyLogic 道路交通库适用于对公路交通、街道交通、生产现场交通、停车场或任何其他具有车辆、道路和车道的系统进行仿真，它支持车辆运动物理级建模。

打开 AnyLogic 软件工作区左侧面板视图，点击选择道路交通库（Road Traffic Library），如图 8-1-1 所示。道路交通库（Road Traffic Library）面板分为三个部分：第一部分是一个单独的新建智能体类型元件，车类型（Car Type）；第二部分是空间标记（Space Markup），包括 5 个元件，详见表 8-1-1；第三部分是模块（Blocks），包括 7 个模块，详见表 8-1-2。

图 8-1-1　AnyLogic 的道路交通库（Road Traffic Library）面板

表 8-1-1　道路交通库（Road Traffic Library）面板的空间标记（Space Markup）部分

元件名称	说　明
路（Road）	路用于表示不包含任何交叉点的连续道路。它可能包含多个直线段和曲线段。绘制单个路时，路将被自动放置在路网（Road Network）中，路网由路、路口等道路交通库（Road Traffic Library）面板的空间标记元件组成。在路的属性中可以设置是否单行（One way）、正向车道数（Number of forward lanes）、对向车道数（Number of backward lanes）、分道线宽度（Median strip width）、分道线颜色（Median strip color）等。而路的交通方向左手（Left-hand）或右手（Right-hand）、车道宽度（Lane width）、道路背景颜色（Road color）等参数是在该道路所属路网的属性中设置的。路的车道（Lane）只能是一个方向，不支持双向行驶的车道。可以调用函数来获取位于路上的所有车辆的信息。
路口（Intersection）	路口用于连接两条或多条路。路口通过车道连接器（Lane Connector）控制交通方向，车辆穿过路口时车道连接器会指示每条车道上车辆的前进路线。路口的交通也可以由道路交通库（Road Traffic Library）面板的交通灯（Traffic Light）模块控制。
停止线（Stop Line）	停止线用于控制路的交通，使车辆在停止线之前停车，或通过停止线，具体由道路交通库（Road Traffic Library）面板的 Car Move To 模块控制。停止线可以在其所在位置添加道路标志，包括：限速、限速结束、让行。停止线还可以与道路交通库（Road Traffic Library）面板的交通灯（Traffic Light）模块配合来控制冲突的交通流。
巴士站（Bus Stop）	巴士站用于在道路一侧沿行驶方向绘制公交车站。可以使用道路交通库（Road Traffic Library）面板的 Car Move To 模块来控制公共汽车到车站的移动，如果要使公共汽车停留在巴士站上一段时间，Car Move To 模块后应添加流程建模库（Process Modeling Library）面板的 Delay 模块。

续表

元件名称	说明
停车场（Parking Lot）	停车场用于在路一侧绘制停车场。停车场类型有两种：平行（Parallel），垂直（Perpendicular）。路侧当前只能绘制一行停车场。可以使用道路交通库（Road Traffic Library）面板的 Car Move To 模块控制车辆到停车场的移动。因为车辆会在停车场上停留一段时间，Car Move To 模块后应添加流程建模库（Process Modeling Library）面板的 Delay 模块。且由于停车场能同时容纳多辆车，要特别注意 Delay 模块中最大容量（Maximum capacity）的设置。

表 8-1-2 道路交通库（Road Traffic Library）面板的模块（Blocks）部分

模块名称	说明
Car Source	Car Source 是道路交通库流程图的起始模块，用于生成车辆并将其放入路网内的指定位置。车辆到达可以通过速率（Rate）、间隔时间（Interarrival time）、数据库中的到达表（Arrival table in Database）、速率时间表（Rate schedule）、到达时间表（Arrival schedule）或 inject() 函数调用来定义。车辆可以设置出现在路上（on road）或在停车场（in parking lot）。如果设置为出现在路上，车辆将出现在指定道路的起点，并开始朝指定方向移动，需指定车道方向及出现在哪条车道，默认是随机车道（Random lane），也可以填入车道序号（Lane index）。注意只有在车辆前方车道上有足够的距离时，车辆才会进入路网，且车辆的初始速度（Initial speed）越大其所需的距离就越长。Car Source 模块没有缓冲区，无法立即进入路网的车辆根本不会被创建，因此 Car Source 生成的车辆有可能少于速率参数中指定的数。如果设置为出现在停车场，则车辆会出现在指定停车场的空闲空间中，如果所有停车位都被占用，将出现生成错误。
Car Dispose	Car Dispose 用于从模型中移除车辆。移除车辆有两种情况：一是车辆通过开放的路驶出模型时，或者当它到达指定的停止线时，在这种情况下，道路交通库流程图最后一个 Car Move To 模块的后边应该是 Car Dispose；二是当车辆到达停车场或公共汽车站时，在这种情况下，无须在车辆到达停车场或公共汽车站后立即将其移除。
Car Move To	Car Move To 用于控制车辆移动，且车辆只有在 Car Move To 模块中才能移动。当车辆进入 Car Move To 时，它会尝试计算从当前位置到指定目的地的路。指定的目的地应位于车辆当前所在的路网中，目的地可以是：路、停车场、巴士站或停止线。如果从车辆的当前位置到指定的目的地没有路，车辆将通过 out Way Not Found 端口离开模块，而在所有其他情况下车辆通过 out 端口离开。
Car Enter	Car Enter 用于取走车辆智能体并将其作为车辆放入路网中的指定位置，指定位置可以是路或停车场。如果车辆设置为出现在路上，需指定车道方向及出现在哪条车道，默认是随机车道（Random lane），也可以填入车道序号（Lane index），以使车辆出现在指定路的起点，并沿车道指定方向移动。如果车辆设置为出现在路上，则只有在车辆前方车道上有足够的距离时，车辆才会进入路网。车辆的初始速度越大，其安全进入路网所需的距离就越长，无法立即进入路网的车辆将在 Car Enter 模块内的队列中累积，直到指定车道中有足够空间放置车辆时再从队列中取出并进入指定路。如果车辆设置为出现在停车场，则它们会出现在指定停车场的空闲空间中，并等待车辆离开路网或进入 Car Move To 模块开始移动。如果所有停车位都被占用，将生成错误。Car Enter 与 Car Exit 一起用于在更高抽象层上对车辆运动进行建模，该部分没有详细的物理层道路交通建模。
Car Exit	Car Exit 用于从道路网络中移除车辆并传递车辆智能体到使用了流程建模库（Process Modeling Library）面板模块和道路交通库（Road Traffic Library）面板模块的流程图上，在那里车辆智能体可以通过 Delay、Queue、Select Output 等模块。Car Exit 与 Car Enter 一起用于在更高抽象层上对车辆运动进行建模，该部分没有详细的物理层道路交通建模。

续表

模 块 名 称	说 明
交通灯（Traffic Light）	交通灯（Traffic Light）用于仿真一个或多个交通灯。交通灯（也称交通信号灯）在道路交叉口、人行横道和其他类似位置控制冲突交通流。在 AnyLogic 中，可以设置交通灯在交叉口或停止线控制交通。
Road Network Descriptor	Road Network Descriptor 用于控制位于一个路网中的所有车辆，设置各种情况下车辆执行的操作。还可以通过启用密度图（Enable density map）直观显示网络道路上交通堵塞的当前状态。

8.1.3 AnyLogic的轨道库面板

AnyLogic 轨道库专门用于轨道运输及其场站的仿真，可以辅助设计轨道交通网络、分配车轨资源、编制运营计划等。

打开 AnyLogic 软件工作区左侧面板视图，点击选择轨道库（Rail Library），如图 8-1-2 所示。轨道库（Rail Library）面板分为三个部分：第一部分是两个单独的新建智能体类型元件，列车类型（Train Type）和车厢类型（Rail Car Type）；第二部分是空间标记（Space Markup），包括 2 个元件，详见表 8-1-3；第三部分是模块（Blocks），包括 8 个模块，详见表 8-1-4。

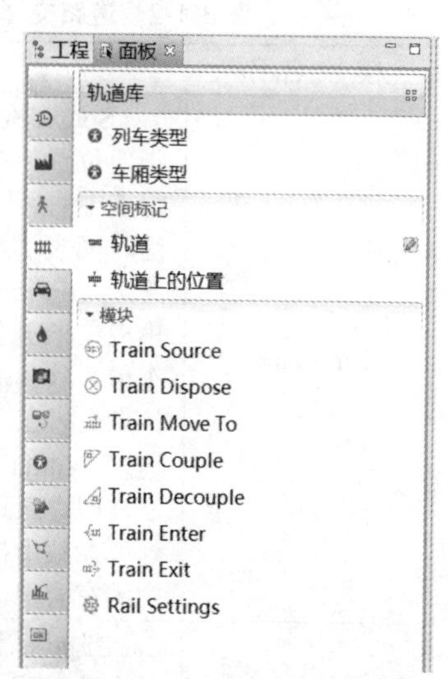

图 8-1-2 AnyLogic 的轨道库（Rail Library）面板

表 8-1-3 轨道库（Rail Library）面板的空间标记（Space Markup）部分

元 件 名 称	说 明
轨道（Railway Track）	轨道用于以图形方式定义任意形状的连续铁路轨道，它可以用直线或曲线绘制。轨道绘制单个轨道时，轨道将被自动放置在轨道网络（Railway Network）中，轨道网络可以通过添加和连接更多轨道进一步扩展。可以调用函数来获取位于轨道上的所有车辆的信息。
轨道上的位置（Position on Track）	轨道上的位置用于以图形方式定义轨道上的准确位置，它可以是列车出现的位置或移动的目标位置。

表 8-1-4 轨道库（Rail Library）面板的模块（Blocks）部分

模 块 名 称	说 明
Train Source	Train Source 是轨道库流程图的起始模块。它生成列车（Train），将列车放置在轨道上，并将其注入轨道库流程图。列车到达可以通过间隔时间（Interarrival time）、数据库中的到达表（Arrival table in Database）、到达时间表（Arrival schedule）或 inject() 函数调用来定义。创建后可以放置列车在轨道场中，也可以作为逻辑实体离开再由轨道库（Rail Library）面板的 Train Enter 模块注入轨道库流程图，轨道库流程图也可以使用流程建模库（Process Modeling Library）模块，如 Delay、Queue、Select Output 等。列车进入点可以定义为轨道上的位置，也可以定义为轨道上的偏移量（偏移自轨道末端，或轨道始端），但都需要设置其在轨道上的方

续表

模块名称	说　明
Train Source	向。可以选择新列车的智能体类型，并设置初始速度（Initial speed）、巡航速度（Cruise speed）、加速度（Acceleration）、减速度（Deceleration），只要允许列车会立刻启动巡航速度。列车包含车头（loco）和车厢（rail car），在 Train Source 模块属性中需要设置包括车头在内的车厢数量，新车厢的智能体类型以及车厢长度（Car length）等，并确保轨道上有足够空间给列车的所有车厢。
Train Dispose	Train Dispose 用于从模型中移除列车。移除列车有两种情况：一是通过开放终端的轨道移动出轨道网路，这种情况下，轨道库流程图最后一个 Train Move To 模块的后边应该是 Train Dispose；二是只要列车没有在移动，它可以从轨道网络中的任何位置“消失”。要移除列车，必须使用 Train Dispose 模块。
Train Move To	Train Move To 用于控制列车移动，且列车只有处于 Train Move To 模块中时才能移动。列车移动方向可以是正向（Forward）或反向（Backward）。列车移动路线（Route）可以是在未指定情况下遵循道岔（switches）的当前状态，也可以遵循给定的轨道列表（A given list of tracks），还可以是从当前到目标轨道自动计算。Train Move To 只会找到那些无须改变移动方向的直线路线。当列车沿路线移动时，列车将控制其途中的道岔，即当列车接近道岔时根据需要改变道岔状态。如果列车已经开始沿路线移动，但由于阻塞或预留路线上的轨道变得不可用时，可以设置列车在阻塞轨道之前的最近的道岔停止等待直到其解锁，也可以排除该阻塞轨道重新计算路线以继续向目标移动。可以设置列车移动的巡航速度（0 代表保持原巡航速度），以及移动开始和完成时的速度变化（保持当前速度、加速或减速）。如果列车移动时撞到另一个列车，则列车停止并通过 outHit 端口离开，在所有其他情况下列车通过 out 端口离开。AnyLogic 轨道库（Rail Library）虽然能检测列车碰撞，但并不管理列车交通，比如不会调度一个列车等待直到另一个列车经过特定的道岔或轨道。
Train Couple	Train Couple 用于连接两个列车使它们成为一个列车。要连接的两个列车必须在不同的 in 端口进入 Train Couple，且有两端彼此“接触”。为确保列车足够近，可以用 Train Move To 模块移动一个列车到另一个列车所在的轨道。Train Couple 包含两个队列，每个入口一个，列车在此等待连接。当列车通过某个 in 端口进入的 Train Couple，Train Couple 会检查在另一个队列是否有列车可以与它连接。如果是，则列车组合成一个列车并离开 Train Couple；如果否，列车继续在队列中。单独一个 Train Couple 模块既可以同时处理几条轨道上的列车的连接，也可以分别处理它们。假设通过添加入口 2 进入的列车车厢到入口 1 进入的列车完成连接，入口 2 的列车车厢被移除，而入口 1 的列车继续在模型中，且列车的速度等参数在连接后不变。连接期间，轨道车辆不会改变其位置。Train Couple 操作花费的模型时间为 0。
Train Decouple	Train Decouple 用于从进入的列车脱钩给定数量的车厢，并以脱钩出来的车厢创建新的列车，新的列车通过 outDecoupled 端口离开。一种极端的情况是当 0 节车厢脱钩时，原始列车无变化通过 out 端口离开，原始列车的速度和加速度等特性复制到通过 outDecoupled 端口离开的新列车。Train Decouple 操作花费的模型时间为 0。
Train Enter	Train Enter 用于获取列车智能体并将其放置到轨道上。Train Enter 与 Train Exit 模块一起用于在更高抽象层上对列车运动进行建模，该部分没有详细的物理层轨道交通建模。
Train Exit	Train Exit 用于从轨道网络移除列车并传递列车智能体到使用了流程建模库（Process Modeling Library）面板模块和轨道库（Rail Library）面板模块的流程图上，在那里列车智能体可以通过 Delay、Queue、Select Output 等模块。Train Exit 与 Train Enter 模块一起用于在更高抽象层上对列车运动进行建模，该部分没有详细的物理层轨道交通建模。

续表

模块名称	说　明
Rail Settings	Rail Settings 是单独的模块，可以设置进入（离开）场、在道岔、进入（离开）轨道、车厢碰撞、回调、点击车厢等时刻仿真执行的行动。例如，可以在各时刻执行 Java 代码来收集列车车厢在整个铁路网络中移动的统计数据。Rail Settings 会自动检测道岔处的碰撞并发出错误信号，但无法自动检测两条轨道在没有道岔的情况下是否会相互交叉，需要确保模型没有此类交叉情况。

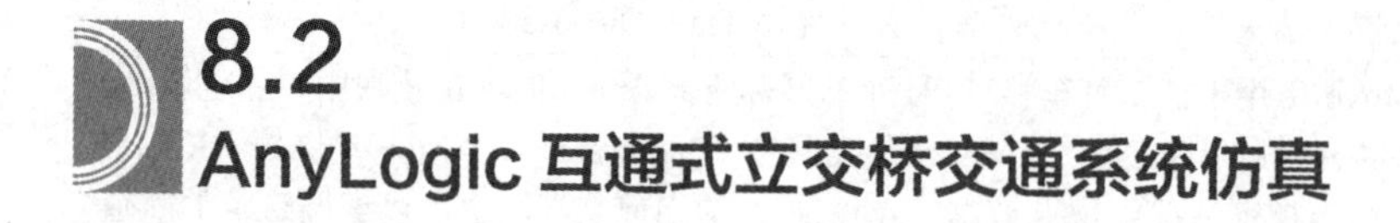

8.2 AnyLogic 互通式立交桥交通系统仿真

本节将创建一个互通式立交桥为核心的道路交通系统仿真模型。

8.2.1　创建互通式立交桥的交通路网

在本小节，将使用 AnyLogic 道路交通库（Road Traffic Library）面板中的空间标记元件和模块构建互通式立交桥的交通路网。

（一）创建立交桥第三层主路

（1）新建一个模型。

（2）打开 Main 的图形编辑器，设置帧（Frame）的宽度（Width）为 3600，高度（Height）为 3600；点击选中比例（Scale）元件并设置其属性，标尺长度对应（Ruler length corresponds to）为 25 米（meters）。

（3）如图 8-2-1 所示，在 Main 的图形编辑器中使用道路交通库（Road Traffic Library）面板中的路（Road）元件绘制一条路，并设置其属性，正向车道数量（Number of forward lanes）为 2，对向车道数量（Number of backward lanes）为 2；点（Point）部分，N 为 1 的那行 X=2200，Y=0，Z=0。

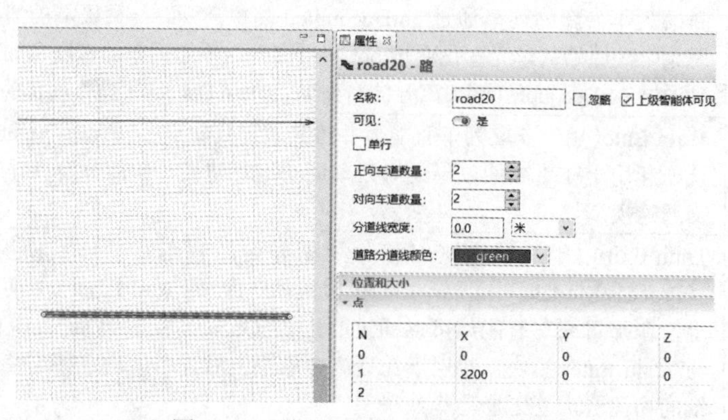

图 8-2-1　路（Road）元件属性设置

（4）如图 8-2-2 所示，在路（Road）元件属性的点（Point）部分上点击“+”号添加三个点，N 为 1 的 X=600，Y=0，Z=200，N 为 2 的 X=1100，Y=0，Z=200，N 为 3 的 X=1600，Y=0，Z=200。

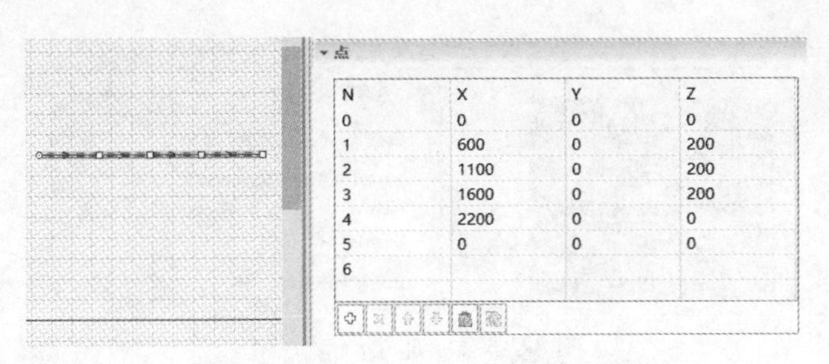

图 8-2-2　路（Road）元件属性设置

（二）创建立交桥第二层主路

（1）如图 8-2-3 所示，在 Main 的图形编辑器中使用道路交通库（Road Traffic Library）面板中的路（Road）元件绘制一条与第三层主路垂直的路，并设置其属性，正向车道数量（Number of forward lanes）为 2，对向车道数量（Number of backward lanes）为 2；点（Point）部分，点击“+”号添加三个点，N 为 1 的 X=0，Y=-600，Z=150，N 为 2 的 X=0，Y=-955，Z=150，N 为 3 的 X=0，Y=-1310，Z=150，N 为 4 的 X=0，Y=-1910，Z=0。拖动当前路（Road）元件使 N 为 2 的点与第三层主路 N 为 2 的点重合。

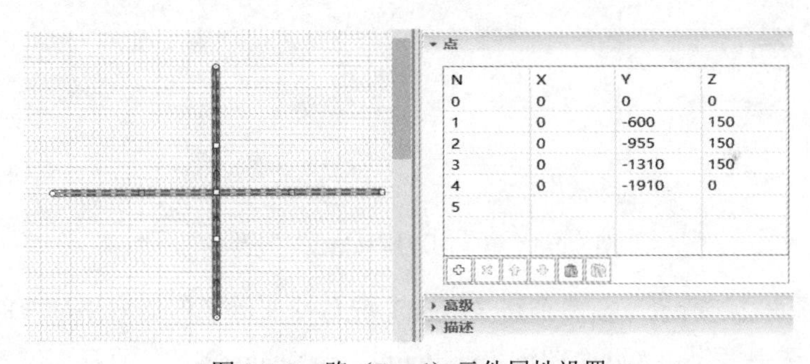

图 8-2-3　路（Road）元件属性设置

模型文件下载

（2）从演示（Presentation）面板拖曳一个三维窗口（3D Window）元件到 Main 中，设置其属性，高级（Advanced）部分远剪裁面距离（Far clipping distance）设为 20000。

（3）运行模型，如图 8-2-4 所示。在三维窗口（3D Window）中可见互通式立交桥的第二层和第三层主路。

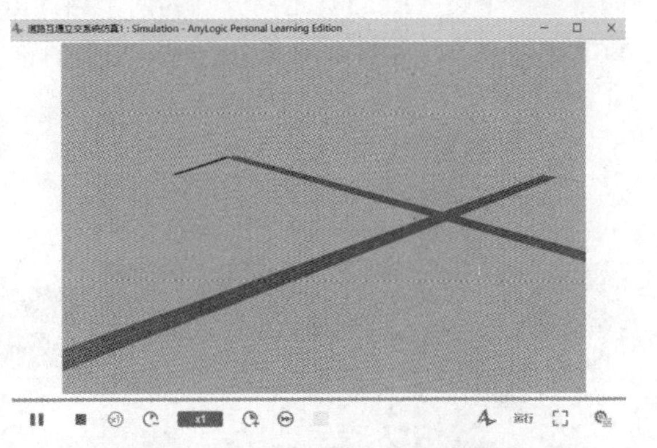

图 8-2-4　模型运行结果的三维视图

（三）创建立交桥第一层路网

（1）在道路交通库（Road Traffic Library）面板中，双击路（Road）元件进入绘制模式，以俯视图视角，在立交桥第三层主路两侧绘制两条立交桥第一层的道路，道路方向与第三层主路方向相同。如图 8-2-5 所示设置其属性，勾选“单行（One way）”，正向车道数量（Number of forward lanes）为 1。

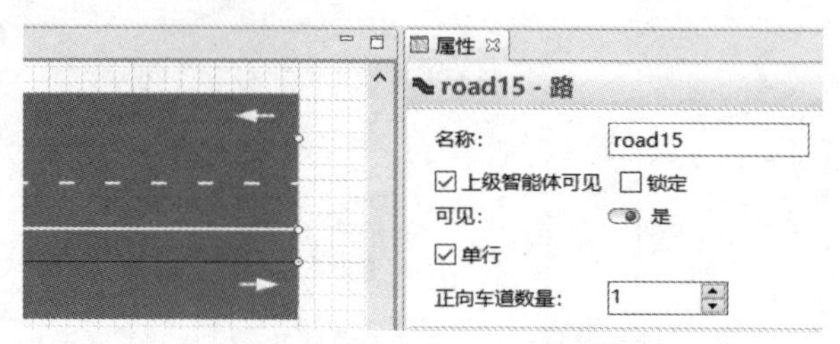

图 8-2-5　添加第一层道路

（2）按照上面步骤（1）的方法，在第二层主路两侧绘制两条立交桥第一层的道路。如图 8-2-6 所示，暂时将立交桥第二层主路和第三层主路移到 Main 中其他空白区域，待绘制完成立交桥第一层路网再将其移回到原位置。

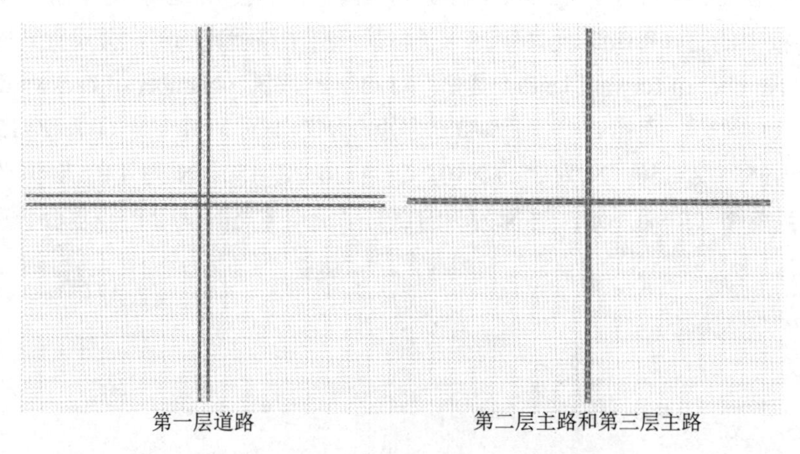

图 8-2-6　第一层道路与第二三层主路

（3）如图 8-2-7 所示，在两个路（Road）元件交叉处的四周双击创建四个点，鼠标右键单击点，选中“分割为两个图形（Split into Two Shapes）”，鼠标左键再单击该点，即可将一个路（Road）元件分割为两个路（Road）元件。如图 8-2-8 所示，同样方法分割其余三个点，并将中间部分的两个交叉的路（Road）元件删除。

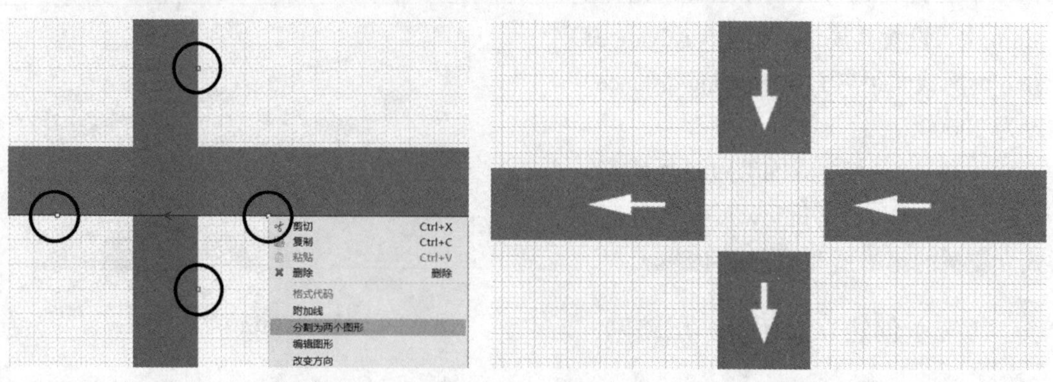

图 8-2-7　创建分割点　　图 8-2-8　分割后的四个路（Road）元件

（4）按照上面步骤（3）对其余三个十字路口的道路进行同样操作，结果如图 8-2-9 所示。

（5）从道路交通库（Road Traffic Library）面板拖曳四个路口（Intersection）元件到 Main 中，放置在上面步骤（4）形成的四个十字路口空白处。每次应将路口（Intersection）元件移动到相对应的十字路口，使四个道路与路口连接处的点均变成绿色，此时连接成功，最后结果如图 8-2-10 所示。

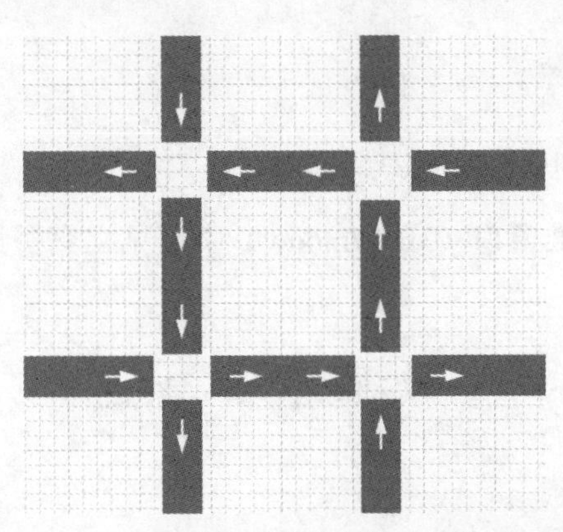

图 8-2-9　分割后立交桥第一层路网

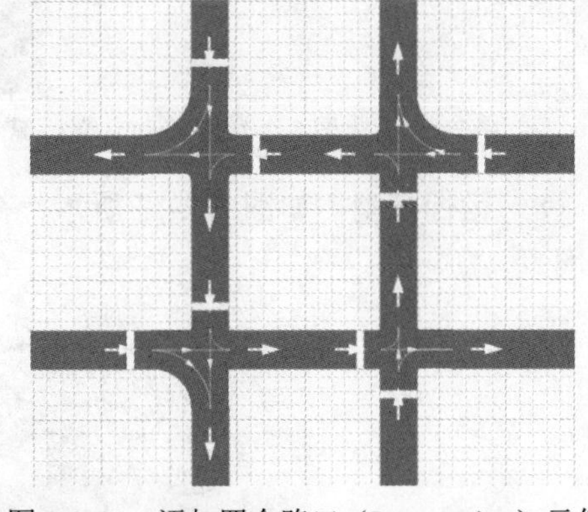

图 8-2-10　添加四个路口（Intersection）元件

（6）从道路交通库（Road Traffic Library）面板拖曳四个交通灯（Traffic Light）模块到 Main 中，分别放置在立交桥第一层道路的四个十字路口处。如图 8-2-11 所示设置四个交通灯（Traffic Light）模块的属性，定义模式（Defines the mode for）均选择“路口的车道连接器（Intersection’s lane connectors）”，路口（Intersection）选择对应的十字路口；阶段（Phases）部分，持续时间（秒）（Durations - sec）均设为 15，点击更改停止线颜色，红色禁行，绿色通行。

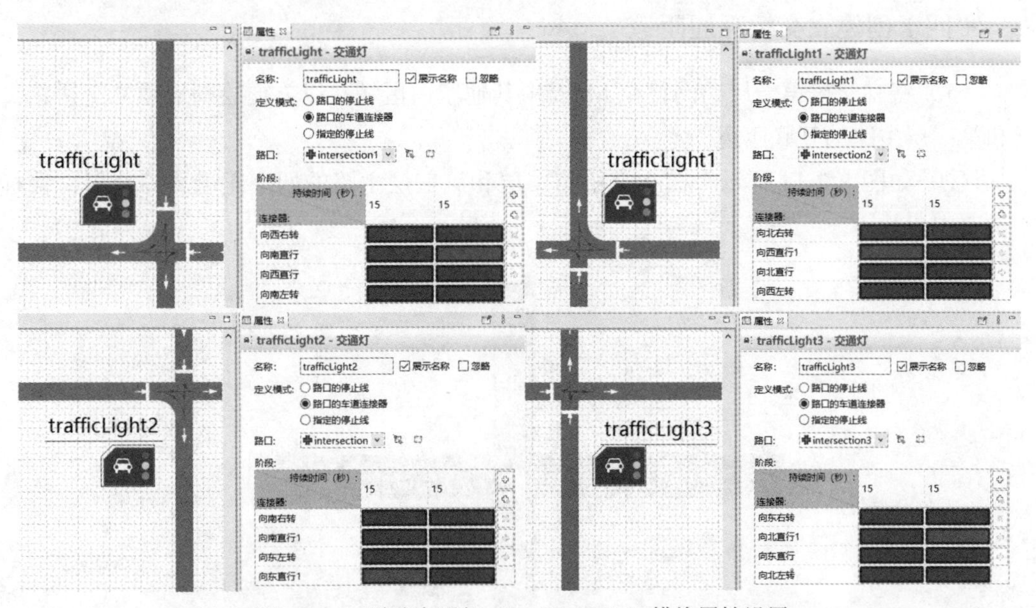

图 8-2-11　道路交通灯（Traffic Light）模块属性设置

（7）将立交桥第二层和第三层主路移回原位置，结果如图 8-2-12 所示。

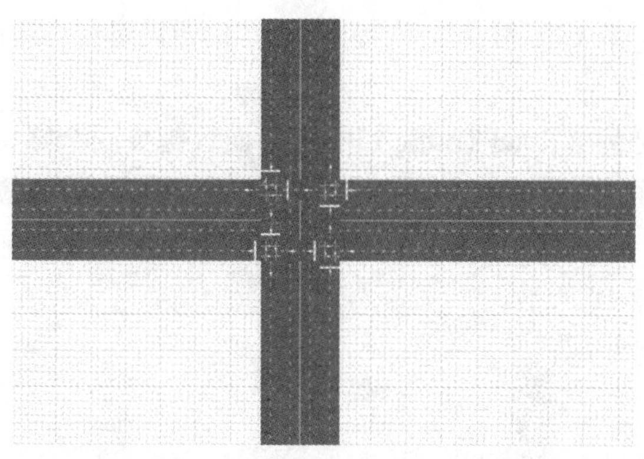

图 8-2-12　移动立交桥第二层和第三层主路回到原位置

（8）运行模型，如图 8-2-13 所示。在三维窗口（3D Window）中可见立交桥第一层路网。

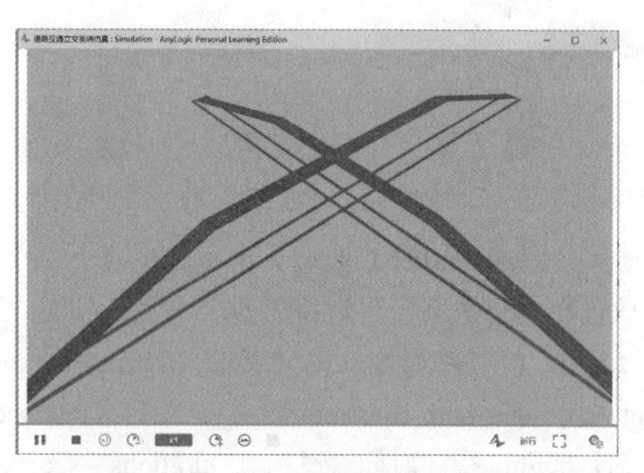

模型文件下载

图 8-2-13　模型运行结果的三维视图

（四）创建立交桥互通匝道

（1）将立交桥第一层路网移至 Main 中其他空白区域，以方便绘制连通立交桥第二层和第三层主路的互联匝道。

（2）如图 8-2-14 所示，在立交桥第二层和第三层主路的四个匝道路口位置，鼠标左键双击添加点。

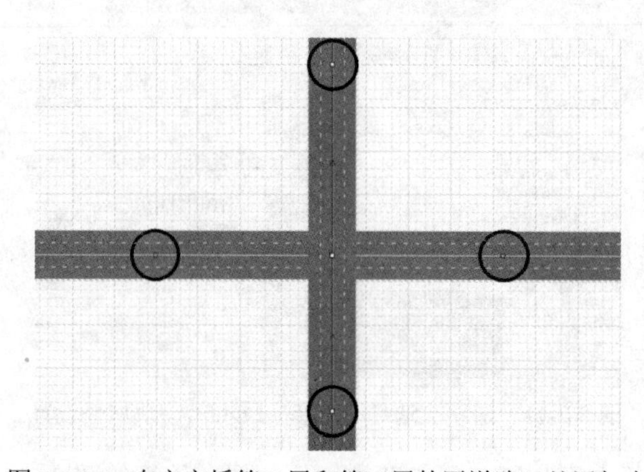

图 8-2-14　在立交桥第二层和第三层的匝道路口处添加点

（3）鼠标右键单击一个点，选中“分割为两个图形（Split into Two Shapes）”，鼠标左键再单击该点，即可将一个路（Road）元件分割为两个路（Road）元件；同样方法在其余三个点处分割路。从道路交通库（Road Traffic Library）面板拖曳四个路口（Intersection）元件到 Main 中，如图 8-2-15 所示，放置在刚才分割位置。

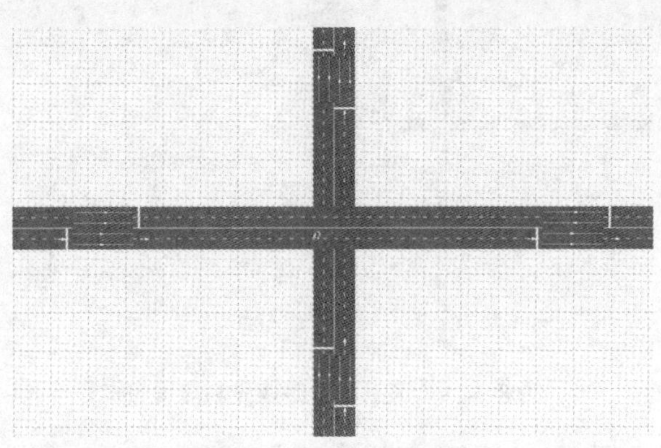

图 8-2-15　添加四个路口（Intersection）元件

（4）在道路交通库（Road Traffic Library）面板中，双击路（Road）元件进入绘制模式，如图 8-2-16 所示绘制匝道，并设置其属性，正向车道数量（Number of forward lanes）为 1，对向车道数量（Number of backward lanes）为 1。

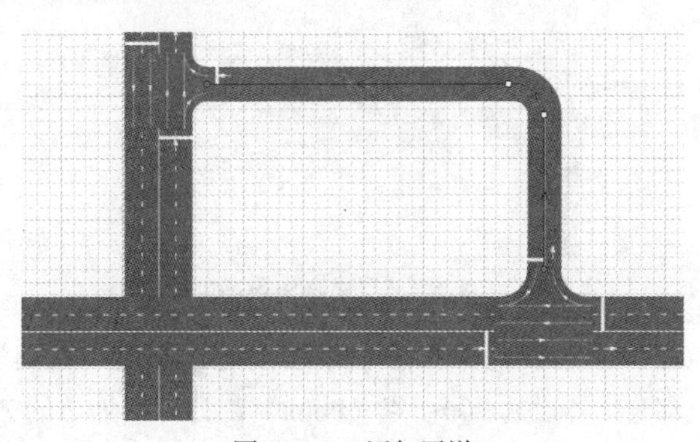

图 8-2-16　添加匝道

（5）如图 8-2-17 所示，按照上面步骤（4）的方法绘制立交桥其他三个匝道。

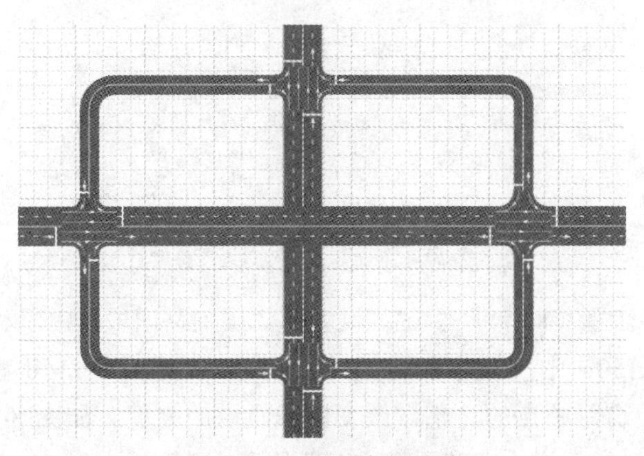

图 8-2-17　添加全部匝道

（五）设置立交桥第二层和第三层主路的高度

（1）如图 8-2-18 所示，设置第三层主路西段道路高度，在其属性的点（Point）部分，N 为 1 的 Z=200，N 为 2 的 Z=200。

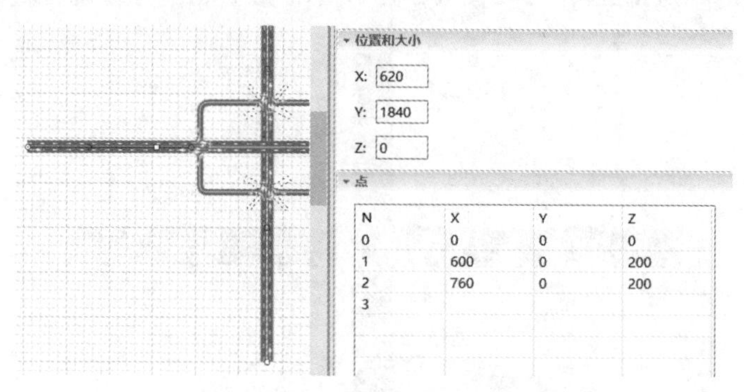

图 8-2-18　第三层主路西段高度设置

（2）如图 8-2-19 所示，设置第三层主路中段道路高度，在其属性的位置和大小（Position and size）部分，Z 设为 200。

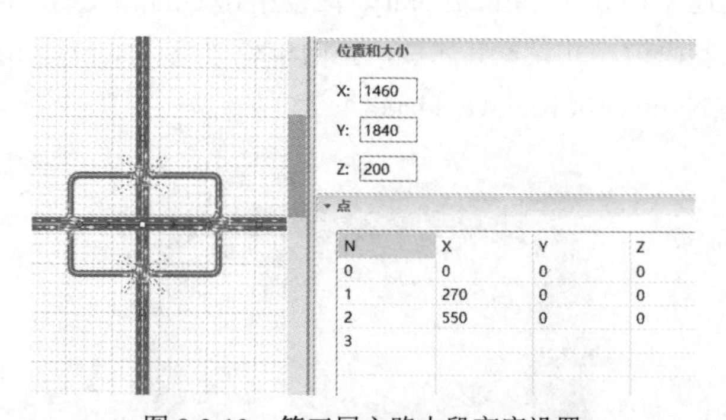

图 8-2-19　第三层主路中段高度设置

（3）如图 8-2-20 所示，设置第三层主路东段道路高度，在其属性的位置和大小（Position and size）部分，Z 设为 200；点（Point）部分，N 为 2 的 Z=-200。

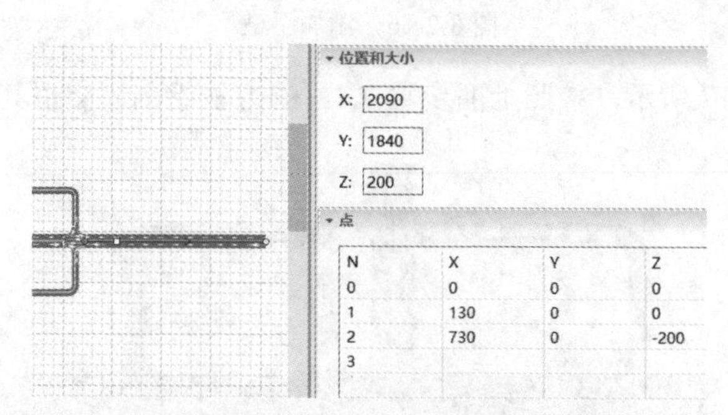

图 8-2-20　第三层主路东段高度设置

（4）按照上述步骤（1）- 步骤（3）设置第二层主路南段、中段和北段的道路高度：南段 Z 从 0 增大到 150；中段保持水平，Z 设为 150；北段 Z 从 150 减小到 0。

（5）通过修改道路中点的 Z 值，改变四条匝道的高度。如图 8-2-21 所示，从第三层主路到第二层主路的匝道，在其属性中，位置和大小（Position and size）部分的 Z 设为200；点（Point）部分最后一行的Z=-50，其余行的Z=0。如图8-2-22所示，从第二层主路到第三层主路的匝道，在其属性中，位置和大小（Position and size）部分的Z设为150；点（Point）部分第一行的Z=0，其余行的Z=50。实际建模过程中，应根据路上点的位置适当设置高度，具体问题具体分析。

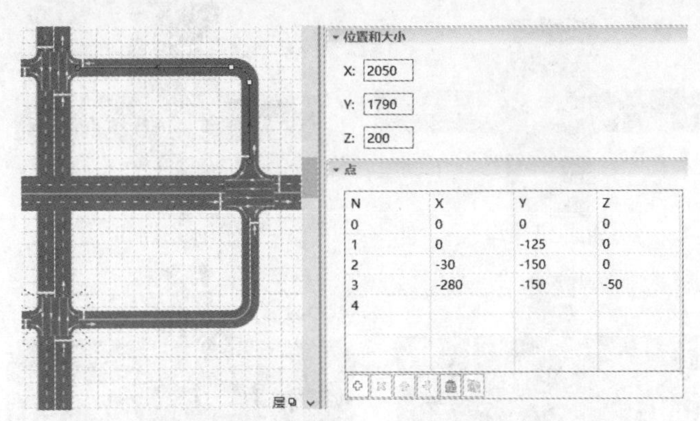

图8-2-21 第三层主路到第二层主路的匝道高度设置

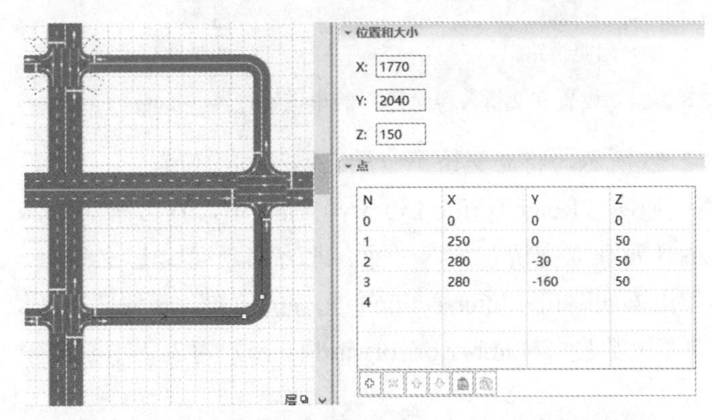

图8-2-22 第二层主路到第三层主路的匝道高度设置

（6）运行模型，如图8-2-23所示。在三维窗口（3D Window）可见立交桥互通匝道。

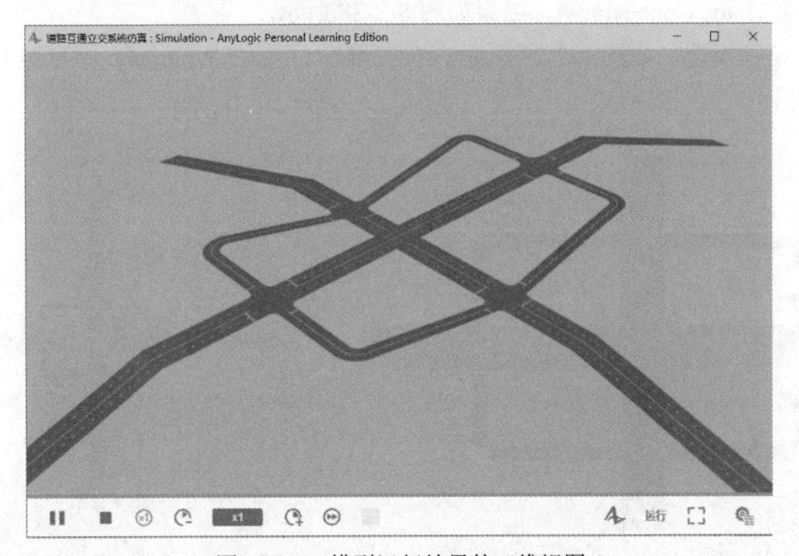

模型文件下载

图8-2-23 模型运行结果的三维视图

（六）完善互通式立交桥的交通路网设置

（1）分别选中立交桥第二层主路和第三层主路互通的四个匝道路口，设置各自的车道连接器（Lane Connector），结果如图 8-2-24 所示。

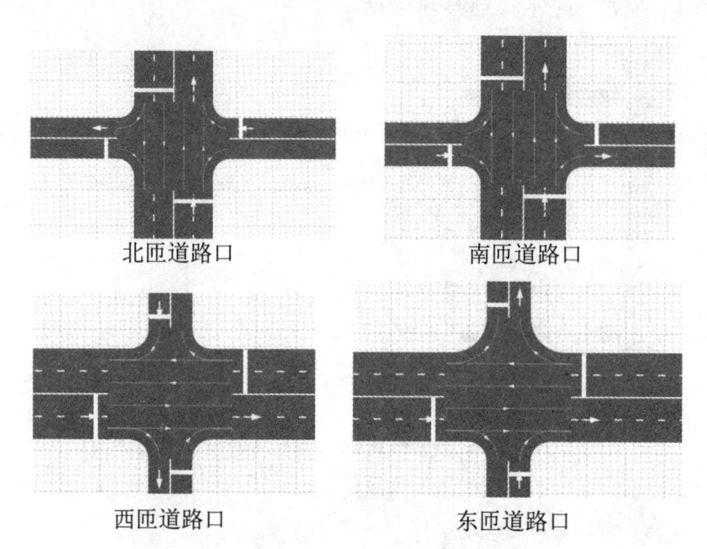

图 8-2-24　设置立交桥各匝道路口的车道连接器（Lane Connector）

（2）如图 8-2-25 所示，将立交桥第一层路网移回原位置。

（3）在道路交通库（Road Traffic Library）面板中，双击路（Road）元件进入绘制模式，如图 8-2-26 所示在立交桥东、南、西、北方向延续线上各添加一条直线路，并如图 8-2-27 所示预留出添加路口（Intersection）元件的位置。设置四个新添加的路（Road）元件的属性，正向车道数量（Number of forward lanes）为 3，对向车道数量（Number of backward lanes）为 3。

（4）从道路交通库（Road Traffic Library）面板拖曳四个路口（Intersection）元件到 Main 中，将刚创建的四条路（Road）元件与立交桥主体路网连接，并设置各路口的车道连接器（Lane Connector），结果如图 8-2-28 所示。

（5）运行模型，如图 8-2-29 所示。在三维窗口（3D Window）中可见互通式立交桥的交通路网。

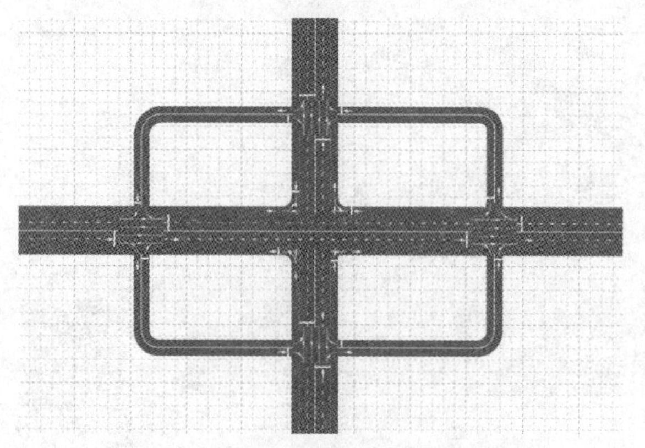

图 8-2-25　互通式立交桥主体交通路网

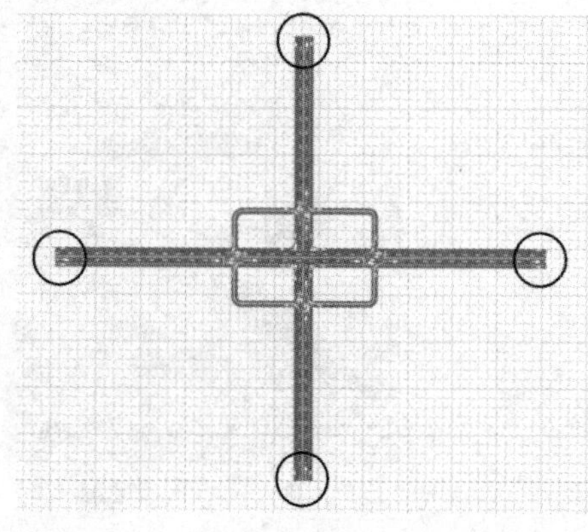

图 8-2-26　绘制路（Road）元件位置显示

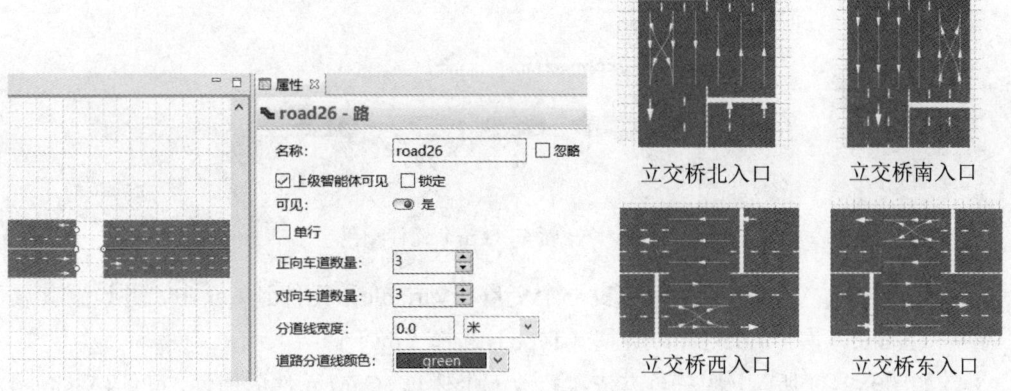

图 8-2-27　添加路（Road）元件并设置其属性

图 8-2-28　设置立交桥各方向入口的车道连接器（Lane Connector）

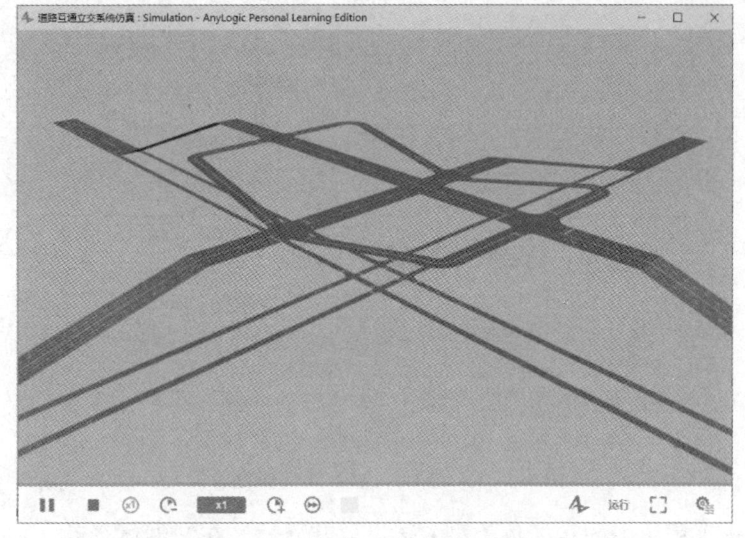

模型文件下载

图 8-2-29　模型运行结果的三维视图

8.2.2　创建通过立交桥的车辆智能体

（1）从智能体（Agent）面板拖曳一个智能体（Agent）元件到 Main 中，在弹出的新建智能体向导首页点击“仅智能体类型（Agent type only）”；新类型名（Agent type name）设为“Car”，选择“我正在从头创建智能体类型（Create the agent type from scratch）”；智能体动画（Agent animation）选择“三维（3D）”，并选择道路运输（Road Transport）部分的轿车（Car）；不添加智能体参数（Agent parameters），点击完成（Finish）按钮。智能体类型 Car 创建完成，并显示在工程树中。

（2）双击工程树中的智能体类型 Car 打开其图形编辑器，从三维物体（3D Objects）面板道路运输（Road Transport）部分再拖曳四个轿车（Car）到 Car 中如图 8-2-30 所示位置，并设置四个三维对象的属性，颜色（color）部分，Material_4_Surf 我的颜色（My color）分别选择“Red”“mediumOrchid”“white”和“black”。

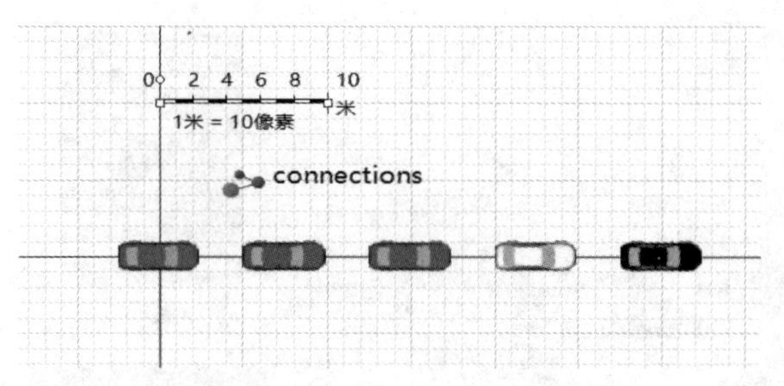

图 8-2-30　修改轿车（Car）元件颜色

（3）从智能体（Agent）面板拖曳一个变量（Variable）元件到 Car 中，并设置其属性，名称（Name）为“indexl”，类型（Type）选择“int”。

（4）如图 8-2-31 所示，从左至右依次修改五个轿车（Car）元件的属性，可见（Visible）部分条件依次设置为“indexl == 1”“indexl == 2”“indexl == 3”“indexl == 4”和“indexl == 5”；位置（Position）部分，X 设为动态值（Dynamic value）并填入“0”。

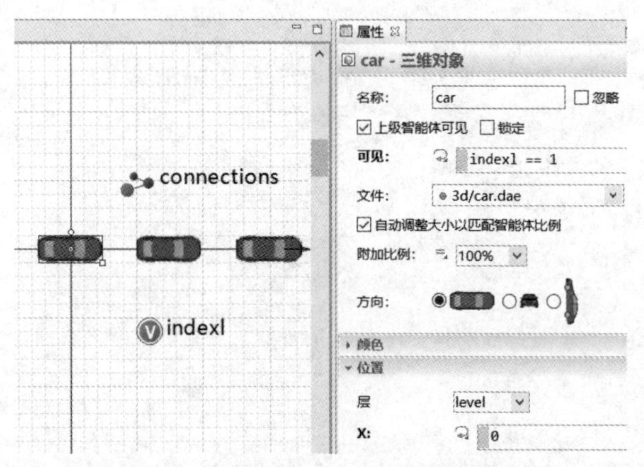

图 8-2-31　轿车（Car）元件属性设置

（5）点击工程树中的智能体类型 Car 设置其属性，在智能体行动（Agent actions）部分的启动时（On startup）填入代码：

```
indexl = uniform_discr(1, 5);
```

（6）从智能体（Agent）面板拖曳一个智能体（Agent）元件到 Main 中，在弹出的新建智能体向导首页点击“仅智能体类型（Agent type only）”；新类型名（Agent type name）设为“Bus”，选择“我正在从头创建智能体类型（Create the agent type from scratch）”；智能体动画（Agent animation）选择“三维（3D）”，并选择道路运输（Road Transport）部分的巴士 1（Bus 1）；不添加智能体参数（Agent parameters），点击完成（Finish）按钮。智能体类型 Bus 创建完成，并显示在工程树中。

（7）从智能体（Agent）面板拖曳一个智能体（Agent）元件到 Main 中，在弹出的新建智能体向导首页点击“仅智能体类型（Agent type only）”；新类型名（Agent type name）设为“GarbageT”，选择“我正在从头创建智能体类型（Create the agent type from scratch）”；智能体动画（Agent animation）选择“三维（3D）”，并选择道路运输（Road Transport）部分的垃圾车（Garbage Truck）；不添加智能体参数（Agent parameters），点击完成（Finish）按钮。智能体类型 GarbageT 创建完成，并显示在工程树中。

（8）从智能体（Agent）面板拖曳一个智能体（Agent）元件到 Main 中，在弹出的新建智能体向导首页点击“仅智能体类型（Agent type only）”；新类型名（Agent type name）设为“Lorry”，选择“我正在从头创建智能体类型（Create the agent type from scratch）”；智能体动画（Agent animation）选择“三维（3D）”，并选择道路运输（Road Transport）部分的货车（Lorry）；不添加智能体参数（Agent parameters），点击完成（Finish）按钮。智能体类型 Lorry 创建完成，并显示在工程树中。

8.2.3 创建互通式立交的交通流程图

（一）创建立交桥高架路网的交通流程图

（1）从工程树中拖曳智能体类型 Car 到 Main 中，如图 8-2-32 所示设置其属性，名称（Name）修改为“cars”，选中“智能体群（Population of agents）”，群是（Population is）选择“初始空（Initially empty）”。

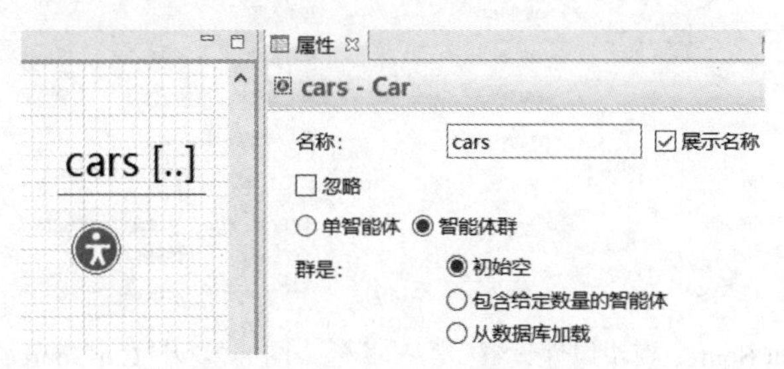

图 8-2-32 创建 Cars 智能体群

（2）按照上面步骤（1）的方法，分别将智能体类型 Bus、GarbageT、Lorry 拖入 Main 中，新建智能体群名称（Name）分别设为“buses”“garbageTs”和“lorries”。

（3）以创建立交桥东方向来轿车（或公共汽车）的交通流程图为例，从智能体（Agent）面板拖曳一个参数（Parameter）元件到 Main 中，设置其属性，名称（Name）为“Ecars”，类型（Type）选择“double”，默认值（Default value）为 10。

（4）从道路交通库（Road Traffic Library）面板拖曳一个 Car Source 模块到 Main 中，如图 8-2-33 所示设置其属性，名称（Name）为“Ecar”，定义到达通过（Arrivals defined by）选择“速率（Rare）”，到达速率（Arrival rate）填入“ECars”，单位为“每分钟（per minute）”；路（Road）选择车辆智能体产生后首先进入的道路，书中为 road26；进入（Enters）选择反向车道（backward lane），因为书中这条进入立交桥的道路是自西向东绘制的，方向向东，而车辆自东向西进入，前进方向向西；车（Car）部分，新车（New car）选择“Car”；高级（Advanced）部分，添加车到（Add cars to）选择“自定义群（custom population）”，车群（Car population）选择“cars”。

（5）从道路交通库（Road Traffic Library）面板再拖曳一个 Car Source 模块到 Main 中，如图 8-2-34 所示设置其属性，名称（Name）为“EBus”，定义到达通过

（Arrivals defined by）选择“速率（Rare）”，到达速率（Arrival rate）为 3 每分钟（per minute），路（Road）同样选择车辆智能体产生后首先进入的道路，进入（Enters）同样选择反向车道（backward lane）；车（Car）部分，新车（New car）选择“Bus”；高级（Advanced）部分，添加车到（Add cars to）选择“自定义群（custom population）”，车群（Car population）选择“buses”。

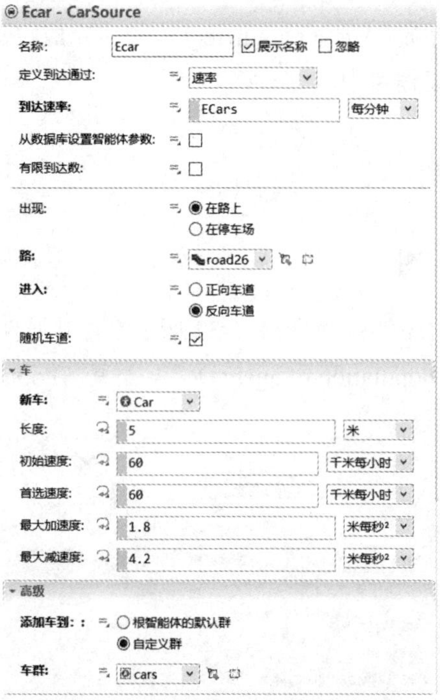

图 8-2-33　Car Source 模块属性设置

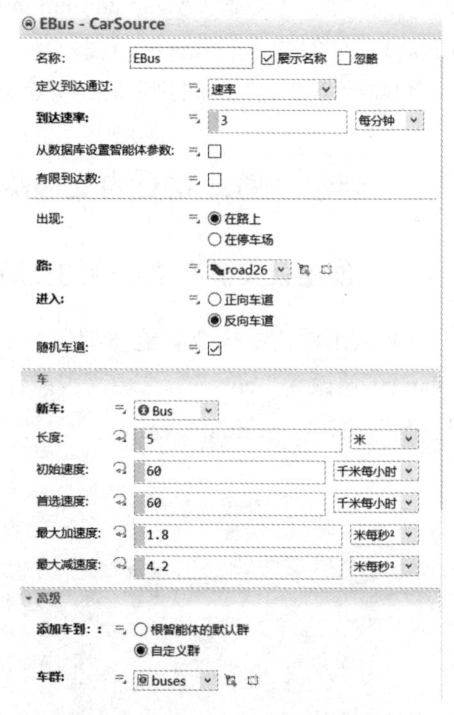

图 8-2-34　Car Source 模块属性设置

（6）从道路交通库（Road Traffic Library）面板拖曳一个 Car Move To 模块到 Main 中，如图 8-2-35 所示进行连接，并设置其属性，名称（Name）为“Eviaduct”，移动到（Moves to）选择“路（road）”，路（Road）选择车辆首先进入的第三层主路东段道路，书中为 road14；目的地（Destination）选择反向车道末端（end of backward lane），因为书中立交桥第三层主路是自西向东绘制的，方向向东，而车辆自东向西驶过这段路到立交桥东匝道路口，前进方向向西。

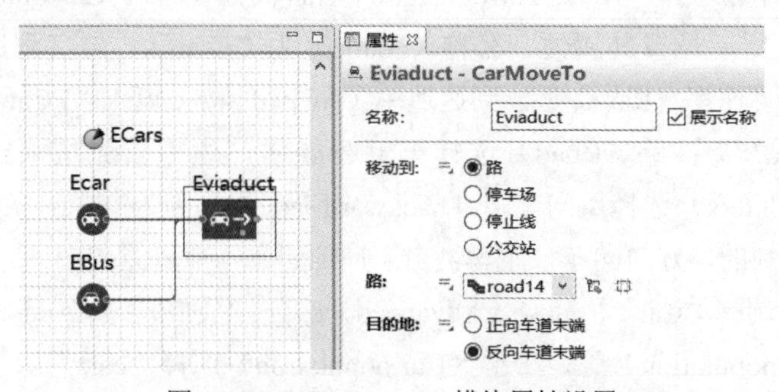

图 8-2-35　Car Move To 模块属性设置

（7）从流程建模库（Process Modeling Library）面板拖曳一个 Select Output5 模块

到 Main 中，如图 8-2-36 所示进行连接，并设置其属性，取消勾选“展示名称（Show name）”，使用（Use）选择“概率（Probability）”，概率 1（Probability 1）为 0.1，概率 2（Probability 2）为 0.7，概率 3（Probability 3）为 0.1，概率 4（Probability 3）为 0.1，概率 5（Probability 5）为 0，表示车辆在立交桥上高架路网中左转、直行、右转和掉头的概率分别为 0.1、0.7、0.1 和 0.1。

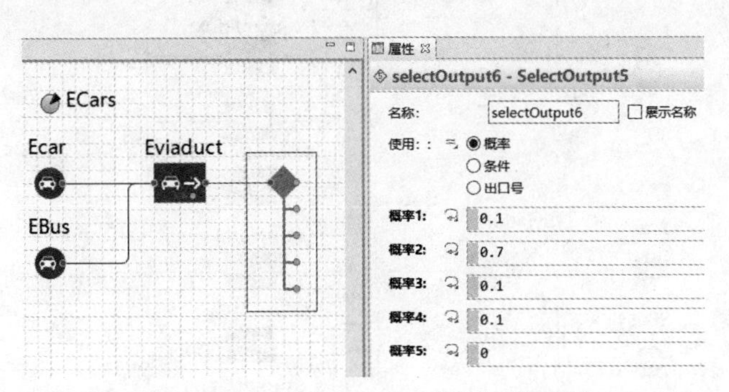

图 8-2-36　Select Output5 模块属性设置

（8）从道路交通库（Road Traffic Library）面板拖曳四个 Car Move To 模块和一个 Car Dispose 模块到 Main 中，如图 8-2-37 所示进行连接。分别设置四个 Car Move To 模块的属性，移动到（Moves to）均选择“路（road）”，路（Road）选择车辆左转、直行、右转和掉头并最终离开立交桥时经过的道路，目的地（Destination）根据道路方向以及车辆前进方向选择正向车道末端（end of forward lane）或反向车道末端（end of backward lane）。

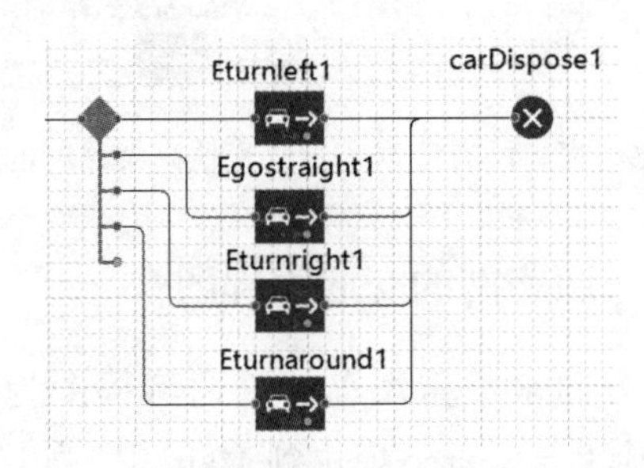

图 8-2-37　构建车辆立交桥桥上行车的交通流程图

（9）最终，东方向来轿车（或公共汽车）走立交桥高架路网的交通流程图如图 8-2-38 所示。

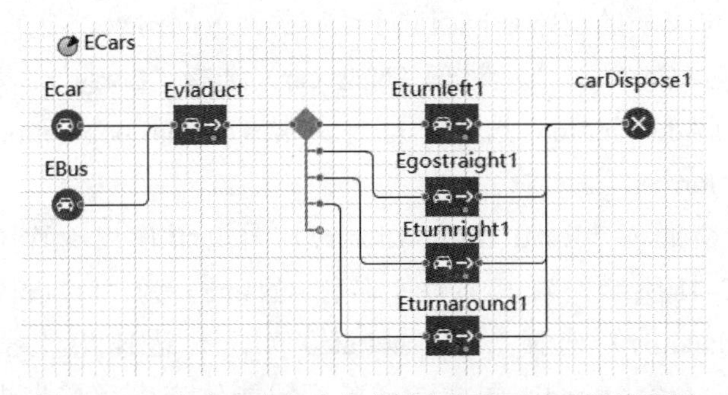

图 8-2-38　东方向来车走立交桥高架路网的交通流程图

（10）按照上述步骤（3）-（8），如图 8-2-39 所示，分别创建北、南、西三个方向来轿车（或公共汽车）走立交桥高架路网的交通流程图。

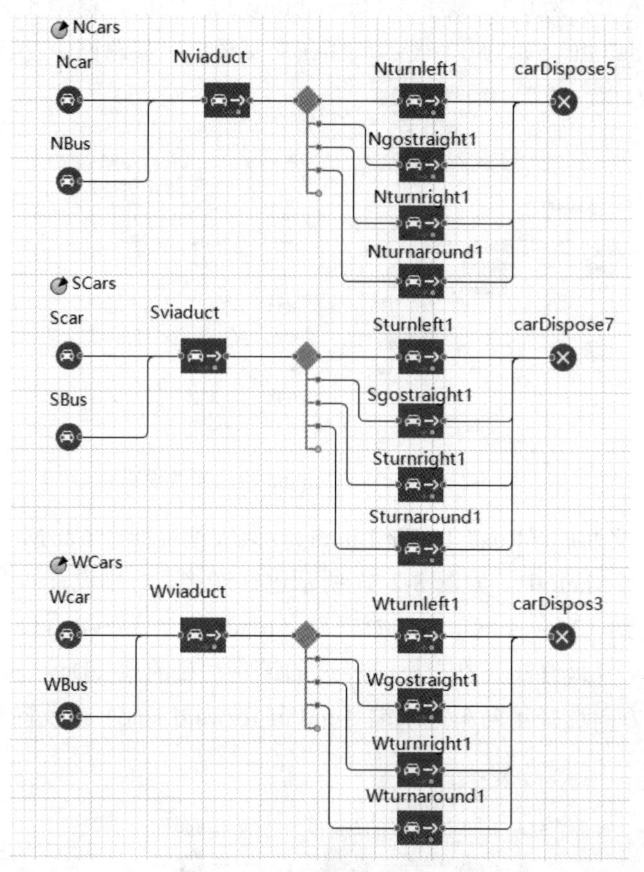

图 8-2-39　北、南、西方向来车走立交桥高架路网的交通流程图

（二）创建立交桥第一层路网的交通流程图

（1）以创建立交桥东方向来载重汽车的交通流程图为例。从道路交通库（Road Traffic Library）面板拖曳一个 Car Source 模块到 Main 中，如图 8-2-40 所示设置其属性，名称（Name）为“ELorry”，定义到达通过（Arrivals defined by）选择“速率（Rare）”，到达速率（Arrival rate）为 1 每分钟（per minute），路（Road）选择车辆智能体产生后首先进入的道路，书中为 road26；进入（Enters）选择反向车道（backward lane），因为书中这条进入立交桥的道路是自西向东绘制的，方向向东，而车辆自东向西进入，前进方向向西；车（Car）部分，新车（New car）选择“Lorry”；高级（Advanced）部分，添加车到（Add cars to）选择“自定义群（custom population）”，车群（Car population）选择“lorries”。

（2）从道路交通库（Road Traffic Library）面板再拖曳一个 Car Source 模块到 Main 中，如图 8-2-41 所示设置其属性，名称（Name）为“EGarbageT”，定义到达通过（Arrivals defined by）选择“速率（Rate）”，到达速率（Arrival rate）为 1 每分钟（per minute），路（Road）同样选择车辆智能体产生后首先进入的道路，进入

（Enters）同样选择反向车道（backward lane）；车（Car）部分，新车（New car）选择“GarbageT”；高级（Advanced）部分，添加车到（Add cars to）选择“自定义群（custom population）”，车群（Car population）选择“garbageTs”。

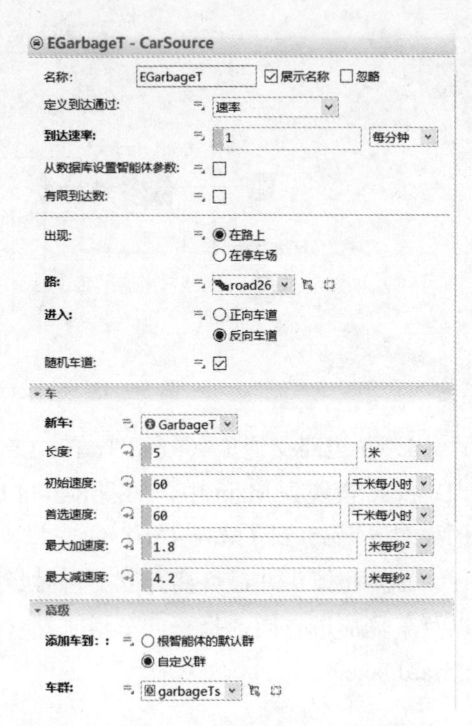

图 8-2-40　ELorry-CarSource 模块属性设置　　图 8-2-41　EGarbageT-CarSource 模块属性设置

（3）从道路交通库（Road Traffic Library）面板拖曳一个 Car Move To 模块到 Main 中，如图 8-2-42 所示进行连接，并设置其属性，名称（Name）为“Enotviaduct”，移动到（Moves to）选择“路（road）”，路（Road）选择立交桥第一层东西方向北侧辅路的东段，书中为 road3；目的地（Destination）选择正向车道末端（end of forward lane），因为书中立交桥第一层北侧的辅路是自东向西绘制的，方向向西，而车辆也是前进方向向西驶过这段路到桥下一层红绿灯路口。

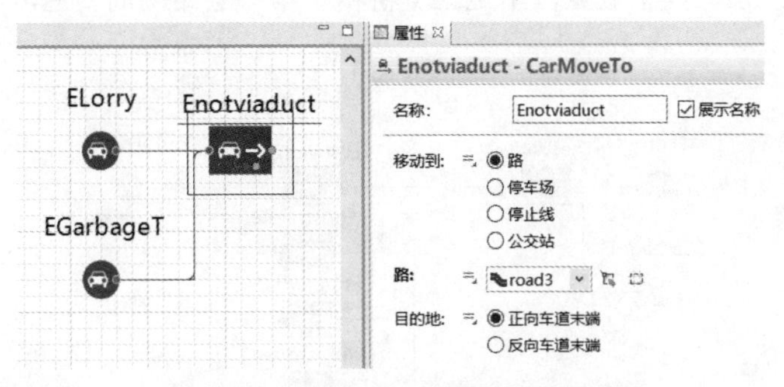

图 8-2-42　Car Move To 模块属性设置

（4）从流程建模库（Process Modeling Library）面板拖曳一个 Select Output5 模块到 Main 中，如图 8-2-43 所示进行连接，并设置其属性，取消选中“展示名称（Show name）”，使用（Use）选择“概率（Probability）”，概率 1（Probability 1）为 0.1，

概率 2（Probability 2）为 0.4，概率 3（Probability 3）为 0.4，概率 4（Probability 3）为 0.1，概率 5（Probability 5）为 0，表示车辆在立交桥下一层路网中左转、直行、右转和掉头的概率分别为 0.1、0.4、0.4 和 0.1。

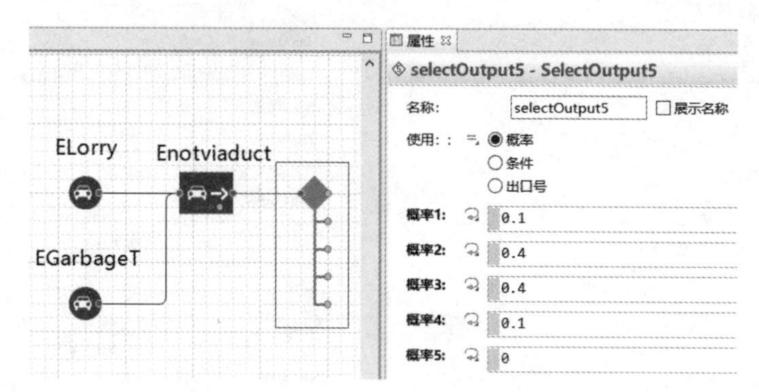

图 8-2-43 Select Output5 模块属性设置

（5）从道路交通库（Road Traffic Library）面板拖曳四个 Car Move To 模块和一个 Car Dispose 模块到 Main 中，如图 8-2-44 所示进行连接。分别设置四个 Car Move To 模块的属性，移动到（Moves to）均选择“路（road）”，路（Road）选择车辆左转、直行、右转和掉头并最终离开立交桥时经过的道路，目的地（Destination）根据道路方向以及车辆前进方向选择正向车道末端（end of forward lane）或反向车道末端（end of backward lane）。

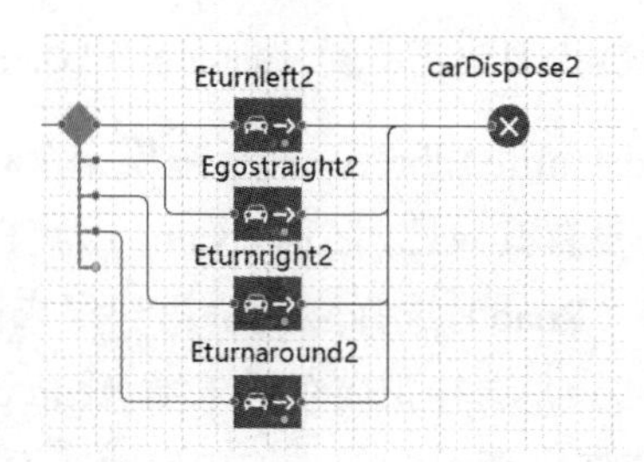

图 8-2-44 构建车辆桥下第一层行车的交通流程图

（6）最终，东方向来载重汽车走立交桥桥下第一层路网的交通流程图如图 8-2-45 所示。

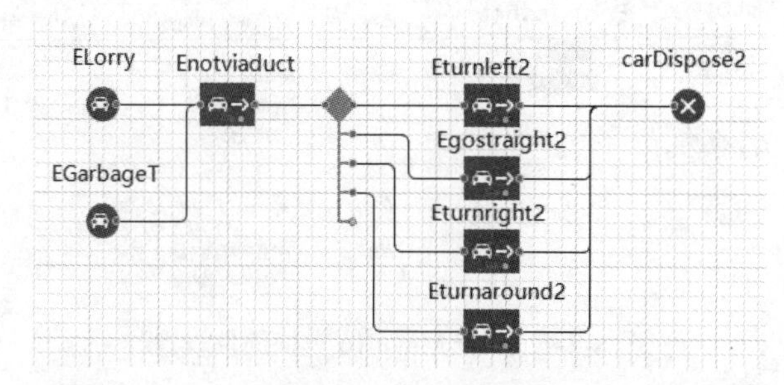

图 8-2-45 东方向来车走桥下第一层路网的交通流程图

（7）按照上述步骤（1）-（5），如图 8-2-46 所示，分别创建北、南、西三个方向来载重汽车走桥下第一层路网的交通流程图。

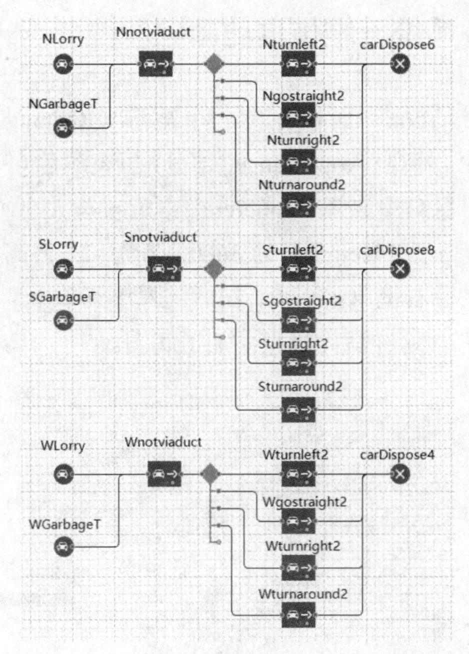

图 8-2-46　北、南、西方向来车走桥下第一层路网的交通流程图

至此，互通式立交桥的所有交通流程图创建完成，如图 8-2-47 所示。

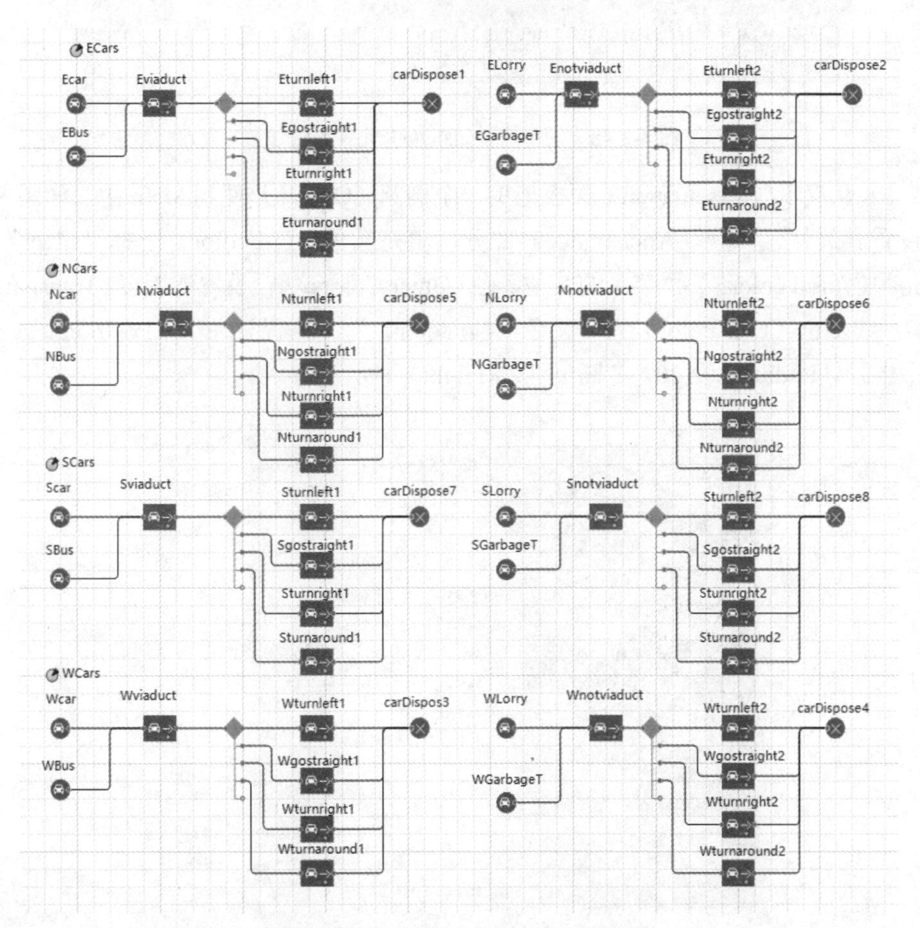

图 8-2-47　互通式立交桥的交通流程图

8.2.4 添加立交桥系统三维仿真动画

（1）从演示（Presentation）面板拖曳一个矩形（Rectangle）元件到Main中，如图8-2-48所示设置其属性，外观（Appearance）部分，填充颜色（Fill color）下拉框选择“纹理（Textures）”，在弹出窗口中选择“concrete”；位置与大小（Position and size）部分，宽度（Width）为3600，高度（Height）为3600，Z为-2，Z高度（Z-Height）为0。在Main的图形编辑器中，鼠标右键单击矩形，在右键弹出菜单中选择“次序（Order）”|“置于底层（Send to Back）”，这样就为模型添加了底图。

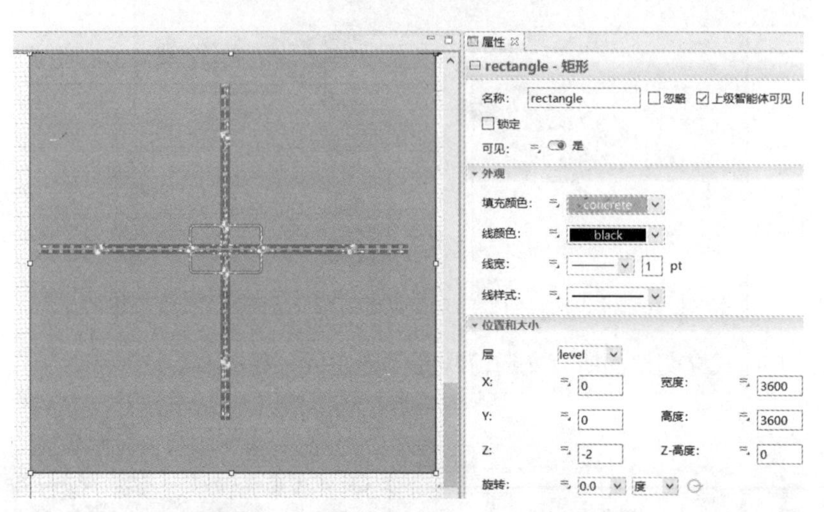

图8-2-48 矩形（Rectangle）元件属性设置

（2）从演示（Presentation）面板拖曳一个椭圆（Oval）元件到Main中，如图8-2-49所示设置其属性，外观（Appearance）部分，填充颜色（Fill color）选择“silver”，并在填充颜色（Fill color）下拉菜单的其他颜色（Other Colors）里，设置透明度（Transparency）为160，线颜色（Line color）为“无色（No color）”；位置与大小（Position and size）部分，半径（Radius）设20，Z高度（Z-Height）198。

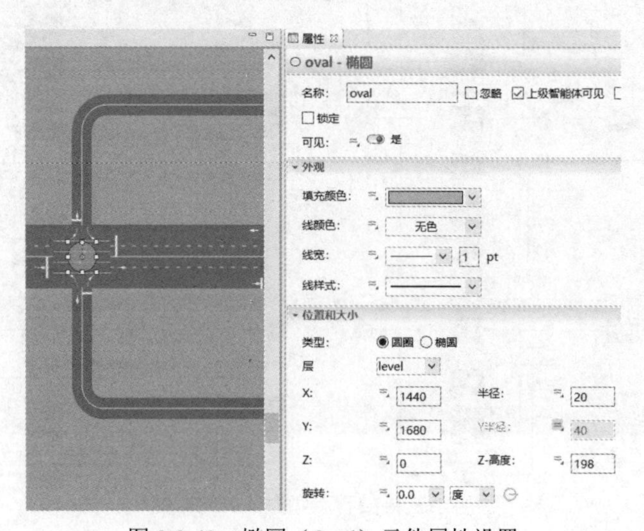

图8-2-49 椭圆（Oval）元件属性设置

（3）如图 8-2-50 所示，再从演示（Presentation）面板拖曳多个椭圆（Oval）元件到 Main 中，并分别设置属性：支撑立交桥第二层主路的椭圆（Oval）元件，半径（Radius）为 15，Z 高度（Z-Height）为 148；支撑立交桥第三层主路的椭圆（Oval）元件，半径（Radius）为 20，Z 高度（Z-Height）为 198；其他属性设置与上面步骤（2）相同。

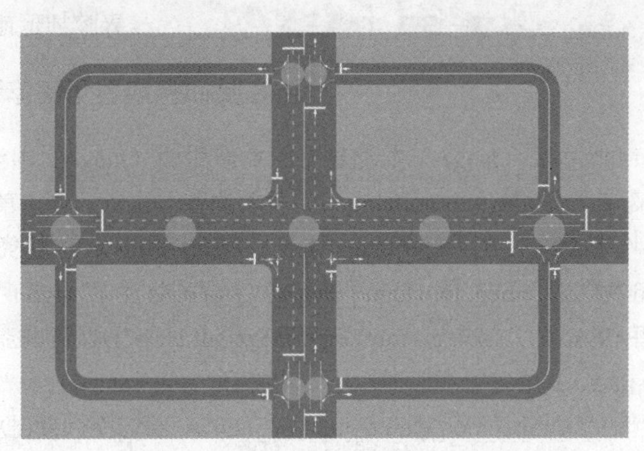

图 8-2-50　椭圆（Oval）元件布局显示

（4）从演示（Presentation）面板拖曳一个摄像机（Camera）元件到 Main 中，运行模型仿真实验，在三维窗口中找到合适的视角位置，如图 8-2-51 所示，鼠标右键单击这个视角位置，然后点击弹出的“复制摄像机位置（Copy camera location）”按钮。设置三维窗口（3D Window）元件属性，在摄像机（Camera）下拉框中选择“camera”。设置摄像机（Camera）元件属性，点击“从剪贴板粘贴坐标（Paste coordinates from clipboard）”按钮，即可将摄像机（Camera）元件移动至刚才找到的合适的视角位置。

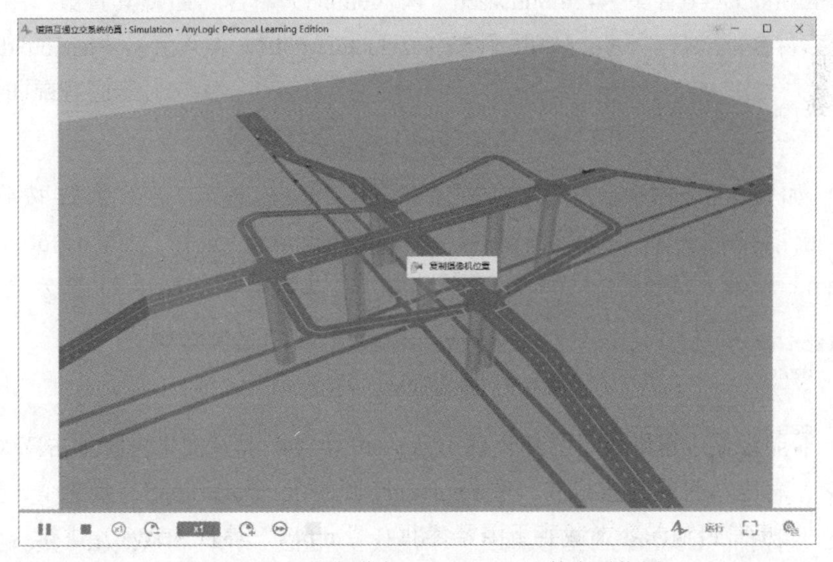

图 8-2-51　寻找摄像机（Camera）元件合适位置

（5）如图 8-2-52 所示，从演示（Presentation）面板拖曳一个摄像机（Camera）元件到 Car 中车辆图形的后面，并设置其属性，位置（Position）部分，Z 为 40，如果运行仿真视角不满足要求，可再次调节摄像机的高度。

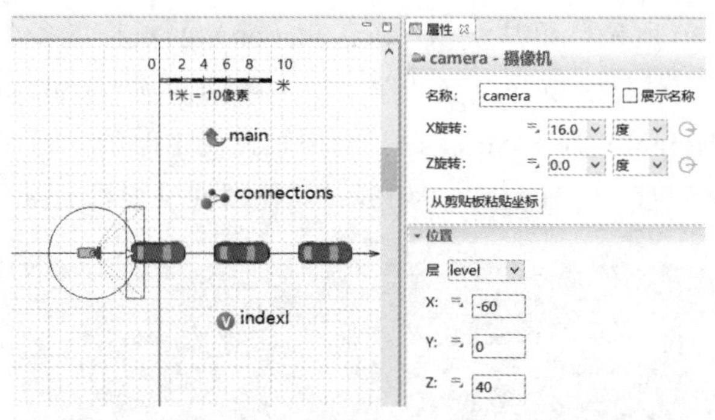

图 8-2-52　添加摄像机（Camera）元件并设置其属性

（6）从智能体（Agent）面板拖曳一个函数（Function）元件到 Main 中，如图 8-2-53 所示设置其属性，名称（Name）为“findCarcamera”，选择“只有行动（无返回值）（Just action - returns nothing）”；在函数体（Function body）部分填入代码：

```
if(!cars.isEmpty()) {                                   //假如车辆智能体群不为空
    Car selectCar = cars.random();                      //随机寻找一辆轿车
    window3d.setCamera(selectCar.camera, true);         //三维窗口显示此摄像机视角
}else{                                                  //如果车辆智能体群为空
    window3d.setCamera(camera, true);                   //三维窗口显示固定摄像机视角
}
```

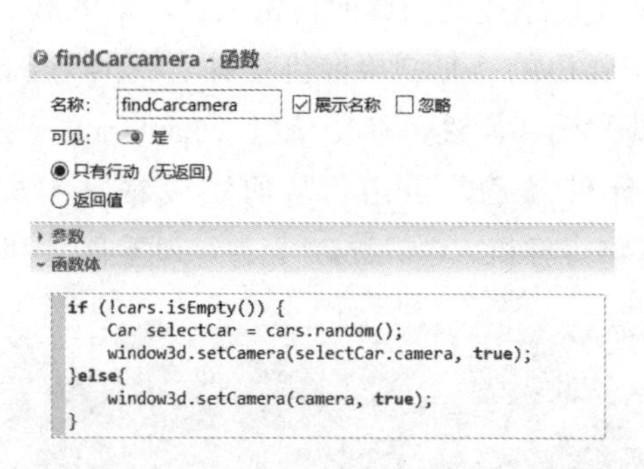

图 8-2-53　函数（Function）元件属性设置

（7）如图 8-2-54 所示，从控件（Controls）面板拖曳一个单选按钮（Radio Buttons）元件到 Main 中，并设置其属性，方向（Orientation）选择“水平（Horizontal）”，项目（Item）添加“固定视角”和“车辆跟随视角”；在行动（Action）部分填入代码：

```
switch(value){ //value为单选按钮的值，0为固定视角，1为车辆跟踪视角
    case0 : window3d.setCamera(camera, true);
        break;
    case1 : findCarcamera();
        break;
}
```

（8）从控件（Controls）面板拖曳一个滑块（Slider）元件和从演示（Presentation）面板拖曳一个文本（Text）元件到 Main 中立交桥东部车辆进入方向，通过滑块调节 Car 智能体的到达速率。在文本（Text）元件的文本（Text）部分填入“东方来车流量：”。如图 8-2-55 所示设置滑块（Slider）元件属性，选中“链接到（Link to）”，并在下拉框中选择“ECars”，最小值（Minimum value）设为 0，最大值（Maximum value）设为

12，点击“添加标签（Add labels）...”按钮，在行动（Action）部分填入代码：

```
ECars = value;
```

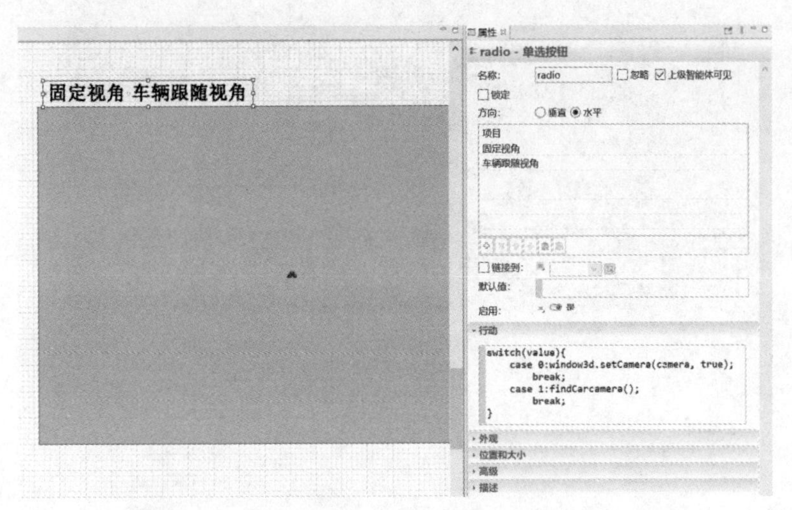

图 8-2-54　单选按钮（Radio Buttons）元件属性设置

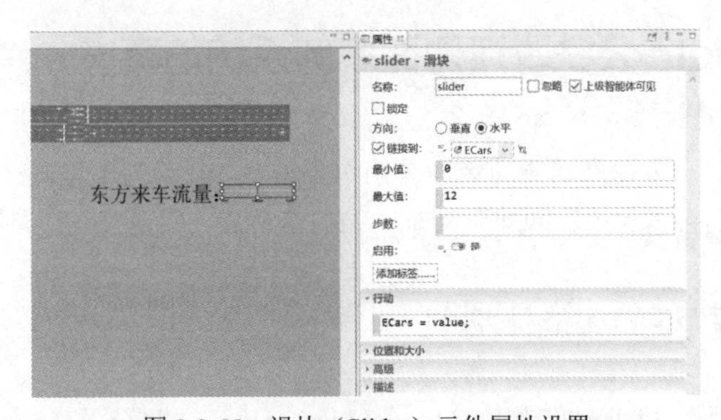

图 8-2-55　滑块（Slider）元件属性设置

同样方法，可以添加其他三个方向的来车流量控制滑块。

（9）运行模型，如图 8-2-56 和图 8-2-57 所示。

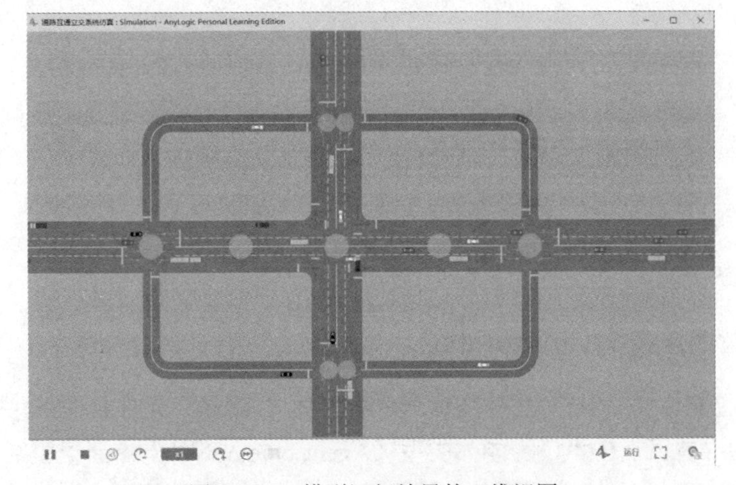

模型文件下载

图 8-2-56　模型运行结果的二维视图

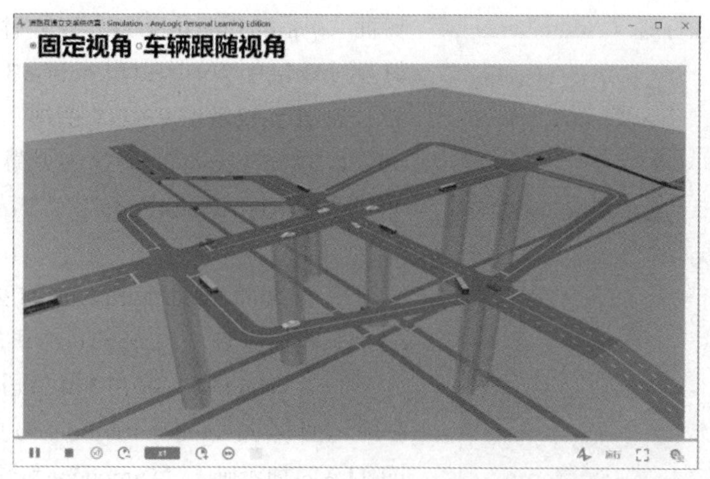

图 8-2-57　模型运行结果的三维视图

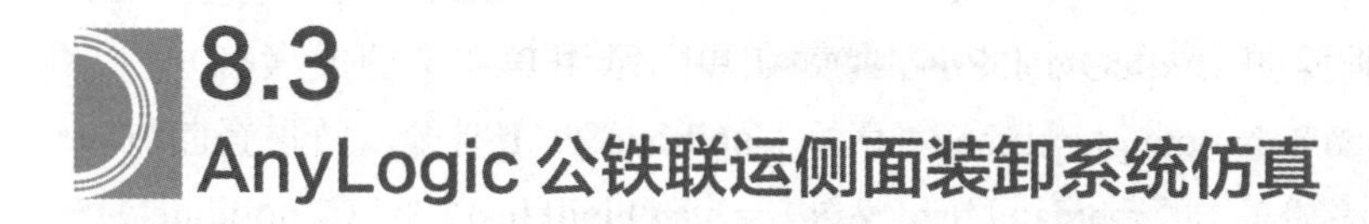

8.3 AnyLogic 公铁联运侧面装卸系统仿真

本节将创建一个公铁联运侧面装卸系统仿真模型。货运列车进入一个铁路货场，列车车厢装载的货物会被起重机卸载到列车一侧的卡车上，实现公路铁路联运。

8.3.1　创建模型的智能体类型

新建一个模型，模型时间单位（Model time units）选择分钟（minutes）。在 Main 的图形编辑器中，如图 8-3-1 所示，点击选中比例（Scale）元件并设置其属性，比例是（Scale is）选择“明确指定（Specified explicitly）”，比例（Scale）为“2 像素每米（2 pixels per meter）”。

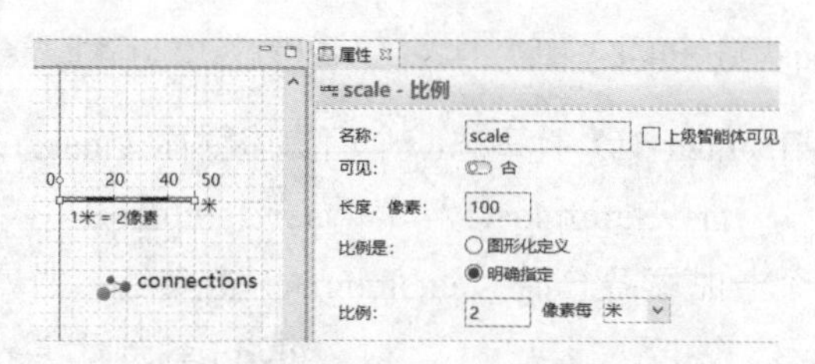

图 8-3-1　scale 属性设置

（一）智能体类型 Container

（1）从智能体（Agent）面板拖曳一个智能体（Agent）元件到 Main 中，在弹出的新建智能体向导首页点击“仅智能体类型（Agent type only）”；新类型名（Agent type name）设为“Container”，选择“我正在从头创建智能体类型（Create the agent type from scratch）”；智能体动画（Agent animation）选择“无（None）”；不添加智能体参数（Agent parameters），点击完成（Finish）按钮。智能体类型 Container 创建完成，并显示在工程树中。

（2）双击工程树中的智能体类型 Container 打开其图形编辑器。从智能体（Agent）面板拖曳两个参数（Parameter）元件到 Container 中，如图 8-3-2 所示设置其属性：一个参数（Parameter）元件的名称（Name）为“loadingPosition”，类型（Type）选择“int”，值编辑器（Value editor）部分，标签（Label）为“loadingPosition”，控件类型（Control type）选择“文本（Text）”；另一个参数（Parameter）元件的名称（Name）为“color”，类型（Type）选择“Color”，值编辑器（Value editor）部分，标签（Label）为“color”，控件类型（Control type）选择“颜色选取器（Color Picker）”。

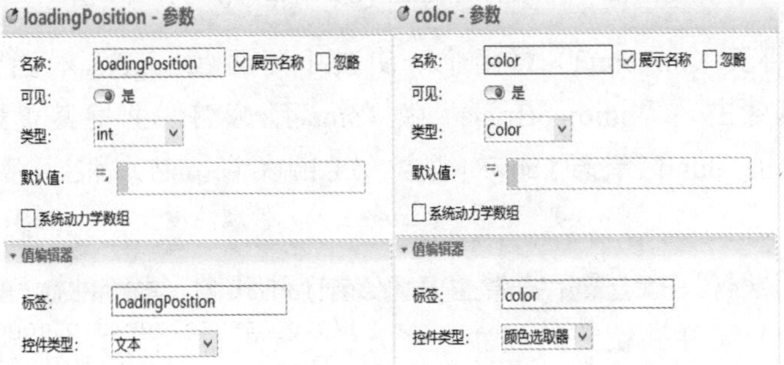

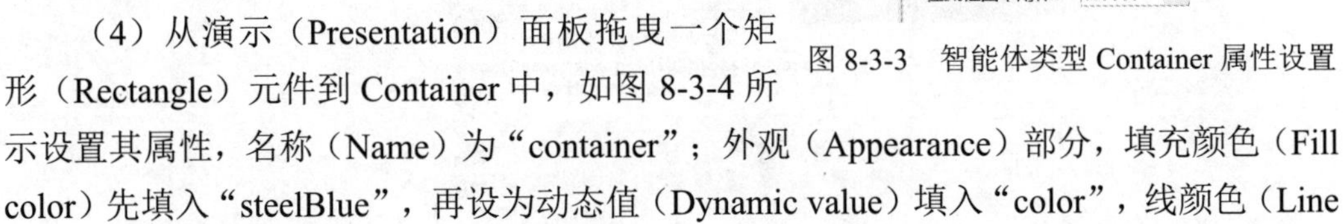

图 8-3-2　参数（Parameter）元件属性设置

（3）点击选中 Container 中的比例（Scale）元件并设置其属性，比例是（Scale is）选择“明确指定（Specified explicitly）”，比例（Scale）为“2 像素每米（2 pixels per meter）”。点击工程树中的智能体类型 Container，如图 8-3-3 所示设置智能体类型 Container 的属性，在流程图中的智能体（Agent in flowcharts）部分，在流程图中用作（Use in flowcharts as）选择“物料项（Material Item）”。

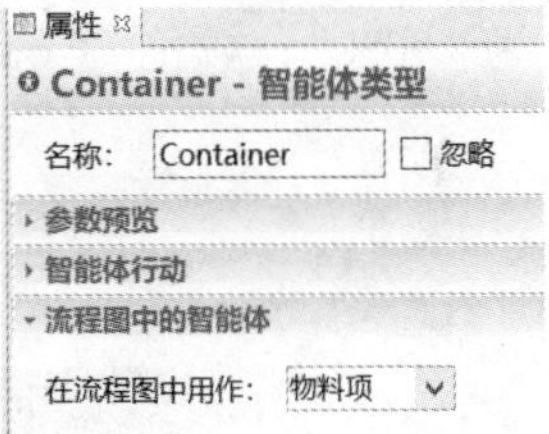

图 8-3-3　智能体类型 Container 属性设置

（4）从演示（Presentation）面板拖曳一个矩形（Rectangle）元件到 Container 中，如图 8-3-4 所示设置其属性，名称（Name）为“container”；外观（Appearance）部分，填充颜色（Fill color）先填入“steelBlue”，再设为动态值（Dynamic value）填入“color”，线颜色（Line color）为“无色（No color）”；位置和大小（Position and size）部分，宽度（Width）为 20，高度（Height）为 4，Z- 高度（Z-Height）为 4。

（二）智能体类型 RailCar

（1）从轨道库（Rail Library）面板拖曳一个车厢类型（Rail Car Type）元件到 Main 中，在弹出的新建智能体向导首页，新类型名（Agent type name）设为“RailCar”，选择“我正在从头创建智能体类型（Create the agent type from scratch）”；智能体动画（Agent animation）选择“三维（3D）”，并选择轨道运输（Rail Transport）部分的“栈车 53

尺卸载（Stack Car 53’ Unloaded）”；添加一个新的智能体参数（Agent parameters），参数（Parameter）为“appearanceType”，类型（Type）选择“int”，点击完成（Finish）按钮。智能体类型 RailCar 创建完成，并显示在工程树中。

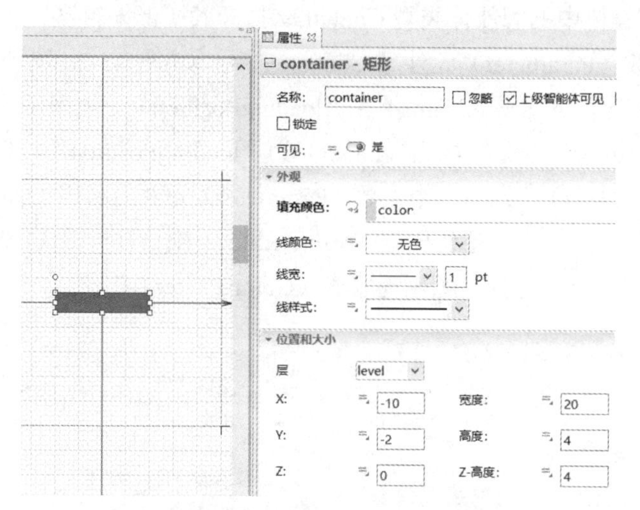

图 8-3-4 矩形（Rectangle）元件属性设置

（2）双击工程树中的智能体类型 RailCar 打开其图形编辑器。点击选中 RailCar 中的比例（Scale）元件并设置其属性，比例是（Scale is）选择“明确指定（Specified explicitly）”，比例（Scale）为“2 像素每米（2 pixels per meter）”。点击工程树中的智能体类型 RailCar 设置其属性，流程图中的智能体（Agent in flowcharts）部分，在流程图中用作（Use in flowcharts as）选择“车厢（Rail Car）”。

（3）如图 8-3-5 所示，点击选中三维元件并设置其属性，附加比例（Additional scale）为“90%”；颜色（Color）部分，MA_Stack 的我的颜色（My color）为“maroon”。

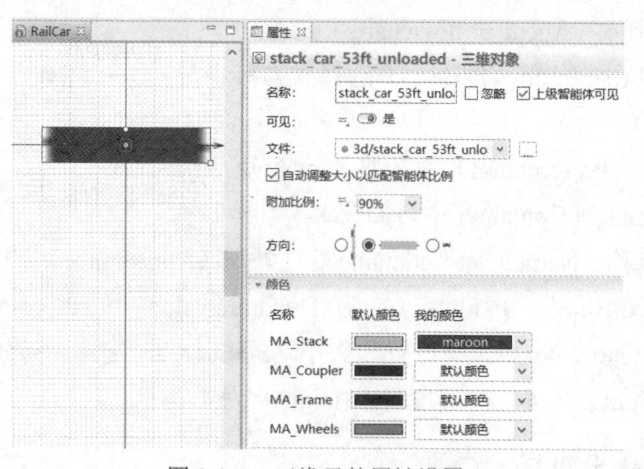

图 8-3-5 三维元件属性设置

（4）从演示（Presentation）面板拖曳一个矩形（Rectangle）元件到 RailCar 中，如图 8-3-6 所示设置其属性，名称（Name）为“cargo”，外观（Appearance）部分填充颜色（Fill color）为“dodgerBlue”，线颜色（Line color）为“无色（No color）”；位置和大小（Position and size）部分，宽度（Width）为 21，高度（Height）为 4，Z 为 2，Z- 高度（Z-Height）为 4。

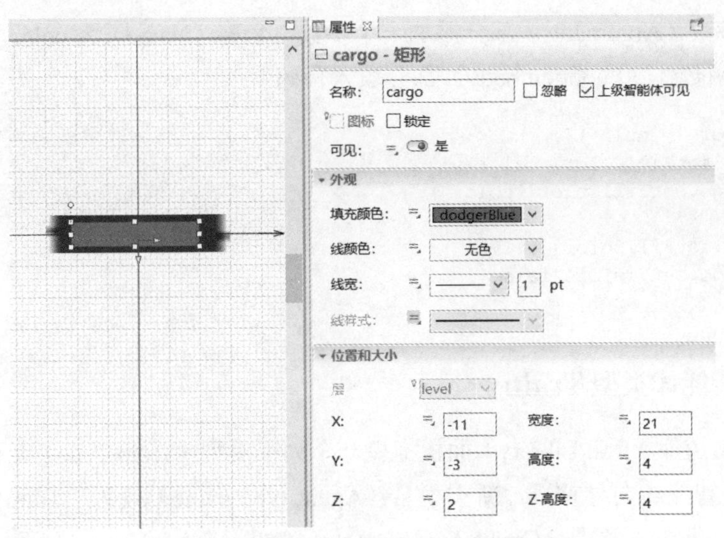

图 8-3-6　矩形（Rectangle）元件属性设置

（5）如图 8-3-7 所示，同时选中“cargo”和“栈车 53 尺卸载”，鼠标右键单击，在右键弹出菜单中选择“分组（Grouping）”|“创建组（Create a Group）”，并设置组（Group）的属性，名称（Name）为“group”，高级（Advanced）部分展示在（Show in）选择“只有三维（3D only）”，可见（Visible）设为动态值（Dynamic value）并填入“appearanceType != 0”。

（6）如图 8-3-8 所示，从三维物体（3D Objects）面板轨道运输（Rail Transport）部分拖曳一个机车 14.1 米（Locomotive 14.1m）到 RailCar 中，并设置其属性，名称（Name）为“locomotive”，高级（Advanced）部分展示在（Show in）选择“只有三维（3D only）”，可见（Visible）设为动态值（Dynamic value）并填入“appearanceType == 0”。

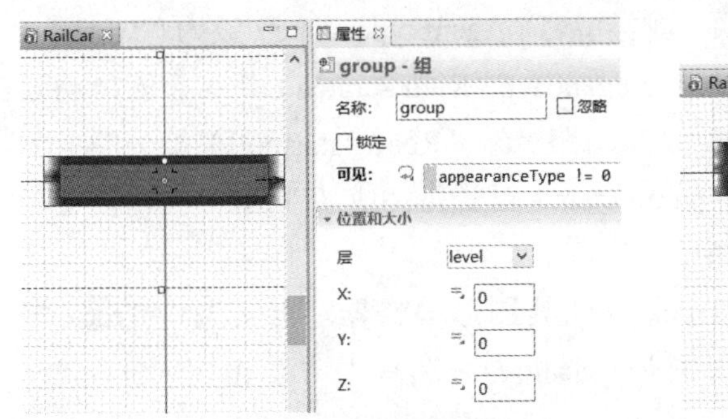

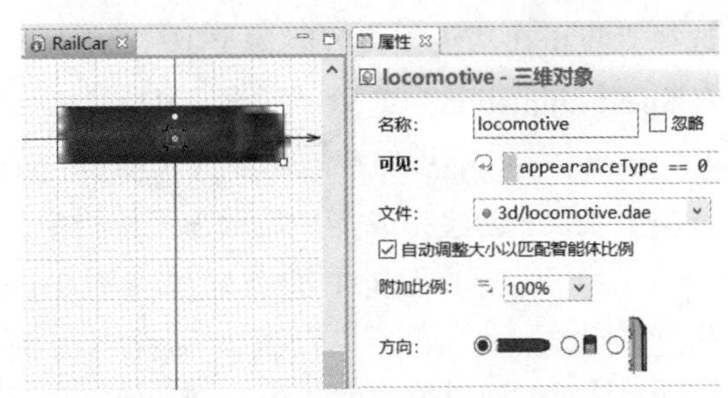

图 8-3-7　创建组并设置其属性

图 8-3-8　三维对象 locomotive 属性设置

（7）在演示（Presentation）面板中，双击折线（Polyline）元件进入绘制模式，如图 8-3-9 所示，在 RailCar 的图形编辑器中绘制六边形，并设置其属性，名称（Name）为“car”，勾选“闭合（Closed）”；外观（Appearance）部分，线颜色（Line color）为“black”；高级（Advanced）部分，展示在（Show in）选择“只有二维（2D only）”。

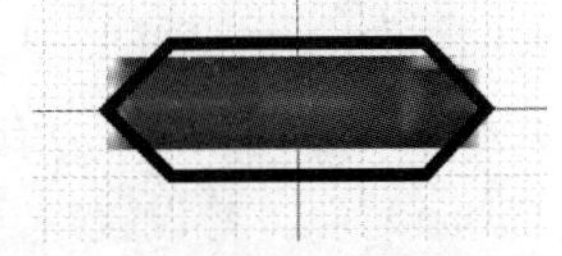

图 8-3-9　使用折线（Polyline）元件绘制六边形

（8）从智能体（Agent）面板拖曳一个函数（Function）元件到 RailCar 中，设置其属性，名称（Name）为“setCargo

Color”，在参数（Arguments）部分添加一个参数，名称（Name）为 color，类型（Type）为 Color，在函数体（Function body）部分填入代码：

```
if( color != null ){
    car.setFillColor( color );
    cargo.setFillColor( color );
} else {
    car.setFillColor( silver );
    cargo.setVisible(false);
}
```

（三）智能体类型 Train

（1）从轨道库（Rail Library）面板拖曳一个列车类型（Train Type）元件到 Main 中，在弹出的新建智能体向导首页，新类型名（Agent type name）设为“Train”，选择“我正在从头创建智能体类型（Create the agent type from scratch）”；不添加智能体参数（Agent parameters），点击完成（Finish）按钮。智能体类型 Train 创建完成，并显示在工程树中。

（2）双击工程树中的智能体类型 Train 打开其图形编辑器。点击选中 Train 中的比例（Scale）元件并设置其属性，比例是（Scale is）选择“明确指定（Specified explicitly）”，比例（Scale）为“2 像素每米（2 pixels per meter）”。

（3）从智能体（Agent）面板拖曳一个变量（Variable）元件到 Train 中，并设置其属性，名称（Name）为“toUnload”，类型（Type）选择“int”，初始值（lnitial value）为 0。

（四）智能体类型 Truck

（1）从道路交通库（Road Traffic Library）面板拖曳一个车类型（Car Type）元件到 Main 中，在弹出的新建智能体向导首页，新类型名（Agent type name）设为“Truck”，选择“我正在从头创建智能体类型（Create the agent type from scratch）”；智能体动画（Agent animation）选择“三维（3D）”，选定道路运输（Road Transport）部分的卡车 2（Truck 2）；不添加智能体参数（Agent parameters），点击完成（Finish）按钮。智能体类型 Truck 创建完成，并显示在工程树中。

（2）双击工程树中的智能体类型 Truck 打开其图形编辑器。点击选中 Truck 中的比例（Scale）元件并设置其属性，比例是（Scale is）选择“明确指定（Specified explicitly）”，比例（Scale）为“2 像素每米（2 pixels per meter）”。点击工程树中的智能体类型 Truck 设置其属性，在流程图中的智能体（Agent in flowcharts）部分，在流程图中用作（Use in flowcharts as）选择“智能体（Agent）”。

（3）从三维物体（3D Objects）面板道路运输（Road Transport）部分拖曳一个拖车（Trailer）到 Truck 中，调整其位置如图 8-3-10 所示，同时选中三维对象 truck_2 和 trailer，鼠标右键单击，在右键弹出菜单中选择“分组（Grouping）”|“创建组（Create a Group）”，并设置组（Group）的属性，高级（Advanced）部分，展示在（Show in）选择“只有三维（3D only）”。

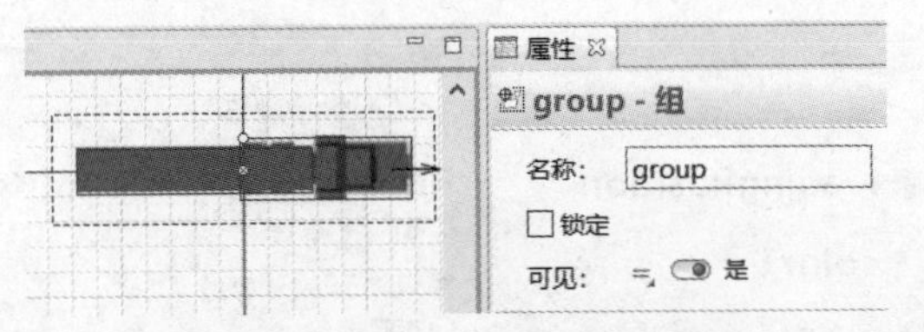

图 8-3-10　创建组并设置其属性

（4）如图 8-3-11 所示，从演示（Presentation）面板拖曳矩形（Rectangle）元件到 Truck 中，并用折线（Polyline）元件绘制形状。矩形属性的外观（Appearance）部分线颜色（Line color）设为“dimGray”。折线属性中勾选“闭合（Closed）”，外观（Appearance）部分填充颜色（Fill color）为“mediumBlue”。同时选中矩形元件和折线元件，鼠标右键单击，在右键弹出菜单中选择“分组（Grouping）”|“创建组（Create a Group）”，并设置组（Group）的属性，名称（Name）为“shapeTruck”，高级（Advanced）部分，展示在（Show in）选择“只有二维（2D only）”。

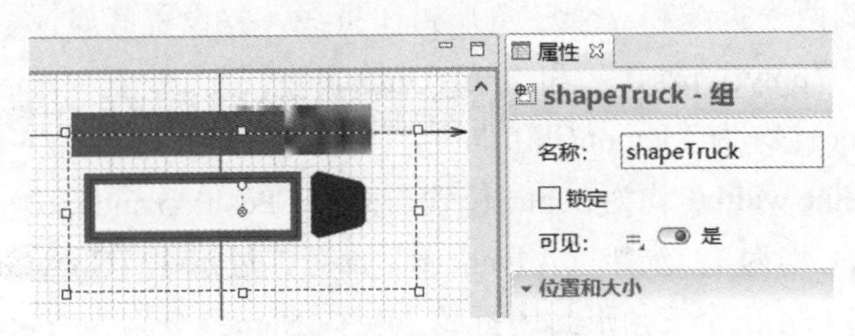

图 8-3-11　创建组并设置其属性

（5）设置以上两个组的属性，位置和大小（Position and size）部分，X 均为 0，Y 均为 0。二者布局如图 8-3-12 所示。

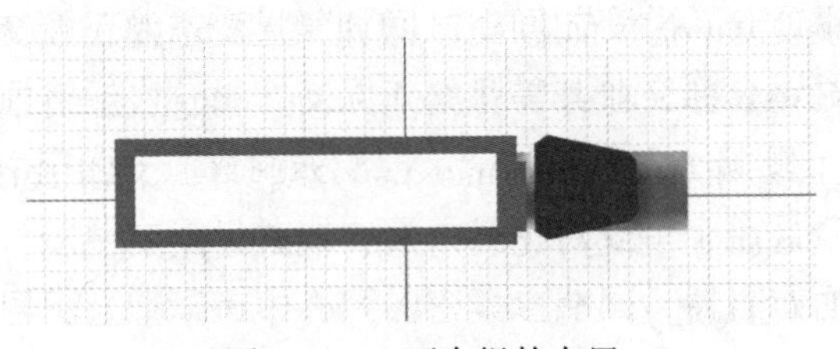

图 8-3-12　两个组的布局

（6）从智能体（Agent）面板拖曳两个参数（Parameter）元件到 Truck 中，并设置其属性：一个参数（Parameter）元件的名称（Name）为“loadingPosition”，类型（Type）选择“int”，值编辑器（Value editor）部分，标签（Label）为“loadingPosition”，控件类型（Control type）选择“文本（Text）”；另一个参数（Parameter）元件的名称（Name）为“color”，类型（Type）选择“Color”，值编辑器（Value editor）部分，标签（Label）为“color”，控件类型（Control type）选择“颜色选取器（Color Picker）”。

（7）从智能体（Agent）面板拖曳一个函数（Function）元件到 Truck 中，如图 8-3-13 所示设置其属性，名称（Name）为“setColor”，在函数体（Function body）部分填入代码：

```
rectangle.setFillColor(color);
```

图 8-3-13 函数（Function）元件属性设置

8.3.2 创建模型的空间布局

（1）在演示（Presentation）面板中，双击折线（Polyline）元件进入绘制模式，如图 8-3-14 所示绘制两条折线和三个三角形封闭折线，并设置其属性。两条折线，名称（Name）分别为“polyBypass1”和“polyUnloading1”；外观（Appearance）部分，线颜色（Line color）均为“lemonChiffon”，填充颜色（Fill color）均为“无色（No color）”，线宽（Line width）均为 20pt；位置与大小（Position and size）部分，Z 均为 -1，Z- 高度（Z-Height）均为 1；高级（Advanced）部分，展示在（Show in）均选择“二维和三维（2D and 3D）”。三个三角形封闭折线，名称（Name）分别为“polyline”“polyline1”和“polyline2”；外观（Appearance）部分，线颜色（Line color）均为“无色（No color）”，填充颜色（Fill color）均为“steelBlue”；高级（Advanced）部分，展示在（Show in）均选择“只有二维（2D only）”。

（2）在演示（Presentation）面板中，双击直线（Line）元件进入绘制模式，如图 8-3-15 所示绘制两条短直线，并设置其属性，名称（Name）分别为“stopLineEntry1”和“stopLineUnloading1”；外观（Appearance）部分线颜色（Line color）均为“steelBlue”；位置与大小（Position and size）部分，dY 为 10；高级（Advanced）部分，展示在（Show in）均选择“只有二维（2D only）”。

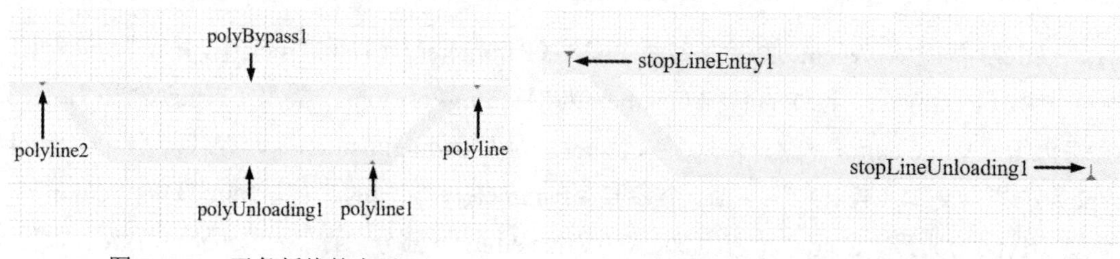

图 8-3-14 五条折线的布局

图 8-3-15 两条直线的位置

（3）在轨道库（Rail Library）面板中，双击轨道（Railway Track）元件进入绘制模式，在步骤（1）绘制的铁路路基上如图 8-3-16 所示绘制四条轨道，并设置其属性，名称（Name）分别为“trackEntry”“trackBypass”“trackUnloading”和“trackExit”；外观（Appearance）部分，类型（Type）均选择“轨道（Railroad）”，轨距（Track gauge）均为 1 米（meters）。

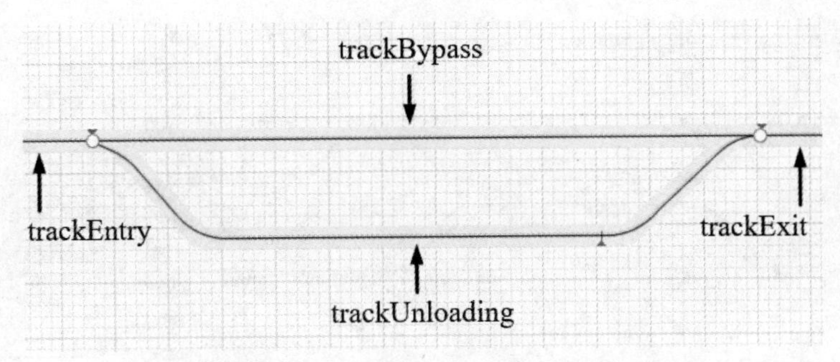

图 8-3-16 轨道（Railway Track）元件的布局

（4）如图 8-3-17 所示，从演示（Presentation）面板拖曳三个椭圆（oval）元件到 Main 中，并设置其属性，名称（Name）分别为“oval”“oval1”和“oval2”；外观（Appearance）部分，填充颜色（Fill color）均为“limeGreen”，线颜色（Line color）均为“无色（No color）”；位置和大小（Position and size）部分，半径（Radius）均设为 5；高级（Advanced）部分，展示在（Show in）均选择“只有二维（2D only）”。最后再将三个椭圆（oval）元件属性外观（Appearance）部分的填充颜色（Fill color）分别改为动态值（Dynamic value）“trackBypass.reservations().isEmpty() ? limeGreen : red”“trackUnloading.reservations().isEmpty() ? limeGreen : red”和“trackExit.reservations().isEmpty() ? limeGreen : red”。

（5）从轨道库（Rail Library）面板拖曳一个轨道上的位置（Position on Track）元件至轨道 trackUnloading 上如图 8-3-17 所示位置，并设置其名称（Name）为“stopLineUnloading”。

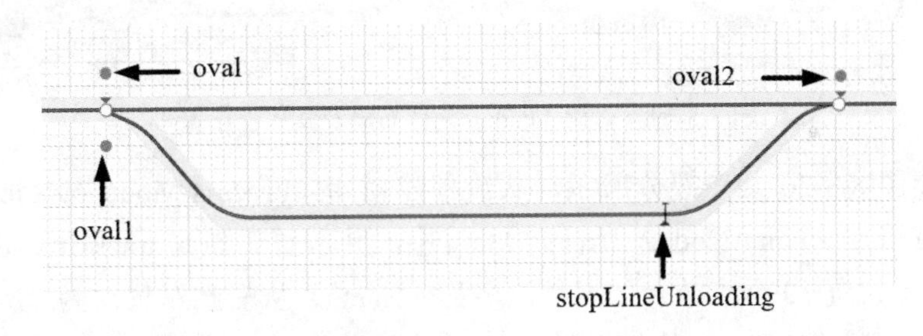

图 8-3-17 椭圆（oval）元件和轨道上的位置（Position on Track）元件的布局

（6）在演示（Presentation）面板中，双击折线（Polyline）元件进入绘制模式，如图 8-3-18 所示绘制折线，并设置其属性，名称（Name）为“polyline3”；外观（Appearance）部分，线颜色（Line color）为“new Color(165, 192, 202)”，填充颜色（Fill color）为“无色（No color）”，线宽（Line width）为 10pt；位置与大小（Position and size）部分，Z 为 -1，Z- 高度（Z-Height）为 1。

（7）在流程建模库（Process Modeling Library）面板中，双击路径（Path）元件进入绘制模式，如图 8-3-19 所示在步骤（6）绘制的公路路基上绘制两条路径，并设置其属性，名称（Name）分别为“pathIn”和“pathOut”，可见（Visible）均设为否（no）；外观（Appearance）部分，线颜色（Line color）均为“lightSlateGray”，线宽（Line width）均为 2pt。

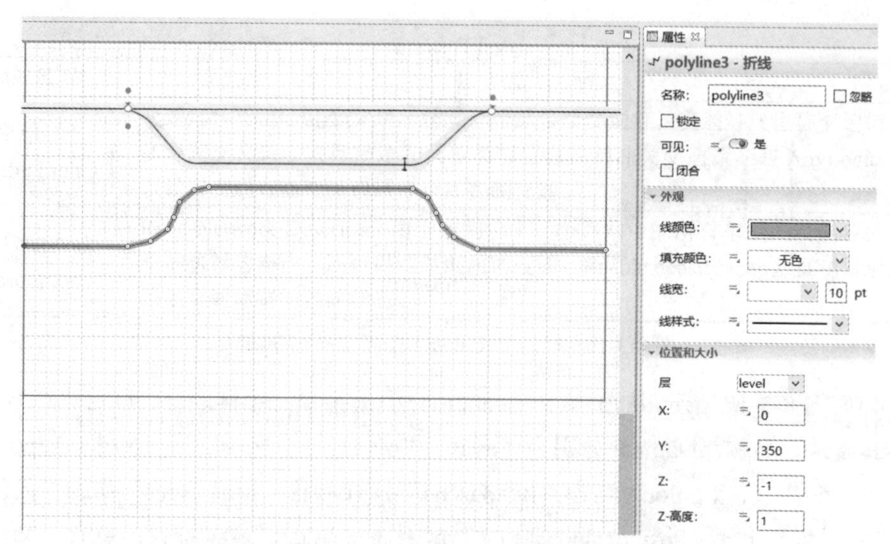

图 8-3-18　折线 polyline3 布局及其属性设置

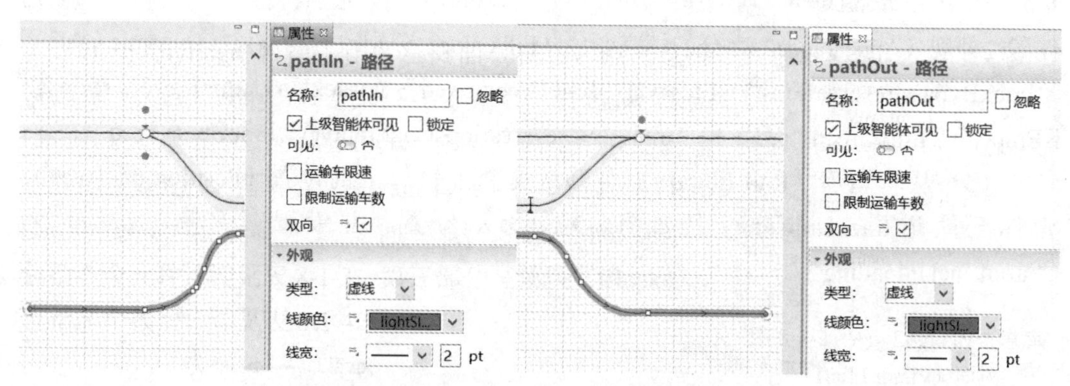

图 8-3-19　路径（Path）元件布局及其属性设置

（8）如图 8-3-20 上半部分所示，从流程建模库（Process Modeling Library）面板拖曳 10 个点节点（Point Node）元件到 Main 中，并放置于轨道 trackUnloading 上。如图 8-3-21 所示设置 10 个点节点的属性，名称（Name）从右到左依次为“rectCar0”至“rectCar9”，可见（Visible）均设为否（no）；颜色（Color）均设为“lightSlateGray”；位置和大小（Position and size）部分，Z 均设为 2，半径（Radius）均设为 1。

（9）如图 8-3-20 下半部分所示，从流程建模库（Process Modeling Library）面板拖曳 10 个点节点（Point Node）元件到 Main 中，放置于折线 polyline3 上。如图 8-3-22 所示设置 10 个点节点的属性，名称（Name）从右到左依次为“rectTruck0”至“rectTruck9”，可见（Visible）均设为是（yes）；颜色（Color）均设为“lightSlateGray”；位置和大小（Position and size）部分，Z 均设为 0，半径（Radius）均设为 1。

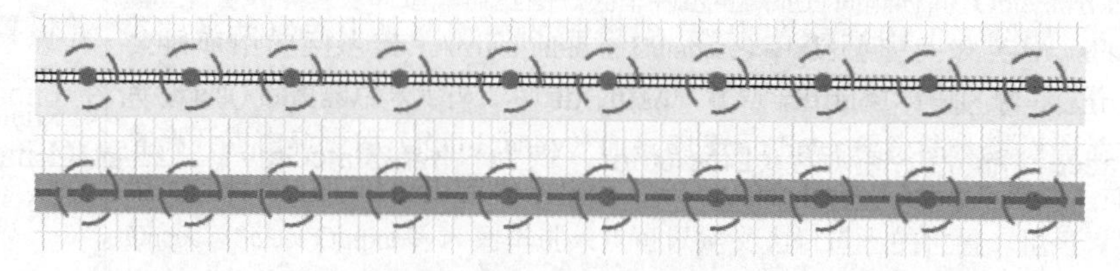

图 8-3-20　点节点（Point Node）元件及路径（Path）元件布局显示

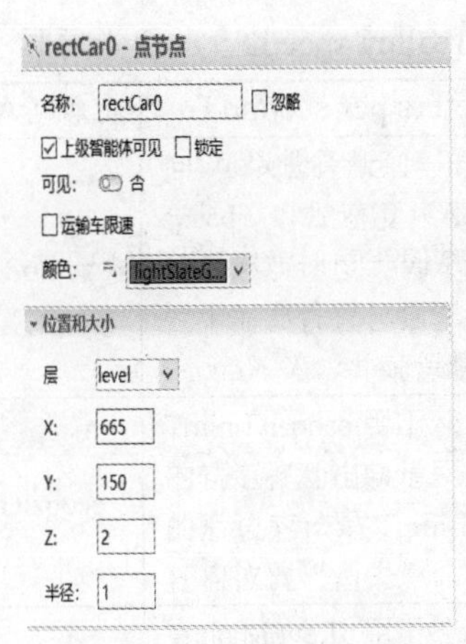

图 8-3-21　点节点（Point Node）元件属性设置（1）

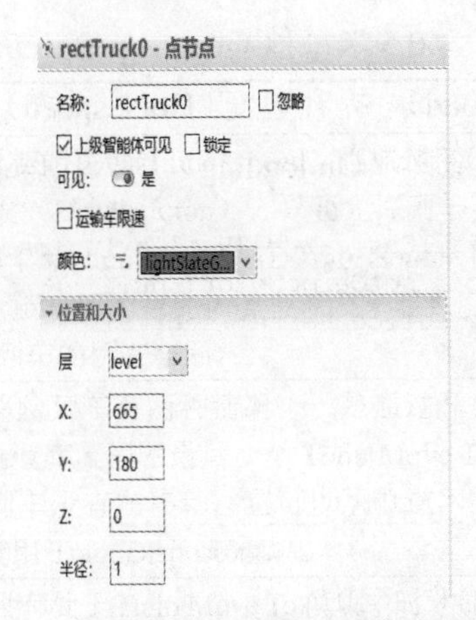

图 8-3-22　点节点（Point Node）元件属性设置（2）

（10）使用流程建模库（Process Modeling Library）面板中的路径（Path）元件，将位于折线 polyline3 上如图 8-3-20 下半部分所示的相邻点节点（Point Node）元件两两相连，每个路径（Path）元件的属性设置同步骤（7）。最后，将路径（Path）元件 pathIn 和 pathOut 分别连接到点节点（Point Node）元件 rectTruck9 和 rectTruck0。

（11）在演示（Presentation）面板中，双击折线（Polyline）元件进入绘制模式，如图 8-3-23 所示，将点节点（Point Node）元件 rectCar0 和 rectTruck0 连接，并设置其属性，名称（Name）为“lineUnload”，可见（Visible）设为动态值（Dynamic value）并填入“false”；外观（Appearance）部分，线颜色（Line color）为“blue”；高级（Advanced）部分，展示在（Show in）选择“只有二维（2D only）”。

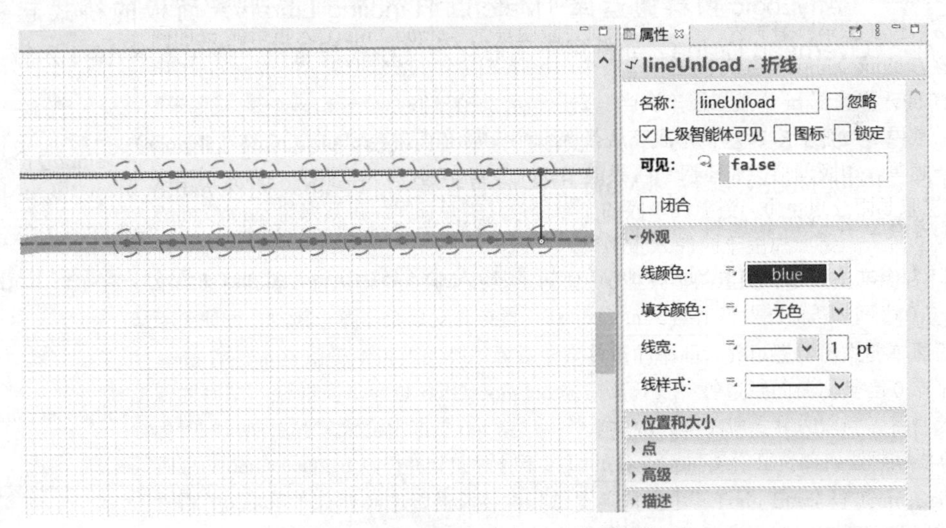

图 8-3-23　折线（Polyline）元件属性设置

（12）从物料搬运库（Material Handling Library）面板拖曳一个桥式起重机（Overhead Crane）元件到 Main 中，并调整其大小覆盖图 8-3-20 中的所有点节点（Point Node）元件。如图 8-3-24 所示设置其属性，名称（Name）为“unloadingCrane”，物料项类型（Material item type）选择“Container”，桥架数（Number of bridges）为 1，组件移动模式（Component movement mode）选择“一步步（Step-by-step）”，桥架速度（Bridge speed）为 0.5 米每秒（meters per second），小车速度（Trolley speed）为 0.3 米每秒（meters per second），提升速度（Hoist speed）为 0.1 米每秒（meters per second）；在行动（Actions）部分装载时（On loading）填入代码：

```
RailCar car = (RailCar)unloading.get(0).getCar( agent.loadingPosition+1);
car.setCargoColor( null );
agent.container.setVisible( true );
```

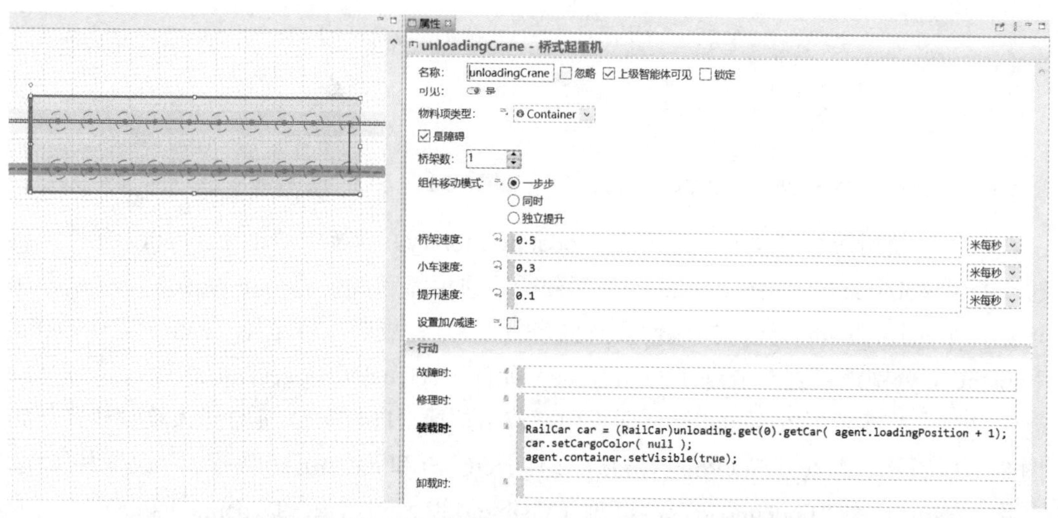

图 8-3-24　桥式起重机（Overhead Crane）元件属性设置

注意

AnyLogic 物料搬运库（Material Handling Library）面板的桥式起重机（Overhead Crane）元件用于图形化定义桥式起重机，详见本书 10.1.2 节。

（13）如图 8-3-25 所示，从流程建模库（Process Modeling Library）面板拖曳两个点节点（Point Node）元件到 Main 中，放置在路径（Path）元件 pathIn 和 pathOut 的最外侧端点，并设置其属性，名称（Name）分别为“rectTruckEntry”和“rectTruckExit”，颜色（Color）均为“lightSlateGray”；位置和大小（Position and size）部分，半径（Radius）均设为 1。

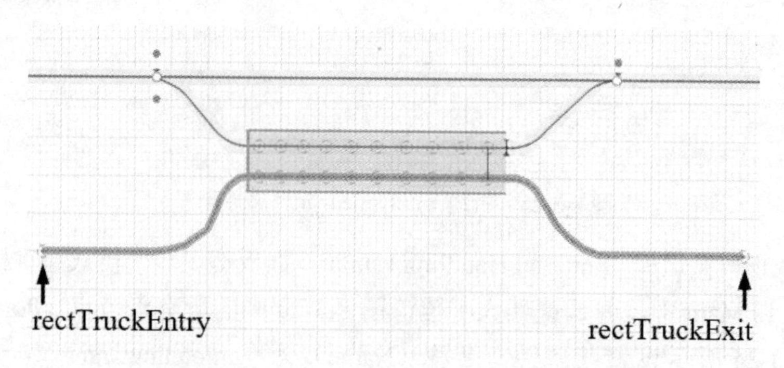

图 8-3-25　点节点（Point Node）元件属性设置

（14）公铁联运侧面装卸系统的空间布局最终如图 8-3-26 所示。

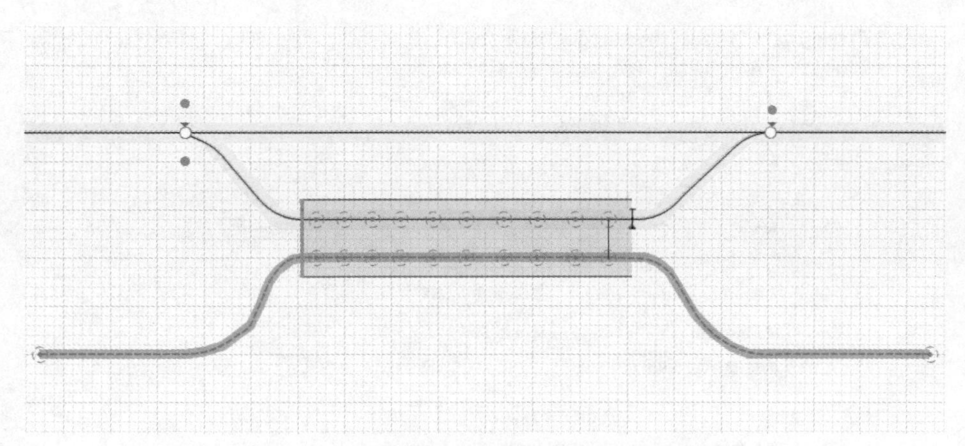

图 8-3-26 公铁联运侧面装卸系统的空间布局

8.3.3 创建列车的业务流程

（1）从智能体（Agent）面板拖曳一个函数（Function）元件到Main中，并设置其属性，名称（Name）为“containsCarsToUnload”，选中返回值（Returns value），类型（Type）选择“boolean”；在参数（Arguments）部分添加一个参数，名称（Name）为train，类型（Type）选择Train；在函数体（Function body）部分填入代码：

```
int n = train.size();
for( int i=0; i<n; i++ ) {
    Color c = ((RailCar)train.getCar( i )).car.getFillColor();
    if( c == red || c == orange )
        train.toUnload += 1;
}
return train.toUnload > 0;
```

（2）从轨道库（Rail Library）面板拖曳一个Train Source模块到Main中，如图8-3-27所示设置其属性，名称（Name）为“trainSource”，定义到达通过（Arrivals defined by）选择“injec()函数调用（Calls of inject() function）”，进入点定义为（Entry point defined as）选择“轨道上的偏移量（Offset on the track）”，轨道（Railway track）选择“trackEntry”，偏移自（Offset from）选择“轨道始端（Beginning of the track）”，首节车厢的偏移量（Offset of 1st car）为“11*14+10”，单位为米（meters）；高级（Advanced）部分，列车类型（Train type）选择“Train”，车厢类型（Rail car type）选择“RailCar”；列车和车厢（Train and cars）部分，新列车（New train）选择“Train”，新车厢（New rail car）选择“RailCar”，车厢长度（Car length）为14米（meters），在车厢设置（Car setup）填入代码：

```
car.setWidth( 6 );
car.appearanceType = carindex;
if( carindex == 0 )
    car.car.setFillColor( black );
else {
    Color color;
    double rnd = uniform( 100 );
```

```
        if( rnd<  5 ) car.setCargoColor(red);
        else if( rnd< 10 ) car.setCargoColor(orange);
        else if( rnd< 55 ) car.setCargoColor(blue);
        else car.setCargoColor(deepSkyBlue);
    }
```

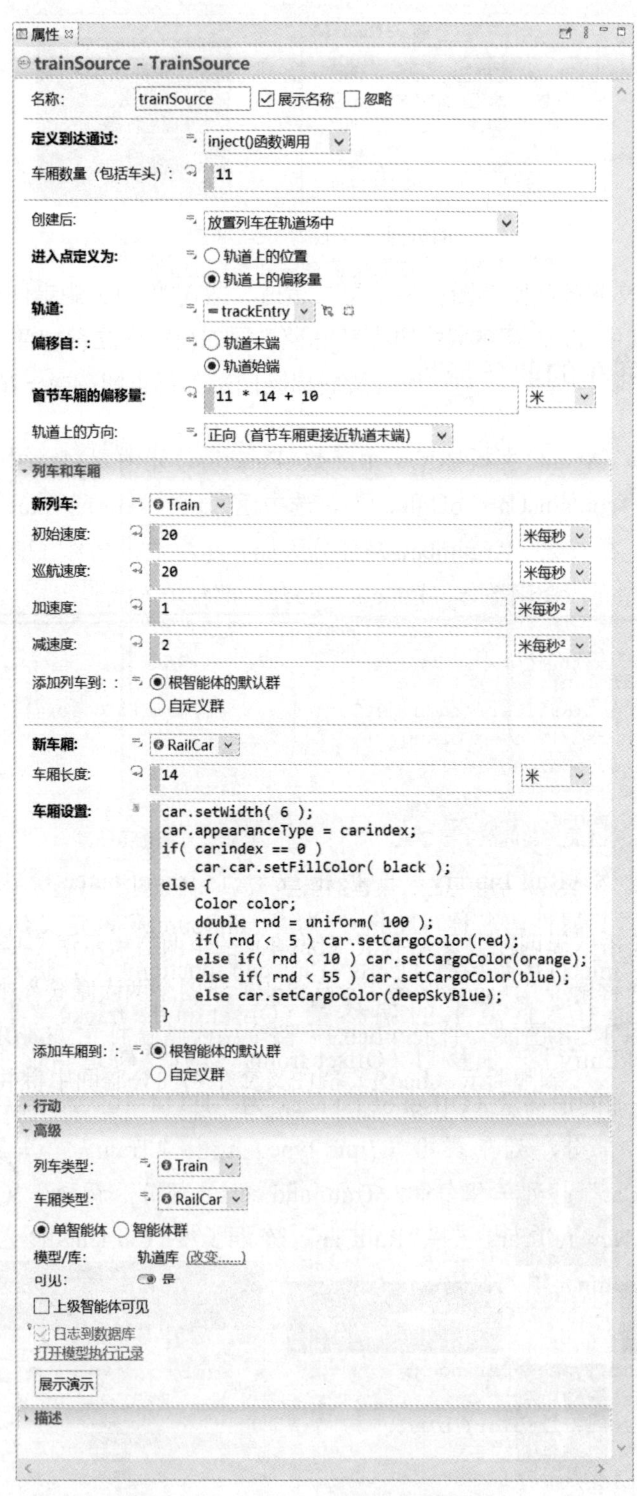

图 8-3-27　Train Source 模块属性设置

（3）从流程建模库（Process Modeling Library）面板拖曳一个 Select Output 模块到 Main 中模块 trainSource 的右侧，如图 8-3-28 所示进行连接，并设置其属性，名称（Name）为“needsUnloading”，选择真输出（Select True output）选择“如果条件为真（If condition is true）”，条件（Condition）为“containsCarsToUnload(agent)”。

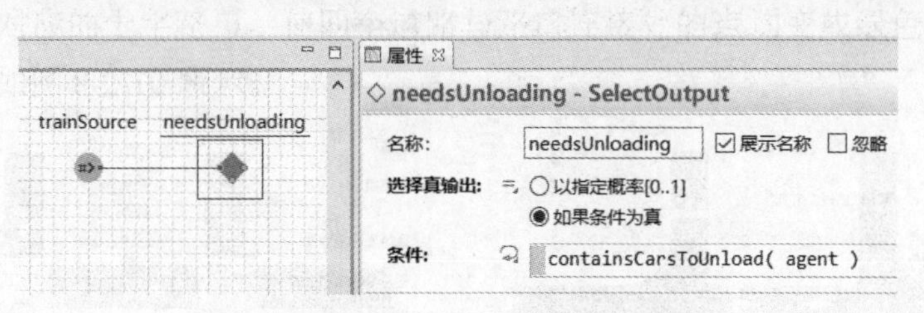

图 8-3-28　Select Output 模块属性设置

（4）从轨道库（Rail Library）面板拖曳两个 Train Move To 模块到 Main 中模块 needsUnloading 的右侧，分别连接到模块 needsUnloading 的右（outT）端口和下（outF）端口，并设置两个模块的名称（Name）分别为“arriveUnloading”和“moveBypass”。

（5）如图 8-3-29 所示设置模块 arriveUnloading 的属性，线路是（Route is）选择“从当前到目标轨道自动计算（Calculated automatically from current to target track）”，目标是（Target is）选择“轨道上的给定位置（A given position on track）”，轨道上的位置（Position on track）选择“stopLineUnloading”，完成选项（Finish options）选择“减速，如果条件为真（Decelerate if condition is tue）”；行动（Actions）部分，在进入轨道时（On enter track）填入代码：

```
if( track == trackUnloading )
    trackUnloading.reserveFor( train );
```

在离开轨道时（On exit track）填入代码：

```
if( track == trackEntry )
    trainSource.inject();
```

（6）如图 8-3-30 所示设置模块 moveBypass 属性，线路是（Route is）选择“从当前到目标轨道自动计算（Calculated automatically from current to target track）”，目标是（Target is）选择“轨道上的给定偏移（A given offset on a track）”，轨道（Railway track）选择“trackExit”，轨道上的偏移量（Offset on track）填入“tracklength-12”，单位为米（meters），完成选项（Finish options）选择“减速，如果条件为真（Decelerate if condition is tue）”；行动（Actions）部分，在进入轨道时（On enter track）填入代码：

```
if( track == trackBypass )
    trackBypass.reserveFor ( train );
```

在离开轨道时（On exit track）填入代码：

```
if( track == trackEntry )
    trainSource.inject();
```

图 8-3-29　模块 arriveUnloading 属性设置

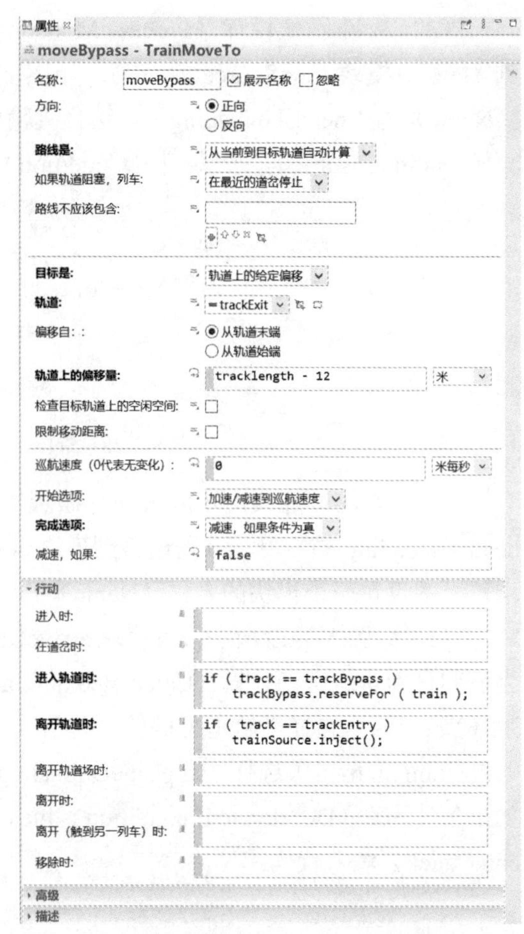

图 8-3-30　模块 moveBypass 属性设置

（7）从流程建模库（Process Modeling Library）面板拖曳一个 Queue 模块到 Main 中模块 arriveUnloading 的右侧，如图 8-3-31 所示进行连接，并设置其属性，名称（Name）为“unloading”；在行动（Actions）部分的进入时（On enter）填入代码：

```
int n = agent.size();
for( int i=0; i<n; i++ ) {
    RailCar car = (RailCar)agent.getCar(i);
    if( car.car.getFillColor() == orange || car.car.getFillColor() == red )
        enterTrucks.take( new Truck( i-1, car.car.getFillColor() ) );
}
```

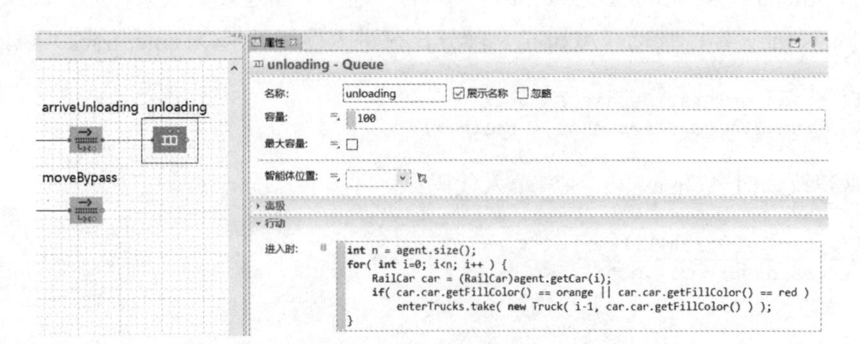

图 8-3-31　Queue 模块属性设置

（8）从流程建模库（Process Modeling Library）面板拖曳一个 Hold 模块到 Main 中模块 unloading 的右侧与之连接，并设置其属性，名称（Name）为“finishedUnloading”，模式（Mode）选择“N 智能体后自动阻止（使用 unblock()）(Block automatically after N agents - use unblock())”，勾选“初始阻止（Initially blocked）”。

（9）从轨道库（Rail Library）面板拖曳一个 Train Move To 模块到 Main 中模块 finishedUnloading 的右侧与之连接，并如图 8-3-32 所示设置其属性，名称（Name）为“moveToExit”，目标是（Target is）选择“轨道上的给定偏移（A given offset on a track）”，轨道（Railway track）选择“trackExit”；在行动（Actions）部分的离开轨道时（On exit track）填入代码：

```
if( track == trackExit )
    trackExit.reserveFor(train);
```

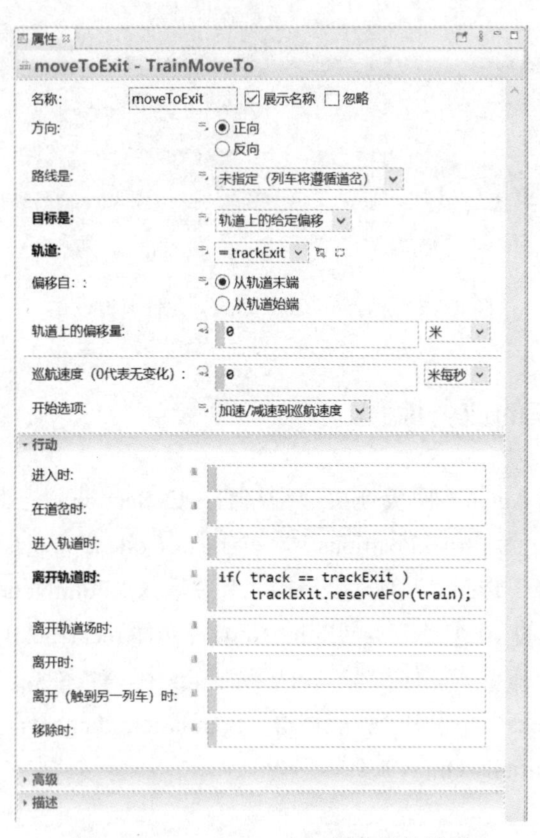

图 8-3-32　Train Move To 模块属性设置

（10）从轨道库（Rail Library）面板拖曳两个 Train Dispose 模块到 Main 中，分别连接到模块 moveToExit 和模块 moveBypass 各自的右（out）端口，并设置两个模块的名称（Name）分别为“trainDispose1”和“trainDispose”。

至此，列车侧面卸货业务流程图创建完成，如图 8-3-33 所示。

（11）从智能体（Agent）面板拖曳一个集合（Collection）元件到 Main 中，如图 8-3-34 所示设置其属性，名称（Name）为“carPositions”，集合类（Collection class）选择“ArrayList”，元素类（Elements class）选择“其他（Other）...”并填入“PointNode”，

初始内容（Initial contents）添加铁路上的 10 个点节点（Point Node）元件 rectCar0 到 rectCar9。

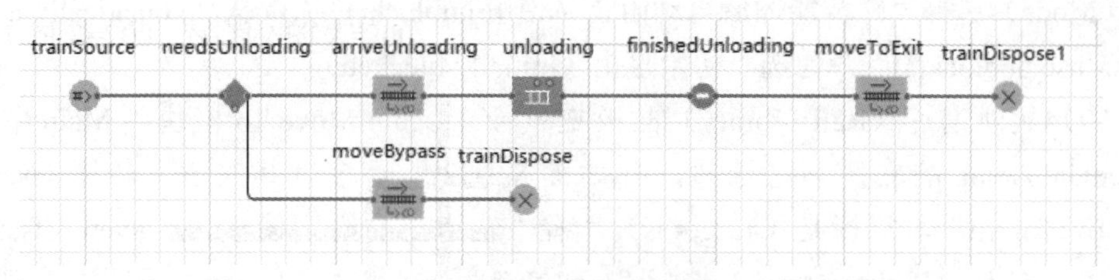

图 8-3-33　列车侧面卸货业务流程图

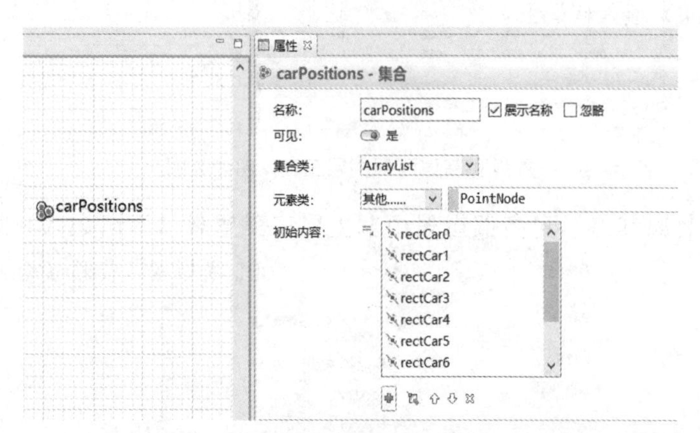

图 8-3-34　集合（Collection）元件属性设置

8.3.4　创建卡车的业务流程

（1）从智能体（Agent）面板拖曳一个集合（Collection）元件到 Main 中，并设置其属性，名称（Name）为“truckPositions”，集合类（Collection class）选择“ArrayList”，元素类（Elements class）选择“其他（Other）...”并填入“PointNode”，初始内容（Initial contents）添加公路上的 10 个点节点（Point Node）元件 rectTruck0 到 rectTruck9。

（2）从工程树中拖曳智能体类型 Truck 到 Main 中，如图 8-3-35 所示设置其属性，名称（Name）为“trucks”，选中“智能体群（Population of agents）”，群是（Population is）选择“初始空（Initially empty）”。

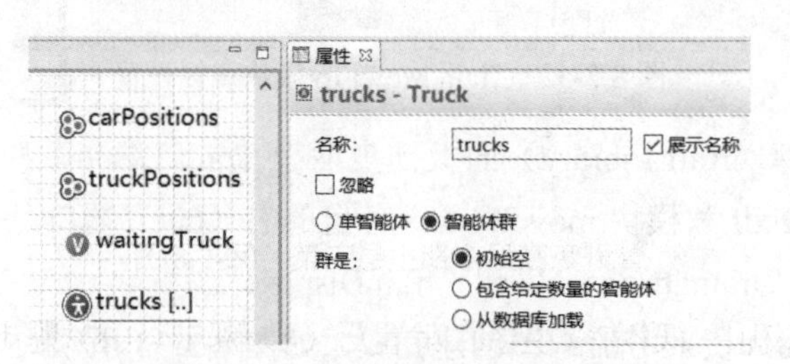

图 8-3-35　创建 trucks 智能体群

（3）从智能体（Agent）面板拖曳一个变量（Variable）元件到 Main 中，并设置其属性，名称（Name）为“waitingTruck”，类型（Type）选择“Truck”。

（4）从流程建模库（Process Modeling Library）面板拖曳一个 Enter 模块到 Main 中，如图 8-3-36 设置其属性，名称（Name）为“enterTrucks”，智能体类型（Agent type）选择“Truck”，新位置（New location）选择“网络 /GIS 节点（Network/GIS node）”，节点（Node）选择“rectTruckEntry”，速度（Speed）为 10 米每秒（meters per second）；高级（Advanced）部分，点击“展示演示（Show presentation）”按钮。

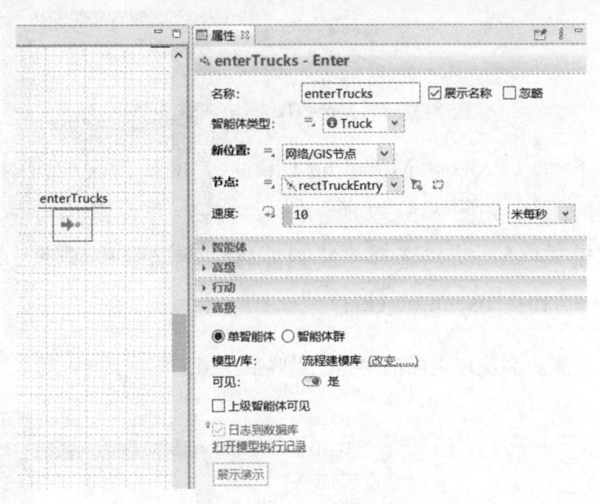

图 8-3-36　Enter 模块属性设置

（5）从流程建模库（Process Modeling Library）面板依次拖曳一个 Queue 模块和一个 Delay 模块到 Main 中模块 enterTrucks 的右侧，如图 8-3-37 所示进行连接，两个模块的名称（Name）默认为“queue”和“delay”。设置模块 delay 的属性，类型（Type）选择“指定的时间（Specified time）”，延迟时间（Delay time）为 2 秒（seconds），容量（Capacity）为 1。

图 8-3-37　模块 delay 属性设置

（6）从流程建模库（Process Modeling Library）面板拖曳一个 Move To 模块到 Main 中模块 delay 的右侧，如图 8-3-38 所示进行连接，并设置其属性，名称（Name）为“moveToLoadingPosition”，目的地（Destination）选择“网络 /GIS 节点（Network/GIS node）”，节点（Node）设为动态值（Dynamic value）并填入“truckPositions.get(agent.loadingPosition)”。

（7）从流程建模库（Process Modeling Library）面板拖曳一个 Queue 模块到 Main 中模块 moveToLoadingPosition 的右侧与之连接，并设置其属性，名称（Name）为“waitForLoad”，勾选“最大容量（Maximum capacity）”。

图 8-3-38 Move To 模块属性设置

（8）从流程建模库（Process Modeling Library）面板拖曳一个 Hold 模块到 Main 中模块 waitForLoad 的右侧，如图 8-3-39 所示进行连接，并设置其属性，名称（Name）为“enterLoading”，模式（Mode）选择“N 智能体后自动阻止（使用 unblock()）（Block automatically after N agents - use unblock()）”。

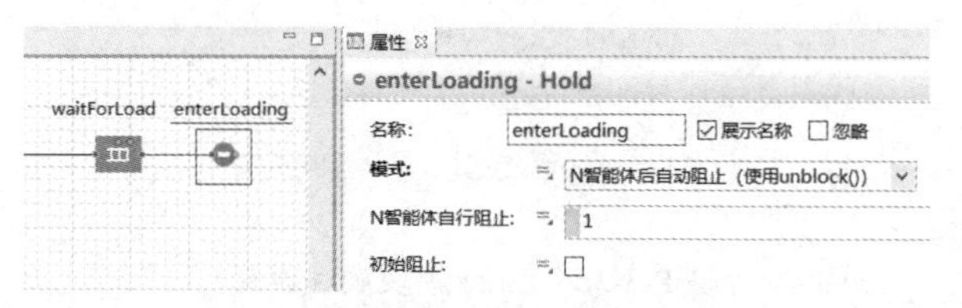

图 8-3-39 Hold 模块属性设置

（9）从流程建模库（Process Modeling Library）面板拖曳一个 Split 模块到 Main 中，如图 8-3-40 所示连接到模块 enterLoading 的右（out）端口，并设置其属性，名称（Name）为“newContainer”，副本数（Number of copies）为 1，新智能体（副本）（New agent - copy）设为动态值（Dynamic value）并填入“new Container(original.loadingPosition, original.color)”，副本位置（Location of copy）选择“网络 /GIS 节点（Network/GIS node）”，节点（Node）设为动态值（Dynamic value）并填入“carPositions.get(agent. loadingPosition)”，速度（Speed）为 10 米每秒（meters per second）；在行动（Action）部分的副本离开时（On exit copy）填入代码：

```
waitingTruck = original;
```

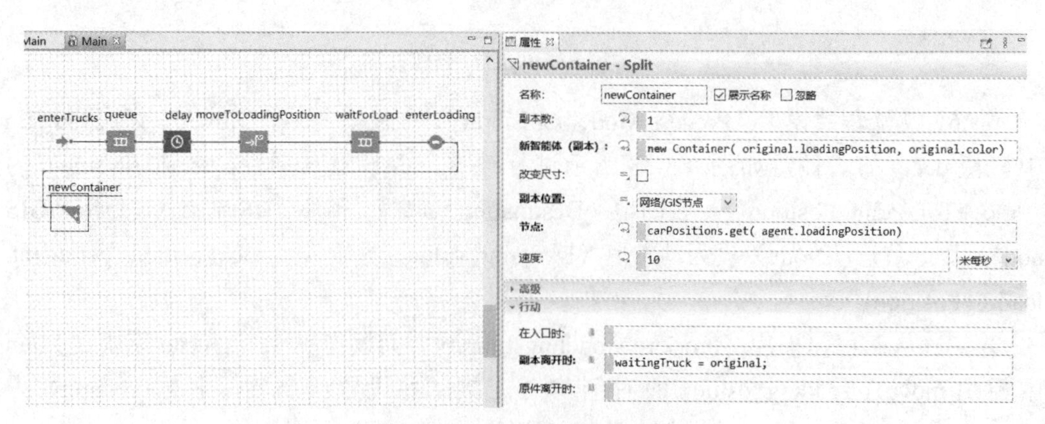

图 8-3-40 Split 模块属性设置

（10）从流程建模库（Process Modeling Library）面板拖曳一个 Pickup 模块到 Main 中，如图 8-3-41 所示连接到模块 newContainer 的右（out）端口，并设置其属性，名称（Name）为“pickup”，拾起（Pickup）选择“精确数量（等待）”（Exact quantity – wait for），数量（Quantity）为 1；高级（Advanced）部分，容器类型（Container type）选择“Truck”，元素类型（Element type）选择“Container”；行动（Action）部分，在拾起时（On pickup）填入代码：

```
container.setColor();
```

在离开时（On exit）填入代码：

```
unloading.get(0).toUnload--;
if (unloading.get(0).toUnload == 0)
    finishedUnloading.unblock();
enterLoading.unblock();
```

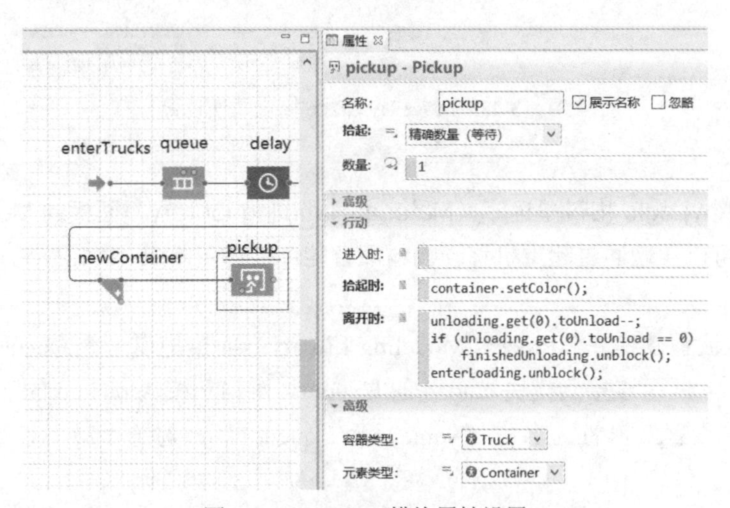

图 8-3-41　Pickup 模块属性设置

（11）从流程建模库（Process Modeling Library）面板拖曳一个 Queue 模块到 Main 中，如图 8-3-42 所示连接到模块 newContainer 的下（outCopy）端口，并设置其属性，名称（Name）为“waitCrane”。

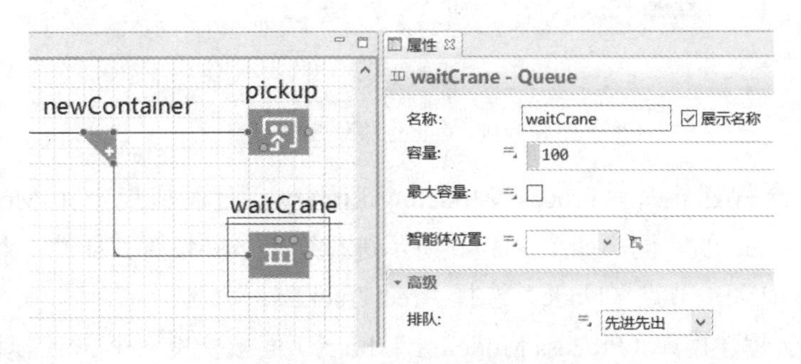

图 8-3-42　Queue 模块属性设置

（12）从物料搬运库（Material Handling Library）面板拖曳一个 MoveByCrane 模块到 Main 中模块 waitCrane 的右侧，如图 8-3-43 所示进行连接，并设置其属性，名称（Name）

为“unload”，目的地是（Destination is）选择“智能体（Agent）”，智能体（Agent）设为动态值（Dynamic value）并填入“waitingTruck”，最小安全高度（Safe height）为7米（meters），勾选“使用操作时间（Use operation time）”，操作时间（Operation time）为5分钟（minutes）；获取吊车（Seize crane）部分，勾选“获取吊车（Seize crane）”，吊车（Crane）选择“unloadingCrane”。

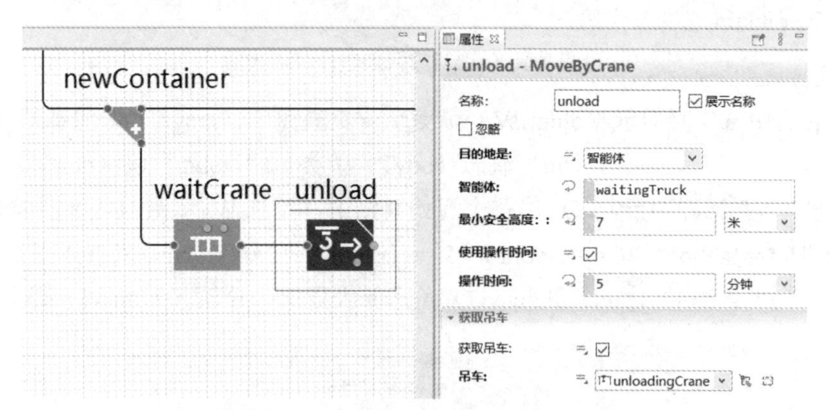

图 8-3-43　Move By Crane 模块属性设置

注意

AnyLogic 物料搬运库（Material Handling Library）面板的 Move By Crane 模块可以实现通过起重机移动物料项智能体，详见本书 10.1.2 节。

（13）从流程建模库（Process Modeling Library）面板拖曳一个 Queue 模块到 Main 中，如图 8-3-44 所示连接到模块 unload 的右（out）端口和模块 pickup 的下（inPickup）端口之间，并设置其属性，名称（Name）为“queue1”，勾选“最大容量（Maximum capacity）”。

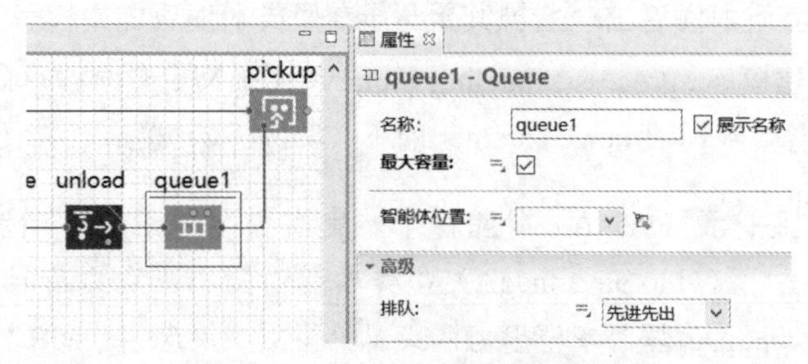

图 8-3-44　Queue 模块属性设置

（14）从流程建模库（Process Modeling Library）面板拖曳一个 Move To 模块到 Main 中模块 pickup 的右侧，如图 8-3-45 所示进行连接，并设置其属性，名称（Name）为“moveToExit1”，节点（Node）选择“rectTruckExit”。

（15）从流程建模库（Process Modeling Library）面板拖曳一个 Sink 模块到 Main 中，连接到模块 moveToExit1 的右（out）端口，并设置其属性，名称（Name）为“sink”；高级（Advanced）部分，智能体类型（Agent type）选择“Truck”。

至此，卡车装货业务流程图创建完成，如图 8-3-46 所示。

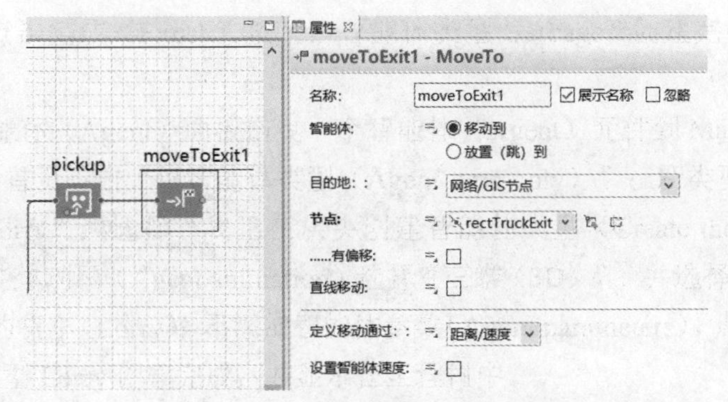

图 8-3-45　Move To 模块属性设置

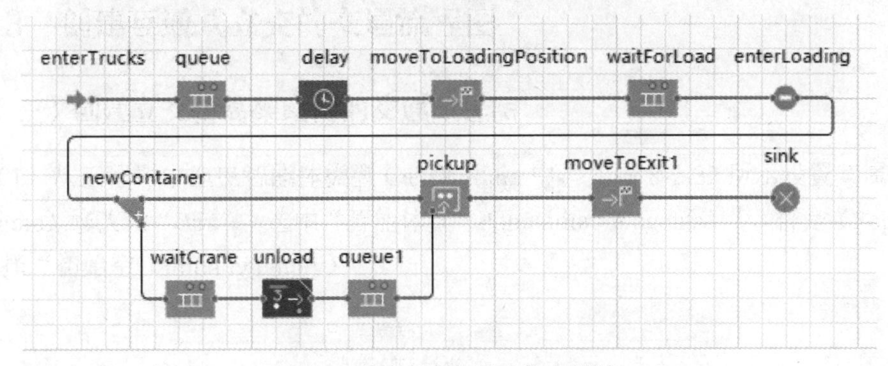

图 8-3-46　卡车装货业务流程图

（16）从演示（Presentation）面板拖曳一个三维窗口（3D Window）元件到 Main 中。点击工程树中的智能体类型 Main 设置其属性，在智能体行动（Agent actions）部分的启动时（On startup）填入代码：

```
trainSource.inject();
```

（17）运行模型，如图 8-3-47 和图 8-3-48 所示。

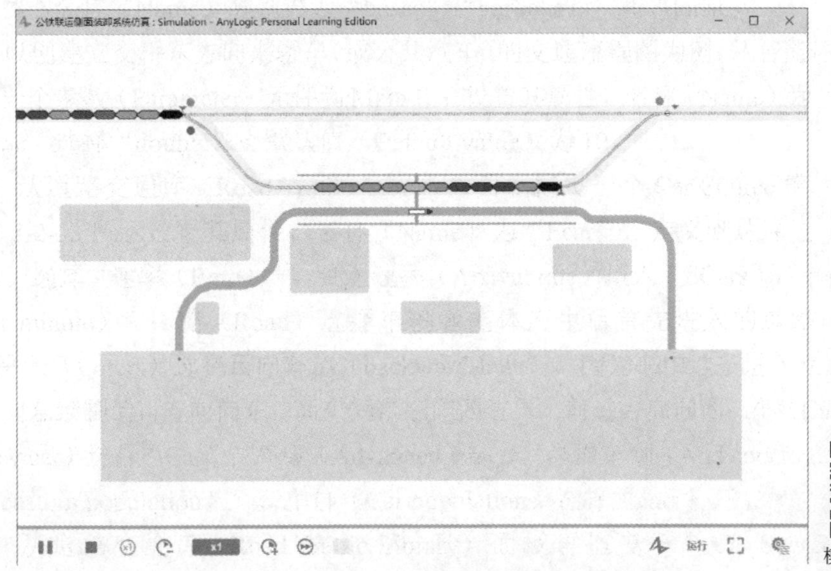

图 8-3-47　模型运行结果的二维视图

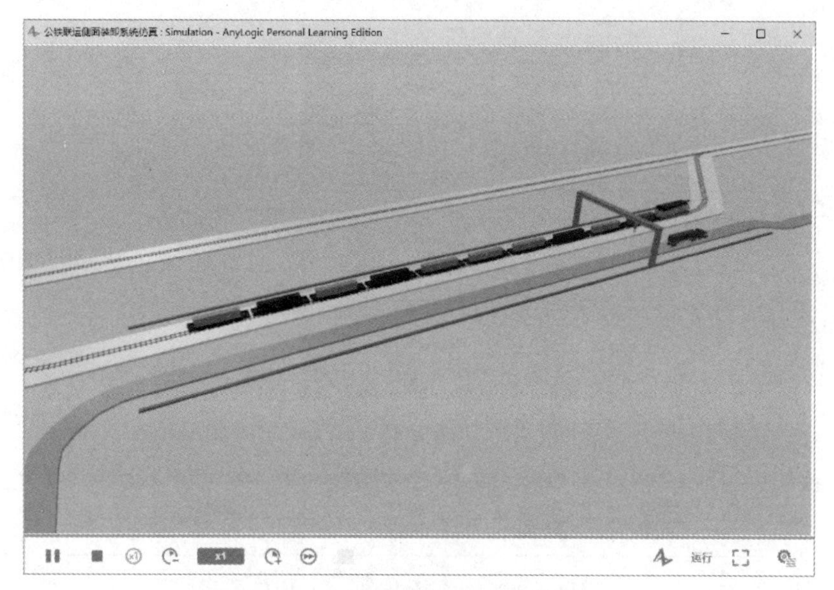

图 8-3-48　模型运行结果的三维视图

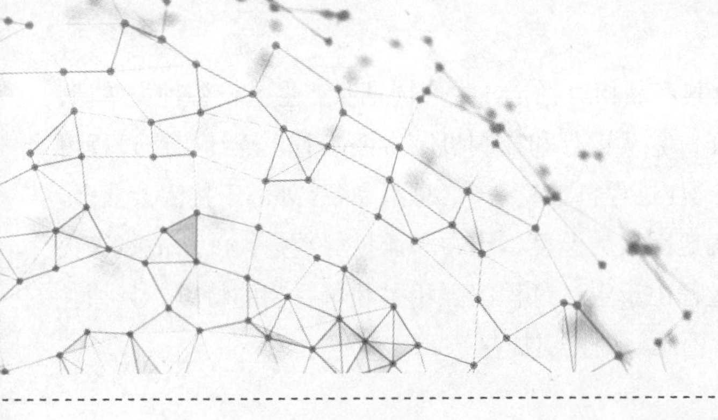

第9章 AnyLogic 生产系统仿真实践

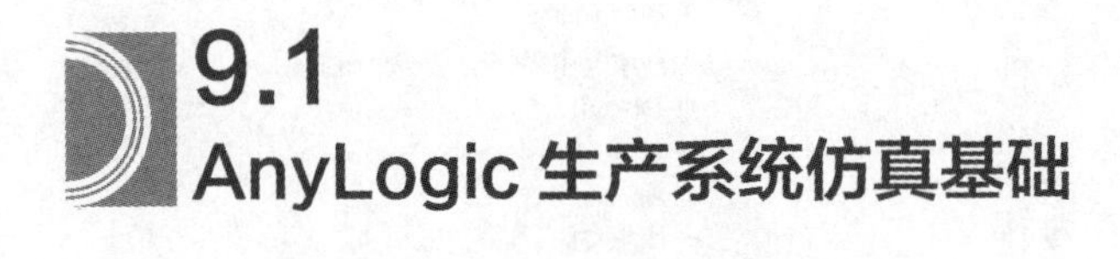

9.1 AnyLogic 生产系统仿真基础

9.1.1 生产系统仿真概述

生产系统是针对生产某一类或某几类产品，综合生产工艺、生产计划、质量控制、人员调度、设备维护、物料控制等各种技术为一体的复杂系统。实际生产中，受市场需求、原材料供应、生产环境、生产状态等多方面复杂条件的影响，生产系统中存在大量随机性因素，目标与约束条件的关系很难用纯粹数学关系来描述，因此利用计算机仿真技术对生产系统进行微观仿真分析成为一种可行且有效的方式。生产系统仿真重在分析生产系统结构和工艺流程，对生产系统逻辑的有效性加以检验，并根据运行结果对系统进行分析优化。目前，生产系统仿真被广泛应用于工厂建设规划、分析、评估和验证等环节，为企业降低成本、缩短工期、提高效率提供了量化依据，成为构建数字化工厂的一把利器。

现代制造企业按生产过程连续程度可划分为离散型生产和连续型生产。相应的，生产系统仿真也主要包括离散生产系统仿真和连续生产系统仿真两大类。

一般认为，离散型生产通过对原材料或零部件的一系列改变、加工、组装形成最终产品，其主要特点是：①产品结构复杂，最终产品一定是由固定个数的零件或部件组成，产品结构可以用“树”的概念进行描述；②工艺流程复杂，随着客户对产品需求的多样化，企业可以选择大批量、多品种、小批量等多种生产模式，加工工艺路线和设备的使用更加复杂；③生产调度复杂，同样规模和硬件设施的离散型生产系统因其调度水平差异导致的结果可能有天壤之别。

《管理科学技术名词》一书将连续型生产定义为物料均匀、连续地按一定工艺顺序流动，在流动中不断改变形态和性能，最后形成产品的生产。连续型生产的主要特点有：

①从生产方式来看，连续生产过程及其产品相对稳定，生产周期长，生产设备种类单调，更换周期长，有着极强的结构化特征；②从运行和控制机制方面来看，连续生产过程可能涉及各种物质的化学与物理变化过程，过程机理复杂，信息不完备，外部干扰因素众多，可采集到的往往是大量带有各种不确定因素的温度、压力和流量等数据；③从故障等突发事件的处理方面来看，连续生产过程由于生产过程的强相关和单系列的特点，且往往具有较大的时变性，故障的预测非常困难，处置更加复杂。

9.1.2 AnyLogic的流体库面板

AnyLogic 流体库面板专门用于仿真散装物料、液体和气体的流动，以及罐、管道、输送带及其网络等。用户使用它可以实现对流体的批量跟踪，捕捉流体的各种特征。AnyLogic 流体库可以将智能体转换为流体的一部分，也可以将流体转换为智能体。

打开 AnyLogic 软件工作区左侧面板视图，点击选择流体库（Fluid Library），如图 9-1-1 所示。流体库（Fluid Library）面板分为两个部分：第一部分为空间标记（Space Markup），包括 3 个元件，用于流体库图形化建模，详见表 9-1-1；第二部分为模块（Blocks），包括 19 个模块，详见表 9-1-2。

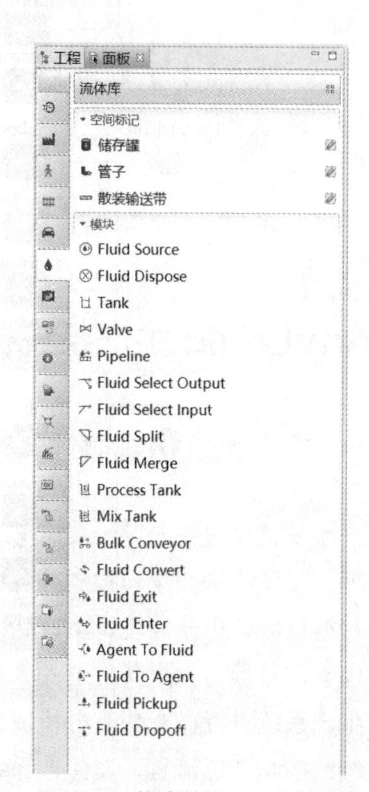

图 9-1-1　AnyLogic 的流体库（Fluid Library）面板

表 9-1-1　流体库（Fluid Library）面板的空间标记（Space Markup）部分

元件名称	说　明
储存罐 （Storage Tank）	储存罐用于在流体仿真模型中以图形方式绘制储存液体的容器，可以实现仿真运行时储存罐内液位变化的二维或三维动画显示。储存罐的逻辑，如容量（capacity）、初始液量（initial amount of liquid）、输出速率限制（limitation on the output rate）、输出批的颜色（color of output batches）等，由流体库的 Tank、Mix Tank、Process Tank、Fluid Source 模块定义。
管子 （Pipe）	管道用于在流体仿真模型中以图形方式绘制管道，仿真运行时流经管道的批（batch）可以被显示为二维或三维动画。管道的逻辑，如容量（capacity）、速率（rate）、管道内液体的初始量（initial amount of liquid inside the pipe）、流经管道的批的颜色（color of batches flowing through the pipe）等，由流体库的 Pipeline 模块定义。管道有起点和终点，也可以有转折点并包含几段，液体总是从管道的起点流向终点，因此管道的方向非常重要。管道端点可以放在储存罐上，也可以直接“悬挂”。

续表

元件名称	说　明
散装输送带（Bulk Conveyor Belt）	散装输送带用于在流体仿真模型中以图形方式绘制散装输送机，可以实现仿真运行时散装物料输送的二维或三维动画显示。散装输送带的逻辑，如长度（length）、速度（speed）、默认速度下的最大输入速率（maximum input rate at the specified speed）、流经输送机的批颜色（color of batches flowing through the conveyor）等，由流体库的 Bulk Conveyor 模块定义。散装输送带有起点和终点，散装物料始终从散装输送带的起点流向终点，散装输送带的方向非常重要。

表 9-1-2　流体库（Fluid Library）面板的模块（Blocks）部分

模块名称	说　明
Fluid Source	Fluid Source 是流体库流程图的典型起始模块。它可以是无限容量的，也可以是有限初始量的并通过调用 inject() 函数填充。可以指定 Fluid Source 的输出速率，实际输出速率会小于或等于指定输出速率。
Fluid Dispose	Fluid Dispose 是流体库流程图的典型结束模块。它可以接受任何到达速率的流并将其从系统中移除。
Tank	Tank 是流体或散装物料的容器，顶部输入，底部输出。可以定义 Tank 包含一些初始流体。当 Tank 没有满时，它的内含物总是位于底部，且从顶部注入。未满的 Tank 可以接受任何速率的输入流；当 Tank 装满时，它的输入速率被输出速率所限制；当 Tank 是空的，它的输出速率被输入速率所限制。Tank 也可作为流体源，或是作为具有无限容量的处置容器。Tank 模块的输出批可以设置为：与原始批相同（Same as the original batch）；默认（Default）；自定义（Custom）。
Valve	Valve 可以限制流速或完全阻塞流体。当 Valve 打开时具有最大流速，当 Valve 关闭时流速强制为 0。可以通过调用 Valve 的 open()、close()、toggle() 函数在仿真运行时打开和关闭它，还可以调用 dispense() 函数，让 Valve 通过特定量后关闭。Valve 为零容量模块，它不包含任何数量的流体。
Pipeline	Pipeline 将流体从一点输送到另一点，且具有有限的容量。它可以包含位于输入端的一些初始流体。一旦 Pipeline 被注入，它将永远保持被注入状态，且其中不允许间隔（如果需要间隔或浓缩区域，可以使用 Fluid Conveyor 模块）。Pipeline 中的所有流体以相同的速率移动，当它充满时，其输入速率始终等于输出速率；当它未满时，其输入速率仅受自身速率的限制，可以定义速率的上限。Pipeline 以“先进先出”顺序传输流体批，可以自定义初始批。
Fluid Select Output	Fluid Select Output 将流从输入引导到输出之一，可以在其属性中设置输出，也可以调用函数 toggle() 和 select() 选择输出。Fluid Select Output 选定输出处的输出批默认与输入处的批相同。Fluid Select Output 为零容量模块，它不包含任何数量的流体。
Fluid Select Input	Fluid Select Input 将流从两个输入之一引导到输出，可以在其属性中设置输入，也可以调用函数 toggle() 和 select() 选择输入。Fluid Select Input 的输出批默认与选定输入处的批相同。Fluid Select Input 为零容量模块，它不包含任何数量的流体。

续表

模块名称	说　明
Fluid Split	Fluid Split 将输入流分成两个不同的流，输出流量之和等于输入流量。Fluid Split 有三种模式：中立（Neutral）、比例（Proportional）、优先级（Priority）。中立模式下，两个输出都没有优先级，并且没有附加约束，流在输出之间不确定地分布；比例模式下，按照“输出 1 速率 / 分数 1（Fraction1）= 输出 2 速率 / 分数 2（Fraction2）”约束分流；优先级模式下，会尝试最大化优先级高的输出的速率，另一个输出将得到剩余的输入量。Fluid Split 两个输出的输出批默认与输入批相同。Fluid Split 为零容量模块，它不包含任何数量的流体。
Fluid Merge	Fluid Merge 将两个流合并为一个流，输出流量等于两个输入流量之和。Fluid Merge 有三种模式：中立（Neutral）、比例（Proportional）、优先级（Priority）。中立模式下，两个输入都没有优先级，并且没有附加约束，如果输出可以接受超过最大输入速率之和，则两个输入速率都最大化，否则两个输入速率的合并比例是非确定性分布的；比例模式下，按照“输入 1 速率 / 分数 1= 输入 2 速率 / 分数 2”的约束合并输入流；优先级模式下，会尝试最大化优先级高的输入的速率，另一个输入将得到剩余的输出量。Fluid Merge 模块的输出批可以设置为：与输入 1 相同（Same as at input 1）；与输入 2 相同（Same as at input 2）；与优先输入相同（Same as at priority input）；默认（Default）；自定义（Custom）。Fluid Merge 为零容量模块，它不包含任何数量的流体。
Process Tank	Process Tank 将流体累积到容量（Capacity）水平，并延迟处理所需的给定时间量，再让其流出。容量（Capacity）是一个动态参数，在每个循环开始时重新评估。可以通过调用 updateCapacity() 函数随时更新容量。Process Tank 模块的输出批可以设置为：与原始批相同（Same as the original batch）；默认（Default）；自定义（Custom）。
Mix Tank	Mix Tank 可以混合来自多达五个不同来源的流体，并延迟处理所需的给定时间量，再让其流出。混合可以通过两种方式定义：数量（Amounts）方式需要给出每种成分的量；分数（Fractions）方式需要给出容量（即总数量）和每种成分的百分数。只有当前一罐混合物完全流出时，新的混合物才会开始累积。Mix Tank 模块的输出批可以设置为：默认（Default）；自定义（Custom）。
Bulk Conveyor	Bulk Conveyor 将散装物料或凝结物从一点输送到另一点，它是有长度的。与 Pipeline 相比，它允许不同密度物质的间隙和截面。Bulk Conveyor 移动时，输出速率等于位于它输出端的物质的密度乘以速度，同时会在输入处创建一个密度等于输入速率除以速度的截面。如果下一个模块无法接受 Bulk Conveyor 的输出，它将调整速度并降低流量。Bulk Conveyor 上物质的密度等于单位长度 Bulk Conveyor 上的物质量，是个有限值。Bulk Conveyor 可以接受不高于规定值的输入速率，这意味着最大速度下 Bulk Conveyor 上物质的最大密度是最大输入速率除以最大速度。如果实际速度较低，则最大输入速率也会按比例降低。Bulk Conveyor 将其内部具有不同密度的区段视为不同批。
Fluid Convert	Fluid Convert 的输出速率始终等于输入速率乘以给定的转换因子（Factor）。该因子可以大于 1、小于 1 或等于 1，因此 Fluid Convert 可以放大或减小流量。Fluid Convert 输出批可以与输入批相同，也可以是自定义输出批（Custom output batch）。Fluid Convert 为零容量模块，它不包含任何数量的流体。

续表

模块名称	说　明
Fluid Exit	Fluid Exit 用于动态设置流网络，将流量转发到连接的 Fluid Enter 模块中。最初连接的 Fluid Enter 模块可以在 Fluid Exit 模块属性的转发流到（Forward flow to）中选择。在仿真运行时，可以调用 connect() 和 disconnect() 函数进行更改。Fluid Exit 模块一次最多可连接到一个 Fluid Enter 块。
Fluid Enter	Fluid Enter 接受来自连接的 Fluid Exit 模块的流，用于动态设置流网络。连接关系在 Fluid Exit 模块属性中设置，Fluid Enter 只是被动接受连接。Fluid Enter 一次最多可连接到一个 Fluid Exit 模块。
Agent To Fluid	Agent To Fluid 将智能体（离散项）转换为流体，是其他 AnyLogic 库和流体库之间的接口模块。Agent To Fluid 同一时间只可以包含一个智能体，在当前智能体转换的流体完全流出之前，不会让下一个智能体进入；完全流出后，删除当前智能体，才会让下一个智能体进入。Agent To Fluid 可以自定义批（Custom batches），每个智能体转换的流体为一批。
Fluid To Agent	Fluid To Agent 将部分流体或散装物料转化为智能体（离散项），是流体库和其他 AnyLogic 库之间的接口模块。新智能体的创建可以由 Fluid To Agent 中的流体累积到一定量触发，也可以由 Fluid To Agent 接收完一批流体触发（即由输入端出现下一批触发）。与 Fluid Dispose 类似，Fluid To Agent 可以接受任何速率的流。创建智能体时，已经累积的流体被删除，新的流体开始累积。
Fluid Pickup	Fluid Pickup 使通过它的智能体拾起流体或散装物料，是其他 AnyLogic 库和流体库之间的接口模块。假设每个智能体需要拾起一定量的流体，当智能体到达 Fluid Pickup 时此模块开始累积流体。智能体可以按设定的流体数量拾起，也可以按批拾起。Fluid Pickup 一次只能包含一个智能体，在当前智能体离开模块之前，不会允许下一个智能体进入。与 Fluid Dispose 和 Fluid To Agent 类似，Fluid Pickup 可以接受任何速率的流。当 Fluid Pickup 中没有智能体时，该模块中不含流体，也不允许流体流入。
Fluid Dropoff	Fluid Dropoff 从通过的智能体中放下流体，是其他 AnyLogic 库和流体库之间的接口模块，Fluid Dropoff 放下的流体总量可定义。假设每个智能体有一定量的流体或散装物料要放下，当智能体到达 Fluid Dropoff 时此模块开始流出流体。与 Agent To Fluid 模块不同，Fluid Dropoff 不会删除智能体，而是延迟智能体直到流体完全被放下，再通过该模块 out 端口释放智能体并让其在模型中继续运行。Fluid Dropoff 一次只能包含一个智能体，在当前智能体离开模块之前，不会允许下一个智能体进入。Fluid Dropoff 可以自定义批（Custom batches），每个智能体放下的流体为一批。

9.2 AnyLogic 多产品单阶段生产系统仿真

本节用 AnyLogic 实现一个如图 9-2-1 所示的多产品单阶段离散生产系统仿真。该生产系统有三台机床，每台机床可以加工一种特定类型的产品，产品在相应的机床上完成加工后，送到一个共用检验台进行质量检测，质量不合格的产品会送回相应的机床进行再加工。其中：平均每5秒到达一个产品加工原料，到达间隔时间服从指数分布；每个产品在机床上的加工时间固定为10秒；每件产品检测时间固定为4秒，检验不合格的概率为20%。

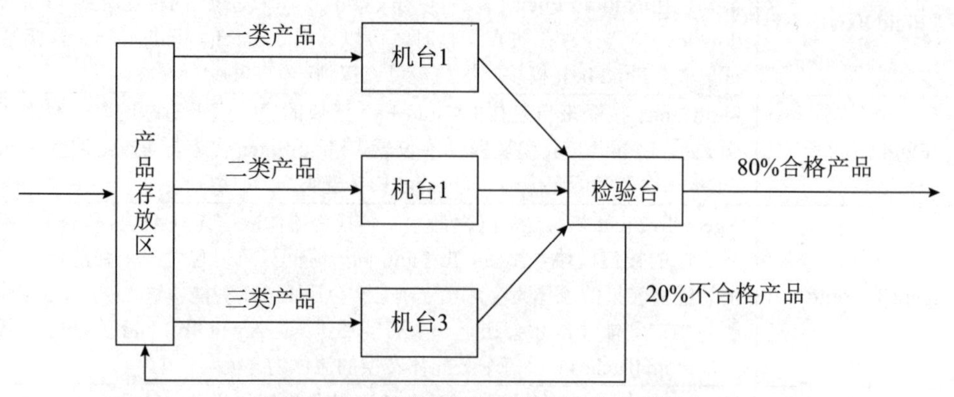

图 9-2-1　多产品单阶段生产系统示意图

本节仿真主要用AnyLogic的流程建模库（Process Modeling Library）面板的元件和模块实现，流程建模库面板已经在4.1.1节详细介绍。

9.2.1　创建生产系统基础模型

（1）新建一个模型。

（2）使用流程建模库（Process Modeling Library）面板中的点节点（Point Node）、矩形节点（Rectangular Node）、路径（Path）等元件在Main中依次画出点节点“产品生产”，矩形节点“产品存放区”“机台一”“机台二”“机台三”和“检验台一”，并如图9-2-2所示用对应名称路径元件连接点节点和各矩形节点。

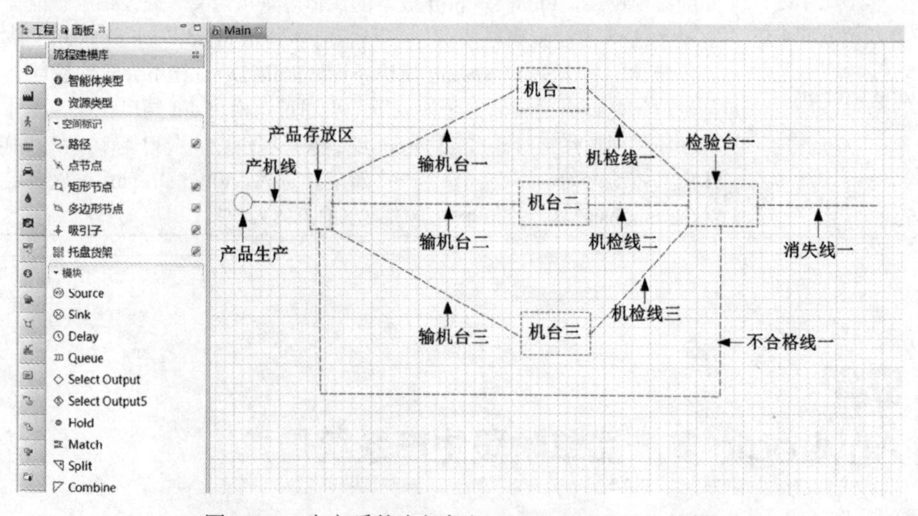

图 9-2-2　生产系统空间标记（SpaceMarkup）建模

（3）如图9-2-3所示，点击选中Main中的矩形节点“机台一”，在其属性窗口点击“吸引子（Attractors）...”按钮，在弹出窗口中设置吸引子数（Number of attractors）为1。

相同方法，设置矩形节点“机台二”吸引子数（Number of attractors）为1、“机台三”吸引子数（Number of attractors）为1、“检验台一”吸引子数（Number of attractors）为3。

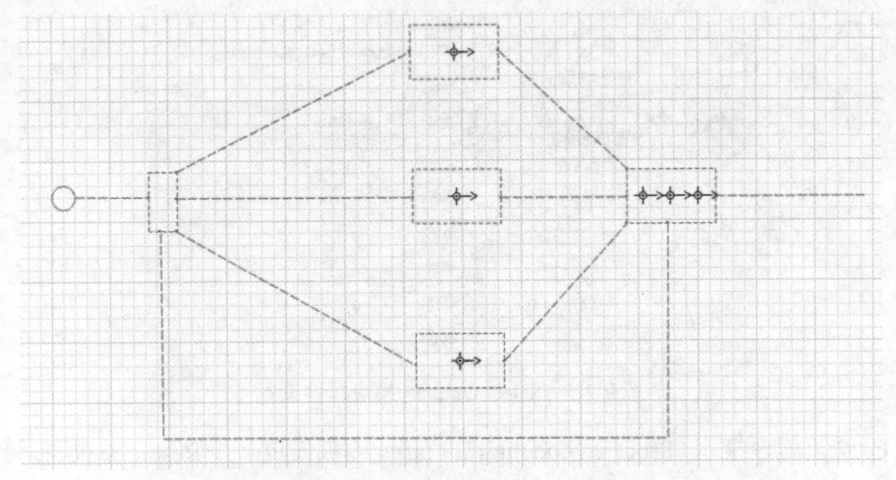

图 9-2-3　设置吸引子（Attractor）后的矩形节点（Rectangular Node）

（4）从流程建模库（Process Modeling Library）面板拖曳一个Source模块到Main中，如图9-2-4所示设置其属性，名称（Name）为“产品出现”，定义到达通过（Arrivals defined by）选择“间隔时间（Interarrival time）”，间隔时间（Interarrival time）为“exponential (1.0/5)”，单位为秒（seconds），即平均每5秒到达一个产品；到达位置（Location of arrival）选择“网络/GIS节点（Network/GIS node）”，节点（Node）选择“产品生产”。

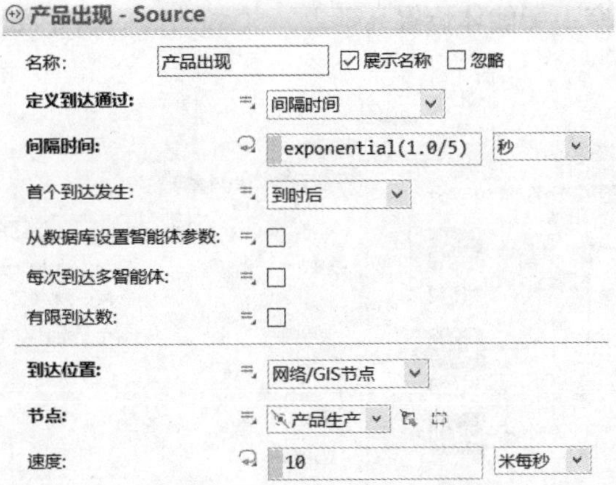

产品出现 - Source

名称: 产品出现 ☑展示名称 ☐忽略

定义到达通过: 间隔时间

间隔时间: exponential(1.0/5) 秒

首个到达发生: 到时后

从数据库设置智能体参数: ☐

每次到达多智能体: ☐

有限到达数: ☐

到达位置: 网络/GIS节点

节点: 产品生产

速度: 10 米每秒

图 9-2-4　Source 模块属性设置

注意

指数函数 exponential(1.0/5) 的括号中必须填写“1.0/5”，等价于双精度浮点（double）型0.2。如果填写“1/5”，等价于整数（int）型0。

（5）从流程建模库（Process Modeling Library）面板拖曳一个Select Output5模块到Main中模块“产品出现”的右侧，如图9-2-5所示进行连接，并设置其属性，名称（Name）为“产品类型分类”，使用（Use）选择“概率（Probability）”，概率1

（Probability 1）为 0.32，概率 2（Probability 2）为 0.33，概率 3（Probability 3）为 0.35，概率 4（Probability 4）和概率 5（Probability 5）均为 0。

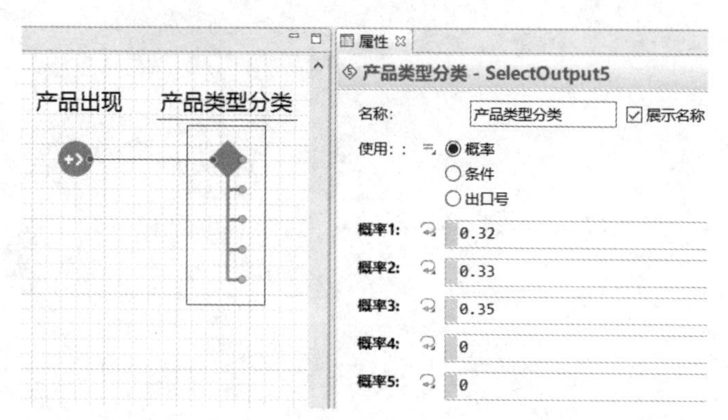

图 9-2-5　Select Output5 模块属性设置

（6）从流程建模库（Process Modeling Library）面板拖曳一个 Resource Pool（资源池）模块到 Main 中，并设置其属性，名称（Name）为“工人数量”，容量（Capacity）为 4。

（7）从流程建模库（Process Modeling Library）面板拖曳三个 Service 模块到 Main 中模块“产品类型分类”的右侧，如图 9-2-6 所示进行连接，并设置其属性，名称（Name）分别为“机台 1”“机台 2”“机台 3”；获取（Seize）均选择“同一池的单元（units of the same pool）”，资源池（Resource pool）均选择“工人数量”，单元数（Number of units）均为 1；均勾选“最大队列容量（Maximum queue capacity）”；延迟时间（Delay time）均为 10 秒（seconds），表示单个产品加工时间为 10 秒；智能体位置（队列）（Agent location - queue）均留空；智能体位置（延迟）（Agent location - delay）分别选择矩形节点“机台一”“机台二”“机台三”。

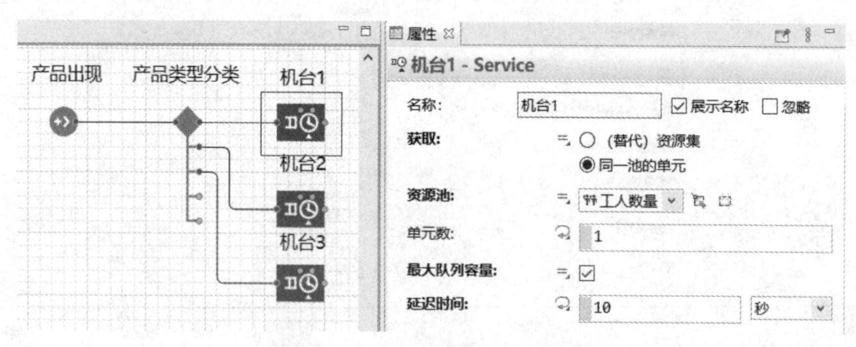

图 9-2-6　Service 模块属性设置

（8）从流程建模库（Process Modeling Library）面板拖曳一个 Service 模块到 Main 中的三个机台右侧，如图 9-2-7 所示进行连接，并设置其属性，名称（Name）为“检验台”，获取（Seize）选择“同一池的单元（units of the same pool）”，资源池（Resource pool）选择“工人数量”，单元数（Number of units）为 1；队列容量（Queue capacity）为 100，延迟时间（Delay time）为 4 秒（seconds），表示单个产品的检验时间为 4 秒；智能体位置（队列）（Agent location - queue））和智能体位置（延迟）（Agent location-delay）均选择矩形节点“检验台一”。

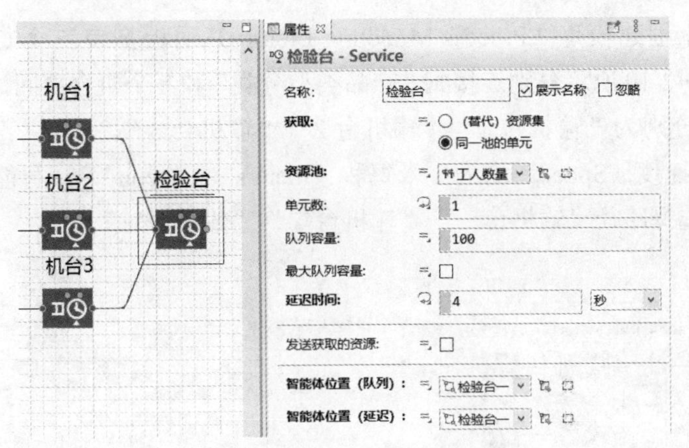

图 9-2-7　Service 模块属性设置

（9）从流程建模库（Process Modeling Library）面板拖曳一个 Select Output5 模块到 Main 中模块“检验台”的右侧，如图 9-2-8 所示进行连接，并设置其属性，名称（Name）为“产品质量分类”，使用（Use）选择“概率（Probability）”，概率 1（Probability 1）为 0.8，概率 2（Probability 2）为 0.2，概率 3（Probability 3）、概率 4（Probability 4）和概率 5（Probability 5）均为 0，即产品合格率为 80%。

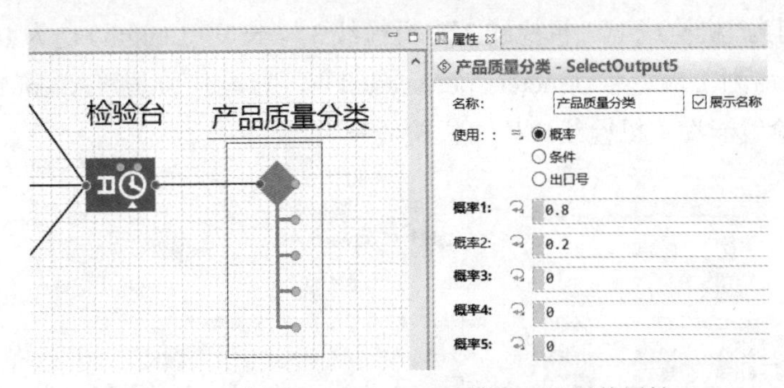

图 9-2-8　创建 Select Output5 模块并设置其属性

（10）从流程建模库（Process Modeling Library）面板拖曳一个 Sink 模块到 Main 中模块“产品质量分类”的右侧与其第一个右（out1）端口连接，并设置 Sink 模块的名称（Name）为“产品消失”。再将模块“产品质量分类”的第二个右（out2）端口与模块“产品类型分类”的左（in）端口连接。

至此，多产品单阶段生产系统的核心工序流程图创建完成，如图 9-2-9 所示。后面将继续增加生产现场的传送和缓存等工序。

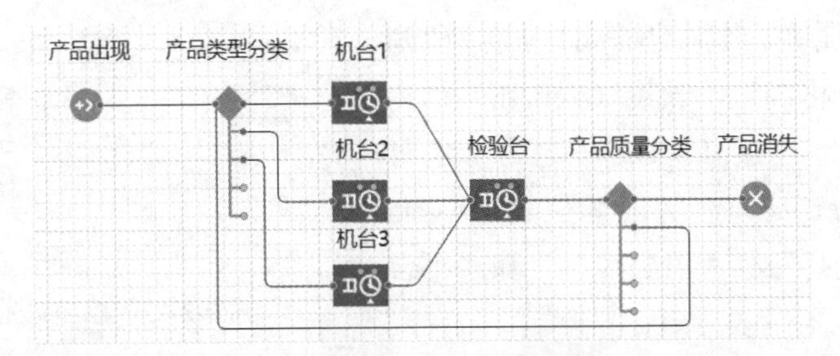

图 9-2-9　多产品单阶段生产系统的核心工序流程图

（11）从流程建模库（Process Modeling Library）面板拖曳三个Conveyor模块到Main中，如图9-2-10所示分别连接到“产品类型分类”和三个机台之间，并设置其属性，名称（Name）分别为“输机台1”“输机台2”“输机台3”，长度（Length）均为10米（meters），速度（Speed）均为1米每秒（meters per second），智能体位置（Agent location）分别选择路径“输机台一”“输机台二”“输机台三”。

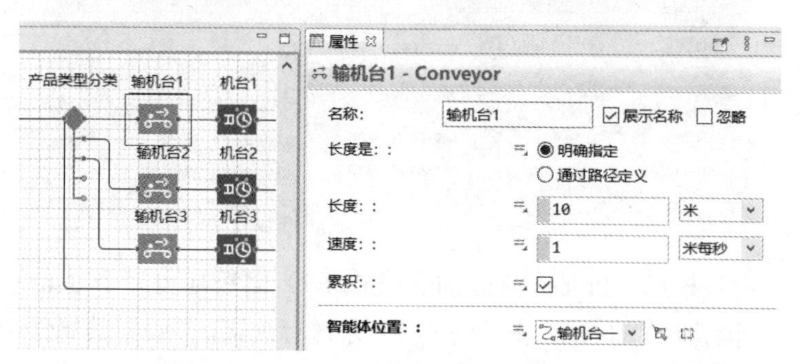

图9-2-10　Conveyor模块属性设置（1）

（12）从流程建模库（Process Modeling Library）面板再拖曳三个Conveyor模块到Main中，如图9-2-11所示分别连接到三个机台和“检验台”之间，并设置其属性，名称（Name）分别为“机检线1”“机检线2”“机检线3”，长度（Length）均为10米（meters），速度（Speed）均为1米每秒（meters per second），智能体位置（Agent location）分别选择路径“机检线一”“机检线二”“机检线三”。

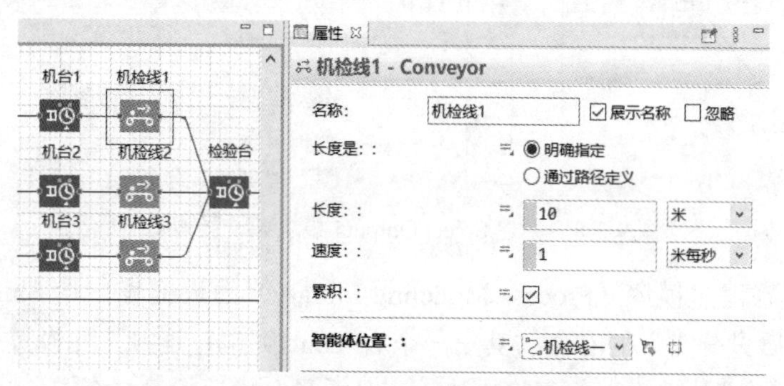

图9-2-11　Conveyor模块属性设置（2）

（13）从流程建模库（Process Modeling Library）面板拖曳两个Conveyor模块到Main中，如图9-2-12所示，一个连接到“产品质量分类”和“产品消失”之间，一个连接到“产品质量分类”和“产品类型分类”之间，并设置其属性，名称（Name）分别为“消失线”和“不合格线”，长度（Length）均为10米（meters），速度（Speed）均为1米每秒（meters per second），智能体位置（Agent location）分别选择路径“消失线一”和“不合格线一”。

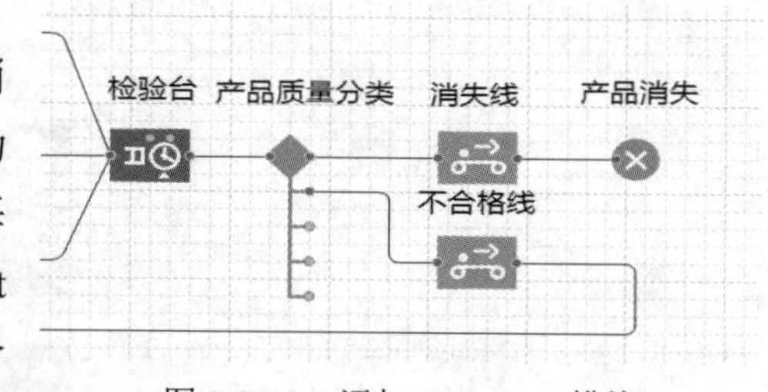

图9-2-12　添加Conveyor模块

（14）从流程建模库（Process Modeling Library）面板拖曳一个Queue模块到Main中，

如图 9-2-13 所示连接到“产品出现”和“产品类型分类”之间，并设置其属性，名称（Name）为“等待进入”，勾选“最大容量（Maximum queue capacity）”，智能体位置（Agent location）选择路径“产机线”。

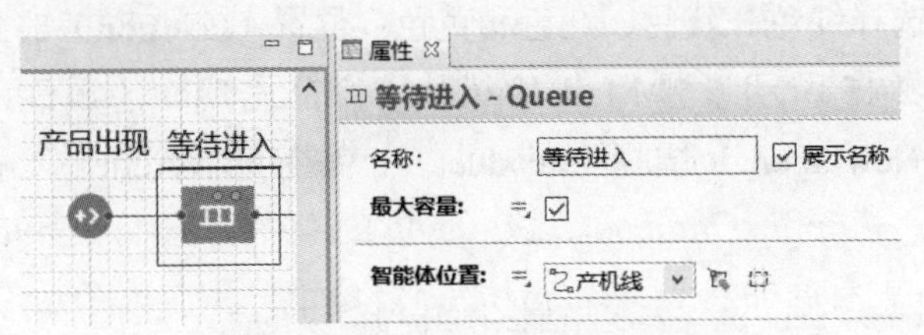

图 9-2-13　Queue 模块属性设置

（15）从流程建模库（Process Modeling Library）面板拖曳一个 Conveyor 模块到 Main 中，连接到“等待进入”和“产品类型分类”之间，如图 9-2-14 所示设置其属性，名称（Name）为“产品运输”，长度（Length）为 10 米（meters），速度（Speed）为 1 米每秒（meters per second），智能体位置（Agent location）选择路径“产机线”。

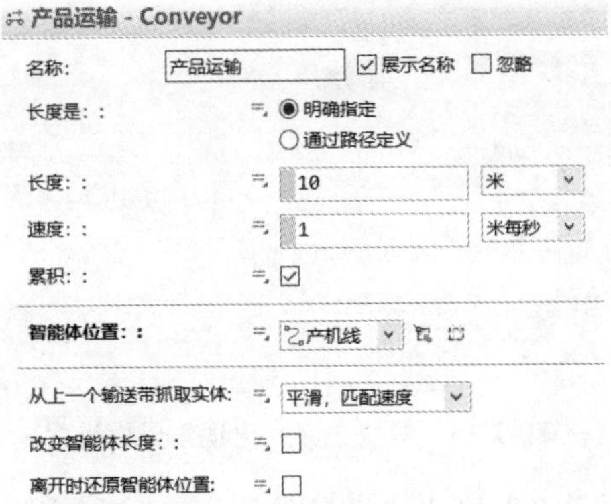

图 9-2-14　Conveyor 模块属性设置（3）

（16）从智能体（Agent）面板拖曳一个智能体（Agent）元件到 Main 中，在弹出的新建智能体向导首页点击“智能体群（Population of agents）”；新类型名（Agent type name）设为“Product”，智能体群名（Agent population name）设为“products”，选择“我正在从头创建智能体类型（Create the agent type from scratch）”；智能体动画（Agent animation）选择“三维（3D）”，并选择盒子（Boxes）部分的盒子关（Box Closed）；不添加智能体参数（Agent parameters）；选择“创建初始为空的群（Create initially empty population）”，点击完成（Finish）按钮。智能体类型 Product 创建完成，并显示在工程树中。

（17）双击工程树中的智能体类型 Product 打开其图形编辑器，从智能体（Agent）面板中拖曳四个变量（Variable）元件到 Product 中，名称（Name）分别设为“isBlue”“isRed”“isGreen”“isYellow”，类型（Type）均选择“boolean”，变量 isBlue、isRed、isGreen 的初始值（Initial value）均设为“false”，变量 isYellow 的初始值（Initial value）设为“true”。从三维物体（3D Objects）面板盒子（Boxes）部分拖曳四个盒子关（Box Closed）到 Product 中，并设置四个三维对象的属性，

名称分别为“Green”“Blue”“Red”“Yellow”，可见（Visible）均设为动态值（Dynamic value）并分别填入“!isRed && !isBlue”“!isRed && !isGreen”“!isGreen && !isBlue”“!isBlue && !isGreen && !isRed”；颜色（Colors）部分的我的颜色（My color）分别按名称选择绿色、蓝色、红色和黄色；位置（Position）部分X、Y、Z均为0。

（18）如图9-2-15所示设置Main中模块“产品出现”的属性，智能体（Agent）部分的新智能体（New agent）选择“Product”，在行动（Actions）部分的离开时（On exit）填入代码：

```
agent.isYellow = true;   //表示在制品刚到达时是黄色的
```

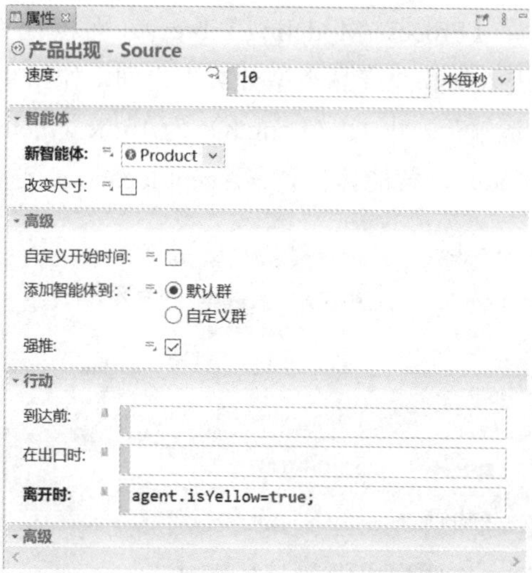

图9-2-15　模块“产品出现”属性设置

（19）如图9-2-16所示设置模块“产品类型分类”的属性，在行动（Actions）部分的离开1时（On exit1）填入代码：

```
agent.isBlue = true;      //表示当产品从out1端口离开时是蓝色的
```

在行动（Actions）部分的离开2时（On exit2）填入代码：

```
agent.isRed = true;      //表示当产品从out2端口离开时是红色的
```

在行动（Actions）部分的离开3时（On exit3）填入代码：

```
agent.isGreen = true;    //表示当产品从out3端口离开时是绿色的
```

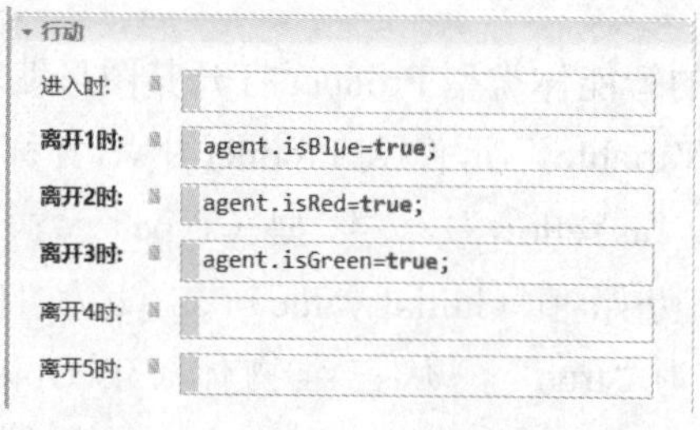

图9-2-16　模块“产品类型分类”属性设置

至此，多产品单阶段生产系统的基础模型构建完成，如图 9-2-17 所示。

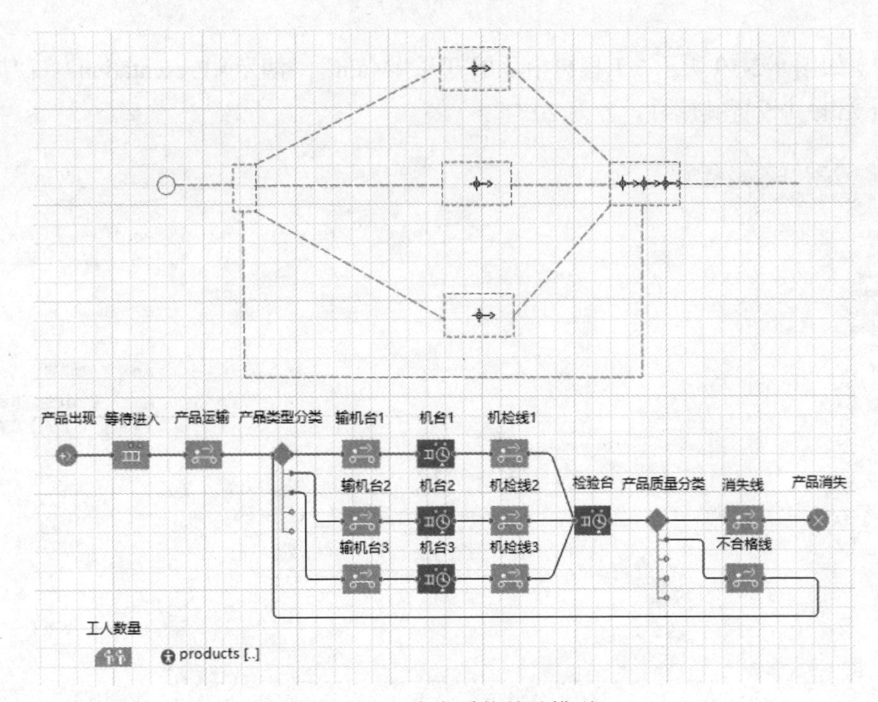

图 9-2-17 生产系统基础模型

（20）模型运行，结果如图 9-2-18 所示。

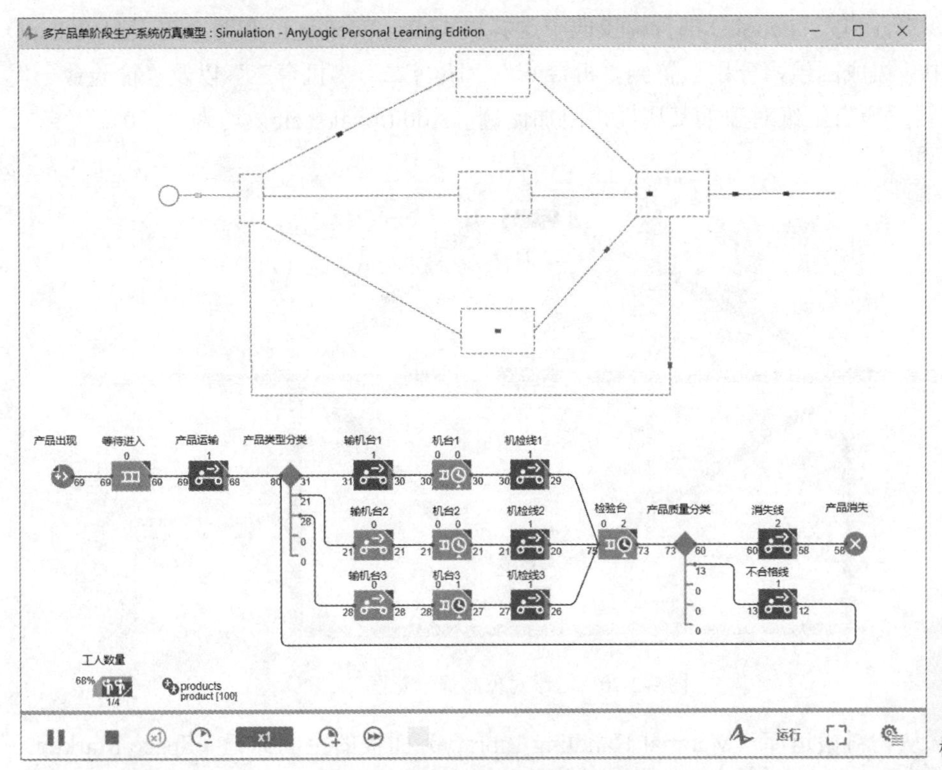

图 9-2-18 模型运行结果显示

模型文件下载

9.2.2 添加生产系统三维仿真动画

（1）如图 9-2-19 所示，工程树中逐层打开“Main”|“演示（Presentation）”|“level”，选择 network 并设置其属性，Z 为 20。

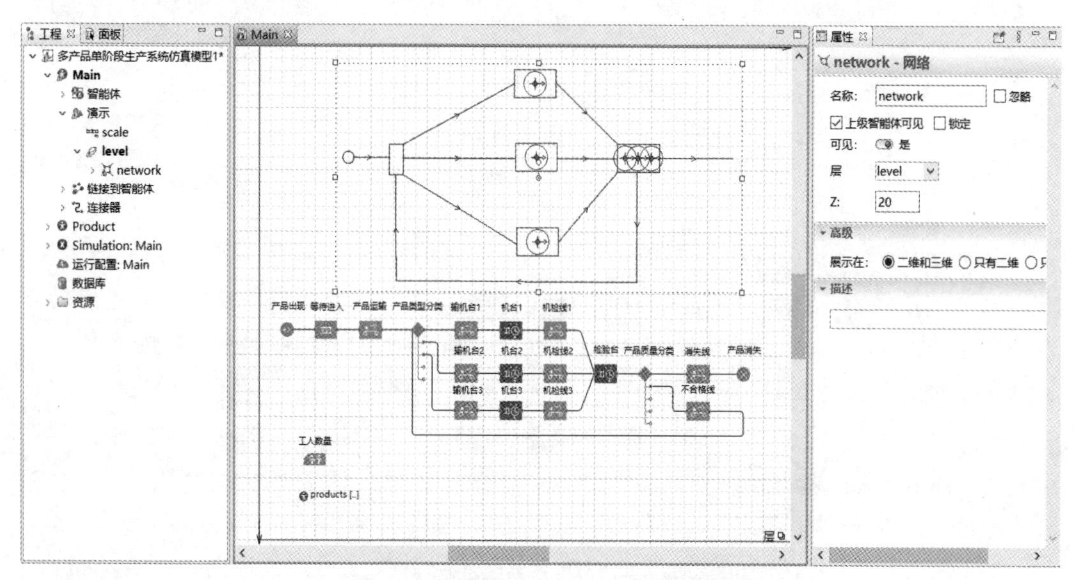

图 9-2-19　网络（network）属性设置

（2）如图 9-2-20 所示，分别从三维物体（3D Objects）面板数控机床（CNC Machines）部分和人（People）部分拖曳四个送料机 4（Bar Feeder 4）和四个工人（Workers）到 Main 中，组成四组，分别放置到“机台一”“机台二”“机台三”以及“检验台一”的位置。设置所有三维对象的其属性，附加比例（Additional scale）均为“150%”。

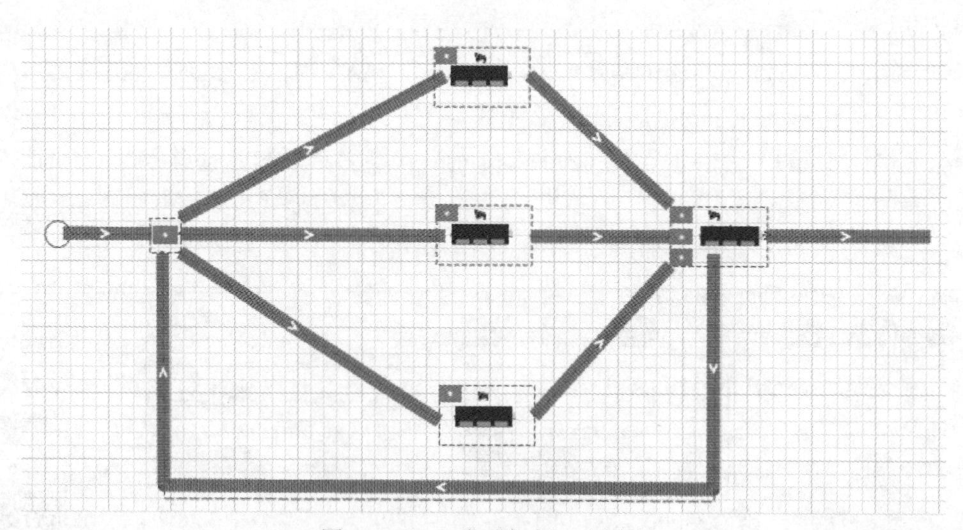

图 9-2-20　三维对象布局示意图

（3）从物料搬运库（Material Handling Library）面板的空间标记（Space Markup）部分拖曳多个输送带（Conveyor）元件到 Main 中，布置如图 9-2-20 所示，并设置它们的属性，位置和大小（Position and size）部分的 Z 均为 20。

注意

AnyLogic物料搬运库（Material Handling Library）面板的输送带（Conveyor）元件用于图形化定义绘制输送带，详见本书10.1.2节。

（4）从三维物体（3D Objects）面板制造（Manufacturing）部分拖曳七个工业容器2（Industrial Container 2）到Main中如图9-2-20所示位置，并设置七个三维对象的属性，附加比例（Additional scale）均为“300%”。最左侧的工业容器2三维对象，其属性位置（Position）部分的Z设为10。

（5）在流程建模库（Process Modeling Library）面板中双击路径（Path）元件，激活其绘图模式，在机台1旁工业容器2元件的中心处绘制一条路径，如图9-2-21所示设置其属性，名称（Name）为“机台1暂存区”；位置（Position）部分的Z为150；点（Points）部分，将序号1的行改为X=0.001，Y=0，Z=-150。在机台2、机台3旁的工业容器2元件中心处用同样的方法添加并设置路径，名称（Name）分别为“机台2暂存区”“机台3暂存区”。

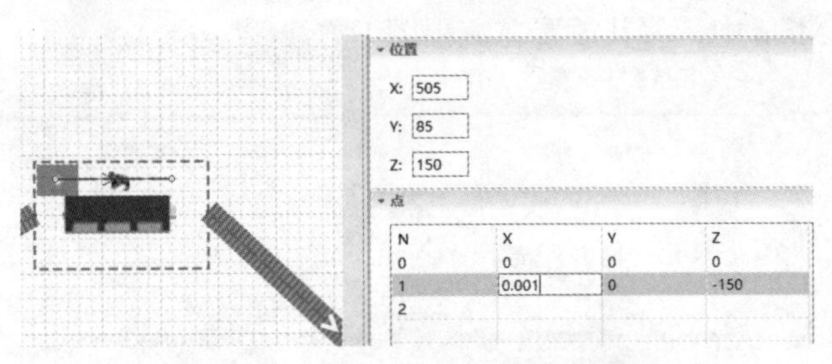

图9-2-21 路径（Path）元件属性设置

（6）如图9-2-22所示，设置模块“机台1”“机台2”“机台3”的属性，智能体位置（队列）（Agent location - queue）分别选择“机台1暂存区”“机台2暂存区”“机台3暂存区”。

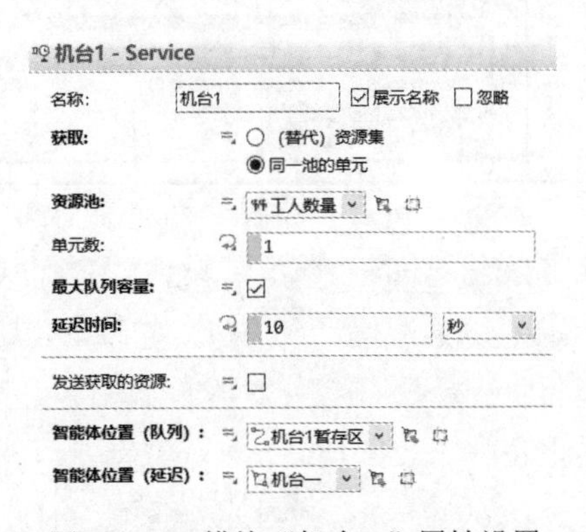

图9-2-22 模块“机台1”属性设置

（7）在流程建模库（Process Modeling Library）面板中双击路径（Path）元件，激活其绘图模式，按照步骤（5）为检验台一区域中的三个工业容器2元件均绘制三条路径并同样设置其属性，名称（Name）分别为“产1检验暂存”“产2检验暂存”“产3检验暂存”。

（8）从流程建模库（Process Modeling Library）面板拖曳三个Queue模块到Main中，如图9-2-23所示分别连接到三个机检线与“检验台”之间，并设置其属性，名称（Name）分别为“产1检验等待”“产2检验等待”“产3检验等待”，均勾选“最大容量（Maximum queue capacity）”，智能体位置（Agent location）分别选择“产1检验暂存”“产2检验暂存”“产3检验暂存”。

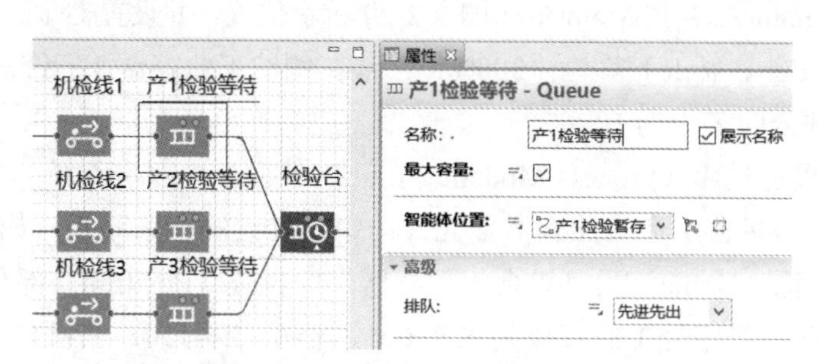

图9-2-23　Queue模块属性设置

（9）如图9-2-24所示，从演示（Presentation）面板拖曳一个三维窗口（3D Window）元件到Main中，将其放置在流程图下方。

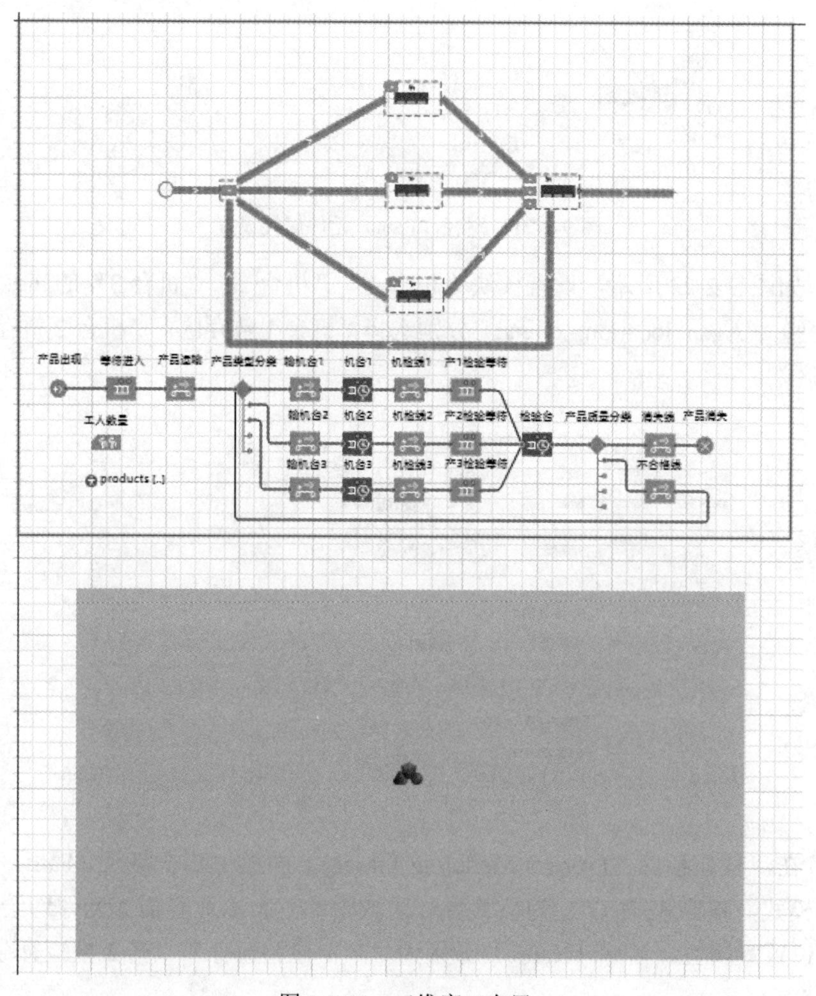

图9-2-24　三维窗口布局

（10）运行模型，如图 9-2-25 和图 9-2-26 所示

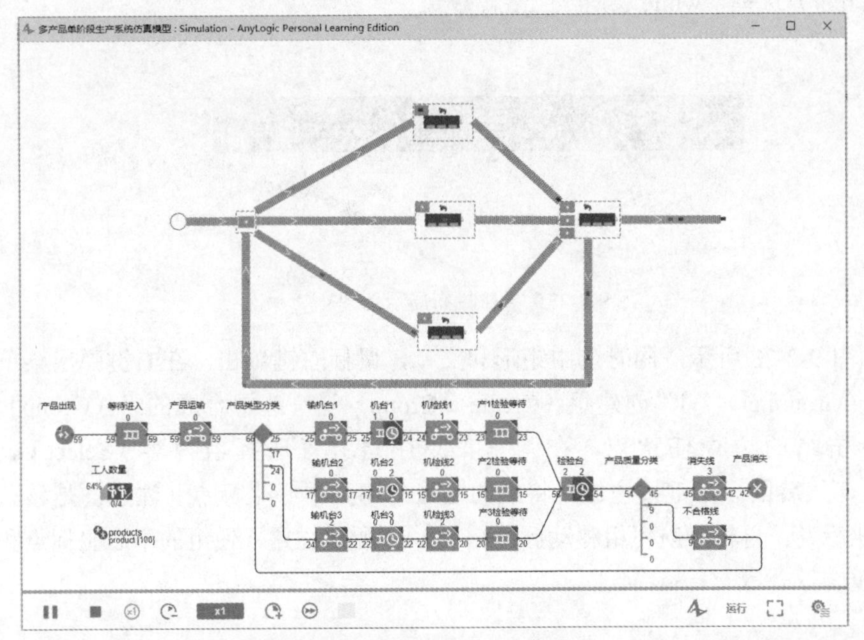

模型文件下载

图 9-2-25　模型运行结果显示

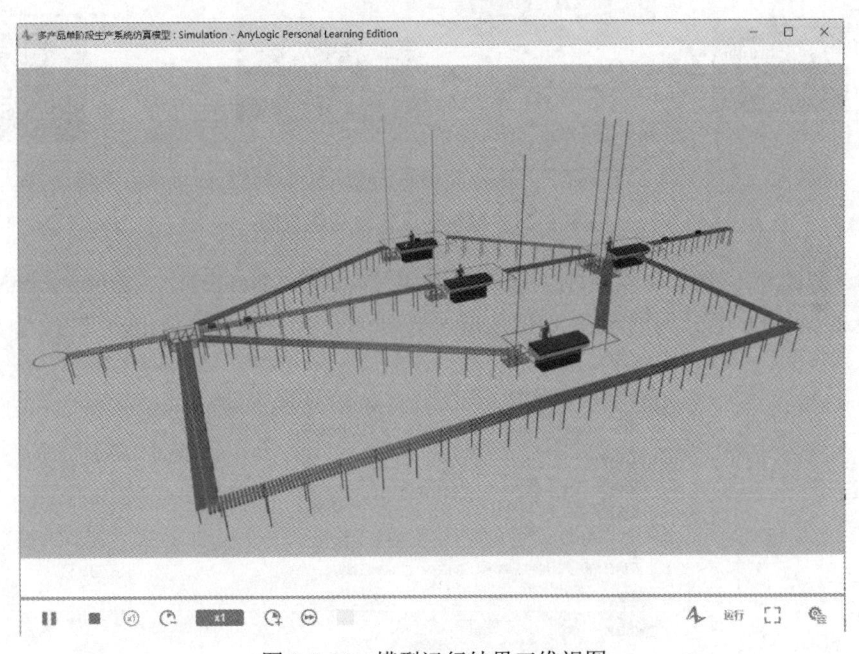

图 9-2-26　模型运行结果三维视图

9.2.3　添加两视域系统仿真导航栏

（1）如图 9-2-27 所示，从演示（Presentation）面板拖曳矩形（Rectangle）元件和文本（Text）元件到 Main 中。设置其属性，矩形（Rectangle）元件外观（Appearance）部分填充颜色（Fill color）均为“dodgerBlue”；文本（Text）元件文本（Text）部分分

别填入“多产品单阶段生产系统仿真模型”“3D”“2D&Logic”，外观（Appearance）部分颜色（Color）选择“white”。

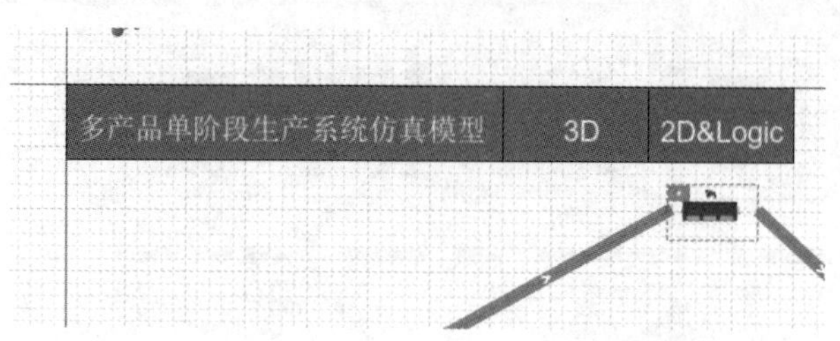

图 9-2-27 导航栏布局示意图

（2）如图 9-2-28 所示，同时选中矩形和文本，鼠标右键单击，在右键弹出菜单中选择“分组（Grouping）”|“创建组（Create a Group）”，选中合成的组（Group），鼠标右键单击组的边缘任意点，在弹出菜单中选择“选择组内容（Select Group Contents）”，然后鼠标左键按住组，将组的左上角挪到中心坐标点（注意：是移动组而不是中心坐标）。再将导航栏组移动到如图 9-2-28 所示位置，使组的中心坐标点和视图的左上角重合。

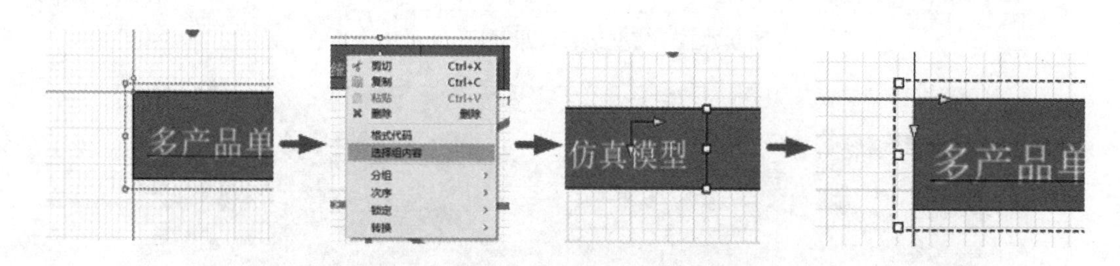

图 9-2-28 导航栏设置步骤示意图

（3）如图 9-2-29 所示设置刚创建的组的属性，名称（Name）为“groupMainMenu”，高级（Advanced）部分的展示在（Show in）选择“只有二维（2D only）”。

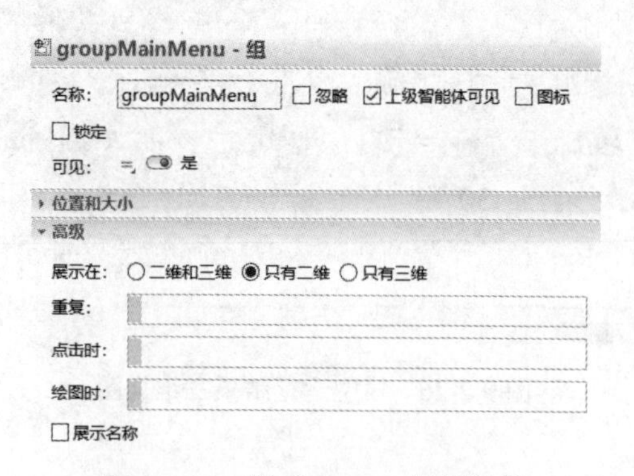

图 9-2-29 组（Group）属性设置

（4）从智能体（Agent）面板拖曳一个函数（Function）元件到 Main 中，如图 9-2-30 所示设置其属性，名称（Name）为“navigate”，选择“只有行动（无返回值）（Just action – returns nothing）”；在参数（Arguments）部分添加一个参数，名称（Name）为“viewArea”，类型（Type）填入“ViewArea”；在函数体（Function body）部分填入代码：

```
selectedViewArea = viewArea;
viewArea.navigateTo();
groupMainMenu.setPos( viewArea.getX(), viewArea.getY() );
```

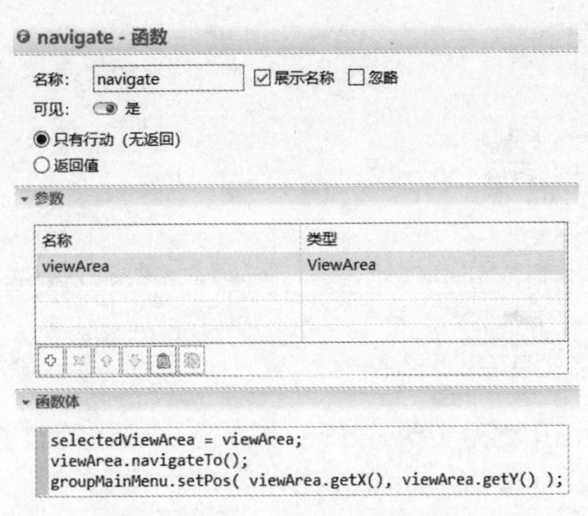

图 9-2-30 函数（Function）元件属性设置

（5）从智能体（Agent）面板拖曳一个变量（Variable）元件到Main中，并设置其属性，名称（Name）为“selectedViewArea”，类型（Type）选择“其他（Other）...”并填入“ViewArea”，初始值（lnitial value）填入“view2D”。

（6）从智能体（Agent）拖曳两个参数（Parameter）元件到Main中，并如图9-2-31所示设置其属性，名称（Name）分别为“ColorMenuSelected”“ColorMenuNotSelected”，类型（Type）均选择“Color”，默认值（Default value）分别为“new Color(129, 195, 255)”“dodgerBlue”。

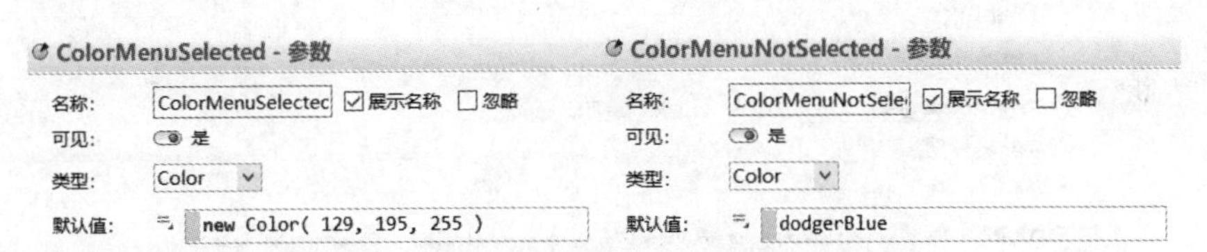

图 9-2-31 参数（Parameter）元件属性设置

（7）如图9-2-32所示，选中Main中导航栏区域最左侧矩形（Rectangle）设置其属性，外观（Appearance）部分填充颜色（Fill color）设为动态值（Dynamic value）并填入“ColorMenuNotSelected”。

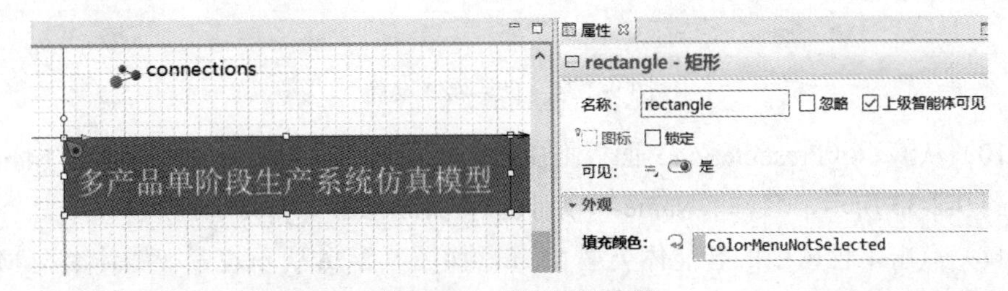

图 9-2-32 矩形属性设置

（8）选中导航栏中间的矩形（Rectangle），如图9-2-33所示设置其属性，外观（Appearance）部分的填充颜色（Fill color）设为动态值（Dynamic value）并填入“selectedViewArea == view3D ? ColorMenuSelected : ColorMenuNotSelected”，在高级（Advanced）部分的点击时（On click）填入代码：

```
navigate( view3D );
```

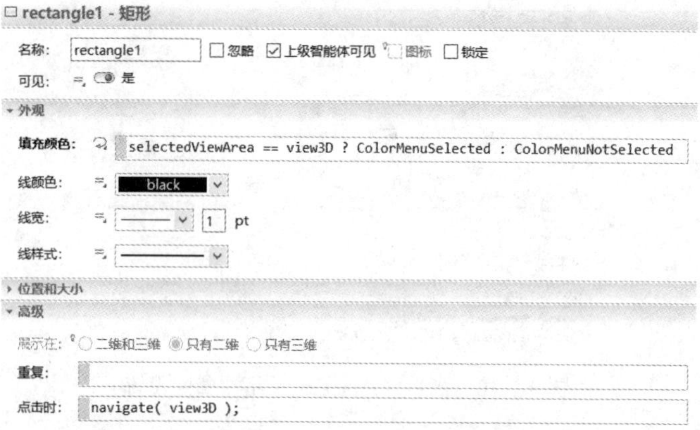

图 9-2-33　矩形属性设置

（9）选中导航栏最右侧矩形（Rectangle），如图 9-2-34 所示设置其属性，外观（Appearance）部分的填充颜色（Fill color）设为动态值（Dynamic value）并填入“selectedViewArea == view2D ? ColorMenuSelected : ColorMenuNotSelected”，在高级（Advanced）部分的点击时（On click）填入代码：

```
navigate( view2D );
```

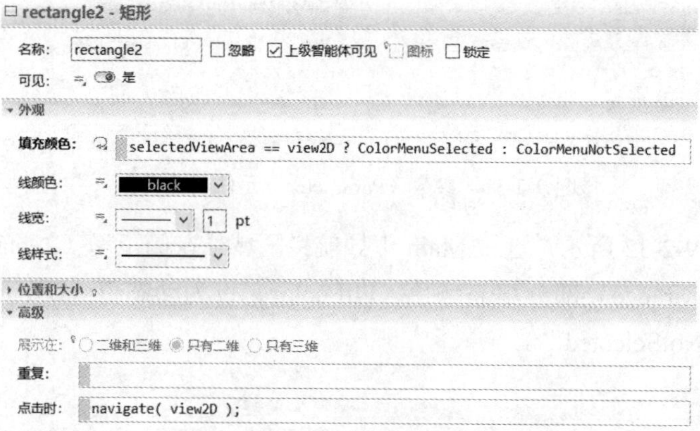

图 9-2-34　矩形属性设置

（10）从演示（Presentation）面板拖曳两个视图区域（viewArea）元件到 Main 中，位置如图 9-2-35 所示，名称（Name）分别设为“view2D”“view3D”。

（11）点击工程树中的智能体类型 Main，如图 9-2-36 所示设置智能体类型 Main 的属性，在智能体行动（Agent actions）部分的启动时（On startup）填入代码：

```
navigate( view2D );
```

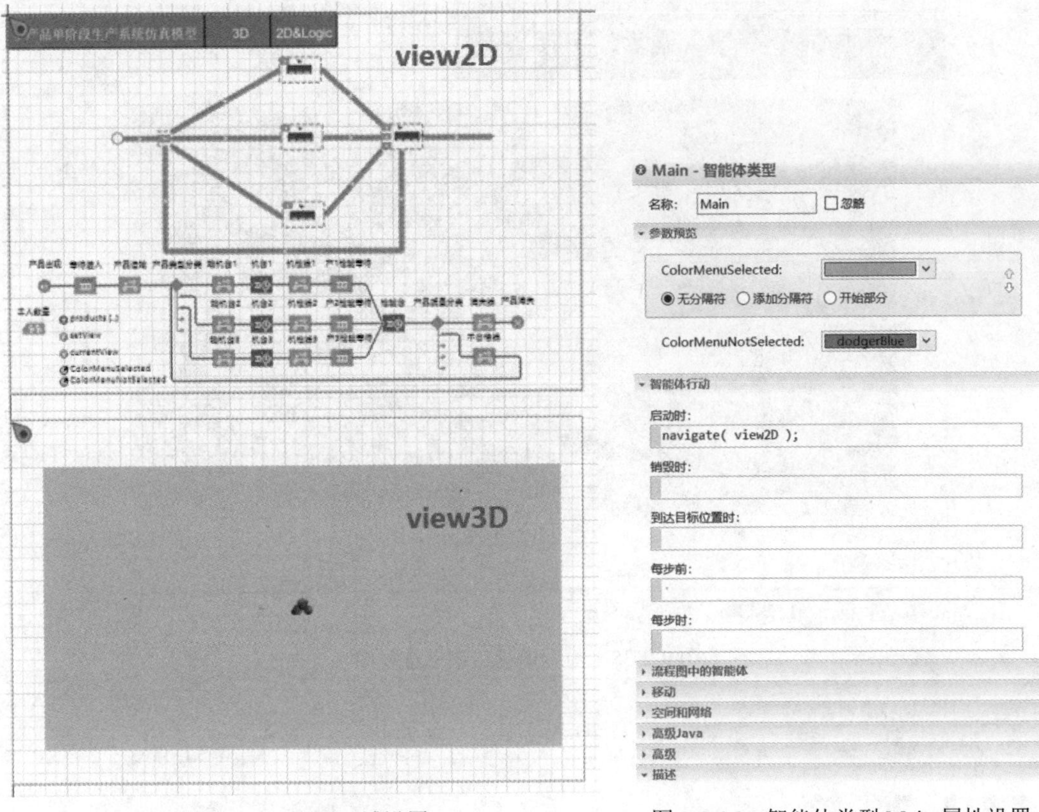

图 9-2-35 视图区域设置　　　　图 9-2-36 智能体类型 Main 属性设置

（12）运行模型，如图 9-2-37 和图 9-2-38 所示。仿真实验运行过程中可以通过点击导航栏的菜单切换二维和三维视图。

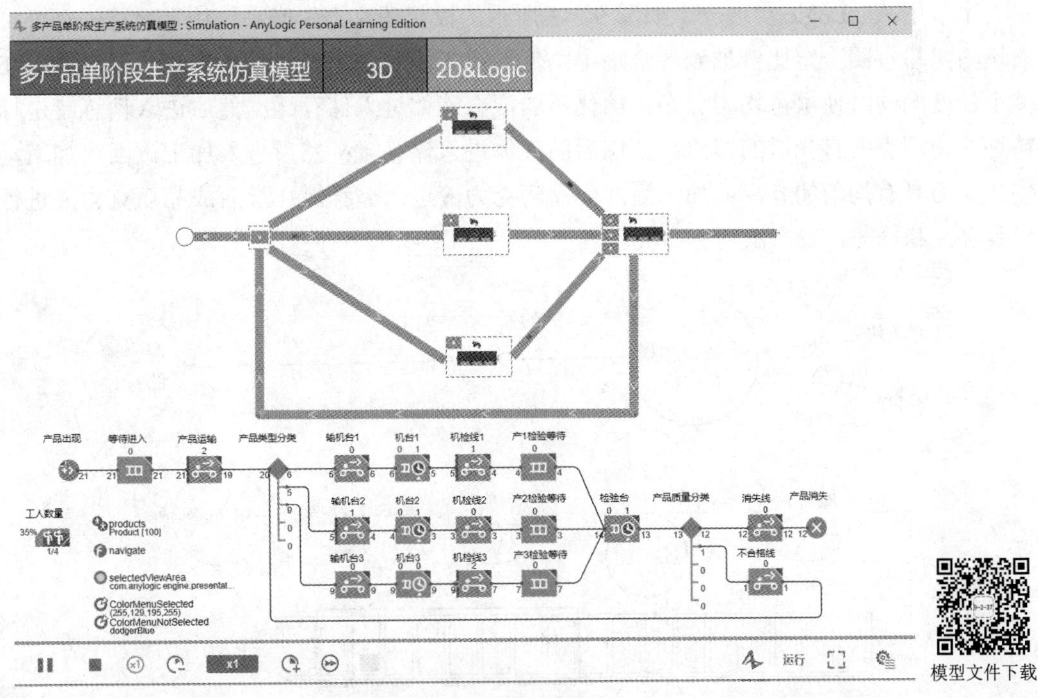

图 9-2-37 模型运行结果显示

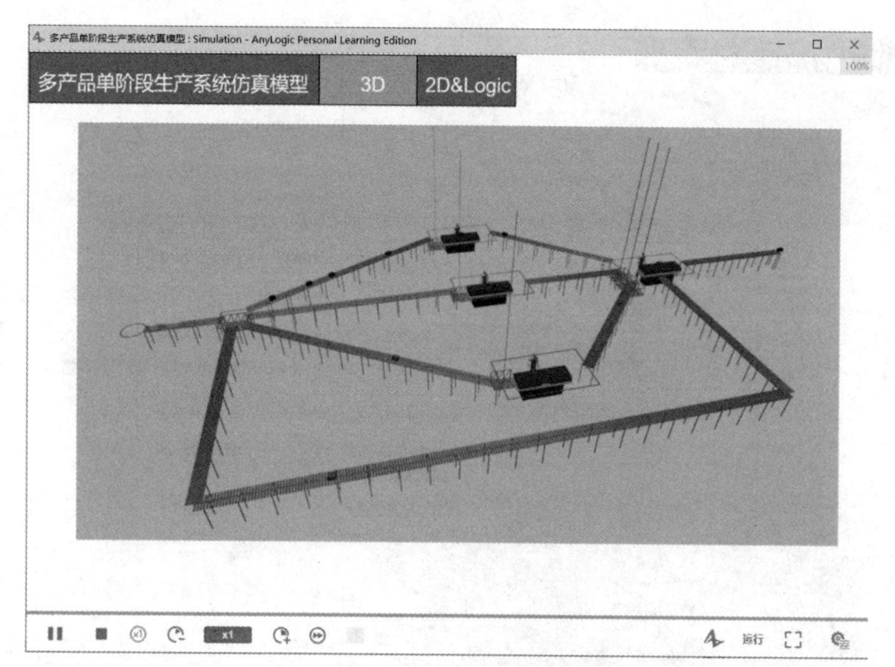

图 9-2-38　模型运行结果三维视图

9.3 AnyLogic 板状巧克力生产系统仿真

本节用 AnyLogic 实现一个如图 9-3-1 所示的板状巧克力生产系统仿真。首先将可可液块与奶粉按照一定比例加到混合罐中；然后进入滚轴加工，滚动加热熔化混合物，在减小粒度的同时使可可均匀分布；熔化后的混合液体进入储存罐；然后进入精炼罐进行精炼，使巧克力有光滑的口感；精炼后的液体进入储存罐；然后进入加工罐回火加工，使巧克力具有均匀的光泽；加工后的成品巧克力液进入储存罐；最后成品巧克力液进行模具浇注和冷却，生产出巧克力板。

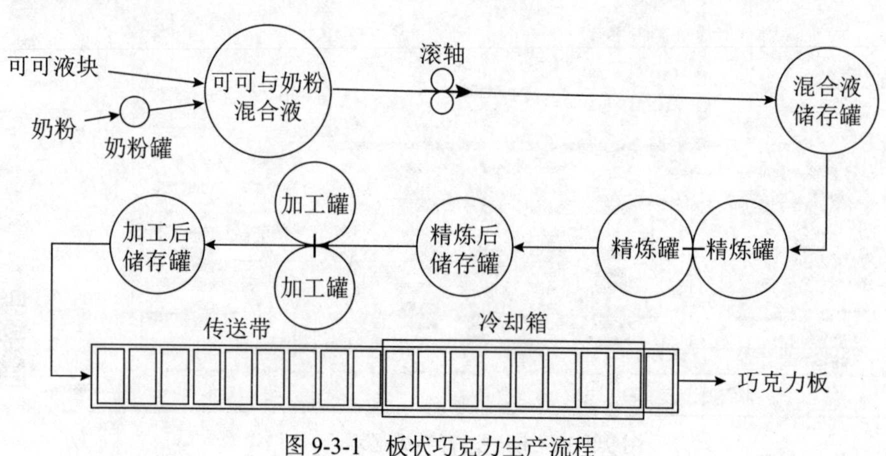

图 9-3-1　板状巧克力生产流程

9.3.1 创建板状巧克力生产系统模型

（一）可可液块与奶粉混合

（1）新建一个模型，模型时间单位（Model time units）选择分钟（minutes）。

（2）从流体库（Fluid Library）面板拖曳一个 Fluid Source 模块到 Main 中，如图 9-3-2 所示设置其属性，名称（Name）为“chocolateLiquor”，速率（Rate）为 0.15 千克每秒（kilograms/s），模式（Mode）选择“无限容量（Infinite capacity）”，勾选“自定义批（Custom batch）”，批（Batch）中填入“"Cocoa liquor"”，勾选“自定义批颜色（Custom batch color）”，批颜色（Batch color）为“saddleBrown”。

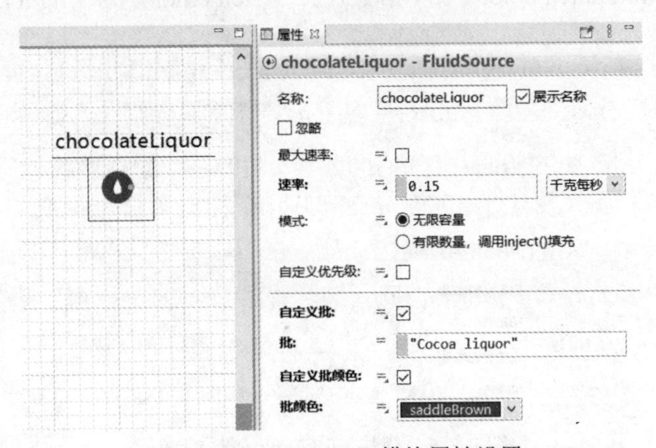

图 9-3-2 Fluid Source 模块属性设置

（3）从流体库（Fluid Library）面板拖曳一个 Bulk Conveyor 模块到 Main 中模块 chocolateLiquor 的右侧，如图 9-3-3 所示进行连接，并设置其属性，名称（Name）为“liquorToMix”，长度（Length）为 2 米（meters），速度（Speed）为 1 米每秒（meters per second），默认速度时最大输入速率（Maximum input rate at speed）为 0.3 千克每秒（kilograms/s）。

图 9-3-3 Bulk Conveyor 模块属性设置

（4）从流体库（Fluid Library）面板拖曳一个 Fluid Source 模块、一个 Tank 模块和一个 Bulk Conveyor 模块到 Main 中，如图 9-3-4 所示进连接，并设置三个模块的名称（Name）分别为“milkPowder”“milkTank”和“milkPowderToMix”。

设置模块 milkPowder 的属性，速率（Rate）为 0.2 千克每秒（kilograms/s），模式（Mode）选择“无限容量（Infinite capacity）”，勾选“自定义批（Custom batch）”，批（Batch）中填入“"Milk powder"”，勾选“自定义批颜色（Custom batch color）”，批颜色（Batch color）为“lightYellow”。

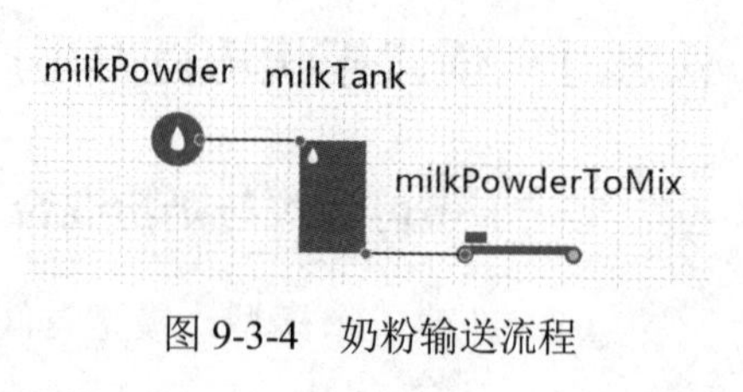

图 9-3-4　奶粉输送流程

如图 9-3-5 所示设置模块 milkTank 的属性，作为奶粉罐，容量（Capacity）为 30 千克（kilograms），初始数量（Initial amount）为 30 千克（kilograms），勾选“自定义初始批（Custom initial batch）”，初始批（Initial batch）填入“"Milk powder"”，勾选“自定义批颜色（Custom batch color）”，批颜色（Batch color）为“lightYellow”。

milkTank - Tank

名称:	milkTank	☑展示名称 ☐忽略
容量:	30	千克
初始数量:	30	千克
有限输出速率:	☐	
自定义优先级:	☐	
自定义初始批:	☑	
初始批:	"Milk powder"	
自定义批颜色:	☑	
批颜色:	lightYellow	

图 9-3-5　模块 milkTank 属性设置

设置模块 milkPowderToMix 的属性，长度（Length）为 1 米（meters），速度（Speed）为 1 米每秒（meters per second），默认速度时最大输入速率（Maximum input rate at speed）为 0.2 千克每秒（kilograms/s）。

（5）从流体库（Fluid Library）面板拖曳一个 Mix Tank 模块到 Main 中，如图 9-3-6 所示将其左侧两个（in1 和 in2）端口分别与模块 liquorToMix 和模块 milkPowderToMix 连接，并如图 9-3-7 所示设置模块的属性，名称（Name）为“mixWithCholocateAndMilk”，混合通过（Mix by）选择“分数（Fractions）”，容量（总量）（Capacity-total amount）为 60 千克（kilograms），分数 1（Fraction 1）为 36，分数 2（Fraction 2）为 24；延迟时间（Delay time）为 2 分钟（minutes）；输出批是（Output batch is）选择“自定义（Custom）”，输出批（Output batch）填入“"Cholocate mass"”，勾选“自定义批颜色（Custom batch color）”，批颜色（Batch color）为“peru”。

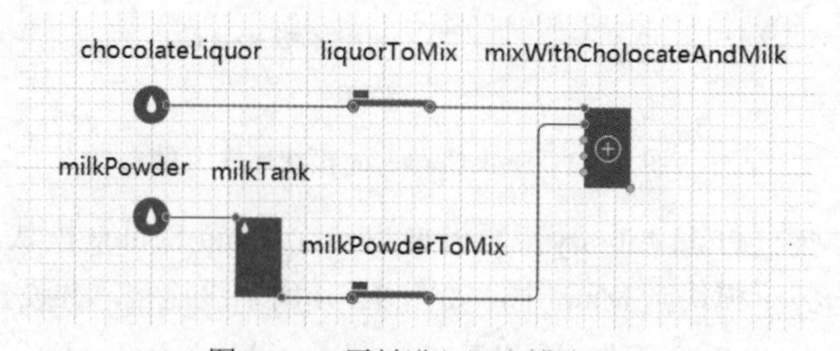

图 9-3-6　原料进入混合罐流程

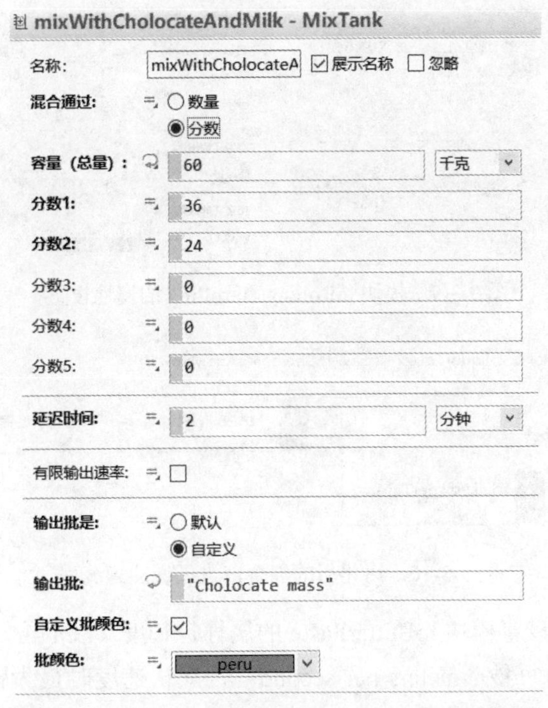

图 9-3-7 模块 mixWithCholocateAndMilk 属性设置

（二）混合原料滚轴加工

（1）从流体库（Fluid Library）面板拖曳一个 Pipeline 模块和一个 Fluid Convert 模块到 Main 中模块 mixWithCholocateAndMilk 的右侧，如图 9-3-8 所示进行连接，并设置两个模块的名称（Name）分别为“toRolling”和“rolling”。

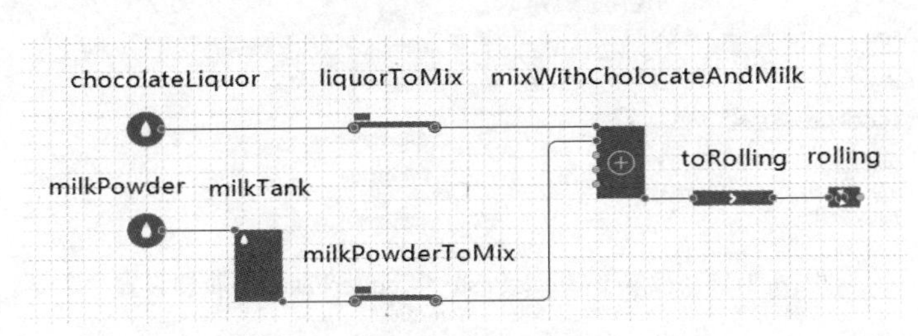

图 9-3-8 原料混合后的滚轴加工流程

如图 9-3-9 所示设置模块 toRolling 的属性，容量（Capacity）为 2 千克（kilograms），初始数量（Initial amount）为 0 千克（kilograms），勾选“有限速率（Limited rate）”，最大速率（Maximum rate）为 0.4 千克每秒（kilograms/s）。

如图 9-3-9 所示设置模块 rolling 的属性，因子（Factor）为 1，勾选“自定义输出批（Custom output batch）”，输出批（Output batch）填入“"Cholocate powder"”，勾选“自定义批颜色（Output batch color）”，批颜色（Batch color）为“brown”。

（2）从流体库（Fluid Library）面板拖曳一个 Bulk Conveyor 模块和一个 Tank 模块到 Main 中模块 rolling 的右侧，如图 9-3-10 所示进行连接，并设置两个模块的名称（Name）分别为“toButterPaste”和“butterPaste”。

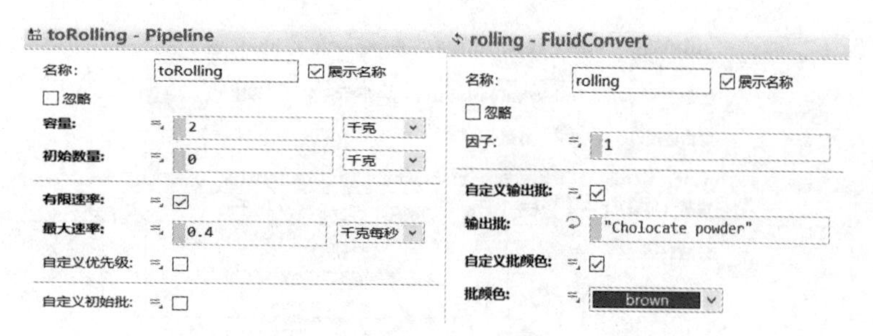

图 9-3-9　模块 toRolling 和 rolling 的属性设置

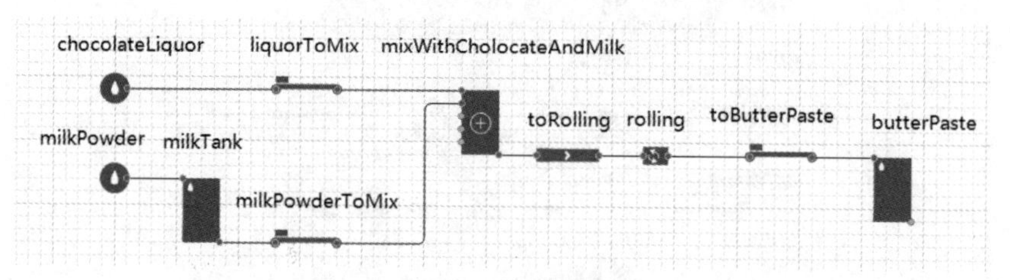

图 9-3-10　熔化后的混合液进入缓冲罐流程

如图 9-3-11 所示设置模块 toButterPaste 的属性，长度（Length）为 5 米（meters），速度（Speed）为 1 米每秒（meters per second），默认速度时最大输入速率（Maximum input rate at speed）为 0.4 千克每秒（kilograms/s）。

如图 9-3-11 所示设置模块 butterPaste 的属性，容量（Capacity）为 300 千克（kilograms），初始数量（Initial amount）为 0 千克（kilograms）。

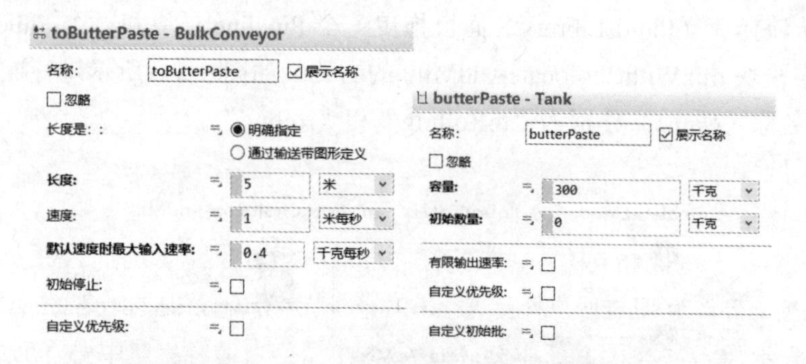

图 9-3-11　模块 toButterPaste 和 butterPaste 的属性设置

（3）从流体库（Fluid Library）面板拖曳一个 Pipeline 模块和一个 Fluid Select Output 模块到 Main 中模块 butterPaste 的右侧，如图 9-3-12 所示进行连接，并设置两个模块的名称（Name）分别为“toConching”和“selectConching”。

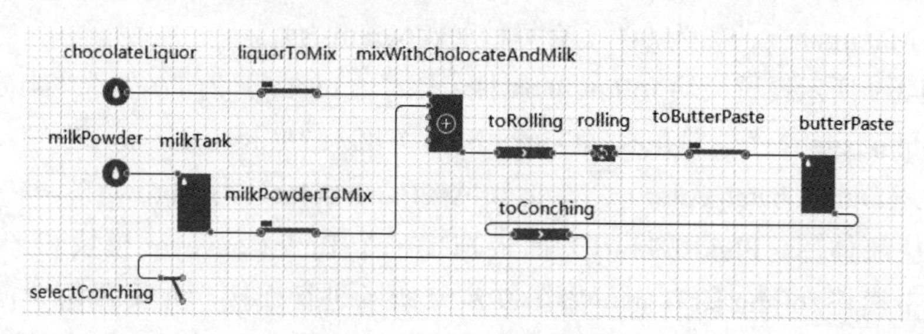

图 9-3-12　混合液输出流程

设置模块 toConching 的属性，容量（Capacity）为 5 千克（kilograms），初始数量（Initial amount）为 0 千克（kilograms），勾选“有限速率”（Limited rate），最大速率（Maximum rate）为 0.3 千克每秒（kilograms/s）。

如图 9-3-13 所示设置模块 selectConching 的属性，选择输出（Select output）选择“通过调用 select() 函数（By calling select() function）”，选择（Initial selection）选择“输出 1（Output 1）”。

（三）巧克力混合液精炼

（1）从流体库（Fluid Library）面板拖曳两个 Process Tank 模块和一个 Fluid Select Input 模块到 Main 中模块 selectConching 的右侧，如图 9-3-14 所示进行连接，并设置三个模块的名称（Name）分别为“conching1”“conching2”和“selectConchingOut”。

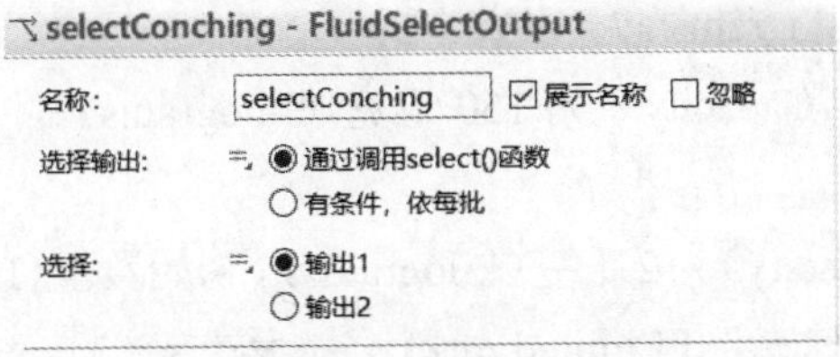

图 9-3-13 模块 selectConching 属性设置

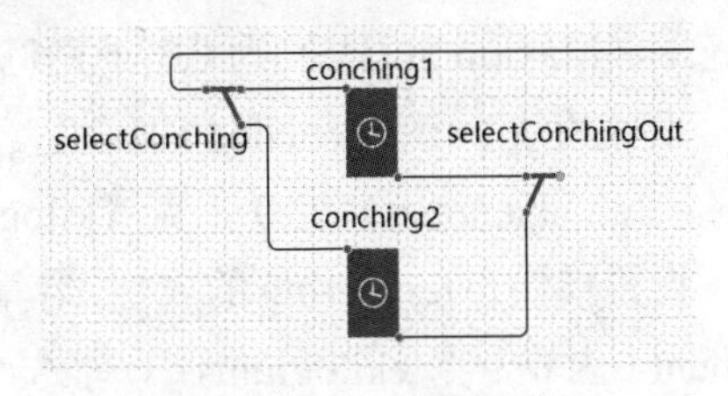

图 9-3-14 双罐精炼流程

如图 9-3-15 所示设置模块 conching1 的属性，容量（Capacity）为 150 千克（kilograms），延迟时间（Delay time）为 30 分钟（minutes），输出批是（Output batch is）选择“自定义（Custom）”，输出批（Output batch）填入“"Chocolate paste conched"”，勾选“自定义批颜色（Custom batch color）”，批颜色（Batch color）设为动态值（Dynamic value）并填入“colorPasteConched”；行动（Actions）部分，在满时（On full）填入代码：

```
selectConching.select(2);
```

在空时（On empty）填入代码：

```
selectConchingOut.select(2);
```

图 9-3-15 模块 conching1 属性设置

以同样参数设置模块 conching2 的属性，行动（Actions）部分，在满时（On full）填入代码：

```
selectConching.select(1);
```

在空时（On empty）填入代码：

```
selectConchingOut.select(1);
```

设置模块 selectConchingOut 的属性，选择（Initial selection）选择“输入 1（Input 1）”。

（2）从流体库（Fluid Library）面板拖曳两个 Pipeline 模块和一个 Process Tank 模块到 Main 中模块 selectConchingOut 的右侧，如图 9-3-16 所示进行连接，并设置三个模块的名称（Name）分别为“toBufferConched”“bufferConched”和“toTempering”。

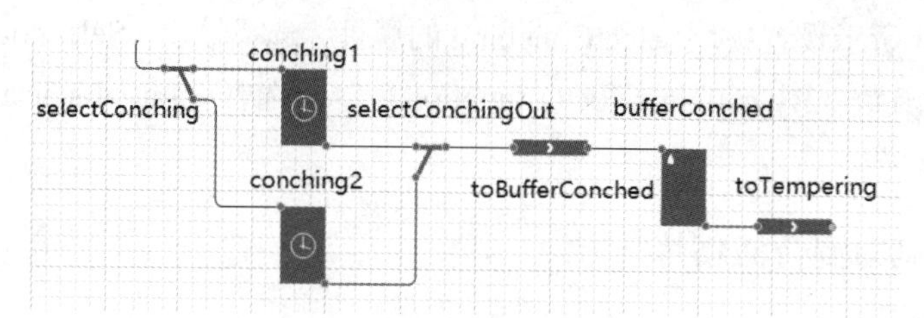

图 9-3-16　精炼后输送到储存罐流程

设置模块 toBufferConched 的属性，容量（Capacity）为 2 千克（kilograms），初始数量（Initial amount）为 0 千克（kilograms），勾选“有限速率”（Limited rate），最大速率（Maximum rate）为 0.3 千克每秒（kilograms/s）。

设置模块 bufferConched 的属性，容量（Capacity）为 150 千克（kilograms），初始数量（Initial amount）为 0 千克（kilograms）。

设置模块 toTempering 的属性，容量（Capacity）为 2 千克（kilograms），初始数量（Initial amount）为 0 千克（kilograms），勾选“有限速率”（Limited rate），最大速率（Maximum rate）为 1 千克每秒（kilograms/s）。

（四）巧克力液回火加工

（1）从流体库（Fluid Library）面板拖曳一个 Fluid Select Output 模块、两个 Process Tank 模块和一个 Fluid Select Input 模块到 Main 中模块 toTempering 的右侧，如图 9-3-17 所示进行连接，并设置四个模块的名称分别为“selectTempering”“tempering1”“tempering2”和“selectTemperingOut”。

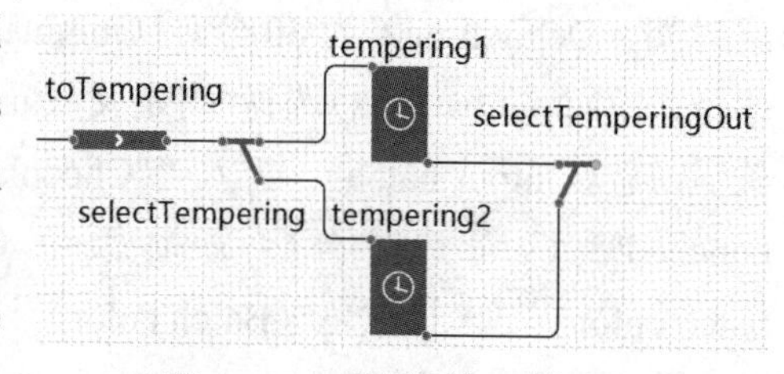

图 9-3-17　输送到加工罐流程

设置模块 selectTempering 的属性，选择输出（Select output）选择“通过调用 select() 函数（By calling select() function）”，选择（Initial selection）选择“输出 1（Output 1）”。

如图 9-3-18 所示设置模块 tempering1 的属性，容量（Capacity）为 60 千克（kilograms），延迟时间（Delay time）为 15 分钟（minutes），输出批是（Output batch is）选择“自定义（Custom）”，输出批（Output batch）填入“"Chocolate paste tempered"”，勾选“自定义批颜色（Custom batch color）”，批颜色（Batch color）设为动态值（Dynamic value）并填入“colorPasteTempered”；行动（Actions）部分，在满时（On full）填入代码：

```
selectTempering.select(2);
```

在空时（On empty）填入代码：

```
selectTemperingOut.select(2);
```

tempering1 - ProcessTank

名称：tempering1 ☑展示名称 ☐忽略

容量：60 千克

延迟时间：15 分钟

有限输出速率：☐

输出批是：○与原始批相同 ○默认 ◉自定义

输出批："Chocolate paste tempered"

自定义批颜色：☑

批颜色：colorPasteTempered

动画

行动

满时：selectTempering.select(2);

就绪时：

空时：selectTemperingOut.select(2);

速率改变时：

图 9-3-18　模块 tempering1 属性设置

以同样参数设置模块 tempering2 的属性，行动（Actions）部分，在满时（On full）填入代码：

```
selectTempering.select(1);
```

在空时（On empty）填入代码：

```
selectTemperingOut.select(1);
```

设置模块 selectTemperingOut 的属性，选择（Initial selection）选择“输入 1（Input 1）”

（2）从流体库（Fluid Library）面板拖曳一个 Bulk Conveyor 模块、一个 Tank 模块和一个 Pipeline 模块到 Main 中模块 selectTemperingOut 的右侧，如图 9-3-19 所示进行连接，并设置模块名称（Name）分别为“toBufferTemperes”“bufferTemperedPaste”和“toProcessing”。

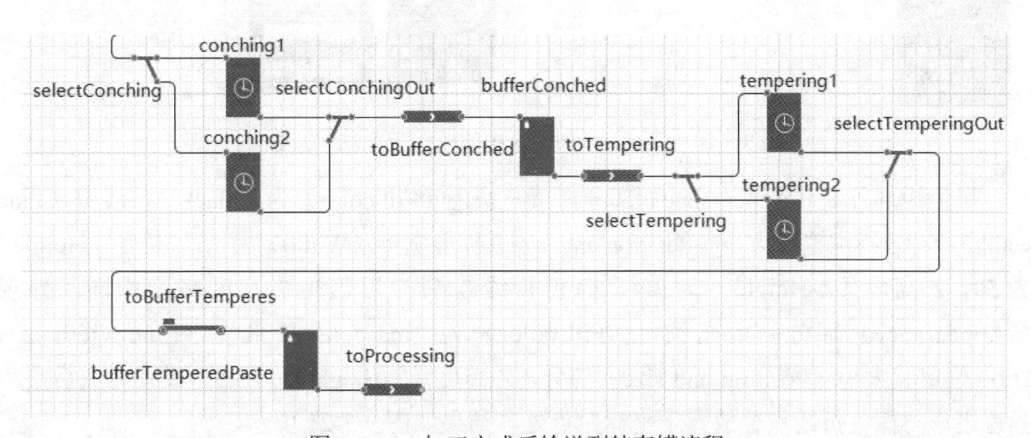

图 9-3-19　加工完成后输送到储存罐流程

设置模块toBufferTemperes的属性，长度（Length）为2米（meters），速度（Speed）为1米每秒（meters per second），默认速度时最大输入速率（Maximum input rate at speed）为0.3千克每秒（kilograms/s）。

设置模块bufferTemperedPaste的属性，容量（Capacity）为100千克（kilograms），初始数量（Initial amount）为0千克（kilograms）。

设置模块toProcessing的属性，容量（Capacity）为5千克（kilograms），初始数量（Initial amount）为0千克（kilograms），勾选“有限速率”（Limited rate），最大速率（Maximum rate）为0.15千克每秒（kilograms/s）。

（五）创建板状巧克力的智能体类型

（1）从智能体（Agent）面板拖曳一个智能体（Agent）元件到Main中，在弹出的新建智能体向导首页点击“仅智能体类型（Agent type only）”；新类型名（Agent type name）设为“ChocolateBlocks”，选择“我正在从头创建智能体类型（Create the agent type from scratch）”；智能体动画（Agent animation）选择“无（None）”；不添加智能体参数（Agent parameters），点击完成（Finish）按钮。智能体类型ChocolateBlocks创建完成，并显示在工程树中。

（2）双击工程树中的智能体类型ChocolateBlocks打开其图形编辑器，如图9-3-20所示，使用演示（Presentation）面板中的矩形（Rectangle）元件和折线（Polyline）元件绘制图形。

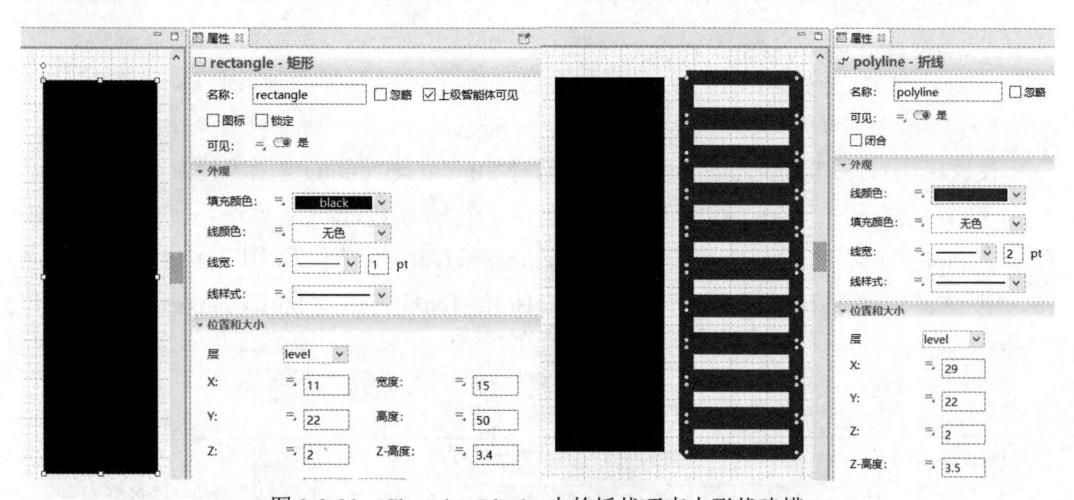

图9-3-20　ChocolateBlocks中的板状巧克力形状建模

黑色矩形外观（Appearance）部分，填充颜色（Fill color）为“black”，线宽（Line width）为1pt；位置和大小（Position and size）部分宽度（Width）为15，高度（Height）为50，Z高度（Z-Height）为3.4。棕色折线绘制与黑色矩形宽度高度相同，外观（Appearance）部分，填充颜色（Fill color）为“maroon”，线宽（Line width）为2pt；位置和大小（Position and size）部分，Z高度（Z-Height）为3.5。设置完成后，将黑色矩形与棕色折线重叠放置于坐标原点处，结果如图9-3-21所示。

（3）从智能体（Agent）面板拖曳三个变量（Variable）元件到 Main 中，如图 9-3-22 所示设置其属性，名称（Name）分别为“colorPaste”“colorPasteConched”“colorPasteTempered”，类型（Type）均选择“Color”，初始值（Initial value）分别填入“indianRed”“saddleBrown”和“new Color(70, 34, 9)”。

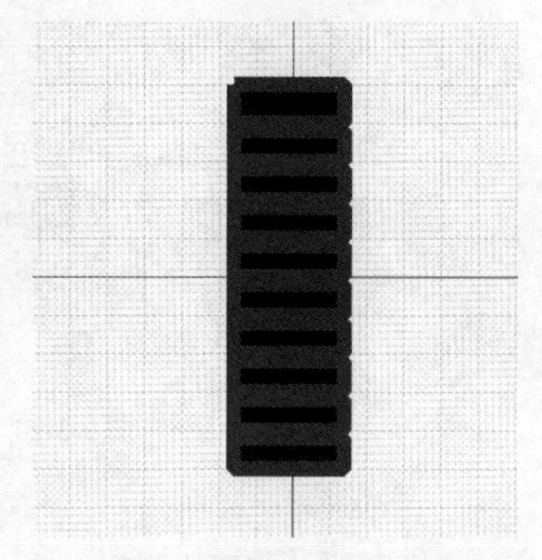

图 9-3-21 板状巧克力形状布局设置

（4）如图 9-3-23 所示，点击选中 Main 中的比例（Scale）元件并设置其属性，标尺长度对应（Ruler length corresponds to）均为 1 米（meters）。再同样设置 ChocolateBlocks 中的比例（Scale）元件。

图 9-3-22 变量（Variable）元件属性设置

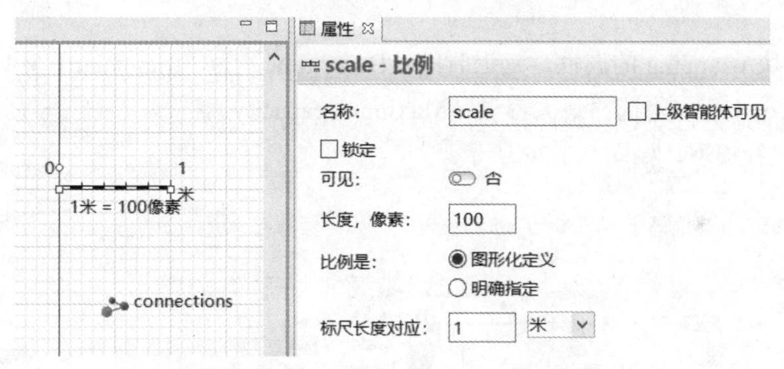

图 9-3-23 比例（Scale）元件属性设置

（六）板状巧克力浇注及冷却

（1）从流体库（Fluid Library）面板拖曳一个 Fluid To Agent 模块到 Main 中模块 toProcessing 的右侧，如图 9-3-24 所示进行连接，并设置其属性，名称（Name）为“dispensing”，创建智能体（Create agent）选择“每流体数量（Per amount of fluid）”，智能体中流体（Fluid in agent）为 0.5 千克（kilograms），新智能体（New agent）选择“ChocolateBlocks”。

（2）从流程建模库（Process Modeling Library）面板拖曳两个 Conveyor 模块、一个 Delay 模块和一个 Sink 模块到 Main 中模块 dispensing 的右侧，如图 9-3-25 所示进行连接，并设置四个模块的名称（Name）分别为“shaking”“cooling”“wrapping”和“chocolateBarsEnd”。

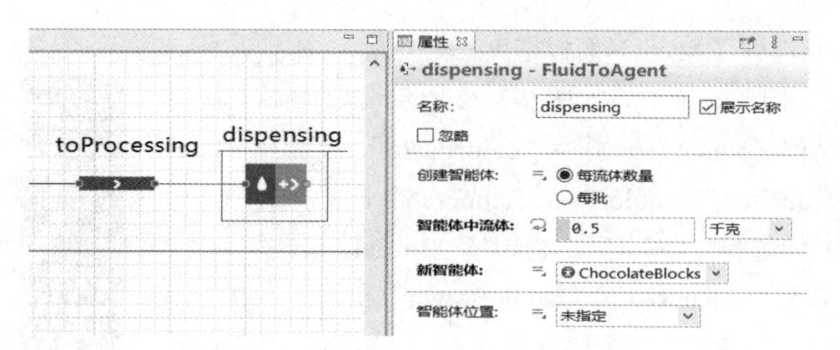

图 9-3-24　Fluid To Agent 模块属性设置

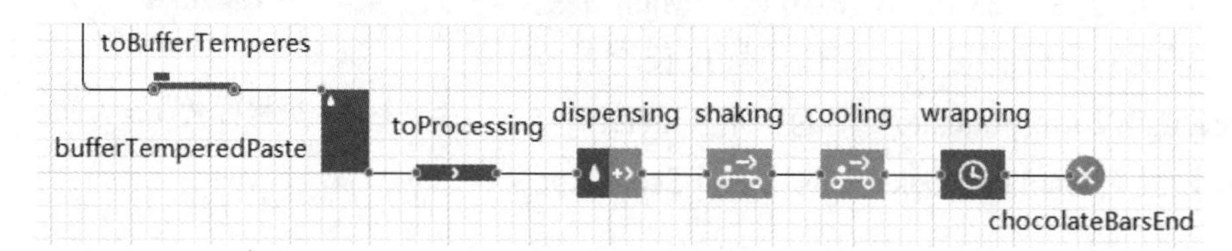

图 9-3-25　板状巧克力浇注及冷却流程

设置模块 shaking 的属性，速度（Speed）为 0.11 米每秒（meters per second），勾选“改变智能体长度（Change agent length）”，智能体长度（Agent length）为 0.1 米（meters）。

设置模块 cooling 的属性，速度（Speed）为 0.11 米每秒（meters per second），勾选“改变智能体长度（Change agent length）”，智能体长度（Agent length）为 0.1 米（meters）。

设置模块 wrapping 的属性，延迟时间（Delay time）为“triangular(0.5, 1, 1.5)”，单位为秒（seconds），勾选“最大容量（Maximum capacity）”。

（3）运行模型，如图 9-3-26 所示。

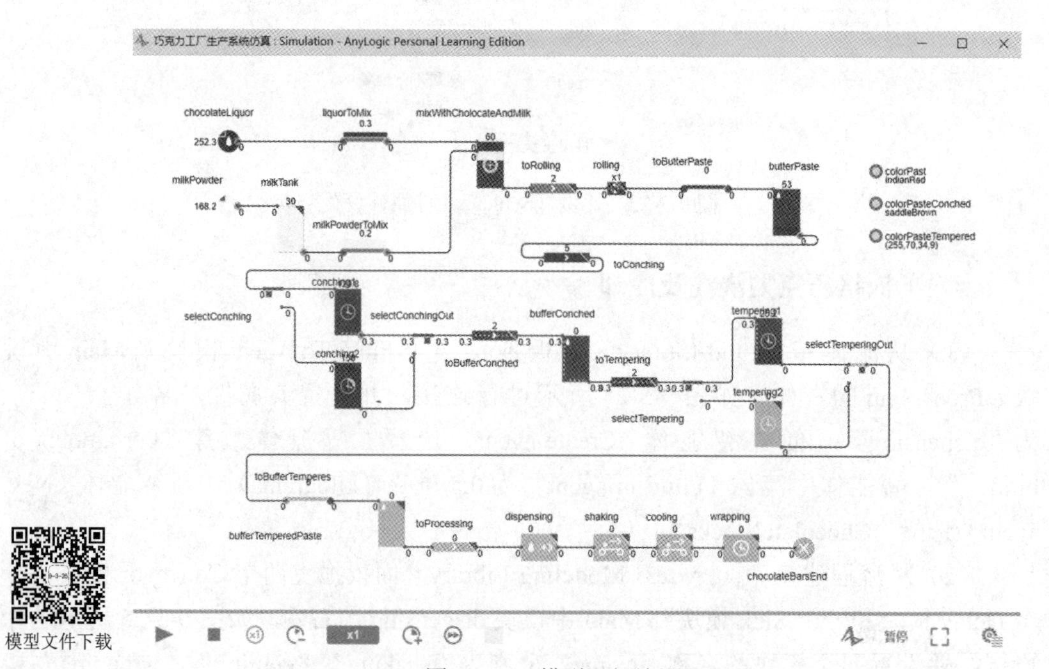

模型文件下载

图 9-3-26　模型运行结果显示

9.3.2 添加生产系统三维仿真动画

（1）如图 9-3-27 所示，从流体库（Fluid Library）面板的空间标记（Space Markup）部分拖曳两个散装输送带（Bulk Conveyor Belt）元件和两个储存罐（Storage Tank）元件到Main中，并按图示位置摆放，散装输送带“bulkConveyorBelt”作为可可液块输送带，储存罐“storageTank”作为奶粉储存罐，散装输送带“bulkConveyorBelt1”作为奶粉输送带，储存罐“storageTank1”作为可可液块与奶粉混合后的储存罐。

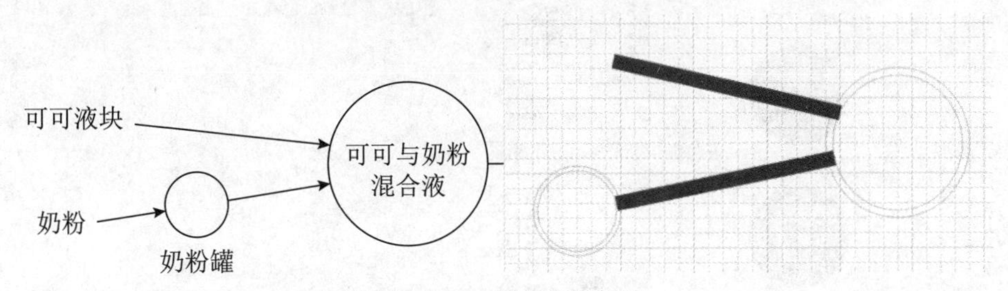

图 9-3-27 添加空间标记

（2）从演示（Presentation）面板拖曳一个弧线（Arc）元件到Main中，并设置其属性，外观（Appearance）部分，填充颜色（Fill Color）为“peru”，线颜色（Line color）为“无色（No color）”；位置与大小（Position and size）部分，半径（Radius）为10，Z-高度（Z-Height）为30，起始角度（Start angle）为-60°，角度（Angle）为-120°。复制两个弧线（Arc）元件，修改它们的属性，一个填充颜色（Fill Color）改为“sienna”，起始角度（Start angle）改为+60°，角度（Angle）改为+120°；另一个填充颜色（Fill Color）改为“maroon”，起始角度（Start angle）改为-60°，角度（Angle）改为+120°。将三个弧线（Arc）元件汇聚在一个中心点，选中三个弧形元件创建组，如图 9-3-28 所示设置组的属性，名称（Name）为“group1”；位置与大小（Position and size）部分，Z 为-10，旋转，弧度（Rotation，rad）设为动态值（Dynamic value）并填入“PI/2”，X 旋转，弧度（RotationX，rad）填入“toRolling.out.rate() > 0 ? time(MINUTE) : 0”，Y 旋转，弧度（RotationY，rad）填入“PI/2”。这就创建了一个滚轴的动画。

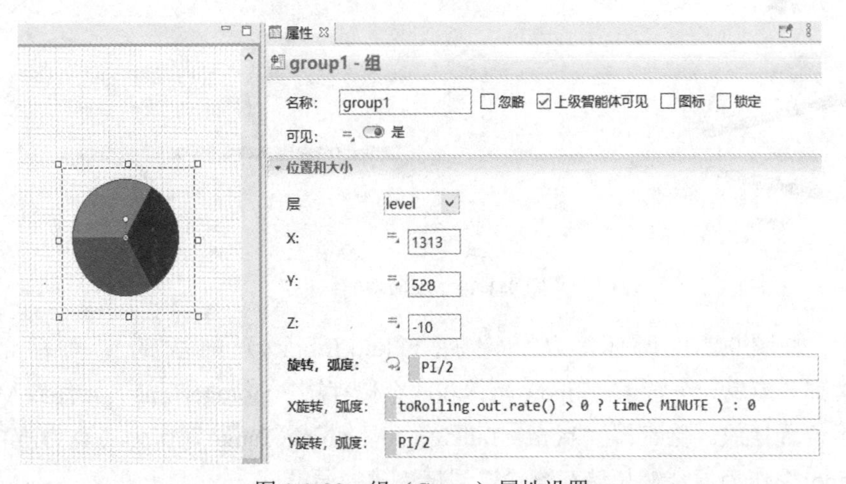

图 9-3-28 组（Group）属性设置

同样方法创建另一个滚筒放置在第一个滚轴下方，如图 9-3-29 所示设置其属性，名称（Name）为“group2”；位置与大小（Position and size）部分，Z 为 10，旋转，弧度（Rotation，rad）设为动态值（Dynamic value）并填入“PI/2”；X 旋转，弧度（RotationX，rad）填入“toRolling.out.rate() > 0 ? -time(MINUTE) : 0”，Y 旋转，弧度（RotationY，rad）填入“-PI/2”。

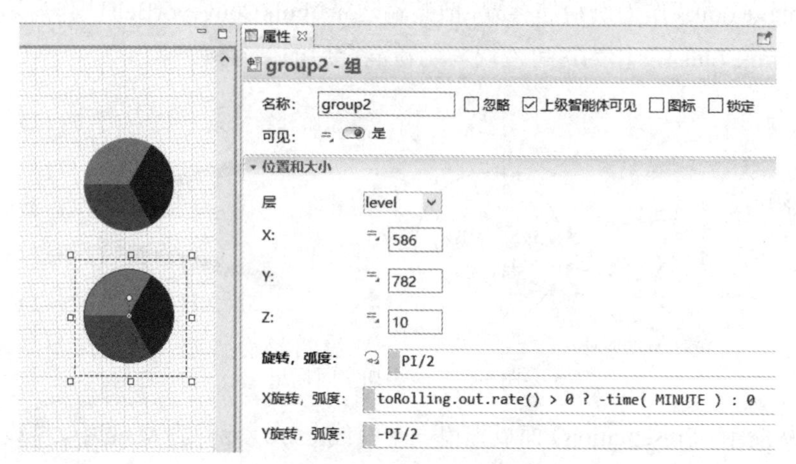

图 9-3-29　组 group 2 属性设置

（3）如图 9-3-30 所示，从流体库（Fluid Library）面板的空间标记（Space Markup）部分拖曳一个管子（Pipe）元件、一个散装输送带（Bulk Conveyor Belt）元件和一个储存罐（Storage Tank）元件到 Main 中，并按图示位置摆放，并把上一步骤（2）创建的两个滚筒放在管子和散装输送带交界处。管子“pipe”作为混合物输送到滚轴的通道，储存罐“storageTank2”作为熔化后混合液的储存罐，散装输送带“bulkConveyor Belt2”作为熔化后混合液的输送带。

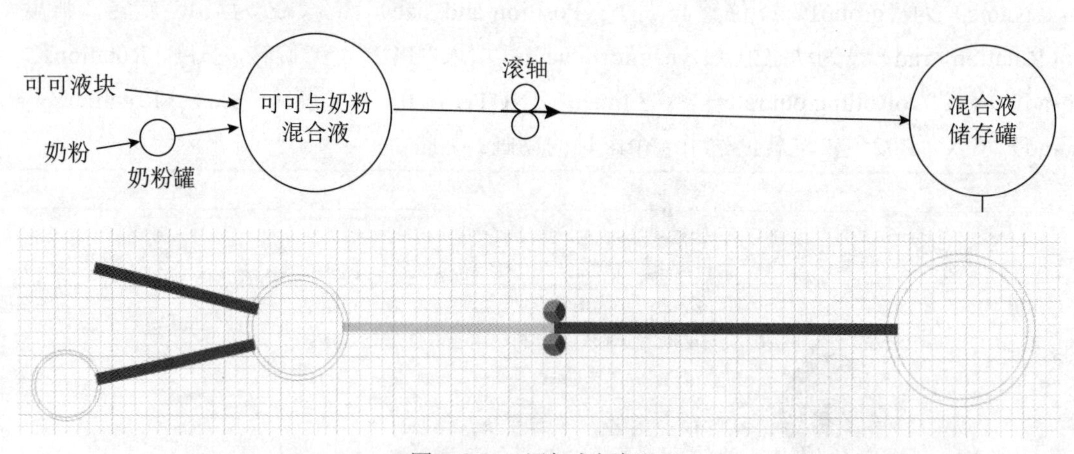

图 9-3-30　添加空间标记

（4）如图 9-3-31 所示，从流体库（Fluid Library）面板的空间标记（Space Markup）部分拖曳一个管子（Pipe）元件和两个储存罐（Storage Tank）元件到 Main 中，并按图示位置摆放。储存罐“storageTank3”和“storageTank4”作为巧克力液精炼罐，管子“pipe1”作为混合液从储存罐输送到精炼罐的通道。

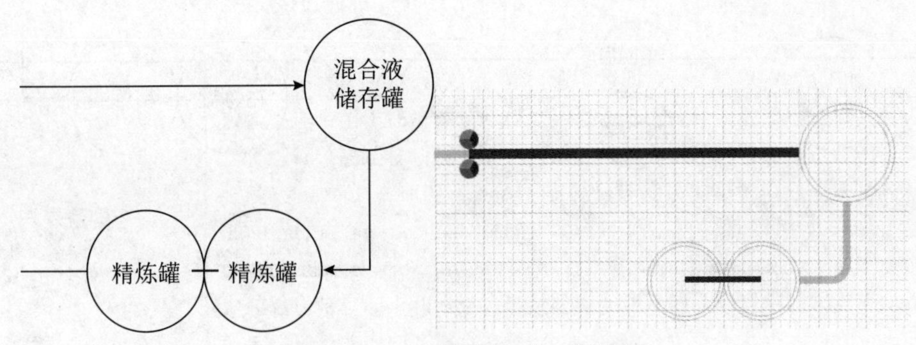

图 9-3-31　创建精炼部分三维模型

从演示（Presentation）面板拖曳一个矩形（Rectangle）元件到 Main 中，如图 9-3-32 所示设置其属性，外观（Appearance）部分，线颜色（Line color）为“无色（No color）”，填充颜色（Fill color）设为动态值（Dynamic value）并填入“toConching.out.rate() > 0 ? colorPaste : dimGray”；位置与大小（Position and size）部分，Z 为 65，Z- 高度（Z-Height）为 5。这样就创建了连接两个精炼罐的管道的动画。

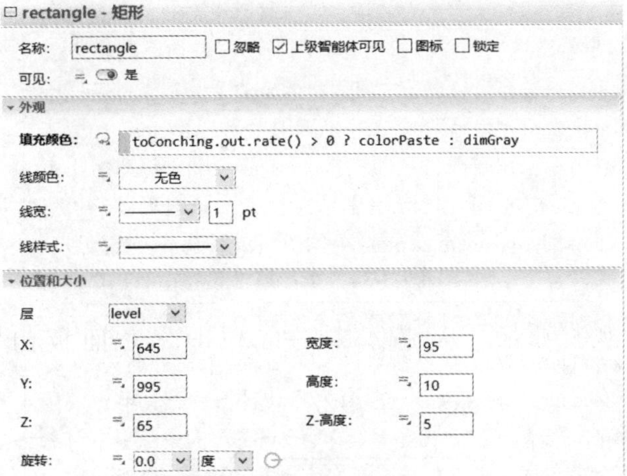

rectangle - 矩形

名称：rectangle　忽略　上级智能体可见　图标　锁定

可见：是

外观

填充颜色：toConching.out.rate() > 0 ? colorPaste : dimGray

线颜色：无色

线宽：1 pt

线样式：

位置和大小

层：level

X：645　宽度：95

Y：995　高度：10

Z：65　Z-高度：5

旋转：0.0　度

图 9-3-32　矩形属性设置

（5）如图 9-3-33 所示，从流体库（Fluid Library）面板的空间标记（Space Markup）部分拖曳两个管子（Pipe）元件、四个储存罐（Storage Tank）元件和一个散装输送带（Bulk Conveyor Belt）元件到 Main 中，并按图示位置摆放。管子“pipe2”作为巧克力液从精炼罐输送到储存罐的通道，储存罐“storageTank5”作为精炼后巧克力液储存罐，管子“pipe3”作为从精炼后储存罐输送到加工罐的通道，储存罐“storageTank6”和“storageTank7”作为巧克力液回火加工罐，散装输送带“bulkConveyorBelt3”作为回火加工后到储存罐的输送带，储存罐“storageTank8”作为巧克力液回火加工后的储存罐。

从演示（Presentation）面板拖曳一个矩形（Rectangle）元件到 Main 中，如图 9-3-34 所示设置其属性，外观（Appearance）部分，线颜色（Line color）为“无色（No color）”，填充颜色（Fill color）设为动态值（Dynamic value）并填入“toTempering.out.rate( ) > 0 ? colorPaste : dimGray”；位置与大小（Position and size）部分，Z 为 65，Z- 高度（Z-Height）为 5。这样就创建了连接两个加工罐的管道的动画。

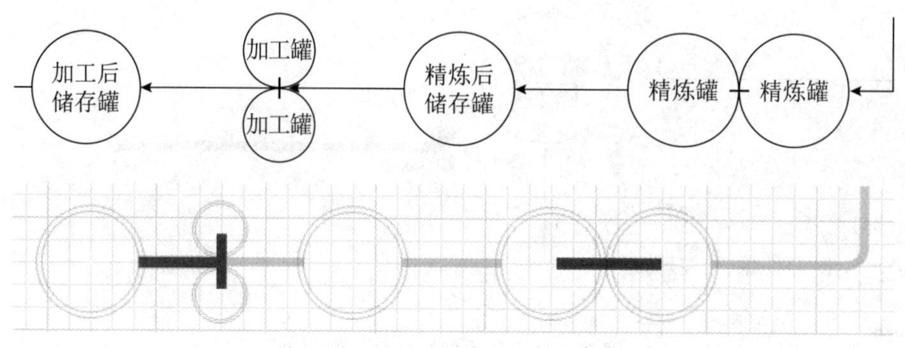

图 9-3-33　添加空间标记

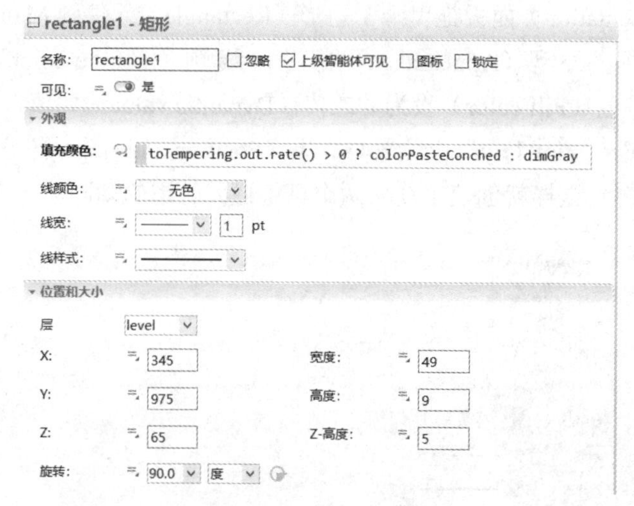

图 9-3-34　矩形属性设置

（6）如图 9-3-35 所示，从流体库（Fluid Library）面板的空间标记（Space

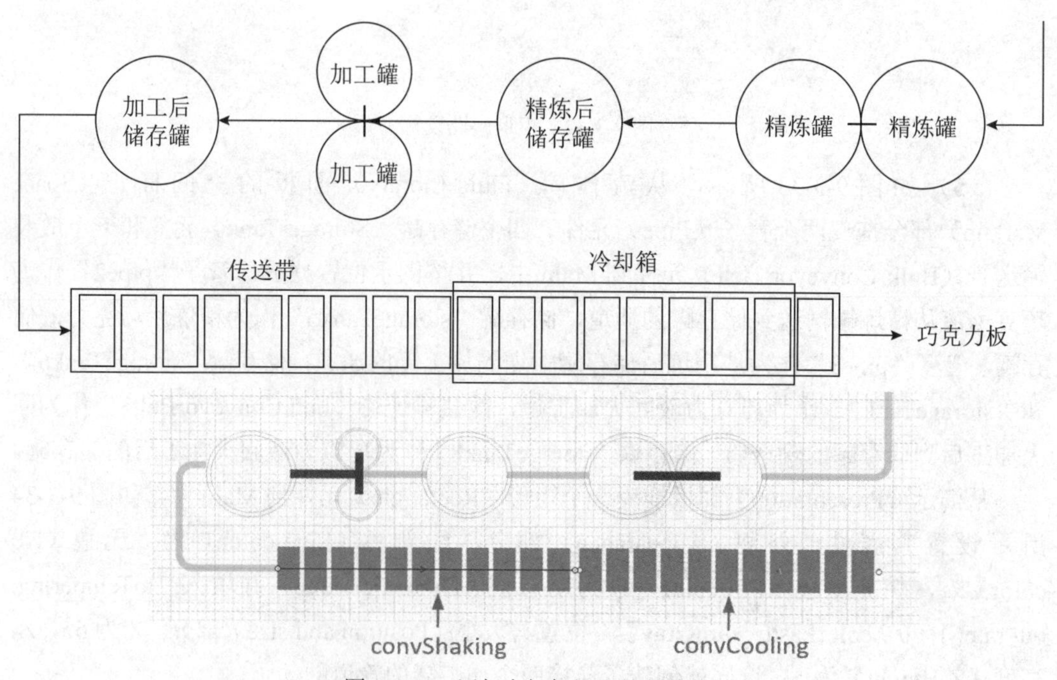

图 9-3-35　添加空间标记和绘制路径

Markup）部分拖曳一个管子（Pipe）元件到Main中，并按图示位置摆放，管子“pipe4”作为巧克力液从加工后储存罐到传送加工带的输送管道。再用流程建模库（Process Modeling Library）面板中的路径（Path）元件绘制两条路径，并设置其属性，一个名称（Name）为“convShaking”，外观（Appearance）部分，类型（Type）选择“输送带（Conveyor）”，宽度（Width）为0.5米（meters）；另一个名称（Name）为“convCooling”，外观（Appearance）部分，类型（Type）选择“输送带（Conveyor）”，宽度（Width）为0.5米（meters）。

（7）从演示（Presentation）面板拖曳一个矩形（Rectangle）元件到Main中，长度设置与传送带“convCooling”相同，作为巧克力的冷却箱。如图9-3-36所示设置其属性，外观（Appearance）部分，填充颜色（Fill color）为“lavender”，并在填充颜色（Fill color）右侧下拉菜单的其他颜色（Other Colors）里，设置透明度（Transparency）为160，线颜色（Line color）为“无色（No color）”；位置与大小（Position and size）部分，高度（Height）为70，Z-高度（Z-Height）为40。

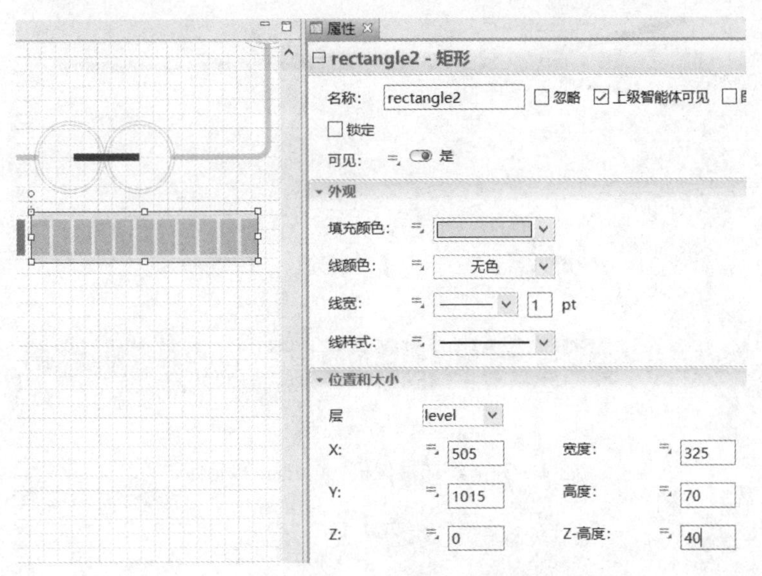

图9-3-36　矩形属性设置

（8）设置模块shaking的属性，长度是（Length is）选择“通过路径定义（Defined by path）”，智能体位置（Agent locaton）在下拉栏中选择“convShaking”。设置模块cooling的属性，长度是（Length is）选择“通过路径定义（Defined by path）”，智能体位置（Agent locaton）在下拉栏中选择“convCooling”。

（9）在9.3.1创建完成的板状巧克力生产系统模型中，依次设置每个模块属性的动画（Animation）部分，在下拉菜单中选择对应的空间标记，对应关系如图9-3-37所示。

（10）从演示（Presentation）面板拖曳一个摄像机（Camera）元件到Main中，如图9-3-38所示放置。

（11）从演示（Presentation）面板拖曳一个三维窗口（3D Window）元件到Main中，并设置其属性，在摄像机（Camera）的下拉列表框中选择“camera”，布局如图9-3-39所示。

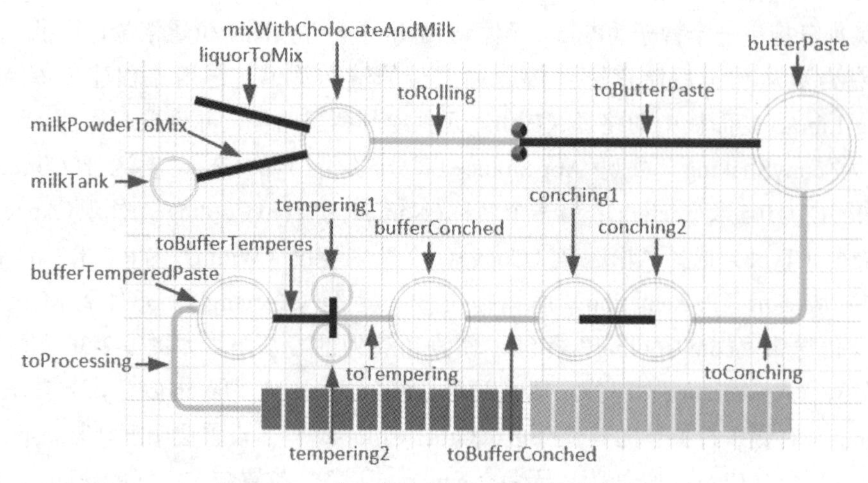

图 9-3-37　模块与空间标记对应关系示意图

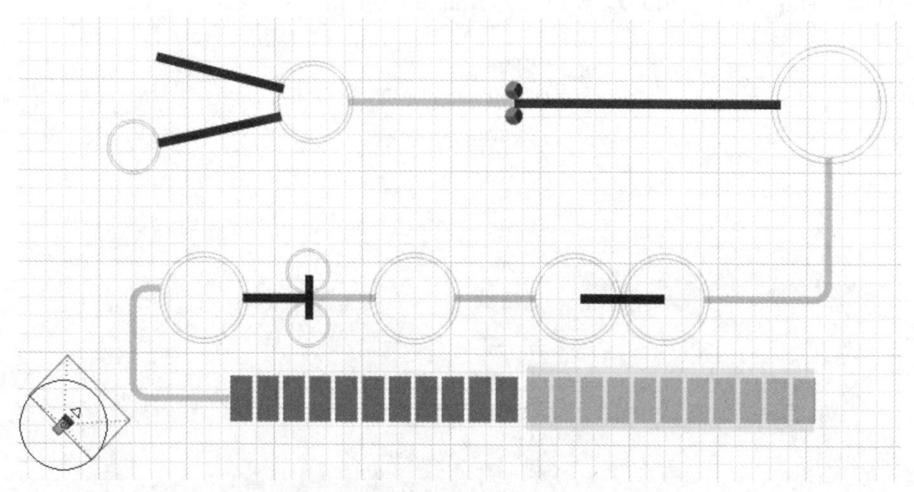

图 9-3-38　添加摄像机（Camera）元件

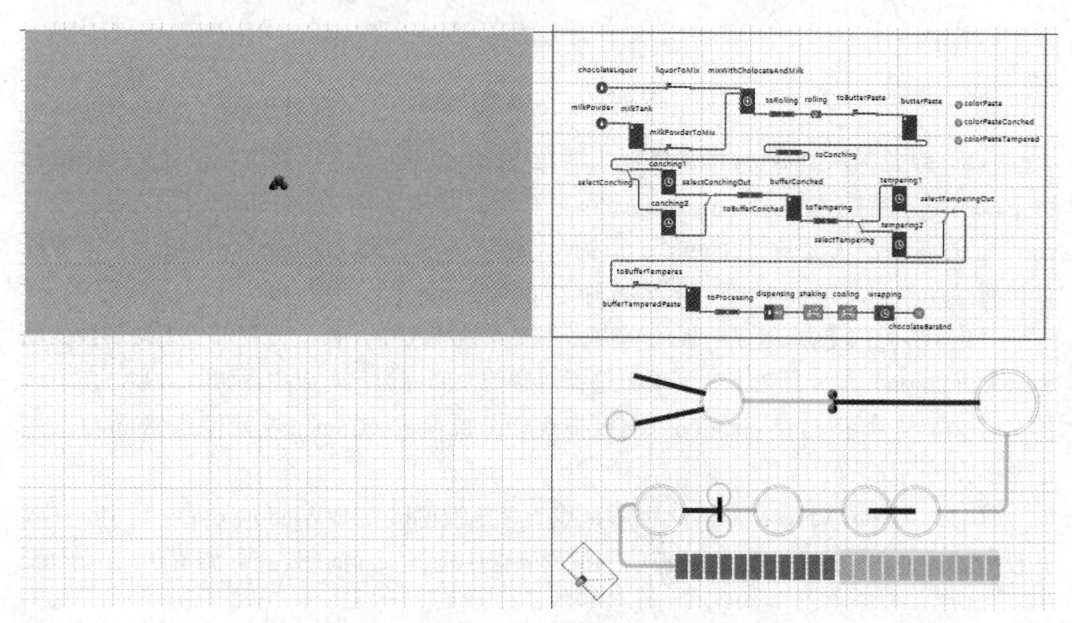

图 9-3-39　添加三维窗口（3D Window）元件

（12）运行模型，如图 9-3-40 所示。

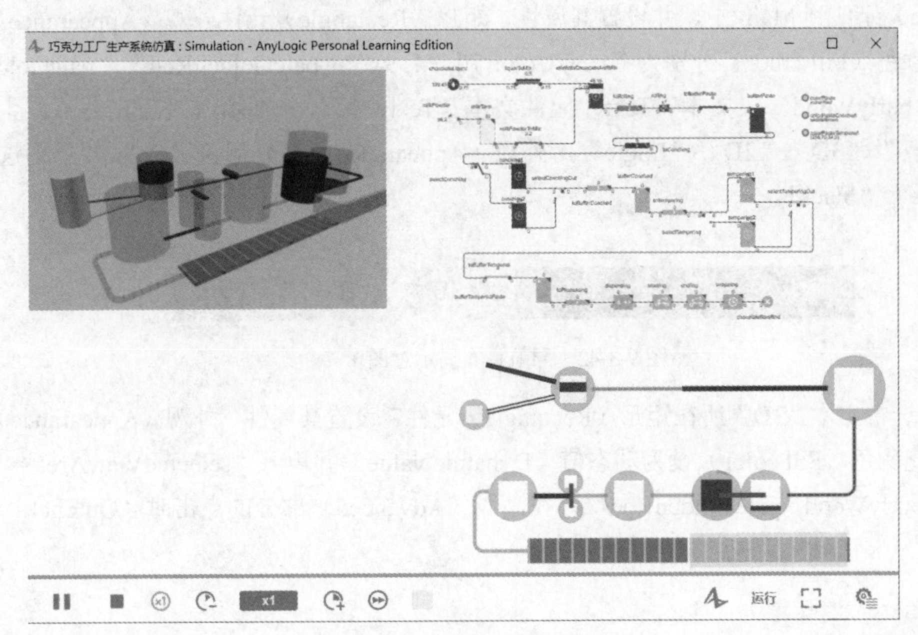

图 9-3-40　模型运行结果显示

9.3.3　添加三视域系统仿真导航栏

（1）如图 9-3-41 所示，从演示（Presentation）面板拖曳三个视图区域（ViewArea）元件到 Main 中，设置其属性，名称（Name）分别为“view2D”“view3D”“viewLogic”。

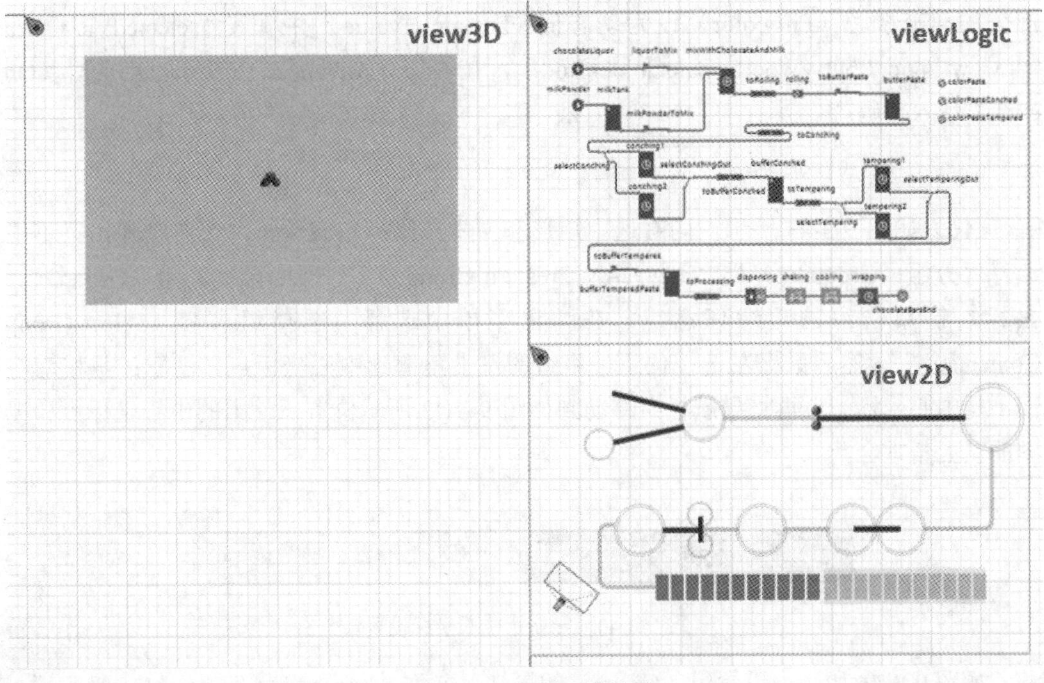

图 9-3-41　视图区域设置

（2）如图 9-3-42 所示，从演示（Presentation）面板拖曳矩形（Rectangle）元件和文本（Text）元件到 Main 中，并设置其属性，矩形（Rectangle）元件外观（Appearance）部分填充颜色（Fill color）分别为“new Color(70, 34, 9)”“paleGoldenRod”“paleGoldenRod”“burlyWood”；文本（Text）元件文本（Text）部分分别填入“巧克力工厂生产系统仿真”“3D”“2D”“Logic”，外观（Appearance）部分颜色（Color）分别选择“orange”“black”。

图 9-3-42　导航栏布局示意图

（3）选中文本“3D”所在矩形（Rectangle）元件，设置其属性，外观（Appearance）部分的填充颜色（Fill color）设为动态值（Dynamic value）并填入“selectedViewArea == view3D ? burlyWood : paleGoldenRod”，在高级（Advanced）部分的点击时（On click）填入代码：

```
navigate( view3D );
```

（4）选中文本“2D”所在矩形（Rectangle）元件，设置其属性，外观（Appearance）部分的填充颜色（Fill color）设为动态值（Dynamic value）并填入“selectedViewArea == view2D ? burlyWood : paleGoldenRod”，在高级（Advanced）部分的点击时（On click）填入代码：

```
navigate( view2D );
```

（5）选中文本“Logic”所在矩形（Rectangle）元件，设置其属性，外观（Appearance）部分的填充颜色（Fill color）设为动态值（Dynamic value）并填入“selectedViewArea == viewLogic ? burlyWood : paleGoldenRod”，在高级（Advanced）部分的点击时（On click）填入代码：

```
navigate( viewLogic );
```

（6）如图 9-3-43 所示，同时选中矩形和文本，鼠标右键单击，在右键弹出菜单中选择“分组（Grouping）”|“创建组（Create a Group）”，选中合成的组（Group），鼠标右键单击组的边缘任意点，在弹出菜单中选择“选择组内容（Select Group Contents）”，然后鼠标左键按住组，将组的左上角挪到中心坐标点（注意：是移动组而不是中心坐标）。再将导航栏组移动到如图 9-3-43 所示位置，使组的中心坐标点和视图的左上角重合。

图 9-3-43　导航栏中心坐标设置

如图 9-3-44 所示，设置组（Group）的属性，名称（Name）为“groupMainMenu”，

高级（Advanced）部分的展示在（Show in）选择“只有二维（2D only）”。

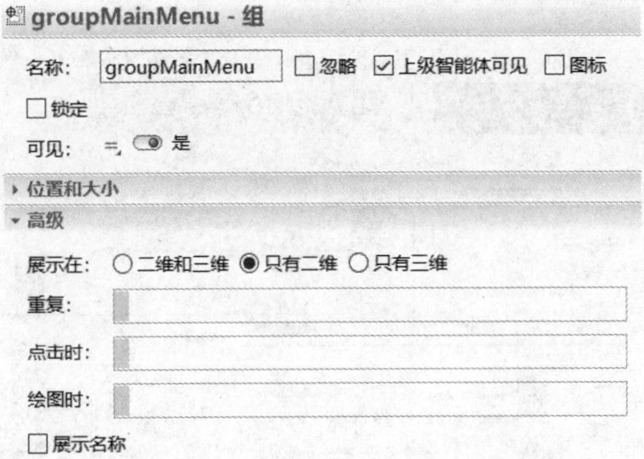

groupMainMenu - 组
名称: groupMainMenu 忽略 上级智能体可见 图标
锁定
可见: 是
位置和大小
高级
展示在: 二维和三维 只有二维 只有三维
重复:
点击时:
绘图时:
展示名称

图 9-3-44　组（Group）属性设置

（7）从智能体（Agent）面板拖曳一个变量（Variable）元件到Main中，并设置其属性，名称（Name）为“selectedViewArea”，类型（Type）选择“其他（Other）...”并填入“ViewArea”，初始值（lnitial value）填入“viewLogic”。

（8）从智能体（Agent）面板拖曳一个函数（Function）元件到Main中，如图9-3-45所示设置其属性，名称（Name）为“navigate”，选择“只有行动（无返回值）（Just action – returns nothing）”；在参数（Arguments）部分添加一个参数，名称（Name）为viewArea，类型（Type）为ViewArea；在函数体（Function body）部分填入代码：

```
selectedViewArea = viewArea;
viewArea.navigateTo();
groupMainMenu.setPos( viewArea.getX(), viewArea.getY() );
```

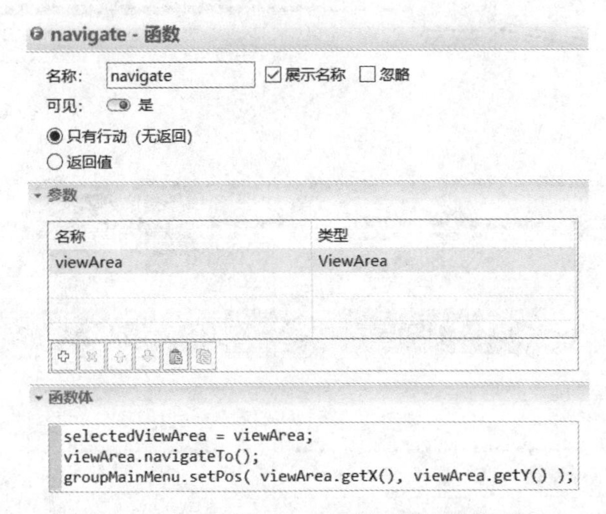

图 9-3-45　函数（Function）元件属性设置

（9）点击工程树中的智能体类型Main设置其属性，在智能体行动（Agent actions）部分的启动时（On startup）填入代码：

```
navigate( viewLogic );
```

（10）运行模型，如图 9-3-46 至图 9-3-48 所示。仿真实验运行过程中可以通过点击导航栏的菜单切换二维、三维和逻辑流程视图。

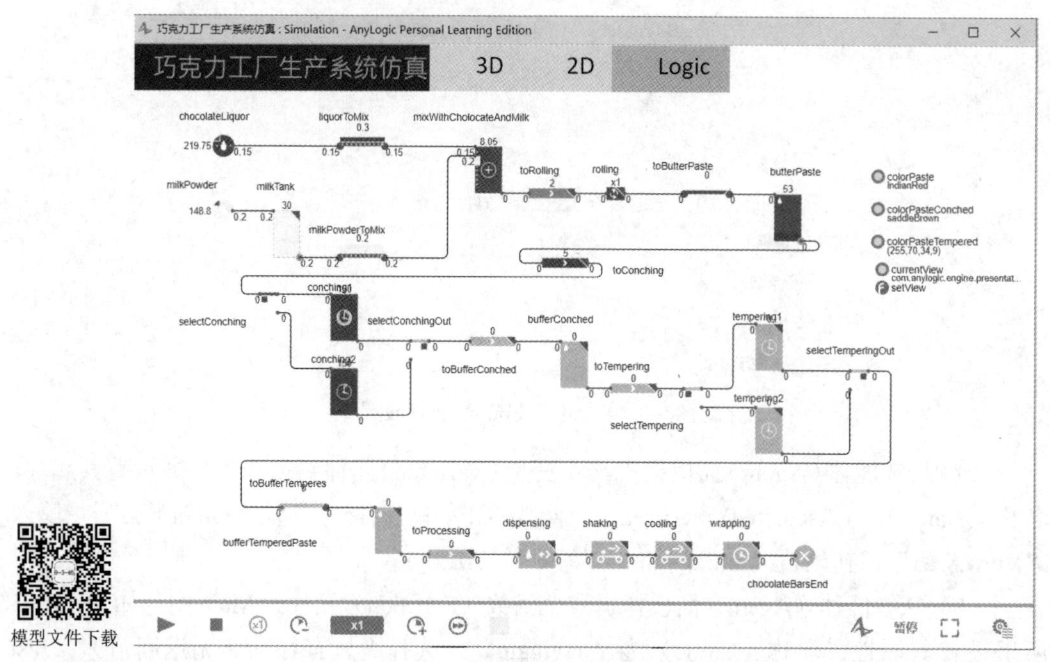

图 9-3-46　模型运行结果逻辑流程视图

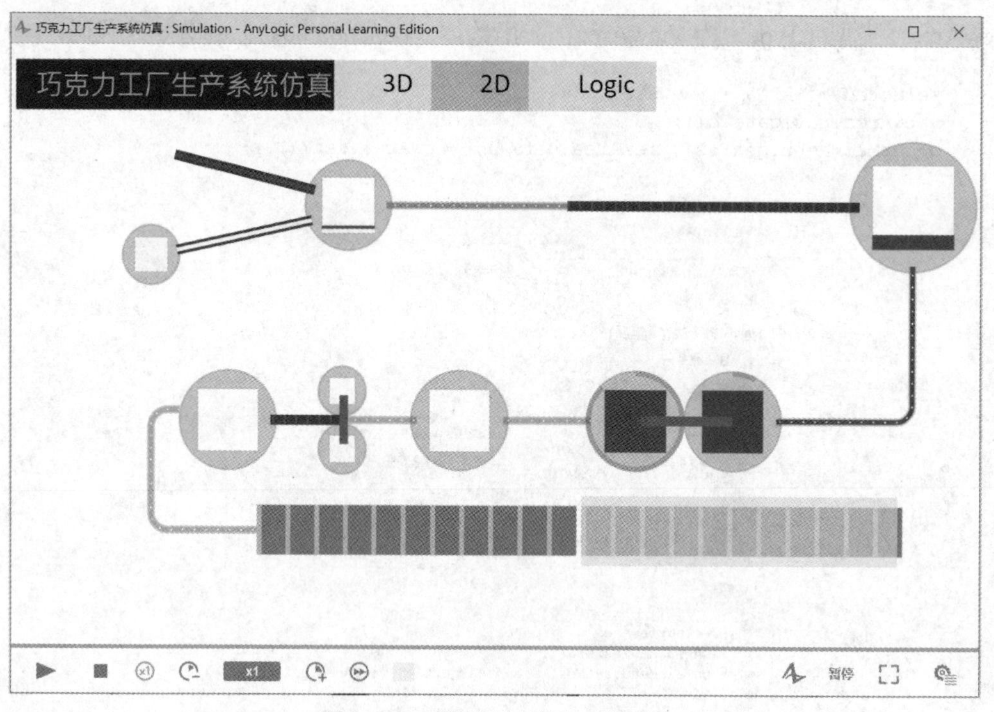

图 9-3-47　模型运行结果二维视图

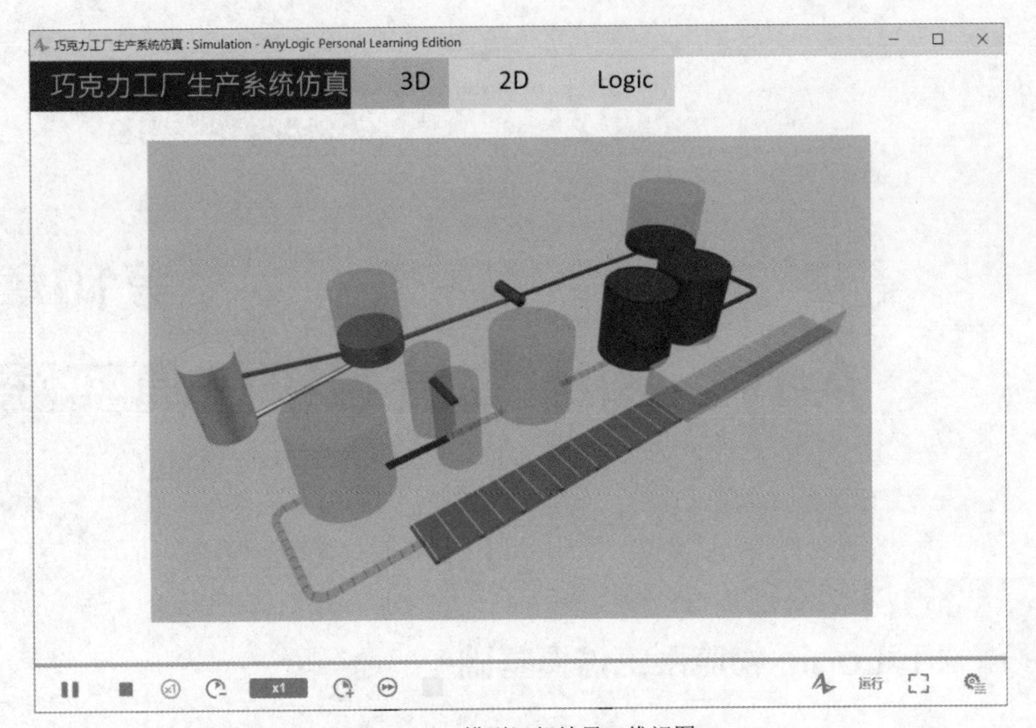

图 9-3-48　模型运行结果三维视图

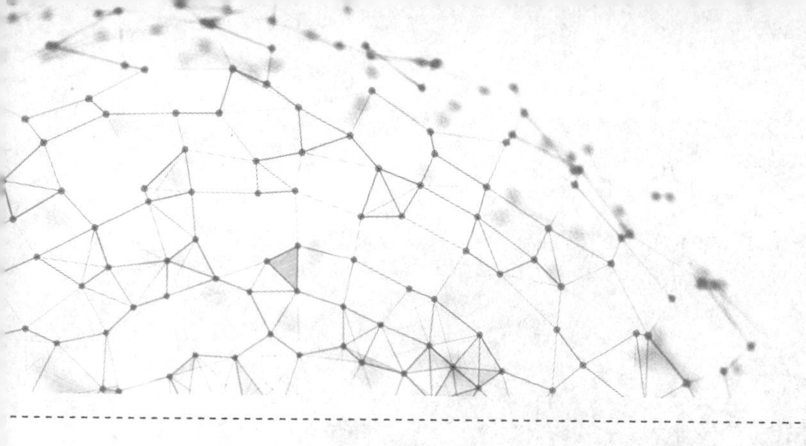

第10章 AnyLogic 物流系统仿真实践

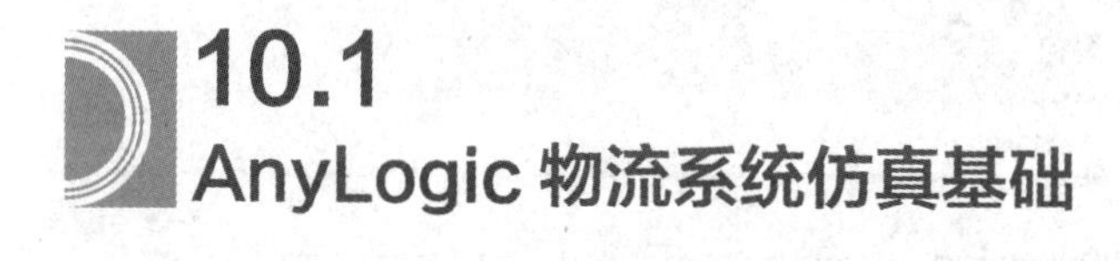

10.1 AnyLogic 物流系统仿真基础

10.1.1 物流系统仿真概述

物流系统是指在一定的时间和空间里，由所需运转的物资、包装设备、搬运和装卸机械、运输工具、仓储设施、人员以及通信联系等若干相互制约的动态要素所构成的具有特定功能的复杂系统。物流系统的优化目标是提高各种资源、时间以及空间的利用效率。从时间和空间角度看，物流系统可以分为宏观物流系统和微观物流系统，但这里微观和宏观的概念也是相对的，不是一成不变。

微观物流系统的一个典型实例是仓储物流系统。仓储物流系统包括货物入库、存储和出库三个主要过程，是产品分拣或储存接收中物流设备和物流运作策略的组合。作为供应以及消费的中间环节，它可以起到平衡供需关系的作用。对仓储物流系统进行系统仿真，在库存控制方面，可以通过分析货物数量变化情况设计最佳进货策略；在立体仓库建设方面，可以辅助设计仓库结构、确定货物单元规格、确定库存容量、确定人员与设备匹配等；在仓储设备运行方面，可以优化 AGV 等运输工具的调度策略和路线算法。

与仓储物流系统相比，配送物流系统覆盖范围就要“宏观”的多。随着移动互联网等现代信息技术的发展，电子商务、网上购物的兴起逐渐改变了人们的生活方式，配送物流系统成为这些新型生活方式的重要支撑，一般发生在靠近最终消费者的地方，且配送的货物具有多品种、小批量、多批次等特点，被称为供应链物流系统的“最后一公里”。对配送物流系统进行系统仿真，可以优化配置物流基础设施和运输路线，对提高物流效率、实现物流准时化、降低能源消耗、减少环境污染具有十分重要的意义。

10.1.2 AnyLogic的物料搬运库面板

AnyLogic 物料搬运库广泛支持对工厂布局、车间流程和运输路线等微观复杂系统进行高度详细的仿真。

打开 AnyLogic 软件工作区左侧面板视图，点击选择物料搬运库（Material Handling Library），如图 10-1-1 所示。物料搬运库（Material Handling Library）面板分为四个部分：第一部分是三个单独的新建智能体类型元件，物料项类型（Material Item Type）、运输车类型（Transporter Type）和资源类型（Resource Type）；第二部分是空间标记（Space Markup），包括 23 个元件，其中 9 个与前面其他面板的空间标记重复，详见表 10-1-1；第三部分是模块（Blocks），包括 14 个模块，详见表 10-1-2；第四部分是流程建模库（Process Modeling Library），包括 17 个模块，都已在本书表 4-1-2 流程建模库（Process Modeling Library）面板的模块（Blocks）部分详细介绍。

图 10-1-1　AnyLogic 的物料搬运库（Material Handling Library）面板

表 10-1-1 物料搬运库（Material Handling Library）面板的空间标记（Space Markup）部分

元件名称	说明
输送带（Conveyor）	输送带用于图形化定义绘制输送带，它可以与物料搬运库（Material Handling Library）面板模块部分的 Convey、Conveyor Enter、Conveyor Exit 等搭配使用来仿真输送带输送物料项。单个输送带会自动组成输送带网络（Conveyor Network），可以通过将更多输送带连接在一起来扩展该网络。输送带的输送方向由输送带元件上显示的箭头指示，在输送带网络中，物料项总是沿着从起点到目的地的最短路线移动。可以设置输送带的最大速度（Maximum speed）、初始速度（Initial speed）、加速度（Acceleration）、减速度（Deceleration）以及物料在输送带上的间隙（Gap）。可以调用函数获知输送带上正在输送的所有物料项信息。输送带共有三种类型（Type）：滚轴（Roller）、皮带（Belt）、固定单元格（Fixed cell）。滚筒是一种累积式输送带，如果其上有一个物流项目停止，滚轮将继续滚动，将前面的所有物料项带到停止的物料项，从而在输送带上形成一行物品；如果间隙（Gap）设置为 0，则碰撞不可避免。皮带是一种非累积式输送带，如果其上有一个物料项停止，整个输送带会停止，以防止物料发生碰撞；间隙（Gap）定义了其上物料项之间的距离。固定单元也是一种非累积式输送带，物料项放在其上一系列指定尺寸的单元内，一个输送带单元只能包含一个物料项，如果其上有一个物料项停止，则整个输送带停止；间隙（Gap）定义了其上固定单元之间的距离。
输送带分合（Conveyor Spur）	输送带分合用于图形化定义分支输送带和主输送带之间的连接点，通过它的物料项保持其在输送带上的当前方向。与转盘和转向站元件不同，输送带分合不会将主输送带分为两个独立的输送带。一个输送带分合只能将一个分支输送带连接到主输送带，它会自动计算物料项从支线输送带到主输送带的输送过程，不会对主输送带的正常运行产生影响。如有必要，分支输送带上的物料项将被延迟，直到两个输送带的流量可以安全合并，合并后以主输送带的最大速度运行。
输送带上的位置（Position on Conveyor）	输送带上的位置用于图形化定义输送带上的确切位置。它可以用来：定义新物料项在输送带上放置的位置；设置输送带正在输送的物料项的目标点；模拟光电眼、扫描仪或其他设备对输送中的物料项执行的一些操作；对不同类型的止动装置和擒纵装置进行仿真。
移台（Transfer Table）	移台用于图形化定义输送带上的移台，通过它的物料项保持其在输送带上传输的当前方向。移台一旦放置在输送带上，会将其分成在同一输送带网络中的两个独立的输送带。移台最多能以直角连接 4 台输送带。移台有自己的输送速度，可以与所连接输送带的速度不同。更改输送带宽度后，移台的宽度会自动调整。物料项切换到另一个输送带所需的时间取决于移台的切换延迟（Switching delay）。
转盘（Turntable）	转盘用于图形化定义输送带上的转盘，通过它的物料项保持其在输送带上传输的当前方向。转盘一旦放置在输送带上，会将其分成在同一输送带网络中的两个独立的输送带。转盘能以任何角度连接无限数量的输送带。转盘有自己的输送速度，可以与所连接输送带的速度不同。更改输送带宽度后，转盘的宽度会自动调整。物料项切换到另一个输送带所需的时间取决于转盘的转速（Rotation speed）。
转向站（Turn Station）	转向站用于图形化定义输送带上的转向站。旋转站旋转通过它的物料项，旋转角度为 90 度的任意整数倍。转向站一旦放置在输送带上，会将其分成在同一输送带网络中的两个独立的输送带。转向站只能连接两条形成直线的输送带。转向站有自己的输送速度，可以与所连接输送带的速度不同。更改输送带宽度后，转向站的宽度会自动调整。物料项切换到另一个输送带所需的时间取决于转向站的速度（Speed）和转速（Rotation speed）。如果只是需要将物料项转移到另一个输送带，应使用转台或转盘元件。

续表

元件名称	说　明
站 （Station）	站用于图形化定义输送带上的简单处理站。在输送带上放置站不会将其分成两个输送带，但注意不可以把站放置在可逆输送带上。站一次可以处理多个物料项，它可以同时容纳的最大物料项数取决于数量（Capacity）。站有两种处理（Processing）模式：当容量已满时开始（starts when capacity is full）和智能体进入站时开始（starts when agent enters station）。第一种模式下，站会累积物料，直到达到其最大容量，然后同时处理所有物料；新物料的装载方式有卸载完成时开始（Starts when unloading completes）和卸载同时装载（Simultaneous with unloading）两种。第二种模式下，一旦有物料项最前边缘进入站，站就开始单独处理每个物料项，且在加工过程中，物料一直在站中移动，直到到达出口前停止并等待加工完成；一个物料项加工完成后，如果前面没有其他物料项挡路，它就会离开站；站内可以同时处理小于数量（Capacity）的任意多个物料项，且站内所有物料项都可以处于不同的处理阶段。物料项处理所需的时间取决于站的延迟（Processing time）。
自定义站 （Custom Station）	自定义站用于在输送带上绘制自定义的站或处理物料项的工作区域，该元件中的流程可以使用流程建模库或物料搬运库中的模块来自行定义。自定义站可以连接任意数量的输送带。自定义站绘制为多边形区域，区域的形状和大小没有任何逻辑意义。自定义站可以被设定为Convey模块输送到的目的位置。
悬臂起重机 （Jib Crane）	悬臂起重机用于图形化定义塔式起重机，它可以与物料搬运库（Material Handling Library）面板模块部分的Move By Crane搭配使用来仿真塔式起重机在两点之间搬运物料项。悬臂起重机有两种组件移动模式（Component movement mode）来定义起重机的吊臂、小车和吊钩应如何相对移动：一步步（Step-by-step）模式，组件将一次移动一个，该模式满足操作起重机的安全条件；同时（Concurrent）模式，所有组件的移动将同时执行，该模式运行快得多，但相对不安全。可以自定义吊臂长度（Jib length）、吊车高度（Crane height）、初始吊臂角度（Initial jib angle）、小车位置（Trolley position），以及设置小车速度（Trolley speed）、提升速度（Lifting speed）、吊臂旋转速度（Jib rotation speed）等。
桥式起重机 （Overhead Crane）	桥式起重机用于图形化定义桥式起重机，它可以与物料搬运库（Material Handling Library）面板模块部分的Move By Crane搭配使用来仿真桥式起重机在两点之间搬运物料项。而要仿真起重机抓取、移动、释放及其附加操作的复杂逻辑过程，则需要使用Seize Crane、Release Crane等模块。通过在桥式起重机的属性中指定桥架数（Number of bridges），可以创建多桥起重机。默认情况下，桥架根据所携带物料项的优先级和冲突解决规则以自动模式移动。如有必要，可以切换到手动模式，为每个桥架定义精确的移动程序，对物料项的装载、移动和卸载进行完全控制。桥式起重机有三种组件移动模式（Component movement mode）来定义起重机的桥架、小车和吊钩应如何相对移动：一步步（Step-by-step）模式，组件将一次移动一个，该模式满足操作起重机的安全条件；同时（Concurrent）模式，所有组件的移动将同时执行，该模式运行快得多，但相对不安全；独立提升（Independent hoist）模式，提升机吊钩单独移动，桥架和小车同时执行。可以自定义轨道长度（Runway length）、吊车宽度（Crane width）、吊车高度（Crane height）、桥架宽度（Bridge width）、桥架安全间隙（Bridge safety gap），以及设置桥架速度 / 加速 / 减速（Bridge speed / acceleration / deceleration）、小车速度 / 加速 / 减速（Trolley speed / acceleration / deceleration）、提升速度（Lifting speed）等。外观有两种类型可选：龙门起重机（Gantry crane）和桥式起重机（Bridge crane）。

续表

元件名称	说　明
存储 （Storage）	存储用于图形化定义绘制仓储空间，物料项存储在它的货架上。一个存储元件可以包含多个货架。存储的货架配置有两种：背靠背（Back-to-back），货架成对背靠背排列，为每个通道提供了两个货架；独立（Stand-alone），所有货架面向同一方向，为每个通道提供单个货架。每个货架由单元组成，一个单元可以承载一个物料项。在货架内，单元按特定组组织，用于定义货架的填充方式。存储的货架类型有可选择（Selective）和驶入（Drive in）两种，都支持后进先出（LIFO）流程。
升降机 （Lift）	升降机用于图形化定义垂直往复输送机。目前它只能用于流程建模库构建的网络和物料搬运库构建的输送带网络中，不能用于行人库仿真模型。具有自由空间导航模式的运输车可以从任何一侧进入升降机，为了限制它们的移动，必要时可以绘制墙来阻碍运输车的移动。要仿真升降机，必须每层放置一个升降机元件。除了设置每个升降机元件的层高（Floor elevation）外，还要将其中某层的一个升降机元件作为主平台（Main landing）来定义升降机参数（defines lift parameters），包括提升速度（Lifting speed）、拾起时间（Picking up time）、放下时间（Dropping off time）、智能体选择样式（Agent selection pattern）等；其余层上的升降机元件指向主平台（Refers to main landing），统一使用主平台的参数设置。
路径 （Path）	（参见表 4-1-1）
矩形节点 （Rectangular Node）	（参见表 4-1-1）
多边形节点 （Polygonal Node）	（参见表 4-1-1）
点节点 （Point Node）	（参见表 4-1-1）
吸引子 （Attractor）	（参见表 4-1-1）
墙 （Wall）	（参见表 7-1-1）
矩形墙 （Rectangular Wall）	（参见表 7-1-1）
环形墙 （Circular Wall）	（参见表 7-1-1）
网络端口 （Network Port）	网络端口用于在分离的流程建模库网络之间移动运输车，或在没有物理连接的物料搬运库输送带网络之间移动物料项，但行人不能通过它移动。网络端口总是成对运行，且只能在相同类型的网络之间建立连接。要创建一对连接的网络端口，必须在另一个网络端口的属性中指定配对端口（Pair with port），配对端口可以存在于模型层次结构中的相同级别或不同级别。一个网络端口只能连接到一个网络路径或输送带。
层门 （Level Gate）	层门用于使具有自由空间导航模式的运输车在不同层之间移动，但行人不能通过它移动。层门总是成对运行。要创建一对连接的层门，必须在另一个门的属性中指定配对门（Pair with gate）。层门动画上的点用于标识层门的入口侧，运输车将始终从有点标记的一侧进入层门，并从没有点标记的一侧退出层门。
密度图 （Density Map）	（参见表 7-1-1）

表 10-1-2 物料搬运库（Material Handling Library）面板的模块（Blocks）部分

模块名称	说明
Convey	Convey 通过输送带将输入的物料项智能体输送到输送带网络中的指定目标位置，是物料搬运库（Material Handling Library）面板中控制物料项在输送带网络中移动的唯一模块。物料项的路线（Route）可以是指定的输送带顺序，也可以自动计算。自动计算的路线是当前位置和目标位置之间最短的输送带序列，且自动计算时可以指定路线中必须包括或必须避免的输送带。如果希望物料项在移动时能对路线做出选择，则应使用一系列的 Convey 模块对物料项智能体的连续移动进行建模，并在其间使用流程建模库（Process Modeling Library）面板的 Select Output 模块。
Conveyor Enter	Conveyor Enter 将输入的物料项智能体放置在输送带网络中，但不会启动输送带的物料项输送。放入后，物料项智能体可以从输送带网络访问，并能与其他物料项智能体进行交互。要开始输送，需在 Conveyor Enter 后使用 Convey 模块。通常情况下，可以在 Conveyor Enter 和 Convey 模块之间使用流程建模库（Process Modeling Library）面板的模块，以便在开始通过输送带输送物料项之前，对物料项做出一些决策或执行一些操作。智能体通过 Conveyor Enter 花费的模型时间为 0。
Conveyor Exit	Conveyor Exit 将输入的物料项智能体从输送带网络中移除，再将其作为常规智能体通过 out 端口发送出去。Conveyor Exit 模块后可以使用流程建模库（Process Modeling Library）面板中的 Delay、Queue 等模块，这些模块可以在更高抽象层上对流程进行建模，随后还可以使用 Conveyor Enter 或 Convey 模块将物料项智能体放置在某个输送带网络中。智能体通过 Conveyor Exit 花费的模型时间为 0。
Move By Crane	Move By Crane 通过起重机移动物料项智能体。Move By Crane 需设置最小安全高度（Safe height），可以设置使用操作时间（Use operation time）。起重机的运行速度通常由起重机各个组件的移动速度来定义，可以在相应的起重机空间标记元件中指定这些值，系统将自动计算起重机将智能体从一个点移动到另一个点所需的时间。可以在 Move By Crane 里选择获取吊车（Seize crane）和释放吊车（Release crane），并设置对应的装载时间（Loading time）和卸载时间（Unloading time）。获取吊车时，智能体选择样式（Agent selection pattern）有先进先出（FIFO）和自定义（Custom）两种。释放吊车后，钩子可以停留在原地（Stays where it is），或者在无其他任务的情况下返回到初始位置（Returns to initial position）。当需要将起重机移动到物料项智能体与起重机移动物料项智能体分开，以方便在两个过程间增加一些处理流程来实现更加复杂的起重机逻辑建模时，就可以将获取起重机和释放起重机用 Seize Crane 和 Release Crane 模块单独建模。中间增加的那些处理流程则可以使用流程建模库（Process Modeling Library）面板的模块。此时需确保不要勾选 Move By Crane 模块属性中的获取吊车和释放吊车。
Seize Crane	Seize Crane 获取起重机并将其发送到目的地。后续可以使用 Release Crane 或 Move By Crane 模块释放获取的起重机。
Release Crane	Release Crane 用于释放先前被 Seize Crane 或 Move By Crane 模块获取的起重机。Release Crane 操作花费的模型时间为 0。在物料项智能体被 Sink 模块从模型移除之前，所有被获取的起重机都必须被释放。
Transporter Fleet	Transporter Fleet 用于定义运输车组成的车队，如 AGV。物料项智能体可以使用 Seize Transporter 和 Release Transporter 模块来获取和释放车队中的运输车。运输车队有自己的归属地位置（Home locations）可以返回。导航类型有路径导向（Path-guided）和空闲空间（Free space）两种。默认情况下，运输车采用最有效的路线到达目的地。导航类型选择路径导向时，可以为 Transporter Fleet 指定单独的路径导向规则，应在 Transporter Fleet 属性中勾选自定义路线（Custom routing），并在找到路径（Find path）中提供路由算法作为动态值。

续表

模块名称	说　明
Move By Transporter	Move By Transporter 通过运输车执行物料项智能体的运输。运输车沿着网络路径移动，默认情况下采用最短路线。可以用 Transporter Fleet 模块定义特定类型的运输车车队，并设置车队所有运输车的导航类型。Move By Transporter 模块属性设置中提供了一套完整的参数，用来获取运输车，加载物料项智能体，将其运输到目的地，卸载物料项智能体，释放运输车。获取运输车和释放运输车也可以由 Seize Transporter 和 Release Transporter 模块单独建模，以设计更详细的物料项智能体运输流程图，此时需确保不要勾选 Move By Transporter 模块属性中的获取运输车和释放运输车。
Seize Transporter	Seize Transporter 从 Transporter Fleet 模块定义的运输车车队中获取一个运输车，并将其发送到目的地。后续可以使用 Release Transporter 或 Move By Transporter 模块释放获取的运输车。
Release Transporter	Release Transporter 用于释放先前被 Seize Transporter 或 Move By Transporter 模块获取的运输车。Release Transporter 操作花费的模型时间为 0。在物料项智能体被 Sink 模块从模型移除之前，所有被获取的运输车都必须被释放。
Transporter Control	Transporter Control 用于定义网络中的导航规则，以及路径导向导航类型的运输车的路由算法。如果 Transporter Control 模块属性中的导航（Navigation）选择自动（Automatic），可以勾选解决碰撞（Resolve collisions）设定自动解决网络节点中可能的碰撞，运输车将到达节点并等待，但当等待时间超过碰撞检测到时（Collision detection timeout）后，运输车将沿着各自的路线分别移动；可以勾选避免碰撞（Avoid collisions）来优化运输车的路线，如果多个运输车必须选择一条路径或移动通过一个节点，则该路线将仅对其中一个可用，而其他运输车将让路以避免碰撞。如果模块属性中的导航（Navigation）选择自定义（Custom），可以指定运输车可进入节点（Can enter node）或可进入路径（Can enter path）必须满足的条件。可以在模块属性中找到路径（Find path）自定义路由算法，并设置路由中的避免路径（Avoid paths）、避免节点（Avoid nodes）和包括路径（Include paths）。
Store	Store 用于将输入的智能体放置在给定存储或存储系统的单元中。一旦智能体进入 Store 模块，Store 模块将查找能放置智能体的可用存储单元并预留该单元，随后智能体移动并占据该单元。查找可用存储单元的开槽策略（Slotting policy）有三种：根据存储（According to storage）；随机可用（Random available）；特定插槽（Specific slot）。智能体移动（Agents move）方式有三种：通过运输车（by transporters）；通过资源（by resources）；独立（independently）。如果通过运输车或资源移动智能体，则 Store 模块将获取运输车或资源，将其带到智能体位置，连接到智能体，将智能体移动到存储单元，然后释放运输车或资源。如果选择独立移动，可以使用 Delay 模块来表示所需时间，而无须仿真详细的存储过程。可以移动智能体到（Move agent to）单元格（cell）或通道（aisle）。如果移动到预留的单元格，可以设置存储的升降速度（Elevation speed）；如果移动到通道，则可以直接设置存储时间（Storing time）。
Retrieve	Retrieve 用于从存储或存储系统的单元中删除智能体，并将智能体移动到指定的目的地。智能体移动方式有三种：通过运输车（by transporters）；通过资源（by resources）；独立（independently）。如果通过运输车或资源移动智能体，则 Retrieve 模块将获取运输车或资源，将其带到智能体所在单元位置，连接到智能体，将智能体移动到目的地，然后释放运输车或资源。可以取智能体自（Take agent from）单元格（cell）或通道（aisle）。如果取自单元格，可以设置存储的下降速度（Lowering speed）；如果取自通道，则可以直接设置取出时间（Retrieving time）。

续表

模块名称	说　明
Storage System	Storage System 用于将多个存储表示为具有多个货架和过道的单个模块，并作为它们的中央访问和管理点。要创建一个 Storage System，首先需要分别配置每个存储元件，这些存储元件不需要相同，它们可以具有不同的容量和尺寸，也不需要图形对齐。配置完成后，只需将这些存储元件添加到 Storage System 模块属性的存储（Storages）列表中就可以了。Storage System 模块的操作不会覆盖单个存储器元件的相应操作，而是在它们之后执行。

10.1.3 AnyLogic的空间标记面板

打开 AnyLogic 软件工作区左侧面板视图，点击选择空间标记（Space Markup），如图 10-1-2 所示。空间标记（Space Markup）面板汇集了其他所有面板的空间标记部分，并增加了一个 GIS（Geographic Information System，地理信息系统）部分。这里仅介绍空间标记（Space Markup）面板 GIS 部分包含的 5 个元件，详见表 10-1-3。

图 10-1-2　AnyLogic 的空间标记（Space Markup）面板

表 10-1-3　空间标记（Space Markup）面板的 GIS 部分

元件名称	说　明
GIS 地图（GIS Map）	GIS 地图元件用于在模型中显示和管理基于地理坐标系的 GIS 地图。GIS 地图可容纳瓦片（Tiled）地图和形状文件（Shapefile）地图两种 GIS 地图类型。瓦片地图是将从在线地图服务实时下载一个个小的（一般是）正方形的图像如屋顶瓦片一样无缝地并排放置来构建 GIS 地图。形状文件地图则用一组文件中的点、线和多边形的数据来构建 GIS 地图。
GIS 点（GIS Point）	GIS 点用于在 GIS 地图元件上定义一个点。创建的每个 GIS 点都具有以度定义的纬度和经度坐标。
GIS 路径（GIS Route）	GIS 路径用于在 GIS 地图元件上绘制自定义路线，需要设置路径是否双向（Bidirectional）。
GIS 地区（GIS Region）	GIS 区域用于在 GIS 地图元件上标记一些封闭区域。
路线提供者（Route Provider）	路线提供者用于在 GIS 地图元件上定义新的道路网络供智能体使用，新的道路网络可以替代 GIS 地图自带的默认道路网络。该元件支持四种类型的道路网络：车（Car）、轨道（Rail）、自行车（Bike）和步行（Foot）。如果需要使用不同类型的道路网络，则需要在模型中添加多个路线提供者元件。

注意

表 10-1-3 的后四种元件只能在 GIS 地图元件中使用。在使用它们前，需要先将 GIS 地图元件添加到对应智能体类型的图形编辑器中。

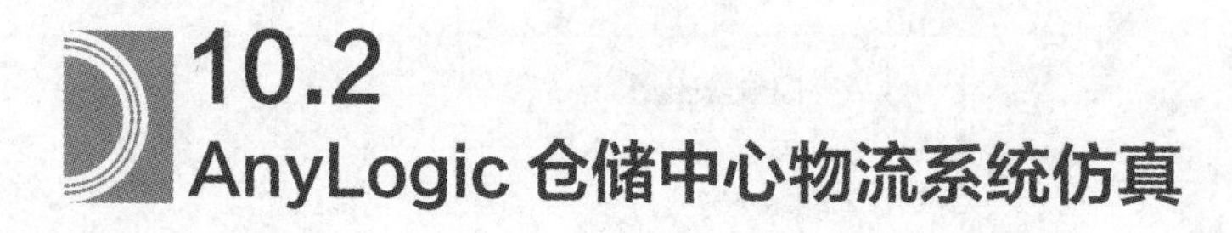

10.2 AnyLogic 仓储中心物流系统仿真

本节实现一个如图 10-2-1 所示的仓储中心物流系统仿真。有两个厂商各自把自己的一种产品用卡车运输到该仓储中心，产品到达仓储中心后由叉车将其从卡车搬运至输送带，并由输送带输送至立体库进库；按照三个分销商的订单，仓储中心准备好包装盒，产品由立体库出库并装入包装盒打包为盒装商品；输送带输送盒装商品至不同分销商的配送暂存货架，再由搬运工人从暂存货架将其搬运到发往不同分销商的配送货车上，操作完成。

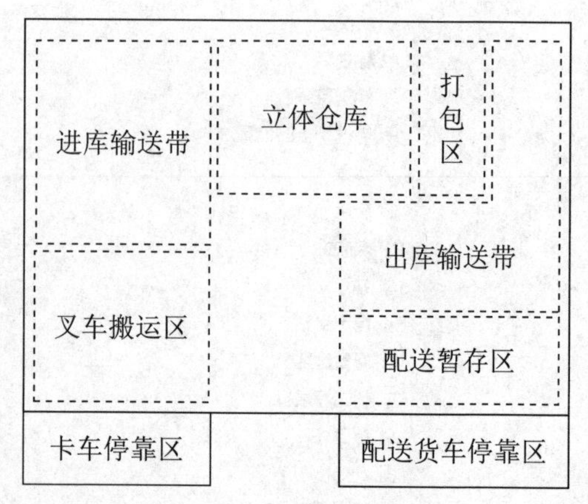

图 10-2-1　仓储中心布局图

10.2.1 创建模型的智能体类型

新建一个模型，模型时间单位（Model time units）选择分钟（minute）。

（一）智能体类型 Truck

（1）从智能体（Agent）面板拖曳一个智能体（Agent）元件到 Main 中，在弹出的新建智能体向导首页点击“智能体群（Population of agents）”；新类型名（Agent type name）设为“Truck”，智能体群名（Agent population name）设为“trucks”，选择“我正在从头创建智能体类型（Create the agent type from scratch）”；智能体动画（Agent animation）选择“三维（3D）”，并选择道路运输（Road transport）部分的卡车（truck）；不添加智能体参数（Agent parameters）；选择“创建初始为空的群（Create initially empty population）”，点击完成（Finish）按钮。智能体类型 Truck 创建完成，并显示在工程树中。智能体群 trucks 显示在 Main 的图形编辑器中。

（2）双击工程树中的智能体类型 Truck 打开其图形编辑器，从智能体（Agent）面板拖曳一个变量（Variable）元件到 Truck 中，并设置其属性，名称（Name）为“unloadnum”，类型（Type）选择“int”。从智能体（Agent）面板拖入一个参数（Parameter）元件，名称（Name）为“productTypeID”，类型（Type）选择“int”。

（3）如图 10-2-2 所示设置三维对象 truck 的属性，可见（Visible）设为动态值（Dynamic value）并填入“productTypeID == 1”，附加比例（Additional scale）为“100%”；颜色（Color）部分，Material_2_Surf 我的颜色（My color）为“dodgerBlue”；位置（Position）部分，X 为 0，Y 为 0。复制粘贴一个三维对象 truck 到 Truck 中，设置其属性，名称（Name）为“truck1”，可见（Visible）设为动态值（Dynamic value）并填入“productTypeID == 2”，附加比例（Additional scale）为“100%”；颜色（Color）部分，Material_2_Surf 我的颜色（My color）为“gold”；位置（Position）部分，X 为 0，Y 为 0。

智能体类型 Truck 是厂商运输产品的卡车，运输产品不同，卡车颜色也不同。

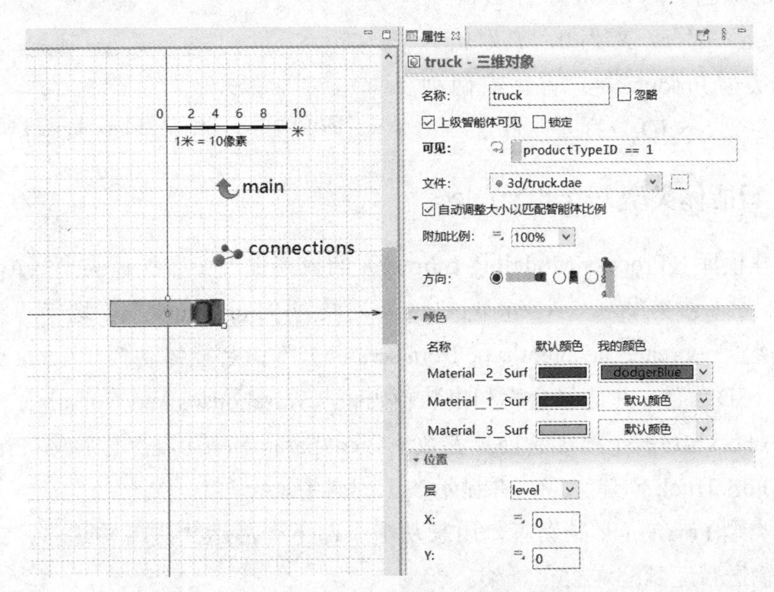

图 10-2-2 三维对象 truck 属性设置

（二）智能体类型 Product

（1）从智能体（Agent）面板拖曳一个智能体（Agent）元件到 Main 中，在弹出的新建智能体向导首页点击“智能体群（Population of agents）”；选择“我想创建新智能体类型（I want to create a new agent type）”；新类型名（Agent type name）设为“Product”，智能体群名（Agent population name）设为“products”，选择“我正在从头创建智能体类型（Create the agent type from scratch）”；智能体动画（Agent animation）选择“三维（3D）”，并选择盒子（Box）部分的盒子关（Box off）；不添加智能体参数（Agent parameters）；选择“创建初始为空的群（Create initially empty population）”，点击完成（Finish）按钮。智能体类型 Product 创建完成，并显示在工程树中。智能体群 products 显示在 Main 的图形编辑器中。

（2）双击工程树中的智能体类型 Product 打开其图形编辑器，从智能体（Agent）面板拖曳两个参数（Parameter）元件到 Product 中，并设置其属性，一个名称（Name）为“truck”，类型（Type）选择“Truck”；另一个名称（Name）为“typeID”，类型（Type）选择“int”。

（3）如图 10-2-3 所示设置三维对象 box_closed 的属性，名称（Name）为“product1”，可见（Visible）设为动态值（Dynamic value）并填入“typeID == 1”，附加比例（Additional scale）为“100%”；位置（Position）部分，X 为 0，Y 为 0。复制粘贴一个三维对象 box_closed 到 Product 中，设置其属性，名称（Name）为“product2”，可见（Visible）设为动态值（Dynamic value）并填入“typeID == 2”，附加比例（Additional scale）为“100%”；颜色（Color）部分，MA_Box 我的颜色（My color）为“gold”；位置（Position）部分，X 为 0，Y 为 0。

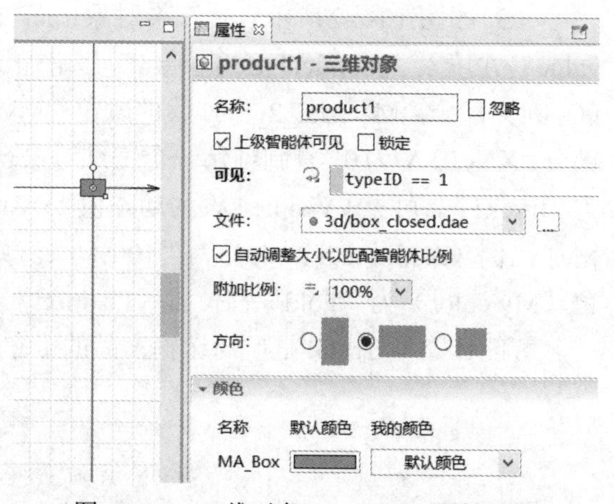

图 10-2-3　三维对象 box_closed 属性设置

智能体类型 Product 是产品，有两种类型，对应参数 typeID 分别是 1 和 2。

（三）智能体类型 ForkTruck

从流程建模库（Process Modeling Library）面板拖曳一个智能体类型（Agent Type）元件到 Main 中，新类型名（Agent type name）设为“ForkTruck”，选择“我正在从头创建智能体类型（Create the agent type from scratch）”；智能体动画（Agent animation）选择“三维（3D）”，并选择仓库和集装箱码头（Warehouses and Container Terminals）部分的叉车（Forklift）；不添加智能体参数（Agent parameters），点击完成（Finish）按钮。智能体类型 ForkTruck 创建完成，并显示在工程树中。

智能体类型 ForkTruck 是叉车，用来从卡车卸下产品运到进库输送带，或者把盒装商品从出库输送带运到配送暂存货架。

（四）AGV 智能体类型

从智能体（Agent）面板拖曳一个智能体（Agent）元件到 Main 中，在弹出的新建智能体向导首页点击“仅智能体类型（Agent type only）”；新类型名（Agent type name）设为“AGV”，选择“我正在从头创建智能体类型（Create the agent type from scratch）”；智能体动画（Agent animation）选择“三维（3D）”，并选择仓库和集装箱码头（Warehouses and Container Terminals）部分的自动导引车（AGV）；不添加智能体参数（Agent parameters），点击完成（Finish）按钮。智能体类型 AGV 创建完成，并显示在工程树中。

智能体类型 AGV 是立体库中的自动导引升降小车，完成立体库中产品进出库作业。

（五）智能体类型 Porter

从流程建模库（Process Modeling Library）面板拖曳一个智能体类型（Agent Type）元件到 Main 中，新类型名（Agent type name）设为“Porter”，选择“我正在从头创建智能体类型（Create the agent type from scratch）”；智能体动画（Agent animation）选择“三维（3D）”，并选择人（People）部分的人（person）；不添加智能体参数（Agent parameters），点击完成（Finish）按钮。智能体类型 Porter 创建完成，并显示在工程树中。

智能体类型 Porter 是搬运工人，把盒装商品从配送暂存货架搬到配送货车上。

（六）智能体类型 Dock

（1）从智能体（Agent）面板拖曳一个智能体（Agent）元件到 Main 中，在弹出的新建智能体向导首页点击“智能体群（Population of agents）”；选择“我想创建新智能体类型（I want to create a new agent type）”；新类型名（Agent type name）设为“Dock”，智能体群名（Agent population name）设为“docks”，选择“我正在从头创建智能体类型（Create the agent type from scratch）”；智能体动画（Agent animation）选择“无（None）”；不添加智能体参数（Agent parameters）；选择“创建初始为空的群（Create initially empty population）”，点击完成（Finish）按钮。智能体类型 Dock 创建完成，并显示在工程树中。智能体群 docks 显示在 Main 的图形编辑器中。

（2）双击工程树中的智能体类型 Dock 打开其图形编辑器，从智能体（Agent）面板拖曳两个参数（Parameter）元件到 Dock 中，并设置其属性，一个名称（Name）为“locationPoint”，类型（Type）选择“其他（Other）...”并填入“RectangularNode”；另一个名称（Name）为“orderTypeID”，类型（Type）选择“int”。

智能体类型 Dock 是配送货车的泊位，用来指示配送货车装盒装商品时的停车位。

（七）智能体类型 Lorry

（1）从智能体（Agent）面板拖曳一个智能体（Agent）元件到 Main 中，在弹出的新建智能体向导首页点击“智能体群（Population of agents）”；选择“我想创建新智能体类型（I want to create a new agent type）”；新类型名（Agent type name）设为“Lorry”，

智能体群名（Agent population name）设为“lorrys”，选择“我正在从头创建智能体类型（Create the agent type from scratch）”；智能体动画（Agent animation）选择“三维（3D）”，并选择道路运输（Road Transport）部分的货车（Lorry）；不添加智能体参数（Agent parameters）；选择“创建初始为空的群（Create initially empty population）”，点击完成（Finish）按钮。智能体类型 Lorry 创建完成，并显示在工程树中。智能体群 lorrys 显示在 Main 的图形编辑器中。

（2）双击工程树中的智能体类型 Lorry 打开其图形编辑器，从智能体（Agent）面板拖曳两个变量（Variable）元件到 Lorry 中，并设置其属性，一个名称（Name）为“orderTypeID”，类型（Type）选择“int”；另一个名称（Name）为“num”，类型（Type）选择“int”。从智能体（Agent）面板拖入一个参数（Parameter）元件，设置其属性，名称（Name）为“dock”，类型（Type）选择“Dock”。从智能体（Agent）面板拖入一个集合（Collection）元件，设置其属性，名称（Name）为“collectionBox”，集合类（Collection class）选择“ArrayList”，元素类（Elements class）选择“Box”。

智能体类型 Lorry 是运输盒装商品的配送货车，每个配送货车只运输发往同一个分销商的盒装商品。

（八）智能体类型 Box

（1）从智能体（Agent）面板拖曳一个智能体（Agent）元件到 Main 中，在弹出的新建智能体向导首页点击“智能体群（Population of agents）”；选择“我想创建新智能体类型（I want to create a new agent type）”；新类型名（Agent type name）设为“Box”，智能体群名（Agent population name）设为“boxes”，选择“我正在从头创建智能体类型（Create the agent type from scratch）”；智能体动画（Agent animation）选择“三维（3D）”，并选择盒子（Box）部分的盒 2 开（Box 2 Open）；不添加智能体参数（Agent parameters）；选择“创建初始为空的群（Create initially empty population）”，点击完成（Finish）按钮。智能体类型 Box 创建完成，并显示在工程树中。智能体群 boxes 显示在 Main 的图形编辑器中。

（2）双击工程树中的智能体类型 Box 打开其图形编辑器，从智能体（Agent）面板拖曳三个变量（Variable）元件到 Box 中，并设置其属性，一个名称（Name）为“isOpen”，类型（Type）选择“boolean”，初始值（Initial value）为“false”；一个名称（Name）为“isClosed”，类型（Type）选择“boolean”，初始值（Initial value）为“false”；另一个名称（Name）为“lorry”，类型（Type）选择“Lorry”。从智能体（Agent）面板拖入两个参数（Parameter）元件，设置其属性，名称（Name）分别为“productTypeID”“orderTypeID”，类型（Type）均选择“int”。

（3）如图 10-2-4 所示设置三维对象 box_2_open 的属性，可见（Visible）设为动态值（Dynamic value）并填入“isOpen”，附加比例（Additional scale）为“100%”；位置（Position）部分，X 为 0，Y 为 0。从三维物体（3D Objects）面板盒子（Box）部分拖曳一个盒 2 关（Box 2 Closed）元件到 Box 中，设置其属性，可见（Visible）设为动态值（Dynamic value）并填入“isClosed”，附加比例（Additional scale）为“100%”；位置（Position）部分，X 为 0，Y 为 0。

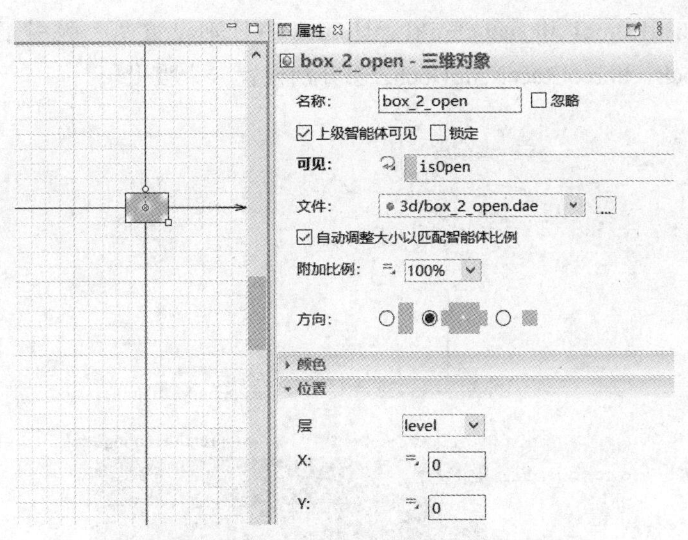

图 10-2-4　三维对象 box_2_open 属性设置

智能体类型 Box 是商品包装盒，参数 productTypeID 记录盒子中产品的类型（1 或 2），每个盒子规定装入同一类型的两个产品；参数 orderTypeID 记录该商品要送达的分销商信息（1、2 或 3）。

10.2.2　创建模型的空间布局

（1）如图 10-2-5 所示，使用演示（Presentation）面板中的矩形（Rectangle）、直线（Line）等元件绘制模型背景图。

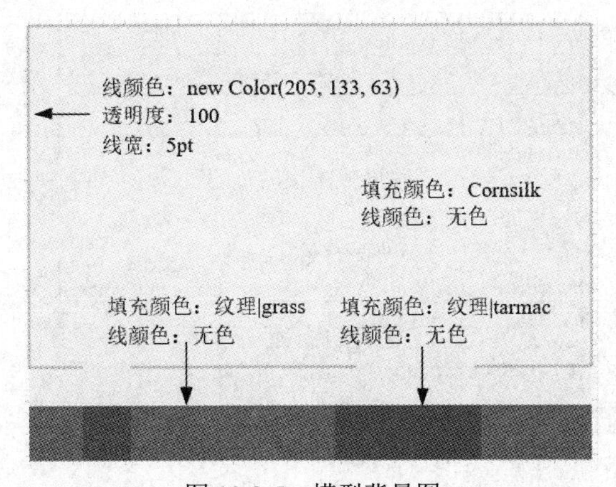

图 10-2-5　模型背景图

（2）如图 10-2-6 所示，使用流程建模库（Process Modeling Library）面板中的点节点（Point Node）、矩形节点（Rectangular Node）、路径（Path）等元件在 Main 的图形编辑器中绘制卡车到达路径、卡车停靠区、叉车搬运区和叉车搬运路径。卡车出现的点节点名称（Name）为“sourceUnloading”；卡车停靠区的矩形节点名称（Name）分别为“rectReceivingDock1”“rectReceivingDock2”；叉车停放区的矩形节点名称（Name）分别为“shapeForkLiftHome1”“shapeForkLiftHome2”。在矩形节点 shapeForkLiftHome1 和 shapeForkLiftHome2 中分别设置两个吸引子；在矩形节点 rectReceivingDock1 和 rectReceivingDock2 中分别设置一个吸引子。

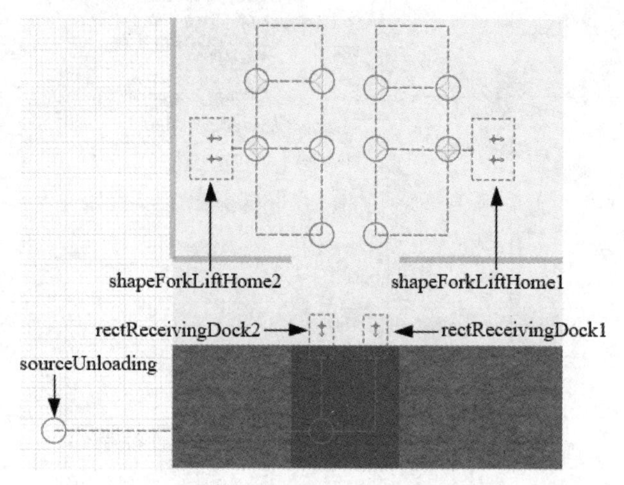

图 10-2-6　卡车停靠区和叉车搬运区

（3）如图 10-2-7 所示，使用流程建模库（Process Modeling Library）面板中的托盘货架（Pallet Rack）、点节点（Point Node）、路径（Path）等元件在 Main 的图形编辑器中绘制立体库。产品到达的点节点名称（Name）分别为"Warehousing1""Warehousing2"；智能体类型 AGV 获取产品的点节点名称（Name）分别为"AGVHome1""AGVHome2"；产品出库的点节点名称（Name）分别为"Outbound1""Outbound2"；托盘货架的名称（Name）分别为"palletRack1""palletRack2"。

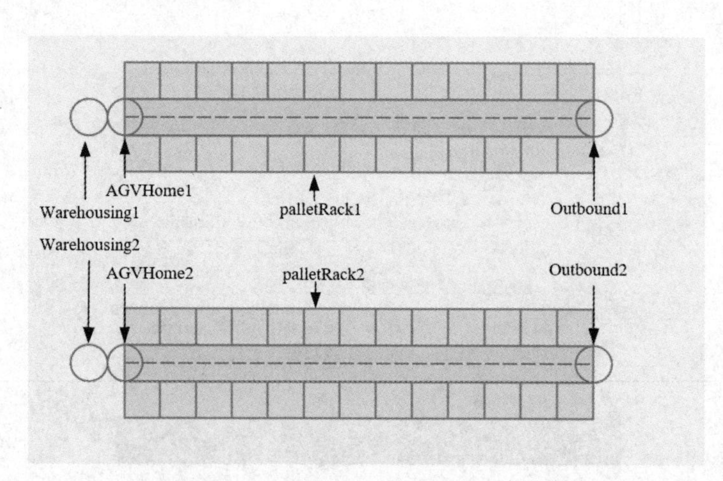

图 10-2-7　产品 1 和产品 2 的立体库

（4）如图 10-2-8 所示设置托盘货架 palletRack1 的属性，类型（Type）选择"两货架，一通道（Two racks,one aisle）"，单元格宽度（Cell width）为 20，进深位置数（Number of deep positions）为 1，层数（Number of levels）为 7，层高（Level height）为 15；位置和大小（Position and size）部分，通道宽度（Aisle width）为 20，旋转（Rotation）选择"+180"。同样方法，设置托盘货架 palletRack2 的属性。属性设置完成后，在两个托盘货架（PalletRack）元件处会自动生成两个网络（Network）。

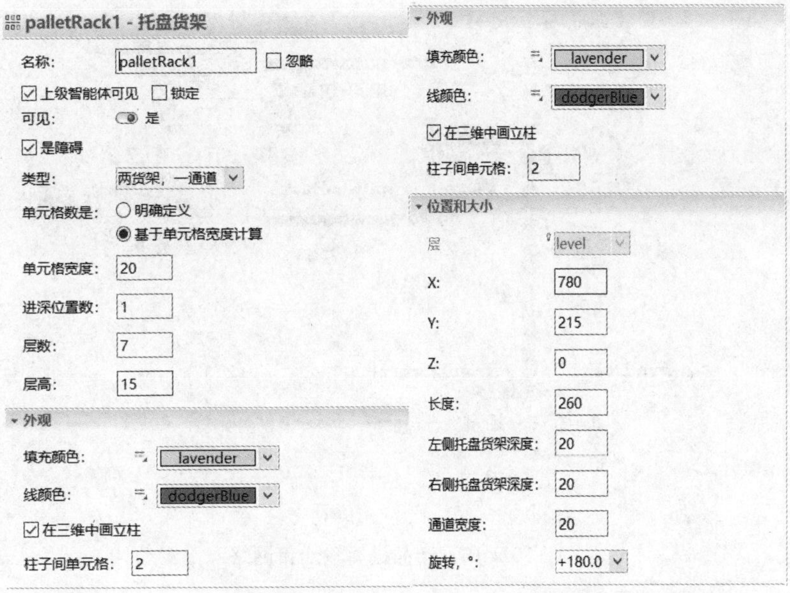

palletRack1 - 托盘货架

名称: palletRack1 ☐忽略
☑上级智能体可见 ☐锁定
可见: 是
☑是障碍
类型: 两货架，一通道
单元格数是: ○明确定义 ◉基于单元格宽度计算
单元格宽度: 20
进深位置数: 1
层数: 7
层高: 15

外观
填充颜色: lavender
线颜色: dodgerBlue
☑在三维中画立柱
柱子间单元格: 2

外观
填充颜色: lavender
线颜色: dodgerBlue
☑在三维中画立柱
柱子间单元格: 2

位置和大小
层 level
X: 780
Y: 215
Z: 0
长度: 260
左侧托盘货架深度: 20
右侧托盘货架深度: 20
通道宽度: 20
旋转，°: +180.0

图 10-2-8　托盘货架 palletRack1 属性设置

（5）如图 10-2-9 所示，托盘货架 palletRack1 所在网络的名称（Name）修改为“palletRackgroup1”，托盘货架 palletRack2 所在网络的名称（Name）修改为“palletRackgroup2”。

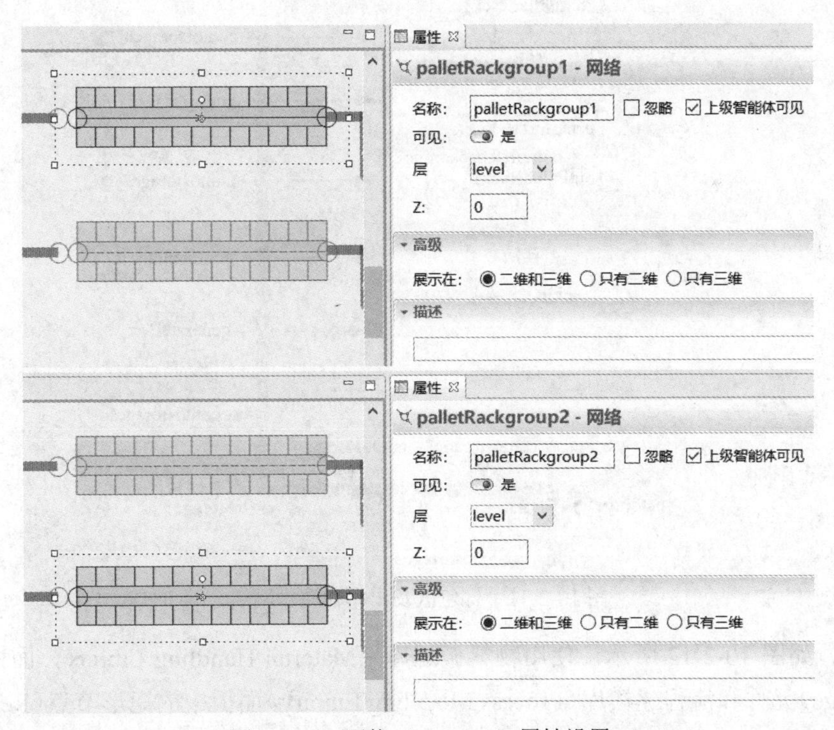

图 10-2-9　网络（Network）属性设置

（6）如图 10-2-10 所示，使用物料搬运库（Material Handling Library）面板中的输送带（Conveyor）、转盘（Turntable）等元件在 Main 的图形编辑器中绘制产品进库输送带网络。在各元件属性的位置和大小（Position and size）部分，Z 均设为 5。

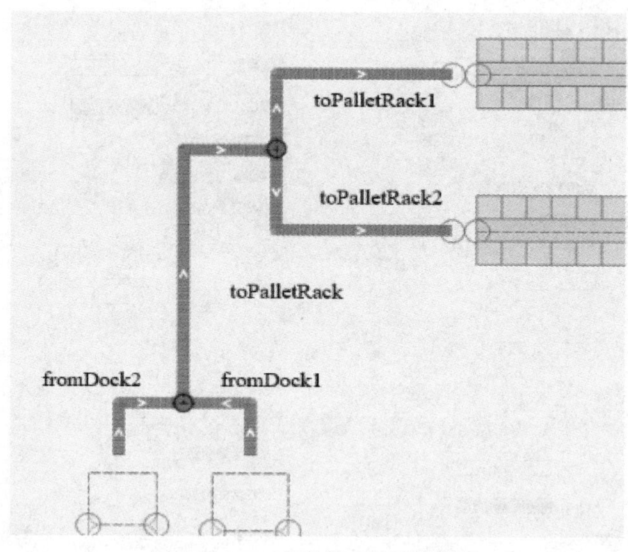

图 10-2-10　产品进库输送带网络

（7）如图 10-2-11 所示，使用物料搬运库（Material Handling Library）面板中的输送带（Conveyor）、移台（Transfer Table）等元件在 Main 的图形编辑器中绘制商品打包区及出库输送带网络。在各元件属性的位置和大小（Position and size）部分，Z 均设为 5。

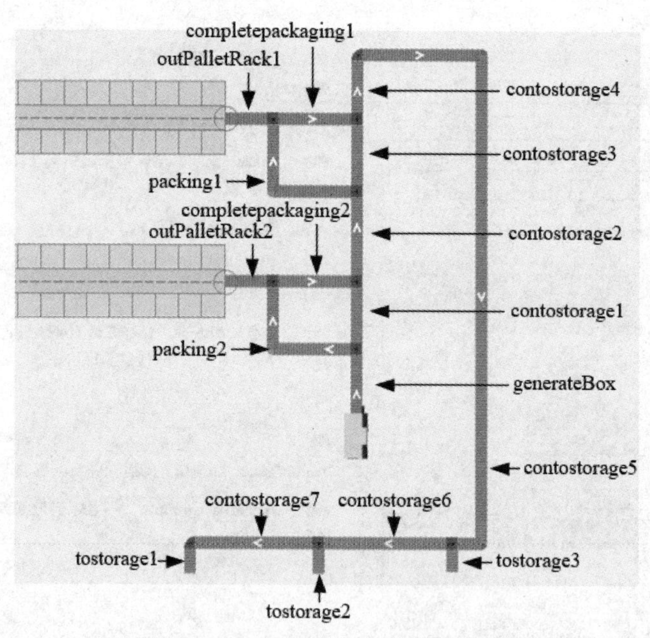

图 10-2-11　打包区及出库输送带网络

（8）如图 10-2-12 所示，使用物料搬运库（Material Handling Library）面板中的存储（Storage）元件和流程建模库（Process Modeling Library）面板中的矩形节点（Rectangular Node）、路径（Path）等元件绘制配送暂存区和配送货车停靠区，以及其中的搬运路径、配送货车路径、叉车等待区域、搬运工人等待区域。作为配送暂存货架的三个存储（Storage）元件名称（Name）分别为“storage1”“storage2”“storage3”；叉车等待区域的矩形节点名称（Name）为“shapeForkLiftHome3”；搬运工人等待区域的矩形节点点名称（Name）为“PorterHome”；配送货车停靠区的矩形节点名称（Name）分别为“nodeDockStorage1”“nodeDockStorage2”“nodeDockStorage3”；配送货车出现的点节点名称（Name）为“sourceLoading”。

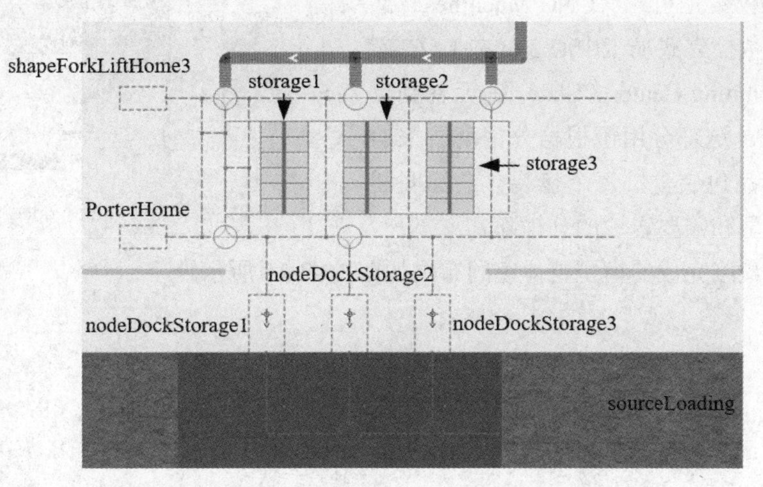

图 10-2-12　盒装商品配送暂存区和配送货车停靠区

（9）如图 10-2-13 所示设置存储 storage1 的属性，货架深度（Rack depth）为 2 米（meters），货架数（Number of racks）为 2，间隔数（Number of bays）为 6；货架（Rack）部分，隔板数（Number of shelves）为 4；外观（Appearance）部分，占用的单元格动画（Occupied cells animation）选择“智能体动画（agent animation）”；位置和大小（Position and size）部分，存储长度（Storage length）为 4 米（meters），存储宽度（Storage width）为 8 米（meters），进入区域（Access zone）为 3 米（meters）。同样方法，设置存储 storage2 和存储 storage3 的属性。

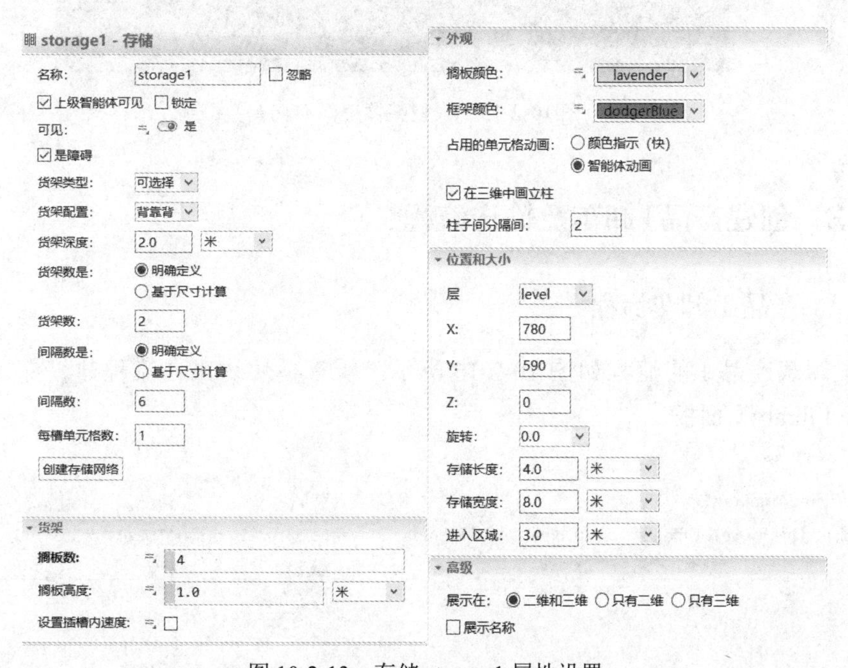

图 10-2-13　存储 storage1 属性设置

（10）如图 10-2-14 所示，从流程建模库（Process Modeling Library）面板拖曳一个点节点（Point Node）元件到 Main 中放置于输送带 generateBox 的起点，并设置其属性，名称（Name）为“Box”。再从三维物体（3D Objects）面板数控机床（CNC Machines）部分拖入一个数控立式加工中心 3 状态 1（CNC Vertical Machining Center 3 State 1）元件到点节点 Box 处。这部分用于根据分销商发来的订单生成商品包装盒，每个包装盒会标明装入的产品类型和需要送达的分销商。

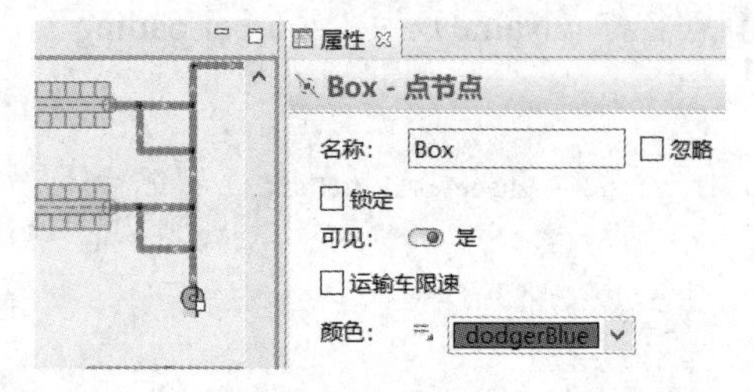

图 10-2-14　点节点（Point Node）元件属性设置

（11）最终完成的模型整体空间布局如图 10-2-15 所示。

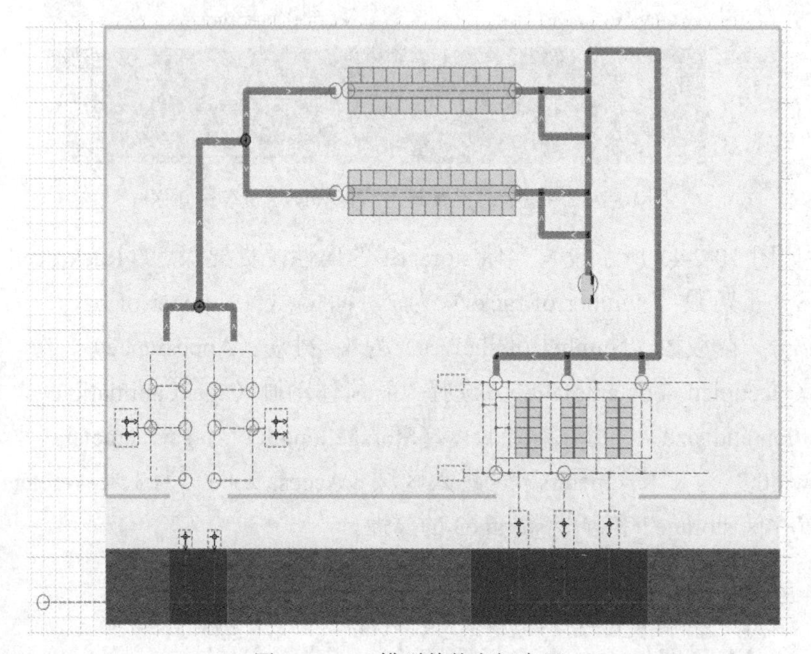
图 10-2-15　模型整体空间布局

10.2.3　创建产品1卸车及输送流程

（一）产品 1 卸车流程

卡车卸载产品 1 的流程如图 10-2-16 所示。所有模块均来自流程建模库（Process Modeling Library）面板。

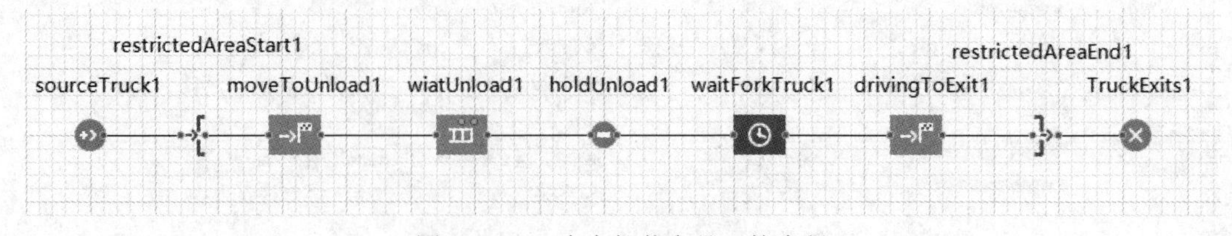

图 10-2-16　卡车卸载产品 1 的流程

（1）Source 模块 sourceTruck1 的属性设置如图 10-2-17 所示，定义到达通过（Arrivals defined by）选择“速率（Rate）”，到达速率（Arrival rate）为 10 每小时（per hour），即在 1 小时内总共到达 10 辆卡车，到达位置（Location of arrival）选择“网络 /GIS 节点（Network/GIS node）”，节点（Node）选择“sourceUnloading”，速度（Speed）为 1 米每秒（meters per second）；智能体（Agent）部分，新智能体（New Agent）选择“Truck”；高级（Advanced）部分，添加智能体到（Add agents to）选择“自定义群（custom population）”，群（Population）选择“trucks”，取消勾选“强推（Forced pushing）”，无法离开的智能体（Agents that can’t exit）选择“在这个模块中等待（wait in this block）”；在行动（Actions）部分的离开时（On exit）填入代码：

```
agent.productTypeID = 1; //到达卡车运输的是产品1
```

（2）MoveTo 模块 moveToUnload1 的属性设置如图 10-2-18 所示，智能体（Agent）选择“移动到（moves to）”，目的地（Destination）选择“网络 /GIS 节点（Network/GIS node）”，节点（Node）选择“rectReceivingDock1”。

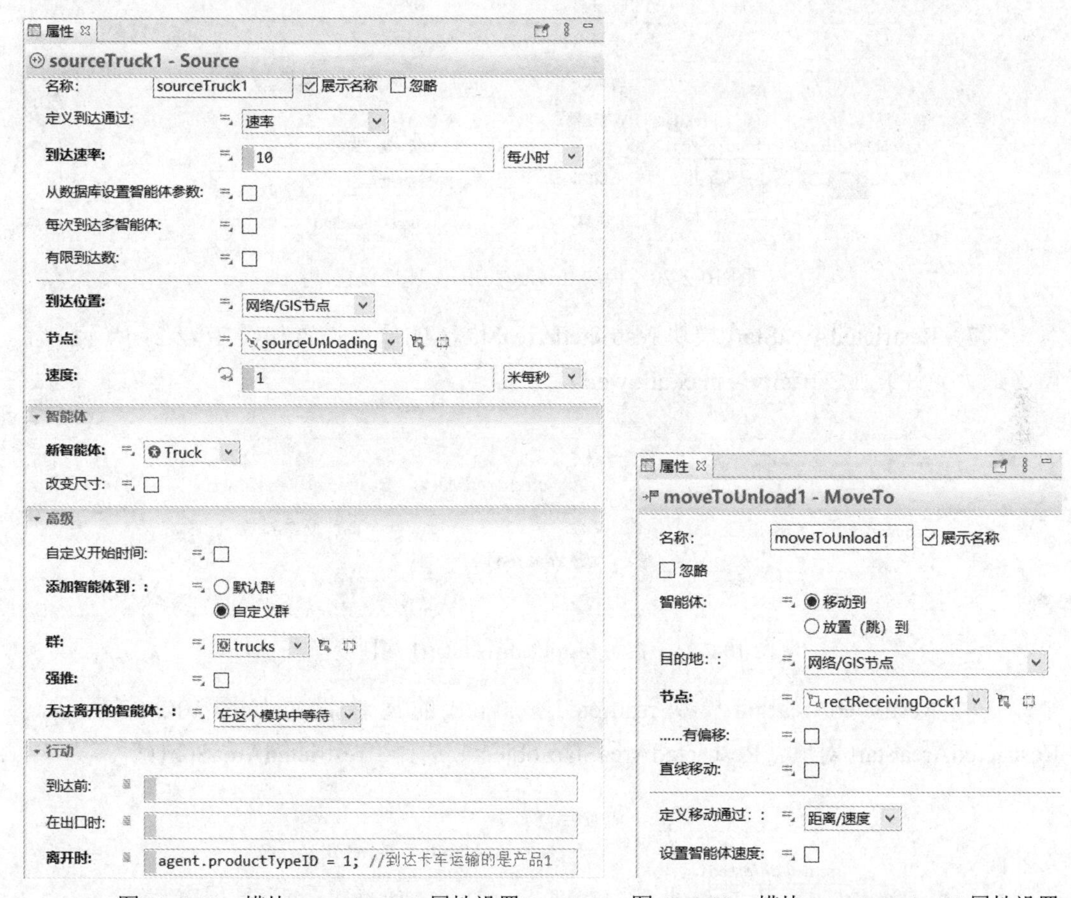

图 10-2-17 模块 sourceTruck1 属性设置　　图 10-2-18 模块 moveToUnload1 属性设置

（3）Queue 模块 waitUnload1 的属性设置中，容量（Capacity）为 100。

（4）Hold 模块 holdUnload1 的属性设置中，模式（Mode）选择“手动（使用 block()，unblock()）（Manual (use block(), unblock())）”。

（5）Delay 模块 waitForkTruck1 的属性设置如图 10-2-19 所示，类型（Type）选择“直至调用 stopDelay()（Until stopDelay() is called）”，勾选“最大容量（Maximum capacity）”。

图 10-2-19　模块 waitForkTruck1 属性设置

（6）MoveTo 模块 drivingToExit1 的属性设置如图 10-2-20 所示，智能体（Agent）选择“移动到（moves to）”，目的地（Destination）选择“网络 /GIS 节点（Network/GIS node）”，节点（Node）选择“sourceUnloading”。

图 10-2-20　模块 drivingToExit1 属性设置

（7）RestrictedAreaStart 模块 restrictedAreaStart1 的属性设置如图 10-2-21 所示，容量（最大允许）（Capacity – max allowed）为 1。

图 10-2-21　模块 restrictedAreaStart1 属性设置

（8）RestrictedAreaEnd 模块 restrictedAreaEnd1 的属性设置如图 10-2-22 所示，RestrictedAreaStart 对象（RestrictedAreaStart object）选择“restrictedAreaStart1”。

图 10-2-22　模块 restrictedAreaEnd1 属性设置

（二）产品 1 被叉车运至输送带的流程

在图 10-2-16 流程基础上，添加完成产品被叉车运至输送带流程后如图 10-2-23 所示。

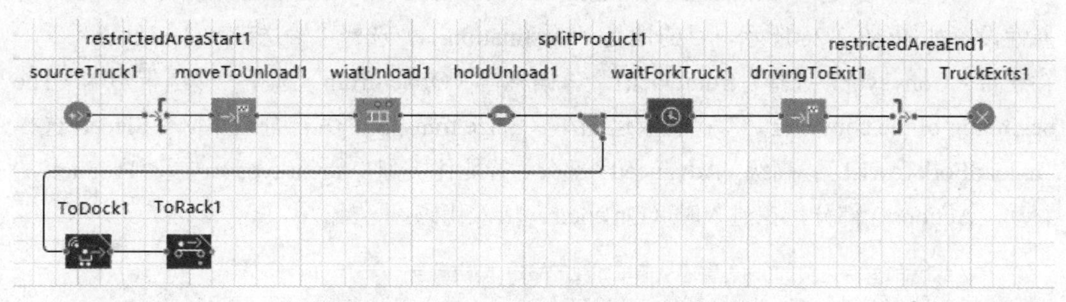

图 10-2-23　产品被叉车运上输送带的流程

（1）流程建模库（Process Modeling Library）Split 模块 splitProduct1 的属性设置如图 10-2-24 所示，副本数（Number of copies）为 10，表示每辆卡车产生 10 件对应产品，新智能体（副本）（New agent - copy）设为动态值（Dynamic value）并填入“new Product(original,original.productTypeID)”，副本位置（Location of copy）选择“网络 / GIS 节点（Network/GIS node）”，节点（Node）选择“rectReceivingDock1”，速度（Speed）为 1 米每秒（meters per second）；高级（Advanced）部分，原件类型（Original type）选择“Truck”，副本类型（Copy type）选择“Product”。

（2）从物料搬运库（Material Handling Library）面板拖曳三个 TransporterFleet 模块到 Main 中，如图 10-2-25 所示设置其属性，名称（Name）分别为“unloadForkTruck1”“unloadForkTruck2”“loadfork”，导航类型（Navigation type）均选择“路径导向（Path - guided）”，容量（Capacity）均为 2；运输车（Transporter）部分，新运输车（New/transporter）均选择“ForkTruck”；归属地位置（Home locations）分别选择“shapeForkLiftHome1”“shapeForkLiftHome2”和“shapeForkLiftHome3”。

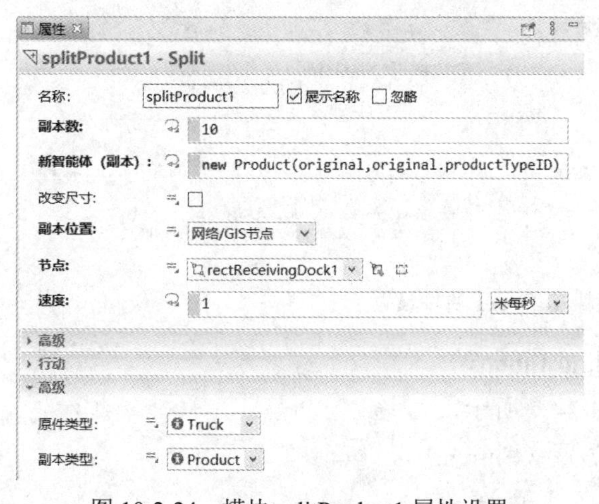

图 10-2-24　模块 splitProduct1 属性设置

图 10-2-25　TransporterFleet 模块属性设置

（3）从智能体（Agent）面板拖曳两个变量（Variable）元件到 Main 中，并设置其属性，一个名称（Name）为“numOfProduct1”，类型（Type）选择“int”，初始值（Initial value）为 0；另一个名称（Name）为“numOfProduct2”，类型（Type）选择“int”，初始值（Initial value）为 0。

（4）物料搬运库（Material Handling Library）MoveByTransporter 模块 ToDock1 的属性设置如图 10-2-26 所示，目的地是（Destination is）选择“输送带（Conveyor）”，输送带（Conveyor）选择“fromDock1”，偏移自（Offset from）选择“输送带始端（The beginning of the conveyor）”；获取运输车（Seize transporter）部分，车队（Fleet）选择“unloadForkTruck1”；高级（Advanced）部分，智能体类型（Agent type）选择“Product”；行动（Actions）部分，在进入时（On enter）填入代码：

```
//当产品1库存达到130时，暂停从卡车卸载产品1，防止爆仓
numOfProduct1++;
if(numOfProduct1>130){
    holdUnload1.block();
}
```

在离开时（On exit）填入代码：

```
//每辆卡车装载10件产品1，卸载量达到10件时，卡车离开停靠点
agent.truck.unloadnum++;
if(agent.truck.unloadnum==10){
    waitForkTruck1.stopDelay(agent.truck);
}
```

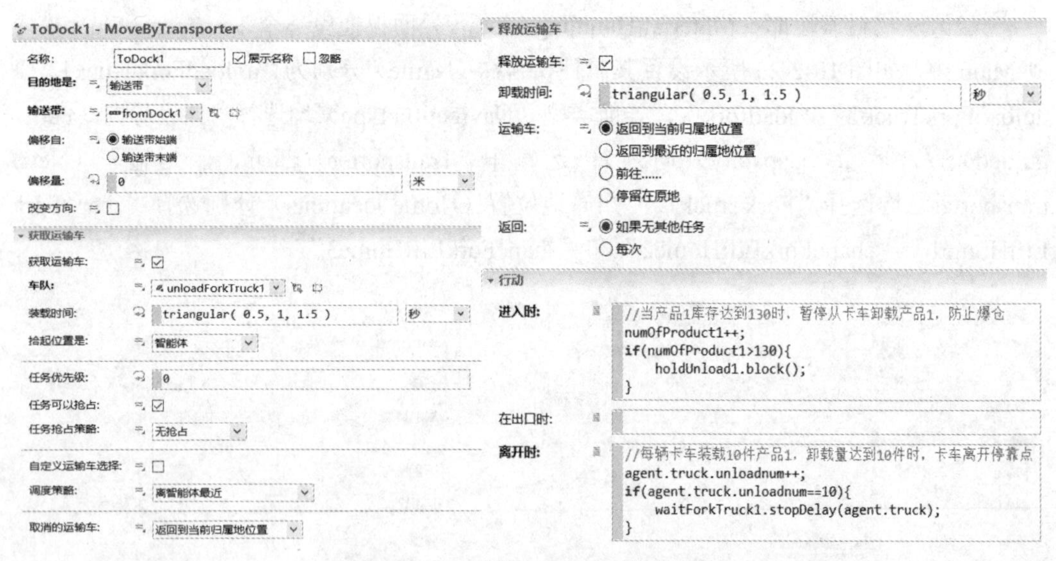

图 10-2-26　模块 ToDock1 属性设置

（5）物料搬运库（Material Handling Library）Convey 模块 ToRack1 的属性设置如图 10-2-27 所示，输送自（Convey from）选择“当前位置（Current position）”，输送到（Convey to）选择“输送带（Conveyor）”，目标输送带（Target conveyor）选择“toPalletRack1”，目标偏移自（Target offset from）选择“输送带末端（The end of the conveyor）”。

图 10-2-27　模块 ToRack1 属性设置

10.2.4 创建产品1立体库进出库流程

（一）产品 1 立体库入库流程

在图 10-2-23 流程基础上，添加完成产品 1 立体库入库流程后如图 10-2-28 所示。

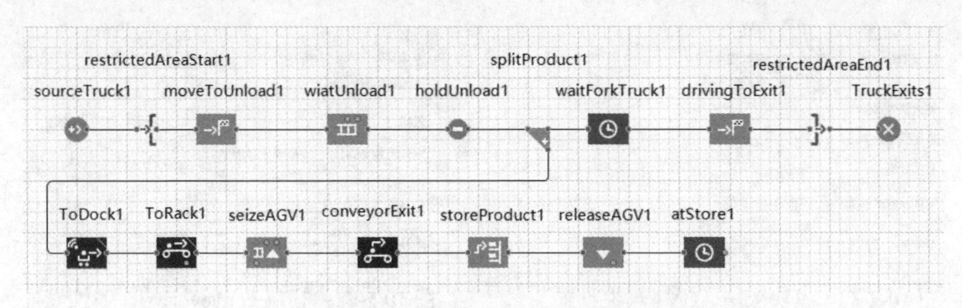

图 10-2-28 添加产品 1 立体库入库流程

（1）从流程建模库（Process Modeling Library）面板拖曳两个 ResourcePool 模块到 Main 中，如图 10-2-29 所示设置其属性，一个名称（Name）为“agv1”，容量（Capacity）为 1，新资源单元（New resource unit）选择“AGV”，速度（Speed）为 1 米每秒（meters per second），归属地位置（节点）（Home location - nodes）为“AGVHome1”；另一个名称（Name）为“agv2”，归属地位置（节点）（Home location - nodes）为“AGVHome2”，其他属性设置与模块 agv1 相同。

图 10-2-29 ResourcePool 模块属性设置

（2）流程建模库（Process Modeling Library）Seize 模块 seizeAGV1 的属性设置如图 10-2-30 所示，资源集（Resource sets）为“agv1”，勾选“最大队列容量（Maximum queue capacity）”，勾选“发送获取的资源（Send seized resources）”，勾选“附加获取的资源（Attach seized resources）”。

（3）物料搬运库（Material Handling Library）ConveyorExit 模块 conveyorExit1 的属性设置如图 10-2-31 所示，离开的智能体（Exiting agents）选择“停留在原地（stay where they are）”；在行动（Actions）部分的离开时（On exit）填入：

```
//将智能体产品1驻留在托盘货架palletRack1处的网络palletRackgroup1中
agent.setNetwork(palletRackgroup1);
```

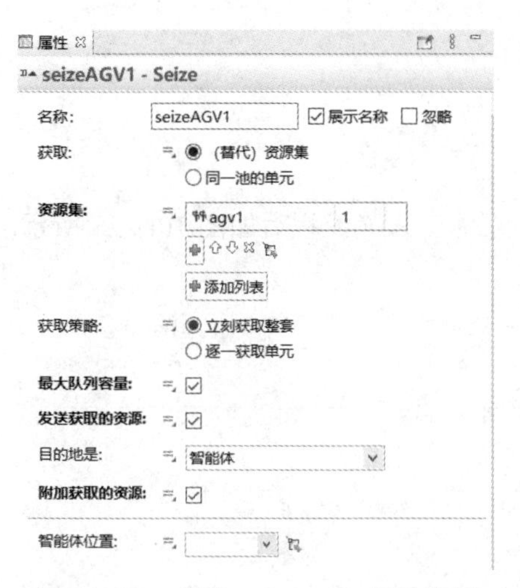

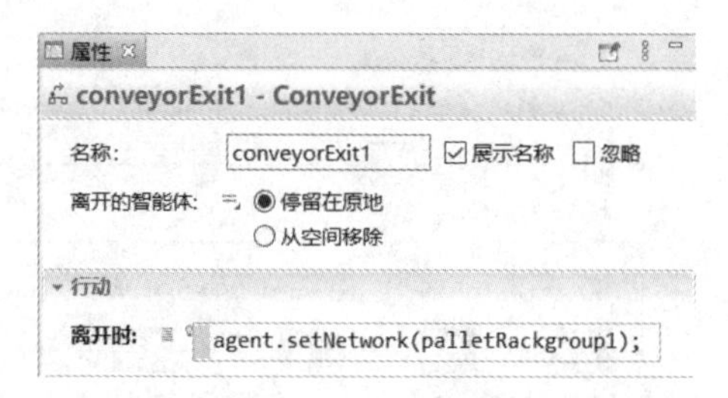

图 10-2-30　模块 seizeAGV1 属性设置　　　　图 10-2-31　模块 conveyorExit1 属性设置

（4）流程建模库（Process Modeling Library）RackStore 模块 storeProduct1 的属性设置如图 10-2-32 所示，托盘货架 / 货架系统（Pallet rack/Rack system）选择“palletRack1”，每层上升时间（Elevation time per level）为 1 秒（seconds）。

（5）流程建模库（Process Modeling Library）Release 模块 releaseAGV1 的属性设置如图 10-2-33 所示，高级（Advanced）部分，收尾（例如移动到归属地）（Wrap-up - e.g. move home）选择“如果无其他任务（If no other tasks）”。

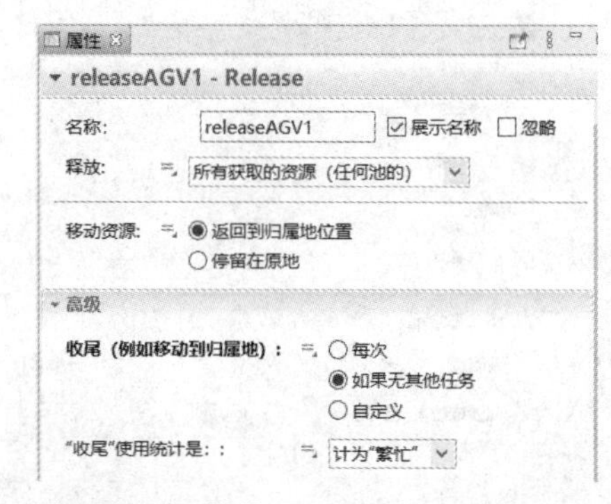

图 10-2-32　模块 storeProduct1 属性设置　　　　图 10-2-33　模块 releaseAGV1 属性设置

（6）从智能体（Agent）面板拖曳两个集合（Collection）元件到 Main 中，并设置其属性，一个名称（Name）为“collectionProduct1”，集合类（Collection class）选择“ArrayList”，元素类（Elements class）选择“Product”；另一个名称（Name）为“collectionProduct2”，集合类（Collection class）选择“ArrayList”，元素类（Elements class）选择“Product”。

（7）流程建模库（Process Modeling Library）Delay 模块 atStore1 的属性设置如图 10-2-34 所示，类型（Type）选择“直至调用 stopDelay()（Until stopDelay() is called）”，勾选“最大容量（Maximum capacity）”；在行动（Actions）部分的进入时（On enter）填入代码：

```
collectionProduct1.add(agent);//集合内添加智能体产品1
```

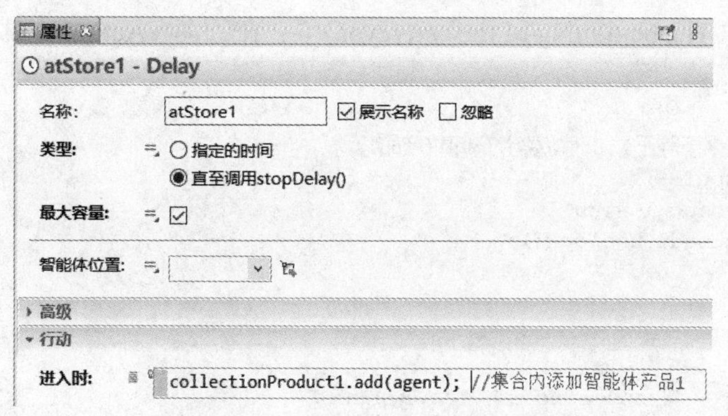

图 10-2-34 模块 atStore1 属性设置

（二）产品 1 立体库出库流程

产品 1 立体库出库的流程如图 10-2-35 所示。

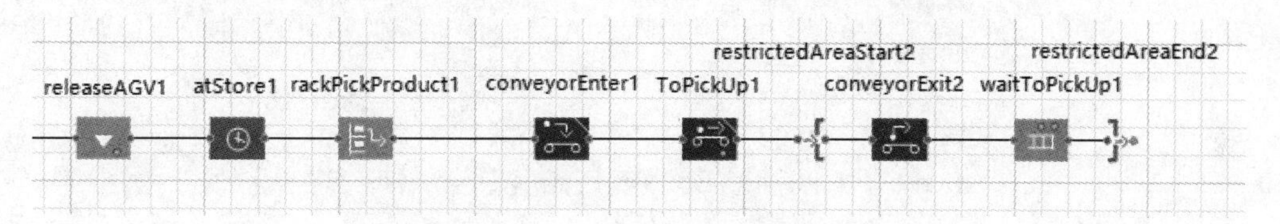

图 10-2-35 产品 1 立体库出库的流程

（1）流程建模库（Process Modeling Library）RackPick 模块 rackPickProduct1 的属性设置如图 10-2-36 所示，托盘货架 / 货架系统（Pallet rack/Rack system）选择“palletRack1”，目的地是（Destination is）选择“网络节点（Network node）”，节点（Node）选择“Outbound1”，取智能体自（Take agent from）选择“单元格底层（cell base level）”；资源（Resources）部分，勾选“使用资源移动（Use resources to move）”，资源集（替代）（Resource sets - alternatives）选择“agv1”，勾选“以资源速度移动（Move at the speed of resource）”，移动资源（Moving resource）选择“agv1”，任务优先级（Task priority）为 1，返回归属地（Return home）选择“如果无其他任务（if no other tasks）”。

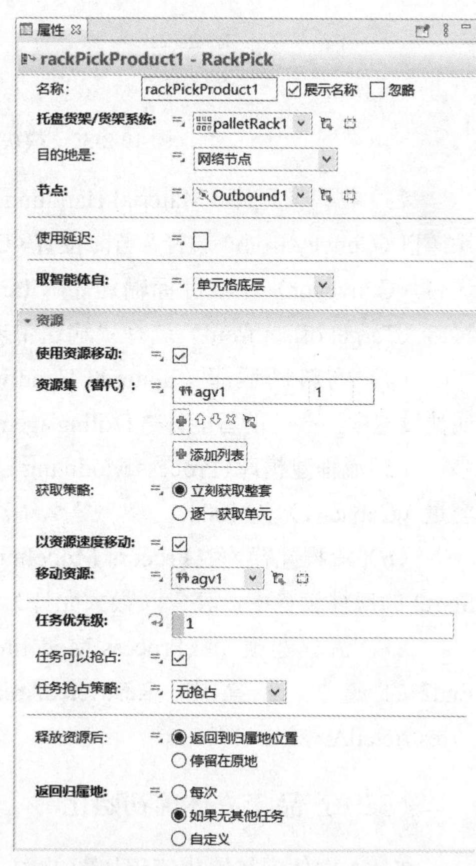

图 10-2-36 模块 rackPickProduct1 属性设置

（2）物料搬运库（Material Handling Library）ConveyorEnter 模块 conveyorEnter1 的属性设置如图 10-2-37 所示，输送带（Conveyor）选择“outPalletRack1”，偏移自（Offset from）选

择“输送带始端（The beginning of the conveyor）”；在行动（Actions）部分的进入时（On enter）填入代码：

```
//产品1库存小于等于130时继续卡车卸载产品1
numOfProduct1--;
if(numOfProduct1<=130){
    holdUnload1.unblock();
}
```

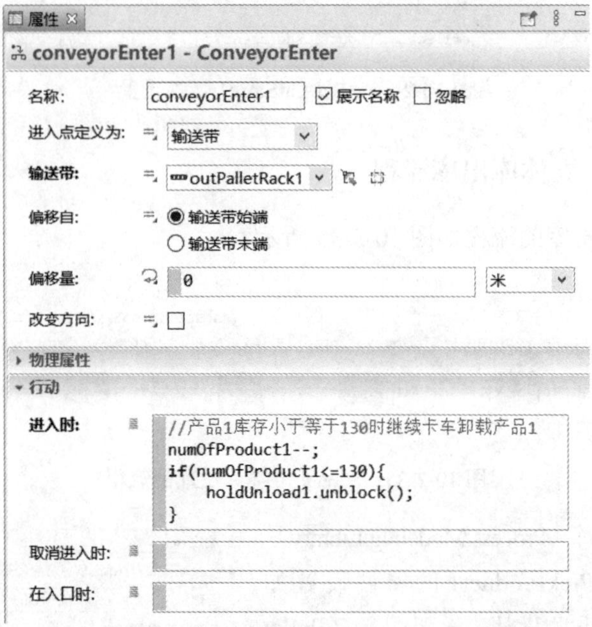

图 10-2-37　模块 conveyorEnter1 属性设置

（3）物料搬运库（Material Handling Library）Convey 模块 ToPickUp1 的属性设置中，输送自（Convey from）选择“当前位置（Current position）”，输送到（Convey to）选择“输送带（Conveyor）”，目标输送带（Target conveyor）选择“outPalletRack1”，目标偏移自（Target offset from）选择“输送带末端（The end of the conveyor）”。

（4）物料搬运库（Material Handling Library）ConveyorExit 模块 conveyorExit2 的属性设置中，离开的智能体（Exiting agents）选择“停留在原地（stay where they are）”。

（5）流程建模库（Process Modeling Library）Queue 模块 waitToPickUp1 的属性设置中，容量（Capacity）为 100。

（6）流程建模库（Process Modeling Library）RestrictedAreaStart 模块 restrictedAreaStart2 的属性设置中，容量（最大允许）（Capacity – max allowed）为 1。

（7）流程建模库（Process Modeling Library）RestrictedAreaEnd 模块 restrictedAreaEnd2 的属性设置中，RestrictedAreaStart 对象（RestrictedAreaStart object）选择“restrictedAreaStart2”。

（三）产品 1 立体库初始化

产品 1 立体库初始化流程如图 10-2-38 所示。

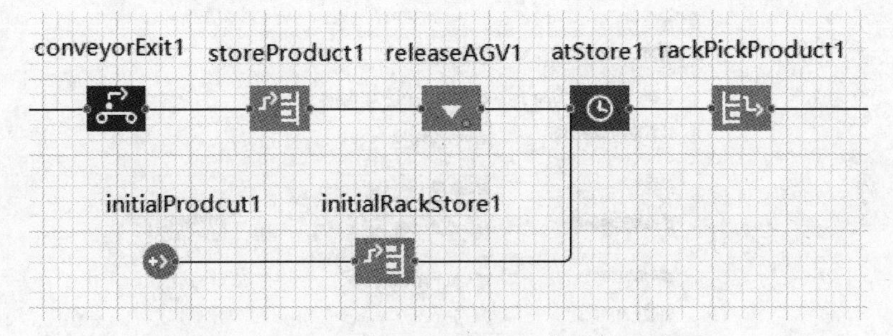

图 10-2-38 产品 1 直接补货至立体库的流程

（1）流程建模库（Process Modeling Library）Source 模块 initialProdcut1 的属性设置如图 10-2-39 所示，定义到达通过（Arrivals defined by）选择“速率（Rate）”，到达速率（Arrival rate）为 10000 每秒（per second），即在 1 秒内到达 10000 件产品，勾选“有限到达数（Limited number of arrivals）”，最大到达数（Maximum number of arrivals）为 80，到达位置（Location of arrival）选择“网络/GIS 节点（Network/GIS node）”，节点（Node）选择“AGVHome1”，速度（Speed）为 100000 米每秒（meters per second）；智能体（Agent）部分，新智能体（New Agent）选择“Product”；高级（Advanced）部分，勾选“自定义开始时间（Custom time of start）”，开始时间（Time of start）为 0 秒（seconds）；在行动（Actions）部分的在出口时（On at exit）填入代码：

```
//模型初始化时立体库上有产品1库存
agent.setSpeed ( 10000 , MPS );
agent.typeID = 1;
agent.setNetwork(palletRackgroup1);
```

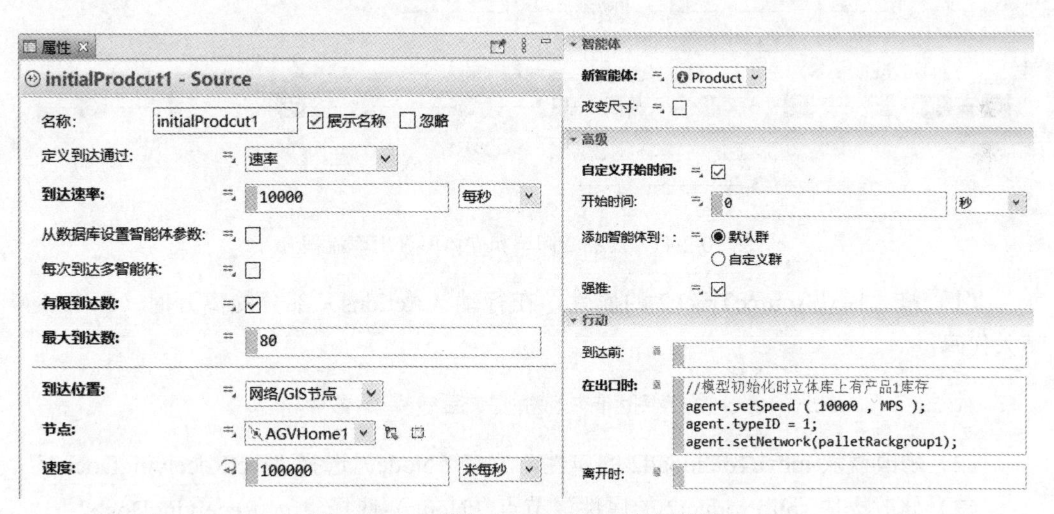

图 10-2-39 模块 initialProdcut1 的属性设置

（2）流程建模库（Process Modeling Library）RackStore 模块 initialRackStore1 的属性设置如图 10-2-40 所示，托盘货架/货架系统（Pallet rack/Rack system）选择“palletRack1”，每层上升时间（Elevation time per level）为 1 秒（seconds）；在行动（Actions）部分的进入时（On enter）填入代码：

```
numOfProduct1++;//产品1库存数增加
```

图 10-2-40　模块 initialRackStore1 属性设置

10.2.5　创建产品2卸车和进出库流程

在 Main 的图形编辑器中，复制 10.2.3-10.2.4 创建的产品 1 所有相关流程，按图 10-2-41 所示设置各模块名称并修改相关属性以创建产品 2 的卸车和立体库进出库流程。

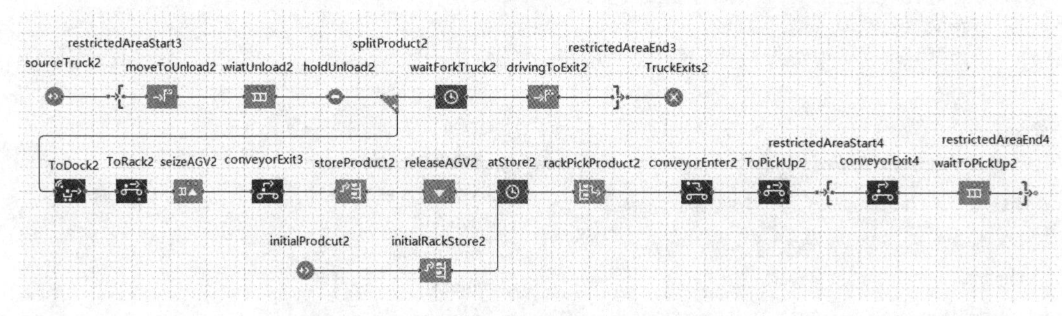

图 10-2-41　产品 2 卸车和立体库进出库流程

（1）修改模块 sourceTruck2 的属性，在行动（Actions）部分的离开时（On exit）填入代码：

```
agent.productTypeID = 2;//到达卡车运送的是产品2
```

（2）修改模块 moveToUnload2 的属性，节点（Node）选择“rectReceivingDock2”。

（3）修改模块 splitProduct2 的属性，节点（Node）选择“rectReceivingDock2”。

（4）修改模块 restrictedAreaEnd3 的属性，RestrictedAreaStart 对象（RestrictedAreaStart object）选择“restrictedAreaStart3”。

（5）修改模块 ToDock2 的属性，输送带（Conveyor）选择“fromDock2”；获取运输车（Seize transporter）部分，车队（Fleet）选择“unloadForkTruck2”；高级（Advanced）部分，智能体类型（Agent type）选择“Product”；在行动（Actions）部分的进入时（On enter）填入代码：

```
//当产品2库存达到130时，暂停从卡车卸载产品2，防止爆仓
numOfProduct2++;
if(numOfProduct2>130){
    holdUnload2.block();
}
```

离开时（On exit）填入代码：

```
//每辆卡车装载10件产品2，卸载量达到10件时，卡车离开停靠点
agent.truck.unloadnum++;
if(agent.truck.unloadnum==10){
    waitForkTruck2.stopDelay(agent.truck);
}
```

（6）修改模块 ToRack2 的属性，目标输送带（Target conveyor）选择“toPalletRack2”。

（7）修改模块 seizeAGV2 的属性，资源集（Resource sets）选择“agv2”。

（8）修改模块 conveyorExit3 的属性，在行动（Actions）部分的离开时（On exit）填入：

```
//将智能体产品2驻留在托盘货架palletRack2处的网络palletRackgroup2中
agent.setNetwork(palletRackgroup2);
```

（9）修改模块 storeProduct2 的属性，托盘货架 / 货架系统（Pallet rack/Rack system）选择“palletRack2”。

（10）修改模块 initialProdcut2 的属性，节点（Node）选择“AGVHome2”；在行动（Actions）部分的在出口时（On at exit）填入代码：

```
//模型初始化时立体库上有产品2库存
agent.setSpeed ( 10000 , MPS );
agent.typeID = 2;
```

（11）修改模块 initialRackStore2 的属性，托盘货架 / 货架系统（Pallet rack/Rack system）选择“palletRack2”；在行动（Actions）部分的进入时（On enter）填入代码：

```
numOfProduct2++;                        //产品2库存数增加
```

（12）修改模块 atStore2 的属性，在行动（Actions）部分的进入时（On enter）填入代码：

```
collectionProduct2.add(agent);  //集合内添加智能体产品2
```

（13）修改模块 rackPickProduct2 的属性，托盘货架 / 货架系统（Pallet rack/Rack system）选择“palletRack2”，节点（Node）选择“Outbound2；资源（Resources）部分，资源集（替代）（Resource sets - alternatives）选择“agv2”，移动资源（Moving resource）选择“agv2”。

（14）修改模块 conveyorEnter2 的属性，输送带（Conveyor）选择“outPalletRack2”；在行动（Actions）部分的进入时（On enter）填入代码：

```
//产品2库存小于等于130时继续卡车卸载产品2
numOfProduct2--;
if(numOfProduct2<=130){
    holdUnload2.unblock();
}
```

（15）修改模块 ToPickUp2 的属性，目标输送带（Target conveyor）选择“outPallet Rack2”。

（16）修改模块 restrictedAreaEnd4 的属性，RestrictedAreaStart 对象（RestrictedAreaStart object）选择“restrictedAreaStart4”。

10.2.6 创建盒装商品打包输送流程

（一）生成商品包装盒并输送至打包区

生成商品包装盒智能体类型 Box 并输送至打包区的流程如图 10-2-42 所示。

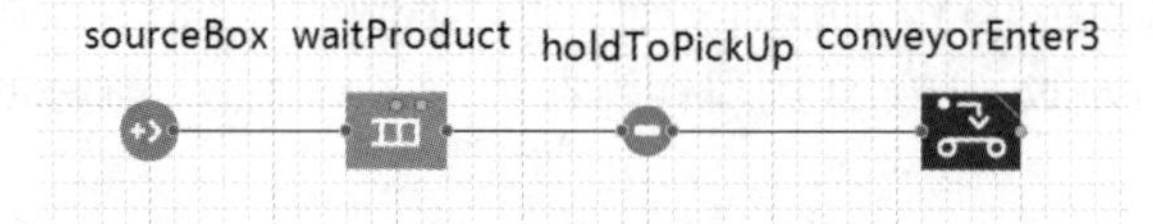

图 10-2-42 生成商品包装盒并输送至打包区的流程

（1）流程建模库（Process Modeling Library）Source 模块 sourceBox 的属性设置如图 10-2-43 所示，定义到达通过（Arrivals defined by）选择“速率（Rate）”，到达速率（Arrival rate）为 30 每小时（per hour），即在 1 小时内总共到达 30 件包装盒，到达位置（Location of arrival）选择“网络 /GIS 节点（Network/GIS node）”，节点（Node）选择“Box”，速度（Speed）为 1 米每秒（meters per second）；智能体（Agent）部分，新智能体（New Agent）选择“Box”；在行动（Actions）部分的离开时（On exit）填入代码：

```
agent.isOpen = true;     //新生成的包装盒显示打开，"盒2开（Box 2 Open）"可见
agent.productTypeID = uniform_discr(1, 2);      //对两类产品的订单需求均匀分布
agent.orderTypeID = uniform_discr(1, 3);        //三个分销商的订单量相同，均匀分布
```

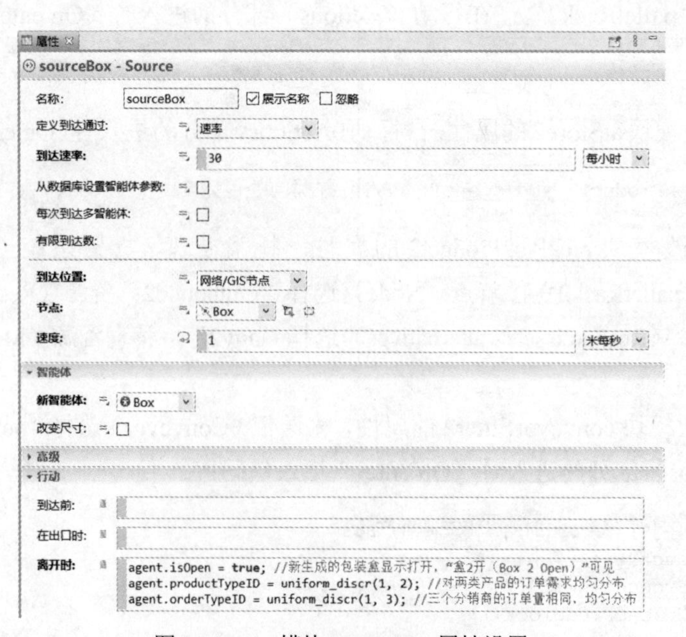

图 10-2-43 模块 sourceBox 属性设置

（2）流程建模库（Process Modeling Library）Queue 模块 waitProduct 的属性设置中，勾选“最大容量（Maximum capacity）”。

（3）流程建模库（Process Modeling Library）Hold 模块 holdToPickUp 的属性设置中，模式（Mode）选择“手动 (使用 block()，unblock())（Manual (use block(), unblock())）”。

（4）物料搬运库（Material Handling Library）ConveyorEnter 模块 conveyorEnter3 的属性设置中，输送带（Conveyor）选择“generateBox”，偏移自（Offset from）选择“输送带始端（The beginning of the conveyor）”。

（二）产品 1 装盒打包成盒装商品

输送按产品 1 需求订单生成的商品包装盒（即智能体类型 Box 参数 productTypeID 为 1）至产品 1 立体库出口，两个产品 1 从立体库出库并装入商品包装盒打包，流程如图 10-2-44 所示。

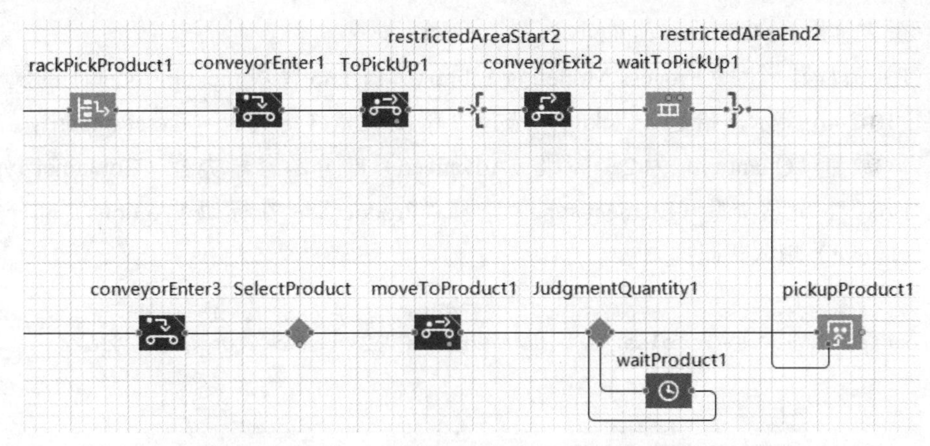

图 10-2-44　产品 1 立体库出口装盒打包成盒装商品的流程

（1）流程建模库（Process Modeling Library）SelectOutput 模块 SelectProduct 的属性设置中，选择真输出（Select True output）选择“如果条件为真（If condition is true）”，条件（Condition）填入“agent.productTypeID == 1;”。

（2）物料搬运库（Material Handling Library）Convey 模块 moveToProduct1 的属性设置中，输送自（Convey from）选择“当前位置（Current position）”，输送到（Convey to）选择“输送带（Conveyor）”，目标输送带（Target conveyor）选择“packing1”，目标偏移自（Target offset from）选择“输送带末端（The end of the conveyor）”。

（3）流程建模库（Process Modeling Library）SelectOutput 模块 JudgmentQuantity1 的属性设置如图 10-2-45 所示，选择真输出（Select True output）选择“如果条件为真（If condition is true）”，条件（Condition）填入“collectionProduct1.size()>=2”；在行动（Actions）部分的离开（真）时（On exit - true）填入代码：

```
//当待打包的产品1数量小于2时，从立体库再出库一个产品1
for(int i=0;i<2;i++){
    atStore1.stopDelay(collectionProduct1.remove(0));
}
```

属性

◇ JudgmentQuantity1 - SelectOutput

名称：JudgmentQuantity1 ☑展示名称 ☐忽略

选择真输出：○以指定概率[0..1] ◉如果条件为真

条件：collectionProduct1.size()>=2

▾行动

进入时：

离开（真）时：

```
//当待打包的产品1数量小于2时，从立体库再出库一个产品1
for(int i=0 ; i<2 ; i++){
    atStore1.stopDelay(collectionProduct1.remove(0));
}
```

离开（假）时：

图 10-2-45　模块 JudgmentQuantity1 属性设置

（4）流程建模库（Process Modeling Library）Delay 模块 waitProduct1 的属性设置中，类型（Type）选择“指定的时间（Specified time）”，延迟时间（Delay time）为 10 秒（seconds），勾选“最大容量（Maximum capacity）”。

（5）流程建模库（Process Modeling Library）Pickup 模块 pickupProduct1 的属性设置如图 10-2-46 所示，拾起（Pickup）选择“精确数量（等待）（Exact quantity – wait for）”，数量（Quantity）为 2；高级（Advanced）部分，容器类型（Container type）选择“Box”，元素类型（Element type）选择“Product”；在行动（Actions）部分的离开时（On exit）填入代码：

```
container.isClosed = true;        //离开模块时"盒2关（Box 2 Closed）"可见。
container.isOpen = false;         //离开模块时"盒2开（Box 2 Open）"不可见。
```

属性

pickupProduct1 - Pickup

名称：pickupProduct1 ☑展示名称 ☐忽略

拾起：精确数量（等待）

数量：2

▸高级

▾行动

进入时：

拾起时：

离开时：

```
container.isClosed = true;//离开模块时“盒2关（Box 2 Closed）”可见。
container.isOpen = false;//离开模块时“盒2开（Box 2 Open）”不可见。
```

▾高级

容器类型：Box

元素类型：Product

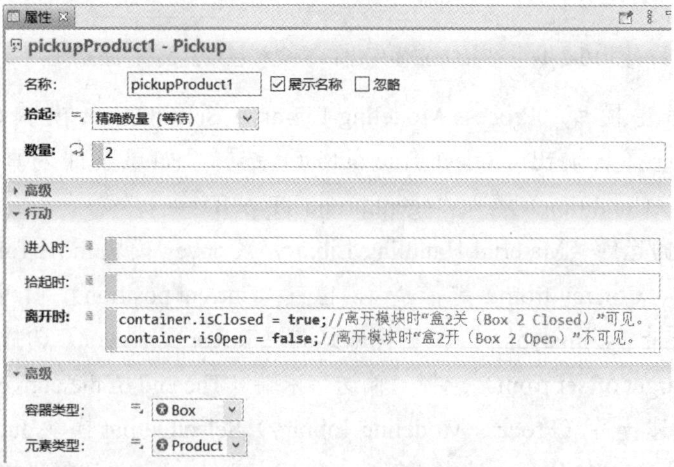

图 10-2-46　模块 pickupProduct1 属性设置

（三）产品 2 装盒打包成盒装商品

在 Main 的图形编辑器中，复制步骤（二）创建的产品 1 装盒打包成盒装商品的所有相关流程，按图 10-2-47 所示设置各模块名称并修改相关属性以创建产品 2 装盒打包成盒装商品的流程。

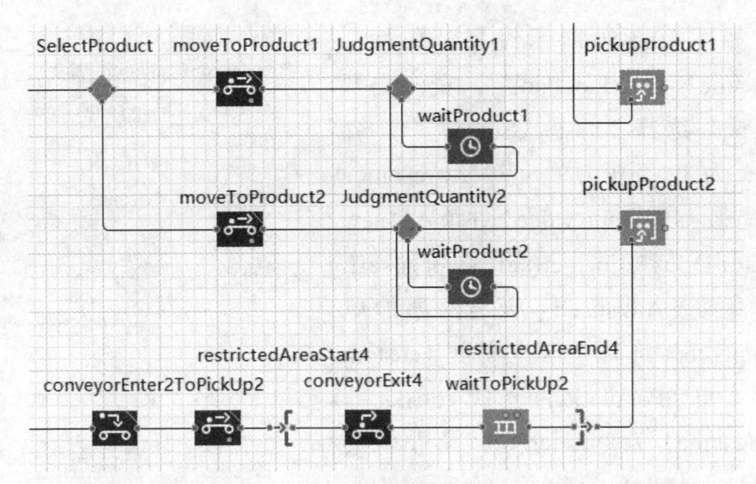

图 10-2-47　产品 2 立体库出口装盒打包成盒装商品的流程

（1）修改模块 moveToProduct2 的属性，目标输送带（Target conveyor）选择"packing2"。

（2）修改模块 JudgmentQuantity2 的属性，条件（Condition）填入"collectionProduct2.size()>=2"；在行动（Actions）部分的离开（真）时（On exit - true）填入代码：

```
//当待打包的产品2数量小于2时，从立体库再出库一个产品2
for(int i=0;i<2;i++){
    atStore2.stopDelay(collectionProduct2.remove(0));
}
```

（四）盒装商品输送至配送暂存区并装车

盒装商品被输送其至配送暂存区并装车的流程如图 10-2-48 所示，模块 pickup Product1、pickupProduct2 的右（out）端口均连接到模块 SelectExit 的左（in）端口（参考图 10-2-61）。

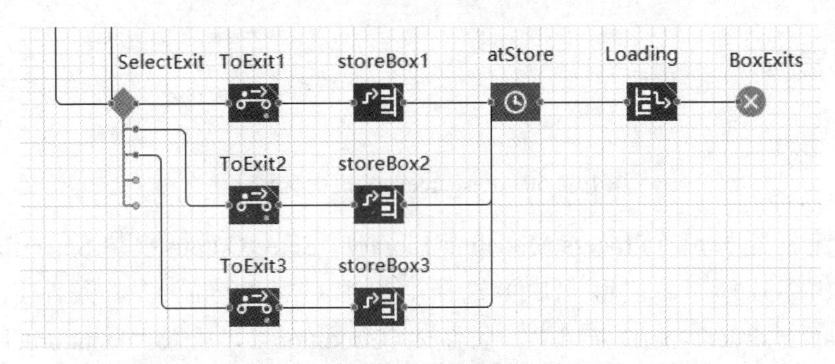

图 10-2-48　盒装商品输送至配送暂存区并装车的流程

（1）从智能体（Agent）面板拖曳一个集合（Collection）元件到 Main 中，如图 10-2-49 所示设置其属性，名称（Name）为"collectionDockPoint"，集合类（Collection class）选择"ArrayList"，元素类（Elements class）选择"其他（Other）..."并填入"RectangularNode"，初始内容（Initial contents）添加"nodeDockStorage1""nodeDockStorage2""nodeDockStorage3"。

（2）从流程建模库（Process Modeling Library）面板拖曳两个 ResourcePool 模块

到 Main 中，如图 10-2-50 所示设置其属性。一个名称（Name）为“dockPool”，资源类型（Resource type）选择“静态（Static）”，容量（Capacity）为 3，新资源单元（New resource unit）设为动态值（Dynamic value）并填入“new Dock(collectionDockPoint.get(self.size()),self.size()+1)”；高级（Advanced）部分，添加单元到（Add units to）选择“自定义群（custom population）”，群（Population）选择“docks”。另一个名称（Name）为“porterPool”，资源类型（Resource type）选择“移动（Moving）”，容量（Capacity）为 4，新资源单元（New resource unit）选择“Porter”，速度（Speed）为 1 米每秒（meters per second），归属地位置（节点）（Home location - nodes）为“PorterHome”。

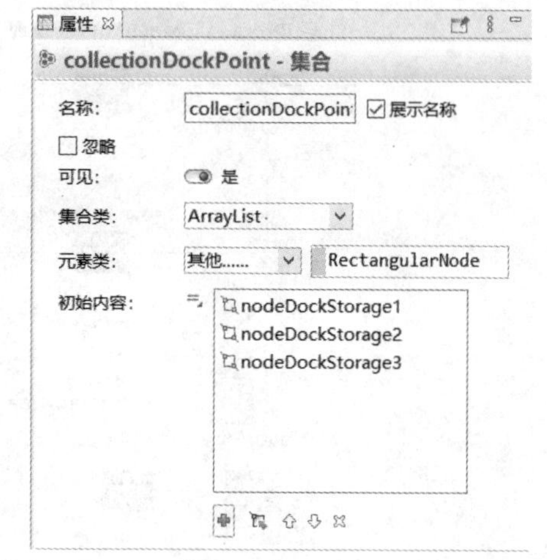

图 10-2-49　集合（Collection）元件属性设置

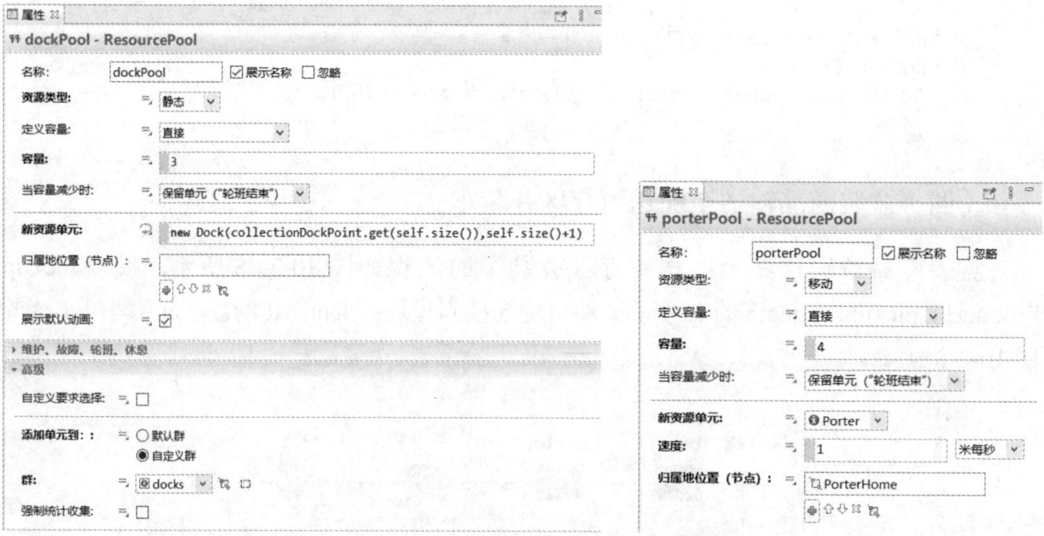

图 10-2-50　ResourcePool 模块属性设置

（3）流程建模库（Process Modeling Library）SelectOutput 模块 SelectExit 的属性设置如图 10-2-51 所示，使用（Use）选择“条件（Conditions）”，条件 1（Condition 1）填入“agent.orderTypeID == 1”，条件 2（Condition 2）填入“agent.orderTypeID == 2”，条件 3（Condition 3）填入“agent.orderTypeID == 3”，条件 4（Condition 4）填入“false”。

（4）物料搬运库（Material Handling Library）Convey 模块 ToExit1 的属性设置如图 10-2-52 所示，输送自（Convey from）选择“当前位置（Current position）”，输送到（Convey to）选择“输送带（Conveyor）”，目标输送带（Target conveyor）选择“tostorage1”，目标偏移自（Target offset from）选择“输送带末端（The end of the conveyor）”。物料搬运库（Material Handling Library）Convey 模块 ToExit2 和 ToExit3 的属性设置中，

目标输送带（Target conveyor）分别选择“tostorage2”“tostorage3”，其余属性与模块ToExit1相同。

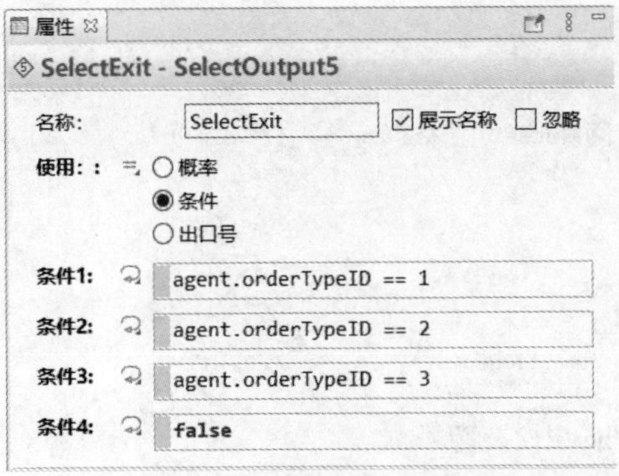

图 10-2-51　模块 SelectExit 属性设置

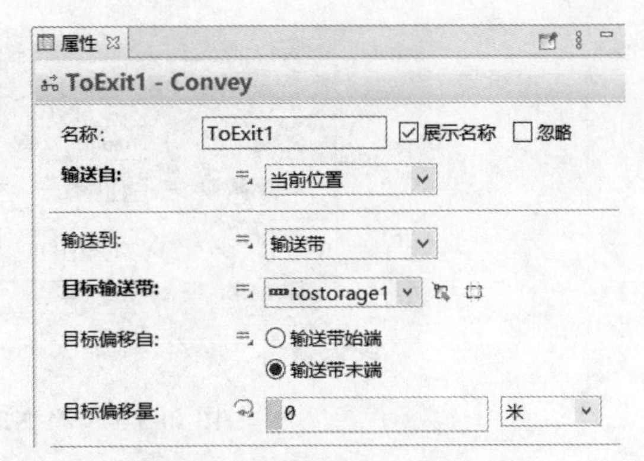

图 10-2-52　模块 ToExit1 属性设置

（5）物料搬运库（Material Handling Library）Store 模块 storeBox1 的属性设置如图 10-2-53 所示，智能体移动（Agents move）选择“通过运输车（by transporters）”，车队（Fleet）选择“loadfork”，存储（Storage）选择“storage1”；运输车和资源（Transporters and resources）部分，调度策略（Dispatching policy）选择“到取货位置的最短路径（Shortest path to pickup location）”。物料搬运库（Material Handling Library）Store 模块 storeBox2、storeBox3 的属性设置中，存储（Storage）分别选择“storage2”“storage3”，其余属性与模块 storeBox1 相同。

（6）流程建模库（Process Modeling Library）Delay 模块 atStore 的属性设置中，类型（Type）选择“直至调用 stopDelay()（Until stopDelay() is called）”，勾选“最大容量（Maximum capacity）”。

（7）物料搬运库（Material Handling Library）Retrieve 模块 Loading 的属性设置如图 10-2-54 所示，智能体移动（Agents move）选择“通过资源（by resources）”，资源池（Resource Pool）选择“porterPool”，目的地是（Destination is）选择“网

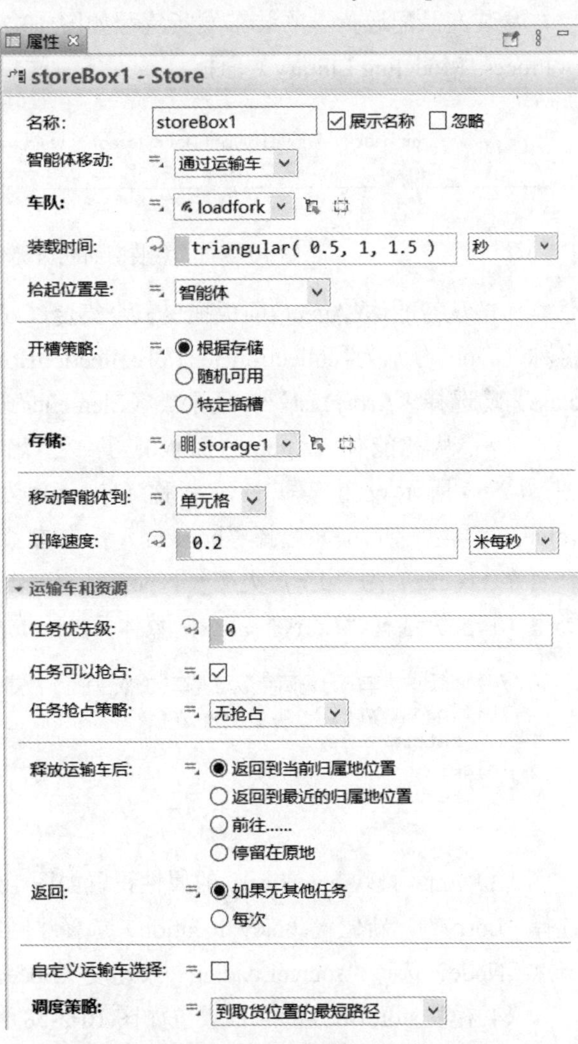

图 10-2-53　模块 storeBox1 属性设置

络节点（Network node）”，节点（Node）设为动态值（Dynamic value）并填入“agent.lorry.dock.locationPoint”。

图 10-2-54　模块 Loading 属性设置

10.2.7　创建盒装产品装车发货流程

盒装商品配送货车的装车发货流程如图 10-2-55 所示。所有模块均来自流程建模库（Process Modeling Library）面板。

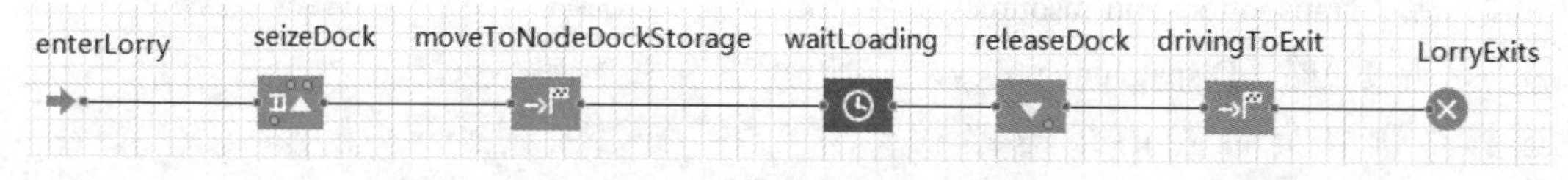

图 10-2-55　盒装商品配送货车装车发货的流程

（1）从智能体（Agent）面板拖曳三个集合（Collection）元件到Main中，并设置其属性，名称（Name）分别为“collectionBox1”“collectionBox2”“collectionBox3”，集合类（Collection class）均选择“ArrayList”，元素类（Elements class）均选择“Box”。

（2）从智能体（Agent）面板拖曳一个函数（Function）元件到Main中，并如图 10-2-56 所示设置其属性，名称（Name）为“findDock”，选中返回值（Returns value），类型（Type）选择“boolean”；在参数（Arguments）部分添加两个参数，一个名称（Name）为“d”，类型（Type）选择“Dock”，另一个名称（Name）为“l”，类型（Type）选择“Lorry”；在函数体（Function body）部分填入代码：

```
//判断配送货车的分销商参数与停车位的分销商参数是否一致
if(l.orderTypeID==d.orderTypeID){
    return true;
}else{
    return false;
}
```

（3）Enter 模块 enterLorry 的属性设置如图 10-2-57 所示，智能体类型（Agent type）选择“Lorry”，新位置（New location）选择“网络 /GIS 节点（Network/GIS node）”，节点（Node）选择“sourceLoading”，速度（Speed）为 1 米每秒（meters per second）。

（4）模块 storeBox1 的属性设置如图 10-2-58 所示，在行动（Actions）部分的离开时（On exit）填入代码：

```
/*当配送暂存货架1上盒装商品达到5件时，
生成一个新配送货车并指定其运输的5个盒装商品，
再将这个配送货车放置到模块enterLorry中*/
collectionBox1.add(agent);
if(collectionBox1.size()==5){
    Lorry l=add_lorrys();
    l.orderTypeID=1;
    for(int i=0;i<5;i++){
        Box b=collectionBox1.remove(0);
        b.lorry=l;
        l.collectionBox.add(b);
    }
    enterLorry.take(l);
}
```

属性
findDock - 函数
名称: findDock ☑展示名称 ☐忽略
可见: 是
○只有行动（无返回）
◉返回值
类型: boolean
参数

名称	类型
d	Dock
l	Lorry

函数体

```
//判断配送货车的分销商参数与停车位的分销商参数是否一致
if(l.orderTypeID==d.orderTypeID){
    return true;
}else{
    return false;
}
```

图 10-2-56　函数（Function）元件属性设置

图 10-2-57　模块 enterLorry 属性设置

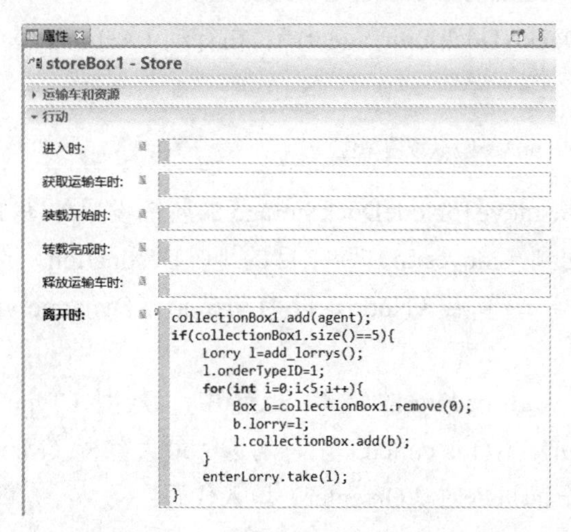

图 10-2-58　模块 storeBox1 属性设置

（5）模块 storeBox2 的属性设置中，在行动（Actions）部分的离开时（On exit）填入代码：

```
/*当配送暂存货架2上盒装商品达到5件时,
生成一个新配送货车并指定其运输的5个盒装商品,
再将这个配送货车放置到模块enterLorry中*/
collectionBox2.add(agent);
if(collectionBox2.size()==5){
    Lorry l=add_lorrys();
    l.orderTypeID=2;
    for(int i=0;i<5;i++){
        Box b=collectionBox2.remove(0);
        b.lorry=l;
        l.collectionBox.add(b);
    }
    enterLorry.take(l);
}
```

（6）模块 storeBox3 的属性设置中，在行动（Actions）部分的离开时（On exit）填入代码：

```
/*当配送暂存货架3上盒装商品达到5件时,
生成一个新配送货车并指定其运输的5个盒装商品,
再将这个配送货车放置到模块enterLorry中*/
collectionBox3.add(agent);
if(collectionBox3.size()==5){
    Lorry l=add_lorrys();
    l.orderTypeID=3;
    for(int i=0;i<5;i++){
        Box b=collectionBox3.remove(0);
        b.lorry=l;
        l.collectionBox.add(b);
    }
    enterLorry.take(l);
}
```

（7）Seize 模块 seizeDock 的属性设置如图 10-2-59 所示，资源集（Resource sets）为“dockPool”，队列容量（Queue capacity）为 100；高级（Advanced）部分，勾选“自定义资源选择（Customize resource choice）”，资源选择条件（Resource choice condition）填入“findDock((Dock)unit, agent)”；在行动（Actions）部分的获取单元时（On seize unit）填入代码：

```
agent.dock=(Dock)unit;//获取停车位
```

（8）MoveTo 模块 moveToNodeDockStorage 的属性设置如图 10-2-60 所示，智能体（Agent）选择“移动到（moves to）”，目的地（Destination）选择“网络 /GIS 节点（Network/GIS node）”，节点（Node）设为动态值（Dynamic value）并填入“agent.dock.locationPoint”。

（9）Delay 模块 waitLoading 的属性设置中，类型（Type）选择“直至调用 stopDelay()（Until stopDelay() is called）”，勾选“最大容量（Maximum capacity）”；在行动（Actions）部分的进入时（On enter）填入代码：

```
//将该配送货车要运输的盒装商品从配送暂存区装车
for(Box b:agent.collectionBox){
    atStore.stopDelay(b);
}
```

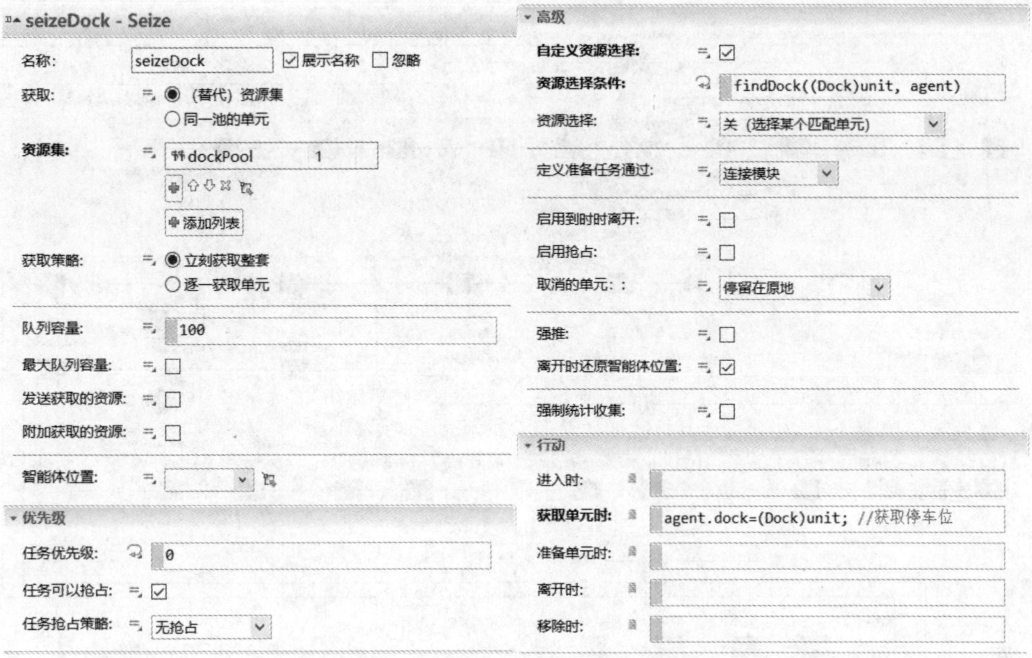

图 10-2-59 模块 seizeDock 属性设置

图 10-2-60 模块 moveToNodeDockStorage 属性设置

（10）模块 BoxExits 的属性设置中，在行动（Actions）部分的进入时（On enter）填入代码：

```
//配送货车装完5个要运输的盒装商品后离开仓储中心
agent.lorry.num++;
if(agent.lorry.num==5){
    waitLoading.stopDelay(agent.lorry);
}
```

（11）Release 模块 releaseDock 的属性设置中，释放（Release）选择“所有获取的资源(任河池的)(All seized resources – of any pool)”，移动资源(Moving resources)选择“返回到归属地位置（Return to home location）”。

（12）MoveTo 模块 drivingToExit 的属性设置中，智能体（Agent）选择“移动到（moves to）”，目的地（Destination）选择“网络 /GIS 节点（Network/GIS node）”，节点（Node）选择“sourceLoading”。

（13）仓储中心物流系统仿真整体流程如图 10-2-61 所示。

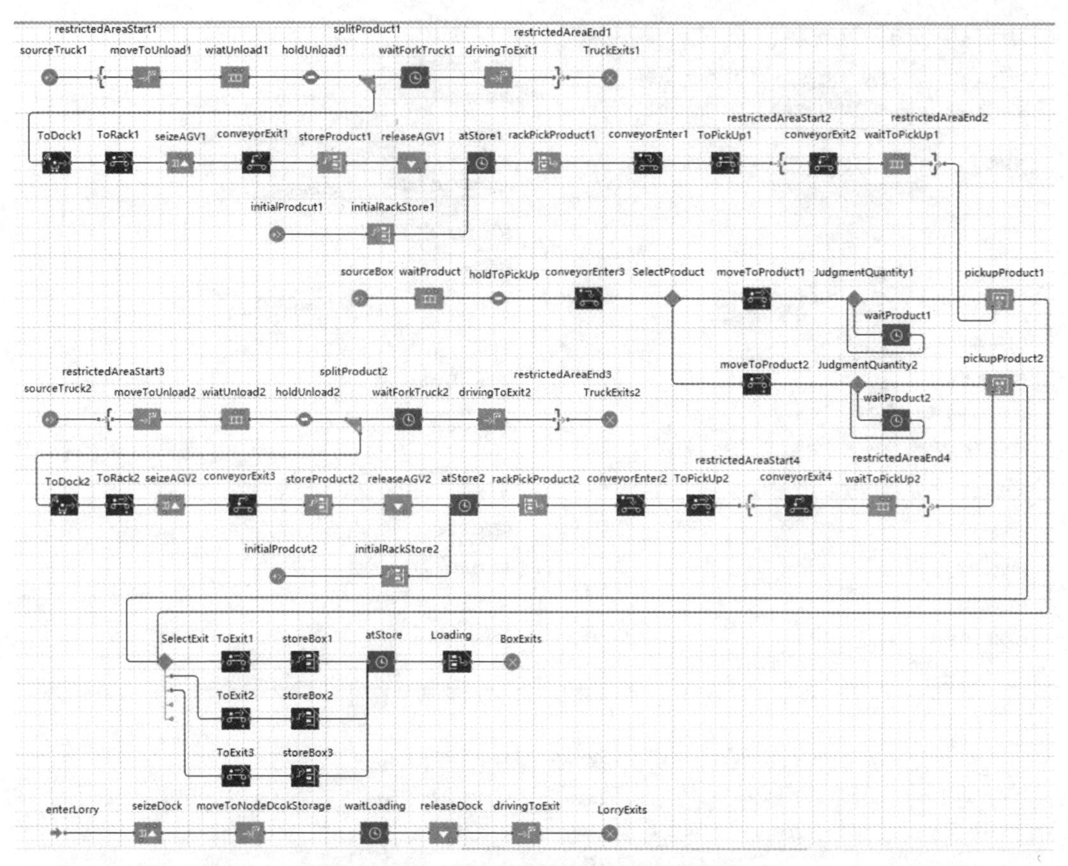

图 10-2-61　仓储中心物流系统仿真流程图

（14）添加导航栏并运行模型，如图 10-2-62 和图 10-2-63 所示。

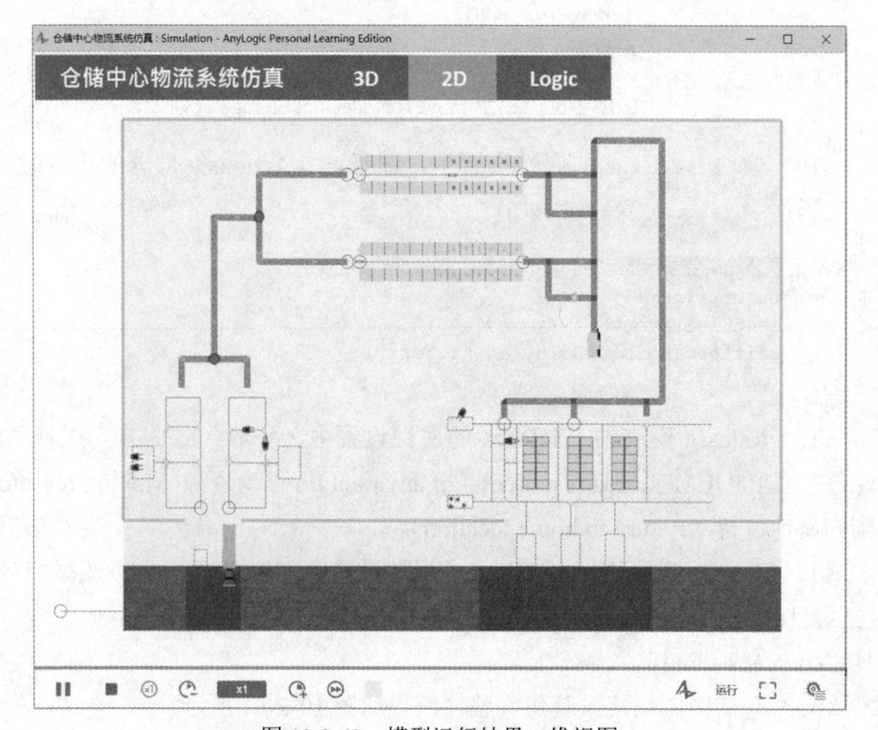

模型文件下载

图 10-2-62　模型运行结果二维视图

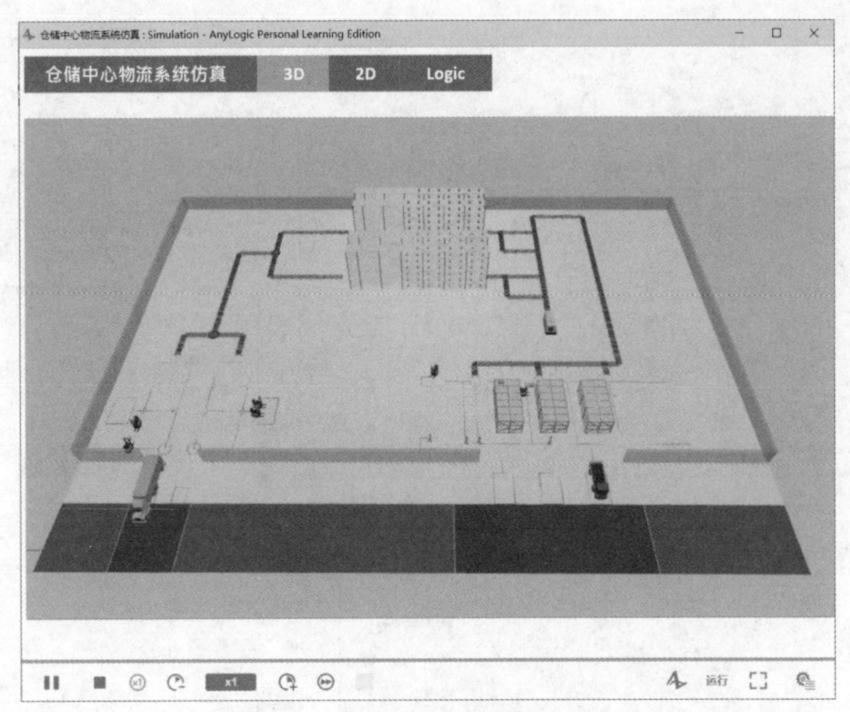

图 10-2-63　模型运行结果三维视图

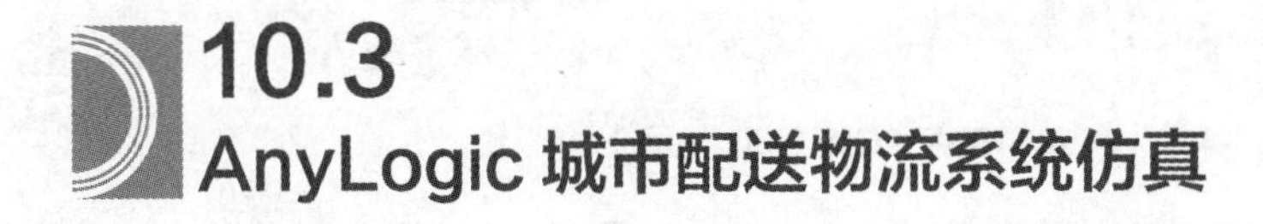

10.3 AnyLogic 城市配送物流系统仿真

本节将使用 AnyLogic 空间标记（Space Markup）面板的 GIS 元件，实现 T 市医药公司与药店间的城市配送物流系统仿真。

10.3.1　创建模型的GIS地图布局

在本小节，选择 T 市部分区域作为模型的基础 GIS 地图，并使用 GIS 点指定医药公司及药店的精确位置。

（1）新建一个模型，模型时间单位（Model time units）选择分钟（minutes）。

（2）如图 10-3-1 所示，从空间标记（Space Markup）面板 GIS 部分拖曳一个 GIS 地图（GIS Map）元件到 Main 中，并设置其属性，瓦片（Tiles）部分瓦片提供者（Tile provider）选择“OSM Humanitarian”。设置完成之后，双击 GIS 地图元件，并用鼠标拖动 GIS 地图到该市相应区域。

（3）如图 10-3-2 所示，从空间标记（Space Markup）面板 GIS 部分拖曳四个 GIS 点（GIS Point）元件到 Main 中，作为医药公司的地址点位，并设置其属性，名称（Name）分别为“医药一公司”“医药二公司”“医药三公司”“医药四公司”。

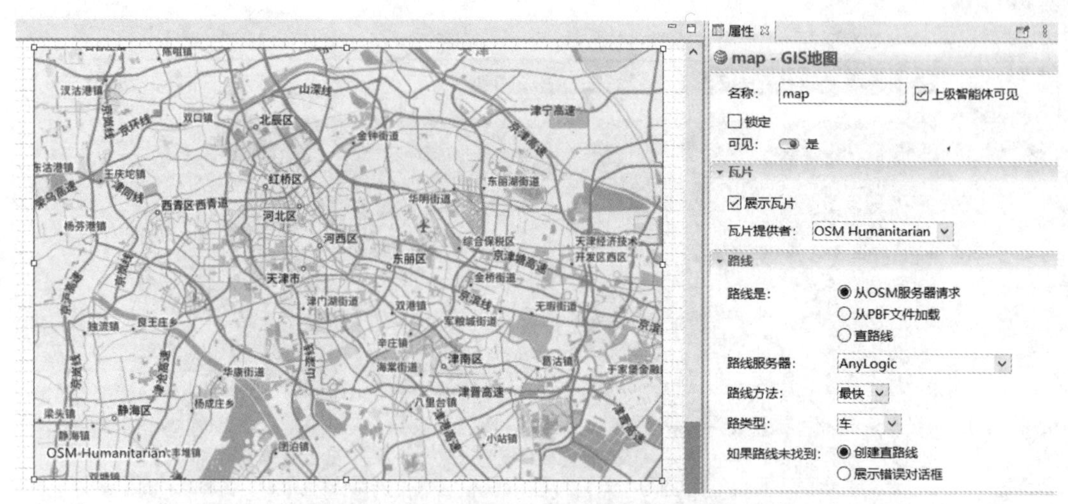

图 10-3-1　GIS 地图（GIS Map）元件属性设置

图 10-3-2　添加 GIS 点（GIS Point）元件

（4）如图 10-3-3 所示，从空间标记（Space Markup）面板 GIS 部分再拖曳 11 个 GIS 点（GIS Point）元件到 Main 中，作为药店的地址点位，并设置其属性，名称（Name）依次为“A 药店”至“K 药店”。

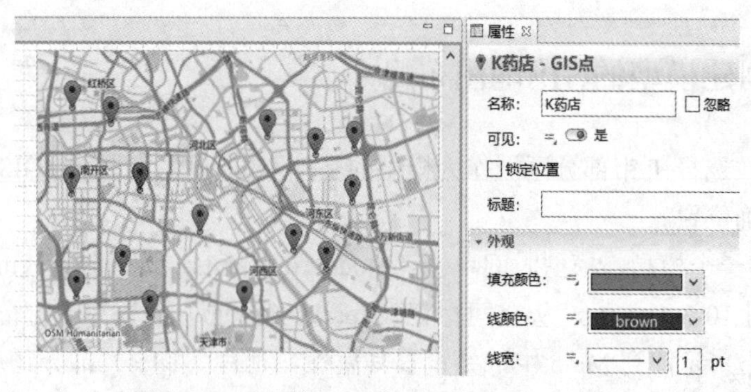

图 10-3-3　添加 GIS 点（GIS Point）元件

（5）如图 10-3-4 所示，从智能体（Agent）面板拖曳一个集合（Collection）元件到 Main 中，并设置其属性，名称（Name）为“collectionDistribution”，集合类（Collection class）选择“ArrayList”，元素类（Elements class）选择“其他（Other）...”并填入“GISPoint”，初始内容（Initial contents）添加所有医药公司的 GIS 点。

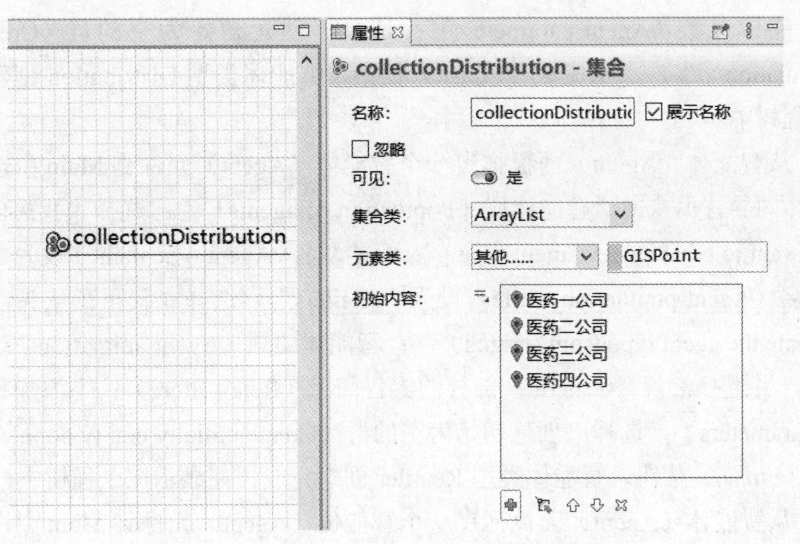

图 10-3-4 集合（Collection）元件属性设置（1）

（6）如图 10-3-5 所示，从智能体（Agent）面板再拖曳一个集合（Collection）元件到 Main 中，并设置其属性，名称（Name）为“collectionRetailer”，集合类（Collection class）选择“ArrayList”，元素类（Elements class）选择“其他（Other）...”并填入“GISPoint”，初始内容（Initial contents）添加所有药店的 GIS 点。

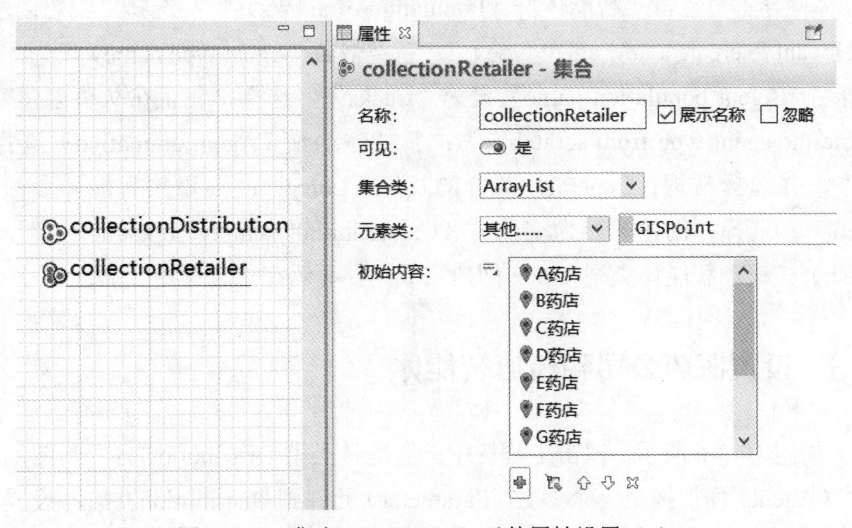

图 10-3-5 集合（Collection）元件属性设置（2）

10.3.2 创建模型的智能体类型

（1）从智能体（Agent）面板拖曳一个智能体（Agent）元件到 Main 中，在弹出的新建智能体向导首页点击“智能体群（Population of agents）”；新类型名（Agent type name）设为“Distribution”，智能体群名（Agent population name）设为“distributions”，选择“我正在从头创建智能体类型（Create the agent type from scratch）”；智能体动画（Agent animation）选择“二维（2D）”，并选择常规（General）部分的仓库（Warehouse）；

不添加智能体参数（Agent parameters）；选择“创建初始为空的群（Create initially empty population）”，点击完成（Finish）按钮。智能体类型 Distribution 创建完成，并显示在工程树中。

（2）从智能体（Agent）面板拖曳一个智能体（Agent）元件到 Main 中，在弹出的新建智能体向导首页点击“智能体群（Population of agents）”；选择“我想创建新智能体类型（I want to create a new agent type）”；新类型名（Agent type name）设为“Retailer”，智能体群名（Agent population name）设为“retailers”，选择“我正在从头创建智能体类型（Create the agent type from scratch）”；智能体动画（Agent animation）选择“二维（2D）”，并选择常规（General）部分的零售商店（Retail Store）；不添加智能体参数（Agent parameters）；选择“创建初始为空的群（Create initially empty population）”，点击完成（Finish）按钮。智能体类型 Retailer 创建完成，并显示在工程树中。

（3）从智能体（Agent）面板拖曳一个智能体（Agent）元件到 Main 中，在弹出的新建智能体向导首页点击“仅智能体类型（Agent type only）”；新类型名（Agent type name）设为“Order”，选择“我正在从头创建智能体类型（Create the agent type from scratch）”；智能体动画（Agent animation）选择“无（None）”；不添加智能体参数（Agent parameters），点击完成（Finish）按钮。智能体类型 Order 创建完成，并显示在工程树中。

（4）从智能体（Agent）面板拖曳一个智能体（Agent）元件到 Main 中，在弹出的新建智能体向导首页点击“智能体群（Population of agents）”；选择“我想创建新智能体类型（I want to create a new agent type）”；新类型名（Agent type name）设为“Truck”，智能体群名（Agent population name）设为“trucks”，选择“我正在从头创建智能体类型（Create the agent type from scratch）”；智能体动画（Agent animation）选择“二维（2D）”，并选择常规（General）部分的货车（Lorry）；不添加智能体参数（Agent parameters）；选择“创建初始为空的群（Create initially empty population）”，点击完成（Finish）按钮。智能体类型 Truck 创建完成，并显示在工程树中。

10.3.3 设置医药公司和药店智能体

（1）如图 10-3-6 所示，双击工程树中的智能体类型 Distribution 打开其图形编辑器，从智能体（Agent）面板拖曳一个参数（Parameter）元件到 Distribution 中，并设置其属性，名称（Name）为“name”，类型（Type）选择“String”。

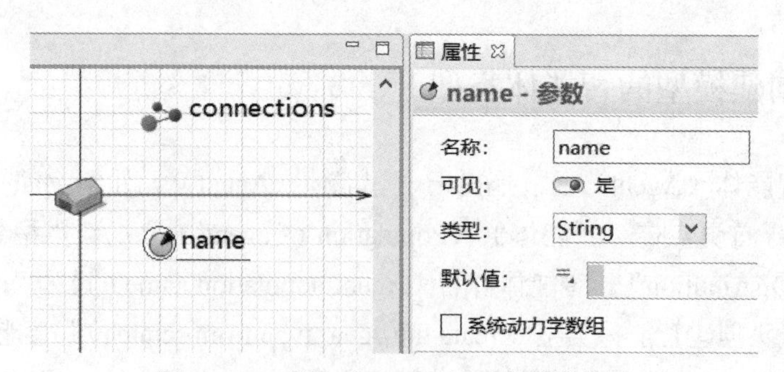

图 10-3-6 变量（Variable）元件属性设置

（2）如图 10-3-7 所示，从智能体（Agent）面板拖曳一个参数（Parameter）元件到 Distribution 中，并设置其属性，名称（Name）为“numOfTruck”，类型（Type）选择“int”。

图 10-3-7　参数（Parameter）元件属性设置

（3）如图 10-3-8 所示，从智能体（Agent）面板中拖曳一个集合（Collection）元件到 Distribution 中，并设置其属性，名称（Name）为“truckFleet”，集合类（Collection class）选择“ArrayList”，元素类（Elements class）选择“Truck”。

图 10-3-8　集合（Collection）元件属性设置

（4）从智能体（Agent）面板中拖曳一个函数（Function）元件到 Distribution 中，如图 10-3-9 所示设置其属性，名称（Name）为“findTruck”，选择返回值（Returns value），类型（Type）选择“Truck”，在函数体（Function body）部分填入代码：

```
for( Truck t : truckFleet ){
    If ( t.busy == false )
        return t;
}
return null;
```

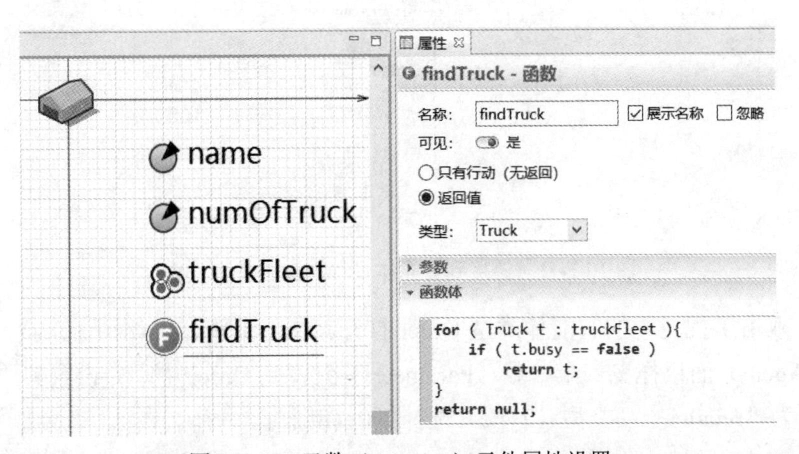

图 10-3-9　函数（Function）元件属性设置

（5）如图 10-3-10 所示，从演示（Presentation）面板拖曳一个文本（Text）元件到 Distribution 中的仓库（Warehouse）二维动画元件下方，并设置其属性，文本（Text）设为动态值（Dynamic value）并填入“name”。

图 10-3-10　添加文本（Text）元件

（6）如图 10-3-11 所示，点击选中 Distribution 的 connections 并设置其属性，通讯（Communicate）部分的消息类型（Message type）选择“Order”，在接收消息时（On message received）填入代码：

```
Truck t = findTruck();
if(t! = null)
    send(msg,t);
```

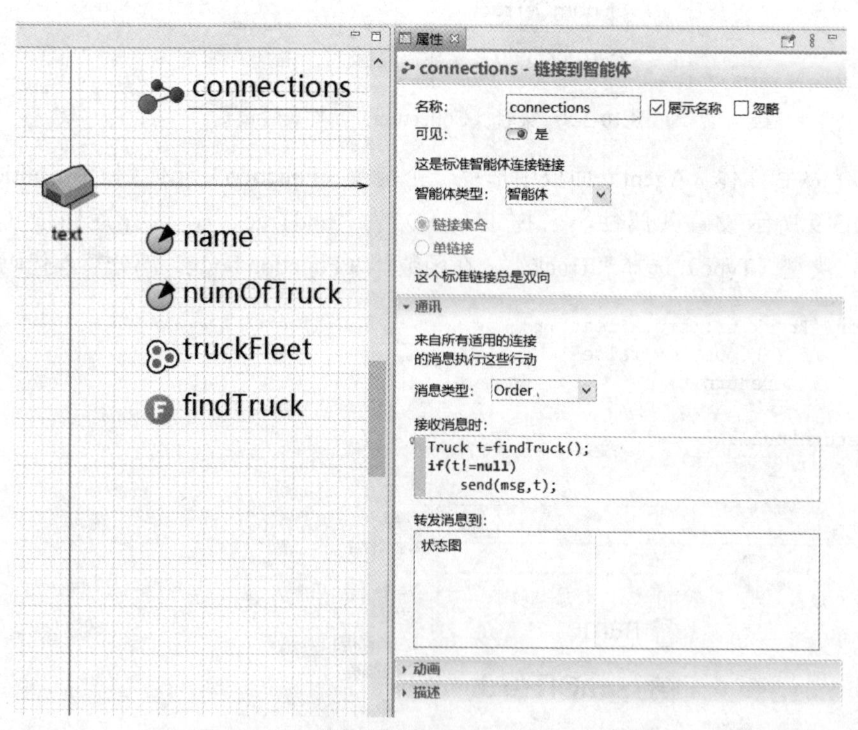

图 10-3-11　链接到智能体 connections 属性设置

（7）双击工程树中的智能体类型 Order 打开其图形编辑器，如图 10-3-12 所示，从智能体（Agent）面板拖曳一个参数（Parameter）元件到 Order 中，并设置其属性，名称（Name）为“retailer”，类型（Type）选择“Retailer”。

（8）双击工程树中的智能体类型 Retailer 打开其图形编辑器，从智能体（Agent）

面板拖曳一个参数（Parameter）元件到Retailer中，并设置其属性，名称（Name）为“name”，类型（Type）选择“String”。

图 10-3-12　变量（variable）元件属性设置

（9）从智能体（Agent）面板中拖曳一个函数（Function）元件到Retailer中，如图10-3-13所示设置其属性，名称（Name）为“generateOrder”，在函数体（Function body）部分填入代码：

```
Order o = new Order();
o.retailer = this;
Distribution d = getNearestAgentByRoute( main.distributions );
send(o, d);
```

generateOrder - 函数

名称:	generateOrder	☑展示名称 ☐忽略
可见:	是	

◉只有行动（无返回）
○返回值

▸ 参数
▾ 函数体

```
Order o=new Order();
o.retailer=this;
Distribution d=getNearestAgentByRoute(main.distributions);
send(o,d);
```

图 10-3-13　函数（Function）元件属性设置

（10）从智能体（Agent）面板拖曳一个事件（Event）元件到Retailer中，如图10-3-14所示设置其属性，触发类型（Trigger type）选择“速率（Rate）”，速率（Rate）为10每小时（per hour），在行动（Action）部分填入代码：

```
generateOrder();
```

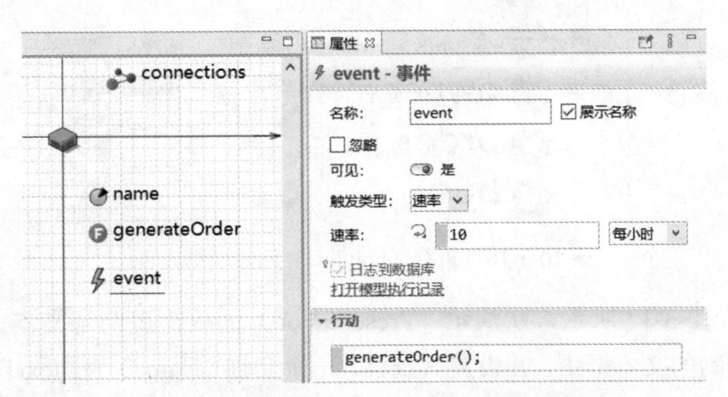

图 10-3-14　事件（Event）元件属性设置

（11）如图 10-3-15 所示，从演示（Presentation）面板拖曳一个文本（Text）元件到 Retailer 中的零售商店（Retail Store）二维动画元件下方，并设置其属性，文本（Text）设为动态值（Dynamic value）并填入“name”。

图 10-3-15　添加文本（Text）元件

10.3.4　设置货车智能体

（1）双击工程树中的智能体类型 Truck 打开其图形编辑器，从智能体（Agent）面板拖曳一个参数（Parameter）元件到 Truck 中，并设置其属性，名称（Name）为“owner”，类型（Type）选择“Distribution”。

（2）从智能体（Agent）面板拖曳两个变量（Variable）元件到 Truck 中，并设置其属性，一个名称（Name）为“order”，类型（Type）选择“Order”；另一个名称（Name）为“busy”，类型（Type）选择“boolean”。

（3）如图 10-3-16 所示，在 Truck 图形编辑器中货车（Lorry）二维动画元件的边上用演示（Presentation）面板中的折线（polyline）元件绘制一个文本框，并设置其属性，勾选“闭合（Closed）”；外观（Appearance）部分的填充颜色（Fill color）选择“silver”，并在填充颜色（Fill color）右侧下拉菜单的其他颜色（Other Colors）里，设置透明度（Transparency）为 160。

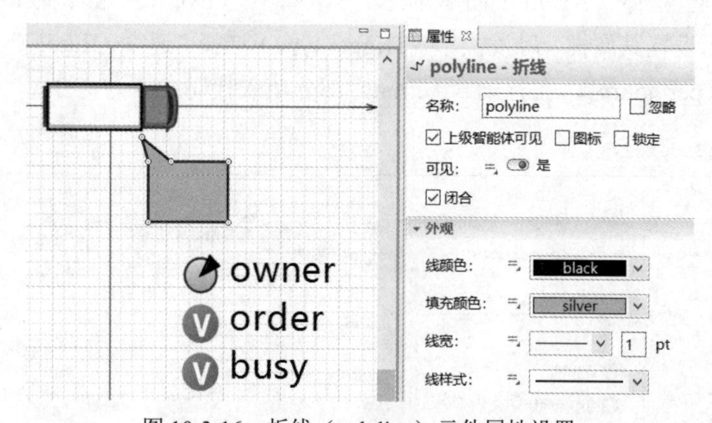

图 10-3-16　折线（polyline）元件属性设置

（4）如图 10-3-17 所示，从演示（Presentation）面板拖曳两个文本（Text）元件到 Truck 中刚刚绘制的文本框中，并设置其属性，一个名称（Name）为“text1”，文本（Text）部分填入“目的地：”；另一个名称（Name）为“text2”，文本（Text）部分填入“text2”。

（5）如图 10-3-18 所示，从演示（Presentation）面板拖曳一个矩形（Rectangular）元件到 Truck 中刚刚绘制的文本框右上角，并设置其属性，外观（Appearance）部分填充颜色（Fill color）为“yellow”，线颜色（Line color）为“无色（No color）”，在高级（Advanced）部分的点击时（On click）填入代码：

```
TruckInformation.setVisible(false);
```

如图 10-3-18 所示，用演示（Presentation）面板中的直线（Line）元件在矩形（Rectangular）元件中绘制一个“×”号。

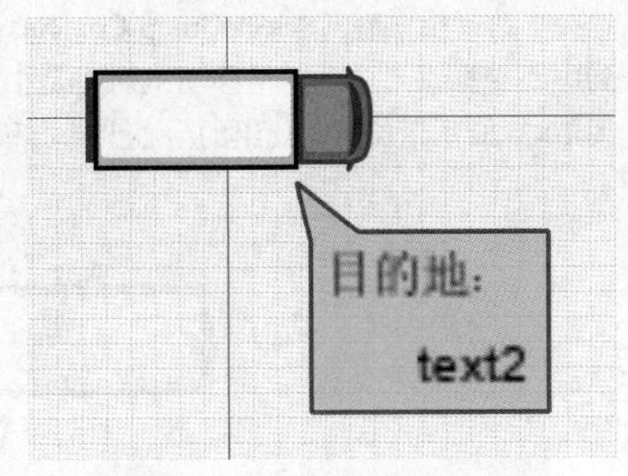

图 10-3-17　添加文本（Text）元件

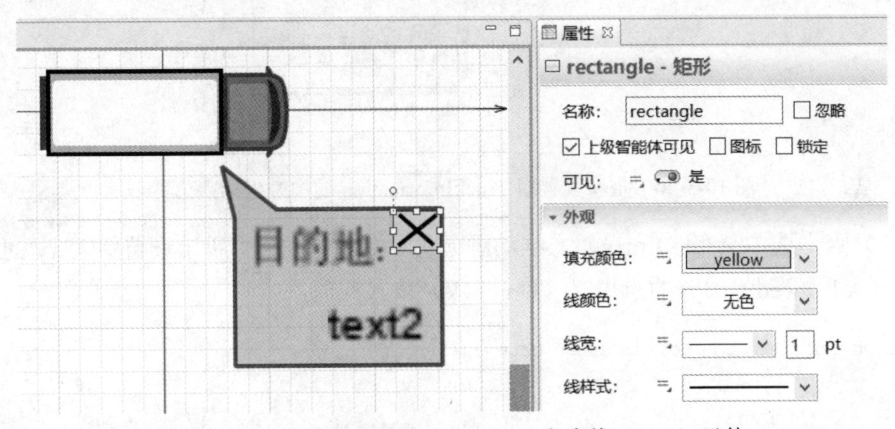

图 10-3-18　添加矩形（Rectangular）和直线（Line）元件

（6）如图 10-3-19 所示，选中所有文本框内容，鼠标右键单击，在右键弹出菜单中选择“分组（Grouping）”|“创建组（Create a Group）”，并设置其属性，名称（Name）为“TruckInformation”，可见（Visible）为“否（No）”；位置和大小（Position and size）部分，旋转弧度（Rotation，rad）填入“-getRotation()”。

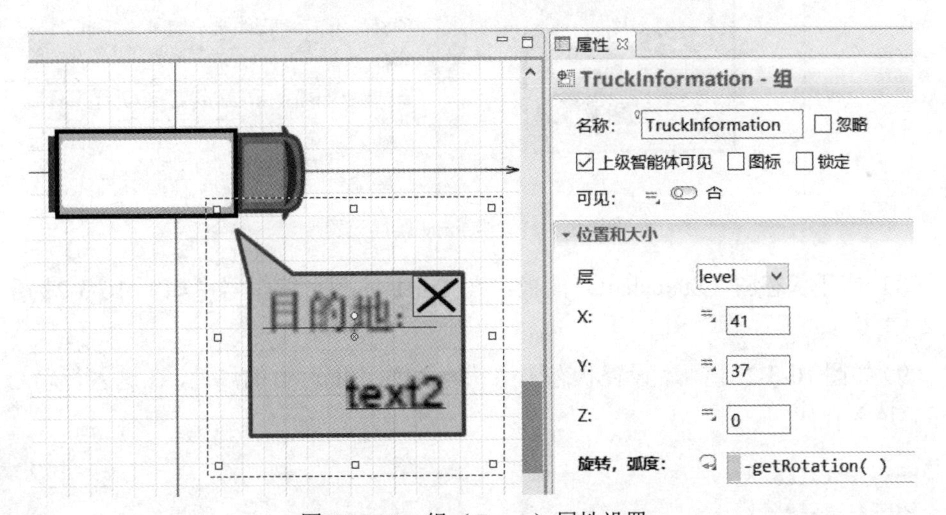

图 10-3-19　组（Group）属性设置

如图 10-3-20 所示，再次选中组 TruckInformation，鼠标右键单击，在弹出菜单中选择“选择组内容（Select Group Contents）”，然后鼠标左键按住组，将组的左上角挪到中心坐标点（注意：是移动组而不是中心坐标）。再将组 TruckInformation 移动到如图 10-3-20 所示位置，使组的中心坐标点和 Truck 的图形编辑器坐标原点重合。

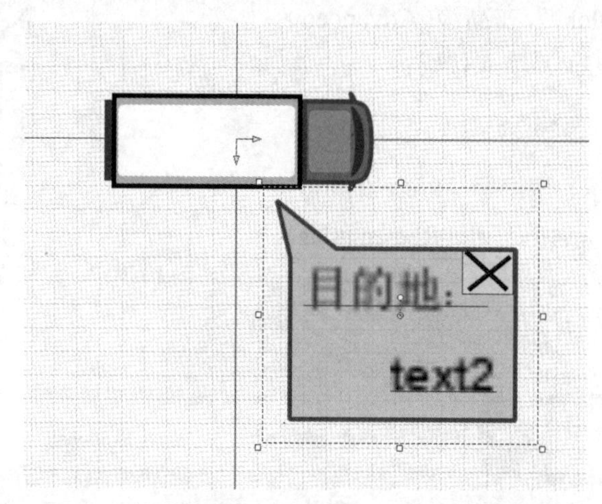

图 10-3-20 重新设置组 TruckInformation 的中心坐标点位置

（7）点击选中货车（Lorry）二维动画元件，如图 10-3-21 所示设置组 lorry 的属性，在高级（Advanced）部分的点击时（On click）填入代码：

```
TruckInformation.setVisible( true );
```

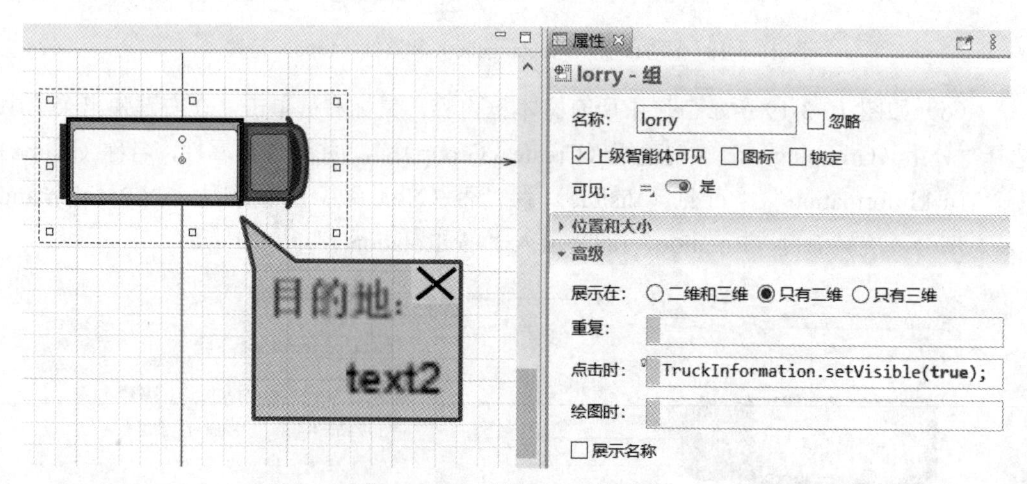

图 10-3-21 组 lorry 属性设置

（8）打开状态图（Statechart）面板，在 Truck 的图形编辑器中如图 10-3-22 所示创建状态图。

（9）如图 10-3-23 所示，设置状态图中状态 AtDistribution 的属性，在进入行动（Entry action）填入代码：

```
busy = false;
text2.setText(" ");
```

在离开行动（Exit action）填入代码：

```
busy = true;
```

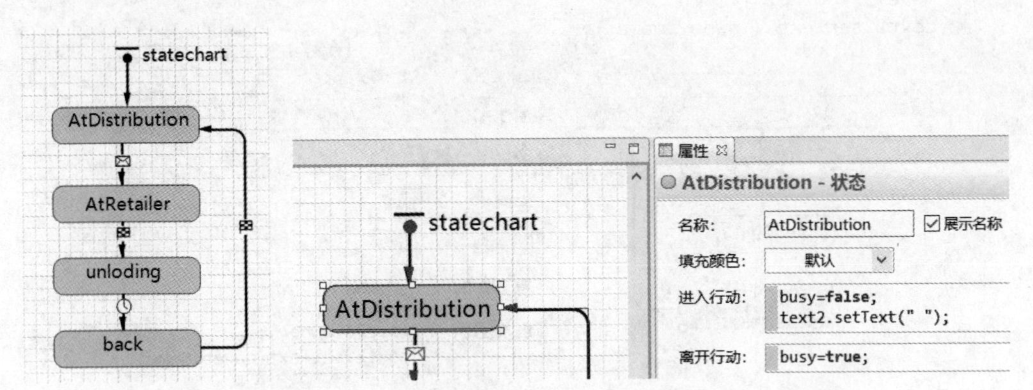

图 10-3-22　Truck 中创建的状态图　　图 10-3-23　状态 AtDistribution 属性设置

（10）如图 10-3-24 所示，设置状态图中变迁（Transition）的属性，触发通过（Triggered by）选择“消息（Message）”，消息类型（Message type）选择“Order”，在行动（Action）填入代码：

```
order=msg;
moveTo(order.retailer);
text2.setText(order.retailer.name);
```

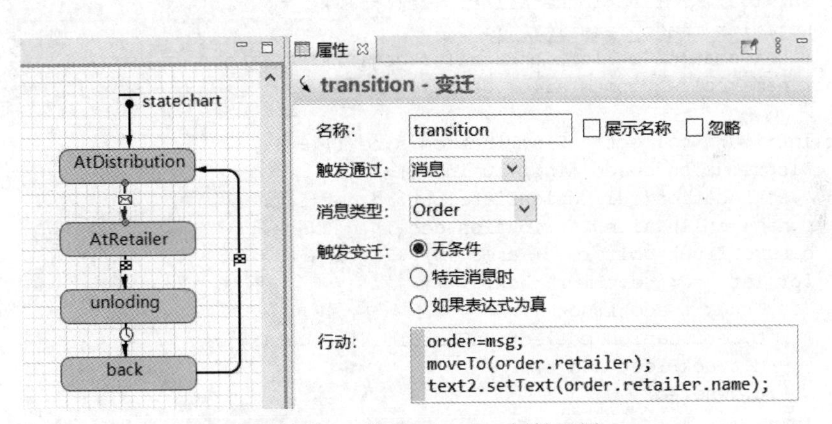

图 10-3-24　变迁 transition 属性设置

（11）如图 10-3-25 所示，设置状态图中变迁（Transition）的属性，触发通过（Triggered by）选择“到时（Timeout）”，到时（Timeout）为 3 分钟（minutes）。

图 10-3-25　变迁 transition2 属性设置

（12）如图 10-3-26 所示，设置状态图中状态 back 的属性，在进入行动（Entry action）填入代码：

```
moveTo ( owner );
text2.setText ( owner.name );
```

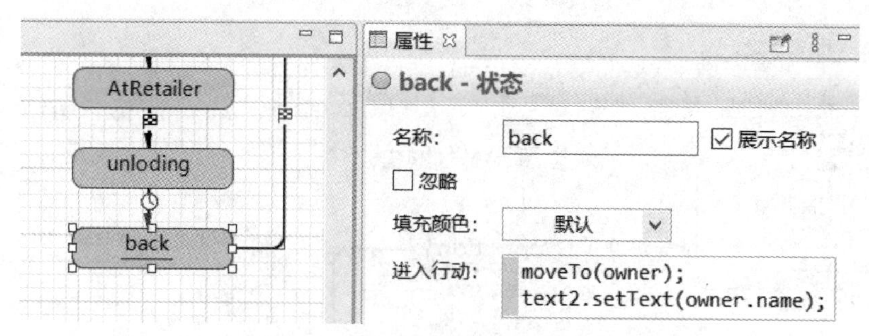

图 10-3-26　状态 back 属性设置

10.3.5　设置模型初始化函数

（1）从智能体（Agent）面板拖曳一个函数（Function）元件到 Main 中，如图 10-3-27 所示设置其属性，名称（Name）为“initial”，函数体部分（Function body）填入代码：

```
for(int i=0;i<collectionRetailer.size();i++){
    Retailer r=add_retailers();
    r.setLocation(collectionRetailer.get(i));
    r.name=collectionRetailer.get(i).getName();
}
for(int i=0;i<collectionDistribution.size();i++){
    Distribution d=add_distributions();
    d.setLocation(collectionDistribution.get(i));
    d.name=collectionDistribution.get(i).getName();
    d.numOfTruck=uniform_discr(8,10);
    for(int j=0;j<d.numOfTruck;j++){
        Truck t=add_trucks();
        t.setLocation(collectionDistribution.get(i));
        d.truckFleet.add(t);
        t.owner=d;
    }
}
```

（2）点击工程树中的智能体类型 Main，如图 10-3-28 所示设置智能体类型 Main 的属性，在智能体行动（Agent actions）部分的启动时（On startup）填入代码：

```
initial();
```

在高级 Java（Advanced Java）部分的导入部分（Imports section）中填入代码：

```
import java.util.stream.Stream;
import java.util.Optional;
```

（3）运行模型，如图 10-3-29 所示。仿真运行过程中，药店向距离最近的医药公司发出订单，医药公司安排货车进行配送，点击货车可以弹窗显示配送目的地信息。

属性

initial - 函数

名称：initial ☑展示名称 ☐忽略

可见：是

◉只有行动（无返回）

○返回值

参数

函数体

```
for( int i=0 ; i<collectionRetailer.size() ; i++ ){
    Retailer r = add_retailers();
    r.setLocation( collectionRetailer.get(i) );
    r.name = collectionRetailer.get(i).getName();
}
for( int i=0 ; i<collectionDistribution.size() ; i++ ){
    Distribution d = add_distributions();
    d.setLocation( collectionDistribution.get(i) );
    d.name = collectionDistribution.get(i).getName();
    d.numOfTruck = uniform_discr( 8 , 10 );
    for( int j=0 ; j<d.numOfTruck ; j++ ){
        Truck t = add_trucks();
        t.setLocation( collectionDistribution.get(i) );
        d.truckFleet.add( t );
        t.owner = d;
    }
}
```

高级

描述

图 10-3-27 函数（Function）元件属性设置

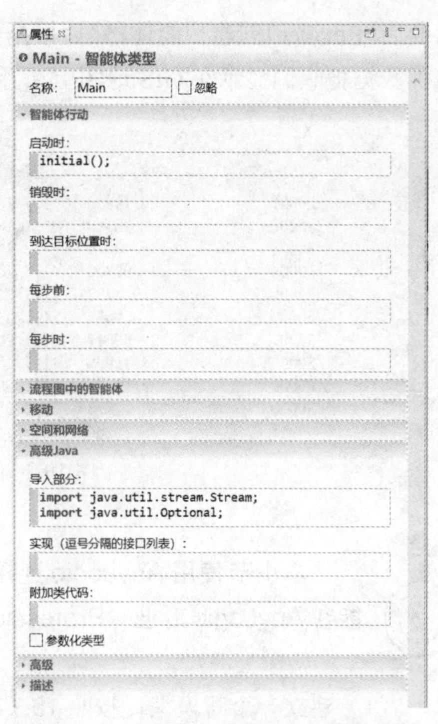

图 10-3-28 智能体类型 Main 属性设置

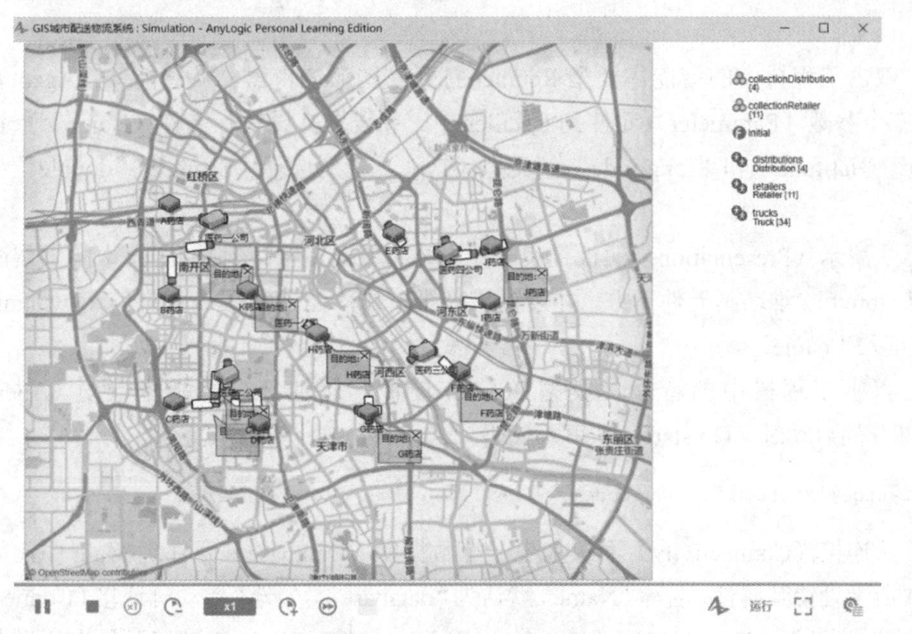

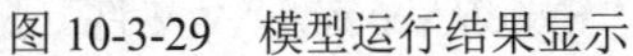

图 10-3-29 模型运行结果显示

模型文件下载

10.3.6 由数据库参数化建立智能体群

在实际工程中，多数信息是存储在数据库中的，例如本节例子中的所有零售商店信息可以存储在如图 10-3-30 所示的数据库“Retailers.accdb”中。这个数据库有两张表，本小节的操作，首先匹配两张表中的零售商店编号（RetailerID），为每个能匹配到的零售商店（Retailer）创建智能体，然后根据数据库中存储的纬度（Latitude）和经度（Longitude）坐标数据把它们显示在 GIS 地图上，并标出零售商店名称（RetailerName）。

RetailerLocations

RetailerID	Latitude	Longitude
R0001	39.15819	117.13112
R0002	39.13149	117.13082
R0003	39.09916	117.13293
R0004	39.09306	117.16646
R0005	39.1493	117.21961
R0006	39.1083	117.24558
R0007	39.09611	117.20934
R0008	39.11978	117.18911
R0009	39.12915	117.25736
R0010	39.14578	117.25826
R0011	39.13266	117.16193

RetailerInfo

RetailerID	RetailerName	Type
R0001	A药店	小型药店
R0002	B药店	微型药店
R0003	C药店	小型药店
R0004	D药店	微型药店
R0005	E药店	小型药店
R0006	F药店	小型药店
R0007	G药店	小型药店
R0008	H药店	小型药店
R0009	I药店	小型药店
R0010	J药店	小型药店
R0011	K药店	微型药店

图 10-3-30　零售药店的数据库

注意

本小节使用 AnyLogic 连接（Connectivity）面板中的数据库相关元件，只能在 AnyLogic 专业（Professional）版软件中进行操作。

（1）建立一个新模型，按照 10.3.1 节步骤（2）完成 GIS 地图（GIS Map）设置。

（2）按照 10.3.2 节步骤（2）创建新智能体类型 Retailer 和 Main 中的空智能体群 retailers。

（3）双击工程树中的智能体类型 Retailer 打开其图形编辑器，从智能体（Agent）面板拖曳三个参数（Parameter）元件到 Retailer 中，并设置其属性，名称（Name）分别为“name”“latitude”和“longitude”，类型（Type）分别选择“String”“double”和“double”。

（4）从演示（Presentation）面板拖曳一个文本（Text）元件到 Retailer 中的零售商店（Retail Store）二维动画元件下方，并设置其属性，文本（Text）设为动态值（Dynamic value）并填入“name”。

（5）点击工程树中的智能体类型 Retailer 设置其属性，在智能体行动（Agent actions）部分的启动时（On startup）填入代码：

```
setLatLon(latitude , longitude);
```

（6）从连接（Connectivity）面板拖曳一个数据库（Database）元件到 Main 中，如图 10-3-31 所示设置其属性，名称（Name）默认为“database”，勾选“启动时连接（Connect on startup）”，类型（Type）选择“Excel/Access”，文件（File）通过打开最右侧浏览窗口选中“Retailers.accdb”。

（7）从连接（Connectivity）面板拖曳一个查询（Query）元件到 Main 中，如图 10-3-32 所示设置其属性，名称（Name）默认为“query”，数据库（Database）选择“database”；查询（Query）部分选择“SQL”，并填入以下 SQL 语句：

```
SELECT RetailerName, Latitude, Longitude
 FROM RetailerInfo INNER JOIN RetailerLocations
    ON RetailerInfo.RetailerID = RetailerLocations.RetailerID
```

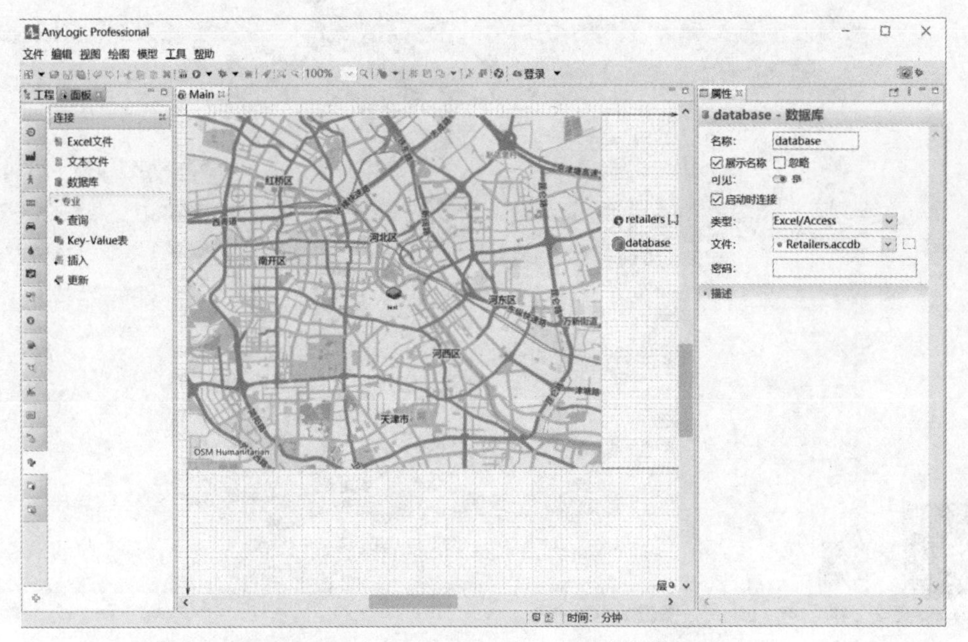

图 10-3-31 数据库（Database）元件属性设置

数据填充（Data feeding）部分，勾选“每一行添加（For each row add）”并选择“智能体（Agent）”，智能体群（Agent population）选择“retailers”，勾选“启动时执行（Execute on startup）”，在表格内添加三行，参数/字段（Parameter/Field）从上到下依次输入“name”“latitude”和“longitude”，列（Column）从上到下依次输入“RetailerName”“Latitude”和“Longitude”。

属性

query - 查询

名称：query ☑展示名称 ☐忽略

可见：是

数据库：database

- 查询

○选择表中所有 TABLE

◉SQL：

```
SELECT RetailerName, Latitude, Longitude
    FROM RetailerInfo INNER JOIN RetailerLocations
        ON RetailerInfo.RetailerID = RetailerLocations.RetailerID
```

- 数据填充

☑每一行添加：◉智能体 ○集合中的元素

智能体群 retailers

☑启动时执行

参数/字段	列
name	RetailerName
latitude	Latitude
longitude	Longitude

› 描述

图 10-3-32 查询（query）元件属性设置

（8）运行模型，如图 10-3-33 所示。

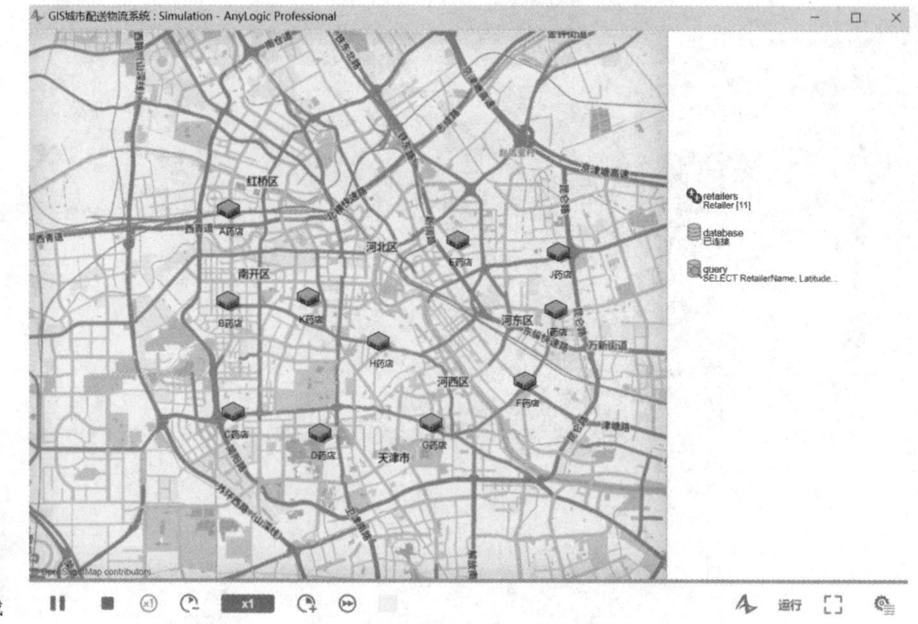

模型文件下载

图 10-3-33　模型运行结果显示

附加资源

AnyLogic 安装软件
（个人学习版）

AnyLogic 安装软件
（专业版）

教学课件

参考文献

[1] https：//www.anylogic.com

[2] Andrei Borshchev，Ilya Grigoryev. The Big Book of Simulation Modeling：Multimethod Modeling with AnyLogic8[M]. AnyLogic North America，2020.

[3] Andrei Borshchev. The Big Book of Simulation Modeling：Multimethod Modeling with AnyLogic 6[M]. AnyLogic North America，2013.

[4] Ilya Grigoryev. AnyLogic 6 in Three Days：A Quick Course in Simulation Modeling[M]. AnyLogic North America，2012.

[5] Ilya Grigoryev. AnyLogic in Three Days：A Quick Course in Simulation Modeling[M]. AnyLogic North America，2021.

[6] Ilya Grigoryev. AnyLogic 建模与仿真 [M]. 韩鹏，韩英华，李岩，汪晋宽译 . 北京：清华大学出版社，2014.

[7] Ilya Grigoryev. 系统建模与仿真—使用 AnyLogic7[M]. 韩鹏，李岩，赵强译 . 北京：清华大学出版社，2017.

[8] 方昶 . AnyLogic 建模与仿真 [M]. 安徽：安徽师范大学出版社，2018.

[9] 刘晓平，唐益明，郑利平 . 复杂系统与复杂系统仿真研究综述 [J]. 系统仿真学报，2008(23)：6303-6315.

[10] 廖守亿，王仕成，张金生 . 复杂系统基于 Agent 的建模与仿真 [M]. 北京：国防工业出版社，2015.

[11] 陈森发 . 复杂系统建模理论与方法 [M]. 南京：东南大学出版社，2005.

[12] 刘兴堂，梁炳成，刘力，何广军，等 . 复杂系统建模理论、方法与技术 [M]. 北京：科学出版社，2008.

[13] 方美琪，张树人 . 复杂系统建模与仿真 [M]. 北京：中国人民大学出版社，2005.

[14] 王维平，朱一凡，李群，杨峰，曹星平 . 离散事件系统建模与仿真（第二版）[M]. 北京：科学出版社，2007.

[15] Jerry Banks，John S. Carson II，Barry L. Nelson，David M. Nicol. 离散事件系统仿真 [M]. 王谦，译 . 北京：机械工业出版社，2019.

[16] Jerry Banks，Carson II，Nelson，等 . 离散事件系统仿真 [M]. 肖田元，范文慧，译 . 北京：机械工业出版社，2007.

[17] 肖田元，范文慧 . 离散事件系统建模与仿真 [M]. 北京：电子工业出版社，2011.

[18] 王谦 . 离散系统仿真与优化：面向工业工程的应用 [M]. 北京：机械工业出版社，2016.

[19] 王其藩 . 系统动力学 [M]. 上海：上海财经大学出版社，2009.

[20] 钟永光，贾晓菁，钱颖，等 . 系统动力学 [M]. 2 版 . 北京：科学出版社，2013.

[21] 弗兰西斯 • 路纳，本尼迪克特 • 史蒂芬森 . SWARM 中的经济仿真：基于智能体建模与面向对象设计 [M]. 北京：社会科学文献出版社，2004.

[22] 王红卫 . 建模与仿真 [M]. 北京：科学出版社，2002.

[23] Arash Mahdavi. The Art of Process-Centric Modeling with AnyLogic[M]. AnyLogic North America，2019.

[24] 胡明伟，黄文柯 . 行人交通仿真方法与技术 [M]. 北京：清华大学出版社，2016.

[25] 陈艳艳，张广厚，史建港 . 拥挤行人交通系统规划及仿真 [M]. 北京：人民交通出版社，2011.

[26] 刘运通，石建军，熊辉 . 交通系统仿真技术 [M]. 北京：人民交通出版社，2002.

[27] 李文权，张云颜，王莉 . 道路互通立交系统通行能力分析方法 [M]. 北京：科学出版社，2009.

[28] 孙小明 . 生产系统建模与仿真 [M]. 上海：上海交通大学出版社，2006.

[29] 庞国锋，徐静，沈旭昆 . 离散型制造模式 [M]. 北京：电子工业出版社，2019.

[30] 王林 . 面向连续生产的不常用备件库存模型研究 [M]. 武汉：湖北人民出版社，2006.

[31] 程光，邬洪迈，陈永刚 . 工业工程与系统仿真 [M]. 北京：冶金工业出版社，2007.

[32] 马向国，余佳敏，任宇佳 . Flexsim 物流系统建模与仿真案例实训 [M]. 北京：化学工业出版社，2018.

[33] 吴斌 . 物流配送车辆路径问题及其智能优化算法 [M]. 北京：经济管理出版社，2013.

[34] 刘亮 . 物流系统仿真：从理论到实践 [M]. 北京：电子工业出版社，2010.

教师服务

感谢您选用清华大学出版社的教材！为了更好地服务教学，我们为授课教师提供本书的教学辅助资源，以及本学科重点教材信息。请您扫码获取。

教辅获取

本书教辅资源，授课教师扫码获取

样书赠送

管理科学与工程类重点教材，教师扫码获取样书

清华大学出版社

E-mail: tupfuwu@163.com
电话：010-83470332 / 83470142
地址：北京市海淀区双清路学研大厦 B 座 509

网址：http://www.tup.com.cn/
传真：8610-83470107
邮编：100084